Springer-Lehrbuch

Hans Peter Latscha • Uli Kazmaier
Helmut Alfons Klein

Organische Chemie

Chemie-Basiswissen II

6. Auflage

Professor Dr. Hans Peter Latscha
früher Anorganisch-Chemisches
    Institut der Universität Heidelberg
Im Neuenheimer Feld 270
69120 Heidelberg

Dr. Helmut Alfons Klein
Bundesministerium für Arbeit und Soziales
U-Abt. Arbeitsschutz/Arbeitsmedizin
Rochusstraße 1
53123 Bonn

Professor Dr. Uli Kazmaier
FB 11 Organische Chemie
Universität des Saarlandes
Am Stadtwald
66123 Saarbrücken

ISSN 0937-7433
ISBN 978-3-642-36592-8   ISBN 978-3-540-77107-4 (eBook)
DOI 10.1007/978-3-540-77107-4

Die Deutsche Nationalbibliothek verzeichnet diese Publikation in der Deutschen Nationalbibliografie; detaillierte bibliografische Daten sind im Internet über http://dnb.d-nb.de abrufbar.

Springer Spektrum
© Springer-Verlag Berlin Heidelberg 1982, 1990, 1993, 1997, 2002, 2008, Softcover 2013

Gedruckt auf säurefreiem und chlorfrei gebleichtem Papier

Springer Spektrum ist eine Marke von Springer DE. Springer DE ist Teil der Fachverlagsgruppe Springer Science+Business Media.
www.springer-spektrum.de

Vorwort zur sechsten Auflage

Die „Organische Chemie" ist der zweite Band der Reihe „Chemie Basiswissen".

Nach der grundlegenden Überarbeitung bei der letzten Auflage wurde in dieser Neuauflage vor allem auf das mechanistische Verständnis Wert gelegt. Durch Verwendung einer weiteren Farbe (blau) vor allem bei den Reaktionsmechanismen sollen diese noch anschaulicher und verständlicher werden. Damit sollte das Erlernen der Grundlagen der Organischen Chemie für die Zielgruppen

- Chemiker vor dem Vorexamen und im Bachelorstudium

- Nebenfachstudenten

- Studenten des Lehramts

- Studenten der Ingenieurwissenschaften

noch einfacher möglich sein.

Unser Dank gilt auch Herrn Dipl. chem. Dr. Martin Mutz für die Erstellung des Layouts.

Heidelberg, Saarbrücken im März 2008   H. P. LATSCHA

U. KAZMAIER

Vorwort zur fünften Auflage

Die „Organische Chemie" ist der zweite Band der Reihe „Chemie Basiswissen". Mit der Aufnahme von Herrn U. Kazmaier in das Autorenteam bot sich die Chance für eine grundlegende Überarbeitung der vierten Auflage aus dem Jahre 1997. So wurden jetzt verstärkt mechanistische Aspekte in den Vordergrund gestellt, ohne die ‚Stoffchemie' zu vernachlässigen. Zugute kommt dem Buch dabei auch der jahrelange Kontakt von Herrn Kazmaier mit den Zielgruppen in Seminaren und Übungen.

Im Text finden sich auch Querverweise auf die anderen beiden Bände „Anorganische Chemie" – Basiswissen I und „Analytische Chemie" – Basiswissen III.

Der Band „Organische Chemie" wurde so gestaltet, dass er – nach unserer Meinung – das Basiswissen enthält für

- Chemiker vor dem Vorexamen

- Nebenfachstudenten

- Studenten des höheren Lehramts

- Studenten der Ingenieurwissenschaften

Bei der Abfassung des Manuskripts halfen uns viele Vorschläge und Anregungen von Lesern früherer Auflagen, wofür wir herzlich danken.

Heidelberg, im Januar 2002

H. P. LATSCHA
U. KAZMAIER
H. A. KLEIN

Vorwort zur ersten Auflage

Dieses Buch ist der zweite Band der Reihe „Chemie-Basiswissen". Er enthält die Grundlagen der Organischen Chemie. Band I bringt eine Einführung in die Allgemeine und Anorganische Chemie. Die Bände können unabhängig voneinander benutzt werden. Sie basieren auf den Büchern „Chemie für Mediziner" von Latscha/Klein (7. Auflage 1991) und „Chemie für Pharmazeuten und Biowissenschaftler" von Latscha/Klein (4. Auflage 1996). Diese Bücher sind Begleittexte zu den vom Institut für medizinische und pharmazeutische Prüfungsfragen (IMPP) in Mainz herausgegebenen Gegenstandskatalogen.

Der Band „Organische Chemie" wurde so gestaltet, dass er – nach unserer Meinung – das Basiswissen in Organischer Chemie enthält für

- Chemiker vor dem Vorexamen

- Biologen und andere Nebenfachstudenten

- Studenten des höheren Lehramtes

- Studenten der Ingenieurwissenschaften.

Umfangreiche Literaturzitate bieten die Möglichkeit, sich über den Rahmen des Basistextes hinaus zu informieren.

Bei der Abfassung des Manuskripts halfen uns viele Anregungen von Lesern unserer früher erschienenen Titel.

Zu Dank verpflichtet sind wir für konstruktive Kritik und sorgfältiges Lesen einzelner Kapitel mehreren Kollegen von den Universitäten Heidelberg und Kiel. Unser weiterer Dank gilt dem Springer-Verlag, Heidelberg, insbesondere Herrn Dr. F. L. Boschke, für sein verständnisvolles Entgegenkommen bei der Ausführung unserer Ideen und seine wertvollen Hinweise während der Abfassung des Manuskripts.

Heidelberg, im Januar 1982 H. P. LATSCHA

H. A. KLEIN

Lieber Leser,

dieses Buch soll die organische Chemie so präsentieren, wie es uns aufgrund unserer langjährigen Erfahrung in der Ausbildung von Studenten wünschenswert erscheint.

Teil I

Im Teil I werden die elementaren Stoffklassen besprochen. Es wird gezeigt, wie man sie durch Synthesen erhält. Von typischen Vertretern werden physikalische und chemische Eigenschaften genannt, und ihre charakteristischen Reaktionen werden an Beispielen vorgestellt.

Die Einteilung nach Verbindungsklassen und Reaktionstypen hat den Vorteil, dass die Kapitel unabhängig voneinander studiert werden können.

Teil II bis IV

Die Teile II und III enthalten hauptsächlich ausgewählte Stoffgruppen. Auch hier können die Kapitel je nach Bedarf und Interessenlage unabhängig voneinander gelesen werden. Für die Arbeit im Praktikum empfehlen wir die Kapitel über Reaktionsmechanismen aus Teil I und das Methodenregister in Teil IV.

Tipps zum Lernen

Das Springer-Lehrbuch „Organische Chemie" ist ein Kurzlehrbuch, das relativ viel Information auf engem Raum enthält. Dem Vorteil des handlichen Vademecums steht die hohe Informationsdichte gegenüber.

Leser mit unzureichenden Vorkenntnissen sollten Teil I vollständig durcharbeiten. Die Kapitel in Teil II-IV können anschließend nach Bedarf und Interesse hinzugenommen werden.

Vorschläge

1. Überfliegen Sie zunächst den Inhalt eines Kapitels, bevor Sie sich in Einzelheiten vertiefen.

   Lesen Sie aufmerksam den Text und beachten Sie auch die Abbildungen und Tabellen. Es ist nicht erforderlich, alle physikalischen Daten oder dergl. zu lernen. Versuchen Sie lieber, Ihre Stoffkenntnis allgemein zu erweitern.

2. Machen Sie sich Randbemerkungen (unter Benutzung des Sachregisters). Beachten Sie auch die Querverweise im Text.

   Üben Sie sich in der Nomenklatur mit Hilfe von Kap. 2.2 und den im Text angegebenen Beispielen (Tabellen verwenden).

3. Üben Sie die Formulierung von Reaktionsmechanismen *schriftlich*. Geben Sie mit Pfeilen an, wohin Elektronen verschoben werden bzw. welche Zentren miteinander reagieren.

4. Wählen Sie auch kompliziertere Verbindungen für die Formulierung chemischer Reaktionen.

5. Benutzen Sie, wenn möglich, Molekülmodelle, um Ihr räumliches Vorstellungsvermögen zu fördern. Dies gilt besonders für das Kapitel Stereochemie.

6. Versuchen Sie nicht, möglichst viele Kapitel in einem Zug durchzulesen. Machen Sie öfter eine Pause und wiederholen Sie das Gelesene.

7. Arbeiten Sie aktiv mit, d. h. stellen Sie sich Fragen und versuchen Sie, diese zu beantworten. Benutzen Sie dabei das Sachregister.

8. Verschaffen Sie sich von Zeit zu Zeit einen Überblick über zusammenhängende Gebiete. Das Inhaltsverzeichnis kann dabei eine Hilfe sein.

Inhaltsverzeichnis

**Verbindungen mit einfachen
funktionellen Gruppen**.................................... 121

9   Halogen-Verbindungen............................ 122

**10   Die nucleophile Substitution (S_N)
         am gesättigten C-Atom**............................ 127

Verbindungen mit ungesättigten funktionellen Gruppen

Teil II
Chemie von Naturstoffen
und Biochemie

Teil III
Angewandte Chemie 479

Teil IV
Anhang

40   Methodenregister

41   Literaturnachweis und Literaturauswahl an Lehrbüchern

42   Sachverzeichnis

Teil I

Grundwissen der organischen Chemie

1 Chemische Bindung in organischen Verbindungen

1.1 Einleitung

Die Chemie befasst sich mit der Zusammensetzung, Charakterisierung und Umwandlung von Materie. Die **Organische Chemie** ist der Teilbereich, der sich mit der Chemie der **Kohlenstoff-Verbindungen** beschäftigt. Der Begriff „organisch" hatte im Lauf der Zeit unterschiedliche Bedeutung. Im 16. und 17. Jhdt. unterschied man mineralische, pflanzliche und tierische Stoffe. In der zweiten Hälfte des 18. Jhdt. wurde es üblich, die mineralischen Stoffe als „unorganisierte Körper" von den „organisierten Körpern" pflanzlichen und tierischen Ursprungs abzugrenzen. Im 19. Jhdt. wurde dann der Begriff „Körper" auf chemische Substanzen beschränkt. Jetzt benutzte man auch den Ausdruck „organische Chemie".

Untersucht man Substanzen auf die Kräfte, die ihre Bestandteile zusammenhalten, so stellt sich zwangsläufig die Frage nach der **„chemischen Bindung"**.

1.2 Grundlagen der chemischen Bindung

Die Grundlagen der chemischen Bindung werden in Basiswissen I ausführlich diskutiert, daher sollen hier nur die für die organische Chemie wichtigen Punkte wiederholt werden.

In Molekülen sind die Atome durch **Bindungselektronen** verknüpft. Zur Beschreibung der Elektronenzustände der Atome, insbesondere ihrer Energie- und Ladungsdichteverteilung, gibt es Modellvorstellungen. Die nachfolgend skizzierte **wellenmechanische Atomtheorie** liefert eine Grundlage zur Erklärung der Kräfte, die den Zusammenhalt der Atome im Molekül bewirken.

1.2.1 Wellenmechanisches Atommodell des Wasserstoff-Atoms; Atomorbitale

Das wellenmechanische Modell geht von der Beobachtung aus, dass sich Elektronen je nach der Versuchsanordnung wie Teilchen mit Masse, Energie und Impuls oder aber wie Wellen verhalten. Ferner beachtet es die *Heisenbergsche* Unschärfebeziehung, wonach es im atomaren Bereich unmöglich ist, von einem Teilchen gleichzeitig Ort und Impuls mit beliebiger Genauigkeit zu bestimmen.

Das Elektron des Wasserstoff-Atoms wird als eine kugelförmige, stehende (in sich selbst zurücklaufende) **Welle im Raum** um den Atomkern aufgefasst. Die maximale Amplitude einer solchen Welle ist eine Funktion der Ortskoordinaten x, y und z, also $\psi(x,y,z)$. **Das Elektron kann durch eine solche Wellenfunktion beschrieben werden.** ψ selbst hat keine anschauliche Bedeutung. Nach *M. Born* kann man jedoch das Produkt $\psi^2 dxdydz$ als die Wahrscheinlichkeit interpretieren, das Elektron in dem Volumenelement $dV = dxdydz$ anzutreffen (**Aufenthalts-wahrscheinlichkeit**). Nach *E. Schrödinger* lässt sich das Elektron auch als eine Ladungswolke mit der Dichte ψ^2 auffassen (**Elektronendichteverteilung**).

1926 verknüpfte *Schrödinger* Energie und Welleneigenschaften eines Systems wie des Elektrons im Wasserstoff-Atom durch eine Differentialgleichung zweiter Ordnung. Vereinfachte Form der

***Schrödinger*-Gleichung:** $H\psi = E\psi$

H heißt *Hamilton*-**Operator** und bedeutet die Anwendung einer Rechenoperation auf ψ. H stellt die allgemeine Form der Gesamtenergie des Systems dar. E ist der Zahlenwert der Energie für ein bestimmtes System. Wellenfunktionen ψ, die Lösungen der Schrödinger-Gleichung sind, heißen **Eigenfunktionen.** Die Energiewerte E, welche zu diesen Funktionen gehören, nennt man **Eigenwerte.**

Lösungen der Schrödinger-Gleichung können in der Form angegeben werden:

$$\psi_{n,\ell,m} = R_{n,\ell}\,(r) \cdot Y_{\ell,m}(\vartheta,\varphi) \equiv \text{Atomorbitale}$$

Diese Eigenfunktionen (Einteilchen-Wellenfunktionen) nennt man **Atomorbitale (AO)** (*Mulliken,* 1931). Das Wort Orbital ist ein Kunstwort (englisch: orbit = Planetenbahn, Bereich).

Die Indizes n,ℓ,m entsprechen der **Hauptquantenzahl n,** der **Nebenquantenzahl** ℓ und der **magnetischen Quantenzahl m**. Die Quantenzahlen ergeben sich in diesem Modell gleichsam von selbst. $\psi_{n,\ell,m}$ kann nur dann eine Lösung der Schrödinger-Gleichung sein, wenn die Quantenzahlen folgende Werte annehmen:

n = 1,2,3,...∞ (ganze Zahlen)

ℓ = 0,1,2,... bis n−1

m = $+\ell, +(\ell-1),...0,...-(\ell-1), -\ell$; m kann maximal $2\ell + 1$ Werte annehmen

Atomorbitale werden durch ihre Nebenquantenzahl ℓ gekennzeichnet, wobei man den Zahlenwerten für ℓ aus historischen Gründen Buchstaben in folgender Weise zuordnet:

ℓ =   0,   1,   2,   3,...
      | | | |
      s,   p,   d,   f,...

Man sagt, ein Elektron besetzt ein Atomorbital, und meint damit, dass es durch eine Wellenfunktion beschrieben werden kann, die eine Lösung der Schrödinger-Gleichung ist. Speziell spricht man von einem **s-Orbital** bzw. **p-Orbital** und versteht darunter ein Atomorbital, für das die Nebenquantenzahl ℓ den Wert 0 bzw. 1 hat.

Zustände **gleicher Hauptquantenzahl** bilden eine sog. **Schale.** Innerhalb einer Schale bilden die Zustände gleicher Nebenquantenzahl ein sog. **Niveau** (Unterschale): z.B. s-Niveau, p-Niveau, d-Niveau, f-Niveau. Den Schalen mit den Hauptquantenzahlen n = 1,2,3,... werden die Buchstaben K,L,M usw. zugeordnet. Elektronenzustände, welche die gleiche Energie haben, nennt man **entartet.** Im freien Atom besteht das p-Niveau aus drei, das d-Niveau aus fünf und das f-Niveau aus sieben entarteten AO.

Elektronenspin

Die Quantenzahlen n, ℓ und m genügen nicht zur vollständigen Erklärung der Atomspektren, denn sie beschreiben gerade die Hälfte der erforderlichen Elektronenzustände. Dies veranlasste 1925 *Uhlenbeck* und *Goudsmit* zu der Annahme, dass jedes Elektron neben seinem räumlich gequantelten **Bahndrehimpuls** einen **Eigendrehimpuls** hat. Dieser kommt durch eine Drehung des Elektrons um seine eigene Achse zustande und wird **Elektronenspin** genannt. Der Spin ist ebenfalls gequantelt. Je nachdem, ob die Spinstellung parallel oder antiparallel zum Bahndrehimpuls ist, nimmt die **Spinquantenzahl s** die Werte +1/2 oder −1/2 an. Die Spinrichtung wird durch einen Pfeil angedeutet: ↑ bzw. ↓. (Die Werte der Spinquantenzahl wurden spektroskopisch bestätigt.)

Graphische Darstellung der Atomorbitale

Der Übersichtlichkeit wegen zerlegt man oft die Wellenfunktion $\psi_{n,\ell,m}$ in ihren sog. **Radialteil** $R_{n,\ell}(r)$, der nur vom Radius r abhängt, und in die sog. **Winkelfunktion** $Y_{\ell,m}(\vartheta,\varphi)$. Beide Komponenten von ψ werden meist getrennt betrachtet. **Die Winkelfunktionen $Y_{\ell,m}$ sind von der Hauptquantenzahl n unabhängig. Sie sehen daher für alle Hauptquantenzahlen gleich aus.**

Zur bildlichen Darstellung der Winkelfunktion benutzt man häufig sog. **Polardiagramme.** Die Diagramme entstehen, wenn man den Betrag von $Y_{\ell,m}$ für jede Richtung als Vektor vom Koordinatenursprung ausgehend aufträgt. Die Richtung des Vektors ist durch die Winkel φ und ϑ gegeben. Sein Endpunkt bildet einen Punkt auf der Oberfläche der räumlichen Gebilde in Abb. 1 und 2. Die Polardiagramme haben für unterschiedliche Kombinationen von ℓ und m verschiedene Formen oder Orientierungen.

Für **s-Orbitale ist $\ell = 0$.** Daraus folgt: m kann $2 \cdot 0 + 1 = 1$ Wert annehmen, d.h. m kann nur Null sein. Das Polardiagramm für s-Orbitale ist daher **kugelsymmetrisch** (Abb. 1).

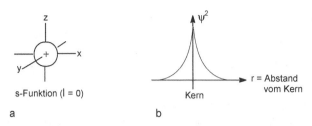

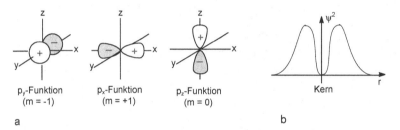

Abb. 1. a Graphische Darstellung der Winkelfunktion $Y_{0,0}$. **b** Elektronendichteverteilung im 1s-AO

Für **p-Orbitale ist $\ell = 1$.** m kann demnach die Werte $-1,0,+1$ annehmen. Diesen Werten entsprechen drei Orientierungen der p-Orbitale im Raum. Die Richtungen sind identisch mit den Achsen des kartesischen Koordinatenkreuzes. Deshalb unterscheidet man meist zwischen p_x-, p_y- und p_z-Orbitalen. Die Polardiagramme dieser Orbitale ergeben **hantelförmige Gebilde** (Abb. 2). Beide Hälften einer solchen Hantel sind durch eine sog. **Knotenebene** getrennt. In dieser Ebene ist die Aufenthaltswahrscheinlichkeit eines Elektrons praktisch Null.

Abb. 2. a Graphische Darstellung der Winkelfunktion $Y_{1,m}$. **b** Darstellung von ψ^2 von 2p-Elektronen

Die Vorzeichen in den Abb. 1 und 2 ergeben sich aus der mathematischen Beschreibung der Elektronen durch Wellenfunktionen. Bei der Kombination von Orbitalen bei der Bindungsbildung und der Konstruktion von Hybrid-Orbitalen werden die Vorzeichen berücksichtigt (vgl. Kap. 1.3.2).

1.2.2 Mehrelektronen-Atome

Die Schrödinger-Gleichung lässt sich für Atome mit mehr als einem Elektron nicht exakt lösen. Man kann aber die Elektronenzustände in einem Mehrelektronen-Atom durch Wasserstoff-Orbitale wiedergeben, wenn man die Abhängigkeit der Orbitale von der Hauptquantenzahl berücksichtigt. Die Anzahl der Orbitale und ihre Winkelfunktionen sind die gleichen wie im Wasserstoffatom.

Jedes Elektron eines Mehrelektronen-Atoms wird wie das Elektron des Wasserstoff-Atoms durch die vier Quantenzahlen n, ℓ, m und s beschrieben.

Nach einem von *Pauli* ausgesprochenen Prinzip (*Pauli*-**Prinzip**, *Pauli*-**Verbot**) **stimmen zwei Elektronen nie in allen vier Quantenzahlen überein.** Haben zwei Elektronen z.b. gleiche Quantenzahlen n, ℓ, m, müssen sie sich in der Spinquantenzahl s unterscheiden. Hieraus folgt:

Ein Atomorbital kann höchstens mit zwei Elektronen, und zwar mit antiparallelem Spin, besetzt werden.

Besitzt ein Atom energetisch gleichwertige (entartete) Elektronenzustände, z.b. für $\ell = 1$ entartete p-Orbitale, und werden mehrere Elektronen eingebaut, so erfolgt der Einbau derart, dass die Elektronen die Orbitale zuerst mit parallelem Spin besetzen (*Hundsche* **Regel**). Anschließend folgt eine paarweise Besetzung mit antiparallelem Spin, falls genügend Elektronen vorhanden sind.

Beispiel: Es sollen drei und vier Elektronen in ein p-Niveau eingebaut werden

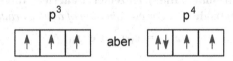

Niveaus unterschiedlicher Energie werden in der Reihenfolge zunehmender Energie mit Elektronen besetzt.

Die Elektronenzahl in einem Niveau wird als Index rechts oben an das Orbitalsymbol geschrieben. Die Kennzeichnung der Schale, zu welcher das Niveau gehört, erfolgt, indem man die zugehörige Hauptquantenzahl vor das Orbitalsymbol schreibt. Beispiel: $1 s^2$ (sprich: eins s zwei) bedeutet: In der K-Schale ist das s-Niveau mit zwei Elektronen besetzt.

Die Elektronenanordnung in einem Atom nennt man auch seine **Elektronenkonfiguration**. Jedes Element hat seine charakteristische Elektronenkonfiguration (s. Basiswissen I).

1.3 Die Atombindung (kovalente oder homöopolare Bindung)

Die kovalente Bindung (Atom-, Elektronenpaarbindung) bildet sich **zwischen Elementen ähnlicher Elektronegativität** aus: „Ideale" kovalente Bindungen findet man nur zwischen Elementen gleicher Elektronegativität und bei Kombination der Elemente selbst (z.B. H_2, Cl_2, N_2). Im Gegensatz zur elektrostatischen Bindung ist sie gerichtet, d.h. sie verbindet ganz bestimmte Atome miteinander. Zwischen den Bindungspartnern befindet sich ein **Ort erhöhter Elektronendichte**. Zur Beschreibung dieser Bindungsart benutzt der Chemiker im wesentlichen zwei Theorien. Diese sind als **Molekülorbitaltheorie (MO-Theorie)** und **Valenzbindungstheorie (VB-Theorie)** bekannt. Beide Theorien sind Näherungsverfahren zur Lösung der *Schrödinger*-Gleichung für Moleküle.

1.3.1 MO-Theorie der kovalenten Bindung

In der **MO-Theorie** beschreibt man die Zustände von Elektronen in einem Molekül ähnlich wie die Elektronenzustände in einem Atom durch Wellenfunktionen ψ_{MO}. Die Wellenfunktion, welche eine Lösung der Schrödinger-Gleichung ist, heißt **Molekülorbital** (MO). Jedes ψ_{MO} ist durch Quantenzahlen charakterisiert, die seine Form und Energie bestimmen.

Zu jedem ψ_{MO} gehört ein bestimmter Energiewert. $\psi^2 dxdydz$ kann wieder als die Wahrscheinlichkeit interpretiert werden, mit der das Elektron in dem Volumenelement $dV = dxdydz$ angetroffen wird.

Im Gegensatz zu den Atomorbitalen sind die MO mehrzentrig, z.B. zweizentrig für ein Molekül A–A (z.B. H_2). Eine exakte Formulierung der Wellenfunktion ist in fast allen Fällen unmöglich. Man kann sie aber näherungsweise formulieren, wenn man die **Gesamtwellenfunktion z.B. durch Addition oder Subtraktion (Linearkombination) einzelner isolierter Atomorbitale zusammensetzt** (*LCAO*-Methode = *linear combination of atomic orbitals*):

$$\psi_{MO} = c_1\psi_{AO} \pm c_2\psi_{AO}$$

Die Koeffizienten c_1 und c_2 werden so gewählt, dass die Energie, die man erhält, wenn man ψ_{MO} in die Schrödinger-Gleichung einsetzt, einen minimalen Wert annimmt. **Minimale potentielle Energie entspricht einem stabilen Zustand.**

Durch die Linearkombination zweier Atomorbitale (AO) erhält man **zwei** Molekülorbitale, nämlich MO(I) durch Addition der AO und MO(II) durch Subtraktion der AO. MO(I) hat eine kleinere potentielle Energie als die isolierten AO. Die Energie von MO(II) ist um den gleichen Betrag höher als die der isolierten AO. MO(I) nennt man ein **bindendes** Molekülorbital und MO(II) ein **antibindendes** oder lockerndes. (Das antibindende MO wird oft mit * markiert.) Abb. 3 zeigt das Energieniveauschema des H_2-Moleküls, Abb. 4 die MO-Bildung.

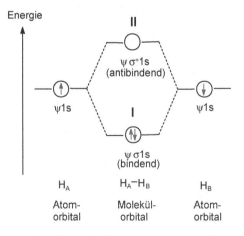

Abb. 3. Bildung des bindenden und des antibindenden MO aus zwei AO beim H_2-Molekül

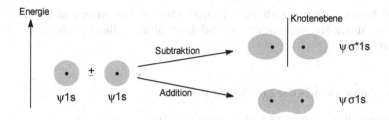

Abb. 4. Graphische Darstellung der Bildung von ψ1s-MO

Der Einbau der Elektronen in die MO erfolgt unter Beachtung von *Hundscher* Regel und *Pauli*-Prinzip in der Reihenfolge zunehmender potentieller Energie. Ein MO kann von maximal zwei Elektronen mit antiparallelem Spin besetzt werden.

Abbildung 5 zeigt die Verhältnisse für H_2^+, H_2, He_2^+ und „He_2". Die Bindungseigenschaften der betreffenden Moleküle sind in Tabelle 1 angegeben.

Aus Tabelle 1 kann man entnehmen, dass H_2 die stärkste Bindung hat. In diesem Molekül sind beide Elektronen in dem bindenden MO. Ein „He_2" existiert nicht, weil seine vier Elektronen sowohl das bindende als auch das antibindende MO besetzen würden.

In Molekülen mit ungleichen Atomen wie CO können auch sog. **nichtbindende Zustände** auftreten (s. Basiswissen I). Die Konstruktion der MO von mehratomigen Molekülen geschieht prinzipiell auf dem gleichen Weg. Jedoch werden die Verhältnisse mit zunehmender Anzahl der Bindungspartner immer komplizierter.

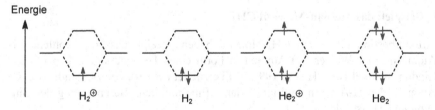

Abb. 5. MO-Schema zu Tabelle 1

Tabelle 1. Bindungseigenschaften einiger zweiatomiger Moleküle

Molekül	Valenzelektronen	Bindungsenergie kJ/mol	Kernabstand	pm
H_2^+	1	269	106	
H_2	2	436	74	
He_2^+	3	~ 300	108	
„He_2"	4	0	–	

In der MO-Theorie befinden sich die Valenzelektronen der Atome nicht in der Nähe bestimmter Kerne, sondern in Molekülorbitalen, die sich über das Molekül erstrecken.

1.3.2 Valence-Bond-Theorie der kovalenten Bindung

Nach der **Valence Bond- (VB)-Theorie** kommt eine Bindung zwischen Atomen dadurch zustande, dass sich ihre Ladungswolken durchdringen, d.h. dass sich ihre Orbitale **„überlappen"**. Der Grad der Überlappung ist ein Maß für die Stärke der Bindung. In der Überlappungszone ist eine endliche Aufenthaltswahrscheinlichkeit für die beiden Elektronen vorhanden.

Die reine kovalente Bindung ist meist eine **Elektronenpaarbindung**. Die beiden Elektronen der Bindung stammen von beiden Bindungspartnern. Es ist üblich, ein Elektronenpaar, das die Bindung zwischen zwei Atomen herstellt, durch einen Strich **(Valenzstrich)** darzustellen. Eine mit Valenzstrichen aufgebaute Molekülstruktur nennt man **Valenzstruktur**.

Elektronenpaare eines Atoms, die sich nicht an einer Bindung beteiligen, heißen einsame oder **freie Elektronenpaare**. Sie werden am Atom ebenfalls durch einen Strich symbolisiert.

Beispiel: $H_2\overline{\underline{O}}$, $\overline{N}H_3$, R-$\overline{N}H_2$, $H_2\overline{\underline{S}}$, R-$\overline{\underline{O}}H$, R-$\overline{\underline{O}}$-R, H-$\overline{\underline{F}}|$

1. Moleküle mit Einfachbindungen

1. Beispiel: das **Methan-Molekül CH₄**

Strukturbestimmungen am CH_4-Molekül haben gezeigt, dass das Kohlenstoff-Atom von vier Wasserstoff-Atomen in Form eines Tetraeders umgeben ist. Die Bindungswinkel H–C–H sind **109°28' (Tetraederwinkel)**. Die Abstände vom C-Atom zu den H-Atomen sind gleich lang. Eine mögliche Beschreibung der Bindung im CH_4 ist folgende:

Im Grundzustand hat das Kohlenstoff-Atom die Elektronenkonfiguration $1 s^2 2 s^2 2 p^2$. Es könnte demnach nur zwei Bindungen ausbilden mit einem Bindungswinkel von 90° (denn zwei p-Orbitale stehen senkrecht aufeinander). Damit das Kohlenstoff-Atom vier Bindungen eingehen kann, muss ein Elektron aus dem 2s-Orbital in das leere 2p-Orbital angehoben werden (Abb. 6). Die hierzu nötige Energie **(Promotions-** oder **Promovierungsenergie)** wird durch den Energiegewinn, der bei der Molekülbildung realisiert wird, aufgebracht. **Das Kohlenstoff-Atom befindet sich nun in einem „angeregten" Zustand.** Gleichwertige Bindungen aus s- und p-Orbitalen mit Bindungswinkeln von 109,3° erhält man nach *Pauling* durch mathematisches Mischen **(Hybridisieren)** der Atomorbitale.

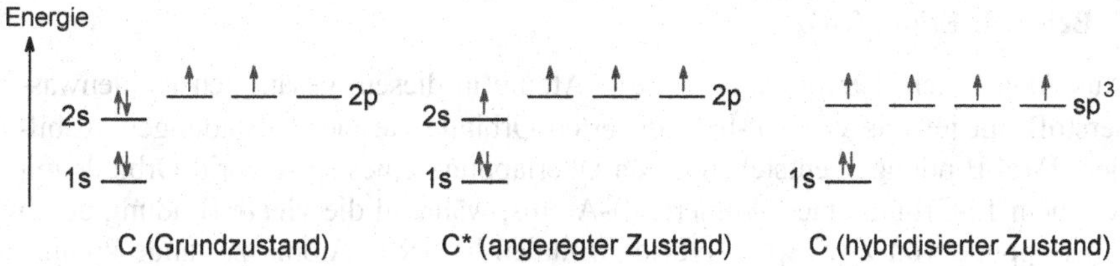

Energie

$2s$ ⇅   ↑ ↑ —$2p$ $2s$ ↑   ↑ ↑ ↑ —$2p$ ↑ ↑ ↑ ↑ sp^3

$1s$ ⇅ $1s$ ⇅ $1s$ ⇅

C (Grundzustand)   C* (angeregter Zustand)   C (hybridisierter Zustand)

Abb. 6. Bildung von sp^3-Hybrid-Orbitalen am C-Atom

Aus einem s- und drei p-Orbitalen entstehen vier gleichwertige sp^3-Hybrid-Orbitale, die vom C-Atom ausgehend in die Ecken eines Tetraeders gerichtet sind (Abb. 7 und 8). Die Bindung zwischen dem C-Atom und den vier Wasserstoff-Atomen im CH_4 kommt nun dadurch zustande, dass jedes der vier Hybrid-Orbitale des C-Atoms mit je einem 1s-Orbital eines Wasserstoff-Atoms überlappt (Abb. 7).

Bindungen, wie sie im Methan ausgebildet werden, sind rotationssymmetrisch um die Verbindungslinie der Atome, die durch eine Bindung verknüpft sind. Sie heißen **σ-Bindungen** (σ = sigma). σ-Bindungen können beim Überlappen folgender AO entstehen: s + s, s + p und p + p.

Beachte: Die p-Orbitale müssen in der Symmetrie zueinander passen.

Substanzen, die wie Methan die größtmögliche Anzahl von σ-Bindungen ausbilden, nennt man **gesättigte Verbindungen**. CH_4 ist also ein gesättigter Kohlenwasserstoff.

Hinweis zur Formulierung von Valenzstrichformeln:

Die Elemente der 2. Periode wie C, N, O haben nur s- und p-Valenzorbitale zur Verfügung. Bei der Bindungsbildung streben sie die Edelgaskonfiguration des Ne (s^2p^6) an; dieses Oktett kann von ihnen nicht überschritten werden (**Oktettregel**). Durch einfaches Abzählen der Valenzstriche lässt sich leicht die Richtigkeit einer Valenzstruktur kontrollieren.

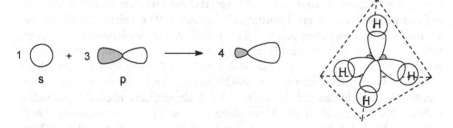

Abb. 7. Hybridisierung   **Abb. 8.** CH_4-Tetraeder

2. Beispiel: Ethan C_2H_6

Aus Abb. 9 geht hervor, dass beide C-Atome in diesem gesättigten Kohlenwasserstoff mit jeweils vier sp^3-hybridisierten Orbitalen je vier σ-Bindungen ausbilden. **Drei** Bindungen entstehen durch Überlappung eines sp^3-Hybrid-Orbitals mit je einem 1s-Orbital eines Wasserstoff-Atoms, während die **vierte** Bindung durch Überlappung von zwei sp^3 –Hybrid-Orbitalen beider C-Atome zustande kommt. Bei dem Ethanmolekül sind somit zwei Tetraeder über eine Ecke miteinander verknüpft. Am Beispiel der C–C-Bindung ist angedeutet, dass bei Raumtemperatur um jede σ-Bindung prinzipiell **freie Drehbarkeit** (Rotation, vgl. Kap. 3.1.1) möglich ist.

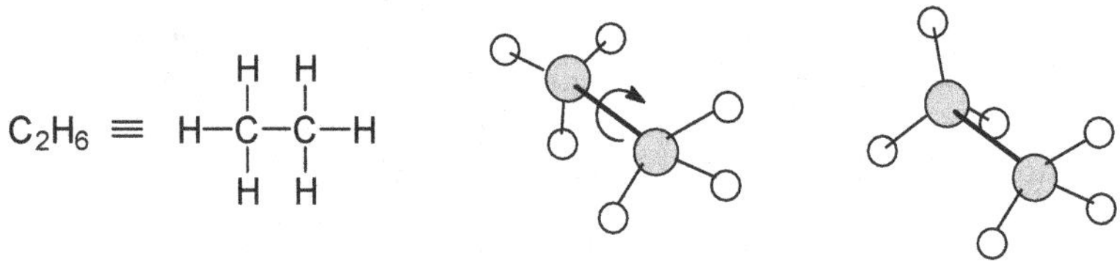

Abb. 9. Rotation um die C–C-Bindung im Ethan

2. Moleküle mit Mehrfachbindungen

Als Beispiele für **ungesättigte Verbindungen** betrachten wir das Ethen (Ethylen) C_2H_4 und das Ethin (Acetylen) C_2H_2. (Die Besonderheiten bei delokalisierten Elektronensystemen in organischen Verbindungen wie Polyenen und Aromaten werden in Kap.5.1.4 und 7 behandelt.)

Ungesättigte Verbindungen lassen sich dadurch von den gesättigten unterscheiden, dass ihre Atome weniger als die maximale Anzahl von σ-Bindungen ausbilden.

1. Beispiel: Ethen C_2H_4

Im Ethen (Ethylen) bildet jedes C-Atom drei σ-Bindungen mit seinen drei Nachbarn (zwei H-Atome, ein C-Atom). Der Winkel zwischen den Bindungen ist etwa 120°. Jedes C-Atom liegt in der Mitte eines Dreiecks. Dadurch kommen alle Atome in einer Ebene zu liegen (Molekülebene s. Abb. 10).

Das σ-Bindungsgerüst lässt sich durch **sp^2-Hybrid-Orbitale** an den C-Atomen aufbauen. **Hierbei wird ein Bindungswinkel von 120° erreicht.** Wählt man als Verbindungslinie zwischen den C-Atomen die x-Achse des Koordinatenkreuzes, besetzt das übrig gebliebene Elektron das p_z-Orbital. Dieses nicht hybridisierte p-Orbital steht somit senkrecht zur Molekülebene (Winkel: 90°). Aufgrund der parallelen Orientierung können die p_z-Orbitale beider C-Atome wirksam überlappen. Dadurch bilden sich Bereiche hoher Ladungsdichte oberhalb und unterhalb der Molekülebene. In der Molekülebene selbst ist die Ladungsdichte (Aufenthaltswahrscheinlichkeit der Elektronen) praktisch Null. **Eine solche Ebene nennt man Knotenebene. Die Bindung heißt π-Bindung.**

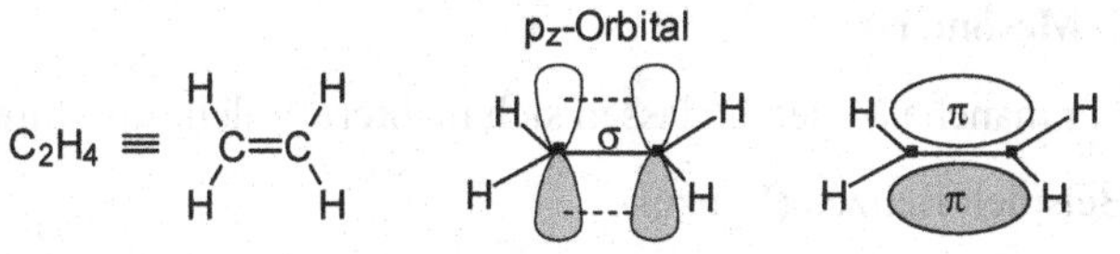

p_z-Orbital

$$C_2H_4 \equiv \quad \text{(Strukturformel)}$$

Abb. 10. Bildung einer π-Bindung durch Überlagerung zweier p-AO im Ethen

Bindungen aus einer σ- und einer oder zwei π-Bindungen nennt man **Mehrfachbindungen**.

Im Ethen haben wir eine sog. **Doppelbindung** >C=C< vorliegen. σ- und π-Bindungen beeinflussen sich in einer Mehrfachbindung gegenseitig.

Mehrfachbindungen heben die Rotationsmöglichkeit um die Bindungsachsen auf. Grund hierfür ist die erhöhte Energiebarriere. Sie beträgt beim Ethen ca. 250 kJ mol^{-1}, beim Ethan dagegen nur 12,5 kJ mol^{-1}. Rotation wird erst wieder möglich, wenn die Mehrfachbindung gelöst wird (z.B. indem man das ungesättigte Molekül durch eine Additionsreaktion in ein gesättigtes überführt).

2. Beispiel: Ethin C_2H_2

Ethin (Acetylen) enthält eine σ-Bindung und zwei π-Bindungen (Abb. 11). Das Bindungsgerüst ist linear, und die C-Atome sind **sp-hybridisiert** ($\angle$ 180°). Die übrig gebliebenen zwei p-Orbitale an jedem C-Atom ergeben durch Überlappung **zwei π-Bindungen**. Tabelle 2 gibt einen Überblick über C–C-Bindungen in organischen Molekülen. Vgl. hierzu Tabelle 12 in Basiswissen I.

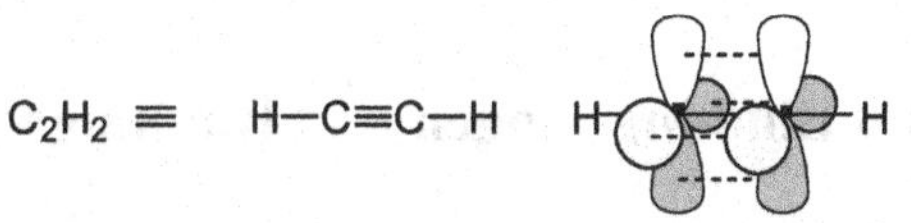

$$C_2H_2 \equiv \quad H-C\equiv C-H$$

Abb. 11. Bildung der π-Bindungen beim Ethin (Acetylen)

Tabelle 2. Eigenschaften der Einfach- und Mehrfachbindungen zwischen zwei Kohlenstoff-Atomen

Bindung	—C–C—	>C=C<	—C≡C—
Bindende Orbitale	sp^3	sp^2, p$_z$	sp, p$_y$, p$_z$
Bindungstyp	σ	$\sigma + \pi_z$	$\sigma + \pi_y + \pi_z$
Winkel zw. den Bindungen	109,5°	120°	180°
Bindungslänge [pm]	154	134	120
Bindungsenergie [kJ·mol^{-1}]	331	620	812
Freie Drehbarkeit um C–C	ja	nein	nein

3. Mesomerie

Für manche Moleküle lassen sich mehrere Valenzstrukturen angeben.

Beispiel: Benzen (Benzol)

Die tatsächliche Elektronenverteilung kann durch keine Valenzstruktur allein wiedergegeben werden. Man findet **keine alternierenden Einfach- und Doppelbindungen**, also keine unterschiedlich lange Bindungen. Vielmehr können die senkrecht zur Ringebene stehenden p-Orbitale mit beiden benachbarten p-Orbitalen gleich gut überlappen. Der C–C-Abstand im Benzol beträgt 139.7 pm, und liegt somit zwischen dem der Einfach- (147.6 pm) und der Doppelbindung (133.8 pm). Jede einzelne **Valenzstruktur** ist nur eine **Grenzstruktur ("mesomere Grenzstruktur")**. Die wirkliche Elektronenverteilung ist ein **Resonanzhybrid** oder **mesomerer Zwischenzustand,** d.h. eine **Überlagerung aller denkbaren Grenzstrukturen** (Grenzstrukturformeln). Diese Erscheinung heißt **Mesomerie** oder **Resonanz**. Je mehr vergleichbare Grenzstrukturen man formulieren kann, desto stabiler wird das System.

Das Mesomeriezeichen ←→ darf **nicht** mit einem Gleichgewichtszeichen ⇌ verwechselt werden!!!

1.4 Bindungslängen und Bindungsenergien

Wie im vorangegangenen Kapitel aufgezeigt, hängt die Bindungslänge und die Bindungsenergie in erster Linie von der Hybridisierung und der Art der Bindung ab (s. a Tabelle 2). Weitere Substituenten haben meist nur einen geringen Einfluss, so dass sich für die meisten Bindungen typische Bindungslängen angeben lassen (Tabelle 3), die weitestgehend konstant sind.

Tabelle 3. Bindungslängen in Kohlenwasserstoffen in pm

sp^3	C–H	109	sp^3–sp^3	C–C	154	sp^2–sp^2	C–C	146
sp^2	C–H	108.6	sp^3–sp^2	C–C	150	sp^2–sp^2	C=C	134
sp	C–H	106	sp^3–sp	C–C	147	sp–sp	C≡C	120

Dass die zusätzliche Einführung einer π-Bindung zu einer Verkürzung der Bindungslänge führt ist nicht überraschend, wohl aber die Tatsache, dass C−H und C−C-Einfachbindungen keine einheitliche Länge aufweisen. Dies hängt mit der Hybridisierung der C-Atome zusammen. Wie die aufgeführten Beispiele zeigen, **verkürzt sich die Bindung mit zunehmendem s-Anteil der Hybrid-Orbitale**.

Auch für die Bindungsenergien der meisten Bindungen lassen sich Durchschnittswerte angeben, welche z.B. für die Berechnung von Reaktionsenthalpien herangezogen werden können. Einige typische Beispiele sind in Tabelle 4 zusammengestellt. Beim genaueren Betrachten spezifischer Bindungen findet man jedoch teilweise beträchtliche Abweichungen von diesen gemittelten Werten. Einige signifikante Beispiele finden sich in Tabelle 5.

Die in Tabelle 4 und 5 angegebenen **Bindungsdissoziationsenergien** beziehen sich auf eine **homolytische Bindungsspaltung zu ungeladenen Radikalen** (s.a. Kap. 23.2.4). Radikale sind demzufolge Verbindungen mit einem ungepaarten Elektron. Je stabiler die gebildeten Radikale sind, desto leichter werden diese Bindungen gespalten (s. Kap. 4). So entstehen bei der Dissoziation des Methans und des Ethens besonders instabile Radikale, was sich in einer relativ hohen Dissoziationsenergie niederschlägt. Auf der anderen Seite sind Allyl- und Benzyl-Radikale durch **Mesomerie besonders stabilisiert**, weshalb diese Bindungen besonders leicht gespalten werden. Dies zeigt sich sowohl bei der Spaltung der C−H-Bindung des Toluols als auch der C−C-Bindung des Ethylbenzols.

Allylradikal:

Benzylradikal:

Tabelle 4. Durchschnittliche Bindungsenergien (kJ·mol^{-1})

H–H	431	Cl–Cl	238	C–H	410	Cl–H	427	C=C	607	C=O	724
C–C	339	Br–Br	188	N–H	385	Br–H	364	C≡C	828	C–O	331
O–O	142	I–I	151	O–H	456	I–H	297	N≡N	941	C–N	276

Tabelle 5. Spezifische Bindungsdissoziationsenergien (kJ·mol^{-1})

CH_3–H	435	H_3C–CH_3	368
CH_3CH_2–H	410	H_5C_2–CH_3	356
CH_2=CH–H	435	$(CH_3)_2CH$–CH_3	343
CH_2=CHCH$_2$–H	356	H_5C_2–C_2H_5	326
PhCH$_2$–H	356	PhCH$_2$–CH_3	293

Höher substituierte Radikale sind stabiler als primäre Radikale. Dies erklärt den Trend zu schwächeren Bindungen mit zunehmendem Substitutionsgrad.

Generell gilt für die Stabilität von Radikalen:

tertiäre Radikale > sekundäre Radikale > primäre Radikale

Dies lässt sich anhand der **Hyperkonjugation** erklären. Hierbei kommt es zu einer Überlappung des einfach besetzten p-Orbitals des radikalischen C-Atoms mit einer benachbarten C–H oder C–C-σ-Bindung. Dies führt zu einer gewissen Delokalisierung des Radikalelektrons und dementsprechend lassen sich auch hier mesomere Grenzstrukturen formulieren. Dies sei hier am Beispiel des Ethyl-radikals (primäres Radikal) verdeutlicht.

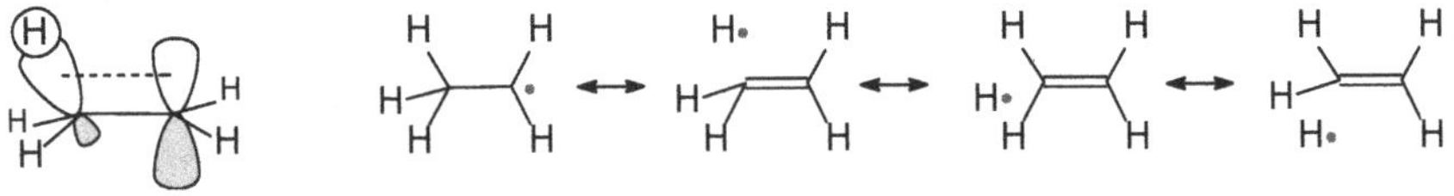

Da die mit dem Radikal in 'Konjugation' tretende σ-Bindung jedoch nicht exakt parallel zum p-Orbital steht, sondern etwas davon 'wegzeigt', ist dieser Effekt bei weitem nicht so stark wie die Mesomeriestabilisierung beim Allyl- und Benzyl-radikal. Jedoch sollte hierbei der statistische Faktor nicht unberücksichtigt bleiben: So verfügt jede Methylgruppe über drei solcher σ-Bindungen, so dass sich drei solcher mesomerer Grenzstrukturen formulieren lassen. Noch besser stabilisiert sind daher sekundäre Radikale mit zwei Alkylgruppen (sechs zusätzliche mesomere Grenzstrukturen) und tertiäre Radikale (neun mesomere Grenzstrukturen). Das Methylradikal verfügt über keinerlei stabilisierende Substituenten und ist daher besonders instabil.

2 Allgemeine Grundbegriffe

2.1 Systematik organischer Verbindungen

Organische Substanzen bestehen in der Regel aus den Elementen C, H, O, N und S. Im Bereich der Biochemie kommt P hinzu. Die Vielfalt der organischen Verbindungen war schon früh Anlass zu einer systematischen Gruppeneinteilung. Eine generelle Übersicht ist in Abb. 12 dargestellt. Weitere Unterteilungen in Untergruppen sind natürlich möglich. Grundlage der Systematisierung ist stets das **Kohlenstoffgerüst.** Die daranhängenden **„funktionellen Gruppen"** werden erst im zweiten Schritt beachtet Dies gilt im Prinzip auch für die Nomenklatur organischer Verbindungen.

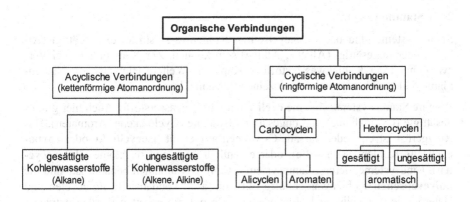

Abb. 12. Systematik der Stoffklassen

2.2 Nomenklatur

Es ist das Ziel der Nomenklatur, einer Verbindung, die durch eine Strukturformel gekennzeichnet ist, einen Namen eindeutig zuzuordnen und umgekehrt. Bei der Suche nach einem Namen für eine Substanz hat man bestimmte Regeln zu beachten.

Einteilungsprinzip der allgemein verbindlichen **IUPAC**- oder **Genfer Nomenklatur**:

Jede Verbindung ist (in Gedanken) aus einem **Stamm-Molekül (Stamm-System)** aufgebaut, dessen Wasserstoffatome durch ein oder mehrere Substituenten ersetzt sind. Das Stammmolekül liefert den Hauptbestandteil des systematischen Namens und ist vom Namen des zugrunde liegenden einfachen Kohlenwasserstoffes abgeleitet. Die Namen der Substituenten werden unter Berücksichtigung einer vorgegebenen **Rangfolge (Priorität)** als Vor-, Nach- oder Zwischensilben zu dem Namen des Stammsystems hinzugefügt. Sind **mehrere gleiche Substituenten** im Molekül enthalten, so wird dies durch die **Vorsilben** di-, tri- tetra, penta, usw. ausgedrückt

Die Verwendung von **Trivialnamen** ist auch heute noch verbreitet (vor allem bei Naturstoffen), weil die systematischen Namen oft zu lang und daher meist zu unhandlich sind.

2.2.1 Stammsysteme

Stammsysteme sind u.a. die **acyclischen** Kohlenwasserstoffe, die gesättigt (Alkane) oder ungesättigt (Alkene, Alkine) sein können. Zur Nomenklatur bei Verzweigungen der Kohlenwasserstoffe s. Kap. 3.1. Weitere Hinweise zur Nomenklatur finden sich auch bei den einzelnen Substanzklassen.

Weitere Stammsysteme sind die **cyclischen** Kohlenwasserstoffe. Auch hier gibt es gesättigte (Cycloalkane) und ungesättigte Systeme (Cycloalkene, Aromaten). Das Ringgerüst ist entweder nur aus C-Atomen aufgebaut (**isocyclische** oder **carbocyclische** Kohlenwasserstoffe), oder es enthält auch andere Atome **(Heterocyclen)**. Ringsysteme, deren Stammsystem oft mit Trivialnamen benannt ist, sind die **polycyclischen** Kohlenwasserstoffe (z.B. einfache kondensierte Polycyclen und Heterocyclen). Cyclische Kohlenwasserstoffe mit Seitenketten werden entweder als kettensubstituierte Ringsysteme oder als ringsubstituierte Ketten betrachtet.

2.2.2 Substituierte Systeme

In substituierten Systemen werden die funktionellen Gruppen dazu benutzt, die Moleküle in verschiedene Verbindungsklassen einzuteilen. Sind mehrere Gruppen in einem Molekül vorhanden, z.B. bei Hydroxycarbonsäuren, dann wird **eine funktionelle Gruppe als Hauptfunktion** ausgewählt, und die restlichen werden in alphabetischer Reihenfolge in geeigneter Weise als Vorsilben hinzugefügt (s. Anwendungsbeispiel). Die Rangfolge der Substituenten ist verbindlich festgelegt.

Die Tabellen 6 und 8 enthalten hierfür Beispiele.

Beachte: Bei den Carbonsäuren und ihren Derivaten sind zwei Bezeichnungsweisen möglich.

Tabelle 6. Funktionelle Gruppen, die nur als Vorsilben auftreten

Gruppe	Vorsilbe	Gruppe	Vorsilbe
$-F$	Fluor-	$-NO_2$	Nitro-
$-Cl$	Chlor-	$-NO$	Nitroso-
$-Br$	Brom-	$-OCN$	Cyanato-
$-I$	Iod-	$-OR$	Alkyloxy- bzw. Aryloxy-
$=N_2$	Diazo-	$-SR$	Alkylthio- bzw. Arylthio-

Beachte die Verwendung der Zwischensilbe -azo-:

Diazomethan: CH_2N_2 oder $CH_2{=}\overset{+}{N}{=}\overset{-}{N}$ ⟷ $^-ICH_2{-}\overset{+}{N}{\equiv}NI$

Azomethan: $H_3C{-}N{=}N{-}CH_3$ (besser: Methyl-azo-methan)

2.2.3 Gruppennomenklatur

Neben der vorstehend beschriebenen **substitutiven Nomenklatur** wird bei einigen Verbindungsklassen auch eine andere Bezeichnungsweise verwendet. Dabei hängt man an den abgewandelten Namen des Stammmoleküls die Bezeichnung der Verbindungsklasse an (Tab. 7 bzw. 8).

Tabelle 7. Gruppennomenklatur

Funktionelle Gruppe	Verbindungsname	Beispiel
$R{-}\overset{\displaystyle O}{\underset{\displaystyle \|}{C}}{-}X$	-halogenid, -cyanid	Acetylchlorid
$R{-}C{\equiv}N$	-cyanid	Methylcyanid
$\overset{\displaystyle R}{\underset{\displaystyle R'}{\diagdown\diagup}}C{=}O$	-keton	Methylphenylketon
$R{-}OH$	-alkohol	Isopropylalkohol
$R{-}O{-}R'$	-ether oder -oxid	Diethylether
$R{-}S{-}R'$	-sulfid	Diethylsulfid
$R{-}Hal$	-halogenid	Methylendichlorid
RNH_2, $RR'NH$, $RR'R''N$	-amin	Methylethylamin ($CH_3{-}NH{-}C_2H_5$)

Tabelle 8. Funktionelle Gruppen, die als Vor- oder Nachsilben auftreten können. C-Atome, die in den Stammnamen einzubeziehen sind, wurden unterstrichen

Verbindungsklasse	Formel	Vorsilbe	Nachsilbe	Beispiel
Kationen	$-\overset{+}{O}R_2, -\overset{+}{N}R_3$	-onio-	-onium	Ammoniumchlorid
	$R-\overset{+}{N}\equiv N$	-diazonium	Diazoniumhydroxyd	
Carbonsäure	$R-\underset{\overset{\|}{O}}{C}-OH$	Carboxy-	-carbonsäure	Propancarbonsäure
	$R-\underset{\overset{\|}{O}}{\underline{C}}-OH$	–	-säure	Butansäure
Sulfonsäure	$R-SO_3H$	Sulfo-	-sulfonsäure	Benzolsulfonsäure
Carbonsäure-Salze	$R-COO^-\,M^+$	Metall-carboxylato	Metall-...carboxylat	Natriummethan-carboxylat =
	$R-\underline{C}OO^-\,M^+$	–	Metall-...oat	Natriummethanoat (= Na-Acetat = Na-Salz der Essigsäure)
Carbonsäure-Ester	$R-\underset{\overset{\|}{O}}{C}-OR'$	-yloxycarbonyl	-yl...carboxylat	Ethylmethan-carboxylat =
	$R-\underset{\overset{\|}{O}}{\underline{C}}-OR'$	–	-yl...oat	Ethylethanoat (= Ethylacetat = Ethylester der Essigsäure)
Carbonsäure-Halogenide	$R-\underset{\overset{\|}{O}}{C}-X$	Halogenformyl-	-carbonsäure-halogenid	Benzoesäurechlorid

Priorität →

Tabelle 8 (Fortsetzung)

Verbindungsklasse	Formel	Vorsilbe	Nachsilbe	Beispiel
Carbonsäure-Halogenide	$R-\underset{\underset{\text{O}}{\|\|}}{C}-X$	–	-oylhalogenid	Ethanoylchlorid (= Acetylchlorid)
Carbonsäure-Amide	$R-\underset{\underset{\text{O}}{\|\|}}{C}-NH_2$	Carbamoyl-	-carboxamid	Methancarboxamid =
	$R-\underset{\underset{\text{O}}{\|\|}}{C}-NH_2$	–	-amid	Essigsäureamid
Nitrile	$R-C\equiv N$	Cyano-	-carbonitril	Cyanwasserstoff
	$R-\underline{C}\equiv N$	–	-nitril	Ethannitril
Aldehyde	$R-CHO$	Formyl-	-carbaldehyd	Methancarbaldehyd =
	$R-\underline{C}HO$	Oxo-	-al	Ethanal
Keton	$\underset{R'}{\overset{R}{{}}}C=O$	Oxo-	-on	Propanon
Alkohol, Phenol und Salze	$R-OH$	Hydroxy-	-ol	Ethanol
	$R-O^-\,M^+$	–	-olat	Natriummethanolat
Thiol	$R-SH$	Mercapto-	-thiol	Ethanthiol
Amin	$R-NH_2$	Amino-	-amin	Methylamin

Priorität →

Anwendungsbeispiel:

Gesucht: der Name des folgenden Moleküls

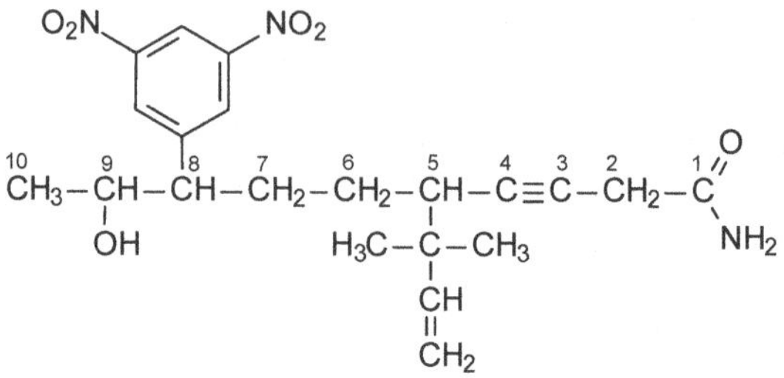

$$O_2N \overset{}{\underset{}{\bigcirc}} NO_2$$

$$\overset{10}{CH_3} - \overset{9}{\underset{|}{CH}} - \overset{8}{\underset{|}{CH}} - \overset{7}{CH_2} - \overset{6}{CH_2} - \overset{5}{\underset{|}{CH}} - \overset{4}{C} \equiv \overset{3}{C} - \overset{2}{CH_2} - \overset{1}{C} \overset{O}{\underset{NH_2}{\diagup}}$$

$$\underset{OH}{} \qquad \underset{H_3C - \underset{|}{C} - CH_3}{}$$

$$\underset{CH}{\underset{\|}{} }$$

$$CH_2$$

Lösung: Bei der Betrachtung des Moleküls lassen sich für seinen Namen folgende Feststellungen treffen:

1. Die wichtigste funktionelle Gruppe ist: $-CONH_2$, -säureamid.

2. Das Molekül enthält eine Kohlenstoffkette von 10 C-Atomen: Dekansäureamid.

3. Es besitzt eine Dreifachbindung in 3-Stellung: 3-Dekinsäureamid.

4. Die Substituenten sind in alphabetischer Reihenfolge:

   a) **H**ydroxygruppe an C-9,

   b) 1,1-**Di**methyl-2-propenyl-Gruppe an C-5,

   c) 3,5-**Di**nitrophenyl-Gruppe an C-8.

Ergebnis: Aus der Zusammenfassung der Punkte 1 - 4 ergibt sich als nomenklaturgerechter Name:

9-Hydroxy-5-(1,1-dimethyl-2-propenyl)-8-(3,5-dinitrophenyl)-3-dekinsäureamid.

2.3 Chemische Formelsprache

In der Organischen Chemie gibt es eine ganze Reihe verschiedener Formeln mit unterschiedlichem Informationsgehalt. Dies sei am Beispiel der **Glucose** illustriert.

Verhältnisformel: Die Verhältnisformel gibt die Art und das kleinstmögliche Verhältnis der Elemente einer organischen Verbindung an.

Beispiel: $(CH_2O)_n$

Summenformel: Die Summenformel gibt die Anzahl der einzelnen Elemente an, sagt aber noch nichts über den Aufbau de Moleküls.

Beispiel: $C_6H_{12}O_6$

Konstitutionsformel: Die Konstitutionsformel gibt an, welche Atome über welche Bindung miteinander verknüpft sind, macht jedoch keine Aussage über die räumliche Anordnung der Atome und Bindungen.

Beispiel:

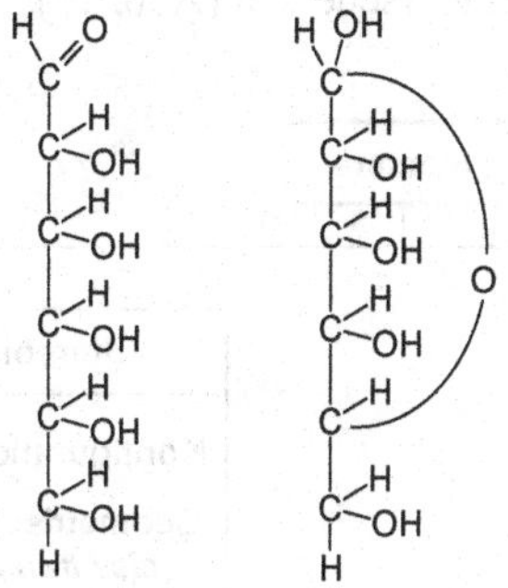

Konfigurationsformel: Die Konfigurationsformel gibt an, welche räumliche Anordnung die Atome in einem Molekül bekannter Konstitution haben. Sie berücksichtigt aber nicht Rotationen um Einfachbindungen.

Beispiel:

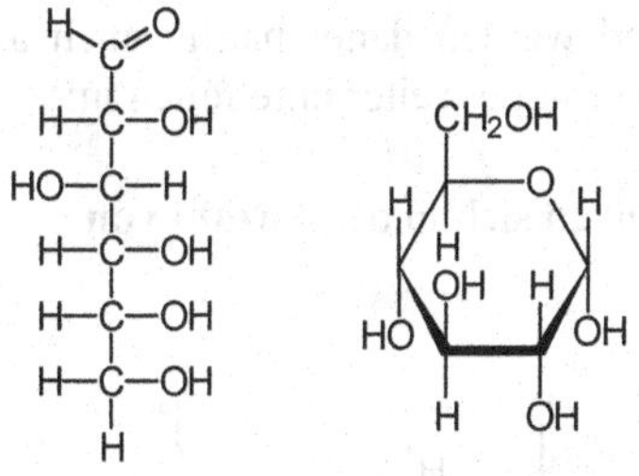

Fischer-Projektion   *Haworth*-Ringformel

Konformationsformel: Die Konformationsformel beschreibt die räumliche Anordnung der Atome unter Berücksichtigung von Rotationen um Einfachbindungen.

Beispiel:

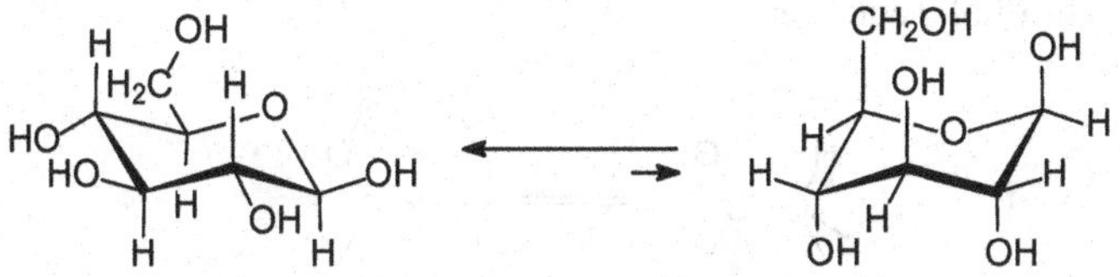

Sessel-Konformation I   *Sessel*-Konformation II

2.4 Isomerie

Als **Isomere** bezeichnet man Moleküle mit der gleichen Summenformel, die sich jedoch in der Sequenz der Atome (**Konstitutionsisomere**) oder deren räumlichen Anordnung (**Stereoisomere**) unterscheiden (Abb. 13).

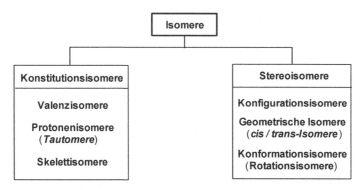

Abb. 13. Isomere

Konstitutionsisomere unterscheiden sich vor allem in der **Verknüpfung der Atome** untereinander, und werden daher häufig auch als **Strukturisomere** bezeichnet. Man kann diese Gruppe weiter unterteilen in:

Valenzisomere unterscheiden sich in der **Anzahl von σ- und π-Bindungen**.

Beispiel: Benzol C_6H_6

Neben diesen vier Strukturen gibt es noch eine Vielzahl weiterer Valenzisomerer mit dieser Summenformel.

Protonenisomere unterscheiden sich durch die **Stellung eines Protons**.

Beispiel: Keto-Enol-Tautomerie

Skelettisomere unterscheiden sich im **Kohlenstoffgerüst**.

Beispiel: Pentan

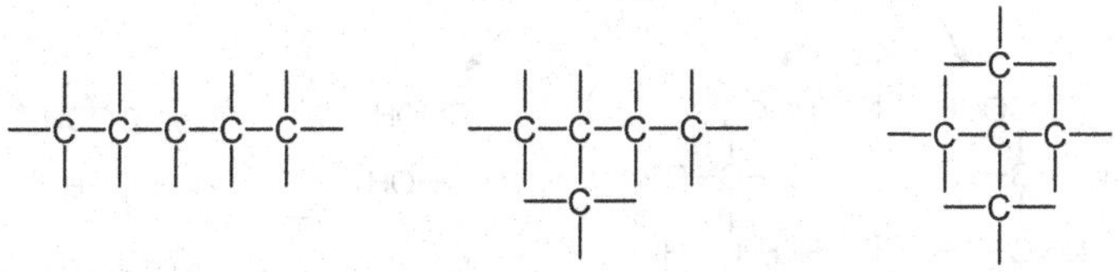

Stereoisomere besitzen die **gleiche Summenformel und Atomsequenz**, unterscheiden sich jedoch in der **räumlichen Anordnung der Substituenten**.

Konfigurationsisomere treten immer bei Molekülen mit mindestens einem **asymmetrischen Atom** auf. Dies ist der Fall, wenn an einem Atom vier verschiedene Substituenten sitzen, man spricht dann von einem **stereogenen Zentrum** oder **Chiralitätszentrum**. Auf dieses Phänomen wird im Kap. 25 (Stereochemie) ausführlicher eingegangen. Verbindungen mit nur einem asym. Atom kommen als **Enantiomere** vor, mit einem zweiten asym. Zentrum kommen zusätzlich noch **Diastereomere** hinzu. Bei Verbindungen mit **n Chiralitätszentren** existieren insgesamt 2^n **Stereoisomere**.

Enantiomere verhalten sich wie **Bild und Spiegelbild**. Sie lassen sich nicht durch Drehung zur Deckung bringen. **Enantiomere haben die gleichen physikalischen und chemischen Eigenschaften** (Schmelzpunkte, Siedepunkte, etc.), **sie unterscheiden sich nur in ihrer Wechselwirkung mit polarisiertem Licht**. Dieses Phänomen bezeichnet man als **optische Aktivität**.

Beispiel: Milchsäure (Fischer Projektion)

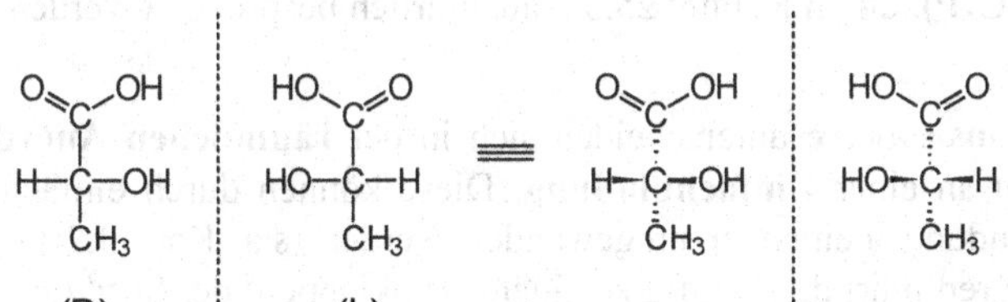

Im Gegensatz hierzu verhalten sich **Diastereomere** **nicht wie Bild und Spiegelbild**. Sie haben **unterschiedliche chemische und physikalische Eigenschaften**.

Beispiel: Weinsäure (2 Zentren → $2^2 = 4$ Stereoisomere)

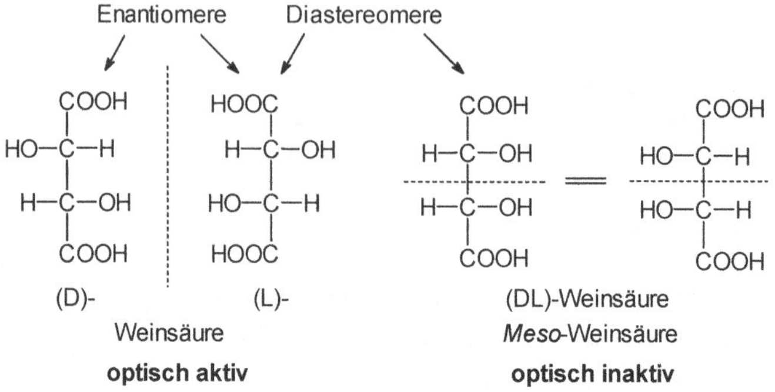

Enantiomere   Diastereomere

COOH	HOOC	COOH	COOH
HO—C—H	H—C—OH	H—C—OH	HO—C—H
H—C—OH	HO—C—H	H—C—OH	HO—C—H
COOH	HOOC	COOH	COOH

(D)-   (L)-   (DL)-Weinsäure
Weinsäure   *Meso*-Weinsäure
optisch aktiv   **optisch inaktiv**

Geometrische Isomere unterscheiden sich in der **räumlichen Anordnung** von Substituenten an einer **Doppelbindung**. Bei 1,2-disubstituierten Verbindungen spricht man von *cis/trans-Isomerie*. Diese Isomere haben unterschiedliche chemische und physikalische Eigenschaften (Dipolmoment μ, etc.), die *trans*-Form ist die in der Regel etwas energieärmere Form.

Beispiel: 1,2-Dichlorethen

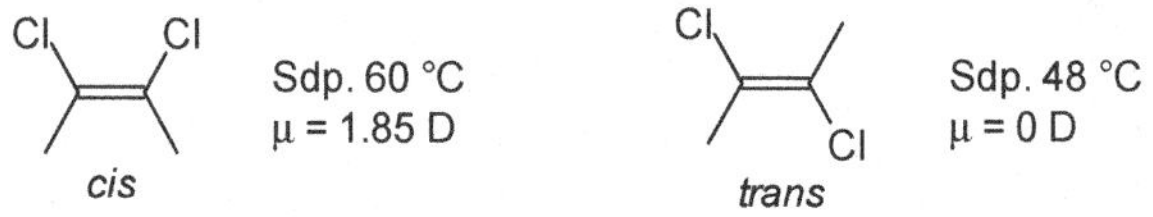

Sdp. 60 °C   Sdp. 48 °C
$\mu = 1.85$ D $\mu = 0$ D
cis   *trans*

Bei höher substituierten Verbindungen muss eine Gewichtung der Substituenten vorgenommen werden. Dies geschieht mit Hilfe der Regeln von **Cahn, Ingold** und **Prelog** (CIP), die in Kapitel 25.3.2 ausführlich besprochen werden.

Konformationsisomere unterscheiden sich in der **räumlichen Anordnung** von Substituenten an einer **Einfachbindung**. Diese können durch einfache Rotation um diese Bindung ineinander umgewandelt werden (s.a. Kap. 3.2.1). Bei cyclischen Strukturen führt dies häufig zu einem ‚Umklappen' der Struktur.

Beispiel: 1,4-Dimethylcyclohexan

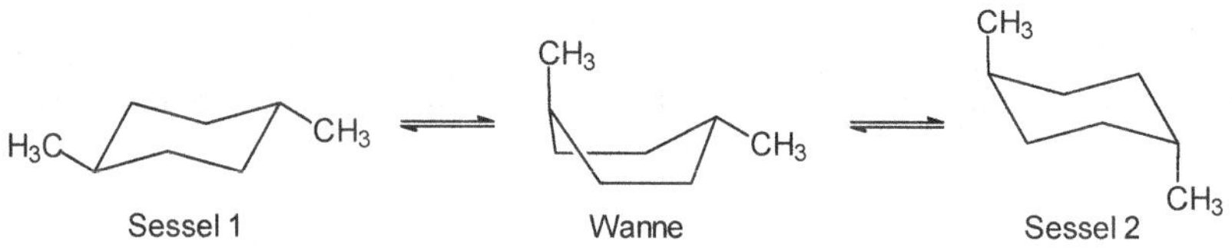

Sessel 1   Wanne   Sessel 2

2.5 Grundbegriffe organisch-chemischer Reaktionen

Man unterscheidet Reaktionen zwischen ionischen Substanzen und solchen mit kovalenter Bindung.

2.5.1 Reaktionen zwischen ionischen Substanzen

Hier tritt ein Austausch geladener Komponenten ein. Ursachen für die Bildung der neuen Substanzen sind z.B. Unterschiede in der Löslichkeit, Packungsdichte, Gitterenergie oder Entropie.

Allgemeines Schema:

1. $(A^+B^-)_{fest} \xrightarrow{\text{Lösemittel}} A^+_{solvatisiert} + B^-_{solvatisiert}$

2. $(C^+D^-)_{fest} \xrightarrow{\text{Lösemittel}} C^+_{solvatisiert} + D^-_{solvatisiert}$

3. $A^+_{solv.} + B^-_{solv.} + C^+_{solv.} + D^-_{solv.} \longrightarrow (A^+D^-)_{fest} + (B^-C^+)_{fest} + \text{Lösemittel}$

Manchmal fällt auch nur *ein* schwerlösliches Reaktionsprodukt aus.

2.5.2 Reaktionen von Substanzen mit kovalenter Bindung

Werden durch chemische Reaktionen aus kovalenten Ausgangsstoffen neue Elementkombinationen gebildet, so müssen zuvor die Bindungen zwischen den Komponenten der Ausgangsstoffe gelöst werden. Hierzu gibt es verschiedene Möglichkeiten:

1. Bei dieser **homolytischen Spaltung** erhält jedes Atom ein Elektron ($\cdot$). Dies wird durch einen „halben Pfeil" ($\frown$) angedeutet. Es entstehen sehr reaktionsfähige Bruchstücke, die ihre Reaktivität dem ungepaarten Elektron verdanken und die **Radikale** heißen.

$$A{-}B \longrightarrow A\cdot + B\cdot$$

2. Bei der **heterolytischen Spaltung** entstehen ein positives Ion (**Kation**) und ein negatives Ion (**Anion**). $A|^-$ bzw. $B|^-$ haben ein freies Elektronenpaar und reagieren als **Nucleophile** („kernsuchende" Teilchen). A^+ bzw. B^+ haben Elektronenmangel und werden **Elektrophile** („elektronensuchend") genannt. Die heterolytische Spaltung ist ein Grenzfall. Meist treten nämlich keine isolierten (isolierbaren) Ionen auf, sondern die Bindungen sind nur mehr oder weniger stark polarisiert, d.h. die Bindungspartner haben eine mehr oder minder große Partialladung.

a) $A{-}B \longrightarrow A|^- + B^+$ b) $A{-}B \longrightarrow A^+ + B|^-$

3. Bei den **elektrocyclischen Reaktionen**, die **intra**molekular (= innerhalb desselben Moleküls) oder **inter**molekular (= zwischen zwei oder mehreren Molekülen) ablaufen können, werden **Bindungen gleichzeitig gespalten** und neu ausgebildet. Man kann sich diese Reaktionen als cyclische Elektronenverlagerungen vorstellen, bei denen gleichzeitig mehrere Bindungen verschoben werden:

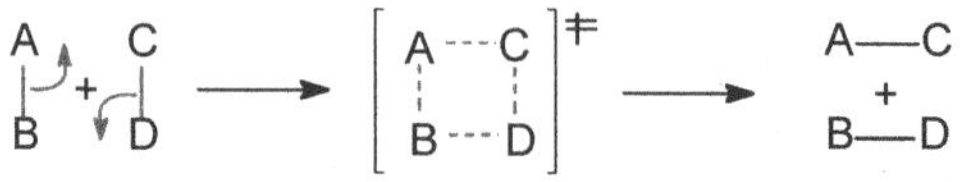

$$
\begin{array}{c}
\text{A} \\
| \\
\text{B}
\end{array}
\begin{array}{c}
\text{C} \\
| \\
\text{D}
\end{array}
\longrightarrow
\left[\begin{array}{c}
\text{A}\text{---}\text{C} \\
| \quad | \\
\text{B}\text{---}\text{D}
\end{array}\right]^{\neq}
\longrightarrow
\begin{array}{c}
\text{A}\text{---}\text{C} \\
+ \\
\text{B}\text{---}\text{D}
\end{array}
$$

Zusammenfassung der Begriffe mit Beispielen

Kation: positiv geladenes Ion; Ion^+

Anion: negativ geladenes Ion; Ion^-

Elektrophil: Ion oder Molekül mit einer Elektronenlücke (sucht Elektronen), wie Säuren, Kationen, Halogene, z.B. H^+, NO_2^+, NO^+, BF_3, AlCl_3, FeCl_3, Br_2 (als Br^+), nicht aber NH_4^+!

Nucleophil: Ion oder Molekül mit Elektronen-„Überschuss" (sucht Kern), wie Basen, Anionen, Verbindungen mit mindestens einem freien Elektronenpaar, z.B. $\text{H}\underline{\text{O}}\,|^-$, $\text{R}\underline{\text{O}}\,|^-$, $\text{R}\underline{\text{S}}\,|^-$, Hal^-, $\text{H}_2\underline{\text{O}}$, $\text{R}_2\underline{\text{O}}$, $\text{R}_3\underline{\text{N}}$, $\text{R}_2\underline{\text{S}}$, aber auch Alkene und Aromaten mit ihrem π-Elektronensystem: $\text{R}_2\text{C}=\text{C}\text{R}_2$

Radikal: Atom oder Molekül mit einem oder mehreren ungepaarten Elektronen wie $\text{Cl}\cdot$, $\text{Br}\cdot$, $\text{I}\cdot$, $\text{R}-\underline{\text{O}}\cdot$, O_2 (Diradikal).

2.5.3 Säuren und Basen, Elektrophile und Nucleophile

Definition nach *Brønsted*:

1923 schlug *Brønsted* folgende Definition vor, die für die organische Chemie sehr gut geeignet ist:

Eine Säure ist ein Protonen-Donor, eine Base ein Protonen-Akzeptor.

Die Tendenz ein Proton abzuspalten bzw. aufzunehmen bezeichnet man als **Säure- bzw. Basestärke**. Ein Maß für die Säurestärke ist der **pK_s-Wert**, der negative dekadische Logarithmus der **Säurekonstante K_s**. Eine ausführliche Behandlung dieses Themas findet sich in Basiswissen I, so dass hier nicht weiter darauf eingegangen werden soll. In Tabelle 9 sind die für den Organiker wichtigsten pK_s-Werte zusammengestellt, weitere detaillierte Angaben finden sich auf der 2. Umschlagseite. Die hier angegebenen pK_s-Werte sollte man sich gut einprägen, erleichtern sie einem doch das Verständnis vieler Reaktionen ungemein.

Tabelle 9. pK_s-Werte organischer Verbindungen im Vergleich mit Wasser

Säure	Base	pKs
RCOOH	RCOO$^-$	4-5
CH$_3$COCH$_2$COCH$_3$	CH$_3$CO$\bar{\text{C}}$HCOCH$_3$	9
HCN	CN$^-$	9.2
ArOH	ArO$^-$	8-11
RCH$_2$NO$_2$	R$\bar{\text{C}}$HNO$_2$	10
NCCH$_2$CN	NC$\bar{\text{C}}$HCN	11
CH$_3$COCH$_2$COOR	CH$_3$CO$\bar{\text{C}}$HCOOR	11
ROOCCH$_2$COOR	ROOC$\bar{\text{C}}$HCOOR	13
CH$_3$OH	CH$_3$O$^-$	15.2
H$_2$O	OH$^-$	**15.74**
 ⬡CH$_2$	 ⬡$\bar{\text{C}}$H	16
ROH	RO$^-$	16-17
RCONH$_2$	RCONH$^-$	17
RCOCH$_2$R	RCO$\bar{\text{C}}$HR	19-20
RCH$_2$COOR	R$\bar{\text{C}}$HCOOR	24-25
RCH$_2$CN	R$\bar{\text{C}}$HCN	25
HC≡CH	HC≡C$^-$	25
NH$_3$	NH$_2^-$	35
PhCH$_3$	PhCH$_2^-$	40
CH$_4$	CH$_3^-$	48
H$_3$O$^+$	H$_2$O	−1,74

Definition nach *Lewis*:

Etwa zur selben Zeit wie Brønsted formulierte *Lewis* eine etwas andere, allgemeinere Säure-Base-Theorie. Auch hier ist eine **Base** eine Verbindung mit einem **verfügbaren doppelt besetzten Orbital**, sei es ein freies Elektronenpaar oder eine π-Bindung.

Eine **Lewis-Säure** ist eine Verbindung mit einem **unbesetzten Orbital**. In einer Lewis Säure-Base-Reaktion kommt es nun zu einer Wechselwirkung des Elektronenpaars der Base (**Elektronenpaardonor**) mit dem unbesetzten Orbital der Säure (**Elektronenpaarakzeptor**) unter Bildung einer kovalenten Bindung. Typische **Lewis-Basen** sind H_2O, NH_3, Amine, CO, CN^-. Typische **Lewis-Säuren** sind z.B. $AlCl_3$, BF_3, etc. mit nur sechs Valenzelektronen (anstatt acht).

Teilchen mit (einem) freien Elektronenpaar(en) haben in der Regel sowohl basische als auch nucleophile Eigenschaften. Von **Basizität** spricht man, wenn der beteiligte Reaktionspartner ein **Proton** ist, andere **Elektrophile** werden von einem **Nucleophil** angegriffen.

Beispiel: Umsetzung eines Carbonsäureesters mit Natriumamid.

Das $NaNH_2$ kann hierbei als sehr starke Base (pK_s 35) das relativ acide Proton des Esters ($pK_s \approx 25$) entfernen unter Bildung des Esterenolats. Andererseits kann es aber als Nucleophil auch an der positivierten Carbonylgruppe angreifen unter Abspaltung von Alkoholat ($pK_s \approx 17$) und Bildung des Amids. Beide Prozesse können parallel ablaufen, was oft zu Produktgemischen führt.

Während **Acidität bzw. Basizität eindeutig definiert** sind und gemessen werden können (**thermodynamische Größen**), ist die **Nucleophilie** auf eine bestimmte Reaktion bezogen und wird meist mit der Reaktionsgeschwindigkeit des Reagenz korreliert (**kinetische Größe**). Sie wird außer von der Basizität auch von der Polarisierbarkeit des Moleküls, sterischen Effekten, Lösemitteleinflüssen u.a. bestimmt.

2.5.4 Substituenten-Effekte

Der Mechanismus der Spaltung einer Bindung hängt u.a. ab vom Bindungstyp, dem Reaktionspartner und den Reaktionsbedingungen. Meist liegen keine reinen Ionen- oder Atombindungen vor, sondern es herrschen Übergänge (je nach Elektronegativität der Bindungspartner) zwischen den diskreten Erscheinungsformen der chemischen Bindung vor. Überwiegt der kovalente Bindungsanteil gegenüber dem ionischen, spricht man von einer **polarisierten (polaren) Atombindung**. In einer solchen Bindung sind die Ladungsschwerpunkte mehr oder weniger weit voneinander entfernt, die Bindung besitzt ein **Dipolmoment** (s. Tabelle 10). Zur Kennzeichnung der Ladungsschwerpunkte in einer Bindung und einem Molekül verwendet man meist die Symbole δ^+ und δ^- (δ bedeutet Teilladung). Auch unpolare Bindungen können unter bestimmten Voraussetzungen polarisiert werden (induzierte Dipole).

Tabelle 10. Polare Kohlenstoffbindungen (C–X)

Bindungstyp	Dipolmoment in Debye	Bindungstyp	Dipolmoment in Debye
C–F	1,5	C–O	0,9
C–Cl	1,6	C=O	2,4
C–Br	1,5	C–N	0,5
C–I	1,3	C≡N	3,6

Induktive Effekte

Mit der **Ladungsasymmetrie einer Bindung** bzw. in einem Molekül eng verknüpft sind die **induktiven Substituenteneffekte (I-Effekte)**. Hierunter versteht man elektrostatische Wechselwirkungen zwischen polaren (polarisierten) Substituenten und dem Elektronensystem des substituierten Moleküls. Bei solchen Wechselwirkungen handelt es sich um **Polarisationseffekte**, die meist durch **σ-Bindungen** auf andere Bindungen bzw. Molekülteile übertragen werden. Besitzt der polare Substituent eine **elektronenziehende Wirkung** und verursacht er eine positive Partialladung, sagt man, er übt einen **–I-Effekt** aus. Wirkt der Substituent **elektronenabstoßend**, d.h. erzeugt er in seiner Umgebung eine negative Partialladung, dann übt er einen **+I-Effekt** aus

Beispiel:

$$\overset{\delta\delta\delta^+}{CH_3}-\overset{\delta\delta^+}{CH_2}-\overset{\delta^+}{CH_2}-\overset{\delta^-}{Cl} \qquad \text{1–Chlorpropan}$$

Das Chloratom übt einen induktiven elektronenziehenden Effekt (–I-Effekt) aus, der eine positive Partialladung am benachbarten C-Atom zur Folge hat. Man erkennt, dass die anderen C–C-Bindungen ebenfalls polarisiert werden. Die Wirkung nimmt allerdings mit zunehmendem Abstand vom Substituenten sehr stark ab, was durch eine Vervielfachung des δ-Symbols angedeutet wird. **Bei mehreren Substituenten addieren sich die induktiven Effekte im Allgemeinen.**

Durch den I-Effekt wird hauptsächlich die Elektronenverteilung im Molekül beeinflusst. Dadurch werden im Molekül Stellen erhöhter bzw. verminderter Elektronendichte hervorgerufen. An diesen Stellen können polare Reaktionspartner angreifen.

Durch Vergleich der Acidität von α-substituierten Carbonsäuren (s. Kap. 18.3.1) kann man qualitativ eine Reihenfolge für die Wirksamkeit verschiedener Substituenten R festlegen (mit H als Bezugspunkt):

$$R-CH_2\text{-}COOH \rightleftharpoons R-CH_2\text{-}COO^\ominus + H^\oplus$$

Substituenteneinfluss:

$$(CH_3)_3C < (CH_3)_2CH < C_2H_5 < CH_3 < \mathbf{H} < C_6H_5 < CH_3O < OH < I < Br < Cl < CN < NO_2$$

+I-Effekt	–I-Effekt
(elektronenabstoßend)	(elektronenziehend)

Auch ungesättigte Gruppen zeigen einen –I-Effekt, der zusätzlich durch „mesomere Effekte" verstärkt werden kann.

Mesomere Effekte

Als **mesomeren Effekt (M-Effekt)** eines Substituenten bezeichnet man seine Fähigkeit, die **Elektronendichte in einem π-Elektronensystem zu verändern.** Im Gegensatz zum induktiven Effekt kann der mesomere Effekt **über mehrere Bindungen hinweg** wirksam sein, er ist stark von der Molekülgeometrie abhängig. **Substituenten** (meist solche mit freien Elektronenpaaren), **die mit dem π-System** des Moleküls **in Wechselwirkung treten** können und eine **Erhöhung der Elektronendichte** bewirken, üben einen **+M-Effekt** aus.

Beispiele für Substituenten, die einen +M-Effekt hervorrufen können:

$$-\overline{\underline{Cl}}| \,, \ -\overline{\underline{Br}}| \,, \ -\overline{\underline{I}}| \,, \ -\overline{\underline{O}}-H \,, \ -\overline{\underline{O}}-R \,, \ -\overline{N}H_2 \,, \ -\underline{\overline{S}}-H$$

Beispiel *zum +M-Effekt:* Im Vinylchlorid überlagert sich das nichtbindende p-AO des Cl-Atoms teilweise mit den π-Elektronen der Doppelbindung, wodurch ein delokalisiertes System entsteht. Die Elektronendichte des π-Systems wird dadurch erhöht, die des Chlorsubstituenten erniedrigt, was sich in der Ladungsverteilung der mesomeren Grenzformel ausdrückt.

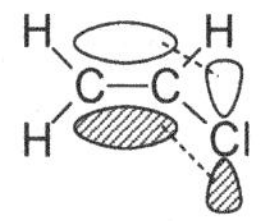

Substituenten mit einer polarisierten Doppelbindung, die in Mesomerie mit dem π-Elektronensystem des Moleküls stehen, sind elektronenziehend. Sie verringern die Elektronendichte, d.h. sie üben einen **–M-Effekt** aus. Er wächst mit

– dem Betrag der Ladung des Substituenten.

   Beispiel: $-CH=NR_2^+$ hat einen starken –M-Effekt

– der Elektronegativität der enthaltenen Elemente.

   Beispiel: $-CH=NR \ < \ -CH=O \ < \ -C\equiv N \ < \ -NO_2$

– der Abnahme der Stabilisierung durch innere Mesomerie.

   Beispiel:

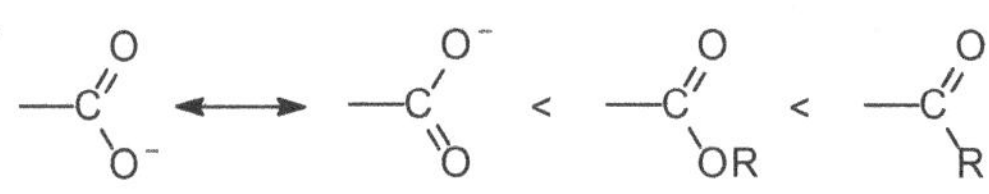

Statt von mesomeren Effekten wird oft auch von **Konjugationseffekten** gesprochen. Damit soll angedeutet werden, dass eine Konjugation mit den π-Elektronen stattfindet, die über mehrere Bindungen hinweg wirksam sein kann. Durch Konjugation wird z.B. die Elektronendichte in einer Doppelbindung oder einem aroma tischen Ring herabgesetzt, wenn sich die π-Elektronen des Substituenten mit dem ungesättigten oder aromatischen System überlagern (s.a. Kap. 8.1.2.2).

Anwendung der Substituenteneffekte

Nützlich ist die Kenntnis der Substituenteneffekte u.a. bei der Erklärung der Basizität aromatischer Amine (s. Kap. 14.1.3) oder bei Voraussagen der Eintrittsstellen von neuen Substituenten bei der elektrophilen Substitution an Aromaten (s. Kap. 8.1.2.2). Hierbei ist allerdings zu beachten, dass einige Substituenten gegensätzliche induktive und mesomere Effekte zeigen, so dass oft nur qualitative Überlegungen möglich sind.

2.5.5 Zwischenstufen: Carbokationen, Carbanionen, Radikale

Die Kenntnis der Substituenteneffekte erlaubt es auch, Voraussagen über die Stabilität von Zwischenstufen einer Reaktion zu machen. Wichtige Zwischenstufen (Dissoziationsprodukte) sind Carbokationen, Carbanionen und Radikale. Wie aus der Reaktionskinetik bekannt ist, handelt es sich dabei um echte Zwischenprodukte, die im Energiediagramm zum Auftreten eines Energieminimums führen.

Carbokationen

Bei den **Carbokationen** kann man unterscheiden zwischen **Carbonium-Ionen** und **Carbenium-Ionen**. Ein **Carbonium-Ion** enthält ein Kohlenstoff-Atom, das eine positive Ladung trägt und an vier bzw. fünf andere Atome oder Atomgruppen gebunden ist: R_5C^+. Carboniumionen kommt keine Bedeutung zu, sie sind höchstens von theoretischem Interesse. Ein **Carbeniumion** enthält ebenfalls ein C-Atom mit einer positiven Ladung. Es ist jedoch nur mit drei weiteren Liganden verbunden: R_3C^+. Sie sind **planar gebaut,** wobei das positive C-Atom sp^2-hybridisiert ist und die Substituenten an den Ecken eines Dreiecks angeordnet sind. Die positive Ladung befindet sich im nicht hybridisierten p-Orbital. **Carbeniumionen sind sehr wichtige Zwischenstufen! Carbokationen sind naturgemäß sehr starke elektrophile Reagenzien und werden durch +I- und +M-Substituenten stabilisiert.**

Carbanionen

Ein Carbanion enthält ein **negativ geladenes C-Atom**, das an drei Substituenten gebunden ist: $R_3C|^-$. **Carbanionen sind daher meist starke Nucleophile und sehr starke Basen.** Sie werden durch –I- und –M-Substituenten stabilisiert.

Radikale

Radikale entstehen als meist instabile Zwischenstufen bei der **homolytischen Spaltung von Bindungen** mit relativ niedriger Dissoziationsenergie. Das Radikal $R_3C\cdot$ ist elektrisch neutral, so dass seine Stabilität kaum von induktiven Effekten beeinflusst wird. Dagegen können Mesomerie-Effekte Radikale so sehr stabilisieren, dass sie in Lösung einige Zeit beständig sind. Radikale sind Substanzen mit **ungepaarten Elektronen.** Sie sind daher **paramagnetisch,** d.h. sie werden von einem Magnetfeld angezogen.

2.5.6 Übergangszustände

Im Gegensatz zu Zwischenprodukten, die oft isoliert oder spektroskopisch untersucht werden können, sind „Übergangszustände" **hypothetische Annahmen bestimmter Molekülstrukturen.** Sie sind jedoch für das Erarbeiten von Reaktionsmechanismen sehr nützlich. Bei ihrer Formulierung geht man zunächst davon aus, dass diejenigen Reaktionsschritte bevorzugt werden, welche die Elektronenzustände und die Positionen der Atome der Reaktionspartner am geringsten verändern. Das bedeutet, dass man zunächst nur jene Bindungen berücksichtigt, die bei der Reaktion verändert werden **(Prinzip der geringsten Strukturänderung).**

Weitere Angaben über die Struktur eines „Übergangszustandes" (Symbol: ‡) erlaubt das *Hammond-Prinzip:*

Bei einer **stark exergonischen Reaktion** ist der Übergangszustand den Ausgangsstoffen ähnlich und wird bereits **zu Beginn** der Reaktion durchlaufen **(früher ÜZ)** (Abb. 14). Im Falle einer **stark endergonischen Reaktion** ähnelt der Übergangszustand den Produkten und wird **gegen Ende** der Reaktion durchlaufen **(später ÜZ)** (Abb. 15).

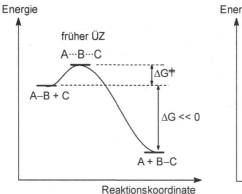
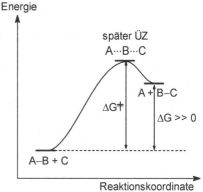

Abb. 14. Stark exergonische Reaktion; Übergangszustand wird früh erreicht: er ist eduktähnlich

Abb. 15. Stark endergonische Reaktion; Übergangszustand wird spät erreicht: er ist produktähnlich

Anwendungen

1. Liegt eine Reaktion vor, die im geschwindigkeitsbestimmenden Schritt ein instabiles, nachweisbares Zwischenprodukt (ZP) bildet, so ähneln die Übergangszustände ÜZ 1 und ÜZ 2 diesem Zwischenprodukt mehr als den Ausgangs- oder Endprodukten (Abb. 16).

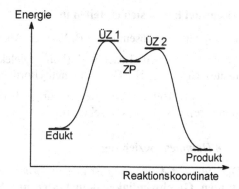

Abb. 16. Reaktion mit Zwischenprodukt

2. Die „**Theorie des Übergangszustandes**" liefert für die Geschwindigkeitskonstante k der Reaktion die sog. *Eyring*-Gleichung, die der Arrhenius-Gleichung (s. Basiswissen I) sehr ähnlich ist. Aus ihr folgt: **Die Geschwindigkeitskonstante k ist umso größer, je kleiner $\Delta G^{\ddagger}$ ist.** Das bedeutet, dass bei stark endergonischen Reaktionen die stabilen Produkte umso schneller gebildet werden, je kleiner $\Delta G^{\ddagger}$ ist.

$$k = \frac{k_B \cdot T}{h} \cdot e^{-\Delta G^{\ddagger}/R \cdot T}$$

$$k = \frac{k_B \cdot T}{h} \cdot e^{\Delta S^{\ddagger}/R} \cdot e^{-\Delta H^{\ddagger}/R \cdot T} \qquad \textit{Eyring} \text{ Gleichung}$$

k_B = Boltzmann-Konstante, h = Plancksches Wirkungsquantum, R = allgemeine Gaskonstante, T = absolute Temperatur

2.5.7 Lösemittel-Einflüsse

Viele Reaktionen erfolgen zwischen polaren oder polarisierten Substanzen. Wie bei Umsetzungen mit geladenen Carbanionen oder Carbokationen spielt dabei das Lösemittel eine wichtige Rolle, weil es den aktivierten Komplex im Übergangszustand solvatisieren kann.

Der Lösemitteleinfluss ist gering, wenn die Reaktanden und der aktivierte Komplex neutral und unpolar sind.

Kationen werden durch nucleophile Lösemittel solvatisiert, Anionen durch elektrophile Lösemittel, insbesondere solche, die Wasserstoffbrücken bilden können.

Lösemittel lassen sich einteilen in

polar-protische Lösemittel, z.B. Wasser, Alkohole, Ammoniak, Carbonsäuren,

dipolar-aprotische Lösemittel (hohe Dielektrizitätskonstante, große Dipolmomente): CH_3CN, CH_3COCH_3, Dimethylformamid, Dimethylsulfoxid, Pyridin.

apolar-aprotische Lösemittel (niedrige Dielektrizitätskonstante, kleine Dipolmomente): CS_2, CCl_4, Cyclohexan,

2.5.8 *Hammett*-Beziehung

Die *Hammett*-**Gleichung** ist geeignet zur Abschätzung von **Gleichgewichtskonstanten, Geschwindigkeitskonstanten und Substituenteneffekten**. Sie ist weitgehend auf *m*- und *p*-substituierte aromatische Verbindungen beschränkt und nur näherungsweise gültig. Die Beziehung lautet

$$\lg \frac{k}{k_0} = \sigma \cdot \rho \quad \text{bzw.} \quad \lg \frac{K}{K_0} = \sigma \cdot \rho$$

k = Geschwindigkeitskonstante der Reaktion substituierter aromatischer Verbindungen,
K = Gleichgewichtskonstante der Reaktion substituierter aromatischer Verbindungen,
k_0 = Geschwindigkeitskonstante der Reaktion unsubstituierter aromatischer Verbindungen,
K_0 = Gleichgewichtskonstante der Reaktion unsubstituierter aromatischer Verbindungen,
σ = Substituentenkonstante,
ρ = Reaktionskonstante

σ ist — im Vergleich zu Wasserstoff als Substituent — ein Maß für den Einfluss eines Substituenten auf die Reaktivität des Substrats.

ρ ist ein Maß für die Empfindlichkeit der betreffenden Reaktion auf polare Substituenteneinflüsse. Großes ρ bedeutet, dass die Reaktion stark durch Substituenteneffekte beeinflusst wird.

Theoretische Begründung für die *Hammet*-Beziehung: lg k ist proportional $\Delta G^{\ddagger}$ und lg K ist proportional ΔG^0 bei konstanter Temperatur und reversibler Reaktion. Die *Hammett*-Gleichung ist somit eine **lineare Freie Energiebeziehung**.

Eine Anwendung der *Hammett*-Beziehung sei hier kurz illustriert:

Beispiel: Berechnung des pK_S von *m*-Nitrophenol, pK_{m-NO_2}

Aus der *Hammett*-Beziehung folgt:

$$\lg \frac{K_{m-NO_2}}{K_H} = \rho \cdot \sigma_{m-NO_2}$$

$$\lg K_{m-NO_2} - \lg K_H = \rho \cdot \sigma_{m-NO_2}$$

$$pK_{m-NO_2} = pK_H - \rho \cdot \sigma_{m-NO_2}$$

Aus Tabellen entnimmt man:
pK_H = pK_S von Phenol = 10,0.
ρ = Reaktionskonstante für die „Dissoziation" von Phenolen = 2,11
σ_{m-NO_2} = Substituentenkonstante der *m*-ständigen Nitrogruppe = +0,71

Damit ergibt sich: pK_{m-NO_2} = $10 - 2,11 \cdot 0,71 = 10 - 1,50 = 8,5$ (exp. 8.4!)

Kohlenwasserstoffe

Kohlenwasserstoff-Moleküle enthalten nur Kohlenstoff und Wasserstoff. Sie werden nach Bindungsart und Struktur eingeteilt in

gesättigte Kohlenwasserstoffe (Alkane oder Paraffine),
ungesättigte Kohlenwasserstoffe (Alkene oder Olefine, Alkine) und
aromatische Kohlenwasserstoffe.

Eine weitere Gliederung erfolgt in **offenkettige (acyclische)** und in **ringförmige (cyclische)** Verbindungen.

3 Gesättigte Kohlenwasserstoffe (Alkane)

3.1 Offenkettige Alkane

Das einfachste offenkettige Alkan ist das **Methan, CH$_4$** (Abb. 8). Durch sukzessives Hinzufügen einer CH$_2$-Gruppe lässt sich daraus die homologe Verbindungsreihe der Alkane mit der **Summenformel C$_n$H$_{2n+2}$** ableiten.

Eine **homologe Reihe** ist eine Gruppe von Verbindungen, die sich um **einen bestimmten, gleich bleibenden Baustein unterscheiden.**

Während die chemischen Eigenschaften des jeweils nächsten Gliedes der Reihe durch die zusätzliche CH$_2$-Gruppe nur wenig beeinflusst werden, ändern sich die **physikalischen Eigenschaften** im Allgemeinen regelmäßig mit der Zahl der Kohlenstoff-Atome (Tabelle 11).

Die ersten vier Glieder der Tabelle haben Trivialnamen. Die Bezeichnungen der höheren Homologen leiten sich von griechischen oder lateinischen Zahlwörtern ab, die man mit der Endung -an versieht. Durch Abspaltung eines H-Atoms von einem Alkan entsteht ein **Alkyl-Rest** R (Radikal, Gruppe), der die Endung -yl erhält (s. Tabelle 11):

Beispiel:

$$\text{Alkan} \xrightarrow{\text{minus 1 H}} \text{Alkyl}$$

Alkan	Alkyl
CH$_3$–CH$_3$	$\cdot$CH$_2$–CH$_3$
Ethan	Ethyl

Verschiedene Reste an einem Zentralatom erhalten einen Index, z.B. R', R'' oder R^1, R^2 usw.

Zur formelmäßigen Darstellung der Alkane ist die in Tabelle 11 verwendete Schreibweise zweckmäßig. Die dort aufgeführten Alkane sind **unverzweigte** oder **normale Kohlenwasserstoffe (*n*-Alkane).** Die ebenfalls übliche Bezeichnung „geradkettig" ist etwas irreführend, da Kohlenstoffketten wegen der Bindungswinkel von etwa 109° am Kohlenstoffatom keineswegs „gerade" sind (vgl. Kap. 3.1.1).

Tabelle 11. Homologe Reihe der Alkane

Summen-formel	Formel	Name	Eigenschaften Schmp. (in °C)	Sdp. (in °C)	Alkyl C_nH_{2n+1}
CH_4	CH_4	Methan	−184	−164	Methyl
C_2H_6	$CH_3–CH_3$	Ethan	−171,4	−93	Ethyl
C_3H_8	$CH_3–CH_2–CH_3$	Propan	−190	−45	Propyl
C_4H_{10}	$CH_3–(CH_2)_2–CH_3$	Butan	−135	−0,5	Butyl
C_5H_{12}	$CH_3–(CH_2)_3–CH_3$	Pentan	−130	+36	Pentyl (Amyl)
C_6H_{14}	$CH_3–(CH_2)_4–CH_3$	Hexan	−93,5	+68,7	Hexyl
C_7H_{16}	$CH_3–(CH_2)_5–CH_3$	Heptan	−90	+98,4	Heptyl
C_8H_{18}	$CH_3–(CH_2)_6–CH_3$	Octan	−57	+126	Octyl
C_9H_{20}	$CH_3–(CH_2)_7–CH_3$	Nonan	−53,9	+150,6	Nonyl
$C_{10}H_{22}$	$CH_3–(CH_2)_8–CH_3$	Decan	−32	+173	Decyl
.					
.					
.					
$C_{17}H_{36}$	$CH_3–(CH_2)_{15}–CH_3$	Heptadecan	+22,5	+303	Heptadecyl
$C_{20}H_{42}$	$CH_3–(CH_2)_{18}–CH_3$	Eicosan	+37	−	Eicosyl

Abkürzungen: Methyl = Me, Ethyl = Et, Propyl = Pr, Butyl = Bu

Hinweis: Diese Abkürzungen und auch andere nur verwenden, wenn keine Missverständnisse auftreten können. So kann Me = Metall und Pr = Praseodym bedeuten.

Nomenklatur und Struktur

Von den normalen Kohlenwasserstoffen, den *n*-Alkanen, unterscheiden sich die **verzweigten Kohlenwasserstoffe,** die in speziellen Fällen mit der Vorsilbe *iso-* gekennzeichnet werden. Das einfachste Beispiel ist *iso*-**Butan.** Für **Pentan** kann man drei verschiedene Strukturformeln angeben. (unter den Formeln stehen die physikalischen Daten und die Namen gemäß den Regeln der chemischen Nomenklatur):

isomere Pentane:

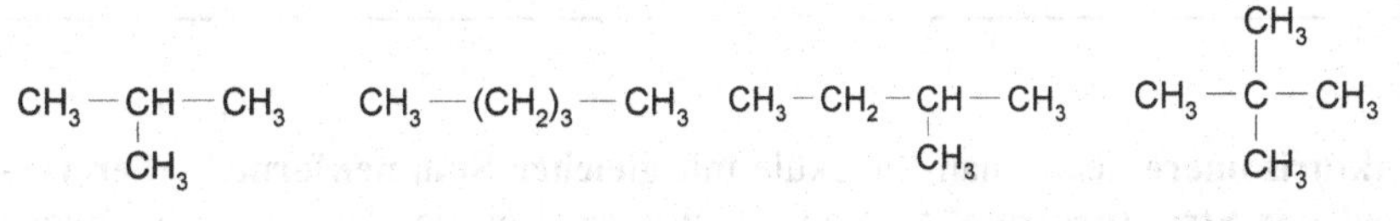

$$CH_3—CH—CH_3 \qquad CH_3—(CH_2)_3—CH_3 \qquad CH_3—CH_2—CH—CH_3 \qquad CH_3—\overset{\displaystyle CH_3}{\underset{\displaystyle CH_3}{C}}—CH_3$$
$$\underset{\displaystyle CH_3}{|} \qquad\qquad\qquad\qquad\qquad\qquad\qquad \underset{\displaystyle CH_3}{|}$$

Methylpropan (*iso*-Butan)	*n*-Pentan	2-Methyl-butan (*iso*-Pentan)	2,2-Dimethylpropan (*neo*-Pentan)
	Sdp. 36 °C Schmp. −129,7 °C	Sdp. 27,9 °C Schmp. −158,6 °C	Sdp. 9,5 °C Schmp. −20 °C

Eine Verbindung wird nach dem längsten geradkettigen Abschnitt im Molekül benannt. Die Seitenketten werden wie Alkyl-Radikale bezeichnet und alphabetisch geordnet (Bsp.: Ethyl vor Methyl). Ihre Position im Molekül wird durch Zahlen angegeben. Taucht ein **Substituent** mehrfach auf, so wird die Anzahl der Reste durch Vorsilben wie *di-*, *tri-*, *tetra-*, etc. ausgedrückt. Diese Vorsilben werden bei der alphabetischen Anordnung der Reste nicht berücksichtigt (Bsp.: Ethyl vor Dimethyl). Manchmal findet man auch Positionsangaben mit griechischen Buchstaben. Diese geben die Lage eines C-Atoms einer Kette relativ zu einem anderen an. Man spricht von α-ständig, β-ständig etc. Weitere Hinweise zur Nomenklatur finden sich in Kapitel 2.2.

Beispiel:

$$H_3C-C-CH-CH_2-CH_3 \qquad \text{3-Ethyl-2,2 dimethyl-hexan}$$

An diesem Beispiel lassen sich verschiedene Typen von Alkyl-Resten unterscheiden, die wie folgt benannt werden (R bedeutet einen Kohlenwasserstoff-Rest):

Benennung	C-Atom	Formelauszug	allgemein:
primäre Gruppen primäres C-Atom *C*	1,6	$-CH_3$; $-CH_2-CH_3$	$R-CH_3$
sekundäre Gruppen sekundäres C-Atom *C*	4,5	$CH_2-CH_2-CH_3$	$R-CH_2-R$
tertiäre Gruppen tertiäres C-Atom *C*	3	$-CH-CH_2-$ CH_2-	$R-CH-R$ R
Quartäres C-Atom *C*	2	$H_3C-C-CH-$	$R-C-R$

Strukturisomere nennt man Moleküle mit **gleicher Summenformel, aber verschiedener Strukturformel** (s. Kap. 2). Wie am Beispiel der isomeren Pentane gezeigt, unterscheiden sie sich in ihren physikalischen Eigenschaften (Schmelz- und Siedepunkte, Dichte, etc.), denn diese Eigenschaften hängen in hohem Maße von der Gestalt der Moleküle ab. So zeigen hochverzweigte, kugelige Moleküle in der Regel eine höhere Flüchtigkeit (niederer Sdp.) als lineare, unverzeigte.

3.1.1 Bau der Moleküle, Konformationen der Alkane

Im Ethan sind die Kohlenstoff-Atome durch eine rotationssymmetrische σ-Bindung verbunden (s. Kap. 1). **Die Rotation der CH_3-Gruppen um die C–C-Bindung gibt verschiedene räumliche Anordnungen, die sich in ihrem Energieinhalt unterscheiden und Konformere genannt werden** (s.a. Kap. 2).

Zur Veranschaulichung der Konformationen (s. Abb. 17) des **Ethans** CH_3–CH_3 verwendet man folgende zeichnerische Darstellungen:

1. Sägebock-Projektion (perspektivische Sicht):

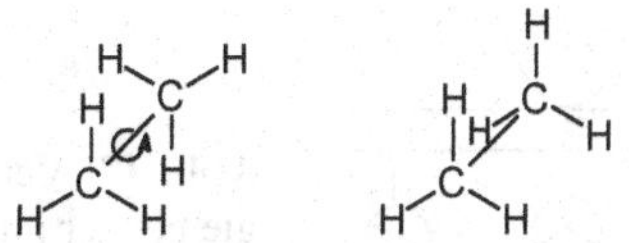

gestaffelt   ekliptisch
(staggered)   (eclipsed)

2. Stereo-Projektion (Blick von der Seite). Die Keile zeigen nach vorn, die punktierten Linien nach hinten. Die durchgezogenen Linien liegen in der Papierebene:

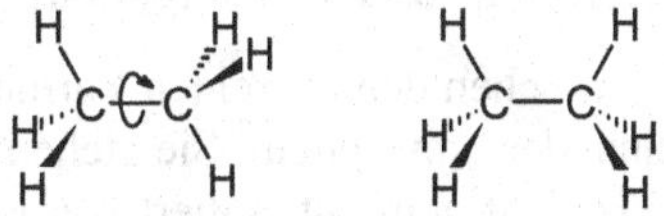

gestaffelt   ekliptisch
(staggered)   (eclipsed)

3. Newman-Projektion (Blick von vorne in die C–C-Bindung). Die durchgezogenen Linien sind Bindungen zum vorderen C-Atom, die am Kreis endenden Linien Bindungen zum hinteren C-Atom. Die Linien bei der **ekliptischen** Form müssten streng genommen aufeinander liegen (**verdeckte** Konformation). Bei der **gestaffelten** Konformation stehen die H-Atome exakt **auf Lücke**.

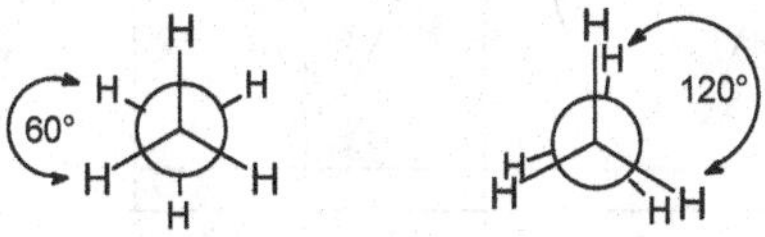

gestaffelt   ekliptisch
(staggered)   (eclipsed)

Neben diesen beiden extremen **Konformationen** gibt es unendlich viele konformere Anordnungen.

Der Verlauf der potentiellen Energie bei der gegenseitigen Umwandlung ist in Abb. 17 dargestellt. Aufgrund der Abstoßung der Bindungselektronen der C-H-Bindungen ist die gestaffelte Konformation um 12,5 kJ/mol energieärmer als die ekliptische. Im Gitter des festen Ethans tritt daher ausschließlich die gestaffelte Konformation auf.

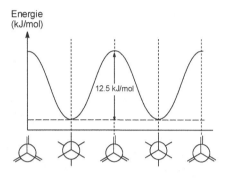

Abb. 17. Verlauf der potentiellen Energie bei der inneren Rotation eines Ethanmoleküls (Diederwinkeldiagramm)

Größere Energieunterschiede findet man beim **n-Butan**. Wenn man n-Butan als 1,2-disubstituiertes Ethan auffasst (Ersatz je eines H-Atoms durch eine CH_3-Gruppe), ergeben sich verschiedene ekliptische und gestaffelte Konformationen, die man wie in Abb. 18 angegeben unterscheidet. Die Energieunterschiede, Torsionswinkel und Bezeichnungen sind zusätzlich aufgeführt.

Da der Energieunterschied zwischen den einzelnen Formen gering ist, können sie sich (bei 20 °C) leicht ineinander umwandeln. Sie stehen miteinander im Gleichgewicht und können deshalb nicht getrennt isoliert werden; man kann sie jedoch z.B. IR-spektroskopisch nachweisen.

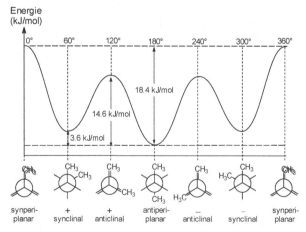

Abb. 18. Potentielle Energie der Konformationen des n-Butans

3.1.2 Vorkommen, Gewinnung und Verwendung der Alkane

Gesättigte Kohlenwasserstoffe (KW) sind in der Natur weit verbreitet, so z.B. im Erdöl (Petroleum) und im Erdgas. Die wirtschaftliche Bedeutung des Erdöls liegt darin, dass aus ihm neben Benzin, Diesel- und Heizöl sowie Asphalt und Bitumen bei der fraktionierten Destillation und der weiteren Aufarbeitung viele wertvolle Ausgangsstoffe für die chemische und pharmazeutische Industrie gewonnen werden.

Tabelle 12. Verwendung wichtiger Alkane (E = Energie)

Verbindung			Verwendung
Methan	$\xrightarrow{+O_2}$	$CO_2 + E$	Heizzwecke
	$\xrightarrow{+H_2O}$	$CO + H_2$	H_2-Herstellung
	$\xrightarrow{+O_2}$	C	Ruß als Füllmaterial
	$\xrightarrow{+O_2/NH_3}$	HCN	Synthese
Ethan	$\xrightarrow{+O_2}$	$CO_2 + E$	Heizzwecke
	$\xrightarrow{+Cl_2}$	CH_3CH_2Cl	Chlorethan
	$\xrightarrow{-H_2}$	$CH_2=CH_2$	Ethen
Propan, Butan	$\xrightarrow{+O_2}$	$CO_2 + E$	Heizzwecke
	$\xrightarrow{-H_2}$	Alkene	Synthese
Pentan, Hexan	Extraktionsmittel (z.B. Speiseöle aus Früchten)		

3.1.3 Herstellung von Alkanen

Neben zahlreichen, oft recht speziellen Verfahren zur Gewinnung bzw. Herstellung von Alkanen bieten die *Wurtz*-Synthese und die *Kolbe*-Synthese allgemein gangbare Wege, gezielt Kohlenwasserstoffe bestimmter Kettenlänge zu erhalten.

1. *Wurtz*-Synthese

Ausgehend von Halogenalkanen (s. Kap. 9) lassen sich zahlreiche höhere Kohlenwasserstoffe aufbauen. So konnten Verbindungen bis zur Summenformel $C_{70}H_{142}$ aufgebaut werden.

Beispiel: Synthese von Eicosan aus 1-Ioddecan

$$C_{10}H_{21}I + 2\ Na \longrightarrow C_{10}H_{21}Na + NaI$$

$$C_{10}H_{21}Na + C_{10}H_{21}I \longrightarrow H_{21}C_{10}-C_{10}H_{21} + NaI$$

2. *Kolbe*-Synthese

Die *Kolbe*-Synthese eignet sich zum Aufbau komplizierter gesättigter Kohlenwasserstoffe. Dabei werden konzentrierte Lösungen von **Salzen von Carbonsäuren elektrolysiert**. Man kann auch Gemische verschiedener Carbonsäuren einsetzen, erhält dabei jedoch auch Gemische von Kohlenwasserstoffen. Dem Carboxylat-Anion wird an der Anode ein Elektron entzogen, wobei ein **Radikal** entsteht. Nach Abspaltung von CO_2 kombinieren die Alkyl-Radikale zum gewünschten Kohlenwasserstoff.

$$2\ C_nH_{2n+1}COO^- \xrightarrow{\ 2e^-\ } C_{2n}H_{4n+2} + 2\ CO_2$$

Beispiel: Synthese von *n*-Butan:

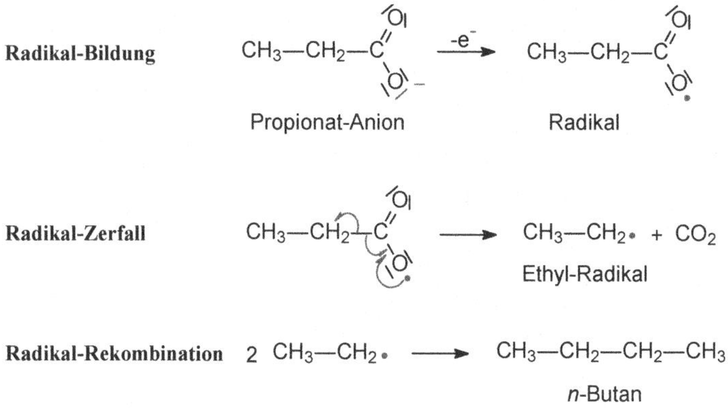

3.1.4 Eigenschaften gesättigter Kohlenwasserstoffe

Alkane sind ziemlich reaktionsträge und werden daher oft als **Paraffine** (parum affinis = wenig verwandt bzw. reaktionsfähig) bezeichnet. Der Anstieg der Schmelz- und Siedepunkte innerhalb der homologen Reihe (s. Tabelle 11) ist auf zunehmende *van der Waals*-**Kräfte** zurückzuführen. Die neu hinzutretende CH_2-Gruppe wirkt sich bei den ersten Gliedern am stärksten aus. Die Moleküle sind als ganzes **unpolar** und lösen sich daher gut in anderen Kohlenwasserstoffen, hingegen nicht in polaren Lösemitteln wie Wasser. Solche Verbindungen bezeichnet man als **hydrophob** (Wasser abweisend) oder **lipophil** (fettfreundlich). Substanzen mit OH-Gruppen (z.B. Alkohole) sind dagegen **hydrophil** (wasserfreundlich) (vgl. Basiswissen I).

Obwohl Alkane weniger reaktionsfreudig sind als andere Verbindungen, erlauben sie doch mancherlei Reaktionen, die über Radikale als Zwischenstufen verlaufen (s. Kapitel 4).

3.2 Cyclische Alkane

Die Cycloalkane sind gesättigte Kohlenwasserstoffe mit ringförmig geschlossenem Kohlenstoffgerüst. Sie bilden ebenfalls eine homologe Reihe. Als wichtige Vertreter seien genannt (neben der ausführlichen Strukturformel ist hier auch die vereinfachte Darstellung angegeben):

Cyclopropan

Cyclobutan

Cyclopentan

Cyclohexan

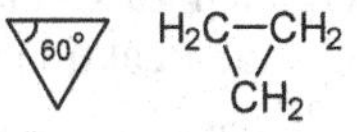

Cyclopropan findet Verwendung als Inhalationsnarkotikum, Cyclohexan als Lösemittel. Durch Oxidation erhält man hieraus Cyclohexanol, Cyclohexanon und unter oxidativer Ringspaltung Adipinsäure (s. Kap. 18.2), ebenfalls wichtige synthetische Bausteine.

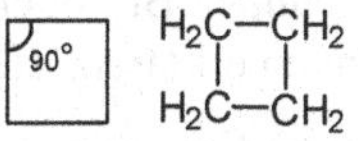

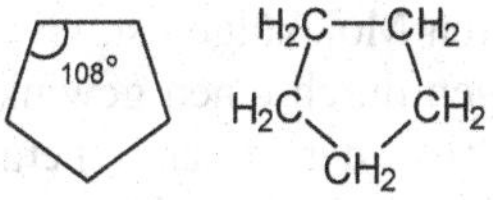

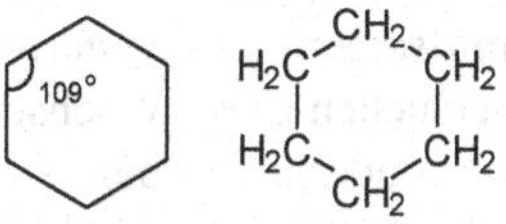

Außer einfachen Ringen gibt es auch kondensierte Ringsysteme, die vor allem in Naturstoffen, wie z.B. den Steroiden (s.a. Kap. 33) zu finden sind:

Dekalin

Hydrindan

5α-Gonan (Steran)

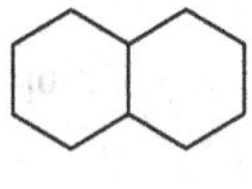

Cycloalkane haben die gleiche **Summenformel** wie Alkene, nämlich $\mathbf{C_nH_{2n}}$. Sie zeigen aber ein ähnliches chemisches Verhalten wie die offenkettigen Alkane. Ausnahmen hiervon sind Cyclopropan und Cyclobutan, die relativ leicht Reaktionen unter Ringöffnung eingehen. Dies ist auf die kleinen Bindungswinkel und die damit verbundene **Ringspannung** zurückzuführen.

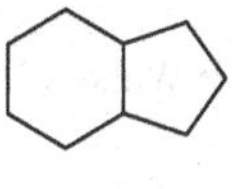

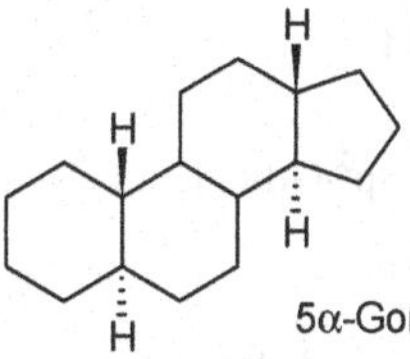

3.2.1 Bau der Moleküle, Konformationen der Cycloalkane

Im Gegensatz zum Sechsring sind im **Drei-** und **Vierring** die Bindungswinkel deformiert. Es tritt eine **Ringspannung** auf, die ***Baeyer*-Spannung** genannt wird: Alle C-Atome sollten sp^3-hybridisiert sein und Bindunswinkel von 109,3° bilden. Wegen der Winkeldeformation ist die Überlappung der Orbitale jedoch nicht optimal. Es wird vermutet, dass die Änderung der Bindungswinkel durch Änderungen in der Hybridisierung der C-Atome zustande kommt und dadurch die Bindung einer C=C-Bindung ähnlich wird. Abbildung 19a zeigt dies am Beispiel der bindenden sp^3-Orbitale des Cyclopropans. Die außerhalb der Kernverbindungslinien liegenden „**gekrümmten**" Bindungen sind gut zu erkennen. Das neuere *Walsh*-**Modell** in Abb. 19b geht davon aus, dass die C–C-Bindungen des Rings durch Überlappung dreier p-Orbitale mit je einem sp^2-Orbital entstehen. Dabei tritt auch eine antibindende Wechselwirkung auf. Damit lässt sich die hohe Reaktivität des Cyclopropans gegenüber Br_2 oder H_2SO_4 im Vergleich zu Cyclobutan und den anderen Cycloalkanen erklären, die keine entsprechende Reaktion zeigen.

Bei **unsubstituierten** Cycloalkanen tritt überdies – infolge von Wechselwirkungen zwischen den H-Atomen – eine **Konformationsspannung** auf, die man oft als *Pitzer*-**Spannung** (Abb. 20) bezeichnet. Sie ist besonders ausgeprägt bei Cyclopropan mit seinem relativ starren, planaren Molekülgerüst. Cyclobutan und Cyclopentan versuchen diese Wechselwirkungen durch einen gewinkelten Molekülbau zu vermindern, wobei sich die aus der Ebene herausgedrehten CH_2-Gruppen durch ständiges Umklappen abwechseln. Der Cyclohexanring liegt bevorzugt in der Sesselkonformation vor.

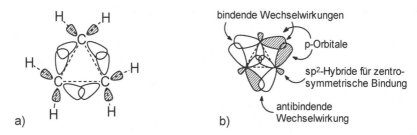

Abb. 19. a Bindende sp^3-Orbitale im Cyclopropan. **b** Walsh-Modell des Cyclopropans

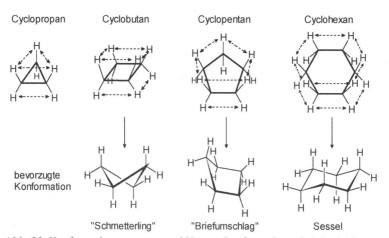

Abb. 20. Konformationsspannung und Vorzugskonformationen bei Cycloalkanen

Das Cyclohexan-Ringsystem

Die sicherlich bekannteste Konformation von Cycloalkanen ist die bereits ange-sprochene Sesselkonformation des Cyclohexans. Sie ist die energetisch günstigste Konformation, und liegt daher bevorzugt vor. Durch Drehung um C-C-Bindungen kann man die Sesselkonformation über eine andere wichtige Konformation, die Wannenkonformation, in einen zweiten Sessel umwandeln. Beide Formen stehen bei Raumtemperatur miteinander im Gleichgewicht. Ihr Nachweis gelingt nur mit spektroskopischen Methoden (z.B. NMR-Spektroskopie).

Anhand der Projektionsformeln der Molekülstrukturen in Abb. 21 erkennt man, dass die Sesselformen energieärmer sind, weil bei den Substituenten keine sterische Hinderung auftritt. Die H-Atome bzw. die Substituenten stehen auf Lücke (gestaffelt, *staggered*). Im Gegensatz hierzu stehen sie bei der Wannenform verdeckt (ekliptisch, *eclipsed*).

Bei der gegenseitigen Umwandlung der beiden Sesselformen ineinander werden neben der Wannenform eine Reihe weiterer Konformationen, wie die Halbsessel- und Twist-Konformationen durchlaufen. Auch diese sind energetisch weniger günstig als die Sesselkonformation (Abb. 22).

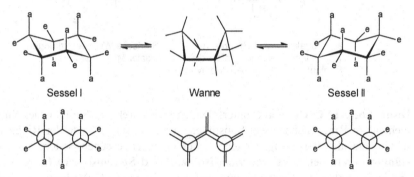

Abb. 21. Sessel- und Wannenform von Cyclohexan mit den verschiedenen Positionen der Substituenten (perspektivische und Newman-Projektionen)

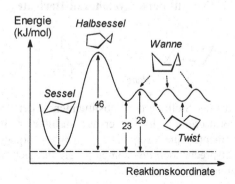

Abb. 22. Potentielle Energie verschie-dener Konformationen von Cyclohexan

Beim Sessel unterscheidet man zwei Orientierungen der Substituenten. Sie können einerseits **axial** (a) stehen, dann ragen sie senkrecht zu dem gewellten Sechsring abwechselnd nach oben und unten heraus. Andererseits sind auch **äquatoriale** (e) Stellungen möglich, wobei die Substituenten hierbei in der Ringebene liegen. Zur korrekten zeichnerischen Darstellung richtet man die Bindungen zu den äquatorialen Substituenten parallel zur übernächsten Bindung im Ring aus.

Substituierte Cyclohexane

Die gegenseitige Umwandlung der Sesselkonformationen ineinander bewirkt eine Wanderung von Atomen aus der axialen Position in die äquatoriale und umgekehrt. Bei substituierten Cyclohexanen führt dies dazu, dass **Substituenten mit der größeren Raumbeanspruchung vorzugsweise die äquatorialen Stellungen einnehmen,** weil die Wechselwirkungen mit den axialen H-Atomen geringer sind, und der zur Verfügung stehende Raum am größten ist.

äquatoriale Methyl-Gruppe (um 7,5 kJ/mol stabiler als die Struktur mit der axialen Methyl-Gruppe)

Sterische Wechselwirkungen bei axialer Methyl-Gruppe

Disubstituierte Cycloalkane unterscheiden sich durch die Stellung der Substituenten am Ring. Stehen zwei Substituenten auf derselben Seite der Ringebene, werden sie als *cis*-**ständig**, stehen sie auf entgegengesetzten Seiten, als *trans*-**ständig** bezeichnet. Diese *cis-trans*-**Isomere sind Stereoisomere** (s. Kap. 2.4) und lassen sich nicht ineinander umwandeln, da hierzu C−C-Bindungen gespalten werden müssten.

1,2-disubstituierte Cyclohexan-Derivate

I   *trans*   II   I   *cis*   II

Aus der Stellung der Substituenten in der *trans* (a,a oder e,e)- bzw. der *cis* (e,a)-Form ergibt sich, dass erstere **stabiler** ist: Im *trans*-Isomer I können beide Substituenten die energetisch günstigere äquatoriale Stellung einnehmen. Bei den entsprechenden *cis*-Isomeren befindet sich immer ein Substituent in der weniger günstigen axialen Position.

1,3-disubstituierte Cyclohexan-Derivate

I   *trans*   II   I   *cis*   II

Hier ist aus den gleichen Gründen von den beiden *cis*-Formen Form II **stabiler**. Man beachte, dass in diesem Fall entsprechend obiger Definition die Stellungen a,a bzw. e,e als *cis* und a,e als *trans* bezeichnet werden.

1,4-disubstituierte Cyclohexan-Derivate

I   *trans*   II   I   *cis*   II

Von den beiden *trans* (a,a oder e,e)- und *cis* (e,a)- Isomeren ist die diäquatoriale *trans*-Form I **am stabilsten**.

Kondensierte Ringsysteme

Sind cyclische Verbindungen über eine **gemeinsame Bindung** verknüpft, so spricht man von **kondensierten Ringen**.

Beispiel: Decalin (Decahydronaphthalin)

Beim **trans-Decalin** (Sdp. 185°C) sind die beiden Ringe **e/e-verknüpft**. Hierdurch entsteht ein sehr **starres Ringsystem**. Das *trans*-Decalin ist um 8.4 kJ/mol stabiler als das *cis*-Decalin.

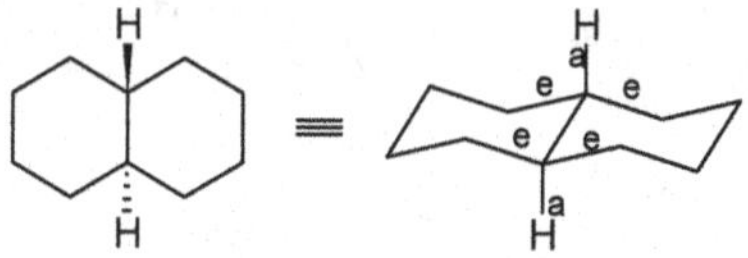

Beim **cis-Decalin** (Sdp. 194°C) liegt eine **a/e-Verknüpfung** der beiden Ringe vor. Hierdurch wird das System sehr flexibel, wobei die Substituenten beim **Umklappen von Konformation I in II** aus der axialen in die äquatoriale Position wandern und umgekehrt.

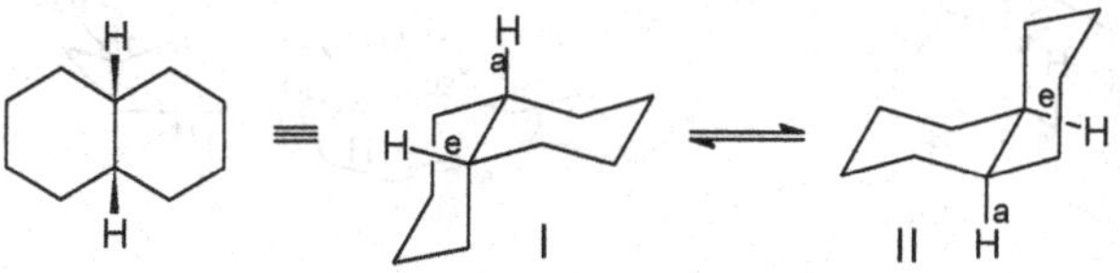

Beispiel: Das Steran-Gerüst

Die beim Decalin gezeigte *cis-trans*-Isomerie findet man auch bei anderen kondensierten Ringsystemen. Besonders wichtig ist **das Grundgerüst der Steroide, das Steran** (Gonan). Das Molekül besteht aus einem hydrierten Phenanthren-Ringsystem (drei anellierte Cyclohexan-Sechsringe A, B, C), an das ein Cyclopentan-Ring D kondensiert ist. Es handelt sich also um ein **tetracyclisches Ringgerüst**. In fast allen **natürlichen Steroiden** sind die **Ringe B und C sowie C und D *trans*-verknüpft**. Die Ringe A und B können sowohl *trans*- (5α-Steran, Cholestan-Reihe) als auch *cis*-verknüpft (5β-Steran, Koprostan-Reihe) sein. Die relative Konfiguration der Substituenten bezieht sich auf die Gruppe am C-Atom 10. Bindungen, die nach oben aus der Molekülebene herausragen, werden als **β-Bindungen** bezeichnet. Sie werden in den vereinfachten Formeln mit durchgezogenen Valenzstrichen geschrieben. **α-Bindungen** zeigen nach unten, sie werden mit punktierten Linien kenntlich gemacht. Danach stehen α-Bindungen in *trans*-Stellung, β-Bindungen in *cis*-Stellung zur Gruppe am C-10-Atom.

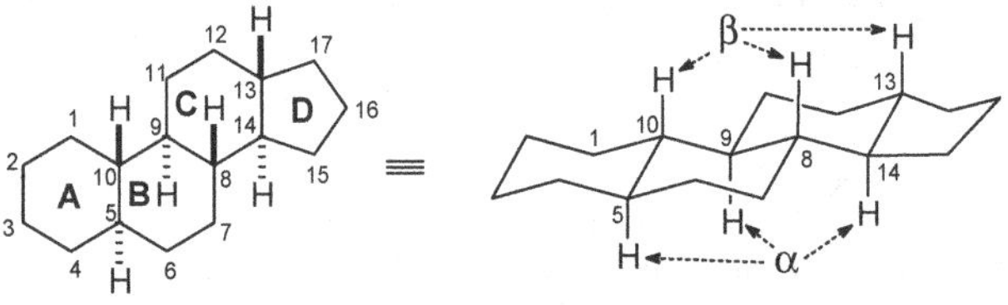

A/B *trans*: 5α-Steran (ausgewählte α- und β-Positionen sind markiert)

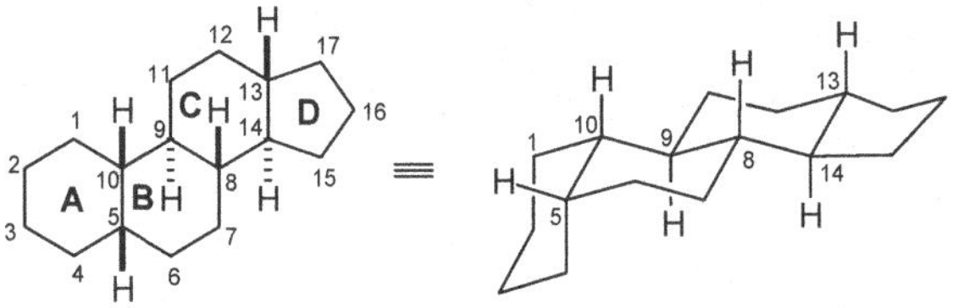

A/B *cis*: 5β-Steran

Beispiel: Cholesterol (= Cholesterin; 3β-Hydroxy-Δ^5-cholesten; Cholest-5-en-3β-ol)

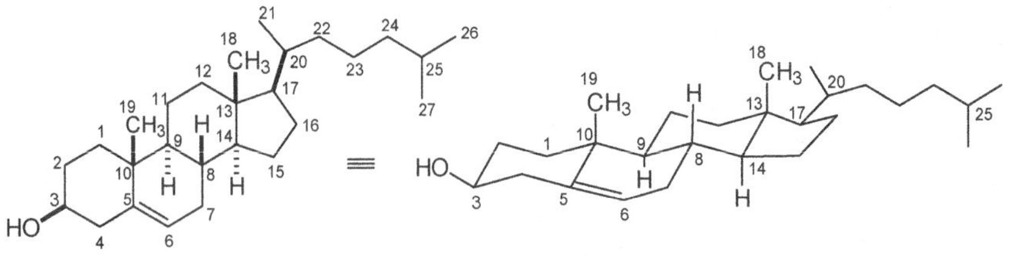

3.2.2 Herstellung von Cycloalkanen

Cyclopropan:

a) Umsetzung von 3-Brom-1-chlorpropan mit Natrium nach *Wurtz*

$$H_2C \big\langle \begin{smallmatrix} CH_2-Cl \\ CH_2-Br \end{smallmatrix} \quad + 2\,Na \longrightarrow \quad H_2C \big\langle \begin{smallmatrix} CH_2 \\ | \\ CH_2 \end{smallmatrix} \quad + NaBr \; + NaCl$$

b) Durch Cycloaddition aliphatischer Diazoverbindungen (s.a. Kap. 6.2.1)

Durch eine 1,3-dipolare Cycloaddition (s.a. Kap. 6.2.3) eines Diazoalkans an ein Alken bildet sich ein Pyrazolinderivats (Kap. 22.3.1), welches anschließend thermisch Stickstoff abspalten kann, unter Bildung des Cyclopropanringes.

$$R-CH{=}CH-R \; + \; CH_2N_2 \longrightarrow \quad \overset{R\quad\quad R}{\underset{N\nwarrow\!\!N}{H-\overset{|}{C}-\overset{|}{C}-H}} \;\; \overset{\Delta}{\underset{-N_2}{\longrightarrow}} \;\; \overset{R\quad\quad R}{H-\overset{|}{C}-\overset{|}{C}-H}$$

Alken   Diazomethan   'Pyrazolin'

Cyclobutan:

a) Reduktion von Cyclobutanon nach *Wolff-Kishner (s.* Kap. 16.5.2.2)

$$\square{=}O \; + N_2H_4 \xrightarrow[-H_2O]{} \square{=}N{\diagdown}^{NH_2} \xrightarrow{C_2H_5ONa} \square \; + N_2$$

b) Durch [2+2]-Cycloaddition (s.a. Kap. 6.2.2)

Substituierte Cyclobutanone erhält man durch Dimerisierung aktivierter Doppelbindungen, welche thermisch oder photochemisch cyclisiert werden können.

$$2\;C_6H_5{-}CH{=}CH{-}COOH \xrightarrow{h\nu} \begin{array}{l} C_6H_5{-}CH{-}CH{-}COOH \\ \;\;\;\;\;\;\;\;| \;\;\;\;\;\; | \\ C_6H_5{-}CH{-}CH{-}COOH \end{array} + \begin{array}{l} C_6H_5{-}CH{-}CH{-}COOH \\ \;\;\;\;\;\;\;\;| \;\;\;\;\;\; | \\ HOOC{-}CH{-}CH{-}C_6H_5 \end{array}$$

Zimtsäure   Truxinsäure   Truxillsäure

Cyclopentan: *Clemmensen-Reduktion* von Cyclopentanon (s. Kap. 16.5.2.1)

$$\pentagon{=}O \xrightarrow[-H_2O]{Zn(Hg),\;HCl} \pentagon$$

Cyclohexan: Katalytische Hydrierung von Benzol am Nickel-Kontakt.

Größerer Ringe erhält man durch intramolekulare **Ringschlussreaktionen** bei sehr niedrigen Konzentrationen **(Verdünnungsprinzip)** (s.a. Kap. 20.2.1.2).

4 Die radikalische Substitutions-Reaktion (S_R)

Obwohl Alkane weniger reaktionsfreudig sind als andere Verbindungen, erlauben sie doch Reaktionen, die über Radikale als Zwischenstufen verlaufen. Typische Reaktionen gesättigter Kohlenwasserstoffe sind daher radikalische Substitutionen.

4.1 Herstellung von Radikalen

Radikale sind Atome, Moleküle oder Ionen mit ungepaarten Elektronen. Sie bilden sich u.a. bei der photochemischen oder thermischen Spaltung neutraler Moleküle. Während eine thermische Spaltung (Δ) immer gelingt, setzt eine photochemische Bindungsspaltung (h·v) die Absorption der Strahlung voraus. „Farbige Verbindungen" wie etwa Halogene werden besonders leicht gespalten. Photochemisch generierte Halogenradikale spielen auch bei der Zersetzung des Ozons in der Stratosphäre eine wichtige Rolle. Moleküle mit niedriger Bindungsdissoziationsenergie wie **1** (125 kJ/mol) und **2** (130 kJ/mol) werden oft als **Initiatoren** (Starter) benutzt, die beim Zerfall eine gewünschte Radikalreaktion einleiten. Bei dem aus **1** gebildeten Phenylradikal befindet sich das ungepaarte Elektron in einem sp^2-Orbital welches senkrecht zum π-System steht. Das **Phenylradikal** ist somit **nicht mesomeriestabilisiert** und besonders reaktiv.

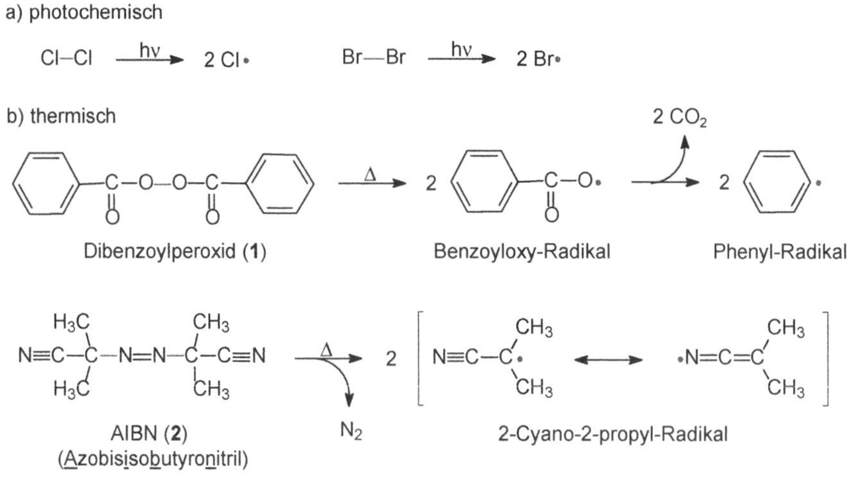

a) photochemisch

b) thermisch

Dibenzoylperoxid (**1**) Benzoyloxy-Radikal Phenyl-Radikal

AIBN (**2**)
(Azobisisobutyronitril) 2-Cyano-2-propyl-Radikal

Auch durch **Redoxreaktionen** lassen sich Radikale erzeugen.

Beispiele:

– die *Kolbe*-Synthese von Kohlenwasserstoffen (s. Kap. 3.1.3.2)

– die *Sandmeyer*-Reaktion von Aryldiazonium-halogeniden (s. Kap. 14.5.2)

– die Reaktion von Peroxiden mit Fe^{2+} zur Zerstörung von Etherperoxiden:

$$R-O-O-H + Fe^{2+} \longrightarrow Fe^{3+} + R-O\cdot + OH^-$$

4.2 Struktur und Stabilität

Radikale nehmen von der Struktur her eine Zwischenstellung ein zwischen den Carbanionen und Carbeniumionen. Bei einfachen Radikalen $R_3C\cdot$ liegt vermutlich eine Geometrie vor, die zwischen einem flachen Tetraeder und einem planaren sp^2-Gerüst liegt.

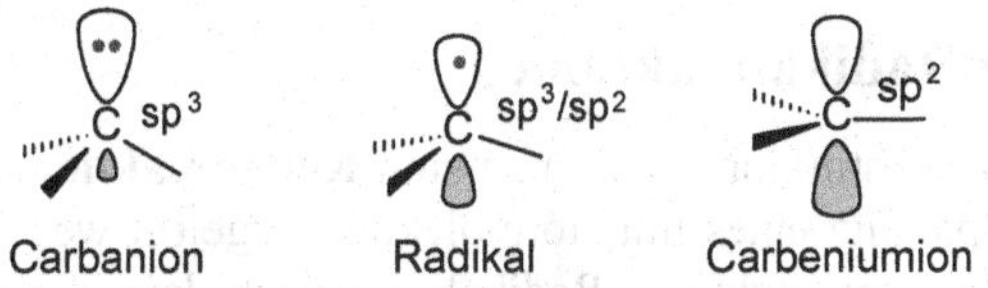

| Carbanion | Radikal | Carbeniumion |

Die Stabilität von Radikalen nimmt in dem Maße zu, wie das ungepaarte Elektron im Molekül delokalisiert werden kann (s.a. Kap. 1.4). Für Alkyl-Radikale gilt daher — wie bei den Carbeniumionen — die Reihenfolge:

primär < sekundär < tertiär

Mesomere Effekte können Radikale zusätzlich **stabilisieren.** Beim Benzylradikal befindet sich im Gegensatz zum Phenylradikal das ungepaarte Elektron in einem p-Orbital das parallel zum π-System steht. Hier ist eine Delokalisierung über den Ring möglich (4 mesomere Grenzstrukturen).

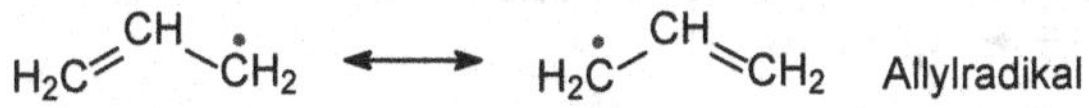

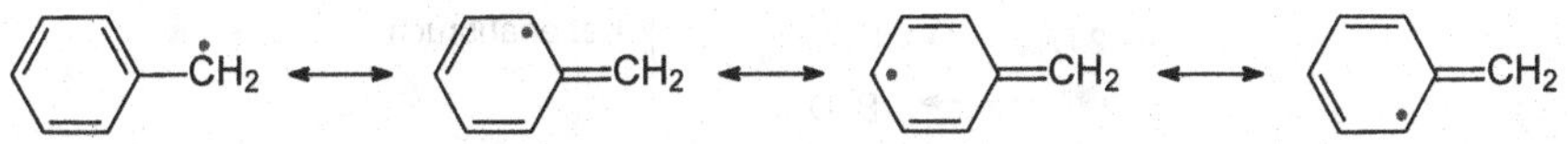

Beim Triphenylmethyl- (Trityl-) Radikal gibt es sogar 10 mesomere Grenzstrukturen. Die Dimerisierung dieses Radikals erfolgt aus sterischen Gründen nicht wie erwartet zum Hexaphenylethan, sondern zum 1-Diphenylmethylen-4-trityl-2,5-cyclohexadien. Da die Rekombination dieses Radikals behindert ist, hat es eine vergleichsweise **hohe Lebensdauer.** Man spricht in solchen Fällen von **persistenten Radikalen.**

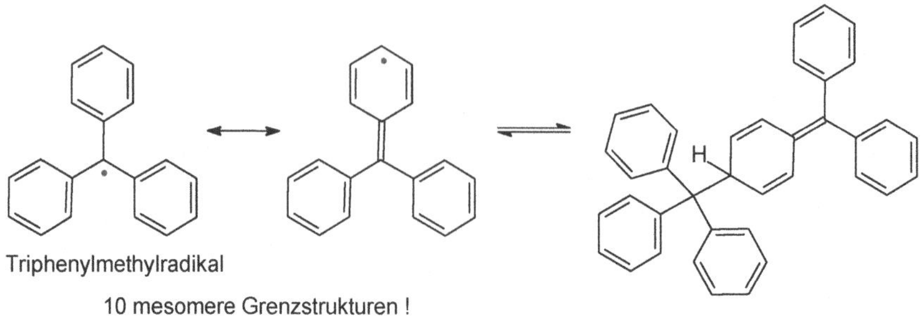

Triphenylmethylradikal

10 mesomere Grenzstrukturen !

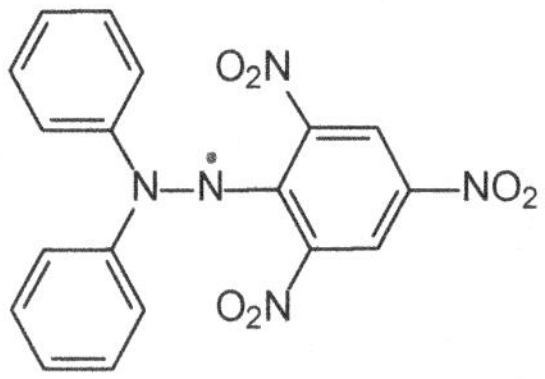

1,1-Diphenyl-2-pikrylhydrazyl-Radikal

(violett, zum Nachweis anderer Radikale geeignet)

4.3 Ablauf von Radikalreaktionen

Alle radikalischen Substitutionsreaktionen sind **Kettenreaktionen**, welche in der Regel durch die Spaltung eines Initiatormoleküls ausgelöst werden. Die in dieser **Startreaktion** gebildeten reaktiven Radikale I· setzen dann die eigentlich **Reaktionskette** in Gang, die sich immer wiederholt. Die Anzahl der durchlaufenen Cyclen pro Startreaktion bezeichnet man als **Kettenlänge**. Die Kettenlänge hängt ab von der Anzahl der **Kettenabbruchsreaktionen**, bei welcher die für die Kette benötigten reaktiven Radikale verbraucht werden. Je mehr Abbruchreaktionen, desto kürzer die Kette.

$I_2 \longrightarrow 2\,I\bullet$		Startreaktion
$I\bullet + A\text{–}B \longrightarrow I\text{–}A + B\bullet$		
$B\bullet + C\text{–}D \longrightarrow B\text{–}C + D\bullet$		Reaktionskette
$D\bullet + A\text{–}B \longrightarrow D\text{–}A + B\bullet$		
$B\bullet + C\text{–}D \longrightarrow B\text{–}C + D\bullet$		
⋮		
$2\,B\bullet \longrightarrow B_2$		Kettenabbruch
$2\,D\bullet \longrightarrow D_2$		
$B\bullet + D\bullet \longrightarrow B\text{–}D$		

Ob, wie schnell und wie selektiv eine solche Kettenreaktion abläuft, hängt von der ‚Energiebilanz' der Reaktion ab. Hierzu vergleicht man die Energie, die benötigt wird um die A–B- bzw. die C–D-Bindungen zu spalten, mit der Energie die bei der Bildung der D–A- und der B–C-Bindung frei wird. **Insgesamt endotherme Reaktionen laufen nicht ab, exotherme Reaktionen umso schneller und unselektiver, je mehr Energie frei wird.** Die zur Spaltung des Initiators benötigte Energie muss hierbei nicht berücksichtigt werden.

4.4 Selektivität bei radikalischen Substitutions-Reaktionen

Bei radikalischen Reaktionen kann man verschiedene Arten von Selektivitäten unterscheiden:

Regioselektivität: Man bezeichnet eine Umsetzung dann als **regioselektiv**, wenn bevorzugt **eine ganz bestimmte C-H-Bindung** im Molekül **substituiert wird**. In der Regel ist dies die Position, wo sich das stabilste Radikal bildet. Betrachtet man z.B. die radikalische Chlorierung von Toluol, so erfolgt der Angriff ausschließlich an der CH_3-Gruppe (keine Chlorierung des aromat. Rings), wobei die erste Chlorierung sehr viel schneller erfolgt als die zweite. Es wird also vorwiegend Benzylchlorid gebildet.

Toluol   Benzylchlorid

Chemoselektivität: Von Chemoselektivität spricht man, wenn ein Reagenz in einem Substrat **mehrere verschiedene Reaktionen eingehen kann,** aber nur **eine Reaktion erfolgt.** Bei der Umsetzung von Propen mit Chlor kann es prinzipiell zu einer Addition des Chlors an die Doppelbindung und/oder zu einer Substitution in Allylstellung kommen. Bei der technischen **Heißphasenchlorierung** erfolgt jedoch ausschließlich die allylische Substitution (die Gründe hierfür werden in Kap. 4.5.2.1 erläutert). Diese Reaktion ist also nicht nur regioselektiv sondern auch chemoselektiv.

Allylchlorid

Homolysen verlaufen umso leichter, je **kleiner die Bindungsenergie der aufzuspaltenden Elektronenpaarbindung ist**. Eine Zusammenstellung der **Bindungsdissoziationsenergien** relevanter Bindungen findet sich in Kapitel 1.4. Unter den Alkylradikalen entstehen die tertiären Radikale am leichtesten und sind auch am stabilsten. Dennoch erhält man bei vielen Reaktionen, wie z.B. Halogenierungen oftmals Isomerengemische. Dies ist nicht verwunderlich, wenn man bedenkt, dass die Anzahl der primären H-Atome in einem Alkan größer ist als z.B. die Anzahl der tertiären. Es ist somit eine höhere Wahrscheinlichkeit für einen radikalischen Angriff gegeben (statistischer Faktor).

Die Produktverteilung hängt jedoch nicht nur vom Kohlenwasserstoff ab, sondern vor allem auch vom verwendeten Halogen. **Fluorierungen** z.B. sind extrem exotherme Reaktionen und **lassen sich überhaupt nicht kontrollieren**; C–C-Bindungen werden hierbei genauso gespalten wie C–H-Bindungen. Auch **Chlorierungen** verlaufen in der Regel recht **unselektiv**, wobei es hierbei häufig auch zu Mehrfachchlorierungen kommt.

Bei **Bromierungen** kann sich allerdings die Reaktivität der H-Atome am Reaktionszentrum (Reihenfolge: tertiär > sekundär > primär) so stark bemerkbar machen, dass **bevorzugt ein Isomer entsteht** (Regioselektivität). So bildet sich bei der Bromierung von Isobutan zu 99 % tertiäres Butylbromid (2-Brom-2-methylpropan).

$$
\begin{array}{ccccccc}
& CH_3 & & & & CH_2{-}X & & & CH_3 \\
& | & & & & | & & & | \\
CH_3{-}C{-}H & + & X_2 & \xrightarrow{h\nu} & CH_3{-}C{-}H & + & CH_3{-}C{-}X \\
& | & & & & | & & & | \\
& CH_3 & & & & CH_3 & & & CH_3
\end{array}
$$

X = Cl	64 :	36
X = Br	1 :	99

Der Selektivitäts-bestimmende Schritt ist hierbei die Abstraktion eines H-Atoms aus dem Kohlenwasserstoff durch ein Halogenradikal, unter Bildung eines Alkylradikals und Halogenwasserstoff. Betrachtet man die Bindungsdissoziationsenergien der hierbei beteiligten Bindungen, so erkennt man, dass dieser Schritt bei der Bromierung endotherm ist, und zwar umso mehr, je instabiler das gebildete Alkylradikal ist.

Bindungsdissoziationsenergien:

H–Br: 366 kJ/mol   H–Cl: 431 kJ/mol RCH_2–H: 410 kJ/mol R_3C–H: 381 kJ/mol

So wird bei der Bildung von HBr weniger Energie frei, als zur Spaltung der C–H-Bindung benötigt wird. Die Differenz ist jedoch bei der tertiären C–H-Bindung relativ gering, so dass diese selektiv angegriffen wird. Bei der Chlorierung ist dieser Reaktionsschritt insgesamt exotherm und demzufolge weniger selektiv.

Relative Reaktivitäten gegenüber Halogenradikalen:

	RCH_2–H	R_2CH–H	R_3C–H
F·	1	1.2	1.4
Cl·	1	4.7	9.8
Br·	1	250	6300

4.5 Beispiele für Radikalreaktionen

4.5.1 Umsetzungen von Alkanen

4.5.1.1 Photochlorierung von Alkanen mit Cl_2

$$
\underset{\text{Alkan}}{RCH_3} + Cl_2 \xrightarrow{h\nu} \underset{\text{Halogenalkan}}{RCH_2{-}Cl} + H{-}Cl
$$

Die bei der Halogenierung entstehenden **Halogenalkane** (Alkylhalogenide) sind wichtige Lösemittel und reaktionsfähige Ausgangsstoffe. Aufgrund der geringen Selektivität der Chlorierung erhält man bei der Umsetzung von Methan außer Chlormethan (Methylchlorid, CH_3Cl) noch Dichlormethan (Methylenchlorid, CH_2Cl_2), Trichlormethan (Chloroform, $CHCl_3$) und Tetrachlormethan (Tetrachlorkohlenstoff, CCl_4). Höhere Alkane ergeben ebenfalls Produktgemische die destillativ getrennt werden müssen. Einige dieser **halogenierten Kohlenwasserstoffe** sind häufig verwendete Lösemittel und haben narkotische Wirkungen. Chlorethan C_2H_5Cl findet z.B. für die zahnmedizinische Anästhesierung Verwendung.

In einer Startreaktion wird zunächst ein Chlorradikal gebildet. Danach wird aus einem Alkan durch Abstraktion eines H· ein Radikal erzeugt, das seinerseits ein Chlormolekül angreift und so eine Reaktionskette in Gang setzt, die bei Bestrahlung mit Sonnenlicht explosionsartig verlaufen kann. Wenn diese Kette einmal gestartet wurde, kann sie Längen bis zu 10^6 Cyclen erreichen, bevor sie abbricht. Möglichkeiten des Kettenabbruchs sind Radikalrekombinationen sowie Disproportionierungsreaktionen (bei höheren Alkanen). Durch Zugabe von **Inhibitoren** (Radikalfängern) wie Sauerstoff, Phenolen, Chinonen, Iod etc. können Radikalketten künstlich gesteuert werden, indem sie abgebrochen oder von vornherein unterbunden werden (Zugabe von „**Stabilisatoren**" zu lichtempfindlichen Substanzen).

4.5.1.2 Die Chlorierung von Alkanen mit Sulfurylchlorid, SO_2Cl_2

Hierbei wird z.B. Dibenzoylperoxid als Starter benutzt.

Diese Reaktion liefert prinzipiell dasselbe Reaktionsprodukt wie die Chlorierung mit elementarem Chlor, jedoch verläuft diese Chlorierung selektiver. Dies lässt sich anhand einer höheren Stabilität, und daher auch höheren Selektivität des intermediär gebildeten Chlorsulfonylradikals erklären.

4.5.1.3 Chlorsulfonierung

Bei der **Chlorsulfonierung** (nach *Reed*) lässt man Chlor und Schwefeldioxid unter UV-Bestrahlung auf Alkane einwirken. Hierbei kommt es wie bei der Photochlorierung zur Spaltung des Chlors und zur Bildung eines Alkylradikals. Dieses reagiert dann sehr schnell mit SO_2, das dabei gebildete Sulfonylradikal reagiert anschließend mit Cl_2 zum Sulfonylchlorid und Cl·, das den nächsten Cyclus einleitet. Da der erste Schritt wie bei der Photochlorierung wenig selektiv erfolgt, entstehen auch bei diesem Prozess Produktgemische. Technisch ist dieses Verfahren interessant, da aus höheren Alkanen langkettige Sulfonylchloride gebildet werden, die wichtige Ausgangsverbindungen z.B. für Waschmittel darstellen (s. Kap. 39.1).

$$Cl_2 \xrightarrow{h\nu} 2\,Cl\cdot \qquad\qquad \text{Startreaktion}$$

$$
\begin{aligned}
Cl\cdot + RCH_3 &\longrightarrow HCl + RCH_2\cdot \\
RCH_2\cdot + SO_2 &\longrightarrow RCH_2\text{–}SO_2\cdot \\
RCH_2\text{–}SO_2\cdot + Cl_2 &\longrightarrow RCH_2\text{–}SO_2Cl + Cl\cdot
\end{aligned}
\Bigg\} \text{Reaktionskette}
$$

4.5.1.4 Pyrolysen

Unter **Pyrolyse** versteht man die thermische Zersetzung einer Verbindung. Die technische Pyrolyse langkettiger Alkane wird als **Cracken** bezeichnet (bei ca. 700 - 900 °C). Dabei entstehen kurzkettige Alkane, Alkene und Wasserstoff durch Dehydrierung. Die Bruchstücke gehen z.T. Folgereaktionen ein (Isomerisierung, Ringschlüsse u.a.).

4.5.2 Umsetzungen von Alkenen in Allylstellung

Alkene können mit Radikalen zum einen unter Addition an die Doppelbindung reagieren (s. Kap. 6.1.1), zum anderen auch unter Substitution in Allylposition, je nach Reaktionsbedingungen. Hohe Konzentrationen z.B. an Halogen führen in der Regel zum Additionsprodukt, während **niedere Halogenkonzentrationen die Substitution begünstigen**. Dies lässt sich verstehen, wenn man die beteiligten Intermediate betrachtet:

Bei der Addition entsteht aus dem relativ stabilen Halogenradikal ein weit weniger stabiles Alkylradikal. Bei hoher Halogenkonzentration findet dieses Radikal schnell einen Reaktionspartner und reagiert zum Additionsprodukt ab. Bei niederen Konzentrationen zerfällt es jedoch wieder. Ganz anders ist die Situation bei der Substitution. Greift das Halogenradikal an der Allylposition unter H-Abstraktion an, so bildet sich ein mesomeriestabilisertes Allylradikal, das von sich aus keine Folgereaktionen eingehen kann. Dieses Radikal muss also "warten bis es einen Reaktionspartner findet". Ähnliche Reaktionen lassen sich auch an der Benzylposition alkylierter Aromaten durchführen (Kap. 7.6.2.2).

4.5.2.1 Heißphasenchlorierung

Eine Möglichkeit die Konzentration an Halogen möglichst gering zu halten besteht in der Durchführung der Reaktion bei hoher Temperatur in der Gasphase. So erhält man aus Propen Allylchlorid.

4.5.2.2 Halogenierung mit *N*-Brom-Succinimid (*Wohl-Ziegler*-Reaktion)

Halogenierungen können anstatt mit elementaren Halogenen auch mit halogenierten Verbindungen ausgeführt werden. Für Chlorierungen und Bromierungen **in der Allylstellung** (Erhalt der Doppelbindung!) verwendet man *N*-**Halogen-Succinimid** (NBS = *N*-Brom-Succinimid, NCS = *N*-Chlor-Succinimid). Diese Verbindung erhält man durch Umsetzung von Succinimid mit dem entsprechenden Halogen in Gegenwart von Natronlauge.

Das so gebildete *N*-Bromsuccinimid ist daher häufig durch Spuren von Brom verunreinigt, was sich jedoch sehr positiv auf die Reaktion auswirkt. Denn diese Spuren an Brom sind für die selektive Halogenierung in Allylposition verantwortlich. Der Mechanismus sei am Beispiel der Bromierung von Cyclohexen kurz illustriert:

Die Radikalreaktion wird durch einen Starter initiiert, wobei das in geringer Konzentrationen gebildete Halogenradikal das Alken in Allylposition angreift (stabilisiertes Radikal) unter Bildung von HBr. Diese setzt dann aus dem Halogenimid in einer nicht-radikalischen sondern ionischen Reaktion das Halogen erst während der Reaktion frei. Dadurch wird die Konzentration an freiem Halogen während der Reaktion konstant niedrig gehalten.

Man verwendet zudem Tetrachlorkohlenstoff CCl_4 als Lösemittel, in dem das NBS so gut wie unlöslich ist. Auch dies hilft die Konzentration niedrig zu halten. Außerdem lässt sich der Reaktionsverlauf sehr schön verfolgen: NBS ist schwerer als CCl_4 und liegt daher zu Beginn der Reaktion am Kolbenboden. Während der Reaktion bildet sich Succinimid, ebenfalls nicht löslich in CCl_4 aber leichter als dieses. Es schwimmt also nach der Reaktion an der Oberfläche. Ist der Bodensatz verbraucht, ist die Reaktion beendet.

Mechanismus:

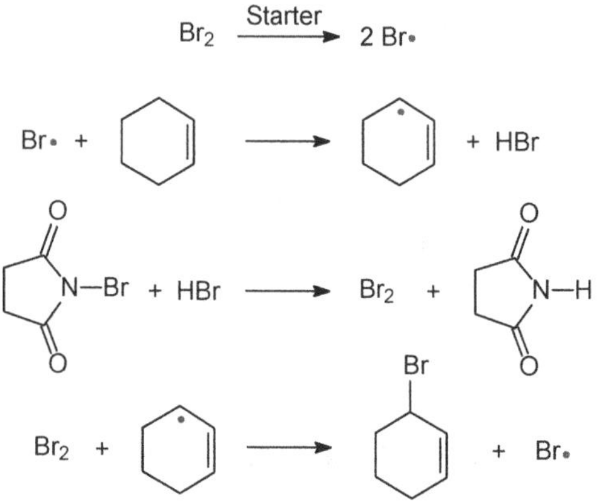

5 Ungesättigte Kohlenwasserstoffe (Alkene, Alkine)

5.1 Alkene

5.1.1 Nomenklatur und Struktur

Die **Alkene**, häufig auch noch als **Olefine** bezeichnet, bilden eine **homologe Reihe** von Kohlenwasserstoffen mit **einer oder mehreren C=C-Doppelbindungen**. Die Namen werden gebildet, indem man bei dem entsprechenden Alkan die Endung -an durch -en ersetzt und die Lage der Doppelbindung im Molekül durch Ziffern, manchmal auch durch das Symbol Δ, angibt. **Ihre Summenformel ist C_nH_{2n}.** Wir kennen **normale, verzweigte** und **cyclische** Alkene. Bei den Alkenen treten erheblich mehr Isomere (s. a. Kap. 2.2) auf als bei den Alkanen. Zu der Verzweigung kommen die verschiedenen möglichen Lagen der Doppelbindung (**Konstitutionsisomerie**) und die *cis-trans*-Isomerie hinzu.

Beispiele (die ersten drei Verbindungen unterscheiden sich um eine CH_2-Gruppe = homologe Reihe):

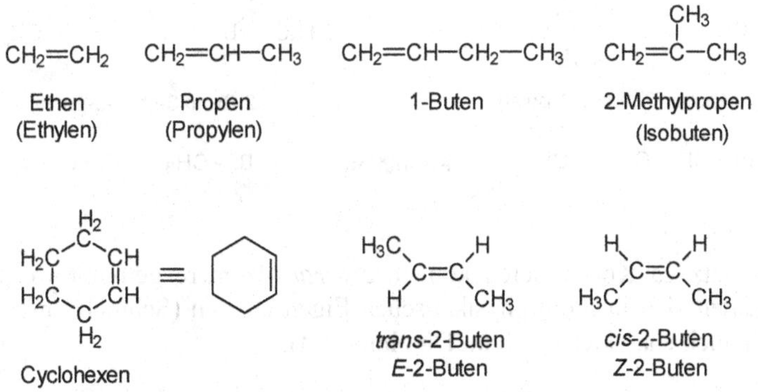

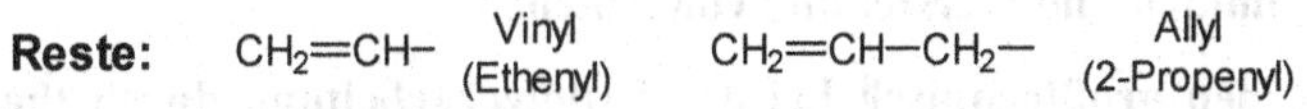

$$CH_2{=}CH_2 \qquad CH_2{=}CH{-}CH_3 \qquad CH_2{=}CH{-}CH_2{-}CH_3 \qquad CH_2{=}\overset{\overset{\displaystyle CH_3}{|}}{C}{-}CH_3$$

| Ethen (Ethylen) | Propen (Propylen) | 1-Buten | 2-Methylpropen (Isobuten) |

Cyclohexen

trans-2-Buten
E-2-Buten

cis-2-Buten
Z-2-Buten

Reste: $CH_2{=}CH{-}$ Vinyl (Ethenyl) $\qquad CH_2{=}CH{-}CH_2{-}$ Allyl (2-Propenyl)

cis-trans-Isomerie (geometrische Isomerie)

Diese Art von Isomerie tritt auf, **wenn die freie Drehbarkeit um die Kohlenstoff-Kohlenstoff-Bindung aufgehoben wird,** z.b. durch einen Ring (s. Kap. 3.2.1) oder eine Doppelbindung. Bei letzterer wird die Rotation durch die außerhalb der Bindungsachse liegenden Überlappungszonen der p-Orbitale eingeschränkt (s. Kap. 1.3.2).

Beim ***trans*-2-Buten** befinden sich jeweils gleiche Substituenten an gegenüberliegenden Seiten der Doppelbindung, beim ***cis*-2-Buten** auf derselben Seite.

Diese *cis-trans*-Benennung ist sehr gut geeignet zur Beschreibung 1,2-disubstituierter Doppelbindungen, sie bereitet jedoch Probleme bei drei- und vierfach substituierten Systemen. Hinzu kommt, dass die geometrische Isomerie auch bei Molekülen mit andersartigen Doppelbindungen wie C=N oder N=N auftreten kann. **Daher hat man ein Bewertungssystem ausgewählt, bei dem die Substituenten gemäß den** *Cahn-Ingold-Prelog*-**Regeln** (s. Kap. 25.3.2) **nach fallender Ordnungszahl geordnet werden.** Dies gilt auch für größere Gruppen. Befinden sich die Substituenten mit höherer Priorität auf derselben Seite der Doppelbindung, liegt eine *Z*-**Konfiguration** (*Z* von „zusammen") vor. Liegen diese Substituenten auf entgegengesetzten Seiten, spricht man von einer *E*-**Konfiguration** (*E* von „entgegen").

Beispiele*:*

E	*Z*	*E*	*Z*
1-Brom-1-chlor-2-methyl-1-buten		2-Brom-3-chlor-2-penten	
Br > Cl C $_2$H$_5$ > CH$_3$	**Prioritäten**	Br > CH$_3$ Cl > C $_2$H$_5$	

Im Gegensatz zu Konformeren können *cis-trans*-Isomere getrennt werden, sie unterscheiden sich in ihren physikalischen Eigenschaften (Schmelzpunkt, Siedepunkt, oft auch charakteristisch im Dipolmoment).

5.1.2 Vorkommen und Herstellung von Alkenen

Alkene werden großtechnisch bei der Erdölverarbeitung durch thermische Crack-Verfahren oder katalytische Dehydrierung gewonnen.

1. Im Labor werden oft **Eliminierungs-Reaktionen** (s. Kap. 11) für die Olefin-Herstellung benutzt. Analoges gilt für die Alkine.

Beispiel: Dehydratisierung von Alkoholen thermisch und/oder im sauren Milieu

$$CH_3\!-\!CH_2\!-\!OH \xrightarrow[\substack{Al_2O_3 \\ 400°C}]{\substack{H_2SO_4 \\ 150°C}} CH_2\!=\!CH_2 + H_2O$$

Ethanol   Ethen

Die saure Dehydratisierung erfolgt durch Protonierung der OH-Funktion und Bildung eines Carbeniumions unter H_2O-Abspaltung (E1-Mechanismus, s. Kap. 11.2.1). Daher können bei höheren Alkoholen Nebenreaktionen wie Umlagerungen auftreten, was zu Produktgemischen führen kann.

Beispiel: Eliminierung von Halogenwasserstoff im basischen Milieu

cis-1-Chlor-2-methylhexan   1-Methylcyclohexen

Die Eliminierung erfolgt in der Regel nach einem E_2-Mechanismus (Kap.11.2.3), wobei bei cyclischen Verbindungen das abgespaltene Proton *trans* zum austretenden Chlorid orientiert sein muss. Eine analoge Eliminierung aus *trans*-1-Chlor-2-methylhexan ist daher nicht möglich.

2. Die **partielle Reduktion von Alkinen** erlaubt durch geeignete Wahl der Reaktionsbedingungen die selektive Herstellung von *cis*- oder *trans*-Alkenen.

Die Verwendung eines teilweise vergifteten Katalysators, des sog. *Lindlar*-**Katalysators** ($Pd/CaCO_3/PbO$) erlaubt eine **partielle Hydrierung der Dreifachbindung**. Der zu übertragende Wasserstoff und das Alkin werden gleichzeitig an den Katalysator gebunden und der Wasserstoff **ausschließlich** auf 'eine Seite' der Dreifachbindung übertragen. Es wird **stereospezifisch** ein *cis*-Alken gebildet.

Bei der Reduktion mit **Natrium in flüssigen Ammoniak** kommt es zu einer Übertragung von Elektronen vom Natrium auf die Dreifachbindung. Es bildet sich intermediär ein Dianion, wobei die neg. Ladungen sich gegenseitig abstoßen und daher auf 'maximale Distanz' zueinander gehen. Anschließende Protonierung liefert daher **bevorzugt** (aber nicht ausschließlich) das *trans*-Produkt. Diese Reaktion verläuft **stereoselektiv** (s.a. Kap. 25.5.2).

3. Die *Wittig*-Reaktion (s. Kap. 15.4.5) und die verwandte *Horner-Emmons Reaktion* sind sehr beliebte Methoden zur Einführung von Doppelbindungen in Moleküle vor allem deshalb, weil sich unter **C-C-Knüpfung** auch komplexe Moleküle aufbauen lassen. Ein Problem bei diesen Reaktionen ist die Kontrolle der Doppelbindungsgeometrie während des Knüpfungsschrittes.

5.1.3 Verwendung von Alkenen

Die wichtigsten Reaktionen der Alkene sind Additionsreaktionen (s. Kap. 6), die zu einer Reihe auch technisch wichtiger Produkte führen Eine Zusammenfassung der wichtigsten Produkt zeigt Tabelle 13.

Tabelle 13. Verwendung und Eigenschaften einiger Alkene

Ethen $H_2C=CH_2$	$\xrightarrow{O_2\,(Ag)}$	Ethylenoxid
Schmp. −169 °C	$\xrightarrow{Cl_2}$	Vinylchlorid ($\rightarrow$ PVC)
Sdp. −102 °C	$\xrightarrow{O_2\,(PdCl_2)}$	Acetaldehyd
	$\xrightarrow{C_6H_6}$	Ethylbenzol ($\rightarrow$ Styrol)
	$\xrightarrow{HCl}$	Ethylchlorid
	$\xrightarrow{H_2O}$	Ethanol
	$\xrightarrow{H_2C=CH_2}$	Polyethylen
Propen $CH_2=CH–CH_3$	$\xrightarrow{O_2\,/\,NH_3}$	Acrylnitril ($\rightarrow$ Polyacrylnitril)
Schmp. −185 °C	$\xrightarrow{O_2\,(PdCl_2)}$	Aceton
Sdp. −48 °C	$\xrightarrow{H_2O}$	Propanol ($\rightarrow$ Aceton)
	$\xrightarrow{Cl_2}$	Alkylchlorid
	$\xrightarrow{C_6H_6}$	Cumol ($\rightarrow$ Aceton, Phenol)
	$\xrightarrow{H_2C=CH–CH_3}$	Polypropylen
Buten $CH_3–CH_2–CH=CH_2$	$\xrightarrow{-H_2}$	1,3-Butadien
Schmp. −186 °C, Sdp. −6 °C	$\xrightarrow{H_2O}$	2-Butanol

5.1.4 Diene und Polyene

Neben Molekülen mit nur einer Doppelbindung gibt es auch solche, die mehrere Doppelbindungen enthalten, z.B. die Diene und Polyene. Man unterscheidet

kumulierte (direkt benachbarte) Doppelbindungen

konjugierte Doppelbindungen (alternierende Doppel- und Einfachbindungen)

isolierte Doppelbindungen (keine Wechselwirkungen zwischen den Doppelbindungen).

Beispiele:

$$CH_2{=}C{=}CH{-}CH_2{-}CH_3 \qquad CH_2{=}CH{-}CH{=}CH{-}CH_3 \qquad CH_2{=}CH{-}CH_2{-}CH{=}CH_2$$

1,2-Pentadien	1,3-Pentadien	1,4-Pentadien
kumuliert	*konjugiert*	*isoliert*

Kumulene

Verbindungen mit zwei oder mehr **aneinander gereihten Doppelbindungen** heißen **Kumulene**. Das einfachste Kumulen ist das Propadien (Allen), das zwei sp^2- und ein sp-hybridisiertes C-Atom enthält: $H_2C{=}C{=}CH_2$. Die p-Orbitale der beiden π-Bindungen stehen hierbei senkrecht zueinander.

Kumulene sind stereochemisch besonders interessant, da sie bei **gerader Anzahl** von Doppelbindungen **chiral** sind und bei **ungerader Anzahl** als *cis-trans*-Isomere auftreten (s. Kap. 25.4.3).

Konjugierte Diene

Während sich Moleküle mit **isolierten Doppelbindungen** wie **einfache Alkene** verhalten, haben Moleküle mit **konjugierten Doppelbindungen** andere Eigenschaften. Dies macht sich besonders bei Additionsreaktionen (s. Kap. 6) bemerkbar. **Die Addition von Br$_2$ an Butadien gibt neben dem Produkt der „üblichen" 1,2-Addition auch ein 1,4-Additionsprodukt:**

$$CH_2{=}CH{-}CH{=}CH_2 \xrightarrow{\ Br_2\ } \underset{\substack{| \quad | \\ Br \quad Br}}{CH_2{-}CH{-}CH{=}CH_2} + \underset{\substack{| \qquad\quad | \\ Br \qquad\quad Br}}{CH_2{-}CH{=}CH{-}CH_2}$$

	1,2-Addukt	1,4-Addukt

Der Grund hierfür ist, dass als Zwischenstufe ein substituiertes **Allyl-Kation** (Carbeniumion) auftritt, in dem die positive Ladung auf die C-Atome 2 und 4 verteilt ist **(Mesomerie-Effekte)**:

$$CH_2-\overset{+}{CH}-CH=CH_2 \quad \longleftrightarrow \quad CH_2-CH=CH-\overset{+}{CH_2} \quad \longleftrightarrow \quad CH_2-\overset{\delta^+}{CH}\cdots CH\cdots\overset{\delta^+}{CH_2}$$
$$\underset{Br}{|} \qquad\qquad\qquad\qquad \underset{Br}{|} \qquad\qquad\qquad\qquad \underset{Br}{|}$$

Das Mengenverhältnis beider Isomere hängt von den Reaktionsbedingungen ab. Bei tiefen Temperaturen entsteht meist überwiegend das schneller gebildete 1,2-Addukt („**kinetische Kontrolle**"), bei höheren Temperaturen das thermodynamisch stabilere 1,4-Addukt („**thermodynamische Kontrolle**").

Von Bedeutung ist außerdem, dass die Hydrierungs-Enthalpien der konjugierten Verbindungen (z.B. 1,3-Butadien) stets kleiner sind als die der entsprechenden nichtkonjugierten Verbindungen (z.B. 1,2-Butadien). **Konjugierte π-Systeme haben also einen kleineren Energieinhalt und sind somit stabiler.**

Der Grund hierfür ist die **Delokalisierung von π-Elektronen** in den konjugierten Polyenen wie z.B. beim Butadien. Alle C-Atome liegen hier in einer Ebene, daher können sich alle vier mit je einem Elektron besetzten p-Atomorbitale überlappen. **Es bildet sich eine über das ganze Molekülgerüst verteilte Elektronenwolke** (Einzelheiten s. Kap. 5.1.5).

Besonders wichtige Reaktionen solcher konjugierter Diene sind *Diels-Alder*-Reaktionen, so genannte **[4+2]-Cycloadditionen**, welche im nächsten Kapitel ausführlich behandelt werden.

Valenzisomerie

Einige Polyene zeigen eine Isomerie, die man Valenzisomerie oder **Valenztautomerie** nennt. **Valenzisomere entstehen durch intramolekulare Umordnungen von Bindungen.** Reaktand und Produkt sind bei diesen Mehrzentrenprozessen **Konstitutionsisomere** (s.a. Kap. 2).

Valenzisomere können getrennt werden, wenn die Energiebarriere für ihre gegenseitige Umwandlung hoch genug ist. Andernfalls können sie indirekt, z.B. spektroskopisch, nachgewiesen werden. Als **degenerierte (entartete) Valenzisomere** werden Verbindungen bezeichnet, bei denen Reaktand und Produkt die gleiche Molekülstruktur haben und die Bindungen sich reversibel ineinander umwandeln („fluktuieren"). **Fluktuierende Bindungen** sind **keine mesomeren Systeme** wie etwa Benzol!

Besonders gut untersucht ist das abgebildete 1,3,5,7-Cyclooctatetraen (Darst. S. Kap. 5.2), eine **nicht-aromatische Verbindung**, die in einer **Wannenform** vorliegt. Die valenzisomeren Formen können NMR-spektroskopisch unterschieden werden. Man beobachtet eine Ringinversion (k_1), eine entartete Valenztautomerie (k_2) und eine Valenztautomerie (k_3) zu cis-Bicyclo-[4,2,0]octatrien-(2,4,7) mit einem Gleichgewichtsanteil von 0,01 %.

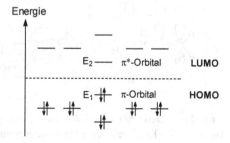

$$k_1 = 10\,s^{-1}$$
$$k_2 = 70\,s^{-1}$$
$$k_3 = 6 \cdot 10^{-10}\,s^{-1}$$
$$k_{-3} = 9,1 \cdot 10^{-4}\,s^{-1}$$

$$E_{A\,(2)} = 57,3\ kJ\ mol^{-1}$$
$$E_{A\,(3)} = 113,8\ kJ\ mol^{-1}$$
$$E_{A\,(-3)} = 78,2\ kJ\ mol^{-1}$$

k = Geschwindigkeitskonstante bei 0°C, E_A = Aktivierungsenergie

5.1.5 Elektronenstrukturen von Alkenen nach der MO-Theorie

Ergänzend zu den bindungstheoretischen Ausführungen in Kap. 1.3 sollen hier die Energieniveau-Schemata von Alkenen betrachtet werden.

1. Ethen

Das **Molekülorbital (MO)-Schema** enthält sechs bindende und sechs antibindende MO (Abb. 23). Das bindende π-MO (E_1) ist doppelt besetzt und zugleich das höchste besetzte MO (**HOMO** = *highest occupied MO*) des Grundzustandes. Das antibindende π-MO (E_2) ist demnach das niedrigste unbesetzte MO (**LUMO** = *lowest unoccupied MO*).

Die Lage von HOMO bzw. LUMO auf der Energieskala liefert eine einfache Erklärung für die Reaktivität einer Bindung. Sie bestimmt in erster Näherung das chemische Verhalten und die spektroskopischen Eigenschaften (vgl. Kap. 26). In Abb. 24 wurden daher nur noch diese π-MO berücksichtigt; zusätzlich sind die Basis-AO dargestellt, aus denen sie entstehen. Den ersten angeregten Zustand erhält man durch den Übergang eines Elektrons aus dem HOMO in das LUMO (π→π*-Übergang, Abb. 25).

Energie

E_2 —— π*-Orbital   LUMO

E_1 π-Orbital   HOMO

Abb. 23. Grundzustand des Ethen-Moleküls (Energieniveauschema)

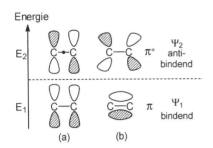

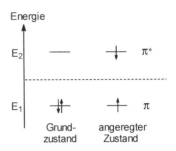

Abb. 24. a Basis-AO der π-MO im Ethen.
b die delokalisierten π-MO

Abb. 25. Besetzungsschema der π-MO im Ethen

2. Butadien

Betrachtet man das π-Bindungssystem des Butadiens, so entstehen aus **vier** 2p$_z$-AO **vier** π-MO, die über alle vier C-Atome delokalisiert sind. Abbildung 26 gibt die Wellenfunktionen für die π-MO des Butadiens wieder (vgl. mit Abb. 24).

Im Grundzustand sind ψ$_1$ und ψ$_2$ mit je zwei Elektronen besetzt. Die Konfiguration ist ψ$_1^2$ψ$_2^2$. ψ$_2$ hat eine **Knotenebene**, d.h. es ist antisymmetrisch bezüglich einer Ebene zwischen C-2 und C-3, ψ$_3$ hat zwei und ψ$_4$ hat drei Knotenebenen.

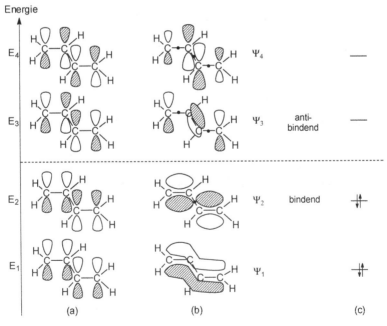

Abb. 26. a Basis-AO der π-MO im Butadien Grundzustand; **b** Delokalisierte π-MO im Butadien (● = Knotenebene); **c** Besetzungszustand im Grundzustand

3. Allyl-Gruppe

Die Allyl-Gruppe ist ein weiteres Beispiel für ein einfaches, delokalisiertes Elektronensystem. **Das Allyl-System kann als Kation, als Radikal oder als Anion vorliegen.**

$$CH_2=CH-\overset{+}{C}H_2 \qquad CH_2=CH-\overset{\bullet}{C}H_2 \qquad CH_2=CH-\overset{-}{C}H_2$$

Allyl-Kation   Allyl-Radikal   Allyl-Anion

Aus den drei p-Orbitalen der C-Atome lassen sich drei MO bilden (ψ_1 bis ψ_3, Abb. 27). ψ_1 umfasst alle drei C-Atome: **Allyl-Systeme werden daher durch Delokalisierung stabilisiert.** ψ_2 hat am mittleren C-Atom eine Knotenebene und besitzt die gleiche Energie wie ein isoliertes p-Orbital: es ist nichtbindend. ψ_3 ist antibindend und besitzt zwei Knotenebenen. (Die Knotenebenen an den beiden Enden der Systeme sind in allen Abb. wie üblich nicht eingezeichnet worden.)

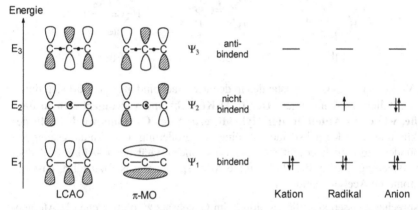

Abb. 27. Allyl-System. Besetzungszustand der π-MO im Kation, Radikal und im Anion

5.2 Alkine

Eine weitere homologe Reihe ungesättigter Verbindungen bilden die unverzweigten und verzweigten Alkine. Der Prototyp für diese Moleküle mit einer **C≡C-Dreifachbindung** ist das **Ethin (Acetylen), HC≡CH** (bindungstheoretische Betrachtung s. Kap. 1.3.2).

Beachte, dass bei Alkinen zwar Konstitutionsisomere, jedoch wegen der Linearität der Dreifachbindung keine *cis-trans*-Isomere möglich sind.

Wichtige Vertreter der 'Acetylen-Reihe' sind:

Propin (Methyl-acetylen)	$CH_3-C\equiv CH$
1-Butin (Ethyl-acetylen)	$C_2H_5-C\equiv CH$
2-Butin (Dimethyl-acetylen)	$CH_3-C\equiv C-CH_3$

2-Methyl-3-hexin
(Ethylisopropyl-acetylen)

$$C_2H_5-C\equiv C-\underset{\underset{CH_3}{|}}{CH}-CH_3$$

5-Methyl-2-hexin
(Methylisobutyl-acetylen)

$$CH_3-\underset{\underset{CH_3}{|}}{CH}-CH_2-C\equiv C-CH_3$$

Betrachtet man die Kernabstände der beiden C-Atome bzw. der C–H-Bindung im Ethan, Ethen und Ethin, so erhält man folgende Werte:

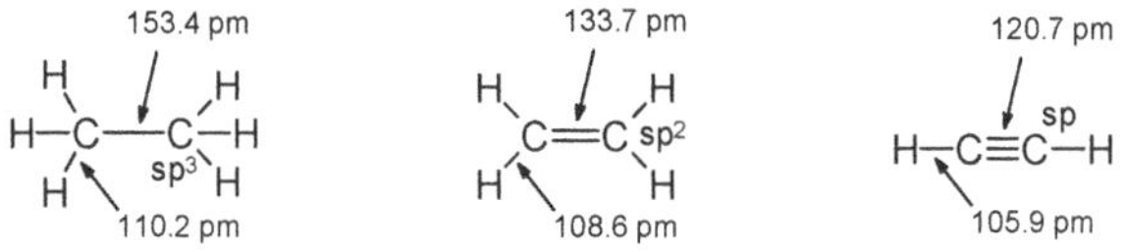

Ethan   Ethen   Ethin

Die Verkürzung des C–C-Abstandes in den Mehrfachbindungen erklärt sich durch die zusätzlichen π-Bindungen. **Der C–H-Kernabstand verringert sich in dem Maße, wie der s-Anteil an der Hybridisierung des C-Atoms wächst.** Mit der Verkürzung der Kernabstände ist eine Vergrößerung der Bindungsenergien verbunden, zusätzlich erhöht sich die Elektronegativität der C-Atome mit dem Hybridisierungsgrad in der Reihenfolge $sp^3 < sp^2 < sp$, was dazu führt, dass die H-Atome im Acetylen **acide** sind.

Entsprechend lassen sich die H-Atome, im Gegensatz zu olefinischen H-Atomen, leicht durch Metallatome ersetzen, wobei **Acetylide** gebildet werden. Hiervon sind besonders die **Schwermetall-acetylide** wie Ag_2C_2 und Cu_2C_2 **sehr explosiv.** Dies geht auch mit anderen endständigen Alkinen.

$$H-C\equiv C-H \xrightarrow[-NH_3]{+NaNH_2} H-C\equiv Cl^- \; Na^+$$

Acetylen   Natriumacetylid

Das Acetylid-Ion ist ein Nucleophil und kann mit verschiedenen Elektrophilen weiter umgesetzt werden (*Reppe*-Chemie), z.B. mit dem elektrophilen CO_2:

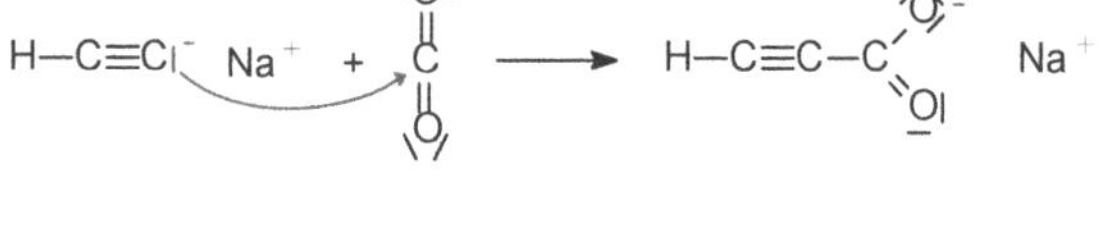

oder mit Halogenalkanen:

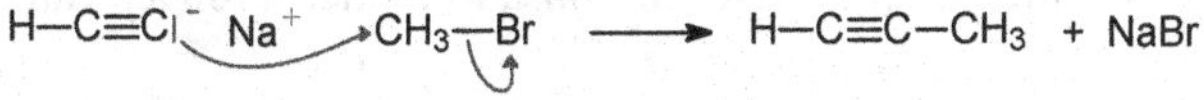

$$H-C\equiv Cl^- \quad Na^+ \quad \rightarrow CH_3-Br \longrightarrow H-C\equiv C-CH_3 \ + \ NaBr$$

Weitere, vor allem auch technisch wichtige Umsetzungen sind:

die **Ethinylierung:** Reaktion des Acetylens mit Aldehyden oder Ketonen und Kupferacetylid (CuC$_2$) als Katalysator, wobei die C$\equiv$C-Bindung erhalten bleibt. Es entstehen Alkinole oder Alkindiole. Diese Reaktion dient auch zur Herstellung von **Isopren** (für die Kunststoffherstellung) **aus Aceton**:

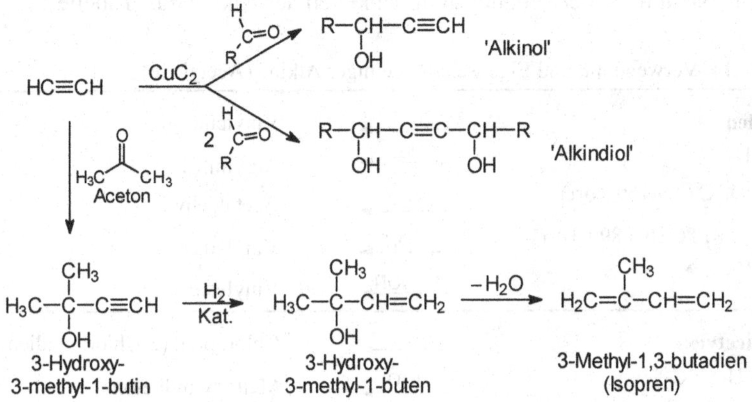

Der **ungesättigte Charakter der Ethine** zeigt sich in zahlreichen **Additions-reaktionen** (s. Kap. 6):

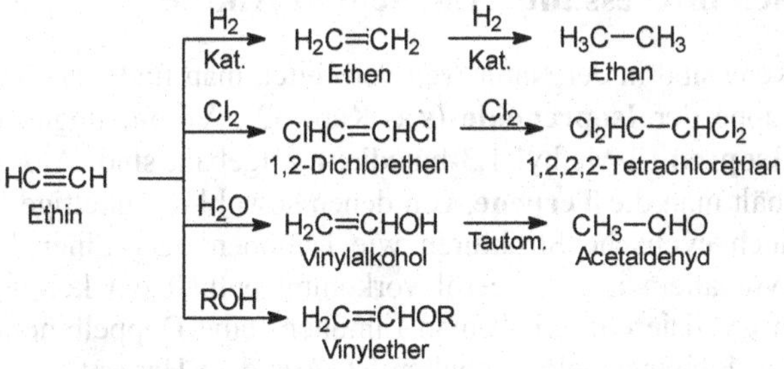

Cyclisierung: Durch Polymerisation von Acetylen bilden sich Cycloolefine, z.B. Cyclooctatetraen (COT), Benzol u.a.

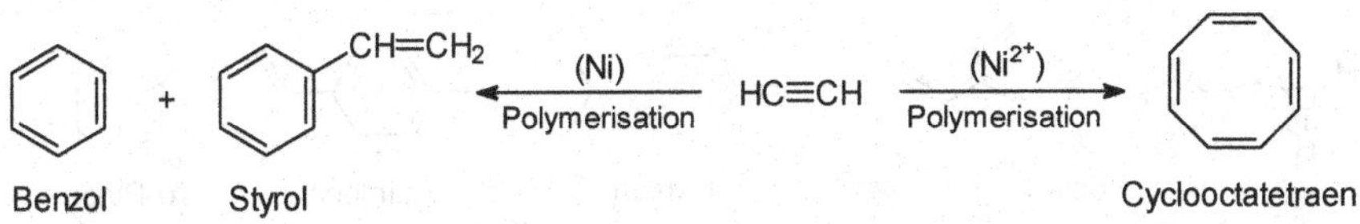

Carbonylierung: Aus Acetylen und Kohlenmonoxid erhält man mit Wasser, Alkoholen oder Aminen ungesättigte Carbonsäuren oder ihre Derivate:

$$HC{\equiv}CH + CO \xrightarrow{\begin{array}{l}+ \ H{-}OH \\ + \ H{-}OR \\ + \ H{-}NR_2\end{array}} \begin{array}{ll} H_2C{=}CH{-}COOH & \text{Acrylsäure} \\ H_2C{=}CH{-}COOR & \text{Acrylsäureester} \\ H_2C{=}CH{-}CONR_2 & \text{Acrylsäureamide} \end{array}$$

Eine Übersicht über Verwendungsmöglichkeiten der Alkine gibt Tabelle 14

Tabelle 14. Verwendung und Eigenschaften einiger Alkine (Acetylene)

Acetylen		
HC≡CH	$\xrightarrow{HCl}$	Vinylchlorid
	$\xrightarrow{HCN}$	Acrylnitril
Sdp. –84 °C (bei 760 Torr)	$\xrightarrow{H_2O}$	Acetaldehyd
Schmp. –81 °C (bei 890 Torr)	$\xrightarrow{ROH}$	Vinylether
	$\xrightarrow{RCOOH}$	Vinylester
Vinylacetylen	$\xrightarrow{HCl}$	Chloropren (2-Chlorbutadien)
$H_2C{=}CH{-}C{\equiv}C{-}H$	$\xrightarrow{H_2O}$	Methylvinylketon
Sdp. 5 °C	$\xrightarrow{H_2}$	Butadien

5.3 Biologisch interessante Alkene und Alkine

Vor allem Alkene sind in der Natur weit verbreitet, man findet sie besonders häufig in der Gruppe der **Isoprenoide** (s.a. Kap. 32), Verbindungen die aus dem Grundkörper **Isopren** (2-Methyl-1,3-butadien) aufgebaut sind. Aus zwei solchen Bausteinen erhält man die **Terpene**, von denen sowohl offenkettige Vertreter wie Myrcen als auch cyclische Strukturen wie Limonen oder Pinen bekannt sind. Myrcen, das vor allem im Lorbeeröl vorkommt enthält ein konjugiertes Diensystem. Durch Cyclisierung erhält man Limonen (eine Doppelbindung weniger), welches z.B. im Fichtennadelöl enthalten ist. Aus dem Harzsaft von Pinien kann man das bicyclische Terpen α-Pinen gewinnen, ein wichtiger Bestandteil des Terpentinöls.

Isopren   Myrcen   Limonen   α-Pinen

Aus zwei solchen Terpeneinheiten erhält man die **Diterpene**, wobei vor allem dem Vitamin A (Retinol) eine große Bedeutung zukommt. Durch Oxidation entsteht hieraus **Retinal**, ein Bestandteil des 'Sehfarbstoff' Rhodopsin, der eine entscheidende Rolle beim **Sehprozess** spielt. Hierbei kommt es zu einer *cis/trans*-**Isomerisierung einer Doppelbindung.**

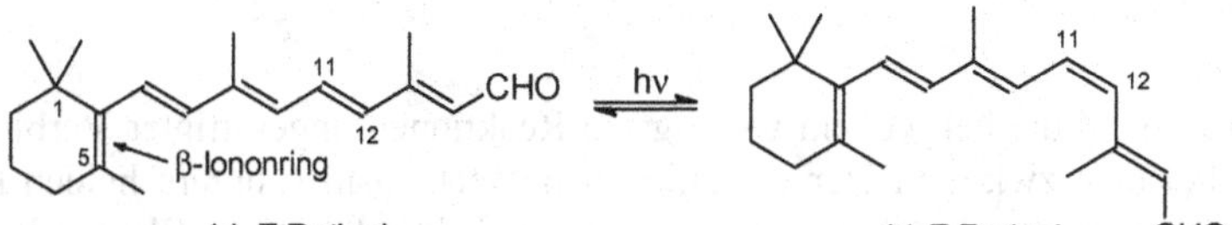

11-*E*-Retinal   11-Z-Retinal   CHO

Durch Polymerisation von Isopreneinheiten bildet sich **Kautschuk**, welcher sich aus dem Milchsaft (Latex) tropischer Bäume isolieren lässt. Im Kautschuk sind die Isopreneinheiten (*Z*)-verknüpft (das (*E*)-konfigurierte Polymer wird **Gutta-percha** genannt), durch **Vulkanisation** (Quervernetzen der Ketten) erhält man hieraus **Gummi** (*Goodyear* 1838).

Kautschuk   Guttapercha

Besonders aus pharmakologischer Sicht sind die sog. **Polyenantibiotika** von großem Interesse. Viele dieser Antibiotika, wie z.B. Amphotericin und Fumagillin, enthalten ein mehr oder minder ausgedehntes π-System aus konjugierten Doppelbindungen (meist trans). Ein besonders interessanter Vertreter dieser Klasse ist das Mycomycin: Dieses enthält neben trans auch eine konjugierte cis-Doppelbindung, sowie zwei konjugierte Dreifachbindungen. Als Besonderheit fällt hier auch die kumulierte Doppelbindung (=•=) ins Auge.

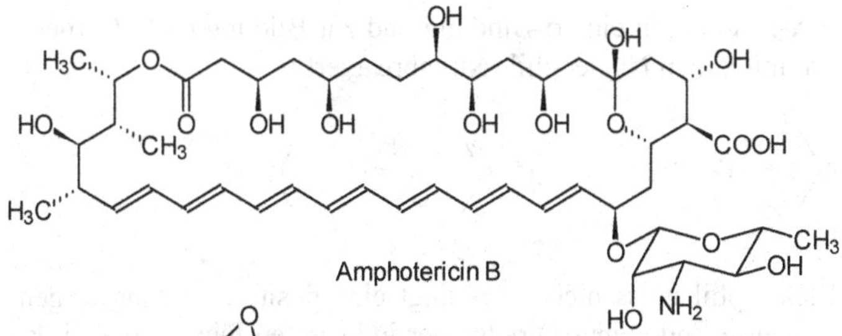

Amphotericin B

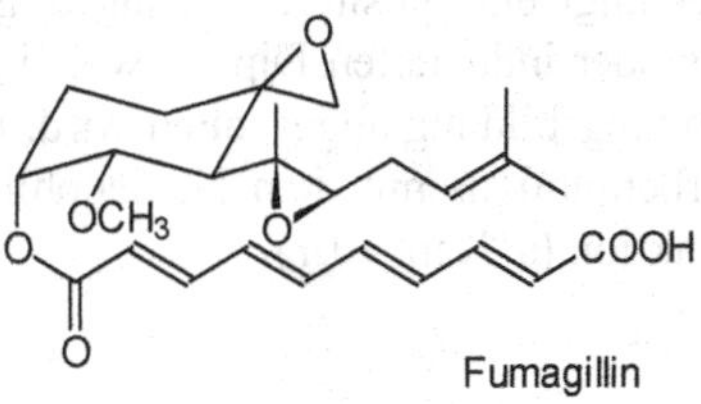

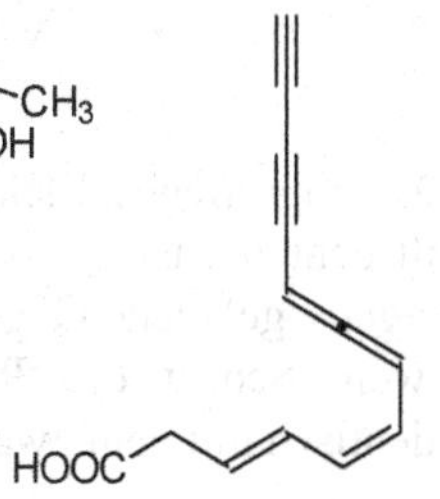

Fumagillin   Mycomycin

6 Additionen an Alkene und Alkine

Additionen sind die bei weitem wichtigsten Reaktionen ungesättigter Verbindungen, wobei man zwischen vier verschiedenen Mechanismen unterscheiden kann. Drei davon verlaufen **stufenweise**. Im ersten Schritt addiert ein Elektrophil, ein Nucleophil oder ein Radikal an ein Ende der Mehrfachbindung. Das hierbei gebildete Intermediat reagiert in einem zweiten Schritt zum Reaktionsprodukt abreagiert. Prinzipiell können nach diesen Mechanismen auch cyclische Verbindungen aufgebaut werden. Im Gegensatz hierzu werden bei **konzertierten Cycloadditionen** beide Bindungen gleichzeitig gebildet. Solche Reaktionen nennt man **pericyclische Reaktionen**.

Prinzipiell besitzen **Alkene** (und Alkine) **zwei reaktive Zentren**. Zum einen die **Doppelbindung**, und zum anderen die benachbarte **allylische Position**. Diese ist vor allem für (radikalische) Substitutionsreaktionen aktiviert, so dass Reaktionen an dieser Position in Kap. 4.5.2 besprochen werden.

6.1 Elektrophile Additionen

Elektrophile Additionen an Doppel- und Dreifachbindungen laufen immer nach einem **zweistufigen Mechanismus** ab, bei dem im ersten Schritt ein Elektrophil (E) mit dem relativ gut polarisierbaren π-System wechselwirkt. Es kommt zur Umwandlung einer π-Bindung in eine σ-Bindung und zur Bildung eines Carbeniumions, welches nun mit einem Nucleophil (Nu) abreagiert.

$$\ce{C=C} + E^+ \longrightarrow \overset{E}{\underset{+}{\ce{C-C}}} \xrightarrow{Nu^-} \overset{E\quad Nu}{\ce{C-C}}$$

Das angreifende Elektrophil muss nicht unbedingt eine positive Ladung tragen, oft genügt das positivierte Ende eines Dipols oder induzierten Dipols, wobei das negativ geladene Gegenstück erst bei der Bindungsbildung abgespalten wird. Der zweite Schritt, die 'Rekombination' des Carbeniumions mit dem Nucleophil ist identisch mit dem zweiten Schritt der S_N1-Reaktion (s. Kap. 10.1).

6.1.1 Additionen symmetrischer Verbindungen

1. Halogenierung

Die **Bromierung** ist ein besonders interessantes Beispiel für eine elektrophile Addition. Das angreifende Elektrophil ist hierbei ein **neutrales Brommolekül**, welches mit der Doppelbindung einen sog. **π-Komplex** bildet. Hierdurch kommt es zu einer **Polarisierung der Br-Br-Bindung** und letztendlich zur Abspaltung eines Bromid-Ions. Das sich bildende Carbeniumion kann über ein freies Elektronenpaar am Brom stabilisiert werden. Es bildet sich ein **Bromoniumion**. Dieser Vorgang ist der **geschwindigkeitsbestimmende Schritt**. Das **verbrückte Carbeniumion** kann nun von Nucleophilen im zweiten schnellen Reaktionsschritt angegriffen werden, aber **nur noch von der dem Brom gegenüber liegenden Seite**. Die Addition erfolgt stereospezifisch *anti*. Bei symmetrischen Alkenen ist der nucleophile Angriff an beiden Positionen gleich wahrscheinlich. Bei unsymmetrischen Alkenen erfolgt der Angriff des Nucleophils bevorzugt an der sterisch weniger gehinderten Position des Bromoniumions.

π-Komplex   Bromoniumion

Dieser Mechanismus gilt prinzipiell auch für die anderen Halogenierungen, jedoch ist bei der **Chlorierung** das Chloratom zu klein um ein symmetrisch verbrücktes Chloroniumion zu bilden. Das Intermediat hat mehr den Charakter eines Carbeniumions, so dass der Angriff bevorzugt an dieser Position erfolgt, und der Angriff auch nicht mehr stereospezifisch sondern nur noch **stereoselektiv *anti*** erfolgt.

Bei Anwesenheit von anderen Nucleophilen im Reaktionsgemisch treten diese in den Endprodukten auf. Dies zeigt eindeutig, dass die Halogenierung **in zwei Stufen** abläuft.

Interessant verläuft auch die Addition an **konjugierte Diene** (s. Kap. 5.1.4). Hierbei bilden sich **Produktgemische aus 1,2- und 1,4-Additionsprodukt.** Grund hierfür ist die Mesomeriestabilisierung des primär gebildeten Carbeniumions (Allylkation).

CH$_2$=CH—CH=CH$_2$ $\xrightarrow{\text{Br}_2}$ CH$_2$—CH—CH=CH$_2$ $\quad$ + $\quad$ CH$_2$—CH=CH—CH$_2$
$\qquad\qquad\qquad\qquad$ |$\quad$|$\qquad\qquad\qquad\qquad$|$\qquad\qquad\qquad$|
$\qquad\qquad\qquad\qquad$ Br$\quad$Br$\qquad\qquad\qquad\quad$ Br$\qquad\qquad\qquad$ Br
$\qquad\qquad\qquad\qquad$ 1,2-Addukt $\qquad\qquad\qquad\qquad$ 1,4-Addukt

Die Addition von Chlor (oder Brom) an Ethin (Acetylen) führt stufenweise über (*E*)-1,2-Dichlorethen zum 1,1,2,2-Tetrachlorethan.

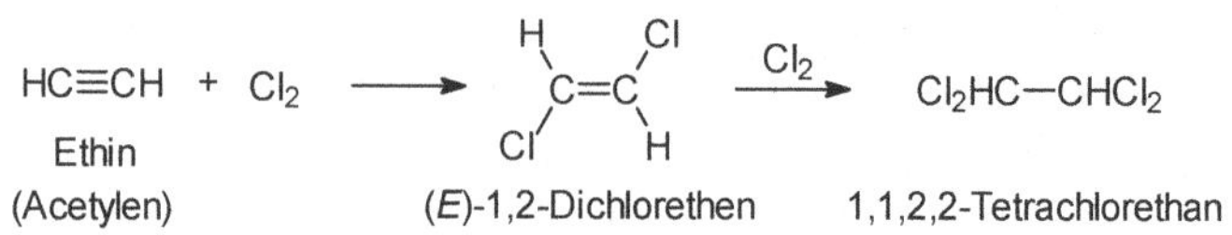

Enthält das Alken ein nucleophiles Zentrum, so kann dieser Angriff auch **intramolekular** unter Bildung eines cyclischen Produkts erfolgen. Besonders günstig sind hierbei Reaktionen die zu Fünfringen führen.

2. Iodlactonisierung: Durch Umsetzung von ungesättigten Carbonsäuren in Gegenwart von Base mit Iod erhält man stereospezifisch die entsprechenden *anti*-konfigurierten Iodlactone.

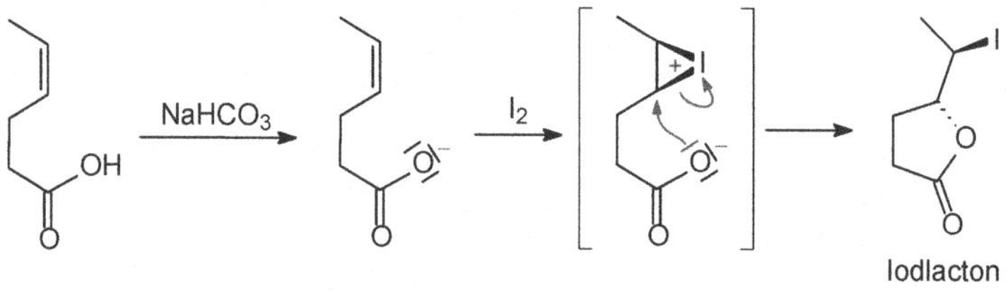

6.1.2 Additionen unsymmetrischer Verbindungen (*Markownikow*-Regel)

1. Addition von Halogenwasserstoff

Bei der Addition einer unsymmetrischen Verbindung (z.B. H–Hal) an ein Alken können prinzipiell zwei Produkte (**I** und **II**) entstehen. Experimentell stellt man aber fest, dass ausschließlich Produkt **II** gebildet wird. Der Grund hierfür ist in der **relativen Stabilität der Carbeniumionen** zu suchen, die im ersten Reaktionsschritt gebildet werden. Da sekundäre Carbeniumionen stabiler sind als primäre (s.a Kap. 10.4.1), entsteht ausschließlich **II**.

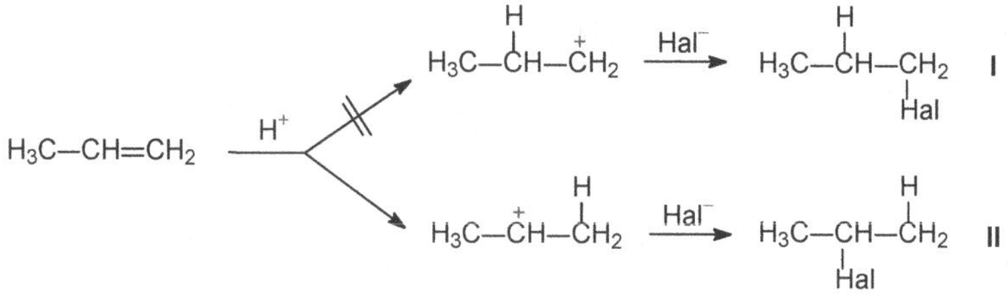

Allgemein gilt: Bei der Addition einer unsymmetrischen Verbindung addiert sich der elektrophile Teil des Reagenz so, dass das stabilste Carbeniumion gebildet wird.

Regel von *Markownikow*: Für die häufig durchgeführten Additionen von Protonensäuren (HCl, HBr, etc.) gilt: Der Wasserstoff (H^+) wandert an das C-Atom der Doppelbindung das die meisten H-Atome trägt: „**Wer hat, dem wird gegeben!**"

Wie die Halogenierung, so verläuft auch die **Addition von Halogenwasserstoff an Ethin** stufenweise. Zuerst bildet sich das entsprechende Vinylhalogenid, welches dann (nach *Markownikow*) in die geminale Dihalogenverbindung überführt wird.

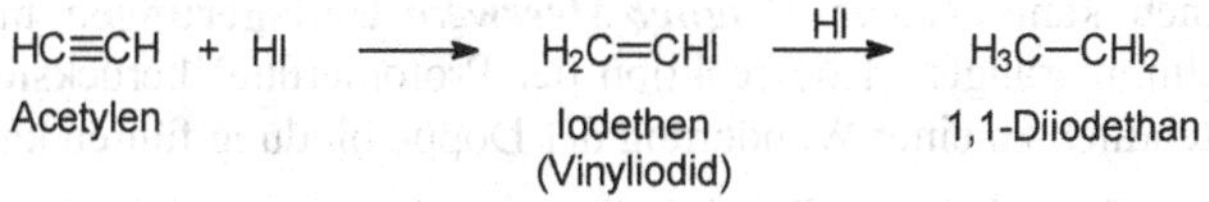

$$HC{\equiv}CH \ + \ HI \longrightarrow H_2C{=}CHI \xrightarrow{\ HI\ } H_3C{-}CHI_2$$

Acetylen   Iodethen   1,1-Diiodethan
                     (Vinyliodid)

2. Addition von hypohalogenigen Säuren

Beachte, dass bei der Addition von HOCl und HOBr die Rolle der elektrophilen Spezies dem Halogen zukommt! **Das Halogen geht an das C-Atom mit der größeren Zahl von H-Atomen.** Deprotonierung der OH-Gruppe führt über eine intramolekulare S_N-Reaktion zur Bildung von Epoxiden (vgl. Kap. 6.1.3.2).

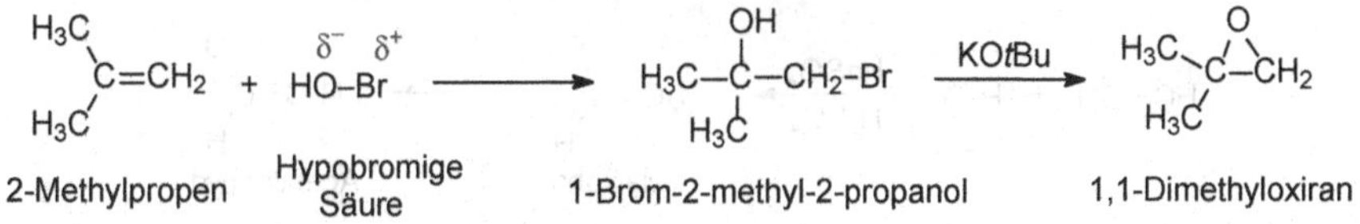

2-Methylpropen   Hypobromige Säure   1-Brom-2-methyl-2-propanol   1,1-Dimethyloxiran

3. Addition von Interhalogenverbindungen

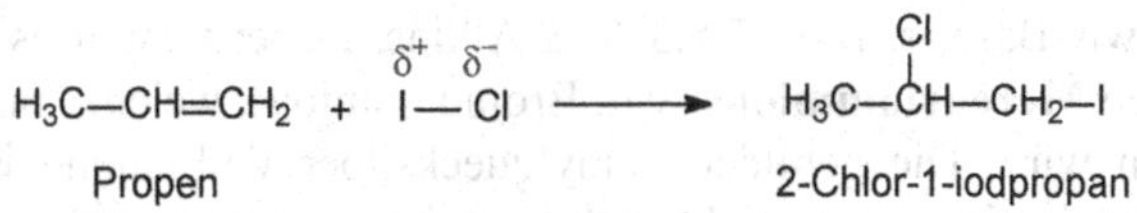

$$H_3C{-}CH{=}CH_2 \ + \ \overset{\delta^+ \ \ \delta^-}{I{-}Cl} \longrightarrow H_3C{-}\underset{}{\overset{Cl}{C}}H{-}CH_2{-}I$$

Propen   2-Chlor-1-iodpropan

4. Die Addition von Wasser (Hydratisierung)

Wasser kann nur in Gegenwart einer Säure addiert werden, da H_2O selbst nicht elektrophil genug ist. Auch hier bildet sich das *Markownikow*-Produkt (vgl. Hydroborierung/Oxidation, Kap. 12.1.2.1.5).

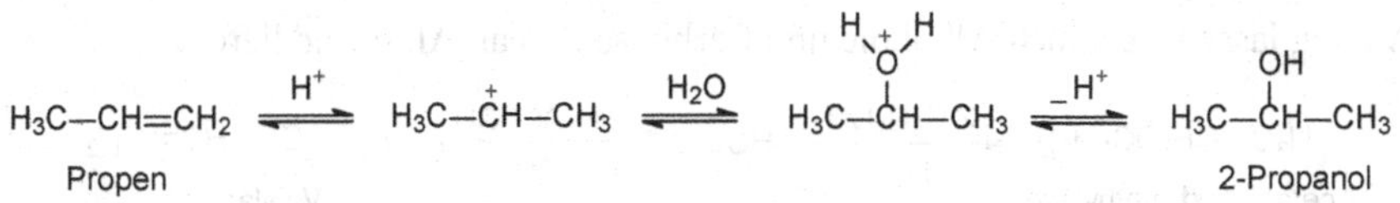

Propen   2-Propanol

Es ist darauf zu achten, dass eine Säure verwendet wird, deren Anion möglichst wenig nucleophil ist, damit dieses nicht in Konkurrenz zum Wasser tritt, da sonst Produktgemische entstehen. Bei Verwendung von konz. H_2SO_4 als Katalysator bilden sich z.B. auch Alkylhydrogensulfate. Diese Schwefelsäureester werden jedoch in der Regel durch Wasser rasch hydrolysiert, weshalb Schwefelsäure sehr gerne verwendet wird.

Bei **längerkettigen Alkenen kann es zu Produktgemischen kommen**, da es auf der Stufe des Carbeniumions zu typischen Carbenium-Nebenreaktionen (Kap. 10.1.1) kommen kann. Neben *Wagner-Meerwein*-**Umlagerungen** müssen vor allem auch Eliminierungen (Rückreaktion der Protonierung) berücksichtigt werden, was letztendlich zu einer Wanderung der Doppelbindung führen kann.

Die umgekehrte Reaktion, die Eliminierung von H_2O aus Alkoholen, dient zur Herstellung von Alkenen (Kap. 5.1.2).

Alkine sind gegenüber elektrophilen Reaktionen etwas **weniger reaktionsfähig** als Alkene. Daher gelingt eine sauer katalysierte Hydratisierung nicht ohne weiteres. Hier bedarf es eines **Katalysators**. In der Regel verwendet man **Quecksilbersalze**. Dabei bildet sich primär Vinylalkohol, der jedoch als solcher nicht stabil ist und sich in Acetaldehyd umwandelt (Keto-Enol-Tautomerie, Kap. 2.3).

Zum Mechanismus der Reaktion:

Das zugesetzte Quecksilbersalz wirkt als Lewis-Säure und koordiniert an das π–System (Lewis-Base, s. Kap. 2.5.3) des Alkins. Dabei kommt es zur Bildung eines cyclischen **Mercuriniumions** (vgl. Bromoniumion), welches nun vom Wasser angegriffen wird. Die gebildete Vinylquecksilber-Verbindung ist unter den sauren Reaktionsbedingungen nicht stabil, und wird zum gewünschten Vinylalkohol gespalten.

Analog lassen sich auch Alkohole und Carbonsäuren an Alkine addieren:

Oxymercurierung: Die Quecksilber-katalysierte Hydratisierung lässt sich auch mit Alkenen durchführen, das Quecksilber kann anschließend reduktiv entfernt werden. Auch hierbei wird das *Markownikow*-Produkt bevorzugt gebildet.

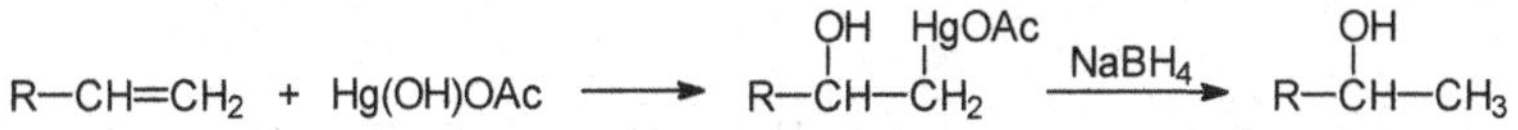

$$R-CH{=}CH_2 \; + \; Hg(OH)OAc \longrightarrow R-\overset{\overset{\displaystyle OH}{|}}{C}H-\overset{\overset{\displaystyle HgOAc}{|}}{C}H_2 \xrightarrow{NaBH_4} R-\overset{\overset{\displaystyle OH}{|}}{C}H-CH_3$$

6.1.3 Stereospezifische *Syn*-Additionen

1. Hydroborierung

Im Gegensatz zur sauer katalysierten Hydratisierung und der Oxymercurierung ist die **Hydroborierung** (für R_2BH wird häufig BH_3 eingesetzt) **mit anschließender H_2O_2-Oxidation** und Hydrolyse formal eine *anti-Markownikow*-**Addition von Wasser**:

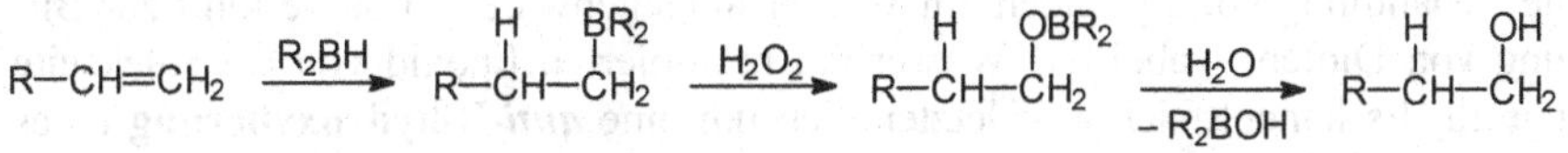

$$R-CH{=}CH_2 \xrightarrow{R_2BH} R-\overset{\overset{\displaystyle H}{|}}{C}H-\overset{\overset{\displaystyle BR_2}{|}}{C}H_2 \xrightarrow{H_2O_2} R-\overset{\overset{\displaystyle H}{|}}{C}H-\overset{\overset{\displaystyle OBR_2}{|}}{C}H_2 \xrightarrow[-\,R_2BOH]{H_2O} R-\overset{\overset{\displaystyle H}{|}}{C}H-\overset{\overset{\displaystyle OH}{|}}{C}H_2$$

Diese Methode zur **Herstellung primärer Alkohole** verläuft als *syn*-**Addition** eines Bor-Derivates an ein Alken. Das Additionsprodukt wird dann mit H_2O_2/OH^- oxidiert und zum Alkohol hydrolysiert. Geht man von BH_3 aus, so lassen sich alle drei H-Atome übertragen.

Zum Mechanismus der Reaktion:

Analog zu den Quecksilbersalzen wirken auch Borane als Lewis-Säuren und koordinieren an das π–System des Alkens. Die Doppelbindung wechselwirkt dabei mit dem leeren p-Orbital des Bors. Danach wird der Wasserstoff über einen Vier-Zentren-Übergangszustand auf das eine C-Atom, das B auf das andere der Doppelbindung übertragen. **Die Hydroborierung verläuft daher *syn*-stereospezifisch.**

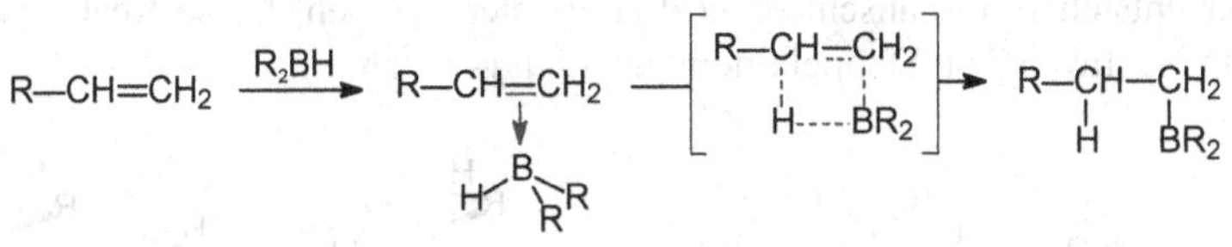

$$R-CH{=}CH_2 \xrightarrow{R_2BH} \; \begin{array}{c} R-CH{=}CH_2 \\ \downarrow \\ H{\nearrow}\!\!\overset{B}{\underset{R}{}}\!\!{\searrow}R \end{array} \; \longrightarrow \left[\begin{array}{c} R-CH{=}CH_2 \\ \\ H{-}{-}{-}BR_2 \end{array} \right] \longrightarrow \begin{array}{c} R-CH{-}CH_2 \\ | \qquad | \\ H \qquad BR_2 \end{array}$$

Die Reaktion erfolgt nicht nur stereo- sondern auch regioselektiv. Das Boratom addiert sich bevorzugt an das sterisch weniger gehinderte Ende der Doppelbindung. Die Selektivität wird umso größer, je größer die Reste R sind.

2. Epoxidierung

Prileschajew-Oxidation: Persäuren (R–$C(O)OOH$) oxidieren Alkene **stereospezifisch** zu **Epoxiden (Oxirane)** (vgl. Kap. 6.1.2), deren Dreiring anschließend z.B. im sauren Medium zu einem 1,2-Diol hydrolysiert werden kann.

Formal lässt sich auch für diese Reaktion ein **cyclischer Übergangszustand** formulieren, in dem das π-System des Alkens am elektrophilen Sauerstoffatom der Persäure angreift. Besonders gerne wird *meta*-Chlorperbenzoesäure (MCPBA) verwendet.

Der elektrophile Charakter der Reaktion zeigt sich auch im Reaktionsverhalten substituierter Alkene: **Je elektronenreicher ein Alken, desto schneller erfolgt die Epoxidierung.** Tetrasubstituierte Alkene werden daher am schnellsten umgesetzt.

Die Behandlung von Epoxiden mit Wasser in Gegenwart von Säure führt zur Bildung von Diolen, wobei das Wasser am protonierten Epoxid von der Rückseite angreift. Es handelt sich also letztendlich um eine ***anti*-Dihydroxylierung** eines Alkens. Aus (*E*)-2-Buten enthält man auf diese Weise selektiv *meso*-2,3-Butandiol.

(*E*)-2-Buten   *meso*-2,3-Butandiol

3. *Cis*-Dihydroxylierung

Alkene können in schwach **alkalischer Kaliumpermanganat-Lösung** auch zu Diolen oxidiert werden, wobei zunächst in einer *syn*-Addition cyclische Mangan-(V)-Ester entstehen, die anschließend hydrolysiert werden. Diese Reaktion dient auch zum Nachweis von Doppelbindungen (*Baeyer*-**Probe**).

Dieser elektrocyclische Prozess verläuft analog auch mit **Osmiumtetroxid** (OsO$_4$). OsO$_4$ ist zwar giftig und sehr teuer, jedoch gelingt diese Reaktion bereits mit katalytischen Mengen an OsO$_4$, wenn man ein Oxidationsmittel (z.B. H$_2$O$_2$) zugibt, welches das bei der Reaktion gebildete Os(VI) zu Os(VIII) reoxidiert. Diese Reaktion verläuft sauberer als die Oxidation mit KMnO$_4$ und wird daher heute bevorzugt angewendet.

6.2 Cycloadditionen

Cycloadditionen sind ringbildende Additionsreaktionen, bei denen **die Summenformel des Produkts (Cycloaddukt) der Summe der Summenformeln der Edukte entspricht.** Wie die zuletzt besprochenen Beispiele, so verlaufen **alle einstufigen Cycloadditionen** cis-stereospezifisch. Cycloadditionen werden vor allem zum Aufbau von drei- bis sechsgliedrigen Ringen verwendet.

6.2.1 [2+1]-Cycloadditionen

1. Addition von Carbenen

Carbene sind sehr reaktionsfähige Verbindungen mit einem **Elektronensextett an einem zweibindigen Kohlenstoff.** Man unterscheidet zwischen **Singulett-Carbenen,** bei denen die freien Elektronen am C gepaart sind, und **Triplett-Carbenen,** welche als Diradikal aufgefasst werden können. **Nur Additionen von Singulett-Carbenen verlaufen stereoselektiv** cis (einstufige Reaktion), bei Triplett-Carbenen können Rotationen der **radikalischen Zwischenstufen** auftreten (s.a. Radikalische Additionen, Kap. 6.4).

Singulett-Carben   Triplett-Carben

Der **Grundzustand des Methylens (CH$_2$) ist das Triplett-Carben**, das Singulett-Carben der erste angeregte Zustand. Einige **Halogencarbene** liegen jedoch im **Singulett-Grundzustand** vor.

Dichlorcarbene lassen sich sehr leicht aus Chloroform im basischen Milieu erzeugen. Führt man diese Reaktion in Gegenwart von Alkenen durch, so erhält man stereospezifisch cis-substituierte Cyclopropane.

2. Simmons-Smith-Reaktion

Die Simmons-Smith-Cyclopropanierung liefert ebenfalls **stereospezifisch halogenfreie Cyclopropane,** ist jedoch im strengen Sinne keine Cycloaddition, da ein Teil des Reagenzes nicht in das Produkt eingebaut wird. Sie ist ansonsten der Carbenaddition vergleichbar und wird daher hier behandelt.

Das Simmons-Smith-Reagenz erhält man durch Umsetzung von Diiodmethan mit aktiviertem Zink. Dabei bildet sich wahrscheinlich Iodmethylzinkiodid, ein metallorganisches Reagenz (s. Kap. 15.4.7), welches dann mit dem Alken reagiert.

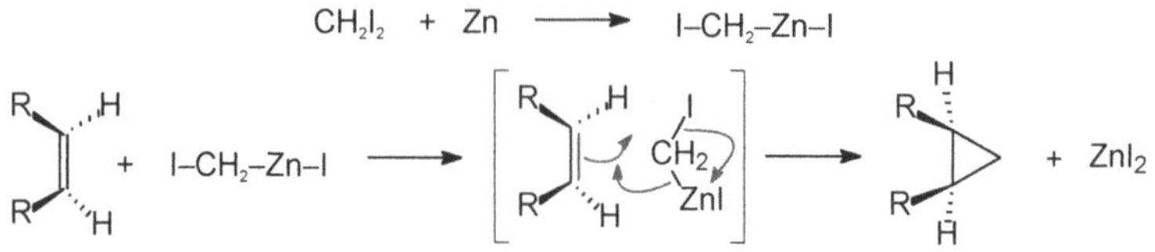

$$CH_2I_2 \; + \; Zn \; \longrightarrow \; I-CH_2-Zn-I$$

6.2.2 [2+2]-Cycloadditionen

Obgleich Alkene normalerweise beim Erhitzen keine Cycloadditionen eingehen, tun sie dies beim Bestrahlen, wobei Cyclobutanderivate gebildet werden (s. Kap. 3.2.2).

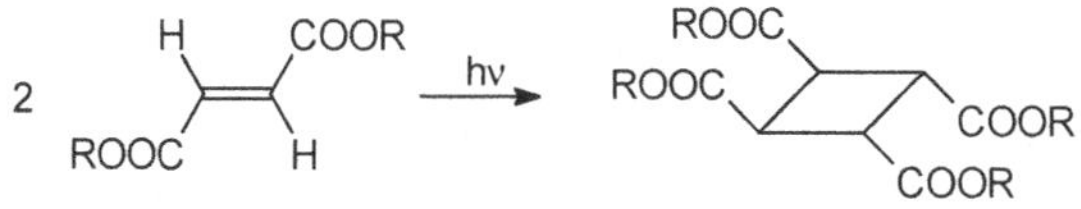

6.2.3 [3+2]-Cycloadditionen

Unter diese Rubrik fallen die so genannten 1,3-dipolaren Cycloadditionen

1. Ozonolyse

Durch Anlagerung von **Ozon**, O_3, an eine Doppelbindung entstehen **explosive Ozonide**, deren Reduktion (Zn/Essigsäure oder katalytische Hydrierung) **zwei** Carbonylverbindungen liefert, die sich leicht isolieren und identifizieren lassen. Die Ozonolyse wird daher oft bei der Strukturaufklärung von Naturstoffen verwendet. Eine Reduktion mit stärkeren Reduktionsmitteln (z.B. $NaBH_4$) ergibt die entsprechenden Alkohole. Oxidative Aufarbeitung (z.B. mit H_2O_2) führt zu den entsprechenden Carbonsäuren, sofern eine Oxidation der Carbonylverbindung möglich ist.

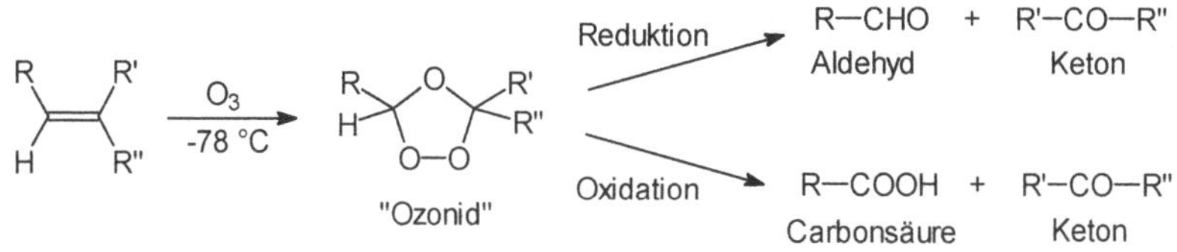

Zum Mechanismus der Reaktion:

Die Bildung der Ozonide lässt sich zwanglos als eine Reaktionsabfolge über **zwei** **1,3-dipolare Cycloadditionen** erklären. Dabei addiert O_3 als 1,3-Dipol in einer **stereospezifischen** *syn*-**Addition** an die Doppelbindung. Das dabei gebildete **Primärozonid** ist nicht stabil und zerfällt in eine polare Carbonylverbindung und einen weiteren Dipol. Entsprechend der Polarität dieser beiden Fragmente kommt es zu einer zweiten 1,3-dipolaren Cycloaddition und der Bildung des **Sekundärozonids**.

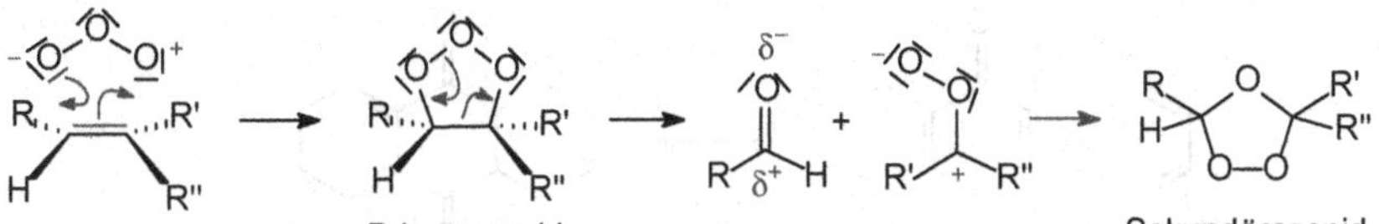

Primärozonid   Sekundärozonid

2. Addition von Diazoverbindungen

Neben Ozon können auch andere Dipole wie etwa Diazoverbindungen (s. Kap. 14.5) in Cycloadditionen eingesetzt werden. Diese Reaktionen sind vor allem wichtig für die Synthese von heterocyclischen Verbindungen (Kap. 22). Erfolgt die Addition an ein polarisiertes Alken, lässt sich die Additionsrichtung gut vorhersagen. So erhält man bei der Umsetzung von Acrylnitril mit Diazomethan ein Δ^1-Pyrazolin. Thermische Zersetzung solcher Pyrazoline führt unter Stickstoffabspaltung zu Cyclopropanderivaten (vgl. Kap. 6.2.1).

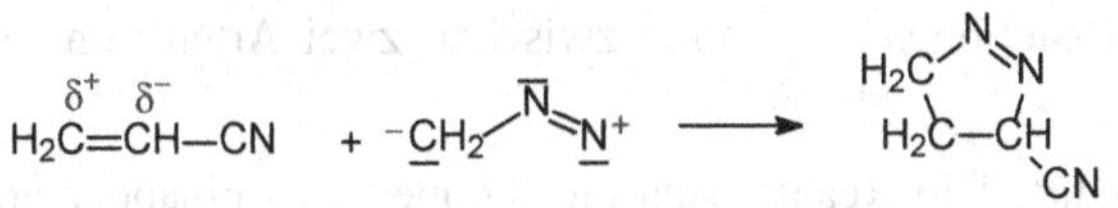

Acrylnitril   Diazomethan   3-Cyano-1-pyrazolin

6.2.4 [4+2]-Cycloadditionen

Diels-Alder Reaktionen

Eine für 1,3-Diene charakteristische 1,4-Addition ist die *Diels-Alder-Reaktion*. Diese Cycloaddition erfolgt **streng stereospezifisch** mit einem möglichst elektronenarmen Alken als sog. **Dienophil. Die Reaktion verläuft konzertiert (Synchronreaktion) und es werden keine Zwischenstufen durchlaufen.** Dabei entsteht nur das Produkt einer *syn*-**Addition.**

Beispiel:

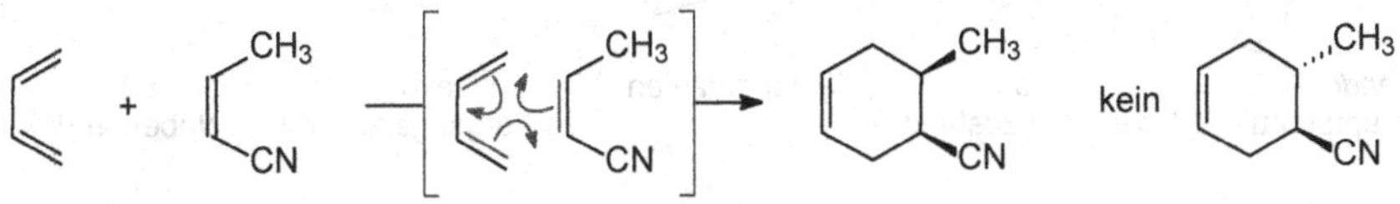

"*Dien*"   "*Dienophil*"   konzertierter   "*syn*- Adduktt"   "*anti*- Adduktt"
                                 Übergangszustand
Butadien   2-Butennitril

Man kann so in einem Reaktionsschritt einen Sechsring aufbauen, wobei zwei π-Bindungen gelöst und zwei neue σ-Bindungen geknüpft werden. Daher findet diese Reaktion sehr häufig Anwendung in der Naturstoffsynthese.

Die Diels-Alder-Reaktion lässt sich auch mit Chinonen (s. Kap. 16) durchführen. Aus 1,4 Naphthochinon und Butadien erhält man so technisch Anthrachinon:

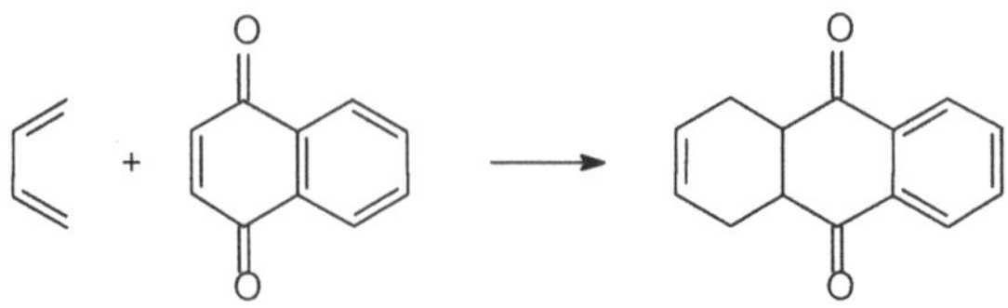

Verwendet man elektronenarme Alkine als Dienophile, so gelangt man zu substituierten 1,4-Cyclohexadienen. (s.a. *Birch*-Reduktion, Kap. 7.6.1.2).

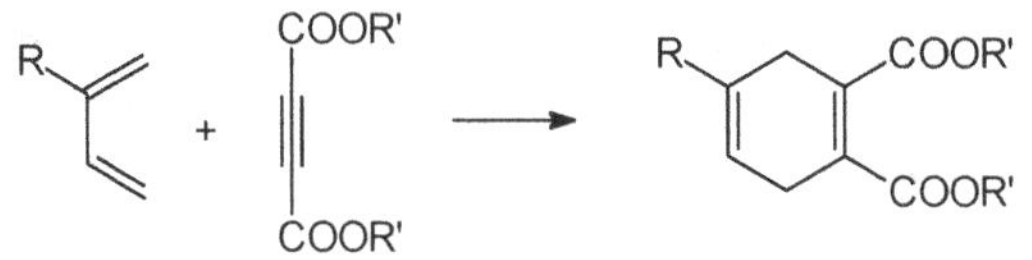

Selektivität bei Diels-Alder-Reaktionen

Bei Diels-Alder-Reaktionen muss man zwischen zwei Arten von Selektivitäten unterscheiden:

a) Stereoselektivität: Die Reaktionspartner können sich einander von verschiedenen Seiten nähern. Dabei kann ein *exo-* oder *endo-***Produkt** gebildet werden.

Definition: „*endo*" (griechisch: ἔνδον = innen, innerhalb) besagt, dass in bi- und höhercyclischen Verbindungen funktionelle Gruppen oder Moleküle **einander zugekehrt** oder **ins Innere eines Ringsystems** gerichtet sind.

„*exo*" (griechisch: ἔξω = außen, außerhalb, nach außen) ist das Gegenteil von „*endo*".

Beispiel: Dimerisierung von Cyclopentadien

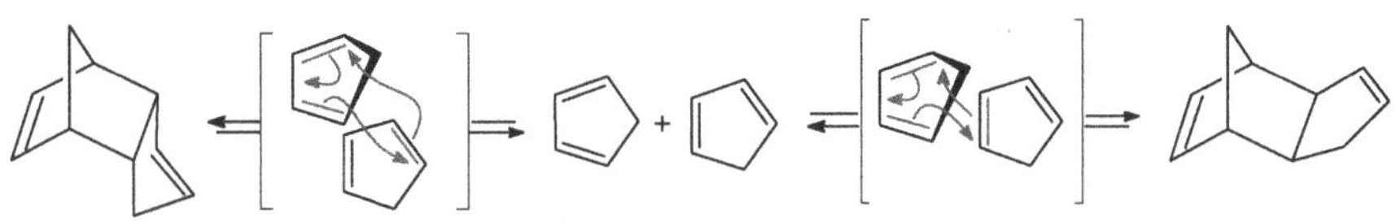

| *endo-* | *endo-* | Cyclopentadien | *exo-* | *exo-* |
| Hauptprodukt | Übergangszustand | | Übergangszustand | Nebenprodukt |

Dieses Beispiel zeigt, dass Diene auch mit einer Doppelbindung als Dienophil reagieren können. Im Falle des Cyclopentadiens erfolgt die Dimerisierung bereits bei Raumtemperatur, wobei unter diesen milden Bedingungen das **kinetisch kontrollierte** *endo*-**Produkt** bevorzugt gebildet wird. Das **thermodynamisch stabilere** *exo*-**Produkt** (geringere sterische Hinderung) entsteht bevorzugt bei höheren Temperaturen. Die kinetische Bevorzugung des *endo*-Produkts resultiert aus **sekundären Orbitalwechselwirkungen**, wobei die „unbeteiligte Doppelbindung" des ‚unteren Cyclopentadiens' mit dem π-System des 'darüberliegenden' wechselwirkt.

Dieses Beispiel zeigt auch, dass solche Cycloadditionen auch reversibel verlaufen können. So setzt beim Erhitzen des Dimers eine *Retro-Diels-Alder*-Reaktion ein, und das Cyclopentadien kann so durch einfache Destillation gewonnen werden.

b) **Regioselektivität:** Bei unsymmetrisch substituierten Dienen und Dienophilen muss man zudem mit dem Auftreten von Regioisomeren rechnen.

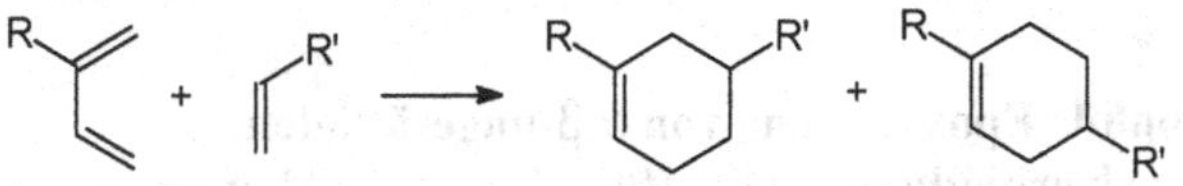

Daher sollte man darauf achten, dass immer eine der beiden Komponenten symmetrisch gebaut ist. Besonders gerne verwendet man daher Butadien und Cyclopentadien als Dien, Fumarsäureester und Maleinsäureanhydrid als Dienophil.

Bei polaren Substraten lässt sich aufgrund der Ladungsverteilung das bevorzugte Produkt ganz gut vorhersagen:

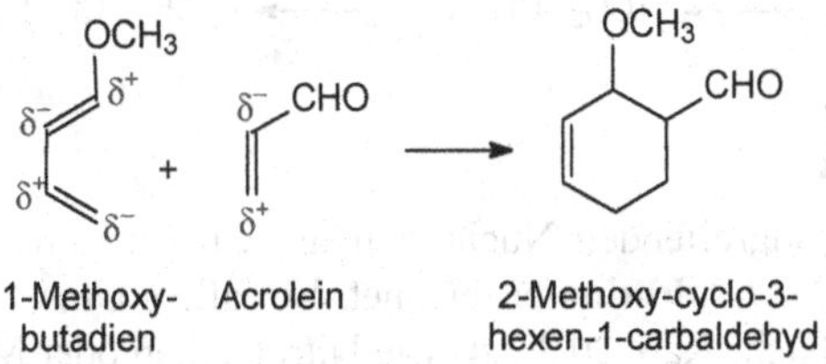

1-Methoxy-   Acrolein   2-Methoxy-cyclo-3-
butadien   hexen-1-carbaldehyd

6.3 Nucleophile Additionen

Die Doppelbindung kann auch nucleophil angegriffen werden, falls elektronenziehende Substituenten vorhanden sind (z.B. -COR, -COOR, -CN, -NO$_2$). Hierunter fallen z.B. auch die Verbindungen, die bei Diels-Alder-Reaktionen als Dienophile in Betracht kommen. Der Angriff erfolgt hierbei am positivierten Ende der Doppelbindung. Bei α,β-ungesättigten Carbonylverbindungen (s. Kap. 16.3.8) spricht man von einer 1,4-Addition. Der Angriff kann auch direkt an der Carbonylgruppe erfolgen (1,2-Addition), diese Reaktionen werden jedoch bei den Carbonylverbindungen besprochen (Kap. 17 und 20).

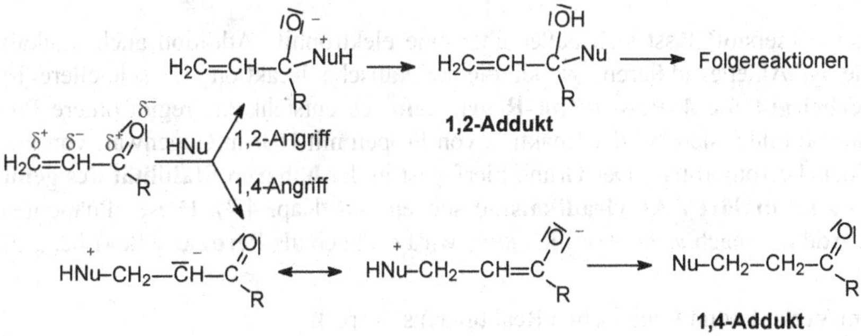

6.3.1 Nucleophile Additionen von Aminen

Ammoniak und Amine addieren relativ glatt an α,β-ungesättigte Carbonylverbindungen und Nitrile. Durch Addition an Acrylsäureester erhält man β-Aminosäurederivate:

$$R_2NH \ + \ H_2\overset{\beta}{C}=\overset{\alpha}{C}H-\overset{O}{\underset{OR}{C}} \longrightarrow R_2N-\overset{\beta}{C}H_2-\overset{\alpha}{C}H_2-\overset{O}{\underset{OR}{C}}$$

6.3.2 Nucleophile Epoxidierung von α,β-ungesättigten Carbonylverbindungen (*Scheffer-Weitz*-Epoxidierung)

H_2O_2 addiert sich in Gegenwart katalytischer Mengen an Base ebenfalls an α,β-ungesättigte Carbonylverbindungen. Das eigentlich angreifende Teilchen ist hierbei HOO^-. Das intermediär gebildete Anion reagiert unter Abspaltung von OH^- zum Epoxid.

$$HO-O|^- \ + \ H_2C=CH-\overset{O}{\underset{R}{C}} \longrightarrow \overset{HO}{\overset{O}{CH_2}}-\bar{C}H-\overset{O}{\underset{R}{C}} \longrightarrow \overset{O}{CH_2}-CH-\overset{O}{\underset{R}{C}} \ + \ OH^-$$

6.3.3 *Michael*-Additionen

Handelt es sich bei dem angreifenden Nucleophil um ein Carbanion, wird die Additionsreaktion als *Michael-Addition* bezeichnet. Vor allem Umsetzungen von CH-aciden Verbindungen (siehe Kap. 20.2.2.4) wie Nitromethan oder Malonsäureestern sind hierbei von Bedeutung. Auch hier gilt es zu beachten, dass der Angriff an α,β-ungesättigte Carbonylverbindungen auch am Carbonyl-C erfolgen kann.

Beispiel:

$$\begin{array}{c} COOR \\ | \\ CH_2 \\ | \\ COOR \end{array} \ \underset{-\,ROH}{\overset{RO^-}{\longrightarrow}} \ \begin{array}{c} COOR \\ | \\ H\bar{C}| \\ | \\ COOR \end{array} \ + \ H_2C=CH-C\equiv N \ \underset{-\,RO^-}{\overset{ROH}{\longrightarrow}} \ \begin{array}{c} COOR \\ | \\ CH-CH_2-CH_2-C\equiv N \\ | \\ COOR \end{array}$$

Malonsäureester   Malonat-Anion   Acrylnitril   2-Cyanoethylmalonsäureester

6.4 Radikalische Additionen

Bromwasserstoff lässt sich außer über eine elektrophile Addition auch radikalische an Alkene addieren, wobei die radikalische Reaktion die schnellere ist. **Hierbei gilt die *Markownikow*-Regel nicht,** es entsteht das regioisomere Produkt. So bildet sich bei der Reaktion von Propen mit HBr in Gegenwart von Peroxiden 1-Brompropan. Der Grund hierfür ist in der **höheren Stabilität des gebildeten sekundären Alkylradikals** zu suchen (s.a. Kap. 4.2). Dieses Phänomen, die Addition nach *anti-Markownikow*, wird oft auch als **Peroxid-Effekt** bezeichnet.

Zum Verlauf von radikalischen Reaktionen s. Kap. 4.

$$RO-OR \xrightarrow{\Delta} 2\ RO\bullet$$

$$RO\bullet + HBr \longrightarrow ROH + Br\bullet$$

Startreaktion

$$Br\bullet + H_2C=CH-CH_3 \longrightarrow Br-CH_2-\overset{\bullet}{C}H-CH_3$$

$$Br-CH_2-\overset{\bullet}{C}H-CH_3 + HBr \longrightarrow Br-CH_2-CH_2-CH_3 + Br\bullet$$

Kettenreaktion

Die Addition von HBr verläuft sehr gut, da beide Schritte der Reaktionskette exotherm sind. Weniger gut verlaufen Additionen von HCl und HI. Bei der HCl-Addition ist der 2. Schritt, die Spaltung der starken H–Cl-Bindung endotherm, bei der HI-Addition der erste Schritt. Man verdeutliche sich dies anhand der Bindungsdissoziationsenergien (s. Innenseite des Rückumschlags).

6.5 Di-, Oligo- und Polymerisationen, Dominoreaktionen

Die bisher beschriebenen Arten von Additionsreaktionen können auch verwendet werden um Alkene mit sich selbst umzusetzen. Dabei addiert ein Katalysator (Kat) an ein Alken, dieses an ein nächstes, usw. Es bilden sich zuerst Dimere, dann Trimere, Oligomere und schließlich Polymere (s. Kap. 37, Kunststoffe).

Als Katalysatoren können sowohl elektrophile Teilchen (z.B. H^+), Nucleophile (z.B. Carbanionen) als auch Radikale (z.B. $RO\bullet$) verwendet werden. So lässt sich z.B. 2-Methylpropen im Sauren leicht dimerisieren, wobei zwei regioisomere Alkene gebildet werden können, je nachdem welches Proton abgespalten wird.

2-Methylpropen

2,4,4-Trimethyl-2-penten   2,4,4-Trimethyl-1-penten

Nebenprodukt   **Hauptprodukt**

Ähnliche Reaktionen laufen auch in der Natur ab, z.B. bei der **Bildung von Steroiden** aus mehrfach ungesättigten Verbindungen. Dabei handelt es sich zwar nicht um Di- oder Oligomerisierungen, weil nicht verschiedene Teilchen miteinander reagieren, sondern der Angriff intramolekular erfolgt; mechanistisch gesehen verlaufen sie aber analog. Auch hier kommt es z.B. unter Säurekatalyse zur Addition eines Alkens an ein anderes.

So wird z.B. das Sesquiterpen (s. Kap. 32.2.4) Squalen an einer endständigen Doppelbindung enzymatisch zum Squalenoxid epoxidiert. In Gegenwart von Säure bildet dieses, nach Protonierung am Epoxidsauerstoff, ein gut stabilisiertes Carbeniumion, das mit der benachbarten Doppelbindung reagiert (der Übersichtlichkeit halber sind die Methylgruppen im Schema nur als Striche dargestellt, im Endprodukt sind sie jedoch ausgeschrieben). Unter Cyclisierung entsteht wiederum ein *tert.* Carbeniumion, welches erneut von einer benachbarten Doppelbindung angegriffen wird, usw. Anschließend finden noch einige *Wagner-Meerwein*-Umlagerungen statt, unter Bildung des Lanosterins.

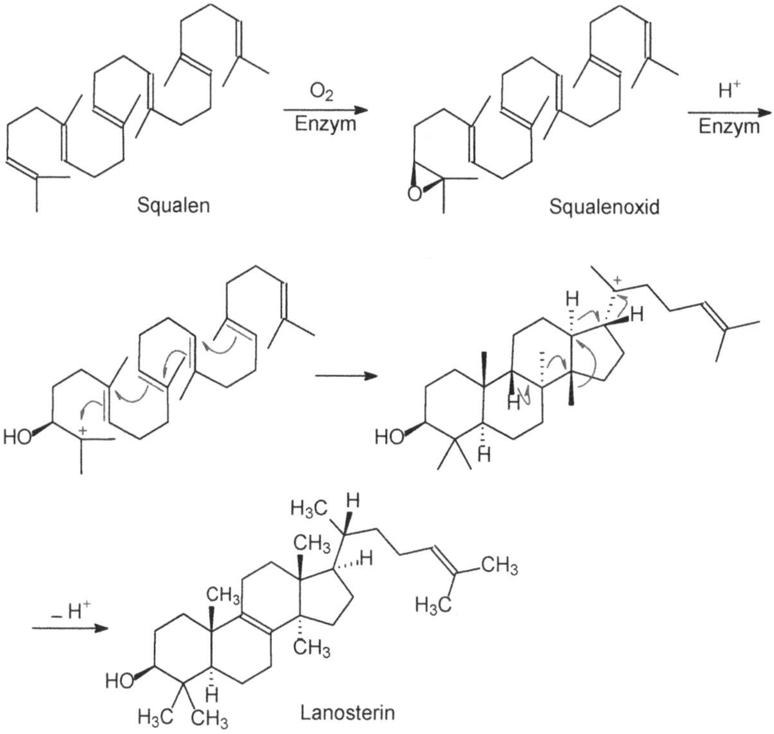

Squalen $\xrightarrow[\text{Enzym}]{O_2}$ Squalenoxid $\xrightarrow[\text{Enzym}]{H^+}$

Lanosterin

Wie mit einem "Reißverschluss" erfolgt so die Cyclisierung der linearen Vorstufe Squalen zum tetracyclischen Grundgerüst der Steroide.

Reaktionen, welche wie diese aus **mehreren hintereinander ablaufenden Einzelschritten** bestehen, bezeichnet man als **Dominoreaktionen** (sequentielle Reaktionen). Manchmal findet man hierfür auch den Begriff **Tandemreaktionen**.

7 Aromatische Kohlenwasserstoffe (Arene)

7.1 Chemische Bindung in aromatischen Systemen

Während im Ethen die Mehrfachbindung zwischen den Kernen lokalisiert ist, gibt es in anderen Molekülen „delokalisierte" oder Mehrzentrenbindungen, so im Benzen (Benzol), C_6H_6. Hier bilden die Kohlenstoff-Atome einen **ebenen Sechsring** und tragen je ein H-Atom. Das entspricht einer sp^2-Hybridisierung am Kohlenstoff. Die Bindungswinkel sind 120°.

Nach den Vorstellungen der Bindungs-Theorie beteiligen sich die übrig gebliebenen Elektronen nicht an der σ-Bindung, sondern durch Überlappung der p_z-Orbitale kommt es zu einer vollständigen Delokalisation dieser Elektronen. Es bilden sich **zwei Bereiche** hoher Ladungsdichte ober- und unterhalb der Ringebene (**π-System**, Abb. 28).

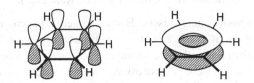

Abb. 28. Bildung des π-Bindungssystems des Benzols durch Überlappung der p-AO. Die σ-Bindungen sind durch Linien dargestellt

Die Elektronen des π-Systems sind gleichmäßig über das Benzol-Molekül verteilt (cyclische Konjugation). Alle C–C-Bindungen sind daher gleich lang (139.7 pm) und gleichwertig.

Will man die elektronische Struktur des Benzols nach **dem VB-Modell durch Valenzstriche darstellen, so muss man hierfür Grenzformeln (Grenzstrukturen)** angeben. Sie sind für sich nicht existent, sondern sind lediglich Hilfsmittel zur Beschreibung des tatsächlichen Bindungszustandes, wofür man oft Formel VI verwendet. Die wirkliche Struktur kann jedoch durch Kombination dieser (fiktiven) Grenzstrukturen nach den Regeln der Quantenmechanik beschrieben werden; den energieärmeren „*Kekulé*-Strukturen" I und II kommt dabei das größte Gewicht zu.

I   II   III   IV   V   VI

Dieses Phänomen bezeichnet man als Mesomerie oder **Resonanz**. Die **Delokalisierung der Elektronen führt zu einer** Mesomeriestabilisierung des aromatischen Systems im Vergleich zu einem fiktiven Cyclohexatrien. Der Energiegewinn („**Resonanzenergie**", Stabilisierungsenergie) lässt sich z.B. aus **Hydrierungsenthalpien** abschätzen. So liefert die Hydrierung einer Doppelbindung im Cyclohexen 120 kJ/mol, für ein fiktives Cyclohexatrien (ohne Mesomeriestabilisierung) würde man also 360 kJ/mol erwarten. Tatsächlich findet man jedoch bei der Hydrierung von Benzol nur 209 kJ/mol, die Differenz von 151 kJ/mol ist die Resonanzenergie.

$\Delta H = -120$ kJ/mol $\Delta H = -209$ kJ/mol

Kohlenwasserstoffe, die das besondere Bindungssystem des Benzols enthalten, zählen zu den „aromatischen" Verbindungen (Aromaten). Es gibt auch zahlreiche Verbindungen mit Heteroatomen, die aromatischen Charakter besitzen und mesomeriestabilisiert sind (s. Kap. 22.3).

Quantenmechanische Berechnungen ergaben, dass **monocyclische konjugierte Cyclopolyene mit (4n+2) π-Elektronen aromatisch sind** und sich durch besondere Stabilität auszeichnen *(Hückel-Regel)*. Dies gilt sowohl für neutrale als auch für ionische π-Elektronensysteme, sofern eine **planare Ringanordnung** mit sp^2-hybridisierten C-Atomen vorliegt, denn dies ist die Bedingung für maximale Überlappung von p-Orbitalen.

n = 0	n = 1	n = 1	n = 1	n = 2
2π-Elektronen	6π-Elektronen	6π-Elektronen	6π-Elektronen	10π-Elektronen
Cyclopropenyl-kation	Cyclopenta-dienylanion	Benzol	Cyclohepta-trienylkation (Tropylium-Kation)	Cycloocta-tetraenyldianion

Als **anti-aromatisch** bezeichnet man cyclisch konjugierte Systeme mit **4n π-Elektronen** (z.B. Cyclobutadien, Cyclooctatetraen).

7.2 Elektronenstrukturen cyclisch-konjugierter Systeme nach der MO-Theorie

Am 1,3-Butadien (s. Kap. 5.1.5) wurde gezeigt, dass die **Delokalisierung von Elektronen** für das betreffende System einen **Energiegewinn** bedeutet. Das aromatische Benzol mit einem cyclisch konjugierten System benachbarter Doppelbindungen ist wesentlich energieärmer als ein entsprechendes offenkettiges konjugiertes System. Das Energieniveauschema für die π-Elektronen im Benzol zeigt Abb. 29. Man erkennt, dass ein zweifach Symmetrie-entartetes π-MO vorhanden ist: $E_2 = E_3$ (entartet bedeutet energiegleich). Daraus und aus der vollständigen Besetzung aller bindenden MO (Abb. 30) resultiert der Energiegewinn im Vergleich zu einem offenkettigen konjugierten System.

Abbildungen 31 und 32 zeigen, dass dies auch für andere cyclische Polyene (Annulene) gilt, die der Hückel-Regel gehorchen. Man erkennt: **Es sind (4n+2) π-Elektronen notwendig, um die bindenden MO vollständig zu besetzen. Genau diese Anzahl von Elektronen bewirkt also die größtmögliche Stabilität aromatischer Moleküle.**

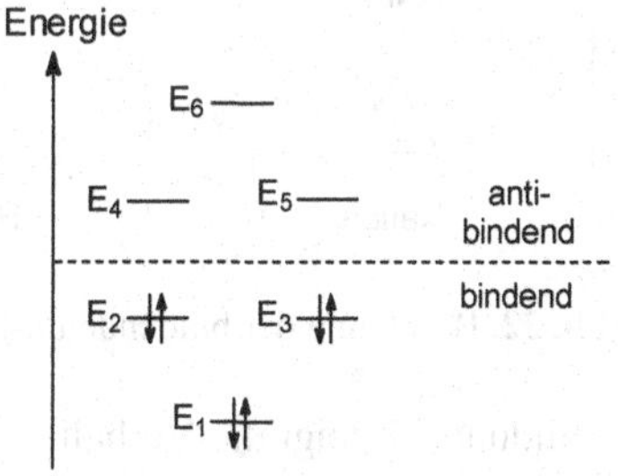

Abb. 29. Energieniveauschema das Benzols

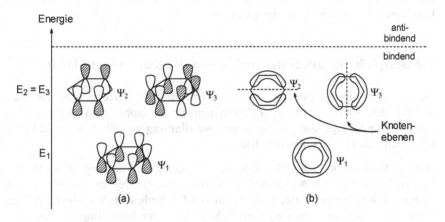

Abb. 30. Konfiguration der π-Elektronen im Grundzustand des Benzols

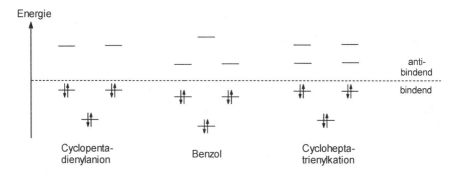

Abb. 31. Besetzung der bindenden π-MO für aromatische Systeme mit n = 1

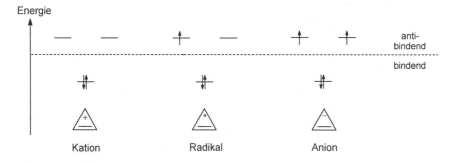

Abb. 32. Besetzung der bindenden π-MO beim Cyclopropen mit n = 0

Abbildung 32 zeigt die Verhältnisse am Beispiel des Cyclopropenyl-Systems. Das Kation enthält 2 π-Elektronen, ist aromatisch (n = 0) und relativ stabil. Das Radikal mit 3 π-Elektronen ist schon weniger stabil, das Anion mit 4 π-Elektronen kann bereits als instabil bezeichnet werden.

7.3 Beispiele für aromatische Verbindungen; Nomenklatur

Die H-Atome des Benzol-Ringes können sowohl durch Heteroatome wie auch durch andere Kohlenstoffketten (Seitenketten) ersetzt (substituiert) werden. Sind mehrere Benzolringe über eine **gemeinsame Bindung** verknüpft, so spricht man von **kondensierten (anellierten) Ringen**.

Ansaverbindungen sind Verbindungen, bei denen zwei Positionen eines aromatischen Rings über einen „**Henkel**" verknüpft sind. Handelt es sich hierbei um eine **reine Kohlenstoffkette**, spricht man von **Cyclophanen**. Vor allem bei Verbindungen mit einer kurzen Kohlenstoffkette liegt eine hohe Ringspannung vor, was zu einer Verformung des Benzolringes führt (Wannenform).

Beispiele:

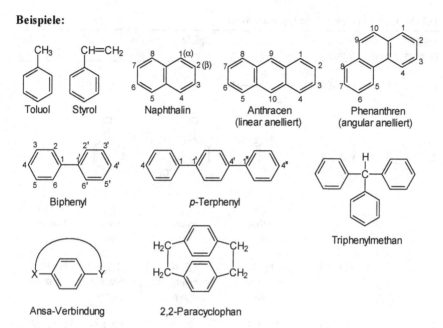

| Toluol | Styrol | Naphthalin | Anthracen (linear anelliert) | Phenanthren (angular anelliert) |

Biphenyl   p-Terphenyl   Triphenylmethan

Ansa-Verbindung   2,2-Paracyclophan

Nomenklatur

Wegen der Symmetrie des Benzolrings gibt es nur ein einziges Methylbenzol (Toluol), jedoch drei verschiedene Dimethylbenzole (Xylole). Die **Stellungsisomere** werden anhand der substituierten Chlorbenzole vorgestellt (Tabelle 15). Substituenten in **1,2-Stellung** werden als *ortho-* (*o-*), in **1,3-Stellung** als *meta-* (*m-*) und in **1,4-Stellung** als *para-* (*p-*) *ständig* bezeichnet.

Trägt eine aromatische Verbindung mehrere verschiedene Substituenten, so werden diese wie bei den aliphatischen Verbindungen (s. Kap. 3.1) in alphabetischer Reihenfolge geordnet. Tritt ein aromatischer Rest selbst als Substituent in einer Verbindungen auf, wird er als Aryl-Rest (Ar-) bezeichnet, speziell im Falle des Benzols als Phenyl-Rest (Ph-) (Bsp.: Triphenylmethan).

Bei **anellierten aromatischen Systemen** gibt man an, an welche Bindung ein weiteres aromatisches System ankondensiert ist. Hierzu werden die Bindungen mit a,b,c,... durchnumeriert, beginnend am Ring ‚rechts oben'. Ein angelagerter Benzolring wird als Benzo-, ein Naphthylring als Naphtho-, usw. bezeichnet.

Beispiele:

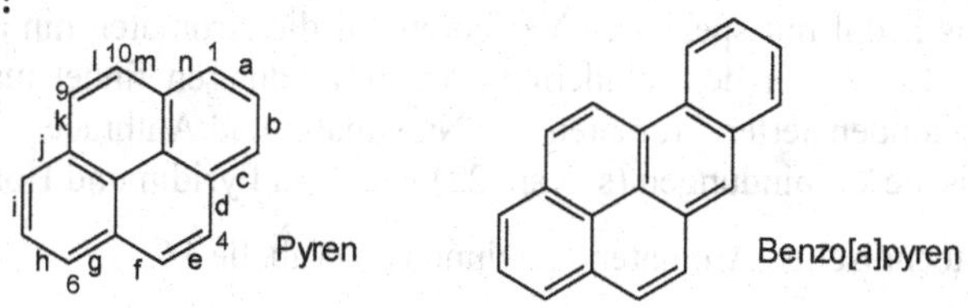

Pyren   Benzo[a]pyren

Tabelle 15. Chlorsubstituierte Benzolderivate

Substi-tuenten	Iso-mere	Summen-formel	Beispiele			
1	1	C_6H_5Cl	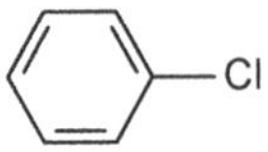			
2	3	$C_6H_4Cl_2$	1,2- *ortho*- *o*-	1,3- *meta*- *m*-	1,4- *para*- *p*-	Dichlor-benzol
3	3	$C_6H_3Cl_3$	1,2,3- *vicinal* *vic*-	1,2,4- *asymmetrisch* *asym*-	1,3,5- *symmetrisch* *sym*-	Trichlor-benzol
4	3	$C_6H_2Cl_4$	1,2,3,4-	1,2,3,5-	1,2,4,5-	Tetrachlor-benzol
5	1	C_6HCl_5	Pentachlorbenzol			
6	1	C_6Cl_6	Hexachlorbenzol			

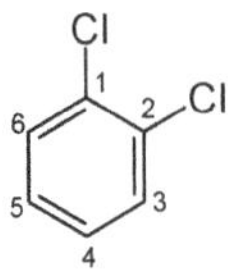

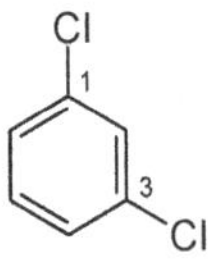

7.4 Vorkommen und Herstellung

Die aromatischen Kohlenwasserstoffe werden im Allgemeinen aus **Steinkohlen-teer** oder aus **Erdöl** gewonnen, wobei jedoch der Anteil im Erdöl in der Regel recht gering ist. Steinkohlenteer ist ein Nebenprodukt der Verkokung von Stein-kohle.

$$\text{Steinkohle} \xrightarrow{\ 1000°C\ } \text{Koks} + \text{Teer} + \text{Ammoniakwasser} + \text{Leuchtgas}$$
$$\qquad\qquad\qquad\quad 80\% \quad\ 5\% \qquad\qquad 5\% \qquad\qquad\quad 10\%$$

Der hauptsächlich gebildete Koks dient vor allem zur Reduktion von Erzen. Der Teer wird wie das Erdöl mit speziellen Verfahren auf die Aromaten hin aufgear-beitet (s. Tabelle 16). Unter den hunderten von Verbindungen findet man auch eine ganze Reihe kondensierter Aromaten wie Naphthalin und Anthracen, Phenole sowie heterocyclische Verbindungen (s. Kap. 22) wie etwa Pyridin und Homologe.

Einzelheiten zur technischen Aromaten-Gewinnung s. Tabelle 16.

Tabelle 16. Verfahren zur technischen Aromaten-Gewinnung (**B**enzol, **T**oluol, **X**ylole = BTX)

Trennproblem	Verfahren	Durchführung	Hilfsstoffe
BTX-Abtrennung aus Pyrolysebenzin und Kokereigas	Azeotrop-Dest. (für Aromatengehalt > 90%)	Nichtaromaten werden azeotrop abdestilliert: Aromaten bleiben im Sumpf.	Amine, Ketone, Alkohole, Wasser
BTX-Abtrennung aus Pyrolysebenzin	Extraktiv-Dest. (Aromatengehalt: 65 - 90%)	Nichtaromaten werden abdestilliert; Sumpfprodukt (Aromaten + Lösemittel) wird destillativ getrennt.	Dimethyl-formamid, N-Methyl-pyrrolidon, N-Formyl-morpholin, Tetrahydro-thiophen-dioxid (Sulfolan)
BTX-Abtrennung aus Reformatbenzin	Flüssig-Flüssig-Extraktion (Aromatengehalt: 20 - 65%)	Gegenstromextraktion mit zwei nicht mischbaren Phasen. Trennung v. Aromaten u. Selektiv-Lösemitteln durch Destillation	Sulfolan, Dimethylsulfoxid/H_2O, Ethylenglykol/H_2O, N-Methylpyrrolidon/H_2O
Isolierung von p-Xylol aus m,p-Gemischen	Kristallisation durch Ausfrieren	o-Xylol wird vorab abdestilliert und mehrstufig kristallisiert.	
Schmp. p-Xylol: +13°C m-Xylol: −48°C	Adsorption an Festkörper	p-Xylol wird in der Flüssigphase z.B. an Molekularsiebe adsorbiert und danach durch Lösemittel wieder desorbiert. Das Gemisch wird getrocknet	

Benzol (Benzen) selbst entsteht z.B. beim thermischen Cracken aus n-Hexan durch dehydrierende Cyclisierung und Aromatisierung, durch Dehydrierung von Methylcyclopentan/Cyclohexan oder cyclisierende Trimerisierung von Ethin (Acetylen) ($3\ C_2H_2 \longrightarrow C_6H_6$).

n-Hexan   Benzol   Cyclohexan   Methylcyclopentan

Alkylbenzole: Wie Benzol lassen sich auch die homologen Alkylbenzole aus Kokereigas und Steinkohleteer gewinnen, sie lassen sich jedoch auch synthetisieren, z.B. durch *Friedel-Crafts-Alkylierung* (s. Kap. 8.2.4). Hierbei bilden sich in der Regel Gemische aus Mono- und Mehrfachalkylierungsprodukten, welche anschließend getrennt werden müssen.

Kondensierte Aromaten werden ebenfalls überwiegend aus dem Steinkohlenteer gewonnen. **Naphthalin** kommt darin zu ca. 5% vor. Die farblosen, glänzenden Blättchen (Schmp. 80 °C) besitzen einen charakteristischen Geruch (Mottenkugeln) und lösen sich in organischen Lösemittel, nicht in Wasser. Die Eigenschaften von Anthracen (Schmp. 218 °C) sind ähnlich. Durch Oxidation erhält man hieraus Anthrachinon, ein wichtiges Ausgangsprodukt für die Herstellung von Farbstoffen (Anthrachinonfarbstoffe).

7.5 Eigenschaften und Verwendung

Benzol ist eine farblose, stark lichtbrechende Flüssigkeit mit charakteristischem Geruch. Es brennt mit leuchtender, stark rußender Flamme und ist in Wasser praktisch unlöslich. 'Technisches Benzol' enthält als Verunreinigung Thiophen, welches durch Kochen mit Schwefelsäure entfernt werden kann. Früher wurde Benzol häufig als Lösemittel verwendet. In der Zwischenzeit wurde es jedoch weitestgehend durch die weit weniger toxischen Alkylbenzole (Toluol, etc.) ersetzt. Es dient jedoch nach wie vor als Zusatz zu Motorentreibstoffen und als Grundkörper zur Herstellung weiterer Derivate durch aromatische Substitutionsreaktionen (s. Kap. 8), woraus sich z.B. Farbstoffe, Insektizide und pharmazeutische Präparate gewinnen lassen..

Beim längeren Einatmen verursacht Benzol Brechreiz und Schwindel, bis hin zur Bewusstlosigkeit. Chronische Vergiftungen führen zu einer Schädigung nicht nur der Leber und Nieren sondern auch des Knochenmarks, was zu einer Abnahme der Zahl an roten Blutkörperchen führt (Leukämie).

Kondensierte Aromaten wie etwa Pyren und Benzo[a]pyren übertreffen das Benzol deutlich in ihrer Toxizität. Die meisten dieser Verbindungen sind krebserregend (carcinogen) und erzeugen bei längerem Einwirken auf die Haut Hautkrebs. Auch das erhöhte Lungenkrebsrisiko von Rauchern ist hierauf zurückzuführen. Besonders gefürchtet ist das Benzo[a]pyren, welches im Körper enzymatisch epoxidiert wird. Die hierbei gebildeten hochreaktiven Intermediate können im Körper mit Nucleophilen wie zum Beispiel der Desoxyribonucleinsäure (DNA) reagieren, wodurch das Erbmaterial geschädigt wird.

Die **Alkylbenzole** sind im Gegensatz hierzu nicht oder wenig toxisch, da Oxidationsprozesse bei ihnen nicht am aromatischen Ring, sondern in der Seitenkette stattfinden (s. Kap. 16.2.2), wobei keine reaktiven Intermediate entstehen. Daher hat z.B. Toluol Benzol fast vollständig als Lösemittel im Labor verdrängt.

Einige **chlorierte aromatische Verbindungen** haben aufgrund ihrer Toxizität ebenfalls für Schlagzeilen gesorgt: Die Gruppe der teilweise sehr giftigen **poly**chlorierten **D**ibenzodioxine (PCDD) und **D**ibenzofurane (PCDF) umfasst zahlreiche Isomere, deren analytische Unterscheidung sehr aufwendig ist. Das durch den **Seveso-Unfall** bekannt gewordene TCDD ist ein cyclischer Ether mit zwei ankondensierten Benzolringen, die ihrerseits Chloratome als Substituenten enthalten. **TCCD** gehört zu den giftigsten bisher hergestellten Verbindungen. Toxische Effekte treten bereits im ng/kg-Bereich auf. Die ersten Vergiftungserscheinungen werden als "**Chlorakne**" bezeichnet.

DDT hat eine stark toxische Wirkung auf verschiedene Insekten, weshalb es lange Zeit als Insektizid verwendet wurde. Es ist jedoch inzwischen sehr umstritten und in vielen Industrieländern verboten, da es biologisch nicht abgebaut wird, und sich daher in der Nahrungskette anreichert.

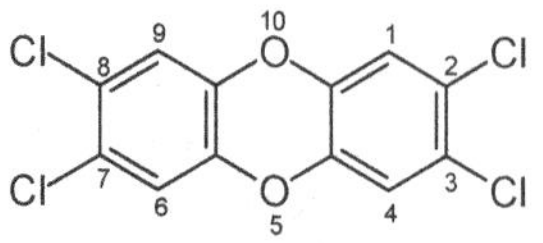

TCDD

2,3,7,8-Tetrachlor-
dibenzo-para-dioxin
("Seveso-Gift")

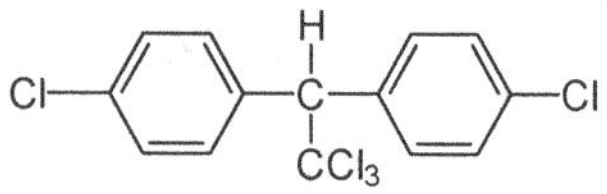

DDT

1,1-*p,p'*-Dichlordiphenyl-
2,2,2-trichlorethan

Tabelle 17. Verwendung und Eigenschaften von Aromaten

Name	Formel	Schmp./Sdp. °C	Verwendung
Benzol	C_6H_6	6/80	Ausgangsprodukt
Toluol	$C_6H_5–CH_3$	95/111	Lösemittel
o-Xylol	o-$(CH_3)_2C_6H_4$	–25/144	$\longrightarrow$ Phthalsäure
Ethylbenzol	$C_6H_5–C_2H_5$	–95/136	$\longrightarrow$ Styrol
Isopropylbenzol (Cumol)	$C_6H_5–CH(CH_3)_2$	–96/152	$\longrightarrow$ Aceton, Phenol
Vinylbenzol (Styrol)	$C_6H_5–CH=CH_2$	–31/145	$\longrightarrow$ Polystyrol
p-Xylol	p-$(CH_3)_2C_6H_4$	13/138	$\longrightarrow$ Terephthalsäure
Diphenyl	$H_5C_6–C_6H_5$	70/254	Konservierungsmittel

7.6 Reaktionen aromatischer Verbindungen

Die mit Abstand wichtigsten Reaktionen aromatischer Verbindungen sind die **aromatischen Substitutionsreaktionen**, die im nächsten Kapitel ausführlich besprochen werden. Alle übrigen Reaktionen, die nicht unter diesen Reaktionstyp fallen, werden hier vorgestellt.

7.6.1 Additionsreaktionen aromatischer Verbindungen

Aufgrund der **Mesomeriestabilisierung** sind aromatische Verbindungen relativ **reaktionsträge hinsichtlich Additionsreaktionen**. Einige Beispiele gibt es dennoch:

7.6.1.1 Katalytische Hydrierung

Die Hydrierung von Aromaten gelingt wie bei den Alkenen mit **Wasserstoff/Metallkatalysator** aufgrund des Mesomerieeffekts jedoch unter deutlich drastischeren Bedingungen. Bei der katalytischen Hydrierung werden alle drei Doppelbindungen hydriert. Sie ermöglicht deshalb einen leichten Zugang zu Cycloalkanen (z.B. Toluol → Methylcyclohexan). Bei kondensierten Aromaten kann man je nach Reaktionsbedingungen eine teilweise oder vollständige Hydrierung erreichen. Die teilweise Hydrierung erfolgt hierbei so, dass ein aromatisches Ringsystem intakt bleibt.

7.6.1.2 *Birch*-Reduktion

Eine **selektive Hydrierung** gelingt unter den Bedingungen einer **Ein-Elektron-Transfer-Reaktion** (*Birch*-Reduktion). Lithium oder Natrium in flüssigem Ammoniak dienen als Elektronenüberträger (s.a. Kap. 5.1.2), Ethanol als Protonendonator. Kinetische Kontrolle der Reaktion führt zu 1,4-Cyclohexadien als einzigem Produkt, obwohl das isomere 1,3-Cyclohexadien thermodynamisch stabiler ist. Reduktionsmittel sind **solvatisierte Elektronen**, die an den Aromaten addieren unter Bildung eines Radikalanions. Dieses wird durch den Alkohol protoniert, bevor ein weiteres Elektron übertragen wird. Erneute Protonierung des resultierenden Anions führt zum gewünschten Produkt.

Interessant ist die Reduktion substituierter Verbindungen. Elektronenschiebende Substituenten verlangsamen die Reaktion, der Substituent befindet sich im Reduktionsprodukt an einer Doppelbindung. Im Gegensatz hierzu beschleunigt ein elektronenziehender Substituent die Reaktion, der Substituent befindet sich anschließend zwischen den Doppelbindungen. Dies ist gut verständlich, denn an dieser Position kann das intermediär gebildete Carbanion besonders gut stabilisiert werden. Bei Elektronen-schiebenden Substituenten ist dieselbe Position benachteiligt.

7.6.1.3 Radikalische Chlorierung

Aromaten können sowohl durch elektrophile Substitutions- (Kap. 8.2.3) als auch durch radikalische Additions-Reaktionen halogeniert werden. **Bei der Addition von Chlor an Benzol** werden Cl_2-Moleküle durch eingestrahltes UV-Licht in Cl-Atome gespalten, die sich nach einem Radikalkettenmechanismus an Benzol addieren. Als Endprodukt entsteht Hexachlorcyclohexan, das in 8 isomeren Formen (*cis-trans*-Isomere) auftreten kann, wovon das γ-Isomere als Insektizid benutzt wird.

Hexachlor-
cyclohexan

Gammexan, Lindan
(γ-Isomer)

7.6.1.4 Additionen an kondensierte aromatische Systeme

Im Vergleich zum Benzol **zeigen kondensierte Aromaten manchmal unerwartete Reaktionen**. Dies liegt an der etwas unterschiedlichen Mesomeriestabilisierung. Während beim Benzol alle Bindungen gleichberechtigt und somit z.B. auch gleich lang sind, ist dies bei den kondensierten Aromaten nicht der Fall. Betrachtet man z.B. das Naphthalin, so kann man hier drei mesomere Grenzstrukturen formulieren. Man erkennt, dass innerhalb eines Rings die Mesomerie analog ist wie beim Benzol, dass jedoch der zweite Ring an dieser Mesomerie nicht beteiligt ist (Grenzformeln I und II). Die Bindung zwischen C1 und C2 hat einen höheren Doppelbindungsanteil als die Bindung zwischen C2 und C3. Dies zeigt sich in unterschiedlichen Bindungslängen: C1–C2: 136 pm; C2–C3: 141.5 pm (Vergleich Benzol: 139.7 pm).

Naphthalin mit drei mesomeren Grenzstrukturen ist zwar insgesamt besser mesomeriestabilisiert als Benzol mit nur zwei Grenzstrukturen, aber nicht etwa doppelt so gut wie Benzol. Daher kann man **Naphthalin** unter geeigneten Bedingungen z.B. **teilweise hydrieren**, da hierbei ein Ring mit ‚*Benzolkonjugation*' erhalten bleibt. Noch signifikanter werden diese Effekte, wenn man zu Anthracen (4 Grenzstrukturen) und Phenanthren (5 Grenzstukturen) übergeht.

| Resonanz-Energie | 151 kJ/mol | 255 kJ/mol | 351 kJ/mol | 385 kJ/mol |

So gehen **Anthracen und Phenanthren** mit Brom eine Additionsreaktion in **9,10-Stellung** ein, wobei nach der Reaktion zwei ‚**Benzolringe**' gebildet werden. Auch lassen sich diese Verbindungen an diesen Positionen recht leicht oxidieren, wobei das aus dem Anthracen gebildete Anthrachinon ein wichtiges Ausgangsprodukt für die Herstellung von Farbstoffen ist (s. Kap. 38).

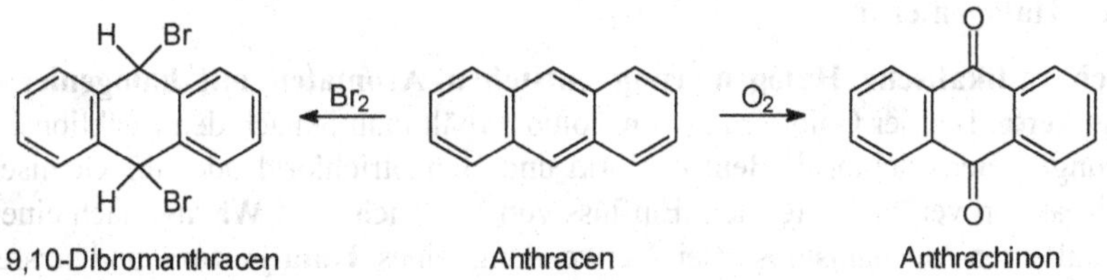

9,10-Dibromanthracen   Anthracen   Anthrachinon

7.6.2 Reaktionen von Alkylbenzolen in der Seitenkette

Alkylierte Aromaten, die sich z.B. durch Friedel-Crafts-Alkylierung (Kap. 8.2.4) herstellen lassen, sind nicht besonders reaktionsfähig und werden daher häufig als Lösemittel verwendet. Toluol (Methylbenzol) ist ein beliebter Ersatz für das früher häufig verwendete Benzol. Im Gegensatz zu diesem sind bei den Alkylbenzolen auch Reaktionen in der Seitenkette möglich, wobei der benzylischen Position eine Bedeutung zukommt. Vor allem Radikalreaktionen laufen hier bevorzugt ab, da sich ein mesomeriestabilisiertes Benzylradikal bilden kann (s. Kap. 4.2)

7.6.2.1 Oxidation

Im Gegensatz zu Alkanen, die gegenüber Oxidationsmitteln weitestgehend resistent sind, lassen sich alkylierte Aromaten mit $KMnO_4$ oder katalytisch durch Sauerstoff in Carbonsäuren umwandeln. Längere Alkylketten werden hierbei oxidativ abgebaut.

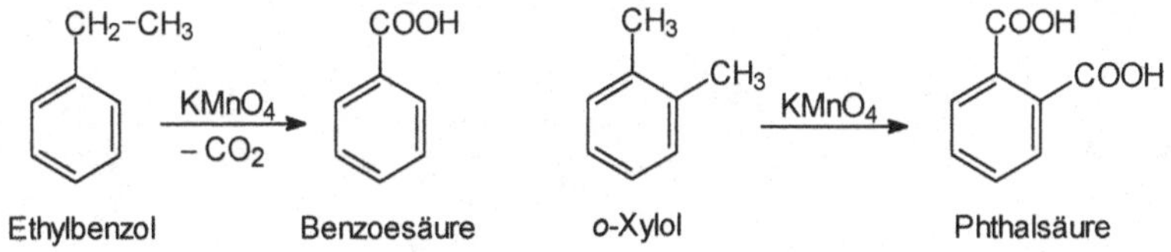

Ethylbenzol   Benzoesäure   o-Xylol   Phthalsäure

Ein technisch wichtiger Prozess ist die *Hock'sche* Phenolsynthese (s. Kap. 12.2.2.1), bei der Cumol (Isopropylbenzol) in Gegenwart von Sauerstoff an der Benzylposition zum Hydroperoxid oxidiert wird. Dieses wird anschließend im sauren Milieu unter Bildung von **Phenol** und **Aceton** umgelagert.

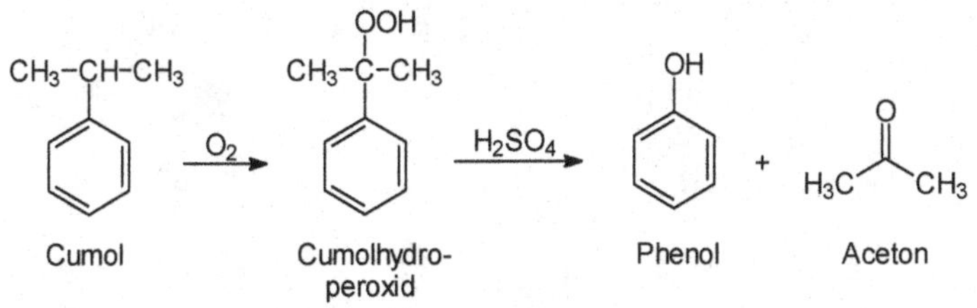

Cumol   Cumolhydro-   Phenol   Aceton
                     peroxid

7.6.2.2 Halogenierung

Durch radikalische Halogenierung entstehen Aromaten mit halogenierter Seitenkette. Bei der Chlorierung von Toluol erhält man je nach den Reaktionsbedingungen Benzylchlorid, Benzalchlorid und Benzotrichlorid oder ihr Gemisch. Die Reaktion verläuft unter dem Einfluss von **UV-Licht** und **Wärme** nach einem Radikalketten-Mechanismus. Bei Verwendung eines **Katalysators** und ausreichender Kühlung findet eine **elektrophile Aromatensubstitution** am 'Kern' statt (s. Kap. 8.2.3).

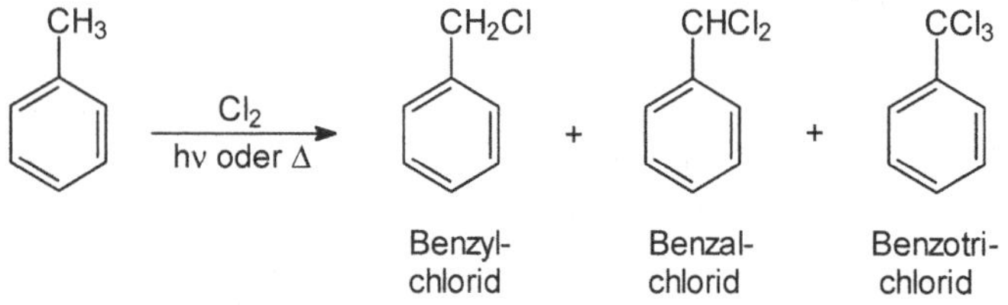

Benzyl-   Benzal-   Benzotrichlorid   chlorid   chlorid

Merkregel: Kälte, Katalysator   ⇒   Kern (KKK)

Sonnenlicht, Siedehitze   ⇒   Seitenkette (SSS)

8 Die aromatische Substitution (S_{Ar})

8.1 Die elektrophile aromatische Substitution ($S_{E,Ar}$)

8.1.1 Allgemeiner Reaktionsmechanismus

Aromatische Kohlenwasserstoffe (Arene), obwohl formal ungesättigte Verbindungen, neigen kaum zu Additions-, sondern hauptsächlich zu Substitutions-Reaktionen (S_E). Bedenkt man die große Stabilität des aromatischen π-Elektronensystems und berücksichtigt man die Konzentration der Elektronen ober- und unterhalb der C-Ringebene, so sind elektrophile Substitutionen zu erwarten. Sie galten daher auch lange als Kriterium für den aromatischen Charakter einer Verbindung.

Die S_E-Reaktion verläuft zunächst analog der elektrophilen Addition an Alkene (s. Kap. 6). Der Aromat bildet mit dem Elektrophil einen Elektronenpaardonor-Elektronenpaarakzeptor-Komplex (π-**Komplex 1**), wobei das π-Elektronensystem erhalten bleibt. Daraus entsteht dann als Zwischenstufe ein σ-**Komplex**, in dem vier π-Elektronen über fünf C-Atome delokalisiert sind. Dies ist i.a. auch der geschwindigkeitsbestimmende Schritt. Solche Areniumionen konnten in fester Form isoliert und damit als **echte Zwischenprodukte** nachgewiesen werden.

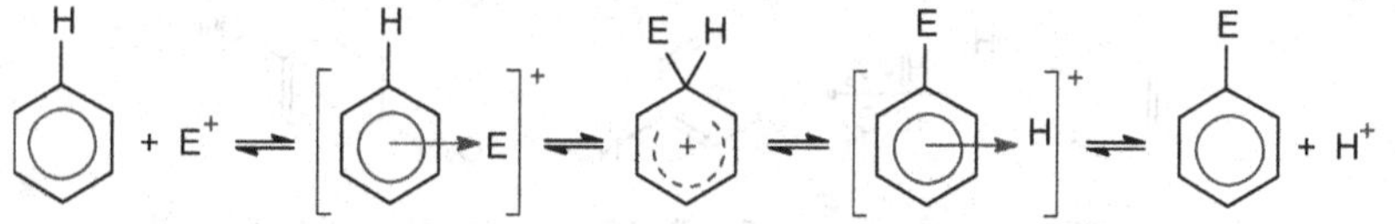

π-Komplex 1 σ-Komplex π-Komplex 2

Der σ-Komplex stabilisiert sich nun aber nicht durch die Addition eines Nucleophils (vgl. Alkene, Kap. 6.1), sondern eliminiert ein Proton (über einen zweiten π-Komplex) und bildet das 6π-Elektronensystem zurück. Dieser Schritt ist energetisch stark begünstigt und somit relativ schnell. Abb. 33 gibt das Reaktionsprofil der Reaktion am Beispiel der Bromierung wieder. Die Bildung eines Additionsprodukts ist um 110 kJ/mol ungünstiger.

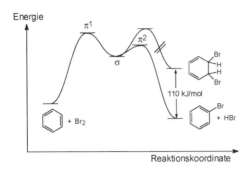

Abb. 33. Energiediagramm für Addition und Substitution am Benzol

8.1.2 Mehrfachsubstitution

An monosubstituierten Aromaten können weitere Substitutions-Reaktionen durchgeführt werden. Dabei lässt sich häufig voraussagen, welche Produkte bevorzugt gebildet werden. **Bei einer Zweitsubstitution werden die Reaktionsgeschwindigkeit und die Eintrittsstelle des neuen Substituenten von dem im Ring bereits vorhandenen Substituenten beeinflusst.** Aus den beobachteten Substituenteneffekten lassen sich Substitutionsregeln ableiten (vgl. Tabelle 18).

8.1.2.1 Substitutionsregeln

1) Substituenten 1. Ordnung dirigieren in *ortho-* (*o-*) und/oder *para-* (*p-*) Stellung. Sie können **aktivierend** wirken wie -OH, -$\overline{\underline{O}}|^-$, -OCH$_3$, -NH$_2$, Alkylgruppen, oder **desaktivierend** wirken wie -F, -Cl, -Br, -I, -CH=CR$_2$.

Beispiele:

Phenol $\xrightarrow[10°C]{HNO_3}$ o-Nitrophenol + p-Nitrophenol

Phenol wird in *o-* und *p-*Stellung nitriert, und zwar schneller als Benzol. Chlorbenzol wird auch in *o-* und *p-*Stellung nitriert, jedoch langsamer als Benzol.

2) Substituenten 2. Ordnung dirigieren in *meta-* (*m-*) Stellung und wirken desaktivierend: -NH$_3^+$, -NO$_2$, -SO$_3$H, -COOR.

Beispiel:

Nitrobenzol $\xrightarrow[H_2SO_4]{HNO_3}$ m-Dinitrobenzol

Tabelle 18. Substituenteneffekte bei der elektrophilen aromatischen Substitution

Substituent	Elektronische Effekte des Substituenten	Wirkung auf die Reaktivität	Orientierende Wirkung	
-OH	–I, +M	aktiviert	*o, p*	⎫
-O⁻	+I, +M	aktiviert	*o, p*	
-OR	–I, +M	aktiviert	*o, p*	
-NH₂, -NHR, -NR₂	–I, +M	aktiviert	*o, p*	⎬ 1. Ordnung
-Alkyl	+I,	aktiviert	*o, p*	
-F, -Cl, -Br, -I	–I, +M	desaktiviert	*o, p*	⎭
-NO₂	–I, –M	desaktiviert	*m*	⎫
-NH₃⁺, -NR₃⁺	–I	desaktiviert	*m*	
-SO₃H	–I, –M	desaktiviert	*m*	
-CO–X (X= H, R,				⎬ 2. Ordnung
-OH, -OR, -NH₂)	–I, –M	desaktiviert	*m*	
-CN	–I, –M	desaktiviert	*m*	⎭

Ursache dieser Substituenteneffekte sind unterschiedliche Energiedifferenzen zwischen Grundzustand und aktiviertem Komplex, die durch die verschiedenen induktiven und mesomeren Effekte der Substituenten hervorgerufen werden.

8.1.2.2 Auswirkungen von Substituenten auf die Orientierung und die Reaktivität bei der elektrophilen Substitution

Auswirkungen auf die Orientierung

Tabelle 18 zeigt, dass **Substituenten, welche die Elektronendichte im Benzolring erhöhen, nach** *ortho* **und** *para* **dirigieren.** +I- und +M-Substituenten aktivieren offenbar diese Stellen im Ring in besonderer Weise.

Auf der anderen Seite dirigieren **Substituenten, welche die Elektronendichte im Ring erniedrigen, vorzugsweise nach** *meta*. Zwar werden alle Ringpositionen desaktiviert, die *m*-Stelle jedoch weniger als *ortho*- und *para*-Stellen.

Zur Erläuterung der Substituenteneffekte wollen wir die σ-Komplexe für einen monosubstituierten Aromaten betrachten und dabei annehmen, dass diese den Übergangszuständen ähnlich sind. Besonders wichtig ist die durch δ⁺- markierte Ladungsverteilung der positiven Ladung im Carbeniumion in Bezug auf die Lage und Eigenschaften des Substituenten S.

Wirkung des Erstsubstituenten durch induktive Effekte

Angriff in *o*-Position

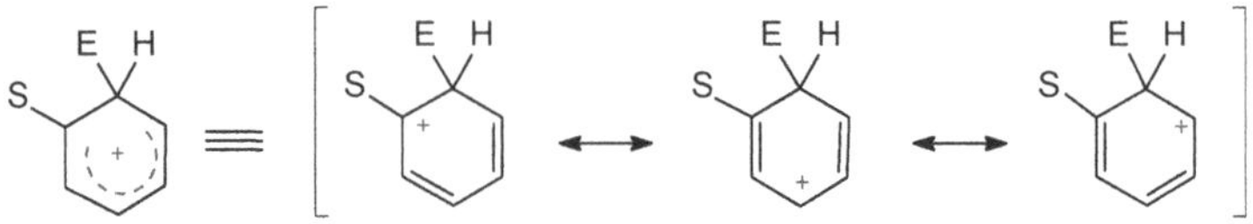

Angriff in *m*-Position

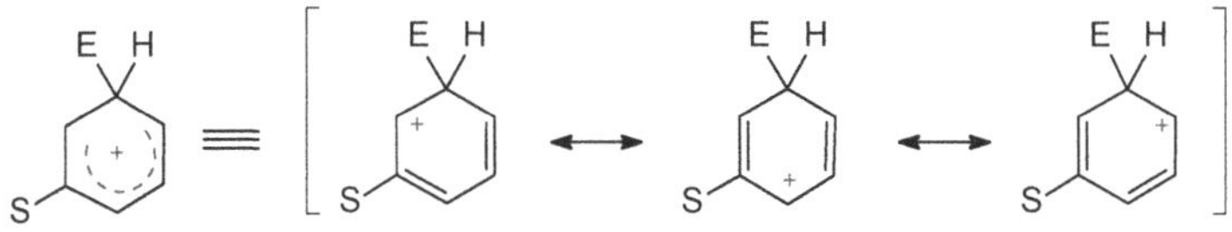

Angriff in *p*-Position

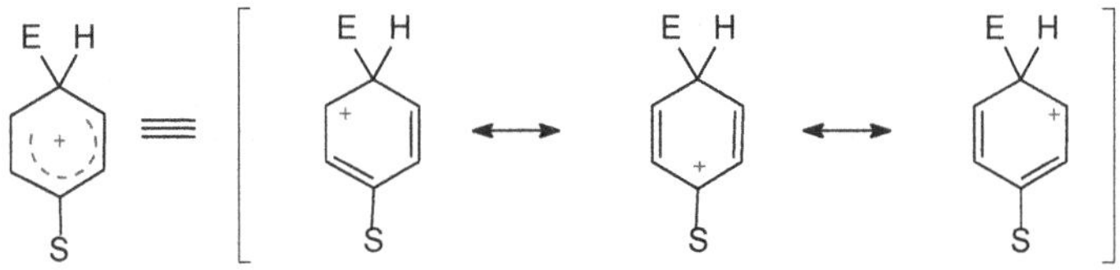

Abb. 34. Wirkung der induktiven Effekte bei der Zweitsubstitution. S ist jeweils ein +I- bzw. –I-Substituent im σ-Komplex, E der neu eintretende elektrophile Zweitsubstituent

+I-Effekt

Ist S ein +I-Substituent, dann gilt: S als Elektronendonor kann die positive Ladung des Carbeniumions besonders gut kompensieren, wenn die Zweitsubstitution in *o*- und *p*-Stellung erfolgt: **Ein +I-Substituent stabilisiert das Carbeniumion und damit auch den Übergangszustand, der zum Produkt führt, besonders gut in *o*- und *p*-Stellung.** Der +I-Effekt wirkt sich in der *m*-Stellung — wegen der anderen Ladungsdelokalisation — am schwächsten aus.

+I-Substituenten dirigieren also nach *ortho* und *para*.

–I-Effekt

Ist S ein –I-Substituent, dann kann S als Elektronenakzeptor die positive Ladung des Carbeniumions nicht mehr kompensieren. **Ein –I-Substituent destabilisiert das Carbeniumion und damit auch den entsprechenden Übergangszustand.** Die Wirkung von S macht sich in allen Ringpositionen bemerkbar. Betrachtet man jedoch wieder die Ladungsverteilung, dann erkennt man, dass sich die elektronenziehenden Effekte in der *meta*-Stellung am schwächsten auswirken.

–I-Substituenten dirigieren also nach *meta*.

Wirkung des Erstsubstituenten durch mesomere Effekte (= Resonanzeffekte)

+M-Effekt

Besitzt S ein freies Elektronenpaar (z.B. eine Amino-Gruppe) und übt dadurch einen +M-Effekt aus, können für die *o-* **und** *p-***Substitution** im Gegensatz zur *m-*Substitution noch **weitere Grenzformeln** formuliert werden. Diese sind besonders energiearm, da das **freie Elektronenpaar mit dem π-System des Rings in Wechselwirkung treten kann**. Die Übergangszustände bei *o-* und *p-*Substitution werden dadurch stärker stabilisiert als bei *m-*Substitution.

+M-Substituenten wirken also *o-* und *p-*dirigierend.

Angriff in *o-*Position

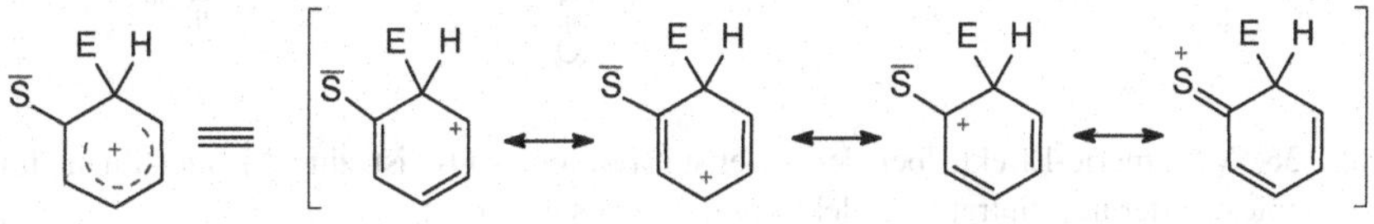

Angriff in *m-*Position

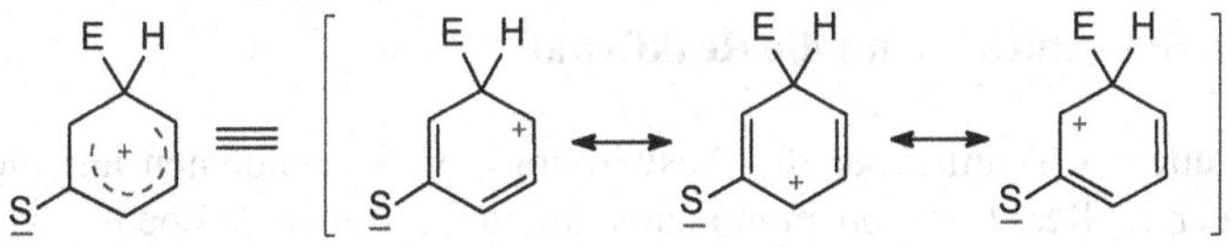

Angriff in *p-*Position

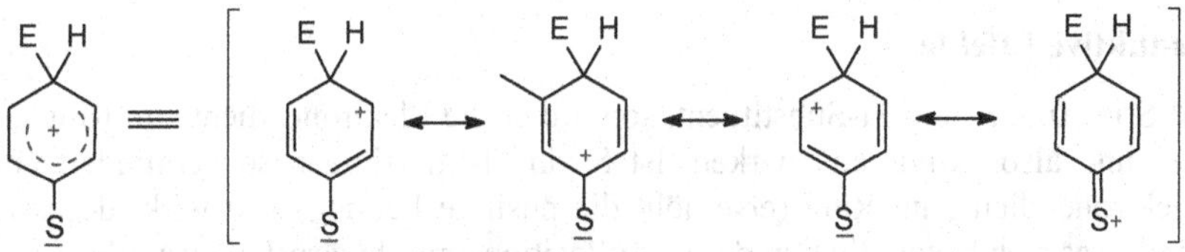

Abb. 35. Mesomerie-Effekte bei der Zweitsubstitution. S ist ein +M-Substituent im σ-Komplex, E der neu eintretende elektrophile Zweitsubstituent

–M-Effekt

Bei –M-Substituenten (z.B. einer Nitro-Gruppe) treten bei *o-* und *p-*Substitution Grenzstrukturen mit gleichsinnigen Ladungen an benachbarten Atomen auf. Diese Strukturen sind daher energetisch sehr ungünstig. Im Vergleich zum Benzol sind alle Positionen desaktiviert. Im Falle einer *m-*Substitution wird das Carbeniumion jedoch am wenigsten desaktiviert, da hier die Ladungen günstiger verteilt sind. Daher wird vorzugsweise *meta-*Substitution eintreten.

–M-Substituenten wirken m-dirigierend.

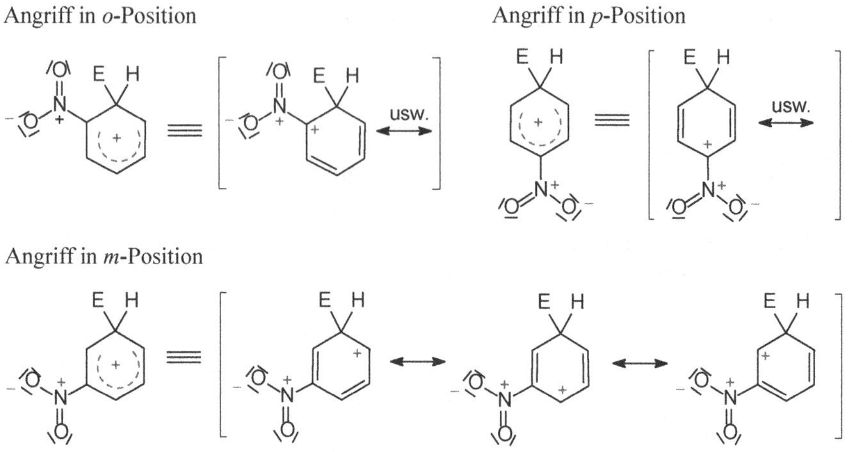

Angriff in *o*-Position   Angriff in *p*-Position

Angriff in *m*-Position

Abb. 36. Mesomerie-Effekte bei der Zweitsubstitution. NO_2- ist ein –M-Substituent im σ-Komplex, E der neu eintretende elektrophile Zweitsubstituent

Auswirkung von Substituenten auf die Reaktivität

Tabelle 18 gibt auch Auskunft über die Auswirkung von Substituenten auf die Reaktivität bei der S_E-Reaktion von mono-substituierten Aromaten. Ebenso wie bei der Frage nach der Orientierung müssen wir hier den Einfluss des Substituenten auf den aktivierten σ-Komplex betrachten.

Induktive Effekte

Ist S in Abb. 34 ein +I-Substituent, so wird er die Elektronendichte im Ring erhöhen und also aktivierend wirken. Ist S ein –I-Substituent, so vermindert er die Elektronendichte im Ring (er erhöht die positive Ladung) und wirkt desaktivierend, was sich bekanntlich in der *meta*-Position am schwächsten auswirkt.

Mesomere Effekte

Ist S in Abb. 35 ein +M-Substituent, erhöht er die Reaktivität im Vergleich zum unsubstituierten Benzol. Die Delokalisierung der Elektronen ist bei *o*- und *p*-Substitution besonders ausgeprägt. Ist S ein –M-Substituent wie in Abb. 36, wird die Elektronendichte im Ring vermindert und die Reaktivität herabgesetzt.

Kooperative Effekte

In der Regel treten diese Effekte nicht getrennt voneinander auf, sondern gekoppelt. Bei vielen Substituenten handelt es sich um Heteroatome, die elektronegativer sind als Kohlenstoff und daher einen –I-Effekt ausüben. Vor allem bei den Elementen der 2. Periode ist jedoch der mesomere Effekt sehr stark ausgeprägt und überwiegt in der Regel den –I-Effekt. Daher sind Sauerstoff- und Stickstoff-Substituenten in der Gesamtbilanz aktivierend und aufgrund des mesomeren Effekts *o/p*-dirigierend. Aminogruppen aktivieren hierbei stärker als Sauerstoff-Substituenten. Mit zunehmender Größe der Elemente (Übergang im Periodensystem von 'oben nach unten') nimmt der mesomere Effekt ab, so dass bei den Halogenen der –I-Effekt überwiegt. Halogenaromaten sind daher im Vergleich zum Benzol desaktiviert, dirigieren jedoch aufgrund ihres (wenn auch schwachen) +M-Effekts ebenfalls *o/p*.

Zusammenfassung der polaren Substituenteneffekte bei der S$_E$-Reaktion

Induktiver und mesomerer Effekt können zusammen (z.B. –NO$_2$), aber auch gegeneinander (z.B. –Hal, –NR$_2$, –OR) wirken (vgl. Tabelle 18). Bei den meisten Substituenten sind sowohl induktive als auch mesomere Effekte wirksam, die sich im Einzelnen nicht separieren lassen.

–I- und –M-Effekte wirken gemeinsam in eine Richtung: Sie desaktivieren den Ring und dirigieren nach *meta*. Analog gilt für **+I- und +M-Effekte**: Sie aktivieren den Ring und dirigieren nach *ortho* und *para*.

Schwieriger wird es bei +M-Substituenten, die auch einen –I-Effekt zeigen: Bei der Amino-Gruppe etwa wirkt sich der –I-Effekt kaum aus. Anders ist es bei den Halogenaromaten. Dort kann der +M-Effekt den –I-Effekt nicht mehr überkompensieren; Halogenatome wirken desaktivierend.

Bei Mehrfachsubstitutionen am gleichen Molekül sind Vorhersagen über den Eintrittsort schwierig. Grundsätzlich kann man sich hierfür aber merken:

Der Einfluss irgendeines Substituenten, ob aktivierend oder desaktivierend, macht sich in *o*- und *p*-Stellung am stärksten bemerkbar.

Sterische Effekte bei der Substitution

Neben den polaren Effekten, auf die das aromatische System besonders empfindlich reagiert, wirken sich in manchen Fällen auch sperrige Substituenten auf die Produktverteilung aus.

Beispiel:

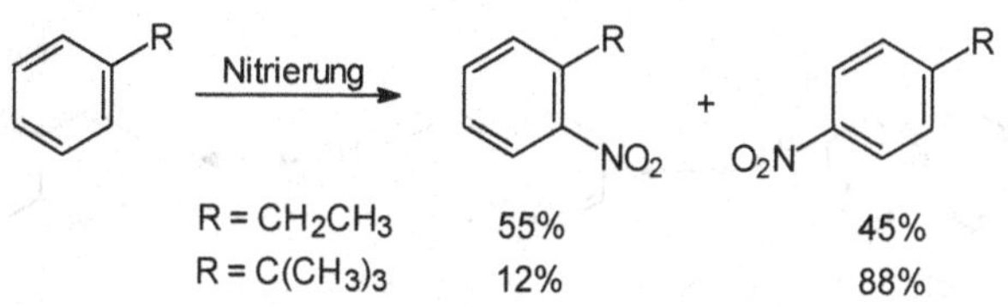

R = CH$_2$CH$_3$ 55%   45%
R = C(CH$_3$)$_3$ 12%   88%

8.1.3 Substitutionen an kondensierten Aromaten

Wie bereits in Kap. 7.6 erwähnt, unterscheiden sich kondensierten Aromaten in ihrem Reaktionsverhalten von (substituiertem) Benzol. Bei kondensierten Aromaten sind nicht mehr alle Bindungen gleichberechtigt, so dass **kein ‚perfektes mesomeres System'** mehr vorliegt. Sie werden daher im Vergleich zum Benzol leichter angegriffen, wobei einige Positionen deutlich begünstigt sind. Betrachtet man z.B. den **elektrophilen Angriff am Naphthalin** (Abb. 37), so lassen sich für den Angriff an der α-Position (C1) insgesamt fünf mesomere Grenzstrukturen formulieren, von denen zwei einen intakten Benzolring enthalten. Beim Angriff in β-Position (C2) erhält man zwar genauso viele Grenzstrukturen, jedoch verfügt nur eine davon über den intakten Benzolring. **Der Angriff in α-Position ist daher günstiger**.

Aus denselben Gründen werden **Anthracen und Phenanthren** überwiegend an **Position 9** substituiert. Als Konkurrenz können bei diesen Verbindungen auch Additionsreaktionen auftreten (Kap. 7.6.1.4).

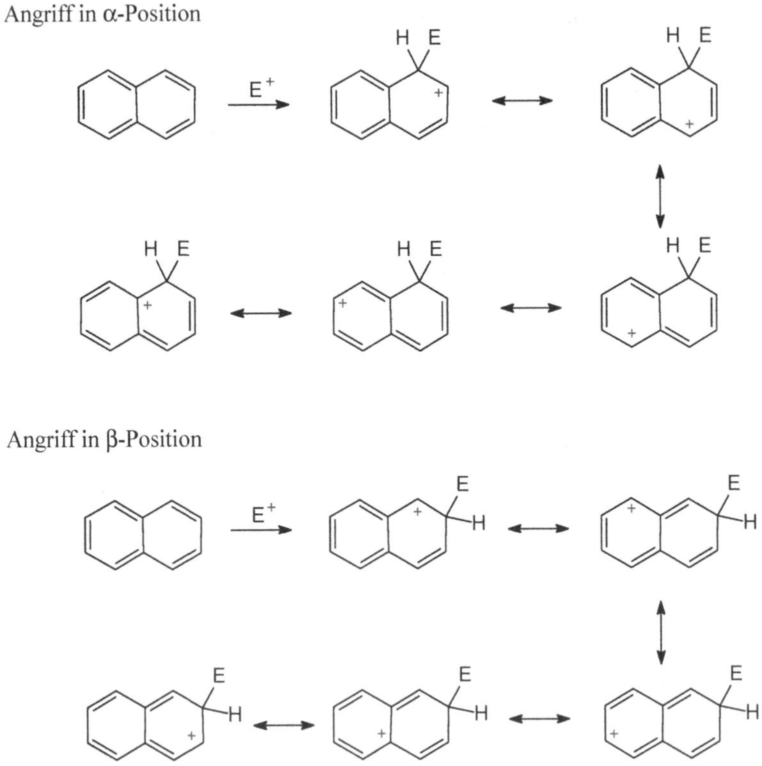

Angriff in α-Position

Angriff in β-Position

Abb. 37. Mesomerie-Effekte bei Substitution am Naphthalin, E ist der neu eintretende elektrophile Substituent

8.2 Beispiele für elektrophile Substitutionsreaktionen

8.2.1 Nitrierung

Aromatische Nitro-Verbindungen sind wichtige Ausgangsstoffe für die Farbstoff- und Sprengstoffindustrie und zur Synthese von Arzneimitteln. Zur Nitrierung von Aromaten verwendet man neben rauchender Salpetersäure sog. **Nitriersäure,** eine Mischung von konz. HNO_3 und konz. H_2SO_4. **Nitrierendes Agens ist das Nitryl- (Nitronium-)Kation, NO_2^+.** Dieses entsteht durch Protonierung der Salpetersäure entweder durch sich selbst (Autoprotonierung) oder durch die stärkere Schwefelsäure:

$$HNO_3 + 2\,HX \rightleftharpoons O{=}\overset{+}{N}{=}O + H_3O^+ + 2\,X^- \quad (X^- = NO_3^-, HSO_4^-)$$

Die Konzentration des Nitrylkations, und damit die Reaktivität des Nitrierungsmittels, hängt von der Lage des Gleichgewichts ab. Je stärker die protonierende Säure, desto höher die Konzentration an NO_2^+. Besonders effektiv ist daher eine Mischung aus konz. HNO_3 und Oleum (Schwefelsäure mit SO_3 angereichert), mit der auch desaktivierte Aromaten nitriert werden können. **Somit lässt sich durch die Zusammensetzung der Nitriersäure sehr schön das ‚Nitrierungspotential' der Mischung einstellen.** Man kann dadurch Aromaten stufenweise nitrieren.

Bei der Nitrierung von Toluol bildet sich im ersten Schritt ein Gemisch aus *o*- und *p*-Nitrotoluol (wieso?). Der neu eingeführte Nitrosubstituent ist als Substituent 2. Ordnung desaktivierend und *m*-dirigierend. Mit stärkerer Nitriersäure erhält man daher im nächsten Schritt 2,4-Dinitrotoluol, aus dem durch weitere Nitrierung Trinitrotoluol (TNT) entsteht. Dies ist ein wichtiger Sprengstoff. Die analoge Sequenz mit dem etwas weniger elektronenreichen Benzol führt nur zu der Dinitroverbindung.

o- und p-
Nitrotoluol   2,4-Dinitrotoluol   2,4,6-Trinitrotoluol

Konz. Nitriersäure ist jedoch auch ein starkes Oxidationsmittel, so dass sie nicht für oxidationsempfindliche Substrate wie Phenole und Aniline angewendet werden kann. Dies ist jedoch auch gar nicht nötig, da diese als elektronenreiche (aktivierte) Aromaten auch von (verdünnter) Salpetersäure allein schon nitriert werden. Mehrfach nitrierte Phenole wie Pikrinsäure lassen sich jedoch nicht durch direkte Nitrierung von Phenol herstellen (s. Kap. 8.2.2). Bei Anilinen sollte man eine Schutzgruppe am Stickstoff einsetzen.

Beim Naphthalin erfolgt der Angriff überwiegend in der α-Position.

8.2.2 Sulfonierung

Aromatische **Sulfonsäuren** sind Zwischenprodukte für Farbstoffe, sowie Wasch- und Arzneimittel. Oft hat die Einführung einer Sulfo-Gruppe (-SO_3H) den Zweck, eine Verbindung in ihr wasserlösliches Na-Salz zu überführen. Als **elektrophiles Agens** fungiert vermutlich das SO_3-Molekül, eine Lewis-Säure, die in rauchender Schwefelsäure enthalten ist:

Benzol-
sulfonsäure

Die **Sulfonierung** ist im Vergleich zu anderen elektrophilen aromatischen Substitutions-Reaktionen eine ausgeprägt **reversible Reaktion**, weil die HO_3S-Gruppe bei ihrer hohen Elektrophilie auch eine gute Abgangsgruppe ist. So lässt sich z.b. die aus Benzol und konz. H_2SO_4 gebildete Benzolsulfonsäure mit verd. H_2SO_4 wieder spalten.

Kinetisch und thermodynamisch kontrollierte Reaktionen

Besonders schön lässt sich dieses reversibel Verhalten am Beispiel der Sulfonierung von Naphthalin zeigen. Je nach Reaktionsbedingungen erhält man entweder das α- oder das β-substituierte Produkt.

1-Naphthalin-
sulfonsäure

(α-Produkt)

2-Naphthalin-
sulfonsäure

(β-Produkt)

Unterhalb 100 °C verläuft die Reaktion so, dass hauptsächlich das instabilere α-Produkt gebildet wird. Diese Reaktion ist **kinetisch kontrolliert**, und lässt sich anhand der mesomeren Grenzstrukturen verstehen (Kap. 8.1.3). Der Übergangszustand für das α-Substitutionsprodukt ($ÜZ_\alpha$) liegt energetisch tiefer als der des β-Produkts ($ÜZ_\beta$) (Abb. 38). Bei 160 °C wird die Reaktion reversibel und **thermodynamisch kontrolliert**; es entsteht das stabilere β-Produkt. Die geringere Stabilität des α-Produkts ist auf sterische Wechselwirkungen zwischen der Sulfonsäuregruppe und dem parallel dazu angeordneten Wasserstoffatom am Nachbarring zurückzuführen.

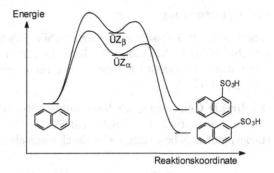

Abb. 38. Energiediagramm der Sulfonierung von Naphthalin

Durch Umsetzung von aromatischen Sulfonsäuren mit PCl_5 erhält man die entsprechenden **Sulfochloride**. Aus nicht allzu stark desaktivierten Aromaten kann man sie auch direkt mit Chlorsulfonsäure durch Sulfochlorierung erhalten.

$$\text{PhSO}_3^-\text{Na}^+ + PCl_5 \longrightarrow \text{PhSO}_2Cl + NaCl + POCl_3$$

$$\text{Ph} + 2\ ClSO_3H \longrightarrow \text{PhSO}_2Cl + H_2SO_4$$

Reaktionen, die auf eine Sulfonierung folgen können:

1. Nucleophile Substitutions-Reaktionen
– Durch Schmelzen mit Alkalihydroxid entstehen Phenole (s. Kap. 12.2.2.2).
– Durch Reaktion mit Cyanid-Ionen kann Benzonitril erhalten werden:

$$\text{PhSO}_3^-\text{Na}^+ + NaCN \xrightarrow{\Delta} PhCN + Na_2SO_3$$

2. Elektrophile Substitutions-Reaktionen
– Darstellung von Pikrinsäure (2,4,6-Trinitrophenol) durch Nitrierung:

Phenol $\xrightarrow{\text{Sulfonierung}}$ Phenol-2,4-disulfonsäure $\xrightarrow{\text{Nitrierung}}$ Pikrinsäure

Beachte: Bei direkter Nitrierung würde Phenol durch die konz. Salpetersäure oxidativ zerstört werden.

8.2.3 Halogenierung

Aromaten können sowohl durch elektrophile Substitutions- als auch durch radikalische Additions-Reaktionen (s. Kap. 7.6.1.3) halogeniert werden. Bei Alkyl-substituierten Derivaten kann zudem eine Halogenierung in der Seitenkette erfolgen (Kap. 7.6.2.2).

Die direkte Chlorierung als Substitutions-Reaktion gelingt nur mit Hilfe von **Katalysatoren** (wie Fe, $FeCl_3$ und $AlCl_3$), welche eine Polarisierung des Halogenmoleküls bewirken, und dadurch einen elektrophilen Angriff erleichtern.

$$|\overline{\underline{Cl}}-\overline{\underline{Cl}}| + FeCl_3 \ \rightleftharpoons \ \overset{\delta^+ \quad \ \ \delta^-}{|\overline{\underline{Cl}}-\overline{\underline{Cl}}|----FeCl_3}$$

Die entsprechende Bromierung verläuft analog. Gezielte Fluorierungen lassen sich nicht mit elementarem Fluor durchführen, da es hierbei auch zu C–C-Bindungsspaltungen kommt. Fluorbenzol erhält man mit der *Schiemann*-Reaktion aus Diazoniumsalzen (s. Kap. 14.5.2).

8.2.4 Alkylierung nach *Friedel-Crafts*

Alkylierte aromatische Kohlenwasserstoffe entstehen bei der Reaktion von Halogenalkanen mit Aromaten in Gegenwart eines Katalysators. Hierfür muss man ebenfalls eine **Lewis-Säure** wie $AlCl_3$ zusetzen, welche die Halogenalkane durch Polarisierung der C–Hal-Bindung aktiviert. Das positivierte C-Atom greift dann elektrophil am Aromaten an. Da die Lewis-Säure nach der Reaktion zurückgebildet wird, benötigt man bei der *Friedel-Crafts*-Alkylierung **nur katalytische Mengen an Lewis-Säure.**

$$R-CH_2-\overline{\underline{Cl}}| + AlCl_3 \ \rightleftharpoons \ \overset{\delta^+ \qquad \ \delta^-}{R-CH_2-\overline{\underline{Cl}}|----AlCl_3}$$

Diese Alkylierungs-Reaktion wird vorwiegend angewendet um **Methyl-** oder **Ethyl-Gruppen** einzuführen. Das intermediär gebildete primäre Carbeniumion neigt dazu, sich in ein stabileres sekundäres oder tertiäres Ion umzulagern, so dass bei Verwendung längerkettiger Alkylhalogenide oft Isomerengemische erhalten werden. Darüber hinaus treten häufig Mehrfachalkylierungen auf, da die bei der Alkylierung gebildeten Produkte elektronenreicher und somit nucleophiler sind als die Ausgangsverbindung. Diese Reaktion wird deshalb im Labor nur wenig benutzt. Anstelle der Alkylhalogenide können auch Alkene und Alkohole verwendet werden, die in Gegenwart starker Säuren protoniert werden.

Wie die Sulfonierung, so ist auch die *Friedel-Crafts*-**Alkylierung** reversibel. Daher findet die *tert.*-Butylgruppe häufig Anwendung als sterisch anspruchsvolle Schutzgruppe, die leicht sauer katalysiert wieder abgespalten werden kann.

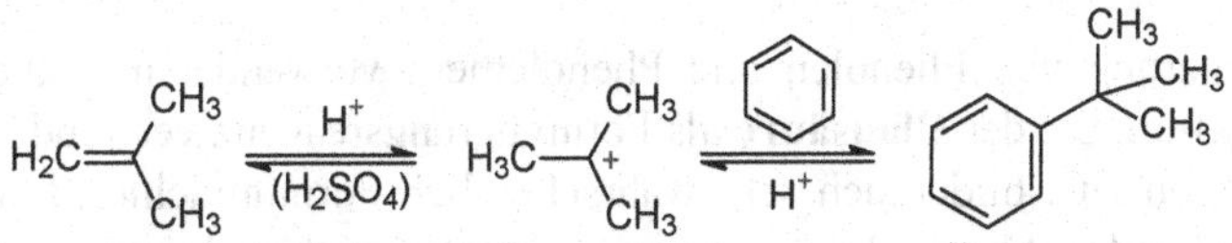

8.2.5 Acylierung nach *Friedel-Crafts*

Ähnlich wie die Alkylierung verläuft die *Friedel-Crafts*-Acylierung mit Säurehalogeniden (X = Cl) und -anhydriden (X = RCOO) in Gegenwart von Lewis-Säuren wie $AlCl_3$. **Diese Reaktion ist die wichtigste Methode zur Gewinnung aromatischer Ketone.** Sie verläuft über ein Acyliumion bzw. einen Acylium-Komplex. Diese Komplexe sind sterisch sehr anspruchsvoll, so dass bei substituierten Aromaten bevorzugt das *p*-Produkt gebildet wird.

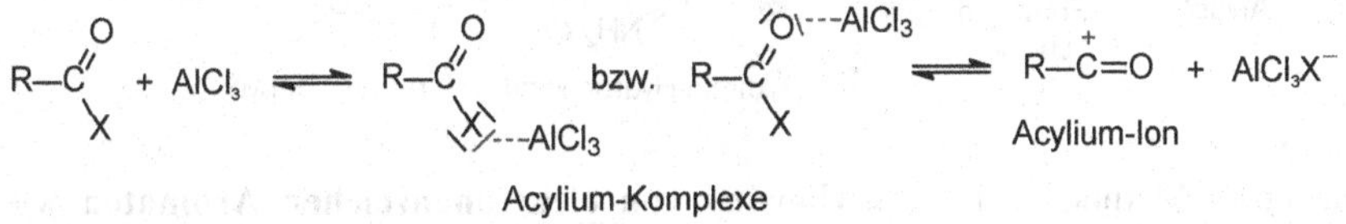

Beispiele:

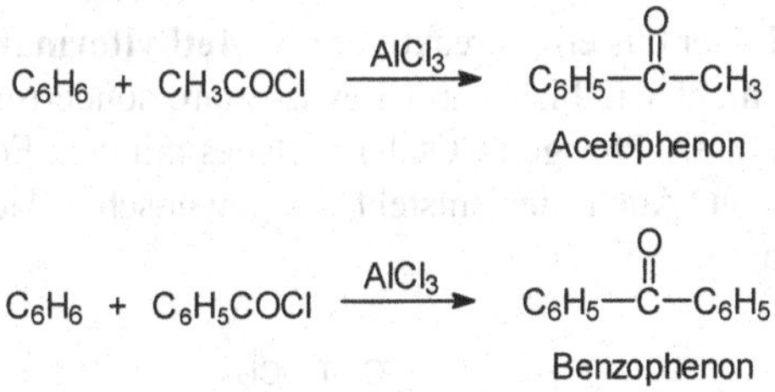

Die bei der Reaktion gebildeten Ketone sind ebenfalls in der Lage mit $AlCl_3$ Komplexe zu bilden. Daher werden bei der **Acylierung stöchiometrische Mengen an Lewis-Säuren** benötigt, im Gegensatz zur Alkylierung.

Friedel-Crafts-Acylierungen dienen im Labor nicht nur zur Herstellung von Ketonen, sondern auch zur Synthese aliphatisch-aromatischer Kohlenwasserstoffe. Dabei wird oft zunächst der Aromat acyliert und das gebildete Keton mit Zink/Salzsäure (Zn/HCl) (*Clemmensen*-Reduktion, s. Kap. 16.5.2.1) oder Hydrazin/Base (N_2H_4/OH⁻) (*Wolff-Kishner*-Reduktion, s. Kap. 16.5.2.2) reduziert. Damit lassen sich die Probleme der *Friedel-Crafts*-Alkylierung umgehen.

Ein Sonderfall ist die **Formylierung nach** *Gattermann/Koch*. Sie verläuft bei 30 bar **CO-Druck** vermutlich über einen Acylium-Komplex $H–C^+=O$ $AlCl_4^-$ und nicht über das instabile Formylchlorid HCOCl:

$$C_6H_6 \ + \ CO \ + \ HCl \ \xrightarrow{AlCl_3} \ C_6H_5–CHO$$
Benzaldehyd

Zur Formylierung von Phenolen und Phenolethern verwendet man die *Gattermann*-**Reaktion**, bei der **Blausäure** als Formylierungsreagenz verwendet wird. In Gegenwart von HCl bildet sich sehr wahrscheinlich Formimidchlorid als eigentliches angreifendes Agens. Bei besonders elektronenreichen Aromaten, wie etwa mehrwertigen Phenolen kann auf die Lewis-Säure verzichtet werden. Das primär gebildete Iminiumhydrochlorid wird durch Hydrolyse zum Aldehyd gespalten. Auch hier entstehen bevorzugt die *p*-Verbindungen.

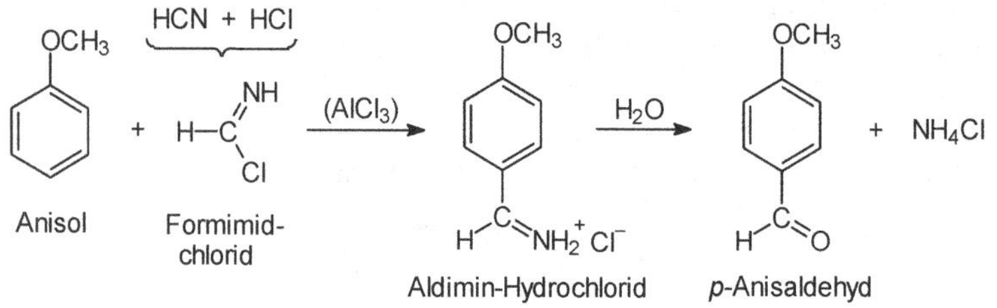

Die beste Methode zur **Formylierung von elektronenreichen Aromaten** wie Phenolethern und vor allem auch von Dialkylanilinen (einzige Methode für Aniline) ist die *Vilsmeier-Haack*-**Synthese**. Als Formylierungsreagenz dient hierbei **Dimethylformamid** oder das etwas reaktivere *N*-**Methylformanilid**. Die Aktivierung erfolgt hierbei nicht wie bisher mit Lewis-Säure sondern mit Phosphoroxychlorid ($POCl_3$) (alternativ Phosgen $COCl_2$), welches mit dem Formamid ebenfalls einen Komplex **I** bildet. Auch hier entsteht der gewünschte Aldehyd erst bei der wässrigen Aufarbeitung.

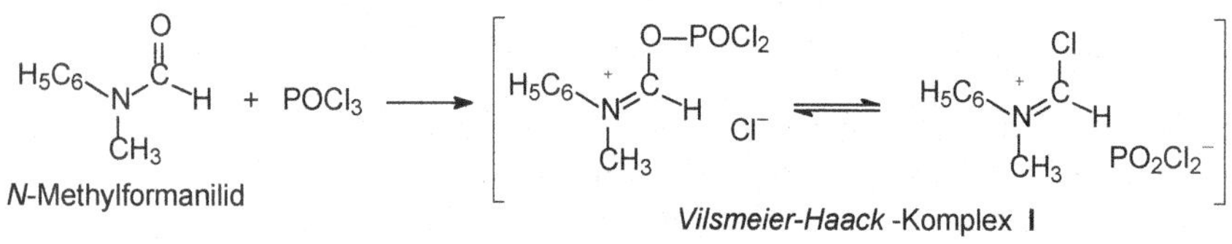

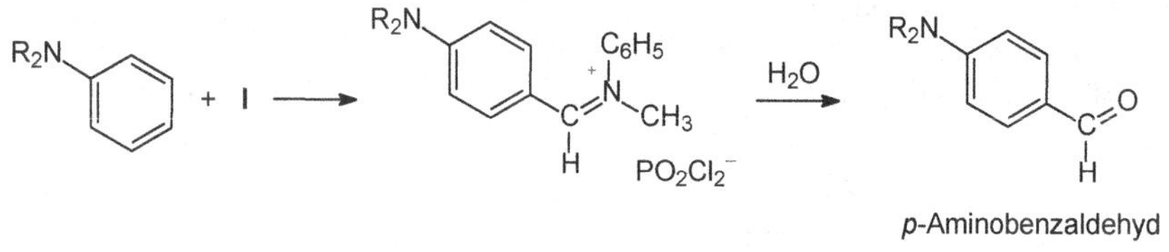

8.3 Die nucleophile aromatische Substitution (S$_{N,Ar}$)

Nucleophile Substitutionen am Aromaten finden im allgemeinen an di- oder poly-substituierten Aromaten statt, die eine oder mehrere elektronenziehende, und somit aktivierende Gruppen tragen. Das Reagenz ist meist ein starkes Nucleophil. Die Reaktionen können mono- oder bimolekular verlaufen oder nach Mechanismen, die Eliminierungen oder Additionen beinhalten.

Beachte, dass nur eine formale Ähnlichkeit zur nucleophilen Substitution S$_N$ am Aliphaten (Kap. 10) besteht.

Häufig stellt man fest, dass dabei ein bereits vorhandener Substituent durch einen anderen (und nicht etwa wie sonst ein Proton) ersetzt wird. Derartige Reaktionen heißen *ipso*-**Substitutionen**. Sie können dabei nach verschiedenen Mechanismen ablaufen; es sind elektrophile und nucleophile aromatische *ipso*-Substitutionen bekannt.

8.3.1 Monomolekulare nucleophile Substitution am Aromaten (S$_N$1$_{,Ar}$)

Die monomolekulare Substitution ist viel seltener als die bimolekulare Substitution. Nach ihr verläuft vermutlich die Umsetzung von Diazoniumsalzen (s. Kap. 14.5.2) in wässriger und alkoholischer Lösung zu Phenolen bzw. Arylethern.

Geschwindigkeitsbestimmend ist wohl die nach erster Ordnung verlaufende Zersetzung des Diazoniumions. Das gebildete reaktive Arylkation reagiert dann weiter z.B. mit einem Lösemittelmolekül. Die heterolytische Spaltung der C–N-Bindung wird durch elektronenspendende Substituenten in *m*-Stellung beschleunigt, durch elektronenziehende hingegen allgemein verlangsamt.

8.3.2 Bimolekulare nucleophile Substitution am Aromaten (S$_N$2$_{,Ar}$)

1. Additions-Eliminierungs-Mechanismus

Die bimolekulare aromatische nucleophile Substitution ist ein zweistufiger Prozess (Unterschied zu S$_N$2 an Aliphaten, Kap. 10), bei dem zuerst durch Angriff eines Nucleophils ein Carbanion gebildet wird. Dieser Schritt ist geschwindigkeitsbestimmend. Im zweiten schnellen Schritt wird dann das aromatische System wiederhergestellt unter Abspaltung der Abgangsgruppe. Wird dabei kein H-Atom abgespalten, handelt es sich um eine *ipso*-Substitution.

Beispiel:

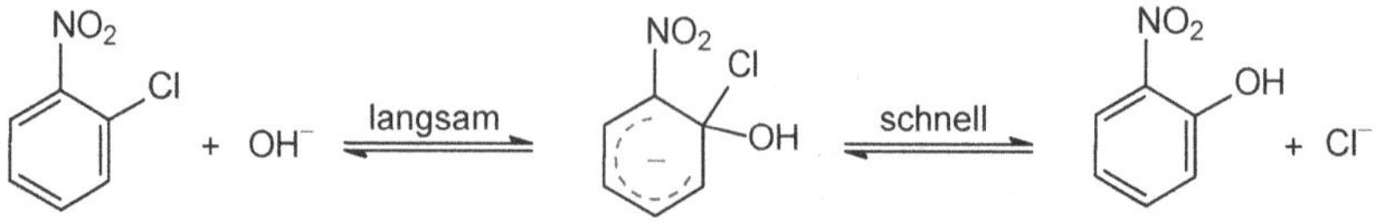

Elektronenziehende Substituenten, insbesondere mit –M-Effekt, können das Carbanion-Zwischenprodukt vor allem in o- und p-Stellung stabilisieren.

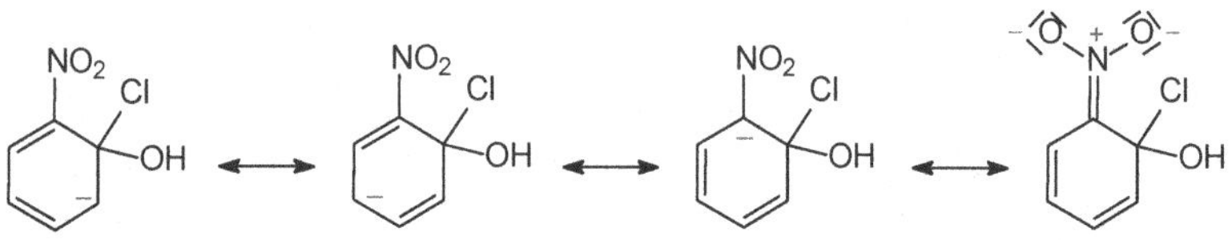

Analoge Grenzstrukturen lassen sich auch für p-Nitrochlorbenzol formulieren! **Die Nitrogruppe fördert also die nucleophile Substitution in eben den Stellungen, in denen sie die elektrophile erschwert.**

Bei Halogenaromaten hat die Art des Halogens kaum einen Einfluss auf die Geschwindigkeit, mit Ausnahme der Arylfluoride. Hingegen hat das Lösemittel oft einen entscheidenden Einfluss auf die Reaktionsgeschwindigkeit bei der $S_{N}2_{Ar}$-Reaktion. Sehr schnell verlaufen häufig Reaktionen in aprotischen polaren Medien wie Dimethylsulfoxid, Aceton oder Acetonitril.

Für nucleophile aromatische Substitutionen gilt bezüglich einer Zweitsubstitution das Umgekehrte wie für die elektrophile Substitution!

Elektronenziehende Substituenten aktivieren den Aromaten und dirigieren den Zweitsubstituenten nach *ortho* **und** *para*. Grund hierfür ist die Stabilisierung des als Zwischenprodukt auftretenden Carbanions durch den Mesomerieeffekt bei Addition des Nucleophils an die o- oder p-Position. Der I-Effekt der Substituenten spielt eine deutlich geringere Rolle.

–M-Substituenten in o- oder p-Stellung zu einem Halogenatom erleichtern daher erheblich nucleophile Substitutionen an Halogenaromaten. So wird z.B. Pikrylchlorid (2,4,6-Trinitrochlorbenzol) noch wesentlich leichter als Nitrochlorbenzol durch verdünnte Natronlauge hydrolysiert.

Das F-Atom im *Sanger-Reagenz* (2,4-Dinitrofluorbenzol) kann gut durch die nucleophile NH$_2$-Gruppe einer Aminosäure unter Bildung eines sekundären Amins ersetzt werden. Diese Reaktion nutzt man zur **Sequenzanalyse von Peptiden** und Proteinen (s. Kap. 29.2.1).

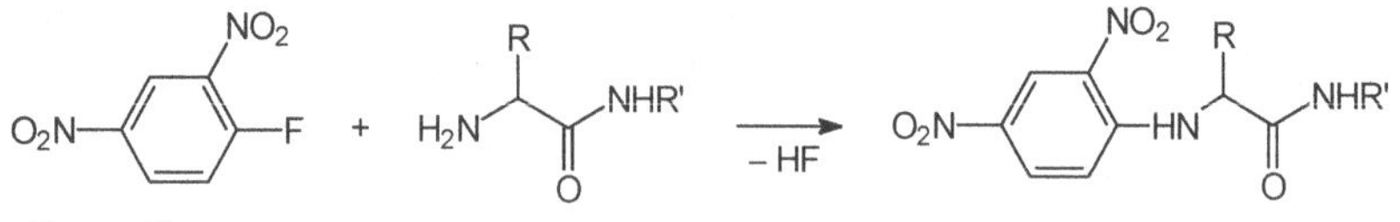

Sanger-Reagenz

Den Additions- Eliminierungs-Mechanismus findet man jedoch nicht nur bei Substraten, die neben dem elektronenziehenden Substituenten noch eine Abgangsgruppe tragen. Fehlt diese, so kann auch Hydrid (H$^-$) substituiert werden.

Beispiel: Darstellung von *o*-Nitrophenol

Nitrobenzol   Zwischenprodukt   *o*-Nitrophenol

Das Nucleophil OH$^-$ verdrängt einen Substituenten, hier das Hydrid-Ion, und man erhält über eine Zwischenstufe *o*-Nitrophenol. Daneben wird *p*-Nitrophenol gebildet.

Im Unterschied zu einer S$_N$2-Reaktion bei Aliphaten (s. Kap. 10.2) tritt hier ein **echtes Zwischenprodukt** auf. Für dieses Zwischenprodukt lassen sich analoge mesomere Grenzstrukturen formulieren wie beim Nitrochlorbenzol diskutiert.

Von den nucleophilen Substitutionen, die unter Ersatz eines H-Atoms ablaufen, ist vor allem die *Tschitschibabin*-**Reaktion** von Bedeutung. Hierbei wird Pyridin von der sehr starken Base Natriumamid (NaNH$_2$) angegriffen. Pyridin gehört zu den elektronenarmen Heterocyclen (Kap. 22.3.2) und ist hinsichtlich seiner Reaktivität dem Nitrobenzol vergleichbar. Über den Additions-Eliminierungs-Mechanismus entsteht 2-Aminopyridin und Natriumhydrid, welches als starke Base das Aminopyridin deprotoniert. Durch wässrige Aufarbeitung erhält man das Amin.

Pyridin   2-Aminopyridin

2. Eliminierungs-Additions-Mechanismus (Arin-Mechanismus)

Eine andere Art der nucleophilen Substitution führt über **Arine** als Zwischenstufe. **Ein Arin oder Dehydrobenzol enthält ein aromatisches System mit einer Dreifachbindung.** Eine solche hochreaktive Zwischenstufe wurde erstmals von *Wittig* postuliert. Diese Arine werden über einen Eliminierungs-Additions-Mechanismus gebildet. Diesen Mechanismus findet man dann, wenn man **Halogenaromaten ohne weitere elektronenziehende Gruppen mit starken Basen** umsetzt.

Ein Beispiel ist die Umsetzung von Chlorbenzol mit Natriumamid in flüssigem Ammoniak. Die Bildung des Arins kann man nachweisen, indem man ^{14}C-markiertes Chlorbenzol verwendet. Die Addition des Ammoniaks ist an beiden Positionen der Dreifachbindung gleich wahrscheinlich. Man erhält daher ein Gemisch der beiden markierten Aniline. Verwendet man substituierte Chlorbenzole, wie etwa Chlortoluol, so bildet sich ebenfalls eine Mischung der regioisomeren Produkte.

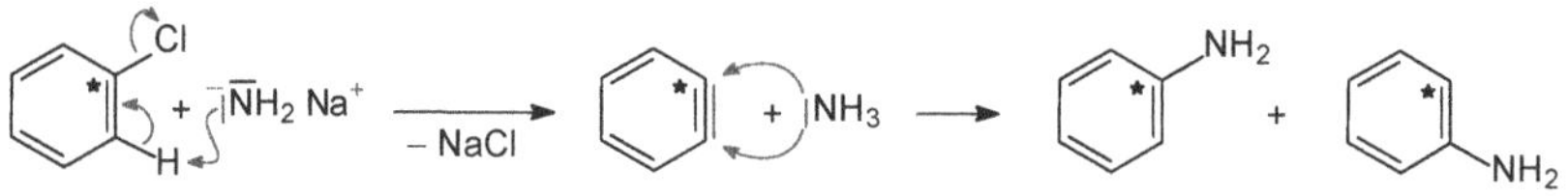

markiertes   Benzin   regioisomere markierte Aniline
Chlorbenzol   ("Dehydrobenzol")

Analog verläuft die Hydrolyse von Chlorbenzol mit NaOH/H_2O zu Phenol (s. Kap. 12.2.2.3) und von o-Chlorphenol zu Brenzcatechin (o-Dihydroxybenzol).

Gezielt lassen sich Arine herstellen durch thermische Zersetzung von Diazoniumsalzen (s. Kap. 14.5.2), abgeleitet von der Anthranilsäure (o-Aminobenzoesäure).

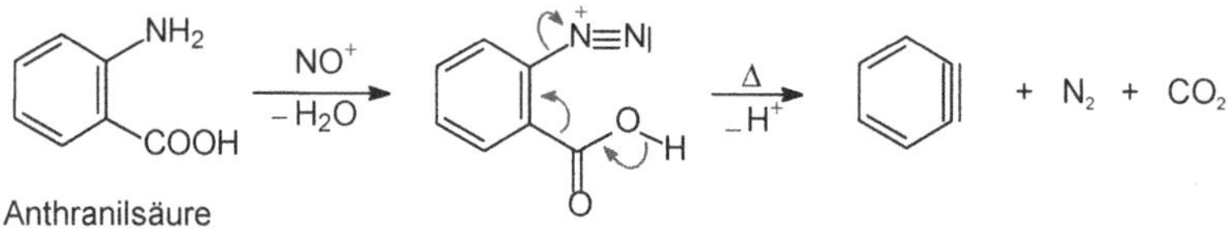

Anthranilsäure

Diazoniumsalz
der Anthranilsäure

Aufgrund der Dreifachbindung sind Arine sehr gespannte und folglich hochreaktive Verbindungen. Sie gehen daher eine Reihe von Reaktionen ein, unter anderem auch Cycloadditionen. Eine gute Möglichkeit zum Nachweis und zum Abfangen dieser Spezies, die auch von synthetischem Interesse ist, ist die *Diels-Alder*-**Reaktion** (s. Kap. 6.2.4) mit einem geeigneten Dien, z.B. Cyclopentadien.

Cyclopentadien   Benzonorbornadien

Verbindungen mit einfachen funktionellen Gruppen

Unter einer funktionellen Gruppe versteht man eine Atomgruppe in einem Molekül, die charakteristische Eigenschaften und Reaktionen zeigt und die das Verhalten des Moleküls wesentlich bestimmt. In einem Molekül können gleichzeitig mehrere gleiche oder verschiedene funktionelle Gruppen vorhanden sein.

9 Halogen-Verbindungen

9.1 Chemische Eigenschaften

Ersetzt man in den Kohlenwasserstoffen ein oder mehrere H-Atome durch Halogenatome (X), erhält man organische Halogenverbindungen mit einer C–Hal-Bindung. Die Bindung ist entsprechend der unterschiedlichen Elektronegativität polarisiert nach $\overset{\delta^+}{C}–\overset{\delta^-}{X}$. Dadurch ist das C-Atom einem Angriff nucleophiler Reagenzien zugänglich. Die Polarität der C–X-Bindung ist abhängig vom Halogenatom und von der Hybridisierung am C-Atom; sie nimmt in der Reihe $sp^3 > sp^2 > sp$ ab. Stabilisierende Mesomerieeffekte sind zusätzlich zu berücksichtigen.

Für die Reaktivität der Halogenverbindungen ist kennzeichnend, dass die Halogenatome (außer F) gut austretende Gruppen sind, und die Reaktivität mit der Polarisierbarkeit ansteigt:

Polarität: C–F > C–Cl > C–Br > C–I

Polarisierbarkeit: C–F < C–Cl < C–Br < C–I

Reaktivität: C–F < C–Cl < C–Br < C–I

Typische Reaktionen sind:

1. nucleophile Substitution am C-Atom, bei der das Halogenatom durch eine andere funktionelle Gruppe ersetzt wird (s. Kap. 10);

2. Eliminierungsreaktionen, d.h. Abspaltung von Halogenwasserstoff oder eines Halogenmoleküls unter Bildung einer Doppelbindung (s. Kap. 11);

3. Reduktion durch Metalle zu Organometall-Verbindungen. Hierbei kommt es zu einer ‚Umpolung' des Kohlenstoffatoms, das die funktionelle Gruppe trägt (s. Kap. 15).

Beispiel: *Grignard* Reaktion

$$R–\overset{\delta^+}{C}H_2–\overset{\delta^-}{Br} + Mg \longrightarrow R–\overset{\delta^-}{C}H_2–\overset{\delta^+}{Mg}Br$$

Halogenkohlenwasserstoffe sind meist farblose Flüssigkeiten oder Festkörper. Innerhalb homologer Reihen findet man die bekannten Regelmäßigkeiten der Siedepunkte. Halogenalkane sind in Wasser unlöslich, aber in den üblichen organischen Lösemitteln löslich (lipophiles Verhalten).

Der qualitative Nachweis von Halogen in organischen Verbindungen gelingt mit der *Beilstein*-Probe. Hierbei zersetzt man eine Substanzprobe an einem glühenden Kupferdraht. Die entstehenden flüchtigen Kupferhalogenide färben die Bunsenbrennerflamme grün.

9.2 Verwendung

Halogenverbindungen sind Ausgangssubstanzen für Synthesen, da sie meist leicht herstellbar sind. Vor allem die Iod- und Bromverbindungen sind zudem sehr reaktionsfähig. Methyliodid (Iodmethan) ist z.B. ein gutes Methylierungsmittel, es erwies sich jedoch im Tierversuch als carcinogen. Chlorierte Verbindungen sind gegenüber vielen Reaktionen inert und können daher als Lösemittel (Methylenchlorid, Chloroform, etc.) verwendet werden. Neben ihrer teilweise narkotisierenden Wirkung (Chloroform, etc.) ist auch eine gewisse Toxizität zu beachten. Vollständig fluorierte Verbindungen sind chemisch völlig inert und ungiftig.

Polymere Fluorverbindungen (Teflon) zeigen eine hohe Hitzebeständigkeit und dienen daher z.B. zum Beschichten von Pfannen. Eine ähnlich hohe Resistenz zeigen auch die ungiftigen Fluorchlorkohlenwasserstoffe (FCKW). Aufgrund der niederen Siedepunkte vor allem der Methan- und Ethanderivate wurden sie früher sehr häufig als Kühlmittel (Freon, Frigen) in Kühlschränken und Klimaanlagen verwendet, ebenso wie als Treibmittel für Kunststoffschäume. Mittlerweile sind diese Verbindungen jedoch umstritten und in Deutschland verboten, da sie die Ozonschicht der Erde zerstören. Aufgrund ihrer hohen Flüchtigkeit und chemischen Inertheit gelangen sie nämlich bis in die Stratosphäre, wo sie unter dem Einfluss der harten UV-Strahlung in Radikale zerfallen, die dann mit dem Ozon reagieren. Dies gilt vor allem für die wasserstofffreien FCKW. Wasserstoffhaltige Derivate (Frigen 22 $CHClF_2$) sind weniger stabil und werden bereits in den niederen Schichten der Atmosphäre weitestgehend abgebaut.

Tabelle 19. Verwendung und Eigenschaften einiger Halogen-Kohlenwasserstoffe

Name	Formel	Schmp. °C	Sdp. °C	Verwendung
Chlormethan (Methylchlorid)	CH_3Cl	–98	–24	Methylierungsmittel, Kältemittel
Brommethan (Methylbromid)	CH_3Br	–94	4	Methylierungsmittel, Bodenbegasung
Dichlormethan (Methylenchlorid)	CH_2Cl_2	–97	40	Löse- und Extraktionsmittel
Trichlormethan (Chloroform)	$CHCl_3$	–63,5	61,2	Extraktionsmittel, Narkosemittel
Tetrachlorkohlenstoff	CCl_4	–23	76,7	Fettlösemittel,
Dichlordifluormethan	CCl_2F_2	–111	–30	Treibmittel, Kältemittel (Frigen 12)
Difluorchlormethan	CHF_2Cl	–146	–41	Treibgas, $\xrightarrow{700°C}$ $CF_2{=}CF_2$ (Frigen 22)
Chlorethan (Ethylchlorid)	C_2H_5Cl	–138	12	Anästhetikum
Vinylchlorid	$CH_2{=}CH{-}Cl$	–154	–14	Kunststoffe (PVC)
Tetrafluorethen	$CF_2{=}CF_2$	–142,5	–76	Teflon
Halothane	z.B. $F_3C{-}CHClBr$	–	–	Anästhesie
Halone	z.B. $F_2BrC{-}CF_2Br$	–	–	Feuerlöschmittel
Chlorbenzol	C_6H_5Cl	–45	132	→ Phenol, Nitrochlorbenzol etc.
γ-Hexachlorcyclohexan (Gammexan)	$C_6H_6Cl_6$	112	–	Insektizid

Die bisher üblichen Verwendungen sind neuerdings stark beschränkt wegen der Human- und Umwelttoxizität vieler Halogenkohlenwasserstoffe.

9.3 Herstellungsmethoden

1. Aliphatische Halogenverbindungen werden im industriellen Maßstab meist durch radikalische Substitutionsreaktionen (s. Kap. 4) oder durch Umsetzung von Alkohol mit Halogenwasserstoff hergestellt. Bei letzterer Methode handelt es sich jedoch um eine Gleichgewichtsreaktion:

$$R{-}OH + HX \rightleftharpoons R{-}X + H_2O$$

Im Laboratorium hat sich neben der Addition von Halogenwasserstoffen oder Halogenen an Alkene (s. Kap. 6.1) vor allem die Umsetzung von Alkoholen mit Phosphor- oder Thionylhalogeniden (s. Kap. 10.3 und 12.1.3.2.4) bewährt.

So bildet sich bei der Reaktion mit Thionylchlorid ein wenig stabiles Chloralkyl-sulfit, welches beim Erwärmen unter Abspaltung von gasförmigem SO_2 zerfällt

Beispiele:

$$3 \text{ R—OH} + \text{PBr}_3 \longrightarrow 3 \text{ R—Br} + \text{H}_3\text{PO}_3$$

$$\text{R—OH} + \text{SOCl}_2 \xrightarrow[- \text{HCl}]{} \left[\begin{array}{c} \text{R—O—S—Cl} \\ \| \\ \text{O} \end{array} \right] \longrightarrow \text{R—Cl} + \text{SO}_2$$

2. Eine besondere Reaktion ist die Oxidation von Silbercarboxylaten mit Brom *(Hunsdiecker-Reaktion)*:

$$\text{R—COO}^-\text{Ag}^+ + \text{Br}_2 \longrightarrow \text{R—Br} + \text{CO}_2 + \text{AgBr}$$

In dieser radikalisch verlaufenden Reaktion bildet sich im ersten Schritt ein Inter-mediat mit einer sehr instabilen O-Br-Bindung. Diese wird homolytisch gespalten unter Bildung eine Acylradikals, welches decarboxyliert (s. Kap. 4). Das entste-hende Alkylradikal reagiert mit weiterem Brom oder kann mit Bromradikalen rekombinieren.

$$\text{R—COO}^-\text{Ag}^+ + \text{Br}_2 \xrightarrow[- \text{AgBr}]{} \text{R—C} \begin{array}{c} \text{O} \\ \diagdown \\ \text{O—Br} \end{array} \longrightarrow \text{Br} \bullet + \text{R—C} \begin{array}{c} \text{O} \\ \diagdown \\ \text{O} \bullet \end{array} \xrightarrow{- \text{CO}_2} \text{R} \bullet$$

3. Fluorverbindungen lassen sich nicht direkt durch die Umsetzung mit Fluor erhalten, wohl aber durch Austausch von Chloratomen mit Fluoriden oder HF:

$$\text{CCl}_4 + \text{SbF}_3 \longrightarrow \text{CCl}_2\text{F}_2 \quad (\text{Dichlordifluormethan, 'Freon 12'})$$

$$\text{C}_7\text{H}_{16} + 32 \text{ CoF}_3 \longrightarrow \text{C}_7\text{F}_{16} + 16 \text{ HF} + 32 \text{ CoF}_2$$

4. Iodverbindungen entstehen durch nucleophile Substitution (Kap. 10) aus anderen Halogenverbindungen *(Finkelstein-Reaktion)*. Diese Reaktion ist prinzi-piell eine Gleichgewichtsreaktion, das Gleichgewicht lässt sich jedoch sehr ein-fach auf die Seite der Iodverbindungen verschieben. Hierzu führt man die Reak-tion **in Aceton** durch und nützt den Effekt aus, dass sich Natriumiodid in Aceton löst, nicht jedoch die anderen Natriumhalogenide. Diese fallen demzufolge aus und werden dadurch dem Gleichgewicht entzogen.

$$\text{R—X} + \text{NaI} \xrightarrow{\text{Aceton}} \text{R—I} + \text{NaX} \downarrow$$

5. Aromatische Halogenverbindungen können durch elektrophile Substitutions-Reaktionen an Aromaten in Gegenwart eines Katalysators hergestellt werden (Kernchlorierung, s. Kap. 8.2.3).

Bei aliphatisch-aromatischen Kohlenwasserstoffen ist auch eine Seitenketten-chlorierung möglich (Radikalreaktion unter dem Einfluss von Sonnenlicht bzw. UV-Licht, s. Kap. 7.6.2).

9.4 Biologisch interessante Halogen-Kohlenwasserstoffe

Natürlich vorkommende Halogenverbindungen sind relativ selten. Zu den wichtigen gehören:

Struktur	Beschreibung
FCH_2-COOH	Fluoressigsäure (in der südafrikan. Giftpflanze *Dichapetalum cymosum*)
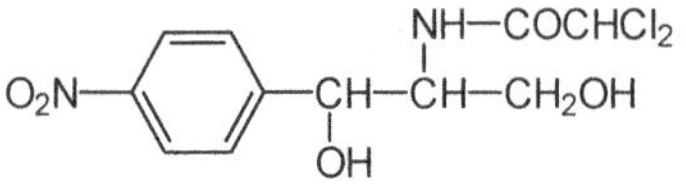	Chloramphenicol (Chloromycetin) (Antibiotikum) Man beachte auch die Nitro-Gruppe!
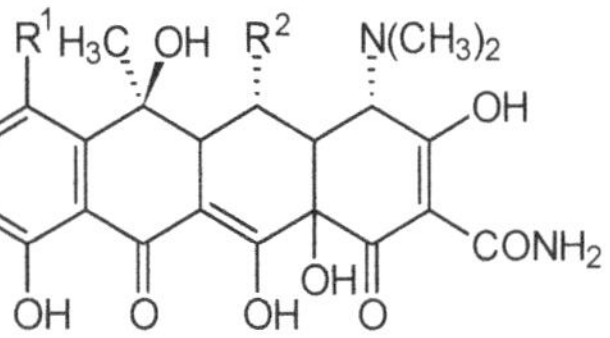	Aureomycin = Chlortetracyclin: $R^1 = Cl, R^2 = H$ Tetramycin: $R^1 = H, R^2 = OH$ Tetracyclin: $R^1 = , R^2 = H$ (Antibiotika)
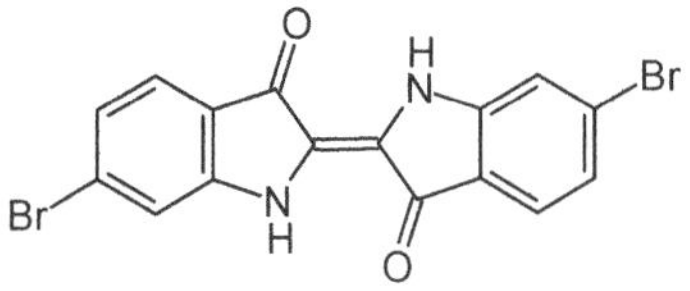	6,6'-Dibromindigo (Antiker Purpur, aus Purpurschnecken)
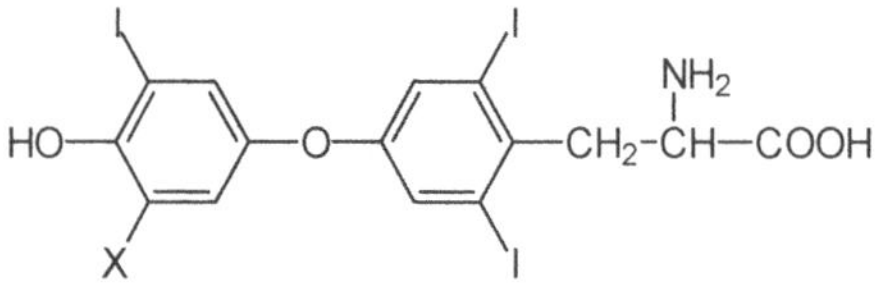	X = H: 3,5,3'-Triiodthyronin X = I: 3,5,3',5'-Tetraiodthyronin (= L-Thyroxin) (Hormone der Schilddrüse)

Bemerkung: Polychlorierte Insektizide werden zunehmend weniger verwendet wegen der Anreicherung in der Nahrungskette und wegen ihres langsamen biologischen Abbaus. Immer noch häufig verwendet wird DDT zur Bekämpfung der Überträgerinsekten der Malaria.

10 Die nucleophile Substitution (S_N) am gesättigten C-Atom

Die nucleophile aliphatische Substitutions-Reaktion (S_N) ist eine der am besten untersuchten Reaktionen der organischen Chemie. Sie ist dadurch gekennzeichnet, dass ein **nucleophiler Reaktionspartner Nu| einen Substituenten X| (Abgangsgruppe, nucleofuge Gruppe) verdrängt** und dabei das für die C–Nu-Bindung erforderliche Elektronenpaar liefert:

$$\text{Nu|} \;+\; \overset{\delta^+}{\text{R}-\text{CH}_2}\overset{\delta^-}{-\text{X}} \;\longrightarrow\; \text{R}-\text{CH}_2-\text{Nu} \;+\; \text{X|}$$

Eine gewisse Polarisierung der CH–X-Bindung begünstigt die Reaktion. Das C-Atom, an dem die Reaktion stattfinden soll, erhält dadurch eine positive Teilladung. Im Hinblick auf den Reaktionsmechanismus können unterschieden werden:

a) **die monomolekulare nucleophile Substitution, die im Idealfall nach 1. Ordnung verläuft (S_N1);**

b) **die bimolekulare nucleophile Substitution, die im Idealfall eine Reaktion 2. Ordnung ist (S_N2).**

10.1 Der S_N1-Mechanismus

Typische Substrate für Substitutionen nach dem S_N1-Mechanismus sind **tertiäre Halogenide.** Wie hier am Beispiel der alkalischen Hydrolyse von *tert.*-Butylchlorid gezeigt, verläuft die Reaktion **monomolekular:**

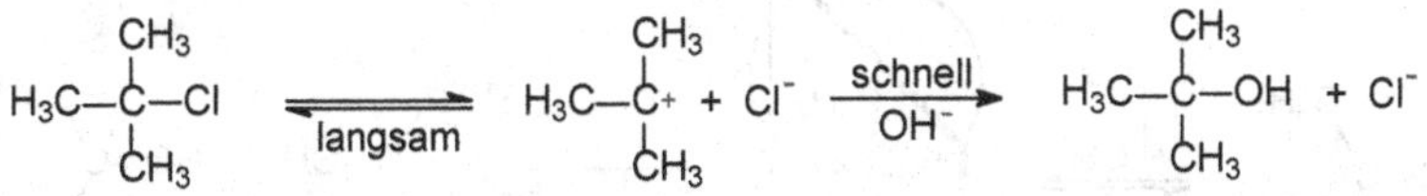

2-Chlor-2-methyl-propan (*tert.*-Butylchlorid) Carbeniumion 2-Methyl-2-propanol (*tert.*-Butanol)

Der geschwindigkeitsbestimmende Schritt ist der Übergang des vierbindigen tetraedrischen, sp^3-hybridisierten C-Atoms in das dreibindige, ebene Trimethyl-carbeniumion (sp^2-hybridisiert). Der Reaktionspartner OH^- ist dabei nicht beteiligt, man erhält ein **Geschwindigkeitsgesetz erster Ordnung** (Abb. 39a). Das gebildete **Carbeniumion** ist eine **Zwischenstufe** und kein Übergangszustand, was sich auch im Reaktionsprofil bemerkbar macht (Abb. 39b).

$$v = \frac{dc(RX)}{dt} = k \cdot c(RX)$$

a   b

Abb. 39a,b. Die S_N1-Reaktion. **a** Geschwindigkeitsgesetz. **b** Energiediagramm

10.1.1 Auswirkungen des Reaktionsmechanismus

1. Racemisierung

Die Bildung eines **planaren Carbeniumions** hat weit reichende Konsequenzen für die Umsetzung **chiraler Ausgangsverbindungen** (s.a. Kap. 25.5.2). Geht man zum Beispiel von optisch aktiven Halogenverbindungen wie etwa 3-Chlor-3-methyl-hexan aus, so kann das im ersten Schritt gebildete Carbeniumion von OH^- **von beiden Seiten mit derselben Wahrscheinlichkeit angegriffen werden**. Der gebildete Alkohol entsteht demzufolge als **racemisches Gemisch (Racemat)**.

S_N1-Reaktionen verlaufen also unter weitgehender Racemisierung!

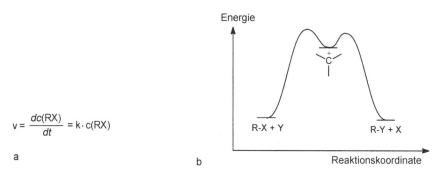

racemisches Gemisch

Ob die Racemisierung vollständig oder nur teilweise erfolgt, wird vor allem von zwei Faktoren bestimmt:

a) von der Stabilität des bei der Heterolyse gebildeten Carbeniumions,

b) von der Nucleophilie des Lösemittels (Solvens) bei Solvolysen. Eine plausible Erklärung hierfür liefert das Dissoziationsschema:

$$\overset{\delta^+ \ \delta^-}{R-X} \; \rightleftharpoons \; \left(R^+ X^-\right)_{solv.} \; \rightleftharpoons \; R^+ \underset{solv.}{\big|} X^- \; \rightleftharpoons \; R^+_{solv.} + X^-_{solv.}$$

$$\text{I} \qquad\qquad\qquad \text{II} \qquad\qquad\qquad \text{III}$$

Nach der Ionisierung von R–X bildet sich zunächst ein **inneres Ionenpaar (Kontakt-Ionenpaar) I**, dessen Ionen noch in engem Kontakt miteinander stehen und von einer gemeinsamen Lösemittelhülle (**Solvat-Hülle**) umgeben sind. Daraus entsteht ein **externes Ionenpaar II**, wobei sich zwischen die Ionen einige Solvens-Moeküle geschoben haben. Schließlich erhalten wir **selbständige, vollkommen solvatisierte Ionen, III**.

Das Nucleophil Nul kann nun in jedem dieser Stadien angreifen. Eine vollständige Racemisierung wird man dann erwarten können, wenn R^+ eine relativ große Lebensdauer hat, d.h. aufgrund seiner Struktur stabil ist, oder wenn das angreifende Teilchen nur schwach nucleophil ist und die Reaktion erst in Stufe III einsetzt. Da dabei die entstehenden Ionen solvatisiert werden müssen, hat das Lösemittel auch einen großen Einfluss auf die Reaktionsgeschwindigkeit.

2. *Wagner-Meerwein*-Umlagerungen

Mit *Wagner-Meerwein*-**Umlagerungen** muss man immer rechnen wenn **Carbeniumionen als Zwischenstufen** gebildet werden, und sich diese durch [1,2]-Verschiebung von Atomen oder Molekülgruppen **in stabilere Carbeniumionen** umwandeln können. H-Atome wandern hierbei besonders leicht, aber auch ganze Alkylgruppen können transferiert werden. Für Alkylgruppe gilt folgende

Wanderungstendenz: $C_{tertiär} > C_{sekundär} > C_{primär} > CH_3$

Versetzt man z.B. Neopentylalkohol (2,2-Dimethylpropanol) mit konz. Schwefelsäure, bildet sich nach Protonierung der OH-Gruppe und Wasserabspaltung das Neopentylkation, ein primäres Carbeniumion. Dieses kann sich durch Wanderung einer der benachbarten Methylgruppen in das erheblich stabilere tertiäre Carbeniumion umwandeln. Dieser Prozess ist relativ schnell, und man findet in der Regel Folgeprodukte dieses umgelagerten Carbeniumions. Im vorliegenden Fall kann z.B. ein Proton abgespalten werden (Eliminierung, s. Kap. 11.2.1).

10.2 Der S$_N$2-Mechanismus

Bei der S$_N$2-Reaktion, hier am Beispiel von 2-Brombutan gezeigt, erfolgen Bindungsbildung und Lösen der Bindung gleichzeitig. Der geschwindigkeitsbestimmende Schritt ist die Bildung des **Übergangszustandes I**, d.h. der Angriff des Nucleophils. **Bei dieser bimolekularen Reaktion sind beide Reaktionspartner beteiligt,** es gilt ein Geschwindigkeitsgesetz 2. Ordnung (Abb. 40).

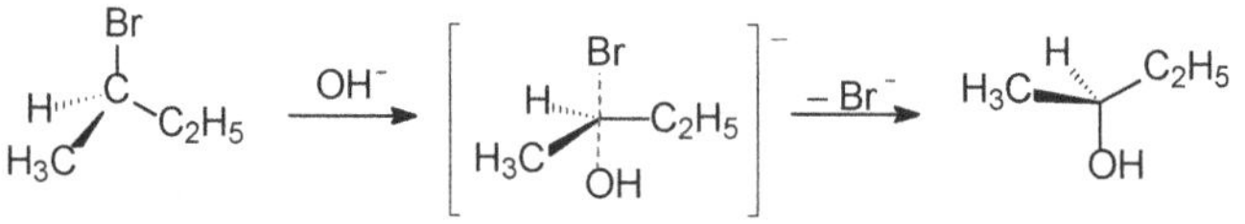

(R)-2-Brombutan   I   (S)-2-Butanol

Der nucleophile Partner (OH$^-$) nähert sich dem Molekül von der dem Substituenten (-Br) **gegenüberliegenden Seite**. In dem Maße, wie die C–Br-Bindung gelockert wird, bildet sich die neue C–OH-Bindung aus. **Im Übergangszustand I befinden sich die OH-Gruppe und das Br-Atom auf einer Geraden.**

Ist das Halogen an ein optisch aktives C-Atom gebunden, z.B. beim 2-Brombutan, entsteht das Spiegelbild der Ausgangsverbindung. Dabei wird die Konfiguration am chiralen C-Atom umgekehrt. Man spricht daher von **Inversion,** hier speziell von *Waldenscher* Umkehr.

Am Formelbild erkennt man deutlich, dass die drei Substituenten am zentralen C-Atom in eine zur ursprünglichen entgegengesetzten Konfiguration „umgestülpt" werden. **Vergleich:** Umklappen eines Regenschirms (im Wind).

Die Inversion ist charakteristisch für eine S$_N$2-Reaktion.

Im Gegensatz zur S$_N$1-Reaktion lässt sich die Bildung von Alkenen (Olefinen) und von Umlagerungsprodukten durch entsprechende Wahl der Reaktionsbedingungen vermeiden.

$$v = \frac{dc(RX)}{dt} = k \cdot c(RX) \cdot c(OH^-)$$

a   b

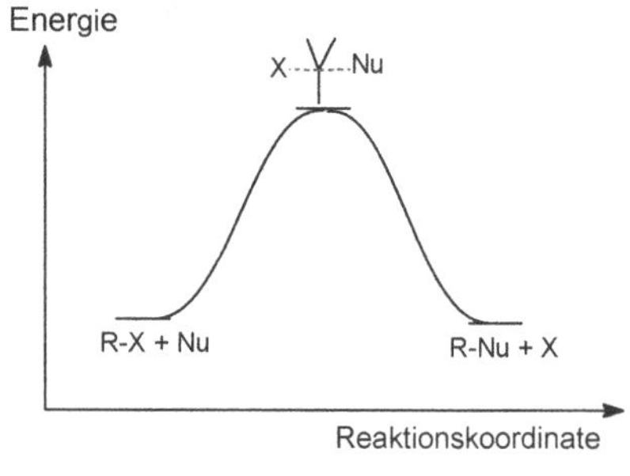

Abb. 40a,b. Die S$_N$2-Reaktion. **a** Geschwindigkeitsgesetz. **b** Energiediagramm

10.3 S$_N$-Reaktionen mit Retention

Bei einigen S$_N$-Reaktionen tritt **weder eine Konfigurationsumkehr noch eine Racemisierung** auf: **Sie verlaufen unter Erhaltung der Konfiguration am Chiralitätszentrum (Retention).** Der Grund hierfür sind sog. **Nachbargruppeneffekte.** Charakteristisch dabei ist, dass die Edukte ein dem Reaktionszentrum benachbartes Atom haben, das entweder eine negative Ladung oder ein freies Elektronenpaar besitzt. Dieses Atom greift in einem ersten Schritt das Reaktionszentrum an **(1. Inversion)** und wird dann im zweiten Reaktionsschritt durch das von außen angreifende nucleophile Agens verdrängt **(2. Inversion).** Die **Retention** ist also eine Folge der **doppelten Inversion.**

Beispiel:

α-Lacton   Milchsäure

Die Hydrolyse von (*R*)-α-Brompropionsäure mit verd. NaOH zu (*R*)-Milchsäure verläuft kinetisch wie eine Reaktion 1. Ordnung, d.h. unabhängig vom Nucleophil OH⁻. Der geschwindigkeitsbestimmende Schritt ist die Bildung des sehr reaktionsfähigen α-Lactons (1. Inversion), welches dann unter der 2. Inversion zum Produkt abreagiert.

Eine weitere Reaktion 2. Ordnung, die unter Retention verlaufen kann, ist die Reaktion einiger Alkohole mit Thionylchlorid (s.a. Kap. 9.3 und 12.1.3). Im ersten Schritt entsteht ein Chloralkylsulfit **I**, welches nun nach verschiedenen Mechanismen in das Chlorid umgewandelt werden kann. Führt man die Reaktion in **nicht nucleophilen Lösemitteln** durch und gibt man **Pyridin als Base** zu, so setzt sich **I** mit Chlorid unter **Inversion** um.

Führt man die Reaktion jedoch in **nucleophilen Lösemitteln** wie z.B. Dioxan durch, so kann dieses an der Reaktion teilnehmen: Unter Inversion bildet sich *in situ* das **Oxoniumion II**, welches dann in einem zweiten Inversionsschritt von abgespaltenem Chlorid angegriffen wird.

Gesamtbilanz: **Retention.**

10.4 Das Verhältnis S_N1/S_N2 und die Möglichkeiten der Beeinflussung einer S_N-Reaktion

Die besprochenen S_N1- und S_N2-Mechanismen konkurrieren je nach Reaktion unterschiedlich stark miteinander bei jeder S_N-Reaktion. Oft gibt es jedoch die Möglichkeit, das Verhältnis von S_N1 zu S_N2 zu beeinflussen. Die im Folgenden diskutierten Faktoren sind natürlich miteinander verknüpft und werden nur der Übersichtlichkeit wegen getrennt besprochen.

10.4.1 Konstitution des organischen Restes R

Aus der Betrachtung des Übergangszustandes einer S_N1-Reaktion geht hervor, dass die Substitution bei einem **+I-Effekt** ($\rightarrow$) des Restes R erleichtert wird, weil er die Polarisierung nach $R^{\delta+}-X^{\delta-}$ und damit die **Bildung eines Carbeniumions begünstigt**. Da sowohl der +I-Effekt als auch die Stabilität von Carbeniumionen in der Reihenfolge primär < sekundär < tertiär zunehmen (s. Kap. 2.5.4), sind **für tertiäre Alkyl-Derivate vorwiegend S_N1-Reaktionen zu erwarten**. Die Reaktionsgeschwindigkeit wird durch die Alkyl-Substituenten noch erhöht:

Bei **S_N2-Reaktionen** ist zu berücksichtigen, dass im Übergangszustand **fünf Substituenten** um das zentrale C-Atom gruppiert sind. Der +I-Effekt wird durch die mit zunehmender Alkylierung stark wachsende **sterische Hinderung** überkompensiert. Dadurch wird die **S_N2-Reaktion** erschwert. Sie wird **vorzugsweise bei primären Alkyl-Derivaten** auftreten, da in diesem Fall die Hinderung durch voluminöse, raumerfüllende Alkylgruppen fehlt. **Die Reihenfolge der Reaktivität ist also umgekehrt wie bei S_N1.**

Beispiel: *tert.*-Butylchlorid (2-Chlor-2-methyl-propan) reagiert etwa 10^6 mal schneller mit Ag^+-Ionen in methanolischer Lösung als *n*-Chlorbutan (S_N1). *tert.*-Butylchlorid reagiert aber mit I^--Ionen in Aceton kaum, während *n*-Chlorbutan relativ schnell reagiert (S_N2, *Finkelstein*-Reaktion).

Sekundäre Alkyl-Derivate liegen im Grenzbereich zwischen S$_N$1 und S$_N$2. Die Reaktion kann daher z.B. durch Variation des Nucleophils oder des Lösemittels in einem breiten Bereich gesteuert werden. Eine Steuerung nach S$_N$1 erfolgt auch dann, wenn die Carbeniumionen durch mesomere Effekte stabilisiert werden. Dies gilt z.B. für Allylchlorid, CH$_2$=CH–CH$_2$–Cl, oder Benzylchlorid (s.a. Kap. 2.5.4). Demgegenüber gehen Vinylhalogen-Verbindungen wie CH$_2$=CH–Cl oder Arylhalogen-Verbindungen kaum S$_N$1-Reaktionen ein.

10.4.2 Die Art der Abgangsgruppe

Die Art der Abgangsgruppe X beeinflusst vor allem die Geschwindigkeit der nucleophilen Substitution und weniger das Verhältnis von S$_N$1 zu S$_N$2. Die Spaltung der C–X-Bindung erfolgt um so leichter, je stabiler das austretende Ion oder je stärker die korrespondierende Säure H–X ist. Für die Stabilität bekannter Gruppen gilt folgende Reihe:

| F$_3$C–SO$_3^-$ | N$_2$ | H$_3$C–C$_6$H$_4$–SO$_3^-$ | I$^-$ | Br$^-$ | Cl$^-$ | HO$_3$SO$^-$ | NO$_3^-$ |
| Triflat-Gruppe | | Tosylat-Gruppe | | | | | |

gute Austrittsgruppe ⟶ mäßig gute Austrittsgruppe

Man erkennt, dass zu den **guten Austrittsgruppen** die **Anionen starker Säuren** zählen. **Schlechte Abgangsgruppen** sind Gruppen wie -OH, -OR, -NH$_2$, -OCOR, die schwer durch andere Nucleophile zu verdrängen sind. Hydroxy- und Alkoxy-Gruppen in Alkoholen und Ethern können praktisch nur im sauren Medium substituiert werden, wobei zuerst eine Protonierung am Sauerstoff erfolgt.

Beispiel: Durch den *Lucas*-Test können prim., sek. und tert. Alkohole unterschieden werden. So reagieren tertiäre Alkohole sehr schnell mit HCl unter Bildung des entsprechenden Alkylhalogenids. Primäre Alkohole reagieren gar nicht und sekundäre nur langsam nach Zusatz von Zinkchlorid (erhöht Austrittstendenz der OH-Gruppe).

10.4.3 Das angreifende Nucleophil

Die Geschwindigkeit einer S$_N$2-Reaktion wird mit zunehmender Nucleophilie von Nu erhöht. Für die Nucleophilie verschiedener Teilchen in einem protischen Lösemittel gilt etwa:

$$RS^- > CN^- > I^- > OH^- > Br^- > Cl^- > CH_3COO^- > H_2O > F^-$$

Zwar ist in der Regel eine starke Base auch ein gutes Nucleophil, es gilt jedoch zu bedenken, dass die **Basizität** eine definierte, gut messbare Größe ist, die sich auf die Abstraktion eines Protons bezieht (s.a. Kap. 2.5.3). Die **Nucleophilie** hingegen ist eine **kinetische Größe**, ermittelt durch die Reaktion mit einem Elektrophil. Sie ist ein Maß für die Fähigkeit des betreffenden Teilchens, sein Elektronenpaar auf ein C-Atom zu übertragen. Sie ist somit auch von sterischen Faktoren und den Wechselwirkungen mit dem Lösemittel (Solvatisierung) abhängig.

Qualitative Aussagen zum Reaktionsverhalten lassen sich anhand des **Konzepts der harten und weichen Lewis-Säuren und –Basen (HSAB-Konzept)** machen. Nach diesem Konzept **reagieren bevorzugt Teilchen vergleichbarer Härte miteinander**: harte Nucleophile mit harten Elektrophilen, weiche Nucleophile mit weichen Elektrophilen. **Weiche Anionen (Nucleophile) sind groß, gut polarisierbar und wenig elektronegativ** (Bsp. I^-, RS^- R_3P), **harte Anionen (Nucleophile) sind klein und stark elektronegativ** (Bsp. F^-, Cl^-, RO^-, OH^-, RNH_2). Bei den Elektrophilen ist das Proton ein sehr hartes Elektrophil, ein sp^3-hybridisiertes C-Atom ein weiches Elektrophil. Ein hartes Anion wird also eher als Base reagieren und ein Proton abstrahieren, während ein großes, weiches Anion in erster Linie als Nucleophil am C-Atom reagiert.

Ähnliche Betrachtungen kann man auch für den Verlauf von S_N-Reaktionen anstellen. Die **S_N1-Reaktion verläuft über ein Carbeniumion** (sp^2-C mit positiver Ladung), also ein vergleichsweise **hartes Zentrum**. Im Vergleich hierzu ist die Ladung beim **S_N2-Übergangszustand** auf ein- und austretendes Teilchen verteilt, man hat hier also einen **weichen Übergangszustand** vorliegen. Weiche Nucleophile reagieren daher bevorzugt nach S_N2, harte Nucleophile nach S_N1.

Für den Reaktionsablauf ist von Bedeutung, dass schlecht austretende Gruppen ein starkes Nucleophil erfordern. Dies wiederum begünstigt die als Nebenreaktion auftretende Eliminierung. Es ist daher oft günstiger, gut austretende Gruppen in ein Molekül einzuführen. **Darüber hinaus begünstigt eine hohe Konzentration des Nucleophils Nul die S_N2-Reaktion (Zeitgesetz!)**: Sie wird stark beschleunigt. Umgekehrt wirkt sich eine Verminderung der Konzentration von Nul hauptsächlich auf die S_N2-Reaktion aus, nicht aber auf die S_N1-Reaktion.

10.4.4 Lösemitteleffekte

Lösemittel solvatisieren die Reaktionspartner und den Übergangszustand, setzen dadurch die Aktivierungsenergie der Reaktion herab und **beeinflussen in starkem Ausmaß das Verhältnis S_N1/S_N2**. Wichtige Lösemitteleigenschaften für S_N-Reaktionen sind die **Dielektrizitätskonstante** (Lösemittelpolarität), das **Solvatationsvermögen** und die Fähigkeit, **Wasserstoff-Brückenbindungen** auszubilden.

Für **polare und protische Lösemittel** gilt: **je größer ein Ion, desto größer die Nucleophilie**. Dies ist verständlich, wenn man bedenkt, dass **große Ionen leichter polarisierbar** sind (z.B. $I^- > Br^- > Cl^-$), weil ihre äußeren Elektronen weniger fest gebunden werden. Mit zunehmender Größe wird die Solvatation geringer (kleinere Solvatationsenergie), und die kleinere Solvathülle wird bei der Reaktion leichter abgebaut. Das I^--Ion ist daher in protischen Lösemitteln, obwohl die schwächere Base, ein stärkeres Nucleophil als das kleine, schwer polarisierbare F^--Ion, das zudem starke H-Brückenbindungen ausbildet. Geht man aber zu einem **dipolar-aprotischen Lösemittel**, z.B. Aceton, über, so wird die Nucleophilie-Skala umgekehrt und es gilt: $F^- > Br^- > I^-$; jetzt liegt nämlich das stärker basische, wenig solvatisierte (**„nackte"**) F^--Ion vor.

Da beim **S_N1-Mechanismus** sowohl das Carbeniumion als auch das austretende Anion stabilisiert werden müssen, **begünstigen protische Lösemittel** („harte Lösemittel") wie Wasser, Alkohole und Carbonsäuren diese Reaktion. Darüber hinaus kann man auch **durch Erhöhung der Polarität des Lösemittels** S_N1-Reaktionen begünstigen, weil dadurch die Ionisierung des Eduktes und damit die Geschwindigkeit der S_N1-Reaktion beschleunigt werden (z.B. durch den Wechsel von 80 % Ethanol zu Wasser).

S_N2-Reaktionen laufen dagegen bevorzugt **in aprotischen Lösemitteln** („weiche Lösemittel") ab wie Dimethylformamid, $(CH_3)_2N-CHO$, oder Dimethylsulfoxid, $(CH_3)_2SO$. Deshalb ist beim Lösemittelwechsel (protisch $\rightarrow$ aprotisch) nicht nur eine Veränderung der Reaktionsgeschwindigkeit, sondern auch ein Übergang etwa von S_N1 nach S_N2 möglich.

10.4.5 Ambidente Nucleophile

Unter **ambidenten Nucleophilen** versteht man Teilchen die **an zwei Zentren, die in Konjugation miteinander stehen,** mit Elektrophilen reagieren können. In der Regel sind die ambidenten Nucleophile polar gebaut, d.h. die nucleophilen Positionen sind unterschiedlich groß, polarisierbar und elektronegativ. Somit kann man den **ambidenten Nucleophilen nach dem HSAB-Konzept „ein weiches (w) und ein hartes (h) Zentrum"** zuordnen.

Einige typische Vertreter sind:

Cyanid   Nitrit   Enolat

Reaktionen nach dem **S_N1-Mechanismus** werden daher bevorzugt am **harten Zentrum** ablaufen, während das **weiche Zentrum in S_N2-Substitutionen bevorzugt** wird. Auch lässt sich die Position durch die Wahl des Lösemittels steuern.

Beispiel: Umsetzung von Alkylhalogeniden mit Cyanid

Bei der Umsetzung **primärer Alkylhalogenide** erfolgt die Substitution nach einem S_N2-Mechanismus, der Angriff erfolgt demgemäß am „weichen Zentrum", also am C-Atom. Es entsteht bevorzugt das **Nitril** (*Kolbe* **Nitrilsynthese**).

$$R-CH_2-I \ + \ NaCN \ \longrightarrow \ NaI \ + \ R-CH_2-C{\equiv}N| \qquad \text{Nitril}$$

Bei **sekundären Halogeniden** sind beide Mechanismen möglich. Sorgt man jedoch dafür, dass die Bildung von Carbeniumionen begünstigt wird, erhält man bevorzugt eine S_N1-Reaktion, bei der das Atom mit der höheren Elektronendichte (hartes Zentrum) angreift. Dies kann man durch Verwendung des Silbercyanids erreichen. Durch die Bildung von schwerlöslichem Ag-Halogenid wird die Bildung von Carbeniumionen gefördert und es kommt, wie auch bei der Reaktion von **tertiären Halogenalkanen**, zu einer S_N1-Reaktion. In diesem Fall bildet sich überwiegend das **Isonitril** (**Isocyanid**).

$$R_2CH-Cl \ + \ AgCN \ \longrightarrow \ AgCl{\downarrow} \ + \ R_2CH-N{=}C| \qquad \text{Isonitril}$$

Analoge Betrachtungen lassen sich auch für andere ambidente Nucleophile anstellen, wie Nitrit und Enolate.

11 Die Eliminierungs-Reaktionen (E1, E2)

Eine **Abspaltung zweier Atome oder Gruppen** aus einem Molekül, ohne dass andere Gruppen an ihre Stelle treten, heißt **Eliminierungs-Reaktion**.

Bei einer 1,1- oder α-Eliminierung stammen beide Gruppen vom gleichen Atom, bei der häufigeren 1,2- oder β-Eliminierung von benachbarten Atomen.

Eliminierungen können stattfinden:

- **ohne** Teilnahme anderer Reaktionspartner, in der Regel thermisch (**Beispiel:** Esterpyrolyse):

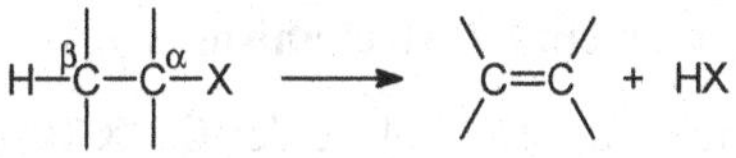

$$H-\overset{\beta}{C}-\overset{\alpha}{C}-X \longrightarrow \quad C=C \quad + \ HX$$

- **unter** dem Einfluss von Basen (B) oder Lösemittel-Molekülen:

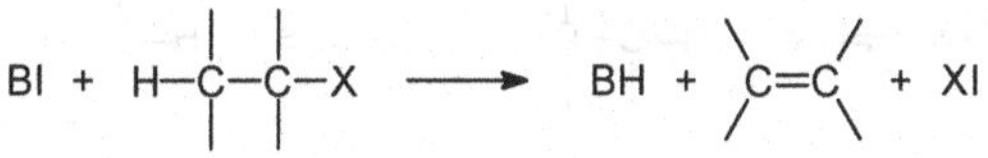

$$B| \ + \ H-C-C-X \longrightarrow BH \ + \ C=C \ + \ X|$$

- **mit** Reduktionsmitteln aus *vicinal* (= benachbart) disubstituierten Verbindungen (**Beispiel:** 1,2-Dihalogen-Verbindungen, M = Metall):

$$M \ + \ X-C-C-X \longrightarrow \quad C=C \quad + \ MX_2$$

11.1 α- oder 1,1-Eliminierung

Werden **beide Gruppen vom gleichen C-Atom** abgespalten, spricht man von einer α-Eliminierung. Bekanntestes Beispiel ist die Bildung von Dichlorcarben aus Chloroform mit einer starken Base.

Im ersten Schritt wird ein Carbanion gebildet, aus dem Dichlorcarben als Zwischenprodukt entsteht. Durch geeignete Olefine wie 2-Buten lassen sich in einer Abfangreaktion Cyclopropane synthetisieren (s. Kap. 6.2.1).

$$Cl-\overset{\displaystyle Cl}{\underset{\displaystyle Cl}{C}}H \;+\; ^-|\overline{O}H \;\underset{\text{schnell}}{\rightleftharpoons}\; Cl-\overset{\displaystyle Cl}{\underset{\displaystyle Cl}{C}}|^- \;+\; H_2O \;\xrightarrow[\text{langsam}]{-Cl^-}\; |CCl_2 \;\xrightarrow[\text{schnell}]{H_2O\,/\,OH^-}\; CO \;+\; HCO_2^- \;+\; Cl^-$$

Dichlor-
carben

11.2 β- oder 1,2-Eliminierung

Ebenso wie Substitutionen können auch Eliminierungen **mono-** oder **bimolekular** verlaufen (E1- bzw. E2-Reaktion). Bezüglich des zeitlichen Verlaufs der Spaltung der H–C- und C–X-Bindung gibt es mehrere Möglichkeiten, die mehr oder weniger kontinuierlich ineinander übergehen. Die drei bekanntesten sind:

1) **E1:** C_α–X wird zuerst gelöst.

2) **E1cB:** H–C_β wird zuerst aufgelöst.

3) **E2:** Beide Bindungen werden etwa gleichzeitig gelöst.

11.2.1 Eliminierung nach einem E1-Mechanismus

Der erste Reaktionsschritt, die Heterolyse der C_α–X-Bindung, **ist bei E1- und S_N1-Reaktionen gleich.** Er führt zu einem **Carbeniumion** als Zwischenprodukt.

$$H-\overset{\beta}{\underset{|}{C}}-\overset{\alpha}{\underset{|}{C}}-X \;\rightleftharpoons\; H-\underset{|}{\overset{|}{C}}-\underset{|}{\overset{|}{C}}\cdots X \;\rightleftharpoons\; H-\underset{|}{\overset{|}{C}}-\overset{+}{C}\diagup \;+\; X^-$$

Dieser Schritt ist geschwindigkeitsbestimmend. Im folgenden schnellen Reaktionsschritt kann das Carbeniumion mit einem Nucleophil reagieren ($\to S_N$1), oder es wird vom β-C-Atom ein Proton abgespalten und ein Alken gebildet ($\to$ E1).

Beispiel: Hydrolyse von *tert.*-Butylchlorid (2-Chlor-2-methyl-propan)

$$H_3C-\overset{\displaystyle CH_3}{\underset{\displaystyle CH_3}{C}}-Cl \;\rightleftharpoons\; \overset{H_2O}{}\; H_3C-\overset{+}{\underset{CH_3}{C}}\overset{CH_3}{} \;+\; Cl^-$$

$$\xrightarrow[S_N1]{H_2O}\; H_3C-\overset{\displaystyle CH_3}{\underset{\displaystyle CH_3}{C}}-OH \;+\; H^+$$

$$\xrightarrow{E1}\; H_2C{=}C\overset{CH_3}{\underset{CH_3}{}} \;+\; H^+$$

Geschwindigkeitsgleichung für beide Reaktionsabläufe:

$$v = \frac{dc(RX)}{dt} = k \cdot c(RX)$$

Beide Reaktionen verlaufen sehr schnell. Das Verhältnis E1/S_N1 ist nur wenig zu beeinflussen; es treten die bekannten Umlagerungen von Carbeniumionen als Nebenreaktionen auf (s. Kap. 10.1.1).

Auch die säurekatalysierte Dehydratisierung von Alkoholen zu Alkenen verläuft monomolekular. Da die Eliminierung an verschiedenen Positionen erfolgen kann, werden in der Regel Produktgemische erhalten.

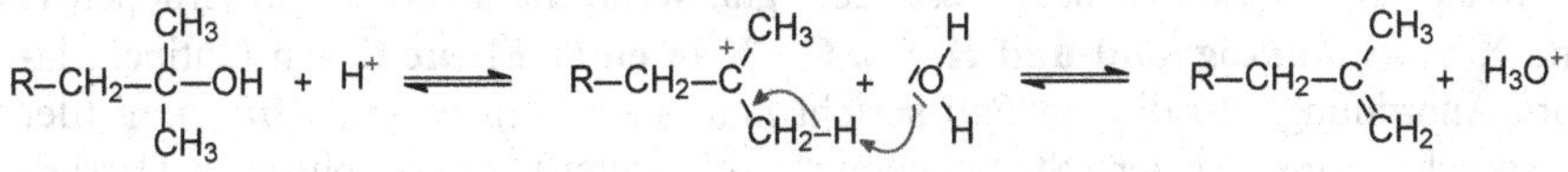

11.2.2 Eliminierung nach einem E1cB-Mechanismus

Reaktionen nach diesem Mechanismus sind relativ selten. Er wird über ein **Carbanion** formuliert. Am Beispiel erkennt man, dass unter dem Einfluß einer starken Base (B) zuerst die C_β–H-Bindung gelöst wird (schneller Schritt). Dabei wird das Carbanion, die **konjugierte Base** (cB) gebildet, die in einem zweiten, langsamen Reaktionsschritt eine Abgangsgruppe eliminiert. Die Reaktionsgeschwindigkeit ist daher nur von der Konzentration dieser konjugierten Base abhängig.

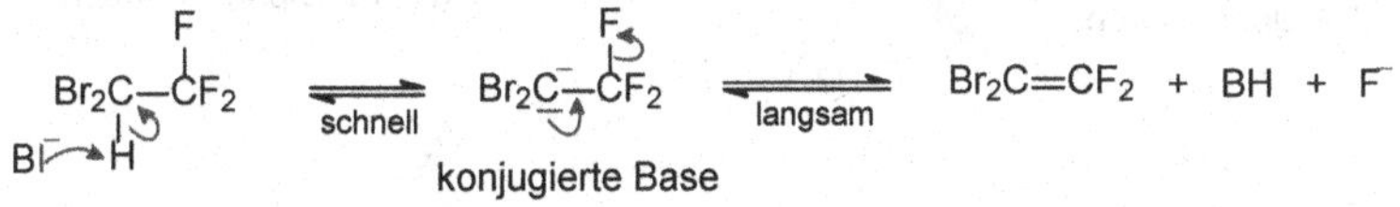

Geschwindigkeitsgleichung:

$$v = \frac{dc(RX)}{dt} = k \cdot c(\text{konj. Base})$$

11.2.3 Eliminierung nach einem E2-Mechanismus

Der wichtigste Reaktionsmechanismus ist bei den Eliminierungen der einstufige E2-Mechanismus. **Die Abtrennung der Gruppe vom α-C-Atom (meist ein Proton), die Bildung der Doppelbindung und der Austritt der Abgangsgruppe X verlaufen simultan.** Die Base, z.B. OH⁻, entfernt ein Proton von einem Kohlenstoffatom und gleichzeitig tritt die Abgangsgruppe, z.B. ein Bromidion, aus. **Der geschwindigkeitsbestimmende Schritt ist die Reaktion zwischen der Base und dem Halogenalkan.**

Beispiel: Eliminierung von HBr aus Bromethan:

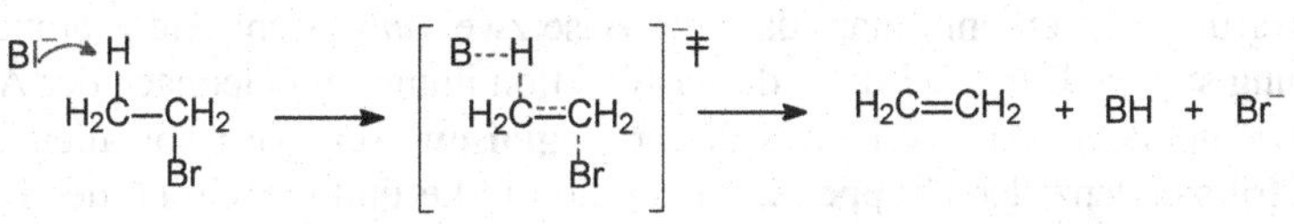

Geschwindigkeitsgleichung:

$$v = \frac{dc(RX)}{dt} = k \cdot c(B) \cdot c(RX)$$

Zum stereochemischen Verlauf der Reaktion nach E2

E2-Reaktionen verlaufen dann besonders gut, wenn die austretenden Gruppen H und X *trans*-**ständig sind und H, C_α, C_β, X in einer Ebene liegen** (antiperiplanare Anordnung). In diesem Fall spricht man auch von *anti*-Eliminierung (der Ausdruck „*trans*" ist der „Stereochemie" vorbehalten). Zur graphischen Darstellung des Reaktionsverlaufs eignet sich besonders die **Sägebock-Projektion** (s. Kap. 3.1.1)

Beispiel: Stereoselektive Eliminierung von HBr aus 1-Brom-1,2-diphenyl-propan

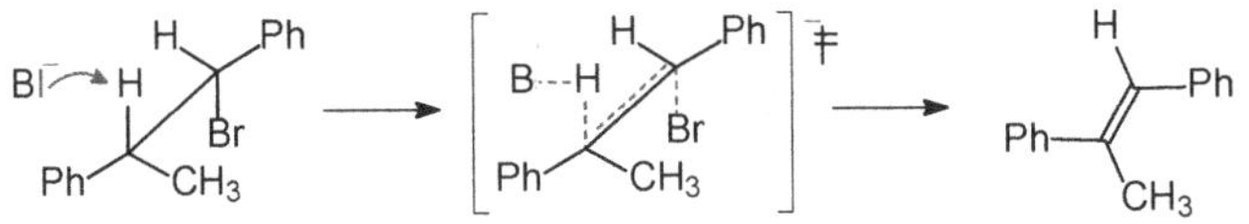

(1*S*,2*R*)-1-Brom-
1,2-diphenylpropan

I

(*E*)-1,2-Diphenylpropen

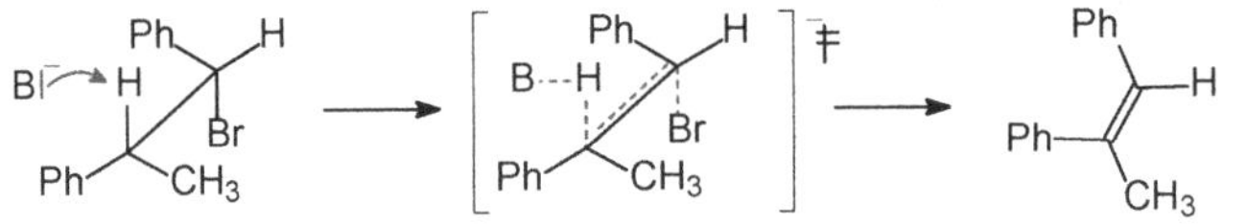

(1*R*,2*R*)-1-Brom-
1,2-diphenylpropan

II

(*Z*)-1,2-Diphenylpropen

Aus den 1,2-Diphenylpropylhalogen-Verbindungen entstehen jeweils nur die nach dem *anti*-Mechanismus zu erwartende Produkte. Die diastereomeren Halogenide **I** und **II** (s. Kap. 25) liefern daher **stereoselektiv** die entsprechenden Alkene mit entgegengesetzter Olefingeometrie (geometrische Isomere, s.a. Kap. 2.3).

Besonders ausgeprägte *anti*-**Stereoselektivität** zeigen **Cyclohexan-Derivate**, da die Eliminierung bevorzugt aus der *trans*-diaxialen Konformation (vgl. Kap. 3.2.1) erfolgt.

Betrachten wir z.B. die HX-Eliminierung aus Cyclohexylderivat **III** mit axialer Austrittsgruppe, so erkennt man, dass der Base zwei *anti*-orientierte Protonen zur Verfügung stehen. Daher wird bei dieser Reaktion immer ein Gemisch der Alkene **IV** und **V** gebildet. Das Verhältnis dieser **Regioisomeren** wird vor allem durch die Austrittstendenz der Gruppe X, sowie die Stärke und die Größe der Base B bestimmt (s.a. Kap. 11.4).

Befindet sich die Austrittsgruppe nicht in einer axialen Position, so muß gegebenenfalls das Substrat zuvor von einer Sesselform (s.a. Kap. 3.2.1) in die andere übergehen, damit Eliminierung erfolgen kann.

Ganz anders liegen daher die Verhältnisse bei der Eliminierung aus dem zu **III** isomeren Derivat **VI** mit äquatorialer Austrittsgruppe. Eine *anti*-Eliminierung ist hierbei aus dieser Konformation nicht möglich. Zur Eliminierung muß das Molekül daher aus der energetisch günstigen Sesselkonformation **VI** in die erheblich ungünstigere Konformation **VI'** übergehen. In dieser Konformation befindet sich jedoch nur 1 H-Atom *anti* zur Austrittsgruppe. Daher erfolgt die Eliminierung hier regioselektiv zum Alken **V**. Das isomere Alken **IV** wird nicht erhalten.

11.3 Das Verhältnis von Eliminierung zu Substitution

Bei der Besprechung der S_N-Reaktionen wurde schon darauf hingewiesen, dass oft Eliminierungen als Konkurrenzreaktionen auftreten. Dies ist verständlich, wenn man die Reaktionsmöglichkeiten eines Nucleophils Nul⁻ mit einem geeigneten Partner betrachtet. **Jedes Nucleophil ist auch eine Base** und kann daher zur Eliminierung führen.

S_N1-Substitutionen werden normalerweise von E1-Eliminierungen als Nebenreaktionen begleitet, da beide über ein Carbeniumion als gemeinsames Zwischenprodukt verlaufen. Ebenso konkurrieren S_N2-Substitution und E2-Eliminierung miteinander, obwohl beide Prozesse über verschiedene Reaktionswege ablaufen.

Beeinflussung von E/S_N

Allgemein gilt für das Verhältnis E1/E2: **E1 wird begünstigt durch die Bildung stabiler Carbeniumionen und durch ein gut ionisierendes und Ionen solvatisierendes Lösemittel.** Ebenso wie bei der S_N-Reaktion gilt auch, dass gute Abgangsgruppen wie die Tosylat-Gruppe leicht eliminiert werden. Für die Halogene findet man erwartungsgemäß: **F < Cl < Br < I**, d.h. I wird am leichtesten eliminiert. Es ist nicht überraschend, dass die Eliminierung im Vergleich zur Substitution mit zunehmender Stärke der angreifenden Base zunimmt. Auch die Verwendung von Basen mit großem Raumbedarf (z.B. Ethyldicyclohexylamin), die nicht oder nur schwer Substitutions-Reaktionen eingehen können, fördert die Eliminierung. Häufig verwendete Basen sind: $NR_2^- > RO^- > HO^-$. Wechselt man das Lösemittel von protisch zu dipolar-aprotisch, verringert sich die Solvatisierung der Basen über die H-Brückenbindungen und ihre Basizität kommt voll zur Wirkung.

Hohe Reaktionstemperaturen begünstigen die Eliminierung und niedere eine Substitutions-Reaktion, da die Aktivierungsenergie für eine Eliminierung häufig größer ist.

Eliminierungen werden auch durch elektronenziehende Substituenten stark begünstigt. Ein Grund ist die Erhöhung der Acidität der β-Atome, die dann von der Base leichter entfernt werden können. **Beispiel:** Dehydratisierung im Anschluß an die Aldolreaktion (Kap. 17.3.2).

Hochsubstituierte Verbindungen reagieren bevorzugt in einer Eliminierungs-Reaktion. Der nucleophile Angriff z.B. an einem tertiären Halogenid ist sterisch stark gehindert, wohingegen die Deprotonierung an einer benachbarten, häufig weniger gehinderten Position erfolgt. Daher können auch tertiäre Halogenide nach einem E2-Mechanismus reagieren, wenn der Angriff an der Peripherie des Moleküls erfolgt.

Für das Verhältnis E2/S_N2 ergibt sich daher folgende Reihe:

Beispiele: Bei der Eliminierung von Bromalkanen mit Ethanolat in Ethanol findet man üblicherweise 10 % Alken bei primären, 60 % Alken bei sekundären und 90 % Alken bei tertiären Bromalkanen.

11.4 Isomerenbildung bei Eliminierungen

Stehen benachbart zur Abgangsgruppe X zwei nicht äquivalente β-H-Atome für die Eliminierung zur Verfügung, können isomere Alkene entstehen.

Stehen beide H-Atome an einem benachbarten C-Atom, so bilden sich (*E/Z*)-Isomere (Geometrische Isomere). Die beiden zur Eliminierung geeigneten *anti*-Positionen **I** und **II** können sich durch Rotation ineinander umwandeln (Konformationsisomere, Kap. 2.3).

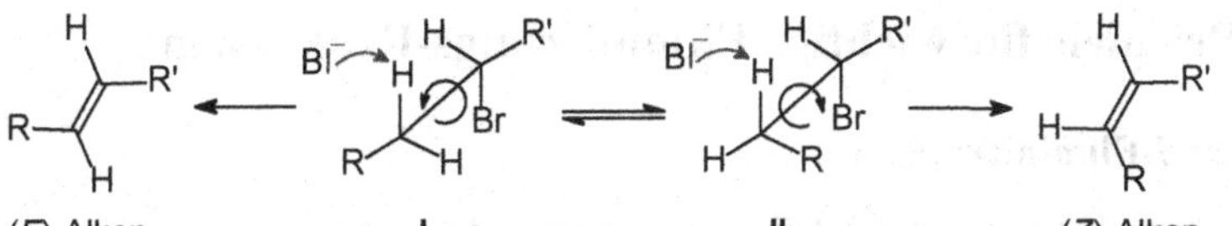

Stehen beide H-Atome an verschiedenen benachbarten C-Atomen, so bilden sich Regioisomere. Ein Beispiel hierzu wurde bereits beim E2-Mechanismus diskutiert (Kap. 11.2.3).

Orientierung bei regioselektiven Eliminierungen: *Saytzeff- und Hofmann-Eliminierung*

Das Verhältnis der regioisomeren Produkte hängt sehr stark von der Austritts-gruppe, dem Lösemittel sowie der Basizität und Raumerfüllung der Base ab.

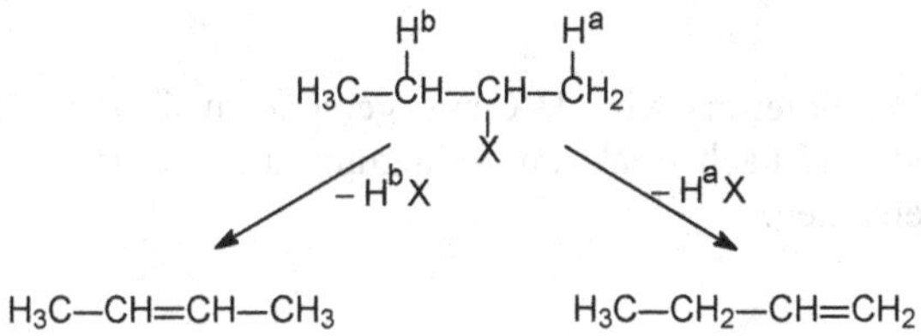

	Saytzeff-Produkt	Hofmann-Produkt
X = Br	81%	19%
X = $^+N(CH_3)_3$	5%	95%

Bei Bromalkanen entsteht, wie bei den meisten Eliminierungen, bevorzugt das stärker verzweigte (höher substituierte) Alken **(Regel von *Saytzeff*)**. Bei der Eli-minierung von quartären Ammonium-Salzen *(**Hofmann**-Eliminierung)* bildet sich das weniger verzweigte Alken.

Zur Erklärung können elektronische und sterische Effekte herangezogen werden: Das *Saytzeff*-Produkt ist das **thermodynamisch günstigere Produkt** und wird bevorzugt gebildet, wenn gute Abgangsgruppen wie -Br verwendet werden. Je besser die Abgangsgruppe, desto mehr verschiebt sich der Mechanismus der Eli-minierung nach E1, desto höher ist der Anteil an *Saytzeff*-Produkt.

Verwendet man hingegen **relativ schlechte Abgangsgruppen** wie etwa -$N^+(CH_3)_3$, so bedarf es des Mitwirkens der Base zur Eliminierung. Die Eliminie-rung erfolgt nach E2 und der Angriff der Base ist der Produkt-bestimmende Schritt. Sperrige Gruppen erschweren die Eliminierung eines Protons in ihrer Nachbarschaft, und die Reaktion erfolgt bevorzugt an einer endständigen Methyl-gruppe (**kinetisches Produkt**). Der Anteil an *Hofmann*-Produkt läßt sich daher auch durch Verwendung sterisch gehinderter Basen erhöhen.

11.5 Beispiele für wichtige Eliminierungs-Reaktionen

11.5.1 *anti*-Eliminierungen

1. Dehalogenierung von 1,2-Dihalogen-Verbindungen

Zum Schutz von Doppelbindungen während einer Synthese (z.B. vor Oxidationen) addiert man oft Brom (Kap. 6.1.1) und debromiert anschließend das Produkt wieder. Da beide Reaktionen stereochemisch einheitlich *anti*-selektiv verlaufen, bleibt die Konfiguration der Doppelbindung letztendlich erhalten. Zur Dehalogenierung dienen Reduktionsmittel wie etwa unedle Metalle (Zn, Mg u.a.).

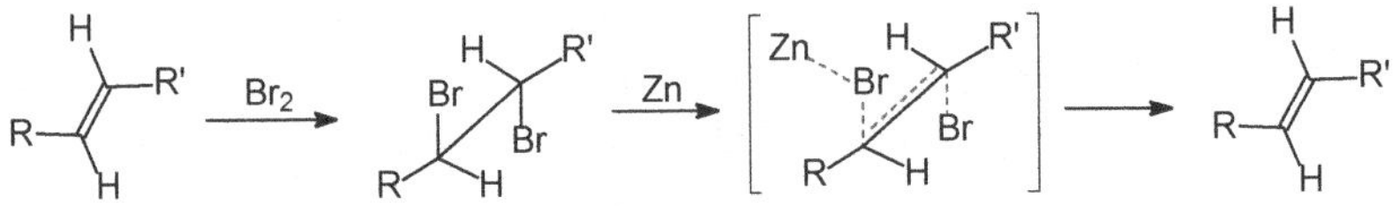

(E)-Alken   (E)-Alken

Durch Doppeleliminierung von HX aus geeigneten 1,2-Dihalogenalkanen mit Basen lassen sich je nach Reaktionsbedingung auch Alkine, Allene und konjugierte Diene herstellen.

Beispiel:

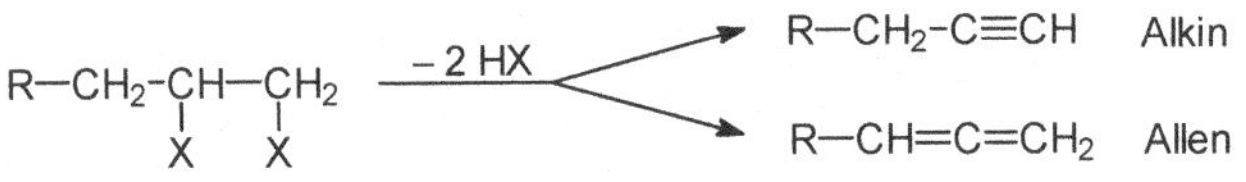

2. Biochemische Dehydrierungen

Die zur technischen Herstellung von Alkenen wichtigen Dehydrierungen sind auch biologisch von Bedeutung. Gut untersucht wurde die Abspaltung von Wasserstoff aus Bernsteinsäure durch das Enzym **Succinat-Dehydrogenase**. Der Wasserstoff wird hierbei auf **FAD** (Flavin-Adenin-Dinucleotid) übertragen. Bei den Experimenten wurden die Verbindungen mit Deuterium (D) markiert. Dabei zeigte sich, dass die Oxidation der Bernsteinsäure zur Fumarsäure eine ***anti*-Eliminierung** ist.

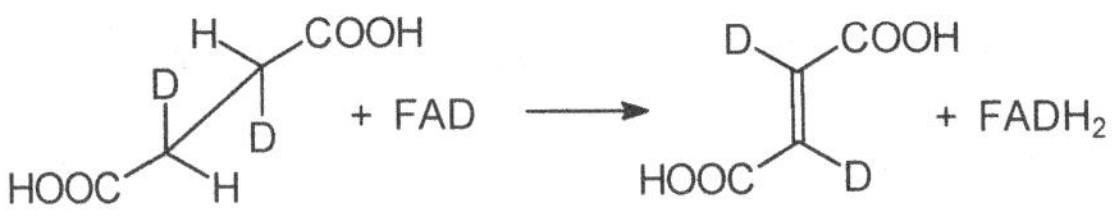

Bernsteinsäure   Fumarsäure

11.5.2 *syn*-Eliminierungen (thermische Eliminierungen)

Zahlreiche organische Verbindungen spalten bei einer Pyrolysereaktion H–X ab und bieten so eine gute Möglichkeit zur Gewinnung reiner Alkene in hohen Ausbeuten.

Die Reaktionen verlaufen vermutlich über **cyclische Mehrzentren-Prozesse** mit hoher *syn*-**Selektivität**.

Beispiele:

1. Pyrolyse von Xanthogenaten nach *Tschugaeff*

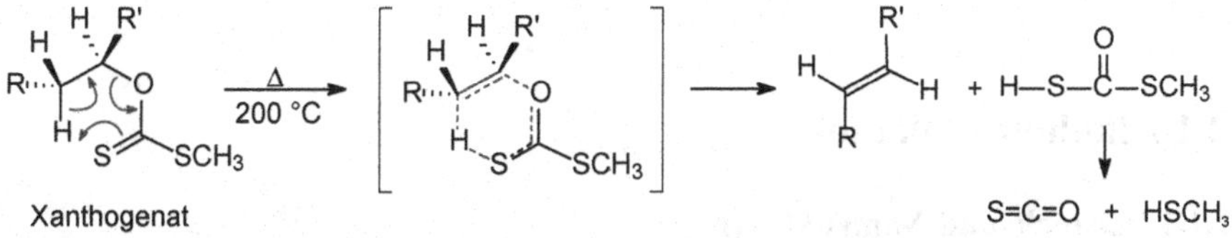

Xanthogenat

$S=C=O$ + $HSCH_3$

Die für die Reaktion benötigten Xanthogenate erhält man sehr einfach aus dem entsprechenden Alkoholat durch Umsetzung mit CS_2 (Schwefelkohlenstoff) und anschließende S-Methylierung (z.B. mit Methyliodid).

2. Pyrolyse von Estern

Die Eliminierung gelingt auch mit anderen Estern, jedoch sind hier drastischere Bedingungen erforderlich.

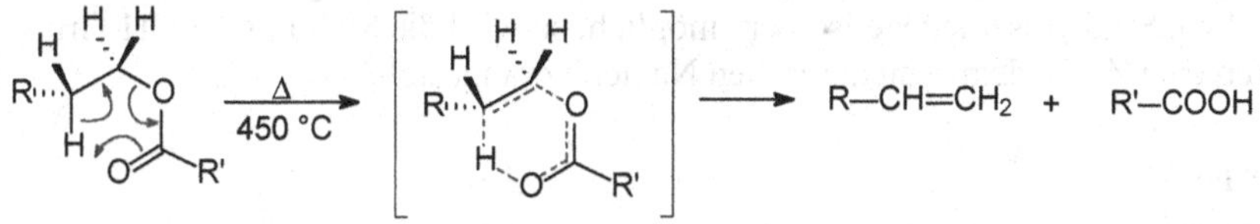

3. *Cope*-Eliminierung von tertiären Aminoxiden

Unter vergleichsweise milden Bedingungen verlaufen Eliminierungen quartärer Aminooxide. Diese erhält man durch Oxidation tertiärer Amine. Man erkennt, dass das Substrat mit seinem neg. geladenen Sauerstoff seine „eigene Base" zur Eliminierung des β-ständigen Wasserstoffs mitbringt.

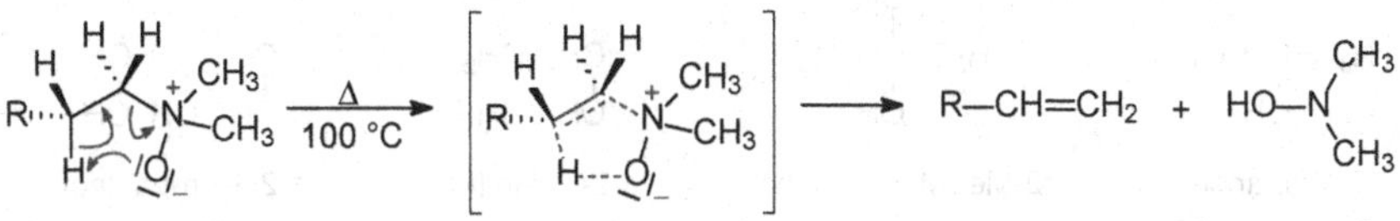

4. Decarboxylierung von 3-Oxocarbonsäuren

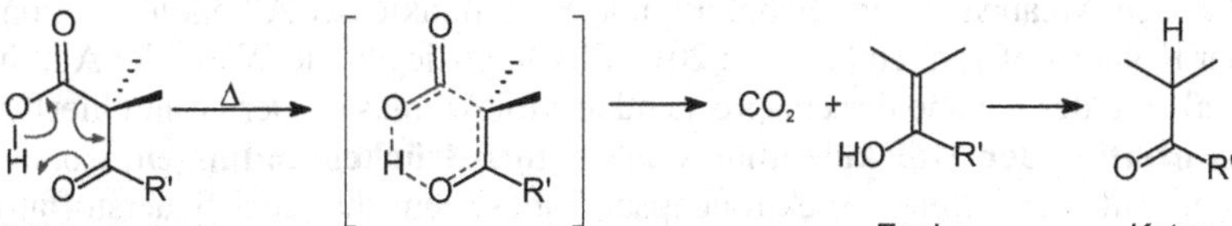

β-Ketosäure

Enol

Keton

Die Decarboxylierung von (substituierten) Malonsäuren verläuft analog.

12 Sauerstoff-Verbindungen

12.1 Alkohole (Alkanole)

12.1.1 Beispiele und Nomenklatur

Alkohole (Alkanole) enthalten **eine oder mehrere OH-Gruppen** im Molekül. Dabei kann i. Allg. maximal nur eine OH-Gruppe an ein und dasselbe C-Atom gebunden sein (*Erlenmeyer*-**Regel**, Ausnahme s. Kap. 17.1.2). Man unterscheidet nach dem Substitutionsgrad des Kohlenstoffatoms, das die OH-Gruppe trägt, **primäre, sekundäre und tertiäre Alkohole** und nach der Anzahl der OH-Gruppen **ein-, zwei-, drei- und mehrwertige Alkohole.**

Die Namen werden gebildet, indem man an den Namen des betreffenden Alkans die Endung -ol anhängt. Auch hier ist die Bildung homologer Reihen möglich. Sind verschiedene Isomere möglich, so wird die Stellung der OH-Gruppe durch eine Ziffer dem systematischen Namen vorangestellt.

Beispiele:

primär:

H_3C-OH $\quad$ H_3C-CH_2-OH $\quad$ $H_3C-CH_2-CH_2-OH$ $\quad$ $H_3C-CH_2-CH_2-CH_2-OH$

Methanol $\quad$ Ethanol $\quad\quad$ 1-Propanol $\quad\quad\quad$ 1-Butanol
(Holzgeist) $\quad$ (Weingeist)

sekundär: $\quad\quad$ *tertiär:* $\quad\quad$ *zweiwertig:* $\quad\quad$ *dreiwertig:*

$$H_3C-\underset{OH}{\underset{|}{CH}}-CH_3 \quad\quad H_3C-\overset{CH_3}{\underset{OH}{\overset{|}{\underset{|}{C}}}}-CH_3 \quad\quad \underset{OH}{\underset{|}{CH_2}}-\underset{OH}{\underset{|}{CH_2}} \quad\quad \underset{OH}{\underset{|}{CH_2}}-\underset{OH}{\underset{|}{CH}}-\underset{OH}{\underset{|}{CH_2}}$$

2-Propanol $\quad\quad$ 2-Methyl-2-propanol $\quad$ 1,2-Ethandiol $\quad$ 1,2,3-Propantriol
(Isopropanol) $\quad$ (*tert.*-Butanol) $\quad\quad$ (Ethylenglykol) $\quad$ (Glycerin)

Wie bei den Alkanen steigen Schmelz- und Siedepunkte der Alkohole mit zunehmender Kohlenstoffzahl an (Tabelle 20). Allerdings liegen die Werte der Alkohole höher als die der Alkane der entsprechenden Molekülmasse. Der Grund hierfür ist die **Assoziation der Moleküle über Wasserstoff-Brückenbindungen,** wobei ein H-Atom mit dem freien Elektronenpaar eines benachbarten Sauerstoffatoms wechselwirkt (Abb. 41).

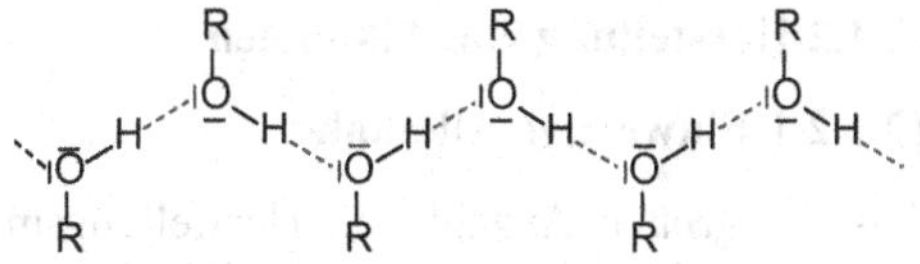

Abb. 41. H-Brückenbindung

Ebenso verändern sich die Löslichkeiten: Die polare Hydroxyl-Gruppe erhöht die Löslichkeit der Alkohole in Wasser. Dies gilt besonders für die kurzkettigen und die mehrwertigen Alkohole. **Die Hydrophilie wirkt sich um so geringer aus, je länger der Kohlenwasserstoff-Rest ist.** Dann bestimmt vor allem der hydrophobe (lipophile) organische Rest das Löseverhalten. **Höhere Alkohole** lösen sich nicht mehr in Wasser, weil die gegenseitige Anziehung der Alkoholmoleküle durch die *van der Waals*-Kräfte größer wird als die Wirkung der H-Brücken zwischen den Alkohol- und den Wassermolekülen. Sie sind dann nur noch in lipophilen Lösemitteln löslich. Die **niederen Alkohole** wie Methanol und Ethanol lösen sich dagegen sowohl in unpolaren (hydrophoben) wie auch in polaren (hydrophilen) Lösemitteln.

Tabelle 20. Physikalische Eigenschaften und Verwendung von Alkoholen

Verbindung	Schmp. °C	Sdp. °C	weitere Angaben
Methanol (Methylalkohol)	–97	65	Lösemittel, Methylierungsmittel, Ausgangsprodukt für Formaldehyd und Anilinfarben; giftig
Ethanol (Ethylalkohol)	–114	78	Ausgangsprodukt für Butadien, Ether, alkoholische Getränke
1-Propanol (n-Propylalkohol)	–126	97	Lösemittel
2-Propanol (Isopropylalkohol)	–90	82	Aceton-Gewinnung, Lösemittel
1-Butanol (n-Butylalkohol)	–80	117	Lösemittel für Harze, Esterkomponente für Essig- und Phthalsäure
2-Methyl-1-propanol (Isobutylalkohol)	–108	108	
2-Methyl-2-propanol (tert. Butylalkohol)	25	83	Aluminium-*tert.*butylat (Katalysator)
2-Propen-1-ol (Allylalkohol)	–129	97	
1,2-Ethandiol (Glykol)	–11	197	Polyesterkomponente, Gefrierschutzmittel, Lösemittel für Lacke und Acetylcellulose
1,2,3-Propantriol (Glycerin)	20	290	Alkydharze, Dynamit, Weichmacher für Filme, Frostschutzmittel; Bestandteil der Fette

12.1.2 Herstellung von Alkoholen

12.1.2.1 Einwertige Alkohole

Aus der großen Anzahl von Herstellungsmethoden für Alkohole sind folgende Verfahren allgemein anwendbar. Die Reaktionen sind hier nur zusammengefasst, sie werden in den jeweils angegebenen Kapiteln näher erläutert.

1. Hydrolyse von Halogenalkanen mit NaOH oder Ag$_2$O (s. Kap. 10)

$$R\text{–}Cl + NaOH \longrightarrow R\text{–}OH + NaCl$$

$$2\,R\text{–}Cl + Ag_2O + H_2O \longrightarrow 2\,R\text{–}OH + 2\,AgCl$$

Ag$_2$O bildet in Wasser basisches Silberhydroxid (AgOH), das Silber erhöht die Austrittstendenz des Halogenids.

2. Reaktion von *Grignard*-Reagenzien mit Carbonylverbindungen (s. Kap. 17.2.2)

$$R\text{–}Mg\text{–}Cl + R'\text{–}\overset{O}{\underset{H}{C}} \longrightarrow R\text{–}\overset{OH}{\underset{}{CH}}\text{–}R'$$

3. Reduktion von Ketonen (s. Kap. 17.1.1)

$$R\text{–}\overset{O}{\underset{}{C}}\text{–}R' \xrightarrow{[2\,H]} R\text{–}\overset{OH}{\underset{}{CH}}\text{–}R'$$

4. Anlagerung von Wasser an Alkene (s. Kap. 6.1.2):

$$R\text{–}CH{=}CH_2 + H_2O \xrightarrow{H^+} R\text{–}\overset{OH}{\underset{}{CH}}\text{–}CH_3$$

Die sauer katalysierte **Hydratisierung** von Alkenen erfolgt nach *Markownikow* und liefert **sekundäre Alkohole**.

5. Hydroborierungs-Oxidations-Reaktion (s. Kap. 6.1.3).

$$R\text{–}CH{=}CH_2 + BHR_2 \longrightarrow R\text{–}CH_2\text{–}CH_2\text{–}BR_2 \xrightarrow[HO^-]{H_2O_2} R\text{–}CH_2\text{–}CH_2\text{–}OH$$

Die **Addition des Borans** erfolgt nach *anti-Markownikow*. Die gebildete primäre Borverbindung kann oxidativ zum **primären Alkohol** gespalten werden.

6. Allylische Oxidation mit Selendioxid

Alkene lassen sich nicht nur durch Hydratisierung und Hydroborierung/Oxidation in Alkohole umwandeln sondern auch durch **allylische Oxidation**. Dadurch entstehen **ungesättigte Allylalkohole**. Das Reagenz Selendioxid reagiert über einen **cyclischen Übergangszustand** (s. Kap. 16.2.2) und ist daher empfindlich gegenüber sterischer Hinderung. Oxidation erfolgt daher selektiv an der sterisch weniger gehinderten Position.

7. Spezielle Verfahren

Für die wichtigsten Alkohole gibt es zusätzlich spezielle Herstellungsverfahren.

Methanol:

Methanol wurde ursprünglich durch **trockene Destillation von Holz** gewonnen. Daher der alte Name *Holzgeist*.

Technisch gewinnt man Methanol aus Kohlenmonoxid und Wasserstoff (Synthesegas):

$$CO + 2\,H_2 \quad \xrightarrow[ZnO\,/\,Cr_2O_3]{200\,bar,\,400\,°C} \quad CH_3OH$$

Ethanol:

Technisch gewinnt man Ethanol durch Hydratisierung von Ethen und Reduktion von Acetaldehyd.

Eine weitere Möglichkeit ist die **alkoholische Gärung**. Bei der alkoholischen Gärung werden Poly-, Di- oder Monosaccharide (Stärke, Zucker) mit Hilfe der in der Hefe vorhandenen Enzyme zu Ethanol abgebaut.

$$C_6H_{12}O_6 \quad \xrightarrow{Hefe} \quad 2\,C_2H_5OH + 2\,CO_2$$
Glucose

Als Ausgangsmaterialien dienen z.B. stärkehaltige Produkte wie Kartoffeln, Melasse, Reis oder Mais. Die Stärke wird durch das Enzym Diastase in Maltose, Maltose durch das Enzym Maltase in Glucose umgewandelt (s. Kap. 28). Die Vergärung der Glucose zu Ethanol und Kohlendioxid erfolgt dann in Gegenwart von **Hefe,** die den Enzymkomplex **Zymase** enthält. Nach Abschluss des Vergärungsprozesses besitzt das Reaktionsgemisch einen Volumengehalt von ca. 20 % Ethanol, das durch Destillation bis auf 95,6 % angereichert werden kann.

Propanole:

1-Propanol erhält man technisch durch Hydroformylierung von Ethen und Reduktion des dabei gebildeten Propionaldehyds.

$$H_2C{=}CH_2 + CO + H_2 \quad \longrightarrow \quad H_3C{-}CH_2{-}CHO \quad \xrightarrow{H_2} \quad H_3C{-}CH_2{-}CH_2{-}OH$$
Propionaldehyd

2-Propanol gewinnt man durch Hydratisierung von Propen.

Propargylalkohol:

Diesen ungesättigten Alkohol erhält man technisch aus Ethin (Acetylen) und Formaldehyd (*Reppe*-Verfahren):

$$HC\equiv CH \ + \ H-\overset{O}{\underset{H}{\overset{\|}{C}}} \ \xrightarrow{CuC_2} \ HC\equiv CH-CH_2-OH$$

Ethin (Acetylen)   Propargylalkohol

12.1.2.2 Mehrwertige Alkohole

Ethylenglykol (1,2-Glykol) ist ein **zweiwertiger Alkohol**. Man erhält ihn

a) durch Reaktion von Ethylenoxid mit Wasser (s.a. Kap. 12.3.3.1)

$$H_2C\overset{}{\underset{O}{-}}CH_2 \ + \ H_2O \ \xrightarrow{H^+} \ \underset{HO \quad OH}{H_2C-CH_2}$$

b) Durch Anlagerung von HOCl an Ethen (Ethylen) und Hydrolyse des Ethylen-chlorhydrins (Epichlorhydrin) (vgl. Kap. 6.1.2.2). Andere 1,2-Diole erhält man durch **cis-Dihydroxylierung** (Kap. 6.1.3.3)

$$H_2C=CH_2 \ + \ HOCl \ \longrightarrow \ \underset{Cl \quad OH}{H_2C-CH_2} \ \xrightarrow[\substack{-NaCl \\ -CO_2}]{+NaHCO_3} \ \underset{HO \quad OH}{H_2C-CH_2}$$

Ethylen   Ethylen-chlorhydrin

Glycerin, ein **drei**wertiger Alkohol, ist Bestandteil von **Fetten und Ölen** und entsteht neben den freien Fettsäuren bei deren alkalischer Hydrolyse.

$$\begin{array}{l}CH_2-O-COR \\ CH-O-COR \\ CH_2-O-COR\end{array} \xrightarrow{NaOH} \begin{array}{l}CH_2-OH \\ CH-OH \\ CH_2-OH\end{array} + \ 3\ RCOO^-Na^+$$

Fett   Glycerin   Seife

Technisch wird Glycerin hauptsächlich durch Umsetzung von Propen (Bestandteil der Crackgase) mit Chlor und Hydrolyse der Halogen-Verbindungen gewonnen:

$$\begin{array}{l}CH_3 \\ CH \\ \| \\ CH_2\end{array} \xrightarrow[-HCl]{+Cl_2} \begin{array}{l}CH_2Cl \\ CH \\ \| \\ CH_2\end{array} \xrightarrow[-KCl]{+KOH} \begin{array}{l}CH_2OH \\ CH \\ \| \\ CH_2\end{array} \xrightarrow{+HOCl} \begin{array}{l}CH_2OH \\ CHOH \\ CH_2Cl\end{array} \xrightarrow[-KCl]{+KOH} \begin{array}{l}CH_2OH \\ CHOH \\ CH_2OH\end{array}$$

Propen   Allylchlorid   Allylalkohol   Glycerin-1-chlorhydrin   Glycerin

Glycerin und Ethylenglykol sind Ausgangsstoffe für viele chemische Synthesen. Es sind zähflüssige, süß schmeckende Flüssigkeiten, beliebig mischbar mit Wasser und nur wenig löslich in Ether. Sie werden u.a. als Frostschutzmittel und Lösemittel verwendet. Glycerin ist in der pharmazeutischen Technologie ein viel verwendeter Bestandteil von Salben und anderen Arzneizubereitungen. **Der Sprengstoff Dynamit ist Glycerintrinitrat, das in Kieselgur aufgesaugt wurde und so gegen Erschütterungen relativ unempfindlich ist.**

12.1.3 Reaktionen der Alkohole

1. Basizität und Acidität der Alkohole

Alkohole verfügen wie Wasser über zwei freie Elektronenpaare am Sauerstoff und können daher als Nucleophile und Basen reagieren. Mit **starken Säuren** bilden sich **Alkyloxoniumionen**: Dies ermöglicht erst die nucleophilen Substitutions-Reaktionen bei Alkoholen, da H_2O eine viel bessere Abgangsgruppe ist als OH^-. Analog wirken Lewis-Säuren wie $ZnCl_2$ oder BF_3:

$$R-\overset{\scriptstyle\,}{\underset{\underset{H}{|}}{\bar{O}}}I + HCl \longrightarrow R-\overset{\overset{H}{\scriptstyle+}}{\underset{\underset{H}{\diagdown}}{\bar{O}}}I \; Cl^- \qquad \text{mit } BF_3: \; R-\overset{\overset{-BF_3}{\scriptstyle+}}{\underset{\underset{H}{\diagdown}}{\bar{O}}}I$$

Alkohole sind etwas weniger sauer als Wasser (s. pK_s-Tabelle, 2. Umschlagseite), sie **bilden mit Alkalimetallen salzartige Alkoholate**, wobei das H-Atom der OH-Gruppe ersetzt wird:

$$H_5C_2-OH + Na \longrightarrow H_5C_2-O^-Na^+ + \tfrac{1}{2}H_2$$
$$\text{Ethanol} \qquad\qquad \text{Natriummethanolat}$$

Diese Alkoholate sind demzufolge etwas basischer als die entsprechenden Alkalihydroxide. Sie werden gerne als Basen und Nucleophile verwendet. Durch Umsetzung z.B. mit Halogenalkanen entstehen aus Alkoholaten **Ether** *(Williamson-Synthese):*

$$H_5C_2-O^-Na^+ + Cl-R \longrightarrow H_5C_2-O-R + NaCl$$

Die **OH-Gruppe** der Alkohole vermag also analog zu H_2O sowohl als **Protonen-Donor** als auch als **Protonen-Akzeptor** zu fungieren:

$$R-\overset{\overset{H}{\scriptstyle+}}{\underset{\underset{H}{\diagdown}}{\bar{O}}}I \; \underset{\longleftarrow}{\overset{-H^+}{\longrightarrow}} \; R-\overset{\scriptstyle\,}{\underset{\underset{H}{\diagdown}}{\bar{O}}}I \; \underset{\longleftarrow}{\overset{-H^+}{\longrightarrow}} \; R-\bar{O}I^-$$

Die **Acidität** der Alkohole nimmt in der Reihenfolge **primär > sekundär > tertiär** ab. Ein Grund hierfür ist, dass die sperrigen Alkylgruppen die Hydratisierung mit H_2O-Molekülen behindern, die das Alkoholat-Anion stabilisiert. Die Wirkung des +I-Effektes der Alkylgruppen ist umstritten. Infolge seiner relativ kleinen Methylgruppe ist Methanol eine etwa so starke Säure wie Wasser, während der einfachste aromatische Alkohol, das Phenol C_6H_5–OH, mit pK_S = 9,95 eine weitaus stärkere Säure darstellt. Der Grund ist hierbei in der Mesomeriestabilisierung des Phenolat-Anions zu sehen (s. Kap. 12.2.3).

	CH_3OH	RCH_2OH	R_2CHOH	R_3COH	C_6H_5OH
pK_S:	15,2	16	16,5	17	10

2. Reaktionen von Alkoholen in Gegenwart von Säuren

Die Reaktion von Säuren mit Alkoholen kann je nach den Reaktionsbedingungen zu unterschiedlichen Produkten führen. Dabei wird in der funktionellen Gruppe C–O–H entweder die C–O-Bindung oder die O–H-Bindung gespalten.

2.1 Eliminierungen

In einer Eliminierungsreaktion können durch Erhitzen mit konz. H_2SO_4 oder H_3PO_4 Alkene gebildet werden.

Die β-Eliminierung von Alkoholen ist eine wichtige Methode zur Herstellung von Alkenen.

Verschieden substituierte Alkohole reagieren wie folgt:

Substitutionsgrad		Säure	Temperatur	Mechanismus
primär:	CH_3CH_2OH	95 % H_2SO_4	160 °C	E2
sekundär:	$\begin{smallmatrix}H_3C\\ H_3C\end{smallmatrix}$CHOH	60 % H_2SO_4	120 °C	E2/E1
tertiär:	$(H_3C)_3C$–OH	20 % H_2SO_4	90 °C	E1

Die Reaktivitätsunterschiede machen sich in den unterschiedlichen Reaktionsbedingungen deutlich bemerkbar. Vor allem bei Reaktionen nach dem **E1-Mechanismus** (s. Kap. 11.2.1) treten oft **Nebenreaktionen** der gebildeten Carbeniumionen auf, wie etwa Racemisierung (bei optisch aktiven Alkoholen) oder Umlagerungen (*Wagner-Meerwein-*Umlagerungen). In der Regel wird das stabilere Carbeniumion gebildet.

Beispiel: 3,3-Dimethyl-2-butanol → 2,3-Dimethyl-2-buten.

2.2 Substitutionen

Beim Versetzen von Alkoholen mit Säure (HY) können sich neben den Eliminierungsprodukten prinzipiell auch zwei Substitutionsprodukte bilden. Entweder es reagiert das gebildete **Alkyloxoniumion** mit einem weiteren Alkoholmolekül unter Bildung eines Ethers, oder es reagiert mit dem Anion der Säure unter Bildung eines Esters:

$$R\text{—}OH \xrightarrow{+\,H^+} R\text{—}\overset{+}{O}H_2 \xrightarrow{-\,H_2O} \begin{cases} \xrightarrow{+\,ROH} R\text{—}\overset{\overset{\displaystyle H}{|}}{\underset{+}{O}}\text{—}R \xrightarrow{-\,H^+} R\text{—}O\text{—}R \quad \text{Ether} \\ \xrightarrow{+\,Y^-} RY \quad \text{Ester} \quad (Y = \text{Säure-Rest}) \end{cases}$$

Welches Produkt bevorzugt gebildet wird, hängt in erster Linie von der Nucleophilie des am Alkyloxoniumion angreifenden Teilchens ab. Das Produktverhältnis lässt sich auch dadurch beeinflussen, dass eine Komponente im Überschuss eingesetzt wird.

2.3 Veresterung

Für die Umsetzung von Alkoholen mit Säuren gilt ganz allgemein:

$$\text{Alkohol} + \text{Säure} \rightleftharpoons \text{Ester} + \text{Wasser}$$

Der Mechanismus der Veresterung hängt dabei ganz entscheidend von der verwendeten Säure und der Art des Alkohols ab:

1) Bei **Verwendung starker Säuren**, wie etwa Mineralsäuren (H_2SO_4, HCl), erfolgt eine Protonierung der OH-Funktion des Alkohols unter Bildung eines **Alkyloxoniumions**, das vom Säureanion nucleophil angegriffen wird. Ob im weiteren Schritt ein Carbeniumion gebildet wird, oder ob der Angriff des Säureanions in einer S_N2-Reaktion erfolgt, hängt von der Art des Alkohols ab. Während tertiäre Alkohole über ein Carbeniumion reagieren, erfolgt der Angriff an primären Alkoholen nach S_N2. Säuren mit mehreren OH-Gruppen können mehrmals mit Alkohol reagieren.

Letztendlich wird nach diesem Mechanismus die C–O-Bindung des Alkohols gespalten. Dies lässt sich nachweisen, indem man ¹⁸O-markierten (O*) Alkohol verwendet. Die Markierung befindet sich nach der Reaktion im abgespaltenen Wasser. Es ist dabei gleichgültig, ob die H_2O-Abspaltung nach S_N1 oder S_N2 erfolgt. **Tertiäre Alkohole reagieren immer nach diesem Mechanismus!**

2) Bei der **Verwendung relativ schwacher Säuren**, wie etwa Carbonsäuren (s. Kap. 18), reicht deren Säurestärke nicht aus um den Alkohol zu protonieren. Will man diese Säuren verestern, bedarf es einer zusätzlichen Säure, die den Protonierungsschritt übernimmt. Diese sollte ein wenig nucleophiles Anion besitzen, um Konkurrenzreaktionen zu vermeiden. Die Protonierung kann auch hier am Sauerstoff des Alkohols erfolgen (Mechanismus 1) oder alternativ an der Carbonylgruppe der Carbonsäure. Diesen Mechanismus findet man vor allem bei der Veresterung von primären und sekundären Alkoholen mit Carbonsäuren:

Auch dieser Mechanismus lässt sich massenspektrometrisch durch Markierung mit ^{18}O nachweisen. Nach der Reaktion des markierten Alkohols findet man die Markierung im gebildeten Ester. **Das abgespaltene Wasser stammt in diesem Fall aus der Carbonsäure. Beim Alkohol wird die O–H-Bindung gespalten**.

Die säurekatalysierte Veresterung ist eine **reversible Reaktion**, wobei das Gleichgewicht z.B. durch Entfernen des gebildeten Wassers in Richtung auf die Produkte hin verschoben werden kann (s. Kap. 19.1).

2.4 Herstellung von Halogen-Verbindungen

Eine wichtige Reaktion, bei der die C–O-Bindung gespalten wird, ist auch die Umsetzung von Alkoholen mit Halogenwasserstoff oder Phosphorhalogeniden zu Halogenalkanen (s. Kap. 9). Die Umsetzung mit Halogenwasserstoff erfolgt analog dem 1. Mechanismus der Veresterung.

2.5 Reaktionen von Diolen

Grundsätzlich verhalten sich Diole und andere mehrwertige Alkohole chemisch ähnlich wie einwertige Alkohole. Die OH-Gruppen können auch nacheinander reagieren; dadurch lassen sich Mono- und Diester herstellen. Hier sollen jedoch nur typische Reaktionen von Diolen besprochen werden.

Typische Reaktionen von 1,2-Diolen (Glykolen) sind Umlagerungen des *Wagner-Meerwein*-Typs und oxidative Spaltungen (Glykolspaltung).

2.5.1 Pinakol-Pinakolon-Umlagerung

Die säurekatalysierte Dehydratisierung von 1,2-Glykolen führt zu einem umgelagerten Keton:

Das 2,3-Dimethyl-2,3-butandiol (**Pinakol**) wird an einer OH-Gruppe protoniert; unter Wasserabspaltung bildet sich ein Carbeniumion. Dieses stabilisiert sich durch eine *Wagner-Meerwein*-**Umlagerung**. Das dabei gebildete Carbeniumion wird durch den +M-Effekt des Sauerstoffs besonders gut stabilisiert (die mesomeren Effekte überwiegen bei weitem die induktiven Effekte der Alkylgruppen). Nach Abspaltung eines Protons erhält man 3,3-Dimethyl-2-butanon (**Pinakolon**). Bei unsymmetrischen Glykolen wird im ersten Schritt bevorzugt die Gruppe protoniert, die zum stabileren Carbeniumion führt.

2.5.2 Glykolspaltung

C–C-Bindungen mit benachbarten OH-Gruppen lassen sich in der Regel oxidativ spalten. Geeignete Oxidationsmittel sind **Bleitetraacetat** (Methode nach *Criegee*) oder **Periodsäure** (nach *Malaprade*).

Im ersten Schritt bildet sich ein cyclischer Ester I, welcher unter C–C-Bindungsspaltung zerfällt. Bei dieser Redoxreaktion kommt es zu einer Oxidation des Kohlenstoffs und einer Reduktion des Bleis.

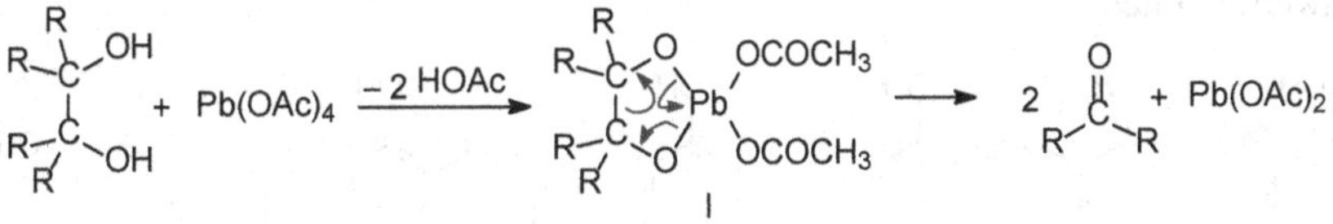

2.5.3 Cyclisierungen

Diole wie 1,4-Butandiol werden bei der säurekatalysierten Dehydratisierung in cyclische Ether überführt. Es handelt sich dabei um den intramolekularen nucleophilen Angriff einer OH-Gruppe:

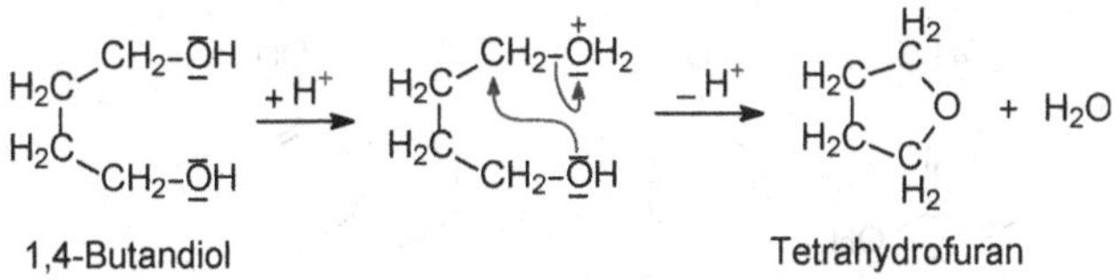

1,4-Butandiol   Tetrahydrofuran

2.6 Oxidationsreaktionen

In Umkehrung ihrer Bildung lassen sich Alkohole mit den unterschiedlichsten Oxidationsmitteln umsetzen, wobei sie je nach Stellung der Hydroxyl-Gruppe zu verschiedenen Produkten oxidiert werden, die alle eine Carbonyl-Gruppe ($>$C=O) enthalten:

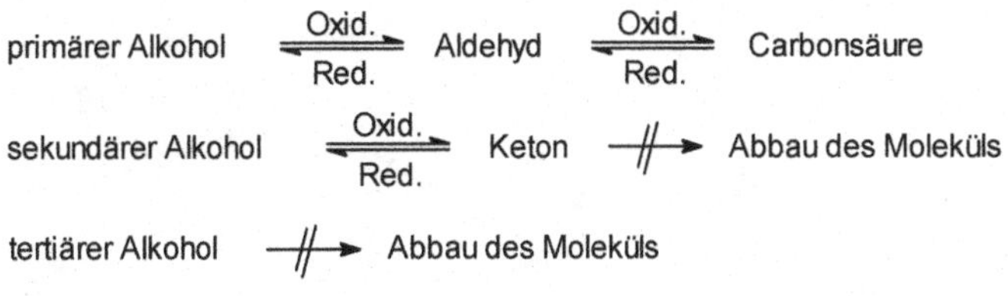

Die Oxidation von Ketonen und tertiären Alkoholen ist nicht ohne weiteres möglich, da hierbei das C-C-Gerüst gespalten werden muss.

Die Oxidationsprodukte Aldehyd, Keton und Carbonsäure lassen sich durch Reduktion wieder in die entsprechenden Alkohole überführen. Da lediglich die funktionelle Gruppe abgewandelt wird, bleibt das Grundgerüst des Moleküls erhalten.

12.2 Phenole

12.2.1 Beispiele und Nomenklatur

Phenole enthalten eine oder mehrere OH-Gruppen **unmittelbar** an einen aromatischen Ring (sp^2-C-Atom) gebunden. Entsprechend unterscheidet man **ein-** und **mehrwertige Phenole** (C_6H_5–CH_2–OH ist kein Phenol, sondern Benzylalkohol!).

Einwertige Phenole:

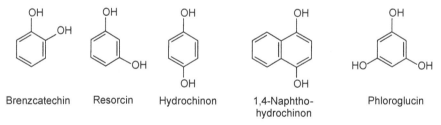

| Phenol | o-Kresol | m-Kresol | p-Kresol | α-Naphthol | β-Naphthol |

Mehrwertige Phenole:

| Brenzcatechin | Resorcin | Hydrochinon | 1,4-Naphtho-hydrochinon | Phloroglucin |

Tabelle 21. Physikalische Eigenschaften und Verwendung von Phenole

Verbindung	Schmp. °C	Sdp. °C	Verwendung
Hydroxybenzol (Phenol)	41	181	Farbstoffe, Kunstharze (Phenoplaste), Lacke, künstliche Gerbstoffe
2-Methyl-hydroxy-benzol (o-Kresol)	31	191	Desinfektionsmittel
3-Methyl-hydroxy-benzol (m-Kresol)	11	202	Desinfektionsmittel
4-Methyl-hydroxy-benzol (p-Kresol)	34	202	Desinfektionsmittel
1-Hydroxy-naphthalin (α-Naphthol)	94		Farbstoffindustrie
2-Hydroxy-naphthalin (β-Naphthol)	123		Farbstoffindustrie
1,2-Dihydroxy-benzol (Brenzcatechin)	105	280	fotografischer Entwickler
1,3-Dihydroxy-benzol (Resorcin)	110	295	Farbstoffindustrie, Antiseptikum
1,4-Dihydroxy-benzol (Hydrochinon)	170	246	fotografischer Entwickler
1,3,5-Trihydroxy-benzol (Phloroglucin)	218		

12.2.2 Herstellung von Phenolen

Phenole sind Bestandteil vieler pflanzlicher Farb- und Gerbstoffe sowie von ätherischen Ölen, Steroiden, Alkaloiden und Antibiotika und dienen als Inhibitoren bei Radikalreaktionen.

Neben der **Gewinnung aus Steinkohlenteer** gibt es andere Herstellungsverfahren und technische Synthesen.

1. *Hock*-Verfahren (Cumol-Phenol-Verfahren)

Aus dem Propen der Crackgase und Benzol erhält man durch *Friedel-Crafts*-Alkylierung (s. Kap. 8.2.4) **Cumol** und daraus durch **Oxidation mit Luftsauerstoff** Cumolhydroperoxid. Dieses wird mit verd. Schwefelsäure in Aceton und Phenol gespalten. Man erhält bei diesem eleganten Prozess also gleich zwei kommerziell verwertbare Produkte.

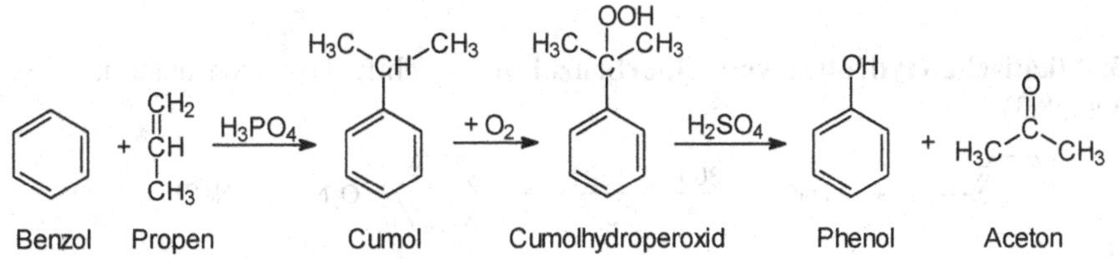

Zum Mechanismus der Reaktion:

Der **erste Schritt**, die Oxidation des Cumols verläuft **radikalisch**. Sauerstoff als Diradikal greift hierbei die besonders aktivierte benzylische Position des Cumols an: dabei bildet sich ein tertiäres benzylisches Radikal I, welches sich mit dem Luftsauerstoff zum Peroxyradikal II umsetzt. Dieses kann von weiterem Cumol ein H-Atom abstrahieren unter Bildung des Cumolhydroperoxids und Radikal I (radikalische Kettenreaktion, s. Kap. 4).

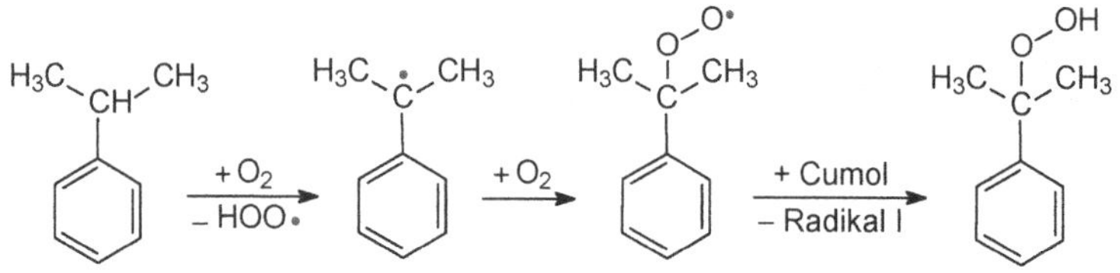

Im **zweiten Schritt**, der sauren Spaltung zum Phenol, erfolgt eine **Protonierung** des Hydroperoxids. Unter Wasserabspaltung bildet sich formal ein **Oxeniumion** III mit einer positiven Ladung und einem Elektronensextett am Sauerstoff. Solche **Oxeniumionen sind nicht stabil** und gehen spontan **Umlagerungen** ein. Wahrscheinlich erfolgt die Wanderung des Phenylrings sogar synchron zur Wasserabspaltung. Der Phenylring wandert bevorzugt, da hierbei die positive Ladung über den aromatischen Ring mesomeriestabilisiert werden kann (vgl. Wagner-Meerwein-Umlagerung, Kap. 10.1.1). Dabei bildet sich ein relativ stabiles tertiäres Carbeniumion IV, an welches Wasser addiert werden kann. Das gebildete Halbketal V (s. Kap. 17.1.2) ist nicht stabil und zerfällt in Phenol und Aceton.

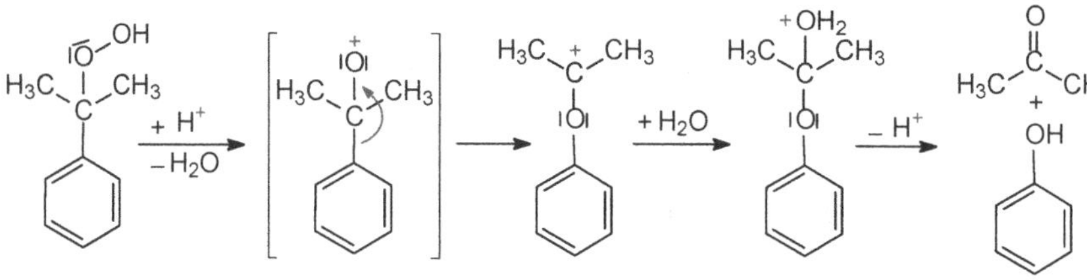

2. Aus Natrium-Benzolsulfonat mit Natronlauge (nucleophile Aromatensubstitution, s. Kap. 8.3) und anschließendem Freisetzen aus dem Phenolat mit H_2CO_3:

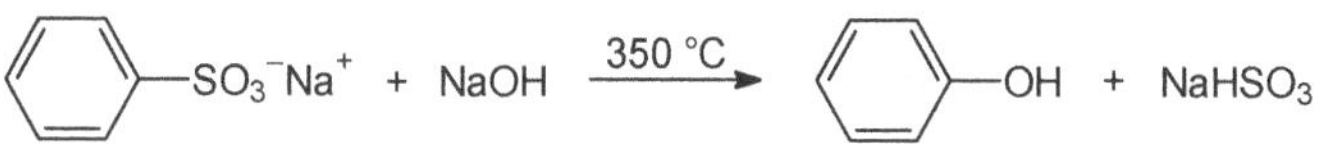

3. Alkalische Hydrolyse von Chlorbenzol (nucleophile Aromatensubstitution, s. Kap. 8.3):

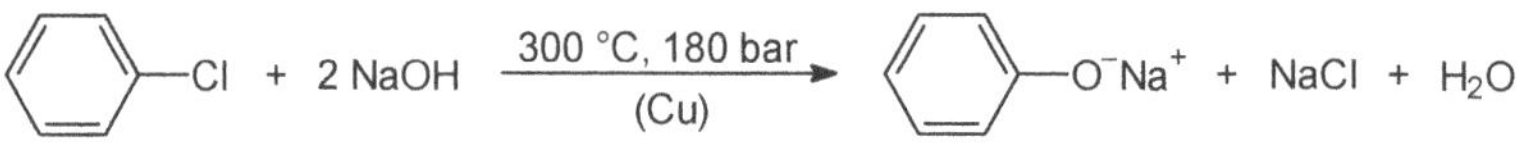

4. Verkochung von Diazoniumsalzen (s. Kap. 14.5.2).

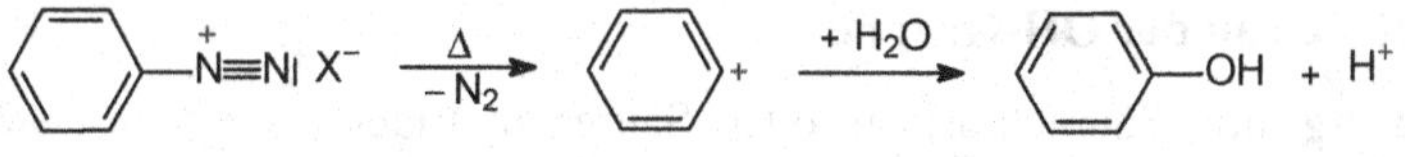

12.2.3 Eigenschaften von Phenolen

Phenol, C_6H_5OH, ist eine farblose, kristalline Substanz mit charakteristischem Geruch, die sich an der Luft langsam rosa färbt. In Ethanol und Ether ist Phenol leicht löslich. Wässrige Lösungen hingegen sind nur in niederer oder sehr hoher Konzentration homogen. Die Löslichkeit ist temperaturabhängig: Oberhalb von 66 °C sind Phenol und Wasser in jedem Verhältnis mischbar.

Das chemische Verhalten der Phenole wird durch die Hydroxyl-Gruppe bestimmt. Phenole sind im Gegensatz zu den Alkoholen erheblich stärkere Säuren: C_6H_5OH („Carbolsäure") mit $pK_S \approx 9$ (z. Vergl. C_2H_5–OH: $pK_S \approx 17$).

Phenole lösen sich daher in Alkalihydroxid-Lösungen unter Bildung von Phenolaten. Die Basizität einer $NaHCO_3$-Lösung reicht dazu jedoch nicht aus. Die Trennung von Phenolen und Carbonsäuren gelingt durch Ausschütteln mit NaOH-bzw. $NaHCO_3$-Lösung. Durch anschließendes Einleiten von CO_2 in die wässrige Phenolat-Lösung wird Phenol in öligen Tropfen wieder abgeschieden.

Ein guter **qualitativer Nachweis** für Phenole ist ihre Reaktion mit $FeCl_3$ in Wasser oder Ethanol unter Bildung farbiger Eisensalze.

Die Acidität der Phenole beruht darauf, dass das Phenolat-Anion **mesomeriestabilisiert** ist (vgl. die formale Analogie zum Enolat-Anion, Kap. 17.3.1):

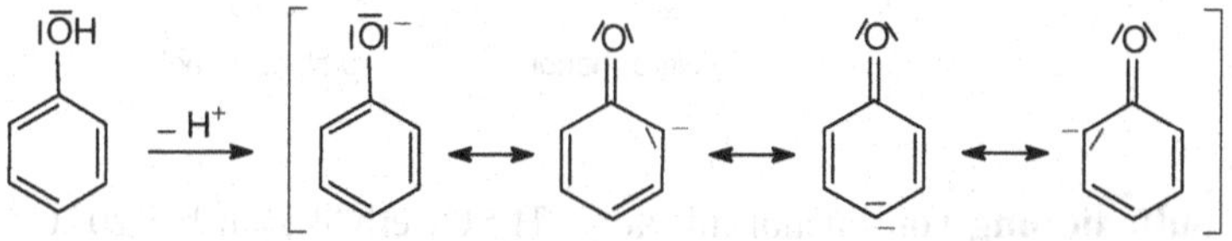

Dabei wird die negative Ladung des Sauerstoffatoms in das π-System des Benzolrings einbezogen. Zugleich wird die Elektronendichte im Ring erhöht und der Benzolkern einer elektrophilen Substitution leichter zugänglich (s. Kap. 8.1). Dies gilt insbesondere für den Angriff eines Elektrophils in der 2- und 4-Stellung. Im Gegensatz zum Benzol wird die Substitution an diesen Stellen begünstigt sein, d.h. Phenole bzw. Phenolate lassen sich leichter nitrieren, sulfonieren und chlorieren.

Elektronenanziehende Gruppen, wie z.B. Nitrogruppen in 2- und 4-Stellung am Aromaten erhöhen die Acidität beträchtlich. So ist für 2,4,6-Trinitrophenol **(Pikrinsäure)** $pK_S = 0{,}8$.

12.2.4 Reaktionen von Phenolen

1. Reaktionen an der OH-Gruppe

Veresterung mit Säurechloriden oder Säureanhydriden *(Schotten-Baumann-Reaktion*, auch möglich mit Alkoholen).

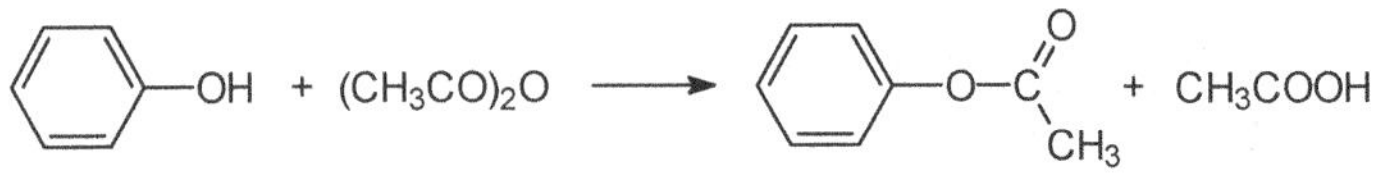

Acetanhydrid   Essigsäurephenylester Phenylacetat

Ether-Bildung mit Halogenalkanen (*Williamson-*Synthese, s. Kap. 12.3.1.1):

Natriumphenolat   Methylchlorid   Anisol Methylphenylether

2. Elektrophile Substitutionsreaktionen am Aromaten

Bei der **Nitrierung** (s.a. Kap. 8.2.1) wird ein Gemisch von *o*- und *p*-Nitrophenol erhalten:

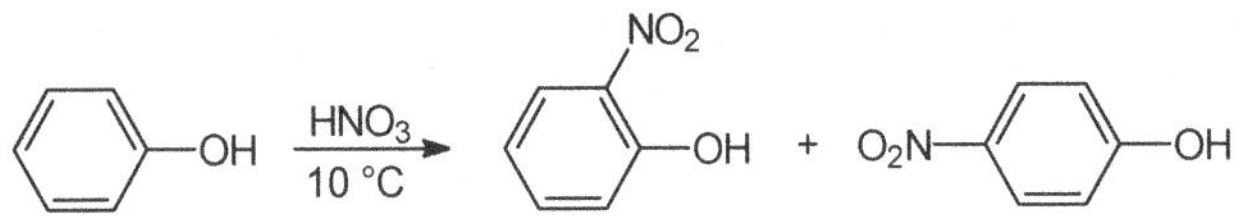

o-Nitrophenol   *p*-Nitrophenol

Bei der **Sulfonierung** von Phenol mit konz. H_2SO_4 erhält man bei 20 °C hauptsächlich *o*-Phenolsulfonsäure und bei 100 °C die *p*-Verbindung. Die Reaktion verläuft im ersten Fall offenbar kinetisch, im zweiten Fall thermodynamisch kontrolliert (vgl. Kap. 8.2.2).

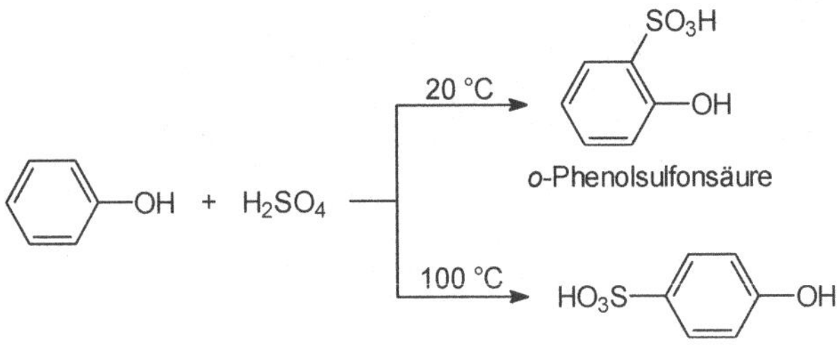

o-Phenolsulfonsäure

p-Phenolsulfonsäure

Reimer-Tiemann-Synthese zur Herstellung von **Phenolaldehyden**

Bei der Einwirkung von Chloroform und Natronlauge auf Phenol entsteht **Salicylaldehyd**. Aus Chloroform und Natronlauge bildet sich zuerst das äußerst reaktive **Dichlorcarben |CCl₂** (s.a. Kap. 6.2.1.1), das als Elektrophil mit dem Phenolat-Anion reagiert. Das dabei gebildete Carbanion ist basischer als das Phenolat-Ion, so dass es zu Umprotonierung kommt. Es entsteht Dichlormethylphenolat, das zu Salicylaldehyd hydrolysiert wird:

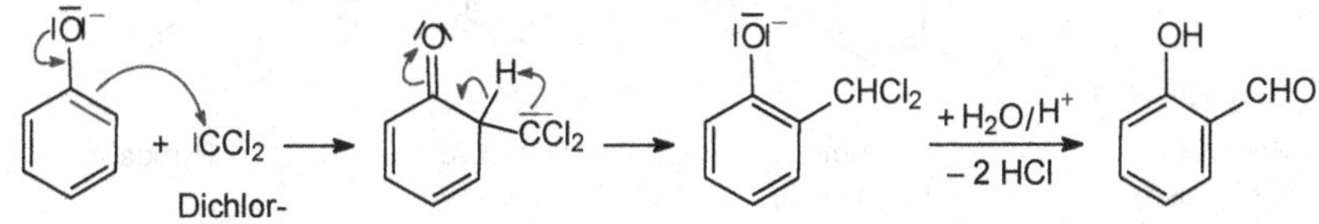

Dichlorcarben

$+ H_2O/H^+$
$- 2\ HCl$

Salicylaldehyd

Kolbe-Schmitt-Reaktion zur Darstellung von **Phenolcarbonsäuren**

Natriumphenolat gibt mit Kohlendioxid als Hauptprodukt **Salicylsäure**. Dieses *ortho*-Substitutionsprodukt lässt sich durch Wasserdampfdestillation von dem als Nebenprodukt gebildeten *p*-Isomeren abtrennen. Das Isomerenverhältnis lässt sich durch Wahl des Gegenions steuern. Mit Kaliumphenolat erhält man überwiegend das *p*-Produkt.

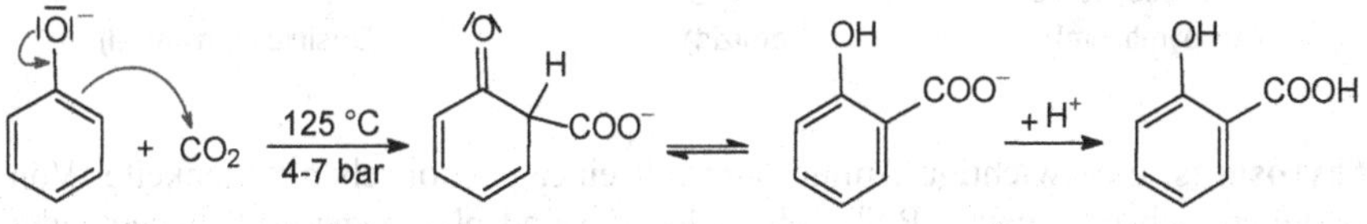

$+ CO_2$ 125 °C 4-7 bar $+ H^+$

Salicylsäure

Bei Kupplungsreaktionen mit Diazoniumsalzen fungiert als Elektrophil ein Diazonium-Kation (s.a. Kap. 14.3.1).

Diazonium-Salz

p-Hydroxyazobenzol

Redoxprozesse: Viele mehrwertige Phenole, vor allem *o*- und *p*-dihydroxylierte Aromaten lassen sich durch Oxidation in Chinone überführen (s.a. Kap. 16.5).

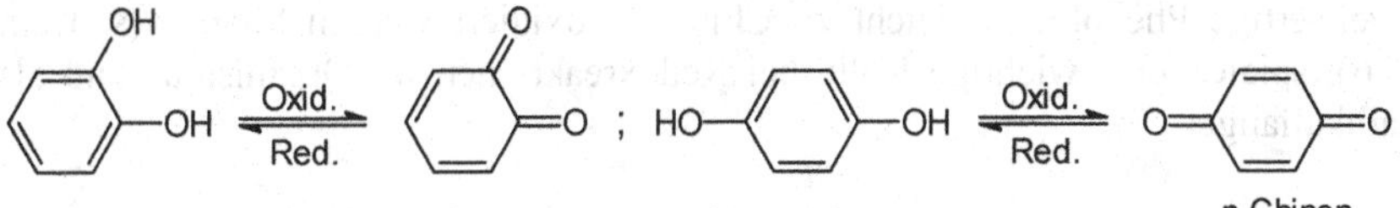

Brenzcatechin   *o*-Chinon   Hydrochinon   *p*-Chinon

Oxid. / Red.   Oxid. / Red.

12.2.5 Biologisch interessante Phenole

Phenole sind oft in Pflanzen zu finden, z.b. als Gerb-, Farb- oder Geruchsstoffe, und werden zum Teil auch daraus gewonnen, wie z.b. **Pyrogallol** aus **Gallussäure**.

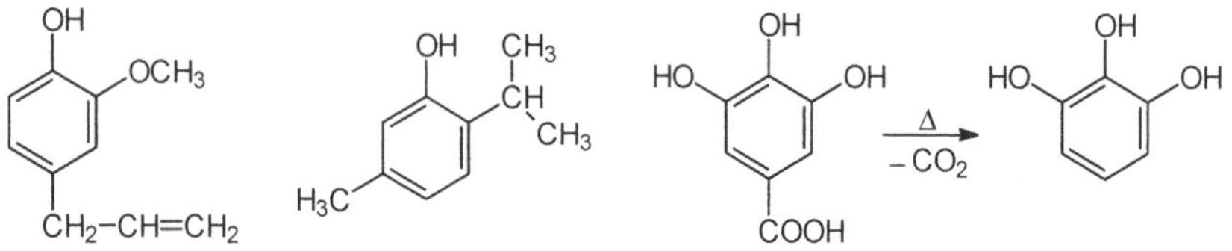

| Eugenol (Gewürznelke) | Thymol (Thymianöl) | Gallussäure | Pyrogallol |

Praktische Bedeutung besitzen auch viele substituierte Phenole, z.b. als Arzneimittel, Herbizide oder aufgrund ihrer bakteriziden Wirkung als Desinfektionsmittel.

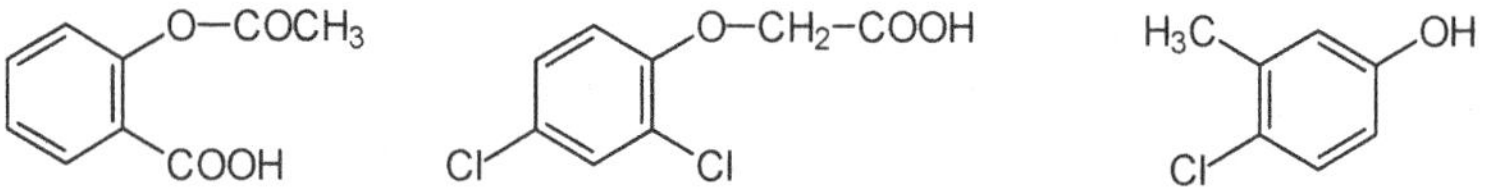

"Aspirin"
Acetylsalicylsäure
(Antipyretikum)

2,4-Dichlor-
phenoxyessigsäure
(Herbizid)

4-Chlor-3-methylphenol

(Desinfektionsmittel)

Thyrosin ist eine wichtige Aminosäure mit einer phenolischen Seitenkette. Von ihr leiten sich eine ganze Reihe physiologisch und pharmazeutisch bedeutender Derivate ab, die zur Gruppe der **β-Phenylethylamine** gehören (s.a. Kap. 14.1.5).

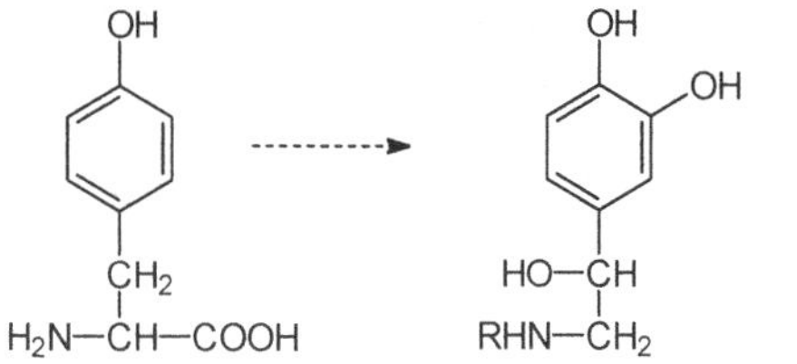

Thyrosin

R = H   Noradrenalin
R = CH$_3$ Adrenalin

Zweiwertige Phenole, die leicht zu Chinonen oxidiert werden können (s. Kap. 16.6), spielen eine wichtige Rolle bei Redoxreaktionen im Organismus und als Radikalfänger.

12.3 Ether

Ether enthalten eine Sauerstoff-Brücke im Molekül und können als Disubstitutionsprodukte des Wassers betrachtet werden. Man unterscheidet **einfache (symmetrische), gemischte (unsymmetrische)** und **cyclische** Ether:

einfach	gemischt	cyclisch	
$H_3C-O-CH_3$	$H_3C-O-C_6H_5$	H_2C-CH_2 H_2C CH_2 O	H_2C CH_2 H_2C CH_2 O
Dimethylether	Methylphenylether Anisol	Tetrahydrofuran	Tetrahydropyran

12.3.1 Herstellung

1. Offenkettige Ether

Die säurekatalysierte Dehydratisierung von Alkoholen bei 140 °C führt zu **symmetrischen Ethern.** Im ersten Schritt kommt es zu einer Protonierung der OH-Funktion, wodurch diese in eine bessere Austrittsgruppe verwandelt wird. An dem gebildeten Alkyloxoniumion kann ein zweites Alkoholmolekül angreifen, unter Bildung des Ethers. Die nucleophile Substitution (s. Kap. 10) kann nach einem S_N2- oder S_N1-Mechanismus (über Carbeniumion) erfolgen, je nach Art des verwendeten Alkohols.

$$R-\underline{O}H \xrightleftharpoons{+H^+} R-\overset{+}{\underline{O}}H_2 \xrightleftharpoons{+ROH} H_2O + R-\overset{\overset{H}{|}}{\underset{+}{O}}-R \xrightleftharpoons{-H^+} R-\underline{O}-R$$

Williamson-Synthese

Die Umsetzung von **Halogenalkanen mit Natriumalkoholaten** führt zu **(gemischten) Ethern:**

$$R-\underline{\overset{-}{O}}| + R'-CH_2-Br \xrightarrow{-Br^-} R-O-CH_2-R'$$

2. Cyclische Ether

Die Anlagerung von Sauerstoff an Alkene liefert Epoxide (Oxirane). Als Oxidationsmittel können Luftsauerstoff (in Gegenwart eines Silberkatalysators) und Persäuren verwendet werden (s. auch *Prileschajew*-Reaktion, Kap. 6.1.3.2).

$$H_2C=CH_2 \xrightarrow[(Ag)]{\frac{1}{2}O_2} \overset{O}{\overset{/\backslash}{H_2C-CH_2}}$$

Ethen Ethylen	Oxiran Ethylenoxid

Auch Chlorhydrine lassen sich mit Basen in Epoxide überführen (vgl. Kap. 6.1.2.2).

$$H_2C-CH_2-Cl \xrightleftharpoons{+OH^-} H_2O + H_2C-CH_2-Cl \xrightarrow{-Cl^-} H_2C-CH_2$$

Die katalytische Hydrierung von Furan ergibt Tetrahydrofuran (THF) ein wichtiges Lösemittel:

Furan   Tetrahydrofuran

Beim Erhitzen von Ethylenglykol mit konz. Mineralsäuren entsteht 1,4-Dioxan, ebenfalls ein Lösemittel. Aus 1,4-Butandiol bildet sich Tetrahydrofuran (Kap. 12.1.3.5).

$$2 \begin{array}{c} CH_2-OH \\ | \\ CH_2-OH \end{array} \xrightarrow[-2\,H_2O]{H^+} \begin{array}{c} H_2C \overset{O}{\diagup} CH_2 \\ | \quad\quad | \\ H_2C \underset{O}{\diagdown} CH_2 \end{array}$$

Ethylenglykol   1,4-Dioxan

12.3.2 Eigenschaften der Ether

Ether sind farblose Flüssigkeiten, die im Vergleich zu den Alkoholen in Wasser nur wenig löslich sind, da sie **keine H-Brücken** bilden können. Sie haben daher auch eine kleinere Verdampfungswärme und einen niedrigeren Siedepunkt als die konstitutionsisomeren Alkohole.

Verglichen mit Alkoholen sind Ether **reaktionsträge** und können deshalb als inerte Lösemittel verwendet werden. Sie sind unempfindlich gegen Alkalien, Alkalimetalle und Oxidations- bzw. Reduktionsmittel. Gegenüber molekularem Sauerstoff besitzen Ether jedoch eine gewisse Reaktivität (Radikalische Oxidation): **Beim Stehen lassen an der Luft bilden sich unter Autoxidation sehr explosive Peroxide,** was besonders beim Destillieren beachtet werden muss. Diese Reaktion wird durch Licht initiiert, daher sollte man Ether immer in dunklen Flaschen lagern.

$$R-CH_2-O-CH_2-R + O_2 \xrightarrow{h\nu} \begin{array}{c} O-O-H \\ | \\ R-CH-O-CH_2-R \end{array}$$

Ether   Etherhydroperoxid

Diethylether („Äther") wird im Labor oft als Lösemittel verwendet. Er ist erwartungsgemäß mit Wasser nur wenig mischbar (ca. 2 g/100 g H_2O) und hat einen niedrigen Flammpunkt. Seine Dämpfe sind schwerer als Luft und bilden mit ihr explosive Gemische. Mit starken Säuren bilden sich wasserlösliche Oxoniumsalze.

$$H_3C-CH_2-\underline{\overset{..}{O}}-CH_2-CH_3 \quad \overset{+H}{\rightleftharpoons} \quad H_3C-CH_2-\overset{\overset{H}{|}}{\underset{+}{O}}-CH_2-CH_3$$

Diethylether   Diethyloxonium-Salz

12.3.3 Reaktionen der Ether

1. Ether-Spaltung

In der präparativen Chemie werden OH-Gruppen gegen weitere Reaktionen oft durch Veretherung oder Veresterung geschützt. Während **Diarylether gegenüber HI inert** sind, werden Dialkylether und Arylalkylether, obwohl sonst sehr reaktionsträge, von HI gespalten. Besonders gut verläuft die Reaktion mit **Benzyl-** oder **Alkyl-Gruppen**, so dass erstere oft als Schutzgruppe verwendet wird:

$$R-\underline{\overset{..}{O}}-CH_2-C_6H_5 + HI \rightleftharpoons R-\overset{\overset{H}{|}}{\underset{+}{O}}-CH_2-C_6H_5 + I^- \longrightarrow ROH + C_6H_5-CH_2-I$$

Benzylether

Diese Reaktion wird auch zur **quantitativen Bestimmung von Alkoxy-Gruppen** nach *Zeisel* verwendet.

Die Reaktionen können nach einem S_N2-Mechanismus (wie vorstehend) oder einem S_N1-Mechanismus verlaufen.

Ringöffnung von Epoxiden

Oxiran lässt sich im Gegensatz zu anderen Ethern nicht nur elektrophil sondern auch nucleophil angreifen und ist ein wichtiges industrielles Zwischenprodukt, das auch als Insektizid und in der Medizin zum Sterilisieren verwendet wird.

$$H_2C\overset{O}{\overset{/\backslash}{-}}CH_2 \quad \begin{array}{l} \xrightarrow{H_2O} HO-CH_2-CH_2-OH \quad \text{Glykol} \\ \xrightarrow{NH_3} HO-CH_2-CH_2-NH_2 \quad \text{Ethanolamin} \\ \xrightarrow{ROH} HO-CH_2-CH_2-OR \quad \text{Glykolether} \end{array}$$

Die Ringöffnung kann sowohl im sauren als auch im alkalischen Milieu erfolgen.

alkalisch: direkter nucleophiler Angriff

$$H\underline{\overset{..}{O}}|^- + H_2C\overset{O}{\overset{/\backslash}{-}}CH_2 \longrightarrow HO-CH_2-CH_2-\underline{\overset{..}{O}}|^- \xrightarrow[-OH^-]{+H_2O} HO-CH_2-CH_2-OH$$

sauer: zuerst Protonierung des Epoxids, dann nucleophiler Angriff

$$H_2C\overset{O}{\overset{/\backslash}{-}}CH_2 \overset{+H^+}{\rightleftharpoons} H_2C\overset{\overset{H}{|}\overset{}{O^+}}{\overset{/\backslash}{-}}CH_2 \xrightarrow{+H_2O} HO-CH_2-CH_2-\overset{+}{O}H_2 \xrightarrow{-H^+} HO-CH_2-CH_2-OH$$

2. Umlagerungsreaktionen

Eine Besonderheit der **Allyl-arylether** ist die Möglichkeit zur **Umlagerung in Allylphenole.** Bei dieser *Claisen*-**Umlagerung** handelt es sich um eine [3,3]-sigmatrope Umlagerung (s.a. Kap. 24.4), bei der ein cyclischer Übergangszustand durchlaufen wird.

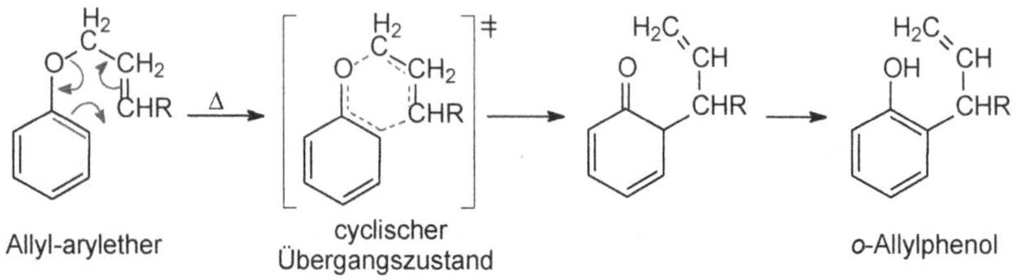

Allyl-arylether   cyclischer   o-Allylphenol
                           Übergangszustand

Normalerweise bildet sich das *o*-substituierte Phenol. Bei Verwendung von Allyl-arylethern, bei denen beide *o*-Positionen substituiert sind, erfolgt die Umlagerung jedoch in die *p*-Position.

13 Schwefel-Verbindungen

Die einfachste Schwefel-Kohlenstoff-Verbindung ist der Schwefelkohlenstoff CS_2. Vom Schwefelwasserstoff H_2S leiten sich den Alkoholen und Ethern analoge Verbindungen ab, die **Thiole** (Mercaptane) und die **Sulfide** (Thioether). Durch Oxidation von Thiolen erhält man **Disulfide**, aus Thioethern **Sulfoxide** und **Sulfone**. Bei den **Sulfonsäuren** ist der organische Rest direkt an den Schwefel gebunden, im Gegensatz zu den **Schwefelsäureestern**.

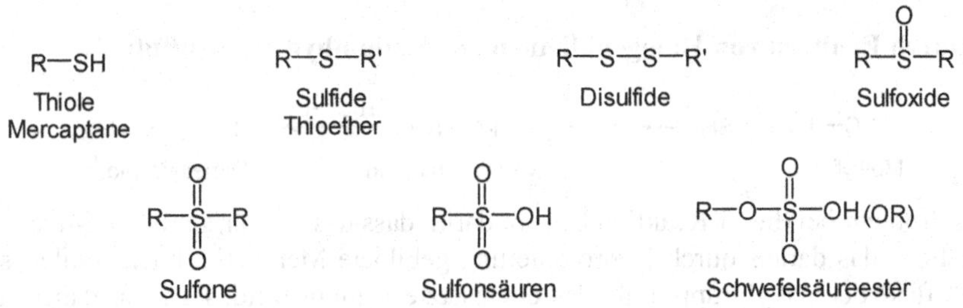

R—SH
Thiole
Mercaptane

R—S—R'
Sulfide
Thioether

R—S—S—R'
Disulfide

$$R-\overset{\overset{\displaystyle O}{\|}}{S}-R$$
Sulfoxide

$$R-\overset{\overset{\displaystyle O}{\|}}{\underset{\underset{\displaystyle O}{\|}}{S}}-R$$
Sulfone

$$R-\overset{\overset{\displaystyle O}{\|}}{\underset{\underset{\displaystyle O}{\|}}{S}}-OH$$
Sulfonsäuren

$$R-O-\overset{\overset{\displaystyle O}{\|}}{\underset{\underset{\displaystyle O}{\|}}{S}}-OH\,(OR)$$
Schwefelsäureester

13.1 Thiole

Thiole oder Thioalkohole sind Monosubstitutionsprodukte des H_2S und enthalten als funktionelle Gruppe die SH-Gruppe. Eine andere Bezeichnung ist **Mercaptane**, da die Thiole leicht unlösliche Quecksilbersalze (Mercaptide) bilden („mercurium captans").

$$R-SH \;+\; HgO \;\longrightarrow\; (RS)_2Hg \;+\; H_2O$$

Beispiele:

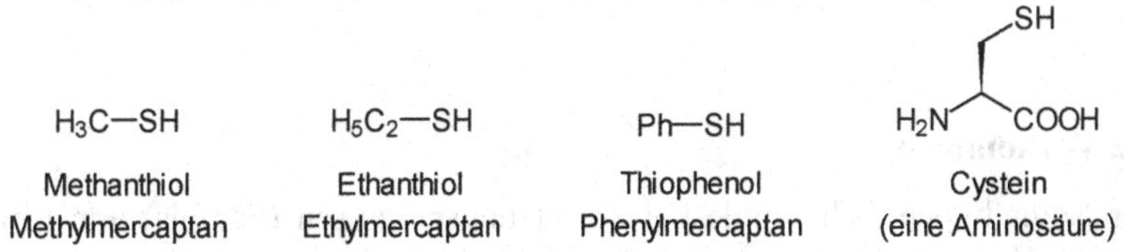

H_3C-SH

Methanthiol
Methylmercaptan

H_5C_2-SH

Ethanthiol
Ethylmercaptan

Ph—SH

Thiophenol
Phenylmercaptan

Cystein
(eine Aminosäure)

Ebenso wie H_2S sind Thiole nicht assoziiert und zeigen einen im Vergleich zu den Alkoholen niedrigeren Siedepunkt, da sie **keine H-Brücken** ausbilden können. **Thiole sind auch viel stärker sauer als Alkohole** (kleinerer pK_S-Wert) **und bilden gut kristallisierende Schwermetallsalze.** Sie lassen sich an ihrem äußerst widerwärtigen Geruch leicht erkennen. So wird u.a. eine Mischung aus 75 % *tert*-Butylmercaptan (TBM) und 25 % Propylmercaptan zur Odorierung von Erdgas eingesetzt.

13.1.1 Herstellung

Thiole können auf verschiedene Weise leicht hergestellt werden.

1. Aus allen Mercaptiden wird durch Mineralsäure das Mercaptan freigesetzt:

$$(RS)_2Hg \ + \ 2\,HCl \longrightarrow R{-}SH \ + \ HgCl_2$$

2. Durch Erhitzen von Halogenalkanen mit Kaliumhydrogensulfid:

$$H_3C{-}I \ + \ KSH \longrightarrow KI \ + \ H_3C{-}SH \xrightarrow{\ H_3C{-}I\ } H_3C{-}S{-}CH_3$$

Methyliodid   Methylmercaptan   Dimethylsulfid

Das Problem bei dieser Reaktion besteht darin, dass das primär gebildete Mercaptan, bzw. das daraus durch Deprotonierung gebildete Mercaptid, nucleophiler ist (+I-Effekt der Alkylgruppe) als das eingesetzte Kaliumsulfid. Es kann daher zu einer Zweifachalkylierung kommen, unter Bildung des Dialkylsulfids (s.a. Kap. 8.2.4 und 14.1.2).

3. Durch Alkylierung von Thioharnstoff:

Um das Problem der Mehrfachalkylierung zu umgehen, verwendet man bevorzugt *S*-Nucleophile die nur noch einfach reagieren können, wie etwa **Thioharnstoff**. Durch Alkylierung erhält man hieraus ein **S-Alkyl-isothiuroniumsalz**, welches sich durch Erwärmen mit Natronlauge in das gewünschte Thiol und Harnstoff spalten lässt.

Thioharnstoff   Isothiuroniumsalz   Thiol   Harnstoff

13.1.2 Vorkommen

In der Natur bilden sich Thiole bei Zersetzungsprozessen (Fäulnis) von Eiweiß (S-haltige Verbindungen); sie sind für den unangenehmen Geruch bei der Verwesung organischer Substanz mitverantwortlich.

13.1.3 Reaktionen

1. Oxidationen

Thiole können ebenso wie Alkohole oxidiert werden, jedoch ist z.B. Ethanthiol leichter zu oxidieren als Ethanol. Der Angriff erfolgt nicht am C-Atom wie bei den Alkoholen, sondern **am S-Atom**. Man erhält je nach Bedingungen **Disulfide oder Sulfonsäuren**.

Unter relativ milden Bedingungen, z.B. Oxidation mit Luftsauerstoff, erhält man die Disulfide. Diese sind erheblich stabiler als ihre Sauerstoff-Analoga, die Peroxide.

$$H_5C_2\text{—SH} + O_2 \longrightarrow H_5C_2\text{—S—S—}C_2H_5 + H_2O$$

Ethanthiol   Diethyldisulfid

Ein biochemisch wichtiges Thiol ist die Aminosäure **Cystein**. Durch Oxidation erhält man das Disulfid **Cystin**, das wieder zu Cystein reduziert werden kann. Diese Redox-Reaktion ist ein wichtiger biochemischer Vorgang in der lebenden Zelle.

Solche **Disulfidbrücken** sind entscheidend beteiligt an der Stabilität und räumlichen Struktur von Peptiden und Proteinen, wie etwa Enzymen oder Hormonen. In diesen wird häufig die räumliche Struktur durch Disulfidbrücken zwischen verschiedenen Bereichen des Proteins fixiert. So besteht z.B. das wichtige Peptidhormon Insulin (s. Kap. 29.2.3) aus zwei Peptidsträngen die über Disulfidbrücken verknüpft sind. Reduziert man Insulin, so fallen diese Ketten auseinander, das Hormon ist zerstört (denaturiert).

Eine Anwendung dieses Oxidations-/Reduktionsprozesses ist die **Dauerwelle**. Hierbei wird zuerst die natürliche Struktur des Haarproteins durch Aufbrechen der Disulfidbrücken (Reduktionsmittel: Thioglykolsäure HS–CH$_2$–COOH) zerstört. Die Haare werden dann in die gewünschte Form gebracht, und die Struktur durch Oxidation (mit H$_2$O$_2$) und die Ausbildung neuer Disulfidbrücken fixiert.

Durch Decarboxylierung von Cystein entsteht **Cysteamin**, NH$_2$–CH$_2$–CH$_2$–SH, dessen SH-Gruppe die aktivierende Gruppe im Coenzym A ist.

Durch stärkere Oxidationsmittel (HNO$_3$) erfolgt Oxidation bis zur Sulfonsäure:

2. Reduktionen

Durch katalytische Hydrierung ist eine **Desulfurierung** möglich. Diese Reaktion ist wichtig zur Entfernung von Thiolen aus dem Erdöl (Entschwefelung, vgl. Claus-Prozess, Basiswissen I).

$$R{-}SH + H_2 \longrightarrow R{-}H + H_2S$$

13.2 Thioether (Sulfide)

Die Thioether, analog den Ethern benannt, sind eigentlich als Sulfide aufzufassen und zu benennen. **Sie leiten sich formal vom Schwefelwasserstoff ab, in dem die beiden H-Atome durch Alkyl-Gruppen ersetzt sind**.

Beispiele:

Tetrahydrothiophen
(Odorierungsmittel für Erdgas)

Bis-(2-chlorethyl)-sulfid
(Senfgas, Lost, Gelbkreuz)

13.2.1 Herstellung

Man erhält Thioether durch Erhitzen von Halogenalkanen mit Kaliumsulfid (s. Kap. 13.1.1) oder Alkalimercaptiden. Die letzte Methode hat den Vorteil, dass so auch Sulfide mit unterschiedlichen Alkylketten aufgebaut werden können.

13.2.2 Reaktionen

Thioether können aufgrund der beiden einsamen Elektronenpaare am S-Atom folgende Reaktionen eingehen:

1. Mit Halogenalkanen entstehen Trialkylsulfoniumsalze. Der Schwefel ist hier dreibindig. Sulfoniumsalze sind die *S*-analogen Verbindungen der Oxoniumsalze. Sie sind wie diese gute Alkylierungsmittel, wobei der Angriff von Nucleophilen an einem der Reste R erfolgt, unter Abspaltung des Thioethers.

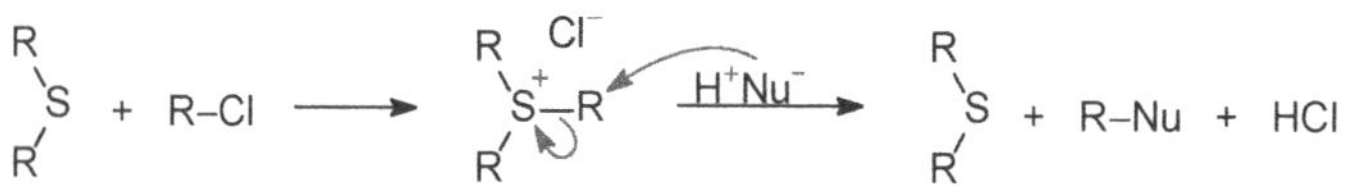

Thioether   Sulfoniumsalz

Die Wirkung des Kampfgases Lost beruht eben auf dieser Alkylierung. Die Reaktion geht hierbei besonders leicht, da in diesem Molekül sowohl der Schwefel als auch das Halogenid enthalten ist. Durch intramolekulare Alkylierung bildet sich dabei ein cyclisches Sulfoniumsalz, welches mit nucleophilen Zentren im

Körper abreagieren kann. Da Lost zwei Chloratome enthält, kann diese Reaktion gleich zweifach ablaufen, wodurch es zu Quervernetzungen und anderen schwerwiegenden Schäden im Organismus kommt.

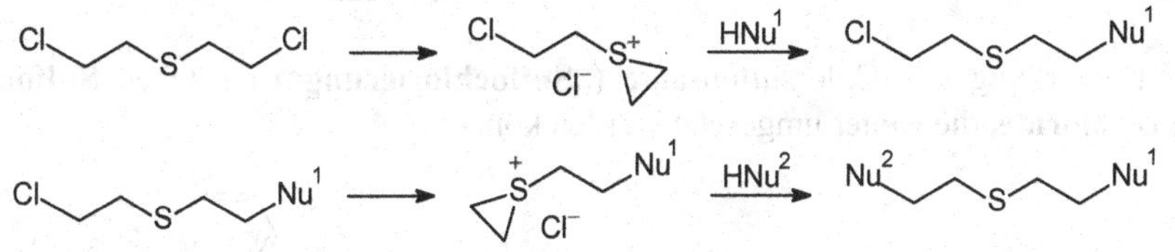

2. Durch Oxidation entstehen zunächst Sulfoxide, dann Sulfone. Technisch führt man diese Reaktion mit Luftsauerstoff durch.

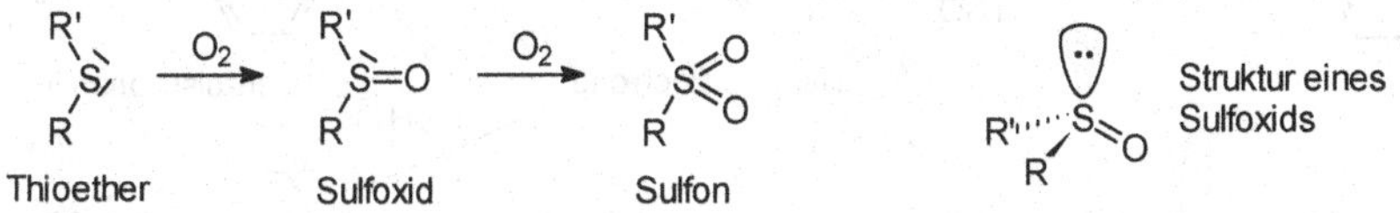

Thioether   Sulfoxid   Sulfon   Struktur eines Sulfoxids

Die Formeln des Sulfoxids und des Sulfons zeigen, dass der Schwefel nicht immer der Oktettregel gehorcht: Im Gegensatz zum Sauerstoff, der seine Außenelektronen nur auf dem s- und p-Niveau unterbringen kann, verfügt der Schwefel noch über **freie d-Orbitale**. Die Ausbildung einer **p_π-d_π-Bindung** kann zu einem pyramidalen Molekül führen. So nimmt das freie Elektronenpaar am Schwefel der Sulfoxide eine Ecke des Tetraeders ein. Sulfoxide mit zwei unterschiedlichen Resten R (R $\neq$ R') sind daher chiral (s.a. Kap. 25).

Ein als Lösemittel gebräuchliches Sulfoxid ist das Dimethylsulfoxid $(CH_3)_2SO$ (DMSO). Mit starken Basen bildet es Carbanionen.

13.3 Sulfonsäuren

Die SO_3H-Gruppe heißt Sulfonsäuregruppe. Sulfonsäuren dürfen nicht mit Schwefelsäureestern verwechselt werden: In den Estern ist der Schwefel über Sauerstoff mit Kohlenstoff verbunden, in den Sulfonsäuren ist S direkt an ein C-Atom gebunden.

13.3.1 Herstellung

1. Durch Oxidation von Thiolen (Kap. 13.1.3).

2. Aromatische Sulfonsäuren entstehen durch Sulfonierung von Benzol mit SO_3 oder konz. Schwefelsäure (s. Kap. 8.2.2). Die vom Toluol abgeleitete analoge *p*-Toluolsulfonsäure ist eine wichtige Austrittsgruppe für organische Synthesen.

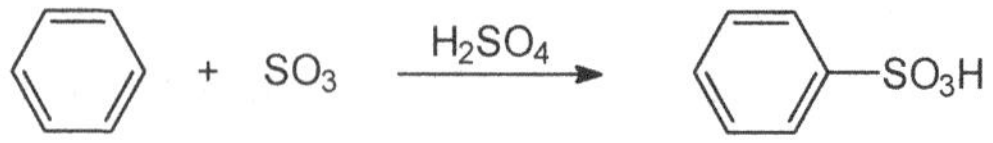

Benzolsulfonsäure

Bei Einwirkung von Chlorsulfonsäure („**Sulfochlorierung**") entstehen **Sulfon-säurechloride,** die weiter umgesetzt werden können:

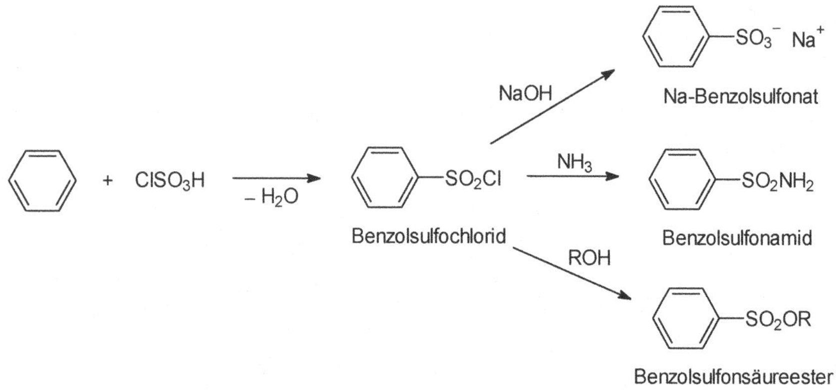

13.3.2 Verwendung von Sulfonsäuren

Die Natriumsalze alkylierter aromatischer Sulfonsäuren dienen als Tenside (vgl. Kap. 39.1). Einige **Sulfonamide** werden als Chemotherapeutica verwendet. Stammsubstanz ist das **Sulfanilamid** $H_2N–C_6H_4–SO_2–NH_2$ (*p*-Amino-benzolsul-fonamid), das als Amid der Sulfanilsäure $H_2N–C_6H_4–SO_3H$ (*p*-Amino-benzolsul-fonsäure) anzusehen ist.

Beispiele:

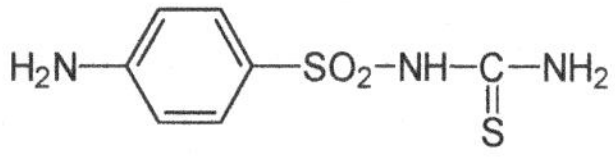

Sulfathiocarbamid 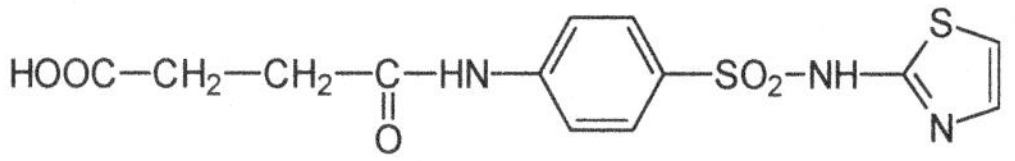   Succinoylsulfathiazol

Die antibakterielle Wirkung der Sulfonamide beruht auf „einer Verwechslung". Um sich zu vermehren benötigen Bakterien zur Synthese von Folsäure *p*-Amino-benzoesäure, $HOOC–C_6H_4–NH_2$. Das für die Synthese zuständige Enzym ist jedoch wenig selektiv und kann auch Sulfanilsäurederivate einbauen, was dann jedoch zu unwirksamen Verbindungen führt. Tiere und Menschen bauen keine Folsäure selbst auf, so dass für sie die Sulfonamide weitestgehend untoxisch sind.

Die Wirksamkeit der verschiedenen Sulfonamide hängt u.a. von der Art des Res-tes am Amid-Stickstoff ab. Da Sulfonamide im Organismus am Amid-Stickstoff teilweise acetyliert werden, setzt man Kombinationspräparate oder entsprechend disubstituierte Verbindungen ein.

Von den Alkansulfonsäurederivaten ist das **Methansulfonylchlorid („Mesyl-chlorid")** als Hilfsmittel bei Synthesen sehr beliebt, weil sich damit leicht die -SO$_2$CH$_3$-Gruppe (Mesyl-Gruppe) einführen lässt, die auch eine gute Abgangs-gruppe darstellt:

$$R-CH_2-OH \xrightarrow[\text{Base}]{CH_3SO_2Cl} R-CH_2-O-SO_2CH_3 \xrightarrow{HNu} R-CH_2-Nu + CH_3SO_3H$$

"Mesylat"

13.4 Technisch und biologisch wichtige Schwefel-Verbindungen

Außer den Aminosäuren Methionin, Cystein und Cystin sind auch cyclische Sulfide von Bedeutung.

Stoffwechsel:

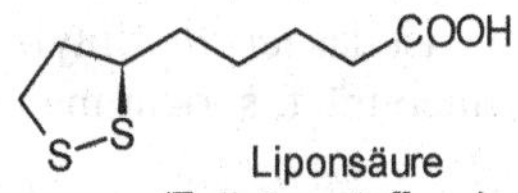

Liponsäure
(Fettsäurestoffwechsel)

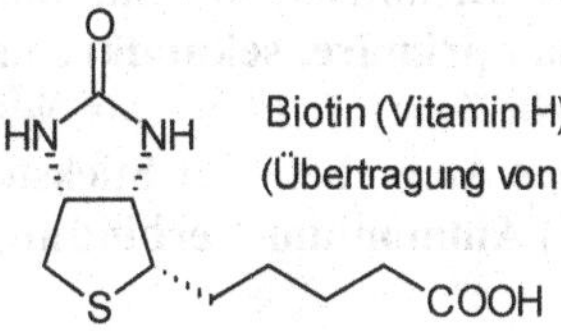

Biotin (Vitamin H)
(Übertragung von COOH-Gruppen)

"Stinktier-Wirkstoffe":

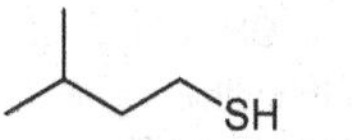

3-Methyl-butanthiol

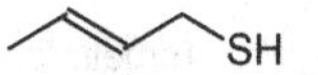

E-2-Buten-1-thiol

E-2-Butenyl-methyl-disulfid

Knoblauch-Wirkstoffe:

(*Z*)-Ajoen

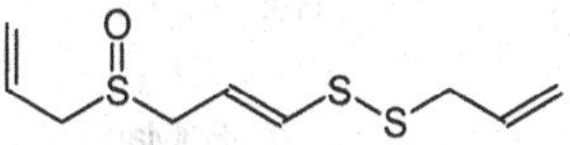

(*E*)-Ajoen

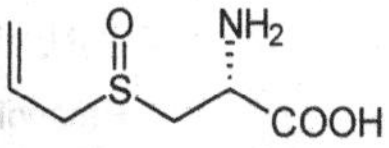

Alliin

Knoblauch enthält eine Vielzahl von *S*-haltigen Verbindungen, die unter anderem für sein intensives Aroma verantwortlich sind. Viele dieser Verbindungen zeigen aber auch antibiotische Eigenschaften und hemmen z.B. das Bakterienwachstum.

Süßstoffe:

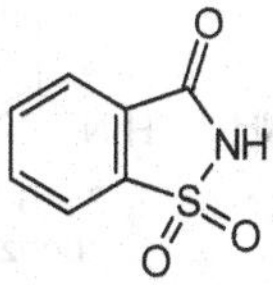

Saccharin
(o-Sulfobenzoesäureamid)

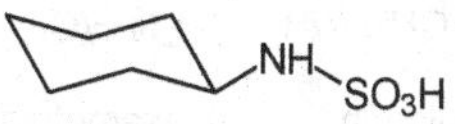

Cyclamat
(Cyclohexylamid
der Schwefelsäure)

14 Stickstoff-Verbindungen

14.1 Amine

14.1.1 Nomenklatur

Amine können als Substitutionsprodukte des Ammoniaks aufgefasst werden. Nach der Anzahl der im NH_3-Molekül durch andere Gruppen ersetzten H-Atome unterscheidet man **primäre, sekundäre** und **tertiäre Amine.** Die Substitutionsbezeichnungen beziehen sich auf das N-Atom; demzufolge ist das *tertiär*-Butylamin ein primäres Amin. Falls der Stickstoff vier Substituenten trägt, spricht man von **(quartären) Ammonium-Verbindungen.**

Beispiele:

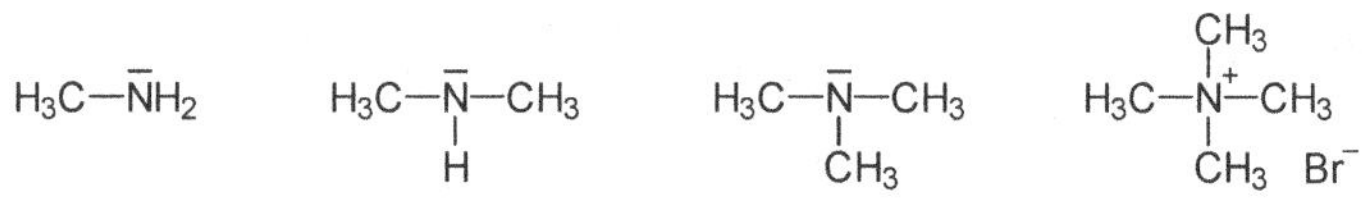

$H_3C-\overline{N}H_2$	$H_3C-\overset{|}{\underset{H}{\overline{N}}}-CH_3$	$H_3C-\overset{|}{\underset{CH_3}{\overline{N}}}-CH_3$	$H_3C-\overset{CH_3}{\underset{CH_3}{\overset{|}{\underset{|}{N^+}}}}-CH_3 \quad Br^-$
Methylamin	Dimethylamin	Trimethylamin	Tetramethyl-ammoniumbromid
primär	*sekundär*	*tertiär*	*quartär*

weitere primäre Amine:

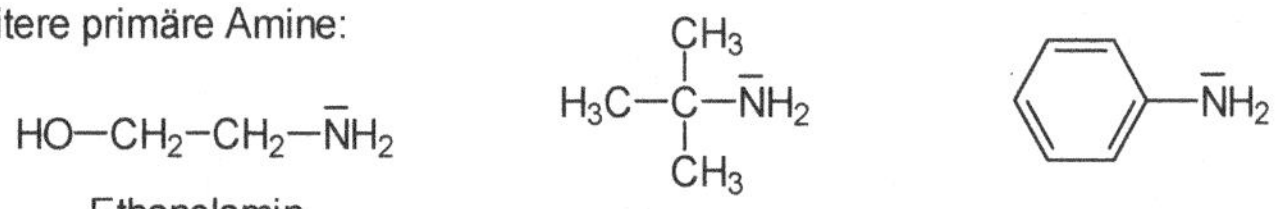

$HO-CH_2-CH_2-\overline{N}H_2$

Ethanolamin
(Colamin)

$H_3C-\overset{CH_3}{\underset{CH_3}{\overset{|}{\underset{|}{C}}}}-\overline{N}H_2$

tert.-Butylamin

$\overline{N}H_2$ (Phenylring)

Anilin

Unter **Di- und Triaminen** versteht man aliphatische oder aromatische Kohlenwasserstoff-Verbindungen, die im Molekül zwei oder drei NH_2-Gruppen besitzen.

Beispiele:

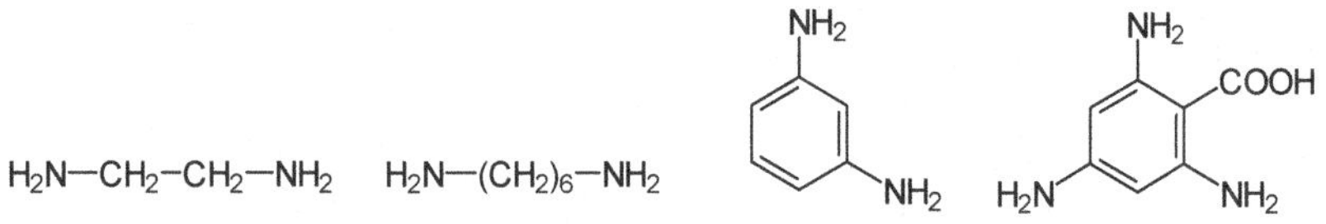

$H_2N-CH_2-CH_2-NH_2$

Ethylendiamin

$H_2N-(CH_2)_6-NH_2$

Hexamethylendiamin

m-Phenylen-diamin

2,4,6-Triamino-benzoesäure

Cyclische Amine gehören zu der umfangreichen Substanzklasse der heterocyclischen Verbindungen (s. Kap. 22). Es sind ringförmige Kohlenwasserstoffe (zumeist 5- und 6-Ringe), in denen eine oder mehrere CH- bzw. CH_2-Gruppen durch >NH bzw. >N– ersetzt sind. Es gibt **gesättigte, partiell ungesättigte und aromatische Systeme.** Cyclische Amine und Imine sind Bestandteile vieler biochemisch wichtiger Verbindungen (Aminosäuren, Enzyme, Nucleinsäure, Farbstoffe, Alkaloide, Vitamine u.a.) und zahlreicher Arzneimittel. Auch viele kondensierte heterocyclische Systeme gehören in diese Stoffklasse: Indol, Acridin, Chinolin, Isochinolin, Purin, Pteridin, Alloxazin u.a.

Große Bedeutung und weite Verbreitung haben Amine auch deshalb, weil viele Verbindungen funktionelle Gruppen besitzen, die sich formal von den Aminen ableiten (Tabelle 22).

Tabelle 22. Einige technisch wichtige Amine

Name	Formel	Schmp. °C	Sdp. °C	Verwendung
Methylamin	CH_3NH_2	–92	7,5	chem. Synthesen, Kühlmittel
Ethylendiamin	$(H_2N–CH_2)_2$	8	117	Komplexbildner
Hexamethylendiamin	$H_2N–(CH_2)_6–NH_2$	39	196	→ Polyamide
Anilin	$C_6H_5–NH_2$	–6	184	chem. Synthesen
p-Toluidin	$p-CH_3–C_6H_4–NH_2$	44	200	→ Farbstoffe
N-Methyanilin	$H_3C–NH–C_6H_5$	–57	196	→ Farbstoffe
4-Aminophenol	$p-HO–C_6H_4–NH_2$	186 (Zers.)	–	fotogr. Entwickler
β-Phenylethylamin	$C_6H_5–CH_2–CH_2–NH_2$	–	186	Arzneimittel

14.1.2 Herstellung von Aminen

1. Umsetzung von Halogenverbindungen mit NH_3 oder Aminen

Diese Methode eignet sich besonders zur Gewinnung mehrfach alkylierter Amine und von quartären Ammoniumsalzen. Für primäre Amine ist sie wenig geeignet.

$$\overline{N}H_3 \xrightarrow{CH_3I} H_2\overline{N}CH_3 \xrightarrow{CH_3I} H\overline{N}(CH_3)_2 \xrightarrow{CH_3I} \overline{N}(CH_3)_3 \xrightarrow{CH_3I} N(CH_3)_4^+ I^-$$

Das Problem dieser Reaktion: Mit jedem eingeführten Alkylrest nimmt die Nucleophilie des Stickstoffs zu (+I-Effekt der Alkylgruppe), d.h. das primäre Amin ist nucleophiler als der eingesetzte Ammoniak und wird daher leichter weiteralkyliert (s.a. Kap. 13.1.1). Verwendet man also stöchiometrische Mengen an Alkylierungsmittel erhält man immer Produktgemische. Mit einem Überschuss an Alkylierungsmittel bekommt man jedoch problemlos die **quartären Ammoniumsalze.**

Hofmann-Abbau (**Methode der erschöpfenden Methylierung**): Dies macht man sich bei der Strukturbestimmung von *N*-haltigen Naturstoffen (z.B. Alkaloiden) zunutze. Mit AgOH wird ein quartäres Ammoniumhydroxid gebildet, das beim Erhitzen in ein Alken und ein tertiäres Amin übergeht (*Hofmann*-Eliminierung! Kap. 11.4).

Beispiel:

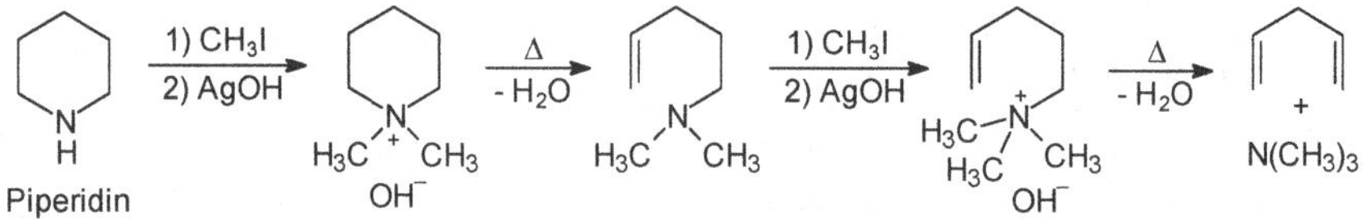

Aromatische Amine erhält man durch **nucleophile Aromatensubstitution** von elektronenarmen halogenierten Aromaten:

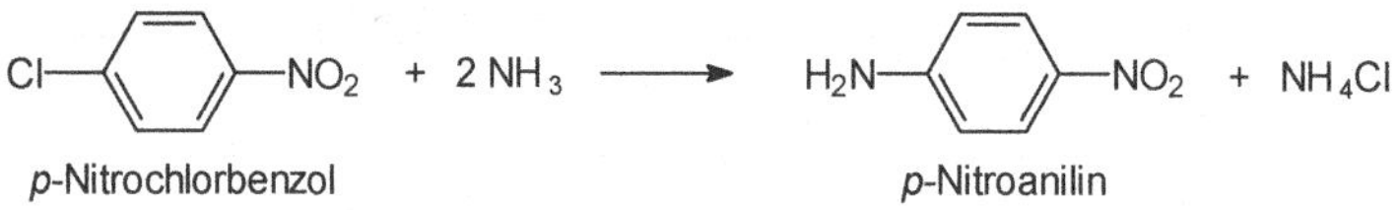

2. *Gabriel*-Synthese

Um das Problem der Mehrfachalkylierung zu umgehen, **verwendet man zur Synthese primärer Amine geschützte *N*-Nucleophile**, wie etwa **Phthalimid**. Aufgrund der beiden elektronenziehenden Carbonylgruppe ist die NH-Bindung acidifiziert, und das Proton mit KOH leicht entfernbar. Das erhaltene Salz lässt sich dann als Nucleophil, das nur noch einmal reagieren kann, mit Alkylhalogeniden umsetzen. Das gebildete Alkylphthalimid wird anschließend gespalten (bevorzugt mit Hydrazin) unter Bildung des primären Amins.

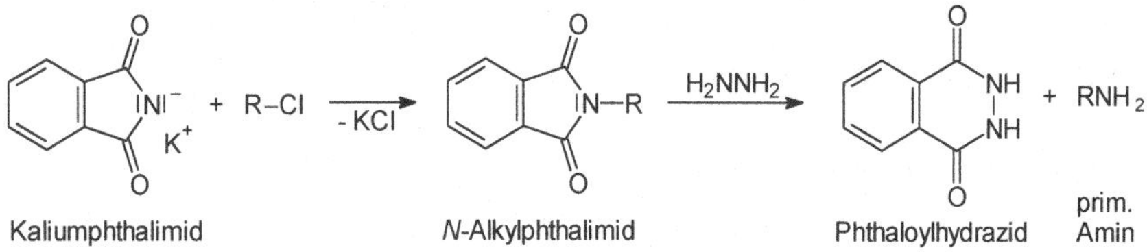

3. Reduktion von Nitroverbindungen und *N*-haltigen Carbonsäurederivaten

Zur Herstellung **aromatischer Amine** verwendet man vor allem die Reduktion von **Nitroverbindungen** (s. Kap. 14.2.3). Als Reduktionsmittel wird häufig Eisenschrott verwendet, wobei die dabei gebildeten Eisenoxide als Pigmente verwertet werden können.

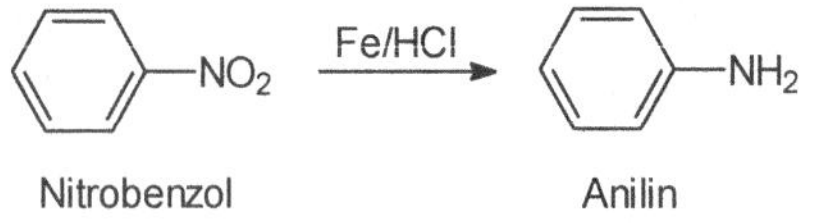

Aliphatische Amine erhält man durch Reduktion von Carbonsäureamiden und Nitrilen (s. Kap. 20.1.3.2 und 20.1.4.2).

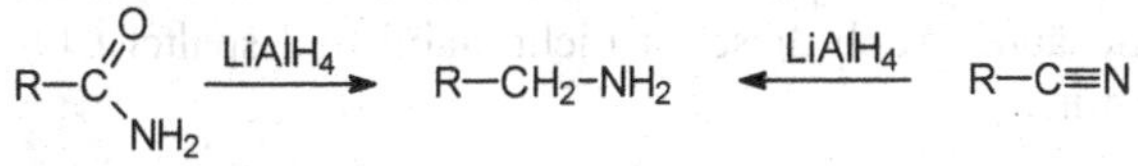

$$R-\overset{\overset{O}{\|}}{C}-NH_2 \xrightarrow{\text{LiAlH}_4} R-CH_2-NH_2 \xleftarrow{\text{LiAlH}_4} R-C\equiv N$$

Carbonsäureamid   Nitril

4. Abbau von Carbonsäurederivaten

Stickstoffhaltige Carbonsäurederivate können nicht nur durch Reduktion in Amine überführt werden sondern teilweise auch durch Abbaureaktionen. **Die dabei gebildeten primären Amine enthalten ein C-Atom weniger als die ursprünglichen Carbonsäure-Verbindungen.**

Folgende Varianten werden angewandt:

Hofmann-Abbau (1881)
von Amiden
$$R-\overset{\overset{O}{\|}}{C}-\underline{N}H_2$$

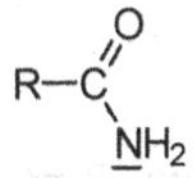

Curtius-Abbau (1894)
von Aziden (z.B. aus Hydraziden)
$$R-\overset{\overset{O}{\|}}{C}-\underline{N}H-NH_2 \xrightarrow[-2\,H_2O]{+\,HNO_3} R-\overset{\overset{O}{\|}}{C}-I\underline{N}-N\equiv NI^+$$

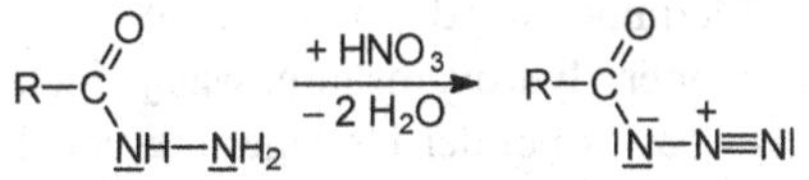

Lossen-Abbau (1875)
von Hydroxamsäure-Derivaten
$$R-\overset{\overset{O}{\|}}{C}-\underline{N}H-OCOR'$$

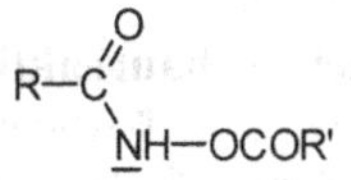

Schmidt-Reaktion (1923)
von Carbonsäuren über Azide
$$R-\overset{\overset{O}{\|}}{C}-OH \xrightarrow[-\,H_2O]{+\,HN_3\,/\,H^+} R-\overset{\overset{O}{\|}}{C}-I\underline{N}-N\equiv NI^+$$

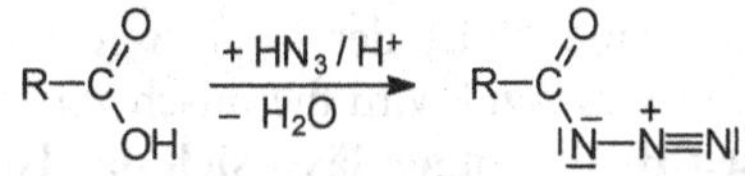

Diese Abbaureaktionen sind in ihrem Mechanismus einander sehr ähnlich.

Exemplarisch sein hier der *Hofmann*-Abbau von Acetamid zu Methylamin erläutert:

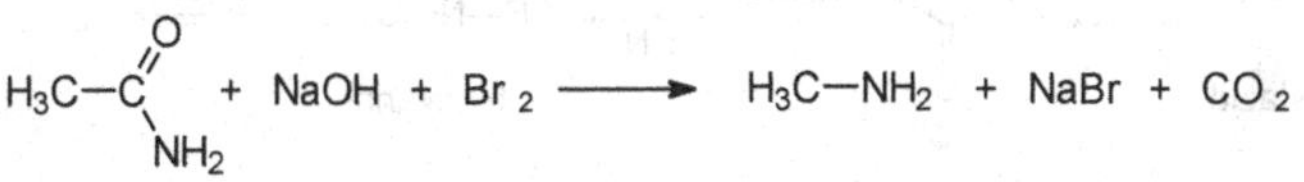

$$H_3C-\overset{\overset{O}{\|}}{C}-NH_2 + NaOH + Br_2 \longrightarrow H_3C-NH_2 + NaBr + CO_2$$

Acetamid   Methylamin

Im Einzelnen laufen dabei folgende Reaktionen ab:

Aus Natronlauge und Br_2 entsteht Natriumhypobromit mit positiv polarisiertem Bromatom. Im Gleichgewicht deprotoniert die NaOH das Amid, welches dann an diesem polarisierten Bromatom angreift. Dabei bildet sich *N*-Bromacetamid. Aufgrund der Elektronegativität des Broms ist dieses Bromamid acider als das ursprüngliche Amid und wird daher ebenfalls deprotoniert unter Bildung des

Intermediats **I**. An diesem tritt nun eine Alkylwanderung ein, und unter Abspaltung von Bromid kommt es zur Bildung eines Isocyanats. Im wässrig basischen Milieu ist dieses Isocyanat jedoch nicht stabil, es addiert Wasser unter Bildung einer Carbamidsäure. Auch diese ist nicht stabil und spaltet CO_2 ab unter Freisetzung des Amins.

$$2\,NaOH \; + \; Br_2 \longrightarrow NaOBr \; + \; NaBr \; + \; H_2O$$

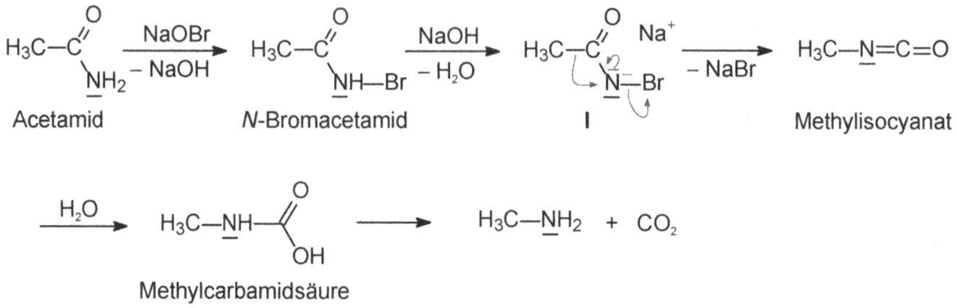

Acetamid   N-Bromacetamid   I   Methylisocyanat

Methylcarbamidsäure

Das früher formulierte Acylnitren 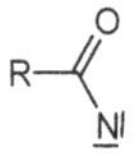 tritt vermutlich nicht auf. Im wässrigen Medium würde man eine α-Addition von H_2O erwarten unter Bildung einer Hydroxamsäure, was jedoch nicht beobachtet wird. Die Wanderung des CH_3-Restes bei der Umlagerung von **I** erfolgt wahrscheinlich gleichzeitig mit der Abspaltung des Br^--Ions.

Zentrale Verbindung aller Abbaureaktionen ist das Isocyanat, welches bei allen Reaktionen gebildet wird. Bei Abbaureaktionen im wässrigen Milieu wird hieraus über die Carbamidsäurestufe das Amin erhalten.

Eine Ausnahme bildet der *Curtius*-Abbau, der über ein isolierbares Acylazid verläuft. Dieses Azid wird thermisch zersetzt, wozu kein H_2O benötigt wird. **Unter diesen Bedingungen lässt sich das Isocyanat erhalten**, das dann bei Bedarf mit anderen Nucleophilen umgesetzt werden kann. Mit Alkoholen erhält man z.B. Urethane (s. Kap. 21.2). Die *Schmidt*-Reaktion ist mit dem *Curtius*-Abbau eng verwandt, und unterscheidet sich nur in der Herstellung des Acylazids.

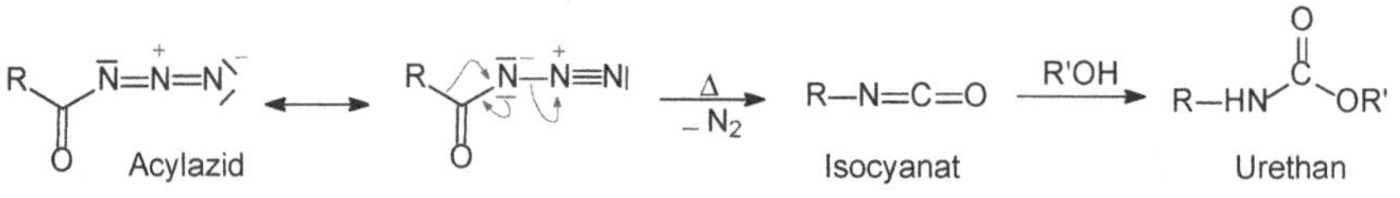

Acylazid   Isocyanat   Urethan

5. Reduktive Aminierung von Carbonylverbindungen

Aus Aldehyden und Ketonen bilden sich mit Aminen und Ammoniak in einer Eintopfreaktion intermediär Imine (s. Kap. 17.1.3), welche sofort zum Amin reduziert werden können.

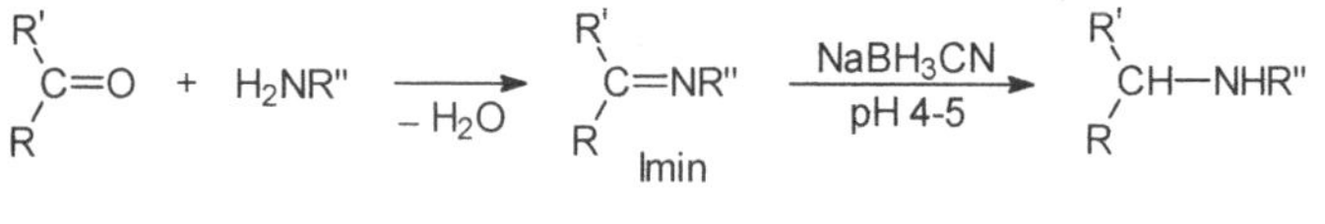

Selektiv wirkende Reduktionsmittel (wegen der Carbonylgruppe) sind z.B. katalytisch aktivierter H_2 oder $NaBH_3CN$, Natriumcyanoborhydrid.

Das Problem: Die Carbonylgruppe ist im Vergleich zur Imingruppe die reaktivere und sollte daher bevorzugt angegriffen werden. Daher sollten solche reduktiven Aminierungen eigentlich nicht möglich sein.

Die Lösung: Man verwendet als wenig reaktionsfähiges Reduktionsmittel $NaBH_3CN$, welches nicht mehr in der Lage ist mit Carbonylgruppen zu reagieren. Im Gegensatz zu anderen Hydriden ist diese Verbindung auch in Gegenwart schwacher Säuren noch stabil. Man kann die Reduktion also auch z.B. bei pH 4 durchführen. Unter diesen schwach sauren Bedingungen bleibt die Carbonyl-gruppe unverändert, die viel basischere Imingruppierung wird jedoch protoniert (Iminiumion). **Protonierte Imine sind aber reaktionsfähiger als unprotonierte Carbonylgruppen** (s.a Kap. 17.1.3) und können daher bevorzugt umgesetzt wer-den, z.B. mit $NaBH_3CN$.

Eine ältere Methode ist die sog. reduktive Alkylierung von primären und sekun-dären Aminen nach *Leuckart-Wallach*. Verwendet man Formaldehyd (CH_2O) *(Eschweiler-Clarke*-Reaktion*)* und reduziert mit Ameisensäure (HCOOH), wer-den sekundäre Amine methyliert und primäre Amine dimethyliert:

$$H_5C_6{-}CH_2{-}NH_2 \quad \xrightarrow[\text{HCOOH}]{\text{CH}_2\text{O}} \quad H_5C_6{-}CH_2{-}N(CH_3)_2$$

Die Reaktion verläuft vermutlich ebenfalls über ein Iminiumion, das sich im Sau-ren aus Formaldehyd und dem Amin bildet. Dieses wird unter Hydridtransfer (s.a. Kap. 17.1.1) durch Ameisensäure reduziert, die selbst zu CO_2 oxidiert wird.

$$H{-}O{-}\overset{H}{\underset{O}{\overset{|}{C}}}{\cdots}\overset{H}{\underset{H}{\overset{H}{C}}}{=}\overset{+}{N}R_2 \longrightarrow H^+ + CO_2 + H_3C{-}NR_2$$

14.1.3 Eigenschaften der Amine

Amine besitzen wie die Stammsubstanz Ammoniak polarisierte Atombindungen und können **intermolekulare Wasserstoff-Brücken** ausbilden. Die Moleküle mit einer geringen Anzahl von C-Atomen sind daher wasserlöslich. Ebenso wie bei den Alkoholen nimmt die Löslichkeit mit zunehmender Größe des Kohlenwasser-stoff-Restes ab. Verglichen mit Alkoholen sind die H-Brückenbindungen zwi-schen Aminen schwächer. Bei der Verwendung von aromatischen Aminen ist ihre hohe Toxizität und Hautresorbierbarkeit zu beachten.

Das **freie Elektronenpaar am Stickstoff** verleiht den Aminen **basische und nucleophile Eigenschaften.** Bei heteroaromatischen Aminen muss man jedoch darauf achten, ob das freie Elektronenpaar Teil des aromatischen Systems ist oder nicht. Nur Amine, deren Elektronenpaar nicht am aromatischen System beteiligt ist (Bsp. Pyridin) sind basisch.

Basizität

Eine typische Eigenschaft der Amine ist ihre Basizität. Wie Ammoniak können sie unter Bildung von Ammoniumsalzen ein Proton anlagern. Die Extraktion mit z.B. 10-prozentiger Salzsäure ist eine oft benutzte, einfache Methode zur Trennung von Aminen und neutralen Verbindungen aus organischen Phasen. Durch Zugabe einer Base, z.B. Natriumhydroxid, lässt sich diese Reaktion umkehren, d.h. das Amin bildet sich zurück.

Eine Deprotonierung von Aminen ist wegen ihrer geringen Acidität nur mit extrem starken Basen wie Alkalimetallen oder Alkyllithium-Verbindungen möglich.

Es ist wichtig, die Stärke der einzelnen Basen quantitativ erfassen zu können. Dazu dient ihr pK_S-Wert (vgl. Basiswissen I). Kennt man diesen Wert, kann man über die bekannte Beziehung $pK_S + pK_B = 14$ auch den pK_B-Wert in Wasser ausrechnen. Ferner kann man aufgrund der Gleichung $pH = 7 + 1/2\ pK_S + 1/2\ lg\ c$ den pH-Wert einer Amin-Lösung der Konzentration c berechnen.

Beispiel: 0,1 molare Lösung von Ammoniak:

$$pH = 7 + 1/2\ (9{,}25 + lg\ 0{,}1) = 7 + 1/2\ (9{,}25 - 1) = 7 + 4{,}1 = 11{,}1$$

Liegt eine Mischung aus Ammoniak und Ammoniumchlorid vor, so lässt sich hierfür die Gleichung für Puffer anwenden (s. Basiswissen I). Allgemein gilt für Puffersysteme wie Amine und ihre Hydrochloride, wenn die Komponenten im Verhältnis 1 : 1, also äquimolar vorliegen: $pH = pK_S$.

Beispiel: Eine 1 : 1-Mischung von Anilin und Anilinhydrochlorid hat in Wasser den pH-Wert 4,58.

Mit Hilfe der pK-Werte lassen sich die Amine in eine Reihenfolge bringen (Tabelle 23). Dabei gilt: **Je größer der pK_S- und je kleiner der pK_B-Wert ist, desto basischer ist das Amin.**

Hinweis: Der pK_S-Wert von „Methylamin" in Tabelle 23 ist tatsächlich der pK_S-Wert des Methylammoniumions. Der pK_S-Wert von Methylamin selbst ist etwa 35!

Die Basizität der Amine kann in weitem Umfang durch Substituenten beeinflusst werden (vgl. Acidität der Carbonsäuren, Kap. 18.3). Ihre Stärke hängt davon ab, wie leicht sie ein Proton aufnehmen können.

Tabelle 23. pK-Werte von Aminen

	pK_B	Name	Formel	pK_S bzw. pK_a	
	3,29	Dimethylamin	$(CH_3)_2NH$	10,71	
	3,32	tert. Butylamin	$(CH_3)_3CNH_2$	10,68	
steigende	3,36	Methylamin	CH_3NH_2	10,64	fallende
Basizität	4,26	Trimethylamin	$(CH_3)_3N$	9,74	Basizität
	4,64	Benzylamin	$C_6H_5CH_2NH_2$	9,36	
	4,75	**Ammoniak**	**NH_3**	**9,25**	
	9,42	Anilin	$C_6H_5NH_2$	4,58	

pK_S gilt für die Reaktion: $R^1R^2R^3NH^+ \rightleftharpoons R^1R^2R^3N + H^+$.

Ein aliphatisches Amin ist stärker basisch als Ammoniak, weil die elektronen-liefernden Alkyl-Gruppen die Verteilung der positiven Ladung im Ammoniumion begünstigen. Die Abnahme der Basizität bei tertiären Aminen im Vergleich zu sekundären und primären Aminen beruht darauf, dass im ersten Fall die **Hydratisierung**, die auch zur Stabilisierung des Ammoniumions beiträgt, erschwert ist. Der Basizitätsunterschied beruht demnach sowohl auf Solvatationseffekten als auch auf elektronischen Effekten.

Erwartungsgemäß vermindert die Einführung von Elektronenakzeptoren die Basizität, weil dadurch die Möglichkeit zur Aufnahme eines Protons verringert wird. Stark elektronenziehende Gruppen erhöhen die Acidität der N–H-Bindung.

Säureamide sind in Wasser nur sehr schwach basisch; monosubstituierte Sulfonamide haben etwa die gleiche Acidität wie Phenol.

Aromatische Amine sind nur schwache Basen. Beim Anilin tritt das Elektronen-paar am Stickstoff mit den π-Orbitalen des Phenylrings in Wechselwirkung (+M-Effekt):

Die Resonanzstabilisierung des Moleküls wird teilweise wieder aufgehoben, wenn ein Aniliniumion gebildet wird:

$pK_s = 4.58$

Die geringe Basizität aromatischer Amine ist also eine Folge der größeren Resonanzstabilisierung des Amins im Vergleich zum entsprechenden Ammoniumsalz. Kleinere Änderungen sind durch die Einführung von Substituenten in den aromatischen Ring möglich: **Elektronendonoren** wie $-NH_2$, $-OCH_3$, $-CH_3$ stabilisieren das Kation und erhöhen die Basizität, **Elektronenakzeptoren** wie $-NH_3^+$, $-NO_2$, $-SO_3^-$ vermindern die Basizität noch stärker.

Eine Basizitätsabnahme ist auch typisch für solche Basen, deren N-Atome an Mehrfachbindungen beteiligt sind. So ist **Pyridin** mit $pK_B = 8,96$ eine schwächere Base als **Triethylamin** ($pK_B = 3,42$), weil das freie Elektronenpaar stärker durch das sp^2-hybridisierte N-Atom gebunden wird.

Beim Pyrrol ist das Elektronenpaar in ein aromatisches 6-Elektronen-π-System eingebaut (s. Kap. 22.3.1.1) und damit die Anlagerung eines Protons sehr erschwert ($pK_B \approx 13,6$).

14.1.4 Reaktionen der Amine

1. Umsetzungen mit Salpetriger Säure HNO_2

Lässt man Amine mit Salpetriger Säure, HNO_2, reagieren, so können je nach Substitutionsgrad verschiedene Verbindungen entstehen:

Primäre aromatische Amine bilden Diazoniumsalze:

$$Ar—NH_2 \ + \ HONO \ \xrightarrow{\ HX\ } \ Ar-\overset{+}{N}\equiv N| \ X^- \ + \ H_2O$$

Diazoniumsalz

Primäre aliphatische Amine (auch Aminosäuren!) bilden instabile Diazoniumsalze, die weiter zerfallen (*van Slyke*-Reaktion). Intermediär bildet sich ein Carbeniumion, das die typischen Folgereaktionen (s. Kap. 10.1 und 11.2) eingeht:

$$R—NH_2 \ + \ HONO \ \xrightarrow[-H_2O]{\ HX\ } \ \left[R-\overset{+}{N}\equiv N| \ X^- \right] \xrightarrow{\ -N_2\ } \ R^+ \ X^- \longrightarrow \ \text{Folgeprodukte}$$

Sekundäre aliphatische oder aromatische Amine bilden Nitrosamine, die meist toxisch und carcinogen sind:

$$R_2NH \ + \ HONO \ \xrightarrow[-H_2O]{} \ R_2N—NO$$

Nitrosamin

Tertiäre aliphatische Amine werden beim Erwärmen durch HNO_2 gespalten:

$$R_2N—CHR'_2 \ + \ 2\,HONO \ \longrightarrow \ R_2N—NO \ + \ O{=}CR'_2 \ + \ N_2O$$

Bei **tertiären aromatischen Aminen** kann zudem durch elektrophile Aromatensubstitution (s. Kap. 8) eine **Nitrosierung des aromatischen Rings** erfolgen:

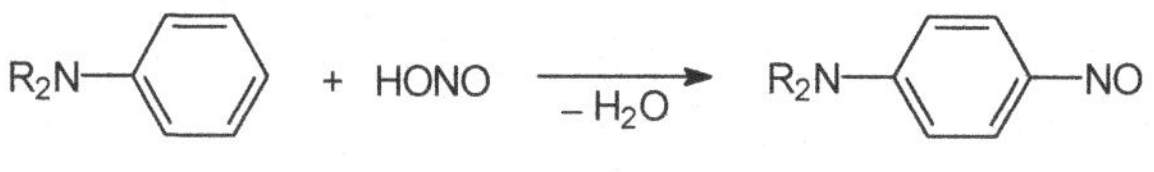

$$R_2N-\!\!\left\langle\bigcirc\right\rangle\!\!- \ + \ HONO \ \xrightarrow[-H_2O]{} \ R_2N-\!\!\left\langle\bigcirc\right\rangle\!\!-NO$$

Zum Reaktionsmechanismus:

Das nitrosierende Reagenz bei allen Reaktionen ist das Elektrophil N_2O_3 bzw. NO^+. Diese bilden sich durch Autoprotonierung der HNO_2. Wird HCl zur Protonierung verwendet, bildet sich nur NO^+.

$$2\,HNO_2 \ \longrightarrow \ H_2O \ + \ |\overset{+}{N}{=}\overset{..}{O}\rangle \ + \ O_2N^- \ \rightleftharpoons \ O_2N—NO$$

$$HNO_2 \ + \ HCl \ \longrightarrow \ H_2O \ + \ |\overset{+}{N}{=}\overset{..}{O}\rangle \ + \ Cl^-$$

Das NO^+ reagiert mit dem Amin unter Bildung eines *N*-**Nitrosoammoniumions**:

$$R-\overset{R^1}{\underset{R^2}{N}}| \;+\; |\overset{+}{N}=\overset{.}{O}\rangle \;\longrightarrow\; R-\overset{R^1}{\underset{R^2}{\overset{+}{N}}}-N=\overset{.}{O}\rangle$$

Dieses kann je nach verwendetem Amin weiterreagieren, wie etwa bei:

Primären Aminen:

$$R-\overset{H}{\underset{H}{\overset{+}{N}}}-N=\overset{.}{O}\rangle \;\xrightarrow{-H^+}\; R-\overset{H}{\underset{}{N}}-N=\overset{.}{O}\rangle \;\rightleftharpoons\; R-\underline{N}=\underline{N}-OH \;\xrightarrow[-H_2O]{H^+}\; R-\overset{+}{N}\equiv N|$$

Sekundären Aminen:

$$R-\overset{R^1}{\underset{H}{\overset{+}{N}}}-N=\overset{.}{O}\rangle \;\xrightarrow{-H^+}\; R-\overset{R^1}{\underset{}{N}}-\underline{N}=\overset{.}{O}\rangle$$

Nitrosamin

Tertiären Aminen:

$$R-\overset{R\;\;R^1}{\underset{H\;\;R^2}{\overset{|\;\;\;|}{C}-\overset{+}{N}}}-N=\overset{.}{O}\rangle \;\xrightarrow[-NO^-]{-H_3O^+}\; \overset{R}{\underset{R}{C}}=\overset{R^1}{\underset{R^2}{\overset{+}{N}}} \;\xrightarrow{H_2O}\; \overset{R}{\underset{R}{C}}=O \;+\; H_2\overset{R^1}{\underset{R^2}{\overset{+}{N}}}$$

Immonium-Ion

In einer β–Eliminierung (s. Kap. 11.2) wird ein Immoniumion gebildet, das durch Wasser hydrolysiert wird. Das dabei entstehende sekundäre Amin reagiert mit überschüssigem NO^+ zum Nitrosamin.

2. Oxidationen

Primäre Amine ergeben bei der Oxidation zunächst Hydroxylamine (I). Diese können zu **Nitroso- (II)** bzw. **Nitroverbindungen (III)** oder zu **Oximen (IV)** bzw. **Hydroxamsäuren (V)** weiteroxidiert werden.

$$R^1\!-\!\overset{R^2}{\underset{R^3}{C}}\!-\!NH_2 \;\xrightarrow{Oxid.}\; R^1\!-\!\overset{R^2}{\underset{R^3}{C}}\!-\!NH\!-\!OH \;\xrightarrow[R^1\!-\!R^3\neq H]{Oxid.}\; R^1\!-\!\overset{R^2}{\underset{R^3}{C}}\!-\!NO \;\xrightarrow{Oxid.}\; R^1\!-\!\overset{R^2}{\underset{R^3}{C}}\!-\!NO_2$$

$$\qquad\qquad\qquad\qquad \mathbf{I} \qquad\qquad\qquad\qquad\qquad \mathbf{II} \qquad\qquad\qquad\qquad \mathbf{III}$$

$$\xdownarrow[R^3=H]{Oxid.}$$

$$R^1\!-\!\overset{R^2}{\underset{}{C}}\!=\!N\!-\!OH \;\xrightarrow[R^2=H]{Oxid.}\; R^1\!-\!\overset{O}{\underset{}{C}}\!\diagdown_{NH-OH}$$

$$\mathbf{IV} \qquad\qquad\qquad\qquad\qquad \mathbf{V}$$

Sekundäre Amine bilden N,N-Dialkylhydroxylamine, die evtl. weiterreagieren können:

$$R_2\bar{N}H \xrightarrow{H_2O_2} R_2\overset{|\bar{O}|^-}{\underset{}{\overset{+}{N}}}H \longrightarrow R_2N-OH$$

Tertiäre Amine lassen sich zu Aminoxiden oxidieren, die bei geeigneten Edukten durch Erhitzen in einer *syn*-Eliminierung Alkene liefern können (*Cope-Eliminierung*, Kap. 11.5.2).

$$R-\overset{R^1}{\underset{R^2}{N}}| + H_2O_2 \longrightarrow R-\overset{R^1}{\underset{R^2}{\overset{+}{N}}}-\bar{O}|^-$$

Diese Reaktionen lassen sich auch mit verschiedenen aromatischen Aminen durchführen, insbesondere bei Verwendung von Persäuren (z.B. CF_3CO_3H) als Oxidationsmittel.

3. Trennung und Identifizierung von Aminen

a) *Hinsberg*-Trennung

Gemische von aliphatischen oder aromatischen Aminen mit unterschiedlichem Substitutionsgrad können nach Reaktion mit **Benzolsulfochlorid** $C_6H_5SO_2Cl$ in alkalischer Lösung getrennt werden. Nur die primären und sekundären Amine bilden gut kristallisierende Sulfonamide. Aufgrund der stark elektronenziehenden Wirkung der Sulfonylgruppe ist das verbleibende H-Atom der primären Sulfonamide sehr acide. Daher lösen sich diese Amide in Natronlauge, im Gegensatz zu den sekundären Amiden, welche nicht deprotoniert werden können.

Primäre Amine:

$$C_6H_5SO_2Cl + R\bar{N}H_2 \xrightarrow[-HCl]{NaOH} C_6H_5SO_2-\bar{N}HR \xrightarrow[-H_2O]{NaOH} C_6H_5SO_2-\bar{N}R \ Na^+$$

Sekundäre Amine:

$$C_6H_5SO_2Cl + R_2\bar{N}H \xrightarrow[-HCl]{NaOH} C_6H_5SO_2-\bar{N}R_2 \xrightarrow{NaOH} /\!/$$

Tertiäre Amine reagieren nicht unter diesen Bedingungen. Die unumgesetzten Amine können mit verd. Salzsäure als Hydrochlorid entfernt werden.

b) Isonitril-Reaktion

Ein wichtiger Nachweis für primäre Amine ist die Isonitril-Reaktion. Dabei werden Amine im Basischen mit Chloroform umgesetzt. Aus Chloroform bildet sich unter dem Einfluss der Base Dichlorcarben (s.a. Kap. 6.2.1), welches mit dem Amin reagiert.

$$CHCl_3 + NaOH \longrightarrow :CCl_2 + NaCl + H_2O$$
Dichlorcarben

$$R\overset{\frown}{N}H_2 + :CCl_2 \longrightarrow R\overset{+}{N}H_2-\overset{-}{C}Cl_2 \xrightarrow{2\,NaOH} R-\overset{+}{N}\equiv Cl^- + 2\,NaCl + H_2O$$
Isonitril

14.1.5 Biochemisch wichtige Amine

Neben den **Alkaloiden** (Kap. 34) und **Aminosäuren** (Kap. 29.1) gibt es eine Vielzahl biologisch interessanter Amine. Durch **Decarboxylierung erhält man aus Aminosäuren** eine ganze Reihe wichtiger **biogener Amine**. Besondere Bedeutung kommt hierbei den Verbindungen zu, die von Phenylalanin und dessen Derivaten abgeleitet werden. Zu dieser Gruppe der **β-Phenylethylamine** gehören Verbindungen wie Dopamin, Adrenalin und Mescalin.

Dopamin   Adrenalin   Mescalin   Ephedrin

Dopamin bildet sich aus Tyrosin (*p*-Hydroxyphenylalanin) durch **Hydroxylierung des aromatischen Rings (Dopa) und anschließende Decarboxylierung**. Dopamin ist ein wichtiger **Neurotransmitter**, auf dessen Mangel im Gehirn die *Parkinsonsche* **Krankheit** zurückzuführen ist. Zur Behandlung dieser Krankheit kann Dopamin selbst nicht verwendet werden, da es die **Blut-Hirn-Schranke** nicht durchdringt. Daher verabreicht man den Patienten die entsprechende Aminosäure **Dopa** (3,4-Dihydroxyphenylalanin). Diese ist in der Lage die Blut-Hirn-Schranke zu durchdringen, sie wird dann im Gehirn decarboxyliert unter Bildung des eigentlichen Wirkstoffs Dopamin.

Durch **Hydroxylierung von Dopamin** an der benzylischen Position bildet sich zuerst **Noradrenalin** (nor bedeutet: es fehlt eine CH_3-Gruppe), welches anschließend durch *N*-Methylierung in **Adrenalin** überführt wird.

Adrenalin wurde als erstes **Hormon aus dem Nebennierenmark** (*ad* = bei, *renes* = Niere) isoliert. Adrenalin wirkt stark **blutdrucksteigernd** und fördert den Glykogenabbau in Leber und Muskel, was zu einer **Erhöhung des Blutzuckerspiegels** führt. Adrenalin wird daher vor allem bei Stress ausgeschüttet.

Durch weitere Oxidation des aromatischen Rings kommt man zum Grundgerüst des Mescalins. **Mescalin** findet sich als Inhaltsstoff des **Peyotl-Kaktus** (*Lophophora williamsii*). Es ist das älteste bekannte Halluzinogen, das bereits in vorkolumbianischer Zeit von mittelamerikanischen Volksstämmen als **Kultdroge** verwendet wurde. Mescalin wirkt lähmend auf das zentrale Nervensystem, in hohen Dosen führt es Blutdruckabfall, Atemdepression und fortschreitender Lähmung. Die bekannteste Wirkung ist jedoch die Erzeugung visueller, farbiger

Halluzinationen, die Veränderung der Sinneseindrücke, des Denkens bis hin zur Bewusstseinsspaltung. In dieser Hinsicht ist es vergleichbar mit anderen halluzinogenen Drogen wie etwas LSD.

Ephedrin ist ein wichtiger Bestandteil der chinesischen ***Ma-Huang*-Droge**, die aus verschiedenen *Ephedra*-Arten gewonnen wird. Ephedrin wirkt blutdrucksteigernd und anregend auf das sympathische Nervensystem Daher werden Ephedrin und verwandte Verbindungen (**Amphetamine**) illegaler Weise als Aufputschmittel verwendet (**Weckamine**). Es fand auch Anwendung als Appetitzügler. Ephedrin enthält zwei asymmetrische C-Atome, so dass insgesamt vier verschiedene Stereoisomere existieren (s.a. Kap. 25.1).

Neben diesen biogenen Aminen kommt auch **quartären Ammoniumsalzen** eine große Bedeutung vor.

$$HO-CH_2-CH_2-\overset{\overset{\displaystyle CH_3}{|}}{\underset{\underset{\displaystyle CH_3}{|}}{N}}-CH_3 \quad OH^-$$
Cholin

$$CH_3COO-CH_2-CH_2-\overset{\overset{\displaystyle CH_3}{|}}{\underset{\underset{\displaystyle CH_3}{|}}{N}}-CH_3 \quad OH^-$$
Acetylcholin

$$CH_2=CH-\overset{\overset{\displaystyle CH_3}{|}}{\underset{\underset{\displaystyle CH_3}{|}}{N}}-CH_3 \quad OH^-$$
Neurin

Cholin ist ein essentieller Bestandteil der **Phosphatide** (Phospholipide, Kap. 30.3.1) sowie des Acetylcholins. Es wirkt gefäßerweiternd, blutdrucksenkend und regelt die Darmbewegung.

Acetylcholin ist ein wichtiger **Neurotransmitter des parasympathischen Nervensystems**. Es wirkt **blutdrucksenkend und stark muskelkontrahierend**. Diese Wirkung wird reguliert durch das Enzym Acetylcholinesterase, welche das Acetylcholin spaltet und dadurch die Wirkung aufhebt. Giftgase wie **Tabun** und **Sarin** hemmen dieses Enzym, so dass es zu einer andauernden Übererregung des Nervensystems kommt (Nervengase).

Neurin bildet sich durch Fäulnis aus Cholin durch Wasserabspaltung. Es ist höchst toxisch und zählt zu den **Leichengiften**.

14.2 Nitroverbindungen

14.2.1 Nomenklatur und Beispiele

Bei **Nitroverbindungen** ist die **NO_2-Gruppe** über das **Stickstoffatom mit Kohlenstoff verknüpft** (Bsp.: Nitromethan). Im Unterschied dazu ist die NO_2-Gruppe der Salpetersäureester über ein O-Atom an Kohlenstoff gebunden (Bsp. Glycerintrinitrat). **Der gebräuchliche Name Nitroglycerin ist daher falsch!**

$$CH_3-NO_2$$
Nitromethan

$$\begin{array}{l} CH_2-O-NO_2 \\ | \\ CH-O-NO_2 \\ | \\ CH_2-O-NO_2 \end{array}$$
Glycerintrinitrat
("Nitroglycerin")

14.2.2 Herstellung

Aliphatische Nitroverbindungen

Bei der **direkten Nitrierung von Alkanen mit Salpetersäure** handelt es sich vermutlich um eine radikalische Substitutions-Reaktion. Bei den höheren Paraffinen erhält man Gemische verschiedener Nitroverbindungen:

$$H_3C-CH_3 \xrightarrow[450\,°C]{HNO_3} H_5C_2-NO_2 \; + \; H_3C-NO_2$$

Nitroethan   Nitromethan

80 – 90%   10 – 20%

Eine brauchbare Methode im Labor ist die Umsetzung von Halogenalkanen mit Alkalinitrit. Allerdings entstehen hier gleichzeitig auch die isomeren Salpetrigsäureester (Alkylnitrite), da es sich bei dem Nitrition um ein **ambidentes Nucleophil** (Kap. 10.4.5) handelt:

$$R-X \; + \; NaNO_2 \xrightarrow[-\,NaX]{} R-NO_2 \; + \; R-ONO$$

Nitroalkan   Alkylnitrit

Das Nitroalkan wird bevorzugt nach dem S_N2-Mechanismus gebildet, während das Alkylnitrit eher nach einem S_N1-Mechanismus entsteht (s. Kap. 10). Eine Steuerung ist in begrenztem Umfang durch Wahl eines geeigneten Reaktionspartners und Variation des Lösemittels möglich.

Aromatische Nitroverbindungen

Aromatische Nitroverbindungen erhält man durch Nitrierung des entsprechenden aromatischen Kohlenwasserstoffs in einer elektrophilen Aromatensubstitution (Kap. 8.2.1).

14.2.3 Eigenschaften und Reaktionen von Nitroverbindungen

Bei der Nitrogruppe sind wie bei der Carboxylgruppe (Kap. 18.3) mehrere mesomere Grenzformeln möglich:

$$\left[-N^+{\overset{\displaystyle O}{\underset{\displaystyle O^-}{\big\langle}}} \longleftrightarrow -N^+{\overset{\displaystyle O^-}{\underset{\displaystyle O}{\big\langle}}} \right] \equiv -N^+{\overset{\displaystyle O}{\underset{\displaystyle O}{\big\langle}}}^-$$

Benachbarte C–H-Bindungen werden durch die stark polare NO_2-Gruppe beeinflusst (–I-Effekt). **Primäre und sekundäre Nitroparaffine sind daher CH-acide Verbindungen, die mit Basen Salze bilden.** Durch Ansäuern erhält man daraus die sog. *aci*-Form. Dieses Phänomen ist vergleichbar mit der Keto-Enol-Tautomerie (Kap. 16.4). Die *aci*-Form ist formal das Derivat einer Carbonyl verbindung. Daher lässt es sich durch starke Säuren in eine solche spalten (*Nef-Reaktion*).

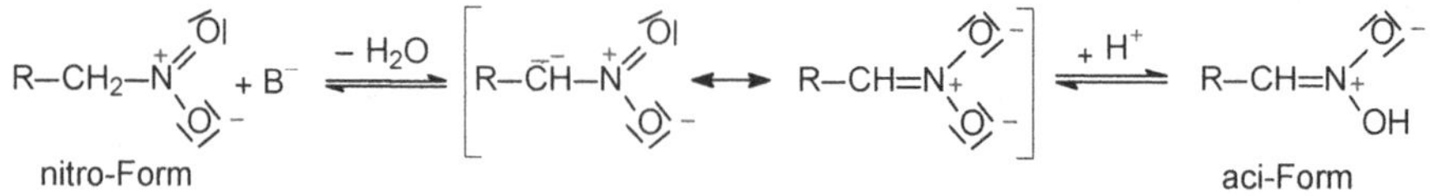

nitro-Form   aci-Form

Das nach Abgabe des Protons vom α-C-Atom entstandene Anion ist mesomerie-stabilisiert. Es ist ein gutes Nucleophil das sich mit Elektrophilen in S_N-Reaktionen umsetzen lässt. Der Angriff erfolgt dabei am C. Das erhaltene Produkt kann anschließend zum Amin reduziert, oder durch *Nef*-**Reaktion** in die entsprechende Carbonylverbindung umgewandelt werden.

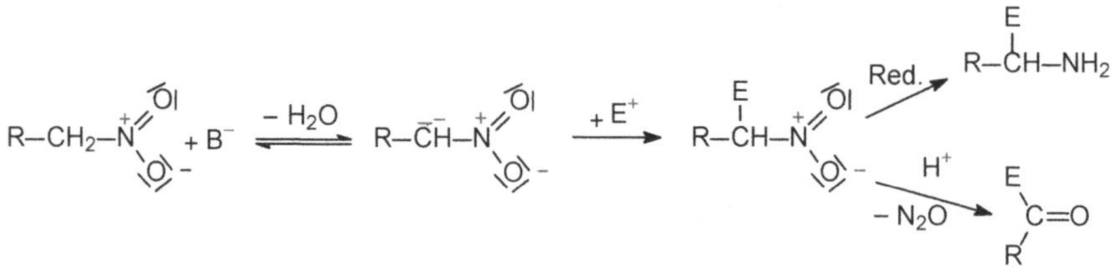

Sie reagieren ferner wie alle C–H-aciden Verbindungen mit Carbonylverbindungen (**„Nitroaldolreaktion"**, vgl. Kap. 17.3.2). Ein bekanntes Beispiel ist die Kondensation von Nitromethan mit Trimethoxybenzaldehyd, dessen Reaktionsprodukt zu Mescalin reduziert werden kann:

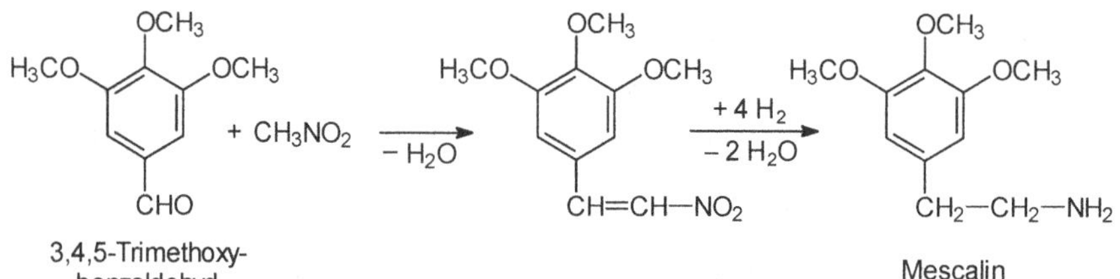

3,4,5-Trimethoxy-
benzaldehyd   Mescalin

1. Reduktionen von Nitroverbindungen

Aliphatische Nitroverbindungen lassen sich z.B. mit Zinn in Salzsäure oder durch katalytische Hydrierung zu **Aminen** reduzieren. Dabei wird die Stufe der **Hydroxylamine** durchlaufen:

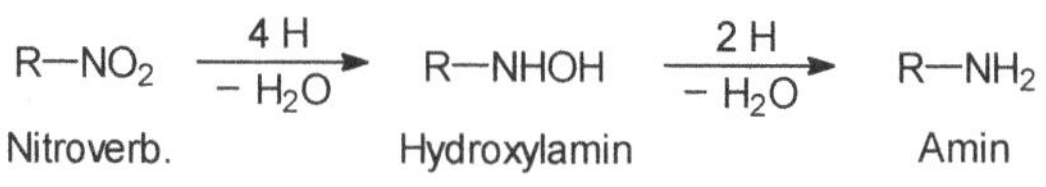

$$R{-}NO_2 \xrightarrow[-\ H_2O]{4\ H} R{-}NHOH \xrightarrow[-\ H_2O]{2\ H} R{-}NH_2$$

Nitroverb.   Hydroxylamin   Amin

Bei der Reduktion **aromatischer Nitroverbindungen lassen sich je nach der H_3O^+-Konzentration verschiedene Produkte erhalten:**

Reduktion in saurer Lösung mit Metallen als Reduktionsmittel: Wie bei den Nitroalkanen erhält man direkt die entsprechende **Aminoverbindung**, wobei man **Nitrosobenzol** und **Phenylhydroxylamin** als Zwischenstufe annimmt.

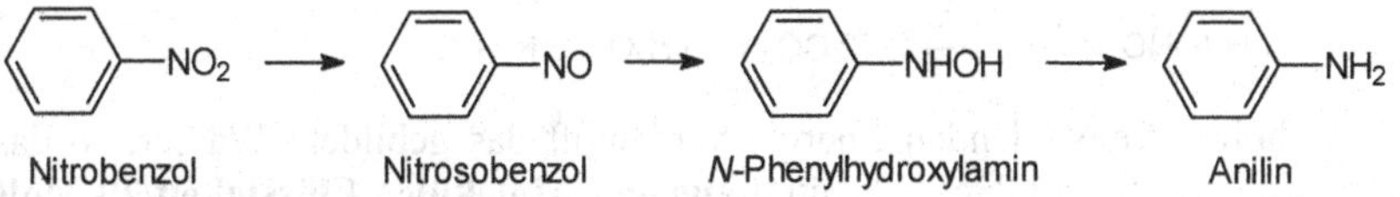

Nitrobenzol   Nitrosobenzol   *N*-Phenylhydroxylamin   Anilin

So erhält man aus Nitrobenzol das technisch wichtige Anilin. Als Reduktionsmittel wird in der Regel Eisen (Schrott) in Salzsäure verwendet, wobei Fe_3O_4 (für Pigmente) gebildet wird.

Der letzte Schritt der Kaskade erfolgt nur in stark saurem Medium. Daher entsteht bei der **Reduktion in neutraler bis schwach saurer Lösung Phenylhydroxylamin**.

Reduktion in alkalischem Milieu: Die Reduktion verläuft zunächst wie im Sauren. Aus den Reduktionsprodukten **Nitrosobenzol** und **Phenylhydroxylamin** bildet sich im Basischen jedoch unter Wasserabspaltung **Azoxybenzol**, welches zum **Hydrazobenzol** weiterreduziert werden kann. Reduktion von Nitrobenzol mit Zn/NaOH liefert direkt Hydrazobenzol:

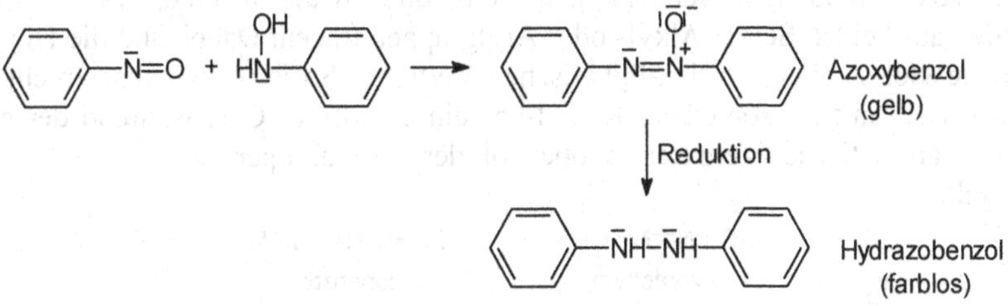

Bei Verwendung von **Lithiumaluminiumhydrid** als Reduktionsmittel erhält man aus Nitrobenzol **Azobenzol**, das durch katalytische Hydrierung in **Hydrazobenzol** überführt werden kann.

$$2 \ H_5C_6-NO_2 \xrightarrow{8\,H} H_5C_6-N{=}N-C_6H_5 + 4\,H_2O$$

Azobenzol
(rot)

14.2.4 Verwendung von Nitroverbindungen

1. Nitroverbindungen sind **Ausgangsstoffe für Amine**.

2. Nitromethan und Nitrobenzol werden als **Lösemittel** verwendet.

3. Handelsübliche Sprengstoffe sind meist Nitroverbindungen oder Salpetersäureester. Der Grund hierfür ist ihre thermodynamische Labilität bei gleichzeitiger hoher kinetischer Stabilität.

Zerfallsgleichungen für **2,4,6-Trinitrotoluol** (TNT) und **Glycerintrinitrat** („Nitroglycerin"):

$$2\ H_3C-C_6H_2(NO_2)_3 \longrightarrow 7\ CO + 7\ C + 5\ H_2O + 3\ N_2 \qquad \Delta H = -940\ kJ/mol \equiv 4\ kJ/g$$

$$4\ C_3H_5(ONO_2)_3 \longrightarrow 12\ CO_2 + 10\ H_2O + 6\ N_2 + O_2$$

Bei der hohen freiwerdenden Energie verdampft das gebildete Wasser, so dass letztendlich z.b. beim Glycerintrinitrat **aus vier Molekülen Flüssigkeit 29 Moleküle Gas entstehen.** Die Verhältnisse beim TNT sind ähnlich. Dies erklärt die extreme Druckwelle (Stoßwelle) die mit diesen Sprengstoffen erzeugt wird.

Wichtige Sprengstoffe für **Explosionen** (Stoßwelle < 1000 m/s) und **Detonationen** (Stoßwelle 2000 - 8000 m/s) sind: Ester, z.B. Cellulosenitrat (Schießbaumwolle), Glycerintrinitrat (als Dynamit, aufgesaugt z.B. in Kieselgur, als Sprenggelatine mit Cellulosenitrat), Pentaerythrit-tetranitrat $C(CH_2ONO_2)_4$; Nitro-Verbindungen wie TNT, Nitroguanidin, Hexogen (1,3,5-Trinitro-1,3,5-triazacyclohexan).

14.3 Azoverbindungen

Unter Azoverbindungen versteht man Verbindungen die an einer **Azo-Gruppe** –N=N– auf beiden Seiten Alkyl- oder Arylgruppen tragen. Dabei sind die Diarylderivate viel stabiler als die aliphatischen Vertreter. So ist Azomethan (nicht zu verwechseln mit Diazomethan, Kap. 14.5) ein explosives Gas, während der einfachste aromatische Vertreter Azobenzol der Grundkörper der **Azofarbstoffe** darstellt.

$$H_3C-N=N-CH_3 \qquad H_5C_6-N=N-C_6H_5$$
$$\text{Azomethan} \qquad\qquad \text{Azobenzol}$$

14.3.1 Herstellung der Azoverbindungen

a) Oxidation von Hydrazinderivaten:

$$H_3C-NH-NH-CH_3 + HNO_2 \longrightarrow H_3C-N=N-CH_3 + NO + H_2O$$

$$H_5C_6-NH-NH-C_6H_5 + NaOBr \longrightarrow H_5C_6-N=N-C_6H_5 + NaBr + H_2O$$

b) Durch Reduktion von Nitrobenzol mit Natriumamalgam oder $LiAlH_4$:

$$2\ H_5C_6-NO_2 \xrightarrow{\ 8\,H\ } H_5C_6-N=N-C_6H_5 + 4\ H_2O$$

c) Durch Kondensation aromatischer Nitrosoverbindungen mit Aminoverbindungen. So lassen sich auch unsymmetrische Azoverbindungen erhalten:

$$Ar^1-NO + H_2N-Ar^2 \longrightarrow Ar^1-N=N-Ar^2$$

d) Durch Azokupplung eines Diazoniumsalzes mit einem elektronenreichen Aromaten. Dies ist ein extrem wichtiger Prozess zur Herstellung so genannter **Azofarbstoffe** (s. Kap. 38). Es handelt sich hierbei um eine elektrophile Aromatensubstitution (s. Kap. 8.1) die in der Regel nur mit aktivierten Aromaten gelingt. Dabei ist zwischen Phenolen und Aminen zu unterscheiden.

1. Kupplung mit Phenolen

Die Reaktion erfolgt in schwach basischem Medium. Dort liegen Phenolat-Anionen vor, d.h. das aromatische System ist stärker aktiviert als im Phenol (vgl. Kap. 12.2). Neben der p-Azoverbindung entsteht auch teilweise die o-Azoverbindung, wie dies nach den Substitutionsregeln zu erwarten ist.

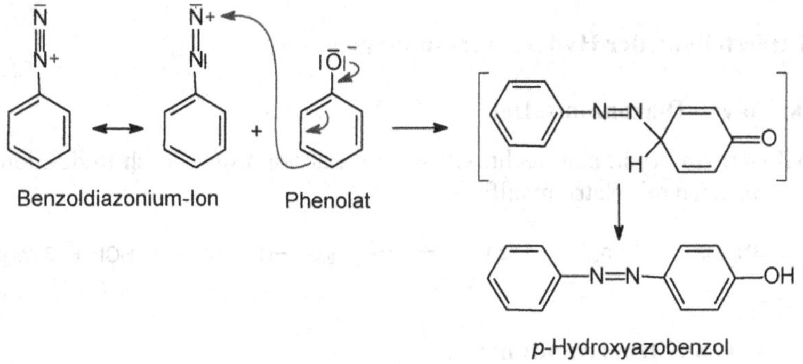

Benzoldiazonium-Ion   Phenolat

p-Hydroxyazobenzol

2. Kupplung mit aromatischen Aminen

Bei Aminen hängt der Reaktionsverlauf vom pH-Wert und der Art des eingesetzten Amins ab. Das elektrophile Diazoniumion wird zunächst am Ort der höchsten Elektronendichte angreifen.

Bei **primären Aminen** (Anilinen) ist dies ist in der Regel der Stickstoff des Anilins. In schwach saurem Medium (z.B. in Essigsäure, AcOH) bildet sich daher bevorzugt das **Triazen**. Dieser Prozess ist jedoch reversibel. Durch Temperaturerhöhung und in Gegenwart stärkerer Säure (z.B. HCl) wird das Triazen wieder gespalten und es bildet sich das Azoprodukt (nicht reversibel). Man darf jedoch nicht zu sauer werden, da sonst alles Anilin protoniert, und als Aniliniumsalz als desaktivierter Aromat nicht mehr angegriffen wird.

Auch bei der Kupplung von Anilinen erhält man ein Gemisch von o- und p-Substitutionsprodukt, auch wenn hier nur das p-Produkt gezeigt ist.

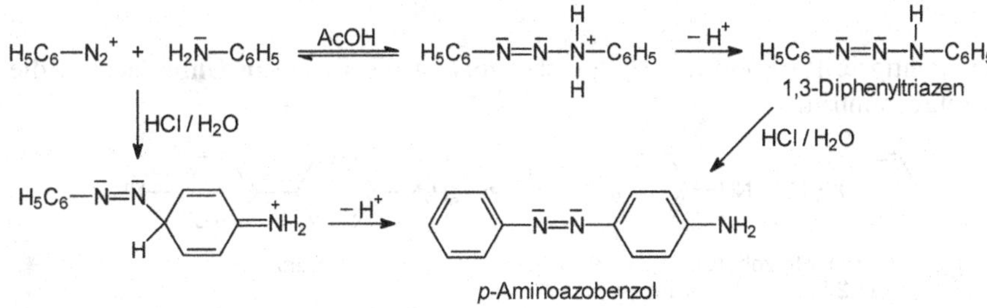

p-Aminoazobenzol

Bei ***N,N*-disubstituierten Anilinen** erfolgt die Kupplung auch in schwach saurem Medium direkt am aromatischen Ring, da eine *N*-Kupplung zu keinem stabilen Produkt führt.

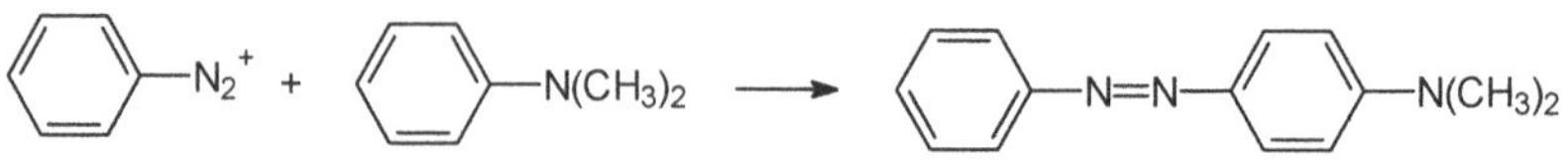

N,N-Dimethylanilin *p*-Dimethylaminoazobenzol

14.4 Hydrazoverbindungen

14.4.1 Herstellung der Hydrazoverbindungen

Reduktion von Diazoniumsalzen

Phenylhydrazin erhält man technisch wie im Laboratorium durch Reduktion von Diazoniumsalzen mit Natriumsulfit:

$$H_5C_6{-}\overset{+}{N}{\equiv}N| \; Cl^- + 2\,Na_2SO_3 + 2\,H_2O \longrightarrow H_5C_6{-}NH{-}NH_2 + HCl + 2\,Na_2SO_4$$

Reduktion von Nitroverbindungen

Symmetrisch disubstituierte aromatische Hydrazine (z.B. Hydrazobenzol) erhält man durch Reduktion aromatischer Nitroverbindungen im Alkalischen (Kap. 14.2.3).

14.4.2 Reaktionen der Hydrazoverbindungen

Phenylhydrazin reagiert mit Carbonylverbindungen unter Bildung gut kristallisierender **Hydrazone** (Kap. 17.1.3). Diese dienten früher zur Identifizierung und Charakterisierung von Carbonylverbindungen.

$$\underset{\text{Phenylhydrazin}}{H_5C_6{-}NH{-}NH_2} + O{=}C\begin{smallmatrix}R'\\ \\ R\end{smallmatrix} \longrightarrow \underset{\text{Phenylhydrazon}}{H_5C_6{-}NH{-}N{=}C\begin{smallmatrix}R'\\ \\ R\end{smallmatrix}} + H_2O$$

Die wichtigste Reaktion des Hydrazobenzols ist die **Benzidin-Umlagerung**, die im Sauren eintritt.

Hydrazobenzol (1,2-Diphenylhydrazin) Benzidin

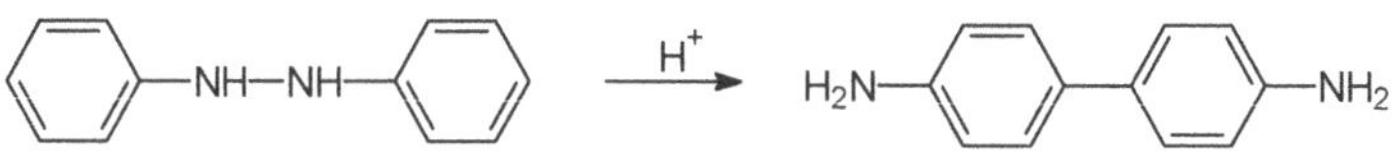

Nach der Protonierung der N-Atome bildet sich ein stark polarer Übergangszustand aus. Die Spaltung der N–N-Bindung und Knüpfung der C–C-Bindung
finden bei der Umlagerung zu Benzidin (4,4'-Biphenyldiamin) gleichzeitig statt.
Diese Reaktion ist ein **[5,5]-sigmatroper suprafacialer Prozess** (s. Kap. 24.4).

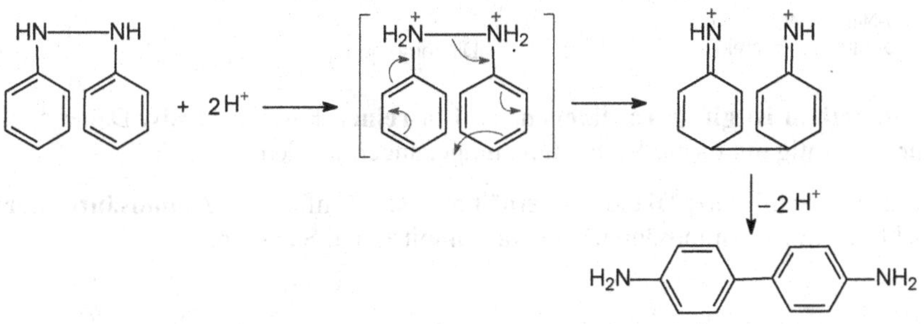

Als Nebenprodukt erhält man das 2,4'-Biphenyldiamin. Bei dessen Bildung wird
die N-N-Bindung zuerst gelöst, bevor es zur C-C-Knüpfung kommt.

Benzidin ist wichtig für die Herstellung von Azofarbstoffen (Kap. 38), es ist jedoch **stark carcinogen**.

14.5 Diazoverbindungen, Diazoniumsalze

14.5.1 Herstellung von Diazo- und Diazoniumverbindungen

Durch **Umsetzung primärer Amine mit Natriumnitrit** im Sauren erhält man
Diazoniumsalze (s. Kap. 14.1.4). Aliphatische Diazoniumsalze sind unbeständig
und zerfallen sofort unter Abspaltung von Stickstoff (Bildung eines Carbeniumions). Aromatische Diazoniumsalze sind hingegen bei Temperaturen unter 5 °C
beständig, und können in einer Reihe weiterer Reaktionen umgesetzt werden.

$$Ar-NH_2 \ + \ HONO \ \xrightarrow{\ HX\ } \ Ar-\overset{+}{N}\equiv N \ X^- \ + \ H_2O$$
$$\text{Diazoniumsalz}$$

Durch Deprotonierung aliphatischer Diazoniumsalze erhält man die etwas stabileren Diazoverbindungen. Verbindungen mit elektronenziehenden Gruppen (z.B.
Diazoester, Diazoketone), welche die Deprotonierung begünstigen, sind daher
besonders stabil.

Diazomethan, eine der wichtigsten Diazoverbindungen, erhält man im Basischen
aus *N*-Nitroso-*N*-methyl-*p*-toluolsulfonamid. Das gebildete Diazomethan wird
zusammen mit Ether kontinuierlich abdestilliert. Die so erhaltene etherische Lösung ist einige Zeit im Kühlschrank haltbar.

$$\text{H}_3\text{C}\!-\!\!\!\bigcirc\!\!\!-\!\text{SO}_2\!-\!\text{N}\!\begin{smallmatrix}\text{CH}_3\\\\\text{NO}\end{smallmatrix} + \text{KOH} \longrightarrow \quad + \text{H}_3\text{C}\!-\!\!\!\bigcirc\!\!\!-\!\text{SO}_3^-\,\text{K}^+ + \text{H}_2\text{O}$$

N-Nitroso-N-methyl-
p-toluolsulfonamid   Diazomethan

Diazomethan ist giftig, carcinogen, und in reiner Form explosiv. Daher sollte sehr vorsichtig mit dieser Verbindung umgegangen werden.

Mesomeriestabilisierte **Diazoester** erhält man sehr einfach aus **Aminosäureestern** (nicht den freien Aminosäuren) mit Natriumnitrit und Salzsäure:

$$\text{H}_2\text{C}\!-\!\text{COOR}\ \ \underset{-\,\text{NaCl},\,-\,2\,\text{H}_2\text{O}}{\overset{+\,\text{NaNO}_2,\,+\,\text{HCl}}{\longrightarrow}}\ \ \left[\ \cdots\ \right]$$

Diazoessigester

Die ebenfalls mesomeriestabilisierten **Diazoketone** erhält man durch Umsetzung von **Säurechloriden** (Kap. 20.1.2.1) mit **Diazomethan.** Dabei greift das negativ polarisierte Kohlenstoffatom des Diazomethans an der Carbonylgruppe des Säurechlorids an.

$$\text{R}\!-\!\overset{\text{O}}{\underset{\text{Cl}}{\text{C}}}\ +\ \overset{\text{H}}{\underset{\text{H}}{\text{C}}}\!-\!\overset{+}{\text{N}}\!\equiv\!\text{N}|\ \xrightarrow{-\,\text{HCl}}\ \left[\ \text{R}\!-\!\overset{\text{O}}{\text{C}}\!-\!\overset{-}{\text{C}}\text{H}\!-\!\overset{+}{\text{N}}\!\equiv\!\text{N}|\ \longleftrightarrow\ \text{R}\!-\!\overset{|\text{O}|^-}{\text{C}}\!=\!\text{CH}\!-\!\overset{+}{\text{N}}\!\equiv\!\text{N}|\ \right]$$

Diazoketon

Diese Reaktion ist ein Schlüsselschritt bei der *Arndt-Eistert*-**Synthese** zur Verlängerung von Carbonsäuren (s. Kap. 14.5.2).

14.5.2 Reaktionen von Diazo- und Diazoniumverbindungen

Umsetzungen aromatischer Diazoniumsalze

Für die vergleichsweise stabilen aromatischen Diazoniumverbindungen gibt es eine Reihe von Umsetzungsmöglichkeiten:

1) Bei der **Azokupplung** werden Diazoniumsalze mit elektronenreichen Aromaten (Phenol- und Anilinderivate) umgesetzt, wobei Azoverbindungen (Kap. 14.3.1) erhalten werden. Besonders wichtig sind hierbei die **Azofarbstoffe** (Kap. 38).

2) Durch *Sandmeyer*-**Reaktion** gelingt in einer **radikalischen Substitutionsreaktion** die Einführung von Chlor, Brom und Cyanid-Substituenten. Hierzu werden die Diazoniumsalze mit den entsprechenden Kupfer(I)-salzen umgesetzt.

$$\overset{+}{Ar-N\equiv N|}\ X^- \xrightarrow{\ CuX\ } Ar-X\ +\ N_2 \qquad X = Cl,\ Br,\ CN$$

Durch Übergang von Cu(I) nach Cu(II) und zurück wird die radikalische Reaktion katalysiert. Im Einzelnen lassen sich folgende Teilschritte formulieren:

$$\overset{+}{Ar-N\equiv N|}\ X^- \xrightarrow[-CuX_2]{+CuX} Ar-\overset{-}{N}=\overset{-}{N}\cdot \xrightarrow[-N_2]{} Ar\cdot \xrightarrow[-CuX]{+CuX_2} Ar-X$$

Zur Herstellung der entsprechenden **Iodverbindungen wird kein Cu(I)-Salz benötigt**, da das Redoxpotential für $2I^-/I_2$ günstig genug liegt, um den Elektronentransfer zu bewerkstelligen.

3) Bei der **Phenolverkochung** werden die Diazoniumsalze **in Wasser erhitzt**. Sie spalten dabei spontan N_2 ab, unter Bildung eines sehr reaktionsfähigen Arylkations, welches dann mit dem Wasser abreagiert.

$$\langle\!\!\bigcirc\!\!\rangle\!-\!\overset{+}{N\equiv N|}\ X^- \xrightarrow[-N_2]{\Delta} \langle\!\!\bigcirc\!\!\rangle^{+}\ X^- \xrightarrow{+H_2O} \langle\!\!\bigcirc\!\!\rangle\!-\!OH\ +\ HX$$

Hinweis: Beim Arylkation befindet sich die positive Ladung in einem sp^2-Orbital senkrecht zum π-System. Es ist daher nicht mesomeriestabilisiert und besonders reaktionsfähig.

Führt man die Reaktion in **Methanol** durch, so erhält man die entsprechenden **Methylether**. Bei höheren Alkoholen beobachtet man Reduktion des Diazoniumsalzes zum aromatischen Kohlenwasserstoff, wobei der Alkohol zum Aldehyd oxidiert wird.

4) Die **Reduktion der Diazoniumsalze zum Kohlenwasserstoff** gelingt am besten mit Hypophosphoriger Säure oder Ameisensäure. Als Gegenion im Diazoniumsalz verwendet man bevorzugt das wenig nucleophile Hydrogensulfat.

$$\langle\!\!\bigcirc\!\!\rangle\!-\!\overset{+}{N\equiv N|}\ HSO_4^-\ +\ H_3PO_2\ +\ H_2O \longrightarrow \langle\!\!\bigcirc\!\!\rangle\!-\!H\ +\ H_2SO_4\ +\ H_3PO_3$$

Durch Reduktion mit Natriumsulfit erhält man Phenylhydrazin (Kap. 14.4.1).

5) Bei der *Balz-Schiemann* **Reaktion** werden Tetrafluoroborate der Diazoniumsalze erhitzt, wobei sich **Fluoraromaten** bilden. Auch diese Reaktion erfolgt unter N_2-Abspaltung und der Bildung eines Arylkations.

$$\langle\!\!\bigcirc\!\!\rangle\!-\!\overset{+}{N\equiv N|}\ BF_4^- \xrightarrow{\Delta} \langle\!\!\bigcirc\!\!\rangle\!-\!F\ +\ BF_3\ +\ N_2$$

Umsetzungen aliphatischer Diazoverbindungen

Durch Protonierung von Diazoverbindungen entstehen instabile Diazoniumsalze, die spontan N_2 eliminieren.

Diazomethan wird wegen seiner großen Reaktivität als **Methylierungsmittel für acide Substanzen** verwendet. So sind Carbonsäuren ($pK_s \approx 4$) und Phenole ($pK_s \approx 10$) in der Lage Diazomethan zu protonieren. Das gebildete Carbeniumion methyliert anschließend das Säureanion.

$$H_2\overset{-}{C}-\overset{+}{N}\equiv N| \xrightarrow[- RCOO^-]{+ RCOOH} H_2\overset{+}{C}-\overset{+}{N}\equiv N| \xrightarrow[- N_2]{} H_3C^+ \xrightarrow{+ RCOO^-} RCOOCH_3$$

Aus Phenolen erhält man so die entsprechenden Methylester. Alkohole ($pK_s \approx 17$) sind nicht mehr acide genug und lassen sich daher so nicht umsetzen.

Die Umsetzung von **Diazomethan mit Säurechloriden liefert Diazoketone**.

Diazomethan findet zudem Anwendung als 1,3-Dipol in **1,3-dipolaren Cycloadditionen** (s. Kap. 6.2.3.2) sowie zur Erzeugung von Carben ($H_2C|$) durch Belichtung (Kap. 23.1.3).

Diazoester werden ebenfalls durch Säuren leicht protoniert. Das unter N_2-Abspaltung gebildete Carbeniumion reagiert mit dem Anion der Säure.

Diazoketone sind zentrale Intermediate bei *Arndt-Eistert*-Synthesen. Schlüsselschritt ist hierbei die **thermische Zersetzung von Diazoketonen**. Unter N_2-Abspaltung bildet sich hierbei ein **Acylcarben**, eine Verbindung mit einem Elektronensextett am Carben-C. Dieses instabile Intermediat lagert sich um durch Wanderung einer benachbarten Alkylgruppe (*Wolff*-Umlagerung) unter Bildung eines Ketens. **Ketene sind sehr reaktionsfähige Carbonsäurederivate** (s. Kap. 19.2.6.1), die leicht Nucleophile addieren. So erhält man bei Umsetzungen in Wasser Carbonsäuren, in Alkoholen Ester und in Gegenwart von Aminen Amide.

$$R-\overset{O}{\underset{}{C}}-\overset{-}{C}H-\overset{+}{N}\equiv N| \xrightarrow[- N_2]{\Delta} R-\overset{O}{\underset{}{C}}-\ddot{C}H \longrightarrow O=C=C\overset{H}{\underset{R}{}} \xrightarrow{HNu} R-CH_2-C\overset{O}{\underset{Nu}{}}$$

Diazoketon   Acylcarben   Keten   Carbonsäurederivate

15 Element-organische Verbindungen

In der präparativen organischen Chemie finden zunehmend Verbindungen Verwendung, die Heteroatome enthalten (B, Si, Li, Cd u.a.). Die Bindungen zwischen Kohlenstoff und den Heteroatomen ähneln in ihren Eigenschaften mehr organischen als anorganischen Bindungen, nicht zuletzt wegen des organischen Restes R. Verbindungen mit den elektropositiven Elementen (Metallen) bezeichnet sie oft als **metallorganische Verbindungen R–M**. In diesem Kapitel soll ein kurzer Überblick über element-organische Verbindungen allgemein gegeben werden, unter besonderer Berücksichtigung ihrer Bedeutung für Synthesen. Nicht besprochen werden u.a. die π-Komplexe der Übergangsmetalle und ähnliche Verbindungen. Es sei jedoch darauf hingewiesen, dass diese Substanzklassen z.B. als Katalysatoren von großer technischer Bedeutung sind (s. Basiswissen I).

15.1 Bindung und Reaktivität

Viele Reaktionen von Verbindungen des Typs R–M zeichnen sich dadurch aus, dass die Heteroelemente nicht im Endprodukt erhalten bleiben, sondern lediglich zur Aktivierung der Reaktionspartner dienen. Dies beruht darauf, dass diese Verbindungen leicht nucleophile Substitutions-Reaktionen eingehen, bei denen die Bindung zwischen dem C-Atom und dem Heteroatom gelöst wird. Ein Blick auf die Elektronegativitäts-Skala zeigt, dass die Elektronegativitäts-Werte für die Heteroatome kleiner sind als der Wert für Kohlenstoff. Die Bindung ist daher polarisiert: **das C-Atom erhält eine negative Partialladung.** Im allgemeinen wächst die chemische Reaktionsfähigkeit mit zunehmendem Ionen-Charakter der M–C-Bindung (abhängig von der Elektronegativität von M). Ionische Bindungen werden mit den stärksten elektropositiven Elementen wie Na und K erhalten. Die meisten Hauptgruppenelemente bilden **kovalente** σ-M–C-Bindungen aus. Dabei entstehen mit Elementen wie Li, B, Al, Be Elektronenmangelverbindungen (s. Basiswissen I).

Verbindungen vom Typ M–CR$_3$ kann man als maskierte **Carbanionen** des Typs R$_3$C$^-$ betrachten. R$_3$C–H selbst ist zu wenig acide, um Carbanionen bilden zu können. Betrachtet man aber die Ladungsverteilung im Halogenalkan $^{\delta+}$R–Hal$^{\delta-}$ und z.B. der daraus hergestellten metallorganischen Verbindung $^{\delta-}$R–Li$^{\delta+}$, so fällt auf, dass der organische Rest R „umgepolt" wurde ($\delta^+ \rightarrow \delta^-$). Reaktivitätsumpolungen dieser Art findet man bei vielen Kohlenstoff-Heteroatom-Verbindungen.

Si und P können negative Ladungen an benachbarten C-Atomen besonders gut stabilisieren; charakteristisch hierfür sind die **Phosphorylide** und **-ylene**. Ihre Bildung wird durch die acidifizierende Wirkung der Phosphonium-Gruppierung erleichtert (Kap. 15.4.5)

$$RCH_2\overset{+}{—}PPh_3 \;\; Br^- \xrightarrow{\text{Base}} R\overset{-}{C}H\overset{+}{—}PPh_3 \longleftrightarrow RCH{=}PPh_3$$

Phosphonium-Salz   Phosphor-Ylid   Phosphor-Ylen

15.2 Synthetisch äquivalente Gruppen

Aus synthetischer Sicht ist es häufig wünschenswert die Polarität einer Kohlenstoff-X-Bindung umzukehren, um mit ein und demselben Baustein sowohl elektrophile als auch nucleophile Reaktionen durchführen zu können. Hierbei haben sich metallorganische Reagenzien besonders bewährt.

Eine besondere Bedeutung hat die **Umpolung der Carbonylgruppe**.

Carbonylgruppen haben am C-Atom ein elektrophiles Zentrum, das bei den charakteristischen Additionsreaktionen nucleophil angegriffen wird (s. Kap. 17). **Nach Umpolung erhalten wir am C-Atom ein nucleophiles Zentrum, das nunmehr seinerseits nucleophil angreifen kann.** Da sich die Carbonylgruppe selbst nicht umpolen lässt, benötigt man ein synthetisches Äquivalent einer nucleophilen Carbonylgruppe. Hierbei haben sich die **cyclischen Dithioacetale** hervorragend bewährt, die man aus den entsprechenden Carbonylverbindungen und Diolen erhält.

Formaldehyd polymerisiert als Reinsubstanz rasch (s. Kap. 17.1.2), daher stellt man das Dithioacetal aus dem Dimethylacetal (Methylal) her. Metallierung mit der sehr starken Base *n*-Butyllithium ergibt ein **nucleophiles (!)** Formaldehyd-Derivat. Beachte die Umpolung des Carbonyl-C-Atoms als Folge der Lithiierung! Reaktion mit R–Hal und nachfolgende Hydrolyse gibt einen Aldehyd. Dithioacetale lassen sich nicht wie ‚normale Acetale' nur mit Säure spalten, da der Schwefel nucleophiler ist als der Sauerstoff im Wasser, das zur Spaltung benötigt wird (s. Kap. 13). Man setzt daher Hg-Salze zu, die das abgespaltene Thiol als unlösliches Hg-Salz (Mercaptid) ausfällen, und dadurch das Gleichgewicht verschieben.

15.3 Eigenschaften elementorganischer Verbindungen

Oft ist es notwendig, elementorganische Verbindungen unter Schutzgas-Atmosphäre zu handhaben (meist unter N_2 oder Ar), da sie in der Regel oxidations- oder hydrolyseempfindlich sind. Manche sind sogar selbstentzündlich. Bei weniger reaktiven Verbindungen und Ether als Lösemittel genügt das über der Lösung befindliche „Ether-Polster".

15.4 Beispiele für elementorganische Verbindungen (angeordnet nach dem Periodensystem)

15.4.1 I. Gruppe: Lithium

Einfache Verbindungen wie Phenyllithium erhält man durch Reaktion von metallischem Lithium mit Halogenverbindungen (**Halogen-Metall-Austausch**).

$$C_6H_5Br + 2\,Li \longrightarrow C_6H_5Li + LiBr$$

Eine weitere Methode ist der **Metall-Metall-Austausch (Transmetallierung, Ummetallierung)**:

$$4\,C_6H_5Li + (CH_2{=}CH_2)_4Sn \longrightarrow 4\,H_2C{=}CHLi + (C_6H_5)_4Sn$$

Li-organische Verbindungen werden im technischen Maßstab außerdem hergestellt durch Addition von Lithiumorganylen an Alkene:

$$R{-}Li + CH_2{=}CH_2 \longrightarrow R{-}CH_2{-}CH_2Li$$

Das tetramere Methyllithium $(CH_3Li)_4$ sowie Butyllithium werden häufig als **starke Basen und Nucleophile** bei Synthesen verwendet. **Sie sind reaktiver als** *Grignard*-**Verbindungen.**

15.4.2 II. Gruppe: Magnesium

Für Synthesen von besonderer Bedeutung sind die *Grignard*-Verbindungen. Sie werden meist durch Umsetzung von Alkyl- oder Arylhalogeniden mit metallischem Magnesium hergestellt (**Halogen-Metall-Austausch**). Die Reaktion wird gewöhnlich in wasserfreiem Ether durchgeführt, in dem (vermutlich) solvatisierte monomere RMgX-Moleküle (als Ether-Komplex) vorliegen. Mit zunehmender Konzentration treten auch Dimere und stärker assoziierte Aggregate auf:

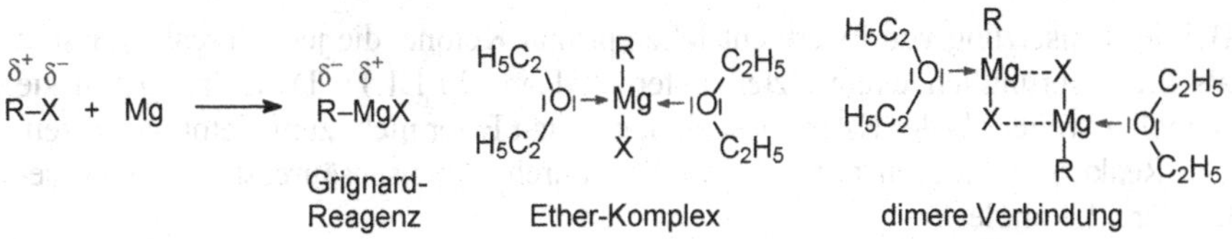

Die Kohlenstoff-Magnesium-Bindung ist erwartungsgemäß stark polarisiert, wobei der Kohlenstoff die negative Teilladung trägt. *Grignard*-**Verbindungen sind daher nucleophile Reagenzien**, die mit elektrophilen Reaktionspartnern nucleophile Substitutionsreaktionen eingehen. **Vereinfacht betrachtet greift das Carbanion R|⁻ am positivierten Atom des Reaktionspartners an.**

1. Reaktionen von Verbindungen mit aktivem Wasserstoff

Substanzen wie Wasser, Alkohole, Amine, Alkine und andere C–H-acide Verbindungen zersetzen *Grignard*-Verbindungen unter Bildung von Kohlenwasserstoffen. Dies gilt ganz allgemein für metallorganische Verbindungen. Durch volumetrische Bestimmung des entstandenen Alkans kann man den aktiven **Wasserstoff quantitativ erfassen** *(Zerewitinoff-Reaktion)*. Durch Schutz der OH-Gruppe von Alkoholen, z.B. als Ether (s. Kap. 12.3), lässt sich die Zersetzungsreaktion vermeiden.

$$CH_3{-}MgBr + H_2O \longrightarrow CH_4 + Mg(OH)Br$$

$$CH_3{-}MgBr + ROH \longrightarrow CH_4 + Mg(OR)Br$$

2. Addition an Verbindungen mit polaren Mehrfachbindungen

Reaktion mit Aldehyden und Ketonen

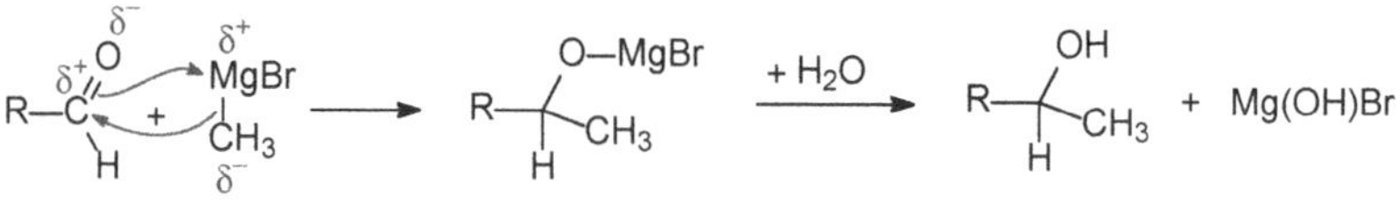

Bei Verwendung von Formaldehyd erhält man primäre Alkohole. Andere Aldehyde ergeben sekundäre Alkohole; Ketone liefern tertiäre Alkohole.

Reaktion mit Kohlendioxid

Die Umsetzung von *Grignard*-Verbindungen mit Kohlendioxid führt zur Bildung von Carbonsäuren.

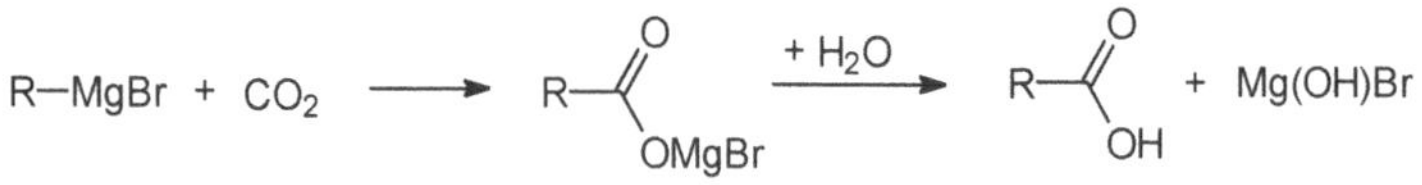

Reaktion mit Estern

Bei der Umsetzung von Estern entstehen primär Ketone, die jedoch reaktiver sind als die ursprünglich eingesetzten Ester (s. Kap. 20.1.1.1). Daher reagieren sie schneller weiter als der Ester. Deshalb kann man Ester nicht zum Keton umsetzen. Die Reaktion geht zum tertiären Alkohol durch. Ameisensäureester ergeben sekundäre Alkohole.

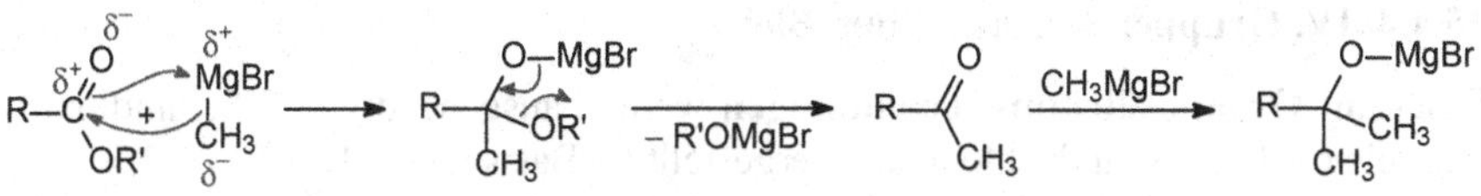

Reaktion mit Nitrilen

Bei der Umsetzung von Nitrilen kann das intermediär gebildete Magnesium-Salz nicht zerfallen wie bei den Estern, sondern das Keton bildet sich erst bei der wässrigen Aufarbeitung. Unter diesen Bedingungen zersetzt sich jedoch auch die *Grignard*-Verbindung, so dass keine weitere Reaktion am Keton erfolgen kann. **Die Umsetzung von Nitrilen ist eine gute Möglichkeit zur Herstellung von Ketonen.**

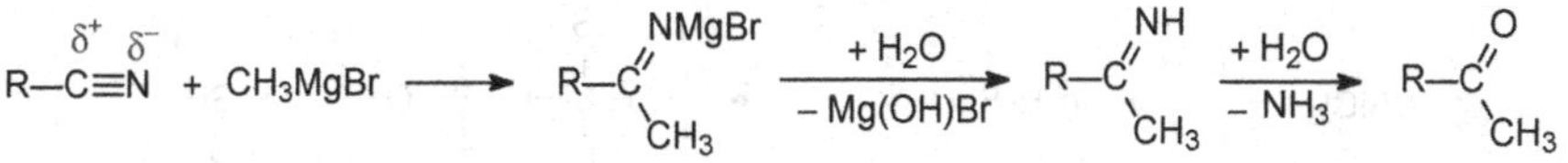

Substitutionsreaktion

Die wichtigste Substitutionsreaktion ist die '**Ummetallierung**' zur Herstellung anderer elementorganischer Verbindungen aus Metall- bzw. Nichtmetallhalogeniden.

$$R-MgCl \; + \; Z-Cl \longrightarrow R-Z \; + \; MgCl_2$$

Beispiel:

$$3 \, H_5C_2MgCl \; + \; PCl_3 \longrightarrow P(C_2H_5)_3 \; + \; 3 \, MgCl_2$$

15.4.3 III. Gruppe: Bor, Aluminium

Bor: Bor-organische Verbindungen und dabei vor allem die Trialkylborane sind reaktive Zwischenprodukte bei organischen Synthesen, da sich Borane leicht an Alkene addieren (vgl. **Hydroborierung**, Kap. 6.1.3). Von großer Bedeutung sind auch Reduktionen mit B_2H_6 oder $NaBH_4$ (s. Kap. 17.1.1).

Die Produkte der Hydroborierung können entweder durch Hydrolyse oder durch Oxidation aufgearbeitet werden:

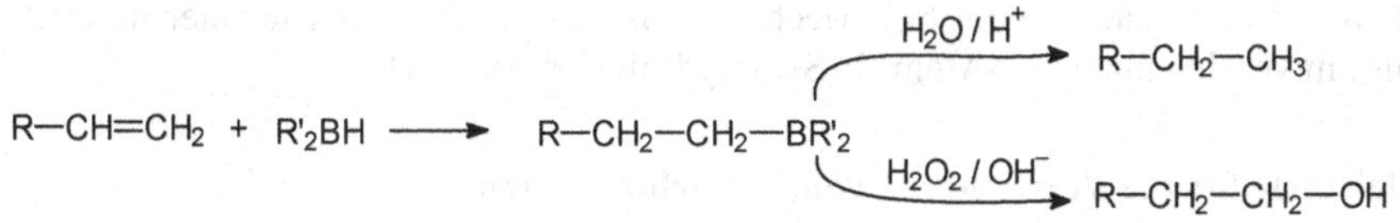

Aluminium: Aluminiumorganyle können durch Reaktion von Halogenalkanen mit Aluminium gewonnen werden. Aluminiumtrialkyle werden z.B. als Katalysatoren bei Polymerisationen verwendet.

15.4.4 IV. Gruppe: Silicium, Zinn, Blei

Silicium: Organosilicium-Verbindungen werden ausgehend von Siliciumdioxid über elementares Si und Chlorsilane hergestellt (s. Basiswissen I):

$$SiO_2 + C \xrightarrow[-CO]{} Si \xrightarrow[-H_2]{+3\,HCl} HSiCl_3 \xrightarrow{R-CH=CH_2} R-CH_2-CH_2-SiCl_3$$

Chlorsilane sind nicht nur reaktive Zwischenprodukte zur Herstellung von Organosilicium-Verbindungen, sondern auch Ausgangsmaterial für die Produktion von **Siliconen:**

Müller-Rochow-Synthese: $2\ R-Cl\ +\ Si\ \xrightarrow{(Cu)}\ R_2SiCl_2$ (R = Alkyl, Aryl)

$$n\ R_2SiCl_2 \xrightarrow[-HCl]{+H_2O} n\ R_2Si(OH)_2 \longrightarrow \left(-O-\underset{R}{\overset{R}{Si}}-O-\underset{R}{\overset{R}{Si}}-O-\underset{R}{\overset{R}{Si}}-O-\underset{R}{\overset{R}{Si}}- \right)_{\frac{n}{4}}$$

Dichlorsilan   Silandiol   Silicon

Die hochmolekularen Produkte werden eingeteilt in Siliconöle (ölige Flüssigkeiten), Siliconkautschuk (gummiartig) und Siliconharze (Festkörper). Sie sind gegen chemische Einwirkungen sehr widerstandsfähig und zeigen eine hohe Thermostabilität.

Vergleich von Si und C als Bindungspartner

1. Die Bindungsenergien für Si–O-, Si–Cl- und Si–F-Bindungen sind größer als für C–O-, C–Cl- und C–F-Bindungen. Die C–Si-Bindung ist schwächer als eine C–C- oder C–H-Bindung.

2. Eine Si–C-Bindung stabilisiert ein Carbanion in **α-Position,** und ein Carbokation in **β-Position:**

$$R_3Si-\overset{/}{\underset{\backslash}{C}}|^- \qquad R_3Si-\overset{|}{\underset{|}{C}}-\overset{/}{\underset{\backslash}{C}}+$$

3. $R_3Si^{\delta+}-H^{\delta-}$ addiert sich an Alkene in einer *anti-Markownikow*-Reaktion (vgl. Hydroborierung, Kap. 6.1.3).

4. Reaktionen nach einem S_N2-Mechanismus sind am Si-Atom leichter möglich als am vergleichbaren C-Atom (R_3SiCl hydrolysiert rascher).

Beispiele für die Verwendung von Si-Verbindungen

Die Trimethylsilyl-Gruppe $(CH_3)_3Si$- wird häufig als **Schutzgruppe** oder **als aktivierende Gruppe verwendet.** Sie lässt sich leicht in ein Molekül einführen, ist relativ stabil und zudem wieder einfach zu entfernen (z.B. mit F^--Ionen). Das thermisch stabile $(CH_3)_3SiN_3$ wird anstelle der nicht ungefährlichen Stickstoffwasserstoffsäure (HN_3) für Synthesen verwendet.

Zur Einführung der Nitril-Gruppe bietet sich $(CH_3)_3SiCN$ an, das bei der Addition an Keto-Gruppen bessere Ausbeuten als HCN liefert (Cyanhydrin-Synthese Kap. 17.2.1).

Beispiele für Reaktionen mit Si-Verbindungen

Peterson-Olefinierung: Eine zur *Wittig*-Reaktion (s. u.) analoge Alken-Synthese ist die *Peterson*-Olefinierung. Man geht dabei von **β-Hydroxysilanen** aus, die in einer β-Eliminierung unter sauren oder basischen Bedingungen in Olefine überführt werden. **Die Reaktionen verlaufen stereospezifisch;** die Olefine werden in 97- 100%iger Isomeren-Reinheit erhalten.

Beispiel: Synthese von *cis*- oder *trans*-4-Octen

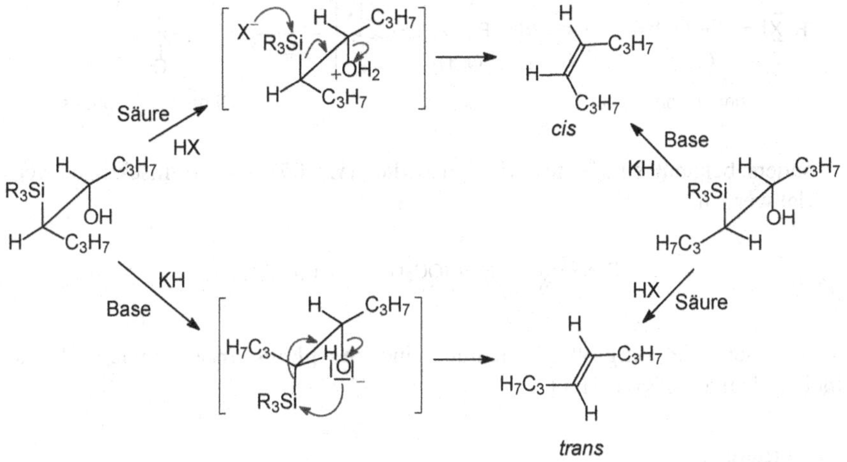

Die benötigten β-Hydroxysilane können auf verschiedenen Wegen hergestellt werden. Eine Möglichkeit bietet die Ringöffnung von Epoxysilanen mit Organokupfer-Reagenzien (s. u.).

Zinn: Die C–Sn-Bindung unterscheidet sich in ihrer Reaktivität von der C–Si-Bindung; sie ist stärker polar und daher leichter zu spalten. Bei bestimmten Syntheseproblemen ist es deshalb zweckmäßig, statt einer Si-Verbindung die analoge Sn-Verbindung einzusetzen. Einige Zinnorganyle dienen als Fungizide und Stabilisatoren für Polymere.

Blei: Eine wichtige metallorganische Verbindung war früher das **Tetraethylblei** als Antiklopfmittel im Benzin. Man erhält es, wie andere metallorganische Verbindungen auch, durch Halogen-Metall-Austausch:

$$4\,NaPb + 4\,C_2H_5Cl \longrightarrow Pb(C_2H_5)_4 + 3\,Pb + NaCl$$

15.4.5 V. Gruppe: Phosphor

Die Alkylphosphane RPH_2, R_2PH und R_3P sind oxidationsempfindlich und oft selbstentzündlich. Sie sind **schwächere Basen, aber nucleophiler** als die analogen Amine, und sie bilden stabile Übergangsmetallkomplexe.

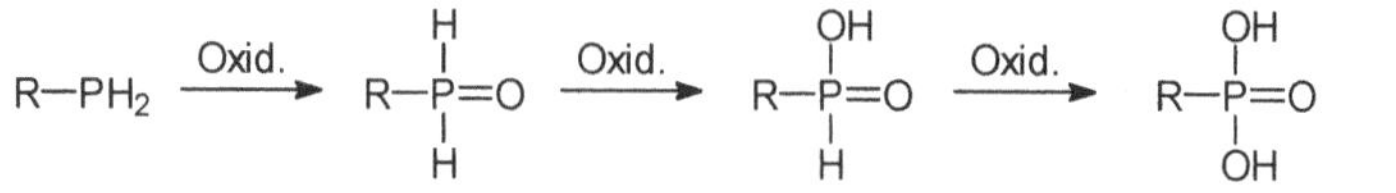

Phosphan   Phosphanoxid   Phosphinsäure   Phosphonsäure

Ester von Phosphin- und Phosphonsäuren sind durch *Michaelis-Arbusow*-Reaktion erhältlich. Hierbei werden Alkylhalogenide z.B. mit Trialkylphosphiten (Phosphorigsäure-trialkylester) umgesetzt.

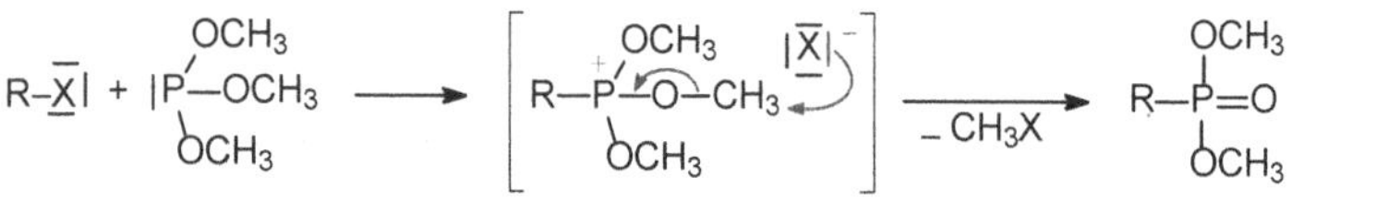

Trimethylphosphit   Dimethylphosphonat

Besonders bekannt sind Ester wie **Parathion** (**E 605**), die als Insektizide verwendet werden.

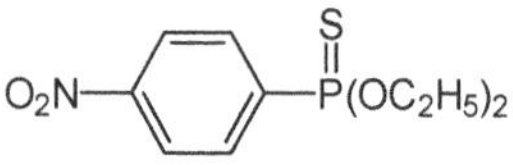

Parathion

In der Biochemie von großer Bedeutung sind **Phosphorsäureester** wie ATP, die Nucleotide u.a. (s. Kap. 31.1).

Wittig-Reaktion

Quartäre Phosphoniumhalogenide mit α-ständigem H-Atom werden durch starke Basen (z.B. *n*-Butyllithium) in **Alkyliden-phosphorane** überführt. Diese sind mesomeriestabilisiert **(Ylid-Ylen-Struktur)** mit einer stark polarisierten P=C-Bindung.

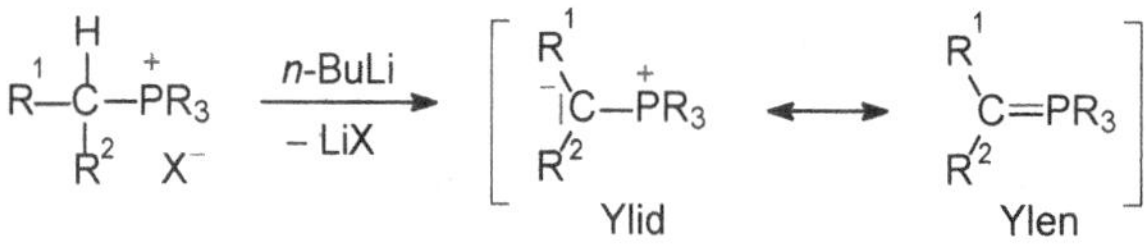

Ylid   Ylen

Wichtigste Reaktion dieser **Phosphor-Ylide** ist die **Carbonyl-Olefinierung nach** *Wittig*. Hierzu stellt man zunächst in zwei Schritten ein Alkylidenphosphoran (*„Wittig-Reagenz"*) her. Das *Wittig*-Reagenz reagiert mit der Carbonylgruppe unter Bildung einer neuen C–C-Bindung entsprechend den Polaritäten der Reaktionspartner. Unter Abspaltung von Triphenylphosphanoxid erhält man ein Alken.

$$R-CH_2-Br \; + \; |P(C_6H_5)_3 \xrightarrow{\;S_N2\;} R-CH_2-\overset{+}{P}(C_6H_5)_3 \;\; \overset{Br^-}{\underset{-\,LiBr}{\xrightarrow{\;n\text{-BuLi}\;}}} \; R-CH_2=P(C_6H_5)_3$$

Triphenylphosphan 'Phosphonium-Salz' Alkylmethylen-triphenylphosphoran

$$\begin{array}{c}\overset{\delta^+}{R'}-CH=\overset{\delta^-}{O} \\ + \\ R-\overset{+}{\underset{}{C}H_2}-\overset{+}{P}(C_6H_5)_3\end{array} \longrightarrow \begin{array}{c} R'-HC-O \\ \;\;\;\;\;| \quad\; | \\ R-HC-P(C_6H_5)_3 \end{array} \longrightarrow \begin{array}{c} R'-CH \\ \;\;\;\| \\ R-CH \end{array} + \begin{array}{c} O \\ \| \\ P(C_6H_5)_3 \end{array}$$

'Phosphooxetan' Alken 'Phosphanoxid'

Bei Verwendung **nicht-stabilisierter Ylide** (R = Alkyl) bilden sich überwiegend (*Z*)-Alkene, während mit **stabilisierten Yliden** (R = COOR, COR, CN, etc.) mit hoher Stereoselektivität die entsprechenden (*E*)-**konfigurierten Alkene** gebildet werden (s.a. *Peterson*-Olefinierung). Von stabilisierten Yliden spricht man, wenn die negative Ladung am C-Atom durch elektronenziehende Gruppen stabilisiert wird.

Die Reaktion verläuft auch mit R = H und liefert somit aus Aldehyden terminale Alkene, RCH=CH$_2$. Diese Übertragung der Methylengruppe gelingt auch mit Ketonen, die sich ansonsten nicht umsetzen lassen.

Horner-Wadsworth-Emmons-Reaktion

Eng verwandt mit der *Wittig*-Reaktion ist die Olefinierung nach ***Horner, Wadsworth*** und ***Emmons***. Hierbei geht man von den entsprechenden Phosphonsäureestern aus, die man über *die Michaelis-Arbuzov*-Reaktion erhält. Bei Verwendung ‚stabilisierter' Phosphonsäureester erhält man auch hier mit hoher Selektivität die (*E*)-konfigurierten Produkte. Ein Vorteil der *Horner-Wadsworth-Emmons*-Reaktion gegenüber der *Wittig*-Reaktion ist die Tatsache, **dass sich normalerweise auch Ketone umsetzen lassen.** Außerdem bildet sich ein wasserlöslicher Phosphorsäuredialkylester, der leicht abgetrennt werden kann.

$$P(OCH_3)_3 \; + \; Br-CH_2-COOR \longrightarrow \overset{O}{\overset{\|}{(CH_3O)_2P}}-CH_2-COOR$$

$$\overset{O}{\overset{\|}{(CH_3O)_2P}}-CH_2-COOR \; + \; R'CHO \xrightarrow{\;NaH\;} \underset{\underset{H}{|}}{\overset{\overset{H}{|}}{R'{\diagdown}C\!=\!C{\diagup}COOR}} \; + \; \overset{O}{\overset{\|}{(CH_3O)_2P}}-OH$$

'Phosphonsäureester' (*E*)-Alken Phosphorsäure-dimethylester

15.4.6 I. Nebengruppe: Kupfer

Aus Kupfer(I)-iodid und Alkyllithium-Verbindungen (z.B. BuLi) lassen sich leicht Li-Alkyl-Kupfer-Verbindungen, sog. **Cuprate,** herstellen.

$$2 \; C_4H_9Li \; + \; CuI \longrightarrow (C_4H_9)_2CuLi$$

Sie werden (ebenso wie die Cd-Verbindungen) zur **Herstellung von Ketonen aus Säurechloriden** benutzt.

$$2\ R\overset{O}{\underset{Cl}{\diagdown\!\!\!\diagup}}\ +\ (C_4H_9)_2CuLi\ \longrightarrow\ 2\ R\overset{O}{\underset{C_4H_9}{\diagdown\!\!\!\diagup}}\ +\ CuCl\ +\ LiCl$$

Die wichtigsten Reaktionen der Cuprate sind **1,4-Additionen** (*Michael*-Additionen) **an α,β-ungesättigte Carbonylverbindungen** (s. Kap. 17.3.8). Im Gegensatz zu anderen metallorganischen Reagenzien (RLi, RMgX, etc.) beobachtet man bei den Cupraten keinen Angriff an der Carbonylgruppe (1,2-Addition). Daher ist dies eine sehr häufig angewendete C-C-Knüpfungsreaktion.

$$(C_4H_9)_2CuLi\ +\ CH_2\!\!=\!\!CH\overset{O}{\overset{\|}{-}}C\!\!-\!\!R\ \longrightarrow\ H_9C_4\!\!-\!\!CH_2\!\!-\!\!CH\overset{OLi}{\overset{|}{=}}C\!\!-\!\!R\ +\ H_9C_4Cu$$

$$\downarrow H_2O$$

$$H_9C_4\!\!-\!\!CH_2\!\!-\!\!CH_2\overset{O}{\overset{\|}{-}}C\!\!-\!\!R$$

Bei dieser Reaktion wird nur ein Alkylrest übertragen. Bei einfachen Cupraten ist dies nicht problematisch. Hat man jedoch viel Arbeit in die Synthese der Alkyllithiumverbindung gesteckt, möchte man nicht die Hälfte des Reagenzes verlieren. Man verwendet in diesen Fällen so genannte **gemischte Cuprate**, die zwei verschiedene Reste tragen, von denen einer nicht übertragen wird.

Eine weitere Spezialität von Cupraten sind **Epoxidöffnungen unter C-C-Knüpfung**. Auf diese Weise lassen sich z.B. auch die für die *Peterson*-Synthese benötigten β-**Hydroxysilane** aus Epoxysilanen erhalten. Dazu geht man von einem geeigneten Alken aus, das zuerst mit *m*-Chlorperbenzoesäure (MCPBA) in ein Epoxid (Oxiran) überführt wird (s. Kap. 6.1.3). Das Cu-Reagenz ‚alkyliert‘ die Verbindung unter Ringöffnung zu einem Alkohol. Der Angriff erfolgt **regio- und stereospezifisch an der α-Position zur Silyl-Gruppe**.

analog:

15.4.7 II. Nebengruppe: Zink, Cadmium, Quecksilber

Zink:

Reformatsky-**Reaktion** (s.a. Kap. 20.2.1.4). Im Gegensatz zu Alkyllithium- und *Grignard*-Verbindungen reagieren Zinkverbindungen **nur noch mit den reaktionsfähigen Carbonylverbindungen** wie etwa Aldehyde und Ketone. Ester werden hingegen nicht mehr angegriffen. Daher lassen sich Zinkverbindungen in Gegenwart von Estergruppierungen erzeugen und umsetzen.

$$Zn \ + \ Br—CH_2—COOR \ \longrightarrow \ BrZn—CH_2—COOR$$

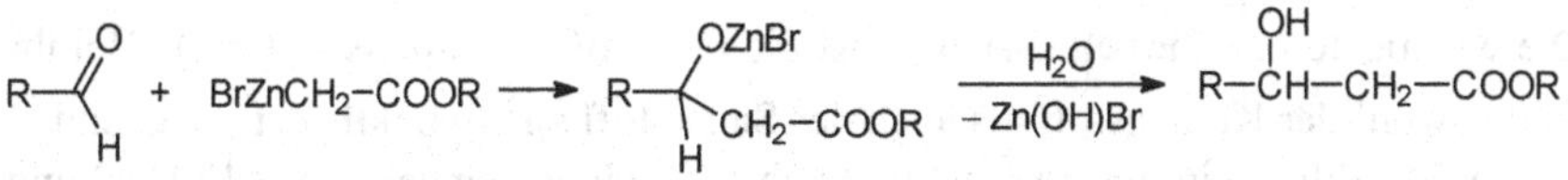

Eine weitere Anwendung ist die *Simmons-Smith*-**Reaktion** (s. Kap. 6.2.1) zur Synthese von Cyclopropanderivaten aus Alkenen, Diiodmethan und einer Zn–Cu-Legierung.

$$CH_2I_2 \ + \ Zn \ \longrightarrow \ I–CH_2–Zn–I$$

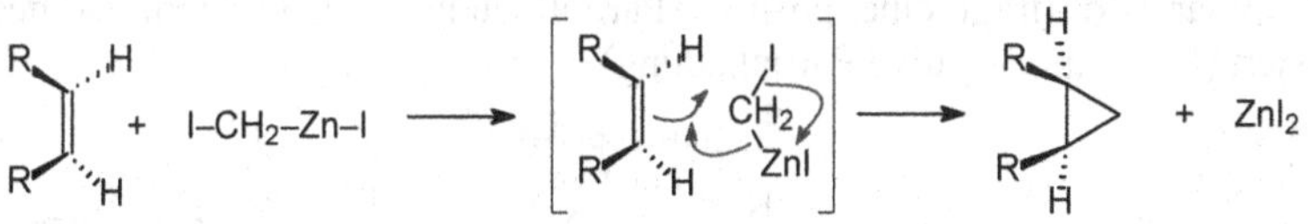

Cadmium:

Cadmium-organische Verbindungen kann man verwenden zur **Synthese von Ketonen aus Acylhalogeniden.** Die Reaktion bleibt auf dieser Stufe stehen, denn R'$_2$Cd ist zu wenig reaktiv, um das gebildete Keton anzugreifen (Unterschied zur Reaktion von *Grignard*-Verbindungen!).

Quecksilber:

Quecksilber-organische Verbindungen können durch **Ummetallierung** hergestellt werden und dienen bei Synthesen zu Alkylierungen. Sie sind **giftig.** Eine bekannte Anwendung ist die Saatgutbehandlung mit Hg-haltigen Beizmitteln zur Abtötung von Sporen oder Pilzen.

Verbindungen mit ungesättigten funktionellen Gruppen

Die Carbonyl-Gruppe

Die wichtigste **funktionelle Gruppe** ist die **Carbonylgruppe** $R^1R^2C=\overline{\underline{O}}$. Bei ihr sind sowohl der Kohlenstoff als auch der Sauerstoff **sp²-hybridisiert**. R, C und O liegen demzufolge in einer Ebene und haben Bindungswinkel von $\approx 120°$. C und O sind durch eine Doppelbindung miteinander verbunden.

Der Unterschied zwischen einer C=C- und einer C=O-Doppelbindung besteht darin, **dass die Carbonylgruppe polar** ist, aufgrund der höheren Elektronegativität des Sauerstoffs. Die Carbonylgruppe besitzt daher am Kohlenstoff ein elektrophiles und am Sauerstoff ein nucleophiles Zentrum, d.h. das C-Atom ist positiv polarisiert (trägt eine positive Partialladung), das O-Atom ist negativ polarisiert (trägt eine negative Partialladung).

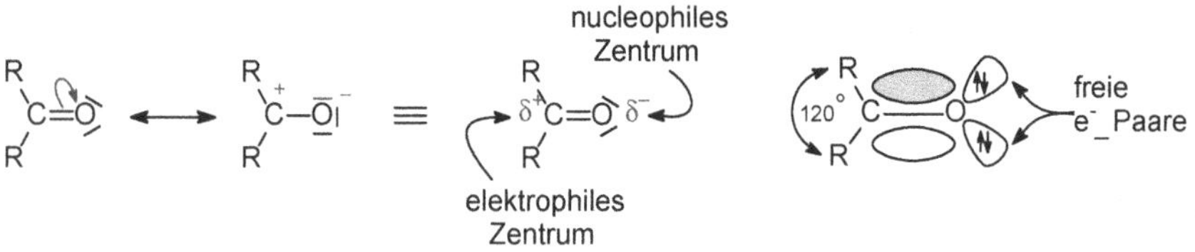

Carbonylverbindungen lassen sich wie folgt nach steigender Reaktivität ordnen:

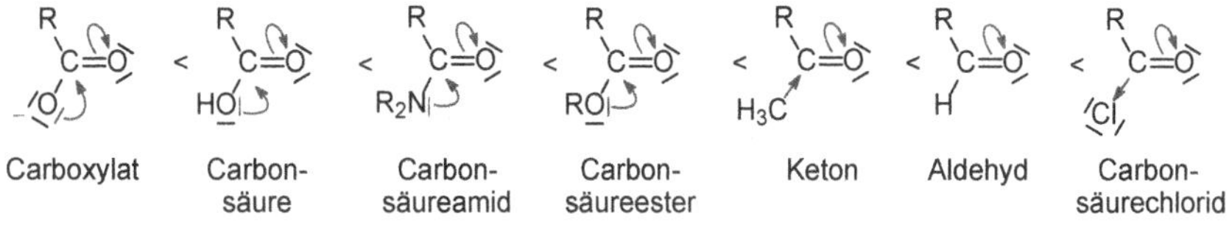

| Carboxylat | Carbon-säure | Carbon-säureamid | Carbon-säureester | Keton | Aldehyd | Carbon-säurechlorid |

Die **Reaktivität** der Carbonylgruppe beruht auf der **Polarität der C-O-Bindung**. Reaktionen an der Carbonylgruppe sind in der Regel Angriffe von Nucleophilen am positivierten C-Atom. Die Reaktionsgeschwindigkeit wird daher umso höher sein, je größer die Elektrophile des Carbonyl-C ist. Elektronenschiebende Gruppen erniedrigen die positive Partialladung und somit die Reaktionsgeschwindigkeit, während elektronenziehende Gruppen an der Carbonylgruppe deren Reaktivität erhöhen.

Heteroatom-Substituenten an der Carbonylgruppe wirken in der Regel induktiv (–I-Effekt) und mesomer unter Beteiligung ihres freien Elektronenpaars (+M-Effekt) (s.a. Kap. 2.5.4).

Den **stärksten desaktivierenden** Effekt hat die **Carboxylatgruppe** mit ihrer negativen Ladung. Carboxylate lassen sich daher nur noch mit den reaktivsten Nucleophilen, wie etwa Alkyllithium-Verbindungen (s. Kap. 15.4.1) umsetzen.

Da Nucleophile in der Regel auch basische Eigenschaften haben, werden **Carbonsäuren** unter den Reaktionsbedingungen ebenfalls **deprotoniert** und somit desaktiviert.

Stickstoff ist im Vergleich zum Sauerstoff weniger elektronegativ. Daher hat ein N-Substituent einen geringeren –I-Effekt und einen höheren +M-Effekt als ein O-Substituent. **Carbonsäureamide sind daher weniger reaktionsfähig als Ester.**

Bei den ‚**höheren Halogenen**' überwiegt der **–I-Effekt** den **+M-Effekt**. Säurehalogenide sind somit **besonders reaktionsfähig**, und reaktiver als z.B. Aldehyde.

Alkylgruppen besitzen einen schwachen **+I-Effekt**. Somit sind **Ketone** etwas **weniger reaktionsfähig als Aldehyde**. Diese elektronischen Effekte sind jedoch relativ gering. Vielmehr spielen hier auch sterische Aspekte eine große Rolle.

Dies wird verständlich wenn man bedenkt, dass bei allen Additionen an die Carbonylgruppe primär eine **Carboxylatgruppe** gebildet wird, aus der heraus weitere Folgereaktionen ablaufen. Die verschiedenen Carbonylverbindungen unterscheiden sich in eben diesen Folgereaktionen. Daher kann man unterscheiden zwischen den Umsetzungen von Aldehyden und Ketonen und denen der Carbonsäurederivate.

$$Nu^- \; + \; \underset{X}{\overset{R}{C}}{=}O \longrightarrow Nu{-}\underset{X}{\overset{R}{C}}{-}\bar{O}| ^- \longrightarrow \text{Folgeprodukte}$$

tetrahedrale
Zwischenstufe

Anmerkung: ‚tetrahedral' bedeutet, dass vier miteinander verbundene Atome eine Tetraeder-Struktur bilden.

16 Aldehyde, Ketone und Chinone

16.1 Nomenklatur und Beispiele

Aldehyde und Ketone sind primäre Oxidationsprodukte der Alkohole. Sie haben die Carbonylgruppe gemeinsam. Bei einem **Aldehyd** trägt das C-Atom dieser Gruppe ein *H*-Atom und ist mit einem zweiten C-Atom verbunden (Aldehyd = *Al*cohol *dehydrogenatus*). Beim Keton ist das Carbonyl-C-Atom mit zwei weiteren C-Atomen verknüpft. (Beachte: Ein Lacton ist kein Keton!)

Aldehyde tragen die Endsilbe –al, angefügt an den systematischen Namen, Ketone die Endung -on. Für Aldehyde werden jedoch meist noch Trivialnamen verwendet, die von der entsprechenden Carbonsäure abgeleitet sind. Ketone werden oft benannt indem man an die beiden Reste (in alphabetischer Reihenfolge) die Endung '-keton' anhängt.

Beispiele:

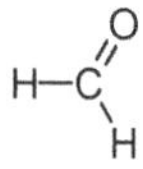

Formaldehyd	Acetaldehyd	Butyraldehyd	Isobutyraldehyd	Benzaldehyd
Methanal	Ethanal	Butanal	2-Methylpropanal	

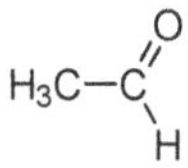

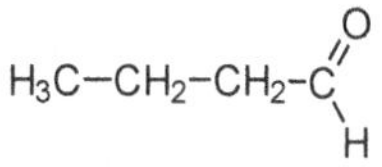

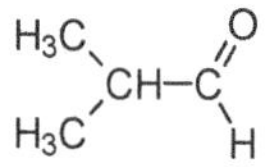

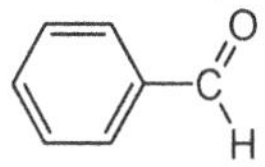

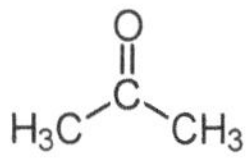

Aceton	Methylvinylketon	Cyclohexanon	Acetophenon	Benzophenon
2-Propanon			Methylphenylketon	Diphenylketon

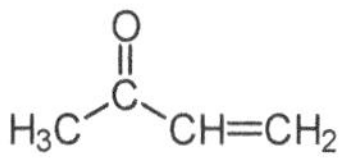

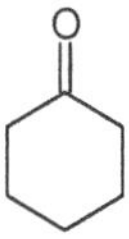

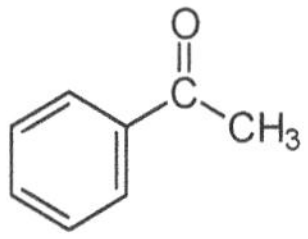

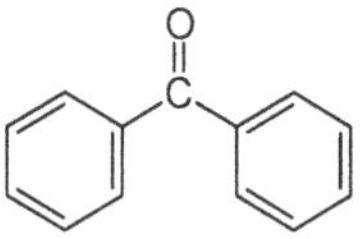

Chinone nennt man Verbindungen, die **zwei Carbonyl-Funktionen in cyclischer Konjugation enthalten.**

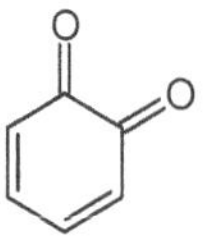

o-Benzochinon	*p*-Benzochinon	1,4-Naphthochinon	9,10-Anthrachinon

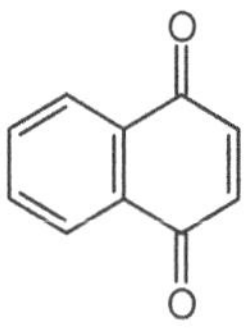

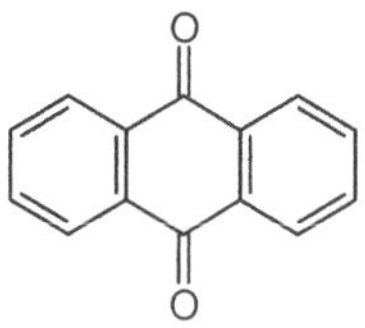

16.2 Herstellung von Aldehyden und Ketonen

1. Oxidation von Alkoholen

Die Oxidation primärer Alkohole gibt Aldehyde. Die Oxidation sekundärer Alkohole gibt Ketone (s. Kap. 12.1.3.6). Gebräuchliche Oxidationsmittel für **sekundäre Alkohole** sind $KMnO_4$, $K_2Cr_2O_7$ oder CrO_3.

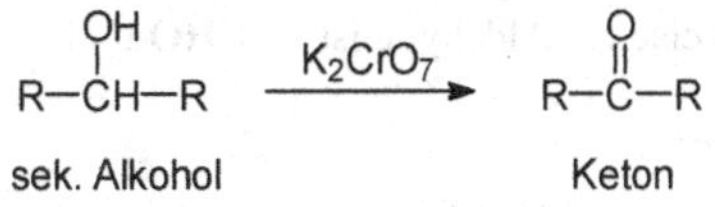

sek. Alkohol   Keton

Zum Mechanismus der Reaktion:

Der Alkohol bildet mit dem CrO_3 zuerst einen Chrom(VI)-säurehalbester, der dann in einer β-Eliminierung unter Abspaltung von Chrom(IV)-säure (disproportioniert zu Cr(III) und Cr(VI)) zerfällt. Dabei wird möglicherweise ein **cyclischer Übergangszustand** durchlaufen. Die Oxidation mit anderen Metalloxiden verläuft ähnlich.

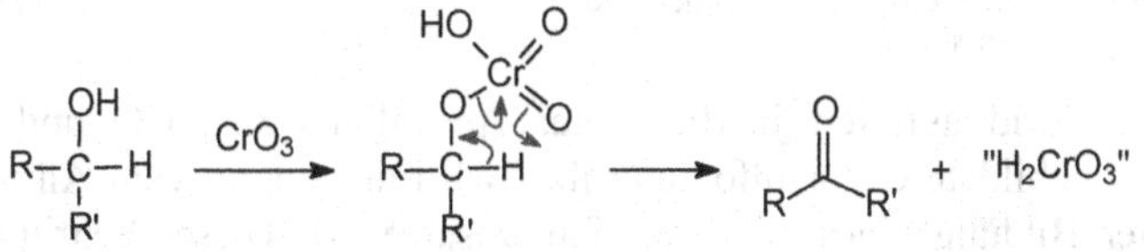

Bei der Oxidation primärer **Alkohole** muss man jedoch darauf achten, dass die Oxidation nicht weitergeht bis zur Carbonsäure. Das Problem bei den Aldehyden kommt daher, dass Aldehyde in wässrigem Milieu Hydrate (Kap. 17.1.2) bilden können, die **leicht weiteroxidiert** werden können.

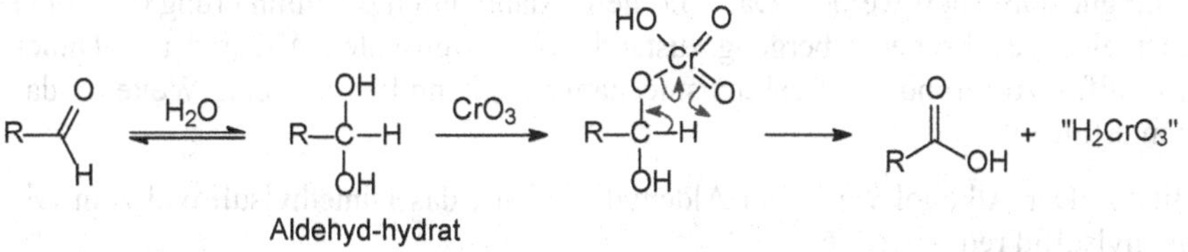

Aldehyd-hydrat

Leichtflüchtige Aldehyde können vereinzelt aus dem Reaktionsgemisch abgetrennt und dadurch vor weiterer Oxidation geschützt werden.

Zur Oxidation von **Aldehyden** arbeitet man daher in wasserfreien Lösemitteln, z.B. mit **Chromtrioxid in Pyridin** (*Collins*-Reagenz) oder **Pyridiniumchlorochromat** (PCC) in Methylenchlorid. Hiermit lassen sich auch ungesättigte Alkohole oxidieren, ohne dass die Doppelbindung angegriffen wird (vgl. $KMnO_4$. Kap. 6.1.3). Diese Reagenzien eignen sich auch zur Oxidation sekundärer Alkohole, da diese in der Regel leichter oxidiert werden als primäre.

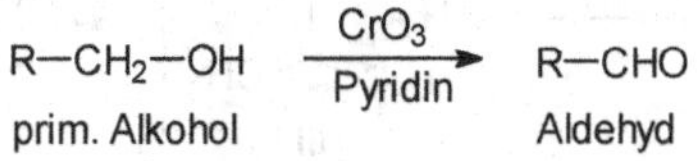

prim. Alkohol   Aldehyd

Eine andere Möglichkeit bietet das Abfangen des Aldehyds als Diacetat (Ester des Aldehyd-hydrats) mit Acetanhydrid (Ar = Aryl-Gruppe). Das Diacetat kann hinterher leicht zum Aldehyd hydrolysiert werden.

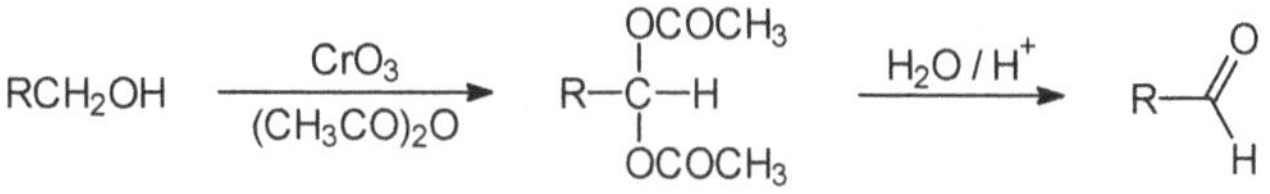

$$RCH_2OH \xrightarrow[\text{(CH}_3\text{CO)}_2\text{O}]{\text{CrO}_3} R-\underset{\underset{OCOCH_3}{|}}{\overset{\overset{OCOCH_3}{|}}{C}}-H \xrightarrow{H_2O\,/\,H^+} R-\overset{\displaystyle O}{\underset{H}{C}}$$

Beachte: Die Kurzschreibweise für Aldehyde ist R–**CHO** und für Alkohole R–**COH**.

Moffat-Swern-Oxidation:

Die Methode der Wahl zur Oxidation primärer Alkohole ist die *Moffat-Swern*-Oxidation **bei der ein Alkohol mit Dimethylsulfoxid (DMSO) und Oxalylchlorid umgesetzt wird.**

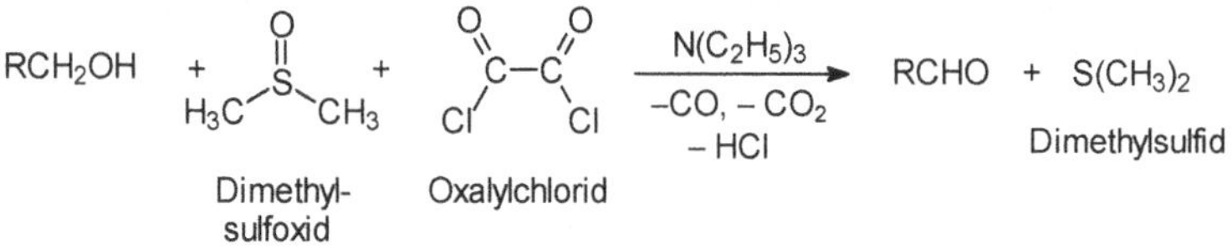

$$RCH_2OH \;+\; \underset{\text{Dimethyl-}\atop\text{sulfoxid}}{\overset{\displaystyle O}{\underset{H_3C}{\overset{\|}{S}}_{CH_3}}} \;+\; \underset{\text{Oxalylchlorid}}{\overset{\displaystyle O\;\;\;O}{\underset{Cl\;\;\;Cl}{C-C}}} \xrightarrow[-CO,\,-CO_2 \atop -HCl]{N(C_2H_5)_3} RCHO \;+\; \underset{\text{Dimethylsulfid}}{S(CH_3)_2}$$

Das Oxalylchlorid aktiviert hierbei unter Abspaltung von CO und CO_2 das DMSO. Das gebildete Chlorsulfoniumsalz **I** wird nucleophil vom Alkohol angegriffen unter Bildung eines Alkoxysulfoniumsalzes **II**. Dieser Schritt ist nichts anderes als die Umwandlung der OH–Funktion in eine bessere Abgangsgruppe. In Gegenwart von Base wird das Sulfoniumsalz zum Sulfonium-Ylid **III** (Vgl. Phosphorylide, Kap. 15.4.5) deprotoniert. Die Methylgruppe ist aufgrund der benachbarten Ladung am Schwefel relativ acide, und das gebildete Carbanion kann gut stabilisiert werden. Das Ylid liefert dann durch β-Eliminierung (Kap. 11) über einen cyclischen Übergangszustand den gewünschten Aldehyd und Dimethylsulfid. Aufgrund des Reaktionsmechanismus kann hierbei keine Weiteroxidation erfolgen.

Bilanz: Der Alkohol wird zum Aldehyd oxidiert, das Dimethylsulfoxid zum Dimethylsulfid reduziert.

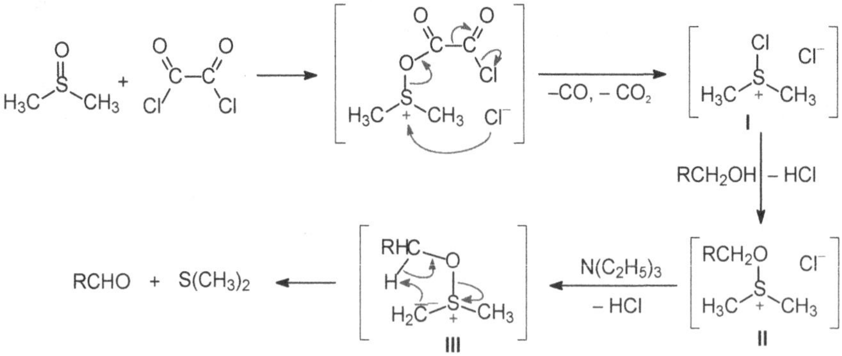

Chinone erhält man durch Oxidation (Dehydrierung) der entsprechenden Hydrochinone. So lässt sich das Hydrochinon (*p*-Dihydroxybenzol) leicht zu dem Chinon (*p*-Benzochinon) oxidieren. Dabei geht das aromatische System in ein „**chinoides**" über. Auch andere Dihydroxy-Aromaten mit OH-Gruppen in *o*- oder *p*-Stellung können zu Chinonen oxidiert werden.

2. Oxidation aktivierter C-H-Bindungen

C-H-Bindungen in Nachbarschaft zu Carbonylgruppen oder Doppelbindungssystemen sind besonders aktiviert und lassen sich daher bevorzugt oxidieren.

Eine selektive Oxidation von Methylketonen zu α-Ketoaldehyden durch **Selendioxid** ermöglicht die *Riley*-**Reaktion**.

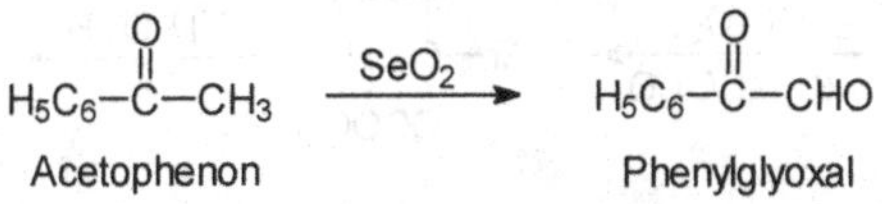

Hierbei werden wahrscheinlich mehrere **cyclische Übergangszustände** durchlaufen. Intermediär bildet sich der Selensäureester **I** der Enolform des Ketons. Dieser wandelt sich in den Ester **II** um, wobei das Keton in α-Position oxidiert und das Se(IV) zu Se(II) reduziert wird. Ester **II** zerfällt thermisch in einem zweiten Redoxprozess unter Bildung des Aldehyds und elementarem Se.

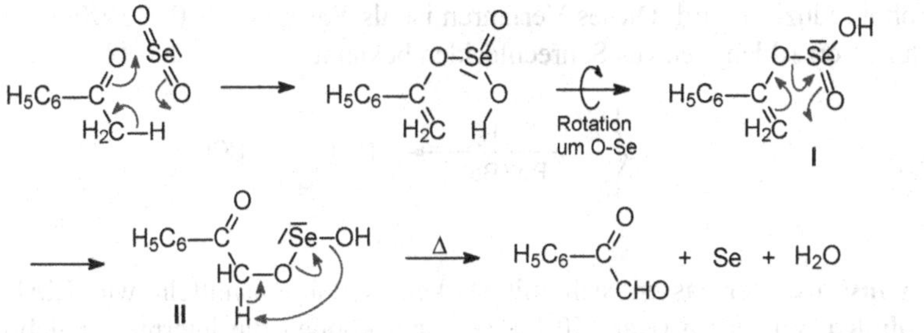

Selendioxid eignet sich auch hervorragend zur **selektiven Oxidation von Alkenen in Allylposition** (s.a. Kap. 4.5.2). Dabei werden ähnliche Übergangszustände durchlaufen wie bei der Oxidation von Methylketonen. Aufgrund der cyclischen Übergangszustände reagiert diese Oxidation empfindlich auf sterische Hinderung. Daher wird **selektiv die sterisch am wenigsten gehinderte Position oxidiert**.

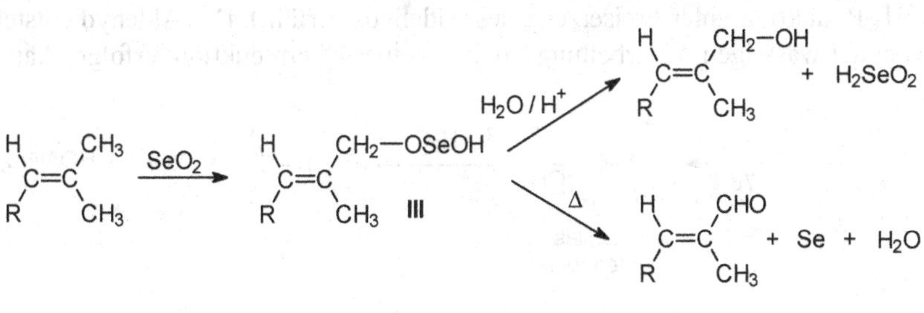

Dabei wird auch hier ein zu **II** analoger Ester der unterselenigen Säure **III** gebildet, der sich zu verschiedenen Produkten umsetzen lässt. Hydrolyse des Esters führt zur Bildung des entsprechenden Allylalkohols (Kap. 12.1.2.1.5). Bei Erwärmung zerfällt der Ester, wie bei den Methylketonen beschrieben, unter Bildung des Aldehyds.

Alkylierte Aromaten (s. Kap. 7.6.2) lassen sich ebenfalls bevorzugt in der benzylischen Position oxidieren. Durch Oxidation Methyl-substituierter Aromaten mit Chromtrioxid oder Chromylchlorid (CrO_2Cl_2, *Etard*-**Reaktion**) erhält man die entsprechenden Aldehyde. Auch hier lässt sich die Reaktion in Gegenwart von Acetanhydrid durchführen, wobei das Diacetat erhalten wird (s. o.).

$$Ar{-}CH_3 \xrightarrow[\text{(CH}_3\text{CO)}_2\text{O}]{\text{CrO}_3} Ar{-}\underset{\overset{|}{OCOCH_3}}{\overset{\overset{OCOCH_3}{|}}{C}}{-}H \xrightarrow{H_2O\,/\,H^+} R{-}\overset{O}{\underset{H}{C}}$$

3. Reduktion von Carbonsäurederivaten

Die Reduktion von **Carbonsäurechloriden mit H_2** und Palladium als Katalysator führt zu gesättigten Alkoholen. Zusatz von $BaSO_4$ und eines Kontaktgiftes (Thioharnstoff, Phenylsenföl) verhindert, dass der zunächst entstehende Aldehyd zum Alkohol reduziert wird. Dieses Verfahren ist als *Rosenmund*-**Reduktion** zur Darstellung von Aldehyden aus Säurechloriden bekannt:

$$R{-}\overset{O}{\underset{Cl}{C}} \xrightarrow[\text{Pd / BaSO}_4]{H_2} R{-}\overset{O}{\underset{H}{C}} + HCl$$

Carbonsäureester lassen sich mit starken Reduktionsmitteln wie **LiAlH$_4$** zu **Alkoholen** reduzieren (Kap. 20.1.1.2), dabei können die intermediär gebildeten Aldehyde nicht gefasst werden, da sie reaktiver sind als der eingesetzte Ester.

Mit dem modifizierten Aluminiumhydrid **DibalH** (Diisobutylaluminiumhydrid, iBu$_2$AlH) lassen sich jedoch Ester in unpolaren Lösemitteln (Toluol) bei tiefen Temperaturen (-78°C) zu **Aldehyden** umsetzen. Unter diesen Bedingungen ist das Aluminiumsalz des intermediär gebildeten Halbacetals stabil (während es bei der LiAlH$_4$-Reduktion unter Freisetzung des Aldehyds zerfällt). Der Aldehyd entsteht erst bei der wässrigen Aufarbeitung, so dass keine ‚Überreduktion' erfolgen kann.

$$R{-}\overset{O}{\underset{OR}{C}}{\overset{Al/Bu_2}{\cdots}}H \xrightarrow{-78°C} R{-}\underset{\underset{OR}{\overset{|}{H}}}{\overset{O{-}Al/Bu_2}{C}} \xrightarrow{H_2O\,/\,H^+} R{-}\overset{O}{\underset{H}{C}} + ROH + HOAl/Bu_2$$

stabiles
Intermediat

4. Umsetzung von Carbonsäurederivaten mit metallorganischen Verbindungen

Analog zur Umsetzung mit Hydriden lassen sich Carbonsäurederivate auch mit metallorganischen Verbindungen (R–M) (Kap. 15) umsetzen. Aber auch hier besteht das Problem der Mehrfachreaktion, da das bei der Reaktion gebildete (und erwünschte) Keton oftmals reaktionsfähiger ist als die eingesetzte Carbonylverbindung. Es reagiert daher weiter unter Bildung eines tertiären Alkohols.

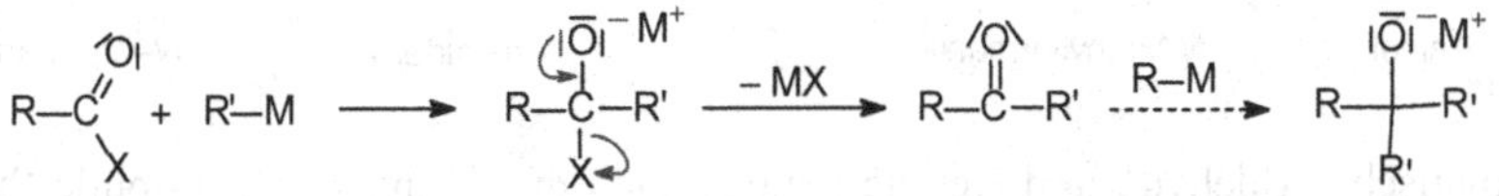

Um dieses Problem zu umgehen, setzt man sehr reaktionsfähige Derivate wie **Säurechloride** mit wenig reaktiven metallorganischen Verbindungen wie **Kupfer-** (Kap. 15.4.6) oder **Cadmium-Verbindungen** (Kap. 15.4.7) um. Diese reagieren zwar noch mit Säurehalogeniden, jedoch nicht mehr mit Ketonen, so dass die Reaktion hier anhält.

Eine andere Möglichkeit besteht darin, Derivate mit schlechter Abgangsgruppe X zu verwenden, so dass das primär gebildete Intermediat nicht zerfällt (vgl. DibalH-Reduktion). Man kann daher sekundäre Amide (X = NR$_2$) z.B. mit *Grignard*-Verbindungen umsetzen, da das gebildete relativ acide ‚Alkoholat' stabiler ist als das bei der Abspaltung gebildete Amid R$_2$N$^-$ (R$_2$NH: pK$_s$ > 30). Besonders bewährt haben sich so genannte *Weinreb*-Amide, bei denen das Intermediat zusätzlich durch Bildung eines Chelatkomplexes stabilisiert wird.

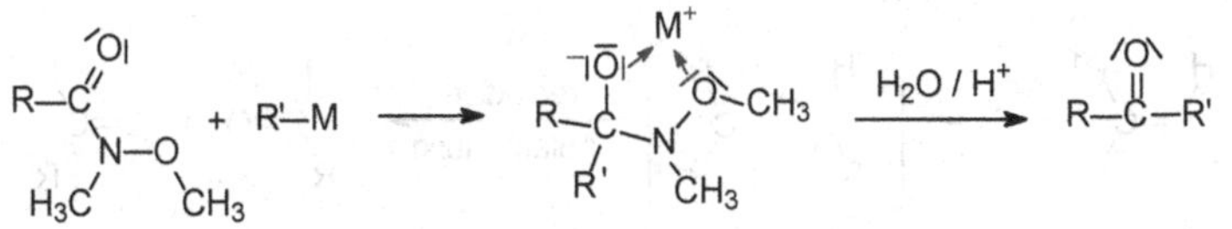

Weinreb-Amid   stabiles Intermediat

5. *Friedel-Crafts*-Acylierungen

Aromatische Aldehyde und Ketone lassen sich durch *Friedel-Crafts*-Acylierung aus Säurechloriden in Gegenwart von AlCl$_3$ als Katalysator erhalten.

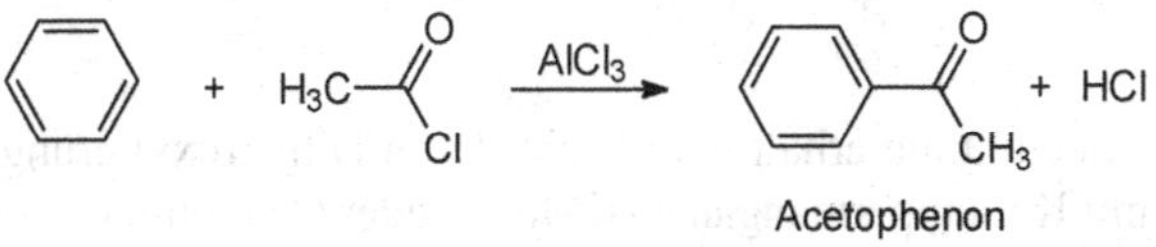

Acetophenon

Ein Spezialfall der *Friedel-Crafts*-Acylierung ist die *Vilsmeier-Haack*-**Reaktion** (Kap. 8.2.5). Mit ihr gelingt die Einführung des Formyl-Restes in aktivierte Aromaten (Aniline und Phenolderivate) mittels **POCl₃** und *N*-**Methylformanilid** als CHO-Donator. Damit lassen sich wichtige aromatische Aldehyde wie **Anisaldehyd** und **Vanillin** darstellen.

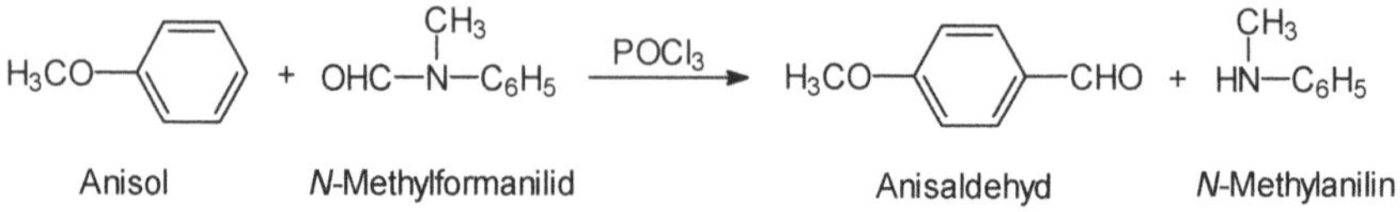

Anisol   *N*-Methylformanilid   Anisaldehyd   *N*-Methylanilin

Aromatische Aldehyde und Ketone können auch durch andere elektrophile Substitutionsreaktionen erhalten werden. Dazu gehören die *Reimer-Tiemann*-**Reaktion** (Kap. 12.2.4.2) sowie die *Houben-Hoesch*-**Synthese** (Kap. 8.2.5). Bei ihr werden Phenole und deren Derivate mit **Nitrilen** umgesetzt, wobei Imine erhalten werden, die sich anschließend zu den entsprechenden Ketonen hydrolysieren lassen.

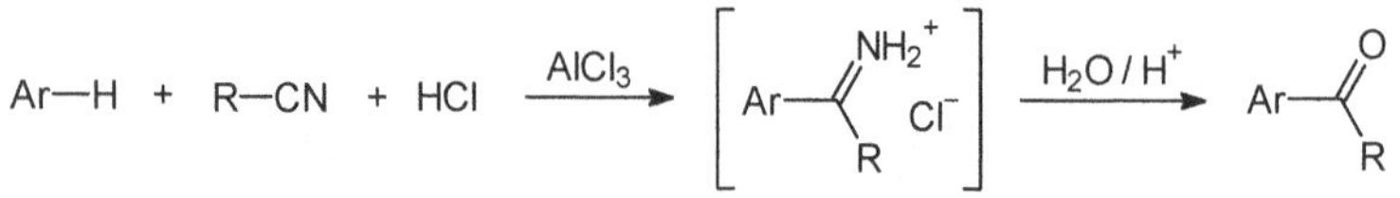

Die analoge Reaktion mit **HCN** ergibt Aldehyde und heißt *Gattermann*-**Formylierung**.

6. Oxidative Spaltungsreaktionen

Alkene lassen sich durch Ozon oxidativ spalten (Kap. 6.2.3). Durch **Ozonolyse** erhält man aus **tetrasubstituierten Alkenen Ketone**, aus **1,2-disubstituierten Alkenen bei reduktiver Aufarbeitung Aldehyde**.

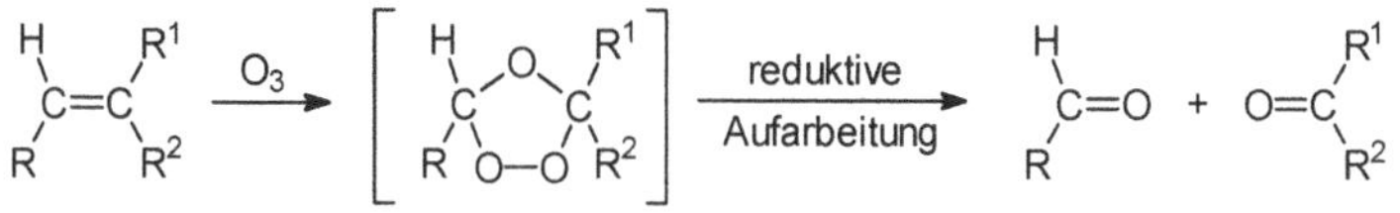

1,2-Diole lassen sich durch **Glykolspaltung** (Kap. 12.1.3.5) mit Bleitetraacetat Pb(OAc)₄ oder Natriumperiodat NaIO₄ ebenfalls zu den entsprechenden Carbonylverbindungen spalten.

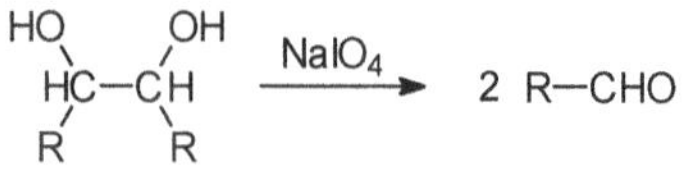

Die entsprechenden Diole erhält man leicht durch Dihydroxylierung (Kap. 6.1.3) von Alkenen mit Kaliumpermanganat (KMnO₄) oder Osmiumtetroxid (OsO₄).

Die Reaktion kann man mit katalytischen Mengen an OsO_4 durchführen, wenn man ein weiteres Oxidationsmittel zusetzt, welches das bei der Reaktion gebildete Os(VI) wieder zum aktiven Os(VIII) reoxidiert. Auch hierzu ist $NaIO_4$ geeignet. Somit lassen sich die beiden Prozesse **Dihydroxylierung und Glykolspaltung** koppeln. Man nennt dieses Verfahren *Lemieux*-**Oxidation** von Alkenen zu Aldehyden.

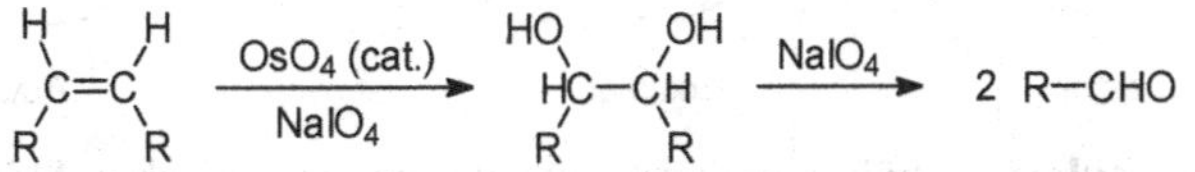

$$
\underset{\substack{R \\ }}{\overset{\substack{H \qquad H}}{C=C}}\underset{R}{} \xrightarrow[\text{NaIO}_4]{\text{OsO}_4 \text{ (cat.)}} \underset{\substack{R \qquad R}}{\overset{\substack{HO \qquad OH}}{HC-CH}} \xrightarrow{\text{NaIO}_4} 2\ R-CHO
$$

16.3 Spezielle Carbonylverbindungen

16.3.1 α-Hydroxycarbonylverbindungen

Sowohl α-Hydroxyaldehyde als auch α-Hydroxyketone sind in der Natur weit verbreitet und kommen vor allem bei den **Kohlenhydraten** (Kap. 28) vor, und werden dort auch ausführlich besprochen. Beide Stoffklassen lassen sich als **Oxidationsprodukte mehrwertiger Alkohole** auffassen.

Glykolaldehyd, den einfachste ‚Aldehydzucker' erhält man durch **vorsichtige Oxidation** von Ethylenglykol:

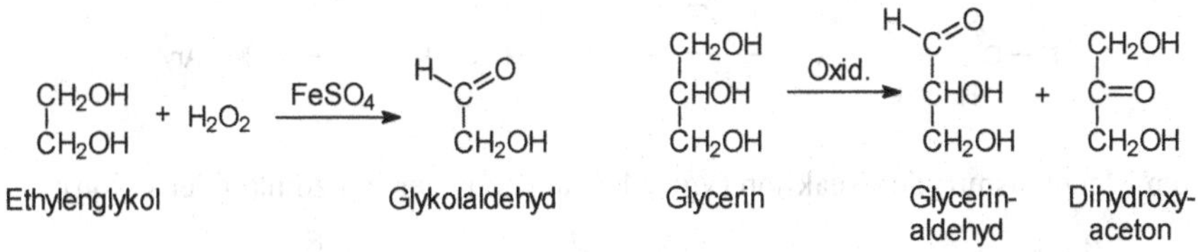

| Ethylenglykol | Glykolaldehyd | Glycerin | Glycerin-aldehyd | Dihydroxy-aceton |

Geht man bei der Oxidation von Glycerol (Glycerin) aus, so entsteht ein Gemisch aus **Glycerinaldehyd** und **Dihydroxyaceton**. In der Regel werden sekundäre Alkohole leichter oxidiert als primäre.

Hydroxyaceton erhält man aus Bromaceton durch Umsetzung mit Kaliumformiat in einer S_N2-Reaktion (Kap. 10.2) und anschließender Verseifung (Kap. 19.1.1) des gebildeten Ameisensäureesters:

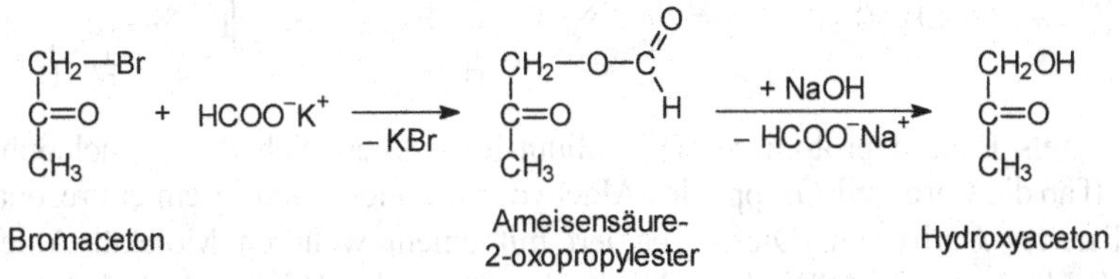

| Bromaceton | Ameisensäure-2-oxopropylester | Hydroxyaceton |

Unter Acyloinen versteht man Verbindungen mit identischen Substituenten auf beiden Seiten der CO–CHOH-Gruppierung.

Aliphatische Acyloine erhält man durch reduktive Dimerisierung von Carbonsäureestern (s. Kap. 20.1.1.2), die so genannte **Acyloinsynthese**. Diese hat sich besonders bewährt zum Aufbau cyclischer Acyloine durch intramolekulare Dimerisierung.

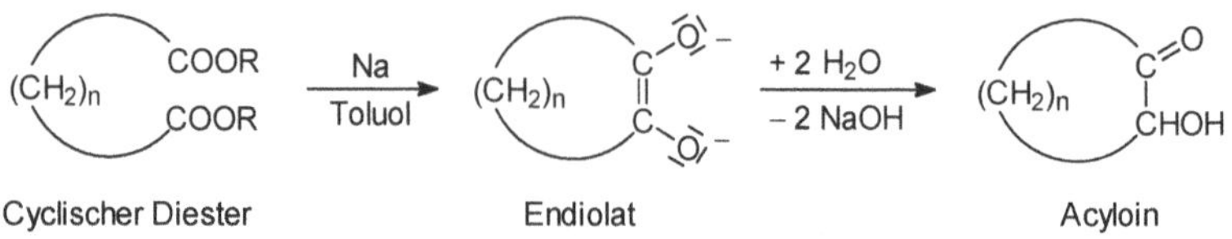

Cyclischer Diester   Endiolat   Acyloin

Aromatische Acyloine erhält man durch Umsetzung aromatischer Aldehyde mit Natriumcyanid in einer **Benzoinkondensation** (Kap. 17.2.1):

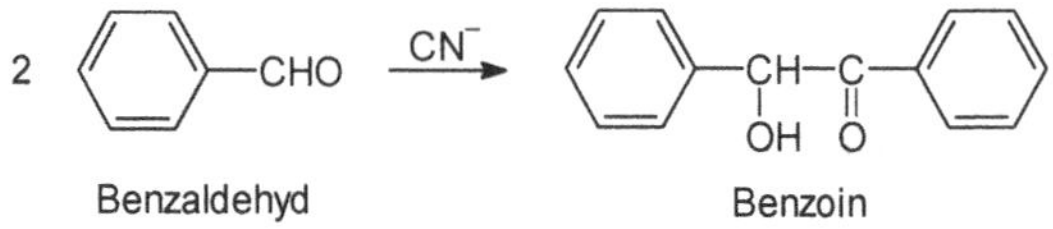

Benzaldehyd   Benzoin

Stetter-**Reaktion**: Eine analoge Reaktion lässt sich auch mit **aliphatischen Aldehyden** durchführen, wenn man statt Cyanid ein **Thiazolium-Salz** als Katalysator einsetzt. Das Anion des Thiazoliumsalzes ist weniger basisch als Cyanid, so dass auch bei aliphatischen Aldehyden keine Aldolreaktionen auftreten.

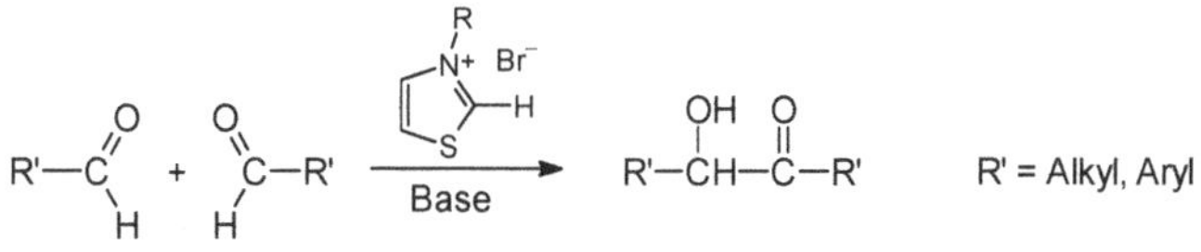

Zum Mechanismus der Reaktion (vgl. Mechanismus der Benzoinkondensation):

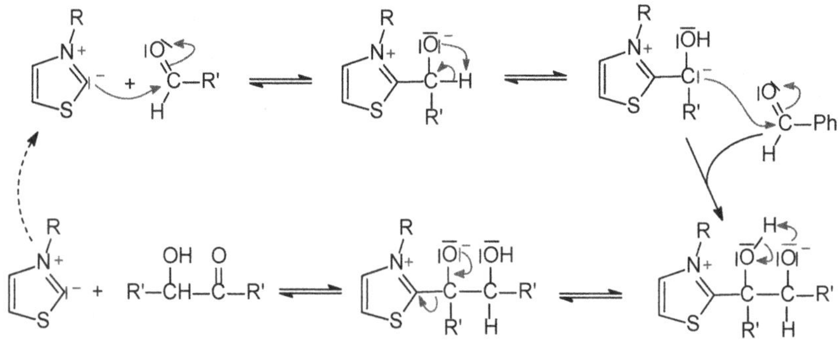

Das mittels Base deprotonierte Thiazolium-Ion addiert sich durch nucleophilen Angriff an die Carbonyl-Gruppe des Aldehyds und bildet mit diesem ein resonanzstabilisiertes Carbanion. Dieses reagiert mit einem weiteren Molekül Aldehyd unter Bildung einer C–C-Bindung. Nach Abspaltung des Thiazolium-Substituenten wird das Hydroxyketon (Acyloin) freigesetzt. Da das Thiazoliumsalz nach der Reaktion wieder zurückgewonnen wird, genügen katalytische Mengen.

Die vorstehende Reaktionsfolge mit einem Thiazolium-Salz ist biochemisch von besonderem Interesse. **Thiamin (Vitamin B1)** enthält einen Thiazolring und reagiert in analoger Weise als Coenzym bei der **Transketolase-Reaktion** (biochemische Zuckersynthese) und bei der **Decarboxylierung von Brenztraubensäure** (s. Kap. 18.5.3.3).

16.3.2 β-Hydroxycarbonylverbindungen

Die wichtige Gruppe der β-Hydroxycarbonylverbindungen erhält man durch **Aldolreaktion** (Kap. 17.3.2), bei der zwei Carbonylverbindungen im Basischen (Reaktion über das Enolat) miteinander zur Reaktion gebracht werden. Die Aldolreaktion lässt sich zum Teil auch im Sauren durchführen (Reaktion über die Enolform), wobei das primär gebildete Aldol unter diesen Bedingungen protoniert wird. Nach Wasserabspaltung erhält man dann α,β-ungesättigte Carbonylverbindungen.

Aldol-Produkt
β-Hydroxycarbonyl-Verbindung

α,β–ungesättigte
Carbonylverbindung

16.3.3 1,2-Dicarbonylverbindungen

1,2-Dicarbonylverbindungen enthalten zwei direkt benachbarte Carbonylgruppen, wobei man unterscheiden kann zwischen Dialdehyden (Glyoxal), Ketoaldehyden und 1,2-Diketonen. Diese drei Substanzklassen sind aufgrund ihrer beiden Carbonylgruppen besonders reaktionsfähig und dienen als Ausgangsmaterial diverser cyclischer, vor allem heterocyclischer Verbindungen (s. Kap. 22).

Glyoxal erhält man durch Oxidation von Acetaldehyd mit Selendioxid (s. Kap. 16.2.2) sowie technisch durch Oxidation von Ethylenglykol mit Luftsauerstoff in Gegenwart eines Silber- oder Kupfer-Katalysators:

Acetaldehyd   Glyoxal   Ethylenglykol

Methylglyoxal ist die Stammverbindung der **Ketoaldehyde**. Man erhält es analog Glyoxal durch Selendioxid-Oxidation aus Aceton oder durch Oxidation von Hydroxyaceton.

Aceton   Methylglyoxal   Hydroxyaceton

1,2-Diketone sind wichtige Ausgangssubstanzen für die präparative organische Chemie. Ihre Dioxime (s. Kap. 17.1.3) werden in der Analytik zum Nachweis bestimmter Metallkationen verwendet, z.B. Diacetyldioxim für Ni^{2+} (s. Basiswissen I). Die einfachsten Vertreter sind **Diacetyl** (Dimethylglyoxal) und **Benzil.**

Neben der Oxidation mit Selendioxid lassen sich Methyl- oder Methylengruppen, die einer Carbonylgruppe direkt benachbart sind, noch auf folgende Weise oxidieren:

$$\begin{array}{c} CH_3 \\ | \\ C=O \\ | \\ CH_2 \\ | \\ R \end{array} \xrightarrow{HNO_2} \begin{array}{c} CH_3 \\ | \\ C=O \\ | \\ CH-N=O \\ | \\ R \end{array} \underset{}{\overset{Tautomerie}{\rightleftharpoons}} \begin{array}{c} CH_3 \\ | \\ C=O \\ | \\ C=N-OH \\ | \\ R \end{array} \xrightarrow{+\,H_2O} \begin{array}{c} CH_3 \\ | \\ C=O \\ | \\ C=O \\ | \\ R \end{array} +\ NH_2OH$$

Benzil kann durch Oxidation von Benzoin mit Salpetersäure leicht hergestellt werden.

$$C_6H_5-\underset{O}{\overset{||}{C}}-\underset{OH}{\overset{|}{CH}}-C_6H_5 \xrightarrow{Oxid.} C_6H_5-\underset{O}{\overset{||}{C}}-\underset{O}{\overset{||}{C}}-C_6H_5$$

Benzil zeigt als charakteristische Reaktion die **Benzilsäure-Umlagerung**. Beim Erhitzen entsteht unter der Einwirkung einer Base Benzilsäure in einer anionotropen 1,2-Verschiebung (vgl. Kap. 23.2.5).

Benzil   Ph = C₆H₅   Anion der
                                                        Benzilsäure

Das Hydroxidion greift eine der aktivierten Carbonylgruppen an. Das gebildete Alkoholat besitzt einen starken +I und +M-Effekt. Der hieraus resultierende Elektronenüberschuss am C-Atom ermöglicht die Wanderung des Phenylrestes mitsamt seinem Elektronenpaar zum benachbarten Carbonyl-C-Atom (nucleophiler Angriff) unter Bildung eines weiteren Alkoholats, welches das Proton der entstandenen Säure übernimmt.

Es handelt sich um einen **intramolekularen Redoxvorgang** (vgl. Mechanismus der *Cannizzaro*-Reaktion, Kap. 17.1.1). Derartige Umlagerungen lassen sich auch mit anderen 1,2-Diketonen durchführen, wobei man **α-Hydroxycarbonsäuren** erhalten kann.

16.3.4 1,3-Dicarbonylverbindungen

Claisen-Kondensation: Ganz allgemein werden **1,3-Diketone** durch Umsetzung von Carbonsäureestern mit Ketonen in Gegenwart von Base (z.B. Natriumalkoholat) hergestellt (Kap. 20.2.1.1). So erhält man aus Essigester und Aceton Acetylaceton (Pentan-2,4-dion):

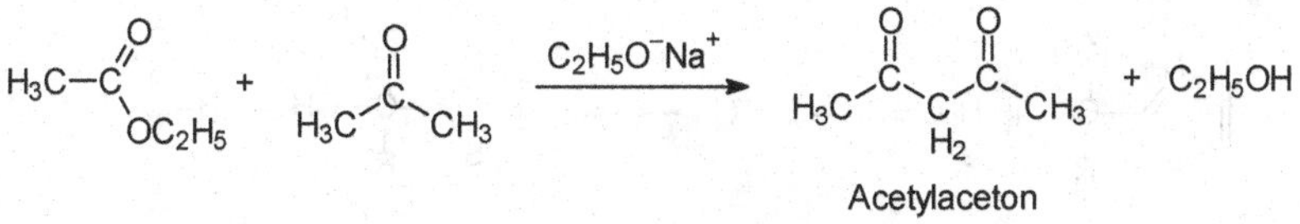

Acetylaceton

Storksche Enamin-Methode: Eine Alternative hierzu ist die Acylierung von Enaminen, die man leicht aus Ketonen und sekundären Aminen erhält. Pyrrolidin reagiert z.B. mit Cyclohexanon zu Pyrrolidino-cyclohexen. Enamine sind gute Nucleophile (Kap. 17.1.3). Umsetzung mit Säurechloriden führt zu einem acylierten Enamin, welches sich anschließend leicht hydrolysieren lässt.

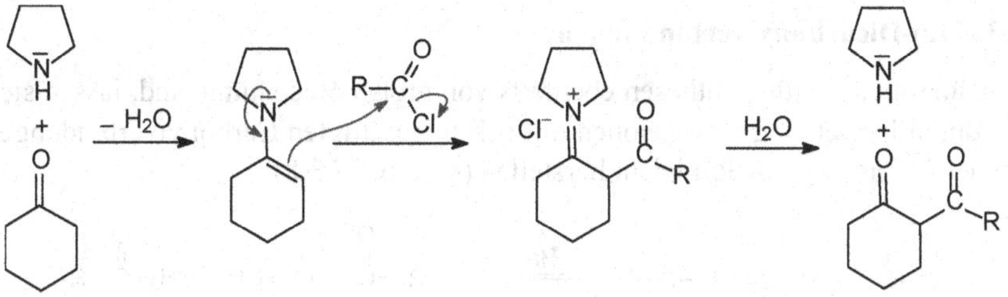

1,3-Dicarbonyl-Verbindungen mit ihrer „**eingeschlossenen**" **CH₂-Gruppe** sind **vergleichsweise starke CH-Säuren**. Der einfachste Vertreter Acetylaceton hat z.B. einen pK$_s$-Wert von 9. Die durch Deprotonierung gebildeten Enolat-Ionen sind gute Nucleophile. Die Acidität der 1,3-Diketone bestimmt auch ihr Reaktionsverhalten. Acetylaceton bildet mit einigen Metallkationen Komplexe, so mit z.B. Eisen einen roten Komplex. Enolische Gruppen werden an dieser Rotfärbung leicht erkannt.

16.3.5 1,4-Dicarbonylverbindungen

Bei der Umsetzung von Aldehyden mit α,β-ungesättigten Carbonylverbindungen in Gegenwart von Thiazoliumsalzen (vgl. *Stetter*-Reaktion, Kap. 16.3.1) bilden sich 1,4-Diketone:

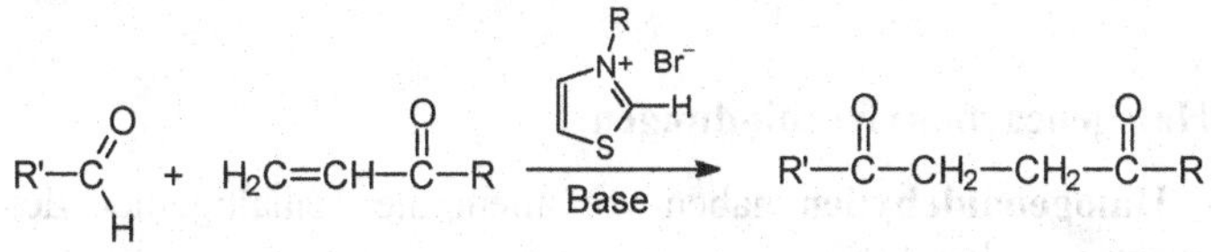

Aus dem Aldehyd und dem Thiazoliumsalz bildet sich in Gegenwart von Base ein mesomeriestabilisiertes Carbanion (s. α-Hydroxycarbonylverbindungen), eine **umgepolte Carbonylgruppe** (s.a. Kap. 15.2), welche dann die α,β-ungesättigte Carbonylverbindung in einer *Michael*-Addition (Kap. 17.3.8) angreift. Nach Umprotonierung und Abspaltung des Thiazoliumsalzes (Katalysator) erhält man das Diketon.

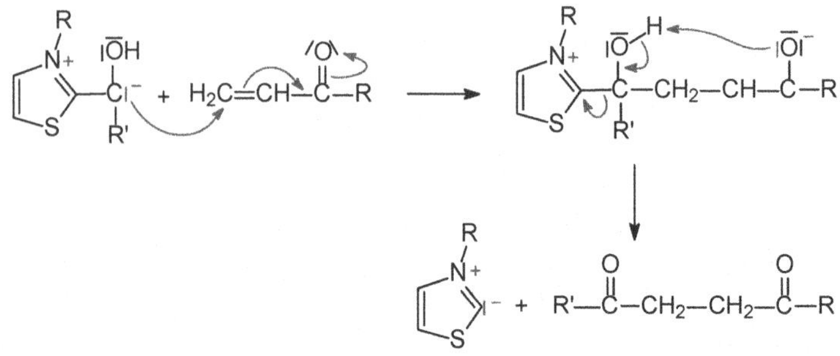

16.3.6 1,5-Dicarbonylverbindungen

1,5-Diketone, die für Synthesen ebenfalls von großer Bedeutung sind, lassen sich z.B. durch Umsetzung von Ketonen mit α,β-ungesättigten Carbonylverbindungen in einer *Michael*-**Reaktion** leicht herstellen (s. Kap. 17.3.8):

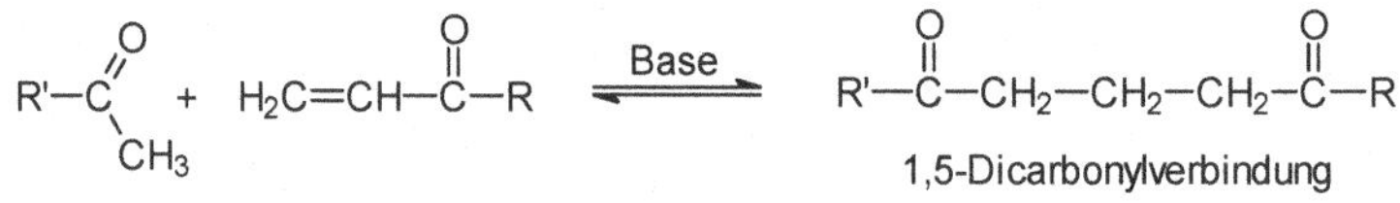

1,5-Dicarbonylverbindungen erhält man zudem sehr einfach durch **Ozonolyse** (s. Kap. 6.2.3.1) von Cyclopentenderivaten:

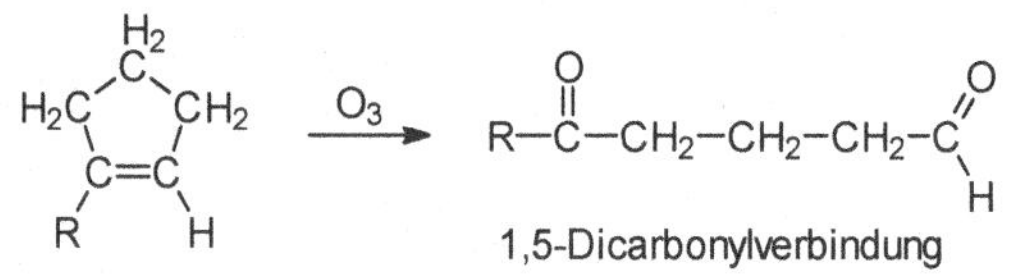

Diese Methode ist generell geeignet um Dicarbonylverbindungen herzustellen, wobei die relative Stellung der Carbonylgruppen lediglich von der Ringgröße des Cycloalkens abhängt. Diese Sequenz ist vor allem auch für substituierte Derivate interessant.

16.3.7 α-Halogencarbonylverbindungen

Unter den **Halogenaldehyden** haben vor allem die Trihalogenide des Acetaldehyds Bedeutung erlangt.

Chloral (Trichloracetaldehyd) erhält man technisch aus wasserhaltigem Ethanol und Chlor. Dabei kommt es zu einer Oxidation des Alkohols. Aufgrund der hohen Carbonylaktivität des Chlorals erhält man unter diesen Bedingungen das Dihydrat (**Chloralhydrat**, s. Kap. 17.1.2), welches anschließend mit konz. Schwefelsäure (wasserentziehend) in Chloral umgewandelt wird. Chloralhydrat ist das älteste Schlafmittel und wird vor allem zur Herstellung von DDT verwendet.

$$H_3C-CH_2-OH \ + \ 4\,Cl_2 \ + \ H_2O \ \longrightarrow \ Cl_3C-\overset{\overset{\displaystyle OH}{|}}{\underset{\underset{\displaystyle H}{|}}{C}}-OH \ + \ 5\,HCl$$

Chloralhydrat

Die **Halogenierung** von Aldehyden und Ketone erfolgt über die **Enolform** bzw. das entsprechende **Enolat**. Daher werden diese Reaktionen sowohl durch Säure als auch durch Base katalysiert.

Bei der Reaktion im Sauren bewirkt die Säure eine schnelle Einstellung des Keto-Enol-Gleichgewichts. Das Enol reagiert dann aus dem Gleichgewicht ab, unter Bildung der α-**Halogenverbindung**. α-Halogenketone sind stark tränenreizende Verbindungen.

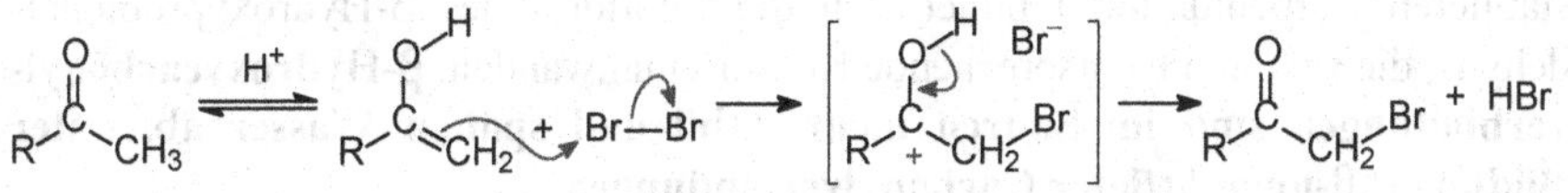

Bei der Reaktion im Basischen bildet sich zuerst im Gleichgewicht ein Enolat, welches dann das Halogen angreift. Dabei bildet sich ebenfalls die α-Halogenverbindung. Aufgrund der Elektronegativität und der damit verbundenen elektronenziehenden Wirkung des Halogenatoms ist die entstandene α-Halogencarbonylverbindung acider als die ursprüngliche Carbonylverbindung. Sie wird somit bevorzugt deprotoniert und kann daher solange weiterreagieren, **bis alle α-ständigen Wasserstoffatome ersetzt sind.**

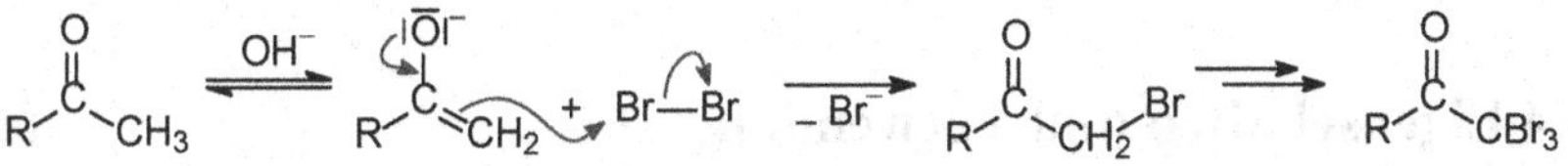

Eine wichtige Reaktion der Trihalogenketone ist die Spaltung mit Natronlauge:

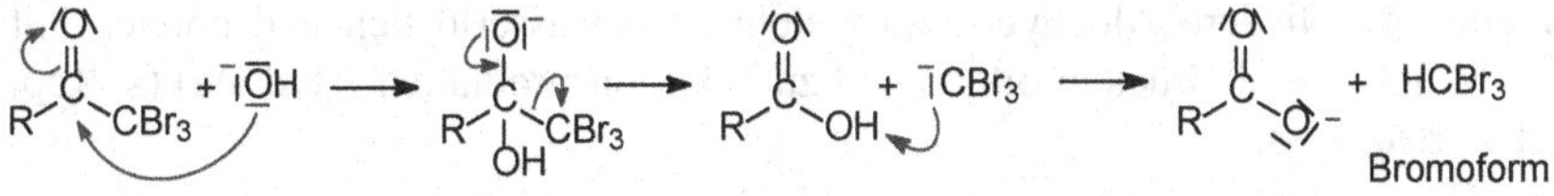

Diese als **Haloform-Reaktion** bekannte Sequenz führt letztendlich zu einem Abbau von Ketonen zu Carbonsäuren.

16.3.8 α,β-Ungesättigte (vinyloge) Aldehyde und Ketone

Diese Verbindungsklassen sind wichtige Ausgangsverbindungen für die Synthese von Heterocyclen (Kap. 22), sowie für *Michael*-Additionen (Kap. 17.3.8).

Den einfachsten Vertreter **Acrolein** erhält man durch allylische Oxidation (vgl. 16.2.2) aus Propen,

$$H_2C=CH-CH_3 \; + \; O_2 \quad \xrightarrow{\text{Katalysator}} \quad H_2C=CH-\overset{\displaystyle O}{\underset{\displaystyle H}{C}} \; + \; H_2O$$

sowie durch Erhitzen von Glycerin in Gegenwart von Säure:

| Glycerin | β-Hydroxypropionaldehyd | | Acrolein |

Durch sauer katalysierte Abspaltung der sekundären OH-Gruppe (Bildung des stabileren Carbeniumions) bildet sich die Enolform des β-Hydroxypropional-dehyds, die sich in die entsprechende Ketoform umwandelt. **β-Hydroxycarbonyl-verbindungen sind im Sauren nicht stabil und spalten Wasser ab, unter Bildung α,β-ungesättigter Carbonylverbindungen.**

Eine generell anwendbare Methode zur Herstellung α,β-ungesättigter Carbonyl-verbindungen ist die **Aldolkondensation** (s. Kap. 17.3.2), die sich ebenfalls dieses Prinzips bedient. Primär erhält man aus zwei Carbonylverbindungen eine β-Hydroxycarbonylverbindung (s. Kap. 16.3.2), die im Sauren Wasser abspaltet.

16.4 Eigenschaften und Verwendung

Die Siedepunkte der Aldehyde und Ketone liegen tiefer als die der analogen Al-kohole, da die Moleküle **untereinander keine H-Brücken** ausbilden können (s. Tabelle 24). Niedere Aldehyde und Ketone sind wasserlöslich und können mit H_2O-Molekülen H-Brücken bilden und zu Additionsprodukten (Hydrate) (s. Kap. 17.1.2) reagieren.

Keto-Enol-Tautomerie

Aldehyde und Ketone mit α-ständigen Wasserstoff-Atomen bilden „**tautomere Gleichgewichte**" (s. Kap. 2.3) mit den entsprechenden Enolen. Die Lage des Gleichgewichts hängt von der Temperatur, dem Reaktionsmedium und dem Energieinhalt der beiden Formen ab. Enole sind dann besonders stabil, wenn die Möglichkeit zur Konjugation besteht. Während sich bei reinen Aldehyden und Ketonen das Gleichgewicht nur langsam einstellt, erfolgt diese Einstellung in Lösung (durch Säuren und Basen katalysiert) schneller. **Meist liegt das Gleich-gewicht auf der Seite des Ketons, außer wenn die Enolform z.B. durch Kon-jugation begünstigt wird.**

Beispiele:

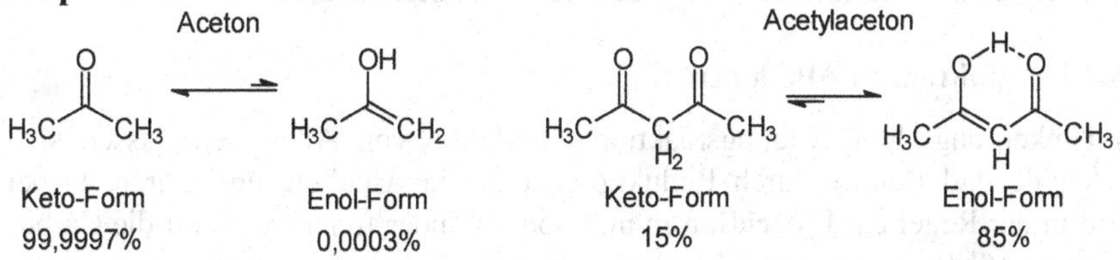

Aceton

$$H_3C-CO-CH_3 \ \rightleftharpoons \ H_3C-C(OH)=CH_2$$

Keto-Form	Enol-Form
99,9997%	0,0003%

Acetylaceton

$$H_3C-CO-CH_2-CO-CH_3 \ \rightleftharpoons \ H_3C-C(O\cdots H\cdots O)=CH-C-CH_3$$

Keto-Form	Enol-Form
15%	85%

Die Stabilisierung der Enolform der 1,3-Diketone beruht auf der Bildung einer **intramolekularen Wasserstoff-Brückenbindung** und der Ausbildung konjugierter Doppelbindungen.

Tabelle 24. Eigenschaften und Verwendung einiger Carbonylverbindungen

Verbindung	Formel	Schmp. °C	Sdp. °C	Verwendung
Methanal (Formaldehyd)	H–CHO	–92	–21	Farbstoffe Pheno- und Aminoplaste, Desinfektions- und Konservierungsmittel, Polyformaldehyd: Filme, Fäden
Ethanal (Acetaldehyd)	CH_3–CHO	–123	20	Ausgangsprodukt für Ethanol, Essigsäure, Acetanhydrid, Butadien
Propanal (Propionaldehyd)	CH_3–CH_2–CHO	–81	49	
Propenal (Acrolein)	CH_2=CH–CHO	–88	52	110
2-Butenal (Crotonaldehyd)	CH_3–CH=CH–CHO	–76	104	
Benzaldehyd	C_6H_5–CHO	–26	178	Farbstoffindustrie
Propanon (Aceton, Dimethylketon)	CH_3–CO–CH_3	–95	56	gutes Lösemittel (für Acetylen, Acetatseide, Lacke), Ausgangsprodukt für Chloroform und Methacrylsäureester
Butanon (Methylethylketon)	CH_3–CO–C_2H_5	–86	80	
Cyclohexanon	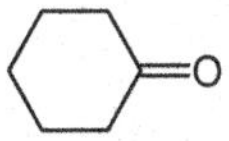	–30	156	Ausgangsprodukt für Perlon, höhergliedrige Ringketone sind Riechstoffe
Acetophenon (Methylphenylketon)	CH_3–CO–C_6H_5	20	202	
Benzophenon (Diphenylketon)	C_6H_5–CO–C_6H_5	48	306	
2,4-Pentandion (Acetylaceton)	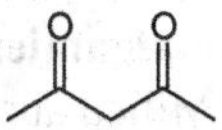	–23	140	Synthese von Heterocyclen

16.5 Redoxreaktionen von Carbonylverbindungen

16.5.1 Reduktion zu Alkoholen

In Umkehrung ihrer Bildungsreaktion (Oxidation von Alkoholen) lassen sich Aldehyde und Ketone durch Reduktion wieder in Alkohole überführen. Dabei wird in der Regel ein **Hydridion** in mehr oder minder freier Form auf die Carbonylgruppe übertragen (Kap. 17.1.1).

Bei der **Reduktion mit unedlen Metallen** (Na, Mg, Zn) werden **radikalische Zwischenstufen** durchlaufen. Die Metalle übertragen dabei ein Elektron auf die Carbonylgruppe unter Bildung eines Radikalanions **I**. In Gegenwart eines **protischen Lösemittels** (Alkohol, etc.) erfolgt eine Protonierung des Anions. Auf das zurückbleibende Radikal **II** wird ein weiteres Elektron übertragen und das gebildete Anion **III** erneut protoniert. Solche Reduktionen zum **Alkohol** lassen sich auch mit Carbonsäurederivaten (Kap. 20.1.1.2) durchführen.

Führt man die Reaktion in **unpolaren und aprotischen Lösemittel** durch (z.B. Toluol) so kann das Radikalanion I nicht protoniert werden. Da kein zweites Elektron übertragen wird (es würde ein Dianion entstehen) hat das Radikal keine andere Möglichkeit als zu dimerisieren (**Pinakol-Kupplung**). Aus Ketonen entstehen so **1,2-Diole**, das aus dem **Aceton** gebildete Diol heißt Pinakol, und gibt dieser Reaktion ihren Namen. Besonders bewährt haben sich hierbei Mg und Zn, da diese zweiwertige Ionen bilden, die in der Lage sind zwei Radikalanionen gleichzeitig zu binden. Dadurch wird die radikalische Dimerisierung durch Bildung eines Chelatkomplexes begünstigt.

16.5.2 Reduktion zu Kohlenwasserstoffen

Unter bestimmten Voraussetzungen können Ketone auch zu Kohlenwasserstoffen reduziert werden, wobei die Carbonyl-Gruppe in eine Methylengruppe überführt wird.

1. *Clemmensen*-Reduktion

Die Methode nach *Clemmensen* reduziert mittels **amalgamiertem Zink** und **starken Mineralsäuren** Ketone, die dieses stark saure Milieu aushalten:

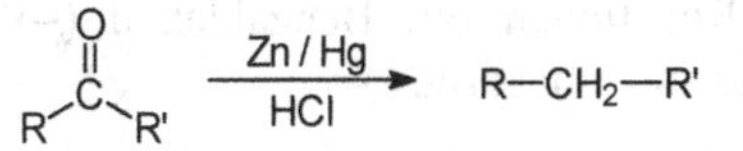

$$R \overset{O}{\underset{C}{\|}} R' \xrightarrow[\text{HCl}]{\text{Zn / Hg}} R-CH_2-R'$$

2. *Wolff-Kishner*-Reduktion

Verbindungen, die säurelabil sind, bzw. mit Säuren in nicht gewünschter Weise reagieren, können mit **Basen**, z.B. Hydrazin und Lauge, nach der *Wolff-Kishner-***Methode** reduziert werden:

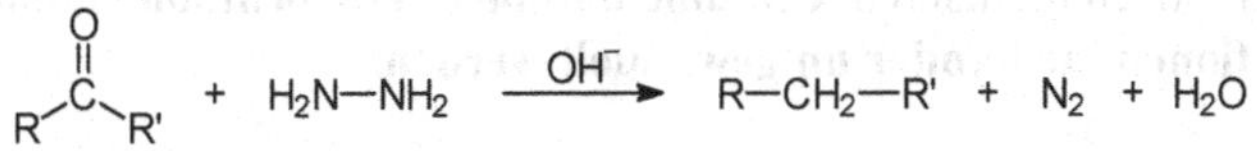

$$R \overset{O}{\underset{C}{\|}} R' \ + \ H_2N-NH_2 \xrightarrow{\text{OH}^-} R-CH_2-R' \ + \ N_2 \ + \ H_2O$$

Das Keton bildet mit Hydrazin ein Hydrazon (s. Kap. 17.1.3), das im alkalischen Medium nach folgendem Schema abgebaut wird:

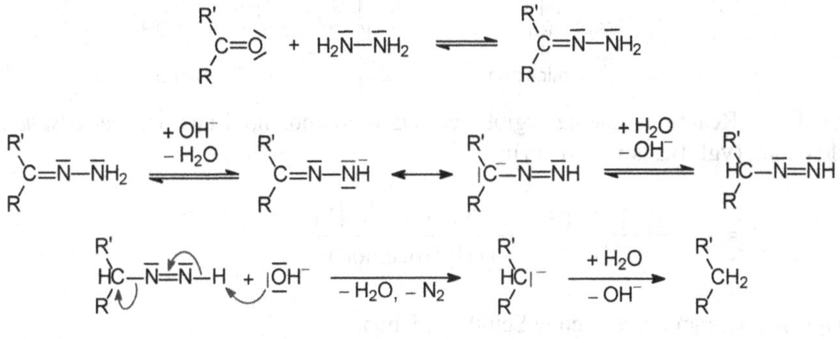

$$\overset{R'}{\underset{R}{\diagdown}} C=O \ + \ H_2\bar{N}-\bar{N}H_2 \ \rightleftharpoons \ \overset{R'}{\underset{R}{\diagdown}} C=\bar{N}-\bar{N}H_2$$

$$\overset{R'}{\underset{R}{\diagdown}} C=\bar{N}-\bar{N}H_2 \ \underset{-H_2O}{\overset{+OH^-}{\rightleftharpoons}} \ \overset{R'}{\underset{R}{\diagdown}} C=\bar{N}-\bar{N}H \ \leftarrow \ \overset{R'}{\underset{R}{\diagdown}} \bar{|}C-\bar{N}=\bar{N}H \ \underset{-OH^-}{\overset{+H_2O}{\rightleftharpoons}} \ \overset{R'}{\underset{R}{\diagdown}} HC-\bar{N}=\bar{N}H$$

$$\overset{R'}{\underset{R}{\diagdown}} HC-\bar{N}=\bar{N}-H \ + \ |\bar{O}H^- \xrightarrow{-H_2O, \ -N_2} \ \overset{R'}{\underset{R}{\diagdown}} HC|^- \ \underset{-OH^-}{\overset{+H_2O}{\rightleftharpoons}} \ \overset{R'}{\underset{R}{\diagdown}} CH_2$$

16.5.3 Oxidationsreaktionen

Die meisten bisher vorgestellten Reaktionen sind mit Aldehyden und Ketonen möglich. **Unterschiede zeigen beide im Verhalten gegen Oxidationsmittel:**

Aldehyde werden zu Carbonsäuren oxidiert; Ketone hingegen lassen sich an der Carbonyl-Gruppe nicht weiter oxidieren. Zumindest nicht unter moderaten Bedingungen, da hier ein C-C-Bindungsbruch erforderlich ist. Mit extrem starken Oxidationsmittel kann dies jedoch erreicht werden.

Nachweis der Aldehydfunktion

Zum Nachweis von Verbindungen mit Aldehyd-Funktionen dient ihre reduzierende Wirkung auf Metallkomplexe. So wird bei der *Fehling*-Reaktion eine alkalische Kupfer(II)-tartrat-Lösung (Cu^{2+}/OH^-/Weinsäure) zu rotem Cu_2O reduziert ($Cu^{2+} \rightarrow Cu^+$) und bei der *Tollens*-Reaktion (Silberspiegel-Prüfung) eine ammoniakalische Silbersalzlösung ($Ag^+/NH_4^+OH^-$) zu metallischem Silber. Alkohole und Ketone geben damit keine Reaktion.

Ausnahmen: *Fehling*-Reaktionen mit Benzaldehyd ($\rightarrow$ *Cannizzaro*-Reaktion) und Isobutyraldehyd verlaufen negativ.

Die *Fehling*-Reaktion ist wegen des niedrigeren Redoxpotentials von Cu^{2+} im Vergleich zu Ag^{+} als Nachweisreaktion weniger geeignet.

16.5.4 Redoxverhalten der Chinone

Auf die Herstellung der Chinone durch Oxidation der entsprechenden Hydrochinone wurde bereits hingewiesen. Umgekehrt lassen sich Chinone sehr leicht zu den Hydrochinonen reduzieren. **Chinone und ihre Hydrochinone können durch Redoxreaktionen ineinander umgewandelt werden.**

Chinon   Semichinon   Hydrochinon

Für dieses Reaktionsschema ergibt sich das Redoxpotential aus der *Nernstschen* Gleichung (vgl. Basiswissen I) zu:

$$E = E^0 + \frac{R \cdot T \cdot 2{,}303}{2 \cdot F} \cdot \lg \frac{c(\text{Chinon}) \cdot c^2(H^+)}{c(\text{Hydrochinon})}$$

Daraus kann man u.a. folgende Schlüsse ziehen:

1. Ist das Produkt der Konzentrationen von Chinon und H^+ gleich der Konzentration von Hydrochinon, so wird $E = E^0$, da $\lg 1/1 = \lg 1 = 0$ ist. Das Redoxpotential des Systems ist dann so groß wie sein **Normalpotential E^0**.

2. Mischt man ein Hydrochinon mit seinem Chinon im Molverhältnis 1 : 1, so entsteht eine Additionsverbindung, das tiefgrüne **Chinhydron,** ein sog. **charge-transfer-Komplex.** Er besteht aus zwei Komponenten, dem elektronenreichen Donor (hier Hydrochinon) und dem elektronenziehenden Akzeptor (hier Chinon). Die entsprechenden Komplexe nennt man daher auch **Donor-Akzeptor-Komplexe.** Sie sind meist intensiv farbig, wobei man die Farbe dem Elektronenübergang Donor $\rightarrow$ Akzeptor zuschreibt. In einer gesättigten Chinhydron-Lösung liegen die Reaktionspartner in gleicher Konzentration (also 1:1) vor. Damit vereinfacht sich die *Nernstsche* Gleichung zu:

$$E = E^0 + \frac{R \cdot T \cdot 2{,}3}{2 \cdot F} \cdot \lg c^2(H^+) = E^0 + \frac{R \cdot T \cdot 2{,}3}{F} \cdot \lg c(H^+) \quad = E^0 - \frac{R \cdot T \cdot 2{,}3}{F} \cdot pH$$

Jetzt ist das Redoxpotential nur noch vom pH-Wert der Lösung abhängig. Eine **Chinhydron-Elektrode** kann daher zu Potentialmessungen benutzt werden.

Das Normalpotential E^0 hängt von der Art des Chinons und vom Substitutions-muster ab:

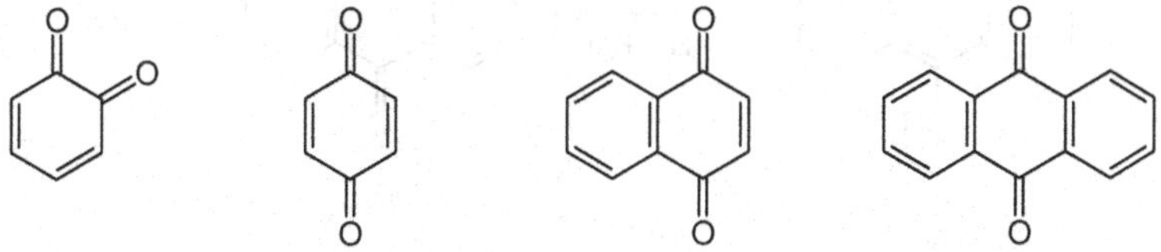

o-Benzochinon	p-Benzochinon	1,4-Naphthochinon	9,10-Anthrachinon
$E^0 = 0,792$ V	$E^0 = 0,707$ V	$E^0 = 0,477$ V	$E^0 = 0,154$ V

Aus den angegebenen Redoxpotentialen lässt sich entnehmen, dass mit zuneh-mender Anellierung (z.B. Übergang p-Benzochinon → Naphthochinon) das Potential abnimmt, d.h. die **chinoide Struktur** wird stabiler. Der Grund hierfür ist vor allem die Stabilisierung der chinoiden Struktur als Folge einer Ausbildung **benzoider π-Systeme** (vgl. Anthrachinon). Die Neigung zur Elektronenaufnahme wird dadurch verringert, d.h. die oxidierende Wirkung nimmt ab. Einen ähnlichen Effekt haben Substituenten, die in das chinoide System Elektronen abgeben, z.B. HO-, H_3C–O- und Alkyl-Gruppen.

Chinone wirken als Oxidationsmittel, so z.B. **Chloranil** (Tetrachlor-p-benzo-chinon):

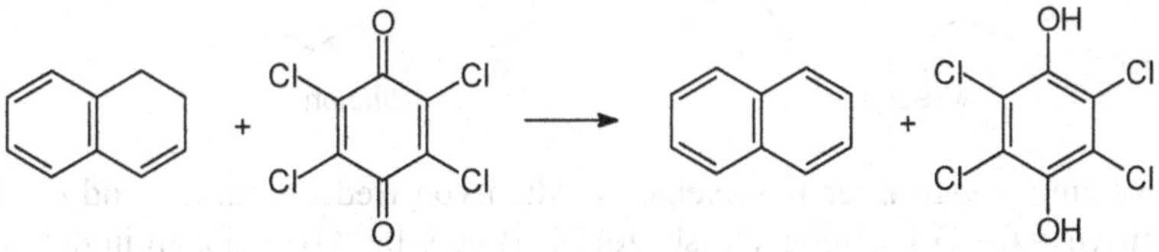

1,2-Dihydro-naphthalin	Tetrachlor-p-benzochinon	Naphthalin	Tetrachlor-hydrochinon

Die **1,4-Chinone** sind auch **ungesättigte Ketone**, die 1,2 und 1,4-Additions-reaktionen eingehen können. Außerdem sind **Diels-Alder-Reaktionen** (Kap. 6.2.3) möglich mit **Chinon als Dienophil**.

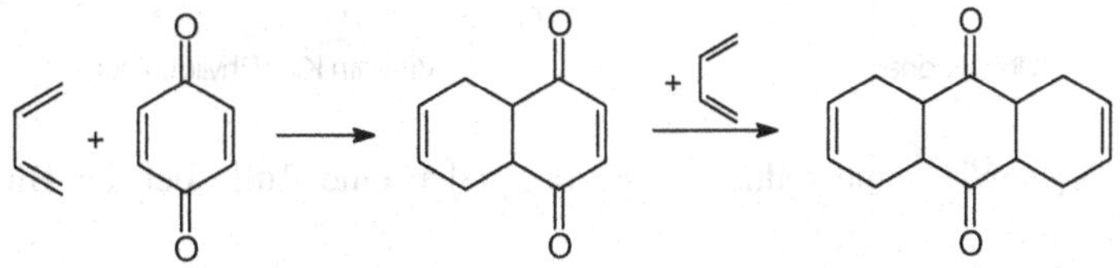

Semichinone sind mesomeriestabilisiert (sowohl das Radikal als auch die neg. Ladung). 1,4-Benzochinon wird daher als Inhibitor bei radikalischen Polymerisa-tionen benutzt.

Hydrochinone werden als **Reduktionsmittel** verwendet, z.B. als fotografische Entwickler, oder bei der technischen Herstellung von H_2O_2 (s. Basiswissen I).

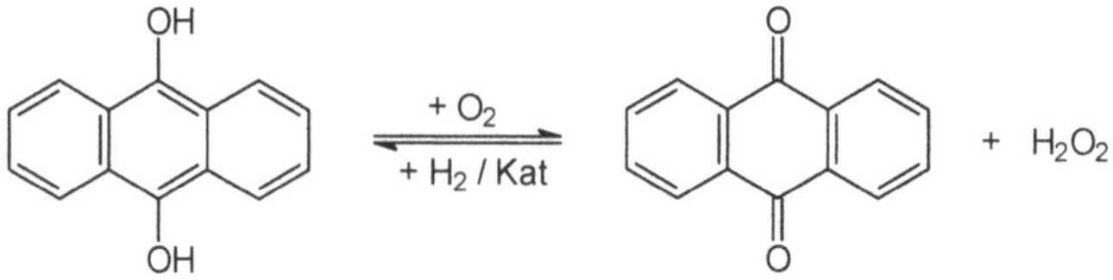

16.6 Biologisch interessante Carbonylverbindungen

Wegen der Vielzahl verschiedenartiger Carbonylverbindungen werden diese z.T. in anderen Kapiteln besprochen, so z.B. **Citral**, **Anisaldehyd** und **Vanillin**, **Menthon** (s. Terpene, Kap. 32.2) und **Zimtaldehyd**.

Cyclische Ketone sind häufig wohlriechende Verbindungen und finden daher in der **Parfümerie** Verwendung. **Muscon** ist z.B. der Geruchsträger von natürlichem Moschus und wird von einer Hirschart (*Moschus moschiferus*) produziert. Das ähnlich riechende **Zibeton** kann aus Duftdrüsen der Zibet-Katze isoliert werden.

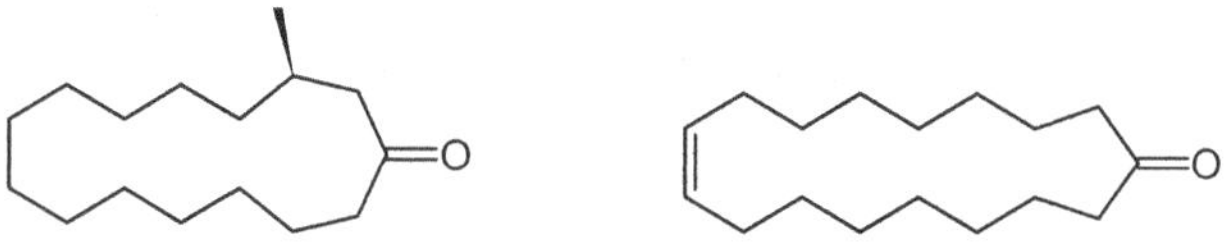

Muscon   Zibeton

Chinone sind wegen ihrer Redoxeigenschaften von Bedeutung. So sind die **Ubichinone** (n = 6-10) wichtige Wasserstoffüberträger bei Oxidationen in den Mitochondrien.

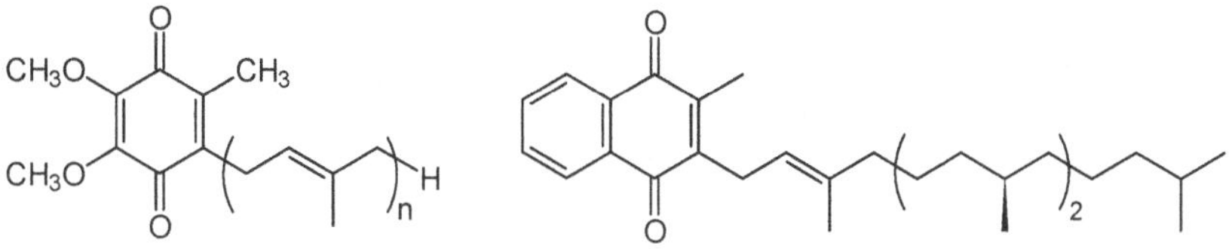

Ubichinone   Vitamin K$_1$ (Phyllochinon)

Vitamin K$_1$ sowie seine reduzierte Form spielen eine Rolle bei der Blutgerinnung.

Die strukturell verwandten Hydrochinonderivate **Tocopherole** (Vitamine der E-Reihe) wirken als Radikalfänger und Antioxidantien in Zellmembranen und Lipoproteinen.

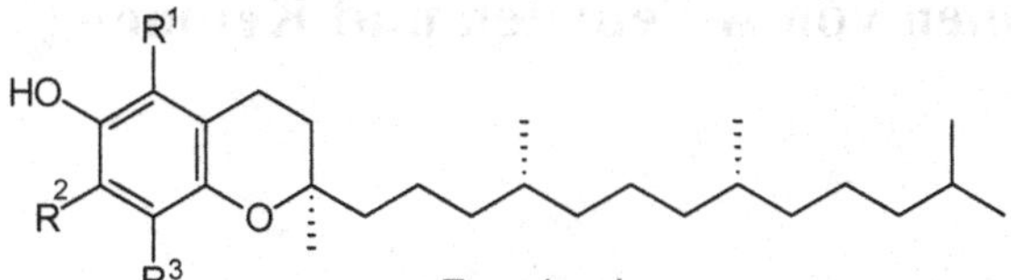

Tocopherole

Viele Chinone sind intensiv gefärbt, vor allem bei größeren konjugierten Systemen. So bildet das rote **Alizarin** (aus der Krappwurzel) intensiv gefärbte Metallkomplexe die bereits im Altertum zum Färben verwendet wurden (Krapplacke).

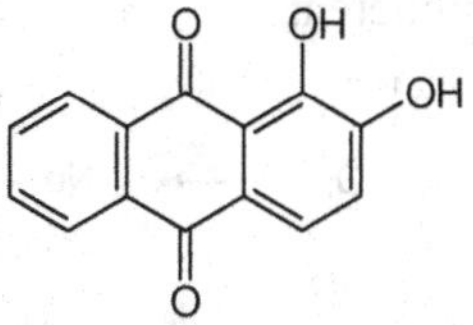

Alizarin

Das orangerote **Muscarufin** ist der Hauptfarbstoff des Fliegenpilzes (*Amanita muscaria*).

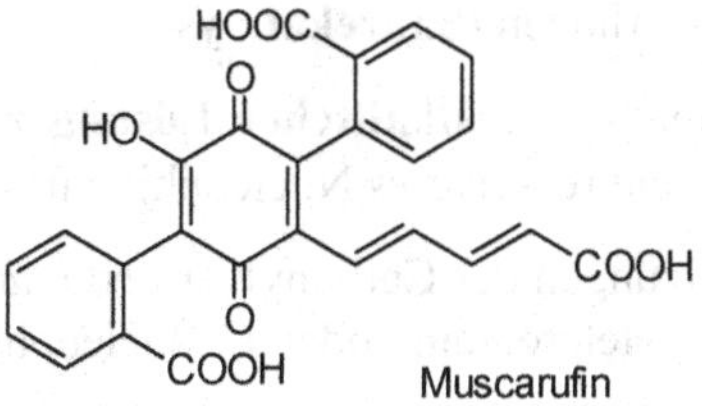

Muscarufin

17 Reaktionen von Aldehyden und Ketonen

Typische Reaktionen aller Carbonylverbindungen sind **Additionen von Nucleophilen an die Carbonylgruppe.** Für Aldehyde und Ketone lässt sich folgender allgemeiner Mechanismus formulieren:

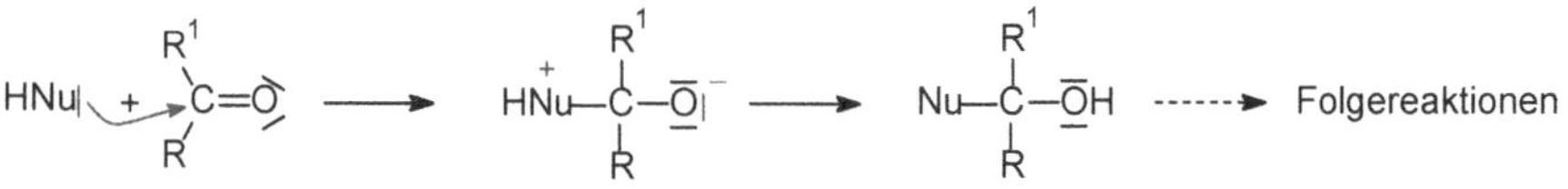

Das nucleophile Reagenz lagert sich an das positivierte C-Atom der >C=O-Gruppe an. Unter Protonenwanderung bildet sich daraus eine Additionsverbindung, die je nach den Reaktionsbedingungen weiterreagieren kann. Die Reaktion wird durch Säuren beschleunigt, da Protonen als elektrophile Teilchen mit dem nucleophilen Carbonyl-Sauerstoff reagieren können und dadurch die Polarität der C=O-Gruppe erhöhen **(Säurekatalyse).**

Manchmal ist es zweckmäßig, **in alkalischer Lösung** zu arbeiten, wenn durch Deprotonierung von HNu ein reaktiveres Nucleophil Nu^- gebildet wird.

Die verschiedenen Umsetzungen der Carbonylverbindungen unterscheiden sich in der Art der Nucleophile (Heteroatom- oder *C*-Nucleophile) und in der Art der Folgereaktionen.

Carbonylverbindungen mit Wasserstoffatomen in α-Position stehen über die **Keto-Enol-Tautomerie** (Kap. 16.4) mit der entsprechenden Enolform im Gleichgewicht. Sie sind relativ acide (pK_s-Werte siehe Rückumschlag) und lassen sich **mit starken Basen unter Bildung eines Enolats deprotonieren. Enolate sind sehr gute *C*-Nucleophile** und können als solche z.B. mit anderen Carbonylverbindungen reagieren.

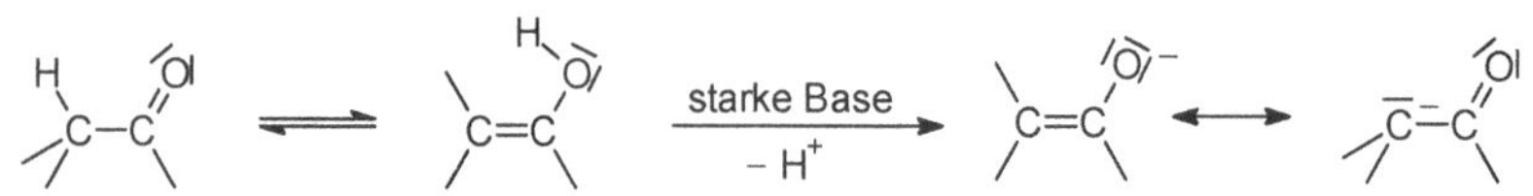

Keto-Form Enol-Form starke Base − H⁺ mesomeriestabilisiertes Enolat

Carbonylverbindungen mit Wasserstoffatomen in α-Position können also sowohl als Elektrophil als auch als Nucleophil umgesetzt werden.

17.1 Additionen von Hetero-Nucleophilen

17.1.1 Addition von ‚Hydrid'

In Umkehrung ihrer Bildungsreaktion (Oxidation von Alkoholen) lassen sich Aldehyde und Ketone durch Reduktion wieder in Alkohole überführen. Die Reduktion mit H_2/Pt verläuft relativ langsam und ist wenig selektiv, da hierbei nicht nur C=O sondern auch C=C-Bindungen hydriert werden. Besser geeignet sind Metallhydride wie **Natriumborhydrid** ($NaBH_4$) in Ethanol oder **Lithiumaluminiumhydrid** ($LiAlH_4$) in Ether.

$$Na^+ H_3B{-}H + \underset{R}{\overset{R}{>}}C{=}O + H{-}OC_2H_5 \longrightarrow H{-}\underset{R}{\overset{R}{\underset{|}{\overset{|}{C}}}}{-}OH + Na^+ H_3B{-}OC_2H_5$$

$$H_3Al{-}H + \underset{R}{\overset{R}{>}}C{=}\overset{..}{\underset{..}{O}}{\overset{Li^+}{}} \longrightarrow H{-}\underset{R}{\overset{R}{\underset{|}{\overset{|}{C}}}}{-}\bar{O}| \ LiAlH_3^+ \xrightarrow{\ 3\ R_2CO\ } Li^+[Al(OCHR_2)_4]^-$$

$$\downarrow H_2O$$

$$4\ R_2CH{-}OH + LiOH + Al(OH)_3$$

Beim sehr reaktiven $LiAlH_4$ lassen sich prinzipiell alle 4 Wasserstoffatome übertragen, wobei die Reaktivität der dabei gebildeten Alkoxyaluminiumhydride kontinuierlich abnimmt. Auf diese Weise lassen sich auch mildere und selektivere Aluminiumhydride herstellen, die dann z.B. nur noch mit sehr reaktionsfähigen Carbonylverbindungen reagieren. Isolierte C=C-Doppelbindungen werden von Bor- und Aluminiumhydriden nicht angegriffen.

Verwendet man anstelle von $LiAlH_4$ das analoge $LiAlD_4$ so lassen sich Isotopenmarkierte Verbindungen herstellen.

1. *Meerwein-Ponndorf-Verley*-Reduktion

Eine weitere Methode Carbonylgruppen zu reduzieren, ohne dass auch andere im Molekül vorhandene reduzierbare Gruppen wie Doppelbindungen oder Nitro-Gruppen miterfasst werden, ist die *Meerwein-Ponndorf-Verley*-Reduktion. Aldehyde bzw. Ketone reagieren hierbei mit Isopropylalkohol in Gegenwart von Aluminiumisopropylat:

$$\underset{R}{\overset{R'}{>}}C{=}O + \underset{H_3C}{\overset{H_3C}{>}}CH{-}OH \underset{\overset{Al[OCH(CH_3)_2]_3}{\rightleftharpoons}}{} \underset{R}{\overset{R'}{>}}CH{-}OH + \underset{H_3C}{\overset{H_3C}{>}}C{=}O$$

Diese Reaktion ist eine Gleichgewichtsreaktion und kann daher auch umgekehrt eingesetzt werden zur Oxidation von Alkoholen mit Aceton (*Oppenauer*-Oxidation). Das Gleichgewicht dieser Redox-Reaktion lässt sich durch Abdestillieren des Nebenproduktes Aceton vollständig nach rechts zugunsten des gebildeten Alkohols verschieben.

Die Reduktion der Carbonylverbindung erfolgt durch Übertragung eines Hydrid-ions vom α-Kohlenstoff-Atom einer Isopropyl-Gruppe des Aluminiumisopropy-lats auf den Carbonyl-Kohlenstoff:

2. *Cannizzaro*-Reaktion

Aldehyde ohne α-ständiges H-Atom können in Gegenwart von starken Basen keine Aldole bilden (s. Kap. 17.3.2), **sondern unterliegen der** *Cannizzaro*-Reaktion. Unter **Disproportionierung** entsteht aus einem Aldehyd ein äquimola-res **Gemisch des analogen primären Alkohols und der Carbonsäure.** Neben aromatischen Aldehyden (z.B. Benzaldehyd, PhCHO) gehen auch einige aliphatische Aldehyde wie Formaldehyd und Trimethylacetaldehyd (Pivalaldehyd) die *Cannizzaro*-Reaktion ein.

$$2\ C_6H_5CHO\ +\ NaOH\ \longrightarrow\ C_6H_5CH_2OH\ +\ C_6H_5COO^-Na^+$$

Benzaldehyd   Benzylalkohol   Natrium-Benzoat

Mechanismus: Die Anlagerung eines OH⁻-Ions an das C-Atom der polarisierten C=O-Gruppe ermöglicht die Abspaltung eines **Hydrid-Ions H⁻**, das sich an das positivierte C-Atom einer zweiten Carbonylverbindung anlagert. Auf diese Weise entstehen Alkoholat und Säure, die anschließend ein Proton austauschen.

Gekreuzte *Cannizzaro*-Reaktionen sind möglich, **wenn zwei Aldehyde ohne α-H-Atom** miteinander umgesetzt werden. In der Regel verwendet man hierbei **Formaldehyd** als eine Komponente, da dieser Aldehyd immer zur Ameisensäure oxidiert wird. Der entsprechende zweite Aldehyd wird dann zum Alkohol redu-ziert (s. Kap. 17.3.2. Herstellung von Pentaerythrit).

Verwandt mit der Cannizzaro-Reaktion ist die **Benzilsäure-Umlagerung** (Kap. 16.3.3) bei der jedoch nicht ein Hydridrest, sondern eine Phenylgruppe mit ihrem Bindungselektronenpaar verschoben wird.

3. *Claisen-Tischtschenko*-Reaktion

Verwendet man wie bei der *Meerwein-Ponndorf-Verley*-Reduktion Aluminium-alkoholate als Base, so können auch enolisierbare, aliphatische Aldehyde im Sinne einer Cannizzaro-Reaktion umgesetzt werden. Bei dieser *Claisen-Tischtschenko-Reaktion* entsteht aus 2 Molekülen Aldehyd ein Ester. So lässt sich technisch z.B. Essigsäureethylester aus Acetaldehyd in Gegenwart von Aluminiumethanolat herstellen.

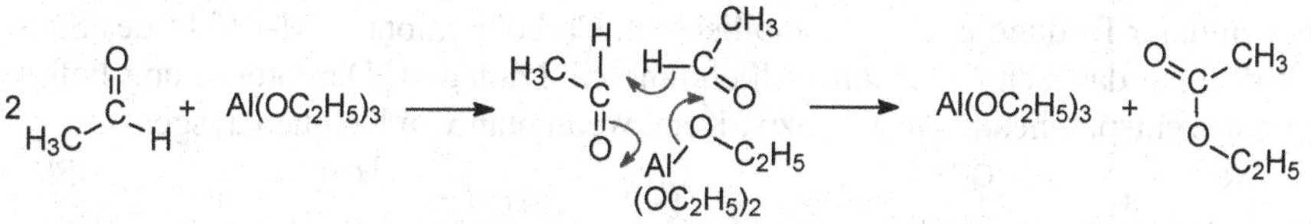

Aluminiumalkoholate sind schwache Basen und vermögen daher nicht Aldolreaktionen (Kap. 17.3.2) zu katalysieren.

17.1.2 Reaktion mit *O*-Nucleophilen

1. Hydratbildung

Wasser lagert sich unter Bildung von **Hydraten** an, die i.a. nicht isolierbar sind:

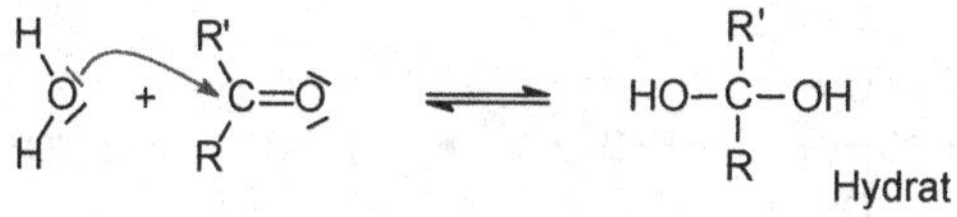

Je reaktiver die entsprechende Carbonylverbindung, desto höher ist der Hydratanteil im Gleichgewicht. Während **Formaldehyd** (ein farbloses Gas) in wässriger Lösung vollständig hydratisiert ist, beträgt der Hydratanteil des **Acetaldehyds** lediglich 60 %. Durch Einführung elektronenziehender Gruppen ist eine Stabilisierung dieser Hydrate möglich, so dass sie isoliert werden können, z.B. **Chloralhydrat** oder **Ninhydrin**.

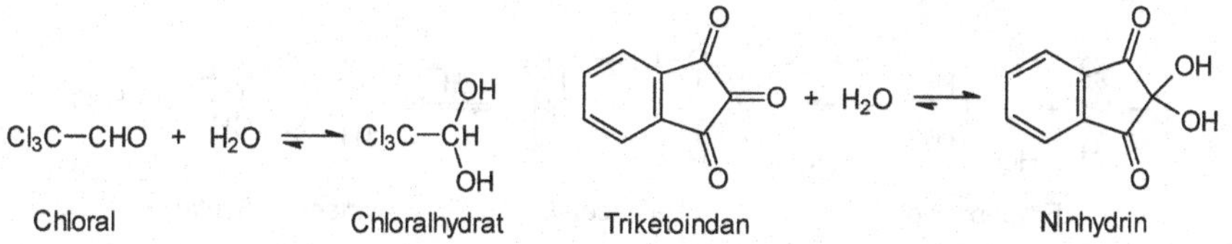

Chloral   Chloralhydrat   Triketoindan   Ninhydrin

2. Acetalbildung

Die Reaktion von Aldehyden mit Alkoholen verläuft analog unter Bildung von Halbacetalen. Diese lassen sich in **Gegenwart von Säure** und überschüssigem Alkohol zu **Acetalen** umsetzen. Aus **Ketonen** erhält man die entsprechenden **Ketale**.

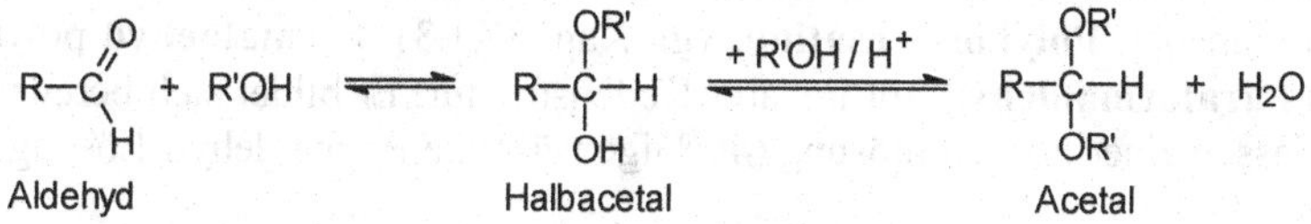

Aldehyd   Halbacetal   Acetal

Die Acetalbildung verläuft in zwei Schritten. Zunächst bildet sich unter Addition eines Alkohols ein **Halbacetal.** Diese Reaktion ist völlig analog zur Hydratbildung und **benötigt keine Säure.** Ganz anders der zweite Schritt: Hier wird Säure benötigt um eine OH-Gruppe zu protonieren. Erst dann lässt sich H_2O abspalten unter Bildung eines gut stabilisierten Carbeniumions (+M-Effekt des Sauerstoffs), an das sich das zweite Alkoholmolekül anlagert. Deprotonierung liefert dann das entsprechende Acetal (bzw. Ketal wenn man von Ketonen ausgeht).

Da alle Reaktionsschritte Gleichgewichtsreaktionen sind, lassen sich **Acetale im Sauren leicht wieder spalten.** Dagegen sind sie im Basischen stabil. Um das Gleichgewicht auf die Seite der Acetale zu verschieben kann man das bei der Reaktion gebildete **Wasser entfernen.** Hierbei haben sich **Orthoester** bewährt, welche sich im Sauren mit H_2O zu Estern und Alkohol umsetzen. Dies ist besonders wichtig bei der Bildung von Ketalen.

Besonders günstig verläuft die Acetalbildung bei der Umsetzung von **Diolen**, da hierbei **cyclische Acetale** gebildet werden. Der zweite Reaktionsschritt verläuft in diesem Fall intramolekular. Diese cyclischen Acetale und Ketale sind relativ stabil und werden daher gerne als **Schutzgruppe für Carbonylverbindungen** verwendet. Die Spaltung erfolgt im Sauren.

Befinden sich OH- und Carbonylgruppe in einem Molekül, so bilden sich sehr leicht cyclische Halbacetale. Die wichtigsten Beispiele hierzu findet man bei den Kohlenhydraten (Kap. 28).

3. Polymerisation

Aliphatische Aldehyde neigen besonders in Gegenwart von Protonen zur Polymerisation (genauer: **Polykondensation**; vgl. Kap. 37.1.3). **Formaldehyd** polymerisiert zu **Paraformaldehyd** mit linearer Kettenstruktur. Er bildet sich bereits beim Stehen lassen einer Formalinlösung (40 %ige wässrige Formaldehyd-Lösung).

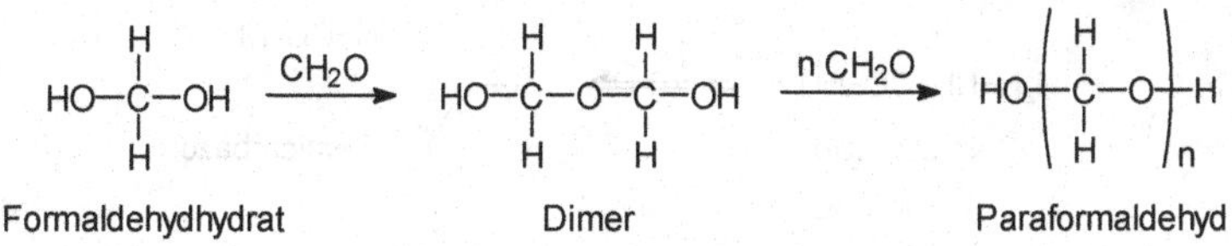

Formaldehydhydrat → Dimer → Paraformaldehyd

Ein trimeres cyclisches Produkt, das **Trioxan**, wird durch Zugabe verdünnter Säuren erhalten:

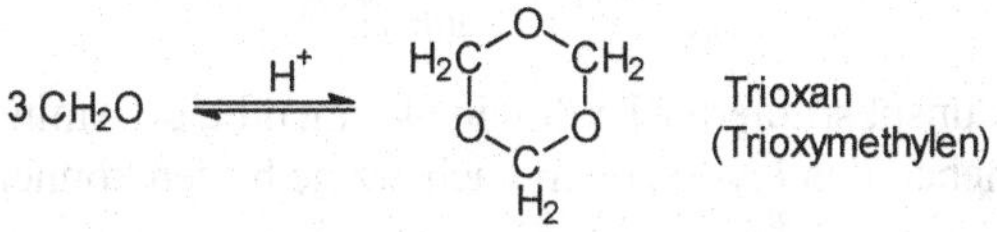

Trioxan
(Trioxymethylen)

Acetaldehyd polymerisiert im Sauren zu **Paraldehyd** und **Metaldehyd**:

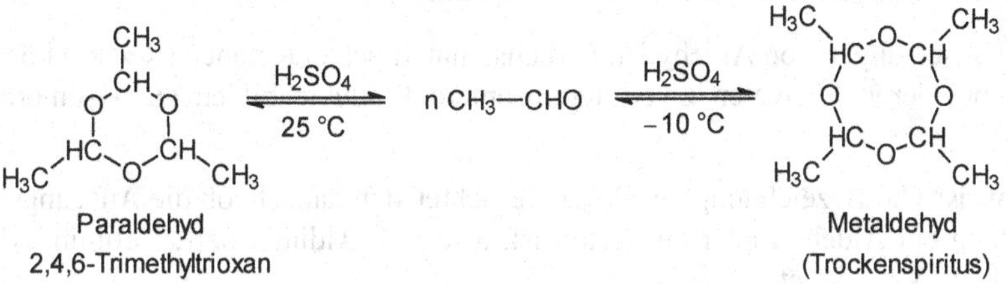

Paraldehyd
2,4,6-Trimethyltrioxan

Metaldehyd
(Trockenspiritus)

17.1.3 Reaktion mit *N*-Nucleophilen

Primäre Amine

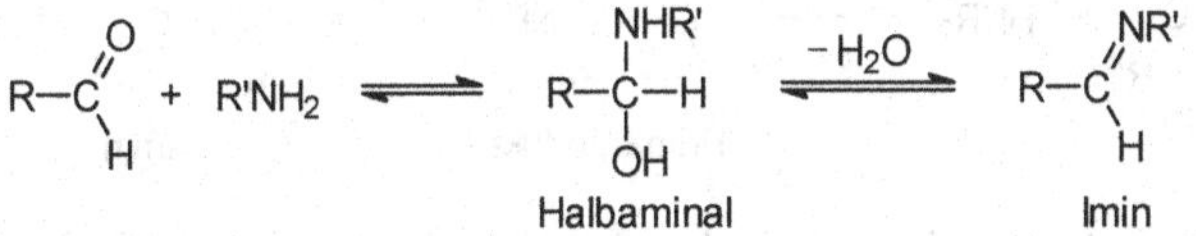

Halbaminal   Imin

Das primär gebildete Halbaminal ist instabil und im Allg. nicht isolierbar. Es geht unter Dehydratisierung (Wasserabspaltung) in ein Imin (Azomethin, *Schiff'sche* Base) über. Der mechanistische Ablauf entspricht einem Additions-Eliminierungs-Prozess. Das Imin kann mit Reduktionsmitteln wie H_2/Ni zum Amin reduziert werden **(reduktive Aminierung)**.

Analog verhalten sich auch andere 'Aminderivate'.

Beispiele:

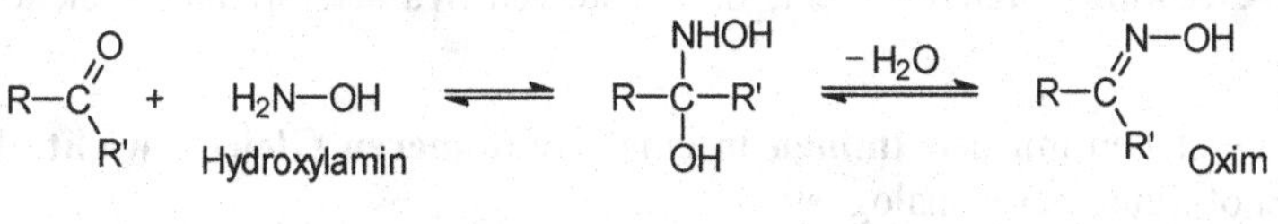

Hydroxylamin   Oxim

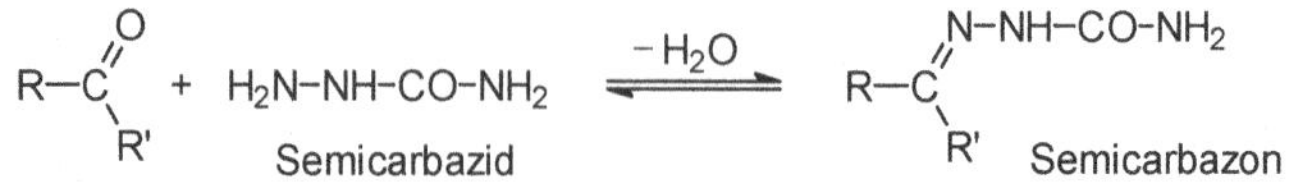

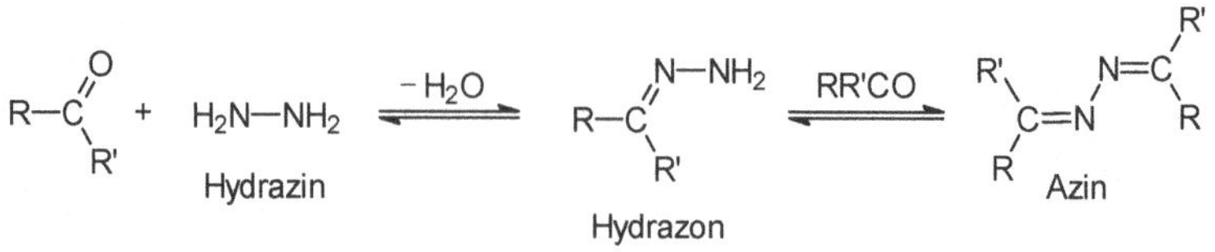

Bei Umsetzungen unsubstituierter Hydrazine können beide Aminogruppen reagieren, so dass sich neben den Hydrazonen auch Azine bilden können.

Phenylhydrazone und **Semicarbazone** sind in der Regel sehr gut kristallisierende Verbindungen und dienten daher früher zur **Identifizierung von Carbonylverbindungen** (anhand ihres Schmelzpunktes).

Bei Umsetzungen von Aldehyden und unsymmetrischen Ketonen (R ≠ R') können sich bei deren Derivaten zwei stereoisomere Produkte bilden (*E/Z*-Isomere. s. Kap. 2.4).

Hinweis: Die Bezeichnung der Produkte richtet sich danach, ob die Ausgangsverbindung ein Aldehyd oder ein Keton ist, also z.B. Aldimin bzw. Ketimin, Aldoxim bzw. Ketoxim etc.

Sekundäre Amine reagieren unter Bildung eines teilweise isolierbaren Primäraddukts, welches unter Wasserabspaltung in ein **Enamin** übergeht:

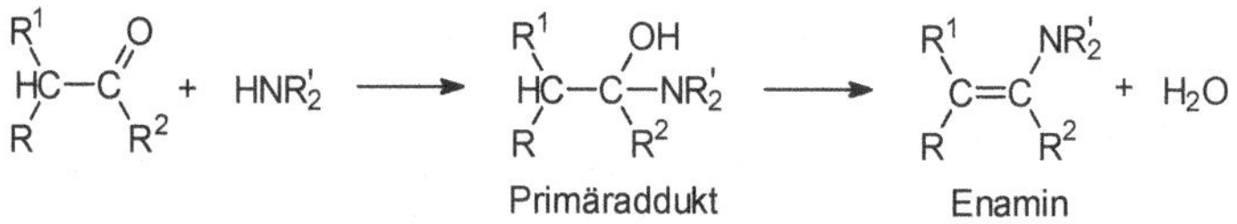

Spaltet das Primärprodukt intramolekular kein Wasser ab (z.B. bei Aldehyden ohne α-Wasserstoffatom), sondern reagiert mit einem weiteren Molekül Amin, so erhält man **Aminale**. Auch diese Reaktion wird durch Säure katalysiert und ist daher völlig analog zur Bildung von Acetalen.

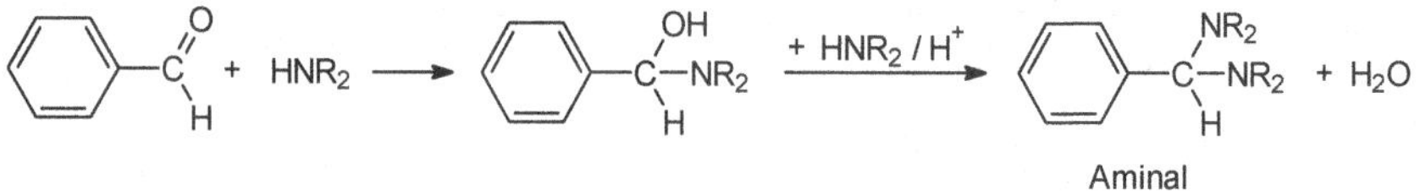

Tertiäre Amine reagieren nicht, da sie keinen Wasserstoff am Stickstoffatom tragen.

Enamine stehen mit den **Iminen** in einem **tautomeren Gleichgewicht**, das der Keto-Enol-Tautomerie analog ist:

$$
\begin{array}{c}
R^1 \quad \bar{N}R' \\
HC-C'' \\
R^2 \quad R^2
\end{array}
\rightleftharpoons
\begin{array}{c}
R^1 \quad \bar{N}HR' \\
C=C \\
R^2 \quad R^2
\end{array}
\qquad
\begin{array}{c}
R^1 \quad \bar{N}R'_2 \\
C=C \\
R^2 \quad R^2
\end{array}
\rightleftharpoons
\begin{array}{c}
R^1 \quad \overset{+}{N}R'_2 \\
C-C'' \\
R^2 \quad R^2
\end{array}
$$

Die Imine können als Ketonderivate von Nucleophilen am Imin-Kohlenstoff angegriffen werden. Auf der anderen Seite ist die Amino-Gruppe ein Elektronendonor. Enamine sind daher am β-C-Atom negativ polarisiert und können dort als Nucleophile leicht mit Elektrophilen umgesetzt werden.

Imine, Enamine und Ketone kann man bezüglich ihrer Reaktivität wie folgt einstufen:

a) Reaktion an der Carbonylgruppe:

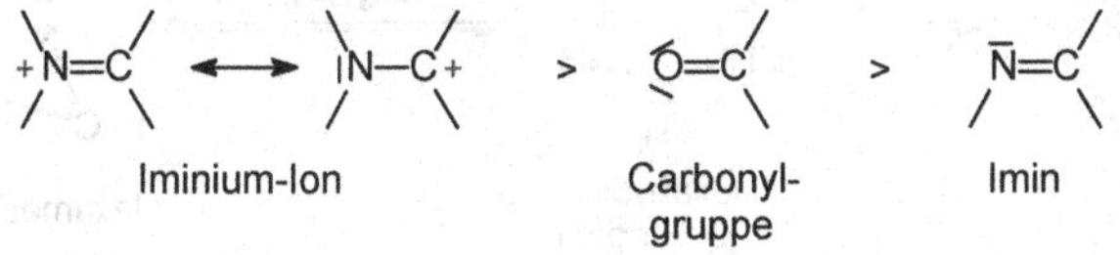

$$
\overset{+}{N}=C \longleftrightarrow |N-\overset{+}{C} \quad > \quad \bar{O}=C \quad > \quad \bar{N}=C
$$

Iminium-Ion   Carbonyl-   Imin
                     gruppe

Iminiumionen erhält man durch Protonierung von Iminen oder Enaminen. Für diese lassen sich mesomere Grenzstrukturen formulieren mit einer positiven Ladung am C-Atom. **Iminiumionen sind daher an dieser Stelle stärker positiviert als die Carbonylgruppe und somit reaktiver.** Da Stickstoff weniger elektronegativ ist als Sauerstoff, sind **Imine weniger reaktionsfähig als Carbonylverbindungen**.

b) Reaktionen am β-C-Atom:

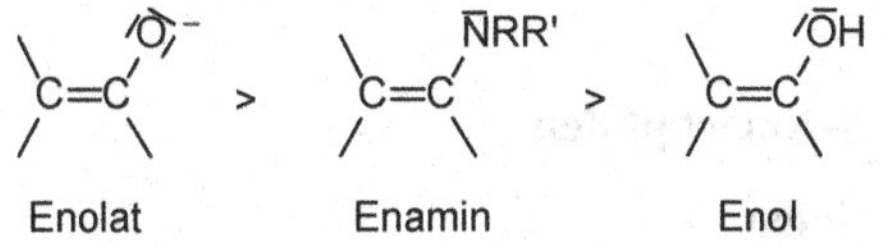

$$
\begin{array}{c}
\overset{\bar{O}^-}{C=C} \quad > \quad \overset{\bar{N}RR'}{C=C} \quad > \quad \overset{\bar{O}H}{C=C}
\end{array}
$$

Enolat   Enamin   Enol

Das **Enolat** mit seiner negativen Ladung hat die mit Abstand **größte Reaktivität**. Da Stickstoff weniger elektronegativ ist als Sauerstoff, und er zusätzlich einen stärkeren +M-Effekt ausübt, besitzen Enamine eine höhere negative Ladungsdichte am β-C-Atom. **Enamine sind daher nucleophiler als Enole.**

Anwendungsbeispiele: Reduktive Aminierung (Kap. 14.1.2.5), Synthese von 1,3-Diketonen (Kap. 16.3.4), Heterocyclen-Synthesen (Kap. 22).

Umsetzungen mit Ammoniak

Besonderes Interesse verdienen die Reaktionen, die Formaldehyd und Acetaldehyd mit Ammoniak eingehen können.

Acetaldehyd reagiert mit NH_3 über ein Acetaldimin zu 2,4,6-Trimethyl-hexahydro-1,3,5-triazin:

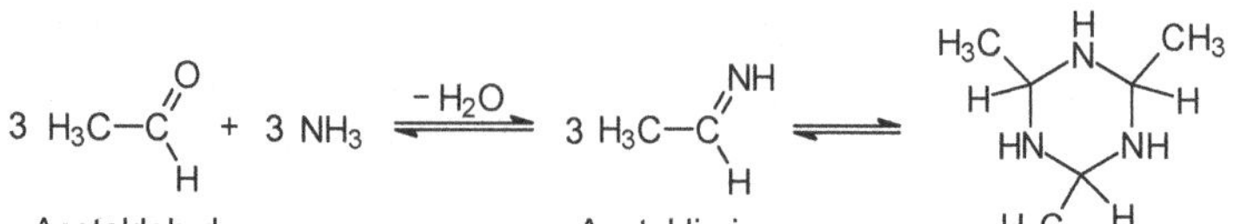

3 H3C—C(=O)H
+ 3 NH3
- H2O
3 H3C—C(=NH)H
H3C, H, CH3, N, H, H, HN, NH, H3C, H

Acetaldehyd Acetaldimin

Formaldehyd reagiert prinzipiell ähnlich. Die Reaktion geht jedoch weiter, indem das Triazin mit Ammoniak zum Endprodukt **Hexamethylentetramin** (Urotropin) weiter reagiert. Dieses zersetzt sich unter Säureeinfluss wieder in den bakterizid wirkenden Formaldehyd.

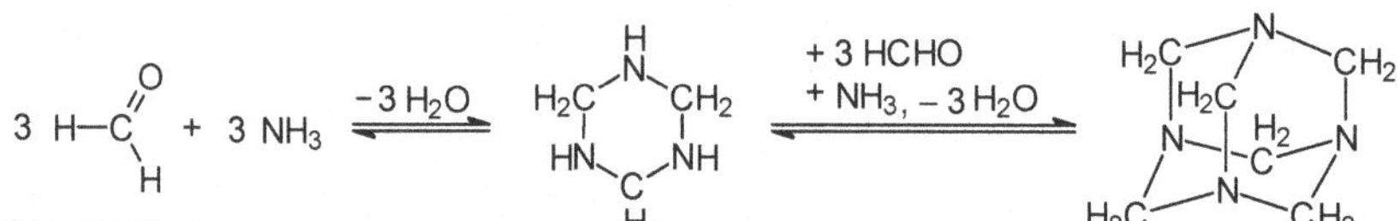

3 H—C(=O)H
+ 3 NH3
-3 H2O
+ 3 HCHO
+ NH3, – 3 H2O

Formaldehyd Hexahydro-1,3,5-triazin Hexamethylentetramin

Die Umsetzung von **Benzaldehyd** (PhCHO) mit NH_3 weicht ebenfalls vom üblichen Reaktionsschema ab. Es entsteht zunächst das erwartete Benzaldimin, das sofort mit überschüssigem Benzaldehyd zu Hydrobenzamid kondensiert:

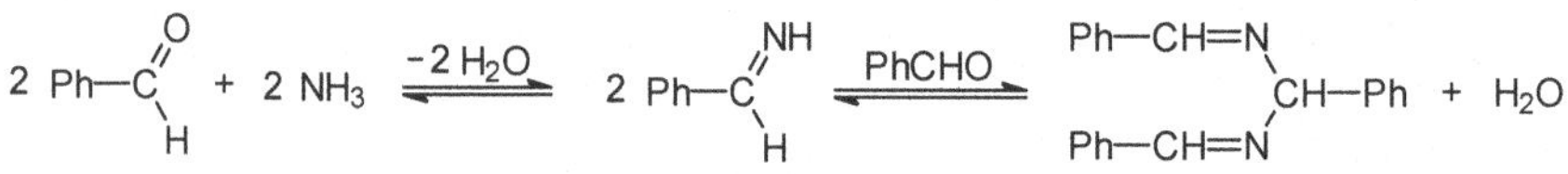

2 Ph—C(=O)H
+ 2 NH3
-2 H2O
2 Ph—C(=NH)H
PhCHO
Ph—CH=N
CH—Ph
Ph—CH=N
+ H2O

Benzaldehyd Benzaldimin Hydrobenzamid

17.1.4 Reaktion mit *S*-Nucleophilen

Umsetzungen mit Thiolen

Analog zur Umsetzung von Carbonylverbindungen mit Alkoholen verläuft die Umsetzung mit **Thiolen**. Dabei bilden sich **Thioacetale** bzw. **Thioketale**. Deren Bildung erfolgt sehr leicht, da Thiole sehr nucleophil sind, viel nucleophiler als Alkohole oder Wasser. Deshalb ist die Thioacetalbildung eigentlich auch keine Gleichgewichtsreaktion mehr. Prinzipiell sollten sich Thioacetale ebenfalls im Sauren spalten lassen, jedoch reagiert das über den Schwefel stabilisierte Carbeniumion leichter mit dem abgespaltenen Thiol (unter erneuter Thioacetalbildung) als mit Wasser unter Thioacetalspaltung (vgl. Acetalspaltung). Man arbeitet daher in Gegenwart von Quecksilbersalzen, welche unlösliche Mercaptide bilden und dadurch das abgespaltene Thiol aus dem Gleichgewicht entfernen.

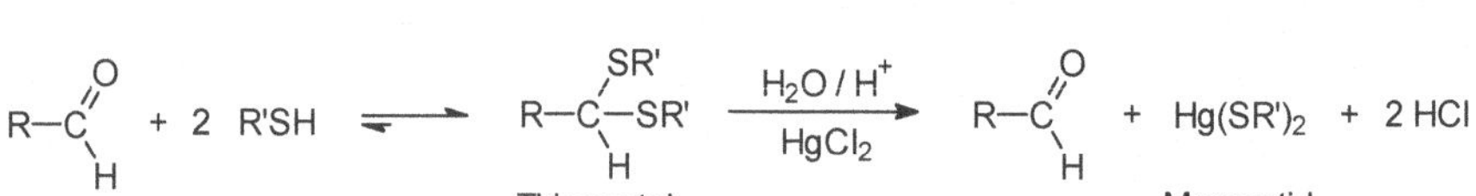

R—C(=O)H
+ 2 R'SH
R—C(SR')(SR')H
H2O / H+
HgCl2
R—C(=O)H
+ Hg(SR')2
+ 2 HCl

Thioacetal Mercaptid

Den von den Aldehyden abgeleiteten **Thioacetalen** kommt eine besondere Bedeutung zu, da das verbleibende Wasserstoffatom mit starken Basen entfernt werden kann. Das gebildete Carbanion kann dann mit Elektrophilen umgesetzt werden. Die ursprünglich positivierte Carbonylgruppe wurde also **umgepolt** (s. Kap. 15.2).

Addition von Natriumhydrogensulfit

Natriumhydrogensulfit (Bisulfit) addiert ebenfalls an Carbonylverbindungen unter Bildung eines wasserlöslichen Addukts. Diese Reaktion wird daher zur Reinigung und Abtrennung von Carbonylverbindungen von anderen organischen Verbindungen verwendet. Nach Zugabe von Säuren oder Basen wird aus dem kristallinen Addukt (**Bisulfit-Addukt**) die Carbonylverbindung wieder freigesetzt:

$$R-\overset{\overset{\displaystyle O}{\|}}{\underset{\underset{\displaystyle R'}{|}}{C}} + NaHSO_3 \;\rightleftharpoons\; R-\overset{\overset{\displaystyle OH}{|}}{\underset{\underset{\displaystyle R'}{|}}{C}}-SO_3^-Na^+ \;\xrightarrow{\;H^+\;}\; R-\overset{\overset{\displaystyle O}{\|}}{\underset{\underset{\displaystyle R'}{|}}{C}} + H_2O + SO_2 + Na^+$$

Addukt

17.2 Additionen von Kohlenstoff-Nucleophilen

17.2.1 Umsetzungen mit Blausäure bzw. Cyanid

1. Cyanhydrinbildung

Durch **Anlagerung von Blausäure** (HCN) an Carbonylverbindungen erhält man α-Hydroxycarbonitrile, so genannte **Cyanhydrine**:

$$R-\overset{\overset{\displaystyle O}{\|}}{\underset{\underset{\displaystyle R'}{|}}{C}} + HCN \;\rightleftharpoons\; R-\overset{\overset{\displaystyle OH}{|}}{\underset{\underset{\displaystyle R'}{|}}{C}}-CN$$

Cyanhydrin

Die Reaktion erfolgt in wässrigem Milieu in Gegenwart schwacher Basen, die das nucleophile Cyanidion CN⁻ erzeugen. Die Reaktion ist reversibel, deshalb lassen sich Cyanhydrine im Basischen auch wieder spalten. Die Gleichgewichtslage hängt von der Struktur der Carbonylverbindung ab, wobei sowohl elektronische als auch sterische Effekte eine Rolle spielen. So sind die Cyanhydrine von Aldehyden stabiler als die von Ketonen (wieso?).

Diese Reaktion kann auch verwendet werden zur Verlängerung von Zuckern (***Kiliani-Fischer*-Synthese**, Kap. 28.1.3.1)

2. *Strecker*-Synthese

Führt man die Reaktion in Gegenwart stöchiometrischer Mengen Ammoniak durch, so erhält man nach vorgelagerter Iminbildung α-Aminonitrile. Diese lassen sich durch Verseifung in α-Aminosäuren überführen (s. Kap. 29.1.3.1).

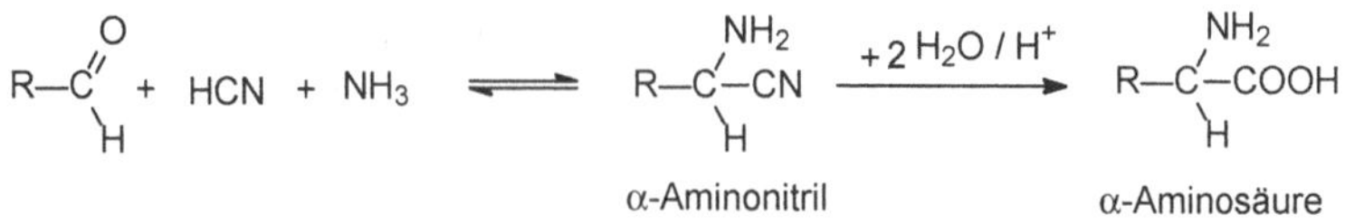

$$R-\overset{O}{\underset{H}{\overset{\|}{C}}} + HCN + NH_3 \rightleftharpoons R-\overset{NH_2}{\underset{H}{\overset{|}{C}}}-CN \xrightarrow{+2\,H_2O\,/\,H^+} R-\overset{NH_2}{\underset{H}{\overset{|}{C}}}-COOH$$

α-Aminonitril   α-Aminosäure

3. Benzoinkondensation

Führt man die Umsetzung mit Cyaniden nicht in Wasser durch, sondern in organischen Lösemitteln, so erhält man keine Cyanhydrine, wegen einer ungünstigen Gleichgewichtslage. Bei **aromatischen Aldehyden** (Aldehyde ohne acides α-H-Atom) bilden sich α-Hydroxyketone, so genannte **Acyloine**. Führt man die Reaktion mit Benzaldehyd durch, erhält man Benzoin. Es genügen hierbei katalytische Mengen an Cyanid.

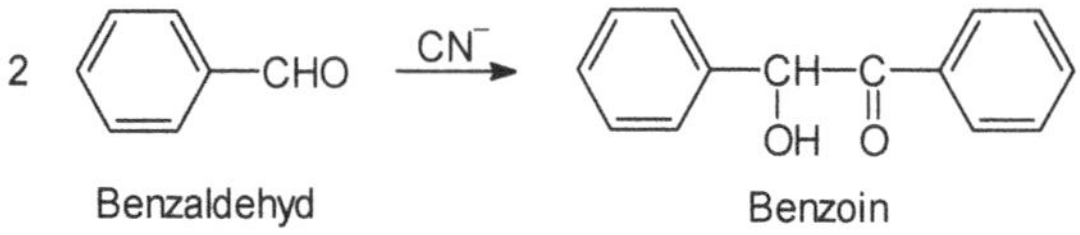

Benzaldehyd   Benzoin

Zum Mechanismus der Reaktion:

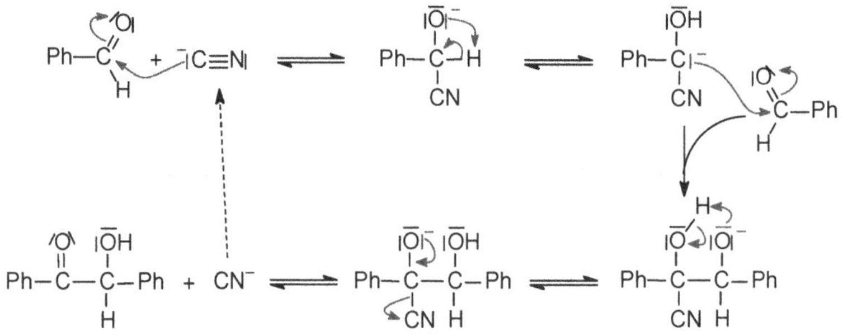

Im ersten Schritt erfolgt eine Addition des Cyanids an die Carbonylgruppe. Dieser Schritt ist identisch mit der Cyanhydrinbildung. Nur erfolgt dort eine Protonierung des basischen 'Alkoholats' durch das Lösemittel Wasser, was hier nicht möglich ist. Bei Verwendung aromatischer Aldehyde ist die benzylische CH-Bindung relativ acide, zum einen aufgrund der stark elektronenziehenden Cyanogruppe, zum anderen da das gebildete Carbanion gut über den aromatischen Ring stabilisiert werden kann. Es erfolgt also eine Umprotonierung. Das dabei gebildete Carbanion ist nun in der Lage als *C*-Nucleophil die Carbonylgruppe eines zweiten Aldehyds anzugreifen. Im gebildeten Addukt ist die entstandene Alkoholat-funktion basischer als die benachbarte Hydroxylgruppe, die über den elektronenziehenden Cyanidrest acidifiziert wird. Daher kommt es zu einer erneuten Umprotonierung. Unter Abspaltung von Cyanid bildet sich schließlich das Benzoin.

Das ursprünglich eingesetzte Cyanid wird also am Ende der Reaktion wieder freigesetzt, daher genügen katalytische Mengen.

Analoge Umsetzungen lassen sich auch durch **Thiazoliumsalze** katalysieren (*Stetter*-**Reaktion**, s. Kap. 16.3.1). Da diese weniger basisch sind als Cyanid, besteht hier nicht die Gefahr einer Aldolreaktionen, so dass sich mit diesen auch **aliphatische Aldehyde zu Acyloinen** umsetzen lassen.

17.2.2 Umsetzungen mit *Grignard*-Reagenzien

Bei der Addition von *Grignard*-Verbindungen an Aldehyde entstehen sekundäre Alkohole (Formaldehyd: primäre Alkohole), während die Addition an Ketone tertiäre Alkohole liefert (s. Kap. 15.4.2).

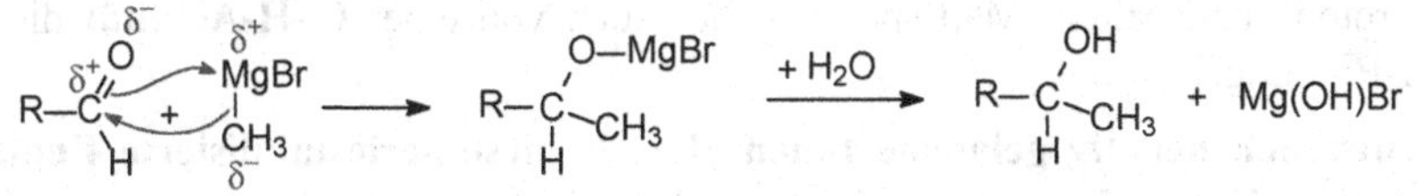

17.2.3 Umsetzungen mit Acetyliden

Endständige Alkine sind vergleichsweise acide (pK$_s$ ≈ 25) und lassen sich daher mit starken Basen wie Natriumamid (in Ammoniak) deprotonieren. Die dabei erhaltenen Acetylide sind gute Nucleophile, die mit Aldehyden und Ketonen zu den entsprechenden ungesättigten Alkoholen abreagieren. Technisch wichtig sind vor allem Umsetzungen von Ethin (Acetylen) (*Reppe*-**Chemie**), z.B. mit Formaldehyd. Dabei bildet sich neben 2-Propin-1-ol (Propargylalkohol) auch 2-Butin-1,4-diol durch zweifache Umsetzung.

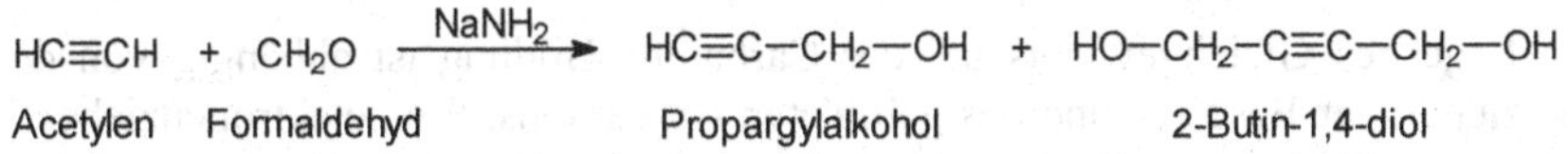

17.2.4 Umsetzungen mit Phosphor-Yliden

Quartäre Phosphoniumhalogenide mit α-ständigem H-Atom werden durch starke Basen (z.B. *n*-Butyllithium) deprotoniert (s. Kap. 15.4.5). Dabei bilden sich mesomeriestabilisierte **Ylide** mit einer stark polarisierten P=C-Bindung. Diese reagieren mit Aldehyden (nicht mit Ketonen) unter Bildung eines Oxaphosphetans, welches in Triphenylphosphanoxid und ein Alken zerfällt (*Wittig*-**Reaktion**).

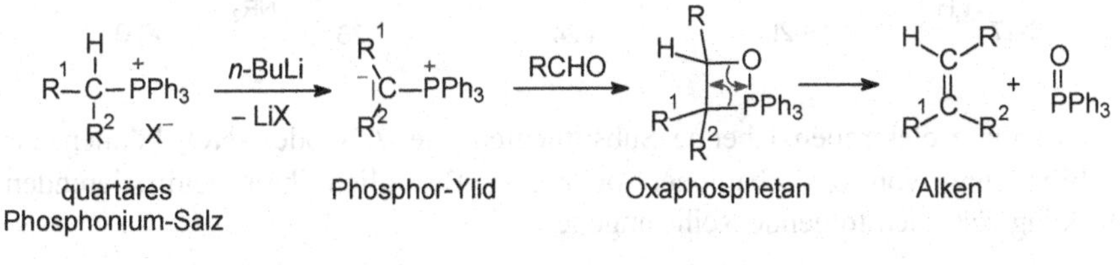

Analoge Reaktionen lassen sich auch mit Phosphonsäureestern durchführen (Kap. 15.4.5) (*Horner-Wadsworth-Emmons*-**Reaktion**), wobei die gebildeten Ylide auch mit Ketonen umgesetzt werden können.

17.3 Additionen von Carbonylverbindungen

17.3.1 Bildung und Eigenschaften von Carbanionen

Carbonylverbindungen sind Schlüsselsubstanzen bei vielen Synthesen. Dies gilt vor allem für Verbindungen, die am **α-C-Atom** zur Carbonyl-Funktion ein H-Atom besitzen. Die elektronenziehende Wirkung des Carbonyl-O-Atoms und die daraus resultierende Positivierung des Carbonyl-C-Atoms beeinflussen die Stärke der C–H-Bindung an dem zur >C=O-Gruppe benachbarten α-C-Atom in besonderem Maße. Dadurch ist es oft möglich, dieses H-Atom mit einer Base Bl⁻ als Proton abzuspalten. Man spricht daher auch von einer **C–H-Acidität** dieser C–H-Bindung.

Es entstehen negativ geladene Ionen, die als mesomeriestabilisierte Enolationen bzw. Carbanionen formuliert werden können:

Enolat   Carbanion

Das Enolat-Ion ist ein **ambidentes Nucleophil**, d.h. es hat zwei reaktive Zentren. Beide sind nucleophil und können somit mit Elektrophilen reagieren. Verwendet man Carbonylverbindungen als Elektrophile so finden wichtige C-C-Knüpfungsreaktionen statt. **Beispiel:** Aldol-Reaktion.

Die Lage des Gleichgewichts bei der Carbanion-Bildung ist abhängig von den Basizitäten der Base Bl⁻ und des gebildeten Carbanions. Eine elektronenziehende Gruppe (R, R') steigert die Acidität des betreffenden H-Atoms. Es ist daher wichtig die pK_s–Werte (s. 2. Umschlagseite) der beteiligten Reaktionspartner zu kennen.

Die aktivierende Wirkung von –C(=O)Y nimmt wegen der zunehmenden Elektronendonor-Wirkung von Y in folgender Reihe ab:

$R'-CH_2-C(=O)H$	$R'-CH_2-C(=O)R$	$R'-CH_2-C(=O)OR$	$R'-CH_2-C(=O)NR_2$	$R'-CH_2-C(=O)O^-$
pK_s 16-17	19-20	≈24	≈26	>30

Auch andere elektronenziehende Substituenten wie -CN oder -NO₂ können zur Stabilisierung von α-Carbanionen beitragen. Bezüglich ihrer acidifizierenden Wirkung lässt sich folgende Reihe angeben:

$R'-CH_2-NO_2$	$R'-CH_2-C(=O)H$	$R'-CH_2-C(=O)R$	$R'-CH_2-C(=O)OR$	$R'-CH_2-C\equiv N$
pK_s ≈10	≈17	≈20	≈24	≈25

17.3.2 Aldol-Reaktion

1. Basenkatalysierte Aldol-Reaktionen

Bei der basenkatalysierten Reaktion zweier Aldehyde entsteht ein Alkohol, der noch eine Aldehyd-Gruppe enthält („**Aldol**"). Prinzipiell können auch verschiedene Carbonylverbindungen miteinander umgesetzt werden (gekreuzte Aldolreaktion). Voraussetzung ist, dass einer der Reaktionspartner (die „Methylen-- Komponente") ein acides α-H-Atom besitzt, das durch eine Base Bl⁻ unter Bildung eines Carbanions abgespalten werden kann. Ketone reagieren analog. **Bei Reaktionen mit Aldehyden fungieren Ketone wegen ihrer geringeren Carbonylaktivität stets als Methylen-Komponente.**

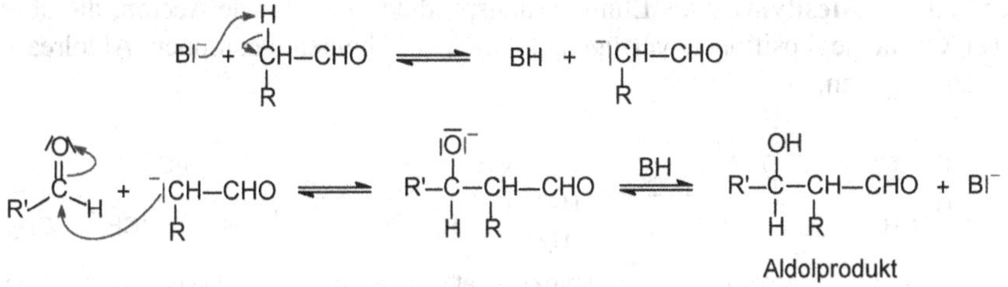

Aldolprodukt

Das mit einer Base gebildete Carbanion kann als Nucleophil mit einer weiteren Carbonylgruppe reagieren:

Der nucleophile Angriff des Carbanions am Carbonyl-C-Atom hat somit eine Verlängerung der Kohlenstoffatom-Kette zur Folge.

Das Produkt einer **basenkatalysierten Aldoladdition** ist eine β-**Hydroxycarbonylverbindung** (s. Kap. 16.3.2). An diese Addition kann man die Abspaltung von Wasser (Dehydratisierung) anschließen, wenn man Säure zusetzt, so dass α,β-**ungesättigte Carbonylverbindungen** (s. Kap. 16.3.8) entstehen. Besonders leicht erfolgt die Eliminierung, wenn man aromatische Aldehyde verwendet, da hierbei ein ausgedehntes konjugiertes System entsteht. In der Regel bildet sich das Eliminierungsprodukt mit einer *trans (E-)* Doppelbindung

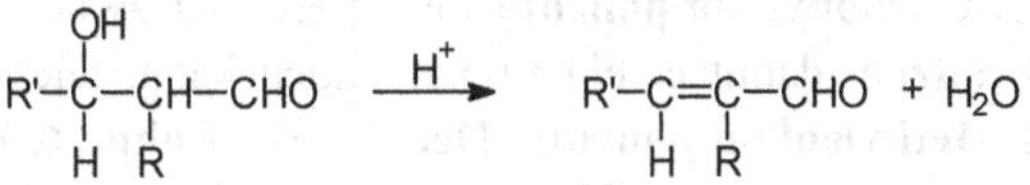

Beachte: Die Reaktionsfolge, die zum Aldolprodukt führt, ist auch umkehrbar („**Retro-Aldolreaktion**"), sofern keine Dehydratisierung stattfindet.

Homoaldol-Reaktionen

Aldehyde liegen mit ihrem pK_s-Wert in demselben Bereich wie Alkohole und Wasser. Daher sind Alkalihydroxide und –alkoholate geeignet um einen Aldehyd im Gleichgewicht zu deprotonieren. Aufgrund des Gleichgewichts liegen ausreichende Mengen an Enolat und Aldehyd vor, die miteinander reagieren können:

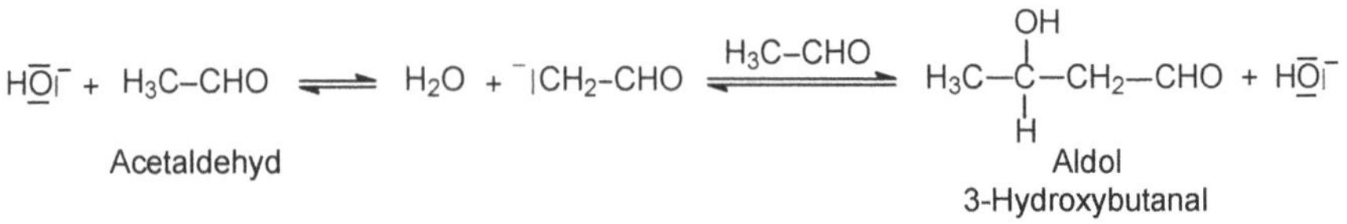

$$H\overline{\underline{O}}^- + H_3C\text{-}CHO \rightleftharpoons H_2O + {}^-|CH_2\text{-}CHO \xrightleftharpoons{H_3C\text{-}CHO} H_3C\text{-}\underset{\underset{H}{|}}{\overset{\overset{OH}{|}}{C}}\text{-}CH_2\text{-}CHO + H\overline{\underline{O}}^-$$

Acetaldehyd   Aldol
                                                                3-Hydroxybutanal

Das bei der Umsetzung von Acetaldehyd gebildete Produkt war namengebend für diese Reaktion. **Der Name Aldol-Reaktion ist mittlerweile für diese Art von Umsetzung allgemein üblich, auch wenn statt Acetaldehyd andere Aldehyde oder gar Ketone eingesetzt werden.**

Die analoge Reaktion mit Aceton liefert **Diacetonalkohol** als Aldoladditions-produkt und **Mesityloxid** als Eliminierungsprodukt. Ketone wie Aceton, die über zwei CH-acide Positionen verfügen, können mit beiden Positionen Aldolreaktionen eingehen.

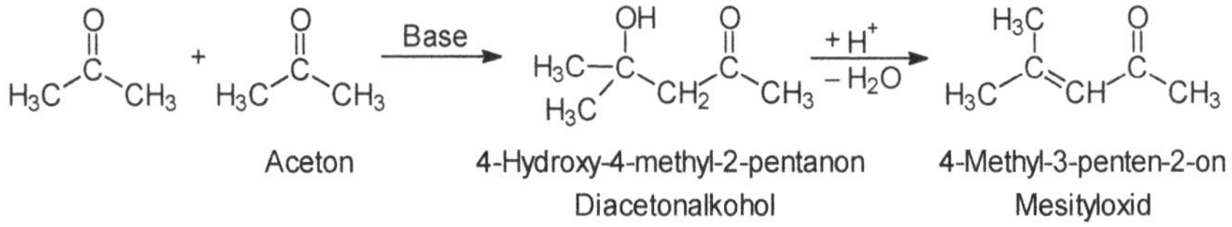

Aceton   4-Hydroxy-4-methyl-2-pentanon   4-Methyl-3-penten-2-on
                         Diacetonalkohol   Mesityloxid

Gekreuzte Aldolreaktionen

Von gekreuzten Aldolreaktionen spricht man, wenn **zwei verschiedene Carbonylkomponenten** miteinander umgesetzt werden. Besitzen beide Carbonyl-verbindungen eine ähnliche Carbonylaktivität und Struktur (z.B. beide mit α-H), so erhält man hierbei Produktgemische. Dies ist meist unerwünscht und sollte vermieden werden. Hierzu gibt es folgende Möglichkeiten:

a) Gekreuzte Aldolreaktionen zwischen Aldehyden

Aldehyde lassen sich dann gezielt miteinander umsetzen, **wenn einer der Alde-hyde kein acides α-H-Atom hat.** Dieser kann dadurch nicht deprotoniert werden und somit nur als **Carbonylkomponente** fungieren. Der **zweite Aldehyd muss ein α-H-Atom besitzen**, damit er ein Enolat bilden kann. Diesen Aldehyd be-zeichnet man als **Methylenkomponente. Der Aldehyd ohne α-H sollte zudem carbonylaktiver sein als der mit α-H**, damit dieser nicht mit sich selber reagiert.

Beispiel: Technische Herstellung von Pentaerythrit

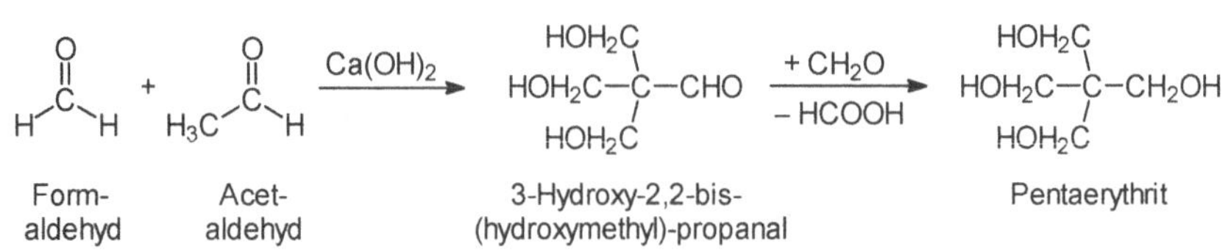

Form-   Acet-   3-Hydroxy-2,2-bis-   Pentaerythrit
aldehyd   aldehyd   (hydroxymethyl)-propanal

Der eingesetzte Formaldehyd besitzt kein α-H und ist zudem viel reaktiver als der Acetaldehyd, der demzufolge als Methylenkomponente reagiert. Da Acetaldehyd über drei acide α-H-Atome verfügt, können hierbei alle drei substituiert werden. Das gebildete 'dreifache Aldolprodukt' wird anschließend in einer **gekreuzten** *Cannizzaro*-**Reaktion** (s. Kap. 17.1) zum vierwertigen Alkohol Pentaerythrit reduziert. In der *Cannizzaro*-Reaktion fungiert überschüssiger Formaldehyd als Reduktionsmittel, wobei dieser zur Ameisensäure oxidiert wird.

b) Gekreuzte Aldolreaktionen zwischen Aldehyden und Ketonen

Aldehyde sind carbonylaktiver als Ketone. **Ketone reagieren daher immer als Methylenkomponente, Aldehyde als Carbonylkomponente.** Besonders günstig ist es, wenn der Aldehyd kein α-H-Atom besitzt.

| Benzaldehyd | 4-Hydroxy-4-phenyl-2-butanon | 4-Phenyl-3-buten-2-on |

c) Verwendung starker Basen

Aldehyde und Ketone lassen sich nahezu beliebig miteinander umsetzen, wenn man zur Deprotonierung nicht Alkoholate oder Hydroxide verwendet, sondern starke Basen wie etwa Lithiumdiisopropylamid (LDA). Die pK_s-Werte von Aminen (pK_s: 30-35) liegen weit über denen der Aldehyde und Ketone (pK_s: 16-20).

Bei Verwendung von Amidbasen liegt das Gleichgewicht der Deprotonierung vollständig auf der Seite des Enolats (kein Gleichgewicht wie im Fall der Alkoholate). Gekreuzte Aldolreaktionen kann man durchführen, indem man eine Carbonylkomponente mit α-H-Atom vorlegt und mit LDA deprotoniert (Methylenkomponente). Erst dann gibt man die zweite Komponente (auch mit α-H) hinzu, die dann mit dem Enolat als Carbonylkomponente abreagiert.

2. Säurekatalysierte Aldol-Reaktionen (Aldol-Kondensation)

Die Aldol-Reaktion z.B. mit Acetaldehyd kann auch säurekatalysiert ablaufen. Der Acetaldehyd wird protoniert und reagiert dann mit der Methylenkomponente. Diese liegt dabei in der Enol-Form vor, deren Bildung durch Protonierung an der Carbonyl-Gruppe erleichtert wird. Die C=C-Doppelbindung ist elektronenreich und kann daher nucleophil an der protonierten Carbonylgruppe angreifen.

protonierter   Enolform
Acetaldehyd   Acetaldehyd

Crotonaldehyd

Man erkennt, dass dabei dasselbe Endprodukt wie bei der basenkatalysierten Addition entsteht, jedoch lässt sich die säurekatalysierte Aldol-Reaktion nicht auf der Stufe des Aldols stoppen. Im Sauren erfolgt direkt die H_2O-Abspaltung unter Bildung von Crotonaldehyd, eines **α,β-ungesättigten Aldehyds**.

17.3.3 *Mannich*-Reaktion

Völlig analog zur sauer katalysierten Aldolreaktion verläuft die **Mannich-Reaktion**, nur dass **anstelle eines Aldehyds oder Ketons als Carbonylkomponente ein Iminiumion** verwendet wird. Dieses bildet sich aus einem Aldehyd und einem (in der Regel) sekundären Amin im schwach sauren Milieu (s. Kap. 17.1.3). Ein Reaktionsteilnehmer ist in der Regel Formaldehyd, dazu kommen als Variable die C–H-aciden Komponente, z.B. Ketone, und die Amin-Komponente.

Man kann die Mannich-Reaktion als **Dreikomponenten-Reaktion** auffassen, durch die man **β-Aminoketone**, die sog. *Mannich*-Basen, erhält. **Unter einer *Mannich*-Reaktion versteht man die Aminoalkylierung von C–H-aciden Verbindungen.**

β-Aminoketon
"Mannich-Base"

Aus Formaldehyd und dem Amin bildet sich ein Iminiumion. Diese Carbonyl-analoge Verbindung ist reaktiver als der Formaldehyd (wegen der positiven Ladung) und wird daher bevorzugt vom nucleophilen Enol angegriffen. **Die *Mannich*-Reaktion ist stark pH-abhängig.** Einerseits benötigt man die Säure, um bei der Iminiumionbildung H_2O abspalten zu können, andererseits darf das eingesetzte Amin nicht vollständig protoniert werden. Jede Mannich-Reaktion hat daher ihren optimalen pH-Wert. In der Regel erfolgen die Umsetzungen in **schwach saurem Milieu**.

Mannich-Basen lassen sich durch Reduktion in die physiologisch wichtigen β-Aminoalkohole oder durch Erhitzen unter Abspaltung eines sekundären Amins in α,β-ungesättigte Carbonylverbindungen überführen (Fragmentierung, s. Kap. 23.2.7). Daher findet die *Mannich*-Reaktion häufig Anwendung in der Natur- und Wirkstoffsynthese von Stickstoff-haltigen Verbindungen, wie etwas Alkaloiden (s. Kap. 34).

17.3.4 *Perkin*-Reaktion

Die *Perkin*-Synthese (nur mit aromatischen Aldehyden) dient zur Herstellung α,β-ungesättigter aromatischer Monocarbonsäuren. Der einfachste Vertreter ist die **Zimtsäure**. Sie wird durch Kondensation von Benzaldehyd mit Essigsäureanhydrid und Natriumacetat erhalten. Das zunächst entstehende gemischte Säureanhydrid spaltet ein Molekül Carbonsäure ab, und es entsteht Zimtsäure.

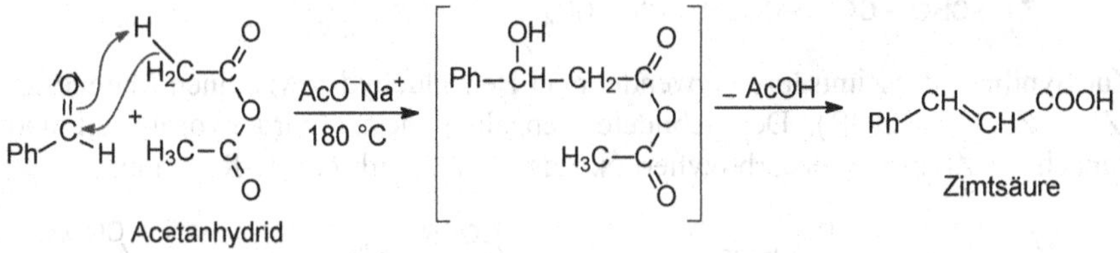

17.3.5 *Erlenmeyer* Azlactonsynthese

Diese Methode zur **Synthese von Aminosäuren** (s.a. Kap. 29.1.3.4) ist eng verwandt mit der *Perkin*-Reaktion. Hierbei geht man aus von *N*-Benzoylglycin (Hippursäure). Durch Umsetzung mit Acetanhydrid erhält man das Hippursäure-Azlacton. Durch Enolisierung bildet sich ein heteroaromatisches System, was ein Vorliegen der Enolform begünstigt. Durch Angriff des Azlactons an einem Aldehyd und anschließende H$_2$O-Eliminierung erhält man das ungesättigte substituierte Azlacton. Dieses kann durch katalytische Hydrierung und anschließende Hydrolyse in die entsprechende Aminosäure gespalten werden.

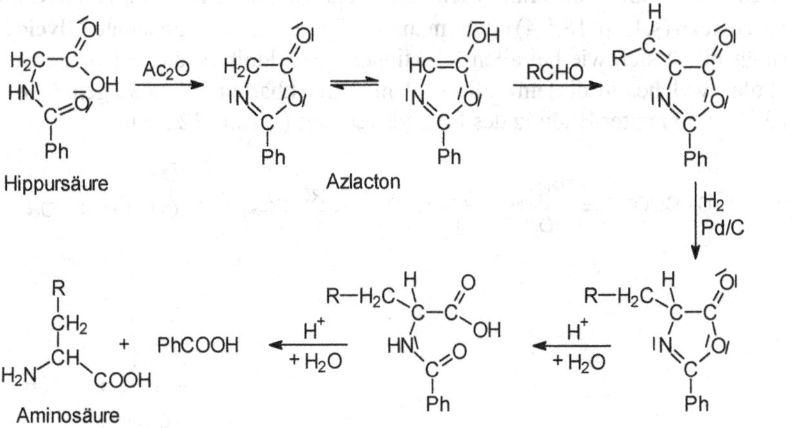

17.3.6 *Knoevenagel*-Reaktion

Die *Knoevenagel*-Reaktion bietet eine allgemeine Synthesemöglichkeit für Acrylsäure-Derivate und andere Alkene mit elektronenziehenden Gruppen.

Die *Knoevenagel*-Reaktion ist gewissermaßen ein Spezialfall der Aldolreaktion bei der Methylenkomponenten mit relativ hoher CH-Acidität verwendet werden. In der Regel trägt die Methylenkomponente zwei elektronenziehende Gruppen (Z). Aufgrund der guten Konjugationsmöglichkeiten über die beiden Z-Substituenten erfolgt bei dieser Reaktion immer die H_2O-Eliminierung.

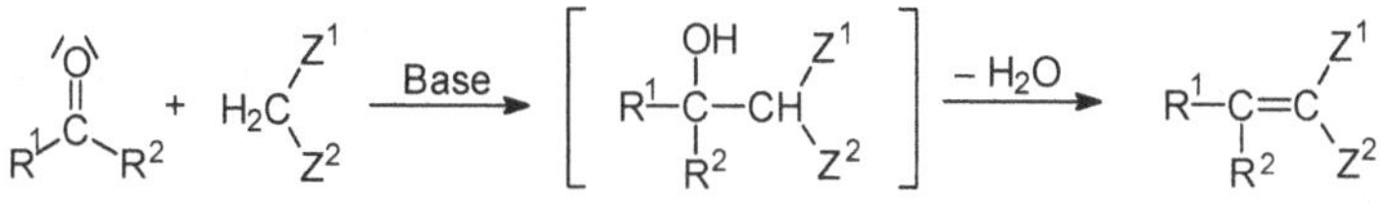

$$Z = -CHO, -COR, -COOR, -CN, -NO_2$$

Zur Synthese der Zimtsäure verwendet man Benzaldehyd sowie einen Malonester ($Z^1 = Z^2 = -$ COOR). Der gebildete Benzalmalonester wird hydrolysiert und danach zur Zimtsäure decarboxyliert (s. Kap. 20.2.2; vgl. *Perkin*-Reaktion).

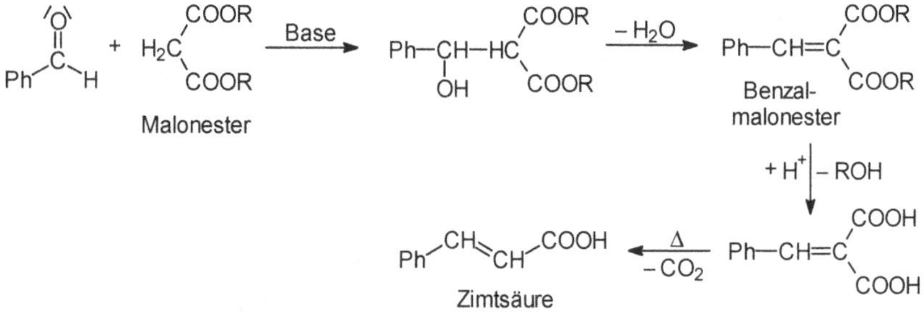

17.3.7 *Darzens* Glycidester-Synthese

Durch Umsetzung von Aldehyden und Ketonen mit **α-halogenierten Carbonsäureestern** (s. Kap. 18.5.4) erhält man **α,β-Epoxyester**, so genannte **Glycidester**. Primär bildet sich wie bei allen Reaktionen des Aldoltyps das entsprechende Alkoholat, welches in diesem Fall mit dem ‚benachbarten Alkylhalogenid‘ in einer S_N2-Reaktion unter Bildung des Epoxids reagiert (s. Kap. 12.3.1).

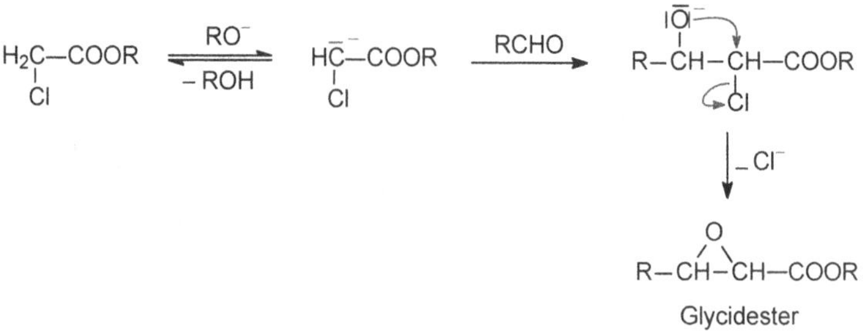

17.3.8 *Michael*-Reaktion

Eine bei Naturstoffsynthesen häufig verwendete Reaktion ist die *Michael*-Reaktion. **Ihr Mechanismus ist im Prinzip analog zur Aldol-Reaktion, jedoch fungiert als Carbonylkomponente eine α,β-ungesättigte Carbonylverbindung.** Der Angriff des Nucleophils (Enolat) kann hierbei sowohl an der Carbonylgruppe direkt erfolgen (Aldolreaktion) oder an der β-Position (***Michael*-Addition**). Die *Michael*-Reaktion läuft oftmals schneller ab und ist zudem thermodynamisch günstiger. Häufig verwendete Methylenkomponenten sind Malonester, Acetessigester und Cyanoessigester.

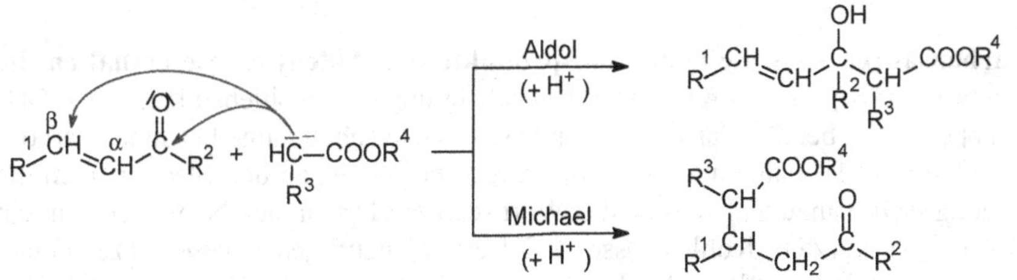

Als elektrophile Komponente dient ein Alken, das benachbart zur Doppelbindung elektronenziehende Gruppen enthält, z.B. $-NO_2$, $-CRO$, $-CN$ oder $-SO_2R$. In einem Molekül mit einer so aktivierten C=C-Bindung ist das **β-C-Atom elektrophil** und somit einem Angriff anionischer Nucleophile gut zugänglich.

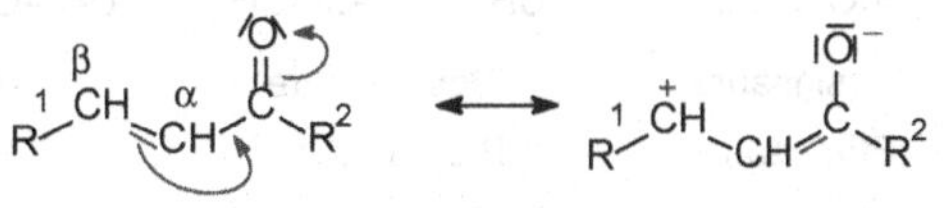

17.3.9 *Robinson*-Anellierung

Der Aufbau des **Kohlenstoff-Gerüstes von Steroiden** beginnt oft mit der sog. ***Robinson*-Anellierung**. Dabei stellt man zuerst in einer *Michael*-Reaktion ein **1,5-Diketon** her. In einer direkt anschließenden intramolekularen Aldol-Kondensation folgt ein Ringschluss unter Ausbildung eines Cyclohexenon-Ringes.

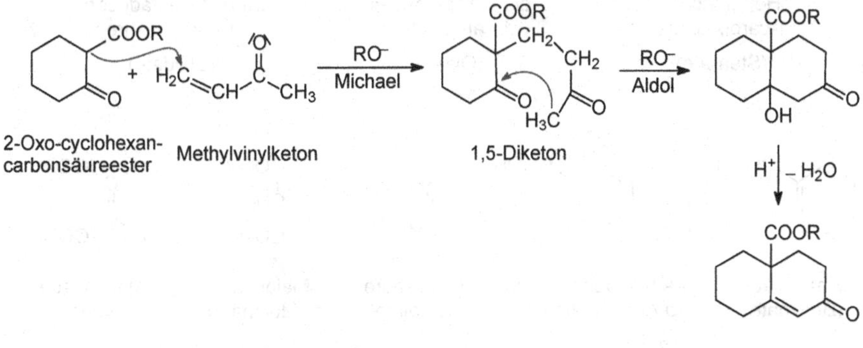

2-Oxo-cyclohexan-carbonsäureester   Methylvinylketon   1,5-Diketon

18 Carbonsäuren

18.1 Nomenklatur und Beispiele

Carbonsäuren sind die Oxidationsprodukte der Aldehyde. Sie enthalten die Carboxyl-Gruppe –COOH. Die Hybridisierung am Kohlenstoff der COOH-Gruppe ist wie bei der Carbonyl-Gruppe sp^2. Viele schon lange bekannte Carbonsäuren tragen Trivialnamen. Nomenklaturgerecht ist es, an die Stammnamen die Endung -säure anzuhängen oder das Wort -carbonsäure an den Namen des um ein C-Atom verkürzten Kohlenwasserstoff-Restes anzufügen. Diese Bezeichnung verwendet man vor allem für komplizierte Verbindungen. Die Stammsubstanz kann aliphatisch, ungesättigt oder aromatisch sein. Ebenso können auch mehrere Carboxylgruppen im gleichen Molekül vorhanden sein. Entsprechend unterscheidet man **Mono-, Di-, Tri-** und **Poly**carbonsäuren.

Beispiele (die Namen der Salze sind zusätzlich angegeben):

H–COOH	H₃C–COOH	CH₃–CH₂–COOH	CH₃–CH₂–CH₂–COOH
Ameisensäure	Essigsäure	Propionsäure	*n*-Buttersäure
Methansäure	Ethansäure	Propansäure	Butansäure
(Formiate)	(Acetate)	(Propionate)	(Butyrate)

CH₃–(CH₂)₁₆–COOH		CH₃–(CH₂)₇–CH=CH–(CH₂)₇–COOH	
Stearinsäure		Ölsäure isomer mit	Elaidinsäure
Octadecansäure		*cis*-9-Octa-decensäure	*trans*-9-Octa-decensäure
Heptadecan-1-carbonsäure		*cis*-8-Heptadecen-1-carbonsäure	*trans*-8-Heptadecen-1-carbonsäure
(Stearate)		(Oleate)	(Elaidate)

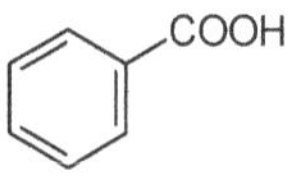

Benzoesäure (Benzoate)	*p*-Aminobenzoesäure (*p*-Aminobenzoate)	Oxalsäure (Oxalate)	Malonsäure (Malonate)	Maleinsäure (Maleate)

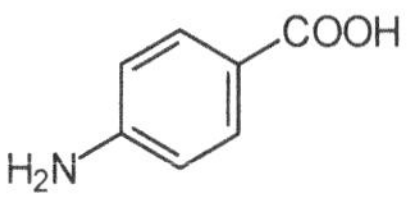

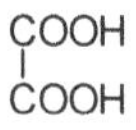

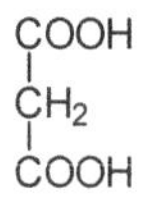

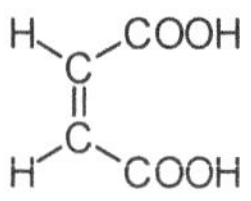

18.2 Herstellung von Carbonsäuren

1. Ein allgemein gangbarer Weg ist die **Oxidation primärer Alkohole und Aldehyde.** Als Oxidationsmittel eignen sich z.B. CrO_3, $K_2Cr_2O_7$ und $KMnO_4$.

$$R{-}CH_2OH \xrightarrow{\text{Oxidation}} R{-}CHO \xrightarrow{\text{Oxidation}} R{-}COOH$$

Bei der Oxidation von Alkylaromaten werden aromatische Carbonsäuren erhalten:

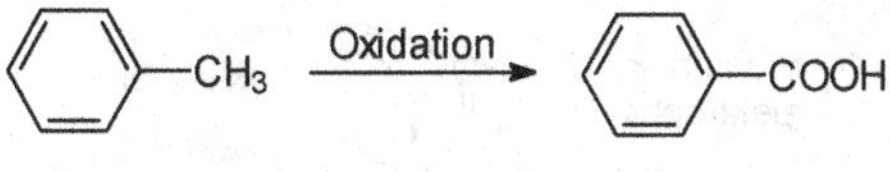

Toluol Benzoesäure

2. Die Verseifung von Nitrilen bietet präparativ mehrere Vorteile. Nitrile sind leicht zugänglich aus Halogenalkanen und KCN (s. Kap. 10.4.5). Die Verseifung geschieht unter Säure- oder Basekatalyse:

$$R{-}Cl + NaCN \longrightarrow R{-}CN \xrightarrow{H_2O\,/\,H^+} R{-}C({=}O)NH_2 \xrightarrow{H_2O\,/\,H^+} R{-}COOH + NH_3$$

3. Eine präparativ wichtige Darstellungsmethode ist die **Carboxylierung,** z.B. die **Umsetzung von *Grignard*-Verbindungen mit CO_2** (s. Kap. 15.4.2):

$$R{-}MgCl + CO_2 \longrightarrow R{-}C({=}O)OMgCl \xrightarrow{H_2O\,/\,H^+} R{-}COOH + Mg(OH)Cl$$

Eine weitere Carboxylierungsreaktion ist die ***Kolbe-Schmitt*-Reaktion** zur Herstellung der **Salicylsäure** (Kap. 12.2.4.2). Hierbei wird Phenolat mit CO_2 umgesetzt:

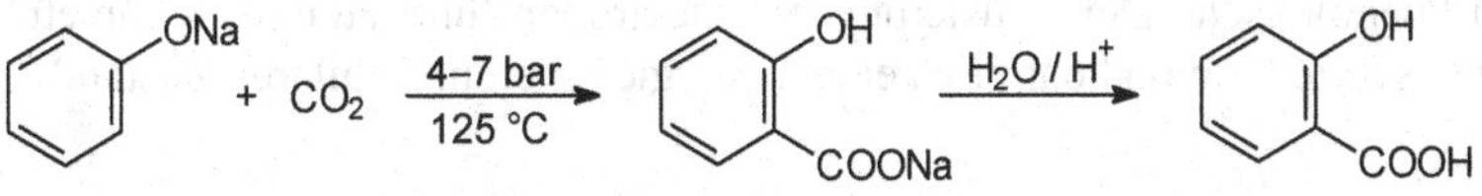

Natriumphenolat Natriumsalicylat Salicylsäure

4. Eine weitere Methode ist die **Malonester-Synthese**. Sie bietet eine allgemeine Möglichkeit, eine C-Kette um zwei C-Atome zu verlängern (Kap. 20.2.2.1). Der primär gebildete substituierte Malonester wird verseift und decarboxyliert.

$$R{-}Br + H_2C(COOR)_2 \longrightarrow R{-}HC(COOR)_2 \xrightarrow{H_2O\,/\,H^+} R{-}HC(COOH)_2 \xrightarrow[-\,CO_2]{\Delta} R{-}CH_2{-}COOH$$

Malonester; substituierter Malonester; substituierte Malonsäure

18.3 Eigenschaften von Carbonsäuren

Carbonsäuren enthalten in der Carboxylgruppe je eine polare C=O- und OH-Gruppe. Sie reagieren deshalb mit Nucleophilen und Elektrophilen: Sowohl das Proton der OH-Gruppe als auch die OH-Gruppe selbst können durch andere Substituenten ersetzt werden. Die Carbonyl-Gruppe kann am C-Atom nucleophil angegriffen werden. Die Carboxylgruppe als Ganzes besitzt ebenfalls besondere Eigenschaften:

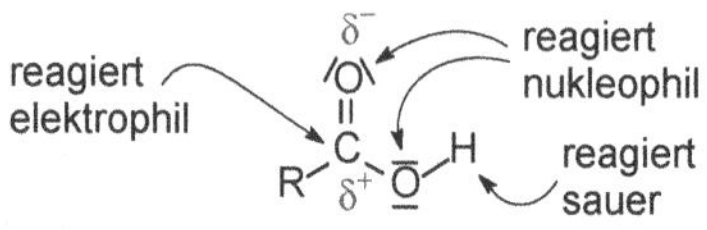

Carbonsäuren können untereinander und mit anderen geeigneten Verbindungen **H-Brückenbindungen** bilden. Die ersten Glieder der Reihe der aliphatischen Carbonsäuren sind daher unbeschränkt mit Wasser mischbar. Die längerkettigen Säuren werden erwartungsgemäß lipophiler und sind in Wasser schwerer löslich. Sie lösen sich besser in weniger polaren Lösemitteln wie Ether, Alkohol oder Benzol. Der Geruch der Säuren verstärkt sich von intensiv stechend zu unangenehm ranzig. Die längerkettigen Säuren sind schon dickflüssig und riechen wegen ihrer geringen Flüchtigkeit (niederer Dampfdruck) kaum. Carbonsäuren haben **außergewöhnlich hohe Siedepunkte** (siehe Tab. 25) und liegen sowohl im festen als auch im dampfförmigen Zustand als **Dimere** vor, die durch H-Brückenbindungen zusammengehalten werden:

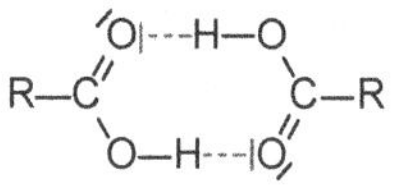

Die erheblich größere Acidität der COOH-Gruppe im Vergleich zu den Alkoholen beruht auf der Mesomeriestabilisierung der konjugierten Base (vgl. auch Phenole). Die Delokalisierung der Elektronen führt zu einer symmetrischen Ladungsverteilung und damit zu einem energieärmeren, stabileren Zustand.

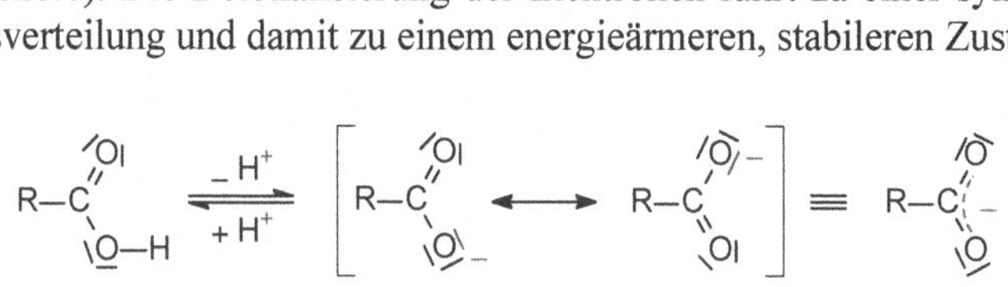

18.3.1 Substituenteneinflüsse auf die Säurestärke

Die Abspaltung des Protons der Hydroxyl-Gruppe wird durch den Rest R in R–COOH beeinflusst. Dieser Einfluss lässt sich mit Hilfe induktiver und mesomerer Effekte plausibel erklären (siehe Tab. 26).

1. Elektronenziehender Effekt (–I-Effekt)

Elektronenziehende Substituenten wie Halogene, –CN, –NO$_2$ oder auch –COOH bewirken eine Zunahme der Acidität. Ähnlich wirkt eine in Konjugation zur Carboxylgruppe stehende Doppelbindung.

Bei den α-Halogen-carbonsäuren X–CH$_2$COOH nimmt der Substituenteneinfluss entsprechend der Elektronegativität der Substituenten in der Reihe F > Cl > Br > I deutlich ab, was an der Zunahme der zugehörigen pK$_S$-Werte (s. Tabelle 25) zu erkennen ist: (pK$_S$ = 2,66; 2,81; 2,86; 3,12 für X = F, Cl, Br, I).

Die Stärke des –I-Effektes ist auch von der Stellung der Substituenten abhängig. Mit wachsender Entfernung von der Carboxylgruppe nimmt seine Stärke rasch ab (vgl. β-Chlorpropionsäure).

Bei mehrfacher Substitution ist die Wirkung additiv, wie man an den pK$_S$-Werten der verschieden substituierten Chloressigsäuren erkennen kann. Trifluoressigsäure (CF$_3$COOH) erreicht schon die Stärke anorganischer Säuren.

2. Elektronendrückender Effekt (+I-Effekt)

Elektronendrückende Substituenten wie Alkyl-Gruppen bewirken eine Abnahme der Acidität (Zunahme des pK$_S$-Wertes), weil sie die Elektronendichte am Carboxyl-C-Atom und am Hydroxyl-Sauerstoff erhöhen. Alkyl-Gruppen haben allerdings keinen so starken Einfluss wie die Gruppen mit einem –I-Effekt.

3. Mesomere Effekte

Bei aromatischen Carbonsäuren treten zusätzlich mesomere Effekte auf. Benzoesäure (pK$_S$ = 4,22) ist zwar stärker sauer als Cyclohexancarbonsäure (pK$_S$ = 4,87), doch lässt sich die relativ schwache Acidität durch Einführung von –I- und –M-Substituenten beträchtlich steigern. So hat z.B. *p*-Nitrobenzoesäure einen pK$_S$-Wert von 3,42.

4. H-Brückenbildung

Ein interessanter Fall liegt bei der Salicylsäure (*o*-Hydroxybenzoesäure) vor, deren Anion sich durch intramolekulare H-Brückenbindungen stabilisieren kann.

Berechnung des pH-Werts einer wässrigen Carbonsäurelösung :

Beispiel: 0,1 molare Propionsäure; pK$_S$ = 4,88; c = 10^{-1}.

$$pH = 1/2\,pK_S - 1/2\,\lg c; \qquad pH = 2,44 - 1/2\,(-1) = 2,94$$

Tabelle 25. Verwendung und Eigenschaften von Monocarbonsäuren

Name	Formel	Schmp. °C	Sdp. °C	pK_S	Vorkommen, Verwendung
Ameisensäure	HCOOH	8	100,5	3,77	Ameisen, Brennnesseln
Essigsäure	CH_3COOH	16,6	118	4,76	Lösemittel, Speiseessig
Propionsäure	C_2H_5COOH	–22	141	4,88	Konservierungsmittel
Buttersäure	$CH_3(CH_2)_2COOH$	–6	164	4,82	Butter, Schweiß
Isobuttersäure	$(CH_3)_2CHCOOH$	–47	155	4,85	Johannisbrot
n-Valeriansäure	$CH_3(CH_2)_3COOH$	–34,5	187	4,81	Baldrianwurzel
Capronsäure	$CH_3(CH_2)_4COOH$	–1,5	205	4,85	Ziege
Palmitinsäure	$CH_3(CH_2)_{14}COOH$	63			Palmöl
Stearinsäure	$CH_3(CH_2)_{16}COOH$	70			Talg
Acrylsäure	$CH_2=CHCOOH$	13	141	4,26	Kunststoffe
Sorbinsäure	$\diagup\diagup\diagup\diagdown COOH$	133			Konservierungsmittel
Ölsäure	cis-Octadecen-(9)-säure	16			in Fetten und Ölen
Linolsäure	cis,cis-Octadecen-(9,12)-säure	–5			in Fetten und Ölen
Linolensäure	cis,cis,cis-Octadecen-(9,12,15)-säure	–11			in Fetten und Ölen
Benzoesäure	C_6H_5COOH	122	250	4,22	Konservierungsmittel
Salicylsäure	o-HOC_6H_4COOH	159		3,00	Konservierungsmittel

Tabelle 26. pK_S-Werte von Carbonsäuren

Name	Formel	pK_S	Name	Formel	pK_S
Essigsäure	CH_3COOH	4,76	Trimethylessigsäure	$(CH_3)_3CCOOH$	5,05
Acrylsäure	$CH_2=CHCOOH$	4,26	Isobuttersäure	$(CH_3)_2CHCOOH$	4,85
Monochloressigsäure	$ClCH_2COOH$	2,81	Propionsäure	CH_3CH_2COOH	4,88
Dichloressigsäure	$Cl_2CHCOOH$	1,30	Essigsäure	CH_3COOH	4,76
Trichloressigsäure	Cl_3CCOOH	0,65	Ameisensäure	HCOOH	3,77
β-Chlorpropionsäure	$ClCH_2CH_2COOH$	4,1	Trifluoressigsäure	F_3CCOOH	0,23
α-Chlorpropionsäure	$CH_3CHClCOOH$	2,8	Benzoesäure	⬡—COOH	4,22

18.4 Reaktionen von Carbonsäuren

18.4.1 Reduktion

Carbonsäuren lassen sich durch starke Reduktionsmittel wie Lithiumaluminium-hydrid zu Alkoholen reduzieren. Im ersten Schritt bildet sich das Lithiumsalz der Carbonsäure, welches anschließend reduziert wird.

$$R-COOH \xrightarrow[-H_2, -AlH_3]{+ LiAlH_4} R-COO^-Li^+ \xrightarrow{+ LiAlH_4} R-CH_2-O^-Li^+ \xrightarrow[- LiOH]{+ H_2O} RCH_2OH$$

18.4.2 Abbau unter CO₂-Abspaltung (Decarboxylierung)

Decarboxylierungen sind möglich durch Erhitzen der Salze (über 400°C), Oxidation mit Bleitetraacetat oder durch oxidative Decarboxylierung von Silbersalzen zu Bromiden (*Hunsdiecker*-Reaktion, s. Kap. 9.3).

$$R-COO^-Ag^+ + Br_2 \longrightarrow R-Br + CO_2 + AgBr$$

18.4.3 Bildung von Derivaten (s. Kap. 19)

Carbonsäuren sind Ausgangsverbindungen für die Herstellung einer Vielzahl von Derivaten:

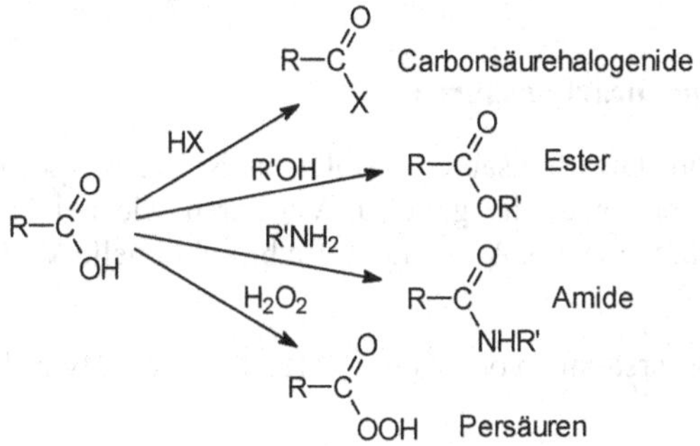

18.5 Spezielle Carbonsäuren

18.5.1 Dicarbonsäuren

Dicarbonsäuren enthalten zwei Carboxyl-Gruppen im Molekül und können daher in zwei Stufen dissoziieren. Die ersten Glieder der homologen Reihe sind stärker sauer als die entsprechenden Monocarbonsäuren, da sich die beiden Carboxyl-Gruppen gegenseitig beeinflussen (–I-Effekt). Die einfachen Dicarbonsäuren haben oft Trivialnamen, die auf die Herkunft der Säure aus einem bestimmten Naturstoff hinweisen (Einzelheiten s. Tabelle 27). Die IUPAC-Nomenklatur entspricht der der Monocarbonsäuren: HOOC–CH₂–CH₂–COOH (Bernsteinsäure) = 1,2-Ethan-dicarbonsäure = Butandisäure.

Tabelle 27. Eigenschaften, Vorkommen und Verwendung von Dicarbonsäuren

Trivialname	Formel	Schmp. °C	pK_{S1}	pK_{S2}	Vorkommen und Verwendung
Oxalsäure	HOOC–COOH	189	1,46	4,40	Sauerklee (Oxalis), Harnsteine
Malonsäure	HOOCCH$_2$COOH	135	2,83	5,85	Leguminosen
Bernsteinsäure	HOOC(CH$_2$)$_2$COOH	185	4,17	5,64	Citrat-Cyclus, Rhabarber,
Glutarsäure	HOOC(CH$_2$)$_3$COOH	97,5	4,33	5,57	Zuckerrübe
Adipinsäure	HOOC(CH$_2$)$_4$COOH	151	4,43	5,52	Nylonherstellung; Zuckerrübe
Maleinsäure	(Z)-HOOCCH=CHCOOH	130	1,9	6,5	
Fumarsäure	(E)-HOOCCH=CHCOOH	287	3,0	4,5	Citrat-Cyclus
Acetylen-dicarbonsäure	HOOC–C≡C–COOH	179	–	–	Synthesen
Phthalsäure	1,2-C$_6$H$_4$(COOH)$_2$	231	2,96	5,4	Weichmacher, Polymere
Terephthalsäure	1,4-C$_6$H$_4$(COOH)$_2$	300	3,54	4,46	Kunststoffe

1. Herstellung von Dicarbonsäuren

Die Synthese von Dicarbonsäuren erfolgt meist nach speziellen Methoden. Grundsätzlich können aber die gleichen Verfahren wie bei Monocarbonsäuren angewandt werden, wobei als Ausgangsstoffe bifunktionelle Verbindungen eingesetzt werden.

Oxalsäure wurde erstmals von *Wöhler* (1824) durch Hydrolyse von Dicyan hergestellt:

Technisch gewinnt man Oxalsäure durch Erhitzen von Natriumformiat auf 360 °C. Das dabei gebildete Natriumsalz wird in das schwerlösliche Calciumsalz überführt, aus dem die Oxalsäure durch Zusatz von Schwefelsäure freigesetzt wird.

Die Schwerlöslichkeit des Calciumsalzes ist auch verantwortlich für die Bildung von Blasen- und **Nierensteinen** (Oxalatsteine).

Malonsäure entsteht durch Hydrolyse von Cyanessigsäure, die aus Chloressigsäure und KCN erhalten wird:

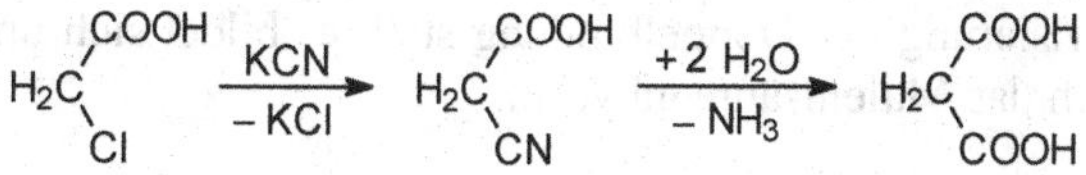

Adipinsäure erhält man aus Phenol über Cyclohexanon durch oxidative Ringöffnung:

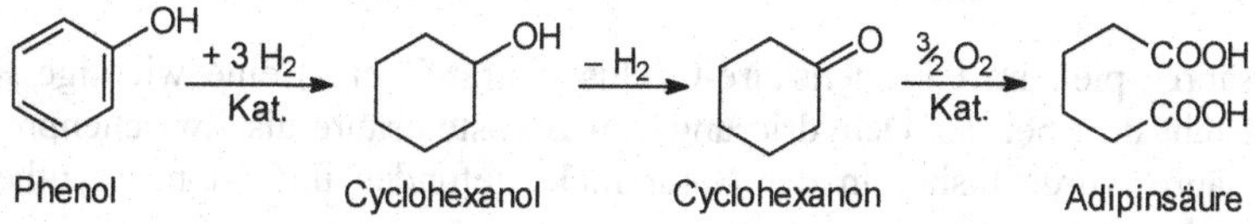

Phenol   Cyclohexanol   Cyclohexanon   Adipinsäure

Maleinsäure als **ungesättigte Dicarbonsäure** erhält man durch Erhitzen von
Äpfelsäure. Unter Wasserabspaltung bildet sich dabei primär das Maleinsäureanhydrid, das zur Dicarbonsäure hydrolysiert werden kann:

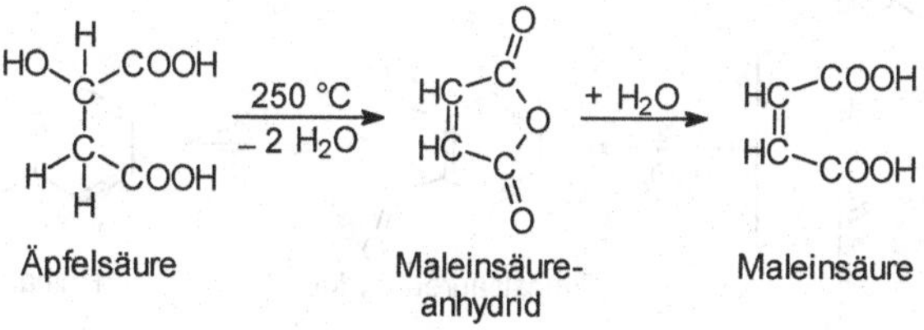

Äpfelsäure   Maleinsäure-   Maleinsäure
                    anhydrid

Technisch gewinnt man Maleinsäureanhydrid durch katalytische Oxidation von
Benzol:

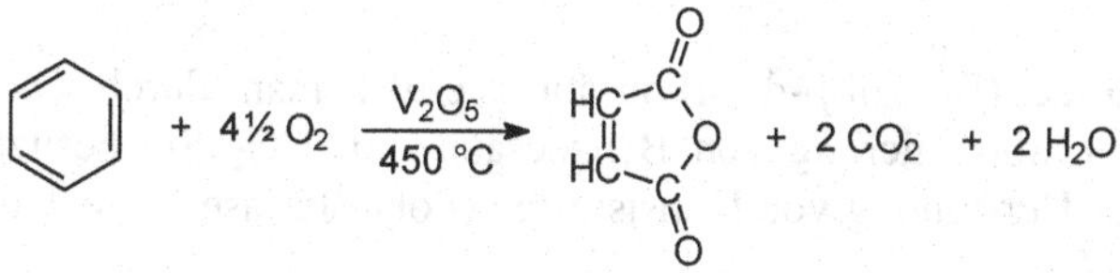

Fumarsäure, die entsprechende *E*-konfigurierte Dicarbonsäure entsteht durch
HBr-Eliminierung aus Monobrombernsteinsäure:

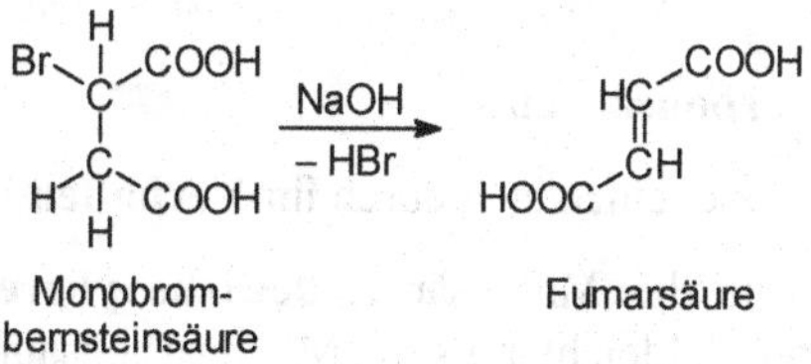

Monobrom-   Fumarsäure
bernsteinsäure

Die stabilere Fumarsäure bildet sich zudem durch Bestrahlung von Maleinsäure unter **Isomerisierung der Doppelbindung**. Die umgekehrte Reaktion ist direkt nicht durchführbar. Erhitzt man Fumarsäure auf etwa 300 °C so findet zwar ebenfalls eine Isomerisierung der Doppelbindung statt, es bildet sich unter diesen Bedingungen jedoch das Maleinsäureanhydrid.

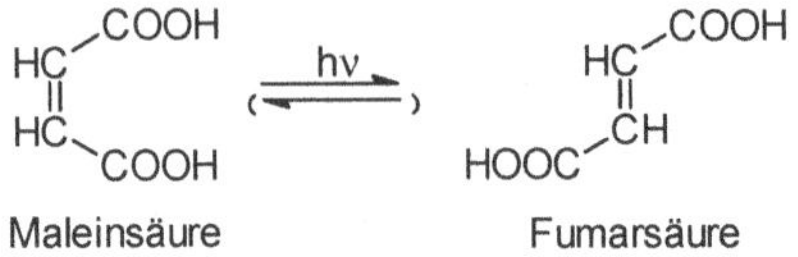

Maleinsäure   Fumarsäure

Fumarsäure spielt im Citronensäure-Cyclus (Citrat-Cyclus) eine wichtige Rolle. Sie entsteht dort bei der Dehydrierung von Bernsteinsäure als Zwischenprodukt. Maleinsäure wurde bisher in der Natur nicht gefunden und ist nur synthetisch zugänglich.

Phthalsäure (Benzol-*o*-dicarbonsäure) entsteht durch Hydrolyse von Phthalsäureanhydrid, hergestellt durch Oxidation von *o*-Xylol oder Naphthalin.

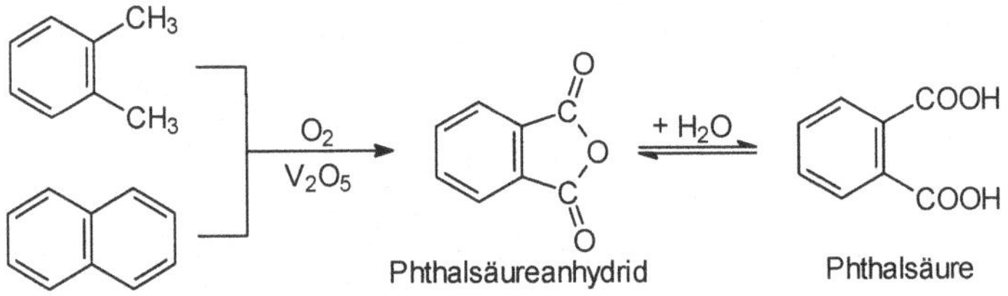

Phthalsäureanhydrid   Phthalsäure

Phthalsäure findet Verwendung zur Synthese von Farbstoffen. Sie lässt sich durch Wasserabspaltung leicht in ihr Anhydrid überführen, das ebenfalls als Ausgangsverbindung für chemische Synthesen vielfache Anwendung findet.

Terephthalsäure (Benzol-*p*-dicarbonsäure) erhält man durch Oxidation von *p*-Xylol oder Carboxylierung von Benzoesäure mit CO_2. Sie besitzt technische Bedeutung zur Herstellung von Kunststoffen (Polyesterfaser) wie Trevira, Diolen u.a. (s. Kap. 37.7).

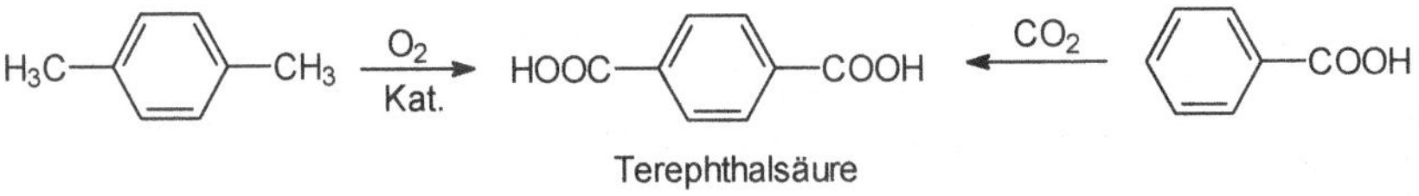

Terephthalsäure

2. Reaktionen von Dicarbonsäuren

Die Dicarbonsäuren unterscheiden sich durch ihr **Verhalten beim Erhitzen**:

1,1-Dicarbonsäuren, wie die Malonsäure, **decarboxylieren** über einen cyclischen Übergangszustand viel leichter als die Monocarbonsäuren:

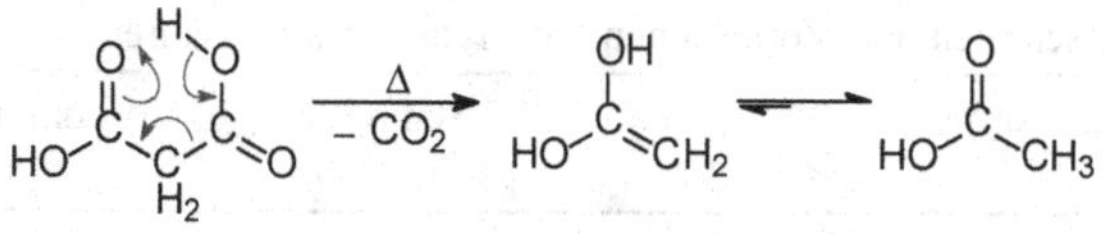

1,2- und 1,3-Dicarbonsäuren liefern beim Erhitzen **cyclische Anhydride**:

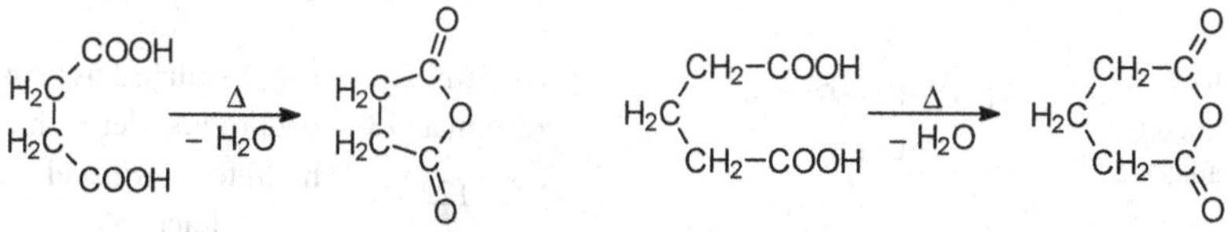

| Bernsteinsäure | -anhydrid | Glutarsäure | -anhydrid |

Besonders leicht geht die Anhydridbildung wenn die zur Cyclisierung benötigte *cisoide* Struktur der Dicarbonsäure fixiert ist, wie etwa bei der Malein- oder Phthalsäure.

Höhergliedrige Dicarbonsäuren mit 5 oder mehr Kohlenstoff-Atomen zwischen den Carboxyl-Gruppen geben beim Erhitzen ausschließlich polymere Anhydride. Durch Erhitzen der Salze werden anstelle der polymeren Anhydride **cyclische Ketone** erhalten, wenn auch in oft nur mäßigen Ausbeuten. Eine 1,4-Dicarbonsäure wie Adipinsäure wird z.B. in Cyclopentanon übergeführt. Diese Reaktion eignet sich zur Darstellung fünf- und sechsgliedriger cyclischer Ketone. Unter bestimmten Voraussetzungen können Ketone mit Ringgrößen bis zu 20 Ringatomen erhalten werden.

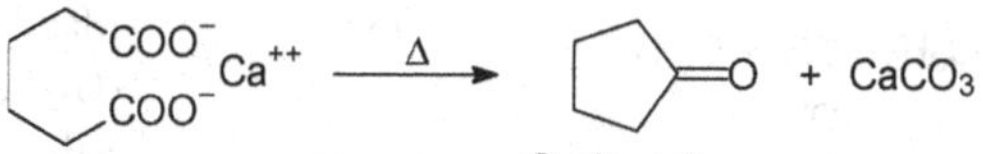

Cyclopentanon

Neben den Dicarbonsäuren lassen sich auch ihre Derivate wie etwa die Diester cyclisieren (s.a. Kap. 20.2.1.2).

18.5.2 Hydroxycarbonsäuren

Außer den bisher besprochenen Carbonsäuren mit einer oder mehreren Carboxyl-Gruppen gibt es auch solche, die daneben noch andere funktionelle Gruppen tragen. Diese haben zum Teil in der Chemie der Naturstoffe große Bedeutung. Zu ihnen zählen u.a.

die **Aminosäuren** (s. Kap. 29) mit einer NH_2-Gruppe,

die **Hydroxycarbonsäuren** mit einer oder mehreren OH-Gruppen und

die **Oxocarbonsäuren** (Kap. 18.5.3), die Aldehyd- und Keto-Gruppen enthalten.

Man kennt aliphatische und aromatische Hydroxycarbonsäuren mit einer oder mehreren Carboxyl-Gruppen (s. Tab. 28).

Tabelle 28. Eigenschaften und Vorkommen von Hydroxycarbonsäuren

Säure	Formel	Schmp. °C	Vorkommen
Glykolsäure Hydroxyethan- säure	CH_2-COOH | OH	79 Sdp. 100	in unreifen Weintrauben und Zuckerrohr Salze: Glykolate
Milchsäure 2-Hydroxy- propansäure	$H_3C-CH-COOH$ | OH	L-Form: 25 Racemat: 18 Sdp. 122	L-(+)-Milchsäure: Ab- bauprodukt der Kohlen- hydrate im Muskel; Salze: Lactate
Glycerinsäure 2,3-Dihydroxy- propansäure	$CH_2-CH-COOH$ | | OH OH	Sirupös Sdp. Zers.	wichtiges Zwischenpro- dukt im Kohlenhydrat- stoffwechsel; Salze: Glycerate
Äpfelsäure 2-Hydroxy- butandisäure	$HOOC-CH_2-CH-COOH$ | OH	100 - 101	in unreifen Äpfeln u.a. Früchten, bes. in Vogel- beeren. Salze: Malate
Weinsäure 2,3-Dihydroxy- butandisäure	$HOOC-CH-CH-COOH$ | | OH OH	170	in Früchten; Salze: Tartrate
Mandelsäure 2-Hydroxy-2- phenylethansäure	$C_6H_5-CH-COOH$ | OH	133	Mandeln (Glykosid: Amygdalin) Salze: Mandelate
Citronensäure 2-Hydroxy-1,2,3- pentantrisäure	OH | $HOOC-CH_2-C-CH_2-COOH$ | $COOH$	153	in Citrusfrüchten u.a., Citrat-Cyclus; Salze: Citrate
Salicylsäure *o*-Hydroxy- benzoesäure	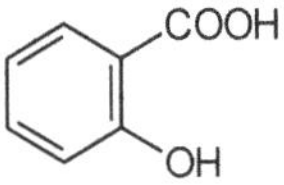 *Benzolring mit* $COOH$ *und* OH	159	Ätherische Öle Salze: Salicylate

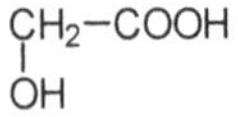

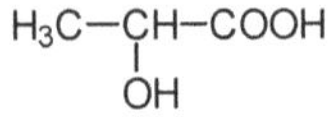

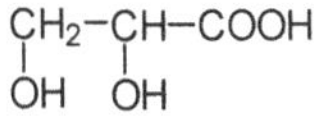

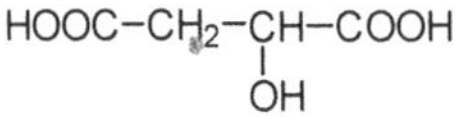

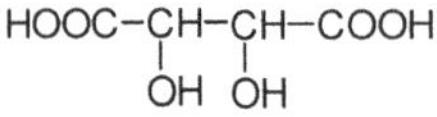

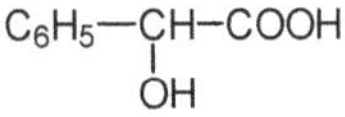

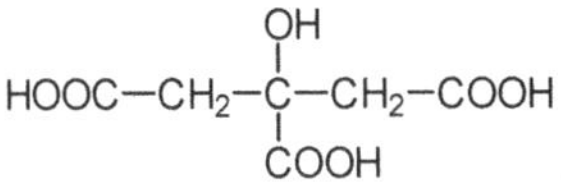

1. Herstellung von Hydroxycarbonsäuren

α-Hydroxycarbonsäuren erhält man durch **Hydrolyse von Cyanhydrinen** (s.a. Kap. 17.2.1):

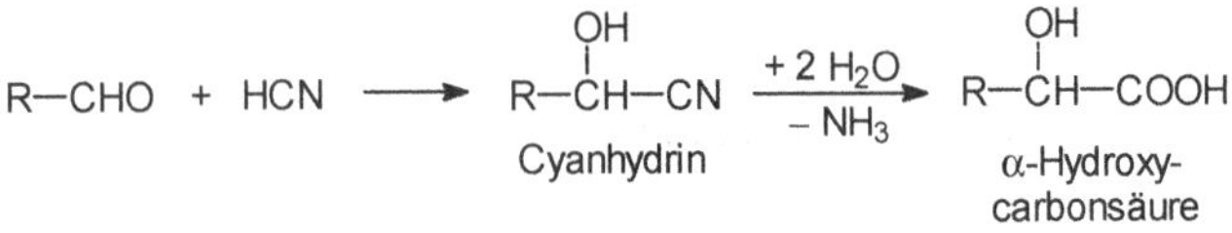

$$R-CHO + HCN \longrightarrow R-\underset{\underset{OH}{|}}{C}H-CN \xrightarrow[-NH_3]{+2 H_2O} R-\underset{\underset{OH}{|}}{C}H-COOH$$

Cyanhydrin

α-Hydroxy- carbonsäure

β-**Hydroxysäuren** erhält man durch Verseifung der entsprechenden β-Hydroxy-ester, welche z.B. durch *Reformatsky*-Reaktion (Kap. 20.2.1.4) zugänglich sind.

Durch **Verseifung von entsprechenden Lactonen** erhält man beliebige andere Hydroxycarbonsäuren.

Generell anwendbar ist auch die **Reduktion der entsprechenden Ketosäuren** (s.a. Kap. 18.5.3).

Besonders gut geht die **Hydrolyse von Halogencarbonsäuren** (s.a. Kap. 18.5.4), wenn das Halogenatom am Ende einer Carbonsäure sitzt (ε-Halogencarbonsäure), da hier ein primäres Halogenid vorliegt, welches besonders leicht substituiert werden kann.

$$Br\diagdown\diagup\diagdown\diagup\diagdown COOH \quad \xrightarrow[- \, NaBr]{+ \, NaOH} \quad HO\diagdown\diagup\diagdown\diagup\diagdown COOH$$

Ebenfalls gut reagieren α-**Halogencarbonsäuren.** Unter den basischen Hydrolysebedingungen bildet sich zuerst das Carboxylat-Ion, welches dann intramolekular das Halogenatom substituieren kann, unter Bildung eines α-Lactons. Dieses α-Lacton ist sehr gespannt und somit reaktionsfähig und wird von OH⁻ verseift, wobei die α-Hydoxycarbonsäure entsteht.

$$R-\underset{\underset{Br}{|}}{C}H-COOH \xrightarrow[-\,H_2O]{NaOH} R-\underset{\underset{Br}{|}}{C}H-COO^-Na^+ \xrightarrow{-\,NaBr} R-\underset{\alpha\text{-Lacton}}{C}H-\overset{O}{C}{\diagup}\diagdown_{\!\!O} \xrightarrow{NaOH} R-\underset{\underset{|}{|}}{\overset{OH}{C}}H-COO^-Na^+$$

Die Carboxylatgruppe beschleunigt also die Hydrolyse durch die intramolekulare Substitution. Man spricht hierbei von einem **Nachbargruppeneffekt.**

2. Eigenschaften von Hydroxycarbonsäuren

Schmelz- und Siedepunkte substituierter Carbonsäuren liegen generell **höher** als die der unsubstituierten Carbonsäuren (s. Tab. 28). Grund hierfür ist die Verstärkung der intermolekularen Wechselwirkungen wegen erhöhter Polarität nach Einführung eines Heteroatoms.

Daher sind Hydroxysäuren **in Wasser leichter**, in Ether hingegen schwerer **löslich** als die zugehörigen Carbonsäuren.

Die α-ständige Hydroxylgruppe **erhöht** durch ihren –I-Effekt die **Acidität** der Carboxylgruppe.

Beispiele: Paare von unsubstituierten und substituierten Carbonsäuren

Essigsäure (pK_S = 4,76) und Glykolsäure (pK_S = 3,82);

Propionsäure (pK_S = 4,88) und Milchsäure (pK_S = 3,85).

3. Reaktionen von Hydroxycarbonsäuren

Das chemische Verhalten der Hydroxycarbonsäuren wird durch beide funktionelle Gruppen bestimmt:

a) **Mit Säurechloriden** können Hydroxysäuren **acyliert** werden:

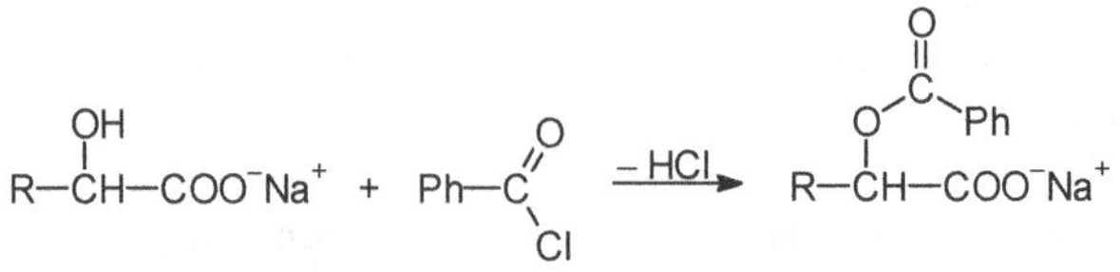

Natriumlactat   Benzoylchlorid   O-Benzoyllactat

b) **Mit Alkoholen** erfolgt bei Säurekatalyse die bekannte **inter**molekulare **Ester**bildung:

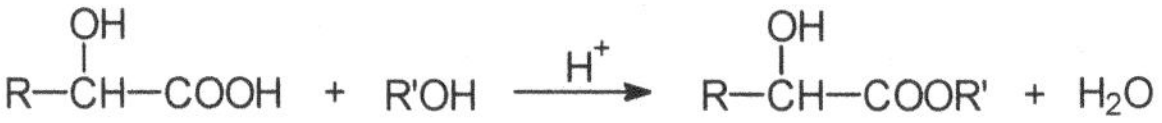

c) **Beim Erhitzen** spalten Hydroxycarbonsäuren **Wasser ab**, wobei verschiedene Verbindungen erhalten werden:

Aus **α-Hydroxysäuren** entstehen durch **intermolekulare Wasserabspaltung** cyclische Ester, so genannte **Lactide**:

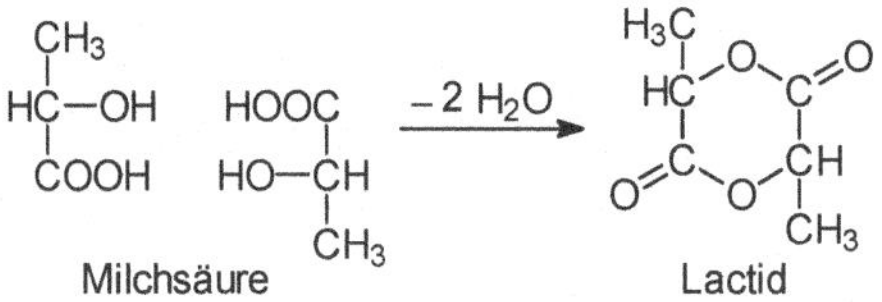

Milchsäure   Lactid
3,6-Dimethyl-1,4-dioxan-2,5-dion

Bei **β-Hydroxysäuren** erfolgt **intramolekulare Wasserabspaltung** unter Bildung **α,β-ungesättigter Carbonsäuren**:

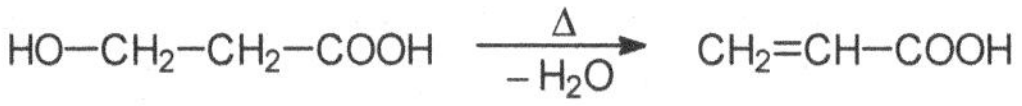

β-Hydroxypropionsäure   Acrylsäure
3-Hydroxypropansäure   Propensäure

Bei **γ- und δ-Hydroxycarbonsäuren**, bei denen beide Gruppen genügend weit voneinander entfernt sind, bilden sich im Sauren leicht intramolekulare Ester, die **Lactone**. Im Falle der γ-Hydroxysäuren erhält man **Fünfringe** (γ-Lactone), bei den δ-Hydroxysäuren **Sechsringe** (δ-Lactone).

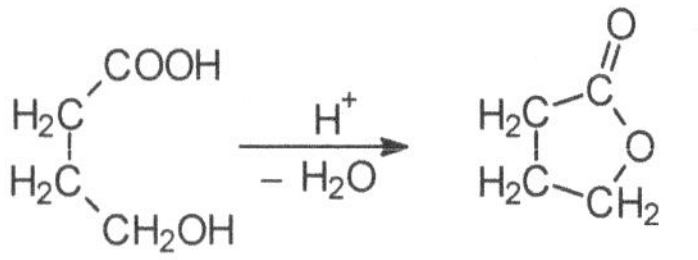

γ-Hydroxybuttersäure   γ-Butyrolacton

18.5.3 Oxocarbonsäuren

Oxocarbonsäuren enthalten außer einer Carboxylgruppe noch mindestens eine **weitere Carbonylgruppe**, wobei man zwischen **Aldehydo-** und **Ketocarbonsäuren** unterscheiden kann.

1. Herstellung von Oxocarbonsäuren

Ein **generelles Verfahren** zu Herstellung beliebiger Oxocarbonsäuren ist die **Oxidation der entsprechenden Hydroxycarbonsäuren.**

Beispiel:

$$
\underset{\text{Milchsäure}}{H_3C-\overset{\overset{\displaystyle OH}{|}}{C}H-COOH} \xrightarrow{\text{Oxidation}} \underset{\text{Brenztraubensäure}}{H_3C-\overset{\overset{\displaystyle O}{\|}}{C}-COOH}
$$

Je nach Stellung der Oxogruppe gibt es zudem noch eine Reihe spezieller Methoden.

α-Oxocarbonsäuren

Diese Verbindungen erhält man durch **Hydrolyse von Acylcyaniden,** welche aus Säurechloriden und Cyaniden erhältlich sind:

$$
R-\overset{\overset{\displaystyle O}{\|}}{C}\diagdown_{Cl} \xrightarrow[-\ CuCl]{+\ CuCN} R-\overset{\overset{\displaystyle O}{\|}}{C}\diagdown_{CN} \xrightarrow[-\ NH_3]{+2\ H_2O} R-\overset{\overset{\displaystyle O}{\|}}{C}\diagdown_{COOH}
$$

Glyoxylsäure, die einfachste **Aldehydocarbonsäure** entsteht durch oxidative Spaltung von Weinsäure mit Bleitetraacetat oder Natriumperiodat (s. Kap. 12.1.3):

$$
\underset{\text{Weinsäure}}{HOOC-\overset{\overset{\displaystyle OH}{|}}{C}H-\overset{\overset{\displaystyle OH}{|}}{C}H-COOH} \xrightarrow[-\ Pb(OAc)_2]{+\ Pb(OAc)_4} \underset{\text{Glyoxylsäure}}{O=CH-COOH} + 2\ HOAc
$$

Brenztraubensäure (2-Oxopropansäure, α-Ketopropionsäure), die einfachste α-Ketosäure, kann außer durch **Oxidation von Milchsäure** auch durch **Erhitzen von Wein- oder Traubensäure** (Racemat der Weinsäure) **mit KHSO$_4$** hergestellt werden. Diese als **„Brenzreaktion"** bekannte Reaktion ist eine Pyrolyse (Hitzespaltung), daher der Name Brenztraubensäure:

$$
\underset{\text{Traubensäure}}{\overset{\displaystyle HO-CH-COOH}{HO-CH-COOH}} \xrightarrow[-H_2O]{H^+} \underset{\text{Hydroxymaleinsäure}}{\overset{\displaystyle HC-COOH}{HO-C-COOH}} \rightleftharpoons \underset{\text{Oxalessigsäure}}{\overset{\displaystyle CH_2-COOH}{O=C-COOH}} \xrightarrow[-CO_2]{\Delta} \underset{\text{Brenztraubensäure}}{\overset{\displaystyle CH_3}{O=C-COOH}}
$$

Im ersten Schritt erfolgt eine sauer katalysierte Wasserabspaltung unter Bildung der Hydroxymaleinsäure. Diese steht über die **Keto-Enol-Tautomerie** mit der Oxalessigsäure im Gleichgewicht. Oxalessigsäure ist nicht nur eine α–Keto- sondern auch eine β-Ketocarbonsäure. β-Ketocarbonsäuren sind nicht sonderlich stabil und spalten beim Erwärmen CO_2 ab, wobei sich die Brenztraubensäure bildet.

2. Eigenschaften der Oxosäuren

Keto-Enol-Tautomerie (Oxo-Enol-Tautomerie)

Wie bei den Ketonen gibt es auch bei Oxosäuren und Oxoestern die Keto-Enol-Tautomerie, bei den β-Oxoderivaten ist sie sogar besonders stark ausgeprägt, da ein konjugiertes Doppelbindungssystem entsteht.

Die Keto-Enol-Tautomerie wurde am Acetessigsäureethylester untersucht:

92,5 %   Acetessigester   7,5 %

Der enolische Anteil beträgt bei reinem Acetessigester 7,5 %, in wässriger Lösung 0,4 % und in alkoholischer 12 %, ist also vom Lösemittel abhängig.

Der qualitative Nachweis der Enolform erfolgt **mit einer Lösung von $FeCl_3$**, das mit dem Enol einen Komplex bildet: **Mit $FeCl_3$ entsteht eine tiefrote Lösung.**

Zum quantitativen Nachweis der Enolform und zur Bestimmung des Enolanteils wird bei 0°C **mit Brom umgesetzt.** Dabei reagiert nur die Enolform rasch. Überschüssiges Brom wird durch 2-Naphthol abgefangen. Das gebildete α-Bromketon wird anschließend mit Iodwasserstoff reduziert und die dabei freigesetzte Iodmenge titriert.

Die Lage des Gleichgewichts schwankt je nach Lösemittel und Konzentration. Der Enolgehalt ist höher in verdünnter Lösung und wenig polarem Lösemittel (wie Hexan). Strukturelle Einflüsse sind beträchtlich; so ist Aceton mit 0,00025% Enol ein typisches Keton. 1,2-Diketone haben i. a. nur geringe Enolisierungstendenz. Dies gilt nicht für cyclische Ketone und Diketone, die stark zur Enolisierung neigen. 1,3-Diketone haben z.B. beträchtliche Enolgehalte, was auf die starke Aktivierung durch zwei Carbonylgruppen zurückgeführt wird. **Die Enolformen der 1,3-Diketone**, die durch Ausbildung eines konjugierten Systems und intramolekulare H-Brückenbindungen stabilisiert sind, **liegen hinsichtlich ihrer**

Säurestärke fast schon in der Größenordnung der Carbonsäuren (s. pK_s-Werte, 2. Umschlagseite). Cyclische Diketone sind indes, wie aus ihren Säurekonstanten hervorgeht, hinsichtlich der Enolstabilität schwächere Säuren als Phenol.

3. Reaktionen der Oxosäuren

2-Oxocarbonsäuren (α-Oxosäuren)

Brenztraubensäure und vor allem ihre Salze, die **Pyruvate**, sind wichtige **biochemische Zwischenprodukte beim Abbau der Kohlenhydrate und Fette.** Unter anaeroben Bedingungen wird Pyruvat im Säugetierorganismus zu Milchsäure (Lactat) reduziert, z.B. im Muskel bei intensiver Beanspruchung. Bei der alkoholischen Gärung bilden sich durch **Decarboxylierung** Acetaldehyd und CO_2.

Die Decarboxylierung erfolgt unter dem katalytischen Einfluss einer Thiamin-Einheit (Vitamin B1) der Pyruvat-Dehydrogenase. Diese greift nucleophil an der Ketogruppe des Pyruvat-Ions an und ermöglicht durch Bildung einer Additionsverbindung die Abspaltung von CO_2 (zum Mechanismus vgl. Kap. 16.3.1). Das erhaltene Produkt wird dann zum Aufbau von **Acetyl-Coenzym A** verwendet.

Pyruvat   Thiamin   Additionsverbindung   Acetylderivat
(Teil der Pyruvat-
dehydrogenase)

Acetyl-Coenzym A

Die Decarboxylierung lässt sich *in vitro* auch durch Erhitzen mit verd. H_2SO_4 durchführen. Erwärmt man dagegen mit konz. H_2SO_4, so entstehen Essigsäure und CO (**Decarbonylierung**, eine typische Reaktion für α-Ketosäuren).

4. Reaktionen an der Carbonyl-Gruppe

Glyoxylsäure bildet ein stabiles, kristallines Hydrat und geht im Übrigen die typischen Reaktionen für Aldehyde/Ketone ein. **Brenztraubensäure** bildet ein Oxim und ein Hydrazon; sie reagiert positiv mit Tollens-Reagenz.

3-Oxocarbonsäuren (β-Ketocarbonsäuren)

Im Gegensatz zu den α-Ketosäuren sind β-Ketosäuren unbeständig. So zerfällt Acetessigsäure leicht in Aceton und CO_2 (**Decarboxylierung***). Im Organismus werden β-Ketosäuren ebenfalls durch Decarboxylierungsreaktionen abgebaut (z.B. im Citrat-Cyclus, Bildung von Ketoverbindungen bei Diabetikern).

Beispiele:

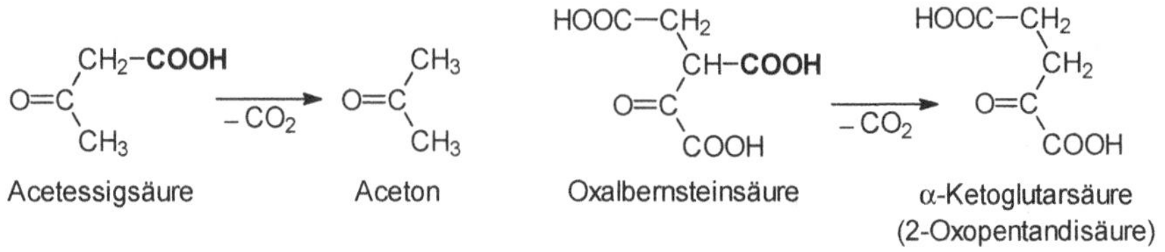

$$\underset{\text{Acetessigsäure}}{O=C\!\!\begin{array}{c}CH_2\!-\!COOH\\CH_3\end{array}} \xrightarrow[-CO_2]{} \underset{\text{Aceton}}{O=C\!\!\begin{array}{c}CH_3\\CH_3\end{array}}$$

$$\underset{\text{Oxalbernsteinsäure}}{O=C\!\!\begin{array}{c}\overset{\displaystyle HOOC-CH_2}{CH-COOH}\\COOH\end{array}} \xrightarrow[-CO_2]{} \underset{\substack{\alpha\text{-Ketoglutarsäure}\\(2\text{-Oxopentandisäure})}}{O=C\!\!\begin{array}{c}\overset{\displaystyle HOOC-CH_2}{CH_2}\\COOH\end{array}}$$

Die Decarboxylierung erfolgt hierbei als *syn*-Eliminierung (s. Kap. 11.5.2) über einen sechsgliedrigen Übergangszustand:

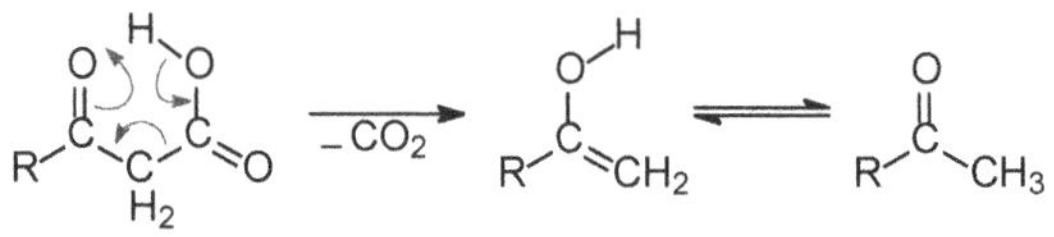

Stabiler als Acetessigsäure sind die **Acetessigsäureester**. Man erhält diese durch *Claisen*-**Kondensation** von Essigsäureestern (Kap. 20.2.1.1) oder durch Addition von Alkoholen an Diketen. Acetessigester sind wichtige Synthesebausteine, z.B. für die Synthese von Heterocyclen (s. Kap. 22). Weitere Reaktionen werden in Kap. 20.2.2 besprochen.

18.5.4 Halogencarbonsäuren

Halogencarbonsäuren sind wichtige synthetische Zwischenstufen, da sie durch nucleophile Substitution leicht in andere funktionalisierte Carbonsäuren umgewandelt werden können.

1. Herstellung von Halogencarbonsäuren

Für die Synthese von Halogencarbonsäuren gibt es kein generelles Verfahren. Vielmehr hängt das Herstellungsverfahren von der Art des Halogens und von der Position relativ zur Carboxylgruppe ab.

α-Halogencarbonsäuren

Besonders leicht sind die α-Halogencarbonsäuren zugänglich, da die α-Position von Carbonylverbindungen besonders aktiviert ist. Über die Keto-Enol-Tautomerie besitzt diese Position nucleophile Eigenschaften, und kann daher mit Elektrophilen wie Halogenen umgesetzt werden.

α–Chloressigsäuren: Die direkte Halogenierung von Carbonsäuren mit Chlor erfolgt nur sehr langsam, da die Reaktion über die Enolform erfolgt, und der Enolanteil von Carbonsäuren sehr gering ist (s.a. Halogenierung von Aldehyden und Ketonen, Kap. 16.3). Durch Belichten und Temperaturerhöhung lässt sich die Reaktion jedoch beschleunigen. Je nach Halogenmenge erhält man mono- oder mehrfach halogenierte Verbindungen:

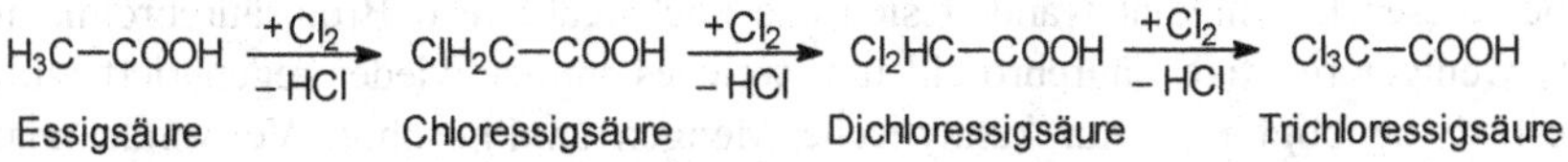

$$H_3C-COOH \xrightarrow[-HCl]{+Cl_2} ClH_2C-COOH \xrightarrow[-HCl]{+Cl_2} Cl_2HC-COOH \xrightarrow[-HCl]{+Cl_2} Cl_3C-COOH$$

Essigsäure   Chloressigsäure   Dichloressigsäure   Trichloressigsäure

Bei längerkettigen Carbonsäuren kann es unter Umständen auch zu weiteren Chlorierungen an anderen Positionen kommen.

Eine Alternative zur Chlorierung stellt die Oxidation chlorierter Alkohole und Aldehyde dar:

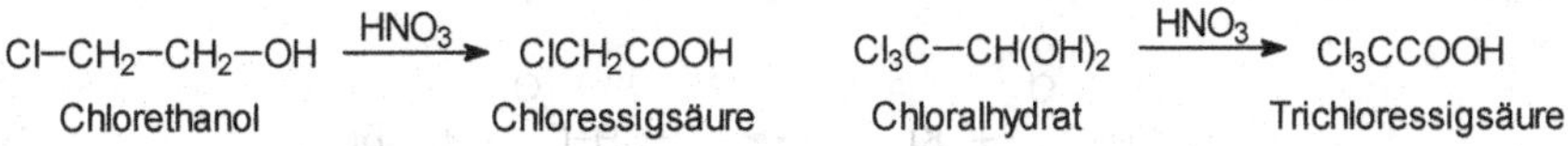

$$Cl-CH_2-CH_2-OH \xrightarrow{HNO_3} ClCH_2COOH \qquad Cl_3C-CH(OH)_2 \xrightarrow{HNO_3} Cl_3CCOOH$$

Chlorethanol   Chloressigsäure   Chloralhydrat   Trichloressigsäure

Hell-Volhard-Zelinsky-Reaktion

Diese Reaktion dient zur Herstellung von **α-Bromcarbonsäuren**. Man erhält diese durch Umsetzung von Carbonsäuren mit Brom in Gegenwart katalytischer Mengen an Phosphor:

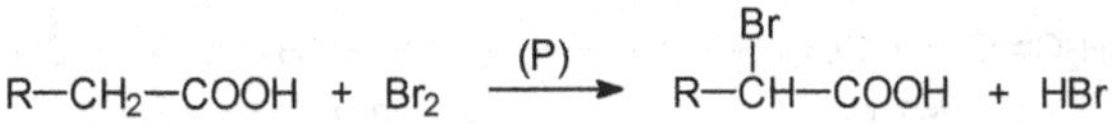

$$R-CH_2-COOH + Br_2 \xrightarrow{(P)} R-\overset{\overset{\displaystyle Br}{|}}{CH}-COOH + HBr$$

Zum Mechanismus der Reaktion:

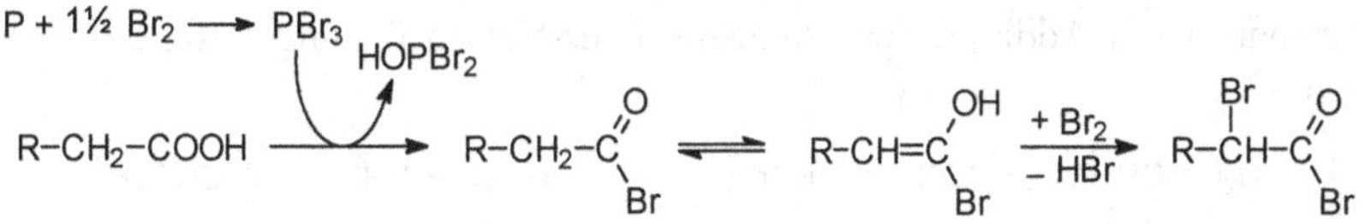

Aus Phosphor und Brom bildet sich intermediär Phosphortribromid (PBr_3), welches in der Lage ist, die Carbonsäure in das entsprechende Carbonsäurebromid zu überführen (s. Kap. 19.2.2). Carbonsäurehalogenide haben einen erheblich höheren Enolanteil als Carbonsäuren, so dass der nächste Schritt, die elektrophile Bromierung der Enolform viel schneller erfolgt als bei der 'direkten Halogenierung'.

Carbonsäurehalogenide reagieren mit Carbonsäuren im Gleichgewicht zu Anhydriden (s. Kap. 19.2.1), hier bildet sich aus dem α-Bromcarbonsäurebromid und der eingesetzten Carbonsäure ein gemischtes Anhydrid.

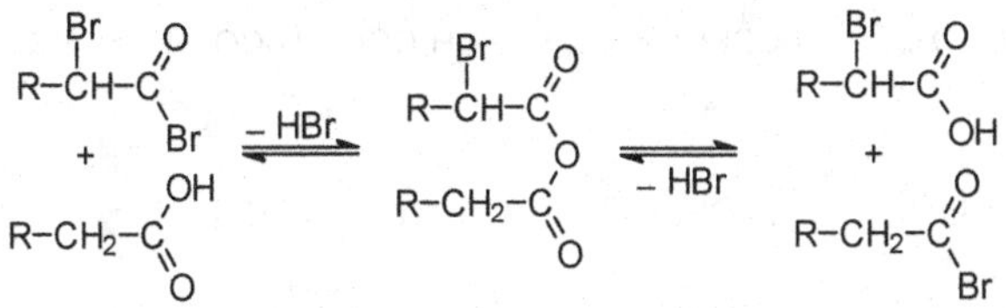

Über dieses Intermediat wandelt sich das hoch reaktive α-Bromsäurebromid in das weniger reaktive Säurebromid um, welches immer wieder regeneriert wird. Deshalb benötigt man nur katalytische Mengen an Phosphor. Verwendet man stöchiometrische Mengen an Phosphor oder PBr_3 erhält man bei dieser Reaktion die α-Bromcarbonsäurebromide.

α-Iodcarbonsäuren: Durch Umsetzung von α-Brom- oder Chlorcarbonsäuren mit KI in Aceton (*Finkelstein*-Reaktion, Kap. 9.3.4) erhält man die entsprechenden α-Iodcarbonsäuren:

$$\begin{array}{ccc} \underset{\underset{R-CH-C}{|}}{Br}\diagdown^{O}_{OH} & + KI \longrightarrow & \underset{\underset{R-CH-C}{|}}{I}\diagdown^{O}_{OH} + KBr \end{array}$$

β-Halogencarbonsäuren

erhält man durch Addition von Halogenwasserstoff an α,β-ungesättigte Carbonsäuren:

$$H_2C{=}CH{-}COOH + HBr \longrightarrow Br{-}CH_2{-}CH{-}COOH$$

Acrylsäure   β-Brompropionsäure

γ-Halogencarbonsäuren

erhält man durch Addition von Halogenwasserstoff an β,γ-ungesättigte Carbonsäuren:

$$H_2C{=}CH{-}CH_2{-}COOH + HBr \longrightarrow Br{-}CH_2{-}CH_2{-}CH_2{-}COOH$$

3-Butensäure   γ-Brombuttersäure

2. Eigenschaften der Halogencarbonsäuren

Durch Einführung der elektronegativen Halogenatome **erhöht sich die Acidität** der entsprechenden Carbonsäuren. Dieser Effekt ist umso größer, je dichter das Halogenatom an der Carboxylgruppe sitzt. Mehrfach halogenierte Carbonsäuren sind daher auch acider als monosubstituierte Derivate. Für die Acidität z.B. von chlorierten Carbonsäuren ergibt sich folgende Reihenfolge:

$$\underset{pK_s: \quad 2,84}{H_3CCH_2\overset{Cl}{\overset{|}{C}}HCOOH} > \underset{4,06}{H_3C\overset{Cl}{\overset{|}{C}}HCH_2COOH} > \underset{4,52}{H_2\overset{Cl}{\overset{|}{C}}CH_2CH_2COOH} > \underset{4,82}{H_3CCH_2CH_2COOH}$$

$$\underset{pK_s: \quad 0,65}{Cl_3CCOOH} \qquad \underset{1,29}{Cl_2CHCOOH} \qquad \underset{2,86}{ClCH_2COOH} \qquad \underset{4,76}{H_3CCOOH}$$

Verbindungen wie die 2-Chlor- und die 3-Chlorbuttersäure besitzen ein **asymmetrisches Kohlenstoffatom und sind daher optisch aktiv** (s. Kap. 25). Es existieren zwei enantiomere Formen, die sich wie Bild und Spiegelbild verhalten. Bei den beschriebenen Herstellungsverfahren erhält man immer ein Gemisch beider Formen, ein Racemat.

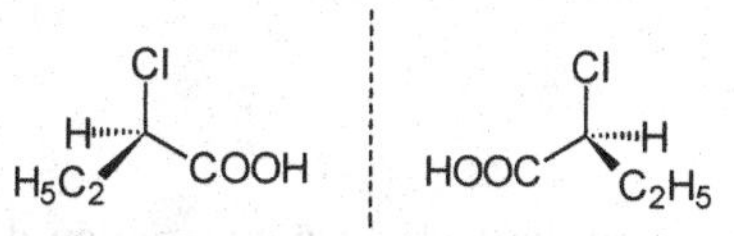

(R)-2-Chlorbuttersäure   (S)-2-Chlorbuttersäure

3. Reaktionen der Halogencarbonsäuren

Die wichtigsten Reaktionen der Halogencarbonsäuren sind **nucleophile Substitutionsreaktionen** durch die sie in andere Carbonsäurederivate überführt werden können. Umsetzungen mit OH^- führt zur wichtigen Klasse der **Hydroxycarbonsäuren** (Kap. 18.5.2), mit Ammoniak erhält man **Aminosäuren** (s. Kap. 29.1.3).

Wichtig sind hierbei Substitutionen optisch aktiver Halogenverbindungen die nach dem **S_N2-Mechanismus** (s. Kap. 10.2) verlaufen, da die Substitution unter **Inversion** erfolgt und man dabei optisch aktive Produkte erhält.

Besonders gut verlaufen Umsetzungen von **α-Halogencarbonsäuren**, da hierbei die benachbarte Carboxylgruppe einen so genannten **Nachbargruppeneffekt** ausübt (s. Kap. 18.5.2.1).

19 Derivate der Carbonsäuren

Zu den wichtigsten Reaktionen der Carbonsäuren zählen die verschiedenen Möglichkeiten, die Carboxylgruppe in charakteristischer Weise abzuwandeln. Dabei wird die OH-Gruppe durch eine andere funktionelle Gruppe Y ersetzt. Die entstehenden Produkte werden als **Carbonsäurederivate** bezeichnet und können allgemein formuliert werden als:

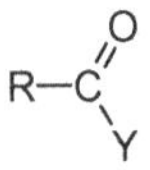

Die Derivate lassen sich meist leicht ineinander überführen und haben daher präparativ große Bedeutung. Es gibt folgende Verbindungstypen, die **in der Reihenfolge zunehmender Reaktivität** gegenüber Nucleophilen geordnet sind:

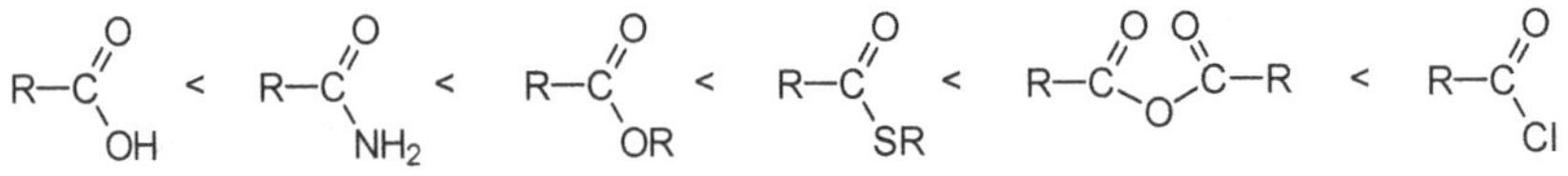

Carbonsäure   -amid   -ester   -thioester   -anhydrid   -chlorid

Beispiele:

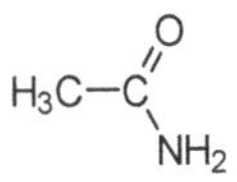

Essigsäureamid
Acetamid

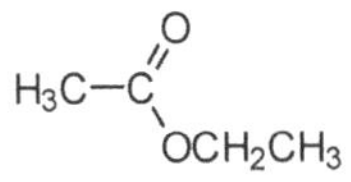

Essigsäureethylester
Essigester

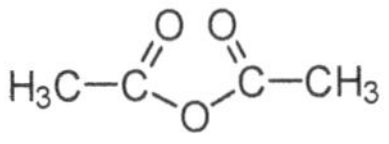

Essigsäureanhydrid
Acetanhydrid

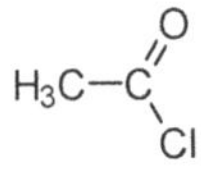

Essigsäurechlorid
Acetylchlorid

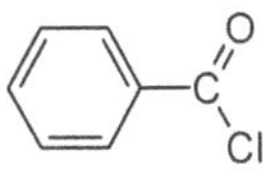

Benzoylchlorid

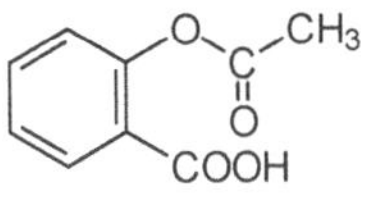

Acetylsalicylsäure

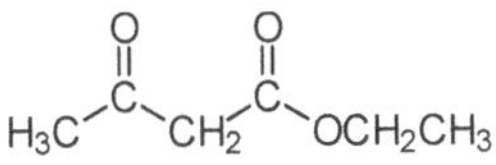

Acetessigsäureethylester
Acetessigester

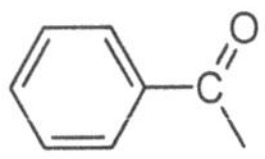

Benzoyl-Rest

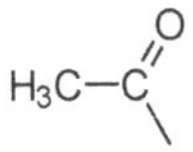

Acetyl-Rest

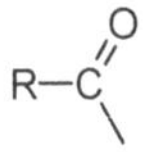

allgemein: Acyl-Rest

19.1 Reaktionen von Carbonsäurederivaten

Die Umsetzung von Carbonsäurederivaten mit Nucleophilen verläuft nach folgendem Schema:

Dabei greift das Nucleophil HNu an der Carbonyl-Gruppe an unter Bildung einer **tetrahedralen Zwischenstufe**. Diese zerfällt unter Abspaltung von HY. Reaktionen an der Carbonylgruppe sind in der Regel **Gleichgewichtsreaktionen**.

Beachte den Unterschied zur Reaktion von Aldehyden und Ketonen in Kap. 17, bei der keine Abgangsgruppe Y eliminiert werden kann. Die vorstehend skizzierte nucleophile Substitution verläuft **nicht** als S_N2-Reaktion, sondern ist eine **Additions-Eliminierungs-Reaktion** (vgl. S_NAr Kap. 8).

Die Reaktionen von Carbonsäurederivaten lassen sich sowohl durch **Säuren als auch durch Basen** katalytisch beschleunigen.

Im Sauren ist die Beschleunigung auf eine **Aktivierung der Carbonylgruppe** durch Protonierung zurückzuführen:

Im Unterschied zu den Reaktionen von Carbonsäuren ist hier auch eine **Basen-Katalyse** möglich. Sie beruht darauf, dass in einem vorgelagerten Gleichgewicht zuerst das **viel reaktionsfähigere Anion Nu** gebildet wird, das nun als Nucleophil reagieren kann:

Die Carbonsäuren selbst werden dagegen durch Basen-Zusatz in das mesomeriestabilisierte Carboxylat-Anion überführt und zeigen dann so gut wie keine Reaktivität mehr.

Einige dieser Umsetzungen sind typische Gleichgewichtsreaktionen. Bei anderen liegt das Gleichgewicht weit auf einer Seite. Dies gilt vor allem für Reaktionen bei denen aus einem reaktiven Carbonsäurederivat ein deutlich weniger reaktives Derivat entsteht. Diese Reaktionen verlaufen in der Regel sehr sauber und gut.

19.1.1 Hydrolyse von Carbonsäurederivaten zu Carbonsäuren

Die reaktionsfähigen Carbonsäurederivate reagieren direkt mit Wasser, die weniger reaktionsfähigen benötigen zusätzliche Aktivierung (H^+ oder OH^-).

$$R-\overset{\text{O}}{\underset{\text{NH}_2}{C}} + H_3O^+ \rightleftharpoons R-\overset{\text{O}}{\underset{\text{OH}}{C}} + NH_4^+ \qquad R-\overset{\text{O}}{\underset{\text{Cl}}{C}} + H_2O \longrightarrow R-\overset{\text{O}}{\underset{\text{OH}}{C}} + HCl$$

$$R-\overset{\text{O}}{\underset{\text{OR}}{C}} + H_2O \underset{\text{OH}^-}{\overset{H^+}{\rightleftharpoons}} \begin{array}{l} RCOOH + ROH \\ RCOO^- + ROH \end{array}$$

$$\begin{array}{c} R-\overset{\text{O}}{C} \\ {}^{\diagdown}_{\text{O}} \\ R-\underset{\text{O}}{C} \end{array} + H_2O \longrightarrow 2\,R-\overset{\text{O}}{\underset{\text{OH}}{C}}$$

Die Hydrolyse der sehr reaktionsfähigen Carbonsäurechloride und –anhydride verläuft im Prinzip irreversibel, ebenso wie die Hydrolyse der Amide. Im Sauren entsteht hierbei ein Ammoniumsalz, welches nicht mehr nucleophil ist. Bei der basischen Verseifung entsteht das Carboxylat-Ion, welches kaum noch Carbonyl-aktivität aufweist. Deshalb ist auch die basische Esterverseifung irreversibel. Im Gegensatz hierzu ist die saure Esterhydrolyse eine typische Gleichgewichtsreaktion. So dient die Umsetzung von Carbonsäuren mit Alkoholen in Gegenwart von Säure zur Herstellung der entsprechenden Ester (s. Kap. 19.2.4.1).

19.1.2 Umsetzung von Carbonsäurederivaten mit Aminen

Bei der **Amino-** bzw. **Ammonolyse** (R' = H) entstehen (N-substituierte) Carbon-säureamide. Die wässrigen Lösungen der Amide reagieren im Gegensatz zu den Aminen neutral. (Die Carbonsäuren selbst geben mit NH_3 keine Amide sondern Ammoniumsalze: CH_3–CH_2–COOH + NH_3 $\longrightarrow$ CH_3–CH_2–COO$^-$NH$_4^+$.)

$$R-\overset{\text{O}}{\underset{\text{NH}_2}{C}} + R'NH_2 \rightleftharpoons R-\overset{\text{O}}{\underset{\text{NHR'}}{C}} + NH_3 \qquad R-\overset{\text{O}}{\underset{\text{Cl}}{C}} + R'NH_2 \longrightarrow R-\overset{\text{O}}{\underset{\text{NHR'}}{C}} + HCl$$

$$R-\overset{\text{O}}{\underset{\text{OR}}{C}} + R'NH_2 \rightleftharpoons R-\overset{\text{O}}{\underset{\text{NHR'}}{C}} + ROH \qquad \begin{array}{c} R-\overset{\text{O}}{C} \\ {}^{\diagdown}_{\text{O}} \\ R-\underset{\text{O}}{C} \end{array} + R'NH_2 \longrightarrow \begin{array}{l} R-\overset{\text{O}}{\underset{\text{NHR'}}{C}} \\ + \\ RCOOH \end{array}$$

$$R-C\equiv N + R'NH_2 \longrightarrow R-\overset{\text{NH}}{\underset{\text{NHR'}}{C}} \quad \text{ein Amidin}$$

Die Umsetzung von Amiden mit Aminen (Transaminierung) und die Aminolyse von Estern sind Gleichgewichtsreaktionen, wohingegen die Amidinbildung und die Aminolyse der reaktionsfähigen Carbonsäurederivate irreversibel verlaufen.

So bilden sich aus Anhydriden und Aminen Amide und Carbonsäuren. Eine wich-tige Anwendung dieser Reaktion ist die Herstellung von Phthalimid, ausgehend von Phthalsäureanhydrid und Ammoniak. Im ersten Schritt bildet sich das ent-sprechende Phthalsäureamid, welches beim Erhitzen Wasser abspaltet, unter Bil-dung des cyclischen Phthalimids. Cyclische Amide mit zwei Acylresten am N bezeichnet man generell als Imide. Phthalimid ist eine wichtige Ausgangsverbin-dung zur Herstellung primärere Amine durch *Gabriel*-Synthese (s. Kap. 14.1.2.2).

Phthalsäureanhydrid   Phthalimid

Das von der Bernsteinsäure abgeleitete Succinimid dient zur Herstellung von *N*-Bromsuccinimid, welches zur selektiven Bromierung von Alkenen in Allylposition verwendet wird (s. Kap. 4.5.2.2)

19.1.3 Umsetzung mit Alkoholen zu Carbonsäureestern

Die niederen Glieder der Carbonsäureester haben einen fruchtartigen Geruch und werden u.a. als künstliche Aromastoffe verwendet, z.B. Buttersäureethylester (Ananas).

Die Reaktion von Alkoholen mit Orthocarbonsäurechloriden führt zu Estern der ansonsten instabilen Orthosäuren, die gegen Basen beständig sind, mit Säuren jedoch hydrolysieren (vgl. Acetale, Kap. 24.4.1). Dabei bilden sich zuerst die entsprechenden Ester und daraus die Carbonsäuren. Orthoester dienen bei Synthesen zum Abfangen von H_2O.

Chloroform   Orthoameisen-   Ameisensäure-   Ameisensäure
(Orthoameisen-   säuretriethylester   ethylester
säuretrichlorid)

19.2 Herstellung und Eigenschaften von Carbonsäurederivaten

Reaktionen von Säurechloriden, und -anhydriden verlaufen oft exotherm, relativ schnell und mit hohen Ausbeuten, so dass man von **energiereichen** Carbonsäurederivaten spricht. Ester sind im Vergleich hierzu relativ reaktionsträge und können daher bei vielen Reaktionen als Lösemittel (Bsp. Essigsäureethylester) verwendet werden. Bei Umsetzungen guter Nucleophile sind sie jedoch nicht geeignet.

19.2.1 Carbonsäureanhydride

Die präparativ wichtigen Säureanhydride können aus Dicarbonsäuren durch Erhitzen (s. Kap. 18.5.2) oder aus aliphatischen Monocarbonsäuren durch Umsetzung der Säurechloride mit Carbonsäuren hergestellt werden. Eine Base, z.B.

Pyridin, dient zum Abfangen des gebildeten HCl. Anstelle der Carbonsäure kann man auch das entsprechende Natriumsalz einsetzen. Hierbei kann man auf die Base verzichten. Die Bildung von Natriumchlorid verschiebt das Gleichgewicht zugunsten des Anhydrids. Auf diese Weise lassen sich auch **gemischte Anhydride** ($R^1 \neq R^2$) problemlos synthetisieren.

$$RCOO^-Na^+ + R'COCl \longrightarrow R-\overset{O}{\underset{}{C}}\underset{O}{\overset{}{}}\overset{O}{\underset{}{C}}-R' + NaCl\downarrow$$

Säureanhydride mit gleichen Resten R bilden sich bei der Dehydratisierung von zwei Molekülen der Monocarbonsäure mit P_4O_{10}:

$$2\ RCOOH \xrightarrow[-\ H_2O]{P_4O_{10}} R-C\overset{O\ O}{\underset{O}{}}C-R$$

19.2.2 Carbonsäurehalogenide

Säurechloride erhält man z.B. durch Umsetzung von Carbonsäuren mit Thionylchlorid ($SOCl_2$) oder Phosphorhalogeniden. Die Umsetzung mit Thionylchlorid ist die angenehmere Variante, da bei dieser Reaktion nur gasförmige Nebenprodukte entstehen, während sich bei der Reaktion mit Phosphorhalogeniden Phosphorsäurederivate bilden, die oft schwierig abzutrennen sind.

$$RCOOH + SOCl_2 \longrightarrow R-\overset{O}{\underset{Cl}{C}} + SO_2 + HCl$$

Thionylchlorid ist das Dichlorid der Schwefligen Säure. Wie gezeigt, reagieren Carbonsäuren mit Säurechloriden zu Anhydriden. In diesem Fall bildet sich das gemischte Anhydrid der Carbonsäure und der Schwefligen Säure, welches von der freigewordenen HCl angegriffen wird, unter Bildung des Säurechlorids.

$$R-\overset{O}{\underset{OH}{C}} + \overset{O}{\underset{Cl}{S}}Cl \longrightarrow H^+Cl^- + R-\overset{O\ O}{\underset{O}{C}}S-Cl \longrightarrow R-\overset{O}{\underset{Cl}{C}} + SO_2 + HCl$$

19.2.3 Carbonsäureamide

Carbonsäureamide werden durch Umsetzung von Estern oder Säurehalogeniden mit NH_3 (bzw. Aminen) hergestellt (s. o.). Auch beim Erhitzen entsprechender Ammoniumsalze entstehen Säureamide:

$$RCOO^-NH_4^+ \xrightarrow[-\ H_2O]{\Delta} R-\overset{O}{\underset{NH_2}{C}}$$

Technische Bedeutung zur Synthese von Amiden hat die *Beckmann*-**Umlagerung** (**Oxim-Amid-Umlagerung**). Ketoxime lagern sich bei der Einwirkung konzentrierter Mineralsäuren in die isomeren Carbonsäureamide um.

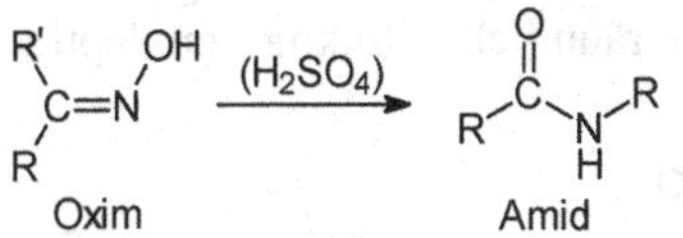

Die Hydroxyl-Gruppe des Oxims wird zunächst protoniert. Anschließend wandert der Rest R, der in *anti*-Stellung zur $^+OH_2$-Gruppe steht, mit seinem Elektronenpaar zum Stickstoffatom, wobei Wasser abgespalten wird. Das entstandene Carbeniumion addiert Wasser und stabilisiert sich unter Abspaltung eines Protons zum Carbonsäureamid. Angewandt wird diese Reaktion zur **Herstellung von Perlon (Polycaprolactam)**. Die *Beckmann*-Umlagerung von Cyclohexanonoxim führt zu ε-Caprolactam, das leicht zu dem Polyamid umgesetzt werden kann:

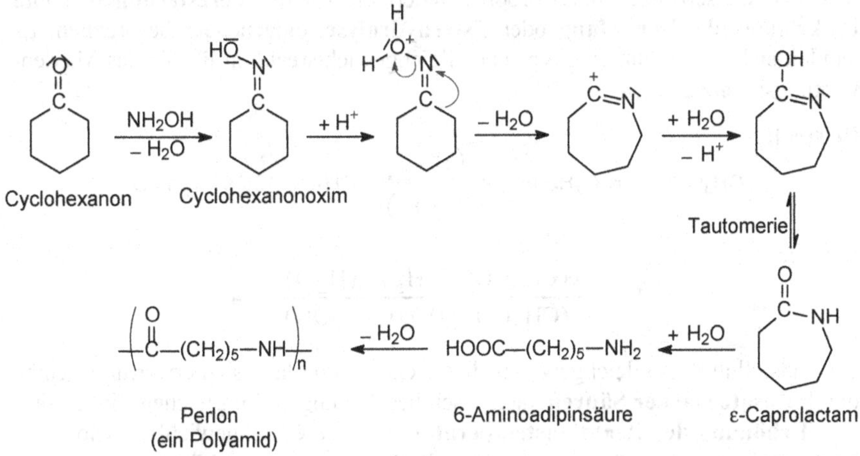

Im Gegensatz zu den Aminen sind die Amide nur sehr schwache Basen. Dies lässt sich mit der Mesomerie der Amidgruppe und der daraus folgenden Verminderung der Elektronendichte am N-Atom begründen.

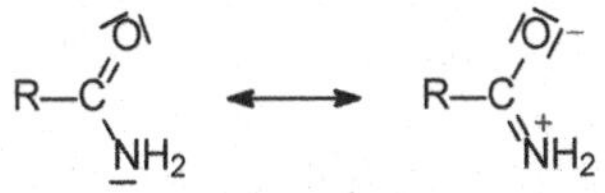

Mit starken Säuren lassen sich Amide jedoch unter Salzbildung protonieren. **Amide sind auch schwache Säuren**; mit starken Basen wie $NaNH_2$ entstehen ebenfalls Salze:

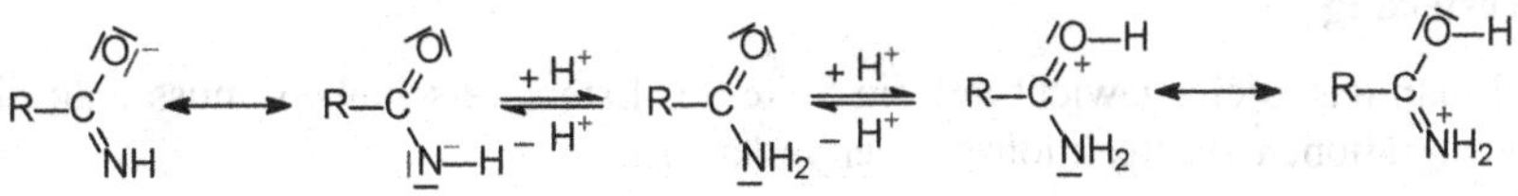

Bei **Amiden** besteht außerdem die Möglichkeit der **Tautomerie** (vgl. Kap. 2.4). Die **C–N-Bindung** besitzt dadurch einen gewissen **Doppelbindungscharakter**. Substituierte Amide können daher in einer *cis-* (*syn-*) **und einer** *trans-* (*anti-*) **Form** vorliegen, wobei die *trans*-Form die energetisch günstigere ist. Dies spielt eine wichtige Rolle für die räumliche Struktur von Peptiden und Proteinen (s. Kap. 29.2 und 29.3).

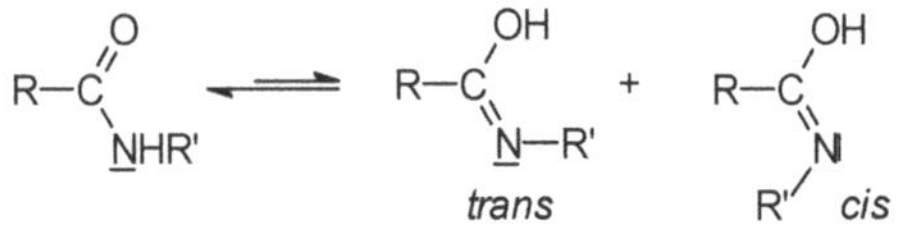

19.2.4 Carbonsäureester

1. aus Carbonsäuren und Alkoholen

Von den Umsetzungen der Carbonsäurederivate sei die **Veresterung** und ihre Umkehrung, die **Verseifung** oder **Esterhydrolyse**, eingehender besprochen. Es handelt sich hierbei um eine typische Gleichgewichtsreaktion für die das Massenwirkungsgesetz gilt.

Beispiel:

$$CH_3COOH + C_2H_5OH \underset{(H^+, OH^-)}{\overset{(H^+)}{\rightleftharpoons}} CH_3COOC_2H_5 + H_2O$$

$$K = \frac{c(CH_3COOC_2H_5) \cdot c(H_2O)}{c(CH_3COOH) \cdot c(C_2H_5OH)} \approx 4$$

Die Einstellung des Gleichgewichts dieser Umsetzung lässt sich erwartungsgemäß durch **Zusatz starker Säuren** katalytisch beschleunigen. Im gleichen Sinne wirkt eine **Erhöhung der Reaktionstemperatur**. Da eine Gleichgewichtsreaktion vorliegt, wird auch die **Rückreaktion**, d.h. die Hydrolyse des gebildeten Esters, beschleunigt.

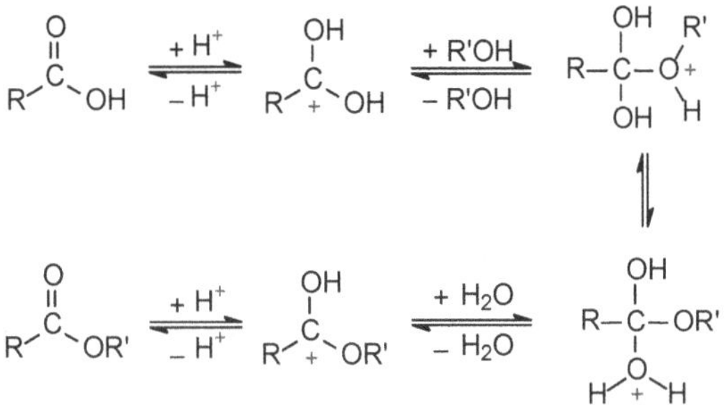

Veresterung

Will man das Gleichgewicht auf die Seite des Esters verschieben, muss man die Konzentrationen der Reaktionspartner verändern:

a) **Eine der Ausgangskomponenten** (meist der billigere Alkohol) wird im 5- bis 10-fachen **Überschuss** eingesetzt.

– *Beispiel* zur Ausbeuteberechnung für einen Ansatz mit 1 mol Säure und 10 mol Alkohol. Aus der Reaktionsgleichung lässt sich entnehmen: Säure und Alkohol reagieren im Molverhältnis 1 : 1. Ihre Konzentrationen nehmen bis zum Gleichgewicht um den Wert x ab. Im Gleichgewicht beträgt $c(C_2H_5OH) = 10 - x$ und $c(CH_3COOH) = 1 - x$. Demgegenüber steigen die Konzentrationen von Ester und Wasser jeweils von Null auf x an. Somit ergibt sich für die Ester-Ausbeute, bezogen auf die eingesetzte Säure:

$$K = \frac{x \cdot x}{(1-x)(10-x)} = 4 \; ; \qquad x = 0{,}97, \text{ d.h. 97 Mol-\% Ester}$$

b) Das **entstehende Wasser wird aus dem Gleichgewicht entfernt**, z.B. durch die Katalysatorsäure (H_2SO_4 u.a.).

Esterhydrolyse

Genau umgekehrt sind die Verhältnisse bei der **sauren Esterhydrolyse**. Hier verschiebt man das Gleichgewicht zugunsten der Säure dadurch, dass man die Hydrolyse in Wasser als Lösemittel durchführt. Die sauer katalysierte Esterhydrolyse ist aber ebenfalls eine Gleichgewichtsreaktion, im Gegensatz zur **alkalischen Esterhydrolyse**. Hierbei bildet sich das Carboxylat-Ion, welches gegenüber Nucleophilen fast völlig inert ist (geringste Carbonylaktivität von allen Carbonylverbindungen). **Die alkalische Esterverseifung läuft also praktisch irreversibel ab:**

2. durch Umesterung

Ester können mit Alkoholen eine **Alkoholyse** eingehen. Diese Reaktion wird wie die Hydrolyse durch Säuren (z.B. H_2SO_4) oder Basen (z.B. Alkoholat-Ionen) katalysiert. Der Reaktionsmechanismus ist analog. Da eine Gleichgewichtsreaktion vorliegt, wird bei der praktischen Durchführung ein Produkt abdestilliert oder der Ausgangsalkohol im Überschuss eingesetzt. Die Umesterung ist vorteilhaft für die Herstellung von Estern hochsiedender Alkohole (z.B. aus einem Methyl- oder Ethylester). In diesem Fall kann der leichter flüchtige Alkohol destillativ aus dem Gleichgewicht entfernt werden.

Beispiel:

Essigsäureethylester   Essigsäurebenzylester

3. aus Säurechloriden mit Alkoholen

4. durch Umsetzung von Ketenen mit Alkoholen

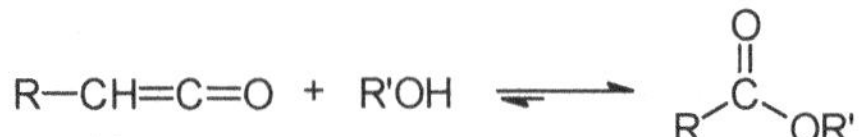

5. Eine elegante Methode speziell zur Darstellung von **Methylestern** ist die (säurefreie!) Alkylierung von Carbonsäuren mit **Diazomethan** (s. Kap. 14.5.2).

Beispiel:

Benzoesäure   Diazomethan   Benzoesäuremethylester

Einige physikalische Eigenschaften der Ester sind günstiger als die der entsprechenden Säuren. Da die gegenseitige Umwandlung, wie die vorstehenden Reaktionen zeigen, ohne Schwierigkeiten verläuft, werden Säuren z.B. zum Zweck der Reinigung, Trennung oder Charakterisierung häufig verestert. **Ester sind im Unterschied zu der Säure nicht assoziiert und haben deshalb trotz höherer Molmasse niedrigere Siedepunkte.** So liegen die Siedepunkte der Methylester um ca. 60°C, die der Ethylester um ca. 40°C tiefer als die der entsprechenden Carbonsäuren. Ester fester Carbonsäuren haben zudem niedrigere Schmelzpunkte als die entsprechenden Säuren. Sie sind außerdem beständiger gegen höhere Temperaturen, in organischen Lösemitteln leichter löslich und besser kristallisierbar. Flüchtige Ester sind Flüssigkeiten mit charakteristischem Fruchtgeschmack und bedingen in großem Umfang den typischen Geschmack von Früchten oder den Duft von Blumen.

19.2.5 Lactone

Lactone sind **cyclische Ester** die aus Hydroxycarbonsäuren (s. Kap. 18.5.2) gebildet werden. Je nach Stellung der OH-Gruppe bzw. des Lactonrings unterscheidet man α-, β-, γ-, δ-,... Lactone.

Während α-Lactone nur als instabile Zwischenprodukte auftreten, z.B. bei der Hydrolyse von α-Halogencarbonsäuren (s. Kap. 18.5.2.1), können die sehr reaktionsfähigen *β-Lactone* auf Umwegen synthetisiert werden, z.B. durch eine [2+2]-Cycloaddition:

$$H_2C \underset{O}{\overset{\|}{}} + \underset{C}{\overset{CH_2}{\underset{\|}{\|}}} \xrightarrow{[2+2]} \underset{O-C \diagdown O}{\overset{H_2C-CH_2}{|\quad\;}}$$

Form-   Keten   β-Propiolacton
aldehyd

Höhergliedrige Lactone müssen nach speziellen Verfahren hergestellt werden, und zwar unter Beachtung des *Ruggli-Zieglerschen*-**Verdünnungsprinzips**: Bei sehr niedriger Konzentration (hoher Verdünnung) ist die Cyclisierung begünstigt, da die Geschwindigkeit dieser **intra**molekularen Reaktion der Konzentration des Substrats proportional ist, während die konkurrierende **inter**molekulare Reaktion dem Quadrat der Substratkonzentration proportional ist. Dies lässt sich damit plausibel machen, dass bei hoher Verdünnung ein Molekül überwiegend von Lösemittelmolekülen umgeben ist, d.h. von anderen gleichartigen Molekülen weiter entfernt ist und somit die Möglichkeit einer intermolekularen Reaktion vermindert wird, während die Cyclisierung etwas begünstigt ist.

Reaktionen von Lactonen

Es gibt bei Lactonen prinzipiell **zwei Reaktionsmöglichkeiten**: Zum einen können wie bei allen Estern nucleophile Teilchen **an der Carbonylgruppe** angreifen, unter Abspaltung der Alkohols und Ringöffnung. Zum anderen kann man den Lactonring auch als ‚aktivierten Alkohol' auffassen, wobei das Nucleophil **an der Position des Alkohols** angreift und in einer Substitutionsreaktion Carboxylat abgespalten wird. Die Reaktionen erfolgen umso leichter, je höher die Ringspannung im Lactonring ist.

Am Beispiel des (krebserzeugenden) β-Propiolactons (Abb. 42) und des γ-Butyrolactons (Abb. 43) sollen einige typische Reaktionsmöglichkeiten von Lactonen gezeigt werden.

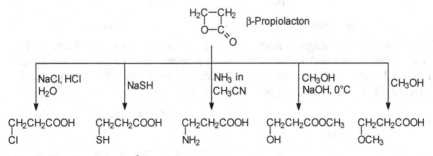

Abb. 42. Umsetzungen von β-Propiolacton

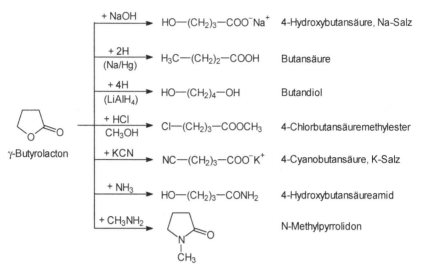

Abb. 43. Umsetzungen von γ-Butyrolacton

19.2.6 Spezielle Carbonsäurederivate

1. Aus Säurechloriden entstehen durch HCl-Abspaltung **Ketene.**

$$R-CH_2-\overset{\overset{\displaystyle O}{\|}}{C}\diagdown_{Cl} \xrightarrow[-\,HCl]{Base} R-CH{=}C{=}O$$

Ketene sind besonders reaktionsfähige Carbonylverbindungen. Wie die Carbonsäurehalogenide und -anhydride reagieren sie daher mit den unterschiedlichsten Nucleophilen. Eine weitere wichtige Klasse von Reaktionen sind Cycloadditionen (s. o. und Kap. 6.2.2).

2. Durch Wasserabspaltung werden aus Oximen und Säureamiden **Nitrile** (Cyanide, $R–C{\equiv}N$) hergestellt:

$$H_3C-\overset{\overset{\displaystyle N-OH}{\|}}{C}\diagdown_{H} \xrightarrow[-\,H_2O]{\Delta} H_3C-C{\equiv}N \xleftarrow[-\,H_2O]{P_4O_{10}} H_3C-\overset{\overset{\displaystyle O}{\|}}{C}\diagdown_{NH_2}$$

Acetaldoxim   Acetonitril   Acetamid

Einen alternativen Zugang liefert die *Kolbe*-**Nitrilsynthese** (s.a. Kap. 10.4.5). Durch Einwirken von Alkylhalogeniden auf Kaliumcyanid bildet sich in wässriger Lösung hauptsächlich das Nitril, neben geringen Mengen des entsprechenden Isonitrils (s. ambidente Nucleophile, Kap. 10.4.5).

$$H_3C{-}I \; + \; K^+CN^- \xrightarrow{-\,KI} \begin{cases} H_3C-C{\equiv}N| & \text{Nitril} \\ H_3C-\overset{-}{N}{=}C| & \text{Isonitril} \end{cases}$$

3. Phthalimid bildet sich beim Erhitzen von Phthalsäureanhydrid mit Ammoniak:

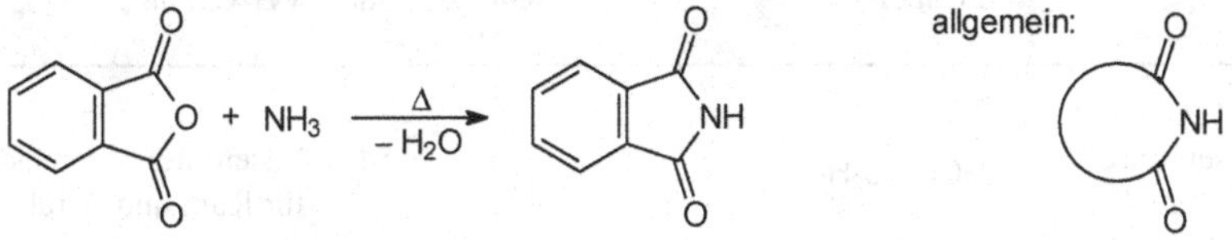

| Phthalsäureanhydrid | Phthalsäureimid | Carbonsäureimid |

allgemein:

Phthalimid ist eine wichtige Ausgangsverbindung z.B. bei der *Gabriel*-Synthese (Kap. 14.1.2), oder der Bromierung mit NBS (*N*-Bromsuccinimid) (Kap. 4.5.2.2).

Tabelle 29. Eigenschaften und Verwendung einiger Säurederivate

Verbindung	Formel	Schmp. °C	Sdp. °C	Verwendung
Chloride:				
Acetylchlorid	CH_3–COCl	−112	51	Acylierungsmittel
Benzoylchlorid	C_6H_5–COCl	−1	197	
Oxalylchlorid	ClOC–COCl	−10	64	
Phosgen	O=CCl_2	−126	8	Farbstoffindustrie
Anhydride:				
Acetanhydrid	$(CH_3CO)_2O$	−73	139	Acylierungsmittel
Benzoesäureanhydrid	$(C_6H_5CO)_2O$	38-40		
Bernsteinsäure-anhydrid	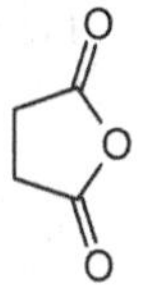	120	261	
Maleinsäure-anhydrid	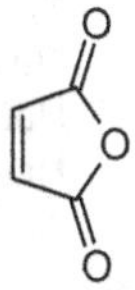	53	202	Dien-Synthesen
Phthalsäure-anhydrid	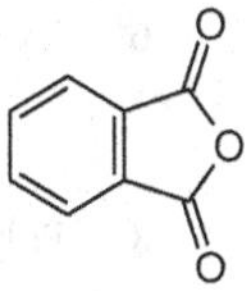	132	285	Farbstoffindustrie

Tabelle 29 (Fortsetzung)

Verbindung	Formel	Schmp. °C	Sdp. °C	Verwendung
Ester:				
Ameisensäure-ethylester (Ethylformiat)	$HCOOC_2H_5$	–81	54	Lösemittel, Aromastoff für Rum und Arrak
Essigsäureethyl-ester (Ethylacetat)	$CH_3-COOC_2H_5$	–83	77	Lösemittel
Essigsäure-isobutylester (Isobutylacetat)	$CH_3-COOCH_2CH(CH_3)_2$	–99	118	Lösemittel, Aromastoffe
Benzoesäure-ethylester (Ethylbenzoat)	$C_6H_5-COOC_2H_5$	–34	213	
Phthalsäure-dibutylester, Dibutylphthalat	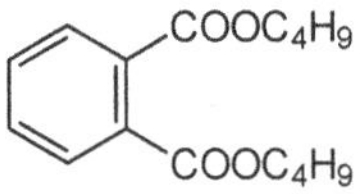		340	Weichmacher (Nitrocellulose, Lacke, PVC)
Acetessigsäure-ethylester	$CH_3-CO-CH_2-COOC_2H_5$	–44	181	Synth. v. Pyrazo-lonfarbstoffen u. Pharmazeutika
Malonsäure-diethylester	$CH_2(COOC_2H_5)_2$	–50	199	Malonester-Synthesen, Barbiturate
Amide:				
Formamid	$HCONH_2$	2	105 bei 1466,5 Pa	Lösemittel
N,N-Dimethyl-formamid	$HCON(CH_3)_2$		155	Lösemittel
Acetamid	CH_3-CONH_2	82	221	
Benzamid	$C_6H_5-CONH_2$	130		
Cyanamid	H_2N-CN	43 - 44		Düngemittel
Harnstoff	$O=C(NH_2)_2$	133		Düngemittel, Harnstoff-Formaldehyd-Harze
Nitrile:				
Blausäure	HCN	–13	26	Cyanhydrin-Synthesen
Acetonitril (Methylcyanid)	CH_3-CN	–45	82	
Acrylnitril	$CH_2=CH-CN$	–82	78	Polyacrylnitril
Benzonitril	C_6H_5-CN	–13	191	

20 Reaktionen von Carbonsäurederivaten

Für Reaktionen an Carbonsäurederivaten stehen zwei Positionen zur Verfügung: Zum einen die **Carbonylgruppe**, die von Nucleophilen aller Art angegriffen werden kann, und zum anderen die α-**Position**. In Gegenwart starker Basen lassen sich bei den meisten Derivaten an dieser Position **Enolate** erzeugen, die dann mit einer Vielzahl von Elektrophilen umgesetzt werden können. Besonders interessant sind Reaktionen, bei denen andere Carbonylverbindungen als Elektrophile eingesetzt werden.

20.1 Reaktionen an der Carbonylgruppe

Umsetzungen von Carbonsäurederivaten mit Heteronucleophilen (Aminen, Alkoholen, etc.) führen zu einer Umwandlung in andere Carbonsäurederivate. Diese Reaktionen wurden im letzten Kapitel ausführlich behandelt. Hier sollen nun andere typische Reaktionen der Derivate besprochen werden.

20.1.1 Reaktionen von Carbonsäureestern

1. Umsetzungen mit *C*-Nucleophilen

a) Bei der Umsetzung von Estern mit *Grignard*-**Reagenzien** (s. Kap. 15.4.2) erhält man tertiäre Alkohole. Im ersten Schritt bildet sich zwar das entsprechende Keton. Dieses lässt sich jedoch nicht fassen, da es carbonylaktiver ist als der eingesetzte Ester. Es reagiert daher bevorzugt mit dem *Grignard*-Reagenz unter Bildung des Alkohols. Es gelingt daher auch nicht, mit exakt einem Äquivalent an Grignard-Reagenz beim Keton anzuhalten. Vielmehr erhält man hierbei ein Gemisch aus Alkohol und unumgesetztem Ester.

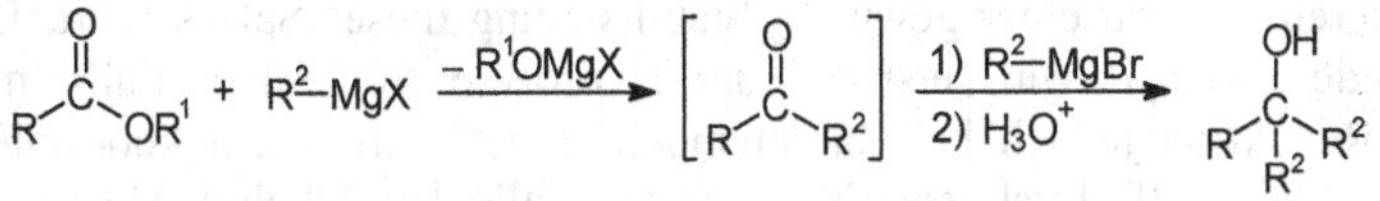

b) Mit anderen *C*-Nucleophilen kann es jedoch gelingen die Reaktion auf der Ketonstufe anzuhalten. So erhält man bei der Umsetzung mit **Esterenolaten** (*Claisen*-**Kondensation**, s. Kap. 20.2.1) den entsprechenden β-**Ketoester**. Dieser besitzt eine hohe C-H-Acidität (s. Kap. 20.2.2) und wird daher durch das bei der

Reaktion gebildete Alkoholat deprotoniert. Dadurch wird aber auch die Carbonyl-aktivität der Ketogruppe abgesenkt, so dass keine weitere Reaktion an dieser Gruppe mehr erfolgt.

2. Reduktionen

a) Bei der Reduktion mit **komplexen Hydriden** ist die Wahl des richtigen Reduktionsmittels besonders wichtig. Natriumborhydrid ist z.B. in der Regel nicht in der Lage Ester zu reduzieren, wohl aber **Lithiumborhydrid.** Dies liegt daran, dass Li^+ eine bessere **Lewis-Säure** ist als Na^+, und dadurch eine stärkere Aktivierung der Carbonylgruppe erfolgt. Wie bei der Umsetzung mit **Lithiumaluminiumhydrid** erfolgt hierbei die Reduktion zum primären Alkohol.

Im ersten Schritt bildet sich das Aluminiumsalz eines Halbacetals, welches jedoch nicht stabil ist und unter Bildung eines Aldehyds zerfällt (vgl. *Grignard*-Reaktion). Dieser wird dann weiter reduziert.

Verwendet man anstelle von $LiAlH_4$ jedoch **Diisobutylaluminiumhydrid (DibalH, DIBAH)**, so kann man die Reaktion auf der Stufe des **Aldehyds** anhalten:

Hierzu arbeitet man bei sehr **tiefer Temperatur** in einem **nicht koordinierenden Lösemittel** wie etwa Toluol. In diesem unpolaren Lösemittel kann die Alkoxygruppe des Halbacetalsalzes mit seinem freien Elektronenpaar an das Aluminium koordinieren, was zu einer gewissen Stabilisierung dieses Salzes führt. Der entsprechende Aldehyd wird erst bei der Hydrolyse freigesetzt. Führt man die DibalH-Reduktion jedoch bei Raumtemperatur (RT) in einem koordinierenden Lösemittel wie THF durch, so erhält man ebenfalls den Alkohol. Man verwendet diese Reaktion zur Herstellung von **Allylalkoholen** aus den entsprechenden α,β-ungesättigten Carbonylverbindungen.

b) Estergruppen kann man auch mit **unedlen Metallen** reduzieren. Dabei werden einzelne Elektronen auf die Carbonylgruppe übertragen, unter Bildung von Radikalanionen. Es hängt vor allem von den Reaktionsbedingungen ab, welche Produkte sich anschließend daraus bilden.

Bei der *Bouveault-Blanc*-**Reduktion** werden Ester mit Natrium in **protischen Lösemitteln** (Alkoholen) zu Alkoholen reduziert. Diese Reduktion gelingt auch mit Nitrilen, wobei man zu primären Aminen gelangt. Als Lösemittel dienen bevorzugt sekundäre Alkohole (z.B. Isopropanol), die nur langsam mit Natrium reagieren (unter H_2-Entwicklung). Dadurch verhindert man, dass viel Natrium unter Alkoholatbildung verbraucht wird.

Das primär gebildete Radikalanion **I** kann vom Lösemittel ein Proton übernehmen, so dass auf das Radikal ein weiteres Elektron übertragen werden kann. Das dabei gebildete Carbanion **II** ist viel basischer als der Alkohol oder das Halbacetal, so dass es zu einer Umprotonierung kommt. Das Halbacetal bzw. das Salz davon (**III**) ist unter den Reaktionsbedingungen nicht stabil und zerfällt unter Freisetzung des Aldehyds **IV**, der nun erneut reduziert wird. Insgesamt werden als 4 Elektronen auf die Carbonylgruppe übertragen.

Die Protonierung des Radikalanions ist entscheidend für diesen Reaktionsverlauf, da ein weiterer Elektronentransfer auf das Anion **I** zu einem Dianion mit zwei direkt benachbarten negativen Ladungen führen würde, was sehr ungünstig ist.

Acyloin-Kondensation: Unterbindet man diese Protonierung, indem man die Reaktion in **aprotischen Lösemitteln** (z.B. Toluol) durchführt, so **kommt es zu keiner weiteren Reduktion sondern zu einer Dimerisierung** des Radikalanions. Das Dimerisierungsprodukt **V** wandelt sich unter Alkoholatabspaltung in das Diketon **VI** um, welches durch das Natrium weiter reduziert wird. Die Reaktion bleibt auf der Stufe des Endiolats **VII** stehen. Durch wässrige Aufarbeitung erhält man über die Stufe des Endiols **VIII** durch Keto-Enol-Tautomerie ein **Hydroxyketon**, ein so genanntes Acyloin **IX**.

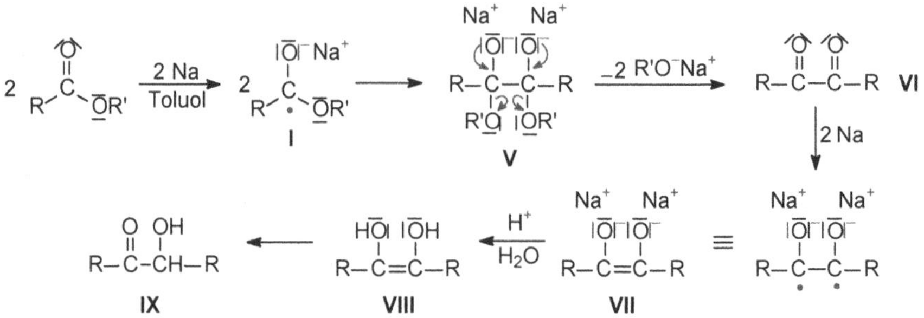

Anwendung findet die Acyloin-Kondensation besonders auch zur Synthese **cyclischer Systeme**, ausgehend von **Dicarbonsäureestern**. Durch Verwendung fein verteilten Natriums (Suspension in Toluol) erfolgen eine Reduktion der Carbonylgruppe und die Dimerisierung an der Oberfläche des Natriums. Dadurch wird die erwünschte **intramolekulare Dimerisierung** gegenüber der intermolekularen (welche zu Polymeren führen würde) begünstigt.

3. Eliminierungen

Durch starkes Erhitzen von Carbonsäureestern (**Pyrolyse**, s. Kap. 11.5.2) erhält man unter Abspaltung der Carbonsäure ein Alken. Bei dieser thermischen *syn*-Eliminierung wird ein cyclischer Übergangszustand durchlaufen.

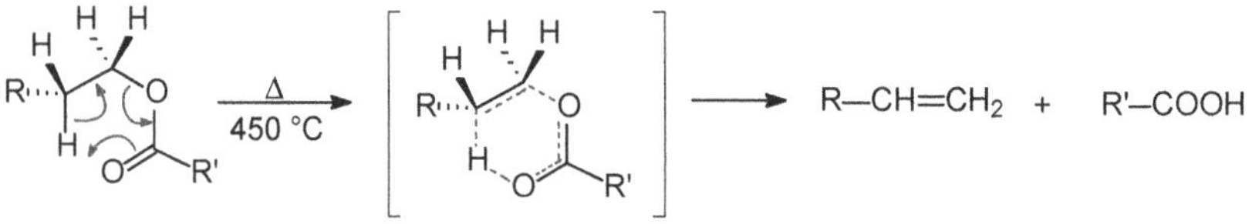

20.1.2 Reaktionen von Carbonsäurehalogeniden und -anhydriden

1. Umsetzungen mit *C*-Nucleophilen

Bei der Umsetzung mit *Grignard*-**Reagenzien** erhält man wie bei den Carbonsäureestern die entsprechenden **tertiären Alkohole**. Verwendet man jedoch die erheblich weniger reaktiven **Kupfer- oder Cadmium**-organischen Verbindungen (s. Kap. 15.4.6 und 15.4.7), so kann man die Reaktion auf der Stufe der **Ketone** anhalten:

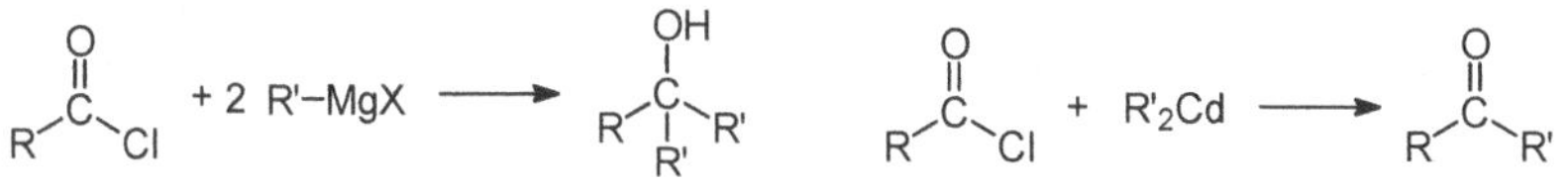

Durch Umsetzung mit **Diazomethan** erhält man **Diazoketone** (s.a. Kap. 14.5.1).

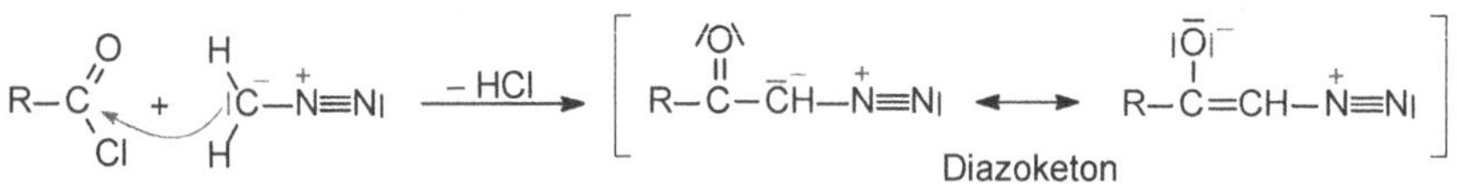

Andere, wenig nucleophile Verbindungen wie etwa elektronenreiche Aromaten lassen sich ebenfalls mit Säurechloriden und -anhydriden zu Ketonen umsetzen (*Friedel-Crafts*-**Acylierung**). In den meisten Fällen muss das Säurechlorid zusätzlich noch mit einer Lewis-Säure (z.B. AlCl$_3$) aktiviert werden:

$$C_6H_6 + RCOCl \xrightarrow{AlCl_3} C_6H_5\overset{\overset{\displaystyle O}{\|}}{-}C-R$$

2. Reduktionen

Nahezu alle **komplexen Hydride** reduzieren Carbonsäurehalogenide und -anhydride zu **primären Alkoholen**. Will man **Aldehyde** erhalten, so kann man auf die *Rosenmund*-**Reduktion** zurückgreifen. Bei dieser katalytischen Hydrierung wird ein wenig aktiver Palladium-Katalysator (vgl. Lindlar-Hydrierung Kap. 5.1.2) verwendet:

$$RCOCl \xrightarrow[BaSO_4]{Pd} RCHO$$

20.1.3 Reaktionen von Carbonsäureamiden

1. Umsetzungen mit *C*-Nucleophilen

Bei Umsetzungen mit *Grignard*-**Reagenzien** muss man zwischen den verschiedenen Amiden unterscheiden. Amide von Ammoniak und primären Aminen besitzen relativ **acide N–H-Bindungen**. Sie reagieren daher mit *Grignard*-Reagenzien unter **Salzbildung** und Bildung des entsprechenden Kohlenwasserstoffs (vgl. **Kap. 15.4.2,** *Zerewitinoff*-**Reaktion).**

$$R\overset{\overset{\displaystyle O}{\|}}{-}\underset{NH_2}{C} + R'-MgX \longrightarrow R\overset{\overset{\displaystyle O}{\|}}{-}\underset{NH^- \; XMg^+}{C} + R'H$$

Amide sekundärer Amine (ohne acides H-Atom**)** gehen hingegen *Grignard*-**Addition** ein. Im Gegensatz zu den Estern zerfällt das intermediär gebildete Halbaminal-Salz **I** jedoch nicht, und man erhält nach wässriger Aufarbeitung die entsprechenden **Ketone**. Besonders gute Resultate erhält man mit so genannten *Weinreb*-Amiden (s. Kap. 16.2.4).

$$R\overset{\overset{\displaystyle O}{\|}}{-}\underset{\overline{N}R_2}{C} + R'-MgX \longrightarrow R\overset{\overset{\displaystyle |\overline{O}|^- \overset{+}{M}gX}{|}}{\underset{\underset{\displaystyle \mathbf{I}}{R'}}{\underset{\overline{N}R_2}{C}}} \xrightarrow[H_2O]{H^+} R\overset{\overset{\displaystyle O}{\|}}{-}\underset{R'}{C} + Mg(OH)X + HNR_2$$

2. Reduktionen

Da Carbonsäureamide zu den wenig reaktionsfähigen Carbonsäurederivaten zählen, gelingt ihre Reduktion nur mit den **sehr reaktionsfähigen Aluminiumhydriden** (LiAlH$_4$, DIBAH), nicht jedoch mit den milderen Borhydriden. Man erhält die entsprechenden Amine. Im Gegensatz zu den Estern, bei denen die Alkoholkomponente bei der Reduktion abgespalten wird (sonst würde man Ether erhalten), verbleibt der Stickstoff der Amide im Molekül.

$$\underset{R}{\overset{O}{\underset{\|}{C}}}{-}NR'_2 \xrightarrow[\text{2) } H_3O^+]{\text{1) } LiAlH_4} R{-}CH_2{-}NR'_2$$

3. Oxidationen

Beim *Hofmann*-**Abbau** werden Amide oxidativ mit Brom abgebaut (s. Kap. 14.1.2.4). Die dabei gebildeten primären Amine enthalten ein C-Atom weniger als das ursprüngliche Carbonsäureamid:

$$R{-}\underset{NH_2}{\overset{O}{\underset{\|}{C}}} + NaOH + Br_2 \longrightarrow R{-}NH_2 + NaBr + CO_2$$

20.1.4 Reaktionen von Nitrilen

1. Umsetzungen mit *C*-Nucleophilen

Die Umsetzung von Nitrilen mit *Grignard*-**Reagenzien** ist eine sehr gute Methode zur Herstellung von Ketonen. Intermediär bilden sich die entsprechenden **Imine**, welche anschließend zu den gewünschten **Ketonen** hydrolysiert werden:

$$R{-}C{\equiv}N + R'{-}MgX \longrightarrow R{-}\underset{R'}{\overset{N^- Mg^+ X}{C}} \xrightarrow[-Mg(OH)X]{H_2O} R{-}\underset{R'}{\overset{NH}{C}} \xrightarrow[-NH_3]{+H_2O} R{-}\underset{R'}{\overset{O}{C}}$$

Aromatische Aldehyde und Ketone lassen sich durch die *Houben-Hoesch*-**Synthese** erhalten (Kap. 8.2.5). Bei ihr werden Phenole und deren Derivate analog der *Friedel-Crafts*-Acylierung mit **Nitrilen** umgesetzt, wobei ebenfalls Imine erhalten werden. Die analoge Reaktion mit **HCN** ergibt Aldehyde und heißt *Gattermann*-**Formylierung**.

$$Ar{-}H + R{-}CN + HCl \xrightarrow{AlCl_3} \left[Ar{-}\underset{R}{\overset{NH_2^+}{C}}\, Cl^- \right] \xrightarrow{H_2O\,/\,H^+} Ar{-}\underset{R}{\overset{O}{C}}$$

2. Reduktionen

Hinsichtlich ihrer Carbonylaktivität sind Nitrile vergleichbar mit den Carbonsäureamiden. Auch sie werden daher nur von den reaktionsfähigen **Aluminiumhydriden** (LiAlH$_4$, DIBAH) angegriffen. Mit **LiAlH$_4$** erhält man **primäre Amine**, mit **DIBAH** kann man die Reaktion auf der Stufe der Imine aufhalten. Durch Hydrolyse entstehen die entsprechenden **Aldehyde**.

$$R-CH_2-NH_2 \xleftarrow[\text{2) } H_3O^+]{\text{1) LiAlH}_4} R-C\equiv N \xrightarrow[\text{2) } H_3O^+]{\text{1) DIBAH}} R-C\overset{O}{\underset{H}{\Vert}}$$

Bei der Reduktion mit Natrium in Alkohol (***Bouveault-Blanc*-Reduktion**, s. Kap. 20.1.1.2) sowie der **katalytischen Hydrierung** bilden sich ebenfalls **primäre Amine**.

3. *Ritter*-Reaktion

Nitrile sind in der Lage Nucleophile wie Amine oder Alkohole zu addieren, wobei man Amidine und Imidoester erhält (s. Kap. 19.1.2 und 22.4). Führt man die Reaktion jedoch in stark saurem Medium durch, so erhält man einen anderen Reaktionsverlauf. Bei der *Ritter*-**Reaktion** erhält man keine Imidoester sondern **Amide**:

$$R-C\equiv N + R'OH \xrightarrow{H^+} R-C\overset{O}{\underset{NH-R'}{\Vert}}$$

Aus dem Alkohol bildet sich hierbei im stark Sauren zuerst ein **Carbeniumion**, welches vom Nitril nucleophil angegriffen wird (Alkylierung des Nitrils am N). Das dabei gebildete Kation **I** addiert anschließend Wasser, das Additionsprodukt tautomerisiert zum entsprechenden Amid. Diese Reaktion geht daher nur mit Alkoholen, die leicht ein Carbeniumion bilden (keine primären Alkohole).

20.2 Reaktionen in α-Stellung zur Carbonylgruppe

In Kap. 17 wurde gezeigt, dass C–C-Bindungen recht einfach mittels Carbanionen hergestellt werden können. Die **Carbanionen** werden aus C–H-aciden Verbindungen erzeugt, die meist durch Carbonylgruppen aktiviert werden (**Enolate**). Bei den in Kap. 19 vorgestellten Carbonsäurederivaten handelt es sich nun um Verbindungen, die ebenfalls eine Carbonyl-Gruppe enthalten und folglich zur Bildung von Enolaten befähigt sein sollten. Die Carbonylderivate unterscheiden sich jedoch in ihrer Reaktivität und ihrem Reaktionsverhalten erheblich. Daher sind nicht alle zur Erzeugung von Carbanionen geeignet. Da die Carbonsäurederivate i.a. pK_s-Werte > 20 besitzen, werden zur Bildung der nucleophilen Enolate in der Regel starke Basen verwendet. Dies führt bei einigen Derivaten zu Nebenreaktionen:

Carbonsäuren werden in das mesomeriestabilisierte Carboxylat-Ion übergeführt und so desaktiviert.

Bei **Carbonsäureamiden** muss man zwischen primären und sekundären Amiden unterscheiden. Primäre Amide enthalten ein acides H-Atom und werden daher in Gegenwart von starken Basen deprotoniert. Das gebildete Amidanion kann kein weiteres Mal mehr deprotoniert werden. Sekundäre Amide sind hingegen zur Bildung von Amidenolaten befähigt, jedoch sind die Amide weniger reaktionsfähig als die entsprechenden Ester.

Carbonsäurechloride reagieren mit nucleophilen Basen und Lösemitteln unter Bildung anderer Carbonsäurederivate (s. Kap. 19.1). Mit nicht nucleophilen Basen eliminieren sie sehr leicht HCl unter Bildung von Ketenen (s. Kap. 19.2.6.1). Bei ihnen gibt es daher nur wenige Reaktionen in α-Position. Am besten geeignet zur Bildung von Enolaten sind die **Carbonsäureester**. Von ihnen gibt es daher auch die meisten Anwendungsbeispiele.

20.2.1 Reaktionen von Carbonsäureestern

Bei der Umsetzung von **Carbonsäureestern** ist die richtige Wahl der verwendeten Base von großer Bedeutung, da mit nucleophilen Basen, vor allem wenn sie als Lösemittel verwendet werden, Solvolysereaktionen auftreten können. **Der pK_s-Wert der meisten Ester liegt bei ≈ 24**, d.h. zur **vollständigen Deprotonierung** benötigt man **starke Basen wie etwa Lithiumdiisopropylamid** (LDA) mit einem pK_s-Wert von >30. Viele Reaktionen lassen sich jedoch auch mit **schwächeren Basen** wie etwa Alkoholaten (pK_s ≈ 18) durchführen. Unter diesen Bedingungen liegt im **Gleichgewicht** jedoch nur ein kleiner Anteil an deprotoniertem Ester vor. Verwendet man Alkoholate zur Deprotonierung, so sollte man immer denselben Alkohol verwenden, der auch im Ester enthalten ist. Dadurch lassen sich Nebenreaktionen durch Solvolyse verhindern (da immer wieder derselbe Ester entsteht).

1. *Claisen*-Kondensation

Als *Claisen*-Kondensation bezeichnet man die Umsetzung zweier Ester unter Bildung eines β-Ketoesters (β-Oxocarbonsäureesters). Diese Reaktion ist verwandt mit der Aldoladdition (s. Kap. 17.3.2). Auch hier wird aus einer Esterkomponente ein nucleophiles Enolat erzeugt, welches dann die zweite Esterkomponente an der Carbonylgruppe angreift.

Eine wichtige Anwendung dieser Reaktion ist die Herstellung von **Acetessigester**. Hierbei wird Essigsäureethylester mit Natriumethanolat als Base umgesetzt:

Acetessigester

Die nucleophile Komponente muss nicht unbedingt ein Ester sein, es gelingt auch die Umsetzung von Ketonen und Nitrilen:

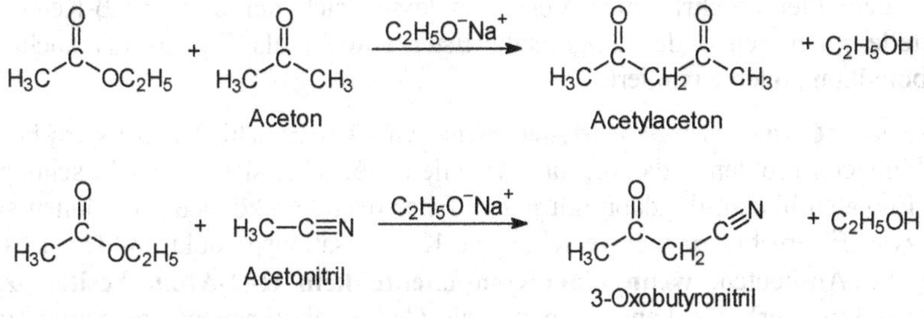

Der Mechanismus dieser Reaktion sei am Beispiel der Synthese des Acetessigesters erläutert:

Das zur Deprotonierung des Esters **I** eingesetzte Ethanolat **II** ist erheblich weniger basisch als das bei der Deprotonierung gebildete Esterenolat **III**, d.h. das Gleichgewicht dieser Reaktion liegt also weit auf der linken Seite:

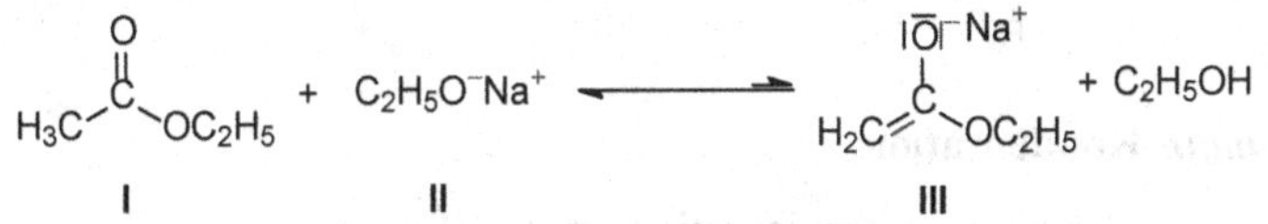

Das äußerst nucleophile Enolat reagiert dann mit dem in großem Überschuss vorhandenen Essigester **I** unter Abspaltung von Alkoholat zum entsprechenden β-Ketoester **IV**. Aufgrund der zwei elektronenziehenden Gruppen ist die α-Position nun stark acidifiziert (pK$_s$ 11). Das abgespaltene Alkoholat deprotoniert daher den β-Ketoester unter Bildung des sehr gut mesomeriestabilisierten Carbanions **V**:

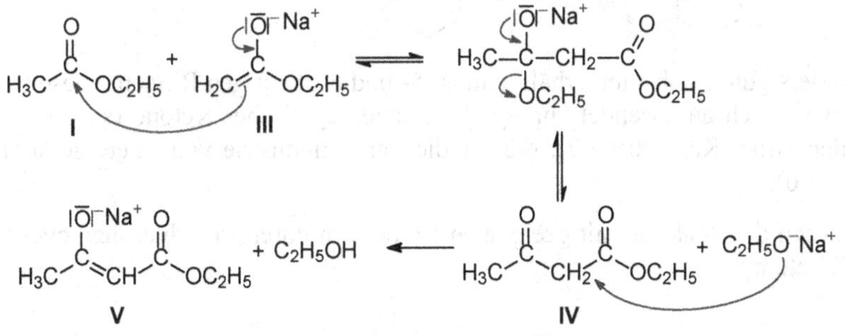

Aufgrund des großen Unterschieds (≈ 7 Einheiten) der pK$_s$-Werte von β-Ketoester und Alkoholat verläuft der letzte Schritt nahezu irreversibel, im Gegensatz zu allen anderen Teilschritten. Dieser letzte Schritt ermöglicht dadurch überhaupt erst diese Reaktion, deren erster Schritt eigentlich ungünstig ist. Daher gelingt die Esterkondensation auch nur mit Estern die mindestens zwei α-H-Atome besitzen. Aufgrund der Deprotonierung werden stöchiometrische Mengen an Base nötig, im Gegensatz zur Aldolreaktion, die mit katalytischen Mengen an Base auskommt.

Nach dem hier beschriebenen Verfahren lassen sich nur einfache β-Ketoester herstellen, bei denen der eingesetzte Ester sowohl als Enolat- als auch als Carbonylkomponente reagiert.

Gekreuzte *Claisen*-Kondensationen zwischen zwei verschiedenen Estern bereiten hingegen Probleme, da aufgrund der Gleichgewichte sich immer Mischungen von Enolaten bilden, die dann mit jedem Ester reagieren können. So können sich aus zwei Estern bis zu vier verschiedene Kondensationsprodukte bilden. Besser sind die Ausbeuten, **wenn eine Komponente kein α-H-Atom besitzt** (z.B. Benzoesäureester). Sie kann dann nur als Carbonylkomponente reagieren (vgl. Aldoladdition, Kap. 17.3.2). Besonders geeignet sind die reaktionsfähigen **Ameisensäureester,** die ebenfalls kein α-H-Atom besitzen und die Einführung einer Formylgruppe erlauben:

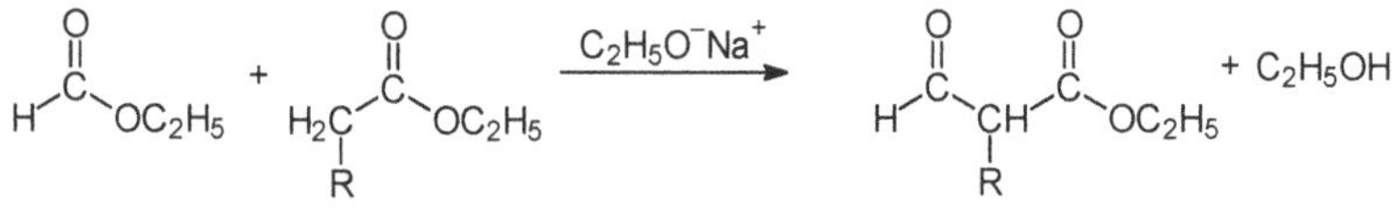

2. *Dieckmann*-Kondensation

Ein Spezialfall der *Claisen*-Kondensation ist die *Dieckmann*-Kondensation, bei der **Dicarbonsäureester** unter den beschriebenen Bedingungen zu **cyclischen β-Ketoestern** umgesetzt werden. Durch anschließende Esterverseifung und Decarboxylierung (Ketonspaltung, s. Kap. 20.2.2.5) erhält man hieraus cyclische Ketone:

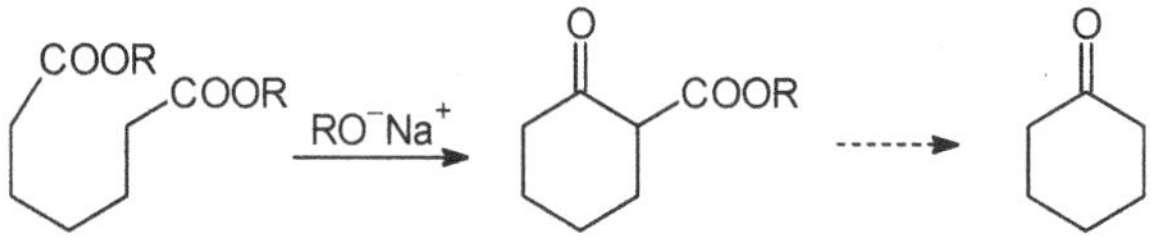

Besonders gute Ausbeuten erhält man an 5- und 6-gliedrigen Ringen. Diese Reaktion wird auch angewendet zur Synthese macrocyclischer Ketone (s.a. Acyloin-Kondensation, Kap. 20.1.1.2), die für die Parfümindustrie von Interesse sind (s. Kap. 16.6).

Führt man die Reaktion mit geeigneten Ketoestern durch, so erhält man cyclische 1,3-Diketone:

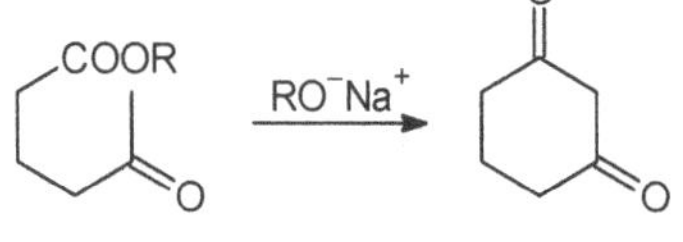

3. *Darzens*-Glycidester-Synthese

Ebenfalls verwandt mit der Aldol- und der Claisen-Kondensation ist die *Darzens*-Reaktion, bei der α-halogenierte Ester mit Aldehyden umgesetzt werden. Dabei bilden sich **α,β-Epoxyester,** so genannte **Glycidester:**

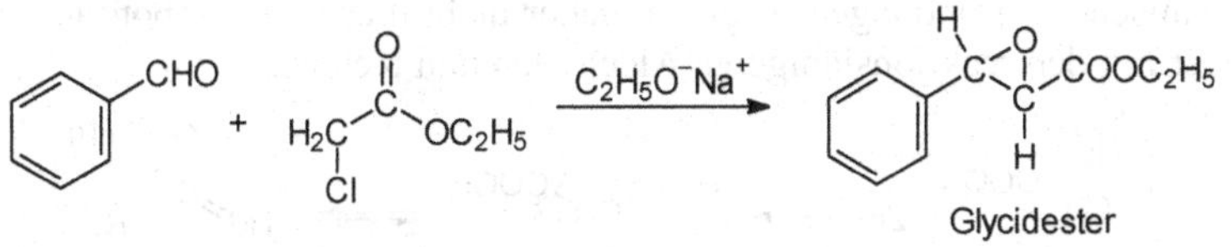

Glycidester

Die Reaktion geht besonders gut mit aromatischen Aldehyden ohne α-H-Atom. Dies wird verständlich, wenn man den Mechanismus der Reaktion betrachtet:

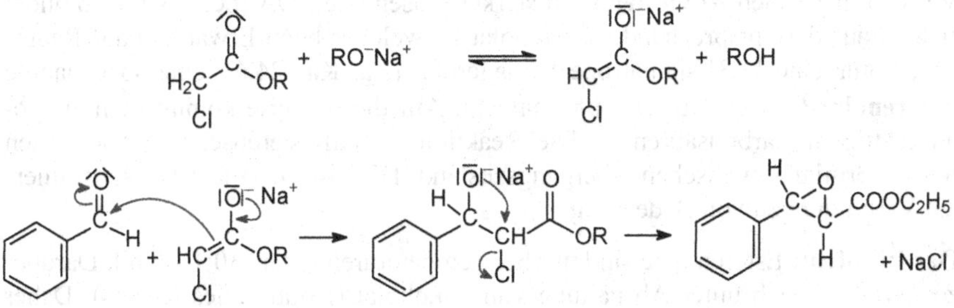

Auch hier bildet sich im Gleichgewicht das entsprechende Esterenolat, welches anschließend mit dem Aldehyd reagiert. Da Aldehyde mit α-H-Atom in der Regel acider sind als Ester (auch wenn dieser hier durch den Chlorsubstituenten acidifiziert ist) bereitet dies bei solchen gekreuzten Reaktionen Probleme.

Man kann dieses Problem jedoch umgehen, indem man den Ester zuerst mit einer sehr starken Base wie LDA vollständig deprotoniert (bei –78°C), und anschließend den Aldehyd dazu gibt (s. gekreuzte Aldolreaktionen, Kap. 17.3.2). Die Addition an die Carbonylgruppe ist in der Regel sehr schnell, so dass man unter diesen Bedingungen auch gute Ausbeuten mit aliphatischen Aldehyden erhält.

4. *Reformatsky*-Reaktion

Dieselben Ausgangsverbindungen wie bei der *Darzens*-Reaktion werden auch bei der *Reformatsky*-Reaktion verwendet. Bei ihr werden ebenfalls α-halogenierte Ester mit Aldehyden umgesetzt, hier jedoch nicht in Gegenwart von Base sondern von **Zink**. Dabei erhält man β-Hydroxyester (vgl. Aldolreaktion, Kap. 17.3.2):

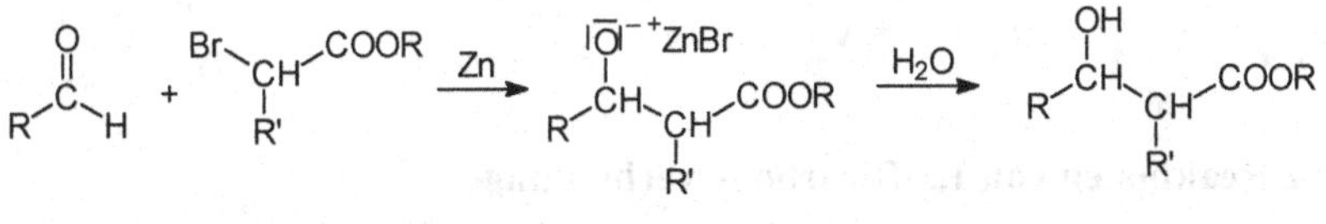

Aus dem α-halogenierten Ester **I** und dem Zink bildet sich zuerst eine metallorganische Verbindung (s. Kap. 15.4.7). Der gebildete α-Zinkester **II** lässt sich auffassen als die tautomere Form des Zinkenolats **III**. Da Zinkorganische Verbindungen überwiegend kovalent gebaut sind, sind sie erheblich weniger reaktiv als die entsprechenden Mg- oder Li-Verbindungen (s. Kap. 15).

Zinkorganische Verbindungen reagieren daher nicht mehr mit Carbonsäureestern, wohl aber mit den reaktionsfähigeren Aldehyden und Ketonen.

5. *Claisen*-Umlagerung

Versetzt man einen **Allylester I** mit starken Basen wie LDA (bei -78°C), so bildet sich daraus das entsprechende Esterenolat **II**, welches beim Erwärmen auf Raumtemperatur eine [3,3]-sigmatrope Umlagerung (s.a. Kap.24.4), eine so genannte **Esterenolat-***Claisen*-**Umlagerung** eingeht. Auf diese Weise kommt man zu γ,δ-ungesättigten Carbonsäuren **V**. Die Reaktion verläuft stereoselektiv über einen Sessel-förmigen cyclischen Übergangszustand. Dies ist vor allem bei substituierten Verbindungen von Bedeutung.

Das Problem: Esterenolate sind nur bei Temperaturen unter -30°C stabil. Darüber zersetzen sie sich unter Abspaltung von Alkoholat (Bildung des Ketens). Daher zerfallen viele Allylesterenolate **II** vor der eigentlichen Umlagerung. Dieses Problem umgeht die so genannte *Ireland-Claisen*-Umlagerung, bei der das primär gebildete Lithiumenolat **II** durch Umsetzung mit Trimethylchlorsilan in das entsprechende Silylketenacetal **III** überführt wird. Diese **Silylketenacetale** sind auch bei Raumtemperatur beständig und könnend daher für die *Claisen*-Umlagerung eingesetzt werden. Der dabei gebildete Silylester **IV** lässt sich zur freien Carbonsäure **V** hydrolysieren.

20.2.2 Reaktionen von 1,3-Dicarbonylverbindungen

Das bei der Claisen-Umlagerung angesprochenen Problem der Zersetzung von Esterenolaten ist darauf zurückzuführen, dass sich aus dem sehr basischen Esterenolat (pK$_s$ des Esters: ≈ 24) das weniger basische Alkoholat abspalten kann (pK$_s$ eines Alkohols: 16-19). Diese Zersetzung lässt sich daher umgehen, wenn man das Esterenolat durch weitere elektronenziehende Gruppen stabilisert.

Der pK_s-Wert von 1,3-Dicarbonylverbindungen liegt zwischen 9 (1,3-Diketone) **und 13** (1,3-Dicarbonsäureester, Malonsäureester). Zur Deprotonierung dieser Dicarbonylverbindungen reichen demnach **weniger starke Basen** aus. Geeignet hierzu sind z.B. **nicht nucleophile Amine** wie Triethylamin oder Pyridin. Prinzipiell könnte man auch Natronlauge verwenden, jedoch kann diese auch als Nucleophil reagieren und z.B. Malonester und β-Ketoester verseifen, da diese besonders reaktionsfähig sind gegenüber dem Angriff von Nucleophilen. Sehr gut geeignet sind auch Alkoholate, wobei man auch hier darauf achten sollte, dass der Alkohol des Alkoholats derselbe ist wie im Ester.

Die **Carbanionen der 1,3-Dicarbonylverbindungen** sind durch Mesomerie gut stabilisiert und sie gehören daher zur Gruppe der ambidenten Nucleophile (s. Kap. 10.4.5):

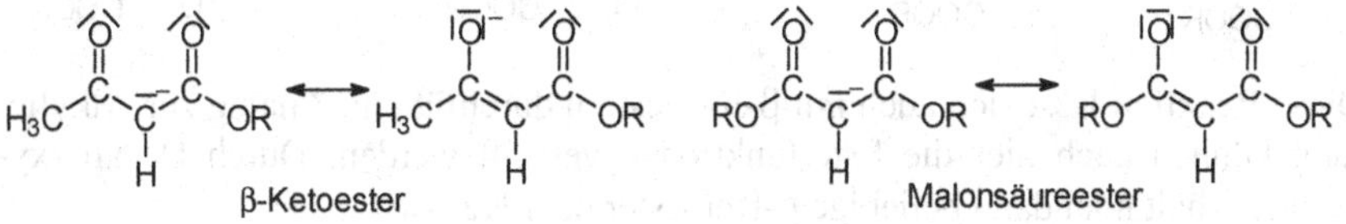

β-Ketoester   Malonsäureester

Umsetzungen dieser stabilisierten Enolate können daher sowohl am C- als auch am O-Atom erfolgen.

1. Alkylierung von 1,3-Dicarbonylverbindungen (Malonester-Synthese)

Umsetzungen von β-Ketoestern und Malonestern mit Alkylhalogeniden erfolgen bevorzugt am C-Atom. Verfügt die 1,3-Dicarbonylverbindung über zwei acide Protonen, können prinzipiell beide ausgetauscht werden. Prinzipiell können auch zwei verschiedene Substituenten eingeführt werden. Da das monoalkylierte Derivat etwas nucleophiler ist als die Ausgangsverbindung (+I-Effekt der Alkylgruppe), erhält man das Dialkylierungsprodukt in der Regel als Nebenprodukt. Verseifung der Malonester und anschließende thermische Decarboxylierung liefert substituierte Carbonsäuren. Synthesen die über solche substituierten Malonester verlaufen, nennt man daher **Malonester-Synthesen**:

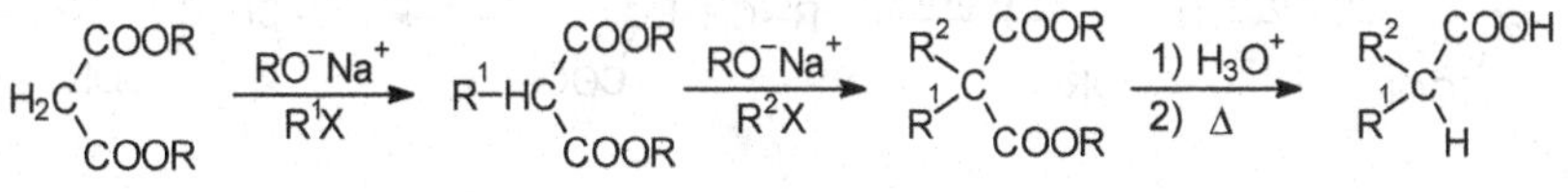

Eine zweite Nebenreaktion die bei diesen Umsetzungen auftreten kann ist die *O*-Alkylierung, da es sich um ambidente Nucleophile handelt. **Das O-Atom ist hierbei das harte, das C-Atom das weiche Zentrum** (s. Kap. 10.4.5). Alkylierungsmittel wie primäre Halogenide, Allylhalogenide, etc. die bevorzugt nach einem S_N2-Mechanismus reagieren, alkylieren daher bevorzugt am C-Atom. Harte Alkylierungsmittel (z.B. Triflate) und Substrate, die bevorzugt nach einem S_N1-Mechanismus reagieren, gehen eher an das O-Atom. Auch das Lösemittel hat einen Einfluss: Protische Lösemittel solvatisieren bevorzugt das harte Zentrum, in diesem Fall das O-Atom. Aufgrund dieser Solvatisierung wird dessen Nucleophilie abgesenkt. Die Umsetzung mit Alkoholat in Alkohol erfolgt also bevorzugt am C-Atom. Wechselt man hingegen zu dipolar aprotischen Lösemitteln wie etwa DMF (Dimethylformamid) so steigt der Anteil an *O*-Alkylierungsprodukt an.

2. Acylierung von 1,3-Dicarbonylverbindungen

Die Acylierung von 1,3-Dicarbonylverbindungen ist eine wichtige Methode, bei der in der Regel die entsprechenden Metallenolate mit Säurechloriden umgesetzt werden. Dabei entsteht eine Tricarbonylverbindung, die acider ist als die eingesetzte Dicarbonylverbindung. Daher benötigt man mindestens zwei Äquivalente an Base:

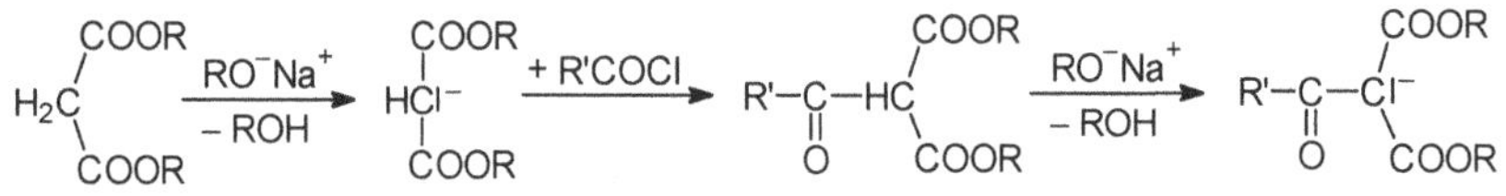

Diese Reaktion lässt sich auch mit β-Ketoestern durchführen. Analog zur Alkylierung können auch hier die Esterfunktionen verseift werden. Durch Decarboxylierung erhält man dann beliebige β-Ketoester oder Ketone.

Auch bei der Acylierung stellt sich das Problem der O-Acylierung. Während Metallenolate überwiegend am C-Atom reagieren, führt die Umsetzung mit Säurechloriden in Pyridin bevorzugt zum O-Acylierungsprodukt.

3. *Knoevenagel*-Reaktion

Die *Knoevenagel*-**Reaktion** kann man verstehen als eine Kombination aus Malonester-Synthese und Aldolreaktion (s. Kap. 17.3.2). Bei ihr werden Malonester mit Aldehyden in Gegenwart schwacher Basen wie Piperidin oder Ammoniumacetat umgesetzt. Dabei erhält man **Alkylidenmalonester** (α,β-ungesättigte Malonester), da sich die Reaktion nicht wie die Aldolreaktion auf der Stufe des Additionsprodukts aufhalten lässt. Anschließende Verseifung und Decarboxylierung liefert so **α,β-ungesättigte Carbonsäuren**.

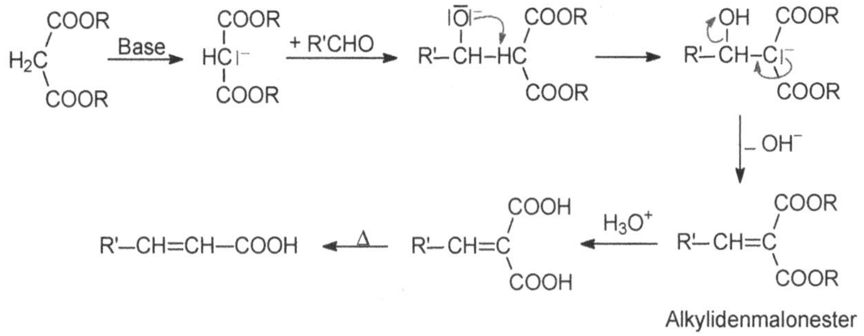

Alkylidenmalonester

Bei der **Variante nach *Knoevenagel-Doebner*** setzt man direkt Malonsäure ein und verwendet Pyridin als Base und Lösemittel. Beim Erhitzen spaltet sich aus der gebildeten substituierten Malonsäure direkt CO_2 ab, und man gelangt zur ungesättigten Säure. Aus Benzaldehyd erhält man so Zimtsäure.

4. *Michael*-Additionen

Die Umsetzung von 1,3-Dicarbonylverbindungen mit α,β-ungesättigten Carbonylverbindungen führt in einer *Michael*-Addition zum **1,4-Additionsprodukt** (s.a. Kap. 17.3.8). Wie bei der Alkylierung muss man auch hier mit Mehrfachreaktion rechnen:

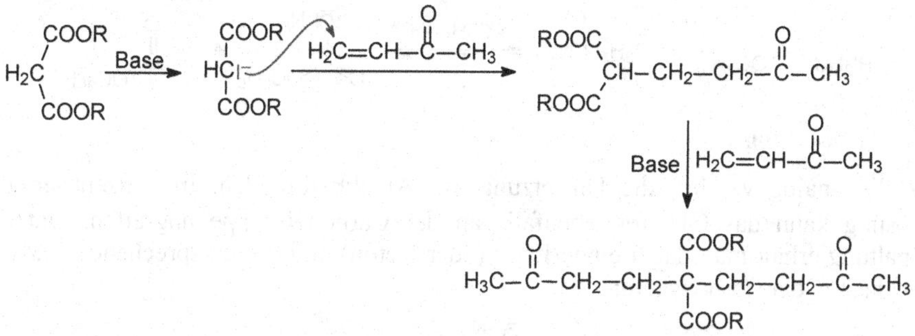

5. Abbaureaktionen von 1,3-Dicarbonylverbindungen

Ester-Spaltung

1,3-Dicarbonylverbindungen erhält man – wie beschrieben – durch *Claisen*-Kondensation (Kap. 20.2.1.1). Alle Teilschritte dieser Umsetzung sind **Gleichgewichtsreaktionen**, so dass es umgekehrt auch möglich ist, 1,3-Dicarbonylverbindungen wieder zu spalten. Aus einem β-Ketoester erhält man folglich zwei Moleküle Ester, aus einem β-Diketon je ein Molekül Ester und Keton:

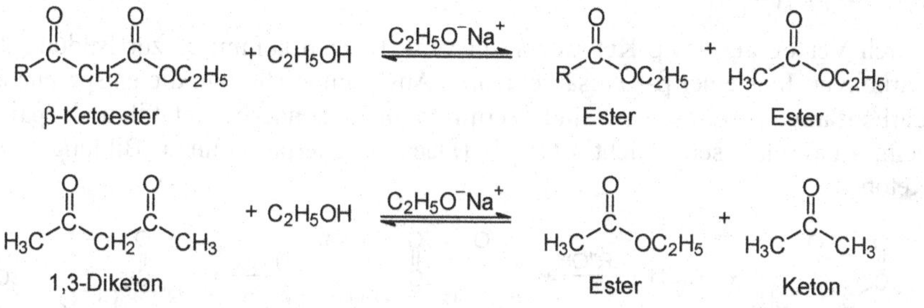

Bei unsymmetrisch substituierten Diketonen kann es zur Bildung von insgesamt vier Verbindungen (2 Ester, 2 Ketone) kommen, je nachdem wo die Spaltung erfolgt. Die Reaktion beginnt mit einem Angriff des Alkoholats an der Ketogruppe, gefolgt von einer Eliminierung des Esterenolats. Die besten Ergebnisse erhält man mit 1,3-Dicarbonylverbindungen, die in der α-Position zwei Substituenten tragen. In diesem Fall ist eine Deprotonierung an dieser Position durch das basische Nucleophil EtO⁻ nicht möglich, und man benötigt daher nur katalytische Mengen an Alkoholat. Bei mono- und unsubstituierten Derivaten benötigt man hingegen mindestens stöchiometrische Mengen an Alkoholat, da ein Äquivalent zur Deprotonierung der 1,3-Dicarbonylverbindung verbraucht wird.

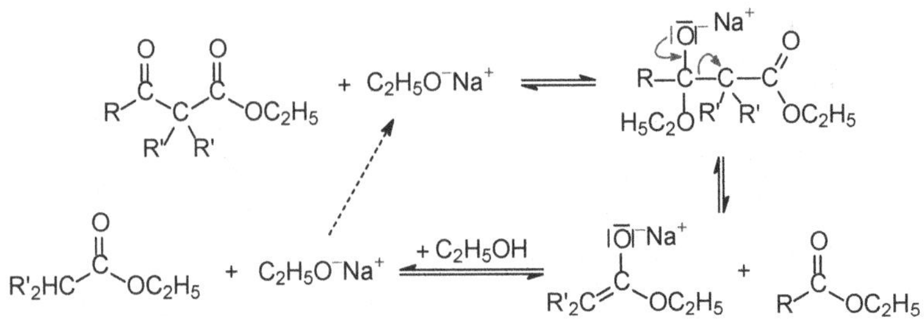

Säure-Spaltung

Völlig analog verläuft die Umsetzung mit Alkalihydroxiden. In konzentrierter Lösung kann das OH⁻-Ion ebenfalls an der Carbonylgruppe angreifen. Unter Spaltung erhält man dabei einen Ester (oder Keton) und das entsprechende Carboxylat-Ion der Carbonsäure:

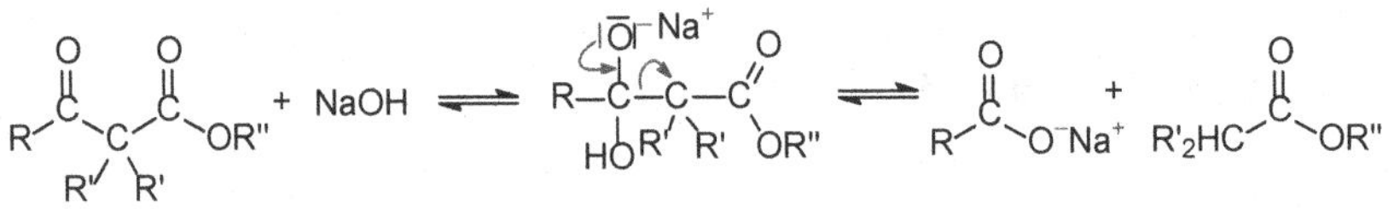

Da das gebildete Carboxylat so gut wie nicht mehr carbonylaktiv ist, kann man die Rückreaktion in diesem Fall vernachlässigen. Die besten Ergebnisse erhält man auch hier mit α,α-disubstituierten 1,3-Dicarbonylverbindungen (s.o.). Eine wichtige Konkurrenzreaktion ist der Angriff des OH⁻-Ions an der Estergruppe.

Keton-Spaltung

Durch Verseifung des β-Ketoesters mit verd. Laugen kommt es zur Bildung des Carboxylat-Ions einer β-Ketosäure. Durch Ansäuern erhält man die entsprechende Carbonsäure. β-Ketosäuren sind thermisch nicht sonderlich stabil und spalten beim Erwärmen sehr leicht CO_2 ab (Decarboxylierung), unter Bildung eines Ketons:

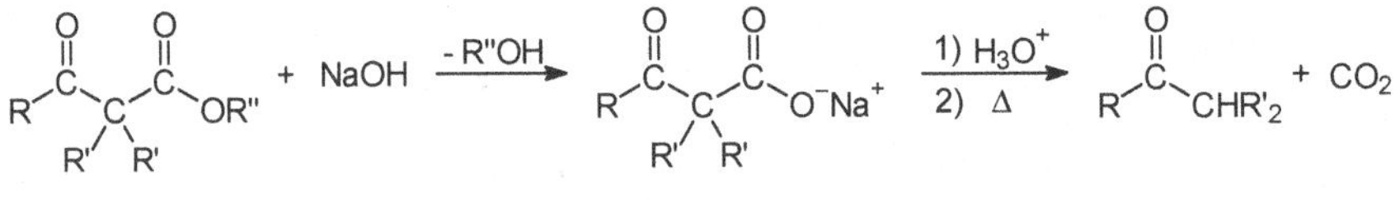

Dasselbe gilt für 1,3-Dicarbonsäureester (Malonester). Auch diese lassen sich sehr leicht verseifen (s. Kap. 18.5.1.2) und decarboxylieren, unter Bildung der entsprechenden Monocarbonsäuren. Säure- und Ketonspaltung treten in der Regel gemeinsam auf, wobei sich das Verhältnis etwas durch die Konzentration der Base steuern lässt. Bei hohen OH⁻-Konzentrationen wird die Säurespaltung favorisiert, während mit verdünnten Lösungen die Verseifung (Ketonspaltung) überwiegt. Die Ketonspaltung lässt sich daher relativ selektiv durchführen, weshalb sie von großem Interesse ist. Der Säurespaltung kommt hingegen keine präparative Bedeutung zu.

20.2.3 Reaktionen von Carbonsäurehalogeniden und -anhydriden

Im Gegensatz zu den Carbonsäureestern lassen sich die Carbonsäurehalogenide (X = Hal) in der Regel nicht in α-Position deprotonieren. Die entsprechenden Enolate sind nicht stabil und eliminieren Halogenid (X⁻)unter Bildung eines Ketens:

Carbonsäurehalogenid

Nucleophile Basen reagieren zudem nicht an der α-Position sondern an der Carbonylgruppe (s. Kap. 19.1, 20.1.2). Daher gibt es nur relativ wenige Umsetzungen von Säurehalogeniden und –anhydriden in α-Position.

1. α-Halogenierung nach *Hell-Volhard-Zelinsky*

Carbonsäurehalogenide lassen sich in α-Position halogenieren, wobei diese Reaktion über die Enolform des Säurehalogenids erfolgt. Die Carbonsäurehalogenide lassen sich unter den Reaktionsbedingungen *in situ* aus den entsprechenden Carbonsäuren erzeugen. Die so genannte *Hell-Volhard-Zelinsky-***Reaktion** dient daher zur Herstellung α-halogenierter Carbonsäuren und wird in Kap. 18.5.4 ausführlich besprochen.

2. *Perkin*-Synthese

Die Kondensation von (aromatischen) Aldehyden mit Carbonsäureanhydriden bezeichnet man als *Perkin*-**Reaktion**. Nach Aufarbeitung erhält man α,β-ungesättigte Carbonsäuren. Als Base verwendet man in der Regel ein Salz der Carbonsäure die das Anhydrid bildet. Dadurch vermeidet man Nebenreaktionen durch den Angriff der Base an der Carbonylgruppe (vgl. *Claisen*-Kondensation).

Beispiel:

Im ersten Schritt bildet sich das Enolat **I** des Acetanhydrids. Dieses kann zerfallen unter Bildung des Ketens und Acetat. Diese Reaktion ist jedoch eine Gleichgewichtsreaktion. Das im Überschuss vorhandene Acetat kann wieder an das Keten addieren unter Zurückbildung des Enolats. In diesem Fall bereitet diese Nebenreaktion also keine Probleme. Das Enolat addiert im nächsten Schritt, analog zur

Aldolreaktion (s. Kap. 17.3.2), an den Aldehyd . Das gebildete Aldolprodukt **II** ist jedoch unter den Reaktionsbedingungen nicht stabil und eliminiert Wasser, unter Bildung des α,β-ungesättigten Anhydrids **III**. Dessen Hydrolyse liefert die entsprechende ungesättigte Carbonsäure **IV**.

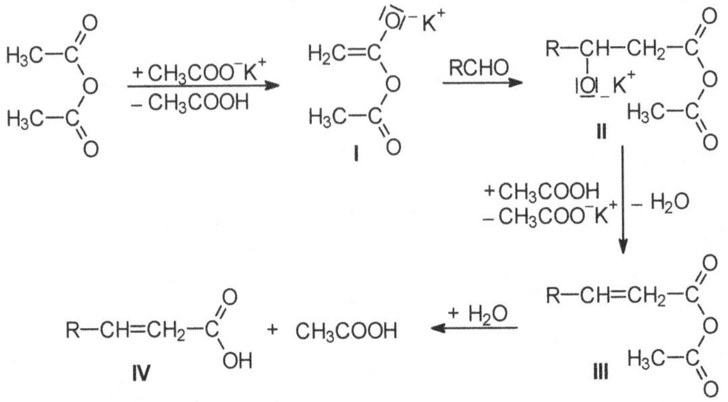

Alternativ kann man auch postulieren, dass das primär gebildete Aldolprodukt **II** intramolekular durch die Anhydridfunktion acyliert wird, unter Bildung von **V**. Eine solche Acylierung würde über einen sechsgliedrigen cyclischen Übergangszustand verlaufen und daher besonders begünstigt sein. Außerdem erhöht sich dadurch die Austrittstendenz der OH-Gruppe. Eliminierung führt ebenfalls zum Produkt **IV**.

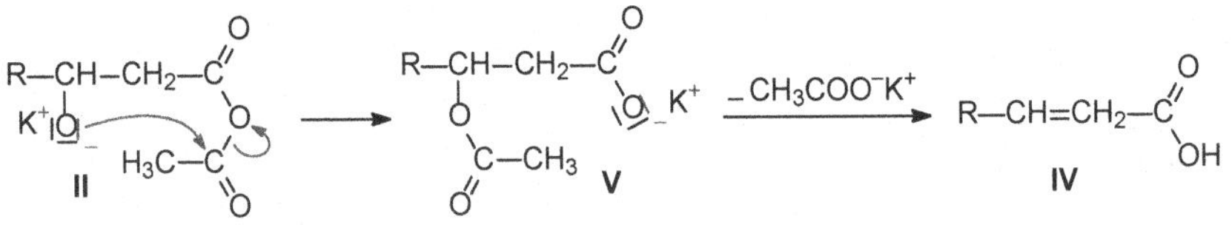

20.2.4 Reaktionen von Carbonsäurenitrilen

Nitrile lassen sich wie Ester in α-Position deprotonieren und anschließend alkylieren oder acylieren (s. Claisen-Kondensation).

1. Die *Thorpe*-**Reaktion** ist das Analogon zur Claisen-Kondensation. Bei ihr werden Nitrile miteinander umgesetzt. Dabei bilden sich β-Iminonitrile, die zu β-Ketonitrilen hydrolysiert werden können.

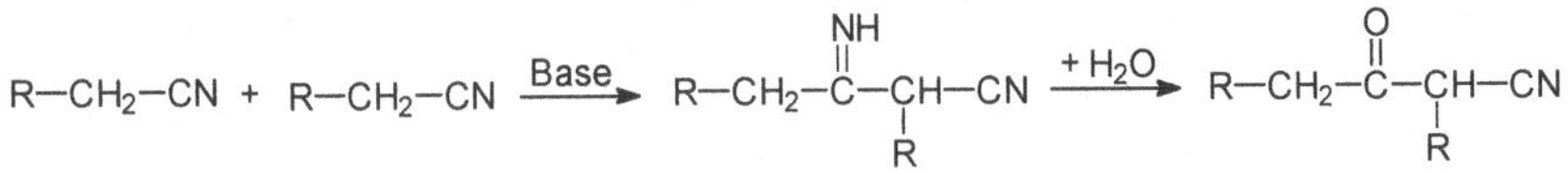

2. Bei der *Thorpe-Ziegler*-**Reaktion** erhält man aus Dinitrilen cyclische β-Iminonitrile (vgl. Dieckmann-Kondensation):

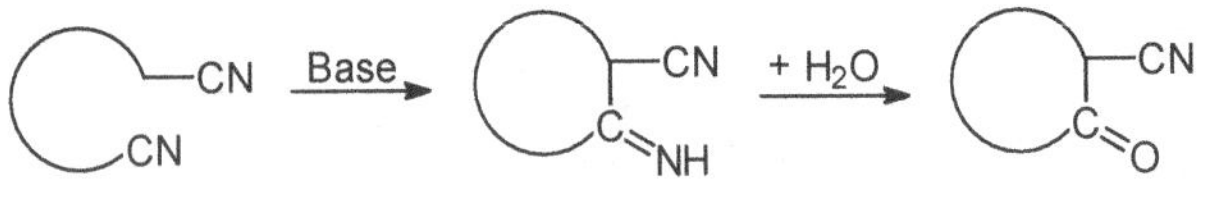

21 Kohlensäure und ihre Derivate

Die Chemie der Kohlensäure und ihrer Derivate ist von großer Bedeutung. Viele Verbindungen lassen sich strukturell auf die Kohlensäure zurückführen.

Die Kohlensäure kann sowohl als einfachste Hydroxysäure wie auch als **Hydrat des Kohlendioxids** aufgefasst werden. Sie ist instabil und zerfällt leicht in CO_2 und H_2O. In wässriger Lösung existiert sie auch bei hohem CO_2-Druck nur in relativ geringer Konzentration im Gleichgewicht neben physikalisch gelöstem CO_2:

$$HO-\underset{\underset{O}{\parallel}}{C}-OH \;\rightleftharpoons\; H_2O + CO_2$$

21.1 Beispiele und Nomenklatur

Die Kohlensäure ist bifunktionell, deshalb besitzen auch ihre Derivate zwei funktionelle Gruppen, die gleich oder verschieden sein können.

Beispiele:

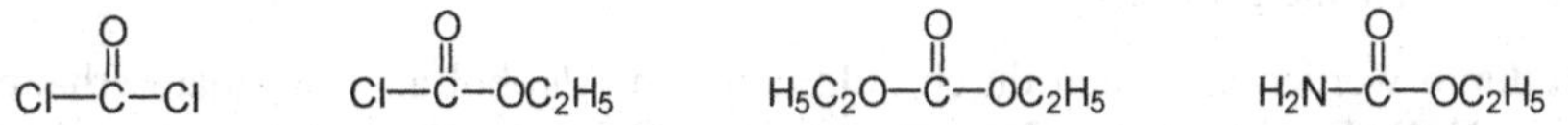

$$Cl-\underset{\underset{O}{\parallel}}{C}-Cl$$

Phosgen
Kohlensäure-
dichlorid

$$Cl-\underset{\underset{O}{\parallel}}{C}-OC_2H_5$$

Chlorameisensäure-
ethylester

$$H_5C_2O-\underset{\underset{O}{\parallel}}{C}-OC_2H_5$$

Diethylcarbonat
Kohlensäurediethylester

$$H_2N-\underset{\underset{O}{\parallel}}{C}-OC_2H_5$$

Urethan
Carbamidsäure-
ethylester

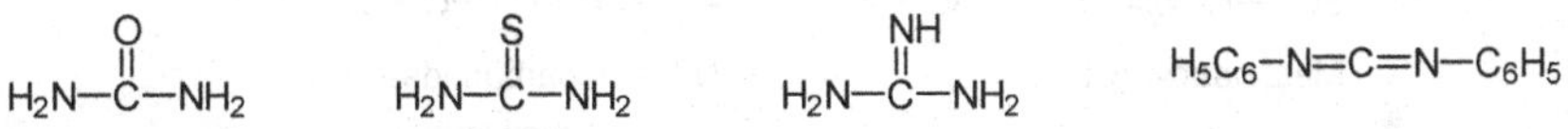

$$H_2N-\underset{\underset{O}{\parallel}}{C}-NH_2$$

Harnstoff
Kohlensäure-
diamid

$$H_2N-\underset{\underset{S}{\parallel}}{C}-NH_2$$

Thioharnstoff
(Derivat der
Thiokohlensäure)

$$H_2N-\underset{\overset{NH}{\parallel}}{C}-NH_2$$

Guanidin

$$H_5C_6-N{=}C{=}N-C_6H_5$$

Dicyclohexylcarbodiimid
(Derivat von
Kohlendioxid)

Kohlensäurederivate, die eine OH-Gruppe enthalten, sind instabil und zersetzen sich:

$$H_2N-\underset{\underset{O}{\parallel}}{C}-OH \longrightarrow NH_3 + CO_2$$

Carbamidsäure

$$RO-\underset{\underset{O}{\parallel}}{C}-OH \longrightarrow ROH + CO_2$$

Kohlensäuremonoester

21.2 Herstellung von Kohlensäurederivaten

Die meisten Kohlensäurederivate lassen sich direkt oder indirekt aus dem äußerst giftigen Säurechlorid **Phosgen** herstellen, das aus Kohlenmonoxid und Chlor leicht zugänglich ist:

$$CO + Cl_2 \xrightarrow[\text{Aktivkohle}]{200\,°C} \underset{\underset{Cl}{\overset{\overset{O}{\|}}{}}{}}{Cl-C-Cl}$$

Phosgen reagiert als Säurechlorid sehr heftig mit Carbonsäuren, Wasser, Ammoniak (Aminen) und Alkoholen:

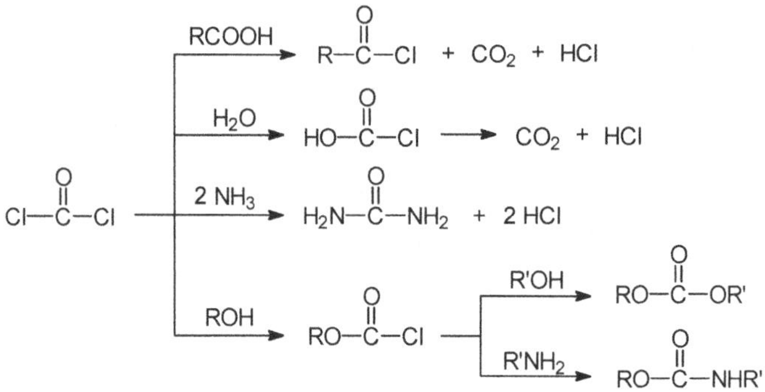

Auf diese Weise können die präparativ wichtigen **Kohlensäureester** und **Harnstoffe** leicht hergestellt werden. Für Peptid-Synthesen von besonderer Bedeutung sind die **Chlorameisensäureester** (z.B. Chlorameisensäurebenzylester), die zur Einführung von *N*-**Schutzgruppen** verwendet werden (s. Kap. 29.2.2.1). Dabei werden Urethane gebildet.

Urethane werden u.a. auch durch Addition von Alkohol an Isocyanate erhalten (Kap. 21.4). Die benötigten **Isocyanate** sind z.B. durch *Curtius*-**Abbau** (s. Kap. 14.1.2.4) zugänglich.

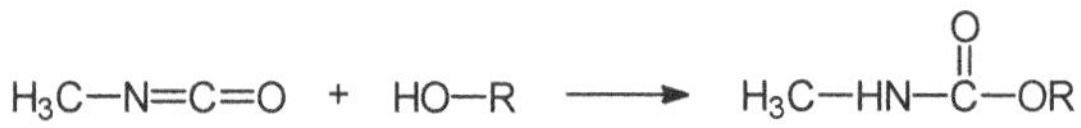

$$H_3C-N=C=O + HO-R \longrightarrow H_3C-HN-\overset{\overset{O}{\|}}{C}-OR$$

Methylisocyanat   *N*-Methylcarbamidsäureester
ein Urethan

Eine bekannte Gruppe von Insektiziden und Herbiziden sind Urethan-Derivate, wie z.B. das Carbaryl (weitere Herstellungsmethoden s. Kap. 39.3.1):

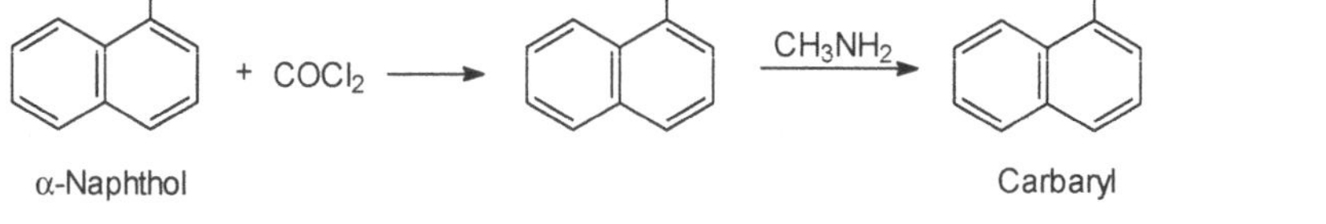

α-Naphthol   Carbaryl

21.3 Harnstoff und Derivate

21.3.1 Synthese von Harnstoff

Eine preiswerte **technische Synthesemöglichkeit für Harnstoff** besteht in der thermischen Umwandlung von Ammoniumcarbamat, das aus NH_3 und CO_2 erhältlich ist. Dabei greift NH_3 nucleophil das CO_2 an unter Bildung der instabilen Carbamidsäure. Mit überschüssigem Ammoniak bildet sich daraus das entsprechende Ammoniumsalz, welches beim Erhitzen Wasser abspaltet unter Bildung des Harnstoffs. Verwendet man anstelle von CO_2 das CO, erhält man nach diesem Verfahren Formamid $H_2N–CHO$.

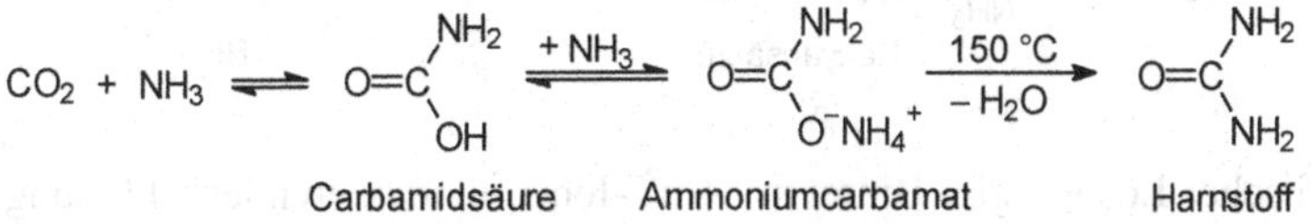

Carbamidsäure   Ammoniumcarbamat   Harnstoff

Von historischem Interesse ist die **Synthese von Harnstoff** aus Ammoniumcyanat durch *F. Wöhler* (1828):

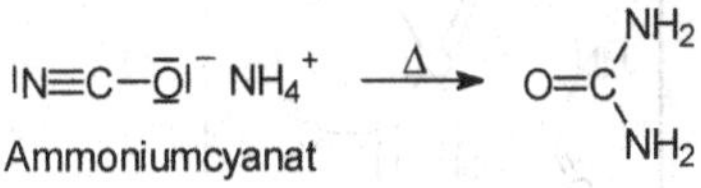

Ammoniumcyanat

Harnstoff kann auch durch Hydrolyse von Cyanamid, $H_2N–C\equiv N$, hergestellt werden:

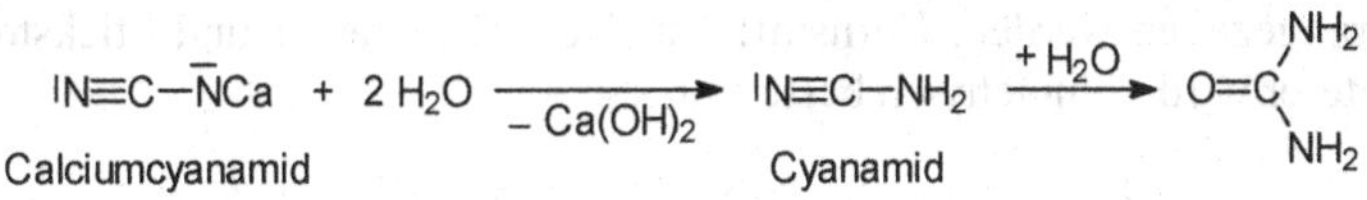

Calciumcyanamid   Cyanamid

21.3.2 Eigenschaften und Nachweis

Harnstoff ist das Endprodukt des Eiweißstoffwechsels und findet sich in den Ausscheidungsprodukten von Mensch und Säugetier. Als Amid reagiert Harnstoff in wässriger Lösung neutral, mit starken Säuren entstehen jedoch beständige Salze. Die im Vergleich zu anderen Amiden höhere Basizität beruht auf einer Mesomeriestabilisierung des Kations:

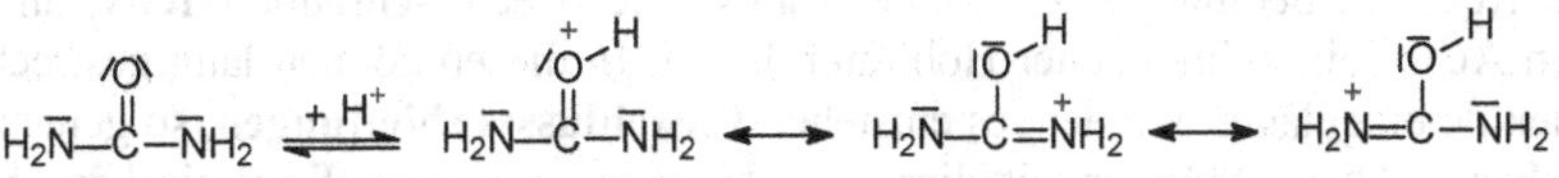

Beim Erwärmen mit Säuren oder Laugen oder in Gegenwart des in einigen Leguminose-Arten enthaltenen Enzyms Urease hydrolysiert Harnstoff zu **Ammoniak**:

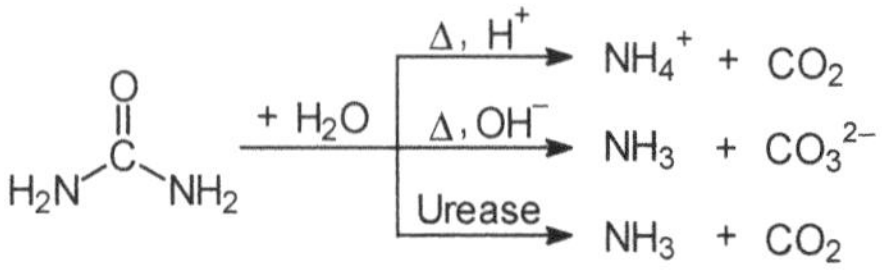

$$H_2N-\overset{\overset{\displaystyle O}{\|}}{C}-NH_2 \quad \xrightarrow{+\ H_2O} \quad \begin{cases} \xrightarrow{\Delta,\ H^+} & NH_4{}^+ + CO_2 \\ \xrightarrow{\Delta,\ OH^-} & NH_3 + CO_3{}^{2-} \\ \xrightarrow{\text{Urease}} & NH_3 + CO_2 \end{cases}$$

Erhitzt man Harnstoff über den Schmelzpunkt hinaus, so wird NH_3 abgespalten, und die entstandene Isocyansäure reagiert mit einem weiteren Molekül Harnstoff zu **Biuret**:

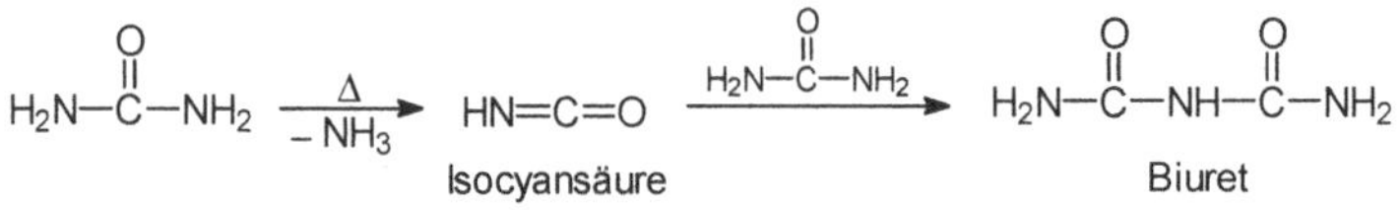

$$H_2N-\overset{\overset{\displaystyle O}{\|}}{C}-NH_2 \xrightarrow[-\ NH_3]{\Delta} \underset{\text{Isocyansäure}}{HN{=}C{=}O} \xrightarrow{H_2N-\overset{\overset{\displaystyle O}{\|}}{C}-NH_2} \underset{\text{Biuret}}{H_2N-\overset{\overset{\displaystyle O}{\|}}{C}-NH-\overset{\overset{\displaystyle O}{\|}}{C}-NH_2}$$

In alkalischer Lösung gibt Biuret mit Cu^{2+}-Ionen eine blauviolette Färbung (**Biuret-Reaktion**). Es entsteht ein Kupferkomplexsalz:

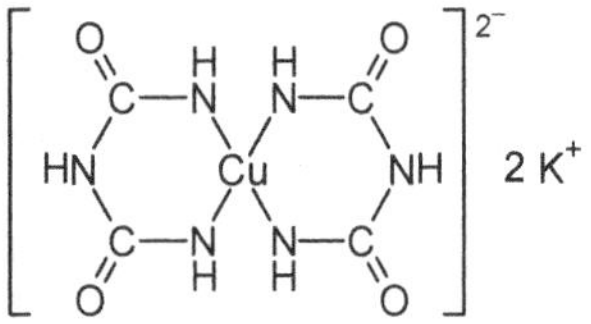

Diese Reaktion ist charakteristisch für –CO–NH–Gruppierungen und wird allgemein zum **qualitativen Nachweis** von Harnstoff und Eiweißstoffen angewandt. Zur **quantitativen Bestimmung** von Harnstoff kann die Reaktion mit Salpetriger Säure herangezogen werden: Harnstoff wird zu CO_2, Wasser und Stickstoff oxidiert, letzterer wird volumetrisch bestimmt.

$$H_2N-\overset{\overset{\displaystyle O}{\|}}{C}-NH_2 + 2\ HONO \longrightarrow CO_2 + 3\ H_2O + 2\ N_2$$

21.3.3 Verwendung von Harnstoff

Eine analytische Anwendung von Harnstoff beruht auf seiner Eigenschaft, mit unverzweigten Kohlenwasserstoffen kristalline **Additionsverbindungen** zu bilden. Bei der Kristallisation ordnen sich die Harnstoff-Moleküle im Gitter — je nach Reaktionsbedingung — in einer Links- oder Rechtsschraube (**Helix**) an, in deren Achse ein zylindrischer Hohlraum bleibt. In diesen können lang gestreckte Moleküle eingelagert werden, es entstehen **Einschlussverbindungen**, so genannte **Clathrate**. Diese Möglichkeit dient zur Trennung von Paraffingemischen, z.B. von *n*- und *iso*-Kohlenwasserstoffen, da stark verzweigte Ketten nicht eingelagert werden können. Einschlussverbindungen werden auch von anderen Substanzen, wie z.B. Thioharnstoff und *p*-Benzochinon, gebildet.

Neben der Verwendung des Harnstoffs als **Düngemittel** und in der Analytik kommt ihm vor allem als Ausgangssubstanz für **pharmazeutische Präparate** große Bedeutung zu.

21.3.4 Synthesen mit Harnstoff

Durch Umsetzung von Harnstoff mit organischen Carbonsäurechloriden oder -estern bilden sich *N*-**Acyl-harnstoffe (Ureide)**:

Beispiel:

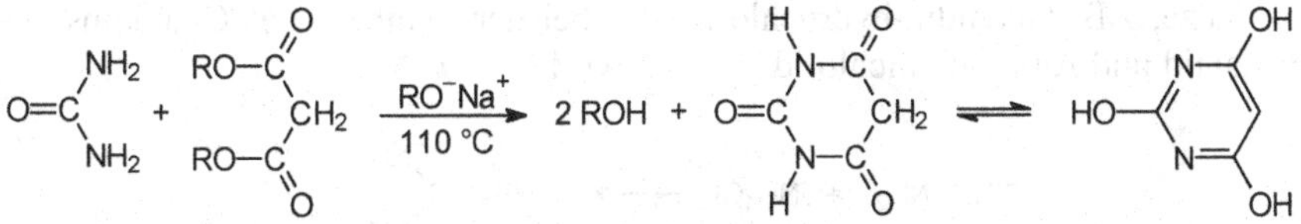

Barbitursäure
(cyclisches Ureid)

An der CH_2-Gruppe substituierte cyclische Ureide sind wichtige **Schlafmittel** und Narkotika, z.B. die Phenylethyl- und Diethyl-barbitursäure. Die **Barbitursäure** kann auch als Derivat des Pyrimidins angesehen werden. Als cyclisches Diamid besitzt sie die –NH–CO–Gruppierung, auch **Lactam-Gruppe** genannt, die tautomere Formen bilden kann (Lactam-Lactim-Tautomerie, s.a. Kap. 19.2.3).

Ersetzt man formal in der Enol-Form der Barbitursäure das H-Atom der CH-Gruppe durch eine OH-Gruppe, so erhält man Isodialursäure, die sich mit Harnstoff zur **Harnsäure** kondensieren lässt:

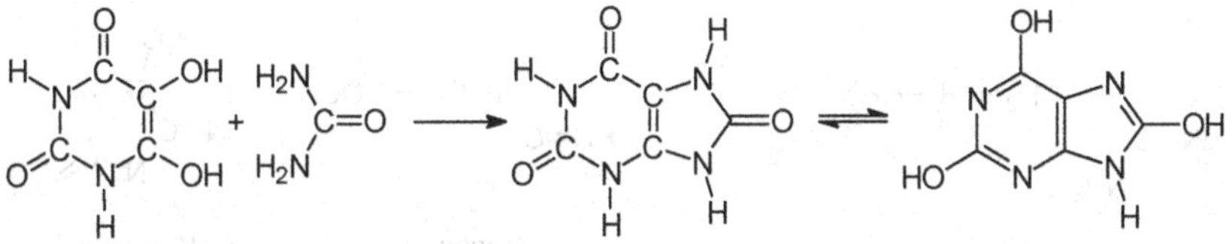

Isodialursäure   Harnsäure

Harnsäure ist wie Harnstoff ein Stoffwechselprodukt und wird im Harn ausgeschieden. Bei Reptilien und Vögeln, die über wenig Wasser verfügen, ist sie das Stoffwechselendprodukt. Im Säugetierorganismus wird sie in der Regel weiter hydrolytisch zu Harnstoff abgebaut.

Harnsäure kann auch als Trihydroxy-Derivat des **Purins** (s. Kap. 22.3.2) aufgefasst werden, dem Grundkörper einer wichtigen Stoffklasse, deren Derivate in der Natur weit verbreitet sind.

Außer als Düngemittel dient Harnstoff ferner zur Herstellung von **Harnstoff-Formaldehyd-Harzen (Aminoplaste)** die folgende Struktur aufweisen:

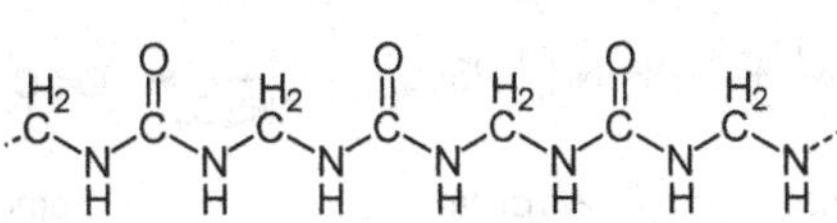

21.3.5 Derivate des Harnstoffs

Zu den Harnstoff-Derivaten zählen u.a. **Guanidin** und **Semicarbazid**.

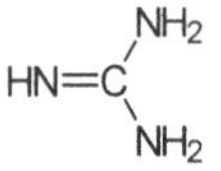

Guanidin 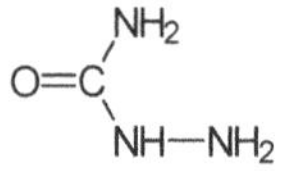   Semicarbazid

Guanidin ist eine starke Base, $pK_B = 0,5$, die nur schwer isolierbar ist. Stabil sind ihre Salze, z.B. Guanidin-hydrochlorid, das bei der Synthese des Guanidins aus Cyanamid und Ammoniumchlorid erhalten wird:

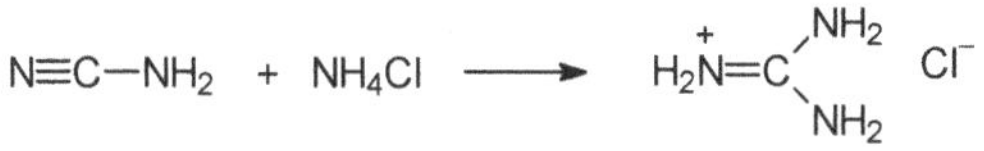

Die drei Stickstoffatome im Molekül des Guanidins sind chemisch äquivalent. Das Guanidinium-Kation ist mesomeriestabilisiert:

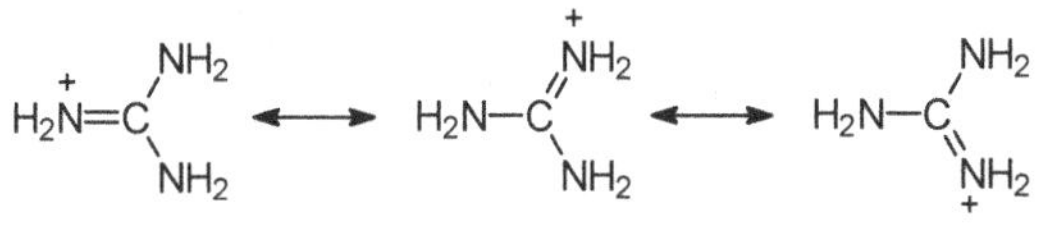

Derivate von Guanidin wie L-Arginin, Kreatin und Kreatinin haben biologische Bedeutung:

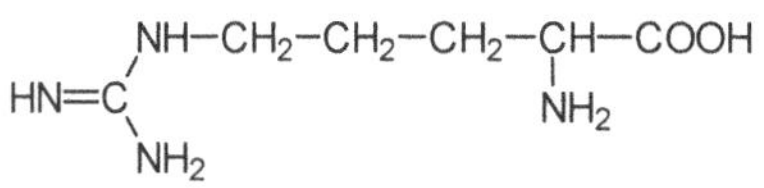

Arginin 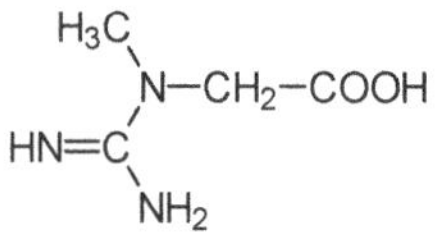   Kreatin 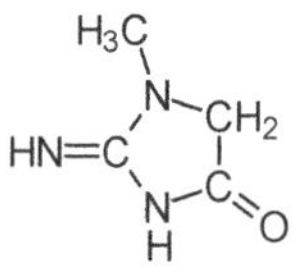   Kreatinin

Arginin ist eine **basische Aminosäure** (s. Kap. 29.1.1) und Bestandteil der Proteine. **Kreatin** findet sich im Muskel der Wirbeltiere und teilweise auch im Blut und Gehirn. Durch Wasserabspaltung erhält man hieraus **Kreatinin**, welches mit dem Harn ausgeschieden wird.

Semicarbazid ist das Hydrazid der nicht existenzfähigen Carbamidsäure. Es reagiert mit Carbonylgruppen zu den gut kristallisierenden **Semicarbazonen** (Kap. 17.1.3). Semicarbazid erhält man analog zur *Wöhler'schen* Harnstoffsynthese aus Kaliumcyanat und Hydrazinsulfat:

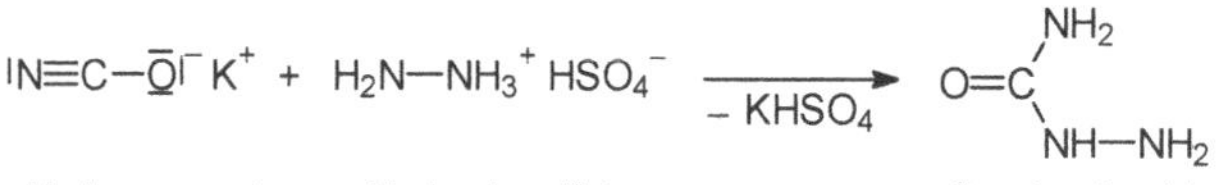

Kaliumcyanat   Hydrazinsulfat   Semicarbazid

21.4 Cyansäure und Derivate

Die **Cyansäure**, formal das Nitril der Kohlensäure, steht im Gleichgewicht mit der isomeren **Isocyansäure**, wobei letztere überwiegt:

$$H\bar{O}-C\equiv N| \;\rightleftharpoons\; \hat{O}=C=\bar{N}H$$

Cyansäure   Isocyansäure

Freie Cyansäure und Isocyansäure trimerisieren leicht zu der entsprechenden **Cyanur-** und **Isocyanursäure**, die im Gleichgewicht miteinander stehen (Tautomerie):

Isocyanursäure Cyanursäure Melamin
     (2,4,6-Trihydroxy- (Cyanursäureamid)
     1,3,5-triazin)

Melamin, das Triamid der Cyanursäure, dient wie Harnstoff zur Herstellung von Kunststoffen. Kondensation mit Formaldehyd liefert **Melamin-Harze**.

Ersetzt man die OH-Gruppe der Cyansäure durch ein Halogenatom, z.b. durch Chlor, entsteht das äußerst reaktive **Chlorcyan**, das als Derivat der Blausäure aufgefasst werden kann. Durch Umsetzung mit Ammoniak entsteht **Cyanamid**, welches mit dem **Carbodiimid** im Gleichgewicht steht:

$$Cl-C\equiv N + NH_3 \xrightarrow[-HCl]{} H_2N-C\equiv N \;\rightleftharpoons\; HN=C=NH$$

Chlorcyan   Cyanamid   Carbodiimid

Cyanamid kann man auffassen als Amid der Cyansäure oder als Nitril der Carbamidsäure. Das Calciumsalz des Cyanamids ist ein wertvolles **Düngemittel (Kalkstickstoff)** und eine wichtige Ausgangsverbindung für zahlreiche technische Synthesen (z.B. Harnstoff). Substituierte Carbodiimide sind wirksame **Dehydratisierungsmittel** (z.B. bei Peptid-Synthesen, s. Kap. 29.2.2.2).

Cyansäureester (Cyanate) sind auf „üblichem Wege" nicht zugänglich, da der intermediär gebildete Ester sofort mit dem vorhandenen Alkohol zu einem Imidokohlensäurediester weiterreagiert:

$$R-O^-Na^+ + Br-CN \longrightarrow \left[RO-C\equiv N\right] \xrightarrow{ROH} RO-\overset{\overset{\displaystyle NH}{\|}}{C}-OR$$

Alkoholat Bromcyan Cyansäureester Imidokohlen-
              säurediester

Man erhält sie jedoch durch Zersetzung von Thiatriazolen:

$$C_6H_5O-\overset{\overset{\text{S}}{\|}}{C}-Cl \ + \ NaN_3 \ \xrightarrow[-\text{NaCl}]{} \ C_6H_5O-C\underset{S}{\overset{N-N}{\diagdown}}N \ \xrightarrow[-N_2,\,-S]{} \ C_6H_5O-C\equiv N$$

Thionkohlensäure-   5-Phenoxy-1-   Phenylcyanat
O-Phenylesterchlorid   thia2,3,4-triazol

Isocyansäureester (**Isocyanate**) sind aufgrund ihrer **kumulierten Doppelbindungen** äußerst reaktiv (Heterokumulene). Sie sind präparativ leicht zugänglich durch *Curtius*-Abbau (s. Kap. 14.1.2.4), sowie durch die Umsetzung von Aminen mit Phosgen:

$$C_6H_5-NH_2 \ + \ COCl_2 \ \xrightarrow[-\text{HCl}]{} \ C_6H_5-NH-\overset{\overset{\text{O}}{\|}}{\underset{Cl}{C}} \ \xrightarrow[-\text{HCl}]{\Delta} \ C_6H_5-N{=}C{=}O$$

Anilin   Phosgen   Phenylcarbamoylchlorid   Phenylisocyanat

Isocyanate addieren Alkohole, Ammoniak sowie primäre und sekundäre Amine. Durch Hydrolyse der Isocyanate erhält man primär die instabilen Carbamidsäuren, welche in Amine und CO_2 zerfallen:

$$R-NH-\overset{\overset{\text{O}}{\|}}{C}-O'R \ \xleftarrow[\ +R'OH\ ]{} \ R-N{=}C{=}O \ \xrightarrow[\ +NH_3\ ]{} \ R-NH-\overset{\overset{\text{O}}{\|}}{C}-NH_2$$

N-Alkylurethan   Alkylisocyanat   N-Alkylharnstoff

$$R-N{=}C{=}O \ + H_2O \ \longrightarrow \ \left[R-NH-\overset{\overset{\text{O}}{\|}}{C}-OH \right] \ \longrightarrow \ R-NH_2 \ + \ CO_2$$

Carbamidsäure

21.5 Schwefel-analoge Verbindungen der Kohlensäure

Die O-Atome der Kohlensäure können durch S-Atome ersetzt werden, und man erhält:

$$HO\overset{\overset{\text{O}}{\|}}{\underset{}{C}}SH \ \rightleftharpoons \ HO\overset{\overset{\text{OH}}{|}}{\underset{}{C}}S \ \ \ HO\overset{\overset{\text{S}}{\|}}{\underset{}{C}}SH \ \rightleftharpoons \ O\overset{\overset{\text{SH}}{|}}{\underset{}{C}}SH \ \ \ S\overset{\overset{\text{SH}}{|}}{\underset{}{C}}SH$$

Thiol-   Thion-   Thiothion-   Dithiol-   Trithiokohlensäure   kohlensäure   kohlensäure   kohlensäure   kohlensäure
                                (Xanthogensäure)

Von diesen Säuren ist nur die Trithiokohlensäure in freiem Zustand existent. Beständige Derivate bilden dagegen alle Thiosäuren.

Schwefelkohlenstoff, CS_2, ist die S-analoge Verbindung des Kohlendioxids und somit Anhydrid der Dithiolkohlensäure. Schwefelkohlenstoff ist ein gutes Lösemittel für viele organische Stoffe, für Schwefel und weißen Phosphor.

Die wichtige Stoffklasse der **Xanthogenate** ist durch Umsetzung von Alkoholaten mit CS_2 leicht zugänglich, z.B.:

$$C_2H_5O^-\ Na^+ + S{=}C{=}S \longrightarrow C_2H_5O{-}\overset{\displaystyle S}{\underset{\displaystyle S^-Na^+}{C}}$$

Natrium-ethylxanthogenat

Analog hierzu entsteht aus Cellulose, CS_2 und Natronlauge eine zähe Xanthogenat-Lösung, die „**Viscose**". Beim Verspinnen der Viscose in einem Säurebad erhält man Viscosefasern, beim Pressen durch einen Spalt **Cellophan** (s. Kap. 37.2.2).

Die Bildung von Xanthogenaten ist ein wichtiger Schritt bei der stereoselektiven *syn*-**Eliminierung** von Alkoholen nach *Tschugaeff* (s. Kap. 11.5.2.1).

Thioharnstoff, die S-analoge Verbindung des Harnstoffs, ist auch in ihren chemischen Reaktionen mit diesem verwandt. Sie zeigt wie Harnstoff Neigung zur Bildung von Einschlussverbindungen. Von präparativer Bedeutung ist die Bildung von Thiuroniumsalzen durch Umsetzung mit Halogenalkanen. Die Reaktion dient der Charakterisierung von Halogenalkanen und zur Darstellung von Thiolen (s. Kap. 13.1.1):

$$\underset{\text{Thioharnstoff}}{H_2N{-}\overset{\displaystyle S}{C}{-}NH_2} + R{-}Br \longrightarrow \underset{\text{S-Alkyl-thiuronium-Salz}}{H_2N{-}\overset{\displaystyle S{-}R}{\overset{|}{C}}{=}\overset{+}{N}H_2\ Br^-} \xrightarrow[\text{2) HCl}]{\text{1) NaOH}} R{-}SH + \underset{\text{Thiol}}{H_2N{-}\overset{\displaystyle O}{C}{-}NH_2}$$

Thiocyansäure- und Isothiocyansäureester sind die S-analogen Verbindungen der Cyansäure- bzw. Isocyansäureester. Die zugrunde liegenden Säuren stehen miteinander in einem tautomeren Gleichgewicht:

$$\underset{\text{Thiocyansäure}}{H\bar{S}{-}C{\equiv}N|} \rightleftharpoons \underset{\text{Isothiocyansäure}}{\bar{S}{=}C{=}\bar{N}H}$$

Die Salze der Thiocyansäure heißen auch **Rhodanide**. Durch Umsetzung von Rhodaniden mit Halogenalkanen erhält man Thiocyansäureester (Alkylthiocyanate, Alkylrhodanide):

$$R{-}Br + \underset{\text{Kaliumrhodanid}}{KSCN} \longrightarrow \underset{\text{Alkylthiocyanat}}{R{-}S{-}C{\equiv}N} + KBr$$

Isothiocyansäureester (Alkylisothiocyanate) heißen auch wegen ihres charakteristischen Geruchs **Senföle**. Sie finden sich meist glykosidisch gebunden in Pflanzen. Durch enzymatische Spaltung werden sie freigesetzt und durch Destillation gewonnen.

Allylsenföl, $CH_2=CH–CH_2–N=C=S$ (aus *Sinapis nigra*), wird durch Hydrolyse von Sinigrin, einem Thiohydroxamsäure-Derivat aus Senf gewonnen.

Die Senföl-Synthese geht von primären Aminen aus, die mit Schwefelkohlenstoff zu einer *N*-Alkyl-dithiocarbamidsäure umgesetzt werden. Durch Reaktion mit Chlorameisensäureester entstehen instabile Intermediate welche unter Freisetzung der Senföle zerfallen:

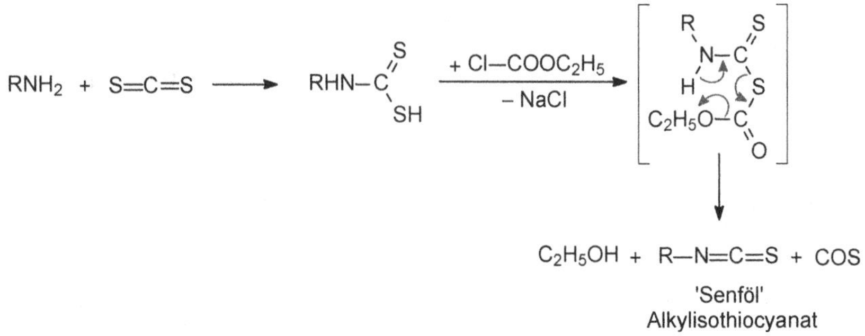

$$C_2H_5OH + R–N=C=S + COS$$

'Senföl'
Alkylisothiocyanat

22 Heterocyclen

Heterocyclische Verbindungen enthalten außer C-Atomen ein oder mehrere **Heteroatome** als Ringglieder, z.B. Stickstoff, Sauerstoff oder Schwefel. Man unterscheidet **heteroaliphatische und heteroaromatische Verbindungen.** Ringe aus fünf und sechs Atomen sind am beständigsten.

22.1 Nomenklatur

Abgesehen von der Verwendung von Trivialnamen als Stammbezeichnung gibt es zwei Nomenklatursysteme, deren Verwendung leider nicht einheitlich ist.

1. Bei der „a"-**Nomenklatur** werden die Namen der Heteroelemente als **a-Terme** dem zugrunde liegenden Stammkohlenwasserstoff vorangestellt. (Ungewöhnliche Bindungszahlen der Heteroatome werden als λ^n angegeben.)

Beispiele:

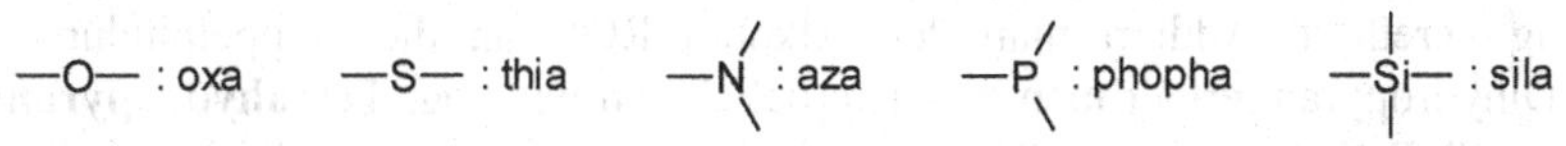

$$-O- : \text{oxa} \qquad -S- : \text{thia} \qquad -\overset{/}{\underset{\backslash}{N}} : \text{aza} \qquad -\overset{/}{\underset{\backslash}{P}} : \text{phopha} \qquad -\overset{|}{\underset{|}{Si}}- : \text{sila}$$

2. Das *Hantzsch-Widman-Patterson*-System **(HWP)** bringt Ringgröße und Sättigungsgrad durch spezifische Endungen (Suffixe) zum Ausdruck (Tabelle 30). Hinzu tritt das Hetero-Symbol aus der „a"-Nomenklatur. Δ^n gibt in Zweifelsfällen die Lage einer Doppelbindung an.

Beispiel:

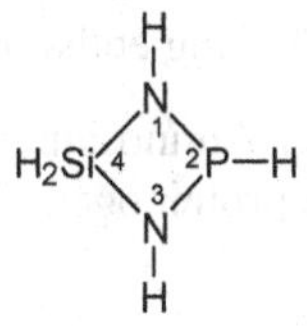

Bezeichnung als:

1. 1,3-Diaza-2-phospha-4-sila-cyclobutan
mit dem Stammkohlenwasserstoff Cyclobutan und
vorangestellten Heteroatomen,

oder

2. 1,3-Diaza-2-phospha-4-siletidin,
mit der Endung für einen gesättigten Vierring -etidin
und vorangestellten Heteroatomen.

Tabelle 30. Suffixe bei systematischen Namen von Heterocyclen

Ring-größe	Stickstoffhaltige Ringe		Stickstofffreie Ringe	
	maximal ungesättigt	gesättigt	maximal ungesättigt	gesättigt
3	-irin	-iridin/iran[+)]	-iren	-iran
4	-et	-etidin/etan[+)]	-et	-etan
5	-ol	-olidin	-ol	-olan
6	-in/-ixin[+)]	-ixan[+)]	-in	-an
7	-epin	-epan[+)]	-epin	-epan
8	-ocin	–	-ocin	-ocan

[+)] neue Bezeichnung

22.2 Heteroaliphaten

Heterocyclische Verbindungen mit fünf und mehr Ringatomen, die gesättigt sind oder isolierte Doppelbindungen enthalten, verhalten sich chemisch wie die analogen acyclischen Verbindungen. Dazu gehören z.B. cyclische Ether, Thioether, Acetale. **Kleinere Ringsysteme sind wegen der hohen Ringspannung reaktiver als größere.**

Beispiel:

Zum Schutz von Alkoholgruppen, z.B. bei Oxidationsreaktionen, werden diese häufig verethert. Addiert man den Alkohol ROH an die Doppelbindung im 2,3-Dihydropyran, erhält man als Heteroaliphaten den sog. **Tetrahydropyranyl-ether (THP-Ether)**. Dieser lässt sich, da eigentlich ein **Acetal**, leicht wieder im Sauren spalten (s. Kap. 17.1.2).

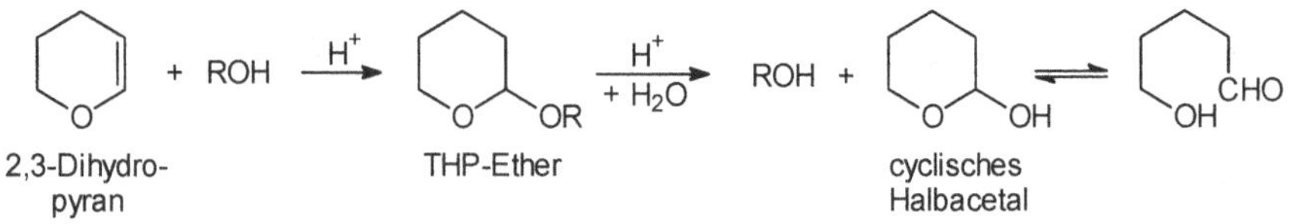

2,3-Dihydro-pyran   THP-Ether   cyclisches Halbacetal

Solche cyclischen Acetal- und Halbacetalstrukturen spielen eine wichtige Rolle bei den Kohlenhydraten (Kap. 28) und werden dort ausführlich behandelt. Neben den Pyranen findet man dort Furane, die ein Sauerstoffatom im Fünfring enthalten.

Bei den stickstoffhaltigen Verbindungen kommt vor allem der Aminosäure Prolin eine besondere Bedeutung zu (s. Kap. 29). Sie ist die einzige proteinogene sekundäre Aminosäure.

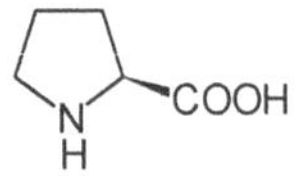

Prolin

Tabelle 31. Beispiele für Heteroaliphaten

Systemat. Name	andere Bezeichnung	Formel	Vorkommen, Verwendung
Oxiran	Ethylenoxid	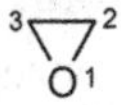	techn. Zwischenprodukt
Thiiran	Ethylensulfid		→ Arzneimittel, Biozide
Aziridin	Ethylenimin		→ Arzneimittel
Oxolan	Tetrahydrofuran		Lösemittel
Thiolan	Tetrahydrothiophen		im Biotin; Odorierungsmittel für Erdgas
Azolidin	Pyrrolidin	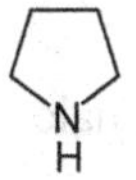	starke Base, $pK_B \approx 3$
Thiazolidin			in Penicillinen
1,3-Diazolidin	Imidazolidin	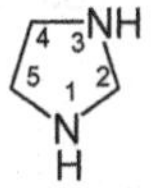	im Biotin
Hexahydropyridin	Piperidin	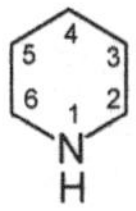	in Alkaloiden, $pK_B = 6{,}2$
1,4-Dioxan		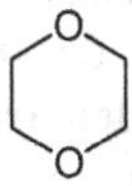	Lösemittel
Hexahydropyrazin	Piperazin	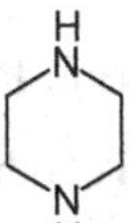	→ Arzneimittel
Tetrahydro-1,4-oxazin	Morpholin		Lösemittel; N-Formyl-morpholin als Extraktionsmittel

22.3 Heteroaromaten

Viele ungesättigte Heterocyclen können ein delokalisiertes π-Elektronensystem ausbilden. Falls für sie die *Hückel*-Regel gilt, werden sie als „Heteroaromaten" bezeichnet. Im Vergleich zum Benzol und verwandten Verbindungen sind ihre aromatischen Eigenschaften jedoch weniger stark ausgeprägt.

22.3.1 Fünfgliedrige Ringe

Die elektronische Struktur der fünfgliedrigen Heteroaromaten unterscheidet sich in Bezug auf die Elektronenkonfiguration der Heteroatome erheblich von der sechsgliedriger Heterocyclen. Neben einer ungeladenen Grenzstruktur existieren vier weitere **Grenzstrukturen** mit einer positiven Ladung am Heteroatom und einer delokalisierten negativen Ladung an den C-Atomen. Die **Fünfringheterocyclen** sind also polarisiert und verfügen über eine relativ **hohe negative Ladungsdichte im π-System**. Zudem sind 6 π-Elektronen auf nur 5 Zentren verteilt. Sie sind daher sehr gute Nucleophile und werden leicht in elektrophilen Substitutionsreaktionen umgesetzt.

Valenzstrukturen von Pyrrol (analog Furan, Thiophen):

Resonanzenergie: 88 kJ/mol

analog:

Furan:

Resonanzenergie: 67 kJ/mol

Thiophen:

Resonanzenergie: 122 kJ/mol

Die geladenen mesomeren Grenzstrukturen werden umso wahrscheinlicher, je geringer die Elektronegativität des Hetereoatoms ist. **Demzufolge nimmt die Resonanzenergie, und somit der aromatische Charakter, in der Reihenfolge Furan < Pyrrol < Thiophen zu.**

Bindungsbeschreibung für Furan, Pyrrol und Thiophen

Jedes Ringatom benutzt **drei sp^2-Orbitale**, um ein planares pentagonales σ-Bindungsgerüst aufzubauen. Die π-MO entstehen durch Überlappen von p-Orbitalen der C-Atome (mit je 1 Elektron) und eines p-Orbitals des Heteroatoms (mit 2 Elektronen). **Beim Pyrrol ist somit das einzige freie Elektronenpaar in das π-System einbezogen**, beim **Thiophen** und **Furan** jeweils nur eines der beiden freien Elektronenpaare; das andere besetzt ein sp^2-Orbital, welches in der Ringebene liegt.

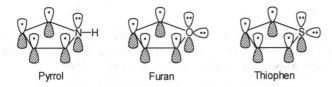

Pyrrol   Furan   Thiophen

Mit jeweils **6 π-Elektronen** befolgen diese Ringsysteme somit die *Hückel*-**Regel**. Die unterschiedliche Elektronegativität der Ringatome hat eine unsymmetrische Ladungsdichteverteilung zur Folge: π-Elektronenüberschuss im Ring, Unterschuss am Heteroatom.

1. Basizität

Thiophen hat praktisch keine basischen Eigenschaften und ist gegen Säuren stabil.

Pyrrol (pK$_B$ ≈ 15) polymerisiert ebenso wie **Furan** in Gegenwart starker Säuren. Dabei wird zunächst der Heteroaromat protoniert. Das so entstandene Kation hat keine aromatischen Eigenschaften mehr, es greift einen anderen Heterocyclus an und leitet damit die Polymerisation ein.

Pyrrol ist daher eine sehr schwache **Base**, weil es bei einer Protonierung sein π-Elektronensextett und damit seine Aromatizität verlieren würde:

überwiegend C-Protonierung

Fünfgliedrige Heterocyclen mit **zwei Heteroatomen** wie die **1,2-Diazole (Pyrazole)** und die **1,3-Diazole (Imidazole)** sind demgegenüber stärkere Basen, da sie ein weiteres Ring-Stickstoffatom enthalten, dessen freies Elektronenpaar senkrecht zum π-System steht, und das sich deshalb kaum an der Mesomerie beteiligt.

Beispiel: Pyrazol

Pyrrol, Pyrazol und Imidazol sind **schwache Säuren**. Die **Acidität** des Pyrrols entspricht etwa der des Methanols. Wie bei diesem kann das acide H-Atom z.B. durch Reaktion mit Alkalimetallen oder Metallhydriden abgespalten werden, wobei z.B. K- oder Li-Salze erhalten werden:

2. Reaktivität

Die **typische Reaktion** der genannten drei Heterocyclen ist die **elektrophile Substitution** (s. Kap. 8.1). In dieser Hinsicht sind sie allerdings erheblich reaktiver als Benzol, wobei sich etwa folgende Reihe angeben lässt:

Pyrrol > Furan > Thiophen >> Benzol.

Sie unterscheiden sich auch in ihren chemischen Eigenschaften und Reaktionen voneinander: **Nur Furan**, der Heterocyclus mit der geringsten Resonanzenergie zeigt auch **typische Reaktionen eines Diens**. So bildet es z.B. mit Maleinsäureanhydrid leicht ein *Diels-Alder*-Addukt (s. Kap. 6.2.4).

Elektrophile Substitution

Viele für aromatische Systeme charakteristische Reaktionen (s. Kap. 8.1) verlaufen bei diesen elektronenreichen Heteroaromaten analog (Nitrierung, Sulfonierung, Halogenierung u.a.). Wegen der erhöhten Reaktivität und der Säureempfindlichkeit von Pyrrol und Furan sind schonende Methoden erforderlich.

Die Substitution erfolgt normalerweise leichter in 2- (bzw. 5-) Stellung. Das hierbei gebildete Intermediat ist besser stabilisiert (3 mesomere Grenzformeln) als bei einer Reaktion in 3-Stellung, für die sich nur zwei Resonanzstrukturformeln schreiben lassen:

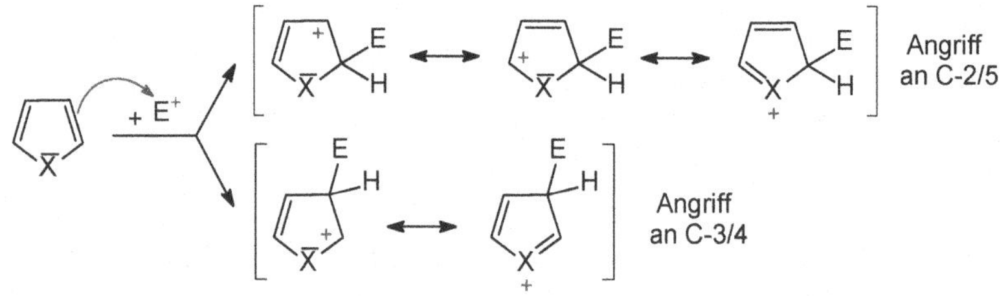

Beispiele für die elektrophile Substitution am Pyrrol:

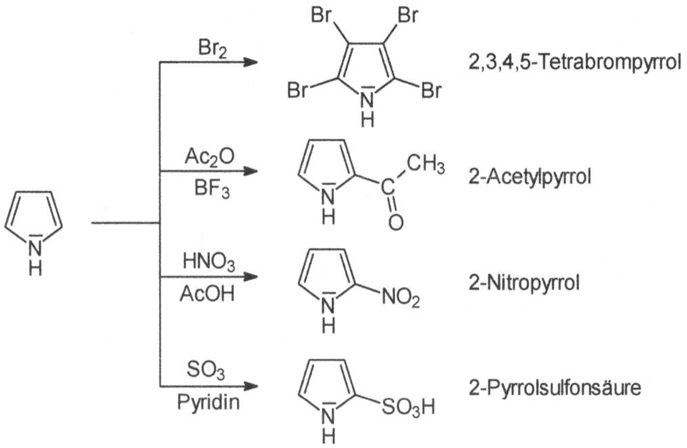

Tabelle 32. Beispiele für fünfgliedrige Heteroaromaten

Name	Formel	Vorkommen, Derivate, Verwendung
Furfural	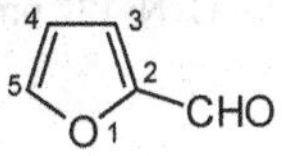	Lösemittel, $\rightarrow$ Farbstoffe, $\rightarrow$ Polymere
Pyrrol	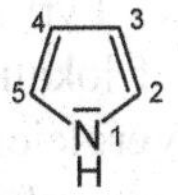	Porphyrin-Gerüst (Hämoglobin, Chlorophyll), Cytochrome, Bilirubinoide
Indol	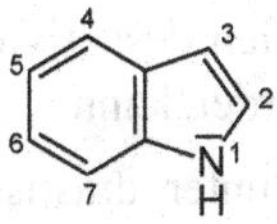	Indoxyl (3-(Hydroxyindol) $\rightarrow$ Indigo, Tryptophan (Indolyl-Alanin), Serotonin, Skatol, (3-Methylindol), in Alkaloiden
Pyrazol	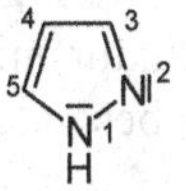	Arzneimittel
Imidazol	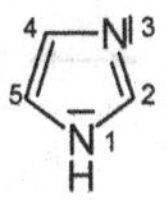	in Histidin (Imidazol-4-yl-alanin), als Dimethyl-benzimidazol im Vit. B_{12}, im Histamin
Thiazol	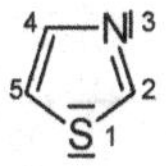	in Aneurin (Vit. B_1), eine Cocarboxylase

22.3.2 Sechsgliedrige Ringe

Pyridin, ein typischer Vertreter der **sechsgliedrigen Heterocyclen**, lässt sich durch folgende Resonanzstrukturformeln beschreiben:

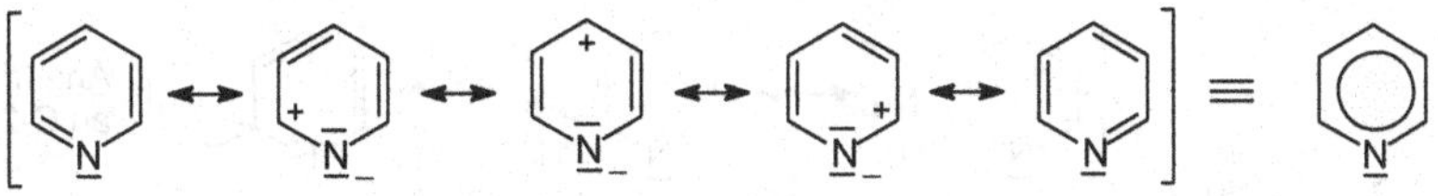

Resonanzenergie: 97 kJ/mol

Jedes Ringatom benutzt drei sp^2-Orbitale, um ein **planares, hexagonales σ-Gerüst** zu bilden. Die π-MO entstehen durch Überlappen von p-Orbitalen. Das **freie Elektronenpaar am N-Atom** befindet sich in einem **sp^2-Orbital, das in der Ringebene liegt und somit** senkrecht zum **π-System steht.** Mit seinen 6 π-Elektronen entspricht das monocyclische System der *Hückel*-Regel. Im Gegensatz zum Pyrrol ist das freie Elektronenpaar hier nicht am aromatischen Elektronensextett beteiligt. Pyridin ist daher eine **Base** ($pK_B = 8,7$) und bildet mit Säuren **Pyridinium-Salze.** Da es auch ein gutes Lösemittel ist, wird es oft als "Hilfsbase" verwendet (z.B. zum Abfangen von HCl).

MO-Modell des Pyridins: Bindungsabstände:
         C–C: 139 pm
         C–N: 137 pm

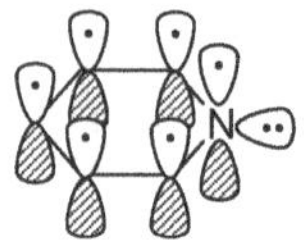

1. Reaktivität

Beim Betrachten der mesomeren Grenzstrukturen des Pyridins fällt auf, dass bei drei Grenzstrukturen eine neg. Ladung am Stickstoff lokalisiert ist, während die positive Ladung im π–System delokalisiert ist. Im Vergleich zum Benzol ist also die neg. Ladungsdichte im π-System erniedrigt. Demzufolge ist der an „π-**Elektronenarme**" Pyridin-Ring gegenüber Elektrophilen desaktiviert, was durch eine Protonierung am N-Atom sogar noch verstärkt werden kann.

Elektrophile Substitutionen finden daher nur unter drastischen Bedingungen statt, und zwar in der am wenigsten desaktivierten **3-Stellung**. Beim Angriff in 2- oder 4-Position lässt sich eine mesomere Grenzstruktur mit einer positiven Ladung am elektronegativen N-Atom formulieren, was besonders ungünstig ist:

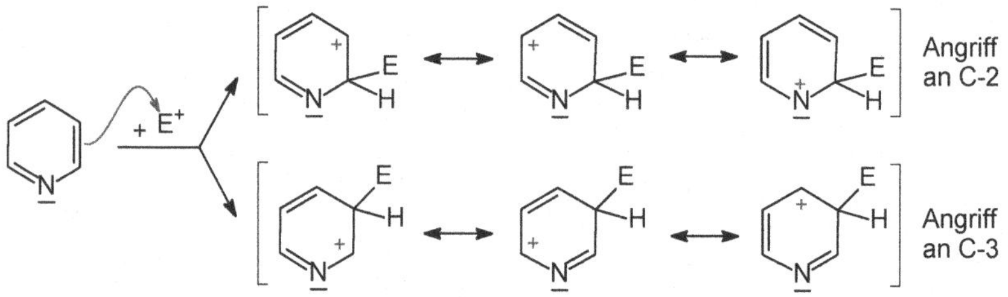

Relativ leicht möglich beim Pyridin sind **nucleophile Substitutionsreaktionen** in **2- und 4-Stellung.** Hierbei lässt sich eine mesomere Grenzstruktur mit einer negativen Ladung am elektronegativen N-Atom formulieren, was besonders günstig ist. Im Allgemeinen ist die 2-Position bevorzugt wegen der Nähe zum elektronenziehenden N-Atom.

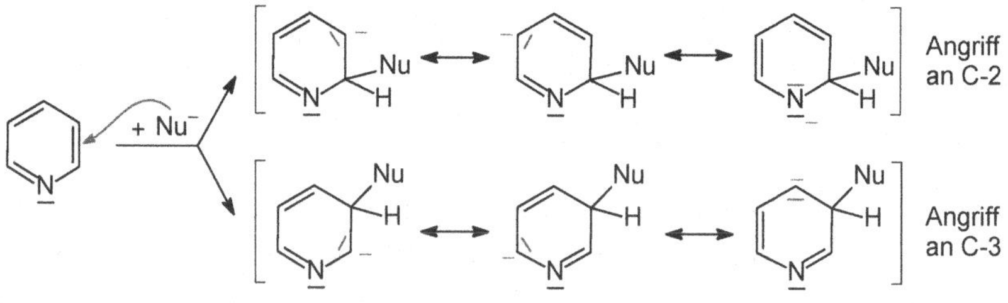

Beispiel: Herstellung von 2-Aminopyridin nach *Tschitschibabin* (s. Kap. 8.3).

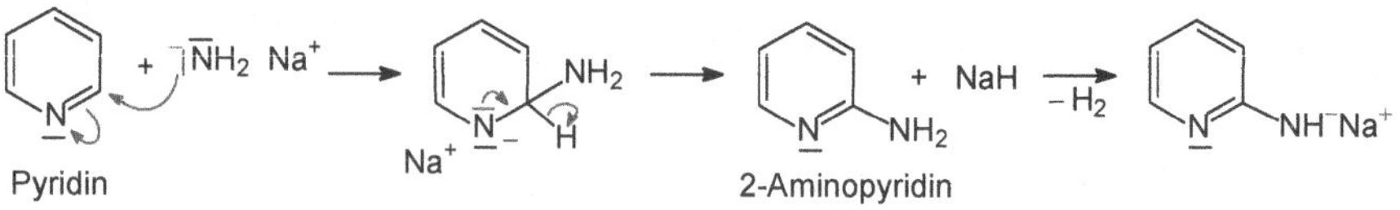

Pyridin   2-Aminopyridin

Tabelle 33. Beispiele für sechsgliedrige Heteroaromaten

Name	Formel	Vorkommen, Derivate, Verwendung
Nicotinsäure		NAD, NADP, Nicotin
Pyridoxin		Vitamin B6
Pyrimidin		Aneurin (Vit. B$_1$), Barbitursäure, Uracil, Thymin, Cytosin (RNA bzw. DNA)
1,3,5-Triazin		Cyanurchlorid, Cyanursäure, Melamin
Chinolin		Alkaloide wie Chinin aus dem Chinabaum
Isochinolin		Opiumalkaloide wie Morphin, Codein
4H-Chromen		Stammverbindung der Anthocyane (4H bedeutet: C-4-Atom ist gesättigt)
Dibenzodioxin		Stammverbindung der polychlorierten Dibenzodioxine (PCDD) Bsp.: TCDD (Seveso-Gift)
Purin		Harnsäure, Adenin, Guanin, Xanthin (2,6-Dihydroxy-purin), Coffein (1,3,7-Trimethyl-xanthin), Theobromin (3,7-Dimethyl-xanthin), Theophyllin (1,3-Dimethyl-xanthin)
Pteridin		Flügelpigmente von Schmetterlingen, Folsäure (Vit.-B-Gruppe), Lactoflavin (Riboflavin, Vit. B$_2$)

22.3.3 Tautomerie der Heteroaromaten

Mittels spektroskopischer Methoden sind bei Heteroaromaten häufig Tautomerie-Gleichgewichte nachweisbar.

Beispiel: Bei 2-Oxo-4,5-dihydropyrazolen (5-Pyrazolonen) sind folgende Gleichgewichte möglich (vgl. Keto-Enol-Tautomerie). Oft hängt es vom Lösemittel ab, welche Form überwiegt. Entsprechend den Tautomerie-Gleichgewichten lässt sich ableiten, welche Derivate möglich sind.

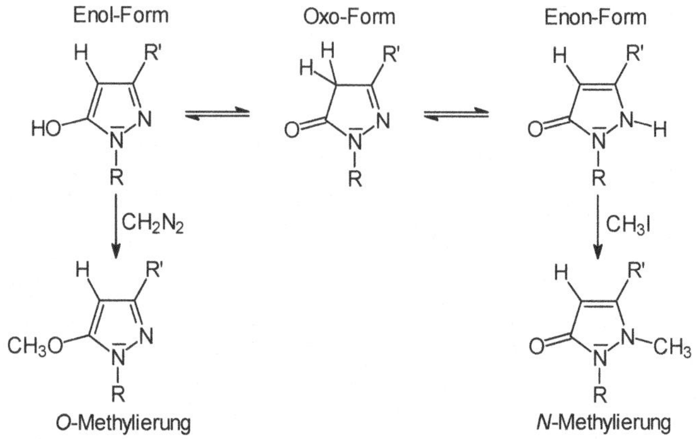

22.4 Retrosynthese von Heterocyclen

Zum Aufbau von Heterocyclen gibt es oftmals viele Möglichkeiten.

Bei der Planung einer Synthese geht man daher zuerst einmal von der Formel des gewünschten Produktes aus und zerlegt sie unter Zuhilfenahme bekannter Reaktionen rückschreitend in kleinere Einheiten („Retrosynthese"). Diese Zerlegungsschritte werden durch "Retrosynthese-Pfeile" ($\Rightarrow$) gekennzeichnet. Erster Schritt ist immer das Erkennen charakteristischer Strukturmerkmale im Produkt.

Betrachtet man z.B. die *Kekulé*-Formeln von **Stickstoff-Heterocyclen**, so findet man, dass sie die Strukturelemente von **Iminen bzw. Enaminen** enthalten. Für die Synthese bedeutet das: Einfache *N*-Heterocyclen können oft dadurch hergestellt werden, dass man eine Carbonylverbindung mit einem Amin unter Wasserabspaltung reagieren lässt.

Beispiel: Pyrimidin

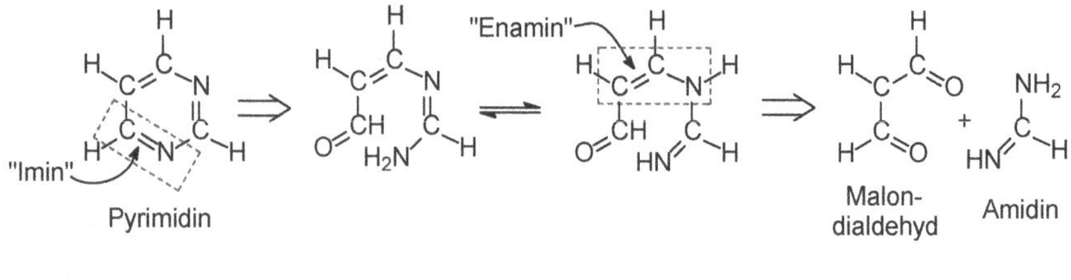

Eine **allgemeine Synthese für Pyrimidine** ist demnach die Kombination eines **Amidins mit einer 1,3-Dicarbonyl-Verbindung**. Amidine erhält man durch Umsetzung von Aminen mit Nitrilen oder Imidoestern (s. Kap. 19.1.2), die ihrerseits aus Nitrilen und Alkoholen gebildet werden (*Pinner*-**Reaktion**):

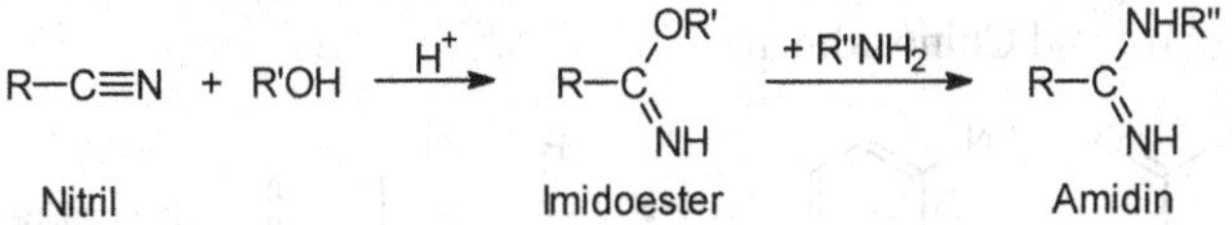

$$R-C\equiv N \ + \ R'OH \ \xrightarrow{H^+} \ R-C\begin{smallmatrix}OR'\\ \\NH\end{smallmatrix} \ \xrightarrow{+ R''NH_2} \ R-C\begin{smallmatrix}NHR''\\ \\NH\end{smallmatrix}$$

Nitril   Imidoester   Amidin

Bei der Retrosynthese werden zuerst, ohne Rücksicht auf die praktische Durchführbarkeit, Bindungen gespalten, wie hier z.B. die Imin- und Enamin-Strukturen. Erst im zweiten Schritt prüft man die Edukte auf ihre Brauchbarkeit für die angestrebte Synthese.

Beispiel: Imidazol

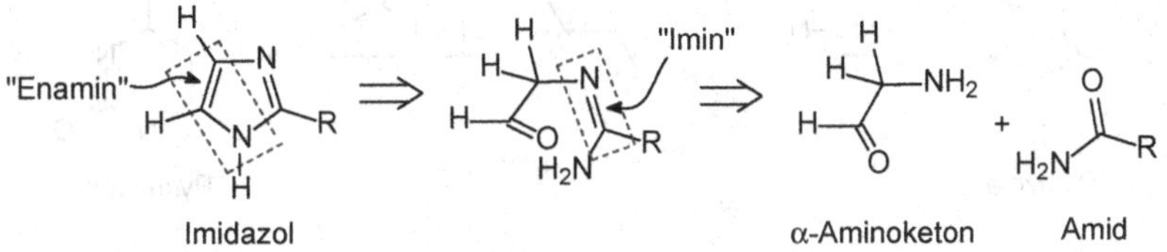

Imidazol   α-Aminoketon   Amid

Obgleich die angegebene Zerlegung des Moleküls durchaus sinnvoll ist, sollte berücksichtigt werden, dass die Reaktion eines α-Aminoketons mit einem Amid schlechte Ausbeuten liefern kann. Zum einen sind Amide wenig reaktiv, zum anderen dimerisieren α-Aminocarbonyl-Verbindungen leicht unter Wasserabspaltung zu 2,5-Dihydro-1,4-diazinen.

Es ist daher sinnvoll sich auch andere, alternative Zerlegungsmöglichkeiten zu überlegen:

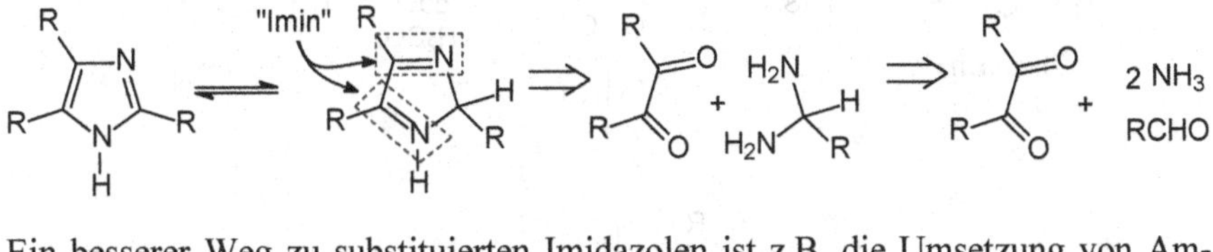

Ein besserer Weg zu substituierten Imidazolen ist z.B. die Umsetzung von Ammoniak, einem α-Diketon und einem Aldehyd (vgl. Pyridin-Synthese, Kap. 22.7).

22.5 Synthesen von Heterocyclen über Dicarbonylverbindungen

Die vorstehenden Beispiele haben gezeigt, dass Dicarbonylverbindungen reaktive und vielseitig anwendbare Ausgangssubstanzen für Heterocyclen sind.

1. 1,2-Dicarbonylverbindungen (s. Kap. 16.3.3) dienen z.B. zur Herstellung von Imidazolen (s.o.) und Chinoxalinen:

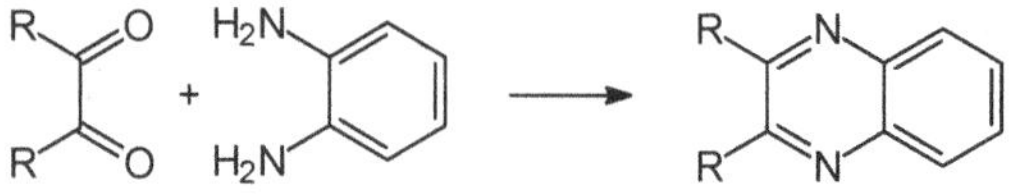

Chinoxaline

2. 1,3-Dicarbonylverbindungen, leicht herstellbar durch *Claisen*-Kondensation (s. Kap. 16.3.4), können zur Herstellung von Pyrazolen (über Hydrazone), Isoxazolen (über Oxime), Pyrimidinen (s. o.), Pyrimidonen u.a. verwendet werden:

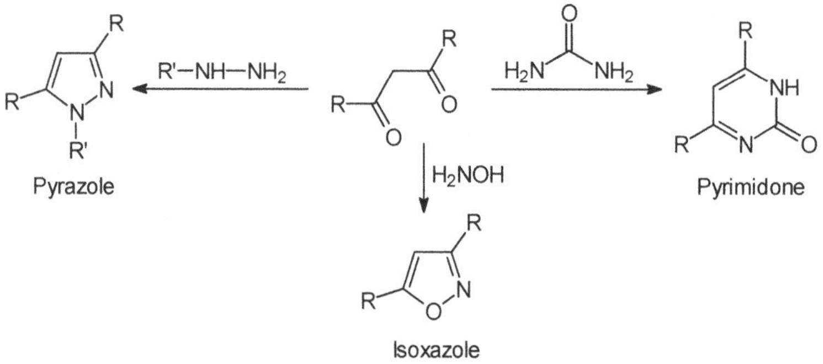

Pyrazole

Isoxazole

Pyrimidone

3. 1,4-Dicarbonylverbindungen, herstellbar z.B. durch *Stetter*-Reaktion (Kap. 16.3.5), verwendet man bei der *Paal-Knorr*-**Synthese** von fünfgliedrigen Heterocyclen:

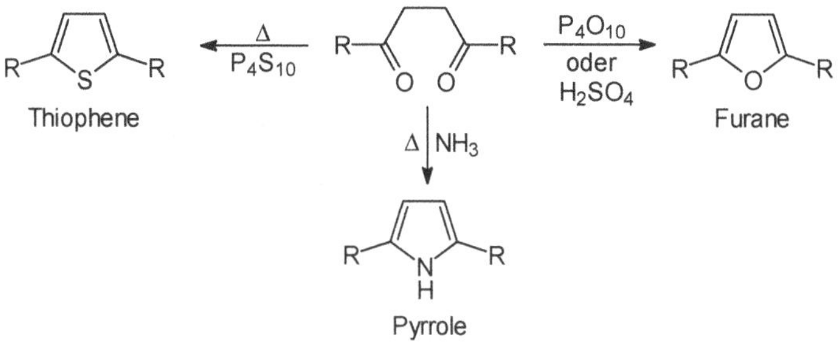

Thiophene

Furane

Pyrrole

4. 1,5-Dicarbonylverbindungen, herstellbar durch *Michael*-Addition (s. Kap. 16.3.6), und Hydroxylamin liefern unter Wasserabspaltung **Pyridine**:

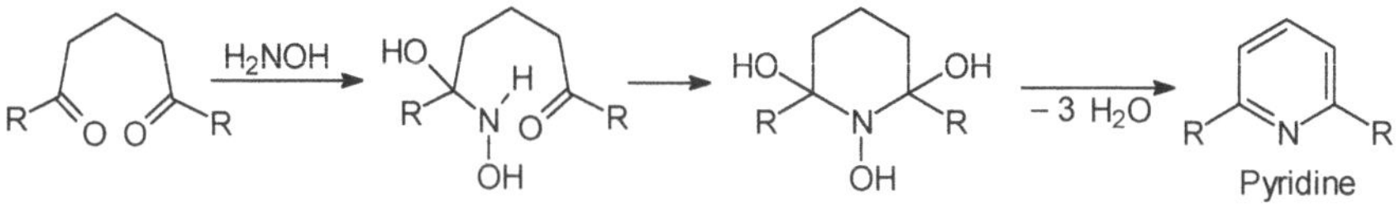

Pyridine

22.6 Weitere Synthesen für heterocyclische Fünfringe

Neben Dicarbonyl-Verbindungen werden auch Verbindungen wie Lactone oder Aldehyde/Ketone verwendet.

1. Das als Extraktionsmittel wichtige *N*-**Methylpyrrolidon** entsteht beim Erhitzen von γ-Butyrolacton mit Methylamin:

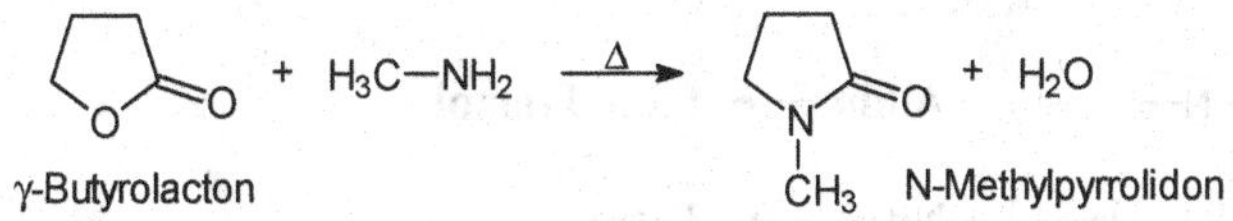

γ-Butyrolacton · · · · · · N-Methylpyrrolidon

2. Thiazole nach *Hantzsch*

Bei den retrosynthetischen Überlegungen verfährt man zunächst wie bei den *N*-Heterocyclen:

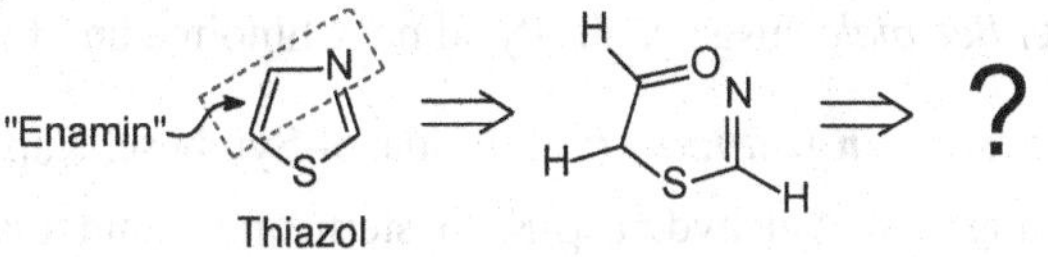

Thiazol

In einem der nächsten Schritte wird es dann notwendig sein, eine C–S-Bindung zu knüpfen. Hierzu verwendet man am besten die aus Kap. 13 bekannte S_N2-Substitution von Schwefel-Nucleophilen an Halogenverbindungen. Berücksichtigt man noch, dass Halogenatome in α-Stellung zu einer Carbonyl-Gruppe besonders reaktiv sind (vgl. Kap. 18.5.2.1), so ergibt sich folgender **Syntheseweg für Thiazole** aus Bromacetaldehyd und Thioformamid:

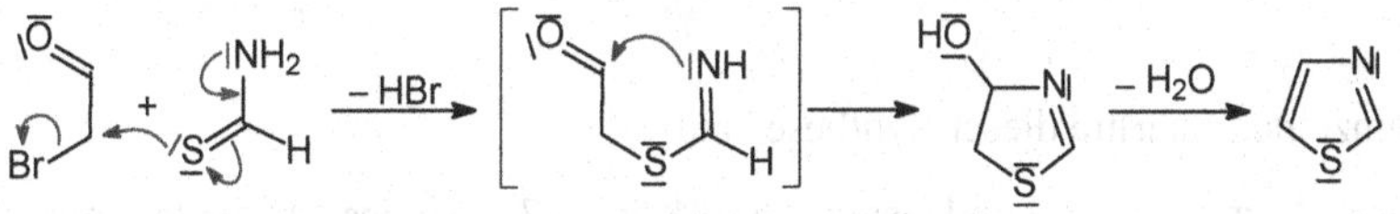

3. Isoxazole und andere pentagonale Heterocyclen können auch in einer **1,3-dipolaren Cycloaddition** (s. Kap. 6.2.3) hergestellt werden. Es handelt sich um eine zur *Diels-Alder*-Reaktion analoge Reaktion eines 1,3-Dipols an ein Alkin. Als Dipole verwendet man u.a. Azide, Diazoalkane, Nitriloxide, als Dipolarophile Alkene, Alkine, Carbonylverbindungen u.a.

Beispiele:

1. Nitriloxid $\left(R-\overset{+}{C}=\overline{N}-\underline{\overline{O}}\vert^{-} \right)$ + **Alkin** ⟶ **Isoxazol**

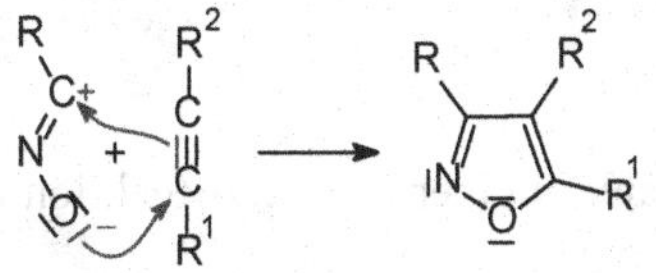

2. Diazomethan ($R{-}\overset{-}{\overline{C}}H{-}\overline{N}{=}\overset{+}{N}|$) **+ Alkin ⟶ Pyrazol**

3. Azid ($R{-}\underline{\overline{N}}^{-}{-}\overline{N}{=}\overset{+}{N}|$) **+ Alkin ⟶ 1,2,3-Triazol**

4. Azid ($R{-}\underline{\overline{N}}^{-}{-}\overline{N}{=}\overset{+}{N}|$) **+ Nitril ⟶ Tetrazol**

22.7 Weitere Synthesen für heterocyclische Sechsringe

Hierfür seien drei *Beispiele* ausgewählt: Pyridine, Chinoline und Indole.

1. Pyridin-Synthese nach *Hantzsch* (vgl. Imidazol-Synthese, Kap. 22.4).

Bei der Umsetzung von Aldehyden, β-Ketoestern und Ammoniak entstehen in einer **Mehrkomponentenreaktion** Dihydropyridine, welche anschließend zu Pyridinen oxidiert werden können:

β-Ketoester Dihydropyridine

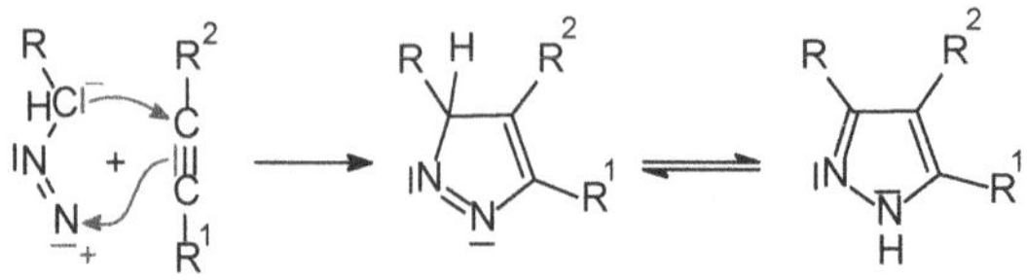

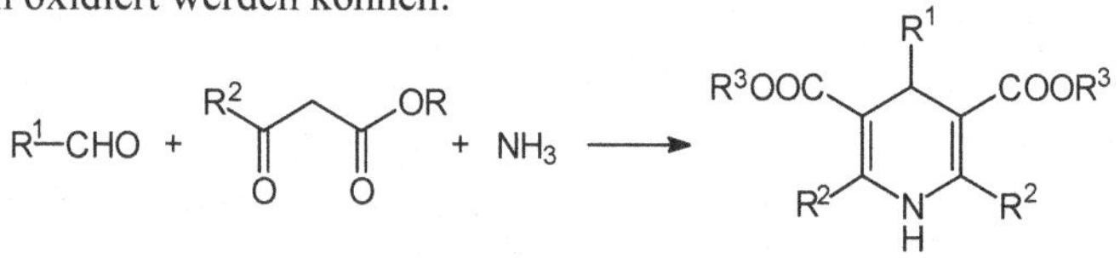

Die einzelnen Schritte dieser Synthese sind:

- eine *Knoevenagel*-Kondensation (s. Kap. 17.3.6) des Aldehyds mit dem β-Ketoester:

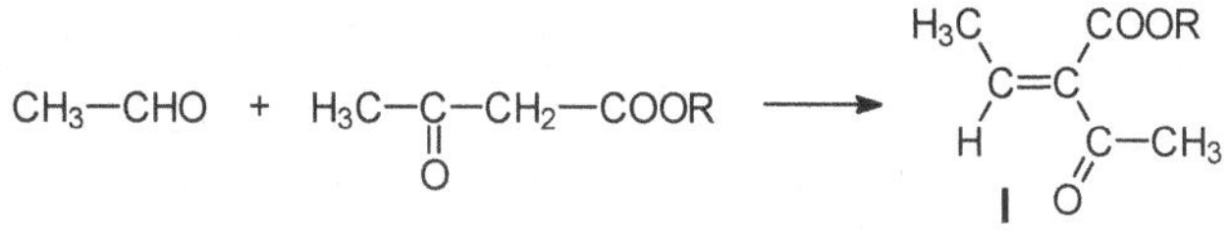

- Bildung eines Enamins **II** aus NH_3 und dem zweiten Molekül β-Ketoester:

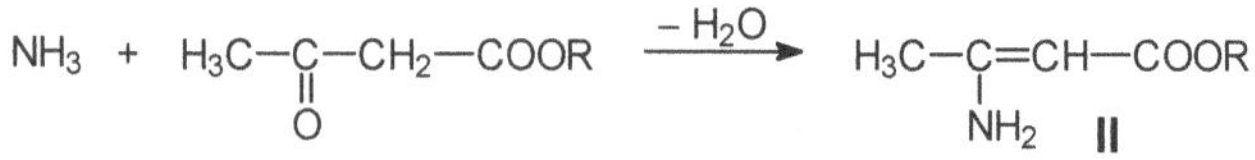

- Enamin **II** setzt sich dann in einer *Michael*-Reaktion mit dem Kondensationsprodukt **I** zu **III** um:

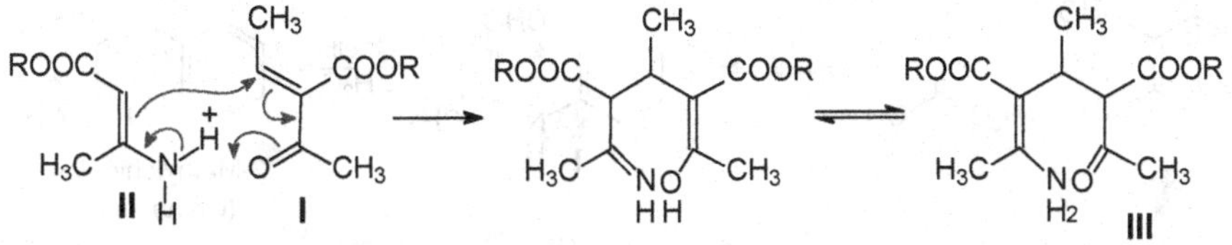

- Der Ringschluss erfolgt durch Reaktion der Aminofunktion mit der Carbonylgruppe von **III**. Der entstandene Dihydropyridindiester **IV** wird durch Oxidation aromatisiert (vgl. die NADH/NAD-Umwandlung, Kap. 27.2). Die Ester-Gruppen können anschließend hydrolysiert und decarboxyliert werden.

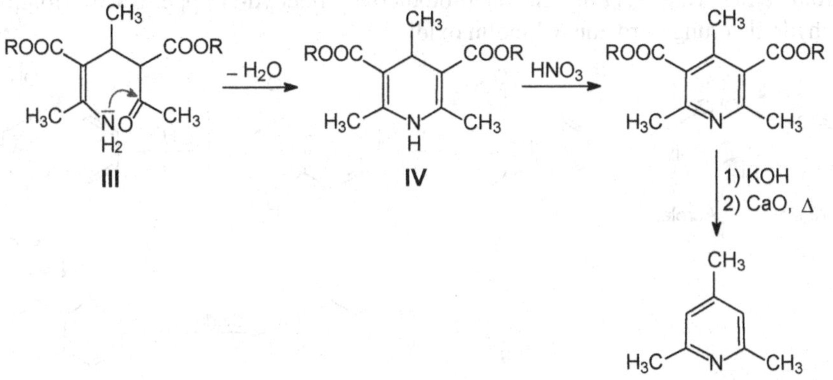

Trimethylpyridin
(*sym.*-Collidin)

Neben den Pyridinen sind auch die **Dihydropyridine** von großer Bedeutung. Viele dieser Verbindungen sind von pharmazeutischem Interesse. Sie sind wichtige **Calcium-Antagonisten** (Calcium-Kanal-Blocker), die bei Herzbeschwerden und -erkrankungen Anwendung finden.

Beispiel:

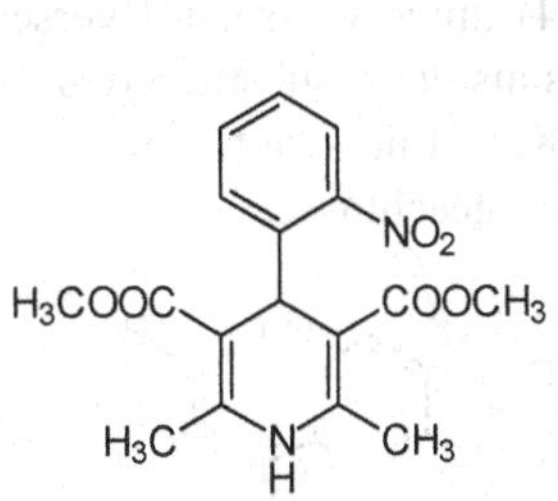

Nifedipin
("Adalat")

2. Chinoline

Die Synthese nach *Friedländer* verwendet *o*-Aminobenzaldehyde und Aldehyde bzw. Ketone. Im ersten Schritt bildet sich wahrscheinlich ein Enamin **I**, aus dem durch basen-katalysierte Aldol-Kondensation das gewünschte Chinolin erhalten wird:

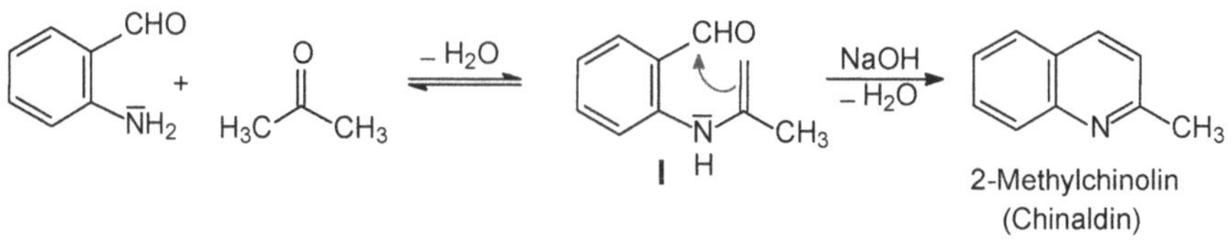

2-Methylchinolin
(Chinaldin)

Bei der **Synthese nach** *Skraup* reagiert ein (substituiertes) Anilin mit Glycerin unter Zugabe von konz. Schwefelsäure zu einem Dihydrochinolin, das mit As_2O_5 zum Chinolin oxidiert wird. Im ersten Schritt bildet sich aus Glycerin Acrolein (säurekatalysierte Dehydratisierung, s. Kap. 16.3.6), das dann in einer 1,4-Addition mit Anilin reagiert. Der Ringschluss folgt durch elektrophile Substitution am Aromaten (s. Kap. 8.1) mittels der protonierten Aldehyd-Gruppe. Nach erfolgter Dehydratisierung wird zum Chinolin oxidiert.

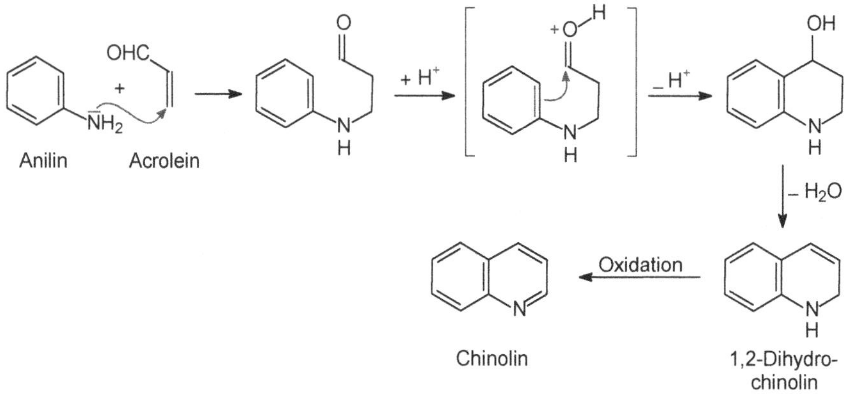

Anilin   Acrolein

Chinolin   1,2-Dihydro-chinolin

3. Indole

Bei der vielseitig anwendbaren **Indol-Synthese nach** *Fischer* wird aus Phenylhydrazin und einem 2-Alkanon zunächst ein Phenylhydrazon (s. Kap. 17.1.3) hergestellt. Dessen tautomere Form lagert sich in einer sigmatropen Reaktion (*Diaza-Cope*-Umlagerung, s. Kap. 24.4) unter Wasserstoffverschiebung um in ein Dienonimin. Dies ist nichts anderes als ein *o*-substituiertes Anilin in der „Iminform". Nach Rearomatisierung (vgl. Keto-Enol-Tautomerie) wird der Indolring unter intramolekularer NH_3-Abspaltung geschlossen.

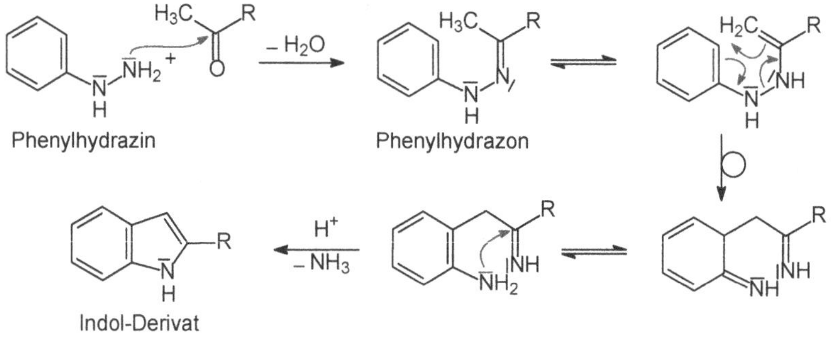

Phenylhydrazin   Phenylhydrazon

Indol-Derivat

23 Wichtige Reaktionsmechanismen im Überblick

Die beiden folgenden Kapitel 23 und 24 enthalten eine zusammenfassende Darstellung aller bisher besprochenen Reaktionsmechanismen. Begonnen wird mit einer Beschreibung der wichtigsten Zwischenstufen, es folgen Einzeldarstellungen von Reaktionsmechanismen; zum Schluss wird auf die *Woodward-Hoffmann*-Regeln eingegangen, die eine einfache Interpretation elektrocyclischer Reaktionen erlauben.

23.1 Reaktive Zwischenstufen

Zwischenstufen wie Carbeniumionen (Carbokationen), Carbanionen, Radikale und Carbene sind bei vielen Reaktionen von großer Bedeutung.

23.1.1 Carbeniumionen

Carbeniumionen haben an einem Kohlenstoff-Atom eine positive Ladung. Dieses C-Atom besitzt **nur sechs** anstatt acht **Valenzelektronen.** Die drei σ-Bindungen im R_3C^+- sind **trigonal** angeordnet. Die **planare Struktur** resultiert aus der Abstoßung der Bindungselektronenpaare der C–R-Bindungen, die in dieser Anordnung den maximalen Abstand voneinander haben. Die Struktur des sp^2-hybridisierten Kations entspricht der von Bortrifluorid.

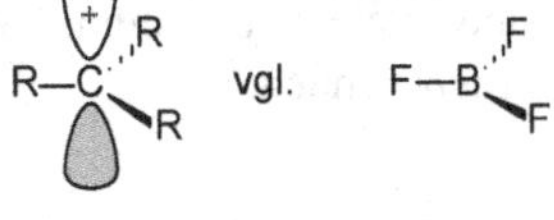

Eine Stabilisierung von Carbeniumionen wird durch Elektronen-Donoren als Substituenten erreicht, wobei die planare sp^2-Anordnung der Substituenten am zentralen C-Atom die Ladungsverteilung erleichtert.

Die Stabilität von Carbeniumionen wird also in folgender Reihe abnehmen:

$$R_3C^+ \quad > \quad R_2HC^+ \quad > \quad RH_2C^+ \quad > \quad H_3C^+$$

tertiär   sekundär   primär   Methyl

Die **Stabilisierung der Carbeniumionen** in der angegebenen Reihenfolge kann mit dem +I-Effekt der Alkyl-Gruppen oder auch durch eine Delokalisierung von Bindungselektronen, die sog. **Hyperkonjugation („no-bond-Resonanz")**, erklärt werden.

Beispiel: Hyperkonjugation des Ethyl-Kations

Zur Erklärung der Hyperkonjugation nimmt man an, dass zwischen dem leeren p-Orbital des zentralen C-Atoms und den σ-Orbitalen der C–H-Bindungen eine gewisse Überlappung stattfindet, wodurch die positive Ladung über diese Bindungen delokalisiert wird.

Besser als durch Hyperkonjugation lassen sich Carbeniumionen über **mesomere Effekte** stabilisieren. Hierbei kommt es zu einer Überlappung des leeren p-Orbitals des Kations mit einem freien Elektronenpaar eines Nachbaratoms oder einer π-Bindung.

Beispiele für mesomeriestabilisierte Carbeniumionen:

Allyl-Kation   Benzyl-Kation

Eine **weitere Stabilisierung** von Carbeniumionen kann **durch das Lösemittel erfolgen**, z.B. durch Ausbildung einer Solvathülle mit Wasser, Alkoholen, Essigsäure etc. In stark elektrophilen Lösemitteln wie H_2SO_4 und den Supersäuren HF/SbF_5 und FSO_3H/SbF_5 sind viele Carbeniumionen so beständig, dass sie spektroskopisch untersucht werden können.

Erzeugung von Carbeniumionen

Carbeniumionen können auf verschiedene Weise gebildet werden: bei der S_N1-Reaktion, beim Zerfall von Diazonium-Kationen, durch Addition eines Protons an ungesättigte Verbindungen wie Alkene, bei der Elektrolyse von sekundären und tertiären Alkyl-Radikalen $\left(R\bullet \xrightarrow{\ -e^-\ } R^+ \right)$ u.a.

Carbeniumionen unterliegen dann Folgereaktionen wie etwa: Reaktionen mit einem Nucleophil (S_N1), Abspaltung eines Protons (E1), Anlagerung an eine Mehrfachbindung (Addition), Umlagerungen u.a.

23.1.2 Carbanionen

Carbanionen sind Verbindungen mit einem negativ geladenen Kohlenstoff-Atom, an das drei Substituenten gebunden sind. Dieses C-Atom in R_3Cl^- besitzt ein Elektronenoktett und hat in **nichtkonjugierten Carbanionen** eine **tetraedrische Umgebung**, da das freie Elektronenpaar ein sp^3-Orbital besetzt. Das freie Elektronenpaar und die Bindungselektronenpaare stoßen sich ab, daher die tetraedrische Struktur. Das Carbanion invertiert rasch (10^8 - 10^4 s^{-1}), wobei ein sp^2-Zustand durchlaufen wird:

sp^3 sp^2 sp^3

Carbanionen werden von –I-Substituenten stabilisiert und durch +I-Substituenten destabilisiert. Im Gegensatz zu den tertiären Alkyl-Kationen sind tertiäre Alkyl-Anionen daher weniger stabil als primäre. Einfache primäre, sekundäre oder tertiäre Alkyl-Anionen sind als freie Spezies bislang noch unbekannt. Es ist möglich, dass sie nur als Ionenpaare R^-M^+ oder sogar nur als polare metallorganische Verbindung (s. Kap. 15) Bedeutung haben, wobei dem Metall-Kation durchaus eine sehr wichtige mechanistische Rolle zukommt.

Wie die Carbeniumionen so lassen sich auch die Carbanionen besonders gut **durch mesomere Effekte stabilisieren**. Verbindungen welche besonders leicht solche stabilisierten Carbanionen bilden werden als **C-H-acide Verbindungen** bezeichnet.

Beispiele:

Allyl-Anion   Benzyl-Anion

Ebenfalls gut stabilisiert sind folgende Carbanionen:

6π-Elektronen
(arom. System)

Erzeugung von Carbanionen

Carbanionen werden meist durch Entfernung eines Atoms oder einer anderen Abgangsgruppe gebildet. Besonders beliebt ist die Abspaltung eines Protons mit starken Basen wie $NaNH_2$ oder C_4H_9Li. Carbanionen sind an vielen Reaktionen beteiligt, da sie zur **Knüpfung von C–C-Bindungen** dienen können.

23.1.3 Carbene

Carbene enthalten ein neutrales, zweibindiges C-Atom mit einem Elektronensextett. Sie sind stark elektrophile Reagenzien, deren zentrales C-Atom zwei nichtbindende Elektronen besitzt: R_2Cl (s. Abb. 44). Im sog. **Singulett-Carben** sind beide Elektronen gepaart und das C-Atom hat sp^2-Geometrie. Das p_z-Orbital bleibt unbesetzt. **Ein Singulett-Carben verfügt also über ein nucleophiles und ein elektrophiles Zentrum.** Die beiden gepaarten Elektronen im sp^2-Orbital befinden sich näher am Kern als die Bindungselektronenpaare. Daher ist die Abstoßung zwischen dem freien Elektronenpaar und den Bindungselektronen größer als zwischen den Bindungselektronen. Demzufolge ist der Bindungswinkel auch nicht 120° wie man für sp^2-Hybridisierung erwarten sollte, sondern deutlich kleiner (103°).

Im **Triplett-Carben** befinden sich beide Elektronen in zwei verschiedenen p-Orbitalen (→ sp-Geometrie). Sie sind ungepaart, d.h. das **Triplett-Carben verhält sich wie ein Diradikal.** Beim Triplett-Carben gehen die beiden Bindungselektronenpaare auf maximale Distanz zueinander, daher die sp-Hybridisierung und der Bindungswinkel von 180°.

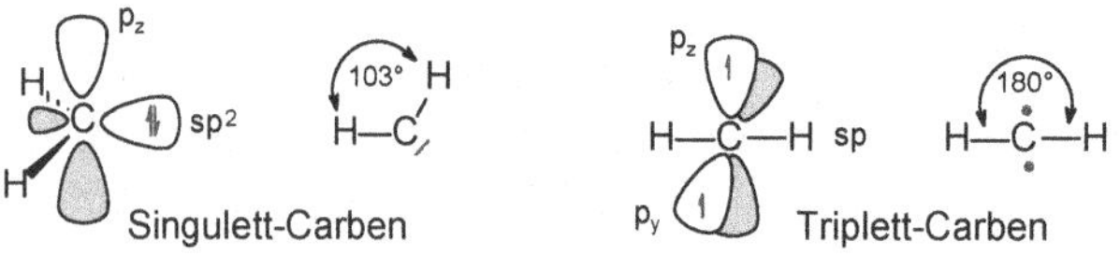

Abb. 44. Singulett- und Triplett-Carben-Struktur

Das energiereichere Singulett-Methylen ist weniger stabil: es wird bei den meisten Darstellungsweisen zuerst gebildet.

Beispiele:

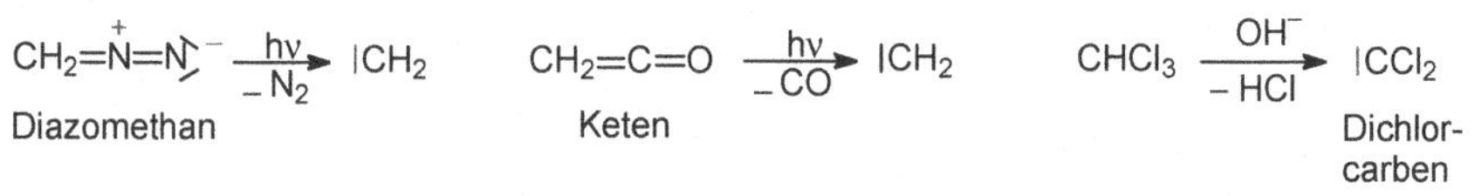

Die bekannteste Reaktion der Carbene, die Addition an eine C=C-Bindung, lässt sich zur Unterscheidung beider Spinzustände verwenden. Solche **„Abfangreaktionen"** sind typische Nachweismethoden für reaktive Zwischenstufen.

Die Bildung von Cyclopropanen durch **Addition von Singulett-Carben verläuft stereospezifisch:** cis-Alken → cis-disubstituiertes, trans-Alken → trans-disubstituiertes Cyclopropan. Bei der **Addition eines Triplett-Carbens** entstehen dagegen aus sterisch einheitlichen Alkenen **Gemische stereoisomerer Cyclopropane (nicht-stereospezifische Addition).** Dies liegt daran, dass die Addition des Singulett-Carbens synchron erfolgt, während das Triplett-Carben als Diradikal stufenweise reagiert, und dabei Rotationen möglich sind.

Beispiel: Addition an 2-Buten

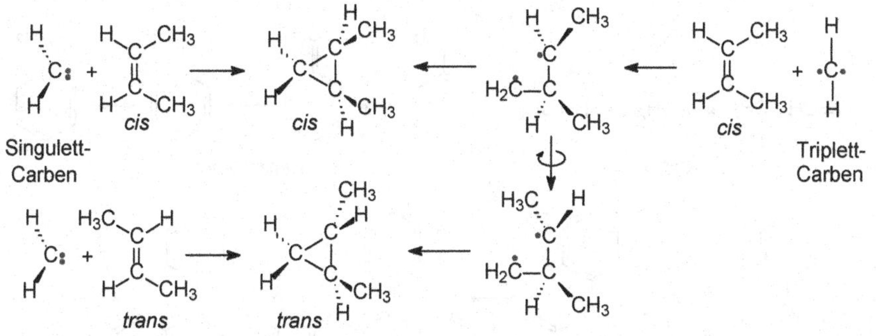

Singulett-Sauerstoff

Ähnlich wie bei den Carbenen unterscheidet man auch bei molekularem Sauerstoff den gewöhnlichen Sauerstoff, ein Diradikal mit zwei ungepaarten Elektronen (Gesamtspin $S = 1/2 + 1/2 = 1$, Spinmultiplizität $2 S + 1 = 3$) als **Triplett-Sauerstoff** $^3O_2$ von dem **Singulett-Sauerstoff** $^1O_2$. Der energiereichere Singulett-Sauerstoff hat eine Lebensdauer von ca. 10^{-4} s, und seine Elektronen sind gepaart, d.h. er ist diamagnetisch. Meist wird er in präparativem Maßstab durch indirekte Aktivierung von $^3O_2$ mittels Sensibilisatoren (z.B. Farbstoffe wie Eosin, Methylenblau u.a.) hergestellt und kann dann zur selektiven Photooxidation verwendet werden. Vgl. auch Basiswissen I.

Beispiel: (2+2)-Cycloaddition mit elektronenreichen Olefinen:

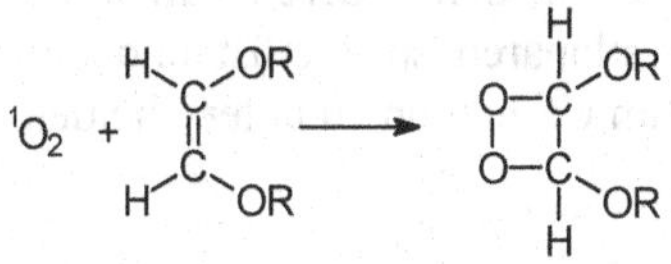

23.1.4 Radikale

Radikale sind Teilchen mit einem oder mehreren ungepaarten Elektronen. Radikale können auf verschiedene Weise gebildet werden, z.B. durch **thermische Spaltung** von Atombindungen, **Photolyse** und **Redoxprozesse**.

Die **Stabilität der Alkyl-Radikale** nimmt in der Reihe primär < sekundär < tertiär zu (Hyperkonjugationseffekte).

Elektrisch neutrale Radikale werden durch Mesomerie-Effekte sehr stark stabilisiert, jedoch weniger durch induktive Effekte. **Das Triphenylmethyl-Radikal** z.B. ist in Lösung einige Zeit beständig, da die Rekombination zweier Radikale aufgrund sterischer Hinderung behindert ist. Diese Beständigkeit bezeichnet man als **Persistenz.** Die Rekombination des Triphenylmethyl-Radikals liefert auch nicht das erwartete Hexaphenylethan sondern ein Cyclohexadienderivat.

Beispiele:

Allyl-Radikal

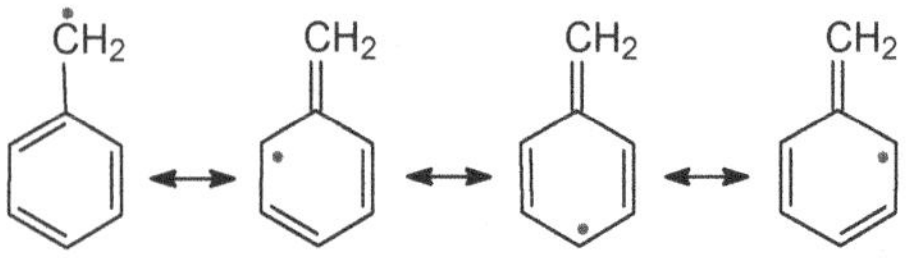

Benzyl-Radikal

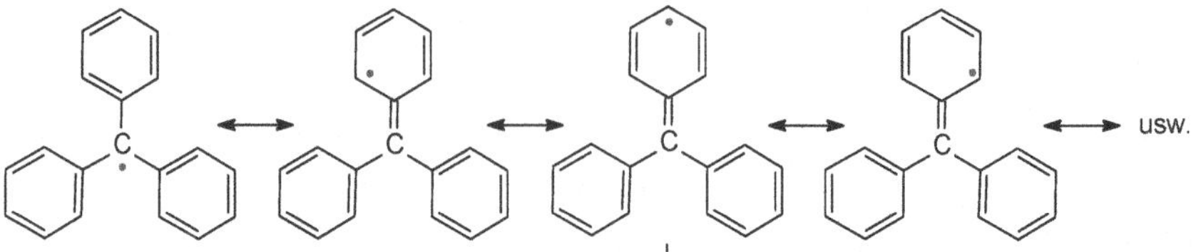

USW.

Triphenylmethyl-Radikal
10 mesomere Grenzstrukturen

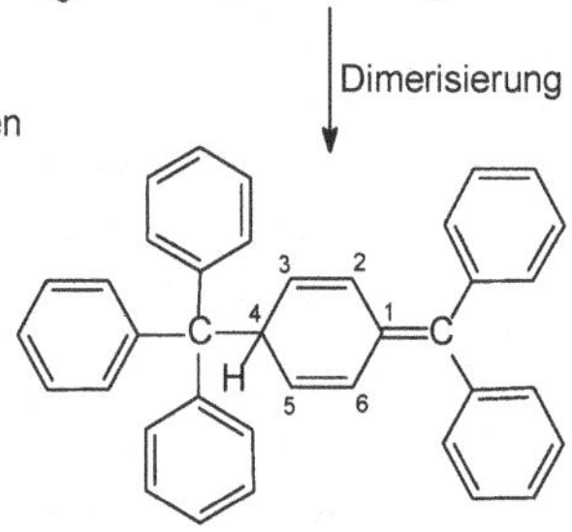

Dimerisierung

1-Diphenylmethylen-4-triphenylmethyl-2,5-cyclohexadien

Noch ungeklärt ist die Frage nach der Geometrie des zentralen dreibindigen C-Atoms, das von sieben Elektronen umgeben ist: In konjugierten Radikalen ist das C-Atom sp^2-hybridisiert, in den anderen Fällen war es vielfach noch nicht möglich, zwischen einem planaren sp^2-Gerüst und einem ebenfalls denkbaren, flachen sp^3-Tetraeder wie im Carbanion zu unterscheiden.

23.2 Reaktionstypen

23.2.1 Additions-Reaktionen

Bei Additionsreaktionen werden Moleküle oder Molekülfragmente an eine Mehrfachbindung angelagert. Diese Reaktionen können elektrophil, nucleophil oder radikalisch ablaufen.

1. Elektrophile Addition

Eine C=C-Doppelbindung kann leicht von elektrophilen Reagenzien angegriffen werden, denn sie ist ein Zentrum relativ hoher Ladungsdichte. Der Angriff an dem sp^2-hybridisierten C-Atom erfolgt senkrecht zu der Ebene, in der die C-Atome und ihre Substituenten liegen.

Beispiel: Addition von Brom an Ethen

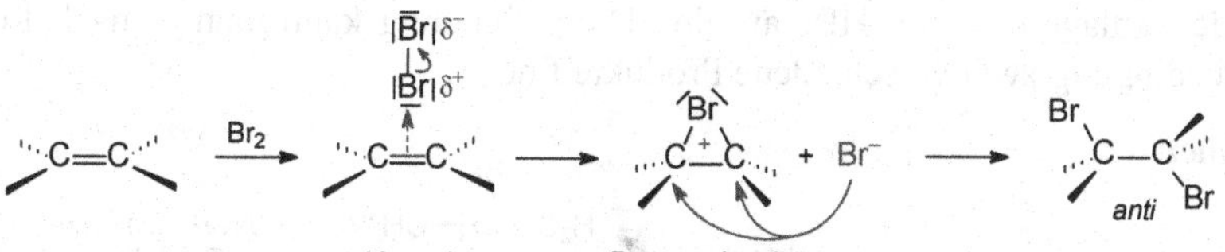

π-Komplex   Bromoniumion

Es handelt sich um einen **zweistufigen Prozess**. Geschwindigkeitsbestimmend ist der elektrophile Angriff des polarisierten Brommoleküls an der Doppelbindung im Ethen. Zunächst wird eine lockere Bindung mit dem π-Elektronenpaar gebildet (**π-Komplex**) und dann entsteht vermutlich ein Bromoniumion, aus dem das *trans*-Produkt entsteht (*anti*-**Addition**).

Bei der Addition an konjugierte Diene können zwei Produkte entstehen:

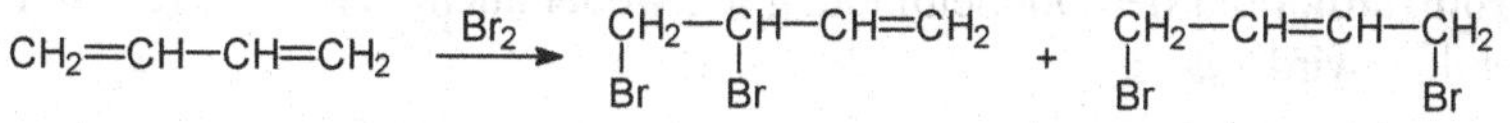

1,2-Addukt   1,4-Addukt

2. Nucleophile Addition

Nucleophile Additionen an C=C-Doppelbindungen sind nur möglich, wenn **elektronenziehende Gruppen** im Substrat vorhanden sind, wobei das angreifende Reagenz auch ein Carbanion sein kann (hergestellt durch Abspaltung eines Protons mit einer Base).

Beispiel: *Michael*-Addition

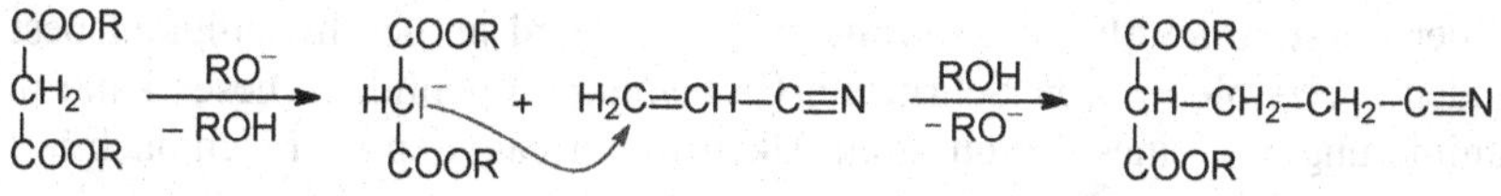

Malonsäureester   Malonat-Anion   Acrylnitril   2-Cyanoethylmalonsäureester

Von großer Bedeutung sind ferner Additionsreaktionen an Mehrfachbindungen zwischen Kohlenstoff und einem Heteroatom wie >C=O, >C≡N usw.:

Beispiel:

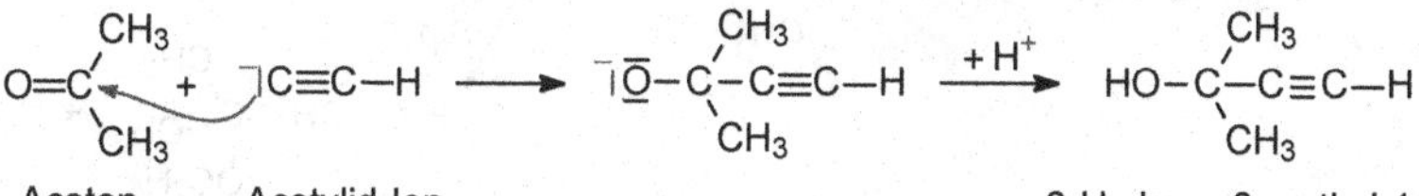

Aceton   Acetylid-Ion   3-Hydroxy-3-methyl-1-butin

Auch Acetal- bzw. Ketal-Bildungen sind nucleophile Additionsreaktionen. Nucleophile sind hier H_2O, ROH, RSH etc.

3. Radikalische Addition

Bei der Anlagerung von HBr an eine Doppelbindung kann man je nach Reaktionsbedingung zwei verschiedene Produkte finden:

Beispiel:

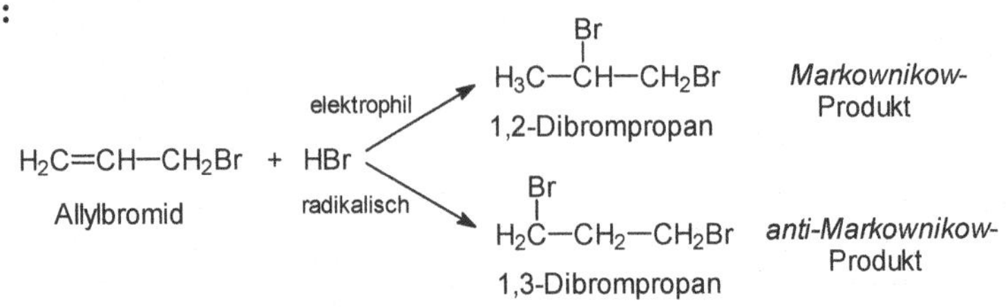

$$H_2C=CH-CH_2Br + HBr$$

Allylbromid

elektrophil →

$$\begin{array}{c} Br \\ | \\ H_3C-CH-CH_2Br \end{array}$$

1,2-Dibrompropan

Markownikow-Produkt

radikalisch →

$$\begin{array}{c} Br \\ | \\ H_2C-CH_2-CH_2Br \end{array}$$

1,3-Dibrompropan

anti-Markownikow-Produkt

1,2-Dibrompropan entsteht durch elektrophile Addition, wobei bei dem Angriff von H^+ das **stabilere Carbeniumion** gebildet wird. Die Bildung von 1,3-Dibrompropan verläuft dagegen nach einem radikalischen Mechanismus. Hierbei greift ein **Bromradikal** an der Doppelbindung an, wobei auch hier das **stabilste Radikal** gebildet wird.

23.2.2 Eliminierungs-Reaktionen

Die **Eliminierung** kann als **Umkehrung der Addition** aufgefasst werden. Es werden meist Gruppen oder Atome von benachbarten C-Atomen unter Bildung von Mehrfachbindungen entfernt. Die Eliminierung ist eine Konkurrenzreaktion zur Substitution, da jedes Nucleophil in der Regel auch basische Eigenschaften hat. Die Eliminierung verläuft wie die Substitution entweder **monomolekular (E1)** oder **bimolekular (E2)** durch Angriff einer Base an einem Substrat.

1. E1-Reaktion

Bei der **monomolekularen Eliminierung (E1)** wird im geschwindigkeitsbestimmenden reversiblen ersten Schritt ein Carbeniumion gebildet. Dieses kann unter Eliminierung z.B. eines Protons zum Alken weiterreagieren oder sich nach S_N1 zu einem neuen Alkan umsetzen.

Beispiel: Solvolyse von 2-Brom-2-methylbutan in Ethanol

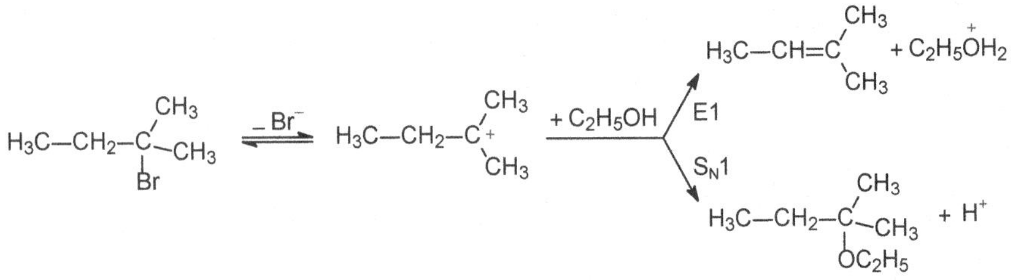

Geschwindigkeitsgesetz 1. Ordnung:

$$v = \frac{dc(RX)}{dt} = k \cdot c(RX)$$

2. E2-Reaktion

Bimolekulare Eliminierungen (E2-Reaktionen) sind einstufige Prozesse, die stereospezifisch verlaufen. Dabei liegen die abzuspaltenden Substituenten in einer *anti*-koplanaren Konformation vor (*anti*-Eliminierung). **Die vier Reaktionszentren liegen in einer Ebene.**

Beispiel: Eliminierung von HBr aus Bromethan:

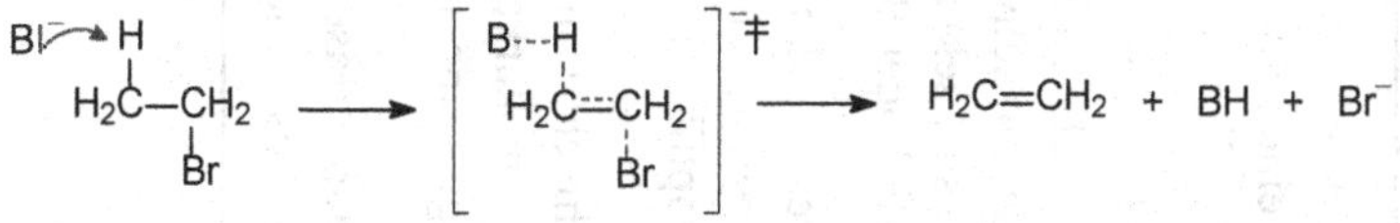

Geschwindigkeitsgesetzt zweiter Ordnung:

$$v = \frac{dc(RX)}{dt} = k \cdot c(B) \cdot c(RX)$$

23.2.3 Substitutions-Reaktionen

Unter einer **Substitution** versteht man den **Ersatz eines Atoms oder einer Atomgruppe** in einem Molekül **durch ein anderes Atom bzw. eine andere Atomgruppe.**

Im Gegensatz zur Addition entstehen daher stets **zwei** Produkte. Substitutionen können nucleophil, elektrophil oder auch radikalisch verlaufen.

1. Nucleophile Substitution

Die nucleophile Substitution findet hauptsächlich an aktivierten gesättigten Kohlenstoff-Verbindungen statt, wobei Eliminierungen und Umlagerungen als Nebenreaktionen auftreten können. Vom Mechanismus her unterscheiden wir die **bimolekulare** nucleophile Substitution (S_N2) und die **mono-molekulare** nucleophile Substitution (S_N1).

S_N1-**Reaktionen** sind **zweistufig** verlaufende Prozesse, wobei der erste, reversible Schritt geschwindigkeitsbestimmend ist. Ebenso wie bei E1-Reaktionen tritt ein **Carbeniumion als Zwischenprodukt** auf (siehe Beispiel bei E1).

S_N2-**Reaktionen** sind einstufig und verlaufen über einen **energiereichen Übergangszustand I.** Die wichtigsten Konkurrenzreaktionen sind Eliminierungen. Tabelle 34 gibt einen Überblick.

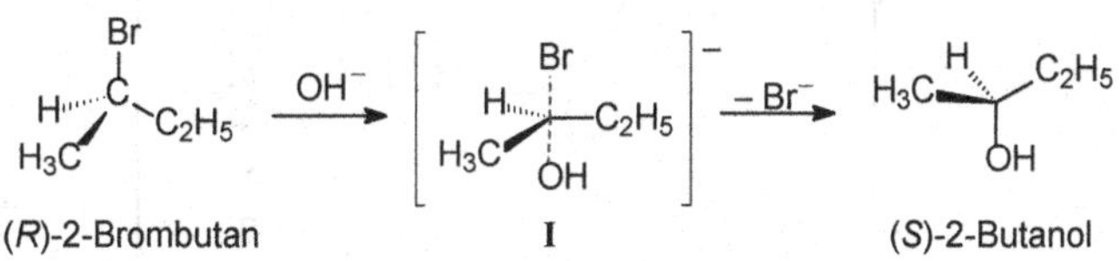

(R)-2-Brombutan   I   (S)-2-Butanol

Tabelle 34. Substitution — Eliminierung (nach *I. Eberson*)

	Reaktion	begünstigt durch
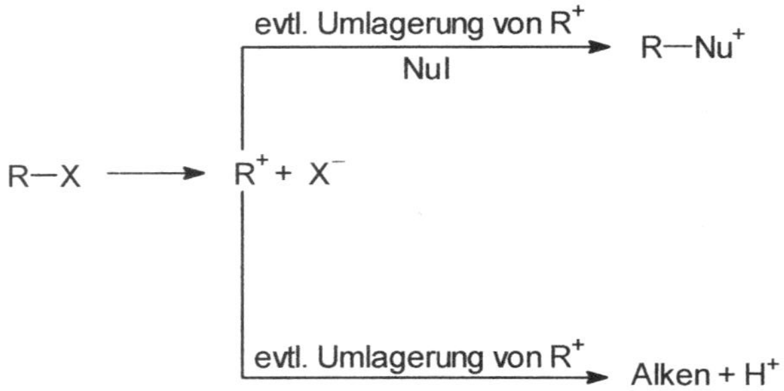 $R-X \longrightarrow R^+ + X^-$ evtl. Umlagerung von R^+ $\xrightarrow{\ Nu^-\ } R-Nu^+$	Reaktion von R^+ oder umgelagertem R^+ mit einem Nucleophil Nu; S_N1-Substitution	ein starkes Nucleophil, das gleichzeitig eine schwache Base ist; niedrige Temperatur
	Bildung eines Carbeniumions im geschwindigkeitsbestimmenden Schritt, gemeinsam für den S_N1- und den E1-Mechanismus	hohes Ionisierungsvermögen des Lösemittels, eine gute austretende Gruppe, ein schwaches Nucleophil, tertiäres R, sekundäres R, R = Allyl oder Benzyl
evtl. Umlagerung von R^+ $\longrightarrow$ Alken + H^+	Abspaltung von H^+ aus R^+ oder umgelagertem R^+; E1-Eliminierung	tertiäres R, sekundäres R, hohe Temperatur, stark basisches Nucleophil
$R-X + Nu^- \longrightarrow R-Nu^+ + X^-$	S_N2-Substitution	ein schlecht ionisierendes Lösemittel, ein starkes Nucleophil Nu, niedrige Temperatur, primäres R
$R-X + B^- \longrightarrow$ Alken $+ BH^+ + X^-$	E2-Eliminierung	eine starke Base B, tertiäres R, sekundäres R, hohe Temperatur

2. Elektrophile Substitution

Die **elektrophile Substitution** ist eine typische Reaktion **aromatischer Verbindungen,** die infolge ihres π-Elektronensystems leicht mit elektrophilen Reagenzien reagieren. Dabei entsteht zunächst ein **π-Komplex** und daraus ein positiv geladenes, mesomeriestabilisiertes Zwischenprodukt (**σ-Komplex**), das in das Endprodukt übergeht:

π-Komplex 1   σ-Komplex   π-Komplex 2

Das Energiediagramm (Abb. 45) zeigt eine zweistufige Reaktion mit einem Zwischenprodukt. Man erkennt, dass ein denkbares Additionsprodukt energetisch ungünstig ist. Geschwindigkeitsbestimmend ist der Angriff des Elektrophils.

Beispiel: Bromierung von Benzol

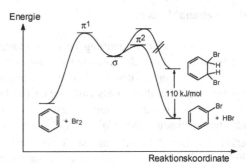

Abb. 45. Energiediagramm für
Addition und Substitution am Benzol

3. Radikalische Substitution

Die radikalische Substitution verläuft bei Aliphaten über zwei Stufen. Bei der Chlorierung von Alkanen wird zunächst ein Radikal aus den Edukten gebildet, das dann mit einem zweiten Molekül unter Substitution reagiert.

Beispiel:

$$Cl_2 \xrightarrow{h\nu} 2\ Cl\cdot \qquad \text{Startreaktion}$$

$$Cl\cdot + RCH_2–CH_3 \longrightarrow HCl + R\overset{\bullet}{C}H–CH_3$$
$$R\overset{\bullet}{C}H–CH_3 + Cl_2 \longrightarrow \underset{\overset{|}{Cl}}{RCH–CH_3} + Cl\cdot \qquad \text{Reaktionskette}$$

$$2\ Cl\cdot \longrightarrow Cl_2$$
$$Cl\cdot + R\overset{\bullet}{C}H–CH_3 \longrightarrow \underset{\overset{|}{Cl}}{RCH–CH_3} \qquad \text{Kettenabbruch}$$
$$2\ R\overset{\bullet}{C}H–CH_3 \longrightarrow RCH=CH_2 + RCH_2–CH_3 \qquad \text{(Disproportionierung)}$$

23.2.4 Radikal-Reaktionen

Bei der **homolytischen Spaltung** einer kovalenten Bindung entstehen Radikale. Radikalreaktionen werden oft als Beispiel für Reaktionen genannt, die bei hoher Reaktivität eine geringe Selektivität zeigen. Radikale sind Teilchen mit meist hohem Energieinhalt, die verschieden stark aktivierte Positionen in einem Molekül fast gleich schnell angreifen können. Charakteristisch ist auch, dass diese Reaktionen meist mit hoher Geschwindigkeit ablaufen. Für viele Reaktionen gilt: **Große Reaktivität bedingt eine geringe Selektivität** und umgekehrt.

Radikalreaktionen werden durch **Radikalbildner** (**Initiatoren**) gestartet – manchmal genügt schon Licht – und können durch Radikalfänger (Inhibitoren) verlangsamt oder gestoppt werden.

Der Reaktionsablauf gliedert sich in:

die Startreaktion,

die Kettenfortpflanzung und

den Kettenabbruch.

Großtechnisch von Bedeutung ist die *Chlorierung* von Kohlenwasserstoffen (s. o.) Wichtig ist auch die Reaktion von organischen Substanzen mit dem Diradikal Sauerstoff unter relativ milden Bedingungen, die **Autoxidation**. Oft dienen Spuren von **Metallionen als Initiatoren** für diese Kettenreaktion. Metalle können durch Einelektronenübertragung zwischen verschiedenen Oxidationsstufen hin und her wechseln (Bsp. $Cu^+ \rightleftharpoons Cu^{2+}$, $Fe^{2+} \rightleftharpoons Fe^{3+}$, etc.) und dadurch Radikale erzeugen. Die Autoxidation ist verantwortlich z.B. für das Ranzigwerden von Fetten und Ölen sowie das Altern von Kautschuk:

Allgemeine Formulierung der **Autoxidation**:

$$R{-}H + X{\bullet} \longrightarrow R{\bullet} + HX \qquad \text{Startreaktion}$$

$$\left.\begin{array}{l} R{\bullet} + {\bullet}O{-}O{\bullet} \longrightarrow R{-}O{-}O{\bullet} \\ R{-}O{-}O{\bullet} + R{-}H \longrightarrow R{-}O{-}OH + R{\bullet} \end{array}\right\} \text{Reaktionskette}$$

Luftsauerstoff selbst ist nicht in der Lage die Reaktion in Gang zu setzen, es bedarf hierzu eines irgendwie generierten Radikals X·. Das bei der Reaktion gebildete Peroxyradikal kann jedoch die Reaktionskette fortsetzen. Kettenabbruch erfolgt durch Rekombination zweier Radikale. Bei der Reaktion bilden sich Hydroperoxide, die eine relativ labile O–O-Bindung besitzen (s. Bindungsdissoziationsenergien Tabelle 4). Diese wird, vor allem in Gegenwart von Metallionen sehr leicht gespalten, wobei wiederum Radikale entstehen, welche neue Kettenreaktionen auslösen. Dadurch werden mit zunehmender Reaktionsdauer immer mehr Radikale gebildet und die Reaktion wird immer schneller.

Ein technisch wichtiger Autoxidationsprozess ist die Oxidation von Cumol zu Cumolhydroperoxid, ein Schlüsselschritt der *Hock'schen* **Phenolsynthese** (s. Kap. 12.2.2).

23.2.5 Umlagerungen

Umlagerungen sind Isomerisierungs-Reaktionen, bei denen oft auch das Grundgerüst eines Moleküls verändert wird. Dabei finden Positionsänderungen von Atomen oder Atomgruppen **innerhalb** eines Moleküls statt. Es können ionische oder radikalische Zwischenprodukte auftreten. Auf den eigentlichen Umlagerungsschritt folgen oft weitere Reaktionen, Eliminierungen, Additionen u.a. **Die wichtigsten und häufigsten Umlagerungen laufen über Teilchen mit Elektronenmangel wie Carbeniumionen.** Dabei wandert die umgelagerte Gruppe (in der Regel ein H-Atom oder eine Alkylgruppe) mit ihrem Bindungselektronenpaar an ein Nachbaratom mit einem Elektronensextett (1,2-Verschiebung). Sie füllt dieses zu einem stabilen Oktett auf, verhält sich also wie ein Nucleophil. Man bezeichnet solche Reaktionen als **anionotrope** oder **Sextett-Umlagerungen.**

Beispiele:

1. Hydrolyse von Neopentylchlorid mit *Wagner-Meerwein*-Umlagerung:

$$H_3C-\overset{\overset{\displaystyle CH_3}{|}}{\underset{\underset{\displaystyle CH_3}{|}}{C}}-CH_2-Cl \xrightarrow[-Cl^-]{S_N1} H_3C-\overset{\overset{\displaystyle CH_3}{|}}{\underset{\underset{\displaystyle CH_3}{|}}{\overset{+}{C}}}-CH_2 \longrightarrow H_3C-\overset{\overset{\displaystyle CH_3}{|}}{\underset{\underset{\displaystyle CH_3}{|}}{C}}-\overset{+}{C}H_2 \xrightarrow[-H^+]{+H_2O} H_3C-\overset{\overset{\displaystyle CH_3}{|}}{\underset{\underset{\displaystyle OH}{|}}{C}}-CH_2-CH_3$$

Wir erhalten als einziges Produkt 2-Methyl-2-butanol, da die Umlagerung schneller erfolgt als der nucleophile Angriff des Wassers

2. *Wagner-Meerwein*-**Umlagerung** von Alkenen in Gegenwart von Säuren:

$$H_3C-\overset{\overset{\displaystyle CH_3}{|}}{\underset{\underset{\displaystyle CH_3}{|}}{C}}-CH=CH_2 \xrightarrow{+H^+} H_3C-\overset{\overset{\displaystyle CH_3}{|}}{\underset{\underset{\displaystyle CH_3}{|}}{C}}-\overset{+}{C}H-CH_3 \longrightarrow H_3C-\overset{\overset{\displaystyle CH_3}{|}}{\underset{\underset{\displaystyle CH_3}{|}}{\overset{+}{C}}}-CH-CH_3 \xrightarrow{-H^+} \overset{\displaystyle H_3C}{\underset{\displaystyle H_3C}{}}C=C\overset{\displaystyle CH_3}{\underset{\displaystyle CH_3}{}}$$

3,3-Dimethyl-1-buten   2,3-Dimethyl-2-buten

Triebkraft bei beiden Reaktionen ist die Bildung des stabileren Carbeniumions.

23.2.6 Redox-Reaktionen

Die wichtigsten Reaktionen dieser Art sind Oxidationen und Reduktionen von Carbonylverbindungen sowie Hydrierungen von Mehrfachbindungssystemen. In der Biochemie kommt die Bildung bzw. Auflösung von S–S-Bindungen hinzu, z.B. zur Fixierung von Proteinstrukturen.

Beispiel:

$$H_3C-\overset{\overset{\displaystyle OH}{|}}{C}H-CH_3 \xrightarrow[\text{Oxidation}]{K_2Cr_2O_7 / H_2SO_4} H_3C-\overset{\overset{\displaystyle O}{||}}{C}-CH_3 \xrightarrow[\substack{\text{Hydrierung} \\ \text{Reduktion}}]{H_2 / Ni} H_3C-\overset{\overset{\displaystyle OH}{|}}{C}H-CH_3$$

Isopropanol   Aceton

23.2.7 Heterolytische Fragmentierung

Bei der heterolytischen Fragmentierung zerfällt ein Molekül i.a. in drei Bruchstücke. Die Reaktion weist formal Ähnlichkeit mit der Eliminierung auf :

$$
\begin{array}{ccc}
& \overset{\displaystyle R}{\underset{\displaystyle R}{\overset{|}{\underset{|}{A-B-C-C-X}}}} & \overset{\displaystyle R}{\underset{\displaystyle R}{\overset{|}{\underset{|}{}}}} \\
\end{array}
\longrightarrow
A-B +
\underset{\substack{R \quad\quad R}}{\overset{\substack{R \quad\quad R}}{C=C}} + X|
$$

elektrofuge   nukleofuge
Gruppe   Gruppe

Begriffsbestimmung

Bei chemischen Reaktionen werden angreifende Reagenzien als nucleophil, elektrophil oder radikalisch klassifiziert. Analog dazu bezeichnet man **Abgangsgruppen** als nucleofug, elektrofug oder radikalisch.

$X|$ nennt man **nucleofug**. Die Gruppe spaltet sich unter Mitnahme des gemeinsamen Elektronenpaares ab.

Beispiele für nucleofuge Gruppen:

$X = -Cl, -Br, -I, -OSO_2R, -OH_2^+, -N_2^+, NR_3^+, -SR_2^+$.

$A-B$ ist eine **elektrofuge** Gruppe, denn sie gibt das bindende Elektronenpaar an das Fragment C–C ab.

Beispiele für elektrofuge Gruppen:

$A-B = -COO^-, -CONH_2, -CH_2OH, -CH_2NH_2, -Sn(CH_3)_3$ u.a.

Von besonderer Bedeutung ist die Bildung von Olefinen unter CO_2-Austritt.

Beispiel:

$$
(C_2H_5)_2\overset{+}{N}-CH_2-\overset{\displaystyle R}{\underset{\underset{C=O}{O}}{C}}-COOH \xrightarrow{\Delta} (C_2H_5)_2NH + H_2C=\overset{\displaystyle R}{\underset{COOH}{C}} + CO_2
$$

β-Aminodicarbonsäuren, hergestellt z.B. durch *Mannich*-Reaktion aus Malonsäure, fragmentieren thermisch zu einer α,β-ungesättigten Carbonylverbindung, einem Amin und CO_2.

23.2.8 Phasentransfer-Katalyse und Kronenether

Phasentransfer-Katalyse (PTC) beschleunigt oder ermöglicht gar erst Reaktionen zwischen Verbindungen in verschiedenen Phasen. Im Allgemeinen lässt man ein in Wasser gelöstes Salz, das auch als Festkörper vorliegen kann, mit einer Substanz in einem organischen, nicht-polaren Lösemittel reagieren. Als **Phasentransfer-Katalysatoren** dienen häufig **quartäre Ammonium- oder Phosphonium-Salze** und neutrale Komplexliganden wie **Kronenether** und **Kryptanden**.

Vorteile einer PTC-Reaktion im Vergleich zu einer konventionellen Reaktion: mildere Reaktionsbedingungen, höhere Ausbeuten, leichtere Aufarbeitung der Reaktionsmischung, Verzicht auf teure, wasserfreie Lösemittel.

Haupteinsatzbereich: nucleophile Substitutionsreaktionen wie *S-*, *O-*, *C-* und *N*-Alkylierungen, α- und β-Eliminierungen, Redox-Reaktionen, *Michael*-Reaktionen.

Beispiel:

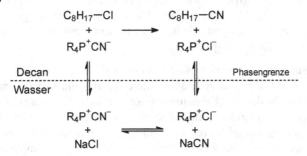

Katalysator: $(C_4H_9)_3P^+(n\text{-}C_{16}H_{33})\,Br^-$ Tributylhexadecyl-phosphoniumbromid

Bei der Umsetzung von 1-Chloroctan mit Natriumcyanid in Wasser beobachtet man keine Umsetzung. Es bildet sich eine **Emulsion** (Zweiphasensystem), da Chloroctan in Wasser nicht löslich ist. Es kann sich daher mit den im Wasser gelösten Cyanid-Ionen nicht umsetzen. Gibt man jedoch als organisches Lösemittel Decan hinzu und einen Phasentransferkatalysator, so erhält man das Substitutionsprodukt nach zweistündigem Erhitzen in fast quantitativer Ausbeute.

Erklärung:

Das quartäre Phosphoniumsalz ist in beiden Phasen löslich. Im Wasser stellt sich ein Gleichgewicht der Gegenionen ein, das Cyanid kann als Phosphoniumsalz in die organische Phase transportiert werden. Dort ist das Cyanid nicht solvatisiert und daher besonders nucleophil. Nach der Reaktion wandert das abgespaltene Chlorid als Phosphoniumsalz in die Wasserphase, wo ein erneuter Cyclus beginnt.

Von besonderer Bedeutung als Katalysatoren sind die **Kronenether** und die **Kryptanden**.

Kronenether sind **macrocyclische Ether** mit mehreren Sauerstoffatomen. Der Name spielt auf die zickzackförmige Anordnung der Atome an (**I**). Die O-Atome sind meist durch Ethylen-Brücken verknüpft. Gelegentlich sind auch ein oder mehrere Benzol- bzw. Cyclohexanringe ankondensiert (**II**). Die O-Atome können teilweise oder ganz durch andere Heteroatome wie N, P, S ersetzt sein. Man spricht dann von Aza-, Phospha-, Thia-Kronenethern. Die Benennung der Kronenether erfolgt entweder systematisch nach der Heterocyclennomenklatur (s. Kap. 22.1), wobei der Carbocyclus als Stammkörper betrachtet und die Heteroatome als Substituenten benannt werden, oder man verwendet die ‚Krone-Nomenklatur'. Dabei gibt man die Ringglieder in Klammer an, und die Anzahl der Heteroatome wird dem Namen nachgestellt.

Beispiele:

I	**II**
[18]Krone-6 (18K6)	Dibenzo-[18]Krone-6
1,4,7,10,13,16-Hexaoxacylooctadecan	(DB-18K6)

Herstellung: Einfache monocyclische Kronenether wie **I** können z.B. durch Reaktion von Polyethylenglykolen mit geeigneten Dichloriden in alkalischer Tetrahydrofuran-Lösung synthetisiert werden. Um eine Cyclisierung gegenüber einer Polymerisation zu begünstigen arbeitet man in sehr verdünnter Lösung (**Hochverdünnungsprinzip**, s.a. Kap.19.2.5).

Eigenschaften: Die Kronenether sind thermisch stabil. Als *mehrzähnige* Liganden können sie mit Metallionen, insbesondere Alkali- und Erdalkalimetall-Ionen stabile Komplexe bilden (= „Kronenverbindungen" oder Coronate). Auch organische Kationen wie quartäre Ammoniumionen können komplexiert werden. Je nach Größe der zu komplexierenden Kationen verwendet man unterschiedlich große Kronenether. So wird z.B. Natrium von 15K5 besser komplexiert als von 18K6, der vor allem für das größere Kaliumion geeignet ist:

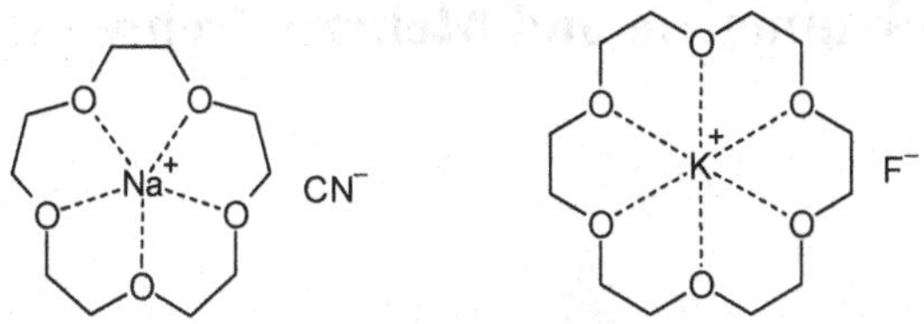

Durch die Solvatation der Kationen werden die elektrostatischen Wechselwirkungen zwischen den Ionen geschwächt, so dass sehr reaktive („nackte") Anionen verfügbar sind, weil letztere in organischen Lösemitteln kaum solvatisiert sind. Diese können nun unter milden Bedingungen als starke Nucleophile, Basen oder Oxidationsmittel wirken.

Beispiel: Epoxidierung nach *Darzens* (s. Kap. 20.2.1.3)

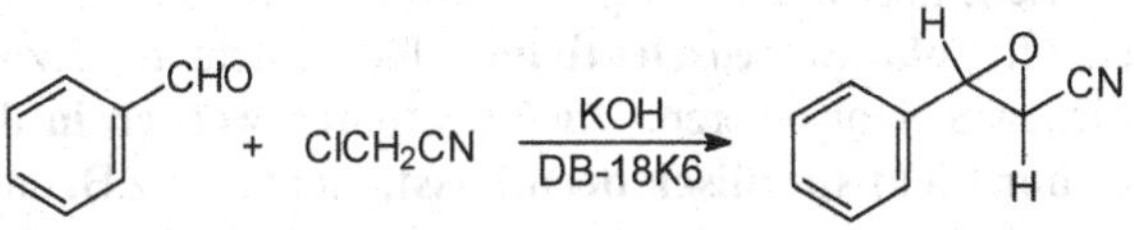

Normalerweise benötigt diese Reaktion starke Basen wie etwa LDA (Lithiumdiisopropylamid) zur Deprotonierung des Chloracetonitrils. Bei Verwendung eines Kronenethers genügt jedoch KOH, da hierbei das basische OH⁻-Ion mit Hilfe des Kronenethers in die organische Phase transportiert wird. Es wird dort nicht solvatisiert und ist daher viel basischer als in wässrigem Medium.

Kryptanden sind mit den Kronenethern verwandte **mehrcyclische Verbindungen** wie der abgebildete Azapolyether, in dem zwei Brückenkopf-Stickstoffatome durch Brücken mit einem oder mehreren O-Atomen verbunden sind. Die mit Metallionen entstehenden Komplexe heißen **Kryptate**.

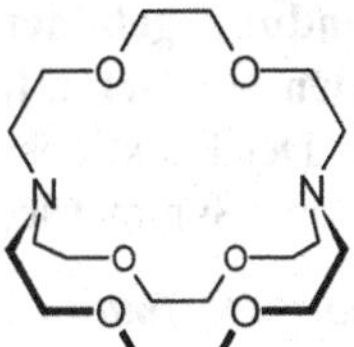

24 Orbital-Symmetrie und Mehrzentrenreaktionen

Bei den bisher besprochenen Reaktionsmechanismen wurde stets von der heterolytischen oder homolytischen Auflösung und Bildung kovalenter Bindungen ausgegangen, d.h. es wurden polare oder radikalisch ablaufende Reaktionen betrachtet. Wir kennen jedoch auch eine Gruppe von Reaktionen, bei denen kovalente Bindungen in einem Cyclus gebildet und/oder gelöst werden. Erfolgt dieser cyclische Prozess **konzertiert**, d.h. werden die Bindungen gleichzeitig gelöst und gebildet, dann spricht man auch von **pericyclischen Reaktionen**. Derartige Reaktionen zeigen oft **hohe Stereoselektivität:** Es entsteht bevorzugt eines von mehreren möglichen Stereoisomeren. **Die Reaktionen werden in ihrem Ablauf durch Wärme oder Licht spezifisch beeinflusst,** nicht aber z.B. durch Katalysatoren, Radikalstarter, Lösemittelpolarität etc. (vgl. Photochemie, Kap 26).

Beispiel: Stereoselektive Umwandlung von *trans,trans*-2,4-Hexadien in *cis*- bzw. *trans*-3,4-Dimethylcyclobuten:

24.1 Chemische Bindung und Orbital-Symmetrie

Eine bindende Wechselwirkung zwischen Atom- bzw. Molekülorbitalen, in deren Folge eine kovalente Bindung gebildet wird, kommt nur dann zustande, wenn die sich überlappenden Orbitale gleiches Vorzeichen (gleiche Phase) haben. Das bedeutet aber: Der Reaktionsverlauf kann durch eine Analyse der Vorzeichen der Orbitale, d.h. ihrer Symmetrie, interpretiert werden.

Die hierfür aufgestellten *Woodward-Hoffmann*-Regeln ermöglichen es, konzertierte Reaktionen einzuteilen in

- **symmetrie-erlaubte (Erhaltung der Orbital-Symmetrie)** und
- **symmetrie-verbotene (Nichterhaltung der Orbital-Symmetrie).**

Darüber hinaus sind Vorhersagen möglich, ob diese Reaktionen thermisch (Δ) oder photochemisch (h · v) durchführbar sind und wie sie stereochemisch ablaufen.

Festlegung der Orbital-Symmetrie

Um festzustellen, ob die Orbital-Symmetrie im Verlauf einer Reaktion erhalten bleibt, müssen die Symmetrieeigenschaften derjenigen Orbitale von Produkt und Edukt ermittelt werden, die bei der Reaktion von Bedeutung sind. Zugrunde liegendes Symmetrieelement ist entweder eine Symmetrieebene σ oder eine zweizählige Drehachse C_2, die durch eine oder mehrere im Verlauf der Reaktion gebildete (bzw. gespaltene) Bindungen hindurchgehen (vgl. Kap. 25.2 und Tabelle 37).

Anwendung der Symmetrieeigenschaften bei einer Cyclisierung

Bei einem Ringschluss bildet sich zwischen den endständigen Atomen einer Atomkette eine σ-Bindung. Um eine **bindende** Wechselwirkung zwischen zwei Orbitalen mit **gleichem** Vorzeichen zu erhalten, gibt es **zwei** Möglichkeiten (Abb. 46):

a) **Disrotation**. Die Rotationen zweier Orbitale verlaufen **gegensinnig** (disrotatorische Drehung). Diese Bewegung ist dann erforderlich, wenn die Orbitale spiegelsymmetrisch zueinander sind.

b) **Konrotation**. Zwei Orbitale rotieren **gleichsinnig** (konrotatorische Drehung). Dies ist dann erforderlich, wenn sie rotationssymmetrisch zueinander sind. Maßgebend für die Beurteilung der Symmetrie der beiden Orbitale zueinander ist jetzt eine C_2-Achse senkrecht zur gedachten Kern-Kern-Verbindungslinie der endständigen Atome.

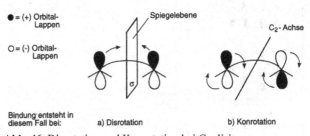

Abb. 46. Disrotation und Konrotation bei Cyclisierung

Grenzorbitalmodell

Wichtig für die Betrachtung der Wechselwirkung der Orbitale sind vor allem die

– **höchsten besetzten Molekülorbitale (HOMO) und die**

– **niedrigsten unbesetzten Molekülorbitale (LUMO).**

Beim vereinfachten **Grenzorbitalmodell (frontier orbital theory)** berücksichtigt man lediglich die Wechselwirkung zwischen dem HOMO des einen mit dem LUMO des anderen Reaktionspartners (und umgekehrt). Reagieren Atome des gleichen Moleküls miteinander, z.B. bei elektrocyclischen Reaktionen, wird nur sein HOMO berücksichtigt.

24.2 Elektrocyclische Reaktionen

Elektrocyclisch nennt man Reaktionen, bei denen zwischen den endständigen Atomen eines konjugierten linearen Systems eine Einfachbindung gebildet (Ringbildung) oder gespalten wird (Ringöffnung).

Beispiel: *trans,cis,trans*-2,4,6-Octatrien ⟶ *cis*- bzw. *trans*-5,6-Dimethyl-1,3-cyclohexadien

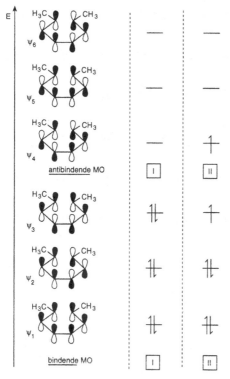

Beide Reaktionen verlaufen mit hoher Stereoselektivität: Bei der **thermischen Cyclisierung** entsteht das *trans*-Isomere zu weniger als 0,1 %. Zur Erklärung des Reaktionsablaufs betrachten wir die sechs MO (ψ_1 bis ψ_6), die sich durch Linearkombination der sechs AO ergeben (Abb. 47). Sie sind nach zunehmender Energie geordnet; dies entspricht einer zunehmenden Anzahl von Knotenebenen (Symmetrieoperationen).

Abb. 47. MO und Besetzungsschema für 2,4,6-Octatrien. I = Grundzustand, II = erster angeregter Zustand. Schema auch verwendbar für 1,3,5-Hexatrien

Bei der vereinfachten Erklärung nach der Grenzorbital-Methode ist für die **thermische Cyclisierung** zur *cis*-Verbindung das HOMO des Grundzustandes zu beachten, in diesem Fall ψ_3. Zum **Ringschluss** müssen die p-Orbitale an den beiden maßgebenden Atomen C–2 und C–7 überlappen (Abb. 48). Bei der **konrotatorischen Drehung** würden Orbital-Lappen entgegengesetzten Vorzeichens überlappen, also eine **antibindende Wechselwirkung** hervorrufen. Erst die **disrotatorische Drehung** liefert die gewünschte **bindende Wechselwirkung**. Damit ist jedoch auch die Konfiguration des Produkts festgelegt: Es entsteht ein *cis*-Cyclohexadien.

Bei der **photochemischen Cyclisierung** müssen wir beachten, dass durch die Bestrahlung ein Elektron von ψ_3 auf ψ_4 angehoben wird. Ausgangsorbital ist jetzt ψ_4. In diesem Fall führt die **konrotatorische Drehung** zu einer **bindenden Wechselwirkung**, da Orbitale gleichen Vorzeichens überlappen. Die **disrotatorische Drehung** hat eine **antibindende Wechselwirkung** zur Folge. Es entsteht ausschließlich *trans*-Cyclohexadien(Abb. 49).

Beim 2,4-Hexadien findet man bei analogem Vorgehen (Gleichung S. 346, MO-Schema Butadien, Kap. 5.1.5.2), dass der thermische Prozess konrotatorisch verläuft und der Photoprozess disrotatorisch, also genau umgekehrt wie im Fall des Octatriens.

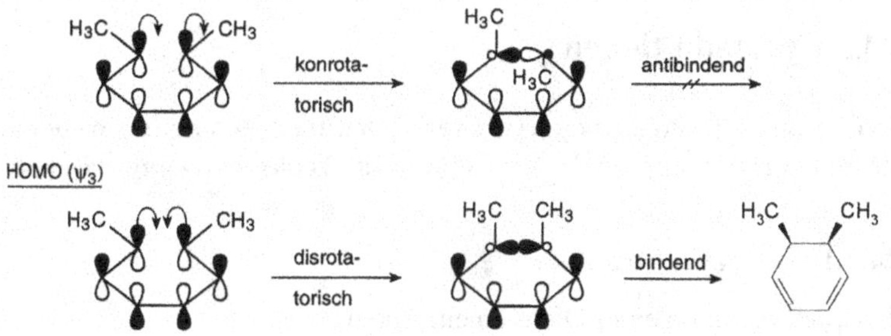

Abb. 48. Thermische Cyclisierung beim Octatrien

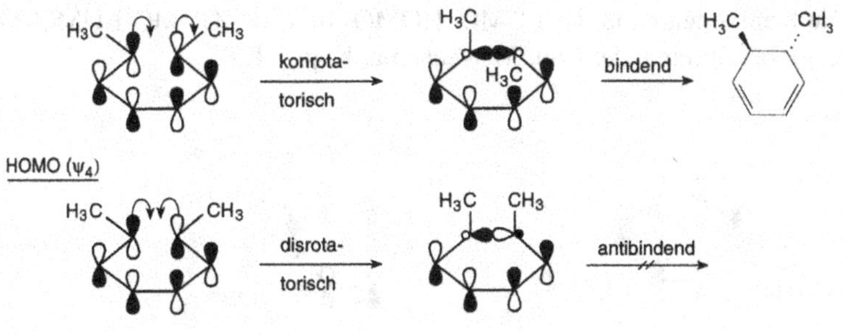

Abb. 49. Photochemische Cyclisierung beim Octatrien

Die Beispiele zeigen, dass offenbar in erster Linie die Symmetrie des betreffenden π-Systems maßgebend ist für die Ausbildung einer Bindung: **Gleiches Vorzeichen bei gleicher Orientierung der Orbital-Lappen führt zu einer disrotatorischen Drehung der Molekülenden, entgegengesetztes Vorzeichen zu einer konrotatorischen Drehung.**

Der stereochemische Verlauf elektrocyclischer Reaktionen hängt ab

a) von der Anzahl der Doppelbindungen im Polyen und

b) von der Reaktionsführung (thermisch oder photochemisch).

Tabelle 35 fasst die **Regeln für elektrocyclische Reaktionen** zusammen:

Tabelle 35. Reaktionsregeln

Anzahl der π-Elektronen	Reaktion thermisch	photochemisch	Beispiel
4n	konrotatorisch	disrotatorisch	2,4-Hexadien
4n + 2	disrotatorisch	konrotatorisch	2,4,6-Octatrien

n = 1,2,3,...

24.3 Cycloadditionen

Bei Cycloadditionen reagieren zwei Moleküle miteinander, wobei das HOMO des einen mit dem LUMO des anderen in Wechselwirkung tritt (s.a. Kap. 6.2).

24.3.1 *Diels-Alder*-Reaktion

Beispiel: Addition eines Diens an ein Alken

schematisch:

Die Komponenten in der LUMO–HOMO- bzw. der HOMO-LUMO-Kombination reagieren miteinander (vgl. MO-Schema, Kap. 5.1.5).

Abb. 50 a,b. Thermische [4+2]-Cycloaddition

Beide konzertierten Cycloadditionen (a) und (b) sind symmetrieerlaubt: Die Annäherung der Orbitale führt jedes Mal zu bindenden Wechselwirkungen. **Es handelt sich hier um eine [4+2]- oder [4π + 2π]-Cycloaddition, weil zwei Sy**steme mit 4π- bzw. 2π-Elektronen daran beteiligt sind. Solche Reaktionen verlaufen **stereospezifisch**; die Substituenten-Anordnung im Dien und Dienophil bleibt erhalten. Dazu ist es allerdings erforderlich, dass die Dien-Komponente eine *cisoide* Konformation (= *s-cis*-Konformation, s = single bond) einnimmt, die mit der thermodynamisch günstigeren *transoiden* (= *s-trans-*) Konformation im Gleichgewicht steht. Große Substituenten R können das Gleichgewicht beeinflussen und die Geschwindigkeit der Cycloaddition verringern. **Elektronen-liefernde Substituenten im Dien und Elektronen-ziehende im Dienophil beschleunigen die Cycloaddition.**

s-*cis*   s-*trans*

Die *Diels-Alder*-**Reaktion** ist — wie auch andere Cycloadditionen — **reversibel** (**Retro-***Diels-Alder*-**Reaktion**, Cycloreversion).

Stereochemischer Verlauf der Diels-Alder-Reaktion

Diels-Alder-Reaktionen können zu stereoisomeren *exo*- und *endo*-Addukten führen. Das Grenzorbital-Verfahren erlaubt es, über die HOMO–LUMO-Wechselwirkungen die **bevorzugte Bildung des *endo*-Adduktes** zu erklären. Als Beispiel soll die Reaktion von Maleinsäureanhydrid (MSA) mit Cyclopentadien dienen:

endo-   endo-   exo-   exo-
Hauptprodukt   Übergangszustand   Übergangszustand   Nebenprodukt

Bezüglich der Vorzeichen der Orbitale verwenden wir bei dieser vereinfachten Betrachtung für Cyclopentadien die Grenzorbitale von Butadien (s.o.) und für Maleinsäureanhyrid diejenigen von 1,3,5-Hexatrien (vergleichbar denen von 2,4,6-Octatrien auf S. 348, Abb. 47). Im Grundzustand können folgende Orbitale in Wechselwirkung treten (Abb. 51):

HOMO (ψ_2) von „Butadien" mit LUMO (ψ'_4) von „1,3,5-Hexatrien"

LUMO (ψ_3) von „Butadien" mit HOMO (ψ'_3) von „1,3,5-Hexatrien"

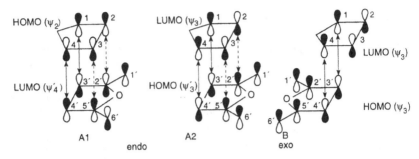

Abb. 51. *endo*(A1,A2)- und *exo*(B)-Orbitalwechselwirkungen der thermischen Umsetzung von Cyclopentadien mit Maleinsäureanhydrid. ◄──► : bindende Wechselwirkungen. ◄----► : sekundäre Wechselwirkungen

Abb. 51 zeigt in A1, A2 und B drei Fälle von Orbitalwechselwirkungen, bei denen sich Orbitale gleichen Vorzeichens überlappen, nämlich 1 mit 3' und 4 mit 4'. Im Falle einer *endo*-Annäherung wie in A1 und A2 können weitere, zusätzliche Wechselwirkungen zwischen 2 und 2' sowie 3 und 5' stattfinden. Diese Überlappungen (**sekundäre Orbitalwechselwirkungen**) führen zwar nicht zu neuen Bindungen, erniedrigen jedoch die Energie des *endo*-Übergangszustandes im Vergleich zu dem des *exo*-Addukts. **Das *endo*-Addukt wird folglich unter kinetisch kontrollierten Bedingungen bevorzugt gebildet.**

24.3.2 [2π+2π]-Cycloadditionen

Die **thermische Reaktion** zweier Alkene (I + II) in einer [2+2]-Cycloaddition ist symmetrieverboten, wenn sie als supra-supra-Verknüpfung ablaufen soll (s. hierzu Kap. 24.3.3). Abb. 52a zeigt, dass die Wechselwirkung der Orbitale im Übergangszustand immer zu einem antibindenden Zustand führt. Das HOMO des einen und das LUMO des anderen Moleküls haben immer entgegengesetzte Symmetrie.

Bei der **Photodimerisierung** liegen andere Verhältnisse vor. Hier wird ein Elektron in das nächsthöhere Orbital gehoben ($\pi \xrightarrow{h \cdot v} \pi^*$), und die Cycloaddition ist nunmehr symmetrieerlaubt (Abb. 52b).

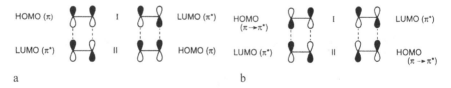

Abb. 52a,b. [2+2]-Cycloaddition: **a** thermisch, **b** photochemisch

24.3.3 Antarafaciale und suprafaciale Reaktionen

Bei der Beschreibung des Reaktionsablaufs wurde bisher die "Stereochemie" der Reaktion hinsichtlich des reagierenden π-Systems nicht berücksichtigt. Wird die Bindung auf derselben Seite gebildet (oder gelöst), handelt es sich um einen „suprafacialen" Vorgang; wird die Bindung auf entgegengesetzten Seiten gebildet (oder gelöst), ist dies ein „antarafacialer" Prozess (Abb. 53).

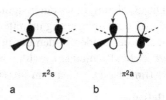

Abb. 53a,b. Erläuterung von supra und antara

a) σ-Bindung schließt sich von derselben Seite: **supra**(-facial), **s**

b) σ-Bindung schließt sich von entgegengesetzten Seiten: **antara**(-facial), **a**

Thermisch induzierte [4+2]-Cycloadd)tionen verlaufen **suprafacial** bezüglich beider Reaktionspartner (Abb. 50). Gleiches gilt für **photochemische [2+2]-Cycloadditionen** (Abb. 52b).

Thermische [2+2]-Cycloadditionen sind dagegen symmetrieverboten (Abb. 52a), falls sie als supra–supra-Addition ablaufen sollten. Sie sind jedoch symmetrieerlaubt, wenn sie suprafacial bezüglich einer Komponente und antarafacial bezüglich der anderen Komponente ablaufen (Abb. 54). Aus sterisch-geometrischen Gründen sind derartige Reaktionen jedoch nur möglich, wenn der durch die Cycloaddition gebildete Ring eine ausreichende Größe besitzt. Tabelle 36 fasst die Regeln für Cycloadditionen zusammen.

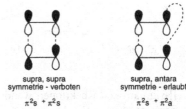

Abb. 54. Thermische [2+2]-Cycloadditionen

Tabelle 36. *Woodward-Hoffmann*-Regeln für [i+j]-Cycloadditionen

i + j	Reaktion	
	thermisch	photochemisch
4n	supra, antara	supra, supra
	antara, supra	antara, antara
4n + 2	supra, supra	supra, antara
	antara, antara	antara, supra

i,j = Zahl der beteiligten Elektronen der beiden Komponenten

24.4 Sigmatrope Reaktionen

Bei **sigmatropen Reaktionen wandert eine σ-Bindung,** die einem oder mehreren π-Elektronensystemen benachbart ist, in eine neue Position. Der Prozess verläuft **intramolekular** und ohne Katalysator; **die Anzahl der Einfach- und Doppelbindungen bleibt** dabei **unverändert.**

Die „Ordnung [i, j]" einer sigmatropen Reaktion wird dadurch ermittelt, dass man die an der Umlagerung unmittelbar beteiligten Atome zählt. Dabei beginnt man an jedem der beiden Enden der ursprünglichen σ-Bindung, wobei man in entgegengesetzte Richtungen zählt. Nach der Wanderung liegt die neu gebildete σ-Bindung zwischen dem i-ten und dem j-ten Atom.

Beispiel:

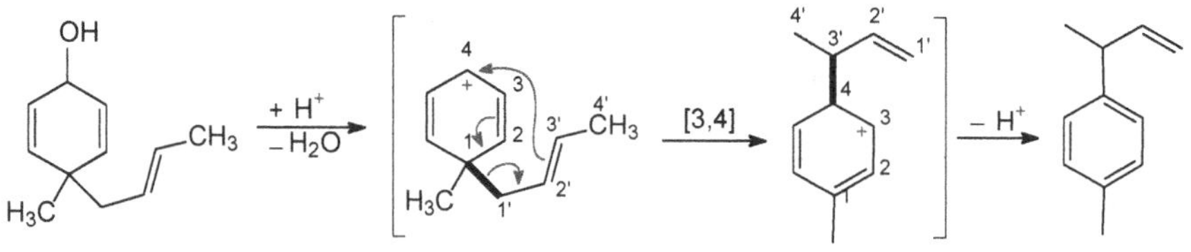

Die "fett gezeichnete" σ-Bindung wandert bei der Umlagerung. Formale Betrachtung: Ein „Ende" wandert von 1 nach 4, das andere von 1' nach 3'. Die Ordnung ist somit [3,4].

Eine bekannte Reaktion ist die [3,3]-*Cope*-**Umlagerung** von 1,5-Dienen:

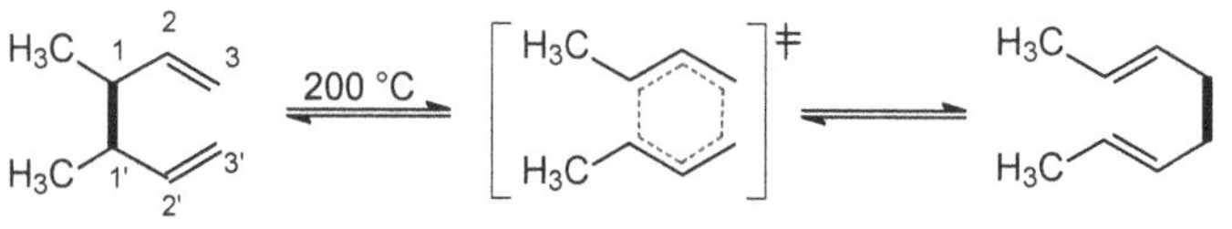

Bei [1,j]-sigmatropen Reaktionen wandert eine Gruppe R von Atom C_1 nach C_j. Die wandernde Gruppe (i = 1) nimmt dabei das bindende Elektronenpaar mit.

Beispiele: [1,j]-sigmatrope Reaktionen

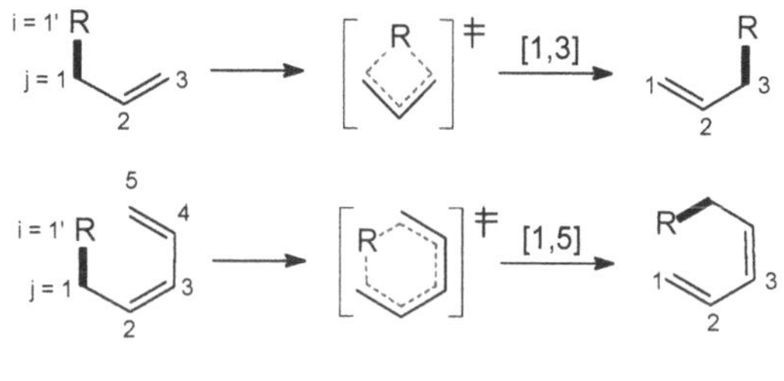

Wenn wir annehmen, das diese Isomerisierungen konzertiert, also über **cyclische Übergangszustände** ablaufen, dann bedeutet das: Die **wandernde Gruppe ist im Übergangszustand gleichzeitig an den Ausgangs- und den Endpunkt der Wanderung gebunden.**

Im Übergangszustand der sigmatropen Reaktion überlappen nun die einfach besetzten HOMO beider Moleküteile. Die Vorzeichen der Orbitale an den Enden der Kohlenstoffgerüste entscheiden dann darüber, ob die Reaktion symmetrieerlaubt ist.

24.4.1 Wasserstoffverschiebungen

Abb. 55 zeigt die HOMO von drei Radikalen mit 3, 5 und 7 C-Atomen. Die maßgebenden endständigen C-Atome sind durch Pfeile gekennzeichnet. Außerdem ist angegeben, wie ein H-Atom wandern muss, damit die Orbital-Symmetrie erhalten bleibt.

Im Übergangszustand finden wir eine Art **Dreizentren-Bindung**, bei der das 1s-Orbital des Wasserstoffs mit je einem p-Orbital der endständigen C-Atome überlappt. Aufgrund der Symmetrie dieser Orbitale können wir dann entscheiden, ob die Wanderung suprafacial oder antarafacial ist.

In Abb. 55a kann man auch erkennen, dass eine antarafaciale [1,3]-Verschiebung geometrisch schwierig ist. Eine thermische suprafaciale [1,3]-Verschiebung ist nicht erlaubt, weil dann das s-Orbital des H-Atoms mit zwei p-Orbital-Lappen verschiedenen Vorzeichens überlappen müsste. Eine **photochemisch** induzierte **suprafaciale [1,3]-Verschiebung** ist jedoch leicht möglich: maßgebend ist jetzt ψ_3 aus MO-Schema Abb. 26 (S. 64). Recht häufig sind ebenfalls **thermische suprafaciale [1,5]-Verschiebungen,** die, wie aus Abb. 55b hervorgeht, symmetrieerlaubt sind.

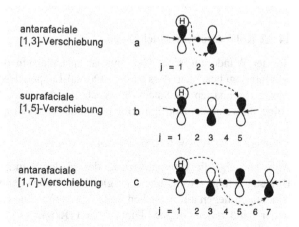

Abb. 55 a-c. Symmetrie-erlaubte thermische [1,j]-sigmatrope Wasserstoffverschiebungen in Allyl-, Pentadienyl- und Hexatrienyl-Systemen

Beispiele für die Anwendung der Wasserstoffverschiebung:

Vitamin D₂, das der Trinkmilch zugesetzt wird, wird aus dem pflanzlichen Steroid Ergosterin gewonnen:

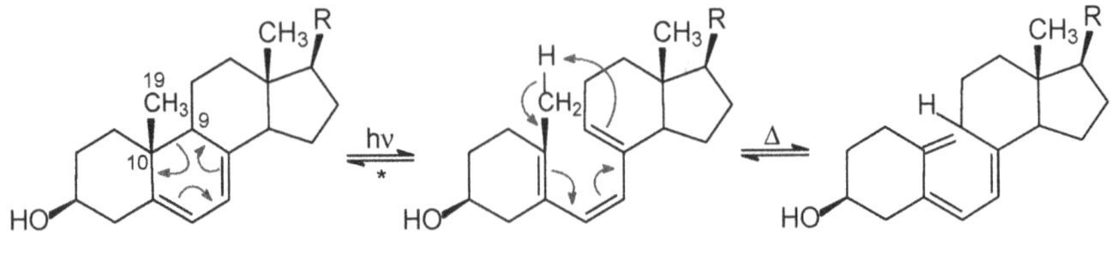

Ergosterol   Präergocalciferol   Ergocalciferol
(Ergosterin)   Vitamin D2

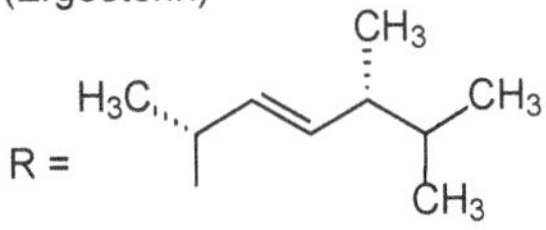

*Beachte: Bei der Rückreaktion tritt Epimerisierung am C–10-Atom ein!

Analog verläuft die Umwandlung von 7-Dehydro-cholesterol in Cholecalciferol (Vitamin D₃, s. Kap. 33.2.1):

$$7\text{-Dehydrocholesterol} \xrightleftharpoons[*]{h\nu} \text{Prächolecalciferol} \xrightleftharpoons{\Delta} \text{Cholecalciferol}$$

Der erste Schritt ist bei beiden Reaktionen eine photochemisch induzierte elektrocyclische Ringöffnung. Sie verläuft — wie in Kap. 24.2, Abb. 49 , beschrieben — konrotatorisch (Hexatrien-Cyclohexadien-Umwandlung). Im zweiten Reaktionsschritt folgt eine antarafaciale [1,7]-Wasserstoffverschiebung (vgl. Abb. 55c). Dabei wandert ein H-Atom von C–19 nach C–9.

24.4.2 Kohlenstoffverschiebungen

Bei der Wanderung eines C-Atoms ist im Unterschied zum H-Atom (mit einem s-Orbital) zu beachten, dass beide p-Orbital-Lappen des wandernden C-Atoms mit dem benachbarten π-System in Wechselwirkung treten können. Dies hat zur Folge, dass sich die Konfiguration der wandernden Gruppe ändern kann.

1. Erhaltung der Konfiguration des C-Atoms

Abb. 56 zeigt die Übergangszustände bei der Wanderung eines C-Atoms. Die Bindung erfolgt jeweils über den gleichen Orbital-Lappen der C-Atome, d.h. die Bindungen liegen auf derselben Seite des Atoms: Die Konfiguration des C-Atoms in der wandernden Gruppe bleibt erhalten (**Retention**).

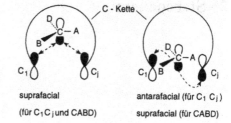

Abb. 56. [1,j]-sigmatrope Verschiebung
mit Retention

suprafacial
(für $C_1 C_j$ und CABD)

antarafacial (für $C_1 C_j$)
suprafacial (für CABD)

2. Inversion in der wandernden Gruppe

In Abb. 57 ist gezeigt, wie die Bindung an beiden Enden des π-Systems über zwei verschiedene Orbital-Lappen des p-Orbitals erfolgen kann. Die Orbital-Lappen liegen auf gegenüberliegenden Seiten des C-Atoms, d.h. es erfolgt Inversion am C-Atom der wandernden Gruppe (vgl. Stereochemie bei der $S_N 2$-Reaktion).

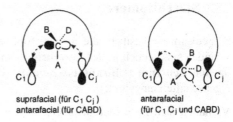

Abb. 57. [1,j]-sigmatrope Verschiebung
mit Inversion

suprafacial (für $C_1 C_j$)
antarafacial (für CABD)

antarafacial
(für $C_1 C_j$ und CABD)

Beispiele für sigmatrope [3,3]-Verschiebungen:

1. *Cope*-Umlagerung von 1,5-Dienen: s. S. 354

2. *Claisen*-Umlagerung von Allyl-arylethern

Allylphenylether   o-Allylphenol

25 Stereochemie

Bereits bei den Alkanen wurde deutlich, dass die Summenformel zur Charakterisierung einer Verbindung nicht ausreicht. Es muss auch die Strukturformel hinzugenommen werden. Als **Strukturisomere** oder **Konstitutionsisomere** werden Moleküle bezeichnet, die sich durch eine unterschiedliche Verknüpfung der Atome unterscheiden (s. Kap. 23). Eine zweite große Gruppe von Isomeren sind die **Stereoisomere**.

25.1 Stereoisomere

Stereoisomere besitzen die **gleiche Summenformel und Atomsequenz**, unterscheiden sich jedoch in der **räumlichen Anordnung der Atome an einem stereogenen Zentrum (Chiralitätszentrum)**. Sie werden aufgrund ihrer Symmetrieeigenschaften eingeteilt:

Verhalten sich zwei Stereoisomere wie ein Gegenstand und sein Spiegelbild, so nennt man sie **Enantiomere** oder **(optische) Antipoden**. Ist eine solche Beziehung nicht vorhanden, heißen sie **Diastereomere**.

Bei Verbindungen mit nur einem Chiralitätszentrum existieren nur Enantiomere. Verbindungen mit zwei oder mehr stereogenen Zentren können als Enantiomere und Diastereomere vorliegen. Bei Verbindungen mit **n Chiralitätszentren** existieren insgesamt **2^n Stereoisomere**.

Beispiel:

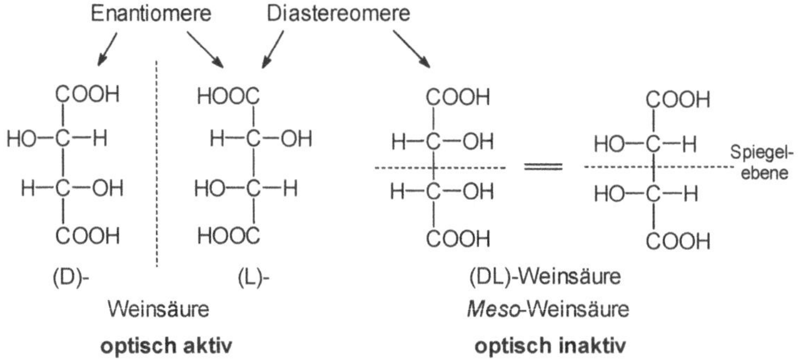

Es gilt:

1. **Zwei Stereoisomere können nicht gleichzeitig enantiomer und diastereomer zueinander sein,** und

2. **von einem bestimmten Molekül existieren immer nur zwei Enantiomere; es kann aber mehrere Diastereomere geben.**

Diastereomere unterscheiden sich, ähnlich wie die Strukturisomere, in ihren chemischen und physikalischen Eigenschaften wie Siedepunkt, Schmelzpunkt, Löslichkeit usw. Sie können durch die üblichen Trennmethoden (z.B. fraktionierte Destillation, Chromatographie) getrennt werden.

Enantiomere verhalten sich wie **Bild und Spiegelbild.** Sie lassen sich nicht durch Drehung zur Deckung bringen. Enantiomere haben die gleichen physikalischen und chemischen Eigenschaften (Schmelzpunkte, Siedepunkte, etc.), sie unterscheiden sich nur in ihrer Wechselwirkung mit chiralen Medien wie optisch aktiven (chiralen) Reagenzien und Lösemitteln oder polarisiertem Licht. Dieses Phänomen bezeichnet man als **optische Aktivität.**

Enantiomere lassen sich dadurch unterscheiden, dass das eine die Polarisationsebene von linear polarisiertem Licht — unter sonst gleichen Bedingungen — nach links und das andere diese um den **gleichen** Betrag nach rechts dreht. Daher ist ein racemisches Gemisch optisch inaktiv. Zur Messung dient das **Polarimeter** (Abb. 58).

Die Ebene des polarisierten Lichts wird in einem chiralen Medium gedreht. Das Ausmaß der Drehung ist proportional der **Konzentration c** der Lösung (angegeben in g/100 ml) und der **Schichtdicke ℓ** (angegeben in dm). Ausmaß und Vorzeichen hängen ferner ab von der **Art des Lösemittels,** der **Temperatur T** und der **Wellenlänge λ** des verwendeten Lichts. Eine Substanz wird durch einen **spezifischen Drehwert α** charakterisiert:

$$[\alpha]_\lambda^T = \frac{\alpha_\lambda^T \text{ gemessen}}{\lambda[\text{dm}] \cdot c[\text{g} / \text{ml}]}$$

Beachte: Es gibt auch chirale Moleküle, deren Drehwert so klein ist, dass er nicht messbar ist, z.B. 4-Ethyldecan mit $[\alpha]_D \approx 0$. Dies ist aber eher die Ausnahme.

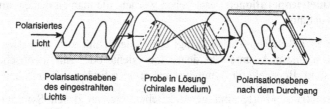

Polarisiertes Licht

| Polarisationsebene des eingestrahlten Lichts | Probe in Lösung (chirales Medium) | Polarisationsebene nach dem Durchgang |

Abb. 58. Polarimeter (schematisch)

Bei einem Enantiomeren-Gemisch gibt man seine **optische Reinheit p** an.

$$p = \frac{[\alpha]}{[A]} \cdot 100$$

$[\alpha]$ = spez. Drehwert des Gemischs

$[A]$ = spez. Drehwert eines reinen Enantiomeren

Unter idealen Verhältnissen ist die optische Reinheit gleichzusetzen mit der **Enantiomerenreinheit**, die häufig auch als **Enantiomerenüberschuss** (engl. *enantiomeric excess*, Abk.: **ee**) bezeichnet wird. Sind R und S die Konzentrationen der beiden Enantiomere, und ist $R > S$, so gilt für den Enantiomerenüberschuss:

$$\% \text{ Enantiomerenüberschuß} = \frac{(R\text{-}S)}{(R+S)} \cdot 100$$
$$\text{(ee-Wert)}$$

Schließlich erhält man den Prozentgehalt eines Enantiomers aus den Gleichungen:

$$\% \text{ } R\text{-Enantiomer} = \frac{R}{(R+S)} \cdot 100 \qquad \% \text{ } S\text{-Enantiomer} = \frac{S}{(R+S)} \cdot 100$$

25.2 Molekülchiralität

Die Ursache für die Chiralität von Molekülen ist oft ein C-Atom, das mit **vier verschiedenen** Substituenten verbunden ist und als **asymmetrisches C-Atom** (***C**) bzw. **Asymmetriezentrum** bezeichnet wird. Es genügt bereits die Substitution eines Substituenten durch sein Isotop wie in CH_3–*CHD–OH. Bei einem Asymmetriezentrum handelt es sich um einen Spezialfall des allgemeinen Begriffs **Chiralitätszentrum**. Es gibt auch optisch aktive Verbindungen ohne asymmetrisches C-Atom und Substanzen, die trotz asymmetrischer C-Atome optisch nicht aktiv sind (z.B. *meso*-Weinsäure).

Voraussetzung für optische Aktivität ist nämlich, dass ein Molekül chiral ist, es muss jedoch nicht asymmetrisch sein.

Chiralität ist also die notwendige Voraussetzung für das Auftreten von Enantiomeren. Der Unterschied zwischen Chiralität und Asymmetrie wird deutlich, wenn man die **Symmetrieeigenschaften** der Moleküle betrachtet. Sie können durch **Symmetrieoperationen** beschrieben werden, die man an den **Symmetrieelementen** ausführt.

Eine **Symmetrieoperation** bringt ein Molekül mit sich selbst zur Deckung. Es wird in eine nicht-unterscheidbare äquivalente oder eine identische Orientierung überführt. Beispiele für Symmetrieoperationen finden sich in Tabelle 37.

Symmetrieelemente sind geometrische Orte, an denen Symmetrieoperationen ausgeführt werden können.

Tabelle 37. Symmetrieoperationen

Symmetrieelement	Symmetrieoperation	Symbol
Ebene	Spiegelung an der Ebene	σ_v = vertikale Ebene σ_h = horizontale Ebene
Achse	Drehung um die Achse mit dem Drehwinkel $\alpha = \dfrac{360°}{n} = \dfrac{2\pi}{n}$	C_n (n = Zähligkeit)
Zentrum	Inversion (Punktspiegelung) aller Punkte durch ein Zentrum	i
Drehspiegelachse	Drehung um den Winkel $\alpha = \dfrac{2\pi}{n}$ und Spiegelung an einer Ebene senkrecht zur Drehachse	S_n

Eine Ebene die ein Molekül in zwei spiegelbildlich gleiche Hälften teilt heißt **Symmetrieebene**. Alle planaren Moleküle besitzen eine Symmetrieebene, nämlich die Molekülebene. Lineare Moleküle besitzen eine unendliche Anzahl von **vertikalen Symmetrieebenen** (σ_v) längs der Molekülachse (C_∞). Symmetrieebenen senkrecht zur Molekülachse werden als **horizontale Ebenen** (σ_h) bezeichnet.

Ein Molekül hat dann eine **Symmetrieachse** (C) der Ordnung n (n-zählige Symmetrieachse C_n), wenn eine Drehung um 360°/n zu einer Atomanordnung führt, die von der ursprünglichen nicht zu unterscheiden ist.

Ein Molekül hat dann ein **Inversionszentrum**, wenn jedes Atom dieses Moleküls ein zu diesem Zentrum symmetrisches Gegenstück hat.

Eine **Drehspiegelung** ist eine zusammengesetzte Operation, bestehend aus einer Drehung um 360°/n um eine Drehspiegelachse (S_n), gefolgt von einer Spiegelung an einer Symmetrieebene senkrecht zur S_n-Achse.

Beispiel: Cyclopropan (Abb. 59) hat 3 vertikale Symmetrieebenen (σ_v), eine horizontale Symmetrieebene (σ_h), 3 zweizählige Drehachsen C_2 (Rotation um 180°), eine dreizählige Achse C_3 (Drehwinkel 120°) senkrecht zur Ebene σ_h, die mit einer vertikalen Drehspiegelachse S_3 identisch ist.

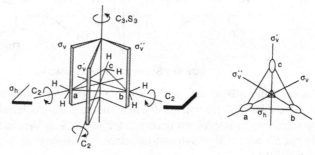

Abb. 59. Symmetrieelemente des Cyclopropans

Asymmetrische Moleküle haben keine Symmetrieelemente.

Chirale Moleküle können jedoch noch eine n-zählige Symmetrieachse C_n enthalten (und evtl. senkrecht dazu weitere C_2-Achsen). **Sie besitzen jedoch weder ein Symmetriezentrum noch eine Symmetrieebene (Spiegelebene) oder eine Drehspiegelachse S_n.**

Beispiele:

a) Chirale Verbindungen

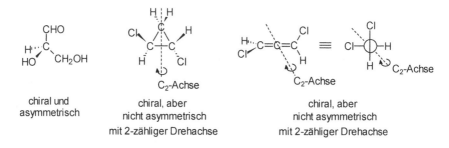

| chiral und asymmetrisch | chiral, aber nicht asymmetrisch mit 2-zähliger Drehachse | chiral, aber nicht asymmetrisch mit 2-zähliger Drehachse |

b) Achirale Verbindungen

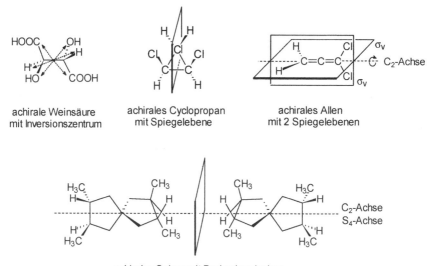

achirale Weinsäure mit Inversionszentrum   achirales Cyclopropan mit Spiegelebene   achirales Allen mit 2 Spiegelebenen

achirales Spiran mit Drehspiegelachse

Da die Chiralität lediglich von der Symmetrie der Moleküle abhängt, ist zu erwarten, dass außer Kohlenstoff auch andere Atome Chiralitätszentren sein können. In der Tat kennt man optische Antipoden von Verbindungen mit **Si, Ge, N, P, As, Sb** oder **S** als Asymmetriezentren; Voraussetzung ist, dass ihre Konfiguration stabil ist.

Bei den **N-, P- und As-Verbindungen** handelt es sich um vierfach koordinierte **Onium-Ionen**, z.B. Ammoniumionen. Bei dreifach koordinierten ungeladenen Stickstoff-Verbindungen ist eine Trennung in Enantiomere im Allgemeinen nicht möglich, da die schnelle Inversion der „Stickstoffpyramide" im $NR^1R^2R^3$ einer Racemisierung entspricht. Baut man das N-Atom jedoch in ein starres Molekülgerüst ein wie im Fall der *Trögerschen Base,* dann findet keine Inversion mehr statt, und man kann beide Enantiomere isolieren.

Beispiele:

chirale Ammoniumionen   *Trögersche* Base

Im Fall der **Schwefelverbindungen** (Sulfoxide und Sulfoniumionen) kann das freie Elektronenpaar ebenso wie bei den Ammoniumionen als vierter Substituent betrachtet werden, so dass in diesen Molekülen ein asymmetrisches Schwefelatom enthalten ist.

Sulfoxid   Sulfoniumion

25.2.1 Prochiralität

Eine Verbindung des Typs $R^1R^2CL_2$ mit zwei verschiedenen achiralen Substituenten R^1 und R^2 und zwei gleichen Substituenten L wird als **prochiral** bezeichnet. Derartige Moleküle enthalten zwar kein chirales C-Atom, können aber durch selektive Umwandlung eines der Substituenten L in einen Substituenten S chiral werden: $R^1R^2CL_2 \rightarrow R^1R^2C^*LS$ (Fall **A**). Wir erhalten dabei ein asymmetrisches C-Atom, das mit vier verschiedenen Substituenten verbunden ist. Dabei entstehen **Enantiomere,** und man bezeichnet die Substituenten L daher als **enantiotop**. Enthält einer der beiden Reste R bereits ein Chiralitätszentrum (R*), so entstehen bei der Substitution **Diastereomere** (Fall B). In diesem Fall bezeichnet man die Substituenten L als **diastereotop**. Das zentrale C-Atom wird als **prochirales Zentrum** bezeichnet.

Im Gegensatz zu den diastereotopen sind die enantiotopen Substituenten völlig identisch, sie können jedoch durch Umsetzung z.B. mit chiralen Reagenzien unterschieden werden.

In der Natur wird diese Funktion häufig von Enzymen übernommen.

Beispiel: Reduktion mit NADH

Als Reduktionsmittel verwenden Enzyme in der Regel NADH (bzw. NADPH) (s.a. Kap. 27.2). Dieses trägt an C^4 zwei H-Atome (H_A und H_B), wovon eines auf das zu reduzierende Substrat übertragen wird. C^4 ist daher ein **prochirales C-Atom**. Würde man H_A durch einen anderen Substituenten ersetzen, so würde ein Chiralitätszentrum mit R-Konfiguration (s. Kap. 25.3.2) entstehen. H_A bezeichnet man daher auch als **pro-R**, H_B dementsprechend als **pro-S**. Tauscht man ein H-Atom gegen das schwerere Isotop Deuterium aus, wird die Verbindung chiral. Untersuchungen mit solchem deuterierten NADH/D haben gezeigt, dass das Enzym stereoselektiv nur eines der beiden Wasserstoffatome überträgt. Je nach Position des D wird es entweder komplett übertragen oder es verbleibt komplett im NAD^+.

Die hier angestellten Betrachtungen zur Prochiralität lassen sich auch auf **Verbindungen mit trigonalen C-Atomen** übertragen. Bei Verbindungen des Typs $R^1R^2C=Y$ (mit Y = O, NH, CH_2 etc.) liegen die Substituenten R^1 und R^2 in derselben Ebene wie die Doppelbindung, die von zwei Seiten angegriffen werden kann. Die **Seiten haben enantiotopen Charakter** und werden als **enantiotope Halbräume** bezeichnet. Sie werden als *Re-* (von *rectus*) oder *Si-Seite* (von *sinister*) unterschieden, gemäß den Sequenzregeln des R,S-Systems (s. Kap. 25.3.2). Dabei werden die Substituenten R^1, R^2 und Y nach ihrer Priorität geordnet.

Beispiel: Reduktion von Brenztraubensäure zu Milchsäure (die Zahlen geben die Priorität im R-S-System an).

Diese Reduktion verläuft im Körper mit Hilfe des Enzyms Lactat-Dehydrogenase (LDH), wobei ausschließlich die (S)-Milchsäure gebildet wird. Als Reduktionsmittel dient hierbei NADH.

25.3 Schreibweisen und Nomenklatur der Stereochemie

Zur Wiedergabe der räumlichen Lage der Atome eines Moleküls auf dem Papier gibt es mehrere Möglichkeiten.

Häufig verwendet wird die **Keilschreibweise**, bei der Substituenten, die auf den Betrachter gerichtet sind durch einen fetten durchgezogenen Keil angedeutet werden, während Substituenten, die vom Betrachter wegzeigen durch einen unterbrochenen Keil gekennzeichnet werden. Bindungen, die nicht besonders markiert sind, befinden sich in der Papierebene. Anstelle der fettgedruckten und unterbrochenen Keile werden teilweise auch nur fettgedruckte und gebrochene Linien verwendet.

Eine vor allem in der Kohlenhydratchemie (s. Kap. 28) gebräuchliche Schreibweise sind die **Projektionsformeln nach** *Fischer*. Bei der *Fischer*-**Projektion** werden alle Bindungen als normale **Linien** dargestellt, die **nur senkrecht oder waagrecht** verlaufen dürfen. **Per Definition zeigen alle waagrechten Linien auf den Betrachter zu und alle senkrechten Linien vom Betrachter weg.** Das zentrale (asymmetrische) C-Atom liegt in der Papierebene und wird vor allem bei den Kohlenhydraten häufig weggelassen. Bei der *Fischer*-Projektion wird das **am höchsten oxidierte Ende** einer vertikal gezeichneten Kohlenstoffkette **nach oben** gezeichnet.

Bei *Fischer*-**Projektionsformeln** ist folgendes zu beachten:

1. **Sie geben nur die Konfiguration wieder.** Potentielle Konformationen werden nicht berücksichtigt.

2. Die Formel darf als Ganzes in der Projektionsebene um 180° gedreht werden. Das Molekül bleibt dadurch unverändert, muss aber so betrachtet werden, dass das C-Atom mit der höchsten Oxidationszahl oben steht.

3. Eine Drehung um 90° oder in ein ungeradzahliges Vielfaches ist verboten, da sie die Konfiguration des anderen Enantiomeren ergibt.

4. Ein einfacher Austausch zweier Substituenten ist nicht erlaubt, weil dies die Konfiguration ändern würde (Gegenstand → Spiegelbild). Führt man dagegen zwei Vertauschungen von jeweils zwei Substituenten unmittelbar hintereinander aus, erhält man das ursprüngliche Molekül („Spiegelbild des Spiegelbildes", **Regel des doppelten Austauschs**).

Beispiel: 2-Chlorpropionaldehyd (Enantiomerenpaar)

Von a → c Ableitung der *Fischer*-Projektionsformel aus der räumlichen Struktur.

25.3.1 D,L-Nomenklatur

Die "historischen" Konfigurationsangaben **D** und **L** werden hauptsächlich bei **Zuckern** und **Aminosäuren** verwendet. Sie gehen auf *Emil Fischer* zurück, der dem rechtsdrehenden **(+)-Glycerinaldehyd** willkürlich folgende Projektionsformel zuordnete. In ihr steht die OH-Gruppe rechts, und daher wird diese Form des Glycerinaldehyds als D-Form bezeichnet (D von *dexter* = rechts).

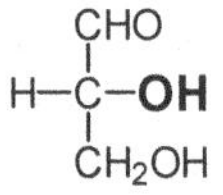

$$
\begin{array}{c}
\text{CHO} \\
| \\
\text{H}-\text{C}-\textbf{OH} \\
| \\
\text{CH}_2\text{OH}
\end{array} \quad \text{D-Glycerinaldehyd}
$$

Entsprechend erhalten alle Substanzen, bei denen der Substituent (hier die OH-Gruppe) am ‚**untersten asymmetrischen C-Atom**' in der *Fischer*-**Projektion auf der rechten Seite** steht, die **Bezeichnung D** vorangestellt **(relative Konfiguration bezüglich D-Glycerinaldehyd)**. Das andere Enantiomer erhält die **Konfiguration L** (von *laevus* = links), z.B. L-Glycerinaldehyd.

Die hier dargestellte willkürliche Zuordnung der Projektionsformel I zum (+)-D-Glycerinaldehyd wurde 1951 durch Röntgenstrukturanalyse am Na-Rb-Salz der D-Weinsäure (= **absolute Konfiguration**) bestätigt.

Weitere Methoden zur Ermittlung der absoluten Konfiguration sind z.B. chemische Umwandlungen mittels Verfahren, die vorhersehbar unter Retention oder Inversion ablaufen. Die Produkte werden danach mit bekannten Bezugssubstanzen verglichen.

Die D/L-Nomenklatur bezieht sich nur auf die Konfiguration **eines** asymmetrischen C-Atoms. Folglich gibt es Probleme bei Verbindungen mit mehreren Chiralitätszentren. Es gab daher Bemühungen ein generell anwendbareres System zur Nomenklatur zu entwickeln.

25.3.2 R,S-Nomenklatur *(Cahn-Ingold-Prelog*-System)

Zur Bestimmung der absoluten Konfiguration bedient man sich der **Regeln von** *Cahn*, *Ingold* und *Prelog*, die da lauten:

1. Die direkt an das asymmetrische *C-Atom gebundenen Atome (a) werden nach fallender Ordnungszahl angeordnet, d.h. das Atom mit der höheren Ordnungszahl hat die höhere Priorität.

Sind zwei oder mehr Atome gleichwertig, wird ihre Prioritätsfolge ermittelt, indem man die weiter entfernt stehenden Atome b (im gleichen Substituenten) betrachtet. Notfalls muss man die nächstfolgenden Atome c (evtl. auch d) heranziehen. Falls kein Substituent vorhanden ist, setzt man für die entsprechende Position die Ordnungszahl Null ein. **Mehrfachbindungen zählen als mehrere Einfachbindungen,** d.h. aus C=O wird formal O–C–O. Aus diesen Regeln ergibt sich für wichtige Substituenten folgende Reihe, die nach abnehmender Priorität geordnet ist:

$$Cl > SH > OH > NH_2 > COOH > CHO > CH_2OH > CN > CH_2NH_2 > CH_3 > H$$

Festlegung der Priorität: **Beispiel:**

```
        c
        |
        b
        |
        a
        |*
c—b—a—C—a—b—c
        |
        a
        |
        b
        |
        c
```

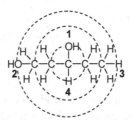

Weitere Festlegungen:

- Bei Isotopen hat dasjenige mit der **höheren Masse** Priorität.
- Bei Alkenyl- Gruppen geht *Z* vor *E*.
- Bei chiralen Substituenten geht *R* vor *S*.

2. Man betrachtet nun ein Molekül in der Weise, dass der Substituent niedrigster Priorität (meist H) nach hinten zeigt. Man blickt sozusagen von vorne über das asymmetrische C-Atom in die C-H-Bindung. Dies kann man sich leicht klar machen, wenn man sich ein Lenkrad vorstellt, mit dem rangniedrigsten Substituenten hinter dem Lenkrad in der Drehachse, dem chiralen C-Atom in der Nabe und den anderen drei Substituenten auf dem Radkranz. Entspricht die Reihenfolge der restlichen drei Substituenten (nach abnehmender Priorität geordnet) einer **Drehung im Uhrzeigersinn,** erhält das Chiralitätszentrum das Symbol *R (rectus).* Entspricht die Reihenfolge einer **Drehung im Gegenuhrzeigersinn,** erhält es die Bezeichnung *S (sinister).*

Beispiel: (–)-*R*-Milchsäure

```
    COOH                    COOH                      R
    |                        |  ⟍                   ⟋    ⟍
H—C—OH        ≡        H—C⟍      Blickrichtung  ≡    2COOH
    |                        ⟍ ''CH₃                1  |  3
    CH₃                       OH                   HO  C  CH₃
```

$COOH$, Blickrichtung, CH_3, OH

Die Ableitung der Konfiguration eines Stereoisomers wird erleichtert, wenn man die Verbindung in der *Fischer*-Projektion hinschreibt. Der Substituent niedrigster Priorität muss nach **unten** oder **oben** zeigen, da er dann hinter der Papierebene liegt (s.o.). Die Reihenfolge wird danach entsprechend den Sequenzregeln bestimmt und die Konfiguration ermittelt.

Da man bei der *Fischer*-Projektion die C-Kette von oben nach unten schreibt, befindet sich der Substituent mit niedrigster Priorität häufig in einer waagrechten Position. In diesem Fall muss man die **Regel des doppelten Austauschs** anwenden.

Beispiele:

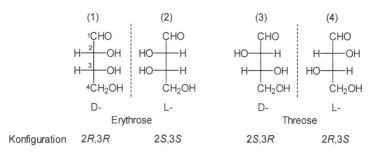

Enthält ein Molekül **mehrere** asymmetrische Atome, wird jedes einzelne mit R oder S bezeichnet und die Buchstaben werden in den Namen aufgenommen.

Es sei hier ausdrücklich betont, **dass die** Bezeichnungen *R* **und** *S* **lediglich die Konfiguration am Asymmetriezentrum** **angeben und keine Aussage darüber machen, in welche Richtung die Polarisationsebene gedreht wird.** Die Drehung dieser Ebene nach rechts wird mit (+), die Drehung nach links mit (–) bezeichnet und die Drehrichtung dem Molekülnamen vorangestellt: (–)-*R*-2-Butanol ist der Alkohol mit der Formel CH_3–CH_2–*CHOH–CH_3, der das polarisierte Licht nach links dreht und dessen Substituenten im Uhrzeigersinn aufeinander folgen.

25.4 Beispiele zur Stereochemie

25.4.1 Verbindungen mit mehreren chiralen C-Atomen

Für Verbindungen mit **n** Chiralitätszentren kann es maximal 2^n Stereoisomere geben. Dies gilt unter der Voraussetzung, dass die Chiralitätszentren verschieden substituiert sind (s. Kap. 25.4.2) und die C-Kette beweglich ist (die bicyclische Verbindung Campher mit zwei Zentren bildet nur ein Enantiomerenpaar, die Bildung von Diastereomeren ist hier nicht möglich).

Bei Verbindungen mit zwei benachbarten Chiralitätszentren spricht man oft von der *erythro*- und der *threo*-Form. Die Namen leiten sich von den stereoisomeren Zuckern **Erythrose** und **Threose** ab (s. Kap. 28.1.1).

Beispiel: Beim 2,3,4-Trihydroxybutyraldehyd sind vier Stereoisomere möglich:

	(1)	(2)	(3)	(4)
	¹CHO	CHO	CHO	CHO
	H—²—OH	HO—H	HO—H	H—OH
	H—³—OH	HO—H	H—OH	HO—H
	⁴CH₂OH	CH₂OH	CH₂OH	CH₂OH
	D-	L-	D-	L-
	Erythrose		Threose	
Konfiguration	2*R*,3*R*	2*S*,3*S*	2*S*,3*R*	2*R*,3*S*

Bei Verbindungen mit *erythro*-**Konfiguration** befinden sich die Substituenten an den **Chiralitätszentren** in der *Fischer* Projektion **auf derselben Seite**, bei der *threo*-Konfiguration auf der **gegenüberliegenden Seite**.

Die Verbindungen **1** und **2** bzw. **3** und **4** sind Enantiomere. Die *erythro*- und die *threo*-Formen sind diastereomer zueinander. Zur Verdeutlichung der Beziehungen ist die Konfiguration angegeben. Man sieht, dass die Enantiomeren an den beiden Asymmetriezentren die entgegengesetzte Konfiguration haben.

25.4.2 Verbindungen mit gleichen Chiralitätszentren

Die Anzahl der möglichen Stereoisomere wird verringert, wenn die Verbindung zwei gleichartig substituierte Chiralitätszentren enthält.

Beispiel:

```
        (1)              (2)              (3)              (4)

        COOH            HOOC             COOH             COOH
         |               |                |                |
    HO—C—H           H—C—OH           H—C—OH          HO—C—H        Symmetrie-
         |               |                |                |        ebene
     H—C—OH          HO—C—H           H—C—OH          HO—C—H
         |               |                |                |
        COOH            HOOC             COOH             COOH
        D-                L-             (DL)-Weinsäure
           Weinsäure                   Meso-Weinsäure
```

1 und **2** sind Enantiomere; **3** und **4** sehen zwar ebenfalls spiegelbildlich aus, können aber zur Deckung gebracht werden: bei der *Fischer*-Projektion durch Drehung um 180. Sie besitzen **in der *Fischer*-Projektion eine Symmetrieebene**, die Verbindungen sind somit **identisch**.

Substanzen dieser Art sind **achiral**, da beide Asymmetriezentren entgegengesetzte Konfiguration *R* bzw. *S* zeigen. Die Strukturen 3 und 4 werden als *meso*-**Formen** bezeichnet und können nicht optisch aktiv erhalten werden. Sie verhalten sich zu dem Enantiomerenpaar **1** und **2** wie **Diastereomere**. Damit unterscheidet sich die *meso*-Weinsäure **3/4** in ihren chemischen und physikalischen Eigenschaften von **1** und **2** und kann abgetrennt werden (z.B. durch Kristallisation).

25.4.3 Chirale Verbindungen ohne chirale C-Atome

Zahlreiche Verbindungen sind chiral und können optisch aktiv erhalten werden, ohne chirale C-Atome zu enthalten.

1. a) **Verschieden substituierte Allene (R ≠ R') mit gerader Anzahl von Doppelbindungen sind chiral.** Am Orbitalmodell erkennt man, dass die Substituenten an den Molekülenden paarweise in aufeinander senkrecht stehenden Ebenen liegen.

Strukturformel: Orbitalmodell:

b) **Allene mit ungerader Anzahl von Doppelbindungen sind achiral und können als** *cis-trans*-**Isomere auftreten.**

Strukturformel: Orbitalmodell:

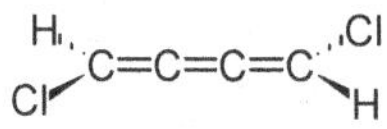

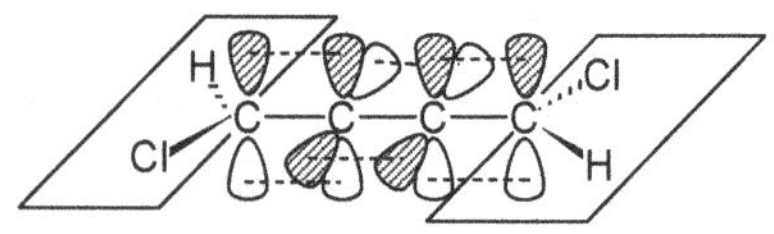

2. Das Beispiel 4-Methyl-cyclohexylidenessigsäure zeigt im Vergleich zu den Allenen, dass **eine Doppelbindung** – sterisch betrachtet – **einem Ring äquivalent** sein kann.

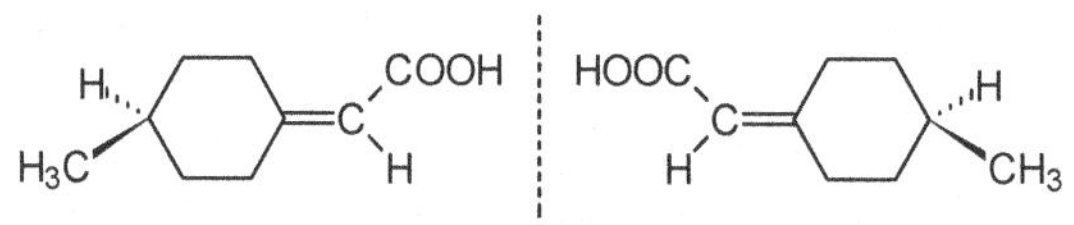

3. Ersetzt man beide Allen-Doppelbindungen durch Ringe, kommt man zu den **Spiranen**, wie hier zum 2,6-Dichlor-spiro-[3,3]-heptan.

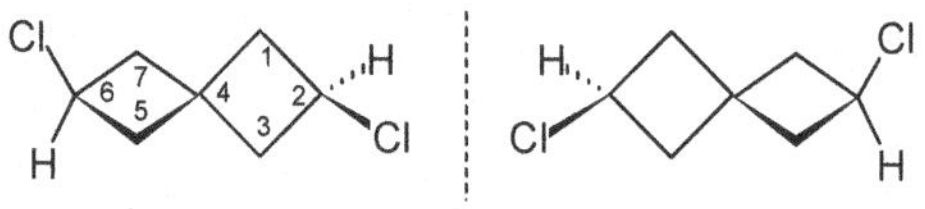

4. Chiralität ohne asymmetrische C-Atome tritt auch bei Biphenyl-Derivaten auf. Diese **Atropisomerie** genannte Erscheinung ist eine spezielle Konformationsisomerie, bei der **eine freie Drehbarkeit um die C–C-Einfachbindung aus sterischen Gründen nicht mehr möglich** ist. Bei Biphenylen kann dies z.B. durch entsprechend voluminöse *ortho*-Substituenten geschehen oder durch die Verknüpfung über eine Brücke wie in den Cyclophanen.

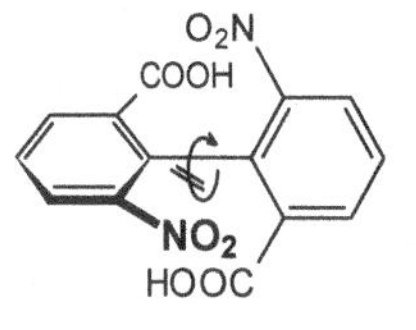

6,6-Dinitro-diphensäure 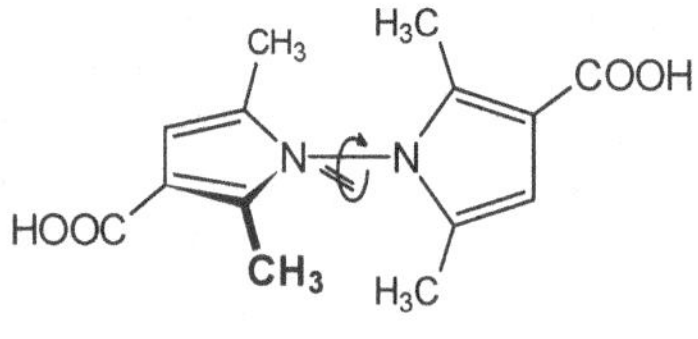   Bis-pyrrol-Derivat 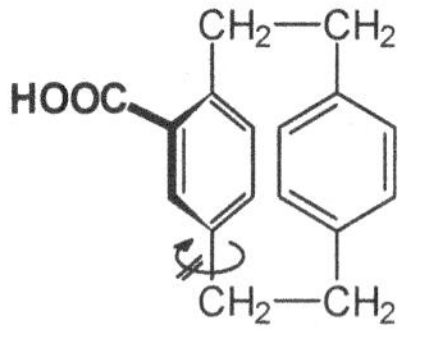   Cyclophan-Derivat

5. Chiralität ist auch aufgrund helicaler Strukturen möglich. Zur Bestimmung der Chiralität schaut man ,von vorne' in die Helix. Eine Rechtsschraube wird mit **P-** (Plus), eine Linksschraube mit **M-** (Minus) bezeichnet.

Beispiel: Hexahelicen

P-   M-
Hexahelicen

25.5 Herstellung optisch aktiver Verbindungen

25.5.1 Trennung von Racematen (Racematspaltung)

Wie erwähnt, entsteht bei der Synthese chiraler Verbindungen normalerweise ein Gemisch der beiden Enantiomere im Verhältnis 1 : 1. Die Trennung eines racemischen Gemisches in die optischen Antipoden ist möglich durch:

1. **Mechanisches Auslesen der kristallinen Enantiomere,** sofern diese makroskopisch unterscheidbar sind oder verschieden schnell aus ihrer Lösung auskristallisieren. Auf diese Weise gelang *Louis Pasteur* erstmals die Trennung von Weinsäuresalzen in die Enantiomeren. Diese Methode ist daher historisch interessant, besitzt jedoch keine praktische Bedeutung.

2. **Racematspaltung über Diastereomere.** Meistens lässt man ein racemisches Gemisch mit einer anderen optisch einheitlich aktiven Hilfssubstanz reagieren. Dabei sind oft schon die Übergangszustände der Reaktion diastereomer. Das eine Produkt wird sich also schneller bilden als das andere und kann manchmal durch rasches Aufarbeiten des Reaktionsgemisches isoliert werden **(kinetische Racematspaltung)**. Im Übrigen **entsteht** bei der Reaktion **aus dem Enantiomerenpaar ein Diastereomerenpaar**, das aufgrund seiner physikalischen Eigenschaften getrennt werden kann. Die so erhaltenen reinen Produkte werden wieder in ihre Ausgangsverbindungen zerlegt, d.h. man erhält zwei getrennte Enantiomere und die Hilfssubstanz zurück.

Dieses Verfahren ist vor allem dann besonders effizient, wenn keine kovalenten sondern nur ionische Bindungen (Salze) gebildet werden. Zum Zweck der Spaltung **racemischer Säuren** werden meistens (–)-Brucin, (–)-Strychnin, (–)-Chinin, (+)-Cinchonin, und (+)-Chinidin verwendet. Diese natürlich vorkommenden Alkaloide (s. Kap. 34) sind optisch aktive Basen, die leicht kristallisierende Salze bilden. Leicht zugängliche, natürlich vorkommende Säuren, die sich zur Zerlegung **racemischer Basen** eignen, sind (+)-Weinsäure und (–)-Äpfelsäure.

Prinzip:

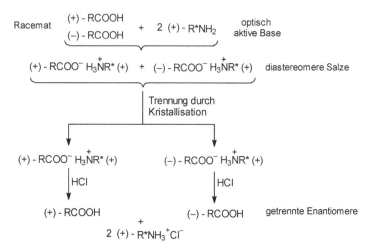

3. Eine sehr wirksame Methode der **Racematspaltung kann mit Hilfe von En-zymen** durchgeführt werden. Enzyme sind chirale Biokatalysatoren, die stereospezifisch nur eines der beiden Enantiomere umsetzen, während das andere rein zurückbleibt. Häufig werden für diesen Prozess hydrolytische Enzyme verwendet, wie etwa **Esterasen** und **Lipasen**.

4. **Chromatographische Trennmethoden.** Verwendet man bei der Chromatographie optisch aktive Adsorbentien (z.B. Cellulosederivate), dann werden die beiden Enantiomere verschieden stark adsorbiert und können anschließend nacheinander eluiert werden. Dies ist eine recht neue Methode die sich vor allem für analytische Zwecke eignet (Bestimmung der Enantiomerenreinheit, etc.). Für präparative Verfahren wird sie jedoch weniger verwendet, da die benötigten chiralen Adsorbentien in der Regel sehr teuer sind.

5. **Spaltung über Einschlussverbindungen (Clathrate).** Der achirale Harnstoff bildet Einschlussverbindungen, wobei die Gastmoleküle entweder in eine rechts- oder linksgängige Spiralschraube (Helix) eingebaut werden. Die Trennung wird ermöglicht durch die unterschiedliche Löslichkeit der diastereomeren Harnstoff-Clathrate.

25.5.2 Stereochemischer Verlauf von chemischen Reaktionen

Bei vielen chemischen Reaktionen stehen Edukte und Produkte in einer bestimmten stereochemischen und strukturellen Beziehung zueinander. In diesem Kapitel sollen wichtige Begriffe aus der Stereochemie zusammengefasst werden, die bei der Besprechung der Reaktionsmechanismen verwendet wurden.

Inversion, Retention und Racemisierung bei Reaktionen an einem Chiralitätszentrum

1. Bei **Inversion** wird die Konfiguration an einem Chiralitätszentrum umgekehrt: $R \rightarrow S$ und $S \rightarrow R$ (sofern die Prioritätsfolge der Substituenten gleich bleibt). Das Vorzeichen der optischen Drehung (+ oder −) muss sich dabei nicht notwendigerweise mit umkehren.

2. Bei **Retention** bleibt die Konfiguration an einem Chiralitätszentrum erhalten. R bleibt R und S bleibt S (gleiche Prioritätsfolge der Substituenten vorausgesetzt).

3. Bei **Racemisierung** entsteht aus Enantiomeren ein racemisches Gemisch. Dies ist vor allem dann zu erwarten, wenn das chirale C-Atom intermediär als Carbokation, Carbanion oder Radikal auftreten kann.

Spezifität und Selektivität bei chemischen Reaktionen

1. Bei einer **chemoselektiven Reaktion** erfolgt eine Umsetzung gezielt an einer von mehreren funktionellen Gruppen. Betrachtet man z.B. ein Molekül mit zwei unterschiedlichen Doppelbindungen, einer C=C und einer C=O-Doppelbindung, dann erfolgt der Angriff einer Grignard-Verbindung ausschließlich an der Carbonylgruppe, während eine katalytische Hydrierung selektiv an der C=C-Doppelbindung durchgeführt werden kann:

2. Bei einer **regioselektiven Reaktion** findet eine chemische Umsetzung bevorzugt so statt, dass ein konstitutionsisomeres (s. Kap. 2.3) Produkt bevorzugt gebildet wird. Wird **ausschließlich** eines von mehreren Produkten gebildet, so wird diese Reaktion als **regiospezifisch** bezeichnet.

Beispiele: *Diels-Alder*-Reaktionen, Hydroborierung, etc.

3. Bei einer **stereoselektiven Reaktion** findet eine chemische Umsetzung statt, bei der aus einem stereochemisch eindeutig definierten Edukt **bevorzugt** eines von mehreren möglichen Stereoisomeren entsteht. Betrachtet man z.B. wiederum eine Diels-Alder-Reaktion, so können sich hierbei die Reaktionspartner von verschiedenen Seiten nähern. Die Reaktion verläuft *exo* oder *endo* bezüglich R^2 und R^4.

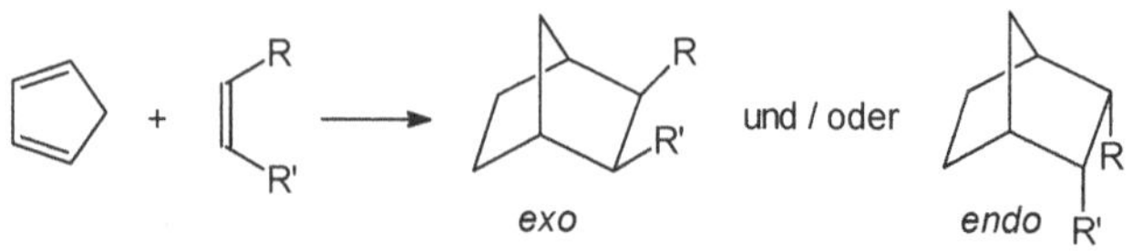

Definition: *endo* (griechisch: ένδον = innen, innerhalb) besagt, dass in bi- und höhercyclischen Verbindungen funktionelle Gruppen oder Molekülfragmente **einander zugekehrt** oder **ins Innere eines Ringsystems** gerichtet sind.

exo (griechisch: έξω = außen, außerhalb, nach außen) ist das Gegenteil von *endo*.

4. **Bei einer** stereospezifischen Reaktion werden Edukte, die sich lediglich in ihrer Konfiguration unterscheiden, in stereochemisch verschiedene Produkte umgewandelt, d.h. aus einem stereochemisch eindeutig definierten Edukt entsteht **ausschließlich** ein eindeutig definiertes Produkt. **Ein stereospezifischer Prozess ist notwendigerweise auch stereoselektiv.** Dies gilt jedoch nicht umgekehrt.

Beispiel: Die Addition von Brom an Alkene (s. Kap. 6.1.1) verläuft stereospezifisch *anti*. Die Konfiguration der Produkte hängt davon ab, welches stereoisomere Alken (*E*- oder *Z*-) verwendet wird.

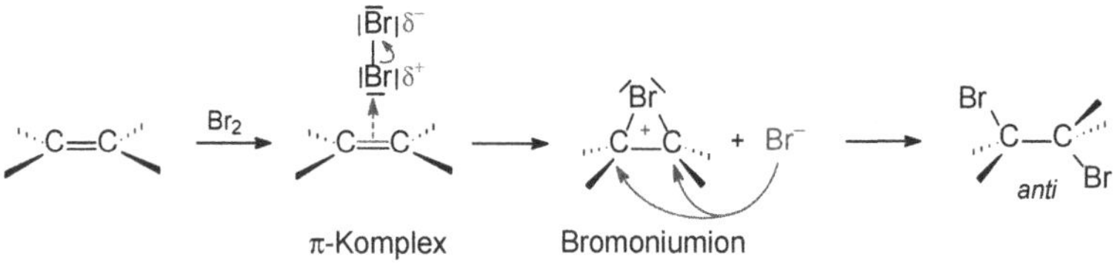

25.5.3 Asymmetrische Synthese

Bei den meisten Synthesen fallen optisch aktive Verbindungen i.a. als racemische Gemische an, die oft mühsam getrennt werden müssen. Bei **asymmetrischen Synthesen** versucht man, gezielt nur eines von zwei Enantiomeren zu erhalten. Dabei geht man häufig von einer optisch reinen Verbindung aus, deren Chiralitätszentrum die Konfiguration eines im Verlauf der Synthese neu entstehenden Chiralitätszentrums beeinflussen soll. Diese sog. **optische Induktion** ist meist nicht vollständig, d.h. die gewünschte Konfiguration des neuen Chiralitätszentrums entsteht nur in einem gewissen Überschuss gegenüber der unerwünschten.

Als Kriterium dient der enantiomere Überschuss (*enantiomeric excess*) ee:

$$\% \text{ Enantiomerenüberschuß} = \frac{(R\text{-}S)}{(R\text{+}S)} \cdot 100$$
$$\text{(ee-Wert)}$$

Beispiel: Bei einem Verhältnis der Enantiomeren von 95 zu 5 ist ee = 90 %, bei einem Verhältnis von 99 zu 1 ist ee = 98 %.

Neben die bereits erwähnten klassischen Methoden der Enantiomerentrennung, insbesondere die Racematspaltung über Diastereomere, sind folgende wichtige Synthesewege getreten:

1. Diastereoselektive Synthese

Bei einer enantioselektiven Synthese entstehen ungleiche Anteile an *R*- und *S*-Enantiomeren. Bei **diastereoselektiven Synthesen** wird von den Diastereomeren, die in einer Reaktion entstehen oder verschwinden, eines schneller gebildet oder zerstört als das andere, d.h. es findet eine stereoselektive Auslese statt.

Die bevorzugte Bildung eines Stereoisomers lässt sich damit erklären, dass sich bei der Reaktion **diastereomere Übergangszustände** bilden, die verschiedene Bildungsgeschwindigkeiten und/oder verschiedene Energieinhalte haben. Nach Abbruch der Reaktion überwiegt folglich ein Produkt.

Das zur Steuerung der Reaktion benötigte chirale Zentrum kann entweder vorübergehend in das Molekül eingebaut werden (**Auxiliar-kontrollierte Reaktion**) oder es kann im Molekül selbst enthalten sein (**Substratkontrollierte Reaktion**).

Bei einer **Auxiliar-kontrollierten Synthese** werden spezielle, enantiomerenreine Reagenzien (so genannte chirale Hilfsstoffe, **Auxiliare**) kovalent an das Substrat gebunden das man umsetzen möchte. Danach führt man die gewünschte Reaktion durch, wobei das Auxiliar den Angriff am Substrat steuert. Bei der Reaktion bilden sich Diastereomere, die unter Umständen getrennt werden können. Anschließend muss das chirale Auxiliar wieder abgespalten werden, wobei das gewünschte Produkt in enantiomerenreiner Form erhalten wird.

Beispiel:

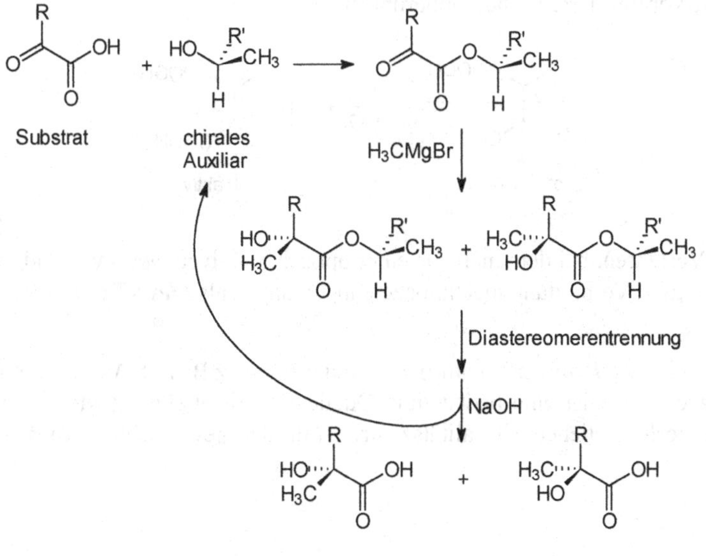

Bei der **Substratkontrollierten Synthese** geht man von einer bereits chiralen Verbindung aus, und verwendet das vorhandene Chiralitätszentrum um ein weiteres möglichst selektiv zu erzeugen. So lassen sich z.b. aus Aminosäuren **I** durch doppelte Benzylierung am Stickstoff (R' = $CH_2C_6H_5$) und anschließende partielle Reduktion der Säurefunktion die chiralen Aldehyde **II** erzeugen. Setzt man diese nun z.B. mit Grignard-Verbindungen um, so erfolgt der Angriff an der Carbonylgruppe bevorzugt und mit hoher **Diastereoseletivität** von der sterisch weniger gehinderten Seite.

2. Bei der **katalytischen asymmetrischen Synthese** wird Chiralität katalytisch erzeugt. Sehr häufig verwendet man hierzu Übergangsmetalle, die mit chiralen Liganden Komplexe bilden. So werden bei der **homogenen asymmetrischen Hydrierung** von Alkenen Rhodium-Komplexe mit chiralen Phosphan-Liganden eingesetzt. Eine andere Möglichkeit ist die **asymmetrische Phasen-Transfer-Katalyse**.

Großer Beliebtheit erfreuen sich auch **Enzym-katalysierte Reaktionen**. Enzyme verfügen über eine chirale Bindungstasche mit einem aktiven Zentrum an welchem die gewünschte Reaktion erfolgt. So lässt sich z.B. *meso*-1,2-Cyclohexan-dicarbonsäuredimethylester in Gegenwart des hydrolytischen **Enzyms Schweine-leberesterase** (PLE von *pig liver esterase*) selektiv zum chiralen Monoester spalten, wobei nur die *S*-konfigurierte Estergruppe verseift wird, während die zweite *R*-konfigurierte Einheit unberührt bleibt.

optisch inaktiv   optisch aktiv

Dieses Verfahren, bei dem man aus einer optisch inaktiven *meso*-Verbindung eine optisch aktive Verbindung macht, bezeichnet man oft als *Meso*-Trick.

3. Der „*chirale Pool*" mit natürlichen Bausteinen, z.B. mit Aminosäuren oder Monosacchariden ist eine bedeutende Quelle für potentielle Edukte, welche bereits die erforderlichen Chiralitätszentren mit der gewünschten Konfiguration enthalten.

26 Photochemie

Photochemische Reaktionen gewinnen immer mehr an Bedeutung, da sie häufig zu Produkten führen, die durch thermische Aktivierung nur schwer zugänglich sind. Durch Einstrahlung von Licht bestimmter Wellenlänge (meist durch Hg-Lampen erzeugt) können geeignete **Moleküle angeregt werden**. Dabei gehen Elektronen aus dem **elektronischen Grundzustand** durch Absorption eines Photons in einen **angeregten Zustand** über. Hierdurch wird die Reaktivität der Moleküle oft stark erhöht. Das eingestrahlte Licht muss eine ausreichende Energie (Wellenlänge) besitzen, um in dem Substrat Elektronen so anzuregen, dass sie von **bindenden und/oder nichtbindenden** Energieniveaus **in antibindende** angehoben werden. Die bei der Anregung aufgenommene Energie lässt sich berechnen nach

$$E = h \cdot \nu = h \cdot c/\lambda.$$

Für 1 mol Quanten gilt $E = N_A \cdot h \cdot \nu = N_A \cdot h \cdot c/\lambda$. Für jede Wellenlänge λ hat E einen bestimmten Wert, für $\lambda = 1$ m zum Beispiel $E = 0,11963$ J $\cdot$ mol^{-1}.

Da die Energiedifferenz des $\sigma \rightarrow \sigma^*$-Übergangs sehr groß ist, findet dieser i. A. nicht statt. **Für den $\pi \rightarrow \pi^*$-Übergang benötigt man UV-Licht mit $\lambda \approx 160$ nm und für den $n \rightarrow \pi^*$-Übergang UV-Licht mit $\lambda \approx 280$ nm** (s. Kap. 38.1). Wichtig für die Diskussion photochemischer Reaktionen ist die sog. **Multiplizität M** der Elektronenzustände.

26.1 Multiplizität M von elektronischen Zuständen

M ist definiert durch die Gleichung M = 2 S + 1, wobei S die Summe der Elektronenspins in dem betrachteten Zustand ist.

Die meisten organischen Moleküle liegen bei 298 K im elektronischen Singulett-Grundzustand S_0 vor, in dem alle Elektronen gepaart sind (Abb. 60). Im Grundzustand S_0 beträgt der Gesamtspin $S = -\frac{1}{2} + \frac{1}{2} = 0$, somit ist $M = 2 \cdot 0 + 1 = 1$.

Durch Anregung wird ein Elektron aus einem HOMO in ein höheres unbesetztes LUMO gehoben und wir erhalten einen **angeregten Singulettzustand S_n** (n = 1, 2, 3...). Der niedrigste angeregte Singulettzustand ist S_1: $S = -\frac{1}{2} + \frac{1}{2} = 0$; $M = 2 \cdot 0 + 1 = 1$.

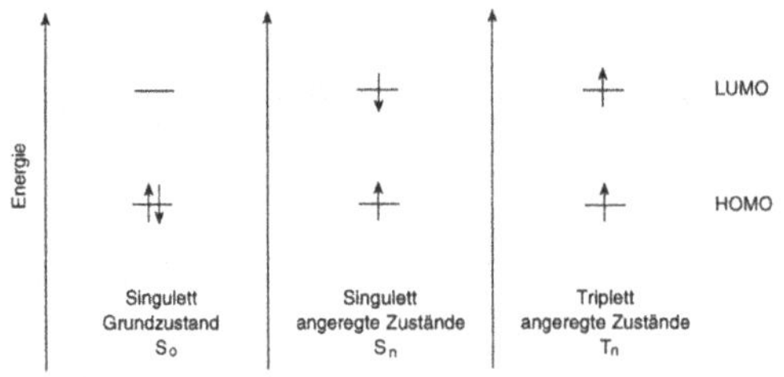

Abb. 60. Elektronenzustände (Schema)

Kehrt das Elektron im LUMO sein Spinmoment um, so erhalten wir den **angeregten ersten Triplettzustand T_1:** $S = \frac{1}{2} + \frac{1}{2} = 1$; $M = 2 \cdot 1 + 1 = 3$. Der Triplettzustand T_1 ist energetisch günstiger als der entsprechende Singulettzustand S_1.

Beachte: Der direkte Übergang $S_0 \rightarrow T_1$ ist verboten.

Bei vielen Molekülen findet der Übergang $S_1 \rightarrow T_1$, d.h. die Erzeugung von Triplettzuständen, nur in untergeordnetem Maße statt. In diesem Fall verwendet man zur Erhöhung der Ausbeute **Photosensibilisatoren**, wie sie auch in der Photographie eingesetzt werden. Das sind Substanzen, die durch Lichtabsorption in einen angeregten Zustand übergehen. Durch Kollision mit dem Substratmolekül können sie u.U. Energie übertragen und so das Molekül in einen angeregten Zustand bringen.

26.2 Jablonski-Diagramm

Ein Molekül kann auf verschiedene Weise aus einem angeregten elektronischen Zustand, z.B. S_2, wieder in den Grundzustand S_0 zurückkehren. Diese Möglichkeiten werden i.a. anhand eines *Jablonski*-Diagramms diskutiert (Abb. 61).

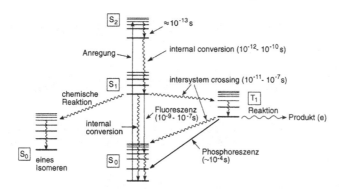

Abb. 61. *Jablonski*-Diagramm.

Strahlungslose Übergänge: ∿∿∿➤ , Strahlungsübergänge: ——➤ . (Die einzelnen Energieniveaus der Elektronenzustände sind durch waagerechte Striche angedeutet)

Das Molekül im S_2-Zustand geht zunächst durch **strahlungslose Desaktivierung** (*internal conversion*) in das niedrigste Schwingungsniveau des S_1-Zustandes über. Die Energie wird z.b. als Wärme bei der Kollision mit anderen Molekülen abgegeben.

Vom S_1-Zustand aus gibt es mehrere Möglichkeiten:

a) $S_1 \longrightarrow S_0$: **Strahlungsübergang**, wobei **ein Photon emittiert wird,** der Elektronenspin bleibt erhalten. Dieser Vorgang heißt **Fluoreszenz**.

b) $S_1 \rightsquigarrow S_0$: **Strahlungsloser Übergang** durch **Abgabe von Wärme** an die Umgebung *(internal conversion)*.

c) $S_1 \rightsquigarrow T_1$: **Strahlungsloser Übergang** zu einem angeregten Zustand T_1 anderer Multiplizität unter Umkehr des Elektronenspins. Der Vorgang heißt **strahlungslose Interkombination** *(intersystem crossing)*.

d) Photochemie: Das Molekül im S_1-Zustand reagiert mit einem anderen Molekül oder es erfolgt strahlungslose Umwandlung in eine isomere Verbindung.

Wegen der kurzen Lebensdauer des S_1-Zustandes kommen nur sehr schnelle Reaktionen in Frage. Die Übergänge a) und b) überwiegen.

T_1-Zustände haben Radikal-Charakter; ihre Energie ist niedriger als die der S_1-Zustände. Sie sind Ausgangspunkt für die meisten photochemischen Reaktionen und haben eine größere Lebensdauer (10^{-5} s) als Singulettzustände ($10^{-7} - 10^{-8}$ s).

Sie können ihre Energie auf vier Wegen abgeben:

a) $T_1 \longrightarrow S_0$: **Strahlungsübergang, es wird ein Photon emittiert,** der Elektronenspin wird umgekehrt. Dieser Vorgang heißt **Phosphoreszenz**. Die Phosphoreszenz ist erheblich **länger andauernd** als die Fluoreszenz.

b) $T_1 \rightsquigarrow S_0$: **Strahlungsloser Übergang** durch **Abgabe von Wärme** an die Umgebung *(intersystem crossing)*.

c) Triplett-
Energie-
Transfer
Das Molekül im T_1-Zustand überträgt seinen Elektronenspin auf ein anderes Molekül und geht selbst in einen S_0-Zustand über: $T_1 + S'_0 \rightarrow S_0 + T'_1$.

d) Photochemie: Das Molekül im T_1-Zustand reagiert durch Kollision mit einem anderen oder es wandelt sich in den T_1-Zustand bzw. S_0-Zustand eines isomeren Moleküls um.

Energiebilanz

Photochemische Reaktionen werden durch die **Quantenausbeute** ϕ charakterisiert:

$$\phi = \frac{\text{Anzahl der umgewandelten Moleküle}}{\text{Anzahl der absorbierten Quanten}}$$

Bei $\phi < 1$ gehen die meisten angeregten Moleküle durch interne Konversion oder Fluoreszenz in den Grundzustand über.

Bei $\phi = 1$ geht jedes angeregte Molekül eine Folgereaktion ein.

Bei $\phi > 1$ werden durch photochemisch erzeugte Radikale Kettenreaktionen ausgelöst.

26.3 Beispiele für photochemische Reaktionen

1. Eine **photochemische Z-E-Isomerisierung** ist von enormer Bedeutung für den **Sehvorgang**. 11-Z-Retinal, gebunden an das Protein Opsin, ist in den Stäbchen der Retina enthalten. Durch Licht wird es zum E-isomeren Retinal isomerisiert, wodurch die Bindung an das Protein gelockert und ein Nervenimpuls ausgelöst wird:

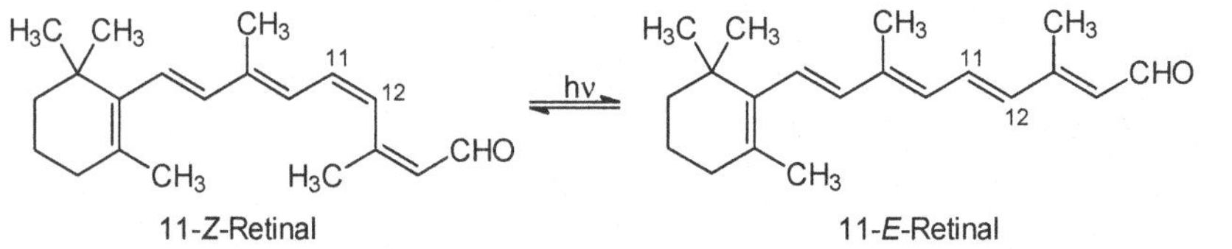

11-Z-Retinal   11-E-Retinal

2. Biolumineszenz. Leuchtkäfer benutzen die in enzymatischen Redoxreaktionen freigesetzte Energie zur Anregung eines Moleküls **Oxyluciferin**. Danach kehrt das Molekül in seinen Grundzustand zurück, wobei die Anregungsenergie als sichtbares Licht emittiert wird. Ähnlich verläuft die Oxidation von **Luminol**, bei der blaugrüne **Chemolumineszenz** auftritt. Dabei liegt das Dianion der 3-Aminophthalsäure im elektronisch angeregten Zustand vor. Anwendung: z.B. Kaltlicht-Leuchtstäbe.

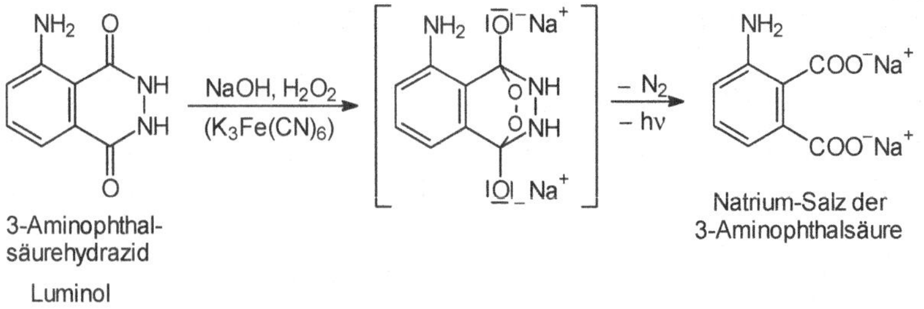

3-Aminophthal-
säurehydrazid

Luminol

Natrium-Salz der
3-Aminophthalsäure

3. Cyclopentadien dimerisiert thermisch quantitativ zum *endo*-isomeren Produkt
(I) (Kap. 6.2.4). Photochemische Anregung unter Zusatz von Benzophenon als
Sensibilisator liefert zwei weitere Produkte, darunter das *exo*-Isomere **(II)**.

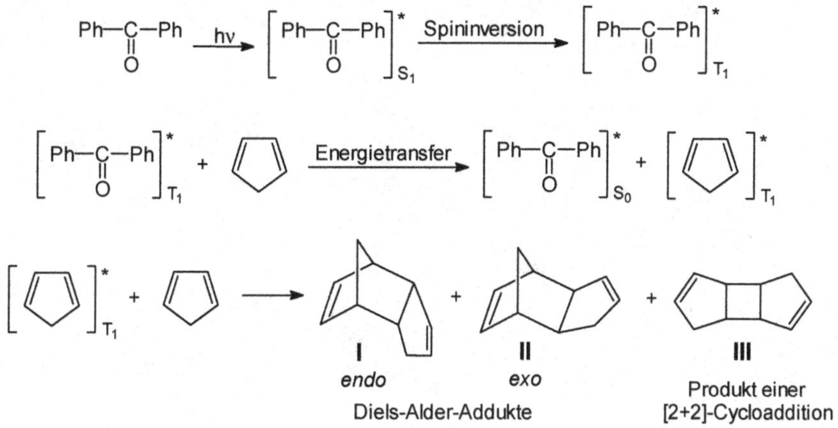

I	**II**	**III**
endo	*exo*	Produkt einer
Diels-Alder-Addukte		[2+2]-Cycloaddition

Teil II

Chemie von Naturstoffen und Biochemie

Naturstoffe können sowohl aus der Sicht der Stoffchemie, d.h. als isolierte chemische Substanzen, als auch als Stoffwechselprodukte im Rahmen von Stoffwechselkreisläufen betrachtet werden. So wird z.B. die Brenztraubensäure, eine Ketocarbonsäure, im Hinblick auf ihre chemischen Eigenschaften im Kap. 18.5.3 (Oxocarbonsäuren) als Sonderfall einer Carbonsäure abgehandelt, ohne dass dort besonders auf ihre herausragende Bedeutung als biochemisches Zwischenprodukt in der lebenden Zelle eingegangen wird. In den nachfolgenden Kapiteln wird nun versucht, beiden Gesichtspunkten gerecht zu werden, und die Bedeutung der besprochenen Verbindungen für die Biochemie hervorzuheben.

27 Chemie und Biochemie

27.1 Einführung und Überblick

Hauptbestandteil aller Lebewesen ist Wasser, H_2O, das etwa 60 - 90 % der Masse von Pflanzen und Tieren ausmacht. Andere anorganische Substanzen sind hauptsächlich in den Knochen enthalten (z.B. Hydroxylapatit) und haben einen Massenanteil von etwa 4 %. Der Rest besteht aus einer großen Zahl organischer Substanzen mit z.T. sehr kompliziertem chemischem Aufbau, von denen viele nur in geringen Mengen im Organismus vorkommen. Von den Elementen her gesehen besteht lebende Materie zu ca. 90 % aus C, O, H und N. Weitere Elemente, die z.T. nur als Spurenelemente vorhanden sind, sind jedoch für den Ablauf der lebensnotwendigen biochemischen Reaktionen im Organismus unerlässlich. Dazu gehören z.B. in größeren Mengen Na, K, Mg, Ca, P, S und in kleineren Mengen Se, I, Cr, Mo, Mn, Fe, Co, Ni, Cu und Zn.

Während im Organismus die meisten Reaktionen auf biochemischer Basis ablaufen, sind unter den 100 wichtigsten chemisch-synthetischen Verfahren der organischen Chemie nur wenige mikrobielle Produktionsverfahren zu finden. Dies wird sich jedoch mit der Entwicklung der **Biotechnologie** sicherlich bald ändern. Sie dienen zurzeit vor allem zur Herstellung von Ethanol, Essigsäure, Isopropanol, Aceton, Butanol und Glycerin. Bei Berücksichtigung der Produktionszahlen für andere biotechnische Erzeugnisse wie Brot, Bier, Wein, Käse, Hefe, Antibiotika etc. findet man, dass diese Verfahren 20 - 30 % der Produktion in der BRD ausmachen. Als Mikroorganismen dienen u.a. Bakterien, Pilze und Mikroalgen. Die Verfahren sind umweltfreundlich und werden z.T. sogar zum Umweltschutz (z.B. bei der Abwasserreinigung) benutzt.

Von besonderem Interesse sind dabei zunehmend Verfahren der Biotechnologie. Unter **Biotechnologie** versteht man die integrierte Anwendung von Biochemie, Mikrobiologie und Verfahrenstechnik mit dem Ziel, Mikroorganismen, Zell- und Gewebekulturen sowie Teilen davon für technische Anwendung zu nutzen.

Für die Zukunft ist von großer Bedeutung, dass mittels der Enzymtechnologie nachwachsende Rohstoffe (z.B. Zucker, Stärke, pflanzliche Öle und Fette, Lignocellulose) technisch genutzt werden können. Tabelle 38 gibt z.B. einen Überblick über die voraussichtliche Entwicklung für industriell wichtige Kohlenhydrate.

Tabelle 38. Technische Verfahren und für die Zukunft absehbare enzymtechnologische Verfahren zur Gewinnung und Transformation von Kohlenhydraten und ihren Derivaten (aus *Nachr. Chem. Tech. Lab.* **1988**, *36*, S. 617)

Zucker(derivat)	Gegenwärt. (technisches) Verfahren	Enzymtechnologie
Saccharose	Extraktion von Zuckerrüben, Zuckerrohr	unwahrscheinlich
Glucose	Hydrolyse von Saccharose, Stärke (Cellulose); Chromatographie	Stärkeverflüssigung, Stärkeverzuckerung
Fructose	Säurehydrolyse von Saccharose, Chromatographie	Isomerisierung von Glucose, Chromatographie
Gluconsäure	Fermentation von Glucose	(Glucose-Oxidase; H_2O_2) Glucose-Dehydrogenase/ NAD^+
Mannitol ⎫ Sorbitol ⎭	Chem. Reduktion von Invertzucker an Nickelkatalysatoren	NADH-abhängige Reduktion von Fructose
Lactitol ⎫ Maltitol ⎬ Dihydroxyaceton	Chem. Reduktion von Lactose ⎫ bzw. Maltose an Katalysatoren ⎬ Fermentation von Glycerin ⎭	aussichtsreich als NAD(P)-abhängige konjugierte Redoxprozesse
L-Sorbose	Fermentation von D-Sorbitol	intrasequentieller Redoxprozess (NAD/H) aus Glucose
L-Ascorbinsäure	Chem. Synthese einschl. Fermentation aus Glucose	intrasequentieller Redoxprozess (NADP/H) aus D-Uronsäuren
Glucose-1-phosphat	ATP-abhängige Phosphorylierung von Glucose zu G-6-P; Umlagerung in G-1-P	Phosphorylase-Spaltung von Stärke, Saccharose, Lactose
Trehalose	Extraktion von Pilzen	Synthese aus G-1-P und Glucose durch spezifische Phosphorylase
Trehalose-Fettsäureester	nicht vorhanden	Lipasen in organischer Phase

Die nachfolgende Übersicht bringt Beispiele für wichtige biochemische Reaktionstypen, schematisch dargestellt als klassische Reaktionen. Man beachte dabei, dass biochemische Reaktionen meist selektiv unter milden Reaktionsbedingungen ablaufen.

1. Oxidationen und Reduktionen (Hydrierungen)

Wichtige Umwandlungen: **Beispiel:**

Carbonylverb. $\rightleftharpoons$ Hydroxyverb.

Chinone $\rightleftharpoons$ Hydrochinone

Carbonsäuren $\rightleftharpoons$ Aldehyde

$$R-\underset{\underset{CH_2}{|}}{\overset{\overset{O}{\|}}{C}}-COOH + H_2 \rightleftharpoons R-\underset{\underset{CH_2}{|}}{\overset{\overset{OH}{|}}{CH}}-COOH$$

β-Ketocarbonsäure   β-Hydroxycarbonsäure

ungesättigte $\rightleftharpoons$ gesättigte
Verbindungen   Verbindungen

$$R-\overset{\overset{H}{|}}{\underset{\underset{H}{|}}{C}}=\overset{}{C}-COOH + H_2 \rightleftharpoons R-\overset{\overset{H_2}{}}{C}-\underset{\underset{H_2}{}}{C}-COOH$$

Imine $\rightleftharpoons$ Amine

Iminosäuren $\rightleftharpoons$ Aminosäuren

$$R-\overset{\overset{NH}{\|}}{C}-COOH + H_2 \rightleftharpoons R-\overset{\overset{NH_2}{|}}{CH}-COOH$$

2. Kondensations- und Hydrolysereaktionen

Hydrolyse von Carbonsäure- und
Phosphorsäureestern

$$RCOOR' + H_2O \rightleftharpoons RCOOH + R'OH$$
$$H_2O_3P-OR' + H_2O \rightleftharpoons H_3PO_4 + R'OH$$

Hydrolyse von Acetalen und Ketalen

$$R-CH\overset{OR'}{\underset{OR'}{<}} + H_2O \rightleftharpoons R-\overset{\overset{O}{\|}}{C}\underset{H}{} + 2\,R'OH$$

Iminosäuren $\rightleftharpoons$ Ketosäuren

$$R-\overset{\overset{NH}{\|}}{\underset{COOH}{C}} + H_2O \rightleftharpoons R-\overset{\overset{O}{\|}}{\underset{COOH}{C}} + NH_3$$

3. Addition und β-Eliminierung von Wasser und Ammoniak

$$R-\overset{\overset{X}{|}}{\underset{\underset{CH_2}{|}}{CH}}-COOH \rightleftharpoons R-\overset{}{CH}=\overset{}{CH}-COOH + HX \quad X = -OH, -NH_2$$

4. Lösen und Knüpfen von C–C-Bindungen

Carboxylierung, Decarboxylierung

Beispiele:

Acetyl-CoA   Malonyl-CoA

$$R-\underset{\underset{R}{|}}{CH_2} + CO_2 \rightleftharpoons R-\underset{\underset{R}{|}}{CH}-COOH$$

Aldoladdition, Retroaldoladdition

$$R-\underset{\underset{R}{|}}{CH_2} + R'CHO \rightleftharpoons R-\underset{\underset{R}{|}}{CH}-\underset{\underset{OH}{|}}{CH}-R'$$

Esterkondensation und Umkehrung

$$R-\underset{\underset{R}{|}}{CH_2} + R'COOR'' \rightleftharpoons R-\underset{\underset{R}{|}}{CH}-\underset{\underset{O}{\|}}{CH}-R'$$

Von besonderem Interesse sind Polymerisationsreaktionen, die zu Biopolymeren führen.

Biopolymere sind natürliche Makromoleküle, die ebenso wie synthetische Makromoleküle (Kunststoffe, s. Kap 37) aus kleineren Bausteinen (Monomeren) aufgebaut sind. Die Polymere unterscheiden sich u.a. in der Art des Monomeren bzw. der Monomeren, aus denen sie aufgebaut sind, der Art der Bindung zwischen den Bausteinen und der Möglichkeit verschiedener Verzweigungsarten bei mehreren funktionellen Gruppen.

Eine Übersicht über hier besprochene Verbindungen gibt Tabelle 39.

Tabelle 39. Kunststoffe und Biopolymere

Art der Bindungen zwischen den Monomeren		Beispiele für	
		synthetische Polymere	natürliche Polymere
Kohlenstoff-Bindung	$-\overset{\mid}{\underset{\mid}{C}}-\overset{\mid}{\underset{\mid}{C}}-$	Polyethylen	Kautschuk
Ester-Bindung	$-C\overset{\displaystyle O}{\underset{\displaystyle O-\overset{\mid}{C}-}{}}$	Polyester (Diolen)	Nucleinsäuren (DNA, RNA)
Amid-Bindung	$-C\overset{\displaystyle O}{\underset{\displaystyle NH-\overset{\mid}{C}-}{}}$	Polyamid (Nylon, Perlon)	Proteine, Peptide (Eiweiß, Wolle, Seide)
Ether-Bindung bzw. Acetal-Bindung	$-\overset{\mid}{\underset{\mid}{C}}-O-\overset{\mid}{\underset{\mid}{C}}-$	Polyformaldehyd (Delrin)	Polysaccharide (Cellulose, Stärke, Glykogen)

27.2 Biokatalysatoren

Der Grund für den **spezifischen Ablauf biochemischer Reaktionen** unter vorgegebener Bedingungen (Lösemittel: Wasser, pH $\approx$ 7, enger Temperaturbereich) ist der Einsatz wirksamer Biokatalysatoren, der Enzyme.

Enzyme sind meist Proteine, die neben dem Protein-Teil noch nicht-proteinartige Bestandteile, die **Coenzyme** enthalten. Proteingebundene Coenzyme werden auch als **prosthetische Gruppen** bezeichnet, vor allem, wenn sie relativ fest gebunden sind.

Coenzyme werden häufig aus Vitaminen gebildet. Ihre Funktion besteht vor allem in der Unterstützung des Enzyms bei der Substratbindung, der Vorbereitung des Substrats auf die Umsetzung sowie in der Bindung der Intermediärprodukte. Oft sind Coenzyme auch Gruppendonatoren (z.B. für Phosphat, Zucker, Amino-Gruppe) oder Gruppenakzeptoren oder wirken als Redoxsystem (z.B. Wasserstoff-übertragende Coenzyme). Einen Überblick über wichtige Coenzyme gibt Tabelle 40.

Tabelle 40. Coenzyme und prosthetische Gruppen

Coenzym bzw. prosthetische Gruppe	Abkürzung	Übertragene Gruppe/Funktion	Zugehöriges Vitamin (Kennbuchstabe)
I. Wasserstoffüberträger			
Nicotinamid-adenin-dinucleotid	NAD^+	Wasserstoff	Nicotinsäureamid (B_3)
Nicotinamid-adenin-dinucleotid-phosphat	$NADP^+$	Wasserstoff	Nicotinsäureamid (B_3)
Flavinmononucleotid	FMN	Wasserstoff	Riboflavin (B_2)
Flavin-adenin-dinucleotid	FAD	Wasserstoff	Riboflavin (B_2)
II. Gruppenüberträger			
Adenosintriphosphat	ATP	Phosphorsäure/AMP-Rest	—
Phosphoadenylsäure-sulfat	PAPS	Schwefelsäure-Rest	—
Pyridoxalphosphat	PLP	Amino-Gruppe	Pyridoxin (B_6)
C_1-Transfer-Coenzyme			
Tetrahydrofolsäure	FH_4	Formyl-Gruppe	Folsäure (B_4)
Biotin		Carboxyl-Gruppen (CO_2)	Biotin (H)
C_2-Transfer-Coenzyme			
Coenzym A	CoA	Acetyl (Acyl)	Pantothensäure
Thiaminpyrophosphat	ThPP	C_2-Aldehyd-Gruppen	Thiamin (B_1)
III. Wirkgruppen der Isomerasen und Lyasen:			
Pyridoxalphosphat	PLP	Decarboxylierung	Pyridoxin (B_6)
Thiaminpyrophosphat	ThPP	Decarboxylierung	Thiamin (B_1)
B_{12}-Coenzym	B_{12}	Umlagerung	Cobalamin (B_{12})

Beispiele:

1. Das Gruppen-übertragende **Coenzym A** ist ein Mercaptan, dessen SH-Gruppe mit Essigsäure einen Thioester, das **Acetyl-Coenzym A**, bildet. Dies erleichtert einen nucleophilen Angriff an der Carbonyl-Gruppe des Esters und schafft eine „aktivierte" **C–H-Bindung** am α-C-Atom. Acetyl-CoA wird z.B. verwendet zur biochemischen Synthese von Fettsäuren.

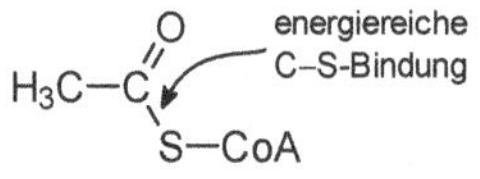

Acetyl-Coenzym A
(Acetyl-CoA)

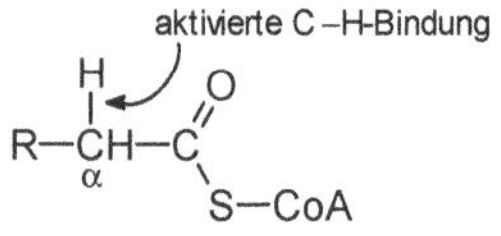

Acyl-Coenzym A

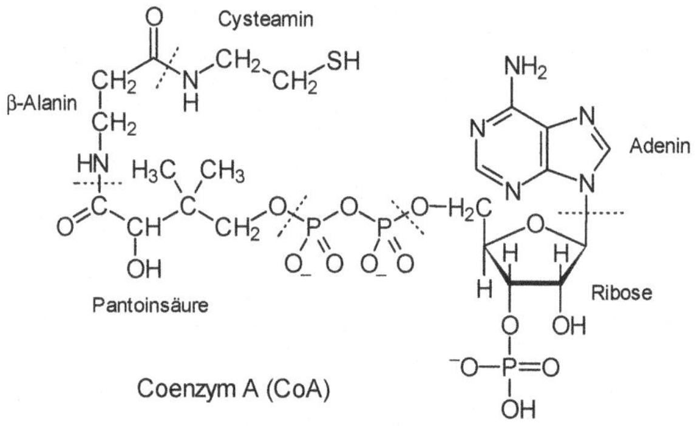

Coenzym A (CoA)

2. Die Wasserstoff-übertragenden **Coenzyme NAD⁺ und NADP⁺** enthalten als Heterocyclen **Adenin** (Purin-Gerüst) und **Nicotinamid** (ein Carbonsäureamid) sowie als Polyhydroxy-Verbindungen zwei **Ribose-Einheiten** (einen Zucker), die über eine Diphosphorsäureeinheit (Pyrophosphorsäure) verknüpft sind. Die Untereinheit aus Adenin und Ribose bezeichnet man als Adenosin (s.a. Kap. 31.1).

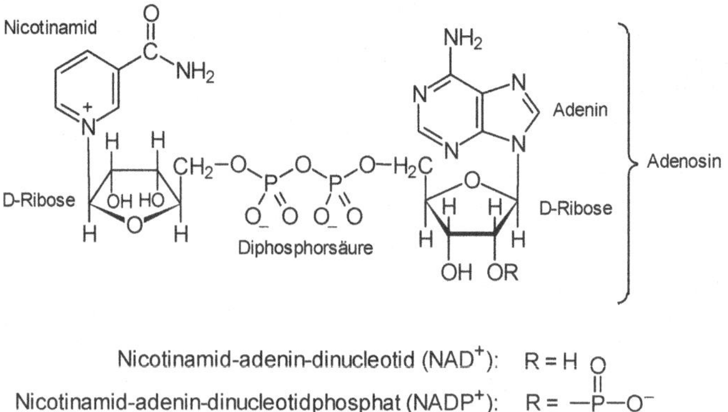

Nicotinamid-adenin-dinucleotid (NAD⁺):   R = H

Nicotinamid-adenin-dinucleotidphosphat (NADP⁺):   R = $-\overset{\overset{\displaystyle O}{\|}}{\underset{\underset{\displaystyle O_-}{}}{P}}-O^-$

Das positiv geladene Pyridiniumsalz ist in der Lage von einer anderen Verbindung ein Hydridion zu übernehmen unter Bildung von NADH bzw. NADPH (s.a. Kap. 25.2.1). Der Hydrid-spendende Partner wird dabei oxidiert. Umgekehrt kann NADH (NADPH) in Gegenwart von H^+ auch Carbonylverbindungen reduzieren. Daher sind diese Dinucleotide an den meisten **biochemischen Redoxprozessen** beteiligt.

$$NAD^+ \quad (NADP^+) \rightleftharpoons NADH \quad (NADPH)$$

3. Das zur Energieübertragung und -speicherung dienende **ATP** wird in Kap. 31.1 besprochen, die Elektronen-übertragenden Chlorophylle in Kap. 35.

27.3 Stoffwechselvorgänge

Unter Stoffwechsel versteht man den Auf-, Um- und Abbau der Nahrungsbestandteile zur Aufrechterhaltung der Funktionen eines lebenden Organismus. Die entsprechenden Stoffwechselvorgänge sind miteinander verbundene Fließgleichgewichte von meist einfachen, reversiblen Reaktionen, die durch Enzyme beeinflusst und z.B. von Hormonen gesteuert werden. Die freigesetzte Energie wird vom Organismus gespeichert (z.B. in Form von ATP), bei Reaktionen verbraucht, als Wärme abgegeben oder für Muskelarbeit zur Verfügung gestellt.

Bei der biochemischen Grundsynthese, die nur in Pflanzen (und einigen Bakterien) stattfinden kann, werden alle Verbindungen aus anorganischen Stoffen wie CO_2, H_2O etc. aufgebaut. Sie beginnt mit der **Photosynthese**. Abb. 62 zeigt den Zusammenhang wichtiger Stoffgruppen mit dem Stoffwechsel.

Schlüsselsubstanzen sind: **Brenztraubensäure** (als Pyruvat, da die Metabolite in wässriger Lösung dissoziiert sind), **Acetyl-Coenzym A** (Acetyl-CoA) und die **Ketosäuren** im **Citrat-Cyclus**. Von diesen Verbindungen ausgehend kann man die im Schema angegebenen Substanzklassen ableiten, die alle in diesem Buch besprochen werden.

Zur Aufrechterhaltung des dynamischen Gleichgewichts im Organismus werden die einzelnen Substanzen nach Bedarf ineinander umgewandelt. Man hat daher den Auf-, Ab- und Umbau der Verbindungen die beim Stoffwechsel wichtig sind (Metabolite, Substrate) in Cyclen zusammengefasst, die in den Lehrbüchern der Biochemie ausführlich besprochen werden.

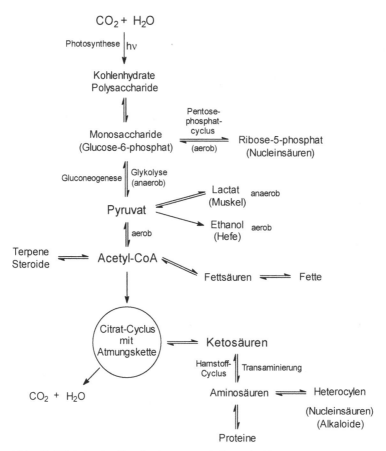

Abb. 62. Wichtige Stoffwechselvorgänge (schematisch)

Zur planmäßigen **Steuerung** der Stoffwechselvorgänge werden im Organismus fortlaufend Informationen benötigt, aus denen ersichtlich ist, welche Stoffe transportiert oder synthetisiert werden sollen, und wie der erforderliche Energieumsatz zu regeln ist. Die Übermittlung der Information erfolgt vorwiegend über zwei Wege, nämlich das Nervensystem und über chemische Botenstoffe (Signalstoffe). Letztere übermitteln Signale innerhalb der Zellen, zwischen den Zellen und auch außerhalb des Organismus zwischen den Lebewesen selbst.

Beispiele:

Signale im Zellinnern werden z.B. durch **Diacylglycerin** weitergegeben, das aus den Phospholipiden der Zellwand stammt und durch Anregung der Zellmembran von außen frei gesetzt wird.

Signale zwischen den Zellen werden z.B. durch **Hormone** übermittelt. Diese werden von bestimmten Drüsen im Organismus an den Kreislauf abgegeben und wirken dann – an anderer Stelle – als Signal und Katalysator für bestimmte Reaktionen. Viele Hormone sind Peptide (s. Kap. 29.2.3) oder gehören zu den Steroiden (s. Kap. 33.2.3).

Signale zwischen Lebewesen sind z.B. **Pheromone**, die als Duft- und Lockstoffe an die Umwelt abgegeben werden. Eine entgegengesetzte Wirkung haben Abwehrstoffe, die andere Individuen fernhalten sollen. Dazu gehören viele Terpene und Alkaloide (s. Kap. 32 und 34).

28 Kohlenhydrate

Zu diesen Naturstoffen zählen Verbindungen (z.B. **die Zucker, Stärke und Cellulose**) die oft der **Summenformel** $C_n(H_2O)_n$ entsprechen, also formal aus Kohlenstoff und Wasser aufgebaut sind. Sie werden deshalb als **Kohlenhydrate** bezeichnet. Diese Verbindungen enthalten jedoch kein freies Wasser, sondern es sind **Polyalkohole**, die außer den Hydroxyl-Gruppen, die das lipophobe (hydrophile) Verhalten verursachen, meist weitere funktionelle Gruppen besitzen.

Zucker, die eine **Aldehyd-Gruppe** im Molekül enthalten, nennt man **Aldosen,** diejenigen mit einer **Ketogruppe Ketosen**. Als **Desoxyhexosen** bzw. -pentosen werden Zucker bezeichnet, bei denen an einem oder mehreren C-Atomen die OH-Gruppe durch H-Atome ersetzt wurde.

Man unterteilt die Kohlenhydrate in:

Monosaccharide (einfache Zucker wie Glucose),

Oligosaccharide (hier sind 2 - 6 Monosaccharide miteinander verknüpft, z.B. Rohrzucker) und

Polysaccharide (z.B. Cellulose, s. Kap. 28.3).

Die (unverzweigten) Monosaccharide werden weiter eingeteilt nach der Anzahl der enthaltenen C-Atome in **Triosen** (3 C), **Tetrosen** (4 C), **Pentosen** (5 C), **Hexosen** (6 C) usw.

28.1 Monosaccharide

28.1.1 Struktur und Stereochemie

Zur formelmäßigen Darstellung der Zucker wird oft die *Fischer*-Projektion (s. Kap. 25.3) verwendet. Dabei zeichnet man die Kohlenstoffkette von oben nach unten, wobei das am höchsten oxidierte Ende (in der Regel die Aldehydfunktion) oben steht. Von hier aus erfolgt auch die Durchnummerierung der C-Kette. Die OH-Gruppen stehen an dieser Kette entweder nach rechts oder links. Je nach Stellung der OH-Gruppen kann man die Zucker der D- oder der L-Reihe zuordnen. Das für die **Zuordnung maßgebende C-Atom** (s. Kap. 25.3.1) ist bei den einfachen Zuckern **das asymmetrische C-Atom mit der höchsten Nummer.**

Zeigt die OH-Gruppe **nach rechts**, gehört der Zucker zur **D-Reihe** (D von *dexter* = rechts), weist sie **nach links**, zur **L-Reihe** (L von *laevus* = links). D- und L-Form desselben Zuckers verhalten sich an **allen** Asymmetriezentren wie Gegenstand und Spiegelbild und sind somit Enantiomere. **Bezugssubstanz** ist der einfachste chirale Zucker, der **Glycerinaldehyd**, eine Triose.

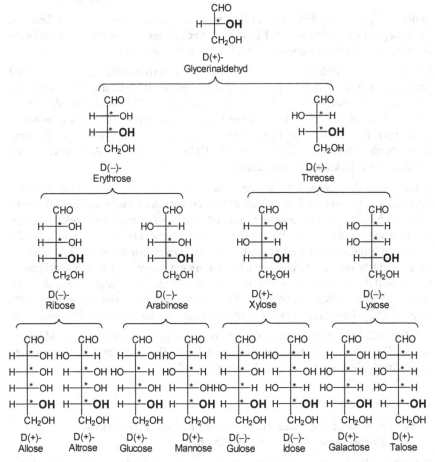

Durch Einfügen von CH–OH Gruppen leiten sich von ihm alle anderen Zucker ab. Man erhält sozusagen einen **Stammbaum für Aldosen** (Abb. 63).

Abb. 63. Stammbaum der D-Aldosen. Die Asymmetrie-Zentren (Chiralitätszentren) sind mit * markiert. Die Drehrichtung für polarisiertes Licht ist mit (+) bzw. (–) angegeben

Einen analogen Stammbaum kann man auch für die **Ketosen** formulieren. Stammkörper ist hier das **Dihydroxyaceton**. Weitere wichtige Ketosen sind die **Ribulose** (eine Pentose), **Fructose** (eine Hexose) und die **Sedoheptulose** (eine Heptose). Die Phosphorsäureester (Phosphate) dieser Zucker sind wichtige Intermediate des Kohlenhydratstoffwechsels (Photosynthese und Glycolyse).

In der hier gezeigten offenen Form liegen Zucker nur zu einem geringen Teil vor. Überwiegend existieren sie als **Fünf-** bzw. **Sechsringe** mit einem Sauerstoffatom als Ringglied (Tetrahydrofuran- bzw. Tetrahydropyran-Ring).

Der Ringschluss verläuft unter Ausbildung eines **Halbacetals**, hier auch **Lactol** genannt (s.a. Kap. 17.1.2.2). Bei der Glucose addiert sich z.B. die OH-Gruppe am C-5-Atom intramolekular an die Carbonyl-Gruppe am C-1-Atom. Bei der Cyclisierung erhalten wir am C-1-Atom **ein neues Asymmetrie-Zentrum (anomeres Zentrum)**. Die beiden möglichen Diastereomeren werden als α- und β-Form unterschieden, die man an der Stellung der OH-Gruppe am C-1-Atom erkennt und oft als α- bzw. β-**Anomere** bezeichnet.

Beim Lösen der reinen Formen der Anomeren in Wasser beobachtet man ein interessantes Phänomen. Der **spezifische Drehwert** der Lösung ändert sich kontinuierlich bis zu einem bestimmten Endwert. Dabei ist es egal, von welchem Anomeren man ausgeht. Dieses Phänomen bezeichnet man als **Mutarotation**. Da die Halbacetalbildung reversibel verläuft, stellt sich zwischen der α- und β-Form ein Gleichgewicht ein. Der **Gleichgewichts-Drehwert** entspricht nicht dem arithmetischen Mittel der Drehwerte der reinen Anomeren. Dies liegt daran, dass im Gleichgewicht die beiden Formen nicht im Verhältnis 1:1 vorliegen, sondern 38% α- und 62% β-Form. Der Anteil der offenkettigen Verbindung liegt bei unter 1%.

Zur Darstellung der cyclischen Zuckerstrukturen gibt es verschiedene Möglichkeiten. Das Phänomen der Mutarotation soll am Beispiel der Glucose mit den unterschiedlichen Schreibweisen dargestellt werden.

1. *Tollens*-Ringformel

Diese Schreibweise leitet sich direkt von der *Fischer*–Projektion ab. Für die *Tollens*-Ringformel bzw. die *Fischer*-Projektion gilt:

D-Reihe: OH-Gruppe zeigt nach rechts: α,   **L-Reihe**: genau umgekehrt
OH-Gruppe weist nach links: β.

α-D-Glucose
Schmp. 146°C
$[\alpha]_D = +113°$

Gleichgewicht in Wasser

β-D-Glucose
Schmp. 150°C
$[\alpha]_D = +19°$

$[\alpha]_D = +52,5°$

2. *Haworth*-Ringformel

Bei dieser Schreibweise befinden sich **alle Ringatome in einer Ebene**. Die Bindungen zu den Substituenten gehen senkrecht nach oben und unten. Bindungen nach oben bedeutet, der Substituent liegt oberhalb der Ringebene. Bei der α-Form steht die anomere OH-Gruppe nach unten, bei der β-Form nach oben.

α-D-Glucose
38%

offene Aldehydform
< 0,3%

β-D-Glucose
62%

Man erkennt, dass bei der α-Form zwei OH-Gruppen direkt benachbart sind (C1 und C2). Aus sterischen Gründen ist die α-Form benachteiligt und liegt daher im Gleichgewicht auch im Unterschuss vor.

Der Übergang von der *Fischer*-Projektion in die *Haworth*-Ringformel lässt sich gut verstehen, wenn man bedenkt, dass ein Glucose-Molekül nicht als gerade Kette vorliegt, sondern wegen der Tetraederwinkel an den C-Atomen ringförmig vorliegen kann. Da bei der Fischer-Projektion die senkrechten Bindungen alle nach hinten gehen, ergibt sich automatisch die Konformation zur Cyclisierung.

Die in der *Fischer*-**Projektion** nach rechts weisenden Gruppen zeigen am *Haworth*-**Ring** nach unten, $-CH_2OH$ zeigt nach oben.

3. Konformationsformel

Die *Haworth*-Ringformel ist eine sehr vereinfachte Darstellung. In Wirklichkeit liegt ein sechsgliedriger Ring nicht planar vor, sondern in der Regel in der **Sesselkonformation** (s. Kap. 3.2.1). Es gilt jedoch: Atome, die am *Haworth*-Ring nach oben zeigen, weisen auch bei der Sesselkonformation nach oben.

Bei der α-Form steht die anomere OH-Gruppe axial, bei der β-Form äquatorial.

α-D-Glucose   offene Aldehydform   β-D-Glucose

Die **Fructose** kann zusammen mit der Glucose durch Hydrolyse von Rohrzucker erhalten werden. Fructose ist eine Ketohexose und bildet einen Fünfring (**Furanose**) oder Sechsring (**Pyranose**).

Beachte: Bisher konnte nur die β-D-Fructopyranose in Substanz isoliert werden. Die Fructofuranosen kommen nur als Bausteine in den Glycosiden (= Furanoside) vor.

α-D-Fructopyranose   β-D-Fructopyranose   β-D-Fructofuranose
                                                    (*Haworth*-Formel)

28.1.2 Reaktionen und Eigenschaften

1. Reduktionen und Oxidationen

Die Glucose ist ein **Mono**saccharid (d.h. sie ist nicht mit einem weiteren Zucker verknüpft). Glucose enthält sechs C-Atome (**Hexose**) und eine Aldehyd-Gruppe, ist also eine **Aldose.** Die Aldo-hexose liegt in wässriger Lösung überwiegend als ein Sechsring vor, dessen Grundgerüst dem Tetrahydro**pyran** entspricht, daher die Bezeichnung **Pyranose.** Wegen der zahlreichen Hydroxyl-Gruppen ist sie wasserlöslich (hydrophil). Sie reduziert wie alle α-Hydroxyaldehyde und α-Hydroxyketone *Fehlingsche* Lösung (s. Kap. 16.5.3). Durch andere Oxidationsreaktionen kann sich aus Glucose die **Gluconsäure** bilden, wobei die Aldehyd-Gruppe zur Carboxylgruppe oxidiert wird (s. Abb. 64). Gluconsäure und andere **-onsäuren** können durch Wasserabspaltung leicht in γ- oder δ-Lactone übergehen; aus Glucose entsteht daher bei milder Oxidation das **Gluconsäurelacton.** Bei stärkerer Oxidation wird auch die primäre Alkoholgruppe oxidiert. Es entstehen Polyhydroxydicarbonsäuren, die **-arsäuren,** wie **Glucarsäure** (Zuckersäure), **Galactarsäure** (Schleimsäure) u.a.

Im Unterschied zu den -onsäuren und -arsäuren liegen die **-uronsäuren** als cyclische Verbindungen vor. Bei ihnen ist – im Vergleich zur Stammverbindung – die primäre CH_2OH-Gruppe oxidiert und die Aldehyd-Gruppe noch erhalten. Die biochemisch wichtigen Uronsäuren, wie z.B. die **Glucuronsäure** sind physiologisch von Bedeutung, weil die Aldehyd-Gruppe mit anderen Substanzen, wie z.B. Phenolen reagieren kann. Die so erhaltenen Glucuronide können über die Nieren aus dem Körper ausgeschieden werden („Entgiftung").

Durch Reduktion der Carbonyl-Gruppe entstehen Alkohole, welche die Endung –it erhalten. Aus Glucose entsteht z.B. **D-Glucit** (Sorbit, Sorbitol).

Neben diesen offenkettigen Polyalkoholen ("Zuckeralkohole") sind auch cyclische Polyalkohole bekannt, wie z.b. der in Phospholipiden vorkommende myo-Inositol, ein Hexahydroxycyclohexan ("Cyclit").

Ketosen lassen sich wie die Aldosen reduzieren und oxidieren. Durch **Reduktion der Ketogruppe** entsteht ein **neues stereogenes Zentrum** (C-2). In der Regel erhält man ein Gemisch der beiden möglichen Diastereomeren. Solche Verbindungen, die sich nur in der Konfiguration eines chiralen Zentrums unterscheiden, nennt man **Epimere**. Aus D-Fructose entsteht z.b. D-Sorbit und D-Mannit.

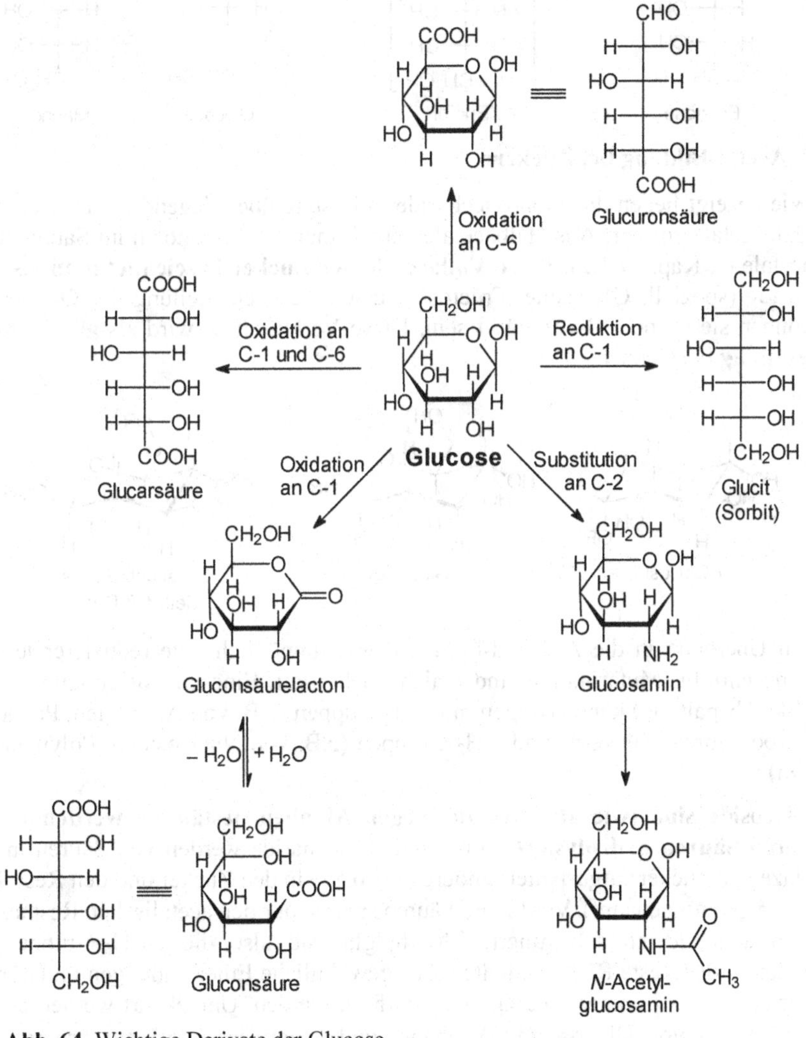

Abb. 64. Wichtige Derivate der Glucose

Bei Oxidationen von Ketosen werden zunächst die primären Alkoholgruppen oxidiert; energische Oxidationen spalten die C-Kette. **Fructose reagiert auch mit** *Fehlingscher* **Lösung** (eine typische Nachweisreaktion für Aldehyde) obwohl es sich um eine Ketose handelt. Dies liegt daran, dass sich Ketosen in Aldosen umwandeln lassen und umgekehrt. Die Reaktion verläuft über ein intermediär gebildetes **Endiol**. Aus Fructose erhält man so die epimeren Zucker Mannose und Glucose.

Fructose   "Endiol"   Glucose   Mannose

2. Acetal-Bildung bei Zuckern

Wie gezeigt liegen die Monosaccharide in Lösung überwiegend in der cyclischen Halbacetalform vor. Aus Halbacetalen erhält man mit Alkoholen im Sauren Vollacetale (s. Kap. 17.1.2). **Diese Vollacetale der Zucker bezeichnet man als Glycoside** (speziell: Glucoside, Fructoside usw.). Je nach Stellung der OH-Gruppe können sie α- oder β-verknüpft sein. Diese Verknüpfung wird als **glycosidische Bindung** bezeichnet.

α-Glucosid   β-Glucosid   substituiertes
Methyl- β-D-glucosid

Ein Übergang in die Aldehyd-Form ist jetzt unmöglich: Die reduzierende Wirkung entfällt, Mutarotation findet nicht mehr statt. Eine Glycosidbildung (unter H_2O-Abspaltung) kann erfolgen mit OH-Gruppen (z.B. von Alkoholen, Phenolen, Carbonsäuren, Zuckern) und NH_2-Gruppen (z.B. von Nucleosiden, Polynucleotiden).

Glycoside sind (wie alle Acetale) gegen Alkalien beständig, werden jedoch durch Säuren hydrolysiert. Poly- und Disaccharide werden von Säuren in ihre einzelnen Zucker aufgespalten, andere Glycoside in den Zucker und den Rest ROH (oft **Aglycon** genannt). Verdünnte Säuren spalten nur den acetalischen Rest ab, bei dem abgebildeten substituierten Methylglucosid also die OCH_3-Gruppe. Die anderen vier Reste R^1-R^4 enthalten z.B. gewöhnliche Etherbindungen und können nur unter drastischeren Bedingungen entfernt werden. Umgekehrt werden bei der Umsetzung von Glucose mit Methanol und Chlorwasserstoff nur das α- bzw.

β-Methylglucosid gebildet. Die anderen OH-Gruppen bleiben unverändert erhalten. Eine Methylierung an diesen Positionen ist z.B. möglich mit CH_3I/Ag_2O (s. *Williamson'sche* Ethersynthese, Kap. 12.3.1).

3. Charakterisierung von Zuckern durch Derivate

Die oft schlecht kristallisierenden Zucker geben bei der Umsetzung **mit Phenylhydrazin Osazone** (s.a. Kap. 17.1.3). Osazone kristallisieren gut, dienen der Identifizierung der Zucker und geben auch Hinweise auf ihre Konfiguration. Da bei der Reaktion das Asymmetriezentrum am C-2-Atom verschwindet, geben die epimeren Zucker **D-Glucose** und **D-Mannose das gleiche Osazon**. Dabei wird der Zucker oxidiert und ein Äquivalent Phenylhydrazin reduziert. Der Mechanismus ist noch nicht genau bekannt.

$$\begin{array}{c} CHO \\ | \\ CHOH \\ | \\ R \end{array} + 3\ C_6H_5NHNH_2 \longrightarrow \begin{array}{c} CH=N-NHC_6H_5 \\ | \\ C=N-NHC_6H_5 \\ | \\ R \end{array} + C_6H_5NH_2 + NH_3 + 2\ H_2O$$

Phenylhydrazin   "Osazon"

Eine andere Methode zur Derivatbildung von Zuckern ist die **Acetylierung** mit Acetylchlorid. Glucose bildet zwei Pentaacetate, nämlich Penta-O-acetyl-β-D-glucopyranose und Penta-O-acetyl-α-D-glucopyranose. Die Acetylgruppen lassen sich durch Hydrolyse leicht wieder entfernen.

28.1.3 Synthese von Zuckern

Ausgehend von Monosacchariden lassen sich andere Zucker entweder durch Redoxreaktionen (s.o.) oder durch Aufbau- und Abbaureaktionen erhalten.

1. Aufbau von Monosacchariden

Bei der *Kiliani-Fischer*-**Synthese** wird die C-Kette schrittweise um ein C-Atom verlängert: Man addiert HCN an die CHO-Gruppe einer Aldose (vgl. Kap. 17.2.1). Das entstandene **Cyanhydrin** wird zur Carbonsäure (-onsäure) hydrolysiert, welche unter den Reaktionsbedingungen ein Lacton bildet. Reduktion mit Natriumamalgam (Na/Hg) liefert ein Gemisch zweier diastereomerer epimerer Aldosen (da die Cyanhydrinbildung unselektiv erfolgt), die sich z.B. durch fraktionierte Kristallisation trennen lassen.

Beispiel:

D-Arabinose   epimere Cyanhydrine   D-Gluconsäure + D-Mannonsäure   D-Glucose + D-Mannose

2. Abbau von Monosacchariden

Für den stufenweisen Abbau von Aldosen eignen sich vor allem zwei Verfahren:

a) Abbau nach *Ruff*

Die Aldose wird zur -onsäure oxidiert und deren Ca-Salz mit H_2O_2/Fe(III)-acetat oxidativ behandelt. Infolge CO_2-Abspaltung entsteht die nächstniedrigere Aldose, z.B. aus D-Glucose (oder D-Mannose) die D-Arabinose:

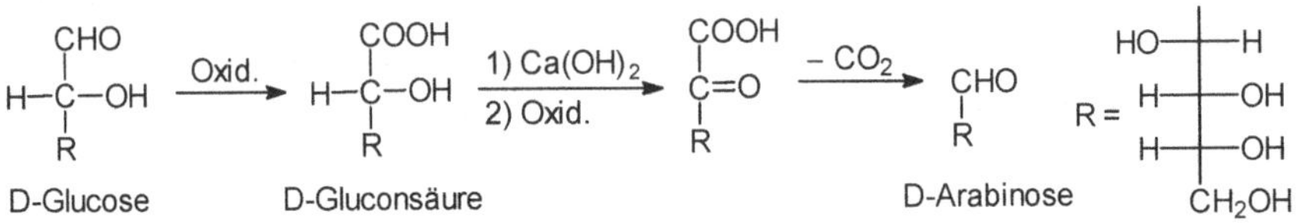

b) Abbau nach *Wohl*

Aus der Aldose stellt man das Aldoxim her, das beim Erhitzen mit Acetanhydrid ein vollständig acetyliertes Onsäurenitril liefert: Die Oxim-Gruppe wird dabei zur Cyano-Gruppe dehydratisiert. Beim Erwärmen mit Ag_2O in ammoniakalischer Lösung werden die Acetylgruppen hydrolysiert und das dabei gebildete Cyanhydrin (s. Kap. 17.2.1) zerfällt in HCN und die verkürzte Aldose.

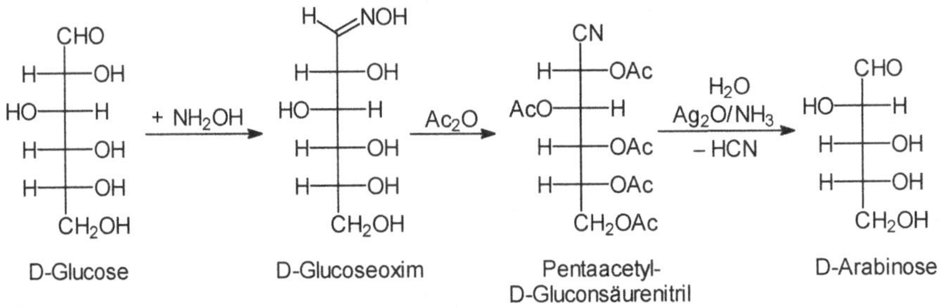

28.2 Disaccharide

28.2.1 Allgemeines

Im Kapitel Monosaccharide wurde gezeigt, dass diese mit beliebigen Alkoholen unter H_2O-Abspaltung Glycoside bilden können. Reagieren sie hingegen mit sich selbst oder einem anderen Monosaccharid, so bilden sich Disaccharide, bei weiterer Wiederholung dieser Reaktion Oligo- und schließlich Polysaccharide. Tritt **immer dasselbe Monosaccharid** als Baustein auf, so spricht man von **Homoglycanen**; handelt es sich um **verschiedene Monosaccharide**, nennt man sie **Heteroglycane**. Die zugrunde liegende Reaktionsfolge ist eine **Polykondensation**.

Auch die Glycoside können, wie alle Acetale, durch Säuren in ihre Bausteine zerlegt werden. Neben die säurekatalysierte Hydrolyse tritt in der Biochemie auch die Enzym-katalysierte Hydrolyse zu Mono- und z.T. auch zu Disacchariden.

Für die Verknüpfung zweier Monosaccharide gibt es verschiedene Möglichkeiten und man unterscheidet zwischen **reduzierenden** und **nichtreduzierenden Zuckern**. Bei **reduzierenden Zuckern** liegt wie bei den Monosacchariden eine **Halbacetalstruktur** vor. Diese Verbindungen zeigen daher ebenfalls das Phänomen der Mutarotation. Bei den **nichtreduzierenden Zuckern** sind beide Monosaccharide über ihre anomere OH-Gruppe verknüpft. Hier liegt nun ein ‚doppeltes **Vollacetal'** vor, welches nicht mehr reduzierend wirkt und das keine Mutarotation zeigt.

In der Natur kommen nur wenige Disaccharide vor, die wichtigsten sind **Rohr-, Milch- und Malzzucker**. Dies sind die allgemein gebräuchlichen Trivialnamen.

Bei **der systematischen Benennung** betrachtet man einen Monosaccharid-Baustein als Stammkörper und den zweiten als Substituenten (Endung –yl). **Bei reduzierenden Zuckern wird das Monosaccharid mit der Halbacetal-Gruppe Stammkörper**, bei nicht reduzierenden Zuckern wird die vorliegende Glycosidstruktur durch die Endung –osid ausgedrückt. Die Position der OH-Gruppe, welche für die glycosidische Bindung Verwendung verwendet wird, wird dem Namen vorangestellt, ebenso wie die Art der Verknüpfung (α oder β).

Allgemeines Schema für die Benennung der Disaccharide:

reduzierende Zucker   nicht reduzierende Zucker

-osyl   -ose   -osyl   -osid

Hinweis: Im Folgenden werden die glycosidischen Bindungen **fett** gezeichnet. Der Übersichtlichkeit halber werden die Wasserstoffatome am Ring weggelassen.

28.2.2 Beispiele für Disaccharide

1. Nicht reduzierende Zucker

Im **Rohrzucker (Saccharose)** ist die α-D-Glucose mit β-D-Fructose α-β-glycosidisch verknüpft. Dieses Disaccharid ist ein **Vollacetal** und daher als α-D-Glucopyranosyl-β-D-fructofuranosid zu bezeichnen. Die Hydrolyse ergibt die beiden Hexosen.

Wie man sehen kann, erfolgt die Verknüpfung (unter Wasseraustritt) zwischen den beiden anomeren OH-Gruppen, die beim Ringschluss aus den Carbonylgruppen entstanden sind. Da das Molekül somit keine (latenten) Carbonylgruppen mehr enthält, folgt, dass Rohrzucker z.B. die *Fehlingsche* **Lösung nicht reduziert**.

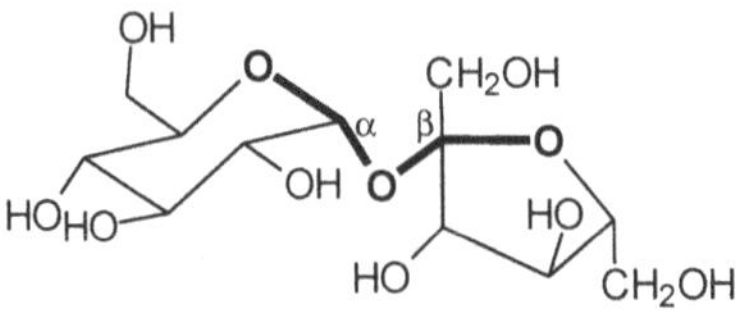

Kurzformel:

Glc α(1→2)β Fru

α-D-Glucopyranose   β-D-Fructofuranose

α-D-Glucopyranosyl- β-D-fructofuranosid
(Saccharose)

Gleiches gilt für die **Trehalose,** α-D-Glucopyranosyl-α-D-glucopyranosid. Besonders bemerkenswert ist hier die 1,1-Verknüpfung der beiden Glucose-Moleküle (vgl. Maltose).

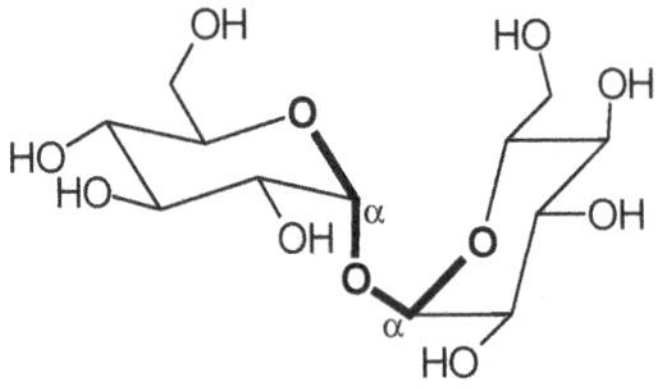

Kurzformel:

Glc α(1→1)α Glc

α-D-Glucopyranose   α-D-Glucopyranose

α-D-Glucopyranosyl- β-D-glucopyranosid
(Trehalose)

2. Reduzierende Zucker

Wird die glycosidische Bindung mit einer alkoholischen OH-Gruppe gebildet, steht die Halbacetal-Form des zweiten Zuckers mit der offenen Form im Gleichgewicht, d.h. die **Reduktion von** *Fehling*-Lösung ist möglich (latente Carbonyl-Gruppe).

Malzzucker (Maltose), 4-O-(α-D-Glucopyranosyl)-D-glucopyranose. Maltose ist ein Disaccharid, das ohne hydrolytische Spaltung Fehlingsche Lösung reduzieren kann. *Beachte:* **Cellobiose** ist Glc β (1 → 4) Glc.

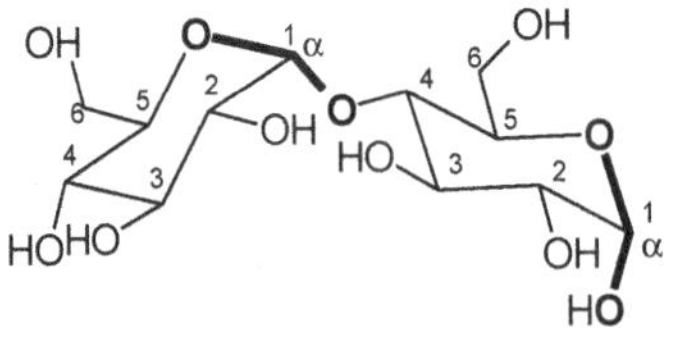

Kurzformel:

Glc α(1→4)α Glc

α-D-Glucopyranose   α-D-Glucopyranose

4–O–(α-D-Glucopyranosyl)-D-glucopyranose
(Maltose)

Das gleiche gilt für **Milchzucker (Lactose),** 4-O-(β-D-Galactopyranosyl)-D-glucopyranose.

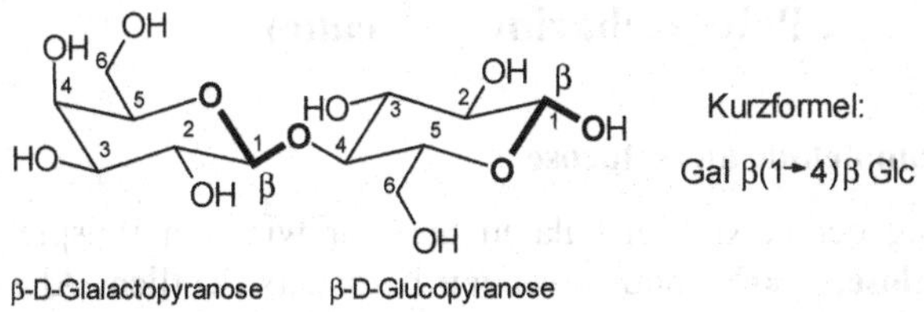

Kurzformel:

Gal β(1→4)β Glc

β-D-Glalactopyranose   β-D-Glucopyranose

4–O–(β-D-Galactopyranosyl)-D-glucopyranose
(Lactose)

Tabelle 41. Beispiele für Monosaccharide und Disaccharide

Verbindung	Schmp. °C	Vorkommen
Pentosen		
L(+)-Arabinose	160	in Araban (Kirschgummi), Glycosiden u. Polysacchariden
D(–)-Xylose	145	in Xylan (Holzgummi), Kleie, Maiskolben, Stroh
D(–)-Ribose	95	als N-Glycosid in Nucleinsäuren u. Coenzymen
2-Desoxy-D-ribose	78	als N-Glycosid in Nucleinsäuren
Hexosen		
D(+)-Glucose	146 (α)	in Trauben u.a. süßen Früchten sowie im Honig
D(+)-Mannose	132	in Johannisbrot u. Polysacchariden
D(+)-Galactose	166	in Oligosacchariden, z.B. Milchzucker u. Galactanen
D(–)-Fructose	102 - 104	in süßen Früchten u. Honig
D(–)-Glucosamin	·HCl: 185	im Polysaccharid Chitin
D(–)-Galactosamin	·HCl: 187	als N-Acetyl-Verbindung in Mucopoly-sacchariden
Disaccharide		
Saccharose	185	in Zuckerrüben u. Rohrzucker
Lactose	202	in Milch der Säugetiere
Maltose	103	Strukturelement u. Abbauprodukt der Stärke, z.B. in keimenden Samen
Cellobiose	225	Strukturelement u. Abbauprodukt der Cellulose

28.3 Oligo- und Polysaccharide (Glycane)

28.3.1 Makromoleküle aus Glucose

Die Bedeutung der makromolekularen Struktur wird am Beispiel der Polysaccharide **Cellulose, Stärke** und **Glycogen** besonders deutlich. Alle drei sind aus dem gleichen Monomeren, der D-Glucose, aufgebaut, unterscheiden sich jedoch in der Art der Verknüpfung und der Verzweigung (Tabelle 42). Ein weiteres Polysaccharid, das **Dextran**, besteht ebenfalls aus D-Glucose und findet in der Gelchromatographie Verwendung. Wegen der gleichen Grundbausteine nennt man diese Polysaccharide auch Homoglycane.

Tabelle 42. Eigenschaften von Polysacchariden

	Cellulose	Stärke	Glycogen
Monomer	D-Glucose	D-Glucose	D-Glucose
glycosidische Verknüpfung	$\beta(1,4)$	$\alpha(1,4)$ u. $\alpha(1,6)$	$\alpha(1,4)$ u. $\alpha(1,6)$
Aufbau	linear	verzweigt	stark verzweigt
Gestalt	linear	länglich gestreckt	kugelig
Löslichkeit (in Wasser)	keine	nach Kochen	gut
Faserbildung	sehr gut	keine	keine
Kristallisation	gut	schwach	keine
biologische Bedeutung	Gerüstsubstanz (pflanzl. Zellwand)	Depotsubstanz (Pflanzen)	Depotsubstanz (Wirbeltiere)

Cellulose

Cellulose besteht aus D-Glucose-Molekülen, die an den C-Atomen **1 und 4** **β-glycosidisch** verknüpft sind. Das Ergebnis ist ein lineares, lang gestrecktes Molekül ohne Verzweigungen, das hervorragend Fasern bilden kann:

Cellulose
(Ausschnitt aus der Kette)

In der Strukturformel erkennt man, dass die einzelnen Pyranose-Einheiten H-Brückenbindungen von den Hydroxyl-Gruppen am C-3-Atom zum Ring-Sauerstoffatom der nächsten Pyranose ausbilden können. Auch zwischen den Molekülsträngen sind H-Brückenbindungen wirksam, so dass man die Struktur einer Faser erhält. Diese eignet sich als Gerüstsubstanz, weil sie unter normalen Bedingungen unlöslich ist. Sie kann nicht vom Menschen, wohl aber von bestimmten Tieren (z.B. Kühen) verdaut werden. Dies liegt daran, dass Menschen keine Enzyme besitzen die β-glycosidische Bindungen spalten können. Kühe können dies zwar auch nicht, sie besitzen jedoch Bakterien im Magen, die Cellulose spalten können (Wiederkäuer).

Cellulose ist ein wichtiger Rohstoff („Zellstoff"), der meist aus Holz gewonnen wird. Papier wird durch Formen eines Breis aus Wasser und Zellstoff erhalten, dem Bindemittel und Füllstoffe zugesetzt werden

Die beiden anderen aus Glucose aufgebauten Polysaccharide Stärke und Glycogen haben einen anderen Bau. Ihre Verwendung als Reservekohlenhydrate verlangt eine möglichst schnelle und direkte Verwertbarkeit im Organismus. Sie müssen daher wasserlöslich und stark verzweigt sein, um einen schnellen Abbau zu gewährleisten.

Stärke

Stärke, ein wichtiger Bestandteil der Nahrung, besteht zu 10 - 30 % aus **Amylose** und zu 70 - 90 % aus **Amylopectin**. Beide sind aus D-Glucose-Einheiten zusammengesetzt, die α-glycosidisch verknüpft sind.

In der **Amylose** sind die Einheiten **α(1,4)-verknüpft**, wobei die Glucose-Ketten kaum verzweigt sind. Sie ist der Stärkebestandteil, der mit Iod eine blaue **Iod-Stärke-Einschlussverbindung** ergibt. Die Röntgenstrukturanalyse zeigt, dass die Ketten in Form einer **Helix** spiralförmig gewunden sind, da die verbrückenden O-Atome immer auf der gleichen Seite der Glucosebausteine liegen.

Amylose
(Ausschnitt aus der Kette)

Der Hauptbestandteil der Stärke, das **Amylopectin**, ist im Gegensatz zur Amylose stark verzweigt: **α(1,4)-glycosidisch** gebaute Amylose-Ketten sind **α(1,6)-glycosidisch** miteinander verbunden.

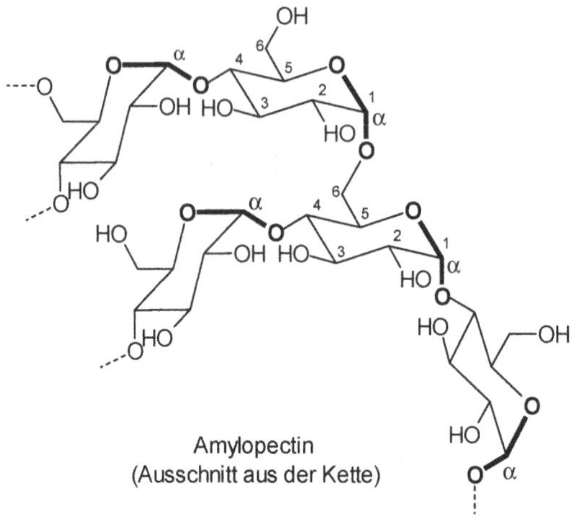

Amylopectin
(Ausschnitt aus der Kette)

Stärke wird industriell mit Hilfe von Enzymen über Maltose zu Glucose abgebaut, die ggf. weiter zu Ethanol vergärt werden kann (s. Kap. 12.1.2).

$$(C_6H_{10}O_5)_n + n\ H_2O \xrightarrow{\text{Diastase}} {}^{n}\!/_2\ C_{12}H_{22}O_{11}$$
Stärke   Maltose

$$C_{12}H_{22}O_{11} + H_2O \xrightarrow{\text{Maltase}} 2\ C_6H_{12}O_6$$
Maltose   Glucose

Glycogen

Glycogen, ein ebenfalls aus Glucose aufgebautes Reserve-Polysaccharid, ist ähnlich wie Amylopectin **α(1,4)-** und **α(1,6)-verknüpft**. Die Verzweigung ist jedoch noch beträchtlich größer. Analog zur Amylose entsteht mit Iod eine braunfarbene Einschlussverbindung, die auf eine helicale Struktur hindeutet.

28.3.2 Makromoleküle mit Aminozuckern

Chitin

Chitin, eine zweite wichtige Gerüstsubstanz neben Cellulose, ist der Gerüststoff der Arthropoden (Gliederfüßler). Die Monosaccharid-Einheit ist in diesem Fall ein sog. Aminozucker, das *N*-Acetyl-glucosamin. **Glucosamin** entspricht strukturmäßig der Glucose, wobei die Hydroxylgruppe am C-2-Atom durch eine Aminogruppe ersetzt wurde **(2-Amino-2-desoxy-glucose)**. Durch Acetylierung der Aminogruppe erhält man das *N*-**Acetyl-glucosamin**.

Im Kettenaufbau entspricht Chitin der Cellulose: beide sind β(1,4)-verknüpft. Die erhöhte Festigkeit des Chitins ist u.a. auf die zusätzlichen H-Brückenbindungen der Amidgruppen zurückzuführen. Hinzu kommt, dass je nach Bedarf das

Polysaccharid mit Proteinen (in den Gelenken) oder Calciumcarbonat (im Krebs-
panzer) assoziiert ist. Analoges gilt für die Cellulose; sie ist z.B. im Holz in
Lignin, ein anderes Biopolymer, eingebettet.

Glucosamin   N-Acetylglucosamin

Chitin
(Ausschnitt aus der Kette)

Proteoglycane

N-**Acetyl-glucosamin** ist auch ein wichtiger Bestandteil vieler **Glycosamino-
glycane**. Diese dienen vor allem als Gerüstsubstanz des Bindegewebes und werden heute auch **Proteoglycane** genannt. Während bei den bisher besprochenen
Polysacchariden das „Rückgrat" des Polymeren aus Zuckereinheiten gebildet
wird, liegt bei den Proteoglycanen eine andere Grundstruktur vor: Rückgrat ist
hier eine Polypeptidkette (s. Kap. 29.2), an die Oligosaccharid-Seitenketten ange-
knüpft sind. Die Seitenketten aus etwa 30-100 Einheiten bestehen aus Uronsäuren
und *N*-Acetyl-hexosaminen, die sich abwechseln.

Beim Chondroitinsulfat ist die Peptidkette in O-glycosidischer Bindung zunächst
mit einem Trisaccharid aus **Xylose** (Xyl) und **Galactose** (Gal) verbunden, das mit
der eigentlichen Disaccharid-Komponente verknüpft ist. Letztere besteht häufig
aus *N*-**Acetylgalactosamin** (Gal-NAc) und **Glucuronsäure** (bzw. Iduronsäure
beim Dermatansulfat); dabei sind Hydroxylgruppen zusätzlich mit Schwefelsäure
verestert. Tabelle 43 gibt einen Überblick über die Heteroglycane, zu denen die
vorstehend beschriebenen Proteoglycane zu rechnen sind.

O—Xyl—Gal—Gal—(Disaccharid)$_n$—
Einheit

Serin

Peptidkette

Beispiele für die Disaccharid-Einheit:

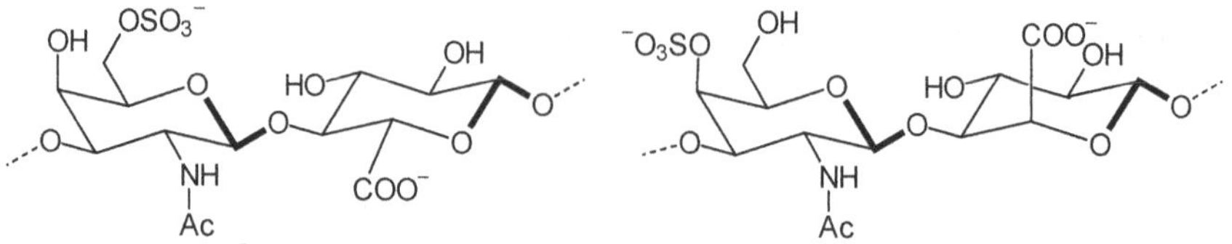

Chondroitinsulfat C   Dermatansulfat

Weitere Polysaccharide mit anderen Zuckern (s.a. Tabelle 44)

Inulin (in Dahlienknollen, Artischocken als Depotsubstanz), ist fast gänzlich **aus β(1,2)-verbundenen D-Fructofuranose-Molekülen** aufgebaut. Es dient in der Physiologie zur Bestimmung des extrazellulären Raumes, weil es leicht in die Interstitialflüssigkeit, nicht aber in die Zellen eintritt.

Agar-Agar (aus Meeresalgen) besteht **aus D- und L-Galactose**, die meist **β(1,3)-verknüpft** und teilweise mit H_2SO_4 verestert sind.

Die **Pectine** (vor allem in Früchten) bilden Gele und haben ein hohes Wasserbindungsvermögen. Sie enthalten **D-Galacturonsäure (α(1,4)-verknüpft)**, deren COOH-Gruppen z.T. als Methylester ($-COOCH_3$) vorliegen. Sie dienen zur Herstellung von Gelees, Marmeladen etc.

Tabelle 43. Einteilung der Heteroglycane

Bezeichnung	Kohlenhydrat	Nichtkohlenhydrat	Bindungstyp/Aufbau
Glycoproteine	Oligosaccharide aus 2 - 20 verschiedenen Monosacchariden	Verschiedene Proteine	Protein mit glycosidisch verbundenen Kohlen–hydraten (18 - 20 Mono–saccharid-Einheiten)
Proteoglycane	Glycosaminoglycane mit sich wiederholenden Disacchariden; Mole–külmasse $2 \cdot 10^3 - 3 \cdot 10^6$	Einfach aufgebaute Proteinskelette („core protein")	Polypeptid mit glyco–sidisch verbundenen Polysacchariden (lineare Heteroglycane)
Peptidoglycane	Disaccharid aus N-Acetylglucosamin und N-Acetylmuraminsäure	Peptid aus 4 - 5 Aminosäuren	Disaccharid mit Oligopeptiden
Glycolipide	Oligosaccharide	Ceramid, Diacylglycerin, Polyprenole	Oligosaccharide mit Lipiden

Tabelle 44. Polysaccharide, Struktur und Vorkommen

Polysaccharid	Monosaccharid-Bausteine	Verknüpfung	Vorkommen
Agar	D-Galactose, L-Galactose-6-sulfat	$\beta(1,3)$, $\beta(1,4)$	rote Meeresalgen
Alginsäure	D-Mannuronsäure	$\beta(1,4)$	Braunalgen
Amylopectin	D-Glucose	$\alpha(1,4)$, $\alpha(1,6)$	Pflanzen
Amylose	D-Glucose	$\alpha(1,4)$	Pflanzen
Cellulose	D-Glucose	$\beta(1,4)$	Pflanzen
Chitin	N-Acetyl-D-Glucosamin	$\beta(1,4)$	niedere Tiere, Pilze
Chondroitin-sulfat	D-Glucuronsäure, N-Acetyl-D-galactosamin-4- und -6-sulfat	$\beta(1,3)$, $\beta(1,4)$	tierisches Bindegewebe
Dextran	D-Glucose	$\alpha(1,4)$, $\alpha(1,6)$	Bakterien
Glycogen	D-Glucose	$\alpha(1,4)$, $\alpha(1,6)$	Säugetiere
Heparin	D-Glucuronsäure-2-sulfat, D-Galactosamin-N,C-6-disulfat	$\alpha(1,4)$	Säugetiere
Hyaluron-säure	D-Glucuronsäure, N-Acetyl-D-glucosamin	$\beta(1,3)$, $\beta(1,4)$	Bakterien, Tiere
Inulin	D-Fructose	$\beta(2,1)$	Compositae, Liliaceae
Mannan	D-Mannose	überw. $\beta(1,4)$	Pflanzen
Murein	N-Acetyl-D-glucosamin, N-Acetyl-D-muraminsäure	$\beta(1,4)$	Bakterien
Pektinsäure	D-Galacturonsäure	$\alpha(1,4)$	höhere Pflanzen
Xylan	D-Xylose	$\beta(1,4)$	Pflanzen

29 Aminosäuren, Peptide und Proteine

Die **Eiweiße** oder **Proteine** (Polypeptide) sind hochmolekulare Naturstoffe (Molekülmasse > 10 000), aufgebaut aus einer größeren Anzahl (20) verschiedener **Aminosäuren** (Aminocarbonsäuren).

29.1 Aminosäuren

29.1.1 Einteilung und Struktur

Die meisten natürlichen Aminosäuren tragen die Amino-Gruppe in α-Stellung, d.h. an dem zur Carboxylgruppe benachbarten Kohlenstoff-Atom. Außer Glycin sind alle **20 in Proteinen vorkommenden α-Aminosäuren (proteinogene Aminosäuren)** chiral, weil das α-C-Atom ein Asymmetriezentrum ist (s. Kap. 25). Zur Darstellung der Aminosäuren bedient man sich zweier Schreibweisen: Zum einen der *Fischer*-Projektion (analog den Kohlenhydraten), zum anderen einer räumlichen Darstellung. Bei **allen proteinogenen Aminosäuren** steht die NH$_2$-Gruppe in der *Fischer*-Projektion links, d.h. sie **haben L-Konfiguration** (s. Kap. 25.3.2). Bestimmt man die Konfiguration nach den Regeln von *Cahn*, *Ingold* und *Prelog* (s. Kap. 25.3.1), so besitzen **fast alle Aminosäuren S-Konfiguration.** Einzige Ausnahme: Cystein (S hat höhere Priorität als O). Per Definition zeichnet man Aminosäuren und Peptide so, dass die Aminogruppe immer links und die Carboxylgruppe immer rechts steht.

Darstellungsweisen: *Fischer*-Projektion · räumliche Darstellung

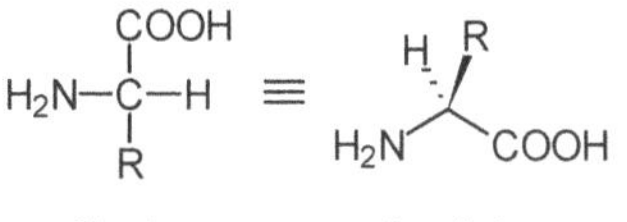

Konfigurationsbestimmung: (S)-Serin · (R)-Cystein

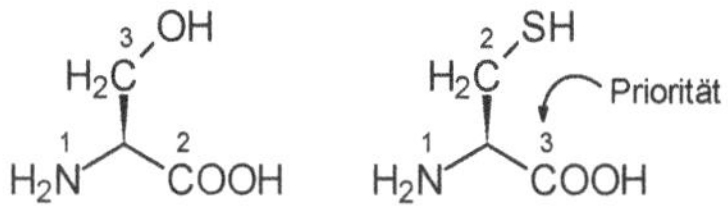

Die natürlich vorkommenden Aminosäuren werden eingeteilt in: **neutrale** Aminosäuren (eine Amino- und eine Carboxylgruppe), **saure** Aminosäuren (eine Amino- und zwei Carboxylgruppen) und **basische** Aminosäuren (eine Carboxylgruppe und zwei basische Funktionen).

1. Neutrale Aminosäuren (Abkürzungen in Klammern)

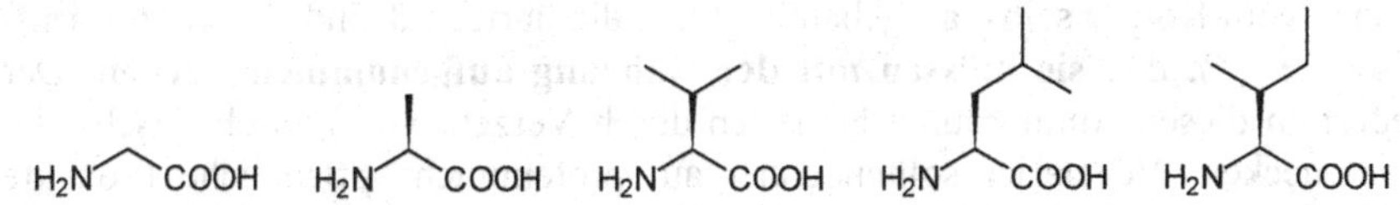

H₂N—COOH

Glycin
(Gly, G)

H₂N—COOH

Alanin
(Ala, A)

H₂N—COOH

Valin*
(Val, V)

H₂N—COOH

Leucin*
(Leu, L)

H₂N—COOH

Isoleucin*
(Ile, I)

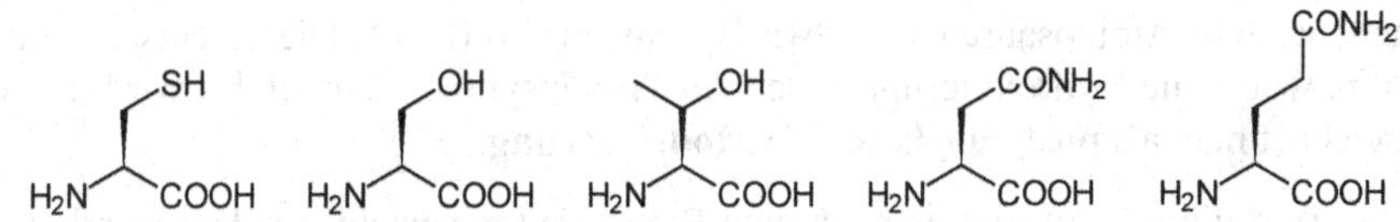

H₂N—COOH (SH)

Cystein
(Cys, C)

H₂N—COOH (OH)

Serin
(Ser, S)

H₂N—COOH (OH)

Threonin*
(Thr, T)

H₂N—COOH (CONH₂)

Asparagin
(Asn, N)

H₂N—COOH (CONH₂)

Glutamin
(Gln, Q)

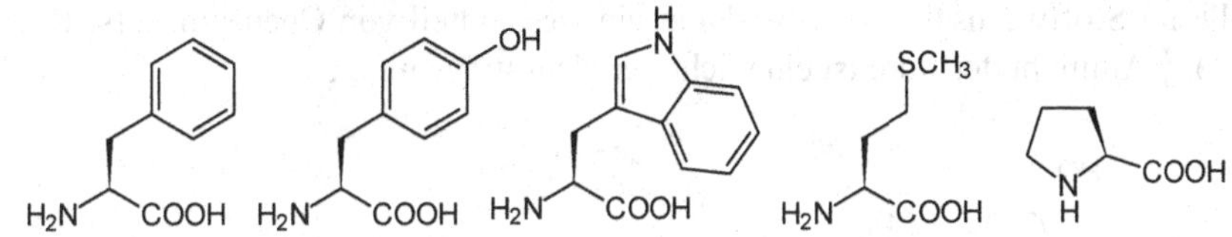

H₂N—COOH

Phenylalanin*
(Phe, F)

H₂N—COOH (OH)

Thyrosin
(Tyr, Y)

H₂N—COOH

Tryptophan*
(Trp, W)

H₂N—COOH (SCH₃)

Methionin*
(Met, M)

COOH

Prolin
(Pro, P)

2. Basische Aminosäuren

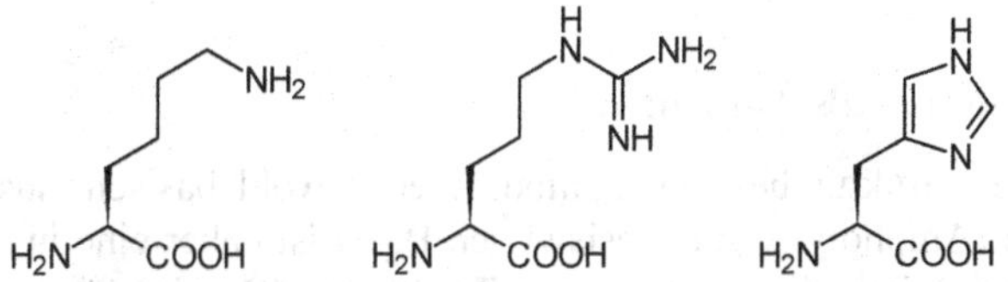

H₂N—COOH (NH₂)

Lysin*
(Lys, K)

H₂N—COOH

Arginin
(Arg, R)

H₂N—COOH

Histidin
(His, H)

3. Saure Aminosäuren

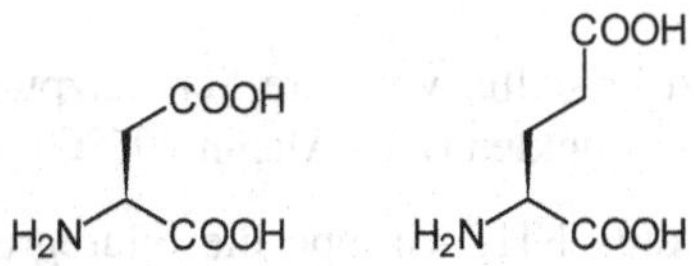

H₂N—COOH (COOH)

Asparaginsäure
(Asp, D)

H₂N—COOH (COOH)

Glutaminsäure
(Glu, E)

Als vereinfachte Schreibweise verwendet man für die Aminosäuren und Peptide häufig den **Dreibuchstaben-Code** (Bsp. Ile für Isoleucin). Bei den erheblich größeren Proteinen beschreibt man die Aminosäuresequenz mit Hilfe des **Einbuchstaben-Codes** (I für Isoleucin).

Diese 20 α-Aminosäuren werden benötigt zur **Proteinbiosynthese**. 12 davon können vom Körper selbst aufgebaut werden, die übrigen 8 sind essentielle Aminosäuren (*), d.h. **sie müssen mit der Nahrung aufgenommen werden**. Der Bedarf an diesen Aminosäuren lässt sich durch Verzehr von Fleisch, Fisch oder Eiern decken. Vegetarier sollten daher auf proteinreiche pflanzliche Produkte zurückgreifen. Bei der künstlichen Ernährung werden wässrige Aminosäure-Lösungen intravenös verabreicht.

Neben diesen 20 Aminosäuren findet man in vereinzelten Proteinen (z.B. im Kollagen) weitere Aminosäuren wie etwa Hydroxyprolin (Hyp). Dieses entsteht aus Prolin, wobei die Hydroxylgruppe nach der Proteinsynthese eingeführt wird. Dies bezeichnet man als **posttranslationale Modifizierung**.

Außer α-Aminosäuren gibt es noch eine Reihe weiterer wichtiger Aminocarbonsäuren die von biologischer Bedeutung sind. Je nach Stellung der Aminogruppe unterscheidet man β-, γ-, δ-, ε- Aminosäuren. Diese Aminosäuren kommen zwar nicht in Proteinen vor, sie sind jedoch wichtige Botenstoffe oder spielen eine Rolle im Stoffwechsel. So ist β-Alanin ein Bestandteil von Coenzym A (s. Kap. 27.1), γ-Aminobuttersäure ist ein wichtiger Neurotransmitter.

| Hydroxyprolin | β-Alanin | γ-Aminobuttersäure |
| (Hyp) | (β-Ala) | (GABA) |

29.1.2 Aminosäuren als Ampholyte

Aufgrund ihrer Struktur besitzen Aminosäuren sowohl basische als auch saure Eigenschaften (Ampholyte, vgl. Basiswissen I). Es ist daher eine intramolekulare Neutralisation möglich, die zu einem sog. **Zwitterion (Betain)** führt:

$$R\text{—}CH\text{—}COO^-$$
$$\underset{NH_3^+}{|}$$

Zwitterion einer Aminosäure

Aminosäuren liegen meist kristallin vor, ihre Schmelzpunkte sind sehr hoch und liegen über den Zersetzungspunkten (z.B. Alanin 295°C).

In wässriger Lösung ist die $-NH_3^+$-Gruppe die Säuregruppe einer Aminosäure. Der pK_S-Wert ist ein Maß für die Säurestärke dieser Gruppe. Der pK_B-Wert einer Aminosäure bezieht sich auf die basische Wirkung der $-COO^-$-Gruppe.

Für eine bestimmte Verbindung sind die Säure- und Basestärke nicht genau gleich, da diese von der Struktur abhängen. Es gibt jedoch in Abhängigkeit vom pH-Wert einen Punkt, bei dem die intramolekulare Neutralisation vollständig ist. Dieser wird als **isoelektrischer Punkt (I.P.)** bezeichnet.

Er ist dadurch gekennzeichnet, dass im elektrischen Feld bei der Elektrophorese keine Ionenwanderung mehr stattfindet und die Löslichkeit der Aminosäuren ein **Minimum** erreicht. Daher ist es wichtig, bei gegebenen pK_S-Werten den isoelektrischen Punkt (I.P.) berechnen zu können. Die Formel hierfür lautet:

$$\textbf{I.P.} = \tfrac{1}{2}(\textbf{pK}_{S1} + \textbf{pK}_{S2})$$

pK_{S1} = pK_S-Wert der Carboxylgruppe, pK_{S2} = pK_S-Wert der Aminogruppe. Manchmal findet man anstatt K_S auch K_A ($_A$ von acid).

Beispiel: Glycin H_2N-CH_2-COOH

$$
\begin{array}{ll}
\text{(A)} \quad
\begin{aligned}
K_A &= 1{,}6 \cdot 10^{-10}\ (pK_A = 9{,}8) \\
K_B &= 2{,}5 \cdot 10^{-12}\ (pK_B = 11{,}6)
\end{aligned}
&
\begin{aligned}
K_{S2} &= 1{,}6 \cdot 10^{-10}\ (pK_{S2} = 9{,}8) \\
K_{S1} &= 4 \cdot 10^{-3}\ (pK_{S1} = 2{,}4)
\end{aligned}
\end{array}
$$

oder (B)

Beide Angaben (A) und (B) sind in der Literatur üblich. Die Lage des I.P. berechnet sich daraus zu:

$$\text{I.P.} = \tfrac{1}{2}(2{,}4 + 9{,}8) = 6{,}1.$$

Bei pH = 6,1 liegt also Glycin als Zwitterion vor, welches von einem elektrischen Feld nicht beeinflusst wird. Verändert man jedoch den pH-Wert einer Lösung, so wandert die Aminosäure je nach Ladung an die Kathode oder Anode, wenn man eine Gleichspannung an zwei in ihre Lösung eintauchende Elektroden anlegt (**Elektrophorese**). Dies lässt sich an Hand der folgenden Gleichgewichte leicht einsehen:

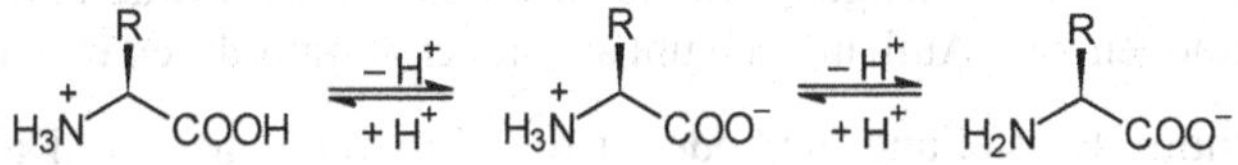

pH < I.P.	pH = I.P.	pH > I.P.
Kation	Zwitterion	Anion
(wandert zur Kathode)	(keine Wanderung)	(wandert zur Anode)

Hinsichtlich der Puffereigenschaften der Aminosäuren gilt:

Im Bereich der pK_S-Werte ist die Steigung der Titrationskurve am geringsten (s. Abb. 65), d.h. schwache Säuren und Basen puffern optimal im pH-Bereich ihrer pK_S-Werte (und nicht am I.P.).

Beispiel: Lysin hat einen I.P. von 9,74. Bei einem pH von 10 liegt Lysin als Anion vor, bei pH = 9,5 als Kation. Die jeweils vorliegende Struktur ergibt sich aus den obigen Gleichgewichten.

Will man Lysin an einen Anionenaustauscher adsorbieren, muss man daher den pH-Wert der wässrigen Lösung größer als der I.P. wählen (z.B. pH = 10). In einer derartigen Lösung wird Lysin bei Anlegen einer elektrischen Gleichspannung zur Anode wandern.

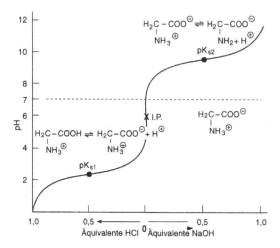

Abb. 65. Titrationskurve von Glycin

29.1.3 Gewinnung und Synthesen von Aminosäuren

Der mit Abstand größte Bedarf an α-Aminosäuren besteht bei den proteinogenen Aminosäuren. Diese erhält man überwiegend durch **Totalhydrolyse von Proteinen** und anschließende Trennung des dabei anfallenden Aminosäuregemisches. Auf diese Weise sind die meisten der 20 L-Aminosäuren zugänglich. Die in Proteinen seltener vorkommenden und die D-Aminosäuren können so jedoch nicht (in ausreichenden Mengen) erhalten werden. Daher wurde eine Reihe von Synthesemethoden zum Aufbau auch unnatürlicher Aminosäuren entwickelt.

1. Eine wichtige Herstellungsmethode ist die *Strecker*-**Synthese**. Dabei werden Aldehyde mit Ammoniak und Blausäure umgesetzt. Die Hydrolyse des dabei gebildeten α-Aminonitrils ergibt die gewünschte Aminosäure in racemischer Form:

$$RCHO \ + \ NH_3 \ + \ HCN \ \xrightarrow[-H_2O]{} \ \underset{\alpha\text{-Aminonitril}}{H_2N-\overset{\overset{\displaystyle H}{|}\ \overset{\displaystyle R}{|}}{C}-CN} \ \xrightarrow[-NH_3]{+2\,H_2O} \ \underset{\alpha\text{-Aminosäure}}{H_2N-\overset{\overset{\displaystyle H}{|}\ \overset{\displaystyle R}{|}}{C}-COOH}$$

Der Aldehyd reagiert dabei mit Ammoniak in einer Gleichgewichtsreaktion zu einem **Imin** (Azomethin) (s. Kap. 17.1.3), das als „carbonyl-analoge" Verbindung HCN addieren kann. Vergleicht man jedoch die **Carbonylaktivitäten** (s. Kap. 17.1.3) des Aldehyds und des Imins, so sollte man erwarten, dass der reaktivere Aldehyd bevorzugt mit dem Cyanid reagiert, unter Bildung eines Cyanhydrins (s. Kap. 17.2.1). Dies ist jedoch nicht der Fall. Vielmehr kommt es zu einer Protonierung des Imins durch die Blausäure, wodurch das gebildete **Imminiumion** reaktiver wird als der ursprüngliche Aldehyd (s. Kap. 17.1.3). Dieses reagiert dann mit dem Cyanid zum entsprechenden Aminonitril. Blausäure ist eine relativ schwache Säure, und daher nicht in der Lage den Aldehyd zu protonieren, wohl aber das erheblich basischere Imin (vgl. reduktive Aminierung, Kap. 14.1.2.5).

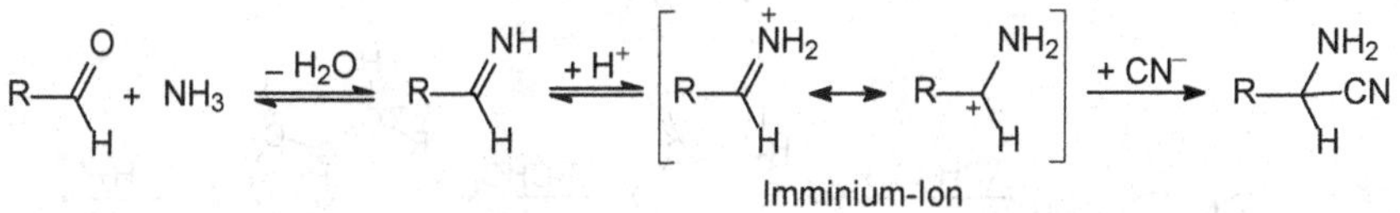

2. Eine weitere wichtige Herstellungsmethode ist die **Aminierung von α-Halogencarbonsäuren**. Dabei werden z.B. α-Bromcarbonsäuren, erhältlich durch Halogenierung nach *Hell-Volhard-Zelinsky* (s. Kap. 18.5.4), mit einem großen Überschuss an Ammoniak umgesetzt:

Beispiel:

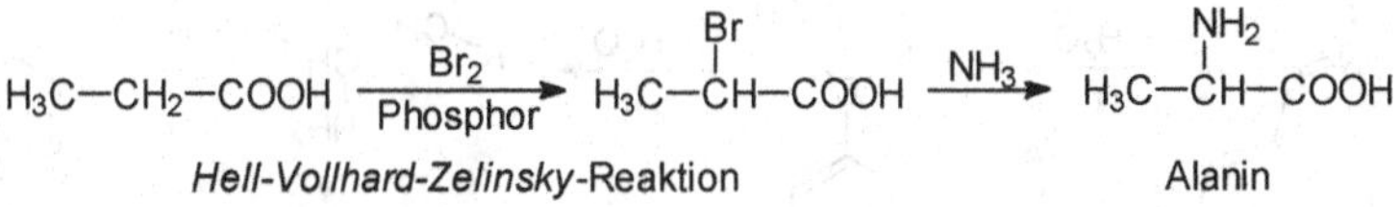

Der Überschuss ist notwendig, da die Aminogruppe der gebildeten Aminosäure nucleophiler ist als der eingesetzte Ammoniak (s.a. Kap. 14.1.2) und daher ebenfalls mit der α-Bromcarbonsäure reagieren kann.

3. Die *Gabriel*-Synthese (s. Kap. 14.1.2.2) umgeht dieses Problem und verwendet anstelle von Ammoniak Kaliumphthalimid, das z.B. mit Brommalonester umgesetzt werden kann. Das entstandene Produkt wird alkyliert und anschließend hydrolysiert. Die dabei gebildete substituierte Malonsäure spaltet bei Erwärmen CO_2 ab (s. Kap. 20.2.2.1), und man erhält die gewünschte Aminosäure:

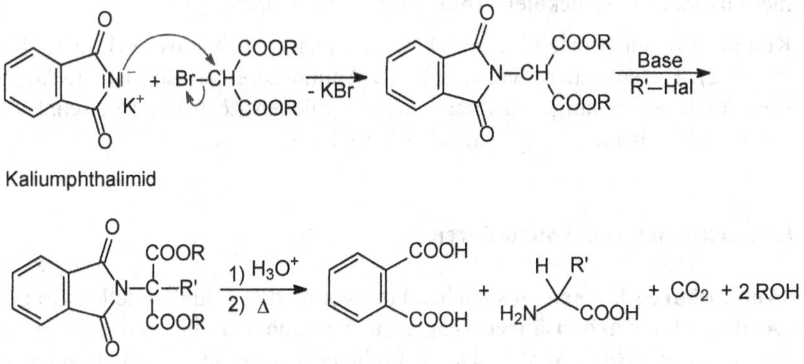

Kaliumphthalimid

4. Bei der *Erlenmeyer'schen* Azlactonsynthese geht man von *N*-Benzoylglycin **I** (Hippursäure) aus. Durch Umsetzung mit Acetanhydrid bildet sich daraus das Hippursäure-Azlacton **II**, welches sich anschließend mit Carbonylverbindungen umsetzen lässt (vgl. Perkin- (Kap. 20.2.3.2) und Knoevenagel-Reaktion (Kap. 20.2.2.3). Das gebildete ungesättigte substituierte Azlacton **III** kann durch katalytische Hydrierung der Doppelbindung und saure Hydrolyse des Azlactonringes zur entsprechenden Aminosäure **IV** gespalten werden.

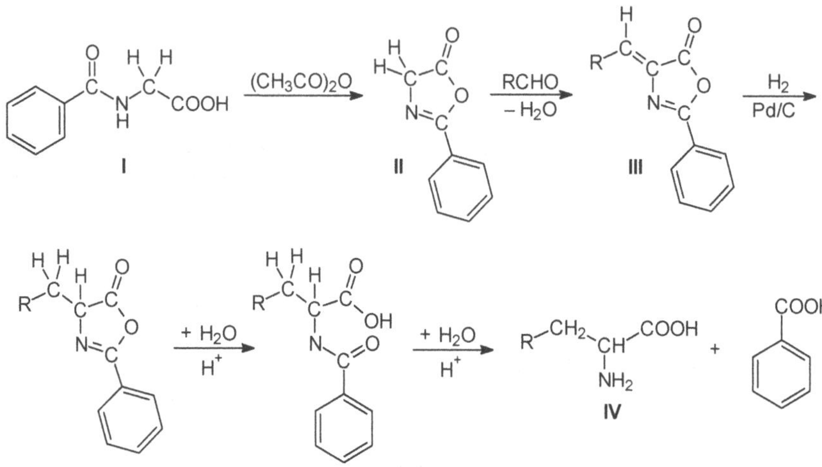

5. Bei allen hier vorgestellten Verfahren werden die Aminosäuren in racemischer Form gebildet. Die **Trennung der Aminosäure-Racemate in die optischen Antipoden (Enantiomere)** erfolgt nach speziellen Methoden (s.a. Kap. 25.5.1). Im Wesentlichen sind drei Verfahren entwickelt worden:

1. Trennung durch **fraktionierte Kristallisation** (physikalisches Verfahren).

2. Umwandlung von Aminosäurederivaten mit Hilfe von **Enzymen**, wobei diese nur eine enantiomere Form erkennen und umsetzen, und das andere Enantiomer unverändert zurückbleibt (biologisches Verfahren).

3. Kombination einer racemischen Säure mit einer optisch aktiven Base. (s. Kap. 25.5.1.2) Es entstehen Salze, z.B. D-Aminosäure-L-Base und L-Aminosäure-L-Base, die aufgrund ihrer unterschiedlichen Löslichkeit getrennt werden können (chemisch-physikalisches Verfahren).

29.1.4 Reaktionen von Aminosäuren

Die **Aminosäuren können** entsprechend der vorhandenen funktionellen Gruppen **wie Amine oder Carbonsäuren reagieren**. So kann z.B. die Aminogruppe mit Acetanhydrid acetyliert werden. Das Chiralitätszentrum der α-Aminosäuren am C-2-Atom ist relativ labil: Beim Erhitzen im alkalischen Medium oder mit starken Säuren erfolgt Racemisierung.

Beide funktionelle Gruppen können analog zu den Hydroxysäuren (s. Kap. 18.5.2.3) beim **Erwärmen** miteinander reagieren:

1. α-Aminosäuren bilden ein **cyclisches Diamid (Diketopiperazin):**

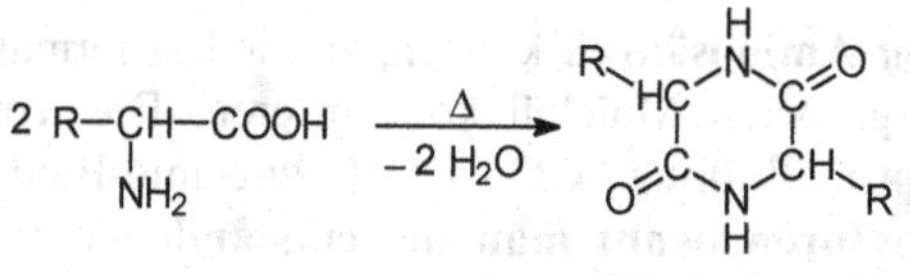

$$2 \ R{-}CH{-}COOH \xrightarrow[-2\ H_2O]{\Delta}$$

Diketopiperazin

2. β-Aminosäuren führen zu **α,β-ungesättigten Säuren**

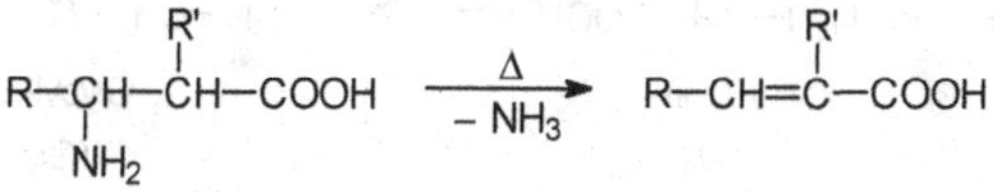

$$R{-}CH{-}CH{-}COOH \xrightarrow[-\ NH_3]{\Delta} R{-}CH{=}C{-}COOH$$

3. Aus **γ- und δ-Aminosäuren** entstehen cyclische Amide, **die γ- und δ-Lactame:**

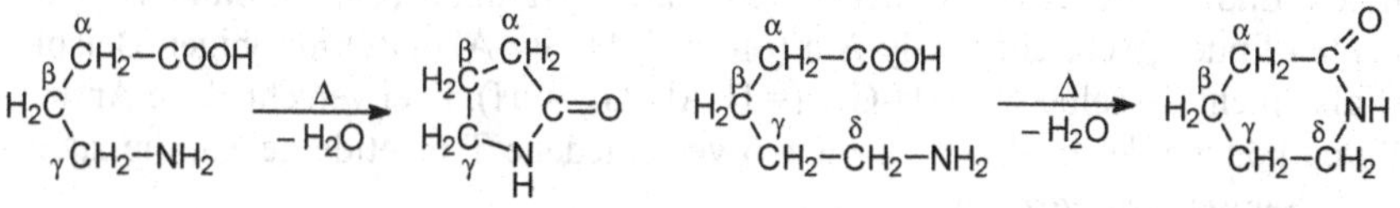

γ-Aminosäure   γ-Lactam   δ-Aminosäure   δ-Lactam

Häufig werden Aminosäuren auch verwendet, um daraus andere funktionalisierte Carbonsäure und Derivate aufzubauen. Durch Umsetzung mit HNO_2 **(Diazotierung)** erhält man aus Aminosäuren primär α-Lactone, die zu Hydroxysäuren hydrolysiert werden. Führt man dieselbe Reaktion mit Aminosäureestern durch, erhält man die relativ stabilen Diazoester (s. Kap. 14.5.1):

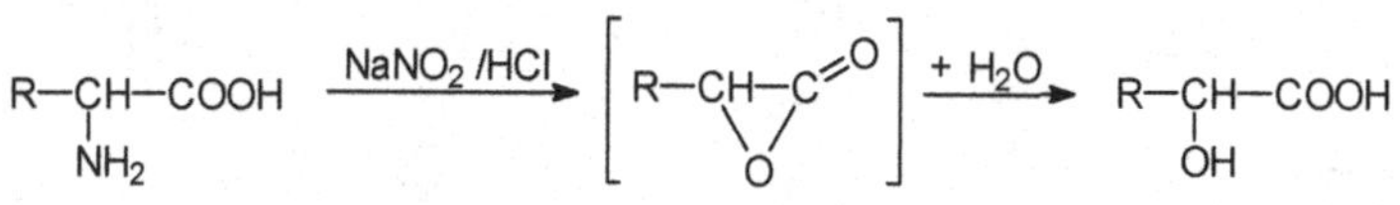

$$R{-}CH{-}COOH \xrightarrow{NaNO_2\,/HCl} \left[R{-}CH{-}C{\overset{O}{\diagdown}} \right] \xrightarrow{+\ H_2O} R{-}CH{-}COOH$$

α-Lacton

$$R{-}CH{-}COOR' \xrightarrow{HNO_2} R{-}\overset{-}{C}{-}COOR'$$

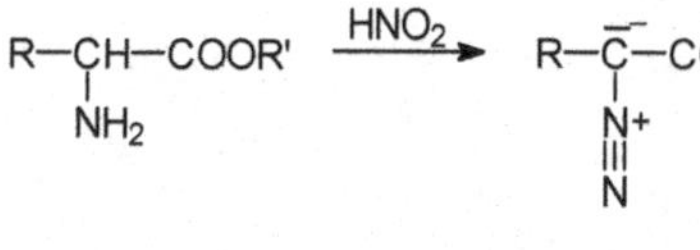

Diazoester

29.2 Peptide

Zwei, drei oder mehr **Aminosäuren** können, zumindest formal, unter Wasserabspaltung zu einem größeren Molekül kondensieren. Die Verknüpfung erfolgt jeweils über die **Peptid-Bindung** –CO–NH– (Säureamid-Bindung). **Je nach der Anzahl der Aminosäuren nennt man die entstandenen Verbindungen Di-, Tri- oder Polypeptide.**

Beispiel:

Peptidbindung

$$H_2N-CH_2-COOH \quad + \quad H_2N-\overset{\overset{\displaystyle CH_3}{|}}{C}H-COOH \quad \longrightarrow \quad H_2N-CH_2-\overset{\overset{\displaystyle O}{\|}}{C}-NH-\overset{\overset{\displaystyle CH_3}{|}}{C}H-COOH$$

Glycin	Alanin	Glycyl-Alanin
(Gly)	(Ala)	(Gly-Ala)
		ein Dipeptid

Bei der Beschreibung der Peptide verwendet man in der Regel den Dreibuchstaben-Code (Proteine: Einbuchstaben-Code). Bei der Verwendung der Abkürzungen wird die Aminosäure mit der freien Aminogruppe (**N-terminale AS**) am linken Ende, diejenige mit der freien Carboxylgruppe (**C-terminale AS**) am rechten Ende geschrieben: Gly-Ala (oft auch H-Gly-Ala-OH) im obigen Beispiel ist also nicht dasselbe wie Ala-Gly (= H-Ala-Gly-OH). Drei verschiedene Aminosäuren können daher 3! = 1 · 2 · 3 = 6 verschiedene Tripeptide geben, die zueinander **Sequenzisomere** sind.

Beispiel: Aus Ala, Gly und Val lassen sich bilden: Ala-Gly-Val, Ala-Val-Gly, Gly-Ala-Val, Gly-Val-Ala, Val-Ala-Gly, Val-Gly-Ala.

Kristallstrukturbestimmungen von einfachen Peptiden führen zu den in Abb. 66 enthaltenen Angaben über die räumliche Anordnung der Atome: Da alle Proteine aus L-Aminosäuren aufgebaut sind, ist die Konfiguration am α-C-Atom festgelegt. Die Röntgenstrukturanalyse ergibt zusätzlich, dass die Amid-Gruppe eben angeordnet ist, d.h. **die Atome der Peptidbindung liegen in einer Ebene.**

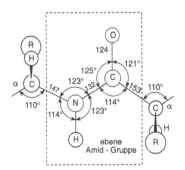

Abb. 66. Die wichtigsten Abmessungen (Längen und Winkel) in einer Polypeptid-Kette. Längenangaben in pm

Dies ist auf die **Mesomerie der Peptidbindung** zurückzuführen (s.a. Kap.
19.2.3), die auch eine verringerte Basizität (Nucleophilie) des Amid-N-Atoms zur
Folge hat. Der **partielle Doppelbindungscharakter** wird durch den gemessenen
C–N-Abstand von 132 pm im Vergleich zu einer normalen C–N-Bindung von 147
pm bestätigt.

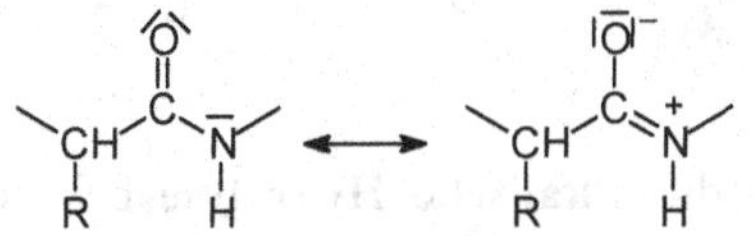

Die planaren Peptidbindungen sind über die sp^3-hybridisierten α-C-Atome miteinander verbunden. Daraus ergibt sich eine **zickzackförmige Anordnung** der Peptidkette, die sich verallgemeinert und vereinfacht wie folgt schreiben lässt:

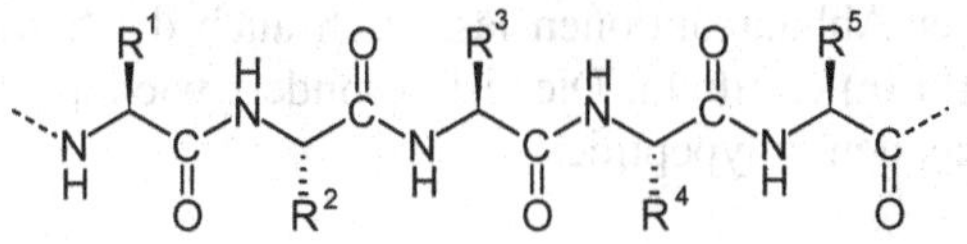

Die Atomfolge $\overset{\alpha}{--C}-\underset{\overset{\|}{O}}{C}-N-\overset{\alpha}{C}--$ bezeichnet man auch als das **Rückgrat** der
Peptidkette.

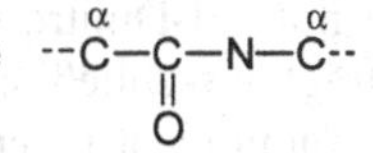

Die **Reihenfolge der Aminosäuren** in einem Peptid wird als die **Sequenz (Primärstruktur)** bezeichnet.

29.2.1 Hydrolyse von Peptiden

Im **Organismus** wird der Eiweißabbau durch **proteolytische Enzyme** (Trypsin,
Chymotrypsin, Papain) eingeleitet, die eine gewisse Spezifität hinsichtlich ihrer
Spaltungsposition zeigen und bei bestimmten pH-Werten ihr Wirkungsoptimum
haben. Sie zerlegen größere Peptide und Proteine in kleinere Peptidfragmente, die
dann weiter abgebaut werden können.

Die Säureamid-Bindung der Peptide lässt sich auch durch Hydrolyse mit Säuren
oder Basen spalten (s. Kap. 19.1.1), und man erhält die einzelnen Aminosäuren.
Auf diese Weise erhält man auch technisch die proteinogenen Aminosäuren aus
Proteinabfällen. In der Regel wird die saure Spaltung bevorzugt, da der Einsatz
von Basen zu einem racemischen Gemisch der entstandenen Aminosäuren führt.

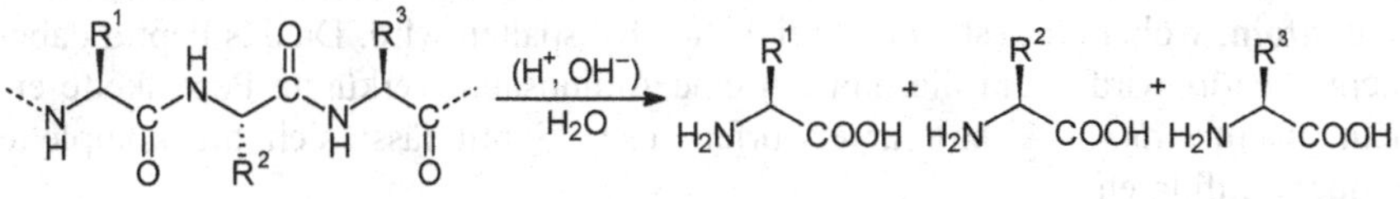

Die **saure Hydrolyse** verläuft wie im Kap. 19.1 beschrieben. Nach der Anlagerung eines Protons folgt der nucleophile Angriff eines H_2O-Moleküls:

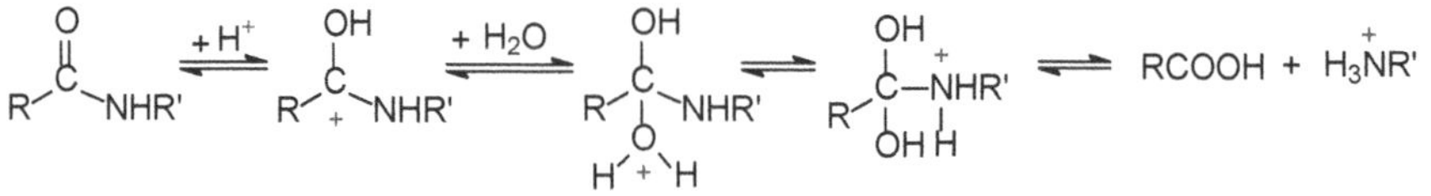

Im Gegensatz dazu ist die **alkalische Hydrolyse** bekanntlich irreversibel und beginnt mit dem nucleophilen Angriff des OH^--Ions:

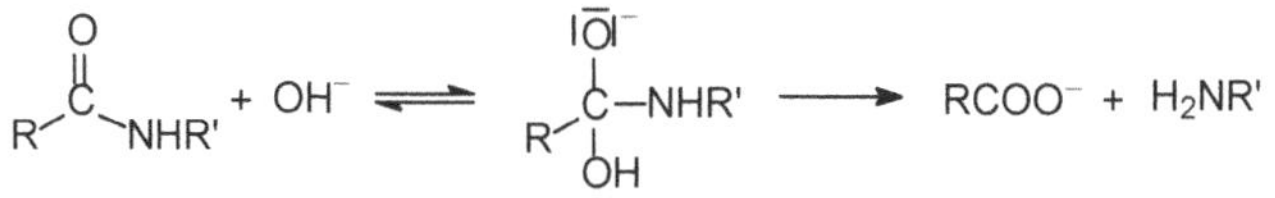

Mit Hilfe geeigneter Abbaureaktionen lässt sich auch die **Sequenz der Peptidkette (Primärstruktur)** ermitteln. Dies ist besonders wichtig für die Analyse der natürlich vorkommenden Polypeptide.

Die *N*-terminale Endgruppe wird mit **Dinitrofluorbenzol** nach *Sanger* bestimmt (s.a. Kap. 8.3.2). Hierzu wird das Peptid mit 2,4-Dinitrophenylhydrazin umgesetzt. Nach der Totalhydrolyse des Peptids trägt ausschließlich die *N*-terminale Aminosäure eine Dinitrophenylgruppe und ist damit identifiziert:

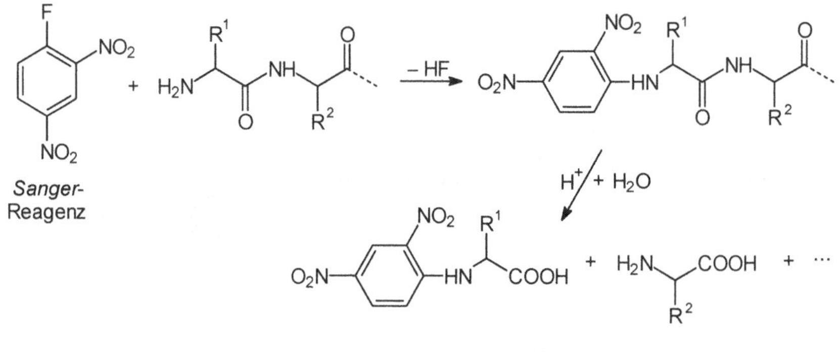

Die Sequenzanalyse nach *Edman* verwendet Phenylisothiocyanat. Dieses addiert sich ebenfalls an die *N*-terminale Aminosäure, wobei hier ein Phenylthioharnstoff-Derivat gebildet wird. In Gegenwart von Salzsäure (Protonierung der Peptidbindung) kommt es dann zu einem Angriff des Thioharnstoff-N-Atoms an der benachbarten Peptidbindung. Unter Cyclisierung bildet sich ein **Phenylthiohydantoin**, wobei die restliche Peptidkette abgespalten wird. Da das Peptid dabei nicht zerstört wird, kann die nun um eine Aminosäure verkürzte Peptidkette erneut einem *Edman*-Abbau unterworfen werden, usw. Somit lässt sich die komplette Sequenz aufklären.

Phenylisothiocyanat   Phenylthiocarbamyl-Peptid   Phenylthiohydantoin

Zur Sequenzaufklärung großer Proteine kombiniert man den *Edmann*-Abbau mit der enzymatischen Peptidspaltung. Hierzu wird das Protein mit verschiedenen Enzymen umgesetzt. Aufgrund der unterschiedlichen Substratspezifität der Enzyme spalten diese das Protein an unterschiedlichen Positionen. **Trypsin** spaltet z.B. zwischen Arginin und Lysin, **Chymotrypsin** vor Phenylalanin und Thyrosin, usw. Dadurch erhält man verschiedene Oligopeptide deren Sequenz nach Edmann aufgeklärt wird. Die Sequenzen der Peptidfragmente aus den verschiedenen Enzymansätzen überlappen sich, und dadurch lässt sich die Gesamtsequenz ermitteln.

29.2.2 Peptid-Synthesen

1. Schutzgruppen

Möchte man zwei Aminosäuren zu einem Dipeptid verknüpfen, so gibt es zwei Möglichkeiten, da jede Aminosäure eine Amino- und eine Säurefunktion besitzt. Um eine gezielte Umsetzung zu erreichen, muss man bei der einen Aminosäure die Aminogruppe blockieren, damit diese nur noch an der Carboxylgruppe reagieren kann, bei der zweiten Komponente, die an der Aminofunktion reagieren soll, muss hingegen die Carboxylgruppe blockiert werden. Hierzu verwendet man so genannte **Schutzgruppen (SG)**.

Dabei ist es wichtig, dass sich die Schutzgruppen abspalten lassen, ohne dass der Peptidbindung etwas geschieht. Möchte man aus dem so hergestellten geschützten Peptid das ungeschützte Dipeptid erhalten, so wird man Schutzgruppen SG^1 und SG^2 wählen, die sich unter denselben Bedingungen abspalten lassen. Will man hingegen aus dem Dipeptid ein größeres Peptid aufbauen, so ist es wichtig, dass sich eine Schutzgruppe selektiv abspalten lässt, damit man an diesem Ende des Dipeptids gezielt weiterknüpfen kann. Man verwendet in einem solchen Fall **orthogonale Schutzgruppen**, also Schutzgruppe die sich bei ihrer Entfernung nicht gegenseitig beeinträchtigen.

Schutzgruppen für die Carboxylgruppe sind in der Regel verschiedene Ester. **Methylester** lassen sich leicht mit Natronlauge verseifen, **Benzylester** entfernt man durch katalytische Hydrierung, und ***tert.*-Butylester** entfernt man mit (wasserfreier) Säure (Bildung des stabilen *tert.*-Butyl-Carbeniumions):

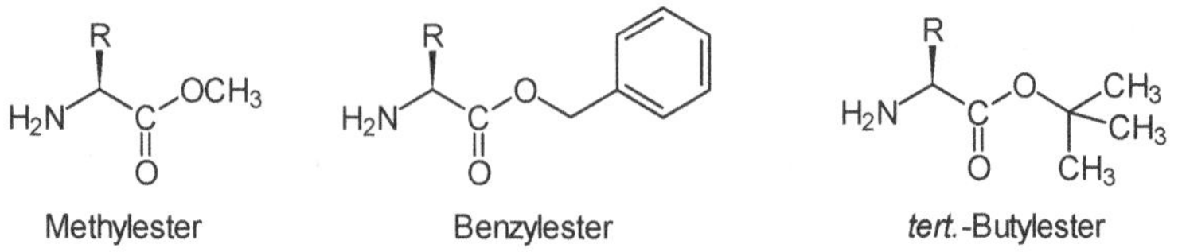

| Methylester | Benzylester | *tert.*-Butylester |

Schutzgruppen für die Aminofunktion sind in der Regel Derivate der Carbamidsäure (s. Kap. 21.1). Dieselben Schutzgruppen, die man zum Schutz der Carboxylgruppe einsetzt, kann man auch für die Aminogruppe verwenden, wenn man sie in die entsprechenden Carbamidsäureester überführt. Besonders bewährt haben sich die **Benzyloxycarbonyl- (Z-, Cbz-)-Schutzgruppe** und die ***tert.*-Butyloxycarbonyl- (Boc-)-Schutzgruppe**:

Benzyloxycarbonyl-
(Z-)-Schutzgruppe

tert.-Butyloxycarbonyl-
(Boc-)-Schutzgruppe

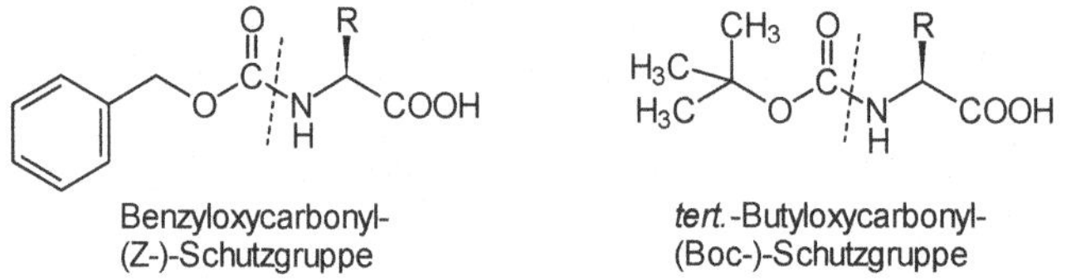

Wie alle benzylischen Schutzgruppen so wird auch die **Z-Schutzgruppe** durch **katalytische Hydrierung** abgespalten, die **Boc-Gruppe** wird wie alle *tert.*-Butyl-Schutzgruppen **im Sauren** entfernt.

Schutzgruppen die den Benzylrest enthalten, und jene mit einem *tert.*-Butylrest sind orthogonal zueinander.

Einführung der Schutzgruppen

Die Einführung der **Carboxylschutzgruppe** erfolgt wie bei allen Carbonsäuren durch **sauer katalysierte Veresterung**. Dabei erhält man das entsprechende Salz des Aminosäureesters. In dieser Form sind die Ester auch lagerbar, da durch Protonierung am N-Atom die Aminofunktion nicht mehr nucleophil ist. Dadurch verhindert man, dass die Aminofunktion mit der Esterfunktion reagiert (s.a. Kap. 19.1.2). Durch Umsetzung mit Base erhält man daraus den freien Aminosäureester.

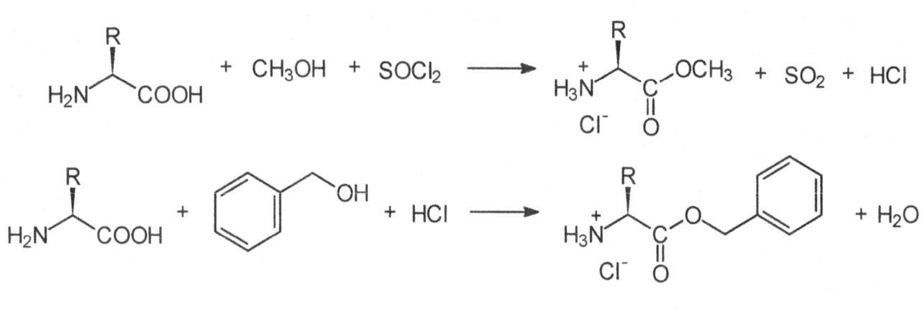

Zur **Einführung der Aminoschutzgruppe** versetzt man mit die Aminosäure mit Säurechloriden (s. Kap. 19.1.2) oder mit aktivierten Carbamidsäurederivaten wie etwa Chlorameisensäurebenzylester (Z-Cl). Auf diese Weise führt man z.B. die Z-Schutzgruppe ein. Für die Boc-Schutzgruppe benötigt man den entsprechenden Chlorameisensäure-*tert.*-butylester, der jedoch nicht stabil ist (nur bei –50°C). Stattdessen verwendet man in diesem Fall das entsprechende Azid oder Anhydrid (Boc$_2$O).

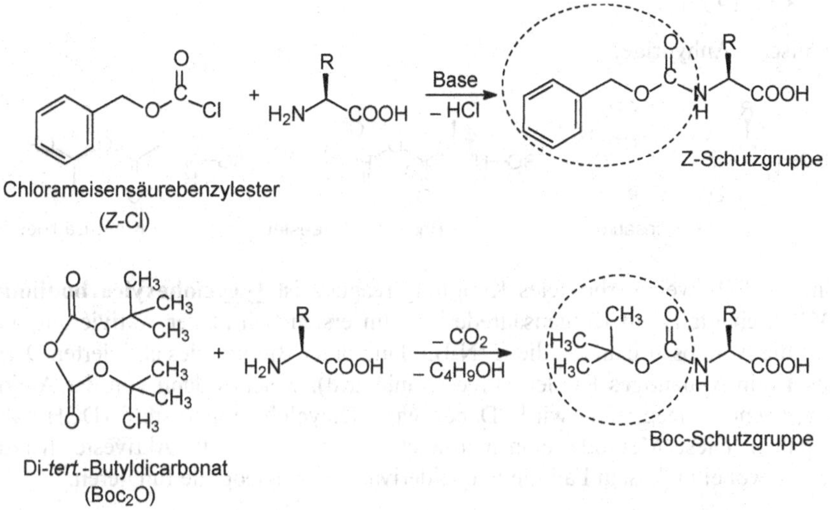

Chlorameisensäurebenzylester
(Z-Cl)

Z-Schutzgruppe

Di-*tert.*-Butyldicarbonat
(Boc$_2$O)

Boc-Schutzgruppe

2. Peptidknüpfung

Die entsprechenden Aminosäurederivate können nun für eine Peptidknüpfung eingesetzt werden. **Hierzu muss die Carboxylgruppe der einen Komponente aktiviert werden** (wieso?). Prinzipiell kann man die Amidbindung durch Aminolyse eines Esters herstellen (s.a. Kap. 19.1.2). Normale Ester sind jedoch zu unreaktiv (sonst könnte man sie auch nicht als Schutzgruppe verwenden), daher verwendet man so genannte **Aktivester**, bei denen die Carbonylgruppe durch elektronenziehende Gruppen besonders aktiviert ist. Gut geeignet sind *p*-Nitrophenyl- und Pentafluorphenylester:

p-Nitrophenylester

Pentafluorphenylester

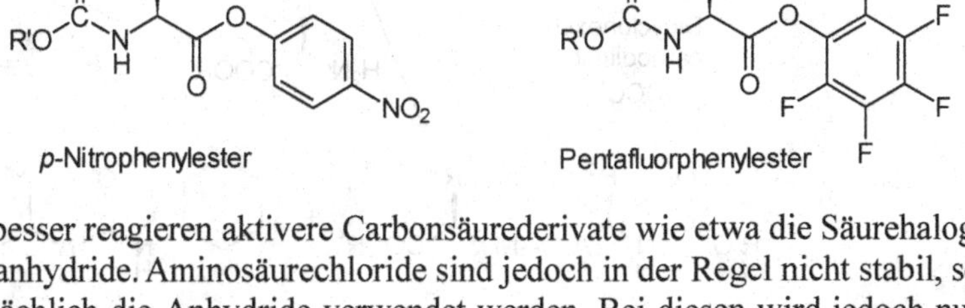

Noch besser reagieren aktivere Carbonsäurederivate wie etwa die Säurehalogenide oder –anhydride. Aminosäurechloride sind jedoch in der Regel nicht stabil, so dass hauptsächlich die Anhydride verwendet werden. Bei diesen wird jedoch nur eine der aktivierten Säureeinheiten genutzt, die zweite wird als Säure abgespalten. Um eine möglichst vollständige Umsetzung der Aminosäure zu erzielen, setzt man daher **gemischte Anhydride** aus der Aminosäure und einer anderen Säure ein. Um einen selektiven Angriff des Amins an der Aminosäurekomponente zu erreichen, verwendet man entweder die Anhydride sterische gehinderter Carbonsäuren, wie etwa Pivalinsäure, oder die Anhydride weniger reaktionsfähiger Säuren wie Phosphorsäure- und Kohlensäureester. Die Anhydride erhält man durch Umsetzung der geschützten Aminosäure mit dem Säurechlorid der zweiten Komponente (s.a. Kap. 19.2.1).

Gemischte Anhydride:

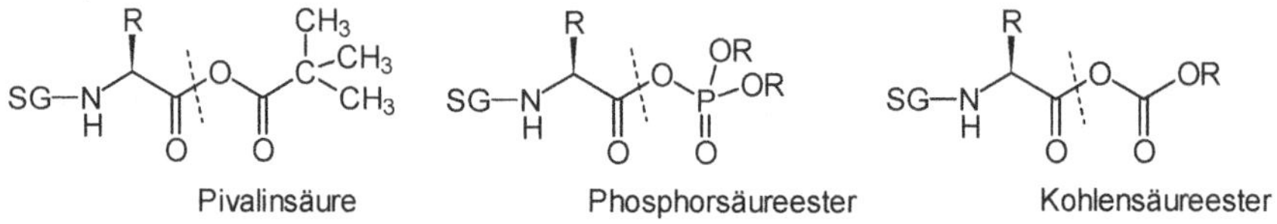

Pivalinsäure   Phosphorsäureester   Kohlensäureester

Ein ebenfalls weit verbreitetes Knüpfungsreagenz ist **Dicyclohexylcarbodiimid** (**DCC**), ebenfalls ein Kohlensäurederivat. Im ersten Schritt der Aktivierung addiert die Aminosäure an die die C=N-Bindung unter Bildung des aktivierten Derivats **I** (ein *N*-analoges Kohlensäureesteranhydrid), welches dann von der Aminkomponente angegriffen wird. Dabei wird Dicyclohexylharnstoff (DCH) abgespalten. Diese Methode kann man auch verwenden um die Aktivester herzustellen, wobei in diesem Fall die Phenolderivate als Nucleophile fungieren.

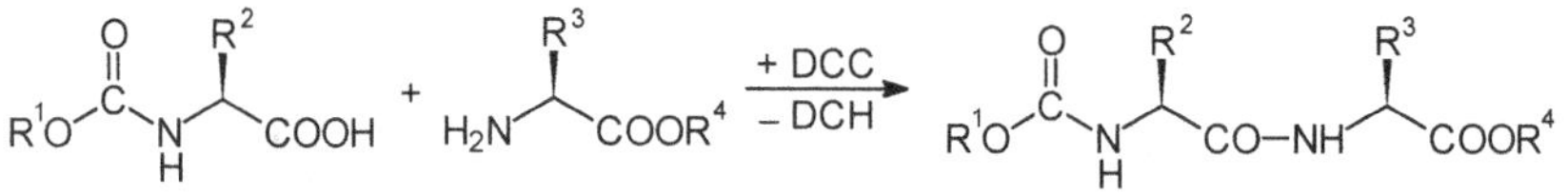

Mechanismus:

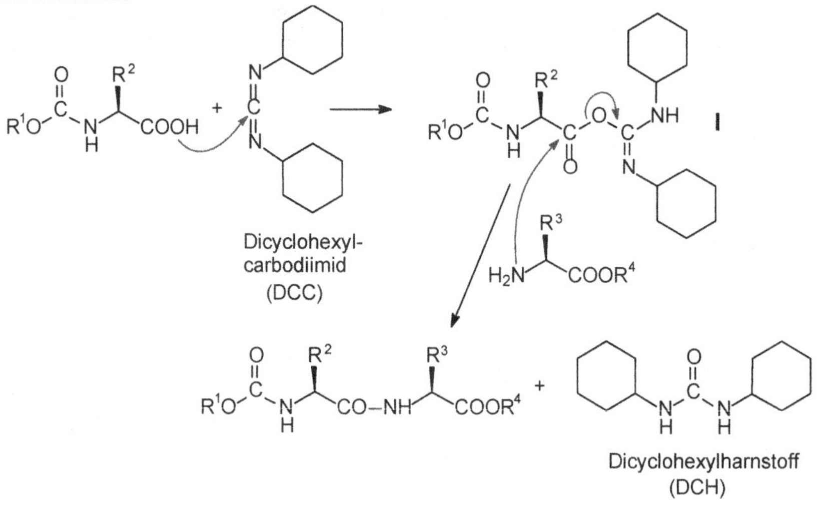

Dicyclohexyl-
carbodiimid
(DCC)

Dicyclohexylharnstoff
(DCH)

3. *Merrifield*-Synthese

Zur Synthese größerer Peptide hat sich die **Festphasensynthese** nach *Merrifield* bewährt. Sie hat den Vorteil, dass sie automatisierbar ist.

Hierbei wird eine geschützte Aminosäure, in der Regel über die Carboxylgruppe, kovalent an einen festen Träger gebunden. Als Träger dient meist ein Polystyrol-Harz, welches zusätzlich funktionelle Gruppen trägt. Über diese funktionellen Gruppen erfolgt die Anbindung der Aminosäure, z.B. als Ester. Die Bindung zum Harz muss stabil genug sein, um alle Schritte der Peptidsynthese unbeschadet zu überstehen, sie muss sich aber auch bei Bedarf wieder spalten lassen. Gut bewährt haben sich hierfür Benzylester:

Polystyrolharz   Träger-gebundene Aminosäure

Nach dem Abspalten der *N*-Schutzgruppe kann am Amino-Ende die nächste ge-schützte Aminosäure (z.B. mit DCC) angehängt werden. Dann wird deren Schutz-gruppe abgespalten, usw.

Der Vorteil der Festphasen-Synthese resultiert daraus, dass die wachsende Peptid-kette am Träger fixiert ist, während alle anderen Verbindungen und Reagenzien in Lösung sind. Diese können daher sehr einfach durch Spülen des Trägers entfernt werden, wodurch das Peptid gereinigt wird. Es ist dann für den nächsten Schritt einsetzbar. Auch können die Kupplungskomponenten in großem Überschuss ein-gesetzt werden, was oft nötig ist um einen vollständigen Umsatz zu erzielen. Dies ist bei der Festphasensynthese besonders wichtig, da am Harz viele Peptidketten parallel aufgebaut werden. Verlaufen einzelne Knüpfungsschritte unvollständig, dann bildet sich ein Gemisch unterschiedlicher Peptide, die sich nach der Abspal-tung kaum voneinander trennen lassen. Die Trennung wird umso schwieriger, je länger die Peptidkette wird. Lange Peptide werden daher häufig nicht am Stück aufgebaut, sondern man synthetisiert kürzere Segmente (z.B. aus 10 Aminosäuren) die man anschließend zusammensetzt.

29.2.3 Biologisch wichtige Peptide

Eines der kleinsten Peptide, dem eine wichtige biologische Funktion zukommt ist **Glutathion** (GSH), ein Tripeptid. In ihm ist die Glutaminsäure nicht (wie sonst üblich) über die α-Carboxylgruppe sondern über die γ-COOH-Gruppe verknüpft. Glutathion wirkt als **Antioxidans**, da es oxidierende Substanzen reduziert (und damit unschädlich macht), wobei es selbst oxidiert wird. Aus der SH-Gruppe des Cysteins bildet sich dabei unter Dimerisierung (GSSG) das Disulfid (s.a. Kap. 13.1.3).

Zu den **Neuropeptiden** gehören die **Enkephaline**, Pentapeptide mit schmerzlindernder Wirkung. Diese Peptide binden an die **Opiat-Rezeptoren** des Gehirns, worauf ihre Wirkung zurückzuführen ist. An diese Rezeptoren binden auch die **Endorphine** (endogene Morphine), Neuropeptide aus 20-30 Aminosäuren.

Glutathion
(GSH)

Glu   Cys   Gly

Tyr—Gly—Gly—Phe—Met

Methionin-Enkephalin

Tyr—Gly—Gly—Phe—Leu

Leucin-Enkephalin

Zahlreiche wichtige **Hormone**, vor allem der Hypophyse und der Bauchspeicheldrüse sind Oligo- oder Polypeptide. Dazu gehören z.B. **Ocytocin** (Oxytocin, 9 Aminosäuren) und **Vasopressin** (Adiuretin, 9 Aminosäuren), beides Hormone aus dem Hypophysenhinterlappen. **Ocytocin** bewirkt **Uteruskontraktion** und erzeugt das **Sättigungsgefühl** bei der Nahrungsaufnahme. **Vasopressin** ist ein **Neurotransmitter** und wirkt **blutdrucksteigernd**. Beide Peptide sind fast identisch, sie unterscheiden sich nur in einer Aminosäure. Charakteristisches Merkmal von beiden ist die **Disulfidbrücke** zwischen Cys^1 und Cys^6, wodurch ein **Cyclopeptid** entsteht.

Ile^3—Gln^4

Tyr^2 Asn^5

H_2N—Cys^1 Cys^6—Pro^7—Leu^8—Gly^9—NH_2

S—S

Lys statt Leu

Vasopressin

Ocytocin

Ebenfalls stark **blutdrucksteigernd** wirkt **Angiotensin II**, ein lineares Octapeptid, das aus der inaktiven Vorstufe Angiotensin II mit Hilfe des Enzyms „*Angiotensine-Converting-Enzyme*‘ (ACE) gebildet wird:

Asp—Arg—Val—Tyr—Ile—His—Pro—Phe—His—Leu

◄───────────── Angiotensin I ─────────────►
◄───────────── Angiotensin II ───────────►

Zu den längeren Peptiden gehören die Peptidhormone **Corticotropin** (39 Aminosäuren, Hypophysenvorderlappen) und **Insulin** (51 Aminosäuren, *Langerhanssche* Inseln der Bauchspeicheldrüse). **Corticotropin** regt die Nebennierenrinde zur **Bildung der Corticoide** an. **Insulin senkt den Blutzuckerspiegel** und wird bei Diabetikern therapeutisch angewandt. Gegenspieler des Insulins ist das **Glucagon**, ebenfalls ein Peptid (29 Aminosäuren) der Bauchspeicheldrüse. Interessant am Insulin ist die Struktur: Es besteht aus **zwei Peptidketten** (A und B), die durch Disulfidbrücken zusammengehalten werden. Die Struktur des Insulins ist bei den meisten Säugetieren fast identisch: das Insulin des Menschen unterscheidet sich von dem des Rinds oder Schweins in nur einer Aminosäure, so dass man auf diese Insuline für therapeutische Zwecke zurückgreifen kann.

A-Kette

$\overset{1}{\text{Gly}}$—Ile—Val—Glu—Gln—$\overset{6}{\text{Cys}}$—S—S—Cys—Ser—Leu-Tyr—Gln—Leu—Glu-Asn-Tyr—$\overset{20}{\text{Cys}}$—$\overset{21}{\text{Asn}}$
 $\quad\quad\quad\quad\quad\quad\;\overset{7}{\text{Cys}}\quad\quad\;\;\overset{10}{\text{Ile}}$ $\quad\quad\quad\quad\quad\quad\quad\quad\quad\quad\quad\quad\;$ S
 $\quad\quad\quad\quad\quad\quad\;\;$S $\quad$Thr-Ser $\quad\quad\quad\quad\quad\quad\quad\quad\quad\quad\quad\;\;$ S
 $\quad\quad\quad\quad\quad\quad\;\;$S $\quad\quad\quad\quad\quad\quad\quad\quad\quad$Leu-Tyr—Leu—Val—$\overset{19}{\text{Cys}}$—$\overset{20}{\text{Gly}}$
$\overset{1}{\text{Phe}}$—Val—Asn—Gln—His—Leu—$\overset{7}{\text{Cys}}$—Gly—Ser—$\overset{10}{\text{His}}$—Leu—Val—Glu-Ala $\quad\quad\quad\quad\quad\quad\quad\quad\quad\quad$ Glu

B-Kette $\quad\quad\quad\quad\quad\quad\quad\quad\quad\quad\quad\quad\quad\quad\quad\quad\quad\quad\quad\quad\quad$ Arg

$\quad\quad\quad\quad\quad$ Insulin $\quad\quad\quad\quad\quad\quad$ $\overset{30}{\text{Thr}}$—Lys—Pro—Thr—Tyr—Phe—Phe—Gly

Alle diese vorgestellten Peptide enthalten ausschließlich die proteinogenen Aminosäuren mit L-Konfiguration. Dies liegt daran, dass bei der **ribosomalen Proteinbiosynthese** (s. Lehrbücher der Biochemie) nur diese 20 Aminosäuren codiert sind und somit verwendet werden. **Niedere Organismen** (Pilze, Schwämme, Bakterien, etc.) verfügen jedoch über einen anderen Synthesemechanismus, so dass diese auch in der Lage sind andere, ungewöhnliche Aminosäuren einzubauen. Sie können auch **D-Aminosäuren** verwenden oder gar **Hydroxysäuren**. Peptide die neben Aminosäuren auch Hydroxysäuren enthalten bezeichnet man als **Depsipeptide** oder **Peptolide**. Als Stoffwechselprodukte findet man bei ihnen zum Teil sehr exotische Strukturen, unter anderem auch **Cyclopeptide**. Zu diesen gehören z.B. so bekannte Gifte wie **Phalloidin** und **Amanitin** (beide aus dem Knollenblätterpilz), sowie Antibiotika wie **Gramicidin** (aus *Bacillus brevis*). Letzteres ist ein cyclisches Decapeptid (2 ident. Einheiten), das nicht über S–S-Brücken verknüpft ist und zwei D-Aminosäuren enthält.

$\quad\quad\quad\quad$ Val—Orn—Leu
$\quad\quad\quad$ Pro $\quad\quad\;\;$ D–Phe
$\text{------------}|\text{-------------}|\text{------------}$
$\quad\;\;$ D–Phe $\quad\quad\quad$ Pro
$\quad\quad\quad$ Leu—Orn—Val $\quad$ Gramicidin S

29.3 Proteine

Proteine sind Verbindungen, die wesentlich am Zellaufbau beteiligt sind und aus einer oder mehreren Polypeptid-Ketten bestehen können. Sie bestehen aus den 20 proteinogenen Aminosäuren und werden oft eingeteilt in **Oligopeptide** (bis 10 Aminosäuren), **Polypeptide** (bis 100 Aminosäuren) und die noch größeren **Makropeptide**.

Zu der bereits bekannten **Primärstruktur**, d.h. der Aminosäuresequenz der Peptidketten, treten weitere übergeordnete Strukturen hinzu.

29.3.1 Struktur der Proteine

Die **Sekundärstruktur** beruht auf den **Bindungskräften zwischen den verschiedenen funktionellen Gruppen der Peptide**. Am wichtigsten sind die in Abb. 67 dargestellten inter- und intramolekularen Bindungen, die schon an anderer Stelle besprochen wurden.

Die **Wasserstoff-Brückenbindungen zwischen NH- und CO-Gruppen** üben einen stabilisierenden Einfluss auf den Zusammenhalt der Sekundärstruktur aus und führen zur Ausbildung zweier verschiedener Polypeptid-Strukturen, der α-**Helix**- und der **Faltblatt-Struktur**.

In der α-**Helix** liegen hauptsächlich **intra**molekulare H-Brückenbindungen vor. Hierbei ist die Peptidkette spiralförmig in Form einer Wendeltreppe verdreht mit etwa 3,6 Aminosäuren pro Umgang. Es bilden sich H-Brückenbindungen zwischen aufeinander folgenden Windungen derselben Kette aus, und **zwar zwischen den N–H-Protonen** einer Peptid-Bindung **und dem Carbonyl-Sauerstoff** der dritten Aminosäure oberhalb dieser Bindung. Jede Peptid-Bindung nimmt an einer H-Brückenbindung teil. Alle Aminosäuren müssen dabei die gleiche Konfiguration besitzen, um in die Helix zu passen. Man kann dieses Modell als rechts- oder linksgängige Schraube konstruieren (Abb. 68); beide sind zueinander **diastereomer. Die rechtsgängige Helix ist energetisch stabiler.** Alle bisher untersuchten nativen Proteine sind rechtsgängig.

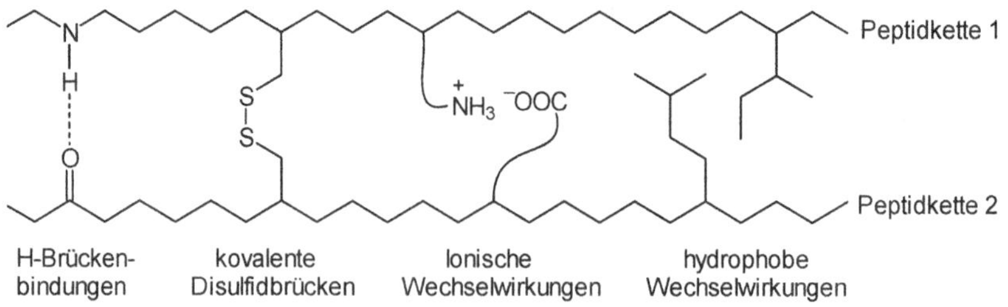

| H-Brücken-
bindungen | kovalente
Disulfidbrücken | Ionische
Wechselwirkungen | hydrophobe
Wechselwirkungen |

Abb. 67. Schematische Darstellung intramolekularer Bindungen

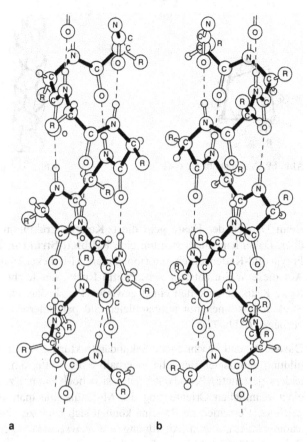

a   b

Abb. 68a,b. Schematische Darstellung der beiden möglichen Formen der α-Helix: Linksgängige (**a**) und rechtsgängige (**b**) Schraube, dargestellt in beiden Fällen mit L-Aminosäure-Resten. Das Rückgrat der Polypeptid-Kette ist fett gezeichnet, die Wasserstoffatome sind durch die kleinen Kreise wiedergegeben. Die Wasserstoff-Brückenbindungen (intramolekular) sind durch gestrichelte Linien dargestellt

Spiegelbildliche Helices erhält man dann, wenn man die eine Helix aus L-Aminosäuren und die andere aus den entsprechenden D-Aminosäuren aufbaut. Die ebene Anordnung der Peptid-Bindung führt dazu, dass der Querschnitt der Helix nicht rund ist. Die Seitenketten R der Aminosäuren stehen von der Spirale nach außen weg. Abb. 69 gibt eine Aufsicht auf die α-Helix wieder.

Eine besonders eindrucksvolle Struktur besitzen das **Kollagen** (Bindegewebe) und das **α-Keratin** der Haare. Drei lange Polypeptid-Ketten aus linksgängigen Helices sind zu einer dreifachen, rechtsgängigen **Superhelix** verdrillt, wobei sich zwei helicale Strukturen überlagert haben. Abb. 70 zeigt eine solche Superhelix.

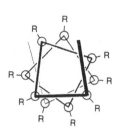

Abb. 69. Aufsicht auf die α-Helix   **Abb. 70.** Kollagen-Superhelix

Beim Dehnen der Haare geht die α-Keratin-Struktur in die β-Keratin-Struktur über. Dabei handelt es sich um eine **Faltblatt-Struktur**, bei der zwei oder mehr Polypeptid-Ketten durch **inter**molekulare H-Brückenbindungen verbunden sind. Auf diese Weise entsteht ein **„Peptid-Rost"**, der leicht aufgefaltet ist, weil die Reste R als Seitenketten einen gewissen Platzbedarf haben (Abb. 71). Faltblatt-Strukturen können mit antiparalleler und paralleler Anordnung der Peptidkette vorliegen (Abb. 72).

Die vorstehend beschriebene Sekundärstruktur bestimmt auch teilweise die Aus-bildung geordneter Bereiche innerhalb einer Kette, d.h. die helix-förmige (oder anders gestaltete) Peptidkette faltet sich noch einmal zusammen. Dies führt zu einer räumlichen Orientierung des Moleküls, die man als **Tertiärstruktur** be-zeichnet. Verschiedene Proteine können sich auch zu einer größeren Einheit zu-sammenlagern, deren Anordnung **Quartärstruktur** genannt wird. Bekanntes Beispiel: **Hämoglobin** (vier Peptidketten).

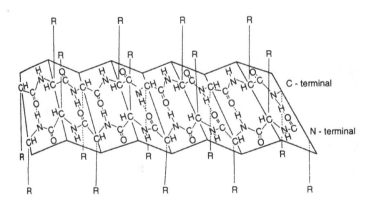

Abb. 71. Faltblatt-Struktur von β-Keratin mit antiparallelen Peptidketten („Peptid-Rost")

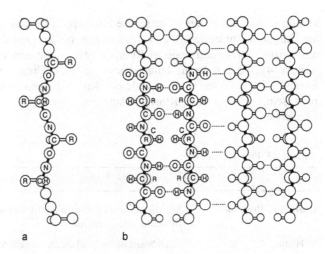

a   b

Abb. 72a,b. Faltblatt-Struktur mit antiparallelen Peptid-Ketten, aufgebaut aus L-Aminosäuren. **a** Seitenansicht; **b** Aufsicht. Das Rückgrat der Polypeptid-Kette ist fett eingezeichnet. Die H-Brückenbindungen sind durch gestrichelte Linien dargestellt

29.3.2 Beispiele und Einteilung der Proteine

Da nur in wenigen Fällen die genauen Strukturen bekannt sind, werden zur Unterscheidung Löslichkeit, Form und evtl. die chemische Zusammensetzung herangezogen. Proteine werden i.a. unterteilt in:

1. **globuläre Proteine (Sphäroproteine)** von kompakter Form, die im Organismus verschiedene Funktionen (z.B. Transport) ausüben, und

2. **faserförmig strukturierte Skleroproteine (fibrilläre Proteine)**, die vor allem Gerüst- und Stützfunktionen haben. Vergleichende Größenangaben zeigt Abb. 73.

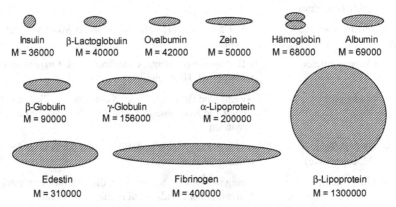

Insulin	β-Lactoglobulin	Ovalbumin	Zein	Hämoglobin	Albumin
M = 36000	M = 40000	M = 42000	M = 50000	M = 68000	M = 69000

β-Globulin	γ-Globulin	α-Lipoprotein
M = 90000	M = 156000	M = 200000

Edestin	Fibrinogen	β-Lipoprotein
M = 310000	M = 400000	M = 1300000

Abb. 73. Vergleich der Form und Größe einiger globulärer Proteine (in Anlehnung an *J. T. Edsall*)

Häufig werden als Proteine nur solche Polypeptide bezeichnet, die ausschließlich aus Aminosäuren bestehen. Davon zu unterscheiden sind die **Proteide,** die sich aus einem Protein und anderen Komponenten zusammensetzen. Beispiele zeigt Tabelle 45. Es sei darauf hingewiesen, dass die Unterscheidung nicht immer eindeutig ist. So können die Metalle bei den „Metalloproteiden" auch nur adsorbiert sein, so dass man derartige Aggregate heute ebenfalls als „...proteine" bezeichnet.

Tabelle 45. Proteine und Proteide

Gruppe	Eigenschaften, Vorkommen und Bedeutung
Globuläre Proteine	kugelförmige oder ellipsoide Eiweißmoleküle mit wenig differenzierter Struktur
– Histone	stark basische an Nucleinsäuren gebundene Eiweißstoffe (Zellkern)
– Albumine	wasserlösliche Eiweißstoffe die durch konz. Ammoniumsulfat-Lösung gefällt werden (Blut, Milch, Eiweiß)
– Globuline	in Wasser unlösliche, in verd. Neutralsalzlösungen lösliche Eiweißstoffe (Blut, Antikörper)
Fibrilläre Proteine	Eiweißstoffe mit faserartiger Struktur, wesentlich als Gerüstsubstanzen des tierischen Organismus
– α-Keratin-Typ	z.B. Proteine der Haare sowie Fibrin
– Kollagen-Typ	Hauptbestandteil der Stütz- und Bindegewebe von Sehnen, Bändern usw.
– β-Keratin-Typ	z.B. Seidenfibroin (Fasersubstanz der Seidenfäden) sowie Proteine der Horngewebe (Federn, Nägel, Hufe, Hörner)
Proteide (Proteine)	
– Phosphoproteide	z.B. Casein, das als Calciumsalz in der Milch vorliegt, Vitellin
– Chromoproteide	z.B. Atmungspigmente, Cytochrome u.ä. Enzyme sowie Chlorophyll, Hämoglobin
– Nucleoproteide	wesentliche Bestandteile der Kerne und des Plasmas aller Zellen, die Nucleinsäuren sind an stark basische Proteide gebunden
– Glycoproteide (Mucoproteide)	bilden die sog. Schleimstoffe, z.B. im Glaskörper des Auges, enthalten Aminozucker
– Lipoproteide	wenig untersuchte Stoffgruppe, die z.B. im Blutplasma vorkommt, hoher Lipid-Anteil (Fette, Phosphatide)
– Metalloproteide	Transport von Cu, Fe, Zn als Proteinkomplex

29.3.3 Eigenschaften der Proteine

Proteine sind wie die Aminosäuren, aus denen sie aufgebaut sind, **Ampholyte,** d.h. sie enthalten sowohl basische als auch saure Gruppen. Je nach pH-Wert liegen sie als Kationen, Anionen oder als elektrisch neutrale Moleküle vor. Der pH-Wert, bei dem ein Eiweißkörper nach außen elektrisch neutral ist, nennt man den **isoelektrischen Punkt I.P.** Proteine wandern im elektrischen Feld in gleicher Weise wie die Aminosäuren. Falls Seitengruppen ebenfalls ionisierbar sind (z.B. OH-, SH-, COOH-Gruppen), bestimmen diese das Säure-Base-Verhalten. Als polar wirkende Gruppen sind sie auch mitverantwortlich für die hydrophilen Eigenschaften der sie enthaltenden Proteine, während hydrophobe Proteine vor allem Aminosäuren-Seitengruppen des Valin, Leucin, Isoleucin und Phenylalanin enthalten (vgl. Aminosäuren-Übersicht!).

Ebenso wie bei den Aminosäuren ist auch die **Pufferwirkung** der Proteine im Säure-Base-Haushalt des Organismus durch ihren Ampholyt-Charakter bedingt. Hierbei spielt die Imidazol-Gruppe des Histidins aufgrund ihres pK_S-Wertes von 6,1 eine stärkere Rolle als etwa die freien Carboxyl-Gruppen (z.B. in Glutaminsäure, Asparaginsäure) oder Aminogruppen (z.B. in Lysin, Arginin).

Die **Löslichkeit** eines Proteins hängt vor allem ab von seiner Aminosäuren-Zusammensetzung, seiner Molmasse und seiner Molekülstruktur. Sie lässt sich beeinflussen durch Temperatur, organische Lösemittel, pH-Veränderung oder Neutralsalze wie Na_2SO_4.

Proteine lassen sich aufgrund ihrer physikalisch-chemischen Eigenschaften mit mehreren Methoden voneinander trennen. Bei den klassischen Verfahren spielen als Parameter die elektrochemischen Eigenschaften (Elektrophorese/Ionenaustausch-Chromatographie) und die Molekülgröße (Ultrazentrifuge, Gelfiltration) eine entscheidende Rolle. Spezifische Eigenschaften der Bindungsfähigkeit werden ausgenutzt bei den Methoden der Affinitätschromatographie und der immunchemischen Fällung.

30 Lipide

30.1 Überblick über die Lipid-Gruppe

Die Ester langkettiger, meist unverzweigter Carbonsäuren wie Fette, Wachse u.a. werden unter dem Begriff **Lipide** zusammengefasst. Manchmal rechnet man auch die in den nachfolgenden Kapiteln besprochenen Isoprenoide wie Terpene und Steroide hinzu.

Tabelle 46. Wichtige Stoffklassen der Lipide

Verbindungsklasse	schemat. Aufbau bzw. Hydrolyseprodukte	Beispiel
I Nicht hydrolysierbare Lipide		
Kohlenwasserstoffe; Carotinoide	Alkan	β-Carotin
Alkohole; Sterine	Alkanole ab C_{10}	Cholesterol
Säuren	Fettsäuren ab C_{10}	Stearinsäure
II Ester		
Fette	Fettsäure + Glycerol	Tristearoylglycerol
Wachse	Fettsäure + Alkanol	Bienenwachs
Sterinester	Fettsäure + Cholesterol	Cholesterol-Linola
III Phospholipide		
Phosphatidsäure	Fettsäure + Glycerol + Phosphorsäure	–
Phosphatide	Fettsäure + Glycerol + Phosphorsäure + Aminoalkohol	Lecithin
IV Glycolipide		
Cerebroside	Fettsäure + Sphingosin + Zucker	Galactosylsphingosin
Ganglioside	Fettsäure + Sphingosin + Zucker + Neuraminsäure	–

Biochemisch von Bedeutung ist, dass Lipide im Stoffwechsel viele Gemeinsamkeiten aufweisen: Sie werden **aus aktivierter Essigsäure** aufgebaut, enthalten vielfach langkettige Fettsäuren als wesentliche Komponente, werden im Stoffwechsel oft durch einfache Reaktionen ineinander übergeführt und sind häufig wichtige Bestandteile biologischer Membranen, deren Eigenschaften sie bestimmen. Tabelle 46 gibt einen Überblick über wichtige Lipide.

30.2 Fettsäuren und Fette

Fette sind Mischungen aus Glycerolestern („Glyceride") verschiedener Carbonsäuren mit 12 bis 20 C-Atomen (Tabelle 47). Sie dienen im Organismus zur Energieerzeugung, als Depotsubstanzen, zur Wärmeisolation und zur Umhüllung von Organen.

Wie alle Ester können auch Fette mit nucleophilen Reagenzien, z.B. einer NaOH-Lösung, umgesetzt werden (**Verseifung**). Dabei entstehen Glycerol und die Natriumsalze der entsprechenden Säuren (Fettsäuren), die auch als **Seifen** bezeichnet werden. Durch Zugabe von NaCl (Kochsalz) zu den wasserlöslichen Seifen werden diese ausgefällt („aussalzen", Überschreitung des Löslichkeitsprodukts). Sie werden auf diesem Wege großtechnisch hergestellt und als Reinigungsmittel verwendet.

ein Glycerolester
(Triglycerid, Triacylglycerol)

Die saure Verseifung höherer Carbonsäureester (Fette) ist wegen der Nichtbenetzbarkeit von Fetten durch Wasser sehr erschwert, ein Zusatz von Emulgatoren daher erforderlich.

Öle (= flüssige Fette) haben i.a. einen höheren Gehalt an **ungesättigten Carbonsäuren** (alle *cis*-konfigurierte Doppelbindungen) als Fette und daher auch einen niedrigeren Schmelzpunkt. Die *cis*-Konfiguration der Doppelbindung stört eine regelmäßige Packung der Fettsäureketten. Bei der sog. **Fetthärtung** werden diese Doppelbindungen katalytisch hydriert, wodurch der Schmelzpunkt steigt. Wegen der C=C-Doppelbindungen sind Öle oxidationsempfindlich und können ranzig werden (Autoxidation).

Der Begriff Öl wird oft als Sammelbezeichnung für dickflüssige organische Verbindungen verwendet. Es sind daher zu unterscheiden: Fette Öle = flüssige Fette = Glycerolester; Mineralöle = Kohlenwasserstoffe; Ätherische Öle = Terpen-Derivate (s. Kap. 32).

Tabelle 47. Wichtige in Fetten vorkommende Carbonsäuren

Zahl der C-Atome	Name	Formel
gesättigte Fettsäuren		
4	Buttersäure	$CH_3-(CH_2)_2-COOH$
12	Laurinsäure	$CH_3-(CH_2)_{10}-COOH$
14	Myristinsäure	$CH_3-(CH_2)_{12}-COOH$
16	Palmitinsäure	$CH_3-(CH_2)_{14}-COOH$
18	Stearinsäure	$CH_3-(CH_2)_{16}-COOH$
ungesättigte Fettsäuren (Doppelbindungen: *cis*-konfiguriert)		
16	Palmitoleinsäure	$CH_3-(CH_2)_5-CH=CH-(CH_2)_7-COOH$
18	Ölsäure	$CH_3-(CH_2)_7-CH=CH-(CH_2)_7-COOH$
18	Linolsäure	$CH_3-(CH_2)_3-(CH_2-CH=CH)_2-(CH_2)_7-COOH$
18	Linolensäure	$CH_3-(CH_2-CH=CH)_3-(CH_2)_7-COOH$
20	Arachidonsäure	$CH_3-(CH_2)_3-(CH_2-CH=CH)_4-(CH_2)_3-COOH$

Die natürlichen Fettsäuren haben infolge ihrer biochemischen Synthese eine **gerade Anzahl von C-Atomen**, denn sie werden aus **Acetyl-CoA** (C_2-Einheiten) aufgebaut:

$$2\ CH_3-\underset{O}{\overset{\parallel}{C}}-S-CoA \xrightarrow{\ -\ CoASH\ } CH_3-\underset{O}{\overset{\parallel}{C}}-CH_2-\underset{O}{\overset{\parallel}{C}}-S-CoA \longrightarrow \cdots$$

Tabelle 47 enthält wichtige **gesättigte** und **ungesättigte Fettsäuren**. In den meisten natürlich vorkommenden Fettsäuren liegen die **Doppelbindungen isoliert** und in der *cis*-**Form** vor. Mehrfach ungesättigte Fettsäuren können nur teilweise im Säugetierorganismus aufgebaut werden. Insbesondere Linol- und Linolensäure müssen über die pflanzliche Nahrung aufgenommen werden (**„essentielle Fettsäuren"**).

Die Fettsäuren reagieren chemisch wie andere Carbonsäuren an ihren funktionellen Gruppen: Die Carboxylgruppe bildet mit Alkoholen **Ester** (z.B. mit Glycerol in den Phospholipiden) und mit Aminen **Säureamide** (z.B. mit Sphingosin in den Sphingolipiden). Sie lässt sich zunächst zum **Aldehyd** und dann weiter zum **Alkohol** reduzieren. Vorhandene **Doppelbindungen** können hydriert werden (Beispiel: Fetthärtung) oder auch Wasser anlagern (Hydratisierung, vgl. biochem. Fettsäureabbau).

Während die Fettsäuren selbst wegen ihres langen, hydrophoben Kohlenwasserstoff-Restes nicht sehr gut in Wasser löslich sind, sind ihre **Anionen** in Form der Na- und K-Salze relativ gut wasserlöslich und als **Detergentien** wichtige oberflächenaktive Stoffe. Beim Waschvorgang bilden sich allerdings vor allem in hartem Wasser die schwer löslichen Erdalkali-Salze, die ausfallen und auf der Textilfaser haften bleiben („Vergrauung"). Weitere Einzelheiten s. Kap. Tenside.

30.3 Komplexe Lipide

Die Fette als Triester des Glycerols („**Triacylglycerole**") sind im vorstehenden Kapitel ausführlich besprochen worden. Sie sind, ebenso wie die Wachse, neutrale Verbindungen („**Neutralfette**"); ihre langkettigen Kohlenwasserstoff-Reste sind unpolar. Die nachfolgend zu erörternden **Phospho- und Glycolipide** enthalten sowohl lipophile als auch hydrophile Gruppen. Sie sind **amphiphil** und bilden in wässrigen Medien geordnete Strukturen (**Micellen** und **Lamellen**). Bei den Phospholipiden enthält der hydrophile Teil des Moleküls gleichzeitig eine positive und eine negative Ladung.

30.3.1 Phospholipide

Neben den Acylglycerolen sind als zweite wichtige Gruppe der Lipide die **Phosphoglyceride** oder **Glycerolphosphatide** zu nennen. Vielfach werden sie auch **Phospholipide** oder Phosphatide genannt, weil sie **Phosphat (Phosphorsäure) als Baustein** enthalten, wodurch sie sich von den Glycolipiden unterscheiden. Sie sind charakteristische Komponenten der zellulären Membranen.

In einer älteren Einteilung werden phosphathaltige Lipide, die statt Glycerol als Alkoholkomponente **Sphingosin** enthalten, als eigene Gruppe, die **Sphingolipide,** geführt. In diesem Fall dient die Bezeichnung Phospholipide als Oberbegriff für zwei Gruppen, nämlich die Sphingolipide und die Glycerolphosphatide.

Sphingosin

Phospholipide sind Phosphorsäurediester. Die Phosphorsäure ist zum einen mit dem dreiwertigen Alkohol Glycerol bzw. dem zweiwertigen Aminoalkohol Sphingosin verestert. Dabei liegt die Glycerol Komponente als Diacylglycerol vor. Die langkettigen Kohlenwasserstoff-Reste der darin enthaltenen Fettsäuren bilden den unpolaren Teil des Moleküls. Die Phosphorsäure ist zum anderen mit Alkoholen wie z.B. Cholin und Ethanolamin (ferner Serin, Inosit oder auch Glycerol) verestert. Cholin (s.a. Kap. 14.1.5) und Ethanolamin enthalten zusätzlich ein basisches Stickstoffatom, das positiv geladen ist und zusammen mit der negativ geladenen Phosphat-Gruppe den polaren Teil des Zwitterions bildet.

Wichtige Phosphatide sind **Lecithin** und **Kephalin**. Sie liegen als Zwitterionen vor und sind am Aufbau von Zellmembranen, vor allem der Nervenzellen, beteiligt.

α-Lecithin   β-Kephalin

30.3.2 Glycolipide

Als dritte wichtige Gruppe der Lipide neben den Acylglycerolen und den Phospholipiden sind die **Glycolipide** zu nennen. Dabei handelt es sich um Verbindungen, die einen Lipid- und einen Kohlenhydratanteil enthalten, jedoch **kein Phosphat**. Glycerolglycolipide enthalten Glycerol als Grundkörper, der am C-1- und C-2-Atom jeweils mit Fettsäure verestert ist und am C-3-Atom in glycosidischer Bindung ein Mono- oder Oligosaccharid enthält (hydrophiler Teil des Moleküls).

Von größerer Bedeutung sind die Glycolipide mit Sphingosin als Grundkörper, die **Glycosphingolipide**. Die Cerebroside sind die einfachsten Vertreter dieser Gruppe. Sie enthalten ein Monosaccharid, im Gehirn meist Galactose, in Leber oder Milz meist Glucose. Der Zucker-Rest kann seinerseits verestert sein (z.B. mit Schwefelsäure in den Sulfatiden) oder weitere glycosidische Bindungen enthalten. Komplexere Glycolipide wie die Ganglioside enthalten bis zu 7 Zuckerreste.

Cerebrosid

30.3.3 Biochemische Bedeutung komplexer Lipide

Da Lipide i.a. zwei lange, hydrophobe Kohlenwasserstoff-Reste enthalten sowie eine polare Kopfgruppe, bilden sie in wässriger Lösung leicht **Micellen** (Abb. 74). Bei den Phosphatiden ist der Phosphatteil in Wasser gelöst, während die Fettsäurereste sich innerhalb der Micelle zusammendrängen. Phospholipide können sich ferner noch unter Ausbildung einer monomolekularen Schicht zusammenlagern, die **Lipid-Doppelschicht** genannt wird (Abb. 74c). Diese Doppelschicht, die in biologischen Membranen nur etwa 10 nm = 10^{-6} cm dick ist, bildet eine sehr wirksame Permeabilitätsbarriere: geladene Teilchen können praktisch nicht in das hydrophobe Innere der Membran eindringen. Dadurch kann sich ein gewisses Ladungsgefälle aufbauen. Die meist biologischen Membranen stehen daher unter einer elektrischen Spannung, die bei den Nervenzellen im Ruhezustand ca. 70 mV beträgt.

Die biologische Membran ist nach neueren Erkenntnissen keine reine Lipidmembran, sondern enthält in der Membran und an deren Oberfläche verschiedene Proteine. Der Proteingehalt beträgt 20-80 Massenanteile. Lipid-Doppelschichten sind in ständiger Bewegung und lassen sich am besten als „flüssig-kristallin" charakterisieren.

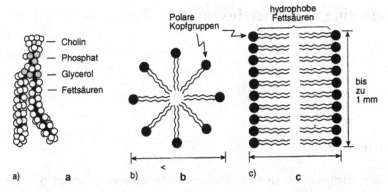

Abb.74. a Kalottenmodell eines Phospholipidmoleküls. Die ungesättigte Fettsäure ist mit einem deutlichen Knick dargestellt. **b** Eine Micelle aus Phospholipid-Molekülen. **c** Eine Lipid-Doppelschicht aus Phospholipid-Molekülen

30.4 Wachse

Neben den Fetten und Phospholipiden gibt es eine weitere wichtige Art von Naturstoff-Lipiden, die **Wachse**. Wir kennen tierische Wachse, pflanzliche Wachse und eine große Anzahl synthetisch zugänglicher Wachsprodukte für technische und medizinisch-pharmazeutische Zwecke. Wachse sind Monoester langkettiger unverzweigter Carbonsäuren mit langkettigen unverzweigten Alkoholen (C_{16} bis C_{36}). Der Unterschied zu den Fetten besteht darin, dass an die Stelle der alkoholischen Esterkomponente Glycerol höhere primäre Alkohole treten wie Myricylalkohol (Gemisch von $C_{30}H_{61}$–OH und $C_{32}H_{65}$–OH) im Bienenwachs, Cetylalkohol ($C_{16}H_{33}$–OH) im Walrat und Cerylalkohol ($C_{26}H_{53}$–OH) im chinesischen Bienenwachs. Das Carnauba-Wachs besteht hauptsächlich aus Myricylcerotinat $C_{25}H_{51}COOC_{30}H_{61}$.

ein Wachs

31 Nucleotide und Nucleinsäuren

31.1 Nucleotide

Nucleotide wurden erstmals als **Bausteine der Nucleinsäuren** gefunden. Sie sind in charakteristischer Weise aufgebaut und haben inzwischen einer ganzen Substanzklasse gleichermaßen aufgebauter Verbindungen ihren Namen gegeben.

Nucleotide **enthalten drei typische Bestandteile, nämlich eine** organische **Base, ein** Monosaccharid **und** Phosphorsäure.

Als organische Basen fungieren meist N-haltige Heterocyclen mit einem aromatischen Ringsystem. Als Zucker findet man in der Regel **D-Ribose** oder **D-Desoxyribose**. Zur Unterscheidung der Ringziffern in der Base beziffert man die C-Atome dieser Zucker mit 1' bis 5'. Die Moleküleinheit aus **Base und Zucker** bezeichnet man als **Nucleosid**. Durch Esterbildung einer OH-Gruppe des Zuckers **mit Phosphorsäure** entsteht aus dem Nucleosid ein **Nucleotid**. Nucleotide sind demzufolge **Nucleosidphosphate**.

Einteilung der Nucleotide

Je nach der Zahl der Phosphatreste werden **Mono-, Di-** oder **Triphosphate** unterschieden, wobei die Phosphatreste miteinander durch energiereiche Phosphorsäureanhydridbindungen (!) verbunden sind. **Beispiele:** Die Coenzyme AMP, ADP, ATP (s.u.) sowie NAD und NADP (s. Kap. 27.2). Findet die zweite Veresterung im Nucleotid mit demselben, im Molekül bereits enthaltenen Zucker statt, bilden sich **cyclische Nucleotide**, wie z.B. 3',5'-cyclo-AMP (s.u.).

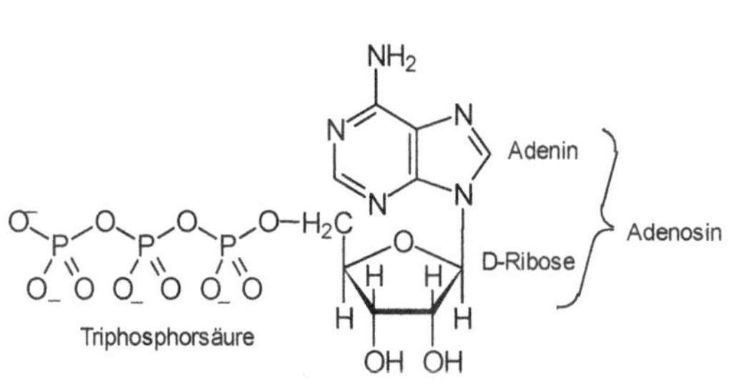

Adenosintriphosphat (ATP)

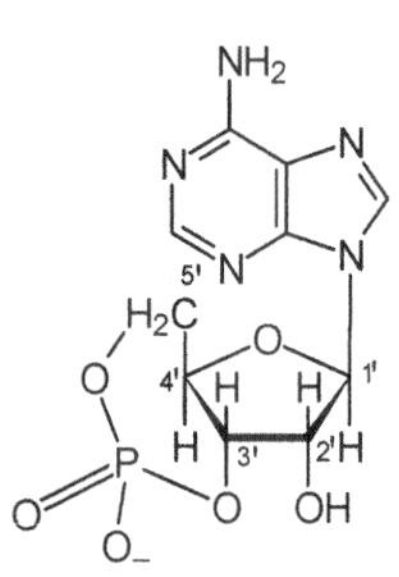

cyclo-AMP
Adenosin-3',5'-monophosphat

Wird die Esterbindung mit der OH-Gruppe des Zuckers eines zweiten Nucleotids durchgeführt, erhält man ein **Dinucleotid** mit einer Phosphorsäurediesterbindung. Bei weiterer Wiederholung des Vorgangs entsteht durch diese Polykondensationsreaktion ein **Polyester (Polynucleotid). Beispiele:** DNA, RNA (s.u.).

31.1.1 Energiespeicherung mit Phosphorsäureverbindungen

Phosphorsäure-ester und -anhydride spielen bei der Übertragung und Speicherung von Energie in der Zelle eine bedeutende Rolle. Bindungen, die zur Energiespeicherung benutzt werden, sind mit ~ gekennzeichnet:

$$
\text{HO}-\overset{\overset{\displaystyle O}{\|}}{\underset{\underset{\displaystyle OH}{|}}{P}}\sim\text{O}-\overset{\overset{\displaystyle O}{\|}}{\underset{\underset{\displaystyle OH}{|}}{P}}-\text{OR}
\qquad
\text{HO}-\overset{\overset{\displaystyle O}{\|}}{\underset{\underset{\displaystyle OH}{|}}{P}}\sim\text{O}-\overset{\displaystyle R}{\underset{\displaystyle O}{C}}
\qquad
\text{HO}-\overset{\overset{\displaystyle O}{\|}}{\underset{\underset{\displaystyle OH}{|}}{P}}\sim\text{O}-\overset{\displaystyle R}{\underset{\displaystyle CH-R}{C}}
\qquad
\text{R}-\overset{\overset{\displaystyle O}{\|}}{C}\sim\text{SR}
$$

Pyrophosphat	gemischtes Anhydrid	Enolphosphat	Thioester
			$\Delta G = -34{.}2$ kJ/mol

Neben Thioestern (s. Coenzym A, Kap. 27.2) spielen vor allem die Pyrophosphate eine wichtige Rolle. Einen herausragenden Platz nimmt dabei **Adenosintriphosphat, ATP,** ein (s.o.), da es über zwei energiereiche Pyrophosphat-Bindungen verfügt, die gespalten werden können. Adenin, eine heterocyclische Base mit einem Purin-Gerüst, ist hierbei mit D-Ribose, einem Kohlenhydrat, zu dem Nucleosid Adenosin verknüpft. Dieses kann mit **Mono-, Di-** oder **Triphosphorsäure** verestert sein. Dementsprechend erhält man die Nucleotide **AMP, ADP** oder **ATP.**

Bei der Hydrolyse der aufgeführten Strukturen und anderer ähnlicher Verbindungen wird im Vergleich zu normalen Estern mehr Energie freigesetzt. Sie werden daher oft als energiereich (= reaktionsfähig) bezeichnet. Dies gilt besonders für die Spaltung der Pyrophosphat-Bindung. Tabelle 48 bringt zum Vergleich einige Werte für die Freie Enthalpie unter Standardbedingungen.

Tabelle 48. ΔG^0-Werte der Hydrolyse von Verbindungen der Phosphorsäure

Verbindung	Reaktion	ΔG^0 [kJ]
Glucose-6-phosphat	Glc-6-Ⓟ ⟶ Glc + Ⓟ	–13,4
Glucose-1-phosphat	Glc-1-Ⓟ ⟶ Glc + Ⓟ	–20,9
Pyrophosphat	Ⓟ – Ⓟ ⟶ Ⓟ + Ⓟ	–28
ATP	ATP ⟶ ADP + Ⓟ	–31,8
ATP	ATP ⟶ AMP + Ⓟ – Ⓟ	–36
1,3-Diphospho-glycerinsäure	⟶ 3-Phosphoglycerin-säure + Ⓟ	–56,9

Ⓟ $\equiv HPO_4^{2-}$, Ⓟ – Ⓟ $\equiv P_2O_7^{4-}$)

1,3-Diphosphoglycerinsäure besitzt zwar zwei Phosphatgruppen, jedoch wird nur die sehr energiereiche Anhydrid-Bindung bei der Hydrolyse gespalten:

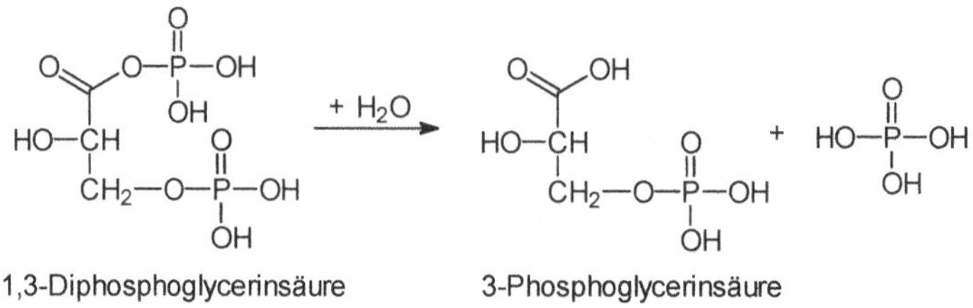

1,3-Diphosphoglycerinsäure   3-Phosphoglycerinsäure

Die unter physiologischen Bedingungen zur Verfügung stehende Energie hängt von der Konzentration der Reaktionspartner, dem pH-Wert und anderen Einflüssen ab. Sie lässt sich mit der vereinfachten Gleichung

$$\Delta G = \Delta G^0 + R \cdot T \cdot \ln \frac{c(ADP^{2-})c(HPO_4^{2-})}{c(ATP^{4-})} \text{ für ATP } \rightarrow \text{ ADP} + \textcircled{P} \text{ abschätzen}$$

mit:

$R = 8{,}3 \text{ J} \cdot \text{K}^{-1} \cdot \text{mol}^{-1}$, $T = 37°C = 310 \text{ K}$, $c(HPO_4^{2-}) \approx 10^{-2} \text{ M}$, $\Delta G^0 = -31{,}8 \text{ kJ}$, pH = 7.

Bei gleichen Konzentrationen an ADP und ATP (etwa 10^{-3} M) beträgt

$$\Delta G = -31\,800 + 8{,}3 \cdot 310 \cdot \ln 10^{-2} = -43{,}65 \text{ kJ} \cdot \text{mol}^{-1}.$$

Bei einem Verhältnis von 1 : 1000 (ADP : ATP), wie es z.B. im Muskel vorliegt, steigt ΔG an:

$$\Delta G = -31\,800 + 8{,}3 \cdot 310 \cdot \ln \frac{10^{-2}}{10^{3}} = -61{,}42 \text{ kJ} \cdot \text{mol}^{-1}.$$

Die Bildung von ATP entsprechend der Reaktion ADP + $\textcircled{P}$ $\longrightarrow$ ATP in einer Zelle wird meist mit einer anderen biochemischen Reaktion gekoppelt, bei der eine höhere Reaktionsenergie frei wird als diejenige, die zur ATP-Synthese erforderlich ist.

Beispiel:

Bei der Verbrennung von 1 mol Glucose werden 2870 kJ frei. Dabei können im Organismus pro Mol Glucose 38 mol ATP gebildet werden. Die Verbrennungsenergie wird zu $\frac{38 \cdot 31{,}8}{2870} \cdot 100 = 42\%$ als ATP gespeichert und der Rest als Wärme abgegeben.

31.1.2 Nucleotide in Nucleinsäuren

In den Nucleinsäuren liegen die Nucleotide als **Nucleosidmonophosphate** vor. An Zuckern treten auf: D-Ribose in RNA und D-Desoxyribose in DNA.

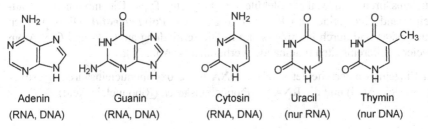

β-D-Ribose   β-D-Desoxyribose

Die Zucker sind *N*-glycosidisch mit einer heterocyclischen Base verknüpft, mit Purin bzw. Pyrimidin als heterocyclischem Grundkörper (s. Kap. 22.3). Die Nucleobase Thymin kommt nur in der DNA vor, die verwandte Base Uracil nur in der RNA.

Purin-Basen: **Pyrimidin-Basen:**

Adenin	Guanin	Cytosin	Uracil	Thymin
(RNA, DNA)	(RNA, DNA)	(RNA, DNA)	(nur RNA)	(nur DNA)

Die Namen der Nucleoside bzw. Nucleotide sind von diesen Basen abgeleitet. Sie enden bei den Purinderivaten auf -osin, bei den Pyrimidinderivaten auf –idin. Die Nucleoside werden meist nur mit ihrem ersten Anfangsbuchstaben abgekürzt G = Guanosin, C = Cytidin etc. Die Desoxyribonucleoside werden durch Vorsetzen von „d" gekennzeichnet, z.B. dT = Thymidin.

Nucleoside: **Nucleotide:**

Adenosin (A)   Thymidin (dT)   Desoxy-cytidin-5'-monophosphat
(d CMP)

In Tabelle 49 sind die Bezeichnungen wichtiger Nucleoside zusammengefasst.

Tabelle 49. Nomenklatur der Nucleoside mit Trivialname und Abkürzung

Base		Ribonucleosid		Desoxyribo-nucleosid		Ribonucleotide
Trivialname		Trivialname		Trivialname		5'-Phosphate*
Adenin	Ade	Adenosin	A	Desoxyadenosin	dA	AMP, ADP, ATP
Guanin	Gua	Guanosin	G	Desoxyguanosin	dG	GMP, GDP, GTP
Thymin	Thy			Thymidin	dT	dTMP, dTDP, dTTP
Cytosin	Cyt	Cytidin	C	Desoxycytidin	dC	CMP, CDP, CTP
Uracil	Ura	Uridin	U			UMP, UDP, UTP

*Die 3'-Phosphate werden zur Unterscheidung von 5'-Phosphaten beziffert:
3'-ADP = Adenosin-3'- diphosphat; 3'-dAMP = Desoxyadenosin-3'-monophosphat

31.2 Nucleinsäuren

Nucleinsäuren sind Makromoleküle des Polyester-Typs. Die monomeren Bausteine sind Nucleotide, das Polymer folglich ein **Polynucleotid**. Die einzelnen Nucleoside sind durch Phosphorsäure in Diesterbindung am C-3'- und C-5'-Atom zweier Zuckereinheiten miteinander verbunden (s. Abb. 75).

Im Einzelnen unterscheidet man die **DNA** = Desoxyribonucleinsäuren (Desoxyribonucleic Acid) und die **RNA** = Ribonucleinsäuren (Ribonucleic Acid).

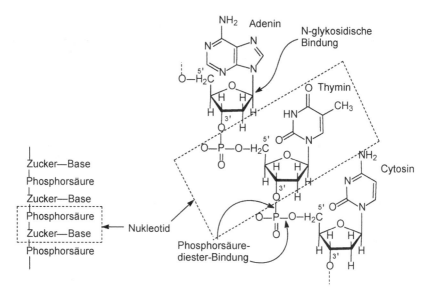

Abb. 75. Ausschnitt aus einem DNA-Molekül (Polynucleotid-Kette) mit Aufbauschema. Kurzschreibweise des Ausschnitts: d(pAp Tp Cp) oder pdA-dT-dC-

Die Nucleinsäuren sind Bestandteil aller lebenden Zellen, in denen sie als Nucleo-proteine vorkommen (s. Tabelle 45). Die Polynucleotide selbst haben Molmassen von einigen Tausend bis zu mehreren Millionen. Sie steuern die Synthese von Proteinen. Die dazu nötigen Informationen sind in den Nucleinsäuren als Code gespeichert und werden bei Bedarf abgerufen. Sie werden aber auch bei der Vermehrung an die Nachkommen weitergegeben, denn die Nucleinsäuren sind die „Datenträger" für die Vererbung. Abb. 76 fasst wichtige Wechselbeziehungen zwischen den Nucleinsäuren und Proteinen zusammen.

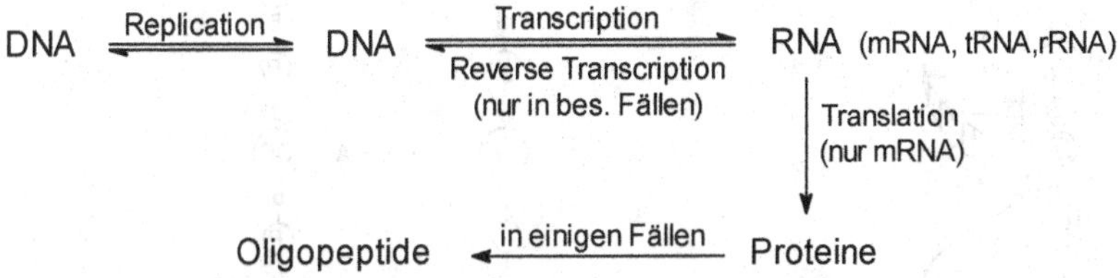

Abb. 76. Der Fluss der biologischen Information und einige wichtige Wechselbeziehungen zwischen Nucleinsäuren und Proteinen. Replication = Reduplication (der DNA), Trans-cription = Umschreiben der Nucleotidsequenz der DNA in eine entsprechende Sequenz der RNA. Translation = Übersetzung der Sequenz von Nucleotid-Tripletts der mRNA in die entsprechende Aminosäuresequenz eines Proteins oder Polypeptids (nach *Dose*, Springer-Verlag)

31.2.1 Aufbau der DNA

Die DNA ist aufgebaut aus dem Zucker D-Desoxyribose und den Basen Adenin, Guanin, Cytosin und Thymin. Abb. 75 zeigt als Primärstruktur einen Ausschnitt aus einem DNA-Molekül und das entsprechende Aufbauschema.

Aufgrund von Röntgenstrukturanalysen wird für die **Sekundärstruktur** eine **Doppelhelix** vorgeschlagen (Abb. 77), wobei die Verbindung der beiden rechtsgängigen Polynucleotidstränge durch **H-Brückenbindungen** der Basenpaare A–T und C–G erfolgt. Die Folge davon ist, dass die an sich aperiodische Basensequenz einer Kette die Sequenz der anderen Kette festlegt.

Basenpaare:

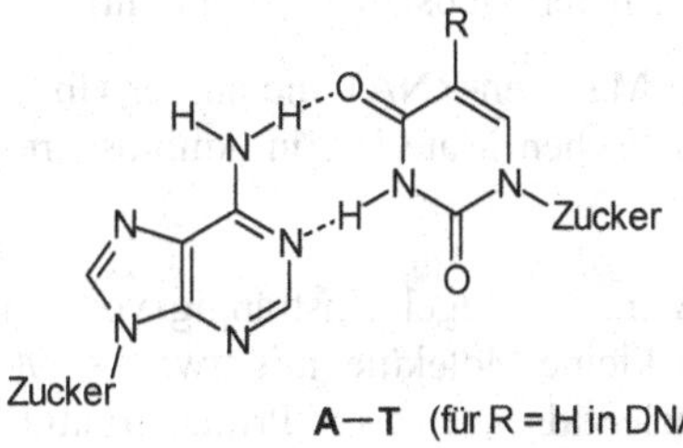

A–T (für R = H in DNA)
A–U (für R = CH$_3$ in RNA)   G–C

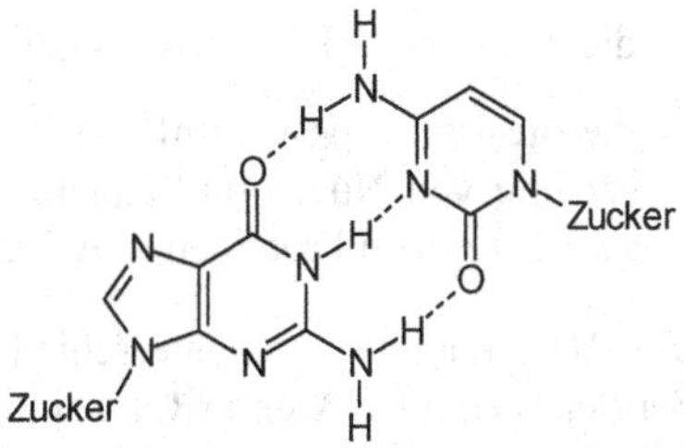

Die **Basenpaare** liegen im Innern des Doppelstranges, die Zucker-Phosphat-Ketten bilden die äußeren Spiralen. Die Stränge sind antiparallel, d.h. die Phosphorsäurediesterbindungen verlaufen einmal in Richtung 5' → 3' und bei der zweiten Kette in Richtung 3' → 5' (Abb. 78).

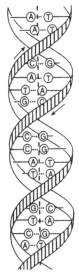

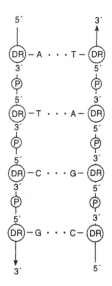

Abb. 77. Helix-Struktur doppelsträngiger DNA (Doppelhelix)

Abb. 78. Anordnung komplementärer DNA-Stränge in Gegenrichtung DR = Desoxyribose

31.2.2 Aufbau der RNA

Die RNA ist ähnlich aufgebaut wie die DNA. Sie enthält als Zucker die D-Ribose, als Base Adenin, Guanin, Cytosin und Uracil. Je nach Struktur und Funktion unterscheidet man folgende wichtige Klassen von RNA (s. Tabelle 50)

– die **Transfer-RNA** (tRNA), die an der Synthese der Peptidbindungen beteiligt ist,

– die **ribosomale RNA** (rRNA), die als Baustein der Ribosomen vorkommt,

– die **messenger RNA** (mRNA, Boten-RNA, Matrizen-RNA), die an der Übersetzung von Nucleotid-Sequenzen des genetischen Materials in Aminosäuresequenzen von Proteinen mitwirkt.

Die RNA kommen im Unterschied zur DNA in der Regel einsträngig vor. Im Vergleich zu mRNA und rRNA sind die tRNA kleine Moleküle, mit etwa 75 - 90 Nucleotiden. Bei einigen tRNA ist die Nucleotidsequenz (= Primärstruktur) aufgeklärt worden.

Tabelle 50. Klassifizierung der RNA (aus Escherichia coli)

Bezeichnung	Molmasse	Nucleotid-reste	Struktur	Sedimentations-konstante
tRNA	23.000 – 30.000	75 – 90	Kleeblatt	4 S
mRNA	25.000 – 1.000.000	75 – 3.000	Einzelstrang	6 S – 25 S
rRNA	35.000	100	Einzelstrang	5 S
	550.000	1.500		16 S
	1.100.000	3.100		23 S

Aufgrund der **Primärstruktur** hat man Strukturmodelle vorgeschlagen, die vor allem dem Vorkommen komplementärer Sequenzen in verschiedenen Teilbereichen der tRNA Rechnung tragen (= **Sekundärstruktur**). Die kleeblattförmige Darstellung in Abb. 79 lässt die intramolekularen Basenpaarungen gut erkennen. Die komplementären Bereiche erlauben bei geeigneter Faltung der Kette die intramolekulare Ausbildung von Wasserstoffbrücken wie bei der DNA-Doppelhelix und damit den Aufbau einer räumlichen Struktur des „**Kleeblatts**" (= **Tertiärstruktur**). Röntgenstrukturanalysen haben gezeigt, dass die Raumstruktur der tRNA hakenförmig (L-förmig) aufgebaut ist (Abb. 80). Vor allem die tRNA enthält eine Vielzahl **ungewöhnlicher Nucleotide** (DHU = Dihydrouridin; ψ = Pseudouridin; DiMe-G = Dimethylguanosin; Py = Pyrimidinnucleosid; Pu(Me) = (Methyl)purinnucleosid).

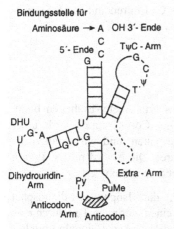

Abb. 79. Schematische Darstellung einer tRNA als sog. Kleeblattstruktur (aus der Kenntnis der Primärstruktur abgeleitete Struktur)

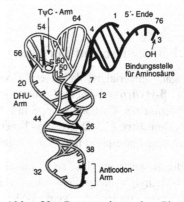

Abb. 80. Raumstruktur der Phenylalanin-tRNA (aufgrund röntgenographischer Daten ermittelt)

32 Terpene und Carotinoide

Terpene kommen vor allem in **Harzen** und **ätherischen Ölen** vor. Sie werden in der **Riechstoffindustrie** zur Herstellung von Parfümen und zur Parfümierung von Waschmitteln und Kosmetika verwendet.

Ätherische Öle sind teilweise wasserlösliche, ölige Produkte, die im Gegensatz zu den fetten Ölen (= flüssige Fette, s. Kap. 30.2) ohne Fettfleck vollständig verdunsten. Ihre Gewinnung erfolgt durch Wasserdampfdestillation, Extraktion (mit Petrolether) oder Auspressen von Pflanzenteilen. Chemisch handelt es sich meist um Verbindungen, die aus **Isopren-Einheiten** (C_5H_8) aufgebaut sind.

Allgemeine Summenformel: $(C_5H_8)_n$.

Aufbauprinzip (Kopf-Schwanz-Verknüpfung):

$$\text{Isopren } (C_5H_8) \quad \equiv \quad \text{Kopf} + \text{Schwanz} \quad \longrightarrow \quad \text{Ocimen } (C_{10}H_{16})$$

Einteilung der Terpene: Monoterpene (C_{10} = 2 x C_5-Isopreneinheiten), **Sesqui**terpene (C_{15}), **Di**terpene (C_{20}), **Tri**terpene (C_{30}), **Tetra**terpene (C_{40}).

32.1 Biogenese von Terpenen

Ausgangsmaterial ist das Acetyl-Coenzym A. Aus *drei* Acetat-Einheiten bildet sich **β-Hydroxy-β-methyl-glutarsäure-CoA.** Die CoA-Gruppe wird unter Reduktion der Carboxylgruppe mit NADPH abgespalten, und wir erhalten die **Mevalonsäure** (3,5-Dihydroxy-3-methylpentansäure). Diese wird mit ATP zum Diphosphat phosphoryliert, danach dehydratisiert und decarboxyliert.

Dadurch entsteht das sog. „**aktive Isopren**", das Isopentenyl-diphosphat (= 3-Methyl-3-butenyldiphosphat). Dieses wird zu einem geringen Teil durch eine Isomerase isomerisiert zum 3-Methyl-2-butenyl-diphosphat (Dimethyl-allyldiphosphat). Dimerisierung ergibt als erstes Produkt **Geranyl-diphosphat**, Ausgangsmaterial für verschiedene Monoterpene (Kopf-Schwanz-Verknüpfung).

Reaktionsablauf:

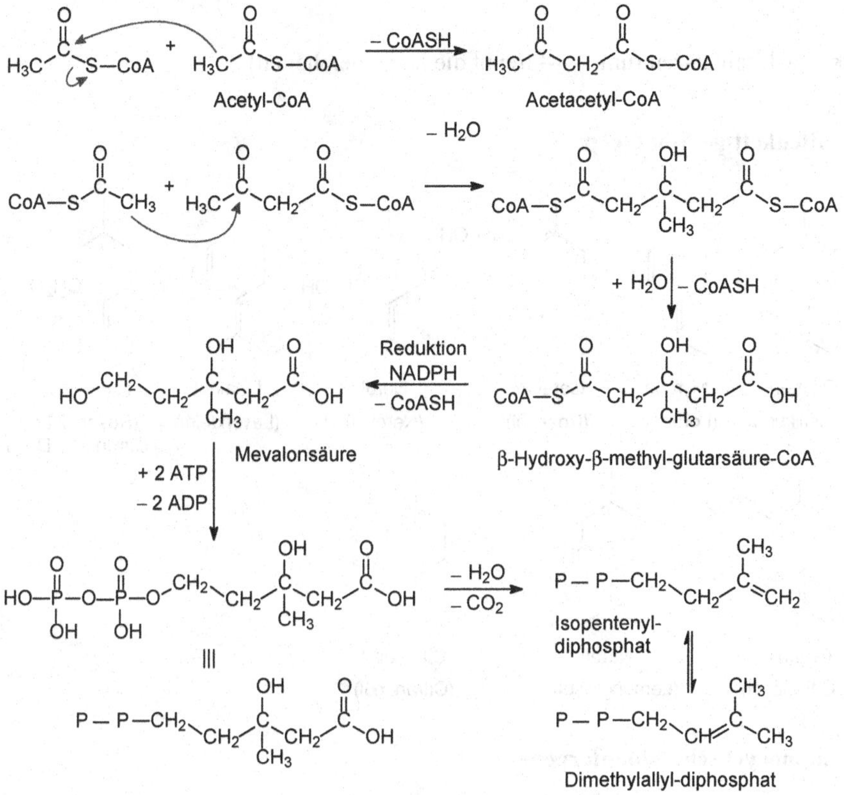

H₃C—C(=O)—S—CoA + H₃C—C(=O)—S—CoA →[− CoASH] H₃C—C(=O)—CH₂—C(=O)—S—CoA

Acetyl-CoA · Acetacetyl-CoA

− H₂O

CoA—S—C(=O)—CH₃ + H₃C—C(=O)—CH₂—C(=O)—S—CoA → CoA—S—C(=O)—CH₂—C(OH)(CH₃)—CH₂—C(=O)—S—CoA

+ H₂O | − CoASH

HO—CH₂—CH₂—C(OH)(CH₃)—CH₂—C(=O)—OH ←[Reduktion NADPH / − CoASH] CoA—S—C(=O)—CH₂—C(OH)(CH₃)—CH₂—C(=O)—OH

Mevalonsäure · β-Hydroxy-β-methyl-glutarsäure-CoA

+ 2 ATP
− 2 ADP

HO—P(=O)(OH)—O—P(=O)(OH)—O—CH₂—CH₂—C(OH)(CH₃)—CH₂—C(=O)—OH →[− H₂O / − CO₂] P—P—CH₂—CH₂—C(CH₃)=CH₂

III · Isopentenyldiphosphat

P—P—CH₂—CH₂—C(OH)(CH₃)—CH₂—C(=O)—OH · · · · · · · P—P—CH₂—CH=C(CH₃)—CH₃

Dimethylallyl-diphosphat

Die Dimerisierung beginnt durch elektrophilen Angriff von Isopentenyldiphosphat an seinem Isomer.

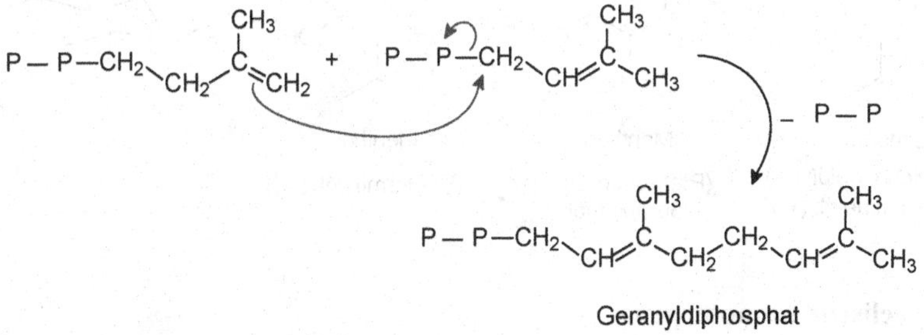

P—P—CH₂—CH₂—C(CH₃)=CH₂ + P—P—CH₂—CH=C(CH₃)—CH₃ →[− P—P]

P—P—CH₂—CH=C(CH₃)—CH₂—CH₂—CH=C(CH₃)—CH₃

Geranyldiphosphat

Durch Fortführung der Reaktion erhält man Sesquiterpene, Diterpene und schließlich **Polyisopren** (Kautschuk).

Die Dimerisierung kann auch durch Kopf-Kopf-Addition zweier C_{15}-Einheiten fortgesetzt werden (Bsp. Squalen). Bedenkt man, dass die langkettigen Moleküle meist als gefaltete Kette vorliegen, wird verständlich, dass durch intramolekulare Cyclisierungen bicyclische Terpene entstehen können (s.a. Kap. 6.5).

32.2 Beispiele für Terpene

(* = Chiralitätszentrum, ----- trennt die Isopreneinheiten)

1. offenkettige Monoterpene

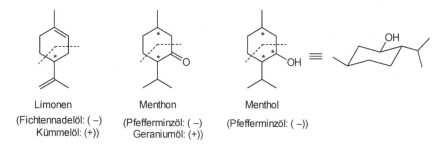

Ocimen	Myrcen	Geraniol	Nerol	Linalool	Citronellol
(Basilikum)	(Lorbeer)	(Rosenöl)	(Neroliol)	(Lavendelöl)	(Rosenöl: L(-) Citronenöl: D(+))

Geranial	Neral	Citronellal
(Citronenöl)	(Lemongrasöl)	(Citronenöl)

2. monocyclische Monoterpene

Limonen	Menthon	Menthol
(Fichtennadelöl: (–) Kümmelöl: (+))	(Pfefferminzöl: (–) Geraniumöl: (+))	(Pfefferminzöl: (–))

3. bicyclische Monoterpene

α-Pinen	β-Pinen		Campher
(Terpentinöl)			(Campherbaum)

4. Sesquiterpene

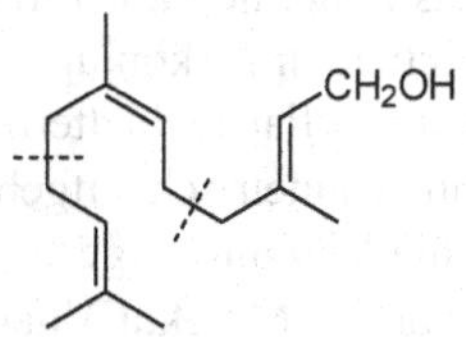

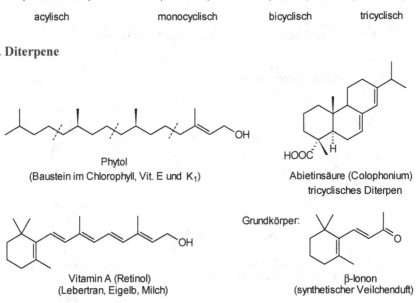

Farnesol (Kamillenblüten)	Bisabolen (Citronenöl)	β-Selinen (Selleriöl)	α-Santalen (Sandelholz)
acylisch	monocyclisch	bicyclisch	tricyclisch

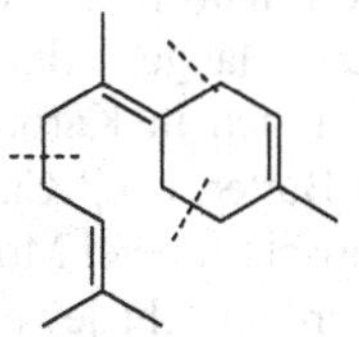

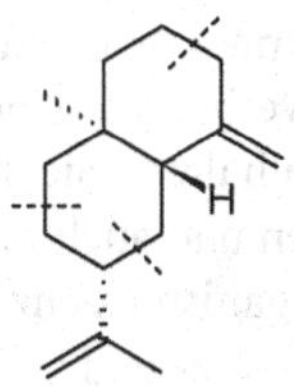

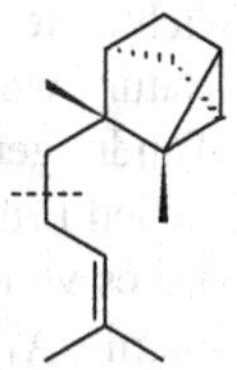

5. Diterpene

Phytol
(Baustein im Chlorophyll, Vit. E und K_1)

HOOC

Abietinsäure (Colophonium)
tricyclisches Diterpen

Vitamin A (Retinol)
(Lebertran, Eigelb, Milch)

Grundkörper:

β-Ionon
(synthetischer Veilchenduft)

6. Triterpene

Squalen (aus Haifischleber) ist ein Zwischenstoff bei der Biosynthese der Steroide (s. nächstes Kap.):

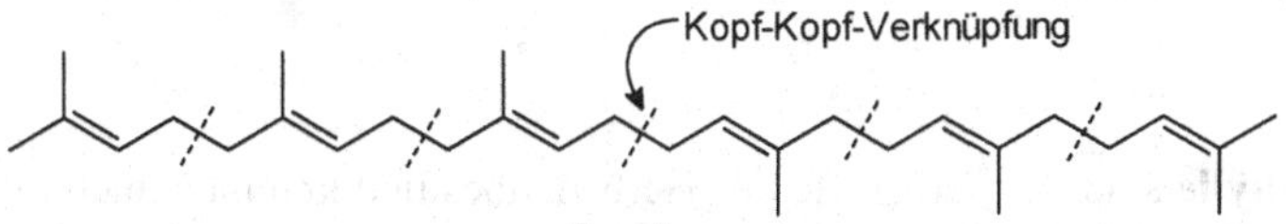

Kopf-Kopf-Verknüpfung

Squalen

Zu den **Sapogeninen**, die oft als Glycoside (Saponine) in Pflanzen auftreten, zählen nicht nur verschiedene pentacyclische Triterpene, sondern auch verschiedene Spirostan-Derivate vom Typ des Diosgenins (Steroidsapogenine). Nicht dazu gehören die Steroidglycoside vom Typ Strophantin oder Digitoxin (s. Kap. 33.2.5 und 33.2.6).

7. Tetraterpene

Die wichtigsten Tetraterpene sind die **Carotinoide**, die als lipophile Farbstoffe in der Natur weit verbreitet sind und lange Alken-Ketten mit konjugierten C=C-Bindungen enthalten. Sie finden sich in Karotten und Pflanzenblättern, in zahlreichen Früchten und auch in der Butter. Da β-Carotin symmetrisch aufgebaut ist, wird es vom Organismus enzymatisch in zwei Moleküle Vitamin A_1 gespalten (Provitamin A_1). Aus α- und γ-Carotin entsteht jeweils nur ein Molekül Vitamin A_1 (s. Markierung).

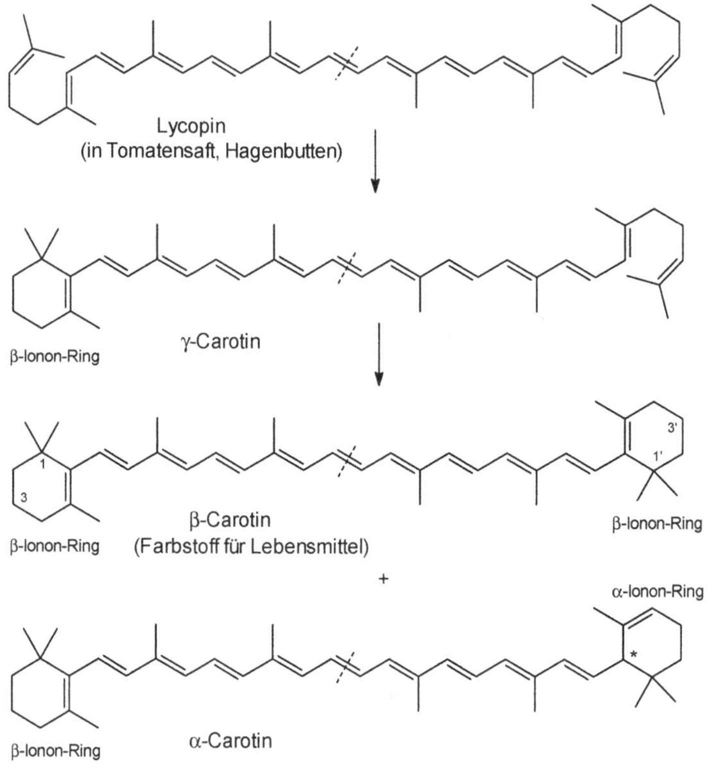

Lycopin
(in Tomatensaft, Hagenbutten)

γ-Carotin

β-Ionon-Ring

β-Carotin
(Farbstoff für Lebensmittel)

β-Ionon-Ring   β-Ionon-Ring

+

α-Ionon-Ring

α-Carotin

β-Ionon-Ring

Xanthophylle sind die Farbstoffe des Herbstlaubes und kommen auch in Eidotter und Mais vor. Dazu gehören Lutein (3,3'-Dihydroxy-α-carotin) und Zeaxanthin (3,3'-Dihydroxy-β-carotin).

33 Steroide

Zu den biologisch wichtigen Steroiden gehören die Sterine (**Sterole**), die **Gallensäuren**, **Sexualhormone**, sowie die **Corticoide**. Zu den **herzaktiven Steroiden** gehören die **Cardenolide** und **Bufadienolide**. In Nachtschattengewächsen findet man **Steroid-Alkaloide**, und auch **Vitamine** (D_2) leiten sich von den Steroiden ab.

Steroide sind Verbindungen mit dem Grundgerüst des Sterans:

Steran-Grundgerüst
(5α-Gonan)

Prinzipiell können alle Ringe miteinander *cis*- oder *trans*-verknüpft sein, man findet jedoch nur bestimmte Konfigurationen. **Ring A und B können sowohl *cis*- als auch *trans*-verknüpft sein.** Der Substituent an C-10 steht dabei definitionsgemäß nach oben (β). Demzufolge gibt es eine 5α- (Subst. nach unten) und eine 5β-Form (nach oben). **Ring B und C sind immer *trans*-verknüpft, Ring C und D in der Regel auch**: Ausnahme: die Cardenolide und Bufadienolide.

33.1 Biosynthese der Steroide

Die Steroide lassen sich von den Terpenen ableiten, wie man anhand der gewinkelten Schreibweise von **Squalen** erkennen kann (s.a. Kap. 6.5). Über eine Reihe von enzymatischen Reaktionen wird daraus schließlich Cholesterol erhalten. Der erste Schritt beginnt mit der Bildung eines Epoxids am Squalen. In Gegenwart von Säure bildet dieses, nach Protonierung am Epoxidsauerstoff, ein gut stabilisiertes Carbeniumion, das mit der benachbarten Doppelbindung reagiert. Unter Cyclisierung entsteht wiederum ein *tert*. Carbeniumion, welches erneut von einer benachbarten Doppelbindung angegriffen wird, usw. Anschließend finden noch einige Wagner-Meerwein-Umlagerungen statt, unter Bildung des Lanosterins.

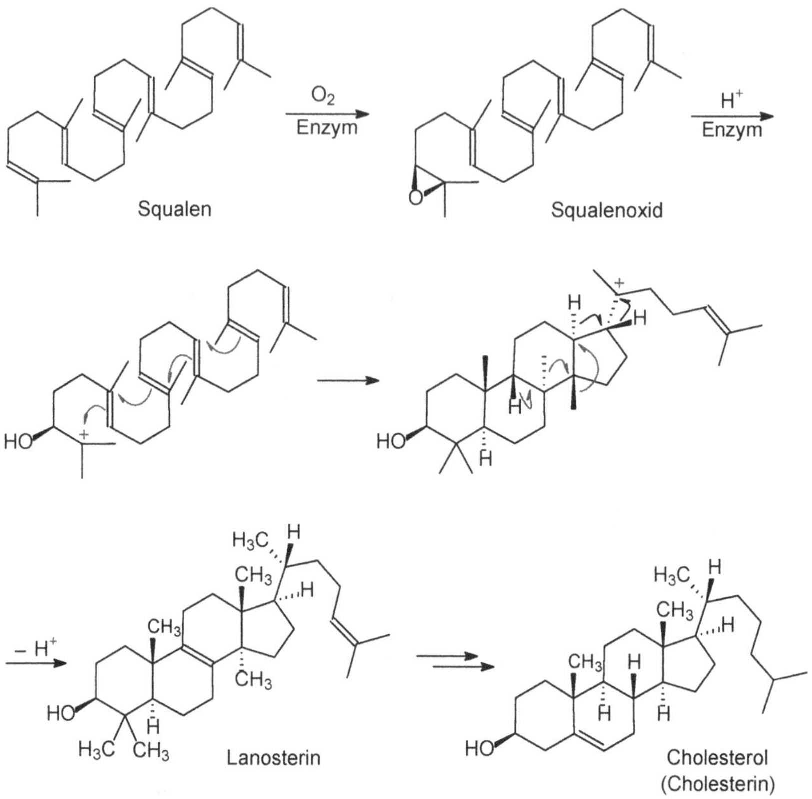

Squalen → (O₂ / Enzym) → Squalenoxid → (H⁺ / Enzym)

Lanosterin

Cholesterol
(Cholesterin)

Dieser Mechanismus gilt sowohl für Tiere als auch für die meisten Mikroorganismen. Bei grünen Pflanzen ist das primäre, terpenoide Cyclisierungsprodukt von Squalen-2,3-epoxid jedoch Cycloartenol:

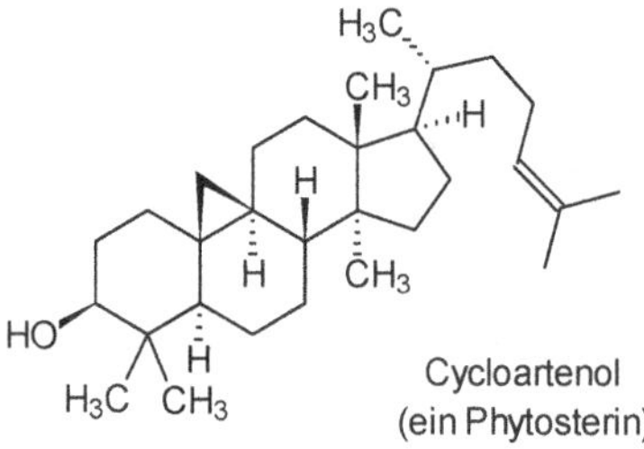

Cycloartenol
(ein Phytosterin)

33.2 Beispiele für Steroide

33.2.1 Sterine

Sterine tragen eine OH-Gruppe am C-3-Atom und leiten sich vom Cholesterin (Cholesterol) ab. Sie unterscheiden sich in erster Linie in der Substitution der Seitenkette. Cholesterin kommt im tierischen Organismus vor (**Zoosterin**).

Andere Sterine, wie **Stigmasterin (Stigmasterole)**, stammen aus Pflanzen (**Phytosterine**) und dienen als Ausgangsstoff für die Synthese von SteroidHormonen. Zu den **Mycosterinen** zählt das **Ergosterin (Regosterol)** (z.b. in Hefepilzen), das bei Bestrahlung mit UV-Licht zum **Vitamin D$_2$** photoisomerisiert und daher auch als Provitamin D$_2$ bezeichnet wird. Es wird der B-Ring zwischen C-9 und C-10 gespalten und dabei zwischen C-10 und C-19 eine Doppelbindung gebildet (zum Mechanismus s. Kap. 24.4.1).

Ergosterin   Vitamin D$_2$

Cholesterin (Cholesterol) ist das am längsten bekannte Steroid. Es bildet den Hauptbestandteil der **Gallensteine** und wurde aus diesen erstmals gewonnen. Aufgrund der ‚flachen' Struktur des Steran-Grundgerüsts können sich Steroide wie Cholesterin sehr gut in Zellmembranen einlagern. Cholesterin ist daher ein sehr wichtiger Zellbestandteil. Als Vorstufe der Sexualhormone kommt ihm weiterhin eine wichtige Bedeutung zu. **Störungen des Cholesterin-Stoffwechsels** kann, vor allem im Alter, zu Ablagerungen an den Arterienwänden und damit zur **Arteriosklerose** führen.

33.2.2 Gallensäuren

Die **Gallensäuren** gehören zu den Endprodukten des Cholesterin-Stoffwechsels. Sie kommen in der Galle jedoch nicht in freier Form vor, sondern stets über die Säurefunktion an Aminosäuren (Glycin, Taurin) gebunden (Glycocholsäure und Taurocholsäure). Durch Hydrolyse erhält man die freien Gallensäuren. Es sind Hydroxyderivate der **Cholansäure**, wobei die Ringe A und B *cis*-verknüpft sind.

Cholansäure   Cholsäure

Die wichtigste Gallensäure ist die **Cholsäure** ($3\alpha,7\alpha,12\alpha$-Trihydroxy-5β-cholansäure), andere Gallensäuren, wie die Desoxycholsäure ($3\alpha,12\alpha$-Dihydroxy-5β-cholansäure) enthalten weniger OH-Gruppen. Gallensäuren sind wichtig bei der Fettverdauung. Die Alkalisalze der Glycocholsäure und der Taurocholsäure sind oberflächenaktiv und dienen wahrscheinlich als Emulgatoren für Nahrungsfette. Möglicherweise aktivieren sie auch die Lipasen (fettspaltende Enzyme).

33.2.3 Steroid-Hormone

Hierbei handelt es sich um biochemische Wirkstoffe, die im Organismus gebildet werden und wegen ihrer großen Wirksamkeit bereits in kleinsten Mengen Stoffwechselvorgänge beeinflussen, sowie das Zusammenspiel der Zellen und Organe regulieren. Es werden unterschieden nach Funktion und Zahl der C-Atome:

Androgene (männl. Sexual-Hormone); C_{19}; Biosynthese aus Cholesterin über Progesteron

Östrogene (Follikel-Hormone); C_{18}; Biosynthese aus Testosteron; der A-Ring ist aromatisch!

Gestagene (Gelbkörper-Hormone); C_{21}; Progesteron: Biosynthese aus Cholesterin

Corticoide (Nebennierenrinden-Hormone): C_{21}; Biosynthese aus Cholesterin über Progesteron

Die ersten drei Verbindungsklassen gehören zur Gruppe der **Sexualhormone**. Diese fassen alle Wirkstoffe zusammen die in den männlichen und weiblichen **Keimdrüsen** gebildet werden. Man unterscheidet daher auch zwischen **männlichen und weiblichen Sexualhormonen**, wobei sich die Bezeichnung männlich und weiblich nicht auf das Vorkommen sondern die Wirkung bezieht.

1. Männliche Sexualhormone (Androgene)

Die wichtigsten sind das **Androsteron** und das **Testosteron**: männlichen Sexualhormone

Androsteron
(5α-Androstan-3 α-ol-17-on)

Testosteron
(17β-Hydroxy-4-androsten-3-on)

Androsteron wurde erstmals aus Männerharn isoliert, Testosteron gewinnt man aus Stierhoden. Vor allem letzteres stimuliert das Wachstum der Geschlechtsdrüsen und die Ausbildung der sekundären Geschlechtsorgane.

2. Weibliche Geschlechtshormone (Östrogene, Gestagene)

Die **weiblichen Sexualhormone** steuern entscheidend den sich wiederholenden Sexualcyclus bei Mensch und Tier, sowie die Schwangerschaft. Diese werden von unterschiedlichen Hormonen dominiert. Man unterscheidet daher zwischen den **Follikelhormonen** (Östrogene) und den **Schwangerschaftshormonen** (Gestagene).

Die **Follikelhormone** leiten sich vom Grundkörper Östran ab, die wichtigsten Vertreter sind:

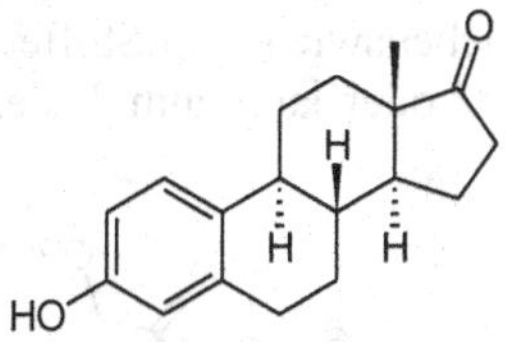

Östron 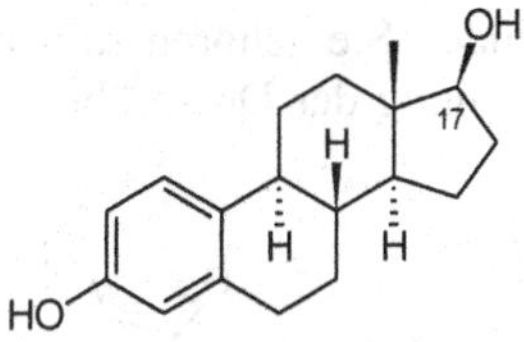   17β-Östradiol 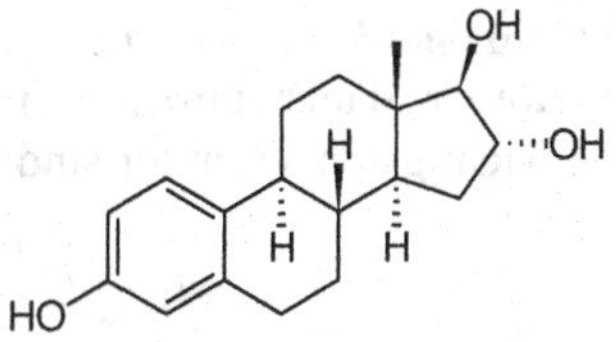   Östriol

Im Gegensatz zu den männlichen Hormonen enthalten die weiblichen einen aromatischen A-Ring.

Besonders hohe Konzentrationen an Östrogenen findet man während der Zeit des Follikelsprungs (daher der Name Follikelhormone). Die Östrogene werden jedoch nicht nur in den weiblichen Keimdrüsen gebildet, sondern auch in den männlichen. Im männlichen Organismus wirken die Östrogene als Antagonisten der Androgene. Die Östrogene zeigen schwache Anabolika-Wirkung, sie stimulieren die Milchdrüsen-, Blasen- und Harnleitermuskulatur, und verhindern die Entkalkung der Knochen.

Die **Gelbkörperhormone** (Gestagene) werden nach dem Follikelsprung aus dem *Corpus luteum* (Gelbkörper) gebildet. Das wichtigste Hormon **Progesteron** bereitet die Uterusschleimhaut für die Aufnahme des befruchteten Eis vor. Während der Schwangerschaft ist seine Konzentration besonders hoch. Hier verhindert es die Reifung neuer Follikel.

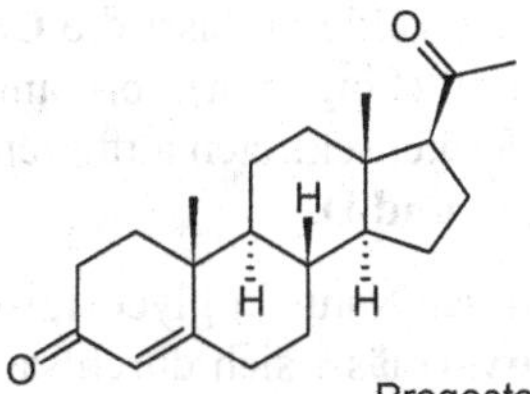

Progesteron

3. Kontrazeptive Steroide

Abgewandelte Östrogene und Gestagene eignen sich auch als **Antigestagene** zur **Empfängnisverhütung**. Ein wichtiger Bestandteil der ‚Pille' ist z.B. 17α-Ethinyl-östradiol. Der Progesteron-Antagonist RU 486 (*Mifegyne*) ermöglicht einen Schwangerschaftsabbruch bis zum Ende der 7.Schwangerschaftswoche.

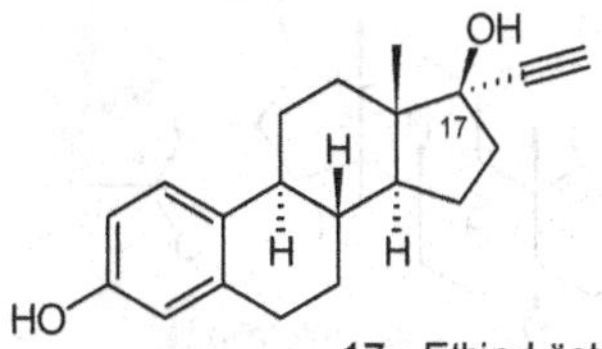

17α-Ethinyl-östradiol 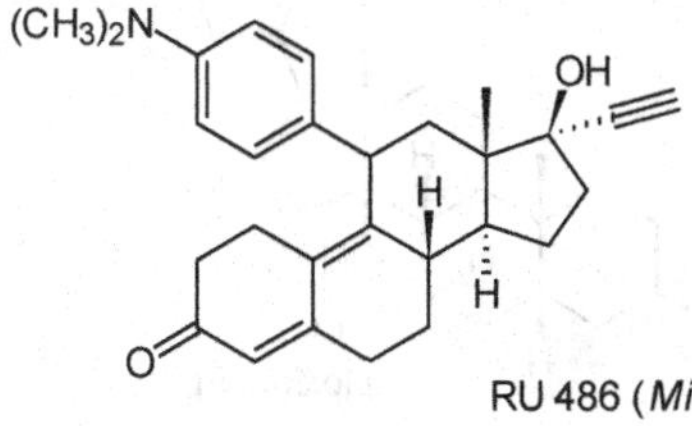   RU 486 (*Mifegyne*)

33.2.4 Corticoide

Eng verwandt mit dem Progesteron sind die **Hormone der Nebennierenrinde,**
die **Corticoide** (von *cortex* = Rinde). Sie gehören zu den lebenswichtigen Stoffen
im Körper, daher führt die Entfernung der Drüse über kurz oder lang zum Tode.
Die wichtigsten Vertreter sind:

Cortisol   Corticosteron   Aldosteron
(Hydrocortison)

Die Corticoide beeinflussen vor allem den Mineralhaushalt (Mineralcorticoste-
roide, z.B. Aldosteron) und den Kohlenhydratstoffwechsel (Glucocorticosteroide
z.B. Cortisol). Die Regulation erfolgt vor allem durch das adrenocorticotrope
Hormon (ACTH) der Hypophyse. In Stresssituationen wird besonders viel Cortisol ausgeschüttet, weshalb es auch als **Stresshormon** bezeichnet wird.

33.2.5 Herzaktive Steroide

Die Gruppe der **herzaktiven Steroide** umfasst die **Cardenolide**, die vor allem in
den Blättern von *Digitalis*-Arten (Fingerhut) vorkommen, und die **Bufadienolide**
die als Gifte in Pflanzen und Krötensekreten auftreten. Auffallend an ihnen ist die
cis-**Verknüpfung der Ringe C und D.**

Die **Cardenolide** kommen in der Natur in glycosidischer Form vor. Aus den Di-
gitalisglycosiden (z.B. **Digitoxin**) lässt sich durch saure Hydrolyse der Zuckerteil
abspalten. Man erhält den Steroidgrundkörper, ein so genanntes **Aglycon** (z.B.
Digitoxigenin).

Die **Bufadienolide** sind eng mit den Cardenoliden verwandt, sie treten jedoch
nicht in glycosidischer Form auf. Ein bekanntes Krötengifte ist **Bufotalin**.

Digitoxigenin   Bufotalin

33.2.6 Sapogenine und Steroid-Alkaloide

Von den Sterinen leiten sich die **Sapogenine** und **Steroid-Alkaloide** ab. Die Ringe C und D sind wie üblich *trans*-verknüpft.

Sie enthalten Seitenketten am C-17-Atom, die oft zu Lacton-, Ether- oder Piperidin-Ringen cyclisiert sind. Viele kommen als Glycoside (Saponine) vor und sind wegen ihrer pharmakologischen Wirkung von Bedeutung. Obwohl einige davon auch in *Digitalis*-Arten vorkommen, sind sie nicht herzaktiv.

Wichtige Vertreter sind: **Saponine** (aus *Digitalis*-Arten und *Dioscoreaceen*): **Diosgenin** (→ zur Partialsynthese von Steroid-Hormonen), **Digitonin** (→ zur Cholesterin-Bestimmung).

Die **Steroid-Alkaloide** findet man als Glycoside vor allem in Nachtschattengewächsen wie der Tomate (z.B. Tomatidin) und der Kartoffel (Solanidin).

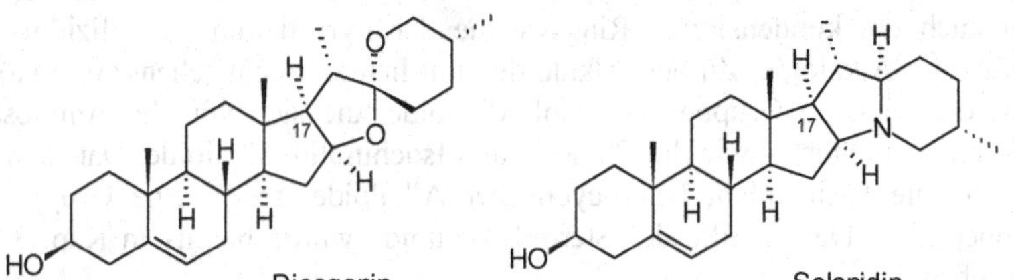

Diosgenin   Solanidin

34 Alkaloide

Alkaloide sind **eine Gruppe von** *N*-**haltigen organischen Verbindungen**, die von der Biosynthese her als Produkte des Aminosäure-Stoffwechsels angesehen werden können. Die meisten Alkaloide enthalten Stickstoff-Heterocyclen als Grundkörper und werden anhand dieser Ringsysteme eingeteilt (Abb. 81). Besonders verbreitet sind 5- (Pyrrol- und Pyrrolidin-Alkaloide) und 6-gliedrige Ringe (Pyridin- und Piperidin-Alkaloide), wobei häufig auch Kombination aus mehreren Ringen auftreten. Neben dem bicyclischen Tropan-Grundgerüst findet man vor allem auch die kondensierten Ringsysteme der Pyrrolizidin-, Indolizidin- und Chinolizidin-Alkaloide. Zu den Alkaloiden mit heteroaromatischem Grundkörper gehört die wichtige Gruppe der Indol-Alkaloide, die sich von der Aminosäure Tryptophan ableiten, sowie die Chinolin und Isochinolin-Alkaloide. Daneben gibt es noch eine Reihe nicht heterocyclischer Alkaloide, sowie eine Gruppe von Cyclopeptiden. Die Familie der Steroid-Alkaloide wurde bereits in Kap. 33.2.6 besprochen.

Bei der Extraktion aus pflanzlichem Material nutzt man die basischen Eigenschaften vieler Alkaloide zur Trennung aus. Alkaloide finden als Arzneimittel Verwendung; einige sind bekannte Rauschmittel und Halluzinogene.

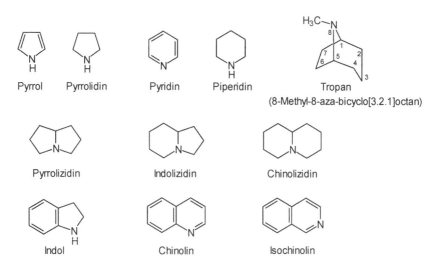

Abb. 81. Stammheterocyclen bedeutender Alkaloide

34.1 Pyrrolidin und Piperidin-Alkaloide

Die wichtigsten Pyrrolidin-Alkaloide sind **Hygrin** und **Cuscohygrin**, welche beide in den Blättern des Coca-Strauches (*Erythroxylum coca*) vorkommen. Cuscohygrin findet man ferner in den Wurzeln der Tollkirsche (*Atropa belladonna*) und Stechapfel (*Datura sp.*) sowie im Bilsenkraut (*Hyoscyamus sp.*), also in denselben Pflanzen, in denen auch die Tropan-Alkaloide (s. Kap. 34.3) vorkommen. Viele dieser Pflanzen werden in der Volksmedizin verschiedener Völker als Narkotika und Sedativa verwendet.

Hygrin   Cuscohygrin

Einfache Derivate des Pyrrolidins und Piperidins kommen in den **Alkaloiden des Pfeffers** (*Piper nigrum*) vor. **Piperin**, das Hauptalkaloid ist für dessen scharfen Geschmack verantwortlich. Zu den Piperidin-Alkaloiden gehört auch das hochtoxische **Coniin**, das Gift des Schierlings (*Conium maculatum*). In der Antike wurden wässrige Auszüge dieser Pflanze (**Schierlingsbecher**) von Giftmischern verabreicht. Unter anderem fiel *Sokrates* diesem Gift zum Opfer. Es bewirkt zuerst eine Erregung der motorischen Nervenendigungen, dann eine Curare-artige Lähmung der quergestreiften Muskulatur. Der Tod erfolgt nach 1-5 Std. bei vollem Bewusstsein durch Lähmung der Brustkorbmuskulatur. Das ebenfalls recht einfach gebaute **Lobelin** aus *Lobelia inflata* regt die Atmung an und wird daher therapeutisch bei Atemstörungen und bei der Tabakentwöhnung angewandt.

Piperin   Coniin   Lobelin

34.2 Pyridin-Alkaloide

Die wichtigsten Pyridin-Alkaloide findet man in der **Tabakpflanze** (*Nicotina tabacum*). Neben den Hauptalkaloiden **Nicotin** und **Anabasin** findet man eine Reihe von Nebenalkaloiden (Nornicotin, 2,3-Bipyridin, etc.) mit ähnlicher Struktur. Nicotin regt das Nervensystem an, verengt die Blutgefäße und steigert infolge dessen den Blutdruck. In Form von Nicotinpflaster wird es zur Raucherentwöhnung eingesetzt. Es ist sehr toxisch (letale Dosis: 1 mg/kg Körpergewicht) und wird wie das strukturisomere Anabasin als Schädlingsbekämpfungsmittel eingesetzt.

Strukturell verwandt mit Nicotin und Anabasin ist **Epibatidin**, das Gift des **Pfeil-giftfrosches** *Epipedobates tricolor*. Es ist ~ 200-500mal stärker schmerzlindernd als Morphin, bindet jedoch nicht wie dieses an den Opioid-Rezeptor im Zentral-nervensystem, sondern wie Nicotin an den Acetylcholin-Rezeptor.

Nicotin   Anabasin   Epibatidin

34.3 Tropan-Alkaloide

Tropan-Alkaloide enthalten als Grundgerüst das 8-Methyl-8-azabicyclo[3.2.1]-octan (Tropan) und kommen in zahlreichen **Nachtschattengewächsen** vor (*Sola-naceae*). Tropan setzt sich formal aus einem Pyrrolidin- und einem Piperidinring zusammen. Man unterscheidet zwischen den Alkaloiden der **Atropin-** und der **Cocain**-Gruppe.

Atropin, das Hauptalkaloid der **Tollkirsche** (*Atropa belladonna*), ist der Ester des Tropan-3α-ols und der racemischen Tropasäure. Das im Bilsenkraut (*Hyos-camus niger*) und Stechapfel (*Datura stramonium*) vorkommende **Hyoscamin** ist identisch gebaut, enthält jedoch optisch aktive (*S*)-Tropasäure. Im **Scopolamin** ist der Bicyclus zusätzlich epoxidiert.

Atropin, Hyoscyamin   Scopolamin

Atropin wirkt Pupillen-erweiternd und wurde früher in der Augenheilkunde ein-gesetzt. Da die Wirkung zu langsam abklingt, findet es mittlerweile keine Anwen-dung mehr. Im Mittelalter, als große Pupillen als Schönheitsideal galten, wurden wässrige Auszüge der Tollkirsche vor allem von der Damenwelt für Schönheits-zwecke (Belladonna) benutzt. Heute finden solche Zubereitungen vor allem An-wendung zur Behandlung von Spasmen im Gastrointestinaltrakt.

Cocain enthält als Grundkörper das Ecgonin (Tropan-3β-ol-2-carbonsäure). Ne-ben Hygrinderivaten (s.o.) kommt Cocain als Hauptalkaloid in den Blättern des in den Anden beheimateten **Coca-Strauches** (*Erythroxylum coca*) vor. Extrakte dieser Blätter waren früher in einer berühmten braunen Limonade enthalten. Be-sonders hart arbeitende Bevölkerungsteile Südamerikas wickeln Kalk oder Pottasche (reagieren alkalisch) in getrocknete Coca-Blätter um durch Kauen dieser "Cocabissen" ihre Arbeit besser zu ertragen. Dabei wird das Cocain zum Ecgonin verseift, welches zwar ebenfalls anregend und leistungsfördernd wirkt, aber nicht so psychoaktiv und suchterregend wie Cocain.

Cocain   Ecgonin

Aufgrund dieser vorübergehenden leistungssteigernden und euphorisierenden Wirkung wird Cocain als illegale Droge angewandt, die geschnupft, geraucht oder intravenös gespritzt wird. Es erregt das Nervensystem, verengt die Blutgefäße und führt demzufolge zu einer Erhöhung des Blutdrucks. Durch mangelnde Durchblutung des Muskelgewebes kann es zu dessen Abbau führen; Nierenversagen und Schlaganfälle sind weitere Nebenwirkungen dieses stark suchterregenden Rauschmittels. Abbauprodukte lassen sich im Urin und in den Haaren nachweisen, wobei die ‚Haaranalyse' auch zum Nachweis von Langzeitanwendungen und zur Abschätzung des Drogenkonsums geeignet ist.

Eng verwandt mit den Tropan-Alkaloiden sind die Ringhomologen, die den Bicyclus Granatan enthalten. Das Hauptalkaloid dieser Gruppe, **Pseuodopelletierin** kommt in der Rinde des **Granatapfelbaums** (*Punica granatum*) vor, Zubereitungen dieser Rinde werden als Bandwurmmittel eingesetzt.

Granatan
(9-Methyl-9-aza-bicyclo[3.3.1]nonan)   Pseudopelletierin

34.4 Pyrrolizidin-, Indolizidin- und Chinolizidin-Alkaloide

Pyrrolizidin-Alkaloide findet man in einer Vielzahl von Pflanzenfamilien (*Asteraceae, Euphorbiaceae, Leguminoseae, Orchidaceae*, etc.), wobei man zwischen den freien Pyrrolizidinen und den Ester-Alkaloiden unterscheiden kann. Zu den freien Pyrrolizidinen gehören Vertreter wie **Retronecanol** (aus *Crotalaria*) und die Gruppe der **Necine**, welche eine CH_2OH-Gruppe enthalten. Zur dieser Klasse gehört das **Retronecin**. Weitere OH-Gruppen an den Ringsystemen erhöhen die Vielfalt der Necine. Vom Retronecin leiten sich auch die Ester-Alkaloide wie etwa Lycopsamin(aus *Heliotropium spathulatum*) und Senicionin ab (aus *Tussilago farfara*). Diejenigen Derivate, die eine Doppelbindung im Ring enthalten, sind hochtoxisch und cancerogen, wobei die Cancerogenität wahrscheinlich auf einer Quervernetzung der DNA-Stränge beruht.

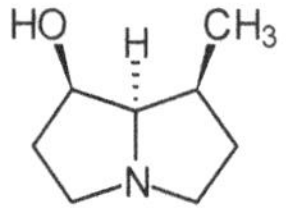

Retronecanol 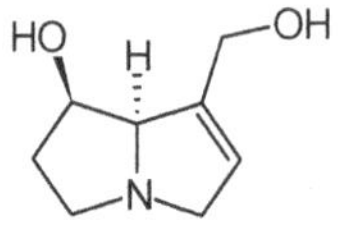   Retronecin 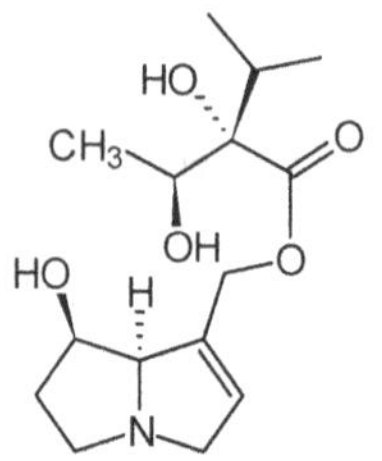   Lycopsamin 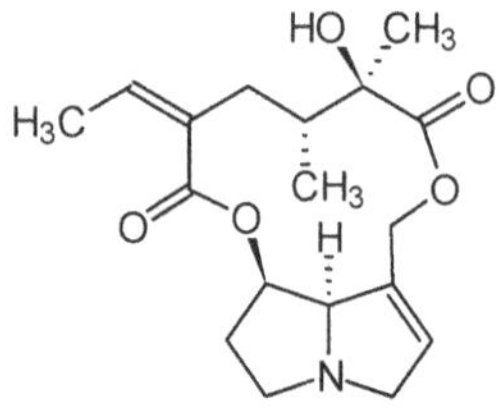   Senecionin

Indolizidin-Alkaloide findet man in diversen Pflanzenarten (*Elaecarpaceae*, *Asclepiadaceae*) sowie als Metaboliten von Pilzen und Bakterien. Mehrfach hydroxylierte Vertreter wie **Swainsonin** (aus *Rhizoctonia leguminicola*) und **Castanospermin** (aus *Castanospermum australe*) haben große Ähnlichkeit mit Zuckern, und werden daher häufig auch als Aza- oder Iminozucker bezeichnet. Aufgrund dieser Ähnlichkeit wirken diese Alkaloide als Inhibitoren von Glycosidasen (Zucker-spaltenden Enzymen). Swainsonin inhibiert z.B. Mannosidasen, Castanospermin Glucosidasen. Castanospermin wirkt zudem gegen Krebszellen und HIV-Viren.

Zu den Indolizidin-Alkaloiden gehören auch die **Pumiliotoxine**, die Giftstoffe des **Pfeilgiftfrosches** *Dendrobates pumilio*. Neben den Hauptalkaloiden **Pumiliotoxin A** und **B** gibt es noch eine ganze Reihe weiterer Vertreter, die sich vor allem im Substitutionsmuster der Seitenkette unterscheiden. Einige der Derivate enthalten ein vollständig gesättigtes Chinolin-Grundgerüst. Die toxische Wirkung beruht auf einer Veränderung der Membranpermeabilität für Na^+ und Ca^{2+}-Ionen.

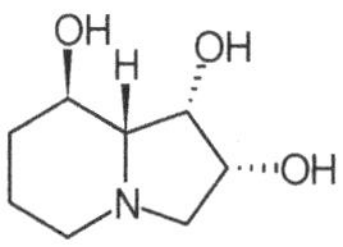

Swainsonin 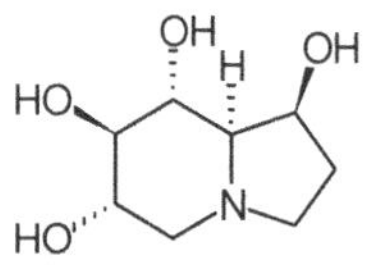   Castanospermin 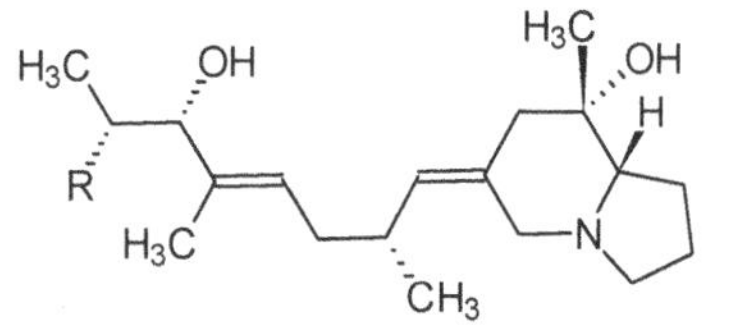   Pumiliotoxin A R = H
                                             Pumiliotoxin B R = OH

Chinolizidin-Alkaloide sind Inhaltsstoffe vieler Leguminosen. Besonders bekannt sind die in Lupinen (*Lupinus luteus*) vorkommenden Alkaloide **Lupinin,** und das wehenfördernde **Spartein** aus Besenginster (*Sarothamnus scoparius*). **Cytisin**, das Hauptalkaloid des Goldregens (*Cytisus laburnum*), wirkt in geringen Dosen anregend bis halluzinogen, in höheren Dosen atemlähmend.

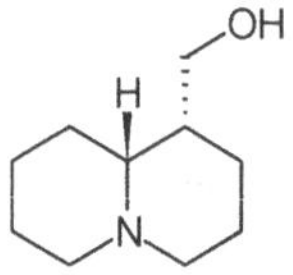

Lupinin 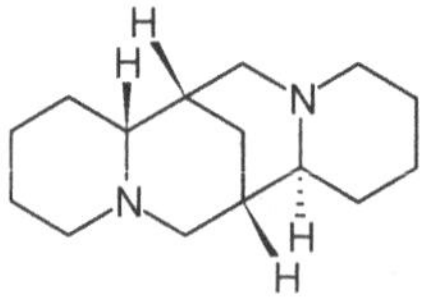   Spartein 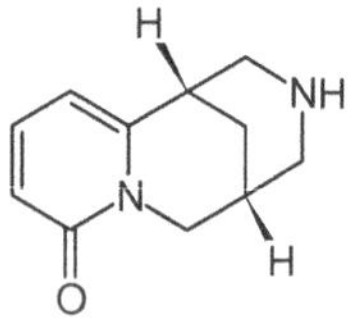   Cytisin

34.5 Indol-Alkaloide

Die Gruppe der Indol-Alkaloide ist ungemein groß und umfasst mehr als 1500 Vertreter. Sie enthalten alle einen (teilweise auch gesättigten) Indolring oder **Tryptamin** als Teilstruktur, und leiten sich vom Tryptophan ab. Zur weiteren Differenzierung unterscheidet man verschiedene Klassen wie die Carbazol-, Carbolin- und Ergolin-Alkaloide, um nur die wichtigsten zu nennen. Viele dieser Alkaloide werden als Medikamente verwendet, einige von ihnen sind hochwirksame Halluzinogene.

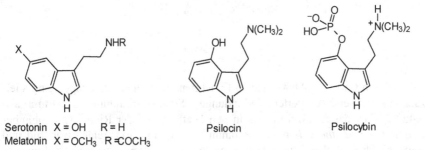

Indol   Carbazol   β-Carbolin   Tryptamin   Ergolin

34.5.1 Substituierte Indole

Vom **Tryptamin** als **biogenem Amin** (s.a. Kap. 14.1.5) leiten sich eine ganze Reihe einfachster Indol-Alkaloide ab, wie das Serotonin und Melatonin, welche im Blut von Säugetieren vorkommen. **Serotonin** (5-Hydroxytryptamin) wirkt gefäßverengend, **Melatonin** (aus der Zirbeldrüse) wirkt sedierend und wird daher bei Schlafstörungen und gegen "*Jet Lag*" angewandt. Ähnliche Strukturen findet man auch in **Krötengiften**, die zudem stark halluzinogen sind.

Weitere interessante Tryptamine, wie die stark halluzinogenen **Psilocin** und **Psilocybin** findet man in diversen Pilzen, wie dem mexikanischen Zauberpilz *Psilocybe mexicana* und dem balinesischen Wunderpilz *Copelandia cyanescens* („*Magic Mushroom*").

Serotonin X = OH   R = H
Melatonin X = OCH₃   R = COCH₃

Psilocin

Psilocybin

34.5.2 Carbazol-Alkaloide

Carbazol-Alkaloide mit intakten Benzol-Ringen sind relativ selten. Teilweise hydrierte Strukturen sind jedoch relativ weit verbreitet und finden sich in den polycyclischen Hydrocarbazolen.

Zu den **Strychnos-Alkaloiden** gehören **Strychnin** und **Brucin**, die beide in den Samen der **Brechnuss** (*Strychnos nux vomica*) vorkommen. Das hochtoxische Strychnin wirkt in geringer Dosis anregend bis euphorisierend. In höheren Dosen verursacht es starrkrampfartige Zustände, so dass ihm keine besondere therapeutische Bedeutung zukommt. Das schwächer wirksame Brucin wird vor allem zur Enantiomerentrennung racemischer Säuren (s.a. Kap. 25.5.1) verwendet.

Die Gruppe der **Plumeran-Alkaloide** umfasst über 300 Hydrocarbazol-Alkaloide, die zusätzlich noch eine Indolizidin-Teilstruktur aufweisen. Grundkörper dieser Klasse ist das **Aspidospermidin** (aus *Aspidosperma quebrancho-blanco*), weshalb Verbindungen dieses Typs teilweise auch als **Aspidospermidin-Alkaloide** bezeichnet wird.

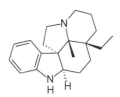

Strychnin R = H
Brucin R = OCH₃

Aspidospermidin

34.5.3 Carbolin-Alkaloide

Als einfache Vertreter dieser Gruppe findet man z.B. **Harmin** neben einigen verwandten Alkaloiden in den Samen der Steppenraute *peganum harmala*. In der Volksmedizin werden diese Samen gegen Würmer und zur Blutreinigung eingesetzt. Harmin selbst wirkt halluzinogen.

Harmin

Wie bei den Carbazol-Alkaloiden so findet man auch in dieser Gruppe eine Vielzahl von teilweise hydrierten Verbindungen. Stammverbindung der **Yohimban-Alkaloide** ist das **Yohimbin**, das in den Blättern und der Rinde des Yohimbe-Baums (*Corynanthe yohimbe*) vorkommt. Yohimbin wirkt gefäßerweiternd und somit blutdrucksenkend, und wird ferner gegen Impotenz sowie als Aphrodisiakum in der Veterinärmedizin angewendet. Zur selben Gruppe von Alkaloiden gehören auch die Inhaltsstoffe des Strauches *Rauwolfia serpentina* (*Apocyanceae*). Das Hauptalkaloid **Reserpin** wirkt blutdrucksenkend und beruhigend, aber auch potenzstörend und möglicherweise krebserregend und wird daher therapeutisch nicht benutzt.

Yohimbin   Reserpin

34.5.4 Ergolin-Alkaloide

Die Ergolin-Alkaloide lassen sich auf den tetracyclischen Grundkörper des **Ergolins** zurückführen. Häufig werden sie auch als **Mutterkorn-Alkaloide** bezeichnet, nach ihrem Vorkommen im **Mutterkorn**, dem auf Getreide schmarotzenden Schlauchpilz *Claviceps purpurea*. In früheren Zeiten war vor allem Roggen von diesem Pilz befallen. Durch bessere Reinigung des Saatguts und durch die Anwendung von Pflanzenschutzmitteln lässt sich dieses Problem jedoch weitestgehend lösen.

Das getrocknete Mutterkorn enthält über 30 Alkaloide. Diese lassen sich in zwei Gruppen, die **Lysergsäureamide** und die **Clavine** einteilen lassen:

Ergolin   Lysergsäure   Lysergsäureamide   Clavine

Zu den Lysergsäureamiden zählt z.B. **Ergobasin** (Ergometrin), eines der Hauptalkaloide des Mutterkorns. Das relativ bekannte **Lysergsäure-*N,N*-diethylamid** (**LSD**) kommt im Pilz *Claviceps paspali* vor. Das *N,N*-unsubstituierte Amid **Ergin** findet man in Samen mexikanischer Winden. Diese Samen wurden bereits von den Azteken als Zauberdroge bei religiösen Ritualen benutzt. Neben diesen einfachen Amiden gibt es auch Alkaloide, bei denen die Lysergsäure an Peptide geknüpft ist. Einer der Hautvertreter dieser Gruppe ist **Ergotamin**.

Ergotamin und **Ergobasin** finden wegen ihrer **wehenfördernden Wirkung** bei der Geburtshilfe Verwendung. Der Name Mutterkorn ist eben auf diesen Effekt zurückzuführen, da getrocknete Mutterkorn-Präparate bereits seit dem 17. Jahrhundert für diesen Zweck eingesetzt wurden. Zu hohe Dosen führen zu Krämpfen und hemmen den Blutkreislauf so stark, dass periphere Gliedmaßen wie Finger und Zehen absterben können. Diese Symptome traten in früheren Zeiten beim Verzehr von mit Mutterkorn verunreinigten Mehlprodukten auf.

Ergobasin   Lysergsäure-*N,N*-diethylamid   Ergotamin

LSD wirkt bereits in sehr geringen Dosen (0.05 – 0.1 mg) halluzinogen: Töne sollen als Farben, Berührungen als Geräusche empfunden werden. LSD wurde zeitweilig in der Psychotherapie angewendet, wurde jedoch 1966 wieder aus dem Verkehr genommen. LSD ist kein typisches Suchtgift. Es führt zu extremen Beeinträchtigungen der Bewegungskontrolle, der Wahrnehmung und des Bewusstseins, bis hin zu panischen Angstzuständen ("*Horror Trips*") und im Selbstmord endenden psychotischen Zuständen. Zudem soll es Erbschäden verursachen.

34.6 Isochinolin-Alkaloide

Extrem artenreich ist die Gruppe der Isochinolin-Alkaloide, von denen über 2500 Vertreter bekannt sind. Sie enthalten die **Phenylethylamin-Teilstruktur** (s.a. biogene Amine, Kap. 14.1.5), und leiten sich vom Phenylalanin bzw. Thyrosin ab. Grundkörper fast aller Alkaloide ist das **1,2,3,4-Tetrahydroisochinolin**, wobei die an Position 1 benzylierten Derivate eine eigene Untergruppe bilden. Ebenfalls zur Gruppe der Isochinolin-Alkaloide gehören die Morphinane mit einem tetracyclischen Grundgerüst.

Grundkörper :

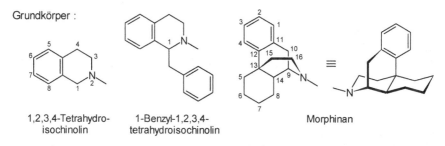

1,2,3,4-Tetrahydro-   1-Benzyl-1,2,3,4-   Morphinan
isochinolin   tetrahydroisochinolin

Isochinolin-Alkaloide kommen vor allem in den Pflanzenfamilien der **Mohngewächse** (*Papaveracea*), Berberitzen (*Berberidaceae*) und der Liliengewächse (*Liliceae*) vor. Einfache Vertreter wie **Lophophorin** und **Gigantin** findet man in verschiedenen Kakteenarten, wie etwa dem Peyotl-Kaktus (neben Mescalin).

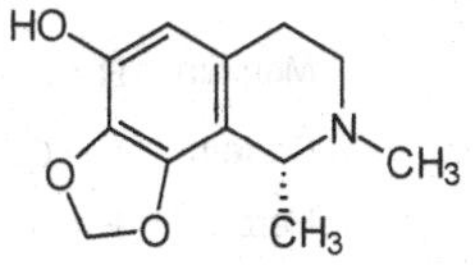

Lophophorin

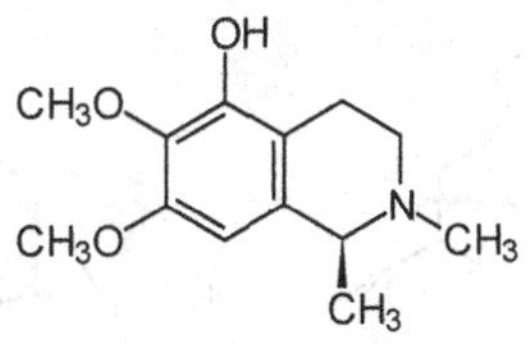

Gigantin

Zu den **Benzyl-isochinolinen** und –**tetrahydroisochinolinen** gehört **Reticulin** (aus *Annona reticulata*), eine biogenetische Vorstufe der **Morphinan-Alkaloide** aus dem Schlafmohn (*Papaver somniferum*), aus dem das Opium gewonnen wird. Ein weiteres **Opium-Alkaloid** ist das **Papaverin**, mit einem ‚intakten' Isochinolinring:

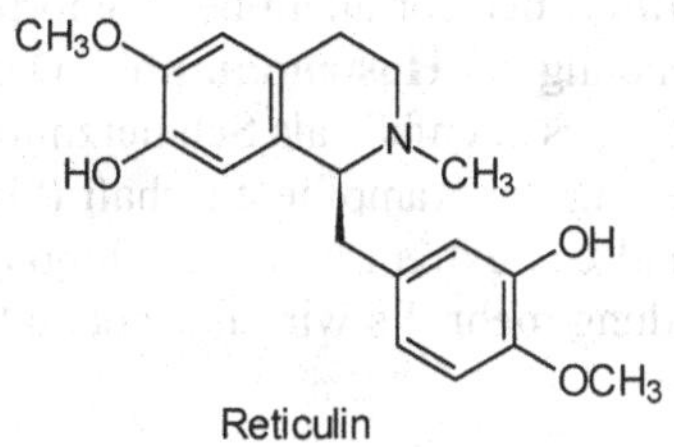

Reticulin

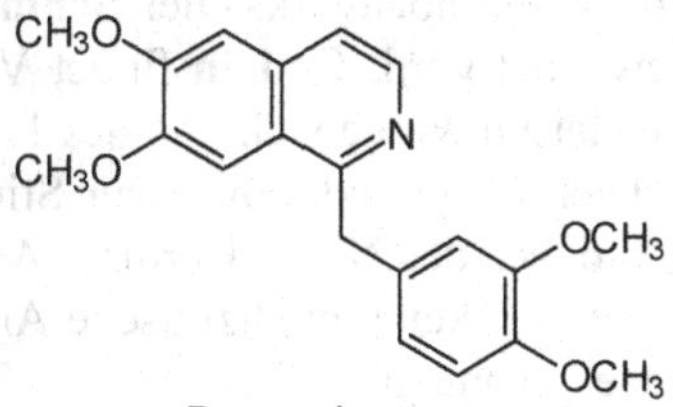

Papaverin

In den Bisbenzylisochinolin-Alkaloiden sind zwei Benzyl-tetrahydrochinolin-Einheiten in der Regel über Etherbrücken miteinander verknüpft. Bei den meisten Vertretern findet man zwei oder mehrere Brücken, so dass macrocyclische Strukturen gebildet werden. Einer der wichtigsten Vertreter dieser Gruppe ist das **Tubocurarin** aus der südamerikanischen Liane *Chondodendron tomentosus*. Tubocurarin ist der Wirkstoff des Pfeilgifts **Curare**, welches von südamerikanischen Indianerstämmen aus dieser Liane gewonnen wird. Die Giftwirkung beruht auf einer Lähmung der Muskulatur und der Atmung.

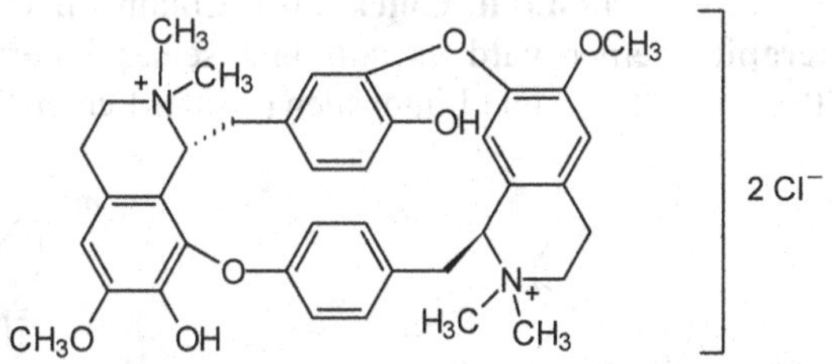

Tubocurarin-chlorid

Das wichtigste Alkaloid der **Morphinan-Gruppe** ist **Morphin**, das Hauptalkaloid des Opiums aus dem Schlafmohn *Papaver somniferum*. Es war das erste aus einer pflanzlichen Droge rein isolierte Alkaloid (1806). Das **Opium** gewinnt man durch Anritzen der Mohnkapseln, wobei ein weißer Milchsaft (Latex) austritt. Durch Oxidationsprozesse färbt er sich allmählich braun und bildet das Rohopium.

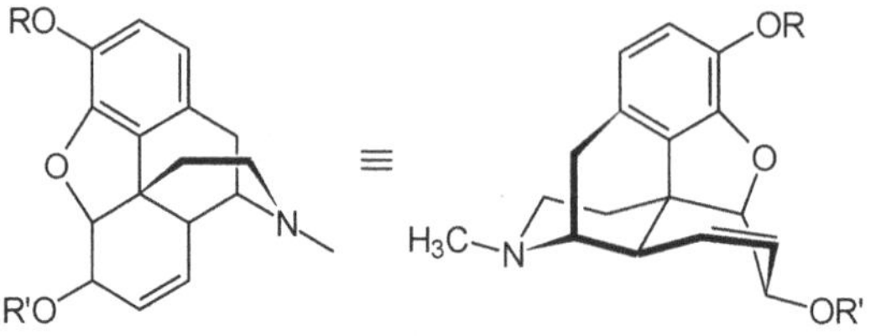

Morphin   R = R' = H
Codein   R = OCH$_3$; R' = H
Heroin   R = R' = COCH$_3$

Das Rohopium enthält neben Proteinen, Fetten und Zuckern bis zu 20% Morphin sowie ca. 40 weitere Isochinolin-Alkaloide. Derivate des Morphins sind das **Codein** und das **Heroin**, welches nicht natürlich vorkommt, sondern durch Acetylierung aus Morphin hergestellt wird.

Morphin ist ein hochwirksamer **Schmerzstiller**, der vor allem bei Tumorpatienten angewendet wird. **Codein** findet Verwendung als **Hustendämpfer**. Das synthetische Heroin wurde während des 1. Weltkriegs ebenfalls als Schmerzmittel bei Verwundeten eingesetzt, sowie zur Stimulierung der Kampfbereitschaft ("**Heroisierung**", daher der Name Heroin). Aufgrund des extrem hohen Suchtpotentials findet es jedoch keine medizinische Anwendung mehr. Es wird nur noch als illegale Droge gehandelt

34.7 Chinolin-Alkaloide

Von den **Chinolin-Alkaloiden** sind ca. 200 Vertreter bekannt, wobei aus pharmakologischer Sicht vor allem die **China-Alkaloide** von Bedeutung sind. Diese findet man in der Rinde des Cinchona-Baumes (*Cinchona officinalis*). Die wichtigsten Alkaloide sind **Chinin** und das diastereomere **Chinidin**, welche jeweils eine Methoxygruppe am Chinolinring tragen. Aber auch die unsubstituierten Derivate kommen vor (**Cinchonidin**, **Cinchonin**). Chinin findet Anwendung in der **Malaria-Therapie**. Ferner wird es aufgrund seines bitteren Geschmacks Mineralwässern ("Tonic Water") und Limonaden ("Bitter Lemon") zugesetzt.

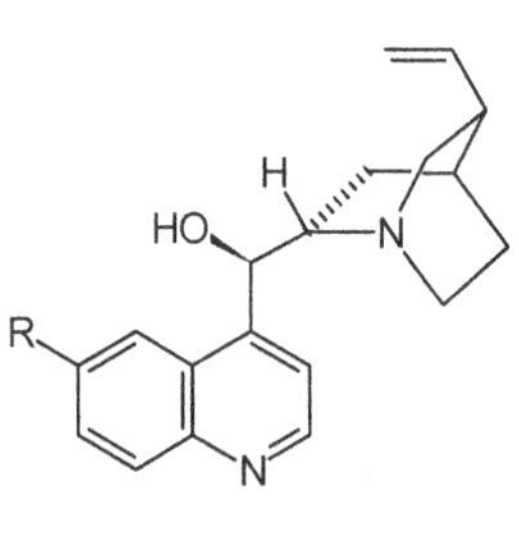

R = OCH$_3$ Chinin
R = H   Cinchonidin

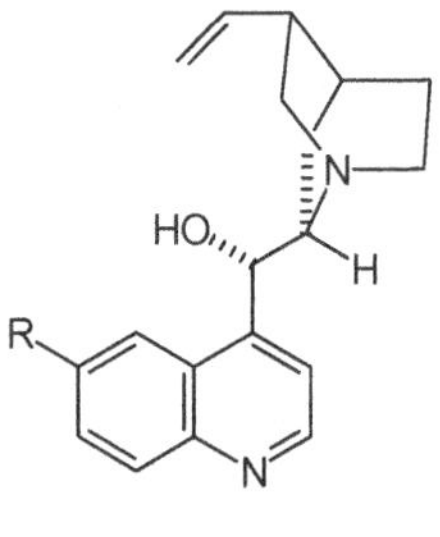

R = OCH$_3$ Chinidin
R = H   Cinchonin

34.8 Weitere Alkaloide

Neben diesen Hauptvertretern gibt es eine Vielzahl weiterer Gruppen von Alkaloiden, welche hier zusammengefasst werden sollen.

Auf die Gruppe der **Phenylethylamine** mit ihren wichtigen Vertretern wie **Ephedrin** und **Mescalin** wurde bereits in Kap. 14.1.5 hingewiesen. Ebenso auf die Gruppe der **Steroid-Alkaloide** (Kap. 33.2.6).

Purin-Alkaloide findet man vor allem in "Kaffeebohnen", den Samen des Strauches *Coffea arabica*. Hauptalkaloide sind **Coffein, Theobromin** und **Theophyllin**. Diese Inhaltsstoffe findet man ferner in "Colanüssen", den Samen des Baumes *Cola acuminata* sowie im Mate- (*Ilex paraguariensis*) und schwarzen Tee (*Camellia sinensis*). Alle diese Alkaloide wirkend belebend, gefäßerweiternd und regen die Herztätigkeit an.

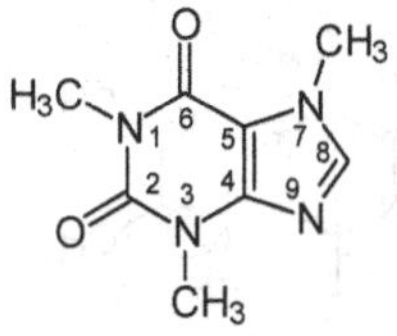

Coffein 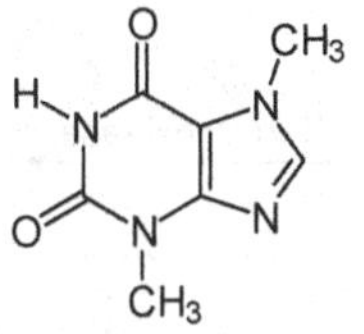   Theobromin 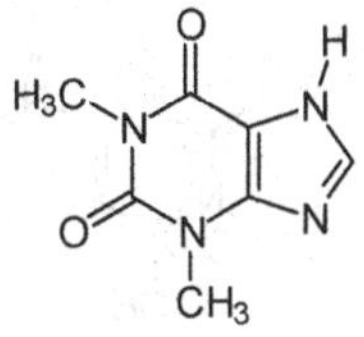   Theophyllin

Manche Mutterkorn-Alkaloide wie z.B. Ergotamin kann man als Indol- und **Peptid-Alkaloide** einordnen. macrocyclische **Cyclopeptid-Alkaloide** findet man vor allem in der *Rhamnaceae*-Familie, wobei viele dieser Derivate einen 13- bis 14-gliedrigen Ring aufweisen. Typische Vertreter sind **Frangulanin** (aus *Caenothus americanus*) und **Zizyphin-A** (aus *Zizyphus oenoplia*). Einige dieser Peptide zeigen antibiotische Wirkung.

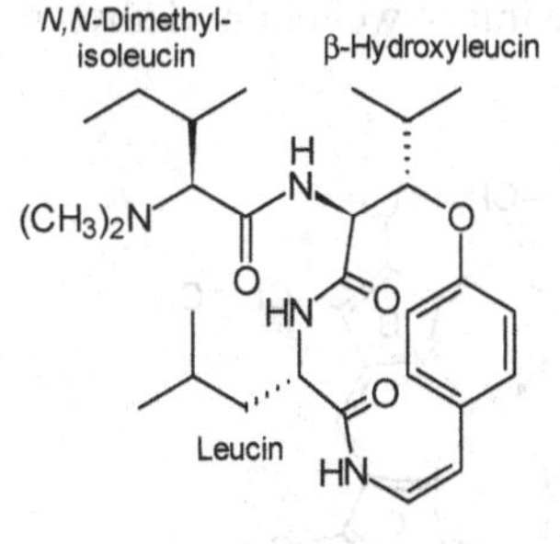

Frangulanin 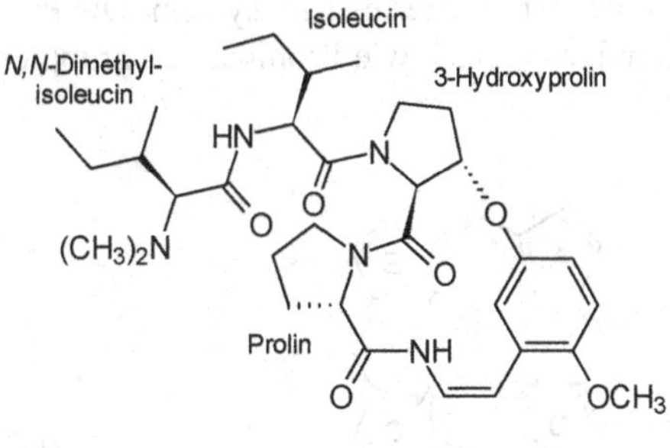   Zizyphin-A

35 Natürliche Farbstoffe

In den vorangegangenen Kapiteln wurden bereits mehrere natürlich vorkommende Farbstoffe erwähnt, so z.B. **β-Carotin** (Butter) und die **Xanthophylle** (Gelbfärbung von Laub). Viele Farbstoffe enthalten heterocyclische Grundgerüste. Dazu gehören u.a.:

1. Die **Flügelpigmente** einiger Insekten mit **Pteridin** als Heterocyclus (es ist jeweils nur eine tautomere Form angegeben):

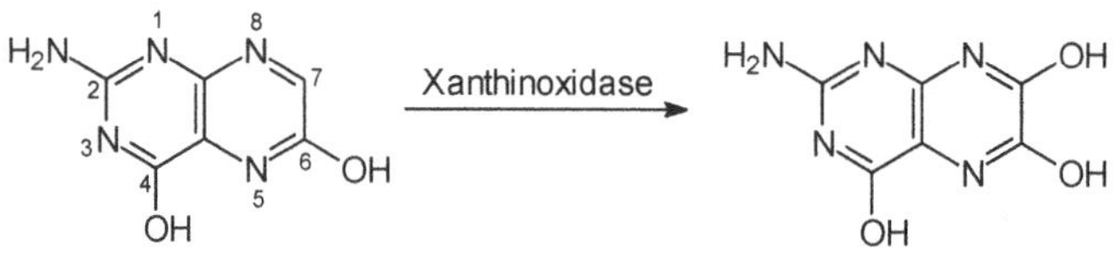

Xanthinoxidase

Xanthopterin (gelb)
(Zitronenfalter)

Leukopterin (weß)
(Kohlweißling)

2. Porphinfarbstoffe:

Zu dieser wichtigen Verbindungsklasse gehören die **Farbkomponenten des Blutes** (Häm), des **Blattgrüns** (Chlorophyll) und des **Vitamin B$_{12}$**. **Häm** und **Chlorophyll** leiten sich ab vom Porphin (Porphyrin), bei dem 4 Pyrrolringe jeweils über Methinbrücken (–CH=) verknüpft sind. Dadurch entsteht ein 16-gliedriges mesomeriestabilisiertes Ringsystem. Die Pyrrolringe tragen weiterhin Methyl- und Ethenylgruppen, sowie Propionsäuregruppierungen:

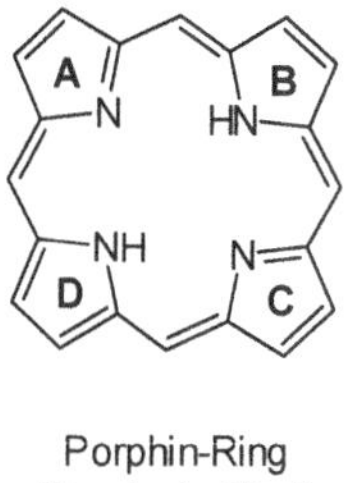

Porphin-Ring
(Porphyrin-Ring)

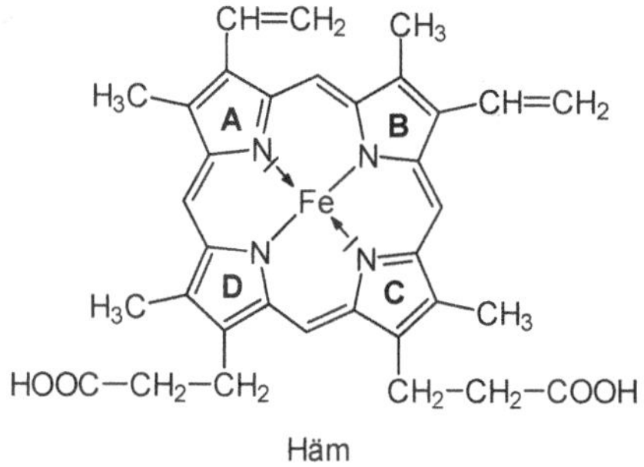

Häm

Häm ist die farbgebende Komponente des Hämoglobins, des Farbstoffs der roten Blutkörperchen (Erythrocyten). Der Hämanteil des Hämoglobins beträgt ca. 4%, der Rest (96%) besteht aus dem Protein Globin. Im Zentrum des Porphin-Ringsystems, dem Protoporphyrin, befindet sich beim Häm ein **Fe^{2+}-Ion**, das mit den Stickstoffatomen der Pyrrolringe vier Bindungen eingeht, von denen zwei **„koordinative" Bindungen** sind. Im Hämoglobin wird eine fünfte Koordinationsstelle am Eisen durch das Histidin des Globins beansprucht. Dadurch wird das Häm koordinativ an das Eiweiß gebunden. Hämoglobin besteht aus vier Untereinheiten, enthält also 4 Häm-Moleküle.

Der durch die Lunge eingeatmete Sauerstoff kann reversibel eine sechste Koordinationsstelle besetzen (= Oxyhämoglobin). Auf diese Weise transportiert das Hämoglobin den lebenswichtigen Sauerstoff. Noch besser als Sauerstoff werden jedoch Kohlenmonoxid (Kohlenoxidhämoglobin) und Cyanid gebunden. Bei einer Kohlenmonoxid- oder Blausäure-Vergiftung wird der Sauerstoff daher durch CO bzw. CN^- verdrängt (bessere Komplexliganden). Dadurch wird die Zellatmung unterbunden und der ganze Stoffwechsel gestört, was letztendlich zum Tode führt.

Beim strukturell verwandten **Blattfarbstoff Chlorophyll** ist eine der beiden Propionsäuregruppen oxidiert und zu einem 5-Ring cyclisiert (Z). Beide Säurefunktionen sind verestert. Der verbleibende Propionsäure-Substituent ist mit dem Diterpenalkohol (s. Kap. 32) Phytol verknüpft. Ring D ist teilweise hydriert. Chlorophyll enthält komplex gebundenes **Magnesium** als Zentralion.

Chlorophyll a: R = CH_3
Chlorophyll b: R = CHO

Phytol

Eng verwandt mit den Porphinfarbstoffen ist der *Antiperniciosa*-Faktor, das **Vitamin B_{12}**, ein dunkelroter Farbstoff. Es enthält das so genannte **Corrin-System**, bei dem im Vergleich zum Porphin-Ringsystem eine Methingruppe fehlt. Dadurch ergibt sich ein 15-gliedriger Ring, wobei auch hier einige der Pyrrolringe teilweise gesättigt sind. Das Corrin-System ist hochsubstituiert, vor allem mit Essigsäure- und Propionsäuregruppen, welche als Amide vorliegen, wodurch sich eine extrem komplizierte Struktur ergibt. Eine der Propionsäuregruppen ist an ein Nucleotid gebunden, welches Dimethylbenzimidazol als Nucleobase enthält. Dieses koordiniert an das Zentralatom, in diesem Fall Cobalt. Die sechste Koordinationsstelle des Cobalts wird durch ein Cyanidion (R = CN⁻) besetzt, welches jedoch auch gegen OH⁻ oder Cl⁻ ausgetauscht werden kann.

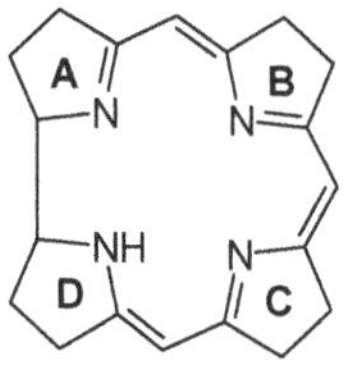

Corrin

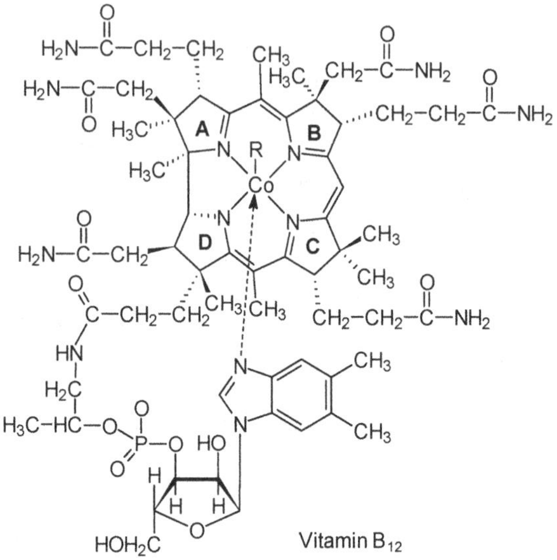

Vitamin B$_{12}$

Auch die als Pigmentfarbstoffe technisch wichtigen **Phthalocyanine** sind ähnlich wie das Porphinsystem aufgebaut. Die Methinbrücken sind hier jedoch durch Stickstoff (–N=) ersetzt, als Zentralion findet man oft Cu^{2+}.

3. Anthocyane enthalten den **Heterocyclus Chromen,** der folgenden Derivaten zugrunde liegt:

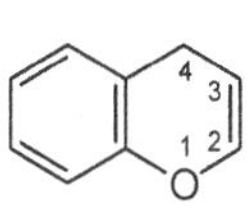

4H-Chromen 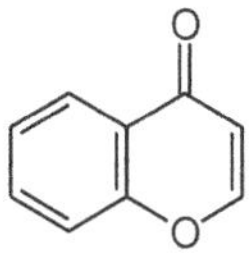   Chromon 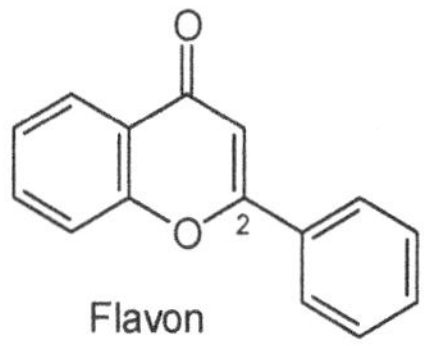   Flavon
                                   (2-Phenyl-chromon)

Viele rote und blaue Blütenfarbstoffe sind substituierte **Flavyliumsalze,** die wie üblich meist als Glycoside (Anthocyanine) vorkommen. Bei der sauren Hydrolyse erhält man die mesomeriestabilisierten Flavyliumsalze (Anthocyanidine).

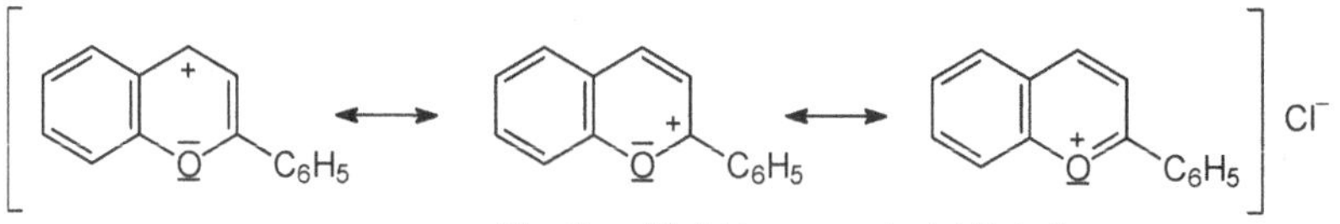

Flavyliumchlorid (mesomeriestabilisiert)
(2-Phenylchromyliumchlorid)

Die wichtigsten Vertreter sind: **Cyanidinchlorid** (3,5,7,3',4'-Pentahydroxy-flavy-liumchlorid), **Delphinidinchlorid** (3,5,7,3',4',5'-Hexahydroxy-flavyliumchlorid), **Pelargonidinchlorid** (3,5,7,4'-Tetrahydroxy-flavyliumchlorid).
Die Farbe der Anthocyane hängt ab vom pH-Wert und verschiedenen Metallionen, mit denen Chelat-Komplexe gebildet werden.

Eng verwandt mit den Anthocyanidinen sind die **Flavonole** (3-Hydroxy-flavone), meist gelbe Farbstoffe, die frei oder glycosidisch gebunden in Blüten und Rinden vorkommen. Dazu gehört z.B. **Morin** (5,7,2',4'-Tetrahydroxy-flavonol), ein empfindliches Nachweisreagenz für Al^{3+}, oder **Quercitin** (5,7,3',4'-Tetrahydroxy-flavonol) in Stiefmütterchen, Löwenmaul, Rosen etc.

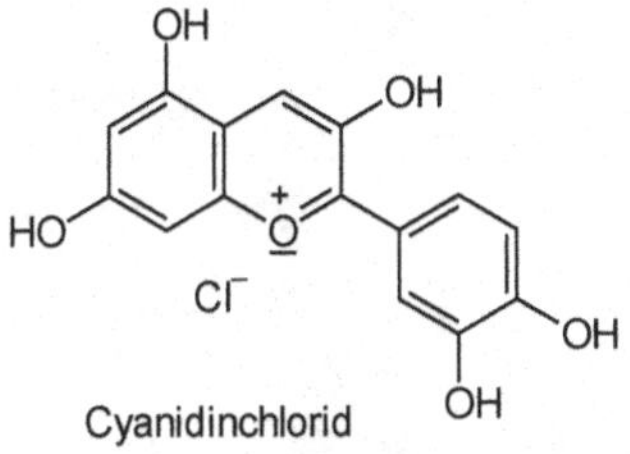

Cyanidinchlorid
(rote Rose, Kornblume, Mohn, Kirsche)

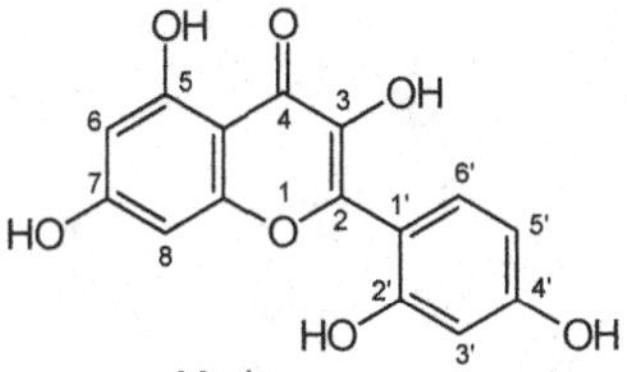

Morin
(Gelbholz)

4. Chemisch verwandt mit diesen beiden Farbstoffgruppen sind die **Catechine, natürliche Gerbstoffe**, die ebenfalls meist glycosidisch gebunden sind, z.B. **Catechin** und **Vitamin E** (Tocopherol).

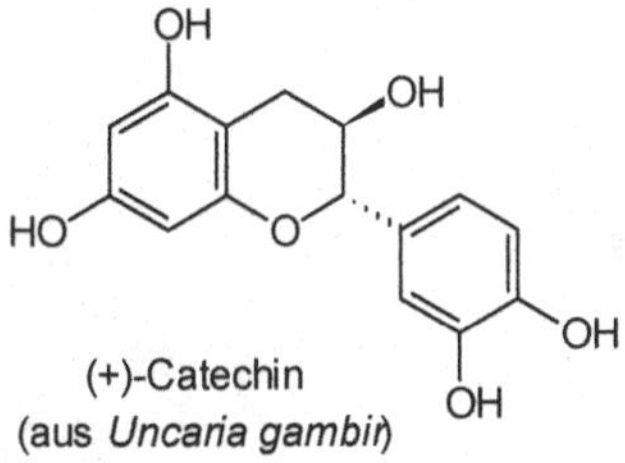

(+)-Catechin
(aus *Uncaria gambir*)

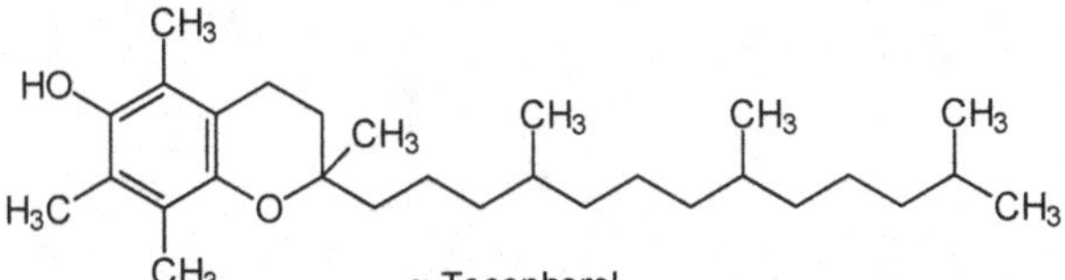

α-Tocopherol

Teil III
Angewandte Chemie

36 Organische Grundstoffchemie

Der Rohstoffbedarf der industriellen organischen Chemie wird weitgehend durch Kohle, Erdgas und Erdöl gedeckt, wobei diese Stoffe auch gleichzeitig die wichtigsten Energieträger sind. Heute basieren etwa 95% der petrochemischen Primärprodukte auf Erdöl/Erdgas und nur 5% auf Kohle als Chemierohstoff (mit Ruß und Graphit 13%).

36.1 Erdöl

36.1.1 Vorkommen und Gewinnung

Erdöl, entstanden durch Zersetzung organischer Stoffe maritimen Ursprungs, kommt in der Regel in sekundären Lagerstätten vor und ist dort von porösem Gestein aufgenommen worden. Die ölhaltige Schicht ist nach oben durch undurchlässige Gesteinsschichten und nach unten meist durch Salzwasser begrenzt, das mit dem Erdöl durch das Gestein gewandert ist. Über dem Erdöl befindet sich häufig noch eine Blase aus Erdgas.

Die Lagerstätte wird durch eine Bohrung erschlossen. Das Rohöl wird zutage gepumpt oder steigt selbständig nach oben. Die Ausbeutung der Ölfelder beträgt kaum mehr als 50%. Das geförderte Öl wird entgast, von Salzwasser befreit und in der Raffinerie weiterverarbeitet. Die Aufarbeitung des Erdöls wird durch die unterschiedliche Zusammensetzung des Rohöls aus den einzelnen Lagerstätten bestimmt. **Paraffinisches** Rohöl enthält zu mehr als 50% Alkane, **naphthenisches** Rohöl überwiegend Cycloaliphaten und Aromaten. Wichtigstes Trennverfahren ist die *Destillation.* Abb. 82 zeigt eine Fraktionierkolonne für die Erdöldestillation.

36.1.2 Erdölprodukte

Abb. 83 zeigt den Stofffluss in einer modernen Raffinerie, die im Verbund mit der chemischen Industrie arbeitet. Der größte Teil der Raffinerieproduktion wird jedoch für Heizzwecke verwendet oder dient als Treibstoff. Wichtigstes Produkt für die chemische Industrie ist **Naphtha** (Rohbenzin) als Ausgangsmaterial zur Gewinnung von Olefinen und Aromaten. Danach folgen **Heizöl** und **Gase** zur Herstellung der Synthesegase.

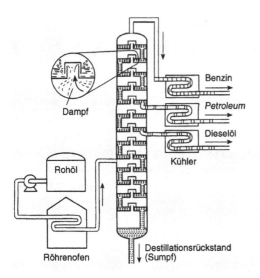

Abb. 82. Fraktionierkolonne für Erdöl (Glockenbodenkolonne) (nach Chemie-Kompendium, Kaiserlei Verlagsgesellschaft, Offenbach)

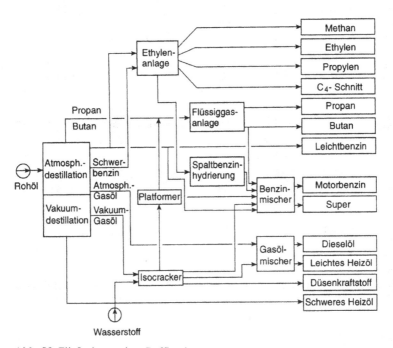

Abb. 83. Fließschema einer Raffinerie

Zwischen der natürlichen Zusammensetzung des Erdöls (z.B. Benzin 12%) und dem tatsächlichen Bedarf (z.B. Benzin 45%) besteht eine Diskrepanz, die durch direkte Destillation des Erdöls nicht ausgeglichen werden kann. Man hat deshalb verschiedene Verfahren erarbeitet, mit denen die hoch siedenden Erdölprodukte in die benötigten niedermolekularen Kohlenwasserstoffe umgewandelt werden können.

36.1.3 Verfahren der Erdölveredelung

Cracken

Unter **Cracken** versteht man **das Spalten von langkettigen Kohlenwasserstoffen** (unter Trennung von C–C- und C–H-Bindungen) in kurzkettige gesättigte und ungesättigte Bruchstücke. Je nach der gewünschten Produktverteilung verwendet man verschiedene Verfahren.

Generell gilt: Durch Energiezufuhr verändert sich die Lage der Stelle, an der die C-Kette bricht. Bei niederen Temperaturen (400-600°C) erfolgt der Bruch in der Mitte, und die Moleküle gehen Folgereaktionen ein wie Isomerisierung, Ringschlüsse und Dehydrierungen. Mit steigender Temperatur wird das Molekül mehrfach gespalten, meist unsymmetrisch, wobei das größere Bruchstück Doppelbindungen enthält. Bei Temperaturen von 600-1000°C erhält man als Hauptprodukt Ethen, Propen und Buten, oberhalb 1000°C Ethen und Ethin (Hochtemperaturpyrolyse).

Neben dem radikalisch ablaufenden **thermischen Cracken** (T = 550°C, p = 1 bis 85 bar) wird heute überwiegend das **katalytische Cracken** angewandt (T = 500°C, p = 2 bar, Katalysator Al_2O_3/SiO_2). Hierbei entstehen weniger gasförmige Produkte und mehr Aromaten, Olefine und verzweigte Alkane. Wegen der Rußbildung, die die Katalysatoren inaktiviert, arbeitet man oft mit Fließbett- oder Wirbelschichtverfahren.

Bei der **Hydrocrackung** wird Wasserstoff zugesetzt, um höhere Anteile an Alkanen zu erhalten. Umgekehrt werden bei der Dehydrierung Olefine und Wasserstoff gebildet.

Das **Reforming-Verfahren** ist eine spezielle Form des Crackens, bei der die Wärmeeinwirkung nur sehr kurzzeitig ist (10-20 s, 500°C, 15-70 bar, Kat. beim Platforming: Pt/Al_2O_3).

Hauptreaktionen: Isomerisierungen (*n*-Butan → *i*-Butan), Aromatisierungen (Hexan → Cyclohexan → Benzol), Cyclisierungen (*n*-Heptan → Methylcyclohexan → Toluol).

Aufbaureaktionen dienen dazu, niedermolekulare Bruchstücke umzuwandeln. Dazu gehören Polymerisationen: Propen → Tetrapropen, und Alkylierungen: Isobuten + Isobutan → Isooctan.

Synthesegas-Erzeugung durch Erdölspaltung

Synthesegas (für die Methanol-Synthese, Oxo-Synthese u.a.) wird nach zwei Verfahren gewonnen, die eine Kopplung der folgenden endothermen bzw. exothermen Vergasungsreaktionen darstellen:

$$-CH_2- + \tfrac{1}{2}O_2 \longrightarrow CO + H_2 \qquad \Delta H = -92\ kJ/mol$$
$$-CH_2- + H_2O \longrightarrow CO + 2\,H_2 \qquad \Delta H = +151\ kJ/mol$$

1. Beim **autothermen Spaltprozess** ohne Katalysator wird Erdöl mit O_2 und H_2O im Reaktor umgesetzt. Die bei der partiellen Verbrennung des Öls entstandene Wärme wird zur thermischen Spaltung verwendet.

2. Dampfspaltung: In Gegenwart von Wasser erfolgt eine katalytische Spaltung ohne Rußbildung, Katalysator: $Ni-K_2O/Al_2O_3$. Energiezufuhr ist erforderlich.

Gewinnung von Aromaten

Die wichtigsten Produkte sind **Benzol, Toluol** und die **Xylole** (BTX). Erhalten werden sie aus dem Pyrolysebenzin der Naphtha-Dampfspaltung (steam-cracking Verfahren zur Ethylenherstellung), dem Reformatbenzin aus der Rohbenzin-Verarbeitung und dem Kokereigas der Steinkohle-Verkokung (Tabelle 51).

Anthracen und Naphthalin werden aus Steinkohlenteer, letzteres in den USA auch aus Destillationsrückständen sowie Crack-Benzin isoliert.

36.2 Erdgas

Erdgas besteht überwiegend aus **Methan**. Es enthält außerdem Ethan, Propan und Butan (nasses Erdgas) sowie H_2, N_2, CO_2, H_2S und He. Erdgaslager werden durch Bohrung erschlossen. Das Rohgas wird durch Trocknung, Reinigung, Entfernung von H_2S etc. aufbereitet. Erdgas dient zur Energieerzeugung, zur Herstellung von Synthesegas ($CH_4 + 1/2\ O_2 \longrightarrow CO + 2\ H_2$) und als Ausgangsprodukt für C_2H_2, HCN und Ruß.

36.3 Kohle

36.3.1 Vorkommen und Gewinnung

Kohle ist überwiegend aus pflanzlichem Material entstanden. Die beiden wichtigsten Arten sind Steinkohle und Braunkohle mit einem Kohlenstoffgehalt von 80-96% bzw. 55-75% (Inkohlungsgrad). Das Rohprodukt wird zerkleinert und sortiert. Der größte Teil der Kohle wird verfeuert (zu Heizzwecken oder zur Stromerzeugung).

Tabelle 51. Verfahren zur Aromaten-Gewinnung (**B**enzol, **T**oluol, **X**ylol)

Trennproblem	Verfahren	Durchführung	Hilfsstoffe
BTX-Abtrennung aus Pyrolysebenzin und Kokereigas	Azeotrop-Dest. (für Aromatengehalt > 90%)	Nichtaromaten werden azeotrop abdestilliert: Aromaten bleiben im Sumpf.	Amine, Ketone, Alkohole, Wasser
BTX-Abtrennung aus Pyrolysebenzin	Extraktiv-Dest. (Aromatengehalt: 65 - 90%)	Nichtaromaten werden abdestilliert; Sumpfprodukt (Aromaten + Lösemittel) wird destillativ getrennt.	Dimethyl-formamid, N-Methyl-pyrrolidon, N-Formyl-morpholin, Tetrahydro-thiophen-dioxid (Sulfolan)
BTX-Abtrennung aus Reformatbenzin	Flüssig-Flüssig-Extraktion (Aromatengehalt: 20 - 65%)	Gegenstromextraktion mit zwei nicht mischbaren Phasen. Trennung v. Aroma- ten u. Selektiv-Lösemitteln durch Destillation	Sulfolan, Dimethylsulfoxid/H_2O, Ethylenglykol/H_2O, N-Methylpyrrolidon/H_2O
Isolierung von p-Xylol aus m,p-Gemischen	Kristallisation durch Ausfrieren	o-Xylol wird vorab abdestilliert. Das Gemisch wird getrocknet und mehrstufig kristallisiert.	
Schmp. p-Xylol: +13°C m-Xylol: −48°C	Adsorption an Festkörper	p-Xylol wird in der Flüssigphase z.B. an Molekularsiebe adsorbiert und danach durch Lösemittel wieder desorbiert.	

36.3.2 Kohleveredelung

Kohle kann als Rohstoffbasis zur Gewinnung von Benzol, Naphthalin, Anthracen, Acetylen (Ethin) und Kohlenmonoxid dienen. Von Bedeutung sind aber auch die technischen Kohlenstoffarten wie Ruß, Graphit sowie Koks. Koks dient u.a. als Reduktionsmittel zur Eisenerzeugung.

1. Umwandlung in Acetylen über Calciumcarbid

$$CaO \; + \; 3\,C \; \xrightarrow{2300\,°C} \; CaC_2 \; + \; CO \qquad CaC_2 \; + \; 2\,H_2O \; \longrightarrow \; C_2H_2 \; + \; Ca(OH)_2$$

Calciumcarbid wird elektrochemisch hergestellt (für 1 kg C_2H_2 werden etwa 10 kWh benötigt).

2. Kohlehydrierung

Durch katalytische Hydrierung von Stein- und Braunkohle lassen sich fast alle Produkte erhalten, die heute auf der Basis Erdöl/Erdgas hergestellt werden.

3. Vergasen von Kohle

Bei der vollständigen Umwandlung der Kohle in gasförmige Verbindungen handelt es sich um die Reduktion von H_2O mit C. Lediglich die mineralischen Bestandteile bleiben als Asche zurück. Im Allgemeinen wird Kohle vergast, indem abwechselnd Luft und Wasserdampf über den glühenden Koks geleitet werden. Man erhält Generatorgas (N_2 + CO) und Wassergas (CO + H_2).

Verwendung der Synthesegase:

1. Methanol-Synthese: $CO + 2\,H_2 \longrightarrow CH_3OH$.

2. Oxo-Synthese (Hydroformylierung, s. Kap. 36.5).

3. *Fischer-Tropsch*-Synthese für Kohlenwasserstoffe:

$$n\,CO + (2n + 1)\,H_2 \longrightarrow C_nH_{2n+2} + n\,H_2O.$$

4. Ammoniak-Synthese: $N_2 + 3\,H_2 \rightleftharpoons 2\,NH_3$ (s. Basiswissen I).

4. Entgasen oder Verkoken der Kohle

Zur Koksgewinnung wird Kohle unter Luftabschluss erhitzt. Braunkohle wird meist bei 500-600°C verschwelt, Steinkohle bei 1000-1200°C verkokt. Man erhält: Koks, Rohgas, Verkokungswasser und Teer.

Das **Rohgas** (54% H_2, 27% CH_4, CO, CO_2, N_2 u.a.) wurde früher gereinigt als Stadtgas verwendet und dient heute meist zum Beheizen der Koksöfen. Das **Kokereiwasser** enthält Ammoniak und Phenole, die ausgewaschen und weiterverarbeitet werden. Der **Steinkohlenteer** ist ein Gemisch aus zahlreichen Kohlenwasserstoffen, wobei die Aromaten und Heteroaromaten überwiegen. Er wird wie das Rohöl destillativ aufgetrennt.

36.4 Acetylen-Chemie

Acetylen (Ethin) war früher eine bedeutende Ausgangsverbindung. In den letzten Jahren ist sie weitgehend durch Produkte auf der Basis von Alkenen ersetzt worden. Sofern jedoch Steinkohle und Elektrizität preiswert zur Verfügung stehen, dürfte Acetylen als petrochemischer Grundstoff weiterhin interessant sein.

Die wichtigsten Herstellungsverfahren sind:

1. thermische Spaltung von Kohlenwasserstoffen

2. aus Kohle und Kalk über Calciumcarbid

Verwendung von Acetylen

Es sind nur Beispiele für heute noch durchgeführte Konkurrenzverfahren zu den Alkenen angegeben:

- Herstellung von **1,4-Butandiol,** ein Zwischenprodukt z.B. für Tetrahydrofuran (durch Dehydratisierung) und γ-Butyrolacton (→ N-Methylpyrrolidon):

$$C_2H_2 \; + \; 2\,HCHO \xrightarrow{\text{Kat.}} HOCH_2-C\equiv C-CH_2OH \xrightarrow{\;2\,H_2\;} HO-(CH_2)_4-OH$$

$$\qquad\qquad\qquad\qquad\quad \text{1,4-Dihydroxy-2-butin} \qquad\qquad\qquad \text{1,4-Butandiol}$$

- **Acrylnitril:** $HC\equiv CH + HCN \longrightarrow H_2C=CHCN$

- **Acrylsäure:** $HC\equiv CH + CO + H_2O \longrightarrow H_2C=CHCOOH$

- **Acrylsäureester:** $HC\equiv CH + CO + ROH \longrightarrow H_2C=CHCOOR$

- **Vinylether:** $HC\equiv CH + ROH \longrightarrow H_2C=CHOR$

36.5 Oxo-Synthese (Hydroformylierung)

Aliphatische Aldehyde werden großtechnisch durch katalytische Addition von H_2 und CO an Alkene hergestellt. Dabei können sich jedoch Gemische von regioisomeren Produkten bilden.

$$R-CH=CH_2 \; + \; CO \; + \; H_2 \xrightarrow{\text{Kat.}} R-CH_2-CH_2-CHO \; + \; R-\overset{\displaystyle CHO}{\underset{\displaystyle |}{CH}}-CH_3$$

Die Aldehyde haben als Endprodukte keine sonderliche Bedeutung, sie sind jedoch wichtige Zwischenprodukte (Abb. 84) für:

1. Alkohole (Reduktion mit H_2),

2. Carbonsäuren (Oxidation mit Luft, s.a. Kap. 18.2),

3. Aldolprodukte (mit basischen Katalysatoren, s.a. Kap. 17.3.2),

4. primäre Amine (reduktive Aminierung, z.B. mit H_2/NH_3, s.a. Kap. 14.1.2).

Bedeutende Produkte sind **n-Butanol** und **2-Ethyl-cyclohexanol**. Letzteres dient als Alkohol-Komponente für Phthalsäureester („Dioctylphthalat", ein Weichmacher für Kunststoffe):

Katalysatoren (Kat.) für die Oxosynthese

Technisch wichtige Katalysatoren sind Cobalt- und vor allem Rhodiumverbindungen, die als aktive Carbonyl-Komplexe vorliegen, z.B.

$$2\ H\text{–}Co(CO)_4 \rightleftharpoons Co_2(CO)_8 + H_2; \qquad H\text{–}Co(CO)_4 \rightleftharpoons H\text{–}Co(CO)_3 + CO$$

Der erste Schritt ist die Bildung eines π-Komplexes **I**, der sich unter CO-Aufnahme zu einem Alkylcobalttetracarbonyl-σ-Komplex **II** umlagert. Aus diesem entsteht ein Acyl-cobalttricarbonyl-Komplex **III**, der hydrierend gespalten wird.

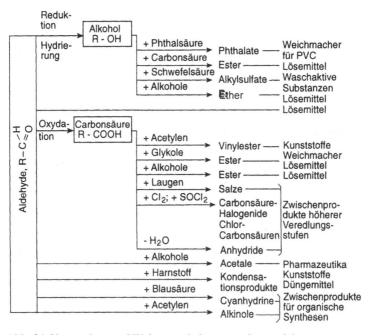

Abb. 84. Verwendung und Weiterverarbeitung von Oxoprodukten

36.6 Wichtige organische Chemikalien

Die Zeitschrift „*Chemical & Engineering News*" publiziert jährlich eine Liste der mengenmäßig 50 wichtigsten Chemikalien. Davon sind etwa 25% organische Produkte, die alphabetisch in Tabelle 52 zusammengestellt sind. Diese Tabelle enthält auch alle Schlüsselchemikalien, die, in großen Mengen produziert, als Bausteine für die meisten anderen Industrieprodukte dienen. Ihre Endprodukte sind prozentmäßig angegeben.

Nicht enthalten sind die **Schlüssel-Polymere**. Diese sind bei den

- Fasern: Polyester, Nylon, Perlon, Polyacrylfaser;

- Elastomeren: Styrol-Butadien-Polymerisate, Polybutadien;

- Harzen: Phenol-Harz, Polyester-Harz, Harnstoff-Harz;

- Thermoplasten: Polyethylen, Polyvinylchlorid, Polystyrol, Polypropylen.

Inzwischen ist als weitere Verbindung in Tabelle 51 aufzunehmen: MTBE, Methyl-*tert.*-butylether. Dieser darf in den USA in bis zu 7 Vol% dem Benzin zugemischt werden und kann neben Benzol als Antiklopfmittel im Benzin eingesetzt werden. Herstellung:

$$CH_3OH \ + \ H_2C{=}C(CH_3)_2 \ \xrightarrow{\ H^+\ } \ H_3C{-}O{-}C(CH_3)_3$$

Methanol   Isobuten   Methyl- *tert.*-butylester
                                              MTBE

Eine Übersicht über die Verwendung der beiden wichtigen Vorprodukte Ethen und Propen geben die Tabellen 53 und 54.

Tabelle 52. Wichtige organische Chemikalien (xx bedeutet jeweils das gewünschte Produkt)

Name/Formel	wichtige Derivate/Produkte	Herstellung/Gewinnung	Anwendung/Endprodukte

Acetanhydrid
$H_3C-C-O-C-CH_3$
  $\parallel$ $\parallel$
  O O
	–	a) $CH_3COOH \xrightarrow[\Delta]{Kat.} CH_2=C=O + H_2O$
		
		$CH_2=C=O + CH_3COOH \longrightarrow xx$
		
		b) $2\ CH_3CHO \xrightarrow[+O_2]{Kat.} xx + H_2O$
		
		Kat.: Cu/Co-Acetat
			Acetylcellulose
			Acetylierungsmittel

Aceton
$H_3C-C-CH_3$
  $\parallel$
  O
	Aldolisierung:
	MIBK
	Aceton-cyanhydrin
		a) Hock-Synthese (s. Phenol)
		b) $CH_3-CH=CH_2 + 1/2\ O_2 \xrightarrow{Kat.} xx$
		c) $(CH_3)_2CHOH \xrightarrow{Kat.} xx + H_2$
			Lösemittel
			(auch MIBK = Methyl-isobutylketon)
			Plexiglas

Acrylnitril $CH_2=CH-CN$	Polyacrylnitril	$CH_3-CH=CH_2 + NH_3 + 3/2\ O_2 \xrightarrow{Kat.} xx$	Acryl-Faser für Bekleidung und Heimtextilien
Adipinsäure $HOOC-(CH_2)_4-COOH$	–	Katalyt. Oxidation v. Cyclohexan über Cyclohexanol/Cyclohexanon	Nylon
Benzol C_6H_5	Ethylbenzol 50% Cumol 15% Cyclohexan 15% Anilin 5%	aus Kohlenteer, Reformatbenzin und Pyrolysebenzin	Polystyrol 25% Styrol-Mischpolym. 10% Nylon 20% Styrol-Butadien-Gummi 5%
Butadien $CH_2=CH-CH=CH_2$	Styrol-Butadien-Gummi 50% Polymere 20% Elastomere 10%	a) aus C_4-Crackfraktion b) durch Dehydrierung v. Buten u. Butan	Reifen u.a. Elastomere 80% Thermoplaste 10%

Tabelle 52 (Fortsetzung)

Name/Formel	wichtige Derivate/Produkte	Herstellung/Gewinnung	Anwendung/Endprodukte
Butanol C_4H_9OH	Ester	$CH_3CH=CH_2 + 2\,CO + 2\,H_2O \longrightarrow$ $CH_3CH_2CH_2CHO \xrightarrow{H_2} xx$	Lösemittel Weichmacher für PVC
Cumol $C_6H_5-CH(CH_3)_2$	Phenol Aceton	$C_6H_6 + CH_2=CH-CH_3 \xrightarrow{Kat.} xx$ Kat.: Lewis-Säuren	
Cyclohexan C_6H_{12}	Adipinsäure 65% Caprolactam 30%	a) Hydrierung v. Benzol b) Isomerisierung v. Rohbenzin	Nylon-6,6 60% Nylon-6 30%
1,2-Dichlorethan (Ethylen-dichlorid) $Cl-CH_2-CH_2-Cl$	Vinylchlorid Vinylidenchlorid	$CH_2=CH_2 \xrightarrow{Cl_2} xx$ über 1,1,2-Trichlorethan $(xx \xrightarrow{Cl_2} ClCH_2CHCl_2 \xrightarrow[-HCl]{+NaOH} CH_2=CCl_2)$	PVC PVC-Copolymer mit Vinylidenchlorid 1,1,1-Trichlor-ethan durch Hydrochlorierung v. Vinyl- u. Vinylidenchlorid
Essigsäure CH_3-COOH	Acetanhydrid Ester	a) Oxidation von n-Butan b) $CH_3OH + CO \xrightarrow{Rh/I_2} xx$ c) $CH_2=CH_2 + 1/2\,O_2 \xrightarrow{Pd/Cu} \boxed{CH_3CHO}$ $CH_3CHO + O_2 \xrightarrow{Kat.} xx$	Vinylacetat Celluloseacetat Butylacetat
Ethanol CH_3CH_2OH	Acetaldehyd Ester Ethylchlorid	$CH_2=CH_2 + H_2O \xrightarrow{(H^+)} xx$ (H^+): H_3PO_4/SiO_2 oder H_2SO_4	Lösemittel Ethylacetat

Tabelle 52 (Fortsetzung)

Name/Formel	wichtige Derivate/Produkte	Herstellung/Gewinnung	Anwendung/Endprodukte
Ethen (Ethylen) $CH_2=CH_2$	Polyethylen 45% Ethylenoxid/Ethylenglycol 20% Vinylchlorid 15% Styrol 10%	Crackverfahren	Plastikprodukte 65% Gefrierschutzmittel 10% Fasern 5% Lösemittel 5%
Ethylbenzol $C_6H_5-C_2H_5$	Styrol	$C_6H_6 + CH_2=CH_2 \xrightarrow{Kat.} xx$ Kat.: Lewis-Säuren	Polystyrol
Ethylenglycol $HOCH_2-CH_2OH$	Polyethylen-terephthalate 35%	$H_2C\underset{O}{\overset{\diagup}{\diagdown}}CH_2 + H_2O \longrightarrow xx$	Gefrierschutz 50% Polyester 35%
Ethylenoxid $H_2C\underset{O}{\overset{\diagup}{\diagdown}}CH_2$	Ethylenglycol Polyethylenglycol	$CH_2=CH_2 + 1/2\ O_2 \xrightarrow{Ag} xx$	mit H_2O: Ethylenglycol mit ROH: Glycolether mit NH_3: Ethanolamin
Formaldehyd $H-\underset{O}{\overset{\parallel}{C}}-H$	Harnstoff-xx-Harze 25% Phenol-xx-Harze 25% Butandiol 5% Acetal-Harze 5%	a) $CH_3OH \xrightarrow{Ag,\ Cu} xx + H_2O$ b) $2\ CH_3OH + O_2 \xrightarrow{Fe(MoO_4)} xx + H_2O$	Klebstoffe u. Bindemittel 60% Kunststoffe 10%
Harnstoff $H_2N-\underset{O}{\overset{\parallel}{C}}-NH_2$	xx-Formaldehyd-Harze 10% Melamin-Harze 5%	$CO_2 + NH_3 \xrightarrow{Druck} xx$	Düngemittel 75% Tiernahrung 10% Bindemittel 10%
Isopropanol $H_3C-\underset{\underset{CH_3}{\mid}}{CH}-OH$	Aceton	$CH_3CH=CH_2 + H_2O \xrightarrow{(H^+)} xx$ (H^+): H_3PO_4/SiO_2 oder H_2SO_4	Lösemittel Benzinadditiv

Tabelle 52 (Fortsetzung)

Name/Formel	wichtige Derivate/Produkte	Herstellung/Gewinnung	Anwendung/Endprodukte
Methanol CH_3OH	Formaldehyd 45%	$CO + H_2 \xrightarrow[p,\,T]{ZnO/Cr_2O_3} xx$	Lösemittel Polymere 60% Benzinadditiv
MTBE	s. Einführungstext zur Tabelle		
Phenol C_6H_5-OH	Phenolharze 45% Bisphenol A 20% Caprolactam 15% Alkylphenole 5%	Cumol + $O_2 \longrightarrow C_6H_5-\overset{\displaystyle CH_3}{\underset{\displaystyle CH_3}{C}}-OOH$ $\xrightarrow{(H^+)} xx + Aceton$	Bindemittel 50% Fasern 20% Kunststoffe 20%
Propen (Propylen) $CH_2=CH-CH_3$	Polymere 35% Acrylnitril 15% Isopropanol 10% Propylenoxid 10% Acrylsäure	Crackverfahren	Plastikprodukte 50% Fasern 15% Lösemittel 10%
Propylenoxid $H_2C\overset{\diagup\!\diagdown}{\underset{O}{}}CH-CH_3$	Propylenglycol 20% Polyether/Polyole für Polyurethane 60%	a) $CH_2=CH-CH_3 \xrightarrow{HOCl} CH_3\underset{OH}{CH}-CH_2Cl$ $\left.\begin{array}{l} CH_3\underset{+\ Cl}{CH}-CH_2OH \\ \end{array}\right\}$ gemisch $\xrightarrow{Ca(OH)_2} xx$ b) $CH_2=CH-CH_3 \xrightarrow[Peroxide]{[O_2]} xx$	Polyurethan-Schäume 60% ungesättigte Polyester, meist Glasfaser-verstärkt 20%
Styrol $C_6H_5-CH=CH_2$	Homo- u. Copolymere 80% xx-Butadien-Elastomere 10%	a) $C_6H_5-CH_2CH_3 \longrightarrow xx + H_2$ b) aus Raffinaten	fertige Kunststoffprodukte 90% Reifen und andere Elastomere 9%

Tabelle 52 (Fortsetzung)

Name/Formel	wichtige Derivate/Produkte	Herstellung/Gewinnung	Anwendung/Endprodukte
Toluol $C_6H_5-CH_3$	Benzol: $xx + H_2 \longrightarrow$ $C_6H_6 + CH_4$ Hydrodealkylierung (kat. Disproportionierung): $xx \longrightarrow$ Benzol $+$ Xylole	Pyrolysebenzin Reformatbenzin	Lösemittel
Vinylacetat $H_3C-\underset{\underset{O}{\|\|}}{C}-O-CH=CH_2$	Polyvinylacetat u. Copolymere 60% Polyvinylalkohol 20% und andere Polymere 15%	$CH_2=CH_2 + CH_3COOH + O_2 \xrightarrow{PdCl_2} xx + H_2O$	Bindemittel 25% Farbanstriche 15% Papierveredelung 10% Textilausrüstung 10%
Vinylchlorid $CH_2=CHCl$	Homo- u. Copolymere 100%	$CH_2=CH_2 + Cl_2 \longrightarrow ClCH_2CH_2Cl$ $\xrightarrow{500°C} xx + HCl$	Plastikprodukte 100%
p-Xylol $C_6H_4(CH_3)_2$	DMT u. PTA 100%	Pyrolysebenzin oder Erdöldestillation	Polyester-Folien, -Fasern, etc. 100%
Dimethylterephthalat (DMT) Terephthalsäure (PTA) $C_6H_4(COOR)_2$; $R = CH_3, H$	Polyethylenterephthalate 100%	PTA: Oxidation v. p-Xylol, DMT: Oxidation v. p-Xylol, Veresterung mit Methanol	Polyester-Fasern, -Folien, Thermoplaste 100%

Tabelle 53. Verwendung von Ethen, $CH_2{=}CH_2$

$+ O_2$	$\longrightarrow$	$H_2C{-}CH_2$ Ethylenoxid $\backslash O /$

$+ O_2 \longrightarrow H_3C{-}CHO \xrightarrow{\ O_2\ } H_3C{-}COOH$

                    Acetaldehyd   Essigsäure

$+ H_2O \longrightarrow H_3C{-}CH_2{-}OH$ Ethanol

$+ HCl \longrightarrow H_3C{-}CH_2{-}Cl$ Ethylchlorid   ($\longrightarrow Pb(C_2H_5)_4$)

$+ CO + H_2 \longrightarrow H_3C{-}CH_2{-}CHO \longrightarrow H_3C{-}CH_2{-}CH_2{-}OH$

                         Propionaldehyd   n-Propanol

$+ Cl_2 \longrightarrow ClCH_2{-}CH_2Cl$ 1,2-Dichlorethan

                           $\downarrow -HCl$

$+ Cl_2/O_2 \longrightarrow$ $CH_2{=}CHCl$ Vinylchlorid $\longrightarrow$ Polyvinylchlorid (PVC)

$+ H_2C{=}CH_2 \longrightarrow$ Polyethylen (PE)

$CH_3{-}COOH/O_2 \longrightarrow$ $H_3C{-}\underset{\underset{O}{\|}}{C}{-}O{-}CH{=}CH_2$ Vinylacetat $\longrightarrow$ Polyvinylacetat

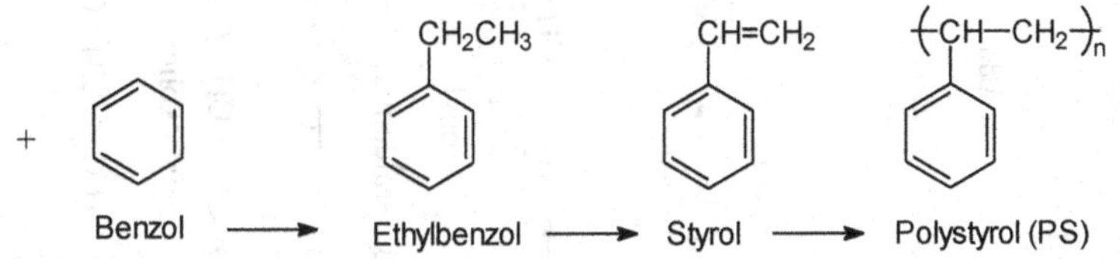

$+$

        Benzol $\longrightarrow$ Ethylbenzol $\longrightarrow$ Styrol $\longrightarrow$ Polystyrol (PS)

Tabelle 54. Verwendung von Propen, $CH_2=CH_2-CH_3$

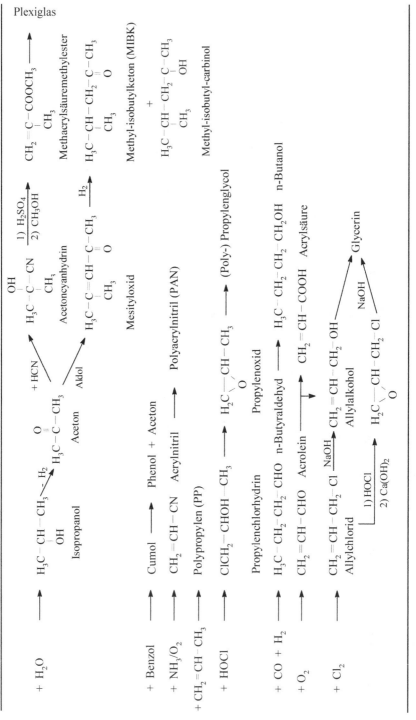

37 Kunststoffe

Kunststoffe sind voll- oder halbsynthetisch hergestellte Makromoleküle. In den organischen Kunststoffen sind die C-Atome untereinander und mit anderen Atomen wie H, O, N und Cl verknüpft. Besteht das Rückgrat der Kette aus gleichen Atomen, spricht man von einer **Isokette** (z.B. –C–C–C–C–C–), sind auch andere Atome vorhanden, von einer **Heterokette** (z.B. –C–O–C–O–C–).

37.1 Herstellung

Bei der Synthese der Makromoleküle geht man von niedermolekularen Verbindungen aus. **Die Monomeren werden in Polyreaktionen zu Makromolekülen, den Polymeren, verknüpft.** Diese sind somit aus vielen Grundbausteinen (**Monomer-Einheiten**) aufgebaut. Die kleinste sich ständig wiederholende Einheit nennt man **Strukturelement**.

Makromoleküle aus dem gleichen Grundbaustein heißen **Homopolymere** (Unipolymere), solche aus verschiedenen Arten von Grundbausteinen **Copolymere**.

Beispiel: Polyethylen ist ein Homopolymer mit einer **Isokette**. **Monomer:** $CH_2=CH_2$, **Grundbaustein:** $-CH_2-CH_2-$, **Strukturelement:** $-CH_2-$, **Polymer:** $\left(CH_2\right)_n$.

37.1.1 Reaktionstypen

Polyreaktionen können bei Berücksichtigung der Kinetik in zwei Reaktionstypen eingeteilt werden: **1. Kettenreaktionen** und **2. schrittweise verlaufende Reaktionen**.

1. Bei Kettenreaktionen werden Monomere an eine wachsende, aktivierte Kette M_n^+ angelagert:

$$M_n^+ + M \longrightarrow M_{n+1}^+$$

Zu diesen Kettenwachstumsreaktionen gehören die **Polymerisationen**.

2. Beim zweiten Reaktionstyp erfolgt der Aufbau des Polymeren stufenweise: Erst bildet sich ein Dimeres, dann ein Trimeres usw. Hier führt also jeder Schritt zu einem stabilen Produkt, was nicht ausschließt, dass gebildete kurzkettige Polymere ebenfalls schrittweise miteinander reagieren. Zu diesen Stufenwachstumsreaktionen gehören **Polyadditionen** und **-kondensationen**.

Bei den nachfolgend angegebenen Reaktionen beachte man, dass die meisten Polymere noch reaktive Endgruppen enthalten, die hier nicht angegeben sind. Die Produktformeln enthalten also nur die Strukturelemente.

37.1.2 Polymerisation

Durch Verknüpfen von gleich- oder verschiedenartigen Monomeren entstehen polymere Verbindungen **ohne** Austritt irgendwelcher Moleküle. **Die Auslösung von** Polymerisationen **kann radikalisch, elektrophil, nucleophil oder durch Polyinsertion erfolgen:**

a) **Radikalische** Polymerisation

b) **Elektrophile (Kationische)** Polymerisation

c) **Nucleophile (Anionische)** Polymerisation

d) **Polymerisation mit** *Ziegler-Natta*-**Katalysator** (M) **(Polyinsertion)**

Radikalische Polymerisation

Dieser Reaktionstyp ist der häufigste. Die Reaktion wird durch Initiatoren (h · v, Wärme, Starter) eingeleitet (s.a. Kap. 4 und 6.4). Dabei bilden sich Starterradikale, welche die Polymerisation in Gang setzen:

$$\text{Init}_2 \xrightarrow[\Delta]{\text{hv}} 2 \text{ Init}\bullet$$

$$\text{Init}\bullet + \underset{\underset{R}{|}}{CH_2{=}CH} \longrightarrow \underset{\underset{R}{|}}{\text{Init}{-}CH_2{-}CH}\bullet \left.\right\} \text{Start}$$

$$\underset{\underset{R}{|}}{\text{Init}{-}CH_2{-}CH}\bullet + n \underset{\underset{R}{|}}{CH_2{=}CH} \longrightarrow \underset{\underset{R}{|}}{\text{Init}{-}CH_2{-}CH}\left(\underset{\underset{R}{|}}{CH_2{-}CH}\right)_{n-1}\underset{\underset{R}{|}}{CH_2{-}CH}\bullet \quad \begin{array}{l}\text{Ketten-}\\\text{wachstum}\end{array}$$

Anwendungsbeispiele: halogenierte Vinyl-Verbindungen, Vinylester, Ethen, Acrylnitril, Styrol (techn.)

$$n \underset{\underset{Cl}{|}}{CH_2{=}CH} \longrightarrow \underset{\underset{Cl}{|}}{-CH_2{-}CH}\left(\underset{\underset{Cl}{|}}{CH_2{-}CH}\right)_{n-2}\underset{\underset{Cl}{|}}{CH_2{-}CH-}$$

Vinylchlorid   Polyvinylchlorid (PVC)

Elektrophile (kationische) Polymerisation

Als Initiatoren dienen *Lewis*-Säuren in Gegenwart von Wasser oder Alkoholen. Der Kettenabbruch kann durch Abspaltung von H^+ oder Kombination mit einem Gegenion erfolgen.

$$BF_3 + H_2O$$
$$\downarrow$$

$$\underset{\underset{R}{|}}{CH_2{=}CH} \xrightarrow{H^+(BF_3OH)^-} \underset{\underset{R}{|}}{H{-}CH_2{-}CH+} \quad \text{Ionenbildung}$$

$$\underset{\underset{R}{|}}{H{-}CH_2{-}CH+} + n \underset{\underset{R}{|}}{CH_2{=}CH} \longrightarrow \underset{\underset{R}{|}}{H{-}CH_2{-}CH}\left(\underset{\underset{R}{|}}{CH_2{-}CH}\right)_{n-1}\underset{\underset{R}{|}}{CH_2{-}CH+} \quad \begin{array}{l}\text{Ketten-}\\\text{wachstum}\end{array}$$

Anwendungsbeispiele: Isobuten, Alkyl-vinyl-ether.

Nucleophile (anionische) Polymerisation

Als Initiator fungieren Alkoholate, Alkalimetalle, *Grignard*-Verbindungen usw. Metallische Starter können auch Radikal-Anionen bilden, z.B. aus Styrol die zu Di-Anionen dimerisieren können. Einige Anionen überdauern bei tiefer Temperatur längere Zeit (**„lebende Polymere"**). Ihre Verwendung erlaubt eine gute Steuerung der Molekülmassen-Verteilung und eine Copolymer-Struktur des Produkts. Der Kettenabbruch kann z.B. durch die Aufnahme von H^+ erfolgen.

Anwendungsbeispiele: Butadien, Acrylnitril-Derivate.

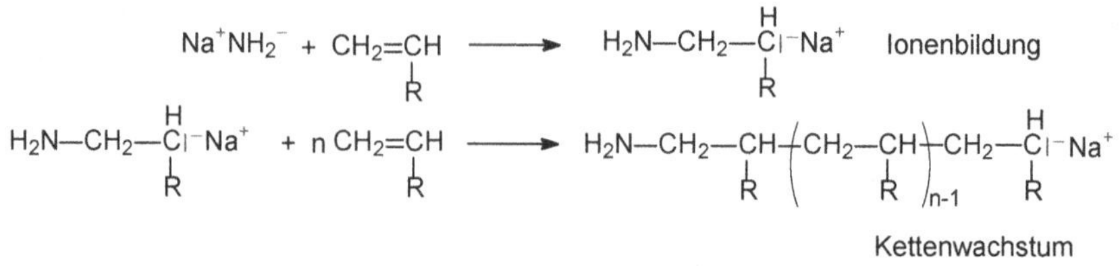

$$Na^+NH_2^- + CH_2=CH \underset{R}{} \longrightarrow H_2N-CH_2-\overset{H}{\underset{R}{C}}|^-Na^+ \quad \text{Ionenbildung}$$

$$H_2N-CH_2-\overset{H}{\underset{R}{C}}|^-Na^+ + n\,CH_2=CH \underset{R}{} \longrightarrow H_2N-CH_2-CH\left(CH_2-CH\right)_{n-1}CH_2-\overset{H}{\underset{R}{C}}|^-Na^+$$

Kettenwachstum

Polyinsertion (Koordinative Polymerisation)

Die Bildung von Polymeren in einer stereospezifischen Reaktion wird durch die Verwendung sog. Koordinationskatalysatoren ermöglicht. Dabei handelt es sich um metallorganische Mischkatalysatoren (*Ziegler-Natta*-Katalysatoren). Diese bestehen aus einer Übergangsmetallverbindung der IV. bis VIII. Nebengruppe, kombiniert mit einer metallorganischen Verbindung der I. bis III. Hauptgruppe. Bekanntestes Beispiel ist $TiCl_4/Al(C_2H_5)_3$.

Das Titantetrachlorid reagiert zunächst mit dem Trialkylaluminium (AlR_3) unter Ausbildung einer Alkyl–Ti–σ-Bindung. Dann wird z.B. ein Ethen-Molekül koordinativ gebunden und in die Ti–R-Bindung eingeschoben (**Insertion**). Die entstehende freie Koordinationsstelle kann erneut besetzt werden usw. Der Kettenabbruch geschieht thermisch oder mit H_2:

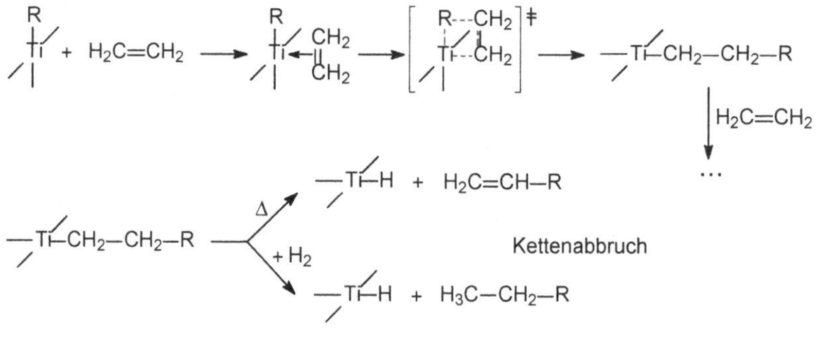

Kettenabbruch

Anwendungsbeispiele: Polyethylen, Polypropylen, Polyisopren und Polybutadien.

37.1.3 Polykondensation

Polymere Verbindungen bilden sich auch durch Vereinigung von niedermolekularen Stoffen unter Austritt von Spaltstücken (oft Wasser).

Beispiele:

n H$_2$N—(CH$_2$)$_6$—NH$_2$ + n HOOC—(CH$_2$)$_4$—COOH $\xrightarrow{-2n\,H_2O}$

Hexamethylendiamin   Adipinsäure

···NH$-$(CO$-$(CH$_2$)$_4$$-CO-NH-$(CH$_2$)$_6$$-NH)_n$CO···

Polyamid-6,6 (Nylon)

n H$_3$CO$-$C(=O)$-$⬡$-$C(=O)$-$OCH$_3$ + n HO—CH$_2$—CH$_2$—OH $\xrightarrow{-2n\,CH_3OH}$

Terephthalsäure-   Ethylenglykol
dimethylester

$\left(-O-C(=O)-⬡-C(=O)-O-CH_2-CH_2-O-\right)_n$

Polyester (Diolen)

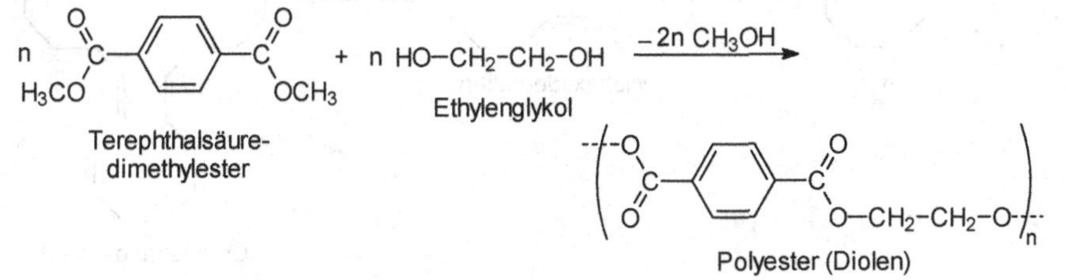

Einige Polykondensationen können reversibel sein, z.B. die Polyamid- oder Polyester-Bildung, da Kondensationsprodukte (z.B. Wasser) die gebildete Kette wieder abbauen können. Eine irreversible Polykondensation ist z.B. die Herstellung von Phenol-Formaldehyd-Harzen (s.a. Tabelle 56).

37.1.4 Polyaddition

Höhermolekulare Stoffe entstehen auch durch die Verknüpfung verschiedenartiger niedermolekularer Stoffe durch **Additionsreaktionen**.

Beispiel:

n HO—R—OH + n O=C=N—R'—N=C=O $\longrightarrow$ $\left(-O-R-O-\underset{O}{\overset{||}{C}}-NH-R'-NH-\underset{O}{\overset{||}{C}}-O-\right)_n$

Diol   Di-Isocyanat

Polyurethan (Moltopren)

Bei den Polyaddukten sind vor allem die reaktiven Endgruppen (z.B. die Isocyanat-Gruppen) von Bedeutung, die Folgereaktionen zugänglich sind.

37.1.5 Metathese-Reaktion

Hierbei handelt es sich um einen **bimolekularen Prozess**, der sich als „**Bindungstausch**" zwischen chemisch ähnlichen, miteinander reagierenden Molekülen beschreiben lässt. Die Bindungsverhältnisse in den Reaktanden und Produkten sind identisch oder einander sehr ähnlich.

Prinzip:

RCH=CHR
+ $\xrightarrow{\text{Katalysator}}$ $\underset{R'CH}{\overset{RCH}{||}}$ + $\underset{CHR'}{\overset{CHR}{||}}$
R'CH=CHR'

Geht man von kleinen, ringförmigen Molekülen wie Cycloocten aus, so erhält man durch Reaktion an einem Wolfram-Katalysator große ungesättigte Makrocyclen, die sog. **Polyalken-amere**. Bei Zusatz von offenkettigen Alkenen entstehen offene Polyalken-Ketten, die Ausgangsprodukte für Elastomere sind.

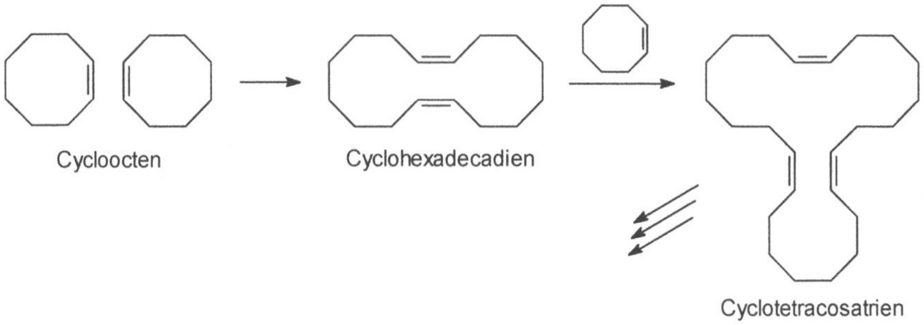

37.2 Polymer-Technologie
=========================

37.2 Polymer-Technologie

37.2.1 Durchführung von Polymerisationen

Das größte Problem bei Polymerisationen ist die Abführung der auftretenden **Polymerisationswärme** (bis 120 kJ · mol^{-1}), um so unerwünschte Abbau- und Vernetzungsreaktionen zu verhindern.

Einige ausgewählte Verfahren:

Gasphasen-Polymerisation: Gasförmige Monomere wie Ethen und Propen werden unter Druck als Gase polymerisiert.

Emulsions-Polymerisation: Das wasserunlösliche Monomer (z.B. Styrol) wird mittels Emulgatoren in Wasser emulgiert und durch wasserlösliche Initiatoren polymerisiert. Das entstandene feste Polymerisat wird aus seiner wässrigen Dispersion („Latex") z.B. durch Ausfällen oder Trocknen gewonnen.

Fällungs-Polymerisation: Hierbei verwendet man Lösemittel, in denen das Monomere, nicht aber das Polymerisat löslich ist. Dieses fällt daher in fester Form aus.

Suspensions-Polymerisation: Monomer und Initiator sind beide wasserunlöslich und werden unter Zusatz von Suspensionsmitteln in Wasser suspendiert. Bei der Polymerisation werden Polymer-Perlen erhalten (Ø 10^{-3}-10mm), die durch Filtrieren oder Zentrifugieren abgetrennt werden.

37.2.2 Verarbeitung von Kunststoffen

Es können die aus der Metallverarbeitung bekannten Verfahren verwendet werden. Für thermoplastische Polymere eignet sich auch die Verarbeitung durch Warmverformen wie:

Hohlkörperblasen: Das erhaltene Hohlprofil (z.B. ein dünnes Rohr) wird kontinuierlich aufgeblasen (z.B. zu Flaschen oder Kanistern). **Extrudieren:** Das Ausgangsmaterial kommt vorwiegend als Granulat in den Handel, das durch Extrudieren und anschließendes Abschlagen der abgekühlten Drähte hergestellt wird. Das erneut aufgeschmolzene Material wird kontinuierlich durch eine Düse gedrückt. Man erhält z.B. endlose Rohre oder Folienbahnen. Fasern werden z.T. in ähnlicher Weise hergestellt.

Spritzgießen: Das aufgeschmolzene Material wird durch eine Düse in die Spritzform gespritzt. Das geformte Stück wird nach dem Erstarren ausgestoßen; die Maschine arbeitet taktweise.

37.3 Charakterisierung von Makromolekülen

In der Polymerchemie werden die hochmolekularen Stoffe durch andere Eigenschaften charakterisiert, als sie bei niedermolekularen Verbindungen üblich sind. Dazu gehören: **Bestimmung der mittleren Molekülmasse**, der **Molekülmassen-Verteilung** und des **mittleren Polymerisationsgrades**. Der Grund hierfür ist, dass man bei Polyreaktionen meist keine molekular-einheitlichen Substanzen erhält, so dass nur statistische Aussagen möglich sind.

Meist unterscheiden sich diese Makromoleküle nur durch den Polymerisationsgrad, d.h. sie bilden eine polymerhomologe Reihe. Experimentell kann allerdings nur ein durchschnittlicher **Polymerisationsgrad** X_n bestimmt werden, der wie folgt definiert ist:

$$\overline{X}_n = \frac{\overline{M}_n - M_E}{M_u}$$

$\overline{X}_n$ = mittlerer Polymerisationsgrad

$\overline{M}_n$ = mittlere relative Molmasse des Makromoleküls

M_E = Molmasse der Endgruppen

M_u = Molmasse des monomeren Grundbausteins

Bei Kenntnis des Polymerisationsgrades und der Molekülstruktur lässt sich z.B. die mittlere relative Molmasse berechnen

Beispiel: Ein Nylon-6,6 habe $n = X_n = 200$. Die Molekülstruktur ist:

$H_2N-(CH_2)_6-NH(OC-(CH_2)_4-CO-NH-(CH_2)_6-NH)_{n-1}-OC-(CH_2)_4-COOH$.

Es sind zwei Endgruppen (H und OH) mit der Molmasse 1 und 17 vorhanden. Die mittlere relative Molmasse ist:

$$\overline{M}_n = M_n \cdot \overline{X}_n + M_E = 226 \cdot 200 + 1 + 17 = 45218$$

Da synthetische Polymere in der Regel molekular uneinheitlich sind, ergeben die Molmassenbestimmungen an Hochpolymeren nur einen Durchschnittswert. d.h. eine mittlere, relative Molmasse $\overline{M}$.

$$\overline{M} = \frac{m_1 + m_2 + \ldots}{n_1 + n_2 + \ldots} = \frac{n_1 \cdot M_1 + n_2 \cdot M_2 + \ldots}{n_1 + n_2 + \ldots}$$

$m_1, m_2 \ldots$ = Masse der Polymere;

$M_1, M_2 \ldots$ = Molmassen der Polymere

$n_1, n_2 \ldots$ = Molzahlen

Häufig benutzt wird die viskosimetrische Methode, welche den **Viskositätsdurchschnitt** $\overline{M}_v$ der Molmasse ergibt. Den **Gewichtsdurchschnitt** $\overline{M}_W$ erhält man durch Bestimmung des Sedimentationsgleichgewichts mit der Ultrazentrifuge. Den **Zahlendurchschnitt** $\overline{M}_n$ liefern alle Bestimmungsmethoden, die auf die Zahl der Moleküle ansprechen, d.h. die Endgruppenverfahren sowie die kolligativen Methoden (Osmose, Ebullioskopie, Kryoskopie, Dampfdruck). **Kolligative** Eigenschaften sind solche, die in einer ideal verdünnten Lösung nur von der Zahl der gelösten Teilchen, d.h. ihrer Konzentration, abhängen, während ihre chemische Natur keine Rolle spielt. (vgl. Basiswissen I)

Zusammenstellung der vorgenannten Größen (m_i = Masse der Polymeren mit der Molmasse M_i und der Molzahl n_i).

$$\overline{M}_n = \frac{\sum n_i \cdot M_i}{\sum n_i} = \frac{\sum m_i}{\sum m_i / M_i}; \quad \overline{M}_W = \frac{\sum m_i \cdot M_i}{m_i}; \quad \overline{M}_v = \left[\frac{\sum c_i \cdot M_{i\alpha}}{\sum c_i} \right]^{1/\alpha}$$

α = Exponent der Viscositäts-Molmassegleichung

Bei polymolekularen Stoffen ist $\overline{M}_W > \overline{M}_n$. Als molekulare **Uneinheitlichkeit** U ist definiert:

$$U = \frac{\overline{M}_W}{\overline{M}_n} - 1$$

Die genaue Form der Verteilungsfunktion der Molmasse wird oft durch Ermittlung der Sedimentationsgeschwindigkeit in der **Ultrazentrifuge** bestimmt. Die Sedimentationsgeschwindigkeit hängt von der Größe bzw. Masse der Teilchen ab. Je größer die Fliehkraft, d.h. je höher die Umdrehungszahl der Zentrifuge, desto schneller ist die Sedimentation. Verschieden schwere Teilchen setzen sich mit unterschiedlicher Geschwindigkeit ab, d.h. innerhalb unterschiedlicher, genau messbarer Zeiten. Das Konzentrationsgefälle kann z.B. mit optischen Methoden verfolgt und ausgewertet werden. Abb.85 zeigt eine typische Verteilungskurve.

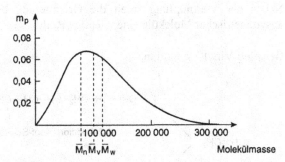

Abb. 85. Typische Molekülmassenverteilungskurve eines Makromoleküls (m_p = Massenprozente)

37.4 Strukturen von Makromolekülen

Die physikalischen/mechanischen Eigenschaften werden vor allem durch den räumlichen Bau der Makromoleküle bestimmt.

37.4.1 Polymere aus gleichen Monomeren

1. lineare Polymere: kettenförmig verbundene Grundbausteine:

$$CH_2-\overset{\textcircled{R}}{CH}-CH_2-\overset{\textcircled{R}}{CH}-CH_2-\overset{\textcircled{R}}{CH}-$$

2. Verzweigte Polymere: Zwei oder mehrere Ketten sind unregelmäßig vereinigt:

$$CH_2-\overset{\textcircled{R}}{CH}-CH_2-\overset{\textcircled{R}}{CH}-CH_2-\overset{\textcircled{R}}{C}-CH_2-$$
$$\underset{\textcircled{R}}{\overset{|}{CH}}-CH_2-$$

3. Vernetzte Polymere: Verschiedene Ketten sind über mehrere Verknüpfungsstellen miteinander verbunden:

$$CH_2-\overset{\textcircled{R}}{CH}-CH_2-\overset{\textcircled{R}}{CH}-CH_2-CH-$$
$$CH_2-\overset{\textcircled{R}}{CH}-CH_2-\overset{\textcircled{R}}{CH}-CH_2-\overset{\textcircled{R}}{CH}-CH_2-$$

$$R = \text{—}\langle\text{Phenyl}\rangle\text{—}$$

Neben der Verknüpfung spielt die Orientierung bei der Verbindungsbildung unsymmetrischer Moleküle eine wichtige Rolle.

Beispiel: Vinyl-Verbindungen

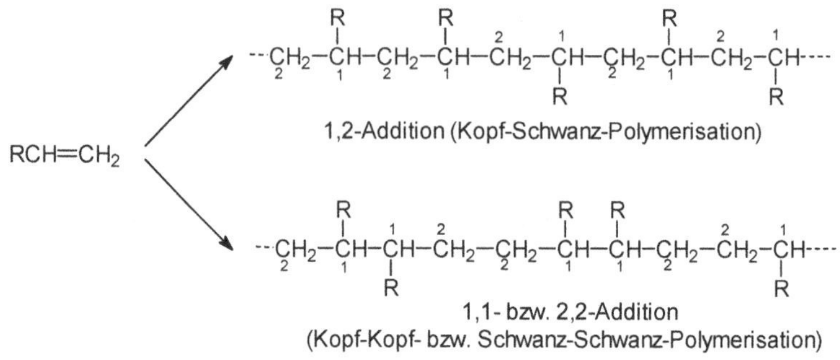

RCH=CH$_2$

1,2-Addition (Kopf-Schwanz-Polymerisation)

1,1- bzw. 2,2-Addition
(Kopf-Kopf- bzw. Schwanz-Schwanz-Polymerisation)

37.4.2 Polymere mit verschiedenen Monomeren

Auch bei **Copolymeren** mit mehreren Arten von Grundbausteinen sind verschiedene Molekülstrukturen möglich. A und B seien zwei Grundbausteine:

1. (lineare) **Block-Copolymere:** A–A–A–B–B–B–A–A–A–B–B–B,

in alternierender Folge: in unregelmäßiger, statistischer Folge:

A–B–A–B–A–B–A–B–A–B–A–B   A–A–B–B–B–A–B–A–B–B–A–A–B

2. (verzweigte) **Pfropf-Copolymere**: Der Aufbau ist ebenfalls in verschiedenen Folgen möglich.

Beispiel:

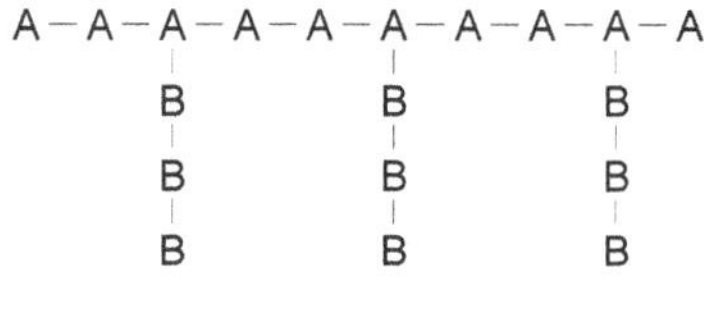

A–A–A–A–A–A–A–A–A–A
      | | |
      B   B   B
      | | |
      B   B   B
      | | |
      B   B   B

37.4.3 Polymere mit Chiralitätszentren

Diastereomere Makromoleküle mit Chiralitätszentren können sich außer in der Konfiguration jedes Chiralitätszentrums auch durch deren **Reihenfolge in der Polymerkette** (**Taktizität**) unterscheiden. In monotaktischen Polymeren wie in Abb. 86 liegen **it**-Ketten vor, wenn alle Chiralitätszentren die gleiche Konfiguration haben, **st**-Ketten, wenn R- und S-Konfiguration abwechseln, und **at**-Ketten, falls die Verteilung statistisch ist.

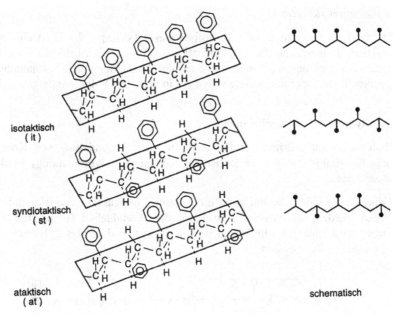

Abb. 86. Planare Darstellung der Möglichkeiten der sterischen Anordnung entlang den Ketten von polymeren Stereoisomeren

it- und st-Polymere können kristallisieren, während at-Polymere amorph sind.

Lineare Polymere wie 1,4-Polybutadien, die in der Kette noch C=C-Bindungen enthalten, können auch als geometrische Isomere auftreten. Neben der statistisch verteilten Anordnung unterscheidet man *cis*-**taktisch** (ct), wenn alle Doppelbindungen Z-Konfiguration haben, und *trans*-**taktisch** (tt), wenn sie E-Konfiguration aufweisen (vgl. die Polyisoprene Kautschuk (*cis*) und Guttapercha (*trans*)).

37.5 Reaktionen an Polymeren

Polymere können wie andere chemische Verbindungen Folgereaktionen eingehen. Die drei wichtigsten Reaktionstypen sollen kurz dargestellt werden:

1. Abbaureaktionen

Durch Abbaureaktionen wird der Polymerisationsgrad verringert, ohne dass die Grundbausteine verändert werden. Bei der **Depolymerisation** werden Monomere abgespalten bis hin zur vollständigen Umkehrung der Polymerisation. Bei der **Kettenspaltung** bilden sich kleinere oder größere Bruchstücke an beliebigen Stellen der Kette.

2. Aufbaureaktionen

Die Bildung von Block- oder Pfropfpolymeren (s. Kap. 37.4.2) ist eine Aufbau-reaktion, da hierdurch der Polymerisationsgrad erhöht wird. Durch Vernetzungs-reaktionen bei der Vulkanisation oder der Herstellung der Formaldehydharze werden lineare oder verzweigte Polymere in vernetzte Polymere umgewandelt.

3. Polymeranaloge Reaktionen

Reaktionen unter Erhalt der Polymerkette, aber Veränderung von Konstitution oder Konfiguration der Grundbausteine, werden als **polymeranaloge Reaktionen** bezeichnet.

Beispiel: Polyvinylalkohol kann nicht durch Polyreaktion von Vinylalkohol er-halten werden, da dieser nur in Form des Acetaldehyd-Tautomeren existiert. Daher wird zunächst Vinylacetat polymerisiert und dann das Polymere zu Poly-vinylalkohol hydrolysiert.

$$\cdots CH_2-\underset{\underset{OCOCH_3}{|}}{CH}-CH_2-\underset{\underset{OCOCH_3}{|}}{CH}\cdots \; + \; KOH \; \longrightarrow \; \cdots CH_2-\underset{\underset{OH}{|}}{CH}-CH_2-\underset{\underset{OH}{|}}{CH}\cdots$$

Weitere Beispiele sind die Verwendung funktioneller Polymerer bei Festphasen-synthesen, z.B. für Peptide *(Merrifield-Synthese*, s. Kap. 29.2.2).

Ionenaustauscher

Durch polymeranaloge Reaktionen werden auch zahlreiche Ionenaustauscher hergestellt, so z.B. durch elektrophile Substitutionen an Polystyrol-Divinylbenzol-Copolymerisaten folgende Austauschharze:

a) $R = -SO_3^-H^+$ als **Kationenaustauscher** durch Sulfonierung mit H_2SO_4/SO_3

b) $R = -CH_2Cl$ als Anionenaustauscher-Vorprodukt durch Chlormethylierung mit $ClCH_2-OCH_3/SnCl_4$

c) $R = -CH_2-N^+R_3OH^-$ als **Anionenaustauscher** (Endprodukt) aus b)

Ionenaustauscher sind Polyelektrolyte, die in der analytischen Chemie vielfach Verwendung finden (vgl. Basiswissen III). **Polyelektrolyte** sind Säuren, Basen oder Salze, von denen eine Ionenart polymer ist, so z.B. die Nucleinsäuren, Pro-teine, Polyacrylsäure. Polyelektrolyte haben in der Regel starke Wechselwirkun-gen mit Wasser durch Säure- oder Basengruppen, ohne sich jedoch wie nieder-molekulare Stoffe darin zu lösen. Sie unterscheiden sich dabei von anderen Elek-trolyten dadurch, dass die interionischen Kräfte nicht unbegrenzt herabzusetzen sind, weil bei Betrachtung des Polymeren als Ganzes entweder eine positive oder eine negative Ladung relativ hoch konzentriert vorliegt.

37.6 Gebrauchseigenschaften von Polymeren

Im Gegensatz zu den niedermolekularen Verbindungen liegen nur wenige Polymere als echte Kristalle vor. Auch bei tiefen Temperaturen lagern sich die ungeordnet miteinander verschlungenen Makromoleküle nur in begrenzten Bereichen wie in einem Kristall zusammen. Außerhalb dieser kristallinen Bereiche (Kristallite, Micellen) sind die Molekülketten glasartig erstarrt (amorph). Die Eigenschaften der Kunststoffe in Abhängigkeit von der Temperatur zeigt Abb. 87.

1. Thermoplaste (z.B. Polyethylen, Polypropylen, PVC, Styrol-Polymerisate) sind oberhalb der Erweichungstemperatur verformbar und behalten die neue Form auch nach dem Abkühlen bei. Die Eigenschaften der Thermoplaste im Gebrauchsbereich zwischen Glastemperatur und Erweichungsbereich hängen sehr stark vom Kristallisationsgrad ab (Abb. 88). Der Anteil an Kristalliten kann durch Zusatz von Weichmachern verändert werden: Schwerflüchtige Lösemittel wie Phthalsäureester setzen beim PVC die Glastemperatur von +80°C auf –50°C herab (Hart-PVC → Weich-PVC). Ähnlich wirkt eine mechanische oder thermische Behandlung wie das Abschrecken der Schmelze oder das Strecken von Fasern.

2. Elastomere (z.B. Kautschuk, weichgemachte Kunststoffe) sind reversibel verformbar („elastisch") mit Dehnbarkeiten von über 1000%. Im Kautschuk, der durch Schwefel-Brücken vernetzt ist, liegt ein weitmaschiges Netz aus Molekülketten vor, das entsprechend der Maschenweite des Netzwerkes gedehnt werden kann (Abb. 89).

3. Duroplaste (z.B. Phenol-Formaldehyd-Harze) sind Stoffe mit engmaschig vernetzten Makromolekülen (Abb. 90). Die Formgebung muss vor der Vernetzung erfolgen, da die dreidimensional vernetzten Stoffe im Gebrauchsbereich starr bleiben. Die Sprödigkeit kann durch Zusatz von Füllstoffen (Holzmehl, Fasern) etwas vermindert werden (→ „Resopal", „Bakelit", s.a. Tabelle 56).

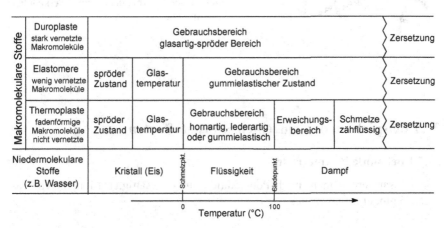

Abb. 87. Temperaturabhängigkeit der Eigenschaften nieder- und makromolekularer Stoffe (aus: *B. Schrader*, 1979)

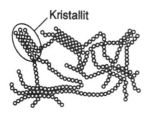

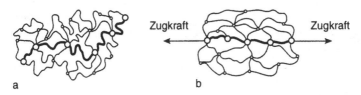

Abb. 88. Teilkristalliner Thermoplast aus einem dichten Molekülfilz verknäulter und parallel liegender Molekülketten

Abb. 89 a,b. Lage der Kautschuk-Moleküle in ungedehntem (**a**) und gedehntem Zustand (**b**) des Gummis

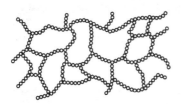

Abb. 90. Ausschnitt aus dem amorphen Raumnetz eines ausgehärteten Duroplasten. Es bildet sich eine riesige Anzahl enger, miteinander verbundener und verknäulter Netzmaschen

37.7 Beispiele zu den einzelnen Kunststoffarten

37.7.1 Bekannte Polymerisate

Polymerisate erhält man durch Polyaddition aus ungesättigten Monomeren. Tabelle 55 gibt einen Überblick.

Tabelle 55. Bekannte Polymerisate

Polymer/Monomer	Handelsname (W.Z.)	Polymerisationsverfahren	Verwendung
Polyacrylnitril (PAN) $CH_2=CH-CN$	Orlon Dralon	radikalisch	Fasern
Polybutadien $CH_2=CH-CH=CH_2$	Buna S mit Styrol Buna N mit Acrylnitril (Luran)	*Ziegler-Natta*-Katalysatoren $\longrightarrow$ *cis*-1,4-verknüpft	Synthesekautschuk; Neopren ist Polychlorbutadien
Polyethylen (PE) $CH_2=CH_2$	Lupolen Hostalen	Hochdruck-PE: radikalisch Niederdruck-PE: *Ziegler-Natta*-Katalysatoren	Folien, Filme, Rohre, Geräte, Maschinenteile
Polymethyl-methacrylat (PMMA) $CH_2=C-CH_3$ $COOCH_3$	Plexiglas Lucit	radikalisch	organisches Glas
Polypropylen (PP) $CH_3-CH=CH_2$	Hostalen (PP) Luparen	*Ziegler-Natta*-Katalysatoren $\longrightarrow$ isotaktisch	Fasern, Filme, Copolymerisate mit Ethen $\longrightarrow$ Elastomere
Polystyrol (PS) $C_6H_5-CH=CH_2$	Styropor Hostyren	meist radikalisch $\longrightarrow$ ataktisch	Isoliermaterial, Lacke, Gebrauchsmittel
Polytetrafluorethylen (PTFE) $CF_2=CF_2$	Teflon Hostaflon	radikalisch	chemisch sehr beständig, Rohre, Apparaturen, Lager, Beschichtungsmaterial
Polyvinylacetat (PVAC) $CH_2=CH-O-C-CH_3$ $\overset{\|}{O}$	Mowicoll	radikalisch	wässrige (!) Anstrichdispersion, Klebstoff („Uhu")
Polyvinylchlorid (PVC) $CH_2=CH-Cl$	Hostalit Vinoflex	radikalisch	Hart-PVC: Rohre, Platten, Weich-PVC: Folien, Kunstleder, Isoliermaterial

37.7.2 Bekannte Polykondensate

Polyester

Polyester aus Terephthalsäure und Ethylenglykol werden zu Kunstfasern verarbeitet (Trevira, Vestan, Diolen, Dacron; Formelschema Kap. 37.1.3). Aus Dicarbonsäuren (Phthalsäure, Maleinsäure) und Dialkoholen entstehen Gießharze, die u.a. mit Glasfasern verstärkt werden können.

Eine andere Art von Polyestern wird aus Maleinsäure und verschiedenen Diolen hergestellt. Diese Polyester sind zweidimensionale Kettenmoleküle. Sie kommen im Gemisch mit Styrol (ca. 30% Styrol) in den Handel. Durch peroxidische und neuerdings auch photosensible Starter vernetzt das Styrol mit der Doppelbindung der Maleinsäure zu einem dreidimensionalen, unschmelzbaren Kunststoff. Die Verarbeitung erfolgt meistens mit Glasfasern zu Apparaten, Bootsrümpfen, Wellplatten u.v.m.

Aus Bisphenolen und Phosgen werden **Polycarbonate** hergestellt („Makrolon"):

$$n \ HO-R-OH \ + \ n \ Cl-\overset{\overset{\displaystyle O}{\|}}{C}-Cl \xrightarrow{-2n\,HCl} \cdots O\left(R-O-\overset{\overset{\displaystyle O}{\|}}{C}-O\right)_{n-1}R-O-\overset{\overset{\displaystyle O}{\|}}{C}-O\cdots$$

Polyamide

Aus 1,6-Diaminohexan und Adipinsäure entsteht **Nylon** (Polyamid-6,6; das Strukturelement enthält $2 \cdot 6$ C-Atome; Formelschema s. Kap. 37.1.3).

Dabei wird aus den beiden Ausgangsstoffen zunächst das Salz hergestellt (AH-Salz, von Adipinsäure/Hexamethylendiamin) und dieses dann der Polykondensation unterworfen.

Aus **ε-Caprolactam** erhält man **Perlon** (Ringöffnungs-Polymerisation):

ε-Caprolactam   ε-Amino-capronsäure / 6-Amino-hexansäure   Perlon (Polyamid-6)

Polysiloxane (Silicone)

Silicone werden durch Hydrolyse von Alkyl- oder Aryl-chlorsilanen und anschließende Kondensation der Silanole unter H_2O-Abspaltung hergestellt. Sie sind hydrophob und werden als Imprägniermittel, Schmiermittel oder Schaumdämpfer verwendet oder je nach Konsistenz (Silicon-öl, -gummi, -harz) entsprechend ihren Eigenschaften eingesetzt. Sie zeigen hohe Temperaturbeständigkeit, temperaturkonstante Viskosität, sind wasserabweisend, klebstoffabweisend, farb- und geruchlos.

Formaldehydharze

Aus Formaldehyd hergestellte Polymere sind häufig stark quervernetzt und werden zur Herstellung von Duroplasten verwendet. Tabelle 56 gibt einen Überblick.

Tabelle 56. Formaldehydharze

Polymer/Monomer	Handelsname (Warenzeichen)	Polymerisations-verfahren	Verwendung
Phenol + Formaldehyd C_6H_5–OH + HCHO statt Phenol auch Kresole oder Resorcin	Resinol Bakelit	in saurer Lösung: Novolacke in alkalischer Lösung: Resole	Pressmassen für Elektro- und Möbelindustrie
Harnstoff + Formaldehyd statt Harnstoff auch Melamin oder Anilin	Carbalit Kaurit Resopal		Pressmassen, nassfeste Papiere, Textilausrüstung (no-iron)
HO–C_6H_4–NH_2 + HCHO	Anionen-austauscher		
HO–C_6H_4–SO_3H oder HO–C_6H_4–COOH + HCHO	Kationen-austauscher		

37.7.3 Bekannte Polyaddukte

Vor allem zwei Produktgruppen sind von Bedeutung: **Polyurethane** und **Epoxidharze**.

Polyurethane (PUR) entstehen aus Diisocyanaten und mehrwertigen Alkoholen:

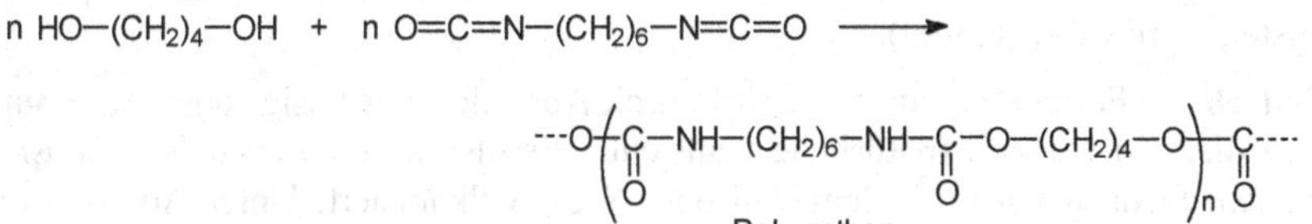

$$n\ HO–(CH_2)_4–OH\ +\ n\ O{=}C{=}N–(CH_2)_6–N{=}C{=}O \longrightarrow$$

Polyurethan

Der Aufbau aus zwei Komponenten erlaubt vielfältige Abwandlungen und Einsatzgebiete. Die Produkte können wegen der noch vorhandenen funktionellen Gruppen zusätzlich weiter vernetzt werden.

Bei Anwesenheit von Wasser entstehen Polyurethan-Schaumstoffe („Moltopren"), denn ein Teil der Isocyanat-Gruppen wird in die instabilen Carbaminsäuren überführt, die CO_2 abspalten. Das Schäumen wird zusätzlich durch Einblasen von Treibgasen unterstützt.

Epoxidharze entstehen aus Epichlorhydrin (2-Chlor-methyloxiran) und Bisphenolen (z.B. Bisphenol A). Die Oxiran-Endgruppen können weiter zusätzlich vernetzt werden (Härtung). Epoxidharze dienen u.a. als Klebstoffe und Lackroh-
stoffe.

Bis-2,2-(4-hydroxyphenyl)-propan   Epichlorhydrin
(Bisphenol A)

Zwischenprodukt (wird nicht isoliert)

37.7.4 Halbsynthetische Kunststoffe

Diese werden aus natürlichen Polymeren als Rohstoff hergestellt. Von großer
Bedeutung ist die **Cellulose** für Textilien und Papier. Sie wird größtenteils aus
Holzzellstoff (aus mit Natronlauge behandeltem Holz) gewonnen. Lediglich die
Baumwollfaser, die aus nahezu reiner Cellulose besteht, kann nach Vorreinigung
direkt verarbeitet werden.

Anwendungsbeispiele: Cellophan, Zellwolle, Kupferkunstseide und Viskose-
seide (Reyon), Celluloseacetat (für ältere Photofilme), Celluloseether (Tapeten-
kleister, Verdickungsmittel).

Kautschuk (Formel s. Kap. 5.3) wird durch Ausfällen mit Essig- oder Ameisensäure direkt aus Latex (natürliche Kautschuk-Emulsion von *Hevea brasiliensis*)
erhalten. Danach wird mit Schwefel oder S_2Cl_2 vulkanisiert: Unter Addition an
die C=C-Doppelbindungen bilden sich Schwefel-Brücken zwischen den Makromolekülen aus, und man erhält **Gummi.** Zur Qualitätsverbesserung werden Füllstoffe wie Ruß, Silicate und Kieselsäure zugesetzt, aber auch Antioxidantien,
Verstärkerharze usw.

Linoleum besteht aus Leinöl, das mit Luft zu Linoxyn oxidiert wird, woraus sich
beim Erhitzen mit Kolophonium oder Kopal-Harzen eine gel-artige Masse bildet.
Diese wird mit Holzmehl und Farbpigmenten vermischt und auf Jute aufgewalzt.
Nach dem Aushärten bei 60°C wird die Oberfläche mit einer Wachs- oder Lack-
schicht veredelt.

38 Farbstoffe

Farbgebende Stoffe natürlicher oder synthetischer Herkunft nennt man **Farbmittel**. Die in Löse- oder Bindemitteln unlöslichen Farbmittel heißen **Pigmente**. Lösliche organische Farbmittel bezeichnet man als **Farbstoffe**.

38.1 Theorie der Farbe und Konstitution der Farbmittel

Die Farbwirkung der Farbstoffe kommt dadurch zustande, dass sie aus dem weißen Licht (= Tageslicht) einen bestimmten Spektralbereich absorbieren. Die dann sichtbare Farbe ist die **Komplementärfarbe** (Tabelle 57). Der Rest des Spektrums wird durchgelassen oder reflektiert.

Eine Substanz erscheint **farblos**, wenn das Licht vollständig durchgelassen wird, **weiß**, wenn alles reflektiert, und **schwarz**, wenn es absorbiert wird.

Beispiel: Eine Verbindung, die weißes Licht absorbiert und nur den Bereich 595-605 nm reflektiert, erscheint dem Auge orange. Eine Verbindung, die den Bereich 595-605 nm aus dem Spektrum absorbiert, erscheint dem Auge grünlichblau (Komplementärfarbe).

Bei der Absorption von Licht durch Materie werden die elektronischen Grundzustände von Molekülen angeregt (HOMO $\longrightarrow$ LUMO, s. Kap. 26). Dies führt zu einem Übergang von Elektronen in energiereiche (anti-bindende) angeregte Zustände. Die Energiedifferenz E zwischen Grundzustand und den angeregten Zuständen bestimmt die Lage der Absorptionsmaxima λ_{max}. Aus $E = h \cdot \nu$ können wir folgern:

Je niedriger die Anregungsenergie E, desto langwelliger die Absorption.

E ist umso geringer, je ausgedehnter das Mehrfachbindungssystem eines Moleküls ist (delokalisiertes π-Elektronensystem). Die daraus resultierende Verschiebung der Absorptionsmaxima zu längeren Wellenlängen nennt man einen **bathochromen Effekt** oder **Farbvertiefung**. Eine besonders starke Farbvertiefung zeigen lineare, konjugierte Doppelbindungen. So verhindert β-Carotin mit λ_{max} = 494, 463, 364 und 278 nm, dass langwelliges UV-Licht die inneren Zellen der Tomaten erreicht und dort Schäden verursacht.

Tabelle 57. Farben des Sonnenlichtes und Komplementärfarben

Wellenlängenbereich (nm)	Absorbierte Spektralfarbe	Komplementärfarbe	
unterhalb 400	ultraviolett	(unsichtbar)	
400 – 435	violett	gelbgrün	
435 – 480	blau (indigo)	gelb	
480 – 490	blau oder türkis	orange	
490 – 500	blaugrün	rot	Farbvertiefung
500 – 560	grün	purpur	
560 – 580	gelbgrün	violett	
580 – 595	gelb	blau	
595 – 605	orange	blau oder türkis	
605 – 750	rot	blaugrün	
oberhalb 750	ultrarot	(unsichtbar)	

Gruppen wie >C=C< (λ_{max} = 175 nm) und >C=O (λ_{max} = 280, 190 nm) werden **Chromophore** genannt, weil ein konjugiertes System mit zwei oder mehr Chromophoren entscheidend für die Farbigkeit organischer Verbindungen ist. Chromophore sind dadurch ausgezeichnet, dass ihre Elektronen leicht zum Übergang in höhere Energieniveaus angeregt werden können. Dies sind meist π-Elektronen ($\pi \rightarrow \pi^*$-Übergang) oder freie Elektronenpaare (n $\rightarrow \sigma^*$- und n $\rightarrow \pi^*$-Übergänge).

Bekannte Chromophore sind: –N=N– (Azo), –N=O (Nitroso), –NO$_2$ (Nitro), >C=O (Carbonyl), >C=NH (Carbimino) oder >C=C< -Gruppen. Führt man diese als Substituenten in ein aromatisches System ein, hat dies einen bathochromen Effekt zur Folge, da sich ein großes, delokalisiertes π-Elektronensystem bilden kann.

Auch Substituenten wie –NH$_2$, –OH, –NR$_2$, die selbst keine Chromophore sind, können eine bathochrome Verschiebung bewirken; man nennt sie oft **Auxochrome**. Durch Salzbildung einer NH$_2$-Gruppe (–NH$_2$ $\longrightarrow$ –NH$_3^+$R$^-$) kann dieser Effekt aufgehoben werden und **ein farbaufhellender, hypsochromer Effekt** eintreten: λ_{max} wird jetzt zu kürzeren Wellenlängen verschoben. Praktische Anwendung findet dies bei vielen Indikatorfarbstoffen für Titrationen.

Die **Weißtöner (optische Aufheller)** in Waschmitteln sind keine Farbmittel, sondern UV-absorbierende Verbindungen, welche die aufgenommene Energie als blau-weiße Fluoreszenzstrahlung wieder abgeben. Hierdurch entsteht der Eindruck von „weißer als weiß".

Tagesleuchtfarben dagegen sind Farbmittel, die zusätzliche Fluoreszenzstrahlung aussenden.

38.2 Einteilung der Farbstoffe nach dem Färbeverfahren

Farbstoffe werden eingeteilt nach dem Färbeverfahren oder den Chromophoren.

Färbeverfahren und Fasern

Nicht jede farbige Verbindung ist auch ein Farbstoff. Dieser muss nämlich wasch-echt, lichtecht, temperaturbeständig, schweißecht etc. sein. Hauptproblem bei der Färberei ist neben der Auswahl und Herstellung eines geeigneten Farbstoffes seine feste Verankerung auf der Faser (tierische, pflanzliche oder Chemie-Faser). Man unterscheidet:

1. Direktfarbstoffe (substantive F.): Sie ziehen direkt auf pflanzliche Fasern ohne Vorbehandlung aus einer wässrigen Lösung (= Flotte) auf. Die Bindung im Inneren der Fasern erfolgt durch zwischenmolekulare *van der Waals*-Kräfte und Wasserstoff-Brückenbindungen. Zu dieser Gruppe gehören viele **Azofarbstoffe**. Sie werden in das Innere der Faser als Farbstoffagglomerate eingelagert.

2. Dispersionsfarbstoffe: Die meisten synthetischen Fasern lassen sich nicht mit Direktfarbstoffen färben, da diese aufgrund des unpolaren Charakters der Fasern nicht adsorbiert werden können. Die unlöslichen Dispersionsfarbstoffe werden in Wasser fein verteilt. Bei 120-130°C oder bei Zugabe von Quellmitteln („carrier") diffundieren die Farbstoffmoleküle aus der Dispersion in die aufgequollene Faser. Beim Thermosol-Verfahren wird in einer Heißluftkammer (200°C) die Faser er-weicht, damit der Farbstoff hinein diffundieren kann.

3. Säurefarbstoffe: Diese enthalten hydrophile Gruppen wie -COOH, -SO$_3$H und -OH, sind in Form ihrer Salze wasserlöslich und ziehen in Anwesenheit von Säu-ren direkt auf die Faser auf. Die Farbstoffmoleküle liegen in Lösung als Anionen vor und werden von dem kationischen Fasermolekül durch Ionenbindung fest-gehalten (Salzbildung). Es können daher alle Fasern mit Amino-Gruppen wie Wolle, Seide und Polyamide so gefärbt werden:

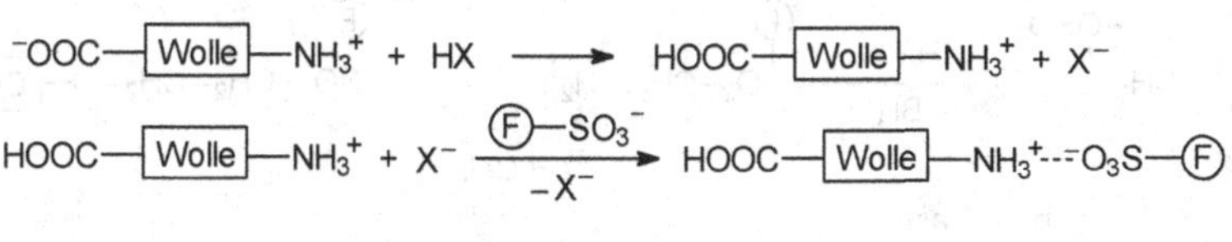

$$^-OOC-\boxed{Wolle}-NH_3^+ \; + \; HX \; \longrightarrow \; HOOC-\boxed{Wolle}-NH_3^+ \; + \; X^-$$

$$HOOC-\boxed{Wolle}-NH_3^+ \; + \; X^- \; \xrightarrow[-X^-]{\textcircled{F}-SO_3^-} \; HOOC-\boxed{Wolle}-NH_3^{+}{\cdots}^-O_3S-\textcircled{F}$$

Die Farbstoff-Anionen $\textcircled{F}-SO_3^-$ verdrängen die Säure-Anionen X$^-$ aus der Faser, weil sie eine festere Bindung mit dem Woll-Kation HOOC$-\boxed{Wolle}-$NH$_3^+$ eingehen können.

4. Basische Farbstoffe können z.B. NH$_2$- oder NR$_2$-Gruppen enthalten und wer-den hauptsächlich für Polyacrylnitril-Fasern verwendet. Diese enthalten bei Poly-merisation mit K$_2$S$_2$O$_8$ als Radikalstarter noch -SO$_3^-$-Gruppen. Daher können analog wie bei der Säurefärberei Ionen-Bindungen gebildet werden.

5. Entwicklungsfarbstoffe werden auf der Baumwollfaser hergestellt. Diese wird mit der alkalischen Lösung einer Kupplungskomponente (meist Naphthole) getränkt und danach in die eiskalte Lösung eines Diazoniumsalzes gegeben („Eisfarben"). Der **Azofarbstoff** wird durch Kupplungsreaktion auf der Faser erzeugt und haftet durch Adsorption. Da Säureamid-Bindungen teilweise hydrolysiert werden (alkalisch!), können Wolle und Seide auf diese Weise nicht gefärbt werden.

6. Auch bei den **Küpenfarbstoffen** wird der Farbstoff auf der Faser hergestellt. Küpenfarbstoffe sind in Wasser unlöslich. Sie werden z.B. mit $Na_2S_2O_4$ (Na-dithionit) zu der wasserlöslichen Leuko-Verbindung reduziert („verküpt"). Die Fasern werden in die wässrigen Lösungen der Salze („Küpe") eingetaucht, wobei die Leuko-Verbindung auf die Faser aufzieht. Bei der nachfolgenden Oxidation (z.B. mit Luft) bildet sich der unlösliche Farbstoff zurück, der jetzt sehr fest auf der Faser haftet (**„Indanthren-Farbstoffe"**, inzwischen allgemeine Bezeichnung für besonders licht- und waschechte Farbstoffe).

7. Reaktivfarbstoffe bilden eine kovalente Bindung mit reaktionsfähigen Gruppen der Fasern aus, z.B. mit den OH-Gruppen der Cellulose. Die Farbstoffe enthalten eine reaktive Gruppe, etwa einen Monochlortriazin-Ring oder eine Vinylsulfonsäure-Gruppe. Die Reaktionen finden in alkalischer Lösung statt, und zwar (a) als **Additions-Eliminierungs-Reaktion** oder (b) **β-Eliminierung mit anschließender 1,4-Addition.** Bemerkenswert ist, dass die reaktive Gruppe selektiv (70 - 80%) mit dem Cellulose-Anion (Cell-O⁻) und nur in geringem Maße mit den im Überschuss vorhandenen OH⁻-Ionen reagiert.

8. Beizenfarbstoffe werden verwendet, wenn die Affinität zwischen Faser und Farbstoff zu gering ist, um ausreichende Echtheitseigenschaften zu erreichen (z.B. bei Baumwolle). Als Mittlersubstanz dienen sog. **Beizen**, meist Metallsalze, die auf der Faser mit dem Farbstoff zusammen fest haftende **Farblacke** (Komplexverbindungen) bilden. Farbstoffmoleküle und OH- bzw. NH₂-Gruppen der Faseroberfläche sind die Liganden. Man kann z.B. die Faser mit einer Cr(III)-Salzlösung tränken und daraus mit Wasserdampf die Metalloxidhydrate herstellen, die sich somit in und auf der Faser fein verteilt befinden. Bei Zugabe der Farbstofflösungen bilden sich dann die farbigen, unlöslichen Metallkomplexe. Ebenso ist es auch möglich, mit fertigen Metall-Farbstoff-Komplexen zu färben (**Metallkomplexfarbstoffe**).

38.3 Einteilung der Farbstoffe nach den Chromophoren

1. Etwa die Hälfte der verwendeten Farbstoffe sind **Azo-Farbstoffe**, die durch Azo-Kupplung hergestellt werden (s. Kap. 14.3.1). Die Kupplungskomponenten, meist Phenole und Amine, kuppeln i.a. in *p*-Stellung zur OH- bzw. NH_2-Gruppe (oder falls diese besetzt ist, in *o*-Stellung).

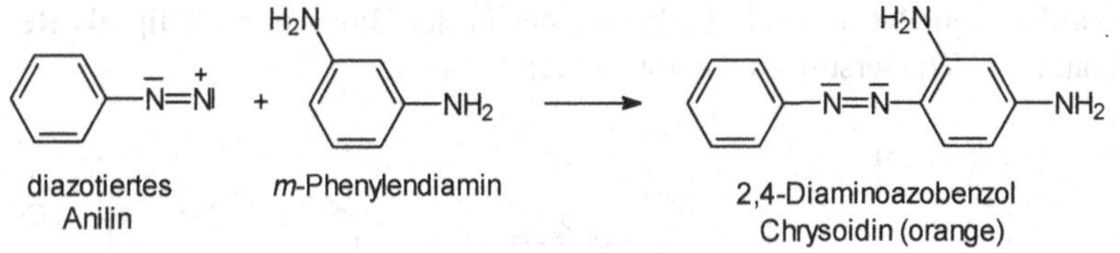

diazotiertes Anilin   *m*-Phenylendiamin

2,4-Diaminoazobenzol
Chrysoidin (orange)

2. Von Bedeutung hinsichtlich des Produktionsumfangs sind außerdem die **Anthrachinon-Farbstoffe** für höchste Echtheitsansprüche sowie die relativ preiswerten **Schwefel-Farbstoffe**.

Ein **Beispiel** von historischer Bedeutung ist **Alizarin** (1,2-Dihydroxyanthrachinon) mit einem chinoiden Chromophor. Hier handelt es sich um einen Beizenfarbstoff.

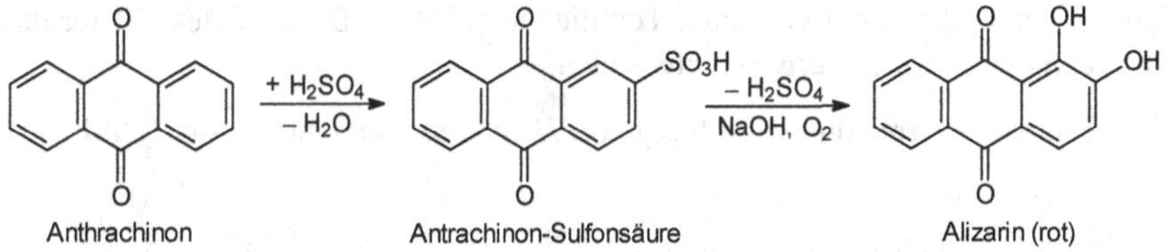

Anthrachinon   Antrachinon-Sulfonsäure   Alizarin (rot)

Die besten Anthrachinon-Farbstoffe sind Küpenfarbstoffe wie **Indanthren** (Indanthrenblau), hergestellt durch Alkalischmelze von 2-Amino-anthrachinon.

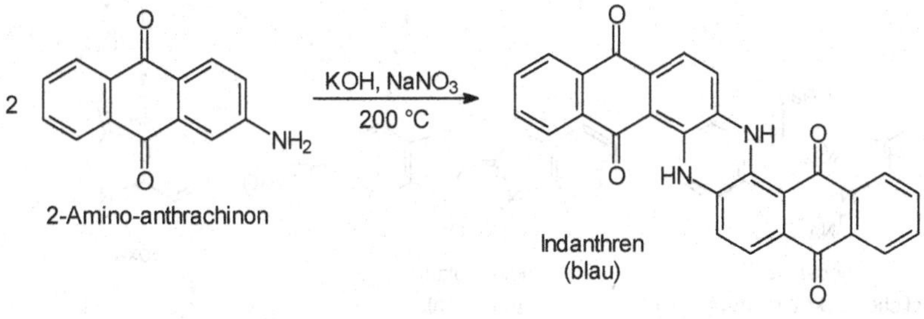

2-Amino-anthrachinon

Indanthren
(blau)

Ein billiger Küpenfarbstoff für Baumwolle ist **Schwefelschwarz:**

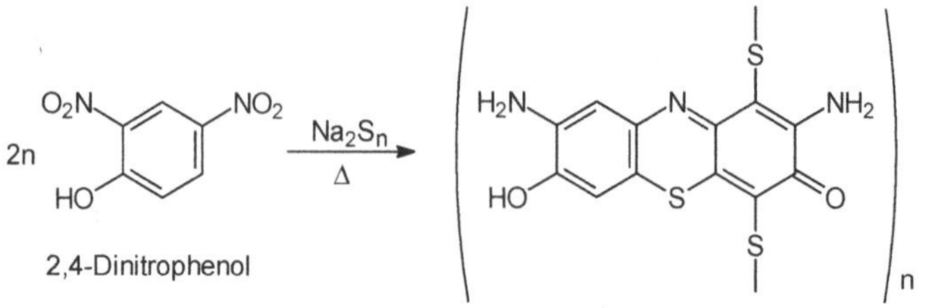

2n
O_2N
NO_2
HO
2,4-Dinitrophenol
Na_2S_n
Δ
H_2N
NH_2
HO
N
S
O
n

3. Zu den Farbstoffen mit einem chinoiden Chromophor gehören auch die **Phenoxazin-, Phenothiazin-** und **Phenazin-Farbstoffe**. Ein bekanntes **Beispiel** ist **Methylenblau,** ein Phenothiazin-Farbstoff, der in der Biochemie häufig als Redox-Indikator und Wasserstoff-Akzeptor verwendet wird.

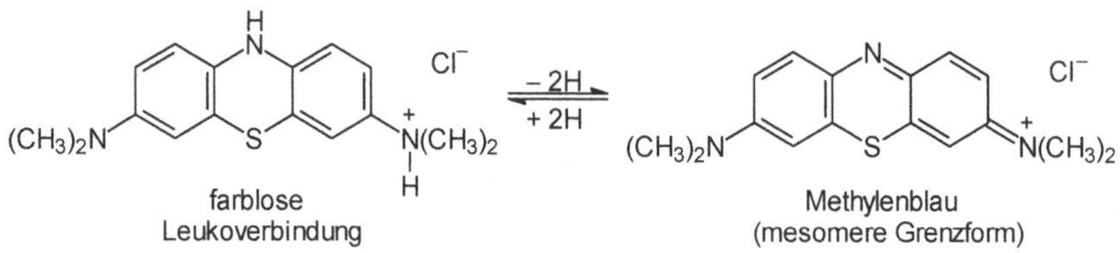

$(CH_3)_2N$
$N(CH_3)_2$
Cl^-
– 2H
+ 2H
farblose
Leukoverbindung
Methylenblau
(mesomere Grenzform)

4. Indigo, der wohl bekannteste blaue Farbstoff, ist ebenfalls ein Küpenfarbstoff: Indigoide Farbmittel dienen zum Färben von Cellulose-Fasern und als Pigmente für Industrielacke. Der Farbstoff sitzt als „Lack" auf der Faser und wird an den Scheuerstellen der damit gefärbten Textilien abgerieben. Dieser Effekt ist für das Auswaschen der ***Blue Jeans*** verantwortlich.

Großtechnische Herstellung von Indigo (2. *Heumannsche* Synthese der BASF):

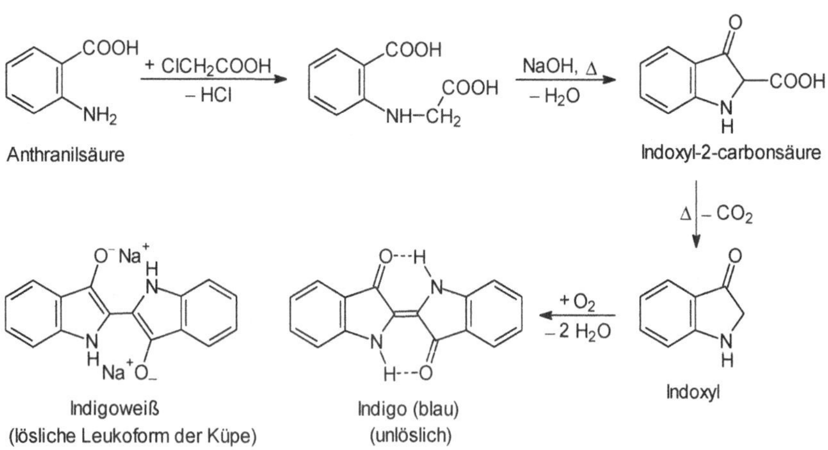

COOH
NH_2
Anthranilsäure
+ $ClCH_2COOH$
– HCl
COOH
COOH
NH–CH_2
NaOH, Δ
– H_2O
COOH
Indoxyl-2-carbonsäure
Δ
– CO_2
Indoxyl
+ O_2
– 2 H_2O
Indigo (blau)
(unlöslich)
O^- Na^+
Na^+O^-
Indigoweiß
(lösliche Leukoform der Küpe)

5. Triarylmethan-Farbstoffe sind wegen geringer Licht- und Waschechtheit nur noch als Farbstoffe für Papier interessant. Dazu gehören u.a. **Fluorescein** (aus Resorcin und Phthalsäureanhydrid), **Eosin** (Tetrabromfluorescein) und **Phenolphthalein** (aus Phenol und Phthalsäureanhydrid) mit einem chinoiden Chromophor.

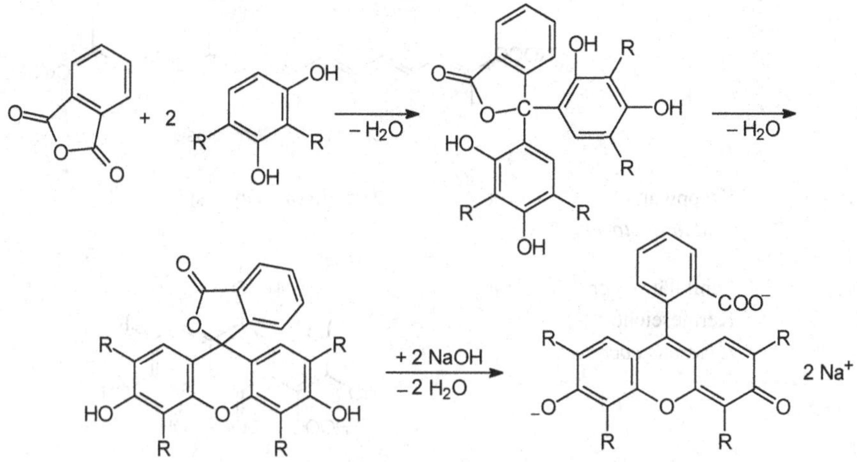

R = H	Fluorescein (rot)	gelbgrüne Fluoreszenz in verd. Lösung
R = Br	Eosin (rot)	rote Lösung (gut wasserlöslich)

Phenolphthalein dient als Indikator: In saurer oder neutraler Lösung ist es farblos, in verdünnten Laugen rot. In konzentrierten Laugen liegt es als farbloses Tri-Anion vor, das kein chinoides Ringsystem mehr enthält.

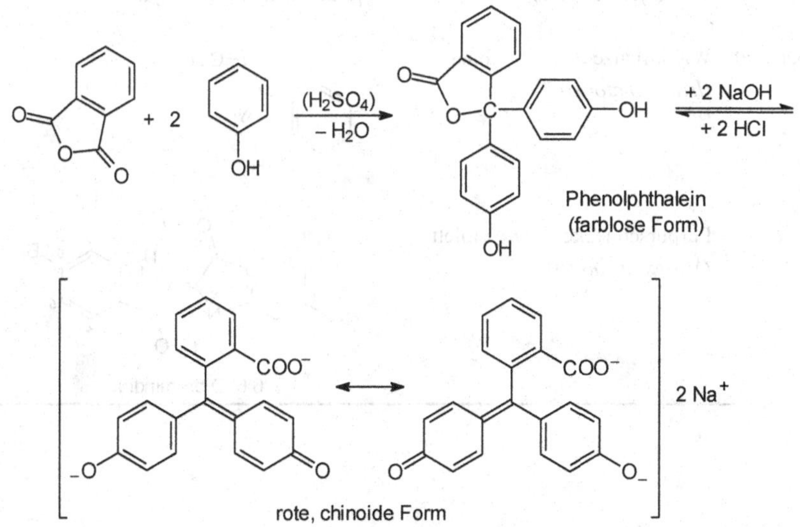

Einige weitere, auch natürliche Farbstoffe sind in Tabelle 58 zusammengestellt.

Tabelle 58. Natürliche Farbstoffe

Name	Herkunft	Farbe	Hauptfarbstoff
Safran	Echter Safran *(Crocus sativus)*	gelb	

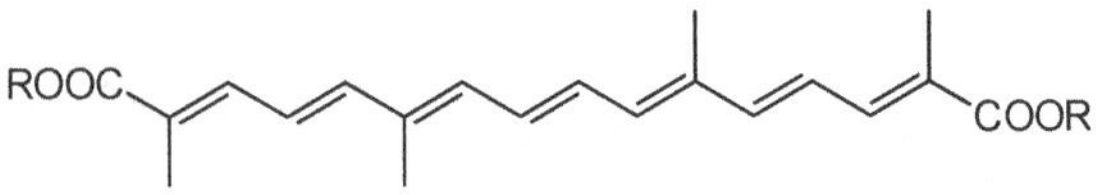

Crocin: R = Gentobiose

Name	Herkunft	Farbe	Hauptfarbstoff
Krapp	Krappwurzel *(Rubia tinctorum)*	rot	Alizarin (als Glykosid)
Kermes	Schildläuse der Kermeseiche *(Quercus coccifera)*	rot	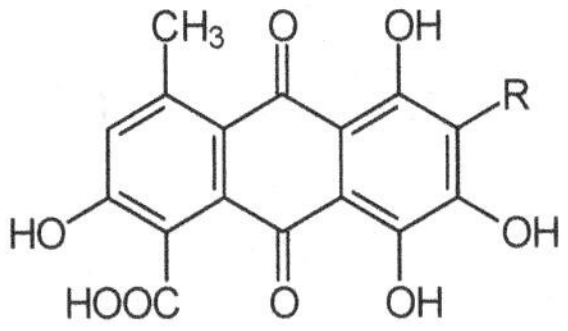

Kermessäure: R = $-\overset{\overset{\text{O}}{\|}}{\text{C}}-CH_3$

Carminsäure: R = D-Glucopyranose

Name	Herkunft	Farbe	Hauptfarbstoff
Carmin	Cochenille-Läuse *(Coccus cacti)*	rot	
Indigo	Indigopflanze *(Indigofera tinctoria)*	blau	Indigo (aus Indican, dem β-Glucosid des Indoxyls)
Färberwaid	Waidpflanze *(Isatis tinctoria)*	blau	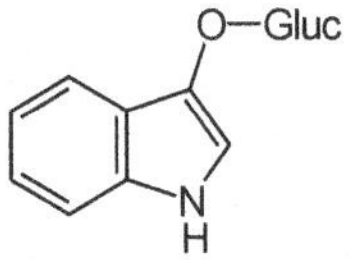

Name	Herkunft	Farbe	Hauptfarbstoff
Purpur	Purpurschnecke *(Murex brandaris)*	violett	

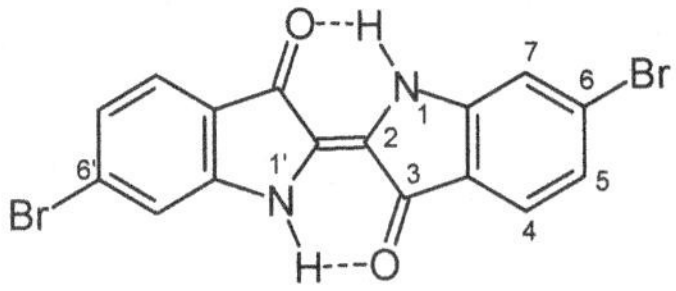

6,6'-Dibromindigo

39 Chemie im Alltag

39.1 Tenside

Tenside sind **grenzflächenaktive Stoffe**, die aus einem hydrophoben organischen Rest (meist mit Alkyl- oder Aryl-Gruppen) und einer hydrophilen (lipophoben) Gruppe bestehen (Tabelle 59). Sie sind Bestandteil von **Waschmitteln** und dienen als Emulgatoren (z.B. in kosmetischen Cremes oder Nahrungsmitteln), Netzmittel, Dispergiermittel, Solubilisatoren, Flotationsmittel u.a.

Die Wirkungsweise der Detergentien beruht auf ihrem polaren Bau. Die hydrophilen Gruppen ($-COO^-$, $-SO_3^-$) werden hydratisiert und in das Wasser hineingezogen, während die hydrophoben und lipophilen Alkyl-Reste herausgedrängt werden. Durch die regelmäßige Anordnung der Moleküle in der Phasengrenzfläche wird die Oberflächenspannung des Wassers herabgesetzt, d.h. die Flüssigkeit wird beweglicher und benetzt die Schmutzteilchen. Durch reines Wasser nicht benetzbare Stoffe wie Öle werden durch die Detergentien umhüllt, dadurch emulgiert und können dann weggespült werden (Abb. 91). Durch **Micellen-Bildung** bei höherer Tensid-Konzentration werden auch Kohlenwasserstoffe durch Einschluss in Micellen im Wasser emulgierbar. Unter **Micellen** versteht man kolloid-artige, geordnete Zusammenballungen von Molekülen grenzflächenaktiver Stoffe. Sie können aus 20 bis 30000 Einzelmolekülen bestehen.

Die **biologisch abbaubaren Detergentien** mit linearen Alkyl-Resten werden durch *Friedel-Crafts*-Alkylierung von Benzol mit 1-Alkenen oder 1-Chloralkanen hergestellt. Katalysator ist HF oder $AlCl_3$. Anschließend wird mit H_2SO_4 sulfoniert und mit NaOH neutralisiert:

Beispiel:

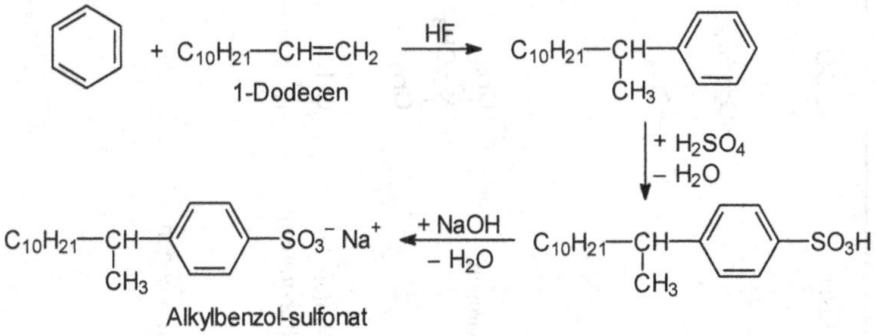

Alkylbenzol-sulfonat

Tabelle 59. Einteilung von Tensiden ($n = 10\text{-}20$, $m = 8\text{-}16$, $k = 5\text{-}20$)

Typ	hydrophile Gruppe	Beispiel	Bezeichnung
anionisch	$-COO^-$	$CH_3-(CH_2)_n-COO^-$ mit Na^+: Kernseife / mit K^+: Schmierseife	Seifen
	$-O-SO_3^-$	$CH_3-(CH_2)_n-O-SO_3^-$	Fettalkoholsulfate
	$-SO_3^-$	$CH_3-(CH_2)_n-SO_3^-$	Alkylsulfonate
		$CH_3-(CH_2)_n-\langle\!\!\langle\,\rangle\!\!\rangle-SO_3^-$	Alkylarylsulfonate
kationisch	$-\overset{+}{N}(CH_3)_3$	$CH_3-(CH_2)_n-\overset{+}{N}(CH_3)_2-CH_3 \;\; Cl^-$	Alkyltrimethyl-ammoniumchlorid
amphotensid zwitter-ionisch	$-\overset{+}{N}(CH_3)_2-CH_2-COO^-$	$CH_3-(CH_2)_n-\overset{+}{N}(CH_3)_2-CH_2-COO^-$	N-Alkylbetain
nicht ionogen	$-O-(CH_2-CH_2-O)_n-H$	a) $CH_3-(CH_2)_m-O-(CH_2-CH_2-O)_n-H$ b) $CH_3-(CH_2)_m-\langle\!\!\langle\,\rangle\!\!\rangle-O-(CH_2-CH_2-O)_n-H$ c) $CH_3-(CH_2)_m-CO-O-(CH_2-CH_2-O)_n-H$	Polyethylenglycol-Addukte von $n \cdot \overset{\triangle}{}\!\!\searrow\!\!O$ mit  a) Alkyl-alkoholen b) Alkyl-phenolen c) Fettsäuren

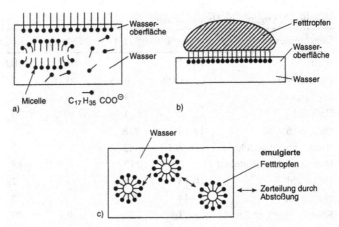

Abb. 91 a-c. Wirkungen der Waschmittel. **a** Oberflächenaktivität: Anreicherung der polar gebauten Ionen in der Wasseroberfläche, Micellenbildung im Innern. **b** Wirkung als Netzmittel. **c** emulgierende Wirkung

39.2 Düngemittel

Düngemittel sind Substanzen oder Stoffgemische, welche die von der Pflanze benötigten Nährstoffe in einer für die Pflanze geeigneten Form zur Verfügung stellen.

Pflanzen benötigen zu ihrem Aufbau verschiedene Elemente, die unentbehrlich sind, deren Auswahl jedoch bei den einzelnen Pflanzenarten verschieden ist. Dazu gehören die Nichtmetalle H, B, C, **N**, O, **S**, **P**, Cl und die Metalle **Mg**, **K**, **Ca**, Mn, Fe, Cu, Zn, Mo. C, H und O werden als CO_2 und H_2O bei der Photosynthese verarbeitet, die anderen Elemente werden in unterschiedlichen Mengen, z.T. nur als Spurenelemente benötigt. Die sechs wichtigen Hauptnährelemente sind fett geschrieben; N, P, K sind dabei von besonderer Bedeutung.

Allgemein wird unterschieden zwischen **Handelsdüngern** mit definiertem Nährstoffgehalt und **wirtschaftseigenen Düngern**. Letztere sind Neben- und Abfallprodukte, wie z.B. tierischer Dung, Getreidestroh, Gründüngung (Leguminosen), Kompost, Trockenschlamm (kompostiert aus Kläranlagen).

39.2.1 Handelsdünger aus natürlichen Vorkommen

Organische Dünger sind z.B. Guano, Torf, Horn-, Knochen-, Fischmehl. Weitere Beispiele finden sich in Tabelle 60. **Anorganische Dünger (Mineraldünger) aus natürlichen Vorkommen** sind z.B. $NaNO_3$ (Chilesalpeter (seit 1830)), $CaCO_3$ (Muschelkalk), KCl (Sylvin). Sie werden bergmännisch abgebaut und kommen gereinigt und zerkleinert in den Handel.

Tabelle 60. Organische Handelsdünger

Düngemittel	% N	% P$_2$O$_5$	% K$_2$O	% Ca	% org. Masse
Blutmehl	10-14	1,3	0,7	0,8	60
Erdkompost	0,02	0,15	0,15	0,7	8
Fischguano	8	13	0,4	15	40
Holzasche	–	3	6-10	30	–
Horngrieß	12-14	6-8	–	7	80
Horn-Knochen-Mehl	6-7	6-12	–	7	40-50
Horn-Knochen-Blutmehl	7-9	12	0,3	13	50
Hornmehl	10-13	5	–	7	80
Hornspäne	9-14	6-8	–	7	80
Knochenmehl, entleimt	1	30	0,2	30	–
Knochenmehl, gedämpft	4-5	20-22	0,2	30	–
Klärschlamm	0,4	0,15	0,16	2	20
Kompost	0,3	0,2	0,25	10	20-40
Peruguano	6	12	2	20	40
Rinderdung, getrocknet	1,6	1,5	4,2	4,2	45
Ricinusschrot	5	–	–	–	40
Ruß	3,5	0,5	1,2	5-8	80
Stadtkompost	0,3	0,3	0,8	8-10	20-40
Stallmist, Rind, frisch	0,35	1,6	4	3,1	20-40

39.2.2 Handelsdünger aus industrieller Herstellung („Kunstdünger")

a) Organische Dünger

Harnstoff, H$_2$N–CO–NH$_2$, wird mit Aldehyden kondensiert als Depotdüngemittel verwendet; es wird weniger leicht ausgewaschen. Ammonnitrat-Harnstoff-Lösungen sind Flüssigdünger mit schneller Düngewirkung.

b) Mineraldünger

Stickstoffdünger

Sie sind von besonderer Bedeutung, weil bisher der Luftstickstoff nur von den Leguminosen unmittelbar verwertet werden kann. Die anderen Pflanzen nehmen Stickstoff als NO$_3^-$ oder NH$_4^+$ je nach pH-Wert des Bodens auf. Bekannte Düngemittel, die i.a. als Granulate ausgebracht werden, sind:

Kalkammonsalpeter, NH$_4$NO$_3$/CaCO$_3$.

Natronsalpeter, NaNO$_3$, **Salpeter,** KNO$_3$.

Kalksalpeter, Ca(NO$_3$)$_2$

Ammoniumnitrat, „Ammonsalpeter", NH_4NO_3 (seit 1913)

$$NH_3 + HNO_3 \longrightarrow NH_4NO_3 \text{ (explosionsgefährlich)}$$

wird mit Zuschlägen gelagert und verwendet. Zuschläge sind z.B. $(NH_4)_2SO_4$, $Ca(NO_3)_2$, Phosphate, $CaSO_4 \cdot 2\,H_2O$, $CaCO_3$.

Kalkstickstoff (seit 1903)

$$CaC_2 + N_2 \overset{1100\,°C}{\rightleftharpoons} CaCN_2 + C$$
$$(CaO + 3C \rightleftharpoons CaC_2 + CO)$$

Ammoniumsulfat, $(NH_4)_2SO_4$,

$$2\,NH_3 + H_2SO_4 \longrightarrow (NH_4)_2SO_4$$
oder $(NH_4)_2CO_3 + CaSO_4 \longrightarrow (NH_4)_2SO_4 + CaCO_3$

$(NH_4)_2HPO_4$ s. Phosphatdünger

Vergleichsbasis der Dünger ist % N.

Phosphatdünger

P wird von der Pflanze als Orthophosphat-Ion aufgenommen. Vergleichsbasis der Dünger ist % P_2O_5. Der Wert der phosphathaltigen Düngemittel richtet sich auch nach ihrer Wasser- und Citratlöslichkeit (Citronensäure, Ammoniumcitrat) und damit nach der vergleichbaren Löslichkeit im Boden.

Beispiele:

„Superphosphat" ist ein Gemisch aus $Ca(H_2PO_4)_2$ und $CaSO_4 \cdot 2\,H_2O$ (Gips).

$$Ca_3(PO_4)_2 + 2\,H_2SO_4 \longrightarrow Ca(H_2PO_4)_2 + 2\,CaSO_4$$

„Doppelsuperphosphat" entsteht aus carbonatreichen Phosphaten:

$$Ca_3(PO_4)_2 + 4\,H_3PO_4 \longrightarrow 3\,Ca(H_2PO_4)_2$$
$$CaCO_3 + 2\,H_3PO_4 \longrightarrow Ca(H_2PO_4)_2 + CO_2 + H_2O$$

„Rhenaniaphosphat" (seit 1916) $3\,CaNaPO_4 \cdot Ca_2SiO_4$ entsteht aus einem Gemisch von $Ca_3(PO_4)_2$ mit Na_2CO_3, $CaCO_3$ und Alkalisilicaten bei 1100 - 1200°C in Drehrohröfen („Trockener Aufschluss"). Es wird durch organische Säuren im Boden zersetzt.

„Ammonphosphat" $(NH_4)_2HPO_4$

$$H_3PO_4 + 2\,NH_3 \longrightarrow (NH_4)_2HPO_4$$

„Thomasmehl" (seit 1878) ist feingemahlene „Thomasschlacke". Hauptbestandteil ist: Silico-carnotit $Ca_5(PO_4)_2[SiO_4]$.

Kaliumdünger

K reguliert den Wasserhaushalt der Pflanzen. Es liegt im Boden nur in geringer Menge vor und wird daher ergänzend als wasserlösliches Kalisalz aufgebracht. Vergleichbasis der Dünger ist % K_2O.

Beispiele:

„Kalidüngesalz" KCl (Gehalt ca. 40 %) (seit 1860).

„Kornkali" mit Magnesiumoxid: 37 % KCl + 5 % MgO

Kalimagnesia $K_2SO_4 \cdot MgSO_4 \cdot 6\ H_2O$

Kaliumsulfat K_2SO_4 (Gehalt ca. 50 %).

Carnallit $KMgCl_3 \cdot 6\ H_2O$

Kainit $KMgClSO_4 \cdot 3\ H_2O$

Mehrstoffdünger

Dünger, die mehrere Nährelemente gemeinsam enthalten, aber je nach den Bodenverhältnissen in unterschiedlichen Mengen, werden **Mischdünger** genannt. Man kennt **Zwei**nährstoff- und **Mehr**nährstoffdünger mit verschiedenen N–P–K–Mg-Gehalten. So bedeutet z.B. die Formulierung 20–10–5–1 einen Gehalt von 20% N – 10% P_2O_5 – 5% K_2O – 1% MgO. Häufig werden diese Dünger mit Spurenelementen angereichert, um auch bei einem einmaligen Streuvorgang möglichst viele Nährstoffe den Pflanzen anbieten zu können.

Beispiele:

„Kaliumsalpeter": KNO_3/NH_4Cl

„Nitrophoska": $(NH_4)_2HPO_4/NH_4Cl$ bzw. $(NH_4)_2SO_4$ **und** KNO_3

„Hakaphos": KNO_3, $(NH_4)_2HPO_4$, Harnstoff

39.3 Biozide

Die Mehrzahl der heute verwendeten Biozide sind organisch-chemische Verbindungen, die in großen Mengen hergestellt und eingesetzt werden. Sie werden meist nicht unverdünnt, sondern als Mischungen mit Zusätzen (= Formulierungen) in den Handel gebracht. Zusätze sind z.B. Lösemittel, Haftmittel, Emulgatoren, Netzmittel, Stabilisatoren. Angewendet werden Biozide als Spritz-, Sprüh-, Streu-, Stäube-, Beiz- oder Begasungsmittel.

Je nach Anwendungsgebiet werden die Biozide (Pflanzenschutz- und Schädlingsbekämpfungsmittel) unterschieden. Tabelle 61 gibt einen Überblick.

Tabelle 61. Biozide

Mittel gegen	Bezeichnung
Insekten	Insektizide
Milben	Akarizide
Eier	Ovizide
Nematoden	Nematizide
Schnecken	Molluskizide
Pilze	Fungizide
Bakterien	Bakterizide
Viren	Virizide
Nagetiere	Rodentizide
Pflanzen (Unkräuter)	Herbizide
Abwehrmittel (allgemein)	Repellents
sterilisierende Mittel	Chemosterilantien

39.3.1 Insektizide

Im Allgemeinen wird zwar gefordert, dass biozide Mittel Mensch und Umwelt bei sachgemäßer Anwendung nicht gefährden, jedoch ist eine Ideallösung noch nicht in Sicht. In jüngster Vergangenheit haben besonders die chlorierten Kohlenwasserstoffe zu erheblichen Problemen geführt.

Chlorierte Kohlenwasserstoffe

Das wohl bekannteste Beispiel dieser Stoffklasse ist **DDT** („**D**ichlor**d**iphenyl**t**richlorethan"), 1,1-Bis(4-chlorphenyl)-2,2,2,-trichlorethan, das durch Kondensation von Chlorbenzol mit Chloral hergestellt wird:

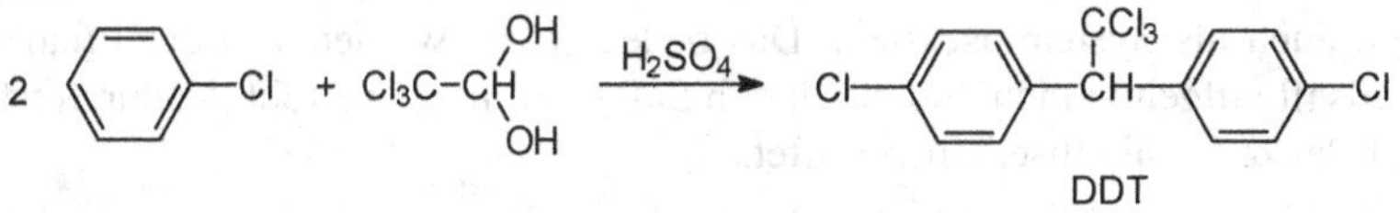

Es zählt zu der Gruppe der so genannten „harten" Insektizide, die nur sehr langsam abgebaut werden. Infolge ihrer hohen Persistenz reichern sie sich im Fettgewebe an und gelangen über die Nahrungskette in den menschlichen Organismus, wo sie abgelagert werden. Das gilt auch für andere polychlorierte Insektizide wie **Gammexan** (Lindan, γ-1,2,3,4,5,6-Hexachlorcyclohexan, s. Kap. 7.6.1.3), **Aldrin** und **Dieldrin**. Letztere entstehen durch *Diels-Alder*-Reaktion von Hexachlorcyclopentadien mit Norbornadien (Bicyclo[2,2,1]hepta-2,5-dien).

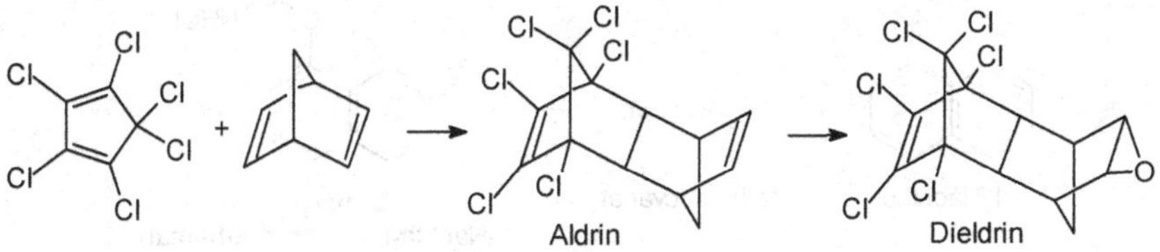

In vielen Ländern ist daher der Einsatz dieser chlorierten Kohlenwasserstoffe beschränkt oder verboten.

Phosphorsäureester

Sie sind ebenso wie die polychlorierten Verbindungen **Nervengifte** (Hemmung der Acetylcholinesterase) und werden als Insektizide, aber auch als Nematizide und Akarizide eingesetzt. Vorteile sind ihre kurze Lebensdauer, teilweise akzeptable Toxizität gegenüber Warmblütern und geringe Bindung an tierisches Körpergewebe. Von großem Nachteil ist ihre hohe Toxizität, die ein breites Wirkungsspektrum zur Folge hat, so dass auch Nutzinsekten in hohem Maß betroffen sind.

Allgemeine Darstellungsreaktion:

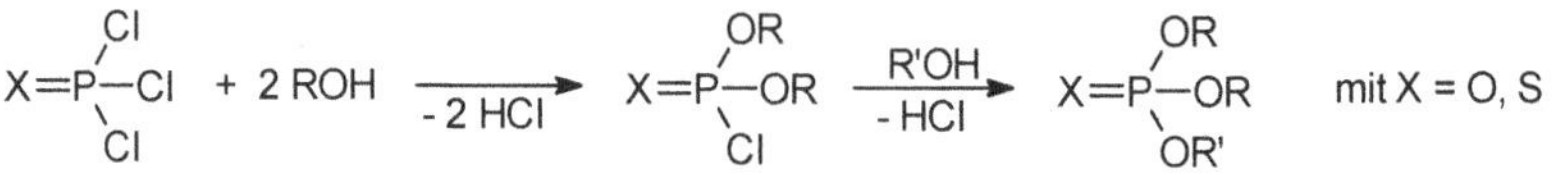

Beispiele:

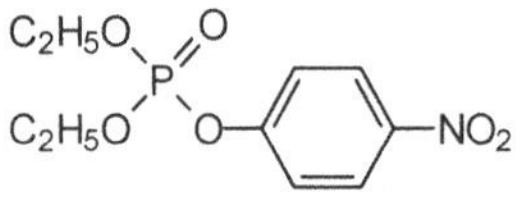

Parathion ("E605")	Dichlorvos	Dimethoat
(*O,O*-Diethyl- *O*-4-nitro-phenyl-thiophosphat)	(2,2-Dichlorvinyl-dimethylphosphat)	(*O,O*-Dimethyl- *S*-(2-methylamino -2-oxoethyl)-dithiophosphat)

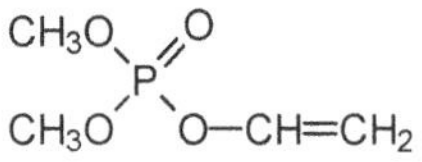

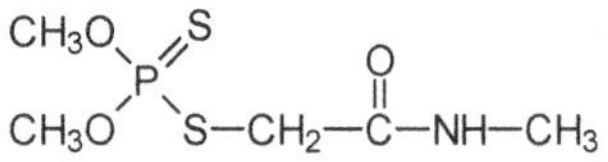

Einige Phosphorsäureester wirken nicht nur als Kontakt-, Atem- oder Fraßgift, sondern auch als Systeminsektizid. Das bedeutet, sie werden von der Pflanze in den Zellsaft aufgenommen und durch den Saftstrom in ihr verteilt. Dadurch ist die ganze Pflanze für die Insekten vergiftet.

Carbamate

Eine bekannte Gruppe von Insektiziden stellen die Urethanderivate dar. Ein Beispiel ist **Carbaryl** („Sevin"). Es wird mit Methylisocyanat hergestellt, das 1984 bei einem Störfall in Bhopal (Indien) freigesetzt wurde und den Tod von mehr als 2000 Menschen verursachte. (Weiteres Herstellungsverfahren s. Kap. 21.2)

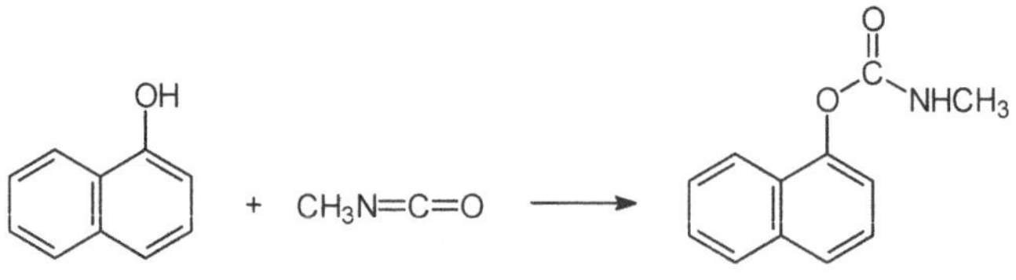

1-Naphthol	Methylisocyanat	Carbaryl (1-Naphthyl- *N*-methylcarbamat)

39.3.2 Fungizide

Die wirtschaftlich bedeutendsten Pflanzenkrankheiten werden durch Pilze hervorgerufen. Neben die schon sehr lange bekannten Fungizide Schwefel, Kupferverbindungen (Weinbau: $CuCO_3 \cdot Cu(OH)_2$, $Cu_2Cl(OH)_3 \cdot 1,5\ H_2O$) und organische Quecksilberverbindungen (Saatgutbeizmittel) sind zahlreiche neue synthetische Mittel getreten, die einer großen Zahl chemischer Stoffklassen zuzurechnen sind. Für einen Überblick und Einzelheiten muss daher auf Spezialliteratur verwiesen werden.

Beispiele:

Captan
(N-Trichlormethylthio-3,6,7,8-
-tetrahydrophthalimid)

Dichlofluanid
(N-Dichlorfluormethylthio-N',N'-
dimethyl-N-phenylsulfamid)

Maneb für M = Mn
Zineb für M = Zn
(Metall-ethylenbis-
dithiocarbamat)

39.3.3 Herbizide

Herbizide wirken auf verschiedene Weise auf Pflanzen ein, z.B. durch Hemmung der Photosynthese, Veränderung des Zellwachstums oder als Atmungsgifte. Es gibt Totalherbizide, die jeden Pflanzenwuchs vernichten und im Boden zeitlich begrenzt oder unbegrenzt (Bodensterilisatoren) wirken sollen.

Deiquat (ein Systeminsektizid) wirkt beispielsweise nur wenige Tage, während **Monuron** bis zu einem Jahr wirkt.

Deiquat
(1,1'-Ethylen-2,2'-bi-
pyridyliumdibromid)

Monuron
(N-(4-Chlorphenyl)- N',N'-
dimethylharnstoff)

Schon länger bekannte Mittel sind Chlorate, Rhodanide und Borate, die als Kontaktgifte mit kurzer Wirkungsdauer fungieren.

Der selektiven Unkrautbekämpfung dienen Kalkstickstoff $CaCN_2$ und Kainit $KCl \cdot MgSO_4$. Bekannte organische Verbindungen sind chlorierte Phenoxy-Säuren, substituierte Harnstoffe (Carbamate) und symmetrische Triazine.

Beispiele:

2,4,5-T	Chlorpropham	Atrazin
(2,4,5-Trichlorphen-oxyessigsäure)	(*N*-(3-Chlorphenyl)-isopropylcarbamat)	(2-Chlor-4-ethylamino-6-isopropylamino-*s*-triazin)

39.3.4 Vorratsschutz

Zum Schutz von Nahrungsmittelvorräten, z.B. in Getreidelagern werden vor allem Begasungsmittel eingesetzt, die in manchen Fällen auch zur Schädlingsbekämpfung im Gartenbau geeignet sind. Bekannte Mittel sind Phosphorwasserstoff PH_3, Blausäure HCN, Methylbromid CH_3Br. Gegen Nagetiere wie Ratten werden Cumarinderivate und Thalliumsulfat, Tl_2SO_4 eingesetzt.

39.3.5 Neuere Entwicklungen

Obwohl die biologische Schädlingsbekämpfung zunehmend an Bedeutung gewinnt, sind Pestizide noch weithin unentbehrlich. Um die Umweltbelastung zu vermindern, sucht man daher nach Stoffen, die einen gezielteren Einsatz erlauben. Einige Beispiele sollen nachfolgend vorgestellt werden.

Chitin-Synthese-Inhibitoren und Antijuvenilhormone

Insekten verwenden im Unterschied zu höheren Tieren Chitin als Gerüstsubstanz (s. Kap. 28.3.2). Durch die mehrfachen Häutungsprozesse bei ihrer Entwicklung halten Insekten eine ständige Chitin-Produktion aufrecht. Ein Eingriff in diese Produktion stört die Entwicklung des Tieres und verhindert damit die Fortpflanzung der Art, z.B. durch Unreife oder frühen Tod. Eine hierfür geeignete Verbindung ist **Diflubenzuron** („Dimilin"), ein Benzoylphenylharnstoff-Derivat. Die Substanz ist erheblich weniger toxisch als Parathion und beeinflusst auch die Chitinproduktion bei vielen Crustaceen wie Krabben usw. nur wenig.

Das natürlich vorkommende **Precocen I** und **II** blockiert das körpereigene **Juvenilhormon**. Am Beispiel der Landwanze (Oncopeltus fasciatus) wurde festgestellt, dass Precocen-behandelte Tiere von den normalerweise fünf Larvenstadien bis zur Häutung zum erwachsenen Tier ein oder zwei Larvenstadien überspringen und sich dann zu sterilen Tieren häuten.

Diflubenzuron
(1-(4-Chlorphenyl)-3-(2,6-
difluorbenzoyl)-harnstoff)

Precocen I (R = H)
Precocen II (R = OCH$_3$)
(Antijuvenilhormon)

Pheromone

Pheromone sind **chemische Signalstoffe**. Sie sind verantwortlich für die Informationsübermittlung zwischen den Geschlechtern, finden Verwendung als Spur- und Markierungssubstanzen usw. Pheromone werden von einem Individuum einer bestimmten Tierart abgegeben und von einem anderen Individuum derselben Art empfangen. Meist handelt es sich um Pheromon-Mehrkomponenten-Systeme, sog. **Pheromonkomplexe**. Ein Tier erkennt seinen arteigenen Geruch oft an der spezifischen Zusammensetzung mehrerer definiert zusammengesetzter Komponenten.

Besonders gut untersucht sind verschiedene Pheromonsysteme bei der Honigbiene. Ein und dasselbe Bienenpheromon kann dabei verschiedene Wirkungsweisen und Funktionen besitzen. Oft werden bestimmte Verhaltensfolgen auch erst durch mehrere Substanzen verursacht. Ein besonders wichtiges Sekret ist die „**Königinnensubstanz**". Ein Pheromonkomplex veranlasst dabei Schwarmbienen zur Bildung stabiler Schwarmtrauben. Das Sekret hat aber auch die Funktion eines **Sexuallockstoffes**. So lockt es Drohnen oberhalb einer Mindestflughöhe zur Königin. Ein anderes Pheromon der Arbeitsbiene ist ihr Alarmstoff. Pheromone dienen den Bienen auch zur Markierung von Futterquellen oder zur Kennzeichnung von Nesteingängen.

Chemische Struktur einiger Pheromone

Die Sexuallockstoffe weiblicher Falter sind vornehmlich einfach- und zweifachungesättigte Alkohole, ihre Ester (z.B. Acetate) oder Aldehyde mit Kettenlängen zwischen 10 und 20 C-Atomen.

Beispiele von Sexuallockstoffen bzw. Pheromonkomponenten von weiblichen Schmetterlingen:

Saateule

Seidenspinner

Pflaumenwickler

Apfelwickler

Unter den Aggregations- und Sexualpheromonen der Borkenkäfer finden sich **Terpenalkohole**, terpenoide Ketone, bicyclische Ketale. Bei anderen Käferarten sind bekannt: Phenol, Cyclobutan-, Cyclohexanderivate, ungesättigte Säuren, Alkohole, Aldehyde, Ketone.

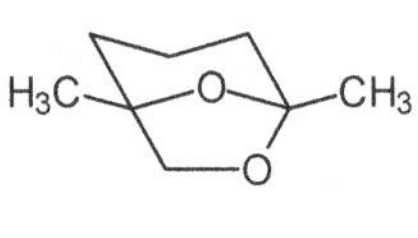

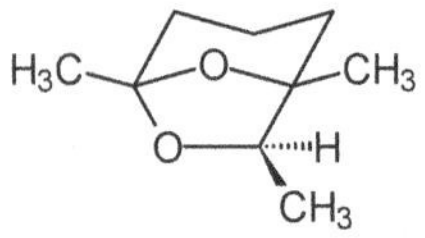

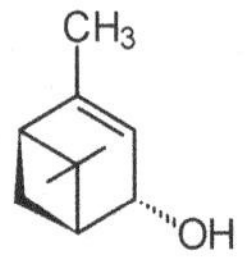

| Tier: | *Dendroctonus frontalis* | *Dendroctonus brevicomis* | *Ips calligraphus* |

Verwendung von Pheromonen im Pflanzenschutz

Man nutzt neuerdings im Pflanzenschutz die Möglichkeit, das Verhalten bestimmter Insektenarten durch Pheromone spezifisch zu manipulieren. Die Techniken sind dabei vielfältig. So werden Leimfallen mit synthetischen Lockstoffen, Pheromonextrakten oder lebende Weibchen der Insekten benutzt. Im Waldschutz werden gegen den Borkenkäfer Pheromonfallen häufig in Kombination mit „Fangbäumen" eingesetzt.

Letztere haben die Aufgabe, als Zielbäume zu dienen, um die Käfer auf herkömmliche Weise zu vernichten. Neben den Abfangtechniken kennt man auch die sog. Verwirrungstechnik. Hierbei verwirrt man durch Überangebot an Sexuallockstoff die männlichen Insekten und erschwert ihnen so das Auffinden der Weibchen.

43.3.6 Natürlich vorkommende Insektizide

Bekannte natürliche Wirkstoffe sind: Schwefel (meist in kolloid-disperser Form), **Pyrethrum** (aus den Blütenköpfen einiger Chrysanthemenarten), **Alkaloide** (vor allem Nikotin und Anabasin aus dem Tabak, s. Kap. 34.2), **Rotenoide** (aus Derrispflanzen) und verschiedene Extrakte aus tropischen Pflanzen wie Quassia und Ryania, die jedoch nur regional von Bedeutung sind. Einige davon wie Schwefel werden mit gutem Erfolg schon seit langem verwendet.

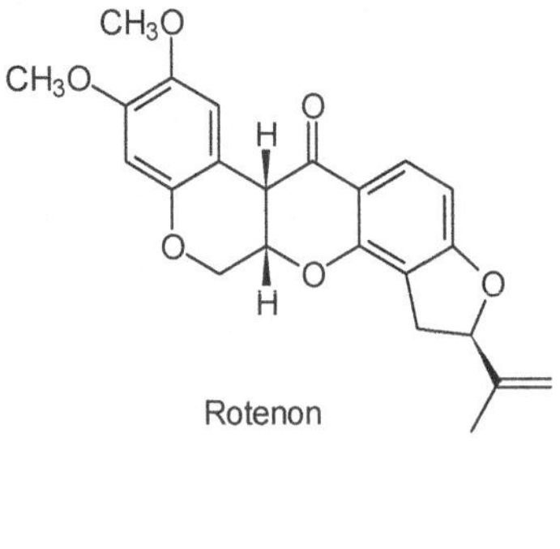

Rotenon 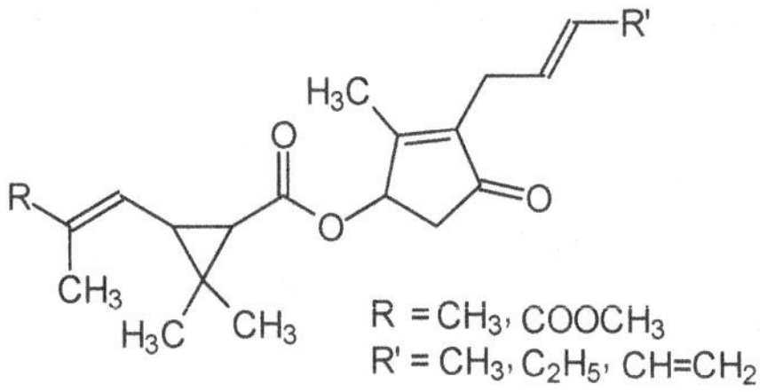   Pyrethroide

R = CH$_3$, COOCH$_3$
R' = CH$_3$, C$_2$H$_5$, CH=CH$_2$

39.4 Wesentliche Bestandteile wichtiger Haushaltsprodukte

Die nachfolgende Tabelle 62 enthält die toxikologisch relevanten Bestandteile wichtiger Haushaltschemikalien. Die Angaben zur Zusammensetzung geben die durchschnittlichen Massengehalte der Bestandteile in den marktführenden Handelsprodukten an (ein Strich – bedeutet: keine Angaben verfügbar). Dabei ist zu beachten, dass sich die Zusammensetzungen fortwährend ändern können (z.B. beim Ersatz von Phosphaten in Waschmitteln durch Zeolithe). Bei der Nomenklatur der Stoffe wurde zum besseren Verständnis häufig die übliche technische Handelsbezeichnung verwendet. Produktvarianten sind durch a), b) unterschieden.

Weitere Einzelheiten zu einzelnen Produkten siehe weiterführende Literatur (Kap. 41).

Tabelle 62

39.4.1 Holz- und Möbelbehandlung

Produktgruppe	Bestandteile	Formel	Anteil %
Abbeizmittel und Ablaugemittel	a) Methylenchlorid	CH_2Cl_2	< 50
	Phenol	C_6H_5OH	< 30
	Ätznatron	$NaOH$	< 5
	b) Methylenchlorid	CH_2Cl_2	50
	Methanol	CH_3OH	10
	Methylcellosolve	$CH_3OCH_2CH_2OH$	< 10
	Ethylglycol	$C_2H_5OCH_2CH_2OH$	–
	Ethylbenzol	$C_6H_5CH_2CH_3$	–
	c) Phenol	C_6H_5OH	25
	Ameisensäure	$HCOOH$	10
	Methylenchlorid	CH_2Cl_2	10
	d) Salmiakgeist	NH_3	10–25
Holzbeizen	a) Natriumsulfat	Na_2SO_4	75
	Farbstoffe	s. Kap. 38	25
	b) Benzin/Petroleum	C_nH_{2n+2}	70
	Wachse	s. Kap. 30.4	25
	Farbstoffe	s. Kap. 38	< 1
Holzschutzmittel	a) Dinitrophenol	$HOC_6H_3(NO_2)_2$	< 10
	Natriumcarbonat	Na_2CO_3	25
	Kaliumdichromat	$K_2Cr_2O_7$	25
	Natriumfluorid	NaF	35

Tabelle 62 (Fortsetzung)

Produktgruppe	Bestandteile	Formel	Anteil %
Holzschutzmittel (Fortsetzung)	b) Carbolineum (Steinkohlenteer-destillat, Sdp. > 270°C)	polycyclische aromatische Kohlenwasserstoffe (PAH), Phenole u.a.	–
	c) kombinierte Produkte mit		
	Insektiziden,	s. Kap. 39.3	1–40
	Fungiziden und	s. Kap. 39.3	1–6
	Lösemitteln wie		
	Xylol	$C_6H_4(CH_3)_2$	10–60
	Cellosolve (2-Ethoxyethanol)	$C_2H_5OCH_2CH_2OH$	70
	Testbenzin (Sdp. 150–180°C)	C_nH_{2n+2} (und z.T. Aromaten)	50–80
	Terpentin		5
	ggf. noch mit Alkydharzen und Farbstoffen bei Lasuren	–	–
Holzveredelungsmittel (Möbelpflegemittel)	Benzin (Petroleum)	C_nH_{2n+2}	50
	Dipenten	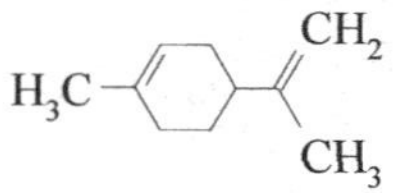 (Struktur: H_3C-substituiertes Cyclohexen mit CH_2 und CH_3)	5–15
	synthetische Harze	–	25–50
Möbelpolituren, Möbelreinigungsmittel	**flüssige Mittel**		
	Benzin/Petroldestillate	C_nH_{2n+2}	30–100
	Toluol/Xylol	$C_6H_5CH_3$, $C_6H_4(CH_3)_2$	<30
	Butylacetat	$CH_3COOC_4H_9$	<5
	Ethanol (Spiritus)	C_2H_5OH	<10
	Terpentinöl	–	<10

Tabelle 62 (Fortsetzung)

Produktgruppe	Bestandteile	Formel	Anteil %
Möbelpolituren, Möbelreinigungsmittel (Fortsetzung)	Trichlorethylen	$CCl_2=CHCl$	<2
	Guajacol	$HO-C_6H_4-OCH_3$	<5
	ätherische Öle	–	<10
	Spray Benzine/Petroldestillate	C_nH_{2n+2}	<20
	Siliconöl	$\left[\begin{array}{c} R \\ \mid \\ Si-O \\ \mid \\ R \end{array}\right]_n$	30
39.4.2 Behandlung von Textilien			
Bleichmittel für Textilien	a) Natriumhypochlorid	$NaOCl$	2–6
	b) Natriumperborat	$Na_2(BO_2H_2O_2)_2 \cdot 6\,H_2O$	95–100
	c) Natriumsulfat	Na_2SO_4	84
	anionische Tenside z.B. Fettalkoholsulfonat	$R-SO_3^-M^+$ ($R = C_{11}-C_{17}$)	8
	Natriumhydrogensulfit	$NaHSO_3$	4
Fleckentferner	**flüssig**		
	a) Trichlorethylen	$CCl_2=CHCl$	100
	b) Monochlorbenzol	C_6H_5Cl	100
	c) Trichlorethylen	$CCl_2=CHCl$	50–70
	Perchlorethylen	$CCl_2=CCl_2$	33–70

Tabelle 62 (Fortsetzung)

Produktgruppe	Bestandteile	Formel	Anteil %
Fleckentferner (Fortsetzung)	d) Trichlorethylen	$CCl_2{=}CHCl$	70–80
	Monochlorbenzol	C_6H_5Cl	20–30
	e) Benzin	C_nH_{2n+2}	25–45
	Trichlorethylen	$CCl_2{=}CHCl$	50
	Perchlorethylen	$CCl_2{=}CCl_2$	5–25
	f) Schwerbenzin (Sdp. 150–180°C)	C_nH_{2n+2}	50
	Trichlorethylen	$CCl_2{=}CHCl$	50
	g) Trichlorethylen	$CCl_2{=}CHCl$	60
	Methylenchlorid	CH_2Cl_2	30
	Amylacetat	$CH_3COOC_5H_{11}$	5
	h) Trichlorethylen	$CCl_2{=}CHCl$	50
	Perchlorethylen	$CCl_2{=}CCl_2$	10
	Trichlorethan	CH_3CCl_3	10
	Xylol	$C_6H_4(CH_3)_2$	10
	Monochlorbenzol	C_6H_5Cl	10
	Chloroform	$CHCl_3$	10
Spray			
	i) Benzin	C_nH_{2n+2}	40
	Tri- oder Perchlorethylen	$CCl_2{=}CClR \; (R = H, Cl)$	30
	Isopropanol	$(CH_3)_2CHOH$	15

Tabelle 62 (Fortsetzung)

Produktgruppe	Bestandteile	Formel	Anteil %
Imprägniermittel	**flüssig**		
	a) Benzine	C_nH_{2n+2}	95
	Silikon	$\left[\!\!\begin{array}{c} R \\ Si-O \\ R \end{array}\!\!\right]_n$	5
	b) 1,1,1-Trichlorethan	$CH_3–CCl_3$	99
	Polyfluorkohlenwasserstoffe	$(CF_2–CF_2)_n$	<1
	Spray		
	c) Trichlorethan	$CH_3–CCl_3$	40
	Benzin	C_nH_{2n+2}	<10
	Silikon	$\left[\!\!\begin{array}{c} R \\ Si-O \\ R \end{array}\!\!\right]_n$	10
	d) Perchlorethylen	$CCl_2=CCl_2$	30
	Butylacetat	$CH_3COOC_4H_9$	10
	Benzin	C_nH_{2n+2}	<10
Mottenschutzmittel	s. Schädlingsbekämpfungsmittel		
Rostfleckentferner	a) Ammoniumbifluorid	$NH_4F \cdot HF$	10–25
	Isopropanol oder Ethanol	$(CH_3)_2CHOH; C_2H_5OH;$	
	oder Oxalsäure	$(COOH)_2$	<10

Tabelle 62 (Fortsetzung)

Produktgruppe	Bestandteile	Formel	Anteil %
Rostfleckentferner (Fortsetzung)	b) Ammoniumbifluorid	$NH_4F \cdot HF$	< 10
	Flußsäure	HF	< 10
	Ammoniumacetat	$CH_3COO^-NH_4^+$	–
Polster- und Teppichreiniger	**flüssig**		
	anionische Tenside	s. Kap. 39.1	7–30
	Ätzkali oder Salmiak	$KOH; NH_3$	< 3
	nichtionische Tenside, z.B.	$R–CO–N(CH_2–CH_2–OH)_2$	< 2
	Laurylsäurediethanolamid	mit $R = C_{11}H_{23}$	
	Alkohole, z.B. Ethanol,	$C_2H_5OH,$	< 7
	Isopropanol	$(CH_3)_2CHOH$	
	Natriumsulfat	Na_2SO_4	< 5
	Spray		
	anionische oder amphotere Tenside		10–25
	Phosphate, z.B. Kaliumpyrophosphat	$K_4P_2O_7$	< 0,3
Wäscheweichspüler	anionische und kationische Tenside	s. Kap. 39.1	3–8
	Isopropanol	$(CH_3)_2CHOH$	< 2
	Weißtöner	s. Kap. 38.1	< 0,5
Waschmittel	nichtionische und anionische Tenside	s. Kap. 39.1	5–22
	Komplexbildner	$Na_5P_3O_{10}$ / Zeolithe	1–8
	Bleichmittel: Natriumperborat	$Na_2(BO_2H_2O_2)_2 \cdot 6\,H_2O$	20–36
	Weißtöner: Stilben- und Pyrazolonderivate	s. Kap. 38.1	0,1–0,4

Tabelle 62 (Fortsetzung)

Produktgruppe	Bestandteile	Formel	Anteil %
Waschmittel (Fortsetzung)	Vergrauungsinhibitoren:		
	Carboxymethylcellulose	$[C_6H_{10-x}O_5(CH_2COONa)_x]_n$	0,5–3
	Avivagemittel: Seife	$R\text{–}COO\ M^+$ $(R = C_{15}$ bis $C_{17})$	5–23
	Stellmittel: Natriumsulfat	Na_2SO_4	1–50
	Stabilisator: EDTA	$(NaOOC\text{–}CH_2)_2N\text{–}C_2H_4\text{–}N(CH_2COONa)_2$	0,2–2
	Enzyme, proteolytische	–	0,5–1
	Parfümöle	–	0,2

39.4.3 Körperpflegemittel und Luftverbesserer

Produktgruppe	Bestandteile	Formel	Anteil %
Badezusätze	Tenside (meist anionische)	s. Kap. 39.1	20–50
	pflanzliche Öle, z.B. Sojaöl	–	–
	ätherische Öle, z.B. Oleum pini	–	0,5–10
Duftmittel	Parfüm, Kölnisch Wasser, Rasierwasser, Haarwasser u. dgl.:		
	Ethanol	C_2H_5OH	50–90
	Parfümöle	–	–
Geruchs- und Luftverbesserer	**Spray**		
	ätherische Öle	–	< 2
	Acetaldehyd	CH_3CHO	< 0,5
	Isopropanol	$(CH_3)_2CHOH$	< 5
	Mineralöl	C_nH_{2n+2}	< 5

Tabelle 62 (Fortsetzung)

Produktgruppe	Bestandteile	Formel	Anteil %
Geruchs- und Luftverbesserer (Fortsetzung)	**flüssig**		
	ätherische Öle	–	1
	anionische und nichtionische Tenside	s. Kap. 39.1	1,5
	Acetaldehyd (40%ige Lsg.)	CH_3CHO	1
	Natriumbenzoat	$C_6H_5CO^-Na^+$	1
	wäßrige Chlorophyllösung	–	95
	fest (Sticks)		
	ätherische Öle	–	<3
	Paraldehyd oder Paraformaldehyd	$(CH_3CHO)_3$; $(CH_2O)_n$	1
	Chlorophyll		5
	WC-Desodorierung		
	a) Paradichlorbenzol	$1,4\text{-}Cl_2C_6H_4$	20–60
	anionische Tenside	s. Kap. 39.1	10–70
	Polyethylenglycol	$HO{+}CH_2CH_2O{+}_nH$	15
	b) nichtionische Tenside		40
	kationische Tenside		<10
	synthetische Wachse		40
Haarpflegemittel	**Haarfestiger**		
	Ethanol	C_2H_5OH	20–40
	Isopropanol	$(CH_3)_2CHOH$	9–40

Tabelle 62 (Fortsetzung)

Produktgruppe	Bestandteile	Formel	Anteil %
Haarpflegemittel (Fortsetzung)	Polyvinylpyrrolidon	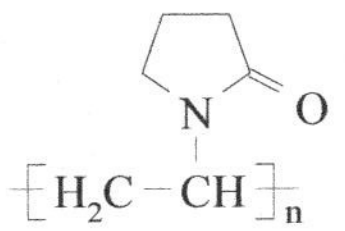 $\left[\!\!\begin{array}{c} \text{O}\\ \text{N}\\ \text{H}_2\text{C}-\text{CH} \end{array}\!\!\right]_n$	2
	ggf. Wasserstoffperoxid	H_2O_2	2
	Haarshampoos Tenside	s. Kap. 39.1	—
	Lösungsvermittler: Dipropylenglycol	$(CH_3–CHOH–CH_2)_2O$	—
	Überfettungsmittel: Ethylenoxid-kondensate	$R–O–CH_2CH_2–OH$ $(R = C_{15}–C_{17})$	—
	Parfümöle	—	—
	Haarwasser Ethanol	C_2H_5OH	40–70
	Dauerwellen-Präparate aus 1. Wellmittel		
	a) Thioglycolsäure + Ammoniak (alkalisch)	$HS–CH_2–COOH + NH_3$	4–8
	b) Monoglycolester der Thioglycolsäure (sauer)	$HS–CH_2\,\underset{\text{O}}{C}\!=\!O–CH_2–CH_2OH$	< 12
	und jeweils anionische oder nichtionische Tenside	s. Kap. 39.1	—

Tabelle 62 (Fortsetzung)

Produktgruppe	Bestandteile	Formel	Anteil %
Haarpflegemittel (Fortsetzung)	2. Fixiermittel: Natriumbromat oder Wasserstoffperoxid	$NaBrO_3$; H_2O_2	1,5–2
	Säuren: Phosphorsäure	H_3PO_4	–
	Tenside	s. Kap. 39.1	–
Nagelpflegemittel	**Nagellackentferner** Ethylacetat	$CH_3COOC_2H_5$	90–100
	Nagelhärter Formaldehyd	HCHO	10–33
	Spiritus melissae oder lavendulae	C_2H_5OH	20–30

39.4.4 Gebrauchsgegenstände für Haushalt und Hobby

Produktgruppe	Bestandteile	Formel	Anteil %
Autozubehör	**Autobatterie** s. Batterien		
	Frostschutz (Kühlwasser) Ethylenglycol	$(CH_2OH)_2$	95–100
	Politur (Lack) Kerosin	C_nH_{2n+2}	30
	Tenside	s. Kap. 39.1	2
	Silikon	$\left[\ \underset{\underset{R}{\mid}}{\overset{\overset{R}{\mid}}{Si}}-O\ \right]_n$	2
	Wachse	s. Kap. 30.4	1

Tabelle 62 (Fortsetzung)

Produktgruppe	Bestandteile	Formel	Anteil %
Autozubehör (Fortsetzung)	**Scheibenenteiser** Isopropanol	$(CH_3)_2CHOH$	80
	Ethylenglycol	$(CH_2OH)_2$	20
	Shampoo (Lack) anionische Tenside, z.B. Dodecylbenzolsulfonat	$R-C_6H_4-SO_3^-Na^+$ $(R = C_{12}H_{25})$	20–30
	nichtionische Tenside, z.B. Nonylphenolethoxylat	$C_9H_{19}-C_6H_4-O(C_2H_4O)_nH$ (n = 5–10)	8–10
	Emulgator, z.B. Fettsäurediethanolamid	$R-CO-N(CH_2CH_2OH)_2$ $(R = C_{11}-C_{17})$	1–2
	Alkohol, z.B. Isopropanol	$(CH_3)_2CHOH$	3
	Harnstoff	$(H_2N)_2CO$	1
Batterien	**Autobatterien** konz. Schwefelsäure	H_2SO_4	32–40
	Kohle-Zink-Batterien metall. Zink, Kohle, Elektrolyt: 15% NH_4Cl, 15% $ZnCl_2$, 70% Wasser	–	–
	Quecksilber-Batterien	Umweltgefährdung durch Quecksilber und seine Verbindungen	–
Grillanzünder	**flüssig** a) Spiritus (Sicherheitsflasche!)	C_2H_5OH	100
	b) Petroldestillate	C_nH_{n+2}	100

Tabelle 62 (Fortsetzung)

Produktgruppe	Bestandteile	Formel	Anteil %
Grillanzünder (Fortsetzung)	**Anzündtabletten, -würfel, -pasten**		
	a) Petroldestillate in Kunststoffschaum	C_nH_{n+2}	95
	b) Metaldehyd	$(CH_3-CHO)_4$	100
	Hexamethylentetramin	$C_6H_{12}N_4$	100
	c) Pasten mit Isopropanol	$(CH_3)_2CHOH$	90
	d) Paraffin mit Sägemehl	C_nH_{n+2}	–
Klebstoffe	**Alleskleber**		
	Polyvinylalkohol	$\left[H_2C-\overset{\overset{\textstyle OH}{\textstyle \mid}}{C}H\right]_n$	< 5
	Polyvinylalkohol-Copolymer	–	50
	Cyanacrylat-Kleber		
	Cyanacrylat	$\left[H_2C-\overset{\overset{\textstyle O=C-O-CH_3}{\textstyle \mid}}{\underset{\underset{\textstyle CN}{\textstyle \mid}}{C}}\right]_n$	–
	Dioctylphthalat	$C_6H_4(COOC_8H_{17})_2$	–
	Lösemittel: Aceton, Ethylacetat, Ethanol	$(CH_3)_2CO; CH_3COOC_2H_5; C_2H_5OH$	–
	Neopren-Kleber		
	Polychloropren	s. Kap. 37	< 20
	Phenolformaldehydharz	s. Kap. 37	< 10
	Lösemittel: Benzine	C_nH_{2n+2}	30
	Toluol	$C_6H_5CH_3$	30
	Ethylacetat	$CH_3COOC_2H_5$	20

Tabelle 62 (Fortsetzung)

Produktgruppe	Bestandteile	Formel	Anteil %
Klebstoffe (Fortsetzung)	**Styrol-Kleber** Polystyrol	$\left[H_2C\!-\!CH\right]_n$ C_6H_5	30
	Lösemittel: Toluol, Benzine, Methylethylketon, Cyclohexan	$C_6H_5CH_3$; C_nH_{2n+2}; $CH_3\!-\!CO\!-\!C_2H_5$; C_6H_{12}	
	Zweikomponenten-Kleber Binder: Epoxidharz	—	–
	Dibutylphthalat	$C_6H_4(COOC_4H_9)_2$	10
	Härter: Dimethylaminopropylamin	$(CH_3)_2N\!-\!C_3H_6\!-\!NH_2$	10
Kühlelemente für Kühltaschen	Carboxymethylcellulose in Wasser	$[C_6H_{10-x}O_5(CH_2CO_2Na)_x]_n$	6
Nähmaschinenöl	Paraffinöl	C_nH_{2n+2}	100
Rostentferner für Metalle	a) Phosphorsäure	H_3PO_4	94–99
	b) Salzsäure	HCl	33–50
	c) Phosphorsäure	H_3PO_4	30
	Butanol	C_4H_9OH	5
	Ethanol	C_2H_5OH	5
Thermometer	**Quecksilberthermometer**, z.B. Fieberthermometer	metall. Quecksilber	1,5–1,7 g

Tabelle 62 (Fortsetzung)

Produktgruppe	Bestandteile		Formel	Anteil %
Thermometer (Fortsetzung)	**Badethermometer**, quecksilberfrei,			1–2 ml Inhalt
	mit blauer Anzeige:	Ethanol	50%	
		Ammoniakwasser	42%	
		Kupferacetat	8%	
	mit roter Anzeige:	Ethanol	50%	
		Phenolphthalein	0,3%	
		Kaliumhydroxid	0,2%	
		Wasser	39,5%	
Tinten und Tuschen	**blaue Tinte**			
	Farbstoffe: z.B. Triarylmethan-F.,			
	Monoazo-F.		s. Kap. 38	5
	Glycerin		$(CH_2OH)_2CHOH$	2
	Verdickungsmittel, z.B. Zucker		$C_6H_{10}O_5$	2
	Konservierungsmittel, z.B. Phenol,		C_6H_5OH;	< 1
	Formaldehyd		$HCHO$	< 1
	anionische Tenside		s. Kap. 39.1	
	Schwefelsäure (30%)		H_2SO_4	0,2
	schwarze Tinte			
	wie blaue Tinte, zusätzlich mit Oxalsäure		$(COOH)_2$	0,03
	Eisen-(II)-sulfat		$FeSO_4$	0,6

Tabelle 62 (Fortsetzung)

Produktgruppe	Bestandteile	Formel	Anteil %
Tinten und Tuschen (Fortsetzung)	**schwarze Tusche**		
	Ruß	C	6
	Schellack	–	1,5
	Gelatine	–	5,6
	Phenol	C_6H_5OH	1
	Lösemittel: Wasser	H_2O	
	farbige Tusche	–	–
	wie schwarze Tusche, jedoch Ruß ersetzt durch organische Farbstoffe		
Zündhölzer	Reibfläche: roter Phosphor	P	–
	Kaliumdichromat	$K_2Cr_2O_7$	–
	Leim	–	–
	Bimsstein	–	–
	Zündholzkopf **(Sicherheitszündholz)**		
	Natriumchlorat	$NaClO_3$	30–55
	Schwefel	S	2–6
	Phosphorsesquisulfid	P_4S_3	1–10
	Leim	–	10–15
	Überallanzünder		
	wie vorher, zusätzlich Eisenoxid und Zinkoxid	FeO ZnO	

Tabelle 62 (Fortsetzung)

39.4.5 Pflanzenschutz und Schädlingsbekämpfung; Düngemittel

Produktgruppe	Bestandteile	Formel	Anteil %
Ameisenbekämpfung	a) Diphenylthioharnstoff	$(C_5H_5HN)_2C{=}S$	< 1
	Zuckersirup	–	–
	b) Pyrethrum-Extrakt (25%)	–	1
	Piperonylbutoxid	–	< 5
	c) Kaliumantimonyltartrat	$(CH(OH){-}COO)_2SbOK$	1,6
	d) Diazinon	Insektizid	10
	Diacetonalkohol	$CH_3{-}CO{-}CH_2{-}C(OH)(CH_3)_2$	> 50
Fungizide		s. Kap 39.3	
Herbizide		s. Kap 39.3	
Insektizide		s. Kap 39.3	
Rodentizide		s. Kap 39.3	
Insektenvertreibungs-	Diethyltoluamid	$(C_2H_5)_2N{-}CO{-}C_6H_4{-}CH_3$	25
mittel (Repellents)	Ethanol oder Isopropanol	$C_2H_5OH;\ (CH_3)_2CHOH$	50
	Dimethylphthalat	$C_6H_4(COOCH_3)_2$	1–2
Schneckenkörner	a) Metaldehyd	$(CH_3{-}CHO)_4$	5–6
	b) Mercaptodimethur (3,5-Dimethyl-4-methylmercaptophenyl-N-methylcarbamat)	$H_3C{-}NH{-}\overset{\displaystyle \|}{\underset{\displaystyle O}{C}}{-}O{-}C_6H_2(CH_3)_2(SCH_3)$	–

Tabelle 62 (Fortsetzung)

Produktgruppe	Bestandteile	Formel	Anteil %
Mottenschutzmittel	a) p-Dichlorbenzol	$Cl_2C_6H_4$	—
	b) Kampfer	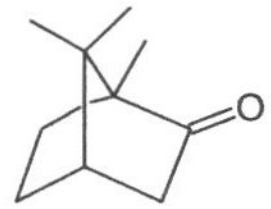	—
	c) Naphthalin	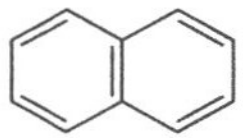	—
Düngemittel (für Schnittblumen)	**flüssig** Nitrate und/oder	KNO_3, NH_4NO_3	23
	Phosphate	$(NH_4)_2HPO_4$	16
	fest Glucose	$C_6H_{10}O_5$	90–94
	Kaliumnitrat	KNO_3	3,6
	Kalialaun	$KAl(SO_4)_2 \cdot 12\ H_2O$	8
	Chloralhydrat	$CCl_3CH(OH)_2$	1,5
	Hydroxychinolincitrat	—	2
	Mineraldünger (N-P-K-Dünger)	s. Kap. 39.2	—

39.4.6 Reinigungs- und Putzmittel für Küche, Sanitär und Haushalt

Produktgruppe	Bestandteile	Formel	Anteil %
Abflußreiniger	a) Ätznatron	$NaOH$	100
(Rohrreiniger) fest	b) Ätznatron	$NaOH$	70
	Soda (wasserfrei)	Na_2CO_3	13
	Aluminiumgranulat	Al	2
	Natriumnitrat	$NaNO_3$	15

Tabelle 62 (Fortsetzung)

Produktgruppe	Bestandteile	Formel	Anteil %
Allzweckreiniger (Universalreiniger für Oberflächen)	**flüssig**		
	anionische und nichtionische Tenside	s. Kap. 39.1	5–20
	Ammoniak	NH_3	0,1–0,4
	Natriumcarbonat oder Natriummetasilikat oder Seife	Na_2CO_3; Na_2SiO_3; $R-COO^-M^+$ ($R = C_{15}-C_{17}$)	<4
	Polyphosphate	$Na_5P_3O_{10}$	5–20
	Lösungsvermittler: Alkohol; Harnstoff	C_2H_5OH; $(H_2N)_2CO$:	
	Cumolsulfonat	$(CH_3)_2CH-C_6H_4-SO_3^-Na^+$	5
	Enthärter: EDTA	$(NaOOCH_2)_2N-C_2H_4-N(CH_2COONa)_2$	<5
	Pulver		
	anionische Tenside	s. Kap. 39.1	5
	Polyphosphate	$Na_5P_3O_{10}$	<40
	Natriumperborat	$NaBO_2H_2O_2$	2
	Kaliumcarbonat	K_2CO_3	20–90
	Natriumcarbonat	Na_2CO_3	<20
	Natriumhydrogencarbonat	$NaHCO_3$	<20
Backofen- und Grillreiniger	**flüssig**		
	Natriumhydroxid	$NaOH$	<5
	Kaliumpyrophosphat	$K_4P_2O_7$	–
	nichtionische Tenside	s. Kap. 39.1	<10
	mit Wasser		pH 13
	Spray		
	Ethanolamin	$HO-CH_2-CH_2-NH_2$	<15
	Natriumphosphat	Na_3PO_4	<5
	anionische und nichtionische Tenside	s. Kap. 39.1	–
	mit Wasser		pH 11,5

Tabelle 62 (Fortsetzung)

Produktgruppe	Bestandteile	Formel	Anteil %
Badewannenreiniger	a) Amidosulfonsäure	$H_2N–SO_2–OH$	8
	Propylenglycol	$CH_3–CHOH–CH_2OH$	20
	b) Kern- und Schmierseife	$CH_3(CH_2)_nCOO^-Na^+, K^+$; (n = 14,16)	20
	Spiritus	C_2H_5OH	2
Bodenpflegemittel	a) Benzine (Sdp. 150–180°C)	C_nH_{2n+2} und z.T. Aromaten	80–100
	Wachse, Paraffin	s. Kap. 30.4	
	ggf. nichtionische Tenside	s. Kap. 39.1	1
	b) Benzine (Sdp. 150–180°C)	C_nH_{2n+2} und z.T. Aromaten	40–90
	Terpentinöl	Terpene u.a.	10–35
	Wachse, Paraffin	s. Kap. 30.4	–
	c) nichtionische Tenside	s. Kap. 39.1	< 5
	Polyethylenwachs	$-(CH_2–CH_2)_n-$	2
	Polyacrylat- u. Polystyrolemulsion	$-(CH_2–CH)_n-$; $-(CH_2–CH)_n-$ $\quad COO^-\,M^+ \qquad C_6H_5$	10
	Ammoniak	NH_3	0,1
	d) Natriummetasilikat	Na_2SiO_3	<10
	Ethanolamin	$HOCH_2CH_2NH_2$	< 5
	anionische Tenside	s. Kap. 39.1	< 5
	Ammoniak	NH_3	2
	Polyphosphat	$Na_5P_3O_{10}$	5

Tabelle 62 (Fortsetzung)

Produktgruppe	Bestandteile	Formel	Anteil %
Bodenpflegemittel (Fortsetzung)	e) Zinkpolyacrylat	$-(CH_2-CH)_n-$ $\;COO^-\,Zn^{2+}$	20
	Tributoxyethylphosphat	$(C_4H_9-O-C_2H_4-O)_3PO$	< 1
	Formaldehyd	$HCHO$	< 1
Entkalkungsmittel	**flüssig**		
	a) Ameisensäure (für Bügeleisen)	$HCOOH$	10
	b) Amidosulfonsäure	H_2N-SO_2-OH	15
	Alkylphenolpolyglycolether	$R-C_6H_4-O-[CH_2-CH_2-O]_n-CH_2-CH_2-OH$	2
	c) Salzsäure	HCl	< 10
	Phosphorsäure	H_3PO_4	< 10
	Dextrose	$CHO-(CHOH)_4-CH_2OH$	10
	d) Ameisensäure	$HCOOH$	55–95
	fest		
	a) Zitronensäure	$(HOOC-CH_2)_2C(OH)-COOH$	90
	b) Weinsäure	$(CHOH-COOH)_2$	100
	c) Amidosulfonsäure	H_2N-SO_2-OH	93
	d) anionische und kationische Ionenaustauscher	s. Kap. 37.5	–

Tabelle 62 (Fortsetzung)

Produktgruppe	Bestandteile	Formel	Anteil %
Geschirreiniger	**für Spülautomaten**		
	Natriumtriphosphat	$Na_5P_3O_{10}$	40–65
	Natriummetasilikat	Na_2SiO_3	10–35
	Natriumcarbonat	Na_2CO_3	5–13
	Natriumdichlorisocyanurat	$NaCl_2(NCO)_3$	1–2
	Natriumperborat	$Na_2B_2O_4(OH)_4$	0,5
	Benzotriazol	$C_6H_5N_3$	0,3
	nichtionische Tenside	s. Kap. 39.1	1
	Handspülmittel		
	anionische Tenside, z.B. Alkylbenzolsulfonat	$Alk–C_6H_4–SO_3^-Na^+$ $(Alk = C_{11}–C_{13})$	1–22
	nichtionische Tenside, z.B. Alkylphenolpolyglycolether	$Alk–C_6H_4–O(CH_2–CH_2–O)_nH$ $(Alk = C_6–C_{12}, n = 5–10)$	1–20
	Emulgator, z.B. Polyphosphate	$Na_5P_3O_{10}$	10
	Stabilisator, z.B. EDTA	$(CH_3COO)_2N–CH_2–CH_2–N(CH_3COO)_2Na_4$	2
	Desinfizentien, z.B. Na-p-Toluolsulfonchloramid	$H_3C–C_6H_4–SO_2–\underline{N}^-–ClNa^+$	1
	Alkohol, z.B. Ethanol	C_2H_5OH	5
Glasreiniger	Isopropanol	$(CH_3)_2CHOH$	9–35
	anionische Tenside, z.B. Laurylethersulfat	$R–O–(C_2H_4O)_2–SO_3^-Na^+$ $(R = C_{12}H_{25})$	1
	nichtionische Tenside, z.B. Fettalkoholethoxylat	$CH_3(CH_2)_nCH_2O(CH_2CH_2–O)_nH$	1
	Propylenglycolmonoethylether oder	$CH_3CHOHCH_2OC_2H_5;$	
	Ethylenglycolmonobutylether	$CH_2OHCH_2OC_4H_9$	10
	Ammoniak oder Ethanolamin	$NH_3; HOCH_2CH_2NH_2$	1

Tabelle 62 (Fortsetzung)

Produktgruppe	Bestandteile	Formel	Anteil %
Klarspüler für Spülautomaten	Zitronensäure	$(HOOC–CH_2)_2COHCOOH$	10–20
	Weinsäure	$(CHOH–COOH)_2$	<10
	Milchsäure	$H_3C–CH(OH)–COOH$	<10
	Cumolsäure	$(CH_3)_2CH–C_6H_4–COOH$	<5
	Natriumcitrat	$(NaOOC–CH_2)_2C(OH)–COO^-Na^+$	<5
	nichtionogene Tenside	s. Kap. 39.1.1	10–35
	Dipropylenglycol	$(CH_3–CHOH–CH_2)_2O$	<10
	Nonylphenol	$C_9H_{19}–C_6H_4–OH$	<15
Metallputzmittel	Seife	$R–COO^-M^+$	<10
	Ammoniak	NH_3	2
	nichtionische oder anionische Tenside	s. Kap. 39.1	<10
	Triethanolamin	$(HO–C_2H_4)_3N$	5
	Ammoniumoxalat	$(COO^-NH_4^+)_2$	<5
	Phosphorsäure	H_3PO_4	<10
	Weinsäure	$(CHOH–COOH)_2$	5
	Isopropanol	$(CH_3)_2CHOH$	<20
	Cetylalkohol	$C_{16}H_{33}OH$	<5
	Thioharnstoff	$(H_2N)_2C=S$	–
	Kreide	$CaCO_3$	–
	Bimsstein	–	–
WC–Reiniger (Sanitärreiniger)	a) Natriumhydrogensulfat oder	$NaHSO_4$	70–95
	Amidosulfonsäure	$NH_2–SO_2–OH$	15
	anionische Tenside	s. Kap. 39.1	1
	Natriumhydrogencarbonat	$NaHCO_3$	<30
	Soda	Na_2CO_3	<15

Tabelle 62 (Fortsetzung)

Produktgruppe	Bestandteile	Formel	Anteil %
WC-Reiniger (Fortsetzung)	b) Phosphorsäure	H_3PO_4	37
	anionische u. nichtionische Tenside	s. Kap. 39.1	7
	c) Chlorbleichlauge	NaOCl (berechnet als aktives Chlor)	<5
	anionische u. nichtionische Tenside	s. Kap. 39.1	2
	Seife	$R–COO^- M^+$ (R = C_{15}–C_{17})	0,2
Schuhpflegemittel	**Pasten**		
	Terpentinöl	–	20–50
	Benzine	C_nH_{2n+2}	15–70
	Wachse/Paraffin	s. Kap. 30.4	10–30
	Silikon	$\left(\begin{smallmatrix} R \\ | \\ Si–O \\ | \\ R \end{smallmatrix}\right)_n$	1
	Farbstoffe	s. Kap. 38	2
	flüssig		
	Terpentinöl	–	20–70
	Benzine	C_nH_{2n+2}	5–95
	Isopropanol	$(CH_3)_2CHOH$	10
	Cellosolve (Ethylglycol)	$C_2H_5OCH_2CH_2OH$	<5
	Trichlorethylen	$CHCl=CCl_2$	<5
	Wachse	s.Kap. 30.4	0,5–15
	Polyacrylat	$–(CH_2–CH)_n–$ $COO^- M^+$	1

Tabelle 62 (Fortsetzung)

Produktgruppe	Bestandteile	Formel	Anteil %
Schuhpflegemittel (Fortsetzung)	Polystyrol	$-(CH_2-CH)_n-$ with C_6H_5	1
	Silicon	$\left(\!-\!\underset{R}{\overset{R}{Si}}\!-\!O\!-\!\right)_n$	0,5
	Spray		
	1,1,1-Trichlorethan (Chlorothen)	CH_3-CCl_3	20–60
	Methylenchlorid	CH_2Cl_2	< 5
	Benzine	C_nH_{2n+2}	< 25
	Butylacetat	$CH_3COOC_4H_9$	< 20
	Isopropanol	$(CH_3)_2CHOH$	20–40
	Silikonöl	$\left(\!-\!\underset{R}{\overset{R}{Si}}\!-\!O\!-\!\right)_n$	< 3
	Isopropylmyristinat	$CH_3(CH_2)_{12}COOCH(CH_3)_2$	< 1
	Wachse	s. Kap. 30.4	< 3
Schwimmbad-Chemikalien	**Desinfektion** Calciumhypochlorit, gelegentlich	$Ca(OCl)_2$	
	Natriumhypochlorit	NaOCl	

Tabelle 62 (Fortsetzung)

Produktgruppe	Bestandteile	Formel	Anteil %
	Chlorstabilisierung Trichlorisocyanursäure (Trichlor-1,3,5-triazin-2,4,6-trion)		
	Algenbeseitigung Benzalkoniumchlorid	$C_6H_5-CH_2-N^+(CH_3)_2R\ Cl^-$ $(R = C_8H_{17}-C_{18}H_{37})$	
	Entkalkung Tripolyphosphate	$Na_5P_3O_{10}$	

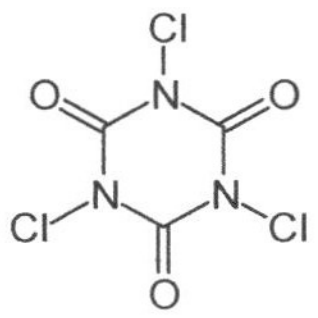

Teil IV
Anhang

40 Methodenregister

Die Einteilung dieses Buches nach Verbindungsklassen führt dazu, dass die in Praktikum und Labor wichtigen Synthesemethoden der organischen Chemie über das Buch verstreut sind. Die folgenden Tabellen sollen daher die Darstellungsverfahren ergänzen und in einen allgemeinen Zusammenhang bringen.

40.1 Substitution eines H-Atoms durch eine funktionelle Gruppe

Kohlenwasserstoffe sind Ausgangsprodukte für viele Derivate, deren funktionelle Gruppen sich oft schnell und selektiv umwandeln lassen. Wegen der vergleichsweise geringen Reaktionsfähigkeit sind oft Reaktionsbedingungen erforderlich, die zu Nebenprodukten führen. Einige Verfahren werden großtechnisch durchgeführt.

Verfahren	Kapitel
$Alk-H + SO_2Cl_2$ (oder Cl_2) $\xrightarrow{\text{Peroxid}}$ $Alk-Cl$	4.5.1.2
$Alk-H + Br_2 \xrightarrow{h \cdot \nu}$ $Alk-Br$	4.5.1.1
$\underset{}{\overset{}{>}}C=C-\overset{\mid}{C}-H + NBS \longrightarrow \underset{}{\overset{}{>}}C=C-\overset{\mid}{C}-Br$	4.5.2.2
$Ar-H + Cl_2 \xrightarrow{\text{Fe}}$ $Ar-Cl$	8.2.3
$Ar-CH_2-R + Cl_2 \xrightarrow{\text{Licht}}$ $Ar-\underset{Cl}{\overset{\mid}{C}H}-R$	7.6.2.2
$R-COCH_3 + Br_2 \xrightarrow[\text{Base}]{\text{Säure od.}}$ $RCOCH_2Br$	16.3.7
$RCH_2COOH + Br_2 \xrightarrow{\text{roter P}}$ $R-\underset{Br}{\overset{\mid}{C}H}COOH$	18.5.4.1; 20.2.3
$Ar-H + HNO_3 \longrightarrow Ar-NO_2$	8.2.1
$Ar-H + H_2SO_4$ oder $SO_3 \longrightarrow Ar-SO_3H$	8.2.2
$Ar-H + Cl-SO_3H \longrightarrow Ar-SO_2Cl$	8.2.2
$Ar-H + \overset{+}{N}_2-Ar' \longrightarrow Ar-N=N-Ar'$	14.3; 14.5.2

40.2 Ersatz funktioneller Gruppen durch H-Atome

Dieser Vorgang ist dann wichtig, wenn Produkte auf verschiedenen Wegen gewonnen werden sollen (z.B. zum Strukturbeweis durch Synthese) oder bei der Strukturaufklärung (z.B. durch Abbaureaktionen).

Verfahren	Kapitel
$>C=C<$ oder $-C\equiv C-$ $\xrightarrow{H_2/Pt}$ $-\overset{\mid}{C}-\overset{\mid}{C}-$	5.1.2; 7.6.1.1
$R-Br$ $\xrightarrow{Mg}$ $R-Mg-Br$ $\xrightarrow{H_2O}$ $R-H$	15.4.2
$>C=O$ $\xrightarrow{Zn/Hg,H^+}$ $>CH_2$	16.5.2.1
$>C=O$ $\xrightarrow{N_2H_4,OH^-}$ $>CH_2$	16.5.2.2
$R-COOH$ $\xrightarrow{Erhitzen}$ $R-H$	18.4.2
$Ar-N_2^+$ $\xrightarrow{H_3PO_2}$ $Ar-H$	14.5.2
$R-SH, R-S-R$ oder $R-S-S-R$ $\xrightarrow{Raney\text{-}Ni}$ $R-H$	13.1.3.2

Weitere **Beispiele** s. Tabelle 64 u. 65, Kap. 40.7.

40.3 Umwandlung funktioneller Gruppen ineinander

In der Regel geht man bei einer Synthese von Verbindungen aus, die eine oder mehrere funktionelle Gruppen tragen. Falls bei den vorgesehenen Reaktionen eine Gruppe nicht reagieren soll, wird diese durch Schutzgruppen geschützt. Nach Abspaltung der Schutzgruppe steht die funktionelle Gruppe wieder zur Verfügung. Man hat daher viele Verfahren erarbeitet, die es ermöglichen, eine funktionelle Gruppe in eine andere umzuwandeln. Wegen ihrer hohen Reaktionsfähigkeit und leichten Zugänglichkeit nehmen Halogenverbindungen eine wichtige Stellung ein (abwandelbar durch Substitution, Eliminierung, Organometall-Verbindungen).

Verfahren	Kapitel
Darstellung von Alkenen	
$R-C\equiv C-R'$ $\xrightarrow{H_2, Pt}$ $R-\overset{H}{\underset{\mid}{C}}=\overset{H}{\underset{\mid}{C}}-R'$ (cis)	5.1.2
$H-\overset{\mid}{C}-\overset{\mid}{C}-OH$ $\xrightarrow{H^+}$ $>C=C<$ + H_2O	11.2.1; 12.1.3.2.1

Verfahren	Kapitel
$H-\overset{\mid}{\underset{\mid}{C}}-\overset{\mid}{\underset{\mid}{C}}-Hal \xrightarrow[\text{Base}]{\text{starke}} {>}C{=}C{<} + H-Hal$	11.2.3
$H-\overset{\mid}{\underset{\mid}{C}}-\overset{\mid}{\underset{\mid}{C}}-\overset{+}{N}(CH_3)_3 OH^- \xrightarrow{\Delta} {>}C{=}C{<} + H_2O + N(CH_3)_3$	11.4; 14.1.2.1
$H-\overset{\mid}{\underset{\mid}{C}}-\overset{\mid}{\underset{\mid}{C}}-O-COCH_3 \xrightarrow{\Delta} {>}C{=}C{<} + CH_3COOH$	11.5.2.2
$H-\overset{\mid}{\underset{\mid}{C}}-\overset{\mid}{\underset{\mid}{C}}-\underset{\underset{CH_3}{\mid}}{\overset{\overset{CH_3}{\mid}}{N}}{\to}O \xrightarrow{\Delta} {>}C{=}C{<} + (CH_3)_2NHOH$	11.5.2.3
${>}C{=}O + (C_6H_5)_3P{=}CH_2 \longrightarrow {>}C{=}CH_2 + (C_6H_5)_3PO$	15.4.5

Darstellung von Alkinen

$R-C{\equiv}C^- Na^+ + Alk-Br \longrightarrow R-C{\equiv}C-Alk$	5.2; 17.2.3
$R-CH(Br)CH(Br)R' \xrightarrow[\text{Base}]{\text{starke}} R-C{\equiv}C-R'$	11.5.1

Darstellung von Alkoholen und Phenolen

${>}C{=}C{<} + H_2O \xrightarrow{H^+} H-\overset{\mid}{\underset{\mid}{C}}-\overset{\mid}{\underset{\mid}{C}}-OH$	6.1.2.4; 12.1.2.1.4
${>}C{=}C{<} + BH_3 \longrightarrow H-\overset{\mid}{\underset{\mid}{C}}-\overset{\mid}{\underset{\mid}{C}}-BH_2 \xrightarrow{H_2O_2} H-\overset{\mid}{\underset{\mid}{C}}-\overset{\mid}{\underset{\mid}{C}}-OH$	12.1.2.1.5
${>}C{=}C{<} + \begin{array}{l} \text{1) Hg(OH)OAc} \\ \text{2) NaBH}_4 \end{array} \longrightarrow H-\overset{\mid}{\underset{\mid}{C}}-\overset{\mid}{\underset{\mid}{C}}-OH$	6.1.1
${>}C{=}C{<} + HOCl \longrightarrow Cl-\overset{\mid}{\underset{\mid}{C}}-\overset{\mid}{\underset{\mid}{C}}-OH$	6.1.2.2
${>}C{=}C{<} + MnO_4^- \text{ oder } OsO_4 \longrightarrow HO-\overset{\mid}{\underset{\mid}{C}}-\overset{\mid}{\underset{\mid}{C}}-OH$	6.1.3.2; 12.1.2.2
$Alk-X + OH^- \longrightarrow Alk-OH \quad (X = Cl, Br, I)$	12.1.2.1.1
$Ar-\overset{+}{N_2} + H_2O \longrightarrow Ar-OH$	12.2.2.4
$Ar-SO_3H \xrightarrow[\text{Schmelze}]{\text{NaOH}} Ar-OH$	8.3.1; 12.2.2.2
$Alk-NH_2 \xrightarrow{HNO_2} Alk-OH + Alken(e)$	14.5.2
$-\overset{\mid}{\underset{\displaystyle O}{C}}\!\!-\!\!\overset{\mid}{C}- \xrightarrow{OH^-} HO-\overset{\mid}{\underset{\mid}{C}}-\overset{\mid}{\underset{\mid}{C}}-OH$	12.3.3.1

Verfahren	Kapitel

$$RMgX \xrightarrow{\begin{array}{l} CH_2O \\ R'CHO \\ R'R''CO \\ R'COCl \text{ od. } R'COOEt \end{array}} \begin{array}{l} RCH_2OH \\ R(R')CHOH \\ R(R')(R'')COH \\ R(R')_2COH \end{array}$$

(X = Cl, Br, I) → 12.1.2.1.2

$$R-CO-R' \xrightarrow{\text{Reduktion}} R(R')CHOH$$ 12.1.2.1.3

$$\left.\begin{array}{l} R-COCl \\ R-COOH \\ R-COOEt \end{array}\right\} \xrightarrow{LiAlH_4} R-CH_2OH$$

20.1.2.2
18.4.1
20.1.1.2

$$Ar-OCH_3 \xrightarrow{HI} Ar-OH$$ 12.3.3.1

Darstellung von Ethern

$$R-X + {}^-OAlk \longrightarrow R-O-Alk$$ 12.3.1.1

$$Alk-OH \xrightarrow{H^+} Alk-O-Alk$$ 12.3.1.1

$$\!\!>\!\!C=C\!\!<\!\! \xrightarrow{CH_3COOOH} -\overset{|}{C}\!\!-\!\!\overset{|}{C}\!\!- \underset{O}{}$$ 6.1.3.3; 12.3.1.2

Darstellung von Halogeniden

$$Alk-OH \xrightarrow{H-X} Alk-X \quad (X = Cl,Br,I)$$ 9.3.1; 12.1.3.2.4

$$Alk-OH \xrightarrow{PX_3} Alk-X \quad (X = Cl,Br,I)$$ 9.3.1; 12.1.3.2.4

$$Alk-OH \xrightarrow{SOCl_2} Alk-Cl$$ 9.3.1; 12.1.3.2.4

$$Alk-COO^-Ag^+ \xrightarrow{Br_2} Alk-Br$$ 9.3.2; 18.4.2

$$Alk-H + Br_2 \xrightarrow{h\cdot\nu} Alk-Br$$ 4.5.1.1

$$\!\!>\!\!C=C\!\!<\!\! + H-X \xrightarrow[\text{Medium}]{\text{polares}} H-\overset{|}{C}\!\!-\!\!\overset{|}{C}\!\!-X \quad (X = Cl,Br,I)$$ 6.1.2.1

$$\!\!>\!\!C=C\!\!<\!\! + HBr \xrightarrow{\text{Peroxid}} H-\overset{|}{C}\!\!-\!\!\overset{|}{C}\!\!-Br$$ 6.3; 9.3.1

$$\!\!>\!\!C=C\!\!<\!\! + Br_2 \longrightarrow Br-\overset{|}{C}\!\!-\!\!\overset{|}{C}\!\!-Br$$ 6.1.1

$$Alk-OTs + X^- \longrightarrow Alk-X \quad (X = F,Cl,Br,I)$$ 9.3

$$Ar-N_2^+BF_4^- \xrightarrow{\Delta} Ar-F$$ 9.3.5; 14.5.2

$$Ar-N_2^+X^- \xrightarrow{Cu_2X_2} Ar-X \quad (X = Cl,Br)$$ 14.5.2

$$Ar-N_2^+ \xrightarrow{I^-} Ar-I$$ 14.5.2

Verfahren	Kapitel

Darstellung von Aldehyden und Ketonen

$\ce{>C=C<}$ $\xrightarrow[\text{2) Red.}]{\text{1) O}_3}$ $\ce{>C=O + O=C<}$ 6.2.3.1; 16.2.6

$\ce{HO-C-C-OH}$ $\xrightarrow{\text{H}_5\text{IO}_6}$ $\ce{>C=O + O=C<}$ 12.1.3.2.5; 16.2.6

$\ce{R-C#C-H + H_2O}$ $\xrightarrow{\text{Hg}^{2+}}$ $\ce{RCOCH_3}$ 6.1.2.4

$\ce{RCH_2OH}$ od. $\ce{R(R')CHOH}$ $\xrightarrow{\text{Oxidation}}$ $\ce{RCHO}$ od. $\ce{RCOR'}$ 16.2.1

$\ce{RCOCl}$ $\xrightarrow{\text{Pd, H}_2}$ $\ce{RCHO}$ 16.2.3

$\ce{RCOCl}$ $\xrightarrow{\text{R}_2'\text{Cd}}$ $\ce{RR'CO}$ 16.2.3

$\ce{R_2CCl_2}$ $\xrightarrow[\text{Hydrolyse}]{\text{milde}}$ $\ce{R_2CO}$ 7.6.2.2

$\ce{ArH + RCOCl}$ $\xrightarrow{\text{AlCl}_3}$ $\ce{ArCOR}$ 16.2.5

$\ce{ArH + CO + HCl}$ $\xrightarrow[\text{Druck}]{\text{AlCl}_3}$ $\ce{ArCHO}$ 8.2.5; 16.2.5

Acetessigester-Synthese (Ketone)   16.3.4; 20.2.1.1

Darstellung von Carbonsäuren

$\ce{R-CN}$ $\xrightarrow{\text{Hydrolyse}}$ $\ce{R-COOH}$ 19.1.1

$\ce{RCOCl, RCOOCOR, RCONH_2, RCOOEt}$ $\xrightarrow{\text{Hydrolyse}}$ $\ce{RCOOH}$ 18.2; 19.1.1

$\ce{RMgX + CO_2}$ $\longrightarrow$ $\ce{RCOOH}$ 18.2; 15.4.2.2

Malonester-Synthese   20.2.2.1

$\ce{RCOCl}$ $\xrightarrow[\text{Ag}_2\text{O}]{\text{CH}_2\text{N}_2}$ $\ce{RCH_2COOH}$ 20.1.2.1

$\ce{RCH_2OH}$ od. $\ce{RCHO}$ $\xrightarrow{\text{Oxidation}}$ $\ce{RCOOH}$ 12.1.3.6; 18.2; 16.5.3

$\ce{RCOCH_3}$ $\xrightarrow[\text{OH}^-]{\text{Br}_2}$ $\ce{RCOCBr_3}$ $\xrightarrow{\text{OH}^-}$ $\ce{RCOOH}$ 16.3.7

$\ce{ArCH_3}$ $\xrightarrow{\text{Oxidation}}$ $\ce{ArCOOH}$ 7.6.2.1

Darstellung von Säurechloriden

$\ce{RCOOH}$ $\xrightarrow{\text{PX}_3 \text{ od. SOCl}_2}$ $\ce{RCOX}$ od. $\ce{RCOCl}$ 18.4.3; 19.2.2

Darstellung von Säureanhydriden

$\ce{RC(O)-Cl + RCOO^-}$ $\longrightarrow$ $\ce{RC(O)-O-COR}$ 19.2.1

Verfahren	Kapitel

Darstellung von Estern

$RCOOH + AlkOH \xrightarrow{H^+} RCOOAlk$ 18.4.3; 19.2.4

$RCOCl + R'OH \xrightarrow{Pyridin} RCOOR'$ 19.1.3; 19.2.4

$(RCO)_2O + R'OH \longrightarrow RCOOH + RCOOR'$ 19.1.3; 19.2.4

$RCOOMe + R'OH \xrightarrow[Base]{Säure\ od.} RCOOR' + MeOH$ 19.1.3; 19.2.4

$RCOO^- + AlkBr$ (od. Alk OTs) $\longrightarrow RCOOR'$ 19.2.4

$RCN \xrightarrow{H^+, Alk\ OH} RCOOAlk$ 19.2.6.2

$RCOOH + CH_2N_2 \longrightarrow RCOOCH_3$ 19.2.4

$RHC = C = O + R' - OH \longrightarrow RCH_2 - COOR'$ 19.2.4

Darstellung von Säureamiden

$RCOCl, (RCO)_2O, RCOOEt \xrightarrow{HNR_2} RCONR_2$ 19.1.2; 19.2.3

$RCN \xrightarrow{H_2SO_4} RCONH_2$ 19.2.3; 19.2.6.2

Beckmann-Umlagerung von Oximen   19.2.3

Darstellung von Nitrilen

$AlkX + CN^- \longrightarrow AlkCN$ 10.4.5; 19.2.6.2

$RCONH_2 \xrightarrow{P_4O_{10}} RCN$ 19.2.6.2

$RCOR' + HCN \longrightarrow RCH(OH)CN$ 17.2.1.2

$ArN_2^+ \xrightarrow{Cu_2(CN)_2} ArCN$ 14.5.2

Darstellung von Aminen

$Alk - X + HNR_2 \longrightarrow Alk - NR_2$ 14.1.2.1

$RR'C = O + H_2NR'' \xrightarrow{Red.} RR'CH - NHR''$ 14.1.2.5

    14.1.2.2

$RCONH_2 \xrightarrow{NaOBr} R - NH_2$ 14.1.2.4

Reduktion anderer Stickstoff-Verbindungen   14.1.2.3

Verfahren	Kapitel

Darstellung von Azo-Verbindungen

$$R-NHNH-R \xrightarrow{\text{Oxidation}} R-N=N-R$$

14.3.1

$$Ar-N_2^+ + ArOH \longrightarrow p\text{-}Ar-N=N-ArOH$$

14.3.1, 14.5.2

$$ArNO_2 \xrightarrow{\text{SnCl}_2,\ OH^-} Ar-N=N-Ar$$

14.3.1, 14.2.3.1

Darstellung von Nitro-Verbindungen

$$ArH \xrightarrow{\text{HNO}_3} ArNO_2$$

8.2.1; 14.2.2

$$AlkNH_2 \xrightarrow{\text{H}_2\text{O}_2} AlkNO_2$$

14.1.4.2

$$Alk-X + NO_2^- \longrightarrow Alk-NO_2$$

10.4.5

Darstellung von Thiolen

$$Alk-Br + SH^- \longrightarrow Alk-SH$$

13.1.1

Darstellung von Sulfiden

$$Alk-Br + SR'^- \longrightarrow Alk-S-R'$$

13.2.1

Darstellung von Sulfonsäuren

$$Ar-H + H_2SO_4 \text{ od. } SO_3 \longrightarrow Ar-SO_3H$$

8.2.2

$$RSH \xrightarrow{\text{Oxidation}} RSO_3H$$

13.1.3.1

40.4 Kettenverlängerungs- und Kettenverzweigungsreaktionen

Bei der Synthese eines größeren Moleküls ist es in der Regel erforderlich, von kleineren Molekülbausteinen auszugehen und diese schrittweise zu vergrößern. Man kann auch zunächst größere Bruchstücke getrennt herstellen und diese in einem späteren Stadium der Synthese miteinander verbinden. Dabei wird in der Regel das Kohlenstoffgerüst der Ausgangsverbindung vergrößert, wobei es oft zweckmäßig ist, an geeigneter Stelle Verzweigungspunkte vorzusehen, die dann später z.B. zu einem Ring geschlossen werden können.

Verfahren	Kapitel
Kettenverlängerung um ein Atom	
$RMgX \xrightarrow{CO_2} RCOOH$	15.4.2.2; 18.2
$RMgX \xrightarrow{CH_2O} RCH_2OH$	15.4.2.1; 12.1.2.1.2
$RC \equiv C^- Na^+ \xrightarrow{CO_2} RC \equiv CCOOH$	5.2
$ArH + CO + HCl \xrightarrow[\text{Druck}]{AlCl_3} ArCHO$	8.2.5
$>C=O \xrightarrow{Ph_3P=CH_2} >C=CH_2$	15.4.5
$AlkX + CN^- \longrightarrow AlkCN$	10.4.5; 19.2.6.2
$ArN_2^+ \xrightarrow{Cu_2(CN)_2} ArCN$	14.5.2
$RCOCl \xrightarrow[Ag_2O]{CH_2N_2} RCH_2COOH$	20.1.2.1
$RCOR' \xrightarrow{HCN} RCH(OH)CN$	17.2.1.2
$ArCHO + CH_3NO_2 \xrightarrow{Base} ArCH=CHNO_2$	14.2.3
Kettenverlängerung um zwei Atome	
$RMgX + H_2C \overset{\diagdown}{\underset{O}{\diagup}} CH_2 \longrightarrow RCH_2CH_2OH$	12.3.3.1; 15.4.2.5
Malonester-Synthesen	20.2.2
$ArCHO \xrightarrow[(CH_3CO)_2O]{CH_3COONa} ArCH=CHCOOH$	17.3.4; 20.2.3.2
$ArCOOEt \xrightarrow[NaOEt]{CH_3COOEt} ArCOCH_2COOEt$	18.5.3.1; 20.2.1.1
$RCHO \xrightarrow[BrCH_2COOEt]{Zn} RCH(OH)CH_2COOEt$	18.5.2.1; 20.2.1.4

Verfahren	Kapitel
AlkBr + Na$^+$ $^-$C≡CH ⟶ AlkC≡CH	5.2; 17.2.3
Aldolreaktionen	17.3.2
Claisen-Kondensationen	20.2.1.1

Kettenverlängerung um drei Atome

Verfahren	Kapitel
RMgX + BrCH$_2$CH=CH$_2$ ⟶ RCH$_2$CH=CH$_2$	15.4.2.5
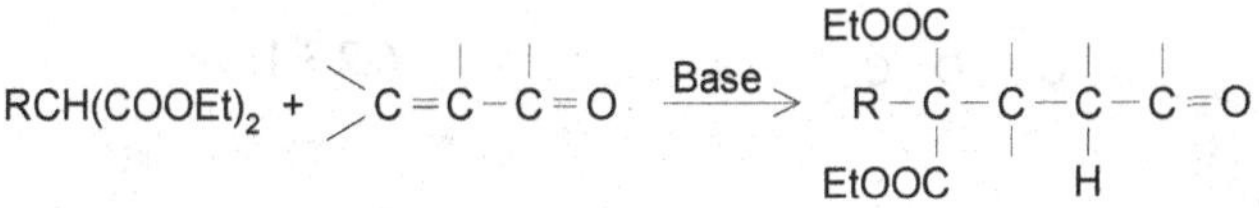 RCH(COOEt)$_2$ + \>C=C–C=O $\xrightarrow{\text{Base}}$ R–C–C–C–C=O (EtOOC, EtOOC, H)	17.3.8; 20.2.2.4

Verzweigungsreaktionen

Verfahren	Kapitel
Grignard-Reagenz + Aldehyd, Keton, Ester oder Säurechlorid	15.4.2; 17.2.2; 20.1.1.1; 20.1.2.1
Malonester-Synthesen	20.2.2
Acetessigester-Synthesen	20.2.2; 18.5.3.3

Kupplungsreaktionen (C–C)

Verfahren	Kapitel
RCHO $\xrightarrow{\text{Kat.}}$ RCH(OH)COR; R = Ar, Alkyl	17.2.1.3
RCOO$^-$ $\xrightarrow{\text{Elektrolyse}}$ R–R	3.1.3.2
Acyloin-Kondensation	20.1.1.2
Pinakol-Kupplung	16.5.1

Ringschlüsse

Verfahren	Kapitel
Dieckmann-Kondensation	20.2.1.2
Thorpe-Ziegler-Cyclisierung	20.2.4
Acyloin-Kondensation	20.1.1.2
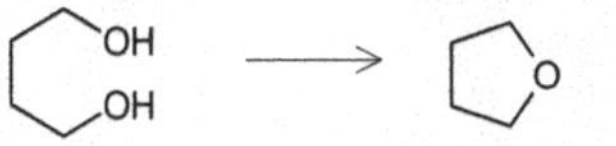 Diol (OH, OH) ⟶ cyclischer Ether (O)	12.1.3.2.5
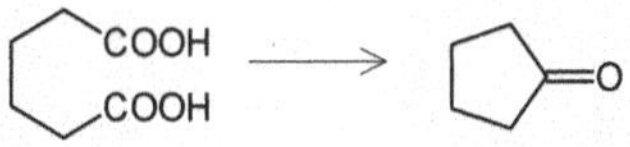 Disäure (COOH, COOH) ⟶ Cyclopentanon (=O)	18.5.1.2
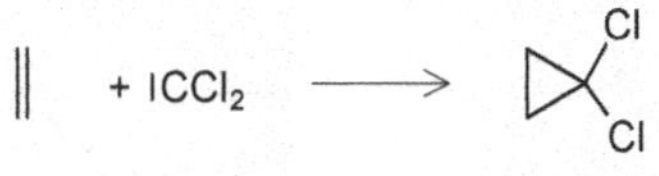 ‖ + ICCl$_2$ ⟶ Cyclopropan (Cl, Cl) 1,1 - Cycloaddition	6.2.1
Dien + ‖ ⟶ Cyclohexen 1,4 - Cycloaddition	6.2.3

40.5 Spaltung von C–C-Bindungen

Bei Synthesen müssen oft Gruppen eingebaut werden, die dann in einem späteren Schritt wieder entfernt werden müssen. Einige mögliche Abbaureaktionen sind:

Verfahren	Kapitel
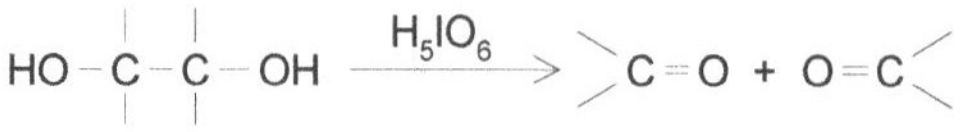 $HO-\overset{\mid}{\underset{\mid}{C}}-\overset{\mid}{\underset{\mid}{C}}-OH \xrightarrow{H_5IO_6} {>}C=O \ + \ O=C{<}$	12.1.3.2.5; 16.2.6
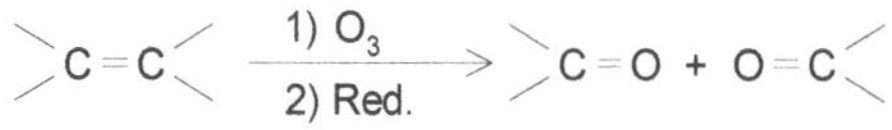 ${>}C=C{<} \xrightarrow[\text{2) Red.}]{\text{1) } O_3} {>}C=O \ + \ O=C{<}$	6.2.3.1; 16.2.6
$RCOCH_3 \xrightarrow{Br_2 \ / \ OH^-} RCOOH$	16.3.7
$RCOOH \longrightarrow RH \ + \ CO_2$	18.4.2
$RCONH_2 \xrightarrow{NaOBr} RNH_2$	14.1.2.4
$RCOO^- \ Ag^+ \xrightarrow{Br_2} RBr$	9.3.2; 18.4.2

40.6 Synthesen Stickstoff-haltiger Verbindungen

Stickstoffhaltige Verbindungen spielen in der organischen Chemie eine wichtige Rolle. Zum einen findet man sie in einer Reihe von Naturstoffen (Alkaloiden, Amino- und Nucleinsäuren, etc.), zum anderen sind sie wichtige synthetische Intermediate. Tabelle 63 fasst daher die verschiedenen Verbindungsklassen und deren Herstellungsmethoden zusammen.

Tabelle 63. Synthesemöglichkeiten wichtiger *N*-haltiger Verbindungen

Verbindungsklasse	Funktionelle Gruppe	Darstellung
Amide (Säureamide)		
a) Carbonsäureamide	$-CO-NH_2$	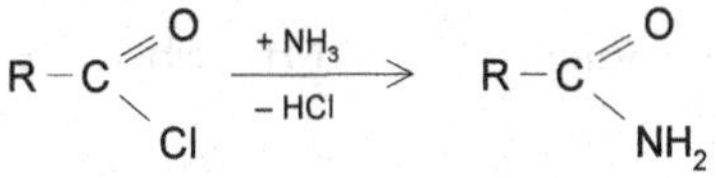 $R-C\underset{Cl}{\overset{O}{<}} \xrightarrow[-HCl]{+NH_3} R-C\underset{NH_2}{\overset{O}{<}}$
b) Sulfonsäureamide	$-SO_2-NH_2$	$R-SO_2-Cl \xrightarrow[-HCl]{+NH_3} R-SO_2-NH_2$
Imine (Aldimine, Schiffsche Basen)	$>C=NH$ $>C=NR$	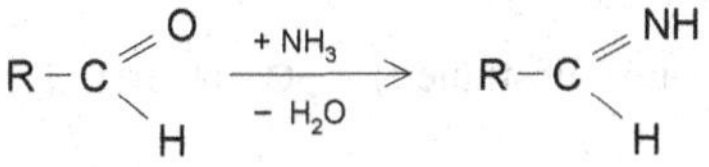 $R-C\underset{H}{\overset{O}{<}} \xrightarrow[-H_2O]{+NH_3} R-C\underset{H}{\overset{NH}{<}}$
Nitrile (Cyanide)	$-C\equiv N|$	$CH_3-I \xrightarrow[-KI]{+KCN} \begin{cases} CH_3-C\equiv N| \\ CH_3-\overset{+}{N}\equiv C|^- \end{cases}$ oder $R-C\underset{NH_2}{\overset{O}{<}} \xrightarrow[-H_2O]{P_4O_{10}} R-C\equiv N|$
Isonitrile (Isocyanide)	$-\overset{+}{N}\equiv C|^-$	$R-I \xrightarrow[-AgI]{+AgCN} R-\overset{+}{N}\equiv C|^-$
Cyansäureester (Cyanate)	$-O-C\equiv N|$	$C_6H_5-OH \xrightarrow[-HCl]{+Cl-CN} C_6H_5-O-CN$
Isocyansäureester (Isocyanate)	$-N=C=\bar{\bar{O}}$	$C_6H_5-NH_2 \xrightarrow[-2\ HCl]{+COCl_2} C_6H_5-N=C=O$
Hydroxylamine	$>N-OH$ H_2N-OR	$R_2NH \xrightarrow{+H_2O_2} R_2\overset{+}{N}\overset{\bar{\bar{O}}|^-}{\underset{H}{}} \longrightarrow R_2NOH$
Hydroxamsäuren	$-C\underset{NHOH}{\overset{O}{<}}$	$R-C\underset{OC_2H_5}{\overset{O}{<}} \xrightarrow[-C_2H_5OH]{+NH_2OH} R-C\underset{NHOH}{\overset{O}{<}}$
Aminoxide	$>N\rightarrow\bar{\bar{O}}|$ $>\overset{+}{N}-\bar{\bar{O}}|^-$	$R-\underset{R}{\overset{R}{N}} \xrightarrow[-H_2O]{+H_2O_2} R-\underset{R}{\overset{R}{\overset{+}{N}}}-\bar{\bar{O}}|^-$

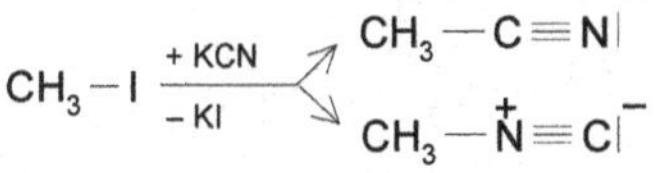

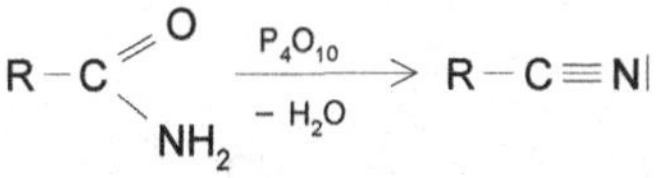

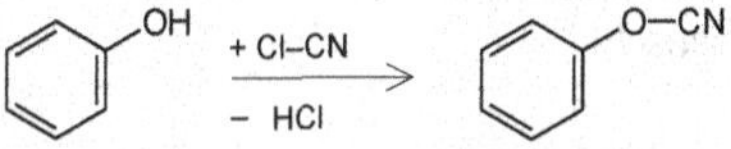

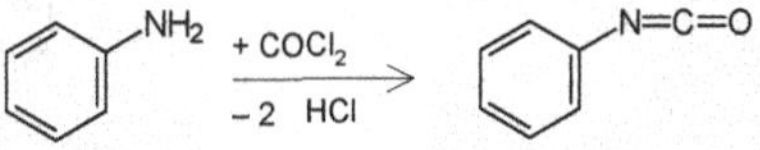

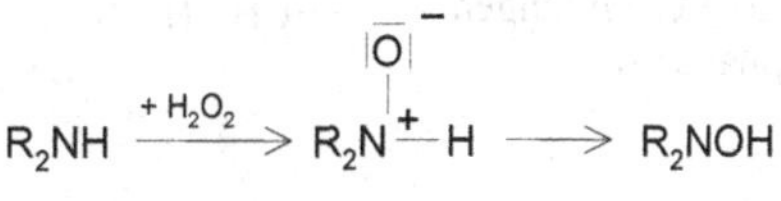

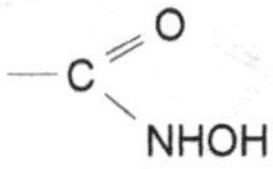

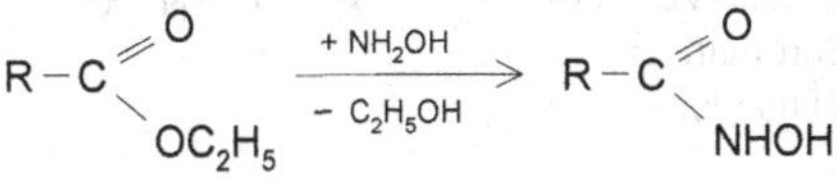

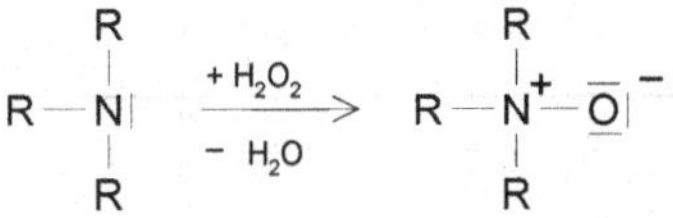

Tabelle 63 (Fortsetzung)

Verbindungsklasse	Funktionelle Gruppe	Darstellung
Hydrazine (3 Arten)		
a) monosubstituiert	$-NH-NH_2$	$R-CH=N-NH_2 \xrightarrow{Pt/H_2} R-CH_2-NH-NH_2$
b) sym. disubstituiert	$-NH-NH-$	$\begin{array}{cc} R & R \\ \| & \| \\ O=C-NH-NH-C=O \end{array} \xrightarrow[\substack{\text{2) Verseifung} \\ -2\,RCOOH}]{\substack{\text{1) Methylierung}}} CH_3-NH-NH-CH_3$
c) asym. disubstituiert	$>N-NH_2$	$R_2N-NO \xrightarrow[-H_2O]{+4\,H} R_2N-NH_2$
Hydrazone (substituiert)	$>C=N-NH-R$	$\begin{array}{c} CH_3 \\ CH_3 \end{array}\!\!>\!C=O +H_2N-NH-R \longrightarrow \begin{array}{c} CH_3 \\ CH_3 \end{array}\!\!>\!C=N-NH-R$
Nitrosamine (N-Oxide)	$>N-NO$	$\begin{array}{c} R \\ R \end{array}\!\!>\!NH \xrightarrow[-HNO_2]{+N_2O_3} \begin{array}{c} R \\ R \end{array}\!\!>\!N-NO$
Nitroso-Verbindungen	$-N=\ddot{O}$	(⟶) $\mathrm{C_6H_5}$–NHOH $\xrightarrow[-H_2O]{K_2Cr_2O_7}$ $\mathrm{C_6H_5}$–NO
Nitro-Verbindungen	$-NO_2$	$\mathrm{C_6H_6} \xrightarrow{+NO_2^+} \mathrm{C_6H_5}$–$NO_2$
Azo-Verbindungen (aliphatisch)	$-N=N-$	$CH_3-NH-NH-CH_3 \xrightarrow[-2\,H]{\substack{\text{Oxid. mit} \\ HNO_2}} CH_3-N=N-CH_3$
Azo-Verbindungen (aromatisch)	$-N=N-$	$\mathrm{C_6H_5}\text{–}N_2^+ + \mathrm{C_6H_5}\text{–}OH \xrightarrow{pH\,9\text{-}10} \mathrm{C_6H_5}\text{–}N=N\text{–}\mathrm{C_6H_4}\text{–}OH$
Diazo-Verbindungen (aliphatisch)	$-\bar{C}H-\overset{+}{N}\equiv N\mid$	$Ar-SO_2-N\begin{array}{c} CH_3 \\ NO \end{array} \xrightarrow[\substack{-H_2O \\ -\,Ar\text{-}SO_3^-K^+}]{+KOH} CH_2N_2$
Diazo-Verbindungen (aromatisch) (Diazoniumsalze)	$Ar-\overset{+}{N}\equiv N\mid\ X^-$	$\mathrm{C_6H_5}\text{–}NH_2 \xrightarrow[HCl]{NaNO_2} \mathrm{C_6H_5}\text{–}N_2^+\ Cl^-$
Azide	$-N_3$	$CH_3I \xrightarrow[-2\,NaI]{+NaN_3} CH_3-N_3$

40.7 Oxidationsreaktionen

In der organischen Chemie sind Oxidationsreaktionen häufig Dehydrierungs-
reaktionen, d.h. es wird Wasserstoff aus dem Substrat entfernt. Daneben können
auch C–C-Bindungen oxidativ gespalten werden.

Bekannte Oxidationsmittel sind CrO_3 oder $Na_2Cr_2O_7$ in 0,5 M H_2SO_4 (*Jones* Reagenz) oder CrO_3/Pyridin in CH_2Cl_2 (*Collins* Reagenz). Zur Oxidation von Alkyl-
Aromaten in der Seitenkette dienen u.a. HNO_3, $KMnO_4$ und das *Jones* Reagenz.
C=C-Bindungen können oxidativ mit Ozon gespalten werden, wobei aus einem
Alken nach Aufarbeitung zwei Carbonylverbindungen gebildet werden (Ozonolyse). Andere Oxidationsmittel wie OsO_4 und $KMnO_4$ liefern zunächst 1,2-Diole,
die danach zu Carbonylverbindungen gespalten werden können. Aromaten reagieren erst bei Zimmertemperatur mit Ozon, Alkene schon bei tieferen Temperaturen.
Aromaten können aber auch katalytisch mit V_2O_5 unter Verwendung von Luftsauerstoff gespalten werden.

Benzol   Maleinsäureanhydrid

Weitere Beispiele finden sich in Tabelle 64 und Kap. 40.5.

Tabelle 64. Oxidationsverhalten einiger funktioneller Gruppen

Edukt		Oxidationsmittel $\longrightarrow$	Oxidationsprodukt	
prim. Alkohol	$R-CH_2OH$	CuO (Cu als Kat.)	$R-C{\overset{H}{\underset{O}{\diagdown}}}$	Aldehyd
prim. Alkohol	$R-CH_2OH$	$Cr_2O_7^{2-}$, H_2SO_4	$R-C{\overset{O}{\underset{OH}{\diagup}}}$	Carbonsäure
sek. Alkohol	$R^1-\underset{R^2}{\overset{|}{C}}H-OH$	Br_2, $KMnO_4$, MnO_2 $\quad O{=}C{\overset{R^3}{\underset{R^3}{\diagdown}}}$ + Base	$R^1-C{\overset{O}{\underset{R^2}{\diagup}}}$	Keton
1,4-Diphenol	(Struktur: 2,3-Dimethyl-1,4-diphenol)	$Cr_2O_7^{2-}$, H_2SO_4	(Struktur: p-Chinon)	p-Chinon
1,2-Diphenol	(Struktur: 1,2-Diphenol)	HIO_4	(Struktur: o-Chinon)	o-Chinon
prim. aliphat. Amin (mit tert. C)	R_3C-NH_2	$KMnO_4$	R_3C-NO_2	aliphat. Nitro-Verb.
tert. Amin	$R_3N|$	H_2O_2	$R_3\overset{+}{N}-\overline{O}|^-$	Amin-N-oxid
aromat. Amin	$Ar-NH_2$	H_2SO_5	$Ar-NO$	aromat. Nitroso-Verb.
aromat. Amin	$Ar-NH_2$	MnO_2, H_2O_2	$Ar-N{=}N-Ar$	aromat. Azo-Verb.
Diaryl-hydrazin	$Ar-NH-NH-Ar$	NaOBr $Pb(CH_3COO)_4$	$Ar-N{=}N-Ar$	aromat. Azo-Verb.
Isocyanid	$R-\overset{+}{N}{\equiv}C|^-$	Cl_2, $(H_3C)_2SO$	$R-N{=}C{=}O$	Isocyanat
Thiol	$Alk-SH$	O_2 oder	$Alk-S-S-Alk$	Disulfid
Thiophenol	$Ar-SH$	H_2O_2	$Ar-S-S-Ar$	Disulfid
Thiol	$Alk-SH$	HNO_3	$R-SO_3H$	Sulfonsäure
Thiophenol	$Ar-SH$	HNO_3	$Ar-SO_3H$	Sulfonsäure
Sulfid	$R-S-R$	H_2O_2 (1:1)	$R-S{\overset{O}{\underset{R}{\diagup}}}$	Sulfoxid
Sulfid	$R-S-R$	H_2O_2 (Überschuss)	$R-\overset{O}{\underset{O}{\overset{\|}{\underset{\|}{S}}}}-R$	Sulfon

40.8 Reduktionsreaktionen

Reduktion bedeutet in der organischen Chemie oft die Aufnahme von Wasserstoff. Für die Reduktion funktioneller Gruppen stehen zahlreiche Reduktionsmittel zur Verfügung, von denen einige selektiv bestimmte Gruppen reduzieren. Man beachte, dass Hydrierungen mit H_2/Kat. stereospezifisch ablaufen und dabei diastereomere Produkte entstehen können. So können z.B. aus Ketonen Racemate erhalten oder Diastereomere gebildet werden:

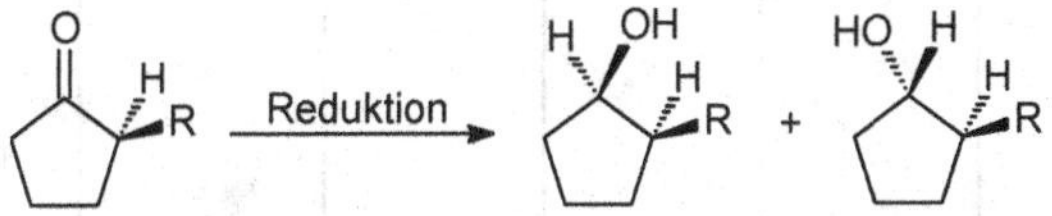

Von besonderer Bedeutung im Labor sind Reduktionen mit Metallhydriden. $NaBH_4$ ist weniger reaktiv als $LiAlH_4$; B_2H_6 reagiert auch mit nicht aktivierten C=C-Bindungen. Ein sehr selektiv wirkendes Reduktionsmittel ist $Li^+ {}^-AlH[OC(CH_3)_3]_3$. Es reagiert nicht mit Estern und Säuren; mit Säurechloriden in der Kälte zum Aldehyd, in der Wärme dagegen zum primären Alkohol.

Verlauf der Reduktion mit BH_4^- in Methanol:

$$BH_4^- + R_2CO \xrightarrow{CH_3OH} B(OCH_3)_4^- + R_2CHOH$$

Reduktion mit $LiAlH_4$:

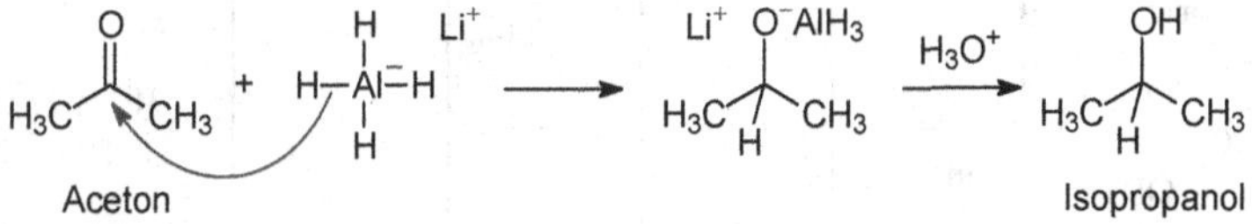

Weitere Beispiele enthalten die Tabellen 65 und 66.

Tabelle 65. Reduktionsmittel und ihre Anwendung

Edukt	Reduktionsmittel				Produkt
	NaBH$_4$ in C$_2$H$_5$OH	B$_2$H$_6$ in THF	LiAlH$_4$ in (C$_2$H$_5$)$_2$O	H$_2$ mit Metallkat.	
R^1–CH=CH–R^2 Alken	o	Trialkyl- boran (Hydrobo- rierung.)	o	++	R^1–CH$_2$–CH$_2$–R^2 Alkan
R–C$\overset{H}{\underset{O}{}}$ Aldehyd	+	+	++	+	R–CH$_2$OH prim. Alkohol
R^1–C$\overset{O}{\underset{R^2}{}}$ Keton	+	+	++	+	R^1–CH–OH | R^2 sek. Alkohol
R–C$\overset{O}{\underset{OH}{}}$ Carbonsäure	o	x	(+)	o	R–CH$_2$OH prim. Alkohol
R–C$\overset{O}{\underset{Cl}{}}$ Carbonsäure- chlorid	++	o	++	+ Aldehyd (*Rosenmund*)	R–CH$_2$OH prim. Alkohol
R^1–C$\overset{O}{\underset{OR^2}{}}$ Carbonsäureester	– langsam	–/o	+	–	R^1–CH$_2$OH + HO–R^2 Alkohole
R–C≡N Nitril	o	(+)	(+)	(+)	R–CH$_2$NH$_2$ prim. Amin
Alk–NO$_2$ aliphat. Nitro-Verb.	o	o	–	++	Alk–NH$_2$ prim. aliphat. Amin
Ar–NO$_2$ aromat. Nitro-Verb.	o	o	(–) Ar–N=N–A aromat. Azo-Verb.	++	Ar–NH$_2$ prim. aromat. Amin

Reaktivität: ++ sehr groß, + groß, (+) mäßig, – gering, o = keine Reduktion

Tabelle 66. Reduktionen mit verschiedenen Reduktionsmitteln

Edukt		Reduktionsmittel $\longrightarrow$	Reduktionsprodukt	
Aldehyd oder Keton	$\begin{array}{c} R^1 \\ \diagdown \\ \diagup \\ R^2 \end{array} C=O$	Zn–Hg, HCl	$\begin{array}{c} R^1 \\ \diagdown \\ \diagup \\ R^2 \end{array} CH_2$	Alkan (nach *Clemmensen*)
cycl. Anhydrid		Zn, CH_3COOH		γ-Lacton
aliphat. Nitro-Verb.	$Alk-NO_2$	Zn, HCl	$Alk-NH_2$	prim. aliphat. Amin
aliphat. Nitroso-Verb.	$Alk-NO$	Zn, HCl	$Alk-NH_2$	prim. aliphat. Amin
aromat. Nitro-Verb.	$Ar-NO_2$	Zn, H_2O, NH_4Cl	$Ar-NH-OH$	Arylhydroxylamin
aromat. Nitro-Verb.	$Ar-NO_2$	Zn, NaOH	$\begin{array}{c} Ar-N-N-Ar \\ \vert \vert \\ H H \end{array}$	Diarylhydrazin
aromat. Azo-Verb.	$Ar-N=N-Ar$	Zn, HCl	$Ar-NH_2$	prim. aromat. Amin
Disulfid	$Alk-S-S-Alk$ $Ar-S-S-Ar$	Zn, HCl oder *Raney*-Ni/H_2	$Alk-SH$ $Ar-SH$	Thiol Thiophenol
Aldehyd oder Keton	$\begin{array}{c} R^1 \\ \diagdown \\ \diagup \\ R^2 \end{array} C=O$	H_2N-NH_2, NaOH H_2N-NH_2, NaOH Diethylenglykol	$\begin{array}{c} R^1 \\ \diagdown \\ \diagup \\ R^2 \end{array} CH_2$	Alkan (nach *Wolff-Kishner*)
Aldehyd oder Keton	$2\begin{array}{c} R^1 \\ \diagdown \\ \diagup \\ R^2 \end{array} C=O$	Na–Hg oder Mg–Hg oder Al–Hg	$\begin{array}{c} R^1 R^1 \\ \vert \vert \\ R^2\!-C-C-R^2 \\ \vert \vert \\ HO OH \end{array}$	Pinakol (reduktive Kupplung)
Carbonsäureester	$2\ R^1-COOR^2$	1. Na in Xylol 2. H_2O	$\begin{array}{c} R-CH-C-R \\ \vert \Vert \\ OH O \end{array}$	α-Hydroxyketon (Acyloinkondensation)
Aromat		Na/NH_3 fl. C_2H_5OH		*Birch*-Reduktion

41 Literaturnachweis und Literaturauswahl an Lehrbüchern

1. Allgemeine Lehrbücher

Beyer, H.; Walter, W.: *Lehrbuch der organischen Chemie*. Hirzel, Stuttgart.

Breitmaier, E.; Jung, G.: *Organische Chemie. Grundlagen, Stoffklassen, Reaktionen, Konzepte, Molekülstruktur*, Thieme, Stuttgart.

Bruice, P. Y.: *Organische Chemie*, Pearson, München

Buddrus, J.: *Grundlagen der Organischen Chemie*, de Gruyter, Berlin.

Carey, F. A.; Sundberg, R. J.: *Organische Chemie. Ein weiterführendes Lehrbuch*, Wiley/VCH, Weinheim.

Christen, H. R.; Vögtle, F.: *Organischen Chemie, Bd I - III*, Sauerländer-Diesterweg-Salle, Frankfurt.

Fox, M. E.; Whitesell, J. K.: *Organische Chemie. Grundlagen, Mechanismen, bioorganische Anwendungen*, Spektrum, Heidelberg.

Streitwieser, A. Jr.; Heathcock, C. H; Kosower, E. M.: *Organische Chemie*, Wiley /VCH, Weinheim.

Sykes, P.: *Reaktionsmechanismen der organischen Chemie*, Wiley/VCH, Weinheim.

Vollhardt, K. P. C.; Schore, N. E.: *Organische Chemie*, Wiley/VCH, Weinheim.

2. Kurzlehrbücher

Hart, H.; Craine, L. E.; Hart, D. J.: *Organische Chemie. Ein kurzes Lehrbuch*, Wiley/VCH, Weinheim.

König, B.; Butenschön. H.: *Organische Chemie. Kurz und bündig für die Bachelor-Prüfung*, Wiley/VCH, Weinheim.

Laue, T.; Plagens, A.: *Namen- und Schlagwort- Reaktionen der Organischen Chemie*, Teubner, Stuttgart.

Mortimer C. E.; Mueller, U.: *Chemie. Das Basiswissen der Chemie. Mit Übungsaufgaben*, Thieme, Stuttgart.

Wünsch, K. H., Miethchen R.; Ehlers D.: *Grundkurs Organische Chemie*, Wiley/VCH, Weinheim.

3. Sondergebiete

Arpe H. J.: *Industrielle organische Chemie. Bedeutende Vor- und Zwischenprodukte*, Wiley/VCH, Weinheim.

Becker, H. G. O.; Berger W.; Domschke G.: *Organikum*, Wiley/VCH, Weinheim.

Bender, H. F.: *Sicherer Umgang mit Gefahrstoffen. Sachkunde für Naturwissenschaftler*, Wiley/VCH, Weinheim.

Brückner, R.: *Reaktionsmechanismen. Organische Reaktionen, Stereochemie, moderne Synthesemethoden*, Spektrum Verlag, Heidelberg.

Giron, C.; Russel, R. J.: *Übungen zur organischen Synthese*, Teubner, Stuttgart.

Gossauer, A.: *Struktur und Reaktivität der Biomoleküle: Eine Einführung in die Organische Chemie*, Wiley/VCH, Weinheim.

Eicher, T.; Tietze, L. F.: *Organisch-chemisches Grundpraktikum unter Berücksichtigung der Gefahrstoffverordnung*, Thieme, Stuttgart.

Eliel, E. L.; Wilen, S. H.: *Organische Stereochemie*, Wiley/VCH, Weinheim.

Habermehl, G.; Hamann P. E.; Krebs, H. C.: *Naturstoffchemie. Eine Einführung*, Springer, Berlin Heidelberg New York.

Hellwinkel, D.: *Die systematische Nomenklatur der organischen Chemie*, Springer, Berlin Heidelberg New York.

Hesse, M.; Meier, H.; Zeeh, B.: *Spektroskopische Methoden in der organischen Chemie*, Thieme, Stuttgart.

Karlson P.; Doenecke, D.; Koolman, J.: *Kurzes Lehrbuch der Biochemie für Mediziner und Naturwissenschaftler*, Thieme, Stuttgart.

Lehninger A. L.: *Grundkurs Biochemie*, de Gruyter, Berlin.

March, J.: *Advanced Organic Chemistry*, Wiley, New York.

Osteroth D. (Hrsg): *Chemisch-Technisches Lexikon*, Springer, Berlin Heidelberg New York.

Tietze, L. F.; Eicher, T.: *Reaktionen und Synthesen im organisch-chemischen Praktikum und Forschungslaboratorium*, Thieme Stuttgart.

Vollmer G.; Franz M.: *Chemie in Haus und Garten*, Thieme, Stuttgart.

Warren, S.: *Organische Retrosynthese. Ein Lernprogramm zur Syntheseplanung*, Teubner, Stuttgart.

42 Sachverzeichnis

pK$_s$-Werte wichtiger organischer Verbindungen (Vergleich mit Wasser)

Säure	Base	pKs
$HC(CN)_3$	$^-C(CN)_3$	-5
$RCOOH$	$RCOO^-$	$4\text{-}5$
$HCOCH_2CHO$	$HCO\overline{C}HCHO$	5
$CH_3COCH_2COCH_3$	$CH_3CO\overline{C}HCOCH_3$	9
HCN	CN^-	$9,2$
$ArOH$	ArO^-	$8\text{-}11$
RCH_2NO_2	$R\overline{C}HNO_2$	10
$NCCH_2CN$	$NC\overline{C}HCN$	11
CH_3COCH_2COOR	$CH_3CO\overline{C}HCOOR$	11
$ROOCCH_2COOR$	$ROOC\overline{C}HCOOR$	13
CH_3OH	CH_3O^-	$15,2$
H_2O	OH^-	**15,74**
⌬CH_2	⌬$\overline{C}H$	16
ROH	RO^-	$16\text{-}17$
$RCONH_2$	$RCONH^-$	17
$RCOCH_2R$	$RCO\overline{C}HR$	$19\text{-}20$
RCH_2COOR	$R\overline{C}HCOOR$	$24\text{-}25$
RCH_2CN	$R\overline{C}HCN$	25
$HC\equiv CH$	$HC\equiv C|^-$	25
Ph_3CH	$Ph_3C|^-$	31
NH_3	NH_2^-	35
$PhCH_3$	$PhCH_2^-$	40
CH_4	CH_3^-	48
$(CH_3)_3CH$	$(CH_3)_3C^-$	> 50

Ausgewählte funktionelle Gruppen

Verbindungs-klasse	Funktionelle Gruppe	Beispiel, üblicher Name	Lösl. in H_2O Dichte g/cm³	typische Reaktionen
Alkan	–	$CH_3CH_2CH_2CH_2CH_3$ n-Pentan	unlöslich 0,63	Oxidation Substitution
Alken	$\diagdown C = C \diagup$	$CH_3CH_2CH_2CH=CH_2$ 1-Penten	unlöslich 0,64	Addition Reduktion Oxidation
Alkin	$-C \equiv C-$	$CH_3CH_2CH_2C \equiv CH$ 1-Pentin	unlöslich 0,69	Addition Reduktion
Aromat		Benzol	wenig löslich 0,88	Substitution
Halogen-alkan	$-\overset{\vert}{\underset{\vert}{C}}-X$ X = F, Cl, Br, I	CH_3CH_2Br Bromethan (Ethylbromid)	wenig löslich 1,46	Substitution Eliminierung
Alkohol	$-\overset{\vert}{\underset{\vert}{C}}-OH$	CH_3CH_2OH Ethanol	unbegrenzt löslich 0,78	Oxidation Substitution Eliminierung Säure-Base
Ether	$-\overset{\vert}{\underset{\vert}{C}}-O-\overset{\vert}{\underset{\vert}{C}}-$	$CH_3CH_2OCH_2CH_3$ Diethylether (Ether)	wenig löslich 0,71	Substitution
Amin	$-\overset{\vert}{\underset{\vert}{C}}-N\diagup^{\diagdown}$	$CH_3CH_2CH_2CH_2NH_2$ n-Butylamin	unbegrenzt löslich 0,76	Substitution Säure-Base
Aldehyd	$-\overset{O}{\overset{\Vert}{C}}-H$	$CH_3C\overset{\diagup O}{\diagdown_H}$ Acetaldehyd	unbegrenzt löslich 0,78	Oxidation Reduktion Addition Substitution
Keton	$-\overset{\vert}{\underset{\vert}{C}}-\overset{O}{\overset{\Vert}{\underset{O}{C}}}-\overset{\vert}{\underset{\vert}{C}}-$	CH_3CCH_3 $\overset{\Vert}{O}$ Aceton	unbegrenzt löslich 0,79	Reduktion Addition Substitution
Carbonsäure	$-\overset{O}{\overset{\Vert}{C}}-OH$	CH_3COOH Essigsäure	unbegrenzt löslich 1,05	Säure-Base Substitution
Carbonsäure-chlorid	$-\overset{O}{\overset{\Vert}{C}}-Cl$	CH_3COCl Acetylchlorid	Hydrolyse 1,10	Substitution Reduktion
Carbonsäure-ester	$-\overset{O}{\overset{\Vert}{C}}-O-\overset{\vert}{\underset{\vert}{C}}-$	$CH_3COOCH_2CH_3$ Essigsäureethylester	wenig löslich 0,90	Substitution Reduktion
Carbonsäure-amid	$-\overset{O}{\overset{\Vert}{C}}-\overset{\vert}{N}-$	CH_3CONH_2 Acetamid	löslich 0,99	Substitution Reduktion
Nitril	$-C \equiv N$	CH_3CN Acetonitril	unbegr. löslich 0,78	Addition Reduktion